半導體製程技術導論

Introduction to
Semiconductor Manufacturing Technology

蕭宏(Hong Xiao)　原著

❸全華圖書股份有限公司

Dedication

獻給

此書獻給

父母　蕭先賜、周宏廷

妻子　黃柳

兒子　蕭嘉瑞、蕭凱瑞

作者序

自 2012 年春季第二版出版後，Intel 於 2012 年夏季的 VLSI 研討會上宣布了基於 FinFET 的 22 奈米技術。一年後，三星推出了採用新開發的 VNAND 技術，其具有 28 個垂直堆疊快閃記憶體單元的固態硬碟產品。DRAM、NAND 快閃記憶體、邏輯 IC 三大 IC 產品皆已進入 3D 元件時代。

雖然 FinFET 和 3D-NAND 在第二版的最後一章「未來趨勢和總結」中都有提到，但因出版早了約一年，而無法更詳細地描述。很快我開始收集 3D IC 材料來教授短期課程：3D IC 元件、技術和製造。我向 SPIE 出版社提議寫第三版，以短期課程教材爲基礎上增加一章關於 3D IC 的內容。該提案被拒絕，但 SPIE 出版社提出另一個新提案：寫一本關於 3D IC 的書。在和編輯討論後，我接受了新提案，並在 2016 年 SPIE 出版社出版了《3D IC Devices, Technologies, and Manufacturing》一書。

1997 年，一台名爲「Deep Blue」的 IBM 超級電腦擊敗了世界西洋棋冠軍加里·卡斯帕羅夫之後，人們開始討論超級電腦何時能夠在「圍棋」比賽中擊敗人類世界冠軍。「Deep Blue」透過純算力計算在 8 x 8 方格的棋盤上下棋。 然而，對於 19 x 19 的網格，圍棋有很多種放置棋子的方法，用純算力計算是不可行的。當 Google DeepMind 的 AlphaGo 在 2016 年 3 月以 4：1 擊敗世界冠軍李世石，以及在 2017 年 5 月以 3：0 擊敗柯潔時，半導體晶片的下一個殺手級應用悄悄到來。大數據和深度學習使人工智慧 (AI) 與以較低功耗無處不在的互聯 AI 成爲進一步擴展 IC 技術的主要驅動力的一部分。支援 AI 的聊天機器人 (例如 ChatGPT 和其他應用程式) 開始影響日常工作和生活。借助高速 5G 和 6G 網路，互聯人工智慧可以實現自動駕駛汽車、無人機以及第二版序言中提到的可以照顧老年人的智慧機器人。 結合高解析度視訊內容創建、即時編輯和行動裝置共享的需求，更高效能、更低功耗、更多記憶體和更大儲存 IC 的需求將在未來幾十年間推動半導體產業的發展。

Preface

第二版出版十多年後，半導體製造技術的格局發生了巨大變化。所有先進邏輯 IC 和代工廠都已轉向 FinFET 元件，利用其更高的驅動電流和更低的斷態洩漏，這對於高效能和低功耗行動裝置非常重要。借助奈米片型環閘 (GAA) MOSFET，邏輯 IC 可進一步提高性能並降低功耗。GAA-FET 正在開始取代 FinFET，後者在 N3 技術節點之後已無力繼續推進。所有先進的大容量 NAND 快閃記憶體都已轉向 3D-NAND 快閃記憶體技術，該技術透過增加 z 方向的堆疊數量來擴展。6F2 單位單元尺寸的埋入式字元線 DRAM 成為主流，並且在 1X 技術節點之後技術節點緩慢擴展，這裡 1X 大約是 19nm 到 18nm。具有垂直 GAA-FET 的 4F2 DRAM 可能是在 3D-DRAM 開發和成熟之前繼續將 DRAM 擴展到 10nm 以下節點的下一個技術。

隨著 3D IC 技術的發展，EUV 微影技術在 N7(或所謂的「7nm」) 節點邏輯 IC 之後終於成熟並進入量產。N5 節點中有較多的 EUV 層，N3 節點中有更多的 EUV 層。EUV 微影技術不僅應用於邏輯 IC 製造，也應用於先進的 DRAM 製造。它成為第二版中討論的 3 種下一代微影技術 (EUV、奈米壓印和電子束直寫) 的獲勝者。

除了第 15 章和第 16 章外，其他章節順序在這個版中並沒有改變。第一章簡要回顧了半導體產業的歷史並概述了半導體製造過程。此章主要更新的是技術節點的定義。 在第二版中，邏輯 IC 技術節點的奈米數被定義為接觸多晶矽節距 (CPP，兩個閘極之間有接觸孔的閘極間距) 的 1/4。然而在 Intel 推出 90nm CPP 的 22nm 節點之後，技術節點中 nm 之前的數字不再與 IC 元件尺寸相關。它們成為了代號，意義僅在於小數位的奈米節點比大數位的奈米節點更先進，例如 2nm 比 3nm 更先進。第 2 章介紹基本的半導體製程，包括產品良率的測試和封裝、無塵室、半導體晶圓廠及積體電路晶片。第 3 章是對半導體元件、積體電路晶片和早期製造技術製程的簡要回顧。第 4 章介紹晶體結構、單晶矽晶圓生產和矽磊晶生長。第 4 章章末預測，在後 FinFET 時代，晶圓製造商可能需要製造具有不同磊晶 SiGe/Si 堆疊的晶圓製造客製化的奈米片和 CFET 裝置，無論有或沒有背面配電網路。第 5 章列出並討論加熱製程，包括氧化、擴散、熱處理、合金化和再流動製程。對於快速熱製程 (RTP) 和傳統的高溫爐加熱製程進行討論。第 6 章詳細介紹光微影製程。本章更新極紫外光 (EUV) 微影技術的新進展，同時刪除一些關於奈米壓印和電子束直寫 (EBDW) 的過時內容。

第 7 章探討半導體製造過程中使用的基本電漿理論。本章還介紹電漿的應用、直流偏壓及電漿製程的關係。第 8 章說明離子佈植製程，並對離子佈植在 FinFET 製程中的應用進行一些更新。第 9 章詳細介紹蝕刻製程，包括濕式蝕刻和乾式蝕刻、反應離子蝕刻 (RIE) 及化學和物理蝕刻。此章主要是更新原子層蝕刻。第 10 章闡述基本的化學氣相沉積 (CVD) 和介電質薄膜沉積的過程。許多過時的材料已被刪除，並且新增選擇性沉積和選擇性 ALD。第 11 章介紹金屬化製程，包括 CVD、物理氣相沉積 (PVD) 和化學電鍍法 (ECP) 的製程。這裡也描述銅金屬化製程。本章描述高 k 和金屬閘極金屬氧化物半導體 (MOS) 電晶體的的發展。並且更新鈷和釕金屬互連。第 12 章說明化學機械拋光 (CMP) 製程。第 13 章介紹半導體製程整合。第 14 章說明平面 CMOS、DRAM 和 NAND 快閃記憶體製程流程。新增的第 15 章「3D IC 裝置的製造流程」，更新了埋入式字元線 DRAM、3D-NAND 和 FinFET 製造製程的材料。第 16 章總結了本書前面章節及半導體產業的未來發展。

很多人幫助我寫了第二版。如果沒有我的妻子黃柳 (Lucy) 的鼓勵和支持，這是不可能完成的。我的兒子蕭嘉瑞 (Jarry Xiao) 和蕭凱瑞 (Colin Xiao) 幫忙校對了一些章節。我的許多朋友和同事提供有用的資訊及建議。我謹致以深深的感謝趙強 (Qiang Zhao)、Chet Lenox、張強 (Qiang Zhang)、高偉民 (Weimin Gao) 和龐琳勇 (Leo Pang)。

編輯部序

「系統編輯」是我們的編輯方針,我們所提供給您的,絕不只是一本書,而是關於這門學問的所有知識,他們由淺入深,循序漸進。

本書譯自 Hong Xiao(蕭宏) 原著「Introduction to Semiconductor Manufacturing Technology」,提供最新的半導體製程相關加工技術之介紹與各種加工原理之說明與應用,是半導體製程實務最為鉅細靡遺的著作。本書適用於大學、科大電子、電機、資工、機械系「半導體工程」、「半導體製程」、「半導體導論」課程使用。

同時,為了使您能有系統且循序漸進研習相關方面的叢書,我們以流程圖方式,列出各有關圖書的閱讀順序,以減少您研習此門學問的探索時間,並能對這門學問有完整的知識。若您在這方面有任何問題,歡迎來函聯繫,我們將竭誠為您服務。

相關叢書介紹

書號：05463
書名：VLSI 電路與系統
　　　（附模擬範例光碟片）
編譯：李世鴻

書號：10469
書名：半導體元件物理與製作技術
編譯：施敏.李明逵.曾俊元

書號：05525
書名：薄膜科技與應用
編著：羅吉宗

書號：05102
書名：半導體製程概論
編著：李克駿.李克慧.李明逵

書號：05299
書名：IC 封裝製程與 CAE 應用
編著：鍾文仁.陳佑任

書號：10466
書名：半導體製程概論(增訂版)
編譯：施敏.梅凱瑞.林鴻志

書號：03672
書名：矽晶圓半導體材料技術(精裝本)
編著：林明獻

流程圖

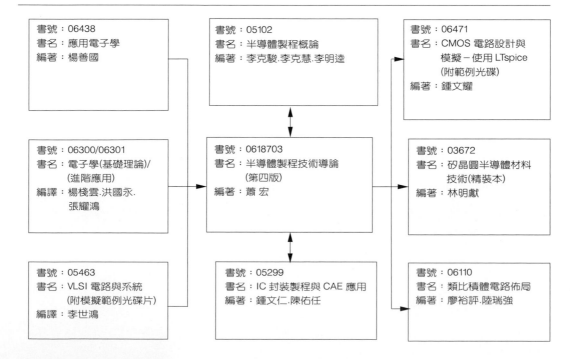

Content

目錄

Content

Content

Content

Content

Content

Chapter 1

導論

學習目標

研讀完本章之後，你應該能夠

(1) 列出發明第一顆電晶體的三位科學家名字。

(2) 認識共享 IC 專利的二位科學家。

(3) 說明離散式元件與 IC 晶片的區別。

(4) 敘述摩爾定律。

(5) 說明元件特徵尺寸和晶圓尺寸在 IC 晶粒製造上的效應。

(6) 定義半導體製造技術的節點。

積體電路 (Integrated Circuit, IC) 技術並非像一些飛碟迷所說，是從墜毀的外星飛船透過逆向工程技術產生的結果。上千位的科學家、工程師和技術人員經過 70 多年的革新、創造和辛勤工作，才造就了今天的 IC 技術。

IC 晶片技術已經顯著地改變了我們的生活。在 1960 年代，IC 晶片在日常生活中幾乎還微不足道。從那時起，IC 晶片的複雜性和實用性有了長足的發展，在已開發國家的一般家庭中，都能看到成百上千個 IC 晶片。IC 晶片引發的一場科技革命，也許比人類歷史上任何其他發明都更重要。

IC 晶片是計算機產業的支柱，產生了軟體、互聯網、行動裝置、人工智慧等相關技術。資訊時代的每一種產品都是 IC 技術的產物。

汽車、智慧手機、電視機、數位相機、筆記型電腦、家電、遊戲機等，都有 IC 晶片的身影。IC 晶片應用將會越來越多，多到要用一整本書才說得完。

在可以預見的未來，IC 技術的進步還可以用來製造一個人性化的機器人，可以在家中為老年人或身障人士服務。它可以強大到，將主人舉起再輕輕放下。它可以根據主人的語音命令做家務、交談、講故事、唱歌、下棋或打牌、上網，以及將內容投射到牆上或屏幕上。它可以儲存成千上萬的高清三維 (3D) 電影，然後依需求為使用者播放。它的語音識別系統不僅可以了解人類講話的內容，還能知道話語的情緒，從而選擇最合適的語調快速回覆。它的高解析度視覺感測器不僅可以識別主人的臉，還可以了解主人的面部表情和肢體語言，從而做出適當的行為。類似於人類皮膚的合成皮膚下安置的感測器，可以讓機器人對觸摸做出相對的反應。它會很有耐心，永遠不會厭倦一遍又一遍做同樣的事情，也不會因為一次又一次聽到同樣的故事而生氣。

如果需要，機器人可以升級到擁有更高解析度的圖像感測器，更明亮、色彩更豐富的影像投影機，更大的記憶體，以處理更多的事情，如講笑話、玩魔術、組織各種資訊和完成更多功能。

在處理三維 (3D) 圖形和人工智慧時，對於運算能力、記憶體和儲存空間的追求永遠不會停止，這可能進一步推動對更強大的微處理器和儲存容量更大的記憶體晶片的需求。

簡史

● 1.1.1 世界上第一顆電晶體

半導體時代開始於 1947 年聖誕節前夕。AT&T 貝爾 (BELL) 實驗室的兩位科學家約翰·巴丁 (John Bardeen，1908 年 5 月 23 日-1991 年 1 月 30 日) 和華特·布拉頓 (Walter Brattain，1902 年 2 月 10 日 -1987 年 10 月 13 日) 展示了一種由半導體材料為鍺所製成的固態電子元件。他們觀察到，當電信號施加到鍺晶體上的接點時，輸出功率大於輸入功率。這項研究成果發表於 1948 年。第一個點接觸型電晶體，如圖 1.1 所示。電晶體 (transistor) 一詞來自於 " 轉換 (transfer)" 與 " 電阻 (resistor)" 的組合。

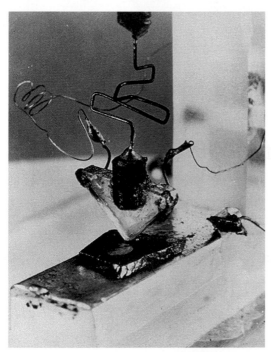

圖 1.1　貝爾實驗室製造的世界上第一個電晶體。(AT & T 惠允翻印)

他們的主管威廉·蕭克利 (William Shockley)(1910 年 2 月 13 日～ 1989 年 8 月 12 日) 不甘心被排除在如此重要的發明之外，決心做出自己的貢獻。蕭克利在聖誕假期非常努力地研究雙載子電晶體的工作原理。他解決了這個問題並於 1949 年發表了他的理論。他還預測了另一種電晶體，即接面型雙載子電晶體，事實證明這種電晶體更容易大量生產。威廉·蕭克利、約翰·巴丁和華特·布拉頓因電晶體的發明，而共同分享了 1956 年獲得諾貝爾物理學獎。電晶體的三位共同發明者如圖 1.2 所示。

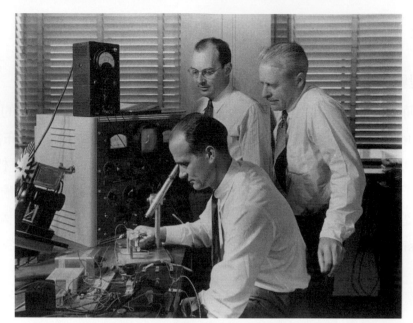

圖 1.2　三位發明者：威廉・蕭克利（正前面），約翰・巴丁（左後方）和華特・布拉頓（右後方）。（來源：http：//www.wired.com/thisdayintech/tag/bell-labs/）

由於軍事和民生電子元件的大量需求，半導體產業在 1950 年代快速發展。基於尺寸小、耗電量低、工作溫度低和反應速度快等優點，以鍺為原料的電晶體很快取代了多數電子產品中的真空管。高純度單晶半導體材料的生產技術出現以後，加速了電晶體的生產。第一個單晶鍺於 1950 年出現，第一個單晶矽在 1952 年相繼問世。整個 1950 年代期間，半導體工業提供了運用在製造答錄機、電腦和其它民生及軍用產品等電子產業所需的離散式元件。離散元件是如電阻、電容、二極體和電晶體等獨立的單顆元件，離散式元件現在仍廣泛應用在電子產品上，技術人員可以很容易在許多先進電子系統的印刷電路板 (PCB) 上看到這種離散式元件。

華特・布拉頓在發明第一個電晶體後轉職到另一個研究團隊。之後他一直在貝爾實驗室從事表面態研究和管理工作，直到 1967 年才退休。

約翰・巴丁於 1951 年離開貝爾實驗室，成為伊利諾大學香檳分校的教授，從事超導性質研究。1957 年，他與里昂庫柏 (Leon Cooper) 和約翰羅伯特施里弗 (John Robert Schrieffer) 合作提出一種超導理論，後來被稱為 BCS 理論 (BCS 分別取自他們三位的姓氏首字母)。他們因發展 BCS 理論而於 1972 年共同獲得諾貝爾物理學獎。巴丁成為第一位獲得兩次諾貝爾物理學獎的人。

1956 年，威廉·蕭克利離開紐澤西州的貝爾實驗室，回到家鄉加利福尼亞州，在舊金山灣以南的山谷中創辦了蕭克利半導體實驗室。在貝克曼 (Beckman) 儀器公司的資助下，蕭克利的實驗室將充滿果園的山谷轉變為世界高科技中心 (現稱為矽谷)。蕭克利吸引了羅伯特·諾伊斯 (Robert Noyce) 和高登·摩爾 (Gordon Moore) 等才華橫溢的科學家和工程師到他的實驗室工作。

儘管蕭克利半導體實驗室做了一些非常好的研究和開發，但它從未成為一個成功的企業，很大的原因在於其領導者的個性和管理風格。羅伯特·諾伊斯、高登·摩爾等人離開蕭克利半導體實驗室，並於 1957 年在快捷 (Fairchild) 相機公司注資下，創辦了快捷半導體公司 (Fairchild Semiconductor)，這些科學家和工程師成功地實現蕭克利在矽基板上製造電晶體的最初目標。

威廉·蕭克利於 1963 年離開了他幫助創建的半導體產業，成為史丹佛大學的電機工程教授。之後，因為他所散佈的人類智力遺傳理論引發了許多爭議，許多人認為這是種族偏見主義。

1.1.2 世界上第一個 IC 晶片

1957 年，在貝爾實驗室電晶體發明十週年紀念研討會上，與會的傑克·基爾比 (Jack Kilby) 注意到，大多數的離散元件，例如電阻、電容、二極體和電晶體，都可以由矽半導體材料製成。因此，可以將它們製作在同一塊半導體基板上，並將它們連接在一起形成電路。如此就可以製造更小的電路並降低電子電路的成本。

傑克·基爾比於 1958 年加入德州儀器 (TI) 以實現他的新想法。由於新進員工還沒有假可休，所以當大部分同事都利用暑期放假的時候，他不得不在冷清的研發實驗室工作，將自己的 IC 構想付諸實踐。當別人暑假回來時，他提出了自己的想法，並展示成果。由於沒有現成的矽基板，他只好改用任何能取得的材料：一條已經帶有一個電晶體的鍺條，他利用鍺條組成了三個電阻，並加入一個電容。通過用細金屬線將那個半英寸半長的鍺晶條中的電晶體、電容器和三個電阻器連接在一起，傑克·基爾比製造出世界第一個 IC，如圖 1.3 所示。因為在傑克·基爾比在德州儀器製造的第一個 IC 元件的形狀是鍺條 (bar)，所以 IC 元件長期以來一直被稱為 "條" 而不是 "晶片 (chip)" 或 "晶粒 (die)"。

圖 1.3 由傑克‧基爾比製造的第一個 IC 晶片。(德州儀器公司提供)

同時在快捷相機公司工作的羅伯特‧諾伊斯也正致力於 "低成本、高生產" 產品的開發，不同於基爾比的 IC 晶片是用真正的金屬線連接不同元件，諾伊斯的晶片是利用蝕刻沉積在晶圓表面的鋁薄膜所形成的鋁線連接各個不同的元件。由矽材料取代鍺，同時應用他的同事珍‧賀妮 (Jean Horni) 開發的平坦化技術，諾伊斯製作出了面接觸式電晶體，這個電晶體充分利用了矽材料和它的天然氧化層——二氧化矽的優點，在高溫氧化爐中，矽晶圓表面很容易生長出高穩定性的二氧化矽層，作為電隔離和擴散阻擋層。

快捷半導體於 1961 年製作出第一批可用於商業化的 IC，這些 IC 僅由四個電晶體組成，每個售價為 150 美元，然而這樣的價格要比購買四個電晶體，並將它們連接在同一個電路板上所形成的相同電路貴得多。美國太空總署 (NASA) 是這種新型 IC 晶片的主要客戶，因為火箭科學家和工程師們願意付出較高的成本減輕太空火箭的重量。

圖 1.4 為快捷的羅伯特‧諾伊斯 1960 年製造出的第一個矽 IC 晶片，這個 IC 晶片由一個 2/5 英吋 (約 10 mm) 的矽晶圓製成。諾伊斯的晶片使用了現代 IC 晶片的基本製造技術，同時也成為所有後繼 IC 的原型。

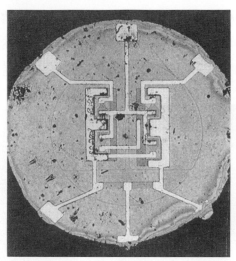

圖 1.4　快捷相機公司在矽晶圓上製造的第一個 IC 晶片。(快捷半導體提供)

　　經過幾年的法律訴訟，德州儀器 (TI) 和快捷半導體透過相互授權來解決糾紛，解決了他們的案件。傑克·基爾比和羅伯特·諾伊斯共享 IC 共同發明人的頭銜。

　　傑克·基爾比在 1983 年正式退休後繼續在德州儀器工作。他因發明 IC 獲得 2000 年諾貝爾物理學獎。圖 1.5 是傑克·基爾比的照片。

Courtesy Texas Instruments

圖 1.5　傑克·聖克雷爾·基爾比 (1923 年 11 月 8 日－2005 年 6 月 20 日)。
(來源：http：//media.aol.hk/drupal/files/images/200811/25/
kilby_jack2.jpg)

羅伯特‧諾伊斯於 1968 年離開快捷半導體後，與安德魯‧葛洛夫 (Andrew Grove) 和戈登‧摩爾共同創立了英特爾公司 (Intel)。後來，他於 1988 年在美國德州奧斯汀市擔任國際半導體製造商聯盟 Sematech 的執行長。圖 1.6 是羅伯特‧諾伊斯的照片。

圖 1.6　羅伯特‧諾頓‧諾伊斯 (1927 年 12 月 12 日—1990 年 6 月 3 日)。

(來源：http：//download.intel.com/museum/research/arc_collect/history_docs/pix/noyce1.jpg)

🔅 1.1.3　摩爾定律

1960 年代起，IC 產業發展非常迅速。1964 年，英特爾公司的聯合創始人之一高登‧摩爾注意到，計算機晶片上的元件數量每 12 個月就增加一倍，而價格卻保持不變。他預測這種趨勢將在未來保持下去。他的預測已成為半導體行業眾所周知的摩爾定律。圖 1.7 顯示了 1965 年摩爾的原始預測。

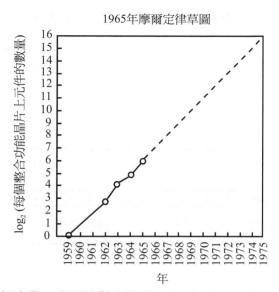

圖 1.7　1965 年高登‧摩爾的觀察預測。來源：http：//www.intel.com/technology/
mooreslaw/ Moore's law graph, 1965：1965 年摩爾定律草圖

　　圖 1.8 是 1971 年到 2022 年微處理器的摩爾定律。我們可以看到，自 1971 年以來，
微處理器的電晶體數量 (N) 每 2 年就增加一倍，確切地說，N 於每 2 年又 2.5 天會增
加一倍 (2.007 年)。對於一個只有 5 個觀測數據點的預測，驚人的是在 60 多年中只
進行了很小的修正。當然，人們可能沒有注意到摩爾定律的一個重要部分，其已經悄
然發生變化，那就是 "價格保持不變" 在今天已不再適用。表 1.1 列出了半導體工業
中的 IC 晶片整合水準。

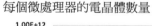

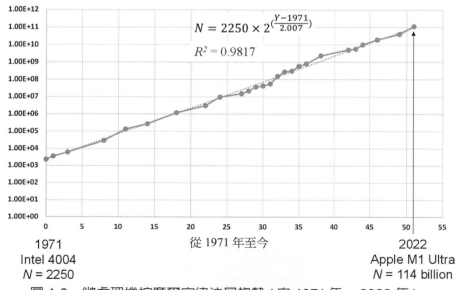

圖 1-8　微處理機按摩爾定律法展趨勢 (自 1971 年～ 2022 年)

表 1.1　半導體工業中使用的 IC 晶片整合水準。

積體化電路	縮寫	單一晶片中的元件數量
小型 IC	SSI	2 ～ 50
中型 IC	MSI	50 ～ 5,000
大型 IC	LSI	5,000 ～ 100,000
超大型 IC	VLSI	100,000 ～ 10,000,000
極大型 IC	ULSI	>10,000,000

　　ULSI 之後，英語詞彙似乎用盡了形容詞來超越 "Ultra"，ULSI 成爲 LSI 的最後一個也是整合度最高的層次。

◉ 1.1.4　特徵尺寸和晶圓尺寸

　　2000 年之前，半導體行業的特徵尺寸 (feature size) 通常以微米爲單位，等於一米的百萬分之一 (10^{-6})，以 μm 表示。舉例：人類頭髮的直徑約爲 50 至 100 微米。2000 年後，半導體技術推進到奈米 (nm) 尺度，奈米是十億分之一 (10^{-9}) 米。

　　在不到 60 年的時間裡，IC 晶片的特徵尺寸急劇縮小，從 1960 年代的約 50 微米縮小到 2020 年的不到 10 奈米。透過縮小特徵尺寸，可以製造更小的元件，每片晶圓可以產出更多晶片，或者可以在相同尺寸的晶片放入更多元件而使其功能更加強大。這兩種方式都可以幫助 IC 晶圓廠在 IC 晶片製造中獲得更多利潤，這是 IC 技術發展最重要的推動力。

　　當技術節點從 28 奈米縮小到 20 奈米時，晶片也相對縮小了 $(20/28)^2$ ～ 0.51 倍。如果晶片和晶圓都是正方形，這就表示潛在的晶片數目幾乎可以增加一倍 (但由於矽晶圓是圓型的，邊緣效應只能使晶片數目增加約 50% 左右)。同理，如果再將特徵尺寸進一步縮小到 14 奈米，相對於 28 奈米製造技術，晶片數目幾乎可達四倍 (圖 1.9 所示)。

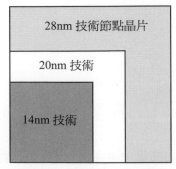

圖 1.9　不同技術節點的相對晶片尺寸。

當然，自 16nm/14nm 節點以來，技術節點名稱中的奈米數已與晶片的特徵尺寸或最小圖案間距脫鉤。現在，它變成了技術節點的代號，與技術節點晶片中的特徵尺寸無關。表 1.2 列出了 Intel 晶片 22nm、14nm 和 10nm 三個技術節點的特徵尺寸。我們可以看到，沒有一個特徵尺寸與其相關的技術節點奈米數完全匹配。

表 1.2　英特爾技術節點及其特徵尺寸

技術節點	22nm	14nm	10nm
鰭片間距 (nm)	60	42	34
電晶體閘距 (nm)	90	70	54
最小金屬間距 (nm)	80	52	36

在所謂的"美好過往"時代，邏輯 IC 技術節點由最小特徵尺寸定義，通常是 MOSFET 閘極的關鍵尺寸 (CD)。然後，人們開始耍花招，通過修減 MOSFET 閘極 CD 來獲得更短的通道長度和更快的元件性能。

邏輯 IC 技術節點是幾微米或幾奈米，是由 MOSFET 閘極間距四分之一，或稱為接觸閘極間距所決定，因為閘極之間存在接觸孔或溝槽。因此，22.5nm 四分之一電晶體閘極間距在 22nm 節點仍然適用。

圖 1.10 說明了技術節點 N7 到 N1 及其最小圖案間距 (金屬間距)。資料來自 Luc Van den Hove 博士的 2022 SPIE Plenary Presentation "The endless progression of Moore's law"。可以看到最小圖形間距與 N 後面的數字無關，N 可以代表奈米。此外，您可能會注意到 N7 金屬間距 (40nm) 大於 Intel 10nm 金屬間距 (36nm)，這就是因為其背後的技術來自於不同的公司。

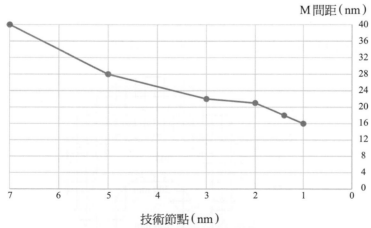

圖 1.10　技術節點和最小圖案間距。

問題

特徵尺寸是否有最小極限？

解答

有，矽晶圓上的微電子元件最小特徵尺寸不能小於兩個矽原子的間距，即 5.43Å。(1Å = 0.1 nm = 1 × 10⁻¹⁰m)

問題

IC 晶片的最小特徵尺寸有可能最小到什麼程度？

解答

IC 發展過程中已經證明許多關於最小特徵尺寸的預測是錯的，作者不排除以下的預言是錯誤的。單一矽原子不足以構成一個微電子元件。因此，如果需要 10 個矽晶格原子構成最小特徵尺寸，IC 晶片的最小特徵尺寸可以小到 50Å 或 5 nm。

圖案化是特徵尺寸微縮化的主要技術挑戰之一。將設計好的圖案轉移到晶圓表面，形成 IC 裝置，是 IC 製造的一個基本步驟。13.5nm 波長的高解析度極紫外光(EUV) 微影技術在 N7 節點之後已經開發並應用於大量製造 (HVM)。結合高數值孔徑 (NA) EUV 和多種圖案化技術，它可以在可預見的未來支持 IC 微縮化。這將在更多討論詳見第 7 章。

當最小特徵尺寸不斷縮小時，晶圓的尺寸卻持續增大。晶圓尺寸已由 1960 年的 10 mm(2/5 英吋) 增大到目前的 300 mm(12 英吋)。由於晶圓尺寸的增大，使單一晶圓上可以放置更多的晶片。從 200 mm 到 300 mm，晶圓的面積增加了 $(3/2)^2 = 2.25$ 倍，這表示在每個 300 mm 晶圓上的晶片數目可以增加一倍多。圖 1.11 說明了 150 mm、200 mm、300 mm 和 450 mm 晶圓的相對晶圓尺寸比例。

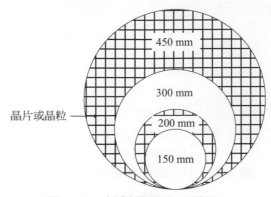

圖 1.11　相對晶圓尺寸顯示。

問題

晶圓最大尺寸可以達到多少？

解答

由於平板顯示器 (FPD) 製造設備已經開始處理尺寸為 2910mm×3370mm 的第 10.5 代玻璃基底，機械處理 1000 毫米 (1 米) 直徑的矽晶圓應該沒有什麼大問題。然而，晶圓尺寸受到許多因素的限制，例如拉晶、晶圓切片技術、加工設備開發，最重要的是，IC 製造的需求。由於增加晶圓尺寸的研發需要大量的前期資金投入，所以每家 IC 製造商都不想先行投入。

目前用於 IC 生產的最大晶圓是 300mm 晶圓，是 IC 晶圓廠的主流。當初在 2012 年曾出現，說要用於 IC 製造的最大晶圓直徑為 450 mm。然而，大多數半導體製造商和大多數半導體設備製造商並沒有積極投入 450mm 晶圓加工所需的巨額資金。300mm 很可能會是最大的晶圓尺寸。

⊗ 1.1.5 IC 技術節點定義

很久以前，當技術節點還是以微米 (μm) 來衡量時，技術節點，如 3μm、2μm、1μm 等，被定義為最小關鍵尺寸 (CD)，通常就是元件中閘極的 CD。在次微米技術時期，閘極 CD 開始出現小於技術節點的數字，以在相同的圖形解析率下提高元件性能。技術節點的定義因應此趨勢也開始與閘極圖案間距相關，如圖 1.12(a) 所示。雖然通過光阻修整等技術可以相對容易地降低圖案 CD，如圖 1.12(b) 所示，但不會改變圖案間距。要縮小圖形間距，需要升級圖形技術，圖形技術由微影定義，通過蝕刻加工實現。通常，技術節點由晶粒的最小間距部分定義。

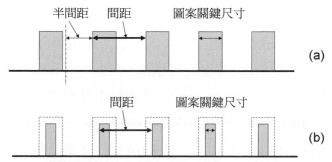

圖 1.12　圖案關鍵尺寸與圖案間距和半間距的關係。(a) 初始光阻圖案；(b) 修正後的光阻圖案。雖然關鍵尺寸透過修正後的技術減小，但圖案間距不變。

不同的 IC 元件，技術節點與圖案間距的關係不同。例如，DRAM 技術節點通常被定義爲主動區 (AA) 圖案的半間距。然而，DRAM 製造商有意避免使用精確的奈米數來標記技術節點，他們使用 $1x$、$1y$、$1z$、1α、1β 和 1γ 來代替。

對於閘極之間沒有接觸的平面 NAND 閃存裝置，技術節點定義爲閘極圖案的半間距。因此，15nm 2D-NAND 閃存晶片具有 15nm 半間距的閘極圖案。不過，在 3D-NAND 成爲 NAND 閃存產品的主流之後，其技術節點不再以奈米數來衡量，而是以總堆疊數來衡量。最早發表的研發階段元件在 2007 年有 4 層，2022 年已有 232 層的產品。

對於平面邏輯 IC 元件，接觸閘極圖案通常會有最小圖案間距，技術節點定義爲接觸閘極間距的 1/4。例如，一個 20 奈米的邏輯元件應該有 80 奈米的接觸閘極間距。當然，從表 1.2 和圖 1.10 我們知道，在 FinFET 取代了平面 MOSFET 之後，就不再是這樣了。目前以奈米爲單位的數字，或技術節點中 N 之後或 Å(埃) 之後的數字或多或少只是一個代號。其中一份邏輯 IC 技術路線圖列出的技術節點爲：14nm、10nm、N7、N5、N3、N2、A14、A10、A7、A5、A3、A2。這裡 N 代表奈米，A 代表埃 (1Å = 0.1nm)。

⊗ 1.1.6　"摩爾定律"

自從 IC 發明以來，IC 製造技術發展迅速，與摩爾定律非常吻合，如圖 1.8 所示。然而，半導體技術進步的真正推動力並不是所謂的 "摩爾定律"，而是 "追求更高利潤法則 (Law of More(Profit))"。透過縮小最小特徵尺寸，可以在晶圓上放置更多的晶片，或者在一個晶片中放置更多的元件。

在所謂的 "美好過往" 中，透過縮小設備尺寸，可以提高設備速度，降低功耗，提升元件整體性能。因此，找到縮小最小特徵尺寸的方法可以降低製造成本、提高利潤率並加強競爭地位。當特徵尺寸縮小的好處可以合理化研發的成本時，IC 製造商就有強烈的動機大力投資新技術並推動元件微縮。在過去的 60 年裡，摩爾定律與 "追求更高利潤法則" 結合得很好，給人一種 IC 技術是由摩爾定律驅動的錯覺。然而，當 IC 技術節點達到奈米級時，由於漏電問題，簡單地縮小最小特徵尺寸已無法再提高元件性能，因此開發出應用於 CMOS　IC 的高 k 閘極電介質和金屬閘極 (HKMG) 與 FinFET。在奈米技術時代，研發成本隨著 IC 技術節點的微縮化幾乎呈指數級增長。

　　許多 IC 製造商再也負擔不起不斷增加的研發成本，退出了追求 IC 製造技術的競賽。只有少數財務狀況良好的公司才能爲研發提供資金並繼續最先進的 IC 技術競賽。在可預見的未來，摩爾定律將逐漸成爲歷史，IC 技術的進步將由追求更高利潤法則決定。半導體行業最終會成爲一個成熟的行業，就像許多傳統製造業一樣，技術將以更溫和的速度繼續前進。

1.2 概述

　　IC 製造是一種非常複雜的技術，包含材料生長、晶圓製造、電路設計、無塵室技術、製造設備、測量機台、晶圓處理、晶粒測試、晶片封裝和最後的晶片測試。

1.2.1 材料製備

　　半導體的生產需要用前驅物製造晶圓。晶圓製造過程中，如化學氣相沉積 (CVD)、蝕刻、物理氣相沉積 (PVD) 和化學機械研磨 (CMP)，都需要使用超高純度以及極低微粒密度的氣體確保生產的良率。

　　許多半導體製作的原料有毒、易燃、易爆、有腐蝕性，有些是強氧化劑。這些化學品需要專業人員才能處理。除非受過良好訓練且百分百確定，否則不應打開氣體或液體管線，也不應更換氣瓶，這是常識。

1.2.2 半導體製程設備

　　半導體加工需要各種高度專業化的機台。有磊晶矽沉積反應器、CVD 和蝕刻設備、離子佈植機、爐管和快速加熱製程系統、金屬沉積反應器、化學機械研磨機和微影機台。這些製程機台非常精密、複雜且昂貴。他們需要大量的特殊培訓才能正確操作、維護和排除這些機台的故障。因爲這些機台非常昂貴，而且無塵室的單位面積成本也非常昂貴，所以半導體工廠總是試圖讓這些機台每天 24 小時、每週 7 天不間斷地運行，直到計劃的預防性維護或有其它失誤狀況才會停止。減少機台停機時間以提高生產率和增加產量以提高利潤率非常重要。訓練有素、經驗豐富的工程師和技術人員在這方面發揮著至關重要的作用。

　　在 1970 年代之前，大多數 IC 製造商都製造自己的製程設備。現在半導體設備公司爲 IC 製造商提供大部分製造設備。他們提供的不僅是複雜的設備，而且還是可量產流程。同時處理多片晶圓的批次處理系統仍在廣泛使用，然而單晶圓、多腔室單晶圓、多腔機台越來越受到關注和應用。具有多重製程整合能力的集結機台有助於提高製程產量和製程良率。另一個趨勢是在垂直方向上堆高製程腔體或製程站台，以減少機台的佔地面積並節省無塵室的空間。無塵室空間變得非常昂貴，特別是對於先進 IC 晶圓廠的高檔無塵室。將量測機台整合到生產設備中以達到當場測量和實時程序控制是製程裝備發展的另一個趨勢。

◉ 1.2.3　量測檢驗

每個半導體製造步驟都需要專門的機台來測量、監控、維護以控制整個製程。有一些機台可以測量薄膜特性，例如厚度、均勻性、應力、折射率、反射率和片電阻。有測量元件特性的機台，例如 I-V 曲線、C-V 曲線和崩潰電壓。光學和電子顯微鏡被廣泛用於檢查圖案、輪廓和對準。一些量測機台使用紅外線和 X 射線來測量和分析化學成分及其濃度。保持測試和量測機台於正常的工作狀態非常重要，否則會導致誤判，誤以為機台故障而停機，反而影響了整體的生產效率。因此在使用量測機台時，了解機台操作基本原理、保持系統正確校準，對於盡可能減少不必要的停機時間是很有幫助的。

半導體製程的發展對量測機台的發展提出了最大的挑戰。為了製程更好的監控，就需要更快、更準確的極薄膜 (<10Å) 量測、非破壞性圖案與輪廓量測，即時、現場的量測等。為了提高和保持製造良率，缺陷檢測和監控技術也得到迅速發展。光學檢測系統使用光子來檢測出空白晶圓和圖案化晶圓上的物理缺陷。電子束檢測系統使用電子來捕獲微小的物理缺陷和一些電氣缺陷，例如開路或短路。通常，需要有技術節點最小間距一半長度的缺陷辨識能力，才能控制缺陷密度並保持生產的良率。

缺陷檢測是 IC 晶圓廠良率管理的重要環節。一般會用控片定期檢測微粒和其它污染源，以快速確認製程設備品質完善。還使用光學檢測器對晶圓圖案進行檢測，以監控製程以防止良率偏差。具有高靈敏度的電子束檢測儀廣泛用於研發和產量提升，以監測出光學檢測儀因靈敏度不足，而未檢出的微小缺陷。

◉ 1.2.4　晶圓生產

晶圓製造從普通的石英砂開始，首先利用碳和石英砂在高溫狀態下反應產生純度為 98% 的未經加工的矽或冶金級矽 (MGS)。接著將 MGS 磨成粉狀與氯化氫反應產生液態三氯矽烷 ($SiHCl_3$,TCS)，它的純度高達 99.9999999%。然後再將 TCS 與氫在高溫狀態下反應出高純度的多晶矽或電子級矽材料 (EGS)。將 EGS 放入旋轉石英坩堝內加熱到 1415℃熔化，然後慢慢將一個旋轉晶種推進熔融的矽中，再慢慢將其提拉出來，最後產生出超純淨的單晶矽晶柱。單晶矽晶圓就是將圓形晶柱鋸成片狀，接著將晶圓粗磨、洗淨、蝕刻、研磨、打上編號，最後運送到 IC 晶片製造廠。許多晶圓製造廠甚至爲 IC 製造廠在晶圓表面沉澱一層單晶矽薄膜，這層薄膜稱爲磊晶矽。
晶圓的生產製造和磊晶矽的沉積將在第四章詳細介紹。

⊗ 1.2.5 電路設計

當傑克‧基爾比用五個元件、一個電晶體、一個電容和三個電阻製作出第一個 IC
時。他以手繪方式設計了電路，如圖 1.13 所示。

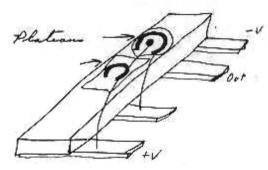

圖 1.13　傑克‧基爾比 1958 年 9 月 12 日繪製的第一個 IC 原始草圖。

(德州儀器公司提供)

一個 5nm 晶片 (Apple 的 M1 Ultra) 有 1140 億個電晶體。若沒有強大的電腦設計
機台的幫助，設計這些晶片是不可能的。即使使用電腦設計機台，像高端微處理器晶
片這樣複雜的 IC 也需要數十名工程師，有時甚至上百名工程師和設計人員花費數月
的時間進行設計、測試和佈局。

設計時的主要考慮因素包括：晶片功能、晶粒尺寸 (晶片製造的成本)、設計時
間 (IC 設計所需時間和規劃的成本) 和可測試性 (測試和時間規劃的成本)。IC 設計
總是在這些因素中評估取捨以獲取最佳的功能和利潤。圖 1.14(a) 顯示了互補金屬氧
化物半導體 (CMOS) 反相器電路。圖 1.14(b) 是一個 CMOS 反相器光罩佈局。這種佈
局的優點是可以使 N 型 MOS(NMOS) 和 P 型 MOS (PMOS) 在同一平面，如圖 1.14(c)
截面圖所示。

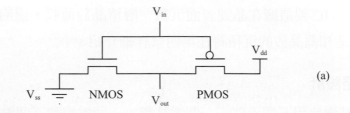

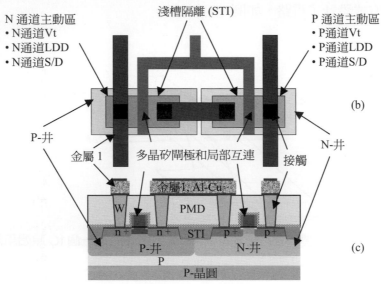

圖 1.14　(a)CMOS 反相器電路；(b) 光罩佈局；(c) 晶片截面圖。

　　對於實際的 IC 設計，CMOS 反相器佈局通常更緊湊，如圖 1.15 所示。它基本上是在圖 1.14(b) 基礎上將 PMOS 旋轉 180° 放在 NMOS 上方。這樣，NMOS 和 PMOS 的公用閘極縮短並拉直。與圖 1.14(b) 所示的 U 形閘極相比，這種佈局的優點顯而易見。當然，這種佈局將使得 NMOS 和 PMOS 截面不在同一平面上。

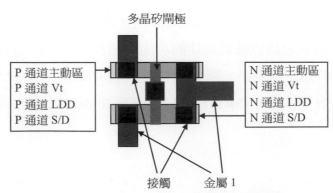

圖 1.15　實際的 CMOS 反相器光罩佈局。

　　IC 設計包含架構設計、邏輯設計及電晶體級的設計。架構設計決定了應用操作系統且將系統分成數個模組。邏輯設計是將邏輯單元，如加法器、邏輯閘、反相器和記憶體放置於每個模組中並執行副程式。電晶體級設計是將個別的電晶體放置在每個邏輯元件中，二進位指令 (0 和 1) 用於測試邏輯單元的電路設計。

測試程序中將設計錯誤消除後便可將設計的佈局圖精確印在一片鍍鉻的玻璃板上製造出光罩或倍縮光罩。微影製造中，光罩 / 倍縮光罩透過曝光過程使得光阻產生光化學反應，可將設計圖案暫時轉印到半導體晶圓表面所覆蓋的光阻上。由於大多數 IC 晶片是互補式 MOS(CMOS)，而且反相器是最簡易的互補式 MOS 電晶體電路，所以本書都借用 CMOS 反相器分析 IC 的設計及製造過程。

1980 年代以前，大多數半導體公司都自行設計、生產及測試 IC 晶片。這些傳統的半導體公司被稱為整合元件製造商 (IDM)。進入 1990 年代之後，IC 產業中產生了兩種半導體公司。一種為 "晶圓代工" 公司，其擁有晶圓製造工廠但卻沒有自己的設計部門。他們接受其他公司的訂單，製造光罩 / 倍縮光罩，或從顧客手中取得光罩 / 倍縮微影光罩，為客戶處理晶圓及晶片製造；另一類為 "無晶圓廠" 的半導體公司，這種公司只有自己的設計團隊和測試中心，接受以電子產業為主的客戶訂單，並根據顧客的需求設計晶片，然後與晶圓代工公司簽約並依照他們的設計生產晶圓。有些設計公司用自己的測試機台測試晶片製造廠生產的晶片。有些無晶圓廠公司甚至只專注晶片的設計而將晶片的測試工作外包出去。晶片最後將運回無晶圓廠公司，測試後才將產品送交原來的客戶。

IC 的設計對 IC 的製造有直接影響，例如，當一個晶片被設計成在某一區域內佈滿了金屬連線，而在另一區域卻只有很少或沒有金屬連線時，就可能造成蝕刻過程中的 "負載" 效應，及在化學機器研磨過程中的 "碟形化" 效應。產品工程師、設計小組及製造小組必須密切配合，以避免或解決這類問題。

當 IC 技術發展到奈米技術時代後，由於晶圓上的圖案比曝光的光波長小，光學鄰近修正 (OPC) 和相關的製程技術顯得十分重要。提供電子設計自動化 (EDA) 軟體的設計公司與晶圓廠聯繫更加緊密，以確保他們的產品可以幫助設計師設計出具有高可製造性的 IC 晶片，並在矽製程產線上實現高產量。

◉ 1.2.6 光罩製作

IC 設計完成後，EDA 軟體生成的圖像佈局將印在一塊鍍有鉻層的石英玻璃上。計算機控制的雷射束將佈局圖像投射到光阻塗層的鉻玻璃表面上。光子通過光化學反應改變曝光的光阻的化學性質，然後將其溶解在顯影劑溶液中。圖案化蝕刻加工去除光阻已被顯影劑溶液溶解的位置的鉻。因此，它將 IC 佈局的圖像轉移到石英玻璃上的鉻上。

為了保持光罩表面的潔淨，將一片稱為光罩護膜的塑膠薄膜片覆蓋在接近鉻玻璃表面的位置。這樣可以避免直接接觸金屬層和玻璃表面以保持光罩乾淨，更重要的是，這樣可以確保落在光罩上的微粒不會在晶圓表面造成缺陷。圖 1.16(a) 為光罩的基本結構。圖 1.16(b) 顯示了衰減相位移光罩的基本結構。圖 1.17 互補式 MOS 電晶體 (CMOS) 反相器中的 IC 佈局和光罩之間的關係。可以看出，製造一個 CMOS 反相器需要至少 10 個光罩。

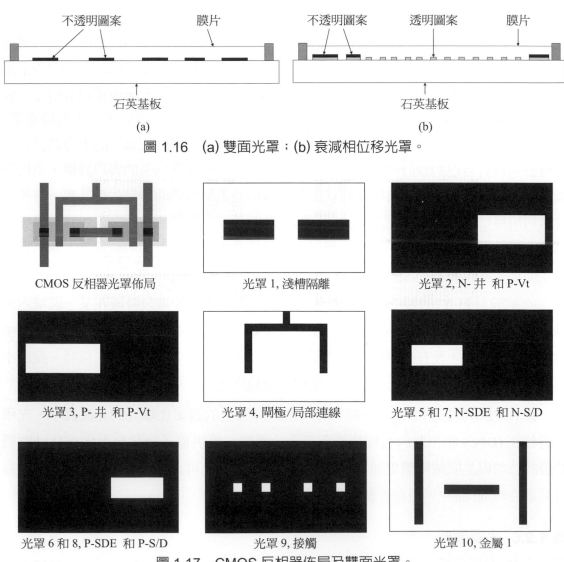

圖 1.16　(a) 雙面光罩；(b) 衰減相位移光罩。

CMOS 反相器光罩佈局　　光罩 1, 淺槽隔離　　光罩 2, N- 井 和 P-Vt

光罩 3, P- 井 和 P-Vt　　光罩 4, 閘極/局部連線　　光罩 5 和 7, N-SDE 和 N-S/D

光罩 6 和 8, P-SDE 和 P-S/D　　光罩 9, 接觸　　光罩 10, 金屬 1

圖 1.17　CMOS 反相器佈局及雙面光罩。

電腦控制的電子束也用於曝光光阻以實現圖案轉移。由於高能電子束的波長比紫外光短，因此它具有更高的解析度，並且可以在鍍鉻玻璃上的光阻中生成更清晰的圖像。隨著特徵尺寸的縮小，需要越來越多的光罩來使用電子束微影進行圖案化。為了提高電子束寫入的生產速度，開發了多束寫入系統，可以投射多束電子束，這些電子束可以獨立控制並同時寫入光罩。

一般而言，當鉻膜玻璃上的影像能覆蓋整個晶圓時，稱為光罩。光罩通常以1：1的比例將圖案轉印到晶圓表面，投影，近接式曝光和接觸式曝光等曝光系統都使用光罩，光罩的最高解析度大約為 1.5μm。

當鉻膜玻璃上的圖案只能覆蓋晶圓的部分區域時，稱為倍縮光罩。倍縮光罩上的圖案和特徵尺寸均比投射在晶圓表面上的圖案大，通常以 4：1 (4×) 的比例縮小。使用倍縮光罩的曝光系統必須曝光許多次才能覆蓋整個晶圓，這個過程稱為步進重複或步進掃描，這種對準 / 曝光系統稱為光罩步進機。先進的半導體廠商在微影製程中都使用光罩步進機曝光。使用帶有倍縮光罩步進機的最大優點是具有更高的解析度。圖 1.18 為光罩和倍縮光罩的示意圖。

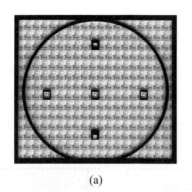

(a)　　　　　　　　　　　　　(b)

圖 1.18　(a) 光罩和 (b) 倍縮光罩 (SGS 湯普森提供)

由於倍縮光罩上的任何缺陷圖案投影到晶圓表面後都將縮小，所以即使在倍縮光罩上有一些微粒，光罩步進機都可以大大減小在晶圓上產生致命缺陷的機會。在相鄰的線性圖案上使用相位移覆蓋技術產生破壞性干涉，可以增強次微米圖案的曝光解析度。這部分內容將在本書第六章討論。

製造最簡單的 MOS 電晶體至少需要五道微影。先進的 IC 晶片甚至需要超過 30 道微影 / 倍縮微影製程。

⊗ 1.2.7　晶圓製造

第一個 IC 設計人員利用 EDA 輔助機台進行了電路設計。光罩製造廠使用設計師提供的光罩佈局檔將設計的圖案轉印到覆蓋有鉻玻璃的光阻上，這個過程使用雷射或電子束直寫的方式，然後蝕刻鉻玻璃形成光罩；製成的光罩佈局將送至 IC 製程產線的微影生產線。晶圓製造提供不同類型的晶圓，這些晶圓具有不同的晶向、不同摻雜類型、不同摻雜濃度，已經有或沒有磊晶層，這是根據 IC 晶圓廠的要求設計的。材料製造商根據 IC 製造的需要製造了多種超純淨材料。

一旦晶圓被送至製程產線，通常將進行雷射刻劃、清洗和熱成長一層薄二氧化矽。在所謂的電晶體製造前端製程 (FEoL) 製程晶圓處理過程中，晶圓將經過多次微影，其中大部分需要不同的離子注入形成井區、源 / 汲擴展接面、多晶矽閘極摻雜和源極 / 汲極接面。前端 FEoL 微影製程只包括兩個圖案化蝕刻過程，一個是形成淺溝槽隔離，另一個是形成閘極電極。

在後端 (BEoL) 製程過程中，所有的微影製程都會緊接著進行蝕刻製程。銅金屬化製程中，金屬層的數目決定了多次重複雙鑲嵌製程：介電質化學氣相沉積、微影、介電質蝕刻、去光阻和清洗、微影，介電質蝕刻，去光阻和清洗、金屬層沉積、金屬退火和 CMP。所有的金屬層形成後，沉積 CVD 氧化矽和氮化矽作為鈍化層，最後的微影製程定義出打線和形成凸塊的墊片。

最後進行晶片測試、晶粒切割、分類、封裝並送給客戶。

IC 廠商需要經過數百道製造步驟和數周時間才能在晶圓表面做出微小的電子元件和電路。晶圓處理過程包括：濕式清洗、氧化、微影、離子佈植、快速熱退火、蝕刻、去光阻、CVD、PVD 和 CMP 等。圖 1.19 顯示了一個先進半導體生產線上的 IC 晶片流程圖。後續的章節中，將以最少的數學、化學和物理知識，對晶圓廠的這些製程技術進行詳細探討。

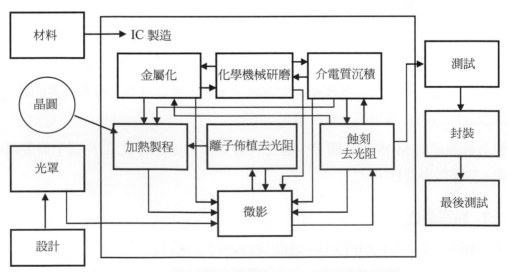

圖 1.19　先進半導體生產線上的 IC 晶片製程流程。

1.3 本章總結

(1) 第一個電晶體由威廉‧蕭克利、約翰‧巴丁和華特‧布拉頓發明；

(2) 傑克‧基爾比和羅伯特‧諾伊斯共同發明了 IC；

(3) 離散式元件是單一的電子元件，如電阻、電容、二極體和電晶體。IC 晶片是在同一塊基板上形成設計的功能電路，包含許多電子元件；

(4) 摩爾定律預測晶片上的元件數目每 12 個月到 18 個月增長一倍，但價格不變；

(5) 當縮小特徵尺寸時，晶片尺寸會相對縮小，這使得每個晶圓上可容納更多的晶片。又由於晶圓尺寸的增加，每片晶圓能生產出更多的晶片。這兩種方式可以使得 IC 晶片製造商獲得更多利潤。

習題

1. 第一個電晶體在什麼時間製造而成？

2. 離散式元件與 IC 有什麼不同？

3. IC 由哪些科學家發明？

4. 快捷半導體的第一個 IC 和 TI 推出的第一個晶片之間的主要區別是什麼？哪一個更接近現代化的 IC 晶片？

5. 第一個 IC 由幾個零件組成？你能從圖 1.13 中找出它們嗎？

6. 光罩和倍縮光罩的區別是什麼？在高解析度的微影技術中，步進機需要配備哪種類型的光罩？

參考文獻

[1]　J. Bardeen and W. H. Brattain, *The Transistor, A Semiconductor Triode*, Physics Review, Vol. 74, p. 435. 1948.

[2]　W. Shockley, *The Theory of p-n Junctions in Semiconductor and p-n Junction Transistors*, Bell Cyst. Tech. J., Vol. 28, p. 435. 1949.

[3]　Jack S. Kilby, *Miniaturized electronic circuit*, US patent #3,138,743, filed February 6, 1959, granted June 23, 1964.

[4]　Robert N. Noyce, *Semiconductor device-and-lead structure*, US patent # 2,981,877, filed July 30, 1959, granted April 25, 1961.

[5]　*ULSI Technologies*, C. Y. Chang and S.M. Sze, McGraw-Hill companies, New York, New York, 1996.

[6]　*Principles of CMOS VLSI Design*, second edition, Neil H. E. Weste and Kamran Eshraghian, Addison-Weslay Publishing Company, Reading, Massachusetts, 1993.

[7]　Gordon E. Moore, *Cramming more components onto integrated circuits*, Electronics Magazine, Vol. 38, p. 4, 1965. ftp：//download.intel.com/museum/Moores_Law/ Articles-Press_Releases/Gordon_Moore_1965_Article.pdf

[8]　ftp://download.intel.com/museum/Moores_Law/Articles-Press_Releases/Gordon_ Moore_1965_Article.pdf

[9]　Michael Riordan and Lillian Hoddeson, *Crystal Fire*, W. W. Norton & Company, New York, NY, 1997.

[10]　I. M. Ross, "The invention of the transistor," in Proceedings of the IEEE, vol. 86, no. 1, pp. 7-28, Jan. 1998, doi: 10.1109/5.658752.

[11]　Luc Van den Hove, "The endless progression of Moore＇s law", Proc. of SPIE Advanced Lithography and Patterning, 12053-500, (2022).

Chapter 2

積體電路製程介紹

本章將介紹半導體製造的基本過程，包括無塵室運作的基礎、污染控制、良率、IC 晶圓廠配置、設備區域、測試和封裝製程。

學習目標

研讀完本章之後，你應該能夠

(1) 定義良率。

(2) 說明良率的重要性。

(3) 描述一個無塵室基本結構。

(4) 解釋無塵室規範的重要性。

(5) 列出 IC 製程中的四種基本製程。

(6) 列出至少六種 IC 晶圓廠內的製程區名稱。

(7) 列出 IC 製作常用的系統設施。

(8) 說明晶片封裝的目的和意義。

(9) 比較陶瓷封裝和塑膠封裝。

(10) 描述標準的引線接合製程與覆晶接合製程。

(11) 列出封裝製程的溫度需求。

(12) 描述誘發故障測試的目的。

2.1 IC 製程簡介

IC 晶片製造是一個非常複雜和耗時的過程。它藉助強大的電子設計自動化 (EDA) 軟體，首先從 IC 設計開始，完成 IC 設計驗證後即可下線。在光罩製作廠，設計的圖案通過電子束寫入器或雷射寫入器打印在鍍鉻玻璃板上的光阻 (PR) 層上。光阻顯影後，使用鉻蝕刻程序將光阻圖案轉移到鉻玻璃上，形成光罩或倍縮光罩。經過清潔和檢查後，光罩就準備好運送到 IC 廠。製作一塊 IC 晶片，需要多達 80 個左右的光罩，取決於元件類型和技術節點，以及是否用到 EUV 微影。

單晶矽晶圓的製造，首先是從石英砂中提取粗矽，然後將矽純化，提拉成單晶晶柱，再將晶柱切成矽晶圓。經過邊緣圓化、濕蝕刻、表面研磨，有時還需要矽磊晶生長，矽晶圓在通過檢查後就可以準備運送到半導體晶圓廠。一個典型的 300mm IC 晶圓廠每月可以處理超過 10,000 片晶圓。大型晶圓廠每月可生產超過 11 萬片 300mm(12 英寸) 晶圓。

IC 製造需要許多超高純度的化學材料。氧氣、氮氣、氫氣、矽烷等氣體；去離子水、硫酸、硝酸、氫氟酸等液體；IC 晶圓廠大量使用磷、硼、鋁、銅等固體。

一旦晶圓進入 IC 晶圓廠，它們將被清洗並經過許多製作步驟，例如加熱製程、微影、蝕刻、離子注入、電介質薄膜沉積、化學機械研磨 (CMP)、金屬化等。

IC 製造完成後，加工後的晶圓被運送到測試和封裝廠進行測試、封裝和最終測試。一般的 IC 製程流程如圖 2.1 所示。

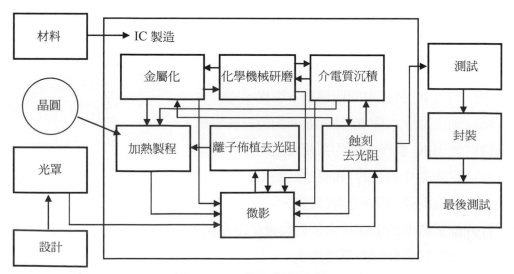

圖 2.1　IC 製造製程流程。

　　晶圓一直都在無塵室中，在那裡微粒的大小和數量都被嚴格控制在非常低的程度。即使在無塵室中，晶圓大部分時間都存放在專門設計的容器中，以盡量減少可能的污染。對於 200mm 或更小的晶圓，許多晶圓廠使用帶有承載箱的開放式晶圓盒，這些晶圓盒可以在垂直方向的插槽中插入晶圓。一些先進的 200mm 晶圓廠使用稱為標準機械式介面 (SMIF) 盒的容器。對於 300mm 晶圓，該容器稱為前開口式通用容器 (front opening unified pod 或 FOUP)，使得晶圓永遠不會暴露在晶圓廠的環境中。

2.2 IC 的良率

　　良率是 IC 製造最重要的因素之一。它決定晶圓廠是盈利還是虧損。良率與許多因素有關，包括環境、材料、設備、製程和在晶圓廠工作的人員。因此提高良率非常重要，以至於半導體晶圓廠一定會聘請一些工程師，稱為良率工程師或良率提升工程師，在 IC 晶圓廠工作。

2.2.1 良率的定義

　　IC 晶片的生產過程包括三種不同的良率

晶圓良率：完成所有製造步驟後的完好晶圓的數目與用於IC晶片製造的晶圓總數之間的比值。

$$Y_W = \frac{\text{完好晶圓的數目}}{\text{晶圓總數}}$$

晶粒良率：完成所有製造步驟後的完好晶圓上的完好晶粒數目與晶圓上晶粒總數的比值。

$$Y_D = \frac{\text{完好晶粒數目}}{\text{晶圓上的晶粒總數}}$$

封裝良率：完成所有封裝步驟後的完好晶片數目與已封裝晶片總數的比值。

$$Y_C = \frac{\text{完好的晶片數目}}{\text{晶片總數}}$$

　　晶圓良率主要取決於製程和晶圓的搬動，人為搬動的疏忽和機器異常或錯誤調整都會損壞易碎的矽晶圓。錯誤的製造，如對準錯誤的微影加上隨後的蝕刻或離子佈植、錯誤的摻雜濃度、極差的均勻性、或晶圓上的過量微粒等，都會損毀晶圓。與晶粒良率有關的因素包括微粒污染、製造維護和整個製造步驟等。封裝良率與晶粒測試以及最後的晶片測試間的金屬線接合品質及規格有關。

IC 製造廠的整體良率是三個公式相乘的結果，這是半導體製造廠相當重要的因子，整體良率可以決定一間生產晶圓廠是否獲利。

$$Y_T = Y_W \times Y_D \times Y_C \tag{2.1}$$

2.2.2 良率和利潤

晶圓廠良率的定義是指完好的晶片數目和最初的晶片總數比值。用一個簡單的例子就可以說明為什麼良率對一個半導體生產公司十分重要。

例如一片 300 毫米晶圓的成本時有變化，主要取決於供需情況。根據電路要求，晶圓需要數百到上千道工序才能送往封裝廠進行測試和封裝。每個製作步驟都會增加一些成本，通常每個晶圓約 1.00 美元。如果我們假設晶圓成本為 200.00 美元，並且需要 1000 個製作步驟來完成所有晶圓加工，則每個加工晶圓的總成本為 200 美元 (晶圓成本) + 1000 美元 (加工成本) = 1200.00 美元。假設 100% 晶圓良率，這意味著在所有 1000 個製作步驟中沒有晶圓報廢。此外，假設每個良好晶粒的測試和封裝成本為 10.00 美元，並且在封裝後的最終測試中沒有晶粒故障 (100% 的封裝良率)。如果每個晶圓有 500 個晶粒，每個封裝好的晶片的售價為 50.00 美元，那麼每個晶圓需要 30 個優質晶粒或 6% 的晶粒良率才能實現收支平衡。可以表示為：

1200.00 美元 (晶圓和加工成本) + 30(好晶粒)×10.00 美元 (測試和封裝成本)

= 1,500.00 美元 = 30(好晶粒)×50.00 美元 (收入 / 晶粒)

如果晶粒良率增加到 50%，而晶圓良率和封裝良率兩者都保持在 100%，每片晶圓的總成本將為 1200.00 美元 (晶圓和加工成本) + 250×10.00 美元 (測試和封裝成本) = 3,700.00 美元，而每片晶圓的收入將為 250×50.00 美元 = 12,500.00 美元。每片晶圓的利潤為 12,500.00 美元 – 3,700.00 美元 = 8800.00 美元。這意味著如果一家晶圓廠每月可以加工 20,000 片晶圓，晶圓良率 100%，晶粒良率 50%，封裝良率 100%，則每月可賺取 176,000,000.00 美元的收入。每月 176,000,000.00 美元似乎是一個非常可觀的數字。然而，考慮到建造一個先進的 300 毫米晶圓廠的成本約為 100 億美元，並且有超過 1000 名員工每天 24 小時和每週 7 天 (24/7) 不間斷地運行，20,000 片晶圓的總產量為 50% 每個月可能不足以產生足夠的現金來支付所有賬單！因此，提高良率和增加產量對於 IC 晶圓廠來說至關重要。

問題

對於 IC 製造廠，如果晶粒的良率為 90%，晶圓和封裝良率為 100%，產量為每月 20,000 片，則每個月的總利潤是多少？（這是本書最難的數學題目）

解答

20,000×[500×90%×$50.00(每片晶圓的收入) – ($1200+500×90%×$10.00) (每片晶圓的成本)] = $336,000,000.00/ 月。

可以看出，良率和產量越多，利潤也就越高。當然晶圓良率和封裝良率一般達不到 100%。

先進的 IC 晶片生產需要經過約 1000 道製程流程，為了達到合理的高整體良率，每道製程的良率都必須儘量達到 100%。

問題

如果每道 IC 製程的晶粒良率為 99%，完成整個 IC 晶片需要 1000 道製程，問整個晶粒良率是多少？

解答

整體晶粒良率是 99%，將 99% 乘以 1000 次，等於 (0.99)1000 = 0.000043 = 0.0043%

對於先進的 IC 晶片，大部分製作步驟的良率需要達到 100%，或者非常接近完美值，才能保證整體良率。提高良率會是半導體晶圓廠永無止境的過程。通常在新製作技術節點開發之初，整體良率從零開始。經過幾個晶圓周期後，影響良率的系統缺陷，將被挖出並消除，從單個元件、一個單元 (cell)、一塊測試電路 (如靜態隨機存取存儲器 (SRAM)) 到整個測試晶片的良率，可以逐步實現。對缺陷掌握得越快，開發週期就越短。隨著晶圓跑出量的增加，可以加速良率學習，良率可以不斷改善、提升，最終穩定在僅受隨機因素限制的高水平，就為大量製造 (HVM) 準備好了。由於一些不可預見的問題，例如製作設備的輕微不匹配、人為錯誤、關鍵區域的致命微粒落在光罩上等，晶圓廠會竭盡所能避免良率發生偏差。這個循環將隨著新的技術節點重新開始。誰能縮短開發週期，誰能保持高穩定的大批量製造良率，誰就能從 IC 製造的競爭中脫穎而出。最先進的製程設備、檢測和量測機台、廣泛的數據收集和分析技術，如大數據、機器學習等，會快速應用於良率的學習和提升。圖 2.2 說明了一個典型的 IC 技術節點的開發、提升和大批量製造之良率循環。

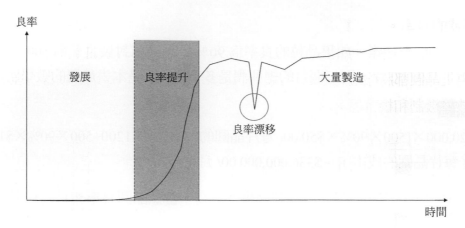

圖 2.2　IC 技術的一個典型良率提升曲線圖。

2.2.3 缺陷和良率

公式 2.2 說明了整體良率與致命性缺陷密度、晶片尺寸，以及製程流程的關係。

$$Y \propto \frac{1}{(1+DA)^n} \tag{2.2}$$

Y 表示整體良率，D 表示致命性缺陷密度，A 為晶片面積，而 n 則代表製造步驟，由公式 2.2 可以看出如果要達到 100％ 的良率，每道製程步驟的致命性缺陷密度必須為零。對於同樣的缺陷密度和晶片尺寸，製程的步驟越多，良率就越低。同時可以看出在相同的缺陷密度條件下，晶片尺寸越大，良率也越低 (如圖 2.3 所示)。

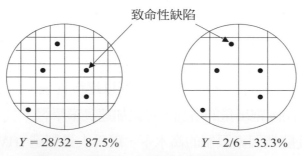

圖 2.3　晶粒尺寸與晶粒良率的關係。

公式 2.2 假設每道製程步驟的缺陷密度一樣，這顯然太過簡單，可是卻能對缺陷與良率間的關係提供一個簡單的說明。參考文獻 [1] 描述了更詳細的模型。

一些晶圓產品設計附加了多個測試晶粒，這些電晶體和測試電路是在晶圓加工過程中建構的，如圖 2.4(a) 所示。由於技術的進步和特徵尺寸的縮小，包括元件和電路在內的測試結構被構建在晶粒之間的切割道上，以節省矽晶圓上的空間來製造更多的晶片，如圖 2.4(b) 所示。在整個晶圓加工過程中對這些測試結構進行抽樣測試，以確保 IC 製造的良率。如果電氣測試結果確認測試結構中的大多數電晶體和電路未按設計運行，則實際元件中的電晶體很可能不符合設計要求。晶圓加工將停止，很可能受影響的整批晶圓都將報廢，這將導致晶圓良率的損失。所以會加速執行物理故障分析以查明故障機制和根本原因。

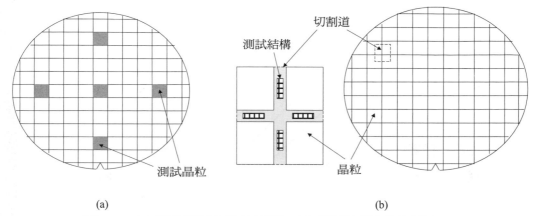

圖 2.4　(a) 帶有測試晶粒的晶圓；(b) 測試結構在切割道上。

2.3　無塵室技術

IC 晶圓廠如此昂貴的原因之一是它需要建造無塵室。由於微小的顆粒會導致微電子元件和電路出現缺陷，並影響晶片良率，因此 IC 晶片製造必須在無塵室內進行才能達到可接受的良率。當特徵尺寸縮小時，致命性微粒的尺寸也會縮小。更小的特徵尺寸需要更高等級的無塵室潔淨度。

由於微粒對良率造成極大影響，所以 IC 製造商投入相當多的努力改善無塵室的環境並減少微粒的數目。無塵室的衣櫃，衣服和穿著無塵衣的程序都有助於提高無塵室的品質，嚴格的無塵室規則對於隔離污染物及防止良率降低有幫助。

2.3.1　無塵室

無塵室是一間人造環境，室內的微粒數目比一般環境小很多。最初的無塵室為醫院手術房而建，可以控制空氣中誘發手術後感染的細菌污染。半導體工業發展後不久，工程師便意識到控制污染物的重要性，因而在製造電晶體和 IC 時都採用了無塵室技術。由快捷相機公司的羅伯特‧諾伊斯製造的第一顆矽 IC 晶片 (參見圖 1.4) 顯示了許多的微粒污染物。

無塵室分類的定義標準按照公制和英制組合。一座定義為等級第十級的無塵室是指在每立方英吋中，直徑大於 0.5 微米的微粒數量少於 10 個。第一級的無塵室則必須達到每立方英呎中，直徑大於 0.5 微米的微粒數量少於 1 個。能製造最小特徵尺寸為 0.25 微米的 IC 晶片生產晶圓廠需要第一級的無塵室才能獲得高良率。相比之下，在一個乾淨的房屋裏，每立方英呎中直徑大於 0.5 微米的微粒數量就超過了 500,000 個。圖 2.5 說明了在不同等級的無塵室裏每立方英呎空氣中的微粒數量。

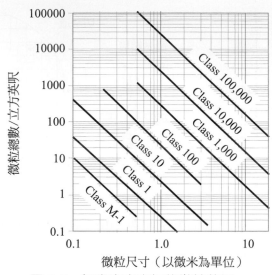

圖 2.5　無塵室內空氣的微粒數目。

等級最高的無塵室是 M-1，只適用公制單位。根據聯邦標準 209E，M-1 級無塵室中，每立方公尺內直徑大於 0.5 微米的微粒數目必須少於 10 個；或者每立方英呎內直徑大於 0.5 微米的微粒數目必須少於 0.28 個。表 2.1 為無塵室分級的定義。

表 2.1　根據 209E 標準制定的空氣微粒潔淨度等級表。

等級	微粒總數 / 立方英呎				
	0.1 µm	0.2µm	0.3 µm	0.5 µm	5µm
M-1	9.8	2.12	0.865	0.28	
1	35	7.5	3	1	
10	350	75	30	10	
100		750	300	100	
1000				1000	7
10000				10000	70

⊗ 2.3.2　污染物控制和良率

晶圓上的微粒將造成缺陷並明顯降低良率。表 2.2 顯示了污染物的影響，可以看出，如果每個晶圓上只要出現一個微粒，就會使一間 4 吋晶圓製造廠的年度損失超過一百三十萬美元 (1980 年早期)。雖然這個資料有些舊，但卻能顯示出微粒污染對 IC 製造廠的晶粒良率和利潤的影響。

表 2.2　無塵室微粒數目與利潤的關係。

月產晶圓量	10000	10000
生產良率	0.85	0.85
晶圓直徑 (mm)	100	100
邊緣去除 (mm)	4	4
微粒數目	20	19
每月固定成本 (百萬美元)	$0.53	$0.53
晶圓變動成本	$76.11	$76.11
晶圓總成本	$129.00	$129.00
微影數目	7	7
缺陷密度 (cm^2)	0.30	0.29
晶粒尺寸 (cm^2)	0.5	0.05
隨機良率	0.37	0.39
系統良率	0.70	0.70
晶粒良率	0.26	0.27
每片晶圓晶粒數	113	113
良好晶粒數	30	31
晶粒成本	$4.35	$4.15
封裝成本	$1.00	$1.00
老化測試成本	$0.50	$0.50
測試良率	0.90	0.90
IC 成本	$6.50	$6.28
IC 售價	$12.00	$12.00
售價 / 成本比	1.85	1.91
晶圓售價	$320.32	$335.37
年銷售值 (百萬美元)	$32.67	$34.21
年生產成本 (百萬美元)	$17.70	$17.91
年毛利 (百萬美元)	$14.98	$16.30
年獲利值 (百萬美元)		$1,321,943

　　對於不同的製造過程，微粒將造成許多不同缺陷，例如，微粒如果掉落在光罩或倍縮光罩的空白區域，將會在微影製程中負光阻上產生細孔或正光阻上留下殘餘物。蝕刻製程中，這些細孔和殘餘物就會轉移到晶圓表面引起缺陷。由於 IC 生產中多次使用光罩 / 倍縮光罩，因此光罩上的微粒污染物會嚴重降低晶片良率。光罩 / 倍縮光罩必須放在最乾淨的環境中避免微粒污染。圖 2.6 顯示了光罩微粒污染在曝光製程中造成的影響，然而透過圖 2.6 可以看出，落在光罩黑色部分的微粒不會影響曝光過程。

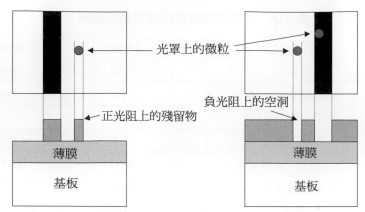

圖 2.6　無塵室光罩上的微粒對製程的影響。

　　微粒污染在不同的製程中也會引起其他問題，例如金屬線的斷裂，或相鄰金屬線間的短路。離子佈植過程中，微粒將會擋住佈植的離子並造成不完整的介面，這些都會影響元件的性能 (如圖 2.7 所示)。

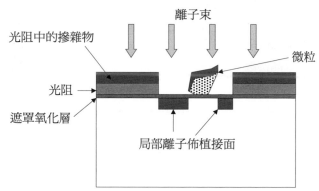

圖 2.7　無塵室微粒對離子佈植製程的影響。

　　當無塵室的微粒尺寸為 IC 技術節點一半大小時，微粒就可能為致命性微粒，例如對於 22 nm 技術節點而言，11 nm 大小的微粒就可能成為致命性微粒。如果一個微粒落在重要區域，也有可能成為致命性微粒。當特徵尺寸縮小時，對應的致命性微粒尺寸也同樣變小，大小不同的微粒影響也不同，因此不同等級的無塵室就需要不同的設計和協定規範，例如，高壓空氣槍能處理大的微粒 (直徑大於 1 微米)，但卻無法處理較小的微粒，所以高壓空氣槍可以在以前 100 mm(4 英吋) 晶圓製造廠內廣泛使用，但在先進的 300 mm 晶圓製造廠內卻無法應用。空氣槍能除去晶圓表面上的大微粒，但也會在表面增加更多的小微粒。當特徵尺寸大於幾個微米時，這些小微粒不會造成問題，但是當特徵尺寸縮小到次微米時，就將造成許多很難解決的問題。

2.3.3 無塵室的基本結構

一座 300 mm 晶圓的先進無塵室基本結構如圖 2.8 所示。無塵室的地板通常是高架的孔狀框型地板，以便空氣能夠從天花板垂直流動到製造和設備區底部區域，當氣流回送到無塵室時，將透過高效空氣微粒 (HEPA) 過濾器除去氣流所帶的大部分微粒。爲了降低成本，只有晶圓的製造區域才設計擁有最高級的無塵室，設備區放在等級較低的無塵室，大部分輔助設備不會設在無塵室內，而是被放置在無塵室的下面。晶圓被放置在一個密封的晶圓傳送盒內，而且只在氣流流通的製程或量測設備中才會打開。

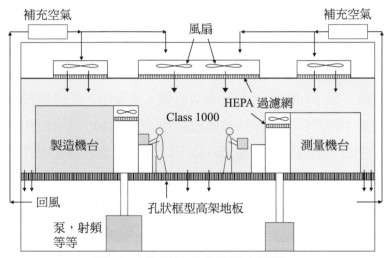

圖 2.8　先進無塵室的基本結構。

對於圖 2.9 中所示的 200 毫米或更小的老式晶圓廠，晶圓被放置在一個開放式的盒子中。由於晶圓在進出製造設備時始終暴露在環境空氣中，因此晶圓製作區域被設計爲高級無塵室。爲節省成本，設備區域採用較低等級的無塵室設計，基礎管路設施等就設置在無塵室下方。對於 0.13 μm 技術節點，製程區域需要 1 級或更高級別的無塵室。通常 1000 級無塵室足以容納設備區域，其建造成本比 1 級無塵室低得多。然而，隨著 IC 特徵尺寸的縮小，進一步提高此類無塵室製作區域的等級變得不划算，因此如圖 2.8 所示的迷你環境無塵室成爲先進 300mm 晶圓廠的主流。

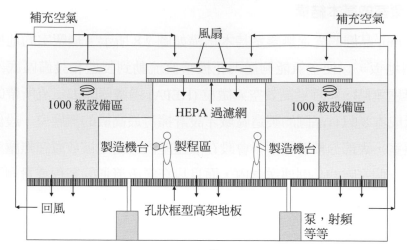

圖 2.9　一般 IC 製程無塵室結構。

　　爲了達到比 100 級還要高的潔淨度，維持層流避免空氣擾動非常重要。空氣紊流會將牆壁、天花板、桌子和機台表面上的微粒帶入空氣中，使得微粒不容易靜止。但透過層流後，空氣中的微粒就能很快被氣流帶走。等級 100 爲層流和紊流的分界線，也是無塵室成本中的一個重點。等級 100 以下時有紊流也沒關係，在成本上就比爲了達到及維持層流少得多。

　　無塵室內的氣壓一直維持在比非無塵室區域高的狀態，以避免開門時空氣流入帶進微粒。同樣的原理也用於無塵室內的不同等級區域。較高等級區域的氣壓比較低等級區域的高。由於溫度、氣流速度和濕度變化都會對表面微粒形成擾動，所以無塵室內的所有空氣狀態都必須嚴格控制。

❽ 2.3.4　無塵室的無塵衣穿著程序

　　嚴格管理無塵室並減小因污染而造成的良率損失非常重要。人體會散發出許多微粒，而且也是鈉元素的主要來源，鈉會造成移動離子污染，因此，無塵室內的工作人員必須穿著特別設計的服裝。以前操作人員是主要的污染來源，所以有些工廠甚至限制無塵室中的工作人員數目以控制污染。無塵室服裝的改良和嚴格的無塵室穿衣程序已大幅降低了無塵室中工作人員造成的污染。正確的穿著無塵衣和脫無塵衣程序都是無塵室規定的重要部分。

　　雖然不同的公司，甚至同一個公司的不同工廠都有不同的無塵衣穿著程序，但是他們的目的是一致的，就是要防止微粒和其他污染物經由人體帶進無塵室。

　　有些生產廠甚至要求員工在進入無塵衣室前就要先戴上亞麻手套。這些手套通常由不易吸附微粒的合成纖維製成，它們能夠避免穿戴者手上的鈉和微粒污染無塵室的無塵衣，也可使外層乳膠手套的穿戴較為舒適。

　　鞋底攜帶的微粒數量最多。一些工廠在穿上鞋套或靴子之前使用粘墊或鞋刷去除鞋子上的污垢。重要的是，在長椅區入口處就要脫鞋並換上廠內包鞋，以防止大量微粒被帶入更衣室。腳踏黏墊也常用於在進入更衣室之前清除鞋套底部的微粒。圖 2.10 顯示了無塵室的更衣區。

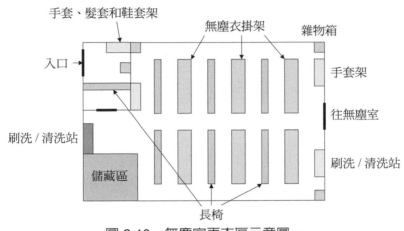

圖 2.10　無塵室更衣區示意圖。

　　當進入無塵室時，必須戴上髮套。留有鬍鬚的男性員工需要戴上口罩。人的頭髮將因為摩擦而帶正電荷，這些正電荷將吸引帶負電荷的微粒。適當壓力、濕度和溫度條件下能夠中和這些微粒使其不受頭髮的吸引，結果頭髮上不帶電荷的微粒就會更容易落入空氣中造成污染。由於髮套可防止這些微粒的散落，因此在無塵衣室中的第一件事就是戴上髮套。

　　一般接下來要穿戴的是具有面罩的頭套，它能夠進一步遮住頭髮和臉部並防止呼吸、咳嗽時產生的微粒和其他污染源。工作人員先將徽章、呼叫器、手錶或無線對講機卸下來才穿著無塵室衣服，讓這些器材不被密封在衣服裏。無塵室內絕對禁止將拉鏈拉下的動作，因為這會釋放出原本密封在衣服內的微粒。穿上服裝並戴上頭套後，工作人員再穿上高過小腿的長靴將鞋內的微粒完全密封住。由於 IC 生產工廠處理晶圓時會使用腐蝕性的化學藥品，而且有些製程機台的可動部件會對眼睛造成傷害，因此護目鏡是必備的。最後，工作人員在亞麻手套外面再套上一層乳膠手套來避免微粒和移動離子的污染，這些手套對腐蝕性化學藥品的傷害能提供保護。某些製程中，例如 CVD 反應室和離子束佈植腔的清洗過程，必須戴上兩層乳膠手套才能有效保護並抵抗如氫氟酸等腐蝕性的材料。某些化學製程中一定要穿戴整套的防酸設施。進入無塵室前，所有的人員都應在鏡子前檢查以確保沒有露出任何頭髮和衣服。

在進入無塵室之前，一些晶圓廠要求人們通過空氣淋浴，高壓氣流吹走衣服表面的微粒。為了達到最佳效果，一個人應該在空氣淋浴期間抬起雙臂並緩慢旋轉身體。有些晶圓廠不需要空氣淋浴室，有些晶圓廠則需要工作人員經過兩次空氣淋浴。完成後才可進入無塵室。

脫掉無塵衣和穿衣是相反的順序，要先脫鞋，接著是衣服和頭套。它們通常掛在下一個入口處的衣架上。通常，無塵室服每週會在專業洗衣店清洗一次，一些晶圓廠使用一次性無塵室服，每次使用後都會被扔掉。從更衣室外面，髮罩和手套被脫下並扔進垃圾桶。鞋套通常是離開無塵室後最後脫下。一些工廠回收亞麻手套進行清洗和重複使用，而其他工廠則根本不需要戴亞麻手套。

◉ 2.3.5　無塵室規範

無塵室規範因公司而異，甚至在同一家公司的晶圓廠之間也有所不同，但是基本概念是相同的，固定微粒保持在原處，不讓它們在空氣中傳播，並防止其他污染物接觸晶圓。

不論從哪裡進入無塵室，人員都需要平穩地行走。禁止奔跑或跳躍，因為這會擾動黏著在地板、牆壁和天花板表面的微粒，使它們在空氣中傳播。無塵室內的椅子很少，因為當人坐在椅子上或從椅子上站起來時，椅子表面的微粒很容易飄散到空氣中。出於同樣的原因，在無塵室中不允許坐在桌子上或靠在牆上，因為它們會導致表面的微粒在空氣中傳播。普通紙張帶有很多細小的纖維碎片，會造成微粒污染。因此，無塵室只能使用特製的無塵室紙。對於一級或更好的無塵室，甚至不允許使用無塵室紙；所有記錄都必須使用筆記型電腦以電子方式完成。

還有其他類型的污染，例如移動離子。例如，微量的鈉污染會導致 MOS 電晶體發生故障，影響 IC 的可靠性。必須嚴格控制鈉污染。因此，需要在處理晶圓的人員和晶圓本身之間進行完全隔離。人體是鈉的載體，因為缺少鹽 (氯化鈉，NaCl) 我們就無法生存。因此，如果工作人員的手套接觸到皮膚，應立即更換一副新的乳膠手套，或者乾脆在髒的手套上套一副乾淨的。同樣，工作人員在打噴嚏或咳嗽時摀住嘴後，應盡快更換或蓋上乳膠手套，因為從嘴裡吹出的高壓氣流可能會導致少量唾液通過面罩。理所當然的，無塵室內嚴禁飲食和吸煙。

在無塵室工作的人員不得使用化妝品、香水、古龍水和乳液，因為這些東西會散發出微粒並造成污染。技術人員不能戴隱形眼鏡，因為晶圓廠中的微量氯可能會與鏡片發生反應並導致眼睛受傷。無塵室和鄰近建築物內禁止吸煙，強烈建議在無塵室工作的吸煙者戒菸。即使在他們抽完煙之後，他們也可能會散發出先前吸入的微粒。

2.4 IC 晶圓廠的基本結構

IC 晶片是在一種特殊的設施中製造，通常稱為 IC 晶圓廠。IC 晶圓廠通常由辦公室、設施、儲存、設備、晶圓和製程區組成。一些晶圓廠擁有自己的晶片測試和封裝設施。辦公室、設施和製作材料儲存室均不在無塵室內，而晶圓加工和檢測 / 量測設備會在無塵室內。所有 300mm 晶圓廠都使用迷你環境大統間式無塵室。所有製程、檢測和量測系統都安裝在一個大型的 1000 級無塵室中，可能會有一些分隔，尤其是用黃光區照亮的照相間。晶圓始終儲存在晶圓 FOUP 中，並始終保持最高級別的潔淨度。

半導體製造有許多不同的製程，可歸納為以下三種基本操作：添加、移除和輻射。摻雜、薄膜沉積，例如化學氣相沉積 (CVD)、物理氣相沉積 (PVD) 或生長，以及光阻 (PR) 塗層都是添加製程。光阻顯影、蝕刻、清除和研磨是移除過程。微影曝光、熱退火或雷射退火、熱合金化和回流是具有材料變化，但不從晶圓表面添加或移除材料的輻射製程。產品缺陷檢測和參數量測是輻射製程，它們不添加、去除或改變晶圓表面的材料。在輻射製程中，將光、熱或微粒輻射施加到晶圓上，以實現化學成分的變化，例如光阻曝光和熱合金化或物理結構變化，或是佈植後退火和熱薄膜回流的再結晶。參數量測和缺陷檢測使用光子輻射或微粒束來探測晶圓，以監測及控制晶圓製程的精確資訊。圖 2.11 說明了 IC 的製程流程。在晶圓廠的產線前端 (FEoL)，晶圓通過佈植和蝕刻來製造電晶體。在產線後端 (BEoL) 製程中，晶圓僅通過蝕刻路線形成導線互連，將數十億個元件連接成為功能電路。

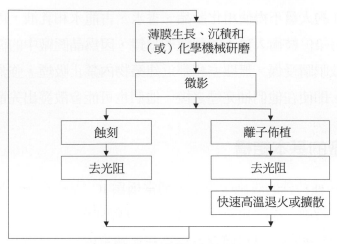

圖 2.11 IC 製程流程圖。

晶圓製造區通常分隔成幾個製造區間 (如圖 2.12 所示)，包含濕式區、擴散區、黃光區、蝕刻區、佈植區、薄膜區及 CMP 區間。製程工程師、製程技術人員和生產作業員主要在這些製程區內工作。設備製造商雇用的製程除錯工程師在架設設備及排除機器故障時，也主要在這個工作區域。

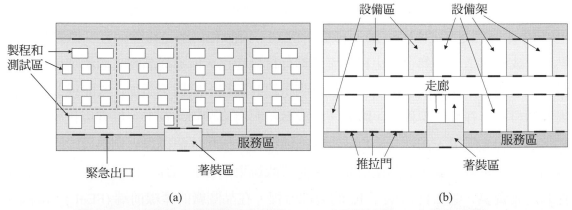

圖 2.12 半導體生產晶圓廠平面圖：(a) 迷你型結構；(b) 傳統結構。

🟤 2.4.1 濕式製程區

濕式製程區是進行濕式製程的區域。去光阻、濕式蝕刻和濕式化學清潔製程是濕式製程區中最常見的製程。該領域通常使用腐蝕性化學品和強氧化劑，例如氫氟酸 (HF)、鹽酸 (HCl)、硫酸 (H_2SO_4)、硝酸 (HNO_3)、磷酸 (H_3PO_4) 和過氧化氫 (H_2O_2)。大量高純度去離子 (DI) 水用於濕式製程後的晶圓沖洗。濕式製程區中使用的大多數酸都具有腐蝕性。硝酸和過氧化氫是強氧化劑。在 IC 晶圓廠中，永遠不要假設清澈的液體就是水。為了安全起見，應始終將透明液滴視為氫氟酸，因為氫氟酸沒有氣味，看起來像水，摸起來像水。濕式製程區附近總是有淋浴站和洗眼器，以便人們在發生意外接觸 (例如化學品溢出) 時可以立即使用它們。

濕式製程屬於移除製程，一般需要三道製程過程：預處理、沖洗和旋乾 (如圖 2.13 所示)。濕式製程機台是典型的批量處理設備，能夠一次處理一個或多個裝有 25 片晶圓的盒子。機械手臂從裝載位置將裝有晶圓的盒子拿起後浸入處理液中。經過所需的處理時間後，機械手臂再將盒子取出放入清洗槽中用去離子水將晶圓表面的化學藥品洗除。接著將盒子放到旋乾機內利用高速旋轉將晶圓盒旋乾。最後將盒子放回裝載位置以便將晶圓卸下。某些濕式製造機能一次處理數盒晶圓。根據製程所用的化學藥品，有時還必須將晶圓從盒中取出放在一個石英或塑膠的晶舟中進行濕式製程和清洗。

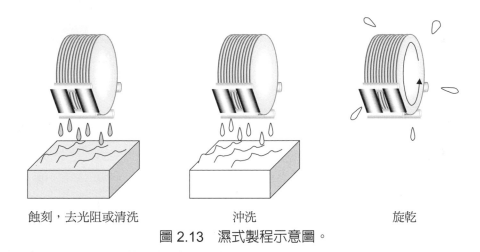

蝕刻，去光阻或清洗　　　　　　沖洗　　　　　　　　旋乾

圖 2.13　濕式製程示意圖。

單個晶圓的濕式製程機台是為了減少化學品的使用而開發的。經由一個接一個地處理晶圓，只在晶圓表面噴灑少量化學藥品，因此與批次處理系統相比，濕式製程中使用的化學藥品數量可以大大減少，因為在批處理系統中，整個晶圓盒都浸沒在濕化學品中。

沒有設置濕式製程區的生產晶圓廠將濕式化學櫃放在氧化和 LPCVD 機台旁邊，因為進行這些製程之前必須先清洗晶圓。

⊗ 2.4.2　擴散區

擴散區是進行加熱製程的區域，這些製程包括添加製程，如氧化、LPCVD 和擴散摻雜；或者是加熱製程，如離子佈植退火處理、摻雜物擴散、合金退火，或介電質回流。氧化、LPCVD 和擴散摻雜技術以及加熱製程都在擴散區間的爐管中進行。有些生產晶圓廠在擴散區間也有磊晶反應器。1970 年代中期發明離子佈植技術之前，在爐管中進行氧化和擴散摻雜是生產 IC 過程中最常使用的製程。雖然在先進的 IC 製程中現在已經很少使用擴散摻雜，但"擴散區"這個名稱一直仍沿用著。

這些爐子是批量擴散機台，能夠同時處理 100 多個晶圓。圖 2.14(a) 爲直立式爐的示意圖，圖 2.14(b) 給出了水平式爐的示意圖。200 毫米和 300 毫米 IC 晶圓廠使用直立式爐，因爲它們佔地面積更小且污染控制更好。晶圓尺寸較小的老式晶圓廠仍在使用水平式爐。大多數 300mm 晶圓廠還擁有多腔式的單片晶圓反應室，用來進行閘氧化層的氧化和氮化、多晶矽和氮化矽薄膜的沉積，以及擴散區中的快速熱處理 (RTP)。

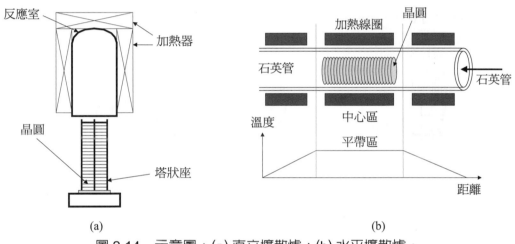

圖 2.14　示意圖：(a) 直立擴散爐；(b) 水平擴散爐。

擴散區經常使用的氣體有氧氣 (O_2)、氮氣 (N_2)、無水的氯化氫 (HCl)、氫氣 (H_2)、矽烷 (SiH_4)、二氯矽烷 (DCS，SiH_2Cl_2)、三氯矽烷 (TCS，$SiHCl_3$)、三氫化磷 (PH_3)、氫化硼 (B_2H_6) 和氨 (NH_3)。氮氣是一種安全氣體；氧氣是一種氧化劑，氧氣在某種條件下和其他易燃、易爆的材料混合時，可能會引起火災或爆炸。無水的 HCl 具有腐蝕性；氫氣易燃和易爆；矽烷會自燃 (自動起火)、易爆，且有毒；DCS 和 TCS 都具有易燃性，而氨具有腐蝕性。三氫化磷和氫化硼都是劇毒、易燃和易爆的。幾乎所有使用在 IC 生產中的機台都用氮氣作爲吹除淨化氣體。氧氣和無水氯化氫用在乾氧氧化製程中，而濕氧氧化製程則用氫氣和氧氣完成。矽烷、二氯矽烷或三氯矽烷作爲多晶矽沉積中的矽源材料 (precursor)，而且也用於與氨沉積氮化矽。三氫化磷和氫化硼在多晶矽沉積中作爲摻雜氣體。

2.4.3　黃光區

　　微影製程是 IC 製造中最重要的製程之一。它將設計的圖案從光罩或光罩倍縮轉移到塗在晶圓表面的光阻上。在黃光區，經常能看到整合型的循軌掃描機，該系統執行底層和光阻塗佈、烘烤、校正和曝光及光阻顯影製程步驟。步進機是最常用的，通過用紫外 (UV) 線或深紫外 (DUV) 線對光阻進行照射，從而引發光化學反應，將塗在晶圓表面的光阻進行圖案化機台。它是先進 IC 晶圓廠中最昂貴的機台。例如，一台先進的 193 奈米浸潤式掃描儀的成本可能超過 60,000,000.00 美元，而一台 EUV 掃描儀的成本可能超過 150,000,000.00 美元。黃光區中還有很多量測機台，例如橢圓偏光儀和反射儀系統，用於測量光阻等透明薄膜的厚度和厚度均勻性。還有用於目視檢查的光學顯微鏡和用於關鍵尺寸 (CD) 測量的散射測量系統。掃描電子顯微鏡 (SEM) 也廣泛用於關鍵尺寸測量，光學疊層系統用於測量不同光罩層之間的校正。圖 2.15 顯示了晶圓循軌步進整合系統的示意圖，在 IC 晶圓廠中也稱為黃光區。

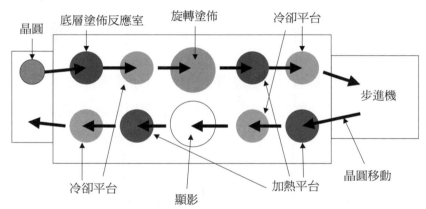

圖 2.15　黃光區內的循軌步進整合系統示意圖。

　　先進 IC 晶圓廠中的晶圓軌道系統可能與圖 2.15 所示不同。許多工程師喜歡使用佔地面積較小的堆疊式晶圓軌道系統，它的加熱平板和冷卻平板疊放在一起而不放置在同一平面。有些系統甚至將旋轉塗佈機和顯影機堆疊起來進一步減少面積和節省寶貴的無塵室空間。

2.4.4　蝕刻區

　　當光阻形成圖案並透過檢驗後便可將晶圓送到佈植區或蝕刻區。蝕刻區內按照光阻所定義的圖案進行晶圓蝕刻，這個步驟可以將設計圖案轉移到晶圓表面。蝕刻是一種移除製程：可使用化學或物理步驟或通常為這兩種過程的組合選擇性地移除晶圓表面的材料。由於濕式蝕刻無法蝕刻小於 3 微米的圖案，因此先進的 IC 生產多使用乾式蝕刻或電漿蝕刻。電漿蝕刻機一般由真空反應腔、射頻系統、晶圓傳送機和氣體輸送系統組成。許多蝕刻系統都有當場剝除光阻腔,能夠在晶圓曝露於空氣之前將光阻剝除。圖 2.16 顯示了同時具有蝕刻和光阻剝除反應腔的多腔機台。

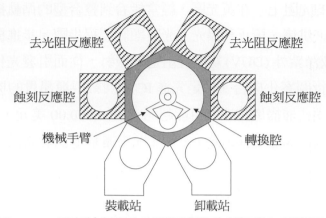

去光阻反應腔　　去光阻反應腔

蝕刻反應腔　　蝕刻反應腔

機械手臂　　轉換腔

裝載站　　卸載站

圖 2.16　具有蝕刻和去光阻反應腔的多腔機台示意圖。

半導體製造中通常使用四種不同類型的蝕刻製程:

(1)　介電質蝕刻:透過蝕刻氧化矽和氮化矽薄膜以形成觸窗、通孔、接合墊片區或矽蝕刻時的硬罩幕。

(2)　矽蝕刻:蝕刻單晶矽基板以形成淺溝槽絕緣 (STI) 或電容的深溝槽。

(3)　多晶刻蝕:多晶矽或金屬矽化物與多晶矽堆疊薄層膜形成閘極和局部連線。

(4)　金屬蝕刻:蝕刻出堆疊以形成用於長距離連線的金屬線。

　　由於越來越多的晶圓廠開始使用銅金屬化,因此金屬蝕刻現在較少使用。

　　每個蝕刻過程都有不同的需求和不同的反應室設計,並使用不同的化學氣體。介電質蝕刻經常使用的氣體包括氟碳化合物氣體,如 CF_4、C_2F_6、C_3F_8、CHF_3 及氬氣。蝕刻單晶矽普遍使用溴化氫,而多晶矽和金屬蝕刻則使用氯氣。氟化碳氣體雖然很穩定,但會造成全球溫室效應。溴化氫具有腐蝕性,而氯氣是一種氧化劑且有毒。

✳ 2.4.5　離子佈植區

　　除了蝕刻區外,佈植區是晶圓經過微影製程後進行操作的製程區域。離子佈植機和快速熱退火 (RTA) 系統都在這個區域。離子佈植是在半導體基板中加入摻雜物改變導電率的一種添加過程;RTA 是一種加熱過程,可以在高溫下不需要透過移除或增加晶圓表面的材料而修復晶格結構的損傷。離子佈植機通常是半導體生產中最大也是最重的製程機台。但也有許多安全上的隱憂,如高電壓 (高達 100kV)、強磁場 (可能影響心律調整器),以及產生強烈 X 光輻射的高能離子束。離子佈植過程也使用有毒、易燃和易爆氣體，如三氫化砷 (A_sH_3)、三氫化磷 (PH_3) 和有毒的固態材料，如硼 (B)、磷 (P)、銻 (Sb) 以及具有腐蝕性的氣體三氟化硼 (BF_3)。

佈植區中不同類型的佈植機可以執行不同的製程過程。如 CMOS 製程中形成井區時需要高能量、低電流的佈植機。金屬氧化物半導體場效電晶體源極和汲極的形成需要低能量、高電流的佈植機。其他應用需要中等電流、中等能量的佈植機。離子佈植機的優點之一是它的磁性分析儀能篩選高純度離子束，因此能夠使用不同的化學試劑進行不同的製程過程，而且不會造成交叉污染。

佈植區中經常使用的測量機台包括四點探針、熱波系統和光學測量系統 (OMS)。有些晶圓廠沒有佈植區。他們將佈植機、快速退火系統和相關的檢測和量測系統放在擴散區中。

⊗ 2.4.6 薄膜區

薄膜區是沉積電介質層和金屬層的區域，薄膜區運行的主要製程是沉積介電質和金屬薄膜來作為互連應用。一些晶圓廠將這兩個過程分開，因此，它們有介電質區和金屬化區，而不是薄膜區。顯然薄膜沉積是一種添加製程。化學氣相沉積 (CVD) 製程常用於介電質薄膜沉積。由於多層連線應用時對介電層的溫度要求較低，因此通常使用電漿增強化學氣相沉積 CVD (PECVD)。基於臭氧 (O_3)- 四乙氧基矽烷 (TEOS，$Si(OC_2H_5)_4$) 的 CVD 製程由於其出色的空隙填充能力，也被廣泛用於沉積矽玻璃。介電質沉積製程在薄膜區中也採用氬 (Ar) 濺鍍蝕刻來填充間隙。圖 2.17 顯示了帶有 PECVD、O_3-TEOS 和氬 (Ar) 濺鍍室的多腔機台。

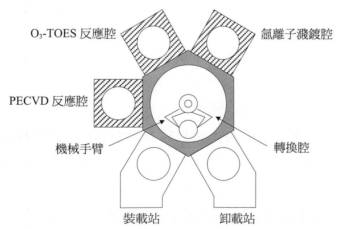

圖 2.17　具有介電質化學氣相沉積 (CVD) 和回蝕反應腔的多腔機台示意圖。

2000 年左右，用於連接多個 IC 晶片以及上百萬個電晶體的金屬為鋁銅合金 (Al-Cu)、鎢 (W)、鈦 (Ti) 及氮化鈦 (TiN)。IC 製造已經開始從傳統連線方式轉變成銅連線方式，銅 (Cu) 與鉭 (Ta) 或氮化鉭 (TaN) 阻擋層用來作為 IC 晶片的連線。由於銅的電阻率較低且電子遷移抵抗能力高，可以提升 IC 的速度和可靠性，因此在 0.18 微米技術節點後，銅將取代鋁銅合金。在 DRAM 和快閃記憶體記憶體的金屬連線方面，銅也正在取代鋁銅合金。

金屬化過程中，PVD 機台 (以濺鍍沉積機台為主) 可沉積出鋁銅合金、鈦及氮化鈦，而 CVD 機台廣泛用於沉積鎢金屬。PVD 機台也可用於沉積鉭或氮化鉭阻擋層以及銅的種子層或稱為埋藏層，電化學電鍍沉積 (EPD) 機台用來沉積大量的銅薄膜。PVD 一般在非常高真空度的真空反應室中進行，以除去反應腔中的濕氣使金屬氧化降到最低。圖 2.18 顯示了具有可以進行鋁銅合金、鈦和氮化鈦薄膜沉積的 PVD 反應腔的多腔機台。

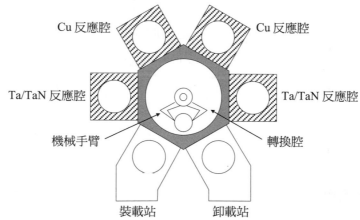

圖 2.18　具有鋁銅合金、鈦及氮化鈦物理氣相沉積 (PVD) 反應腔的多腔機台示意圖。

薄膜區中常用來量測介電層薄膜的量測機台包括光反射係數光譜儀、橢圓光譜儀、應力測量計、雷射散射微粒分佈儀，以及用來監控金屬薄膜厚度的四點探針、雷射一聲波非透光薄膜厚度量測儀、輪廓儀。

二氧化矽沉積中通常使用四乙氧基矽烷 (TEOS) 作為矽的源材料，而氮化矽 PECVD 使用矽烷 (SiH_4)。氧氣、臭氧和一氧化二氮氣體是常用的氧氣來源，氮氣和氨是最常使用的氮氣來源。介電質 CVD 清洗反應腔普遍使用三氟化氮 (NF_3) 或氟化碳氣體之一的 CF_4、C_2F_6 或 C_3F_8，再加氧氣或一氧化二氮。矽烷是自燃、易爆的有毒氣體；TEOS 具有可燃性；O_3 和 NF_3 是很強的氧化劑；N_2O(笑氣) 會造成麻木，氟碳氣體是造成全球溫室效應的氣體之一。

金屬 PVD 只用氬氣和氮氣，兩者都是安全氣體。鎢 CVD 過程使用了六氟化鎢 (WF$_6$)、矽烷 (SiH$_4$) 和氫氣 (H$_2$)。WF$_6$ 具有腐蝕性，和水 (H$_2$O) 反應將產生 HF。

● 2.4.7 化學機械研磨 (CMP) 區

化學機械研磨是一種移除製程。這個製程組合了機械研磨和濕式化學反應將材料從晶圓表面剝除，廣泛使用 CMP 的製程包含二氧化矽 CMP、鎢金屬 CMP，以及最新的銅金屬 CMP。CMP 後清洗對確保 CMP 製程的良率非常重要，所以有些 CMP 機台配套了濕式清洗工作站組成所謂的乾進 (Dry-in) 與乾出 (Dry-out)CMP 系統。圖 2.19 說明了乾進與乾出多重研磨頭 CMP 系統。

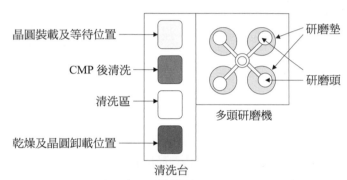

圖 2.19　乾進 / 乾出多研磨頭 CMP 系統示意圖。

細微的微粒在 CMP 過程中相當於研磨料，在 CMP 製程中具有重要的作用，如矽玻璃 CMP 研磨漿中的二氧化矽或二氧化鈰，及金屬 CMP 研磨漿中的氧化鋁。

● 2.4.8 老式晶圓廠

200 毫米和更小晶圓的老式晶圓廠的平面圖如圖 2.20(a) 所示。我們可以看到它有不同無塵室等級的製程區和設備區。晶圓是在無塵室等級更高的製程區。製程機台通常也放置在製程區。離子佈植機、電漿蝕刻機、CVD 反應器、PVD 和 CMP 機台等製程設備位於設備區，這些設備區是空氣中微粒數較高的無塵室，通常為 1000 級。將製程機台放在較低級別的無塵室中，取代高級無塵室作為製程區，可以顯著降低晶圓廠建設成本和晶圓廠維護成本。圖 2.20(b) 說明了生產區域中製程區和設備區的關係。設備工程師和設備技術人員主要在設備區的範圍內工作。機台製造商的設備除錯人員也在該區工作，協助安裝、啟動和維護製程機台。

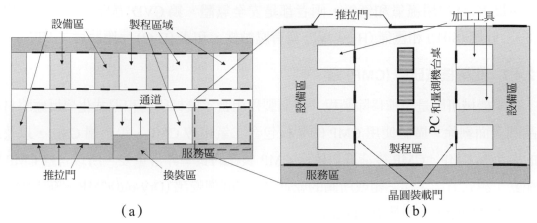

圖 2.20　製程區域和設備區域的示意圖：(a) 整個晶圓廠；(b) 製程區

對於圖 2.12(a) 所示的迷你環境晶圓，沒有將製程區和設備區分開的。整個無塵室就佈置成一個大空間。所有 300mm 晶圓製作廠都都使用這大的空間結構。

2.4.9　生產設施區

設施區安置那些支援製程機台和量測儀器的設施。它不在無塵室中，有些設施甚至不在無塵室的同一棟樓裡。晶圓生產中所需的設施包括氣體、水、電力和支援製造設備的子系統。來自設備供應商的設備工程師、技術人員和除錯人員主要在這一區域工作。他們有時也需要在無塵室內工作，以便在安裝和維護製程設備過程中更方便。

氣體包括超高純度的生產所需氣體、純度低於生產所需氣體的氮氣等吹除淨化氣體，以及用於驅動製程機台氣動系統的乾燥空氣。在保持無塵室正壓的同時，需要大量的潔淨空氣不斷送入無塵室，以彌補空氣損失。IC 製造每天消耗大量氣體，特別是用於吹洗反應器和氣體輸送管線的氮氣。高純度氮氣也用作 IC 製造過程中的氣體。許多晶圓廠必須擁有自己的氮氣工廠，以便從大氣中透過冷凝及蒸發壓縮空氣過程製造和純化氮氣。大多數生產所需氣體儲存在高壓鋼瓶中，這些鋼瓶存放在專門設計的氣櫃中，這些氣櫃位於由厚混凝土牆和門僅向外開啓的小房間內。這種設計可以防止在瓦斯爆炸時對晶圓廠造成重大破壞。

電力中斷和配電系統位於設施區。IC 晶圓廠的電力消耗是巨大的，例如，擴散爐可消耗約 28.8 千瓦 (480V×60A)。請記住，爐管始終處於打開狀態，除非它需要 PM(Preventive Maintenance，預防性保養) 或出現問題，並且 IC 晶圓廠通常有 50 座以上的爐管。

許多設備的子系統，如真空泵、射頻功率產生器、氣體及液體的輸送系統和熱交換器等，都設置在製程區與設備區樓下的輔助區內 (參見圖 2.8)。真空泵將反應器內的空氣抽出，確保反應器能維持在製程所需的真空環境中。在許多"電漿增強化學氣相沉積"(PECVD) 反應器和電漿蝕刻反應器中，射頻產生器可以激發及維持穩定的電漿源。氣體與液體輸送系統可以運送所需的製程氣體與液體到製程機台中。熱交換機可供應冷水或熱水到各個製造系統中以維持不同製程所需的固定溫度。

> 問題
>
> 假如一座 IC 生產晶圓廠有 50 台爐管，每台爐管的平均耗電為 20kW，為了維持這 50 台爐管的正常工作，如果每千瓦小時的電費是 10 美分，請計算一年的電費是多少？
>
> 解答
>
> $20 \times 50 \times 24 \times 365 \times 0.1 = \$876,000.00$

2.5 IC 測試與封裝

　　晶圓加工完成後，晶圓被送出進行測試和封裝。晶片測試和封裝通常在不同的設施中進行，無塵室級別較低，因為這些製作處理的特徵尺寸要大得多，與晶圓加工相比，它對微粒的敏感度要低得多。一些晶圓廠在同一個區域進行測試和封裝，而許多晶圓廠將成品晶圓送到不同地點的封裝設施。晶片測試一直是一個勞動量很大的過程，因為它需要操作員在光學顯微鏡下用手小心地將測試機台的細針接觸到晶圓上每個晶片的微小焊盤 (約 $100 \times 100 \mu m^2$)。一些 IC 製造商在第三世界國家建立測試和封裝工廠，以利用較低的勞動力成本。隨著 IC 測試設備自動化技術的快速提升，人工成本佔 IC 製造總成本的比重不斷下降，這情況可能會有所改變。

2.5.1 晶粒測試

　　製造商若能及時發現問題，就可以進一步降低生產成本。所以在 IC 製造中，儘可能及時發現不良晶粒。首先，設計人員必須確保沒有設計方面的缺陷才將光罩佈局送交光罩公司去製作光罩或倍縮光罩。檢查過程不會對半導體晶圓廠產生任何費用。然後在晶圓的處理過程中，光罩和倍縮光罩也要小心檢查及持續監測。

　　整個製造過程中，為了確保某些關鍵步驟的良率並找出任何影響良率的製程偏移，必須隨機抽檢晶圓上特殊設計的測試元件和測試電路。當在晶圓階段找到一顆不良晶片時，製造商只需花費每顆 0.10 美元；而封裝階段檢查出一顆不合格晶片的成本大約為 1 美元；但是如果在電路板上使用了不良晶片，代價就會增加到每顆 1 到

10 美元。同樣的故障若發生在電子系統中，費用則急增到每顆 10 到 100 美元以上。如果在最終的使用者端才發現問題，費用將達每顆 100 美元以上。1990 年代初，某些故障的微處理器曾導致個人電腦在特定運算區域產生錯誤，有一家製造商爲此付出了數百萬美元的代價更換所有不良的微處理器。

高級無塵室完成了所有的製程後，晶圓就被轉送到級數爲 1,000 的低階無塵室進行晶粒測試。晶圓會再被移送到等級爲 10,000 的更低階無塵室進行晶片封裝。使用特殊設計機台測試晶圓上的每一顆晶粒，這種特殊機台上的微小探針能接觸晶片的接合墊片或凸塊。可以利用測試程式查證每一顆 IC 晶片是否符合設計要求，不合格的晶粒將用墨水在上面打上記號 (圖 2.21 所示)。晶粒被分離後，這些作了記號的晶粒不會被封裝。由於墨水會造成污染而且必須補充，所以先進的測試分類機台會將不良晶粒的資料直接儲存在隨機附裝的電腦中，而不需要在壞的晶粒上印上記號。

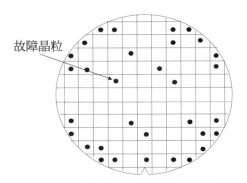

故障晶粒

圖 2.21　通過測試的晶圓示意圖。

◉ 2.5.2　晶片的封裝

晶片封裝有四個主要目的：對 IC 晶片提供物理性保護；提供一個阻擋層抵抗化學雜質和濕氣；確保 IC 晶片透過堅固的接腳與電路連接；消除晶片工作時產生的熱量。晶片封裝主要考慮製造成本、溫度和包裝材料。包裝材料需要考慮熱導率、熱膨脹係數和楊氏彈性模數。

晶片經過測試後，晶圓通常會在表面塗上一層保護層，並在背面進行機械研磨以減少晶圓厚度。背面減薄過程有助於去除晶圓加工過程中的背面塗層，並改善金屬塗層與矽基板的接觸。它還減少了晶片的厚度，從正常的 600 ～ 775μm 減到 250 ～ 350μm，這樣晶片就可以很容易地裝入腳架框架上的溝槽中。一些晶片需要減薄到 100μm 以下才能裝入智慧卡中。對於晶粒間 3D 封裝，晶圓需要減薄到 10μm 左右。同時還爲了晶圓減薄過程開發了其他技術，例如濕式蝕刻和電漿蝕刻。晶圓減薄後，通常會在晶圓背面塗上一層薄薄的金屬層。黃金通常用於背面金屬化，濺鍍和蒸鍍製程均可用於黃金的金屬化過程。

移除晶圓表面的保護層後，晶圓的背面將使用如聚脂薄膜等具有黏性與彈性的膠帶將晶圓固定在實心框上。晶粒分離過程中，晶圓一直用膠帶固定。在固定的冷卻液流下，鑽石鋸刀以極高的速度（每分鐘 2 萬轉）沿著切割線將個別的晶粒從晶圓上分離。先進的晶片製造已不再使用早期的技術如切割及機械式截斷法，因為這些技術會造成晶粒的剝落及碎裂。

晶粒篩選過程中，只挑選出良好的晶片並將不良晶片（標示記號者）留下。符合要求的晶粒放置在封裝槽內，封裝槽通常是熱和電的良導體。金屬或鍍上金屬的陶瓷一般作為晶粒的附著材料。晶粒附著是一種加熱過程，在這個過程中鍍上金屬的晶粒背面與基板之間的焊接劑會遇熱熔化，當焊接劑冷卻凝固後，就會將晶粒與基板的表面接合在一起。晶粒附著過程中的溫度受限於多數 IC 晶粒內所用的鋁合金細線。由於鋁和矽的共晶特性，所以鋁合金無法承受超過 550℃ 以上的溫度。當鋁金屬化之後，加熱製程溫度不能超過 450℃。現在 IC 工業通常使用一種由加熱所產生的金 - 矽共晶，因為金和矽的混合物會使合金的熔點溫度降低。以重量計算，97.15% 的金與 2.85% 的矽形成的混合物將在 363℃ 熔化。圖 2.22 為晶粒接合基本結構。

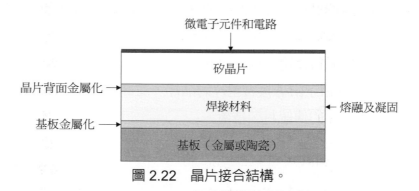

圖 2.22　晶片接合結構。

晶片被附著在引線架上之後，焊接機用細金屬線將晶片上的接合墊片與引線架上的引線尖端連接起來。傳統的打線接合製程過程如圖 2.23 所示。

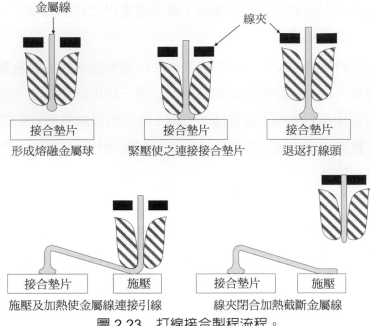

圖 2.23　打線接合製程流程。

　　打線製程流程中，氫氣火焰首先會在焊接頭內的金屬線前端形成一個融熔球。接著焊接頭會先將融熔金屬球壓在連接墊的表面與金屬線焊接。然後焊接頭回縮並將金屬線彎到引線尖端上，利用加熱與施壓的方式讓金屬線與引線尖端完成焊接。當焊接頭移開時，線夾隨即關閉並利用強大的拉伸應力切斷金屬線。被切斷的金屬線前端在短時間內又因表面張力而形成另一個融熔金屬球，焊接頭已準備好進行下一個焊接。金線在打線接合過程中最常使用。很重要的一點是打線接合的溫度不能超過晶片接合的焊接熔點。圖 2.24 顯示了附著接合墊片的晶片，並顯示了連接 IC 晶片上的接合墊片到晶片插槽上引線尖端的傳統封裝技術。

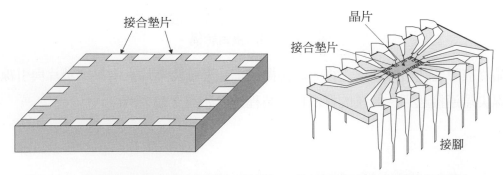

圖 2.24　具有接合墊片的 IC 晶片（左圖）；打線晶片接合示意圖（右圖）。

　　IC 製造中已經發展了其他封裝技術，覆晶接合技術已經廣泛用於 IC 製造。這種封裝技術在蝕刻鈍化介電質層之後，在 IC 晶片表面形成金屬凸塊而非接合墊片。晶粒分離後，晶片會以正面朝下的方式置入插槽，此時晶片表面上的金屬凸塊將精確對準插槽內的金屬引線。金屬凸塊與尖端引線會因加熱而熔在一起，晶片冷卻後就會接合。這種技術稱為覆晶接合封裝。傳統的打線接合封裝中，晶片面朝上放在引線架上；而在覆晶接合封裝中，晶片卻面朝下被嵌入插槽內。覆晶接合封裝的優點是可以顯著縮小封裝的尺寸。圖 2.25 顯示了含有凸塊的晶片；而圖 2.26 說明了覆晶接合封裝的製程步驟。

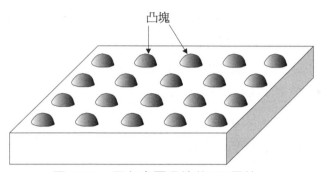

圖 2.25　具有金屬凸塊的 IC 晶片。

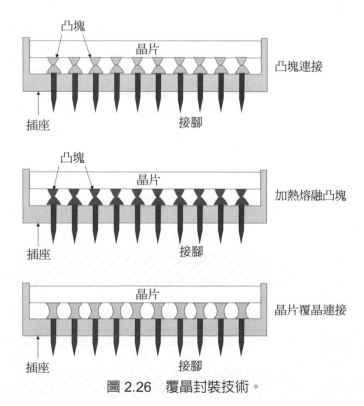

圖 2.26　覆晶封裝技術。

當 IC 晶片透過打線接合或凸塊接合連接到晶片插槽內的引線尖端時，晶片和引線架就準備進行密封。預封檢驗可以排除機械操作、晶粒附著、打線接合或凸塊接合時加熱製程過程產生的損壞晶片。陶瓷封裝及塑膠封裝是主要的兩晶種片封裝製程。對於移動離子和濕氣雜質，陶瓷是一種很好的阻擋材料，具有較高的熱穩定性和傳導性、低的熱膨脹係數。但是陶瓷封裝比塑膠封裝昂貴且笨重。因此為了降低封裝成本，一般使用塑膠封裝。例如，多數儲存晶片及邏輯晶片都使用塑膠封裝。有些 IC 晶片工作過程中會產生熱量，需要採用陶瓷封裝，特別是電腦微處理器 (也就是 CPU)。以前的 IC 產業將陶瓷封裝作為標準的封裝形式，但現在更多晶片採用塑膠封裝。

陶瓷封裝通常使用金屬焊接劑將陶瓷護蓋層和引線架接合封住。密封過程中，先將陶瓷護蓋層加熱然後再壓在引線架上，熔化的塑膠流入陶瓷護蓋層和引線架表面的金屬時會使兩者焊接在一起。圖 2.27 為 IC 晶片陶瓷封裝技術的截面圖。

塑膠封裝技術採取鑄型技術利用塑膠將 IC 晶片和引線架密封。打線接合製程後，將引線架放置在封裝機台的上層與下層之間。將加熱的上下凹槽閉合就可以在晶片與引線架之間形成一個空腔。熔化的塑膠流入空腔並經過冷卻及凝固後，就能將晶片密封住。圖 2.28 為塑膠晶片封裝技術的鑄型系統。

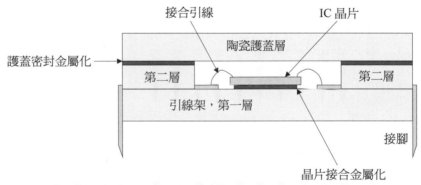

圖 2.27　IC 晶片的陶瓷封裝。

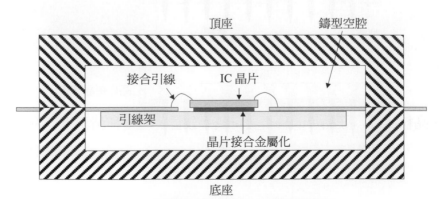

圖 2.28　塑膠封裝的鑄型空腔截面圖。

對於濕氣及鈉移動離子，塑膠不是良好的阻擋層。這類雜質會穿過塑膠封口影響 IC 的性能，甚至影響 IC 晶片的可靠性。然而透過故障測試，改良的塑膠封裝技術能成功地將塑膠封裝 IC 晶片的壽命延長到 5000 小時以上。這個時間相當於十年以上，對於大多數電子產品應用而言已經足夠了。

◉ 2.5.3 最終測試

晶片封裝之後將被送去進行最終測試：在一個不利的環境中強迫不穩定的晶片故障。在測試階段，旋轉機內的高速度可以機械地使不牢固的金屬焊線與接合墊片脫離。高溫熱應力可以加速電子元件產生故障。晶片最後被放置在特殊的架子上並在正常狀態下運轉數天，這個過程稱為老化測試。某些微處理器晶片在預設的頻率中無法工作，但卻能在較低頻率下正常工作，所以作為低價位的低速處理器晶片出售。成功通過老化測試的晶片就可以出貨給客戶。主要的客戶以電子產業為主，合格的晶片將被用於電子系統的電路板上。

◉ 2.5.4 3D 封裝技術

未來的 3D 封裝技術，可以使 IC 製造商將多個晶片堆疊在彼此的頂部封裝成產品。透過堆疊兩個晶片組合在一起，相當於透過減少特徵尺寸將元件密度提高了兩倍。透過將四個或八個晶片堆疊在一起，效果更為顯著。當縮小特徵尺寸使成本暴漲時，3D 封裝變得更有吸引力，也更符合成本效益。

3D 封裝已用於 CMOS 影像感測器，以及其他一些 IC 晶片。矽通孔 (TSV) 技術可以幫助實作 3D 封裝。發展中的 TSV 3D 封裝過程有幾個選擇。如圖 2.29 所示，其中 TSV 技術是在電晶體形成後的 IC 晶圓廠和連線形成之前形成的，如圖 2.29(a) 至圖 2.29(e)。晶圓送到封裝工廠後，晶圓背面被減薄與 TSV 插頭接觸形式背面凸塊。減薄後的晶圓厚度取決於 TSV 的孔深。圖 2.29(f) 顯示了背面的凸塊，這是為 3D 封裝做準備。

如果晶圓的晶粒良率較高，可以將晶圓與晶圓堆疊，這種對準晶圓堆疊方式，可以使頂級晶圓背面凸塊準確與前端晶圓下方的焊盤接觸。透過加熱過程將焊料熔化形成電氣連接並將兩片晶圓接合在一起，如在圖 2.29(g) 所示。如果晶圓的晶粒良率不是很高時，晶粒與到良好晶片的堆疊更具成本效益。在這種情況下，良好的晶粒排成一排，以便能準確地接觸前端焊盤上符合要求的晶粒。加熱過程熔化焊料凸點形成電氣連接將兩個晶粒焊接到一起。

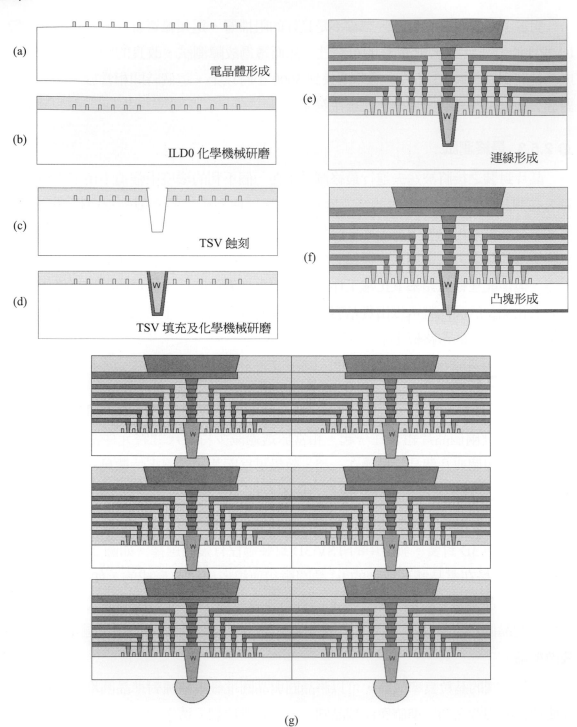

(a) 電晶體形成

(b) ILD0 化學機械研磨

(c) TSV 蝕刻

(d) TSV 填充及化學機械研磨

(e) 連線形成

(f) 凸塊形成

(g)

圖 2.29　3D 封裝製程。

2.6 ## 近期的發展

在 2000 年，IC 加工材料發生了一些重大變化，高介電係數 (k) 的介電質或高 k 介電質已取代二氧化矽 (SiO_2) 和氮氧化矽 (SiON)，作為高級邏輯 IC 中的閘極介電質材料。

自 90nm 技術節點以來，低 k 介電質已取代常用的二氧化矽作為 IC 晶片連線絕緣材料，並且正在用於替代記憶體中的二氧化矽。決定是高 k 或低 k 標準的 k 值是 3.9，這是 SiO_2 的介電常數。從 0.18µm 技術節點開始，銅連線已成為邏輯元件連線的主流，並在先進的奈米技術節點中逐漸取代記憶體中的鋁合金連線。193nm 浸潤式微影技術可提高圖案解析度，從 45nm 技術節點開始廣泛應用於 IC 製造。多重圖形化技術可進一步提高圖案密度，已應用在 32nm 及以後的技術節點中。EUV 微影已在次 N7 邏輯 IC 製程中啟用，並在 N5 及更高技術節點中得到廣泛的應用。化學機械研磨 (CMP) 成為標準 IC 製程，尤其是當記憶體也採用銅金屬化時。銅和超低 k 介電質的組合有助於提高 IC 晶片的速度。那些支援 IC 製程的設施也將相應改變。

從 2010 年起，3D 元件已從實驗階段進入到量廠製造。從 22nm 節點的 FinFET HMV 及 3D-NAND 快閃記憶體，已在取代大容量長存記憶體產品中的平面 NAND 快閃記憶體。

為了未來更複雜的積體電路電路測試，更快、更精確、更可靠和全自動的積體電路測試機台已被開發出來。越來越多的 IC 廠商在晶片封裝製程上採用了覆晶封裝技術。用於多晶片封裝的多層引線架已被廣泛的應用，尤其是在疊合式多晶片封裝中。採用矽通孔 (TSV) 的 2.5D 和 3D 封裝技術已經開發出來並已投入生產。晶圓到晶圓或晶粒到已知良好晶粒的晶粒堆疊已經開發出來。它們可以幫助保持每個封裝晶片的電晶體數量每兩年增加一倍的趨勢，即摩爾定律，會持續更多世代。

2.7 本章總結

(1) 整體良率是指透過最後測試的良好晶片總數與生產的所有晶圓上的晶粒總數比值；

(2) 良率決定一個 IC 晶片製造廠是賠錢還是賺錢；

(3) 無塵室是一個可以控制的人工環境。透過 HEPA 及對氣流、氣壓、溫度和濕度的控制，能將空氣中的微粒濃度一直保持在很低的水準；

(4) 嚴格遵守無塵室規範很重要，這樣可以降低空氣中的微粒和污染物，否則會影響晶片的良率和工廠利潤；

(5) 一座 IC 晶圓廠通常包括：黃光區、擴散區、離子佈植區、蝕刻區、薄膜區、化學機械研磨 (CMP) 區和濕式區；

(6) 製程區包括數個高級無塵室。對於製造 0.25 微米特徵尺寸的 IC 晶片，製程區需要等級為 1 的無塵室；而設備區只需要造價和維護費用低的 1000 級無塵室。層流可以幫助無塵室達到比 1000 級更高的等級。紊流只能用在等級為 1000 的無塵室；

(7) IC 生產中普遍使用氣體傳輸系統、去離子水系統、配電系統、泵和排放系統，以及射頻功率產生系統；

(8) 晶片封裝可以對 IC 晶片提供物理和化學保護，可以提供細金屬線用以在一個堅固的底座上連接晶片和引線尖端，並傳導晶片工作時產生的熱量；

(9) 與塑膠封裝比較，陶瓷封裝具有良好的熱穩定性和較高的熱傳導。塑膠封裝的主要優點是成本較低，現在多數 IC 晶片都採用塑膠封裝；

(10) 標準的打線接合採用極細的金屬線連接晶片的接合墊片與引線尖端的接合墊片。覆晶接合技術以凸塊接合連接晶片與引線尖端；

(11) 在標準的打線接合封裝製程裡，密封晶片過程的溫度應該低到不足以影響打線接合及晶片附著。打線接合的溫度不應該影響晶片附著，而晶片附著的溫度受限於鋁的熔點；

(12) 最後測試階段，已經封裝的晶片需要經過各種不利環境的測試：例如，高溫、高加速度、高濕度等，使得不可靠的晶片在送交客戶前可以被提前發現；

(13) 3D 封裝技術已經用於 CMOS 影像感測器。發展如 TSV 技術，可以幫助更多的 IC 產品在將來採用 3D 封裝技術。

習題

1. 等級爲 1000 的無塵室中每立方英呎內大於 0.5 微米的微粒數目是多少？

2. 鈉是一種移動離子，少量的鈉離子會損害微電子元件。請問鈉的主要來源是什麼？

3. 利用公式 2.2 說明晶粒良率、缺陷密度、晶粒面積和製程數目的關係。

4. 圖 2.21 的晶圓良率是指什麼？

5. 爲什麼等級爲 1 的無塵室需要層流？

6. 列出微影區的至少兩個製程設備。

7. 列出微影區的至少兩個量測設備。

8. 爲什麼一個迷你環境處在 1000 級無塵室而不是等級爲 1 的無塵室？

9. 列出至少兩個擴散反應腔的製程。

10. CVD 和 PVD 是 _____ 製程？

    (a) 添加　　　(b) 移除　　　(c) 圖案化　　　(d) 加熱

11. 微影是 _____ 製程？

    (a) 添加　　　(b) 移除　　　(c) 圖案化　　　(d) 加熱

12. 退火是 _____ 製程？

    (a) 添加　　　(b) 移除　　　(c) 圖案化　　　(d) 加熱

13. CMP 是 _____ 製程？

    (a) 添加　　　(b) 移除　　　(c) 圖案化　　　(d) 加熱

14. 氮氣在 IC 製程中可以用於吹洗氣體和製程氣體，請問在這兩種應用中是否需要相同的純度？

15. 爲什麼不能在不合格的晶粒上使用墨水打記號？

16. 說明晶片封裝的主要目的。

17. 說明晶片接合製程與打線接合製程。

18. 陶瓷封裝與塑膠封裝比較有什麼優缺點？

19. 故障最終測試的目的是什麼？

20. 多晶片封裝的優點是什麼？

21. 說明覆晶封裝製程。

22. 說明 TSV 製程。

參考文獻

[1] C. Y. Chang and S.M. Sze, *ULSI Technologies*, McGraw-Hill companies, New York, New York, 1996.

[2] S.M. Sze, *VLSI Technology*, second edition, McGraw-Hill, Inc., New York, New York, 1988.

[3] S. Wolf and R.N. Tauber, *Silicon Processing for the VLSI Era, Vol. 1, Process Technology*, Second Edition, Lattice Press, Sunset Beach, California, 2000.

[4] Ruth Carranza, *Silicon Run II* (video tape), Ruth Carranza Productions, 1993.

[5] Hong Xiao, "3D IC Devices, Technologies, and Manufacturing", SPIE Press, 2016.

Chapter **3**

半導體基礎

本章將針對半導體的基本原理、半導體元件以及半導體製程等進行探討。

學習目標

研讀完本章之後，你應該能夠

(1) 從元素週期表上至少可以認出兩種半導體材料。

(2) 列出 N 型和 P 型摻雜雜質。

(3) 說明一個二極體和一個 MOS 電晶體及其工作原理。

(4) 列出半導體產業所製造的三種晶片。

(5) 列出至少五種在晶片製造中必須的基本製程。

3.1 半導體基本概念

半導體材料的導電性介於導體如金屬 (銅、鋁、以及鎢等) 和絕緣體如橡膠、塑膠與乾木頭之間。最常用的半導體材料是矽 (Si) 及鍺 (Ge)，兩者都位於元素週期表中的第 IV A 族 (圖 3.1)。有些化合物，如砷化鎵 (GaAs)、碳化矽 (SiC)、鍺 - 矽 (SiGe) 同樣也是半導體材料。半導體最重要的性質之一就是能透過一種稱為摻雜的製程有目的地加入某種雜質並施加電場控制其導電性。

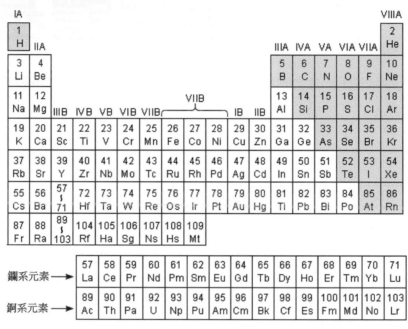

圖 3.1　元素週期表。

⊗ 3.1.1 能帶間隙

半導體與絕緣體或導體之間的根本區別在於所謂的能帶間隙。所有物質都是由原子構成，每個原子都有自己的軌道結構，如圖 3.2(a)。原子的電子軌道稱為殼層，因為電子在三維殼層中圍繞原子核運行，就像蛋殼圍繞蛋黃一樣。因此，圖 3.2(a) 中的軌道可以看作是這些殼的橫截面。最外層的殼稱為價電殼層。價電殼層中的電子不能傳導電流。當電子脫離原子核的束縛，離開價電殼層時，成為自由電子，就可以導電。

當許多原子結合在一起形成固態材料時，它們的軌道將會相互重疊形成所謂的能帶 (圖 3.2(b))。傳導帶中的電子能夠相對自由地在固態材料中運動，而且當電場加在該固體上時這些電子就可以傳導電流。價帶 (Valence Band) 中的電子因為受原子核束縛而無法自由移動，因此這些電子無法傳導電流。由於價帶的能階較低，所以電子主要停留在價帶中。

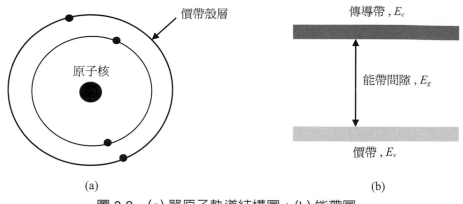

圖 3.2　(a) 單原子軌道結構圖；(b) 能帶圖。

　　電阻表示材料抵抗電流的能力，良導體有很低的電阻，而好的絕緣體有很高的電阻率。電阻率通常以 μΩ·cm 為單位。室溫時，鋁的電阻率為 2.7μΩ·cm，鈉為 4.7μΩ·cm，純矽約為 10^{11}μΩ·cm，而二氧化矽則大於 10^{18}μΩ·cm (參見圖 3.3)。

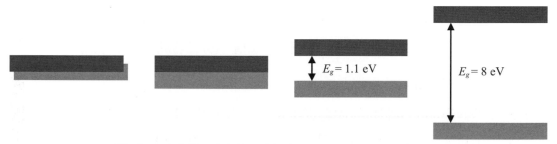

圖 3.3　(a) 鋁；(b) 鈉；(c) 矽；(d) 二氧化矽能帶圖。

　　大部分金屬的傳導帶和價帶都相互重疊或僅有一個極小的能帶間隙，室溫下 (300K ≈ 0.0259 eV)，具有熱能的電子能夠跳過這個間隙。一電子伏特 (1eV) 是電子通過電壓差為一伏特 (1V) 兩點所獲得的能量。因此金屬的傳導帶在常溫下總是帶有大量電子，這就是為什麼金屬總是良導體的原因。對於玻璃和塑料等介電質，由於能帶間隙很大，電子無法在常溫下從價帶躍過能帶間隙，因此傳導帶中只有很少的電子可以傳導電流。

　　半導體的能帶間隙大小介於導體和絕緣體之間。矽的能帶間隙為 1.10 eV、鍺為 0.67 eV、砷化鎵為 1.40 eV。雖然多數電子都停留在價帶，但總有部分的熱電子會跳到傳導帶中傳導電流，這可以透過波茲曼分佈解釋，這部分內容將在第七章介紹。對於本質矽而言，室溫時傳導帶中的電子密度為 1.5×10^{10}/cm³，價帶中的電子密度為每立方公分 10^{13} 個電子 (10^{13}/cm³)，這說明當絕大多數電子停留在價帶時，只有百億分之一的電子在傳導帶。因此，本質半導體在室溫下能傳導電流，其傳導能力比介電質佳但比導體稍弱。

3.1.2 晶體結構

　　元素週期表的第 IV A 族中，最常用於半導體材料的元素矽和鍺，最外層軌道均有四個電子。在單晶結構中，每一個原子都和另外四個原子相連，並且彼此共用一對電子 (參見圖 3.4)。由於大多數 IC 晶片都使用矽基板製造而成，因此本書的內容以矽製程爲主，並且透過矽材料說明摻雜製程。

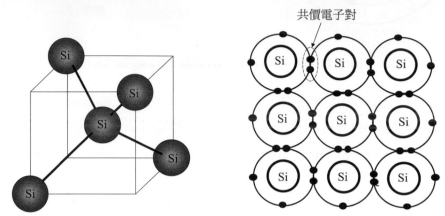

圖 3.4　(a) 矽正四面體單晶結構；(b) 二維結構。

3.1.3 摻雜半導體

　　通過在純矽單晶半導體材料中有意添加摻雜物，可以提高其導電性。有兩種摻雜物，一種是來自元素週期表第 III A 族的 P 型元素，如硼 (B)，另一種是來自元素週期表第 V A 族的 N 型元素，如磷 (P)、砷 (As) 和銻 (Sb)。由於 P、As 和 Sb 在半導體材料中能提供一個電子，因此它們被稱爲施體。硼提供了一個電洞，它允許其他電子跳入並在其他位置形成一個電洞。因此又被稱爲受體。

　　磷和砷的最外層有五個電子，當磷和砷被摻入純的單晶矽或鍺中時，最外層留下一個多餘的電子 (參見圖 3.5(a))。這個電子能夠容易地跳進傳導帶並成爲傳導電流的自由電子。這種情況下，電子就成爲傳導電流的多數載子，因爲電子帶負電荷，所以這種半導體就稱爲 N 型半導體。磷、砷和銻爲 N 型雜質。越多的 N 型摻雜原子進入半導體基板時，就代表它們提供了更多的自由電子導電，半導體的導電性也就越好。

　　如圖 3.6(a) 所示，當硼被摻入純的單晶矽或鍺中時，最外層的軌道產生中空的圓點即所謂的電洞。從圖 3.6(c) 到 (e) 可以看出價帶的電子可以容易地跳到受體能階上，並在價帶中形成電洞。在電場作用下，價帶中其他的電子會移動並跳入這些空洞中，並在原位產生新的電洞以使其他的電子再跳入。後續的電洞移動就如同正電荷運動一樣產生電流。電洞移動時就如同正電荷一樣，因此以電洞爲多數載子的半導體就稱爲 P 型半導體。在 IC 產業中，硼是主要的 P 型雜質。

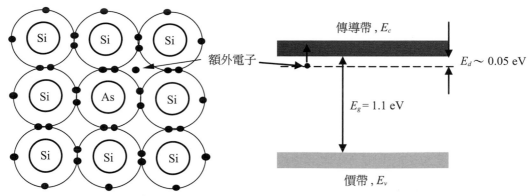

圖 3.5　(a)N 型（砷）摻雜矽；(b) 包含施體能階的能帶結構。

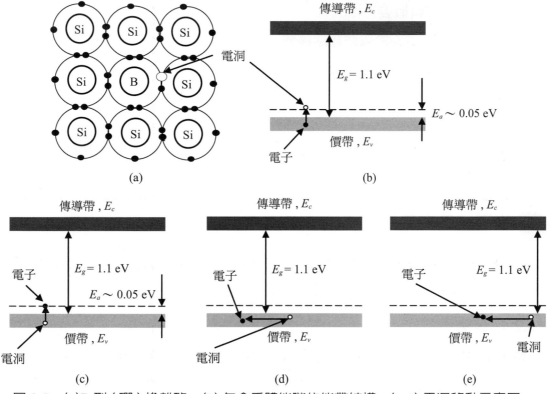

圖 3.6　(a)P 型（硼）摻雜矽；(b) 包含受體能階的能帶結構；(c-e) 電洞移動示意圖。

🔅 3.1.4　摻雜物濃度和導電率

　　圖 3.7 顯示了矽電阻率和摻雜濃度之間的關係。摻雜濃度越高，電阻率就越低。這是因為在矽中的摻雜原子越多，就能提供更多的載子（電子或電洞，由摻雜類型決定）。圖 3.7 同時也說明了摻磷的矽 (N 型) 電阻率要比摻硼的矽 (P 型) 低，這是因為電子在傳導帶中的移動速度要比電洞在價帶中的移動速度快得多。

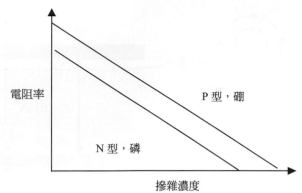

圖 3.7　矽摻雜濃度和電阻率關係圖。

◉ 3.1.5　半導體材料概要

- 半導體的導電率介於導體和絕緣體之間。
- 半導體的導電率可由摻雜濃度控制：摻雜濃度越高，半導體的電阻率就越低。
- 電洞是 P 型半導體中的多數載子，硼是 P 型摻雜雜質。
- N 型半導體中的多數載子是電子，磷、砷和銻是 N 型摻雜。
- 在相同的摻雜濃度和溫度下，N 型半導體的電阻率低於 P 型半導體，因爲電子的遷移率高於電洞。

3.2　半導體基本元件

IC 晶片的基本元件包括電阻、電容、二極體、電晶體以及金屬氧化物半導體場效電晶體 (MOSFET)。

◉ 3.2.1　電阻

電阻是最簡單的電子元件。在電子電路中代表電阻的符號如圖 3.8 所示。

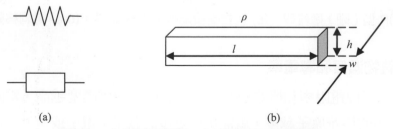

(a)　　　　　　　　　　　　　　　　　(b)

圖 3.8　(a) 電阻符號；(b) 電阻基本結構圖。

電阻的電阻值可表示如下：

$$R = \rho \frac{l}{wh} \tag{3.1}$$

其中 R 代表電阻，ρ 代表電阻率，w、h 和 l 分別表示導體的寬度、高度和長度 (參見圖 3.8(b))。

以前的半導體製程中，使用圖案化和摻雜後的矽製作電阻，電阻值的高低取決於長度、線寬、接面深和摻雜濃度。現在一般都使用多晶矽製作 IC 晶片上的電阻，多晶矽的線寬高度、寬度和摻雜濃度決定了電阻值大小。

例題 3.1

許多設計者使用多晶矽製作閘極和局部連線。多晶矽的電阻率由雜質濃度決定，這個濃度可以相當高，大約為 10^{22}cm^{-3}，即 $\rho \sim 200\,\mu\Omega\cdot\text{cm}$。假設多晶矽的閘極和局部連線寬度、高度和長度分別為 $1\,\mu\text{m}$、$1\,\mu\text{m}$ 和 $100\,\mu\text{m}$，求電阻值？

解答

$$R = \rho\,\frac{l}{wh} = 200 \times \frac{100 \times 10^{-4}}{10^{-4} \times 10^{-4}} = 2 \times 10^{8}\,\mu\Omega = 200\,\Omega$$

(註：$1\,\mu\text{m} = 10^{-6}\,\text{m} = 10^{-4}\,\text{cm}$)

例題 3.2

從 1980 年代到 1990 年代後期，最小特徵尺寸 (閘極寬度) 從 1 微米縮小到 0.25 微米。如果多晶矽的線寬、高度和長度分別為 $0.25\,\mu\text{m}$、$0.25\,\mu\text{m}$ 和 $25\,\mu\text{m}$，求電阻值？

解答

$$R = \rho\,\frac{l}{wh} = 200 \times \frac{25 \times 10^{-4}}{0.25 \times 10^{-4} \times 0.25 \times 10^{-4}} = 8 \times 10^{8}\,\mu\Omega = 800\,\Omega$$

例題 3.3

鋁銅合金是二十一世紀 IC 工業最常使用作為金屬連線的材料。當鋁銅合金的電阻率 $\rho \sim 3.2\,\mu\Omega\cdot\text{cm}$。如果金屬線寬、高度和長度分別為 $1\,\mu\text{m}$、$1\,\mu\text{m}$ 和 $100\,\mu\text{m}$ 時，求電阻值？

解答

$$R = \rho\,\frac{l}{wh} = 3.2 \times \frac{100 \times 10^{-4}}{10^{-4} \times 10^{-4}} = 3.2 \times 10^{6}\,\mu\Omega = 3.2\,\Omega$$

例題 3.4

銅金屬從 1990 年代後期就用於半導體金屬連線。銅的電阻率 $\rho = 1.7\,\mu\Omega\cdot cm$ 比鋁銅低很多。如果幾何尺寸與例題 3.1 相同，求電阻值？

解答

$R = 1.7\,\Omega$

用銅做金屬連線可以減小將近一半的電阻值，進而使得元件速度增加，電能損耗和產生的熱量減小。

我們可以看到，元件尺寸縮小的同時，電阻卻增加了！保持低阻力非常重要；否則會降低設備速度，增加功率消耗和熱量。因此，有必要使用更好的導電材料，例如電阻率較低的矽化物，從 13 到 $50\,\mu\Omega cm$。在先進的互補金屬氧化物半導體 (CMOS) IC 晶片中，人們通常使用多晶矽矽化物堆疊，也稱為 polycide，以形成閘極和局部連線。

⊗ 3.2.2 電容

電容是 IC 晶片中最重要的元件之一，特別是 DRAM 晶片。電容在電子電路中的符號和結構如圖 3.9 所示。

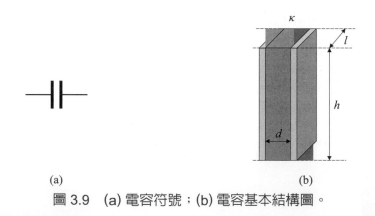

(a)　　　　　　　　　　　　　　(b)

圖 3.9　(a) 電容符號；(b) 電容基本結構圖。

電容對於儲存電荷和維持記憶的動態隨機存取器 (DRAM) 晶片十分重要。當兩個導電板被一個介電質分隔開時就構成了電容，而電容的電容值可以表示成：

$$C = k\varepsilon_0 \frac{hl}{d} \tag{3.2}$$

其中的 C 代表電容的電容值，h 和 l 分別代表導電板的高度和長度，d 代表兩個平行導電板間的距離。公式 (3.2) 中的 $\varepsilon_0 = 8.85 \times 10^{-12}$ F/m，這是真空中的絕對電容率，k 代表兩片平行導電板之間的介電質的介電常數。

　　IC 晶片中的電容導體部分主要由多晶矽製成。介電質材料的變化可從二氧化矽和氮化矽到高介電係數介電質材料，如二氧化鈦 (TiO_2)、二氧化鉿 (HfO_2)、氧化鋁 (Al_2O_3) 等。使用高介電係數介電質的目的是為了在縮小電容尺寸的同時維持同樣的電容值。電容能夠做成平面式、堆疊式，以及深溝槽式 (參見圖 3.10)。堆疊式和深溝槽式廣泛用於 DRAM 製造中。

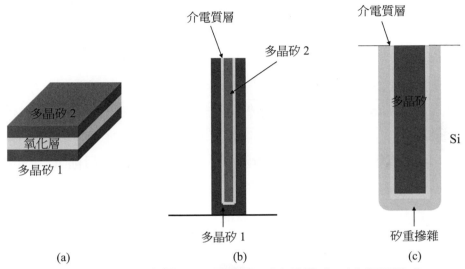

圖 3.10　電容基本結構：(a) 平面式；(b) 堆疊式；(c) 深溝槽式。

例題 3.5

計算圖 3.9(b) 的電容值，其中 $h = l = 10\,\mu m$。假設兩個極板之間的介電質層為二氧化矽，其中 $k = 3.9$，$d = 1000\,Å$。

解答

$$C = k\varepsilon_0 \frac{hl}{d} = 3.9 \times 8.85 \times 10^{-12} \times \frac{10 \times 10^{-6} \times 10 \times 10^{-6}}{1000 \times 10^{-10}} = 3.45 \times 10^{-14}\,F = 34.5\,fF$$

例題 3.6

透過減小兩個極板之間的距離 d，可以在縮小電容尺寸 h 和 l 後保持相同的電容值。當 $h = l = 1\,\mu m$ 時，要維持例題 3.5 中相同的電容值，求 d 值？

解答

$$d = k\varepsilon_0 \frac{hl}{C} = 3.9 \times 8.85 \times 10^{-12} \times \frac{10^{-6} \times 10^{-6}}{3.45 \times 10^{-14}} = 10^{-9}\,m = 10\,Å$$

　　由於厚度爲 10 Å 的二氧化矽層太薄，甚至在一伏特飽和電壓下都無法正常工作，這是因爲二氧化矽的崩潰電場強度大約爲 10^7 V/cm，相當於 0.1V/Å。因此，高 k 介電質材料，如 $HfO_2(k \sim 25)$ 或 $ZrO_2 (k \sim 25)$ 用於作爲新型介電質材料，這是爲了縮小電容尺寸的同時，保持定量的電容值並避免介電質崩潰。

例題 3.7

計算例題 3.6 中的電容所需介電質常數 k，其中 $d = 100$ Å。

解答

$$k = \frac{Cd}{\varepsilon_0 hl} = \frac{3.45 \times 10^{-14} \times 100 \times 10^{-10}}{8.85 \times 10^{-12} \times 10^{-6} \times 10^{-6}} = 39$$

　　IC 晶片上金屬連線間 (如圖 3.11 所示) 將形成寄生電容。目前 IC 電路的速度主要受限於 RC 時間延遲，也是電子充電寄生電容及金屬連線所需的時間。採用低介電係數介電質材料和良好的導電金屬 (銅) 就能夠減少 RC 時間延遲，增加電路的速度。

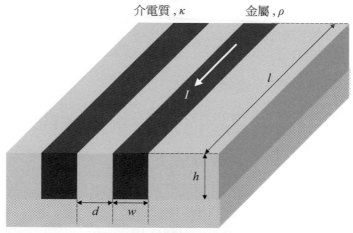

圖 3.11　金屬連線示意圖。

　　一階近似條件下，電荷傳遞到電容所需的時間大約爲 $t = Q/I$，其中電荷 $Q = CV$ 是將電容充滿所需的電荷量，V 是金屬線的電壓差，而 $I = V/R$ 是金屬導線流過的電流。因此延遲時間 $t = CV/(V/R) = RC$。頻率高於 $1/RC$ 的信號將無法透過金屬連接線。爲了提高元件的速度就必須減少 RC 參數。

例題 3.8

大多數 IC 晶片都使用鋁銅合金金屬連線。電阻率 $\rho = 3.2\,\mu \cdot cm$，金屬線的幾何尺寸為寬 w、高 h、長 l、線間距 d 分別為 $1\mu m$、$1\mu m$、$1cm$ 和 $1\mu m$，金屬線間填充的介電質，其介電常數為 $k=4.0$ 的 CVD 矽氧化物，計算 RC 延遲？

解答

$$RC = \rho \frac{l}{wh} k\varepsilon_0 \frac{hl}{d} = \rho k\varepsilon_0 \frac{l^2}{wd}$$

$$= 3.2\times10^{-8}\times4.0\times8.85\times10^{-12}\times\frac{0.01^2}{10^{-6}\times10^{-6}} = 1.133\times10^{-10}\,sec$$

因此，具有這種連線的 IC 晶片無法在高於 $1/RC = 8.83GHz$ 的頻率下操作。為了提高電路速度，需要通過改變連線的形狀或改變導電材料和介電質來減少 RC 時間延遲。一種方法是縮小長度 l，這需要將元件縮小。另一種方法是增加 w 和 d，這意味著更多層的金屬連線。二十世紀後期最先進的技術採用了 9 層以上的金屬互連。也可以嘗試同時減少 ρ 和 ε，即使用導電性能更好的金屬 (如銅) 代替常用的鋁銅合金，用低 k 介電質材料取代一般的矽酸鹽玻璃。

3.2.3 二極體

不同於電阻和電容特性，二極體是一個非線性元件，電流對電壓的變化關係不是線性關係。圖 3.12 為二極體的符號和一個 PN 接面二極體。

(a)　　　　　　　　　　　(b)

圖 3.12　(a)PN 接面二極體基本結構圖；(b) 二極體符號圖。

當電壓為順向偏壓時，二極體將透過單一方向的電流，但如果所加的電壓是逆向偏壓，電流就無法透過。如圖 3.13 所示，當使用的電壓 V_1 高於 V_2 時，就為順向偏壓；此時電流透過極小電阻調變朝符號所標的方向流過二極體。當 V_1 低於 V_2 時，為所謂的逆向偏壓，此時的電阻很高，幾乎沒有電流流過。這種原理與輪胎的氣閥類似。當為輪胎打氣時，氣筒的氣壓 P_1 高於輪胎內的氣壓 P_2，較高的氣壓能打開輪胎的氣閥讓空氣進入。不打氣時，輪胎內的氣壓 P_2 就高於大氣壓力 P_1，使輪胎氣閥關閉將空氣留在胎內 (參見圖 3.13)。

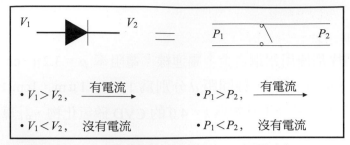

圖 3.13 二極體導電路架構圖及一個單向氣閥。

當 P 型和 N 型半導體相接在一起時就形成了 P-N 接面二極體，如圖 3.14 所示。P 型區域的電洞將擴散到 N 型區域，N 型區域的電子會擴散到 P 型區域。這種電荷分離過程將產生靜電力使少數載子停止擴散。這種由少數載子控制的區域稱為過渡區（或稱為空乏區）。

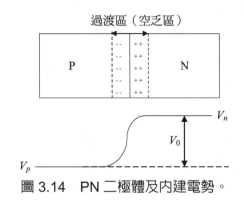

圖 3.14 PN 二極體及內建電勢。

空乏區兩端的電壓差可表示為：

$$v_0 = \frac{kT}{q} \ln \frac{N_a N_d}{n_i^2} \tag{3.3}$$

其中 k 是波茲曼常數，T 是溫度，q 是電荷，N_a 是受體 (P 型摻雜) 濃度，N_a 是施體 (N 型摻雜) 濃度，而 n_i 是本質載子濃度。

對於室溫下的矽，$kT/q = 0.0259V$，$n_i = 1.5 \times 10^{10} cm^{-3}$，如果 $N_a = N_d = 10^{16} cm^{-3}$，可算出 V_0 大約為 0.7V。由公式 3.3 可以看出 V_0 對於摻雜濃度並不敏感，因此通常需要大約 0.7V 的順向電壓才能使電流流過 P-N 接面，同理雙載子電晶體需要 0.7V 的電壓才能啟動。

圖 3.15 說明了二極體的電流—電壓曲線。可以看出當二極體在順向偏壓且大於 0 時 (特別是 $V > 0.7V$)，流過二極體的電流僅受很小的電阻且以指數方式隨 V 增加。但當二極體處於逆向偏壓時只有極低的電流流過，即使電壓持續增加，這個電流幾乎

為固定電流 I_0，這種情況的電阻非常大。如果二極體的逆向偏壓太大就可能使二極體崩潰，這時不再保持特有的電流一電壓曲線 (PN 接面崩潰特性)。

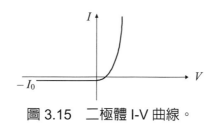

圖 3.15　二極體 I-V 曲線。

⊗ 3.2.4　雙載子電晶體

圖 3.16　為 NPN 和 PNP 雙載子電晶體的符號和基本結構。

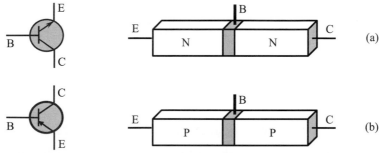

圖 3.16　(a)NPN 及 (b)PNP 雙載子電晶體符號及基本結構。

貝爾 (Bell) 實驗室製造出的第一個電晶體是點接觸式雙載子電晶體。現在 IC 晶片上的電晶體大多是平面式接面電晶體，如圖 3.17 所示。

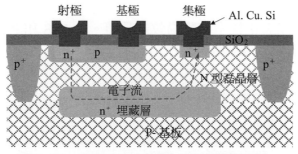

圖 3.17　平面 NPN 雙載子電晶體截面圖。

雙載子電晶體可以當開關使用，因為它的射極和集極間的電流是由基極和射極偏壓控制。當 NPN 電晶體的基極和射極為順向偏壓且 $V_{BE} > 0.7V$ 時，射極的電子能夠克服射極和基極的 N-P 介面電位進入基極，再渡過很薄的基極達到集極。

當 $V_{BE} = 0V$ 時，沒有任何電子從射極出來。因此不論在射極和集極之間加任何偏壓電壓，射極和集極之間都不會產生電流。

大量使用雙載子電晶體是因為它能夠放大電子信號。一般情況下，射極和集極間的電流值應該等於 β 乘以進入基極的電流，或為 $I_{ec}=\beta I_b$。此處的 β 是放大係數，通常在 30 到 100 之間。

圖 3.18 是一個側壁基極接觸式 NPN 雙載子電晶體的截面圖。雙載子電晶體主要用於高速元件、類比電路和高功率元件中。

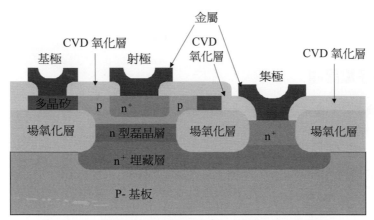

圖 3.18　側壁基極接觸式 NPN 雙載子電晶體。

從 1950 年到 1980 年代，雙載子電晶體和以雙載子電晶體為基礎的 IC 晶片是半導體產業的主流。1980 年代之後，由於受到邏輯電路，特別是 DRAM 的需求，以 MOS 電晶體為基礎的 IC 晶片快速發展而且超越了以雙載子為基礎的 IC 晶片。現在半導體產業的主流是以互補式金屬氧化物半導體電晶體 (CMOS) 為基礎的 IC 晶片。

3.2.5　MOSFET

MOSFET 代表金屬氧化物半導體場效電晶體。NMOS 和 PMOS 的符號如圖 3.19 所示。

(a)　　　　　　　　　　　(a)

圖 3.19　NMOS 及 PMOS 符號圖。

圖 3.20 表示了 NMOS 的結構，包含閘極、矽基板，以及夾在兩者之間的二氧化矽薄層。對於 NMOS，基板為 P 型基板，源極和汲極以 N 型摻雜物作重摻雜 (這也就是為何將其標為 n^+)。源極和汲極對稱，一般而言，接地的一邊稱為源極，加偏壓的一邊稱為汲極。

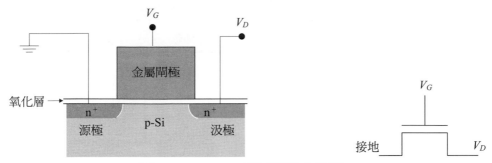

圖 3.20 NMOS 電晶體基本結構。

　　當閘極沒有加偏壓時，無論在源極和汲極之間加任何偏壓，都不會有任何電流從源極流到汲極，反之亦然。當閘極加順向偏壓時，金屬閘極靠近氧化物的一邊將產生正電荷。閘極的二氧化矽如同一個電容，靠近氧化物一側的金屬面的正電荷會排斥二氧化矽另一側矽基板表面的正電荷 (多數載子為電洞)，而把負電荷 (少數載子為電子) 吸引到矽基板表面。當閘極電壓大於臨界電壓時，即 $V_G > V_T > 0$，在二氧化矽另一側的矽基板表面將聚集足夠的電子形成通道，且能讓電子透過這個通道從源極流到汲極，這就是為什麼 NMOS 也稱為 N 通道 MOSFET，或 NMOSFET，圖 3.21 說明了這個過程。透過控制閘極電壓產生的電場就能影響半導體元件的導電率，並且能將MOS 電晶體開啟或關閉，這就是將其稱為場效電晶體 (FET) 的原因。

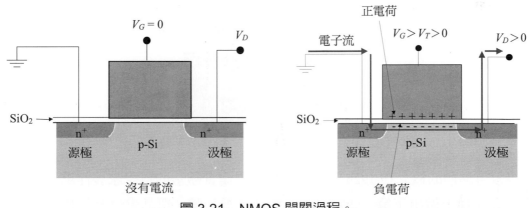

圖 3.21 NMOS 開關過程。

　　對於 PMOS，基板是 N 型半導體，源極 / 汲極重摻雜了 P 型雜質。使用負閘極偏壓在靠近氧化物一側的金屬面上產生負電荷 (電子)，同時排斥矽基板表面的電子(基板的主要載子) 並吸引電洞 (少數載子) 位於矽基板的表面，在閘極底下形成一條電洞通道。源極和汲極的電洞能夠流過這個通道在源極和汲極之間傳導電流 (見圖3.22)。當為順向偏壓時，PMOS 電晶體就會關閉。

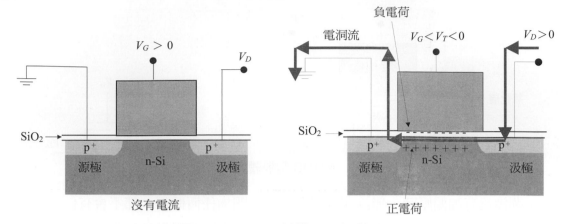

圖 3.22　PMOS 結構及開關過程。

透過利用閘極下離子佈植調整基板的摻雜濃度能夠調整臨界電壓 (V_T)，因此 MOS 電晶體能被設置成常開 (Normal-on) 或常關 (Normal-off) 的狀態。在互補式金屬氧化物半導體電晶體電路中同時用 NMOS 和 PMOS，通常 NMOS 處於關閉狀態而 PMOS 處於開啓狀態。

金屬氧化物半導體 (MOS) 電晶體主要用於如微處理器和記憶晶片的邏輯電路。圖 3.23 顯示了一個用 Intel 公司 32 nm 技術製成的 MOS 電晶體穿隧式電子顯微鏡照片。

圖 3.23　具有 32 奈米技術的 MOS 電晶體穿隧式電子顯微鏡照片。

場效電晶體的概念在 1925 年首次提出，貝爾實驗室的科學家製作場效電晶體時無意中在鍺片上做出了第一個點接觸式雙載子電晶體。單晶半導體材料的缺乏阻礙了早期發展場效電晶體，然而 1950 年發明的單晶鍺和 1952 年發明的單晶矽改變了這種情況。最後，貝爾實驗室由 M.M. Atalla 領導的團隊在 1960 年製作出第一個實用 MOSFET，從此 MOSFET 的技術快速發展。從 1980 年代，以金屬氧化物半導體爲基礎的 IC 晶片成爲半導體產業的主流，而且這樣的主導性還在繼續。由於大部分 IC 晶片以金屬氧化物半導體爲基礎，所以本書主要著重在 MOS IC 製程。

大多數化合物半導體以砷化鎵 (GaAs) 為基礎，主要應用在通信、軍事及科學研究的高頻、高速 IC 元件製造上。化合物半導體的其他重要應用是發光二極體 (LED)，可用於每種電子產品都有的 LED 指示燈和紅綠燈等。由於發光效率和長壽命，白光 LED 會在低成本量產後，取代家用及商用的燈泡和螢光燈。

 ## IC 晶片

不同種類的 IC 晶片可分成三大類：記憶體、微處理器和特殊應用 IC(ASIC)。

3.3.1 記憶體

記憶體晶片利用儲存和釋放電荷的方式"記憶"數位資訊，廣泛用於電腦和其他電子產品中。記憶體晶片是晶片製造中的最大部分，以動態隨機儲存 (DRAM) 和快閃 (NAND) 記憶體為主流。

DRAM

DRAM 是代表動態隨機存取晶片的縮寫。稱之為"隨機存取"的原因是因為 DRAM 晶片中的每個記憶體單位均可任意執行讀取或寫入功能，然而某些循序記憶體元件只能依照特定順序讀取或寫入資料。舉例來說，硬碟和光碟是使用隨機存取方式，而錄音帶則使用循序儲存方式。

DRAM 是最常使用的記憶體晶片，特別是應用在電腦內部的資料儲存方面。當購買個人電腦時，一個重要的考慮因素就是電腦中有多少儲存單元，也就是 DRAM 晶片資料儲存的容量。DRAM 的基本儲存單位由一個金屬氧化物半導體電晶體和一個電容構成，如圖 3.24 所示。

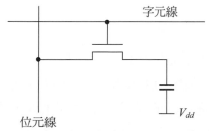

字元線

位元線

V_{dd}

圖 3.24　DRAM 儲存單元基本電路結構。

N 型 MOSFET 用作開關。它允許電子流動並儲存到保持記憶的電容器中。電容需要通週期性地透電源 V_{dd} 補充電容所損失的電子。這就是它被稱為動態 RAM 或 DRAM 的原因。當 DRAM 斷電時，數據就會遺失。在電腦上編輯檔案時，所有輸入的內容，包括文字、圖形和符號，都儲存在計算機的 DRAM 主記憶體中，然後"保存"

命令將它們永久存入硬碟或隨身碟 (USB)。經常保存編輯的資料非常重要，尤其是在處理冗長的文件時。否則，在停電的情況下，數小時的工作可能會浪費掉。

電腦應用方面需要更多儲存容量和更快速的記憶體晶片是 IC 產業技術發展的最重要原動力之一。

SRAM

SRAM 代表靜態隨機存取記憶體。它使用箝位電晶體來保持指令或記憶資料。它至少需要六個元件，四個電晶體與兩個電阻或六個電晶體。圖 3.25 顯示了六個電晶體 SRAM 的電路。我們可以看到它有 4 個 NMOS 和 2 個 PMOS。SRAM 比 DRAM 快得多，因爲它不需要爲電容充電來儲存資料。但是同樣的內存，同樣的製程技術，SRAM 晶片比 DRAM 要大很多，價格也貴很多。SRAM 主要作爲電腦的儲存式記憶體儲存最常用的指令，而 DRAM 用來儲存較不常用的指令和資料。閃存和硬碟都是非揮發性記憶體，通常用於永久儲存資料檔案。

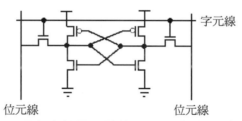

圖 3.25　具有六個電晶體的 SRAM 基本電路結構。

大多數邏輯 IC 晶片，如微處理器、ASIC 晶片和可程式設計門陣列 (FPGA) 晶片，都具有嵌入式快取記憶體，將 SRAM 整合到其晶片設計中。在這些晶片中，SRAM 陣列總是具有最高的元件密度。幾乎所有邏輯 IC 晶圓廠都在其技術開發和驗證的測試器中使用 SRAM。

EPROM、EEPROM 及快閃記憶體

DRAM 和 SRAM 都需要電能供應以保持資料，若失去了電能則記憶也就消失，因此它們又被稱爲揮發性記憶體。EPROM 代表可抹除可程式化唯讀記憶體 (Erasable Programmable Read-only Memory) 的縮寫，而 EEPROM 代表可電抹除可程式化唯讀記憶體 (Electric-erasable Programmable Read-only Memory) 的縮寫。EPROM 和 EEPROM 均爲非揮發性記憶體，主要用於無電能供應時永久儲存資料和指令。

EPROM 的結構和 NMOS 類似，如圖 3.26 所示。最基本的差異在於它有一個懸浮閘極能夠永久儲存數位資料。當控制閘極的偏壓爲 $V_G > V_T > 0$ 時，電子就會被吸引到矽 / 閘極氧化物介面，並在懸浮閘極下形成一個 N 型通道，電子從源極經過通道到

達汲極傳導電流。雖然大多數的電子都會穿越通道，但有部分電子卻以電子穿隧效應方式穿過很薄的閘極氧化層射入到懸浮閘極中，這就是所謂的熱電子效應。由於電子不能逸出，因此當電子進入懸浮閘極後就會在閘極記憶體保持數年之久。所以無論有無電能供應，電子都能保存住。圖 3.27(a) 顯示記憶體讀寫的過程。

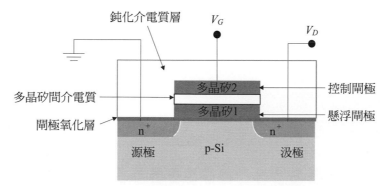

圖 3.26　EPROM 結構單元截面圖。

如果要清除 EPROM 中的資料，必須用紫外線照射鈍化介電質層。紫外線將會激發懸浮閘極內的電子，使它們穿隧多晶閘極間的介電質後流入接地的控制閘極端 (圖 3.27(b))。

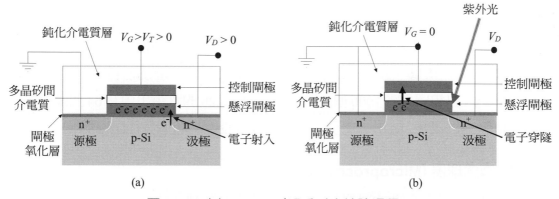

圖 3.27　(a)EPROM 寫入和 (b) 抹除過程。

EEPROM 不同於用紫外線清除整個 EPROM 的晶片記憶，它是利用控制閘極偏壓，使電子從懸浮閘極穿隧控制閘極以清除個別單位的記憶。

快閃記憶體是一種特殊的 EEPROM，且其生產成本極低。圖 3.28(a) 顯示一個 64 位元的 NAND 快閃記憶體電路。WL 代表字元線，共有 64 個，編號從 0 到 63。SG 代表選擇性閘極，是 NMOS 電晶體。SG0 的 NMOS 選擇接地線 (源極線)，SG1 是選擇位元線的 NMOS。圖 3.28(b) 是 64 位元平面 NAND 快閃記憶體橫截面。64 位元 2D-NAND 以 15 nm 技術大規模生產，之後 3D-NAND 快閃記憶體技術成為主流。

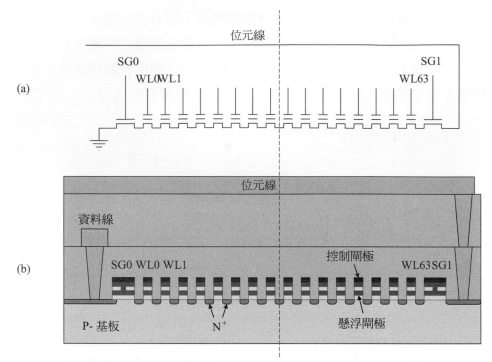

圖 3.28 (a)64 位元 NAND 快閃記憶體電路及 (b) 截面插圖。

NAND 快閃記憶體已廣泛應用於 USB、固態硬盤 (SSD)、手機記憶卡、數位相機、數位攝影機等移動設備。與硬碟 (HDD) 相比，SSD 更快、更可靠且功耗更低。隨著 3D-NAND 技術及其 HVM 的發展，SSD 的每十億位元組 (GB) 成本迅速降低。通過在垂直方向堆疊圖 3.28 所示，記憶體的封裝密度顯著增加。目前單元堆疊數量已超過 200 個，路線圖超過 1000 個。相比之下，圖 3.28 的水平串中有 64 個儲存單元。SSD 有可能在未來取代 HDD，完全接管所有數字設備的非揮發性記憶體。

3.3.2 微處理器 (Microprocessors)

微處理器又稱為中央處理單元 (CPU)，通常由控制系統和算術邏輯單元 (ALU) 兩大部分組成。較先進的微處理器也有內建儲存單元。中央處理單元相當於電腦和其他控制系統的核心。

有兩種微處理器結構被廣泛使用：複雜指令集電腦 (CISC) 和精簡指令集電腦 (RISC)。

　　圖形處理單元 (GPU) 是專門設計用於高速浮點計算的圖形的處理器。它可以將主 CPU 從計算密集型圖形處理和人工智慧 (AI) 應用程序中解放出來。它被廣泛應用於嵌入式系統、個人電腦 (PC)、手機和遊戲機。GPU 還被用於高性能平行計算，例如深度學習等。

3.3.3　特殊應用積體電路 (ASIC)

　　ASIC 是特殊應用積體電路的縮寫。許多晶片都屬於這種類型，包括數位信號處理 (DSP)。功率元件、電視、收音機、互聯網、汽車、無線和電信等晶片。隨著特徵尺寸的縮小，光罩所需的成本 IC 晶片製造急劇增加。對於微處理器和儲存晶片等大批量產品，光罩的成本可以由數千片晶圓分擔而降低。然而，產量有限的 ASIC 晶片不得不面臨成本效益的嚴峻挑戰。FPGA 晶片允許用戶在晶片製造後配置系統應用程序，成為有吸引力的替代方案之一。

3.4　IC 基本製程

　　IC 製程技術源於傑克・基爾比的鍺 "晶條"，接著又快速演化成由羅伯特・諾伊斯首先開發的平坦化技術製成的單晶矽晶片。1960 年代以後，IC 產業便依循摩爾定律以指數速度發展。

　　1960 年代到 1980 年代，以雙載子電晶體為基礎的 IC 晶片主導著半導體產業。電子手錶、電腦、電腦以及其他數位電子產品的需求快速驅動著以 MOSFET 為基礎的 IC 製程發展和晶片製造。對於低耗電量電路需求，也相對推動了 CMOS IC 晶片的發展。1980 年代以後，以 CMOS 為基礎的 IC 晶片主導著 IC 產業。許多人預言半導體產業將依循摩爾定律維持目前的發展速度，直到微影技術遇到極限為止。

　　IC 的基本製程可分為以下三類：
- 添加
- 移除
- 輻射

　　所謂的添加製程是將原子添加 (摻雜) 到晶圓內，或者在晶圓表面添加一層物質 (薄膜生長或沉積)。離子佈植和擴散製程用於將摻雜物加入半導體基板中。在氧化和氮化製程中，氧氣及氮氣被輸入並與矽產生化學反應產生二氧化矽和氮化矽。化學氣相沉積 (CVD)、物理氣相沉積 (PVD)、塗佈旋塗或電化學電鍍法 (ECP) 處理可在半導體上產生一層介電質或金屬薄膜沉積。

　　所謂的移除製程是用化學或物理方法，或兩者並用去除晶圓上的物質。晶圓清洗是用化學溶液清洗晶圓表面的污染物和微粒，因此是一種移除製程；圖案化蝕刻和整面蝕刻也屬於移除製程。使用機械和化學共用的研磨方法，達到使晶圓表面平坦化的化學機械研磨 (CMP) 也同樣屬於這個範疇。

　　在輻射製程中，晶圓被光子或微粒束輻射，而無需添加、移除或改變晶圓表面材料。材料變化有兩種類型，一種是微影曝光和合金退火等化學變化，另一種是植入後退火和薄膜回流等物理變化。生產中量測和檢測也是在不改變晶圓表面材料的情況下，在晶圓表面掃描光子束或微粒束的輻射過程。

　　本節的其餘部分將簡短說明 IC 製造中的基本步驟。由於大多數 IC 晶片都以 MOSFET 為主，所以本書將著重討論金屬氧化物半導體電晶體，特別是 CMOS 製程。

◉ 3.4.1　雙載子電晶體製造過程

　　以雙載子電晶體為基礎的 IC 晶片的主要製造過程包括：深埋層摻雜、磊晶矽生長、絕緣、摻雜、內連線以及鈍化。

　　以矽材料為主的雙載子電晶體通常使用 P 型晶圓製造 NPN 電晶體，基本的製造過程源自於 1970 年代中期的技術 (透過離子佈植進行摻雜製程)，這個製造過程以 P 型摻雜晶圓開始，包括七道微影製程。形成深埋層用於減小集極串聯電阻並改善元件的速度。製造步驟包含晶圓清洗、氧化、微影、離子佈植、去光阻、二氧化矽蝕刻以及再次晶圓清洗。磊晶矽生長是一個高溫化學氣相沉積 (CVD) 過程。磊晶生長時，離子佈植的深埋層將被退火且稍微擴散一些，如圖 3.29(a) 和 (b) 所示。在生長一個薄氧化層後再重複使用微影技術和離子佈植定義絕緣區以及電晶體的射極、基極和集極 (圖中的 (c) 和 (d) 部分)，然後再剝除遮罩氧化層並生長一層厚 SiO_2 層。透過微影技術和氧化物蝕刻定義接觸窗。光阻去除後，再沉積一個鋁合金金屬層填滿接觸窗並覆蓋住整個晶圓表面。接下來的微影技術和金屬蝕刻則形成金屬內連線並和電晶體 (e) 形成接觸點。光阻去除後，沉積 CVD 二氧化矽層保護電晶體和金屬導線 (f)。最後的製程分別是微影、接合墊蝕刻以及去光阻。

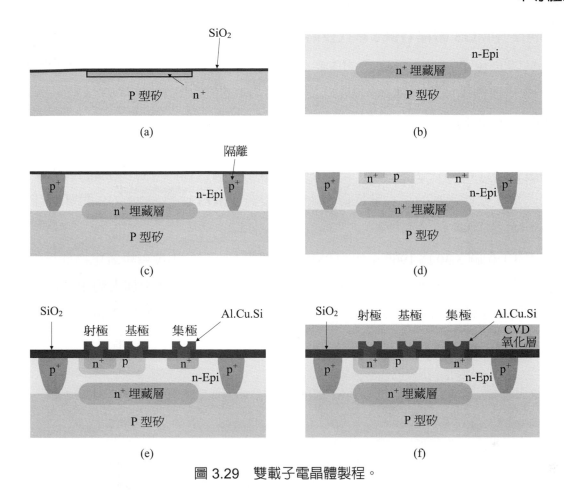

圖 3.29　雙載子電晶體製程。

　　對於先進的製程技術，如介電質溝槽填充絕緣、深集極、選擇性磊晶生長以及自我對準射極 - 基極等，都已被發展且應用於以雙載子電晶體為基礎的 IC 晶片製造上。由於本書主要討論 MOSFET 製程，所以不詳細說明這些製程過程。

　　雙載子電晶體 IC 的主要應用在類比電路，如電視、錄影機、感應器和電力電子元件。也可以和互補式金屬氧化物半導體電晶體 (CMOS) 組合成雙載子互補式金屬氧化物半導體電晶體 (BiCMOS)IC 產生更多的應用，包括微處理器。

3.4.2 PMOS 製程 (1960 年代技術)

　　早期的 IC 產業中，大多數的生產晶圓廠都製造以雙載子電晶體為基礎的 IC 晶片。由於技術方面的限制，一開始製造基於 MOSFET 的 IC 晶片時，是以 P 通道 MOSFET(PMOS) 進行。對於相同的設計 (相同的閘極材料、幾何尺寸、基板和源極 / 汲極摻雜濃度)，N 型金屬氧化物半導體電晶體的速度明顯比 PMOS 快，這是因為電子的遷移率比電洞快 2 至 3 倍。然而在沒有離子佈植技術時，無法突破 NMOS 製程上的困難。當使用擴散技術進行矽摻雜時，製造 PMOS 比製造 NMOS 簡單而且成本更低。

　　表 3.1 和圖 3.30 為 1960 年代的 PMOS 製程流程。它使用覆蓋場氧化物進行隔離，硼擴散用於源 / 汲摻雜，Al-Si 合金用於閘極和內連線。在 Al 中加入約 1% 的矽使矽飽和，防止了矽溶入鋁引起的鋁介面尖突現象。最小特徵尺寸約為 20μm。

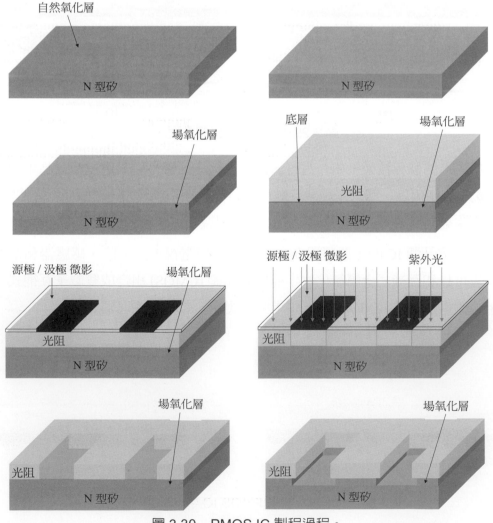

圖 3.30　PMOS IC 製程過程。

表 3.1 PMOS 製程流程 (1960 年代)。

晶圓清洗	(R)	蝕刻氧化層	(R)
場區氧化	(A)	去光阻	(R)
微影 1. (源 / 汲極)	(P)	Al 沉積	(A)
蝕刻氧化層	(R)	微影 4. (金屬)	(P)
去光 / 阻清洗	(R)	蝕刻 Al	(R)
S/D 擴散 (B)/ 氧化反應	(A)	去光阻	(R)
微影 2. (閘極)	(P)	金屬退火	(H)
蝕刻氧化層	(R)	CVD 氧化層	(A)
去光阻 / 清洗	(R)	微影 5. (接合墊片)	(P)
閘極氧化	(A)	蝕刻氧化層	(R)
微影 3. (接觸孔)	(P)	測試與封裝	

關鍵字：A＝添加，H＝加熱，P＝圖案化，R＝移除

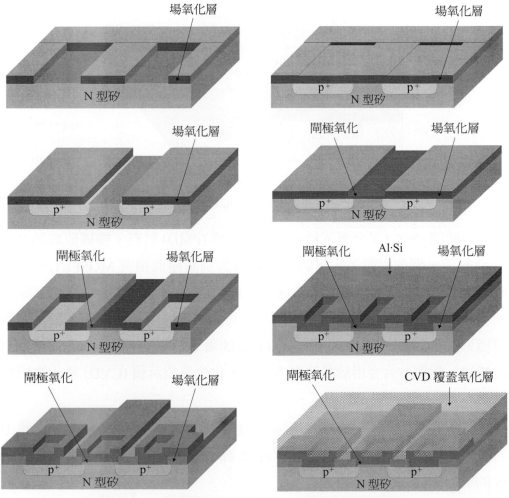

圖 3.31 (接續圖 3.30)PMOS IC 製作的製程過程。

整個PMOS製程有五個光罩。每個光罩都是一個微影步驟,包括晶圓清潔、預烤、底漆層塗佈、光阻塗佈、軟烘烤、對準和曝光、顯影、圖案檢視和硬烘烤。從製程流程我們可以發現,IC 製程總是重複進行移除、添加和輻射過程。

◉ 3.4.3 NMOS 製程 (1970 年代技術)

1970 年代中期,當開始大量使用離子佈植技術後,IC 製造技術明顯產生了變化,由於離子佈植具有獨立控制摻雜濃度、摻雜接面深及非等向性摻雜輪廓的優勢,使離子佈植過程取代了擴散製程。多晶矽取代了鋁成為閘極材料和局部內連線。採用離子佈植具有非等向性輪廓的優點和多晶矽在高溫的穩定性就可以形成自我對準源極 / 汲極。此時的最小特徵尺寸大約為 7.5 微米。圖 3.32 顯示了自我對準源極 / 汲極的佈植過程,這種技術在先進的 MOSFET IC 晶片製造中仍被使用。

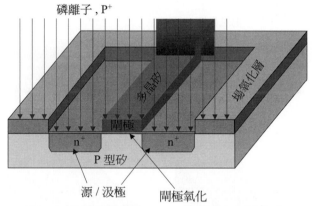

圖 3.32　自我對準源 / 汲極離子佈植製程。

摻磷矽玻璃 (PSG) 是金屬沉積前的介電質層 (PMD) 材料。摻磷矽玻璃 (PSG) 能捕獲移動離子,例如鈉離子,以防止它們擴散到閘極而損害 MOSFET,這是 1960 年代晚期 IC 技術的一大突破。由於摻磷矽玻璃 (PSG) 能在 1100°C 高溫下流動,所以能使介電質表面變得平滑和平坦,平坦化後的表面有助於後續的金屬化和微影技術。源極 / 汲極 (S/D) 和摻磷矽玻璃 (PSG) 之間用了一層很薄的未摻雜矽玻璃 (USG) 作為阻擋層,鋁銅矽合金用於長距離內連線,化學氣相沉積 (CVD) 氮化物用於鈍化介電質。

1970 年代中期以後,IC 製造廠開始生產以 NMOS 為主的 IC 晶片,這是由於在相同的幾何結構和摻雜物濃度下,NMOS 比 PMOS 速度快。表 3.2 和圖 3.33 顯示了 NMOS 的製作流程。

表 3.2　NMOS 製程流程 (1970 年代中期)。

清洗晶圓	PSG 回流
場氧化層生長	微影 3. 接觸孔
微影 1. 主動區	蝕刻 PSG/USG
蝕刻氧化層	去光阻 / 清洗
去光阻 / 清洗	Al 沉積
生長閘極氧化層	微影 4. 金屬
多晶矽沉積	蝕刻 Al
微影 2. 閘極	去光阻
蝕刻多晶矽	金屬退火
去光阻 / 清洗	CVD 氧化層
S/D 和多晶矽離子佈植	微影 5. 接合墊片
退火和多晶矽再氧化	蝕刻氧化層
CVD 生長 USG/PSG	測試及封裝

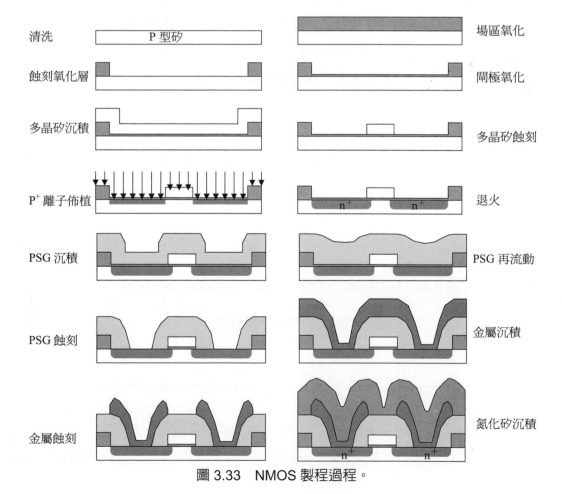

圖 3.33　NMOS 製程過程。

3.5 互補式金屬氧化物電晶體

電子錶和手持式計算機從 1970 年後開始迅速發展，發光二極體 (LED) 用於作為顯示器。由於發光二極體 (LED) 會消耗大量的電能使電池壽命縮短，因此 IC 產業界積極尋找能應用在電子錶和電腦上的替代品。液晶顯示器 (LCD) 在 1980 年代早期問世後就因為耗電量低於 LED，快速取代了發光二極體應用於 IC 產業。

降低電腦和電子錶電路的耗電量是發展以 CMOS 為基礎的一大動力。CMOS 可用於邏輯和儲存晶片上，它們已成為 IC 市場的主流。

3.5.1 CMOS 電路

圖 3.34 顯示了一個 CMOS 反相器電路。從圖中可以看出它由兩個電晶體組成，一個為 NMOS，另一個為 PMOS。當輸入為高電壓或邏輯 1 時，NMOS 就會被開啟而 PMOS 會被關閉。因為輸出電壓為接地電壓 V_{ss}，所以輸出電壓 V_{out} 為低電壓或邏輯 0。反之，若輸入為低電壓或邏輯 0 時，NMOS 就會被關閉而 PMOS 被開啟。輸出電壓為高電壓 V_{dd}，所以輸出電壓 V_{out} 為高電壓或邏輯 1。由於 CMOS 會反轉輸入信號，所以被稱為反相器。這個設計是邏輯電路中使用的基本邏輯單元之一。表 3.3 為反相器的數位邏輯列表。

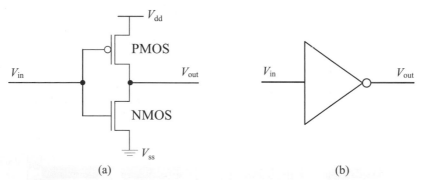

(a)   (b)

圖 3.34　(a)CMOS 反相器電路圖；(b)CMOS 邏輯符號。

表 3.3　反相器邏輯列表。

輸入	輸出
1	0
0	1

由圖 3.34(a) 可以看出當 NMOS 開啟時，PMOS 就會關閉，反之亦然，這就是該電路被稱為互補式金屬氧化物半導體電晶體或 CMOS 的原因。對於 CMOS，它在高

偏壓 V_{dd} 和接地 V_{ss} 之間總是斷路狀態。理想的狀態下，V_{dd} 和 V_{ss} 之間並沒有電流流動，所以 CMOS 的耗電量很低。CMOS 反相器的主要電能損耗由切換轉換時的漏電流形成，其切換頻率非常高。CMOS 優於 NMOS 之處還包括有較高的抗干擾能力、晶片溫度低、使用溫度範圍廣和較低的時脈複雜性。

將 CMOS 和雙載子技術結合形成的 BiCMOS IC 在 1990 年代迅速發展，CMOS 電路用於邏輯部分，雙載子電晶體可增加元件的輸入 / 輸出速度。由於 BiCMOS 已經不再是主流產品，並且當 IC 的應用電壓降到 1V 以下時就會失去應用性，所以本書將不對這種製程做詳細探討。

⊗ 3.5.2 CMOS 製程 (1980 年代技術)

CMOS 製程是從 NMOS 發展而來的。CMOS 技術比 NMOS 技術至少多三道光罩步驟，一個為 N 型井區形成，第二為 PMOS 源極 / 汲極佈植，第三為 NMOS 源極 / 汲極佈植。

表 3.4 和圖 3.35 顯示了 1980 年代的 CMOS 製程過程，電晶體之間的絕緣用矽局部氧化 (LOCOS) 取代整面覆蓋式氧化。硼磷矽玻璃 (BPSG) 用於作為金屬沉積前的介電質層 (PMD) 或內層絕緣層 (ILD0)，以降低所需的回流溫度。尺寸的縮減使大多數圖案化蝕刻採用電漿蝕刻 (乾式蝕刻) 取代濕式蝕刻，單層金屬線已不足以將 IC 晶片上所有的元件按照所需的導電率連接，所以必須使用第二金屬層。1980 年代到 1990 年代，金屬線之間的介電質即金屬層間介電質層 (IMD，Intermetal Dielectric) 沉澱和平坦化是一大技術挑戰。在 1980 年代，最小的特徵尺寸從 3 微米縮小到 0.8 微米。

CMOS 的基本製程步驟包括晶圓預處理、井區形成、絕緣區形成、電晶體製造、導線連接和鈍化作用。晶圓預處理包含磊晶矽沉積、晶圓清洗、對準記號蝕刻。井區形成為 NMOS 和 PMOS 電晶體定義出元件區。井區形成按技術發展程度的不同分為單一井區、自我對準雙井區 (也稱單一微影雙井區) 和雙微影雙井區。絕緣技術用以建立電氣絕緣區的方式隔絕鄰近的電晶體。1980 年代，矽局部氧化取代了整面覆蓋式氧化成為絕緣技術的主流。電晶體製造則涉及了閘極氧化層的生長、多晶矽沉積、微影技術、多晶矽蝕刻、離子佈植以及加熱處理，這些都是 IC 製程中最重要的製程步驟。導線連接技術結合了沉積、微影和蝕刻技術定義金屬線，以便連接建造在矽表面上的數百萬電晶體。最後透過鈍化介電質的沉積、微影和蝕刻技術將 IC 晶片密封起來與外界隔離，只保留接合墊的開口以供測試和銲接用。

表 3.4　CMOS 製程流程 (1980 年代)。

清洗晶圓	去光阻 / 清洗	USG 沉積
襯墊氧化層	多晶矽退火 / 氧化	回蝕
氮化矽沉積	微影 4. (P- 通道 S/D)	USG 沉積
微影 1. (LOCOS)	硼離子佈植	微影 8. 金屬間接觸孔
蝕刻氮化矽	去光阻	蝕刻 IMD
臨界電壓 V_T 佈植 (硼)	微影 5. (N- 通道 S/D)	去光阻
去光阻 / 清洗	磷離子佈植	金屬沉積前清洗
場區氧化	去光阻 / 清洗	濺射 Al 合金
去氮化矽	沉積 USG (阻擋層)	微影 9. 金屬 2
微影 2. (N- 井)	沉積 BPSG (PMD)	金屬蝕刻
N- 井離子佈植	BPSG 回流	去光阻
去光阻 / 清洗	微影 6. (接觸孔)	金屬退火
N- 井擴散	蝕刻氧化層	CVD 氧化 / 氮化矽
去襯墊氧化層	去光阻	微影 10. (接合墊片)
清洗晶圓	金屬沉積前清洗	蝕刻氮化矽 / 氧化矽
閘極氧化	濺射 Al 合金	去光阻
多晶矽沉積	微影 7. (金屬 1)	
多晶矽摻雜離子佈植	金屬蝕刻	
微影 3. (閘極)	去光阻 / 清洗	測試和封裝
多晶矽蝕刻	金屬退火	最後測試

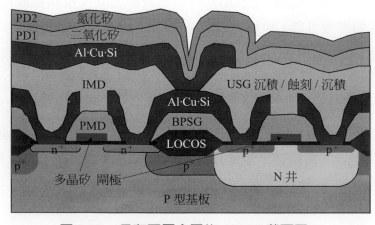

圖 3.35　具有兩層金屬的 CMOS 截面圖。

⊗ 3.5.3 CMOS 製程 (1990 年代技術)

1990 年，IC 晶片的特徵尺寸持續縮小，從 0.8μm 縮小到 0.18μm 以下，IC 製造採用了多項新技術。當特徵尺寸小於 0.35μm 時，淺溝槽隔離 (STI) 取代 LOCOS 用於隔離形成。矽化物被廣泛用於形成閘極和局部連線，鎢 (W) 被廣泛用於金屬連線，作爲不同金屬層之間的 "栓塞"。更多晶圓廠開始使用化學機械研磨 (CMP) 來形成 STI、鎢塞並平坦化層間電介質 (ILD)。高密度等離子蝕刻和 CVD 製程變得越來越流行，並且銅金屬化開始在生產線中增加。圖 3.36 顯示了具有四個 Al-Cu 合金金屬互連層的 CMOS IC 的橫截面，圖 3.37 顯示了具有四個 Cu 金屬互連層和一個 Al-Cu 合金焊盤層的 CMOS IC 的橫截面。

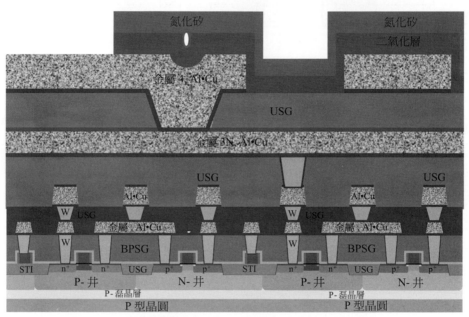

圖 3.36　具有四層 Al /Cu 合金層的 CMOS IC 橫截面。

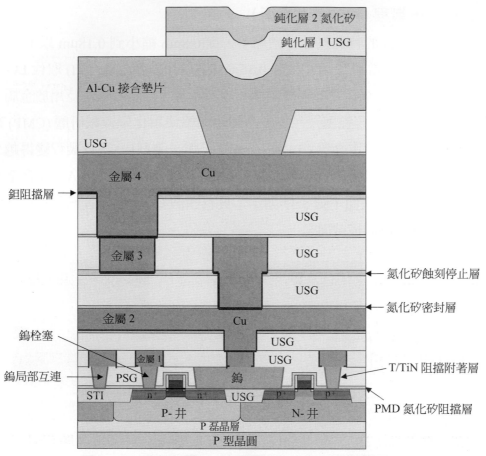

圖 3.37　具有四層 Cu 金屬層的 CMOS IC 橫截面。

3.6 2000 年後半導體製程發展趨勢

自 2000 年代以來，CMOS IC 技術已進入 nm 技術節點，技術節點從 130nm 縮小至 "3nm"。在 0.13mm 或 130nm 技術節點之前，使用閘極關鍵尺寸 (CD) 來評估。在 130nm 到 22nm 之間，邏輯 IC 技術節點大致由 1/4 的接觸閘間距確定。在英特爾的 22nm 之後，從 20nm 到目前的 2nm，技術節點的編號和長度已與 IC 節點的實際尺寸無直接關聯。例如，人們無法在 3nm 節點的 IC 晶片中找到 3nm 的特徵。

2000 年後，193nm 成為光學微影的主要波長。浸潤式微影技術，利用水掃描物鏡與晶圓光阻之間作為媒介，進一步提高圖形精密度，在 45nm 節點及以後的 IC 製造中被廣泛應用。自 45nm 技術節點以來，已經開發並在 IC 製造中使用了多重圖案技術，例如自對準雙圖案化 (SADP) 和自對準四重圖案化技術。當 13.5nm 波長的極紫外 (EUV) 微影技術實現量產後，浸潤式微影技術和多重圖案化技術的結合幫助 IC 製造商進一步縮小特徵尺寸直至 7nm 和 5nm 節點。從 65nm 節點開始，矽化鎳 (NiSi) 取代矽化鈷 (CoSi$_2$) 作為自我對準矽化物的首選材料。在引入高 k 和金屬閘極 (HKMG) CMOS 技術後，自我對準矽化物逐漸被淘汰，因為閘極和局部結合不再需要矽化物。接觸孔底部需要矽化物，這可以通過快速熱退火 (RTA) 過程中 Ti 線層與 Si 或 SiGe 之間的化學反應形成。Ti 線層可以留在接觸孔的側壁上，在填充金屬 CMP 過程中可以去除晶圓表面的 Ti 線層，因此不需要剝離未反應的 Ti。HKMG 開始替代二氧化矽和多晶矽作為閘極介電質和閘極電極材料。諸如應變矽之類的襯底工程被廣泛用於通過提高載流子遷移率來增強元件性能。雙應力線層和矽鍺 (SiGe) 成長的選擇性磊晶生長 (SEG) 等技術是對 MOSFET 通道施加應變以提高載子遷移率和元件速度的常用方法。由於 SiGe 比 Si 具有更高的空洞遷移率，通過 SEG SiGe 的 PMOS 通道和使用矽材的 NMOS 通道，可以製造更快的 PMOS 並獲得更好的 CMOS 性能。圖 3.38 顯示了具有 SEG SiGe PMOS 通道、SEG SiGe 和 SiP 源極–汲極、閘極 HKMG 以及九層銅和超低 k (ULK) 內連線的 CMOS 的橫截面。它呈現一個 N5 FinFET CMOS 技術。

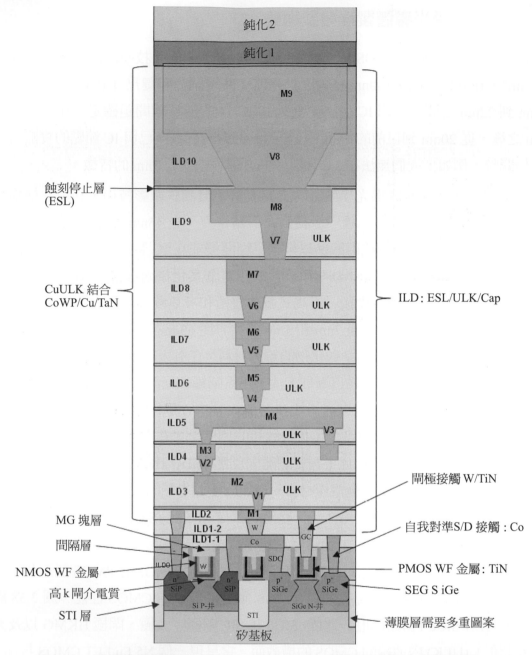

圖 3.38　選擇性磊晶 SiGe 和碳化矽的 CMOS，閘極具有高 k 金屬閘極，
9 層銅 / 低 k 層。

　　除了 FinFET 之外，3D-NAND 是另一個於 21 世紀開發且量產的新 IC 元件，它
使用垂直環閘元件架構在垂直方向構建非揮發性記憶體單元並將許多單元堆疊在一
起。

　　圖 3.39(a) 展示了一種先進的 3D-NAND，在超過 200 疊層的技術中，可以發現週邊 CMOS 電路就在元件陣列和雙層通道疊層之下。圖 3.39(b) 顯示了沿通道切割的兩個儲存單元的一部分。我們可以看到，如果將圖 3.39(b) 旋轉 90 度，則旋轉特徵的上部看起來就像圖 3.28(b) 中的兩個 NAND 單元。

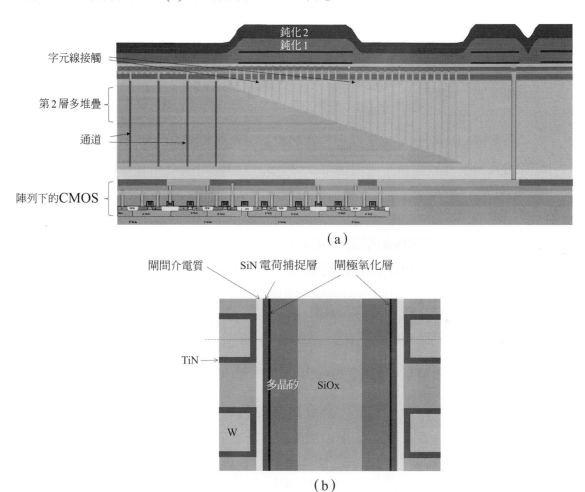

圖 3.39　(a) 採用陣列和兩層堆疊的 CMOS 3D-NAND；(b) 帶有 2 個快閃記憶體單元部份通道截面放大圖。

3.7 本章總結

(1) 半導體是導電率介於導體和絕緣體之間的材料，它們的導電率可以透過摻雜濃度和外加電壓控制；

(2) 矽、鍺和砷化鎵是最常使用的半導體材料；

(3) P 型半導體摻雜原子來自元素週期表第 IIIA 族，以硼爲主，多數載子是電洞；

(4) N 型半導體摻雜原子來自元素週期表第 VA 族，以磷、砷和銻爲主，多數載子是電子；

(5) 摻雜物濃度越高，半導體電阻率就越低；

(6) 電子的遷移率比電洞高，所以當摻雜濃度相同時，N 型矽電阻率比 P 型矽低；

(7) 電阻主要由多晶矽製成，電阻值取決於多晶矽導線的幾何尺寸和摻雜濃度；

(8) 電容在 DRAM 中的用於儲存電荷和資料；

(9) 雙載子電晶體能放大電流，也可以作爲開關使用；

(10) MOSFET 因不同的閘極偏壓開啓或關閉；

(11) 1980 年起，以 MOSFET 爲基礎的 IC 晶片主導半導體行業，市場佔有率仍然持續增加；

(12) 記憶體、微處理器和 ASIC 晶片是半導體產業中最常製造的三種晶片；

(13) CMOS 的優點包括耗電低、產生熱量較低、抗干擾能力強，以及簡單的時脈序列；

(14) CMOS 的基本製程流程包括：晶圓預處理、井區形成、隔離、電晶體製造、連線和鈍化；

(15) 基本的半導體製程包括：添加、移除、輻射 (如圖 3.40)。

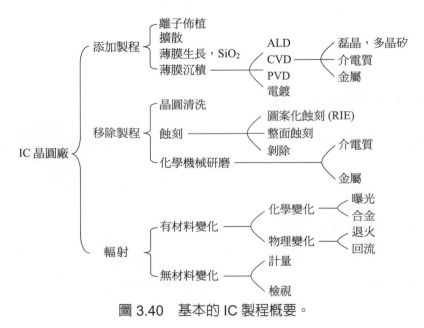

圖 3.40　基本的 IC 製程概要。

習題

1. 什麼是半導體？請列出最常使用的三種半導體材料。

2. P 型半導體的多數載子是什麼？P 型摻雜物是哪種材料？

3. 請列出三種可以作為 N 型摻雜物的材料？N 代表什麼？

4. 半導體電阻率如何隨摻雜物濃度改變？

5. 當摻雜濃度相同時，摻磷的矽和摻硼的矽哪個導電率高？

6. 什麼材料最常用於作為 IC 晶片的電阻？決定電阻阻值的因素是什麼？

7. 哪種 IC 晶片需要很多電容？為什麼？

8. 請列出兩種儲存晶片。

9. 說明如何開啟和關閉 NMOS 電晶體。

10. 列出四種 IC 製程。離子佈植和快速加熱退火代表哪種製程流程？微影和蝕刻又代表哪種製程？

11. 製作一個可以正常工作的 PMOS 最少需要幾道光罩製程？製造雙載子電晶體又最少需要幾道光罩製程？

12. 1970 年代中期 IC 產業的最大技術突破是什麼？

13. 說明自我對準源極/汲極製程，為什麼現在仍然使用？

14. 為什麼 CMOS 電路廣泛應用於半導體晶片上？

15. 請列出 CMOS 晶片的基本製程流程。

16. 先進的 IC 晶片為什麼使用多層金屬連線？

17. 請指出任一種非揮發性記憶體元件。

18. 哪種微影製程可以達到更高的分辨率，193nm 還是 EUV？

參考文獻

[1]   S. M. Sze, *Physics of Semiconductor Devices*, Second edition, John Wiley & Sons, New York, NY, 1981.

[2]   Gary Stix, *Toward "Point One"*, Scientific American, February 1995, page 30.

[3]   David Manners, *50 Not Out*, Electronics Weekly, Dec. 17, 1997.

[4]　P. J. Zdebel, *Current Status of High Performance Silicon Bipolar Technology*, 14th Annual IEEE GaAs IC Symp. Tech. Digest, 15, 1992.

[5]　P. Packan, et al, *High Performance 32nm Logic Technology Featuring 2nd Generation High-k + Metal Gate Transistors*, IEDM Tech. Dig., p. 659, 2009.

[6]　Hong Xiao, "3D IC Devices, Technologies, and Manufacturing", SPIE Press, 2016.

Chapter 4

晶圓製造、磊晶成長和基板工程

學習目標

研讀完本章之後，你應該能夠

(1) 說明矽為什麼比其他半導體材料被普遍使用，至少列出兩個原因。

(2) 列出單晶矽最常使用的兩種晶向。

(3) 列出從沙子到矽材料的基本製程流程。

(4) 說明 CZ 法和 FZ 法。

(5) 解釋說明磊晶矽沉積的目的。

(6) 說明磊晶矽沉積的製程流程。

(7) 列出兩種製造 SOI 晶圓的方法。

(8) 說明應變矽的優點。

(9) 描述選擇性磊晶製程及在應變矽技術中的應用。

4.1 簡介

單晶矽晶圓是 IC 製造中最常使用的半導體晶圓材料。本章將介紹爲什麼大多數半導體製造會選擇使用矽晶圓，以及矽晶圓的製造過程。

所有材料都是由原子構成的。根據原子在固體材料內部的排列方式，存在三種不同的材料結構：非晶態、多晶態和單晶態。在非晶結構中，沒有重複的原子排列。多晶結構中有一些重複的原子排列，形成所謂的晶粒。在單晶結構中，所有原子都以相同的重複模式排列。圖 4.1 顯示了三種不同結構的截面圖。

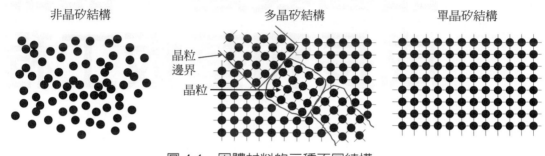

圖 4.1　固體材料的三種不同結構。

在自然界中，大多數固體材料要麼處於非晶結構，要麼處於多晶結構。很少有固體是單晶材料，通常爲寶石，如石英 (單晶二氧化矽)、紅寶石 (單晶氧化鋁，含有鉻元素)、藍寶石 (單晶氧化鋁，含有除鉻以外的不同雜質) 和金剛石 (單晶碳)。第一個電晶體是由多晶鍺製成。然而，要製造微型電晶體，需要單晶半導體基板。因爲從晶粒邊界散射的電子會嚴重影響 P-N 接面的特性。多晶矽和非晶矽都可以用來製造太陽能電池板，它們能直接將太陽光的光能轉化爲電能。

4.2 爲什麼使用矽材料

在半導體工業的早期，鍺是用於製造電晶體和二極體等電子設備的主要半導體材料。當傑克·基爾比製造第一個 IC 時，它是建立在一塊單晶鍺基板上。然而，自 1960 年代以來，矽已迅速取代鍺並主導 IC 產業。

地殼中約有 26% 是矽，這使其成爲地殼中含量最豐富的元素之一，僅次於氧。要獲得矽，不需要去找一座礦場。石英砂主要成份是二氧化矽，在很多地方都能大量找到。隨著矽晶技術的發展，單晶矽片的成本下降，使其成本遠低於單晶鍺晶圓或任何其他單晶半導體材料。

矽晶圓的另一個主要優點是能夠在熱氧化過程中生長一層二氧化矽。二氧化矽是一種強且穩定的介電質，然而二氧化鍺很難形成，高溫時（＞800℃）也不穩定，並且最不可接受的是它的水溶性。1947 年，貝爾實驗室的一位技術人員在陽極處理後的清洗過程中，誤用水將陽極氧化生長的二氧化鍺從鍺樣品表面沖洗掉，這個錯誤使巴丁和布拉頓製造了第一個點接觸式雙載子電晶體，否則可能還會按照原來的計畫製造金屬氧化物半導體電晶體。

與鍺材料相比，矽材料具有較大的能隙，所以能承受較高的操作溫度和較大的雜質摻雜範圍，矽的臨界崩潰電場比鍺高。對於磷或硼等摻雜物，二氧化矽可以作爲摻雜遮蔽層，因爲大部分摻雜物在二氧化矽中的擴散速度比在矽中慢。對於金屬 - 絕緣層 - 半導體 (Metal-Insulator-Semiconductor，MIS) 電晶體，SiO_2-Si 的介面在 MOS 中有很好的電學特性。有關矽元素的參數列於表 4.1。

表 4.1　矽元素參數列表。

名稱	矽
符號	Si
原子序	14
原子量	28.0855
發現者	Jöns Jacob Berzelius
發現地	瑞典
發現年代	1824
名稱來源	從拉丁字母 "silicis" 代表 " 燧石 "
單晶矽的鍵長	2.352 Å
固體密度	2.33 g/cm^3
摩爾體積	12.06 cm^3
音速	2200 m/sec
硬度	6.5
電阻率	100,000 $\mu\Omega \cdot cm$
反射率	28%
熔點	1414℃
沸點	2900℃
熱傳導係數	150 $W\ m^{-1}\ K^{-1}$
線性熱膨脹係數	$2.6 \times 10^{-6}\ K^{-1}$
蝕刻材料 (濕式)	HNO_4 及 HF，KOH 等等
蝕刻材料 (乾式)	HBr，Cl_2，NF_3 等等
CVD 源材料	SiH_4，SiH_2Cl_2，$SiHCl_3$ 及 $SiCl_4$

資料來源：http：//www.webelements.com/silicon/

4.3 晶體結構與缺陷

4.3.1 晶體的晶向

　　圖 4.2 顯示了單晶矽的基本晶體晶胞，是所謂的單晶碳鑽石結構單晶圓胞，這種結構中的每個矽原子都與鄰近的四個矽原子結合成化學鍵，單晶碳鑽石也是這晶種體結構。

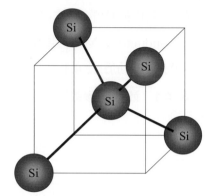

圖 4.2　單晶矽晶格結構的單元晶胞。

　　晶體的晶向透過米勒指數定義，米勒指標表示方向平面在 x、y 和 z 軸的橫截面。圖 4.3 說明了立方晶體的 <100> 晶向平面和 <111> 晶向平面。注意 <100> 平面是正方形 (如圖 4.3(a)) 而 <11l> 平面是三角平面 (圖 4.3(b))。

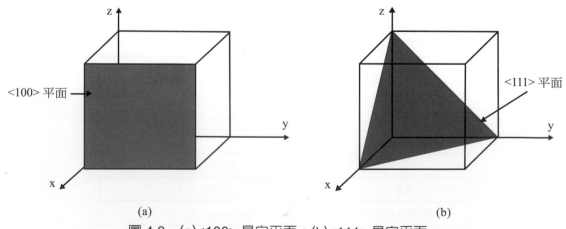

圖 4.3　(a)<100> 晶向平面；(b)<111> 晶向平面。

　　對於 IC 晶片製造，<100> 和 <111> 晶面是單晶圓最常使用的方向。<100> 晶面的晶圓常用於製作金屬氧化物半導體 IC，<111> 晶面的晶圓通常用於製造雙載子電晶體和 IC 晶片，因為 <111> 晶面的原子面密度較高，所以比較適合高功率元件。圖 4.4

顯示了 <100> 和 <111> 晶面的晶格結構。當一個 <100> 晶圓裂開時，碎片通常成 90°
直角狀。如果 <111> 晶圓裂開，碎片通常呈現 60° 的三角狀。

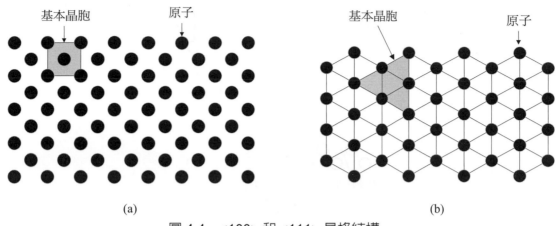

圖 4.4　<100> 和 <111> 晶格結構。

　　晶體的方向可以透過許多方法確定，視覺識別法透過區分形貌確定，例如蝕刻
斑坑和成長面，或者也可以使用 X 光繞射確定。單晶矽可以用濕式蝕刻，如果在其
表面出現缺陷，則因該處的蝕刻速率較高而產生蝕刻斑坑。對於 <100> 晶圓，當用
KOH 溶液進行選擇性蝕刻時，由於 <100> 平面上的蝕刻速度比 <111> 平面快，蝕刻
斑坑看起來就像一個帶有四個邊的倒金字塔形狀。對於 <111> 晶圓，蝕刻斑坑是一
個四面體或帶有三個邊的倒金字塔形狀 (如圖 4.5 所示)。

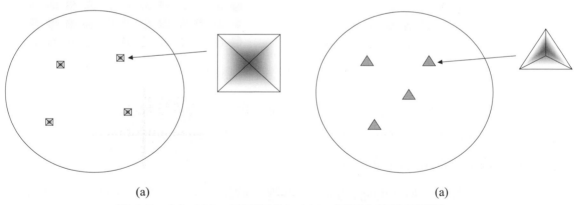

圖 4.5　(a)<100> 晶圓和 (b)<111> 晶圓上的蝕刻斑坑。

🔘 4.3.2　晶體的缺陷

　　在矽晶體和晶圓的生長及後續製程過程中，將會出現許多晶體缺陷，最簡單的點
缺陷是一個空位，也稱蕭特基缺陷，即在其中的晶格內少了一個原子 (參見圖 4.6)。
空位將影響摻雜製程，因為摻雜在單晶矽中的擴散速率是空位數目的函數。

當一個額外原子佔據在正常的晶格位置之間時，就形成間隙缺陷。如果一個間隙缺陷和一個空位在鄰近位置，這一對缺陷便稱為弗倫克爾缺陷 (圖 4.6)。

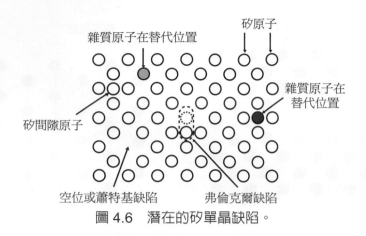

圖 4.6　潛在的矽單晶缺陷。

差排是晶格的幾何缺陷，這可能由晶體提拉的製程過程引起。差排與晶圓製造過程中，過度的機械應力有關，例如不均勻的加熱或冷卻過程、摻雜物擴散到晶格內部、薄膜沉積，或由外部力引起。圖 4.7 顯示了兩個矽晶體的差排例子。

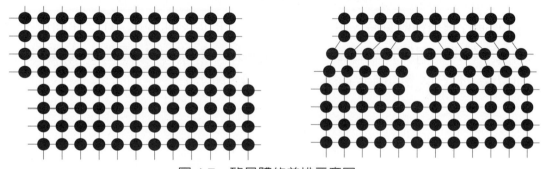

圖 4.7　矽晶體的差排示意圖。

晶圓表面上的缺陷和差排密度必須非常低，因為電晶體和其他的微電子元件都製作在這個面上。矽表面缺陷會造成電子散射而導致電阻增加並影響元件的性能，晶圓表面上的缺陷會降低 IC 晶片的良率。

每一個缺陷都有一些矽的懸浮鍵，這些懸浮矽鍵會束縛雜質原子使其無法移動。晶圓背面的缺陷是刻意製造用於捕獲晶圓內部的污染微粒，以防止這些會移動的雜質影響微電子元件的正常工作。

4.4 從矽砂到晶圓

◎ 4.4.1　砂質矽

　　一般石英砂的主要成分是二氧化矽，高溫時二氧化矽能與碳發生反應。碳將取代矽形成矽和一氧化碳或二氧化碳。因為矽氧之間的化學鍵很強，所以二氧化矽非常穩定，因此用碳進行還原需要非常高的溫度。將純的石英砂和碳放入爐管中，反應中所有的碳並不需要有很高的純度，因此煤、焦炭甚至木屑都可以使用。高溫時，碳開始與二氧化矽反應產生一氧化碳。這個過程將產生純度約為 98％ ～ 99％ 的多晶矽，也稱為未純化的矽或冶金級矽 (MGS)。形成冶金級矽的化學反應可以表示如下：

$$\underset{\text{石英砂}}{SiO_2} + \underset{\text{煤}}{2\,C} \xrightarrow{\text{加熱}} \underset{\text{冶金級矽}}{Si} + \underset{\text{一氧化碳}}{2\,CO}$$

　　未純化的矽雜質濃度很高，必須再經過純化才能用於半導體元件的製造。

◎ 4.4.2　矽材料的純化

矽的純化包括以下過程：首先將天然矽磨成很細的粉末，然後將矽粉放進反應爐內與氯化氫(HCl)氣體在 300℃左右反應產生三氯矽烷(TCS，$SiHCl_3$)。化學反應表示如下：

$$\underset{\text{冶金級矽}}{Si} + \underset{\text{氯化氫}}{3\,HCl} \xrightarrow{300℃\text{加熱}} \underset{\text{三氯矽烷}}{SiHCl_3} + \underset{\text{氫}}{H_2}$$

　　此時的三氯矽烷蒸氣透過串列過濾器、冷凝器和純化器形成高純度的液態三氯矽烷，純度高於 99.9999999％(九個 9)，即每十億個矽原子中的雜質少於一個。圖 4.8 為高純度三氯矽烷的形成過程示意圖。

　　高純度三氯矽烷是矽薄膜沉積時最常使用的矽源材料之一，廣泛用於非晶矽、多晶矽和磊晶矽的沉積過程。三氯矽烷在高溫時可以和氫反應沉積高純度的多晶矽。沉積的反應方程式為：

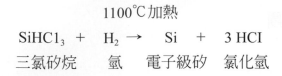

$$\text{SiHCl}_3 + \text{H}_2 \xrightarrow{1100°C 加熱} \text{Si} + 3\,\text{HCl}$$

三氯矽烷　　氫　　電子級矽　氯化氫

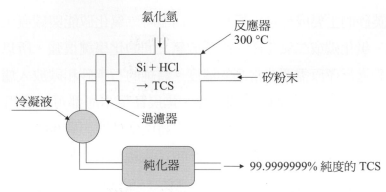

圖 4.8　從砂質矽到高純矽烷製程流程示意圖。

高純度多晶矽被稱為電子級矽材料或 EGS。圖 4.9 說明了沉積過程，圖 4.10 顯示了高純度 EGS 的實際照片。現在 EGS 已準備好拉成單晶矽錠並製作為 IC 加工的晶圓。

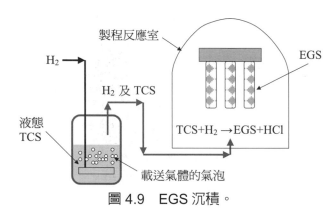

圖 4.9　EGS 沉積。

圖 4.10　EGS 照片 (來源：MEMC 電子材料提供)。

◉ 4.4.3　拉晶

　　為了製造單晶矽棒，需要一個單晶矽晶種和高溫過程將電子級矽熔化，這種融熔的矽接著就按照晶種的晶體結構凝固。半導體工業中有兩種常用方法產生單晶矽，即柴可拉斯基法 (Czochralski Method, CZ) 和懸浮區溶法 (Floating Zone Method, FZ) 法。

　　CZ 法由波蘭化學家 Jan Czochralski(1885 年 10 月 23 日～ 1953 年 4 月 22 日) 發明，是晶圓製造中更受歡迎的方法，因為它比 FZ 法具有更多優點。只有 CZ 法可以製作直徑大於 200mm 的晶圓；由於單晶矽和多晶矽可以切片運用，因此成本相對較低。最後，透過摻雜物和矽的熔解與重新凝結，就可以得到高摻雜的單晶矽。

柴可拉斯基法 (CZ 法)

　　IC 加工中使用的大部分矽晶圓都是用 CZ 法製成的 (見圖 4.11)。圖 4.11 中的整個系統位於密封室中，採用充滿氬氣的密封反應室來控制污染。

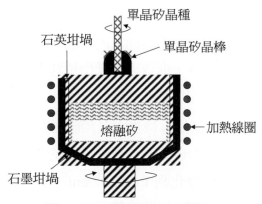

圖 4.11　CZ 拉晶法示意圖。

　　CZ 法中使用射頻或電阻加熱線圈，將置於慢速轉動的石英坩堝內高純度電子級矽材料在 1415℃時熔化，這個溫度剛好超出矽的熔點溫度 (1414℃)。電阻式加熱器由於成本和保養費用低且具有高效率，所以經常採用。將一個安裝在慢速轉動夾具上的單晶矽晶種棒逐漸降低到融熔的矽中，接著晶種體的表面就浸在融熔的矽中並開始熔化，晶種的溫度被精確控制在剛好略低於矽的熔點 (過度冷卻)。當系統達到熱穩定時，晶種就被緩慢拉出，同時把融熔的矽拉出來，使其沿晶種的晶面方向凝固。晶棒是一整條單晶矽，在超過 48 小時的提拉過程後形成，晶種的旋轉和熔化可以改善整個晶棒摻雜物的均勻性。某些情況下 (對於 40 ～ 100 Ω·cm 的 N 型晶圓和 100 ～ 200 Ω·cm 的 P 型晶圓)，使用磁場可以進一步提高摻雜物的徑向均勻性。圖 4.12 說明了用 CZ 法提拉單晶矽晶棒的晶體提拉過程。

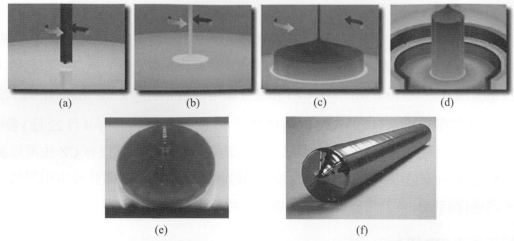

(a)　　　　　　(b)　　　　　　(c)　　　　　　(d)

(e)　　　　　　　　　(f)

圖 4.12　單晶矽晶棒及 CZ 提拉製程流程。(MEMC 電子材料)

　　CZ 法中晶體的直徑能夠透過溫度和提拉的速率控制，自動化直徑控制 (Automatic Diameter Control, ADC) 系統用於控制晶體直徑的溫度和提拉速率。ADC 系統使用紅外線感應器監測晶體與熔化矽介面的明亮輻射環，如圖 4.12(c) 所示，並根據回授的資訊控制提拉速率。如果光環在感應器範圍之內，就透過增加提拉速率減少晶體的直徑；如果光環在感應器的範圍之外，則透過降低提拉速率增加晶體的直徑。圖 4.12(f) 所示，單晶矽晶棒側面溝槽由直徑控制的回授信號引起。

　　由 CZ 法提拉的單晶矽晶棒總是有微量的氧和碳雜質，這是由坩堝本身的材料引起。一般情況下，由 CZ 法生長的矽晶體含氧濃度大約為 $(1.0 \times 10^{16} \sim 1.5 \times 10^{18})/cm^3$ 之間，碳的含量從 $2.0 \times 10^{16}/cm^3$ 變化到 $1.0 \times 10^{17}/cm^3$。矽中的氧濃度和碳濃度是晶體生長的周圍壓力、提拉和旋轉速率，以及晶體直徑與長度比的函數。

懸浮區溶法 (FZ 法)

　　FZ 法是製造單晶晶棒的另一種實際方法。圖 4.13 描繪了 FZ 法拉晶的過程。與 CZ 法相同，整個製程過程在充滿氬氣的密封反應室內進行。

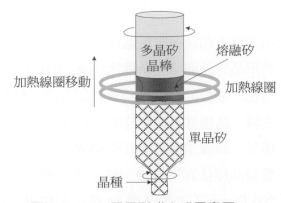

多晶矽晶棒　　熔融矽

加熱線圈移動　　加熱線圈

單晶矽

晶種

圖 4.13　FZ 單晶形成方式示意圖。

製程過程是將一條長度大約爲 50 ～ 100 cm 的多晶矽晶棒垂直放置在爐管反應室。加熱線圈將多晶矽晶棒的底部熔化，然後把晶種熔入已經熔化的區域。熔體將透過融熔矽表面張力而懸浮在晶種和多晶矽晶棒之間，然後加熱線圈緩慢升高將融熔矽上方的多晶矽晶棒熔化；此時靠近晶種一端的熔融矽開始凝固，形成與晶種相同的晶體結構。當加熱線圈掃過整個多晶矽晶棒後，便將整個多晶矽棒轉變成單晶矽晶棒。

晶棒直徑是由上部和底部相對旋轉速率所控制的。CZ 法的矽晶圓最大直徑爲 450mm(18 英吋)，FZ 法的最大晶圓直徑 150mm(6 英吋)。自 1990 年代以來，CZ 法就開始量產 300mm(12 英吋) 晶圓。

FZ 法並不使用坩堝，所以主要的優點是熔化物污染較低，特別是氧和碳的含量低，所以能夠獲得純度很高的矽。FZ 法主要用於製造離散式功率元件所需的晶圓，因爲這些元件需要高電阻率材料。

FZ 法有兩個主要缺點，其一是熔體與晶體的介面很複雜，很難得到無差排的晶體；其二是成本很高，需要高純度多晶矽晶棒作爲源材料。然而在 CZ 法中，任何一種高純度矽如晶圓鋸切的粉末、晶棒末端的切塊和同類的材料都可以作爲源材料。

因爲晶棒透過凝固正在轉動的融熔矽形成，所以單晶矽的晶棒和切片而成的晶圓都是圓形。在切成晶圓之前將晶棒磨成方柱形製造方形晶圓，然而方形晶圓在機械特性方面比較難處理，因爲方形晶圓的邊角區極易破碎造成晶圓破片。

❂ 4.4.4　晶圓的形成

當單晶棒冷卻後，機器將兩邊的末端切除，研磨晶棒的側面並去除由自動化直徑控制過程形成的槽溝，然後在晶棒上磨出平邊 (150 mm 或更小)，或磨出缺口部分 (200 mm 或更大) 標示出這個晶體的晶格方向 (參見圖 4.14(a)、(b))。

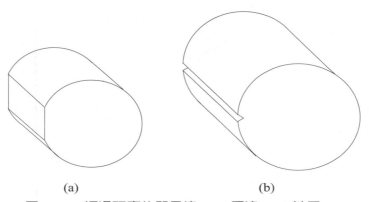

(a)　　　　　　　　　　(b)

圖 4.14　經過研磨的單晶棒：(a) 平邊；(b) 缺口。

接著晶棒準備切片形成晶圓。當內部直徑覆蓋鑽石薄層的鋸刀快速轉動時，晶圓便從向外移動的晶棒上被切割下來，冷卻劑持續加在晶棒和鋸刀上控制因鋸切過程產生的大量熱能。晶圓儘可能被鋸薄，但是也必須具有一定厚度承受晶圓加工過程中的機械處理。直徑越大的晶圓需要越大的厚度，不同尺寸晶圓所需的厚度列於表 4.2 中。

表 4.2　不同晶圓尺寸的晶圓厚度。

晶圓尺寸 (mm)	厚度 (μm)	面積 (cm²)	重量 (g)
50.8 (2")	279	20.26	1.32
76.2 (3")	381	45.61	4.05
100	525	78.65	9.67
125	625	112.72	17.87
150	675	176.72	27.82
200	725	314.16	52.98
300	775	706.21	127.62
450	925±25*	1590.43	342.77

*2008 年 10 月設定的標準。

鋸切過程中大約有三分之一的單晶棒將變成鋸屑，但是這些鋸屑在 CZ 法的坩堝內可以重新作為原始矽材料利用。鋸切的步驟如圖 4.15 所示。

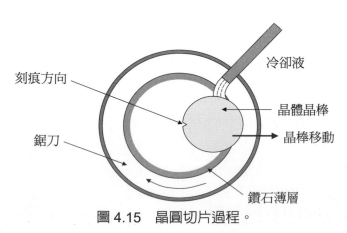

圖 4.15　晶圓切片過程。

鋸切過程中，鋸刀的刀身必須保持不動，因為刀身的任何振動將會刮傷晶圓表面並增加後續的刻痕和研磨困難。拉回刀身也必須嚴格控制以防止折回時對晶圓的損害。

❀ 4.4.5　晶圓的完成

　　當單晶棒鋸切完成後，利用機械方式將晶圓邊緣磨光，並將切片過程中造成的鋒利邊緣磨圓，圓的邊緣可以避免晶圓製造的機械處理時形成缺口或碎裂。圖 4.16 為邊緣磨圓過程的示意圖。

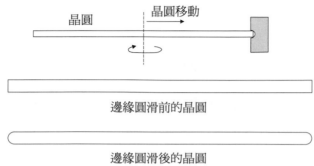

圖 4.16　矽晶圓邊緣圓滑處理。

　　接著晶圓使用傳統的研磨料先作粗磨拋光，除去大部分由晶圓切片造成的表面損傷，並同時形成平坦的表面滿足微影技術的需要。這種機械、雙面研磨過程在加壓下完成，所用的研磨漿為懸浮有極細氧化鋁 Al_2O_3 微粒的甘油，研磨過程能夠使晶圓表面的平坦度保持在 2 微米之內。研磨過程中，會將一個直徑 200 mm 的晶圓兩側移除掉大約 50 微米的矽。

　　然後用濕式蝕刻去除鋸切過程、邊緣磨圓和研磨中造成的微粒和損傷。因為鋸切損傷可能會深入到矽晶圓 10 微米深的位置，所以濕式蝕刻需要從晶圓兩側移除大約 10 微米的矽。常用的蝕刻劑為硝酸 (HNO_3)、氫氟酸 (HF) 以及醋酸 (CH_3COOH) 組成的混合物。硝酸將矽氧化後在晶圓表面形成二氧化矽，氫氟酸再將二氧化矽溶解去除，醋酸可以輔助控制蝕刻反應的速率。蝕刻可進一步使晶圓表面變得平滑，因為含量較高的硝酸溶液具有等向性蝕刻特性。常用的混合為硝酸 (水中濃度為 79 %)、氫氟酸 (水中濃度為 49 %) 和純醋酸按照 4：1：3 比例組成。化學反應可以表示為：

$$3Si + 4HNO_3 + 18HF \longrightarrow 3H_2SiF_6 + 4NO + 8H_2O$$

　　圖 4.17 提供了化學機械研磨的過程。化學機械研磨過程中，晶圓被固定於旋轉固定器並壓在旋轉研磨墊上，晶圓和研磨墊之間為研磨漿和水。膠狀的研磨漿由直徑 100Å 左右的細小二氧化矽微粒懸浮在氫氧化鈉溶液中組成。利用晶圓和研磨墊間的摩擦產生的熱量就可以使氫氧化鈉將矽表面氧化 (化學過程)，然後這些二氧化矽微粒就將二氧化矽從表面磨掉 (機械過程)。

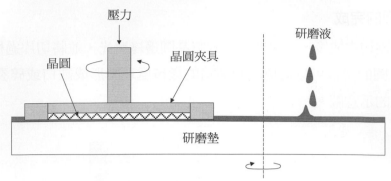

圖 4.17　CMP 製程流程示意圖。

化學機械研磨後的清洗過程是用酸和氧化劑混合物去除有機和無機的污染物及微粒。完成晶圓表面處理後，就準備製造無缺陷的表面，以滿足 IC 的需要。一般所用的清洗溶液爲鹽酸 (HCl) 與過氧化氫 (H_2O_2) 的混合物，以及硫酸 (H_2SO_4) 與過氧化氫的混合物。

圖 4.18 說明了在晶圓表面處理過程中，200 mm 晶圓表面的粗糙度和晶圓厚度的關係。完成化學機械研磨後的清洗、監視和標示後，晶圓就準備送給顧客作爲半導體晶片用材料。

製造商在晶圓背面刻意製造缺陷和差排是爲了俘獲重金屬、可移動離子、氧、碳和其他污染物。背面的缺陷可以透過氫離子佈植、多晶矽沉積和大量摻雜磷形成。IC 製造過程中，晶圓背面總會沉積 CVD 二氧化矽和氮化矽層以防止加熱時產生外擴散。

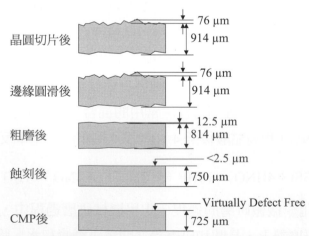

圖 4.18　200 mm 晶圓在晶圓製造過程中的厚度和表面粗糙度變化。

因爲所有的電晶體和電路都製作在晶圓的一側，所以大部分晶圓只需要拋光一面，未拋光的另一面在晶圓製造過程中作爲接觸面。某些製程過程，如用傅立葉轉換

紅外線光譜 (Fourier transform Infrared，FTIR) 測量薄膜的濕氣吸收就需要雙面拋光的晶圓，否則從晶圓粗糙背面的紅外線散射將中斷測量信號並導致無效的測量結果。

4.5 磊晶矽生長技術

磊晶 (Epitaxy) 這個詞來自兩個希臘詞，epi 的意思是"在上面"，taxis 的意思是"安排好的、有秩序的"。磊晶生長實際上是一種在晶體基板上沉積薄晶體層的 CVD 步驟。與 CZ 或浮區晶體生長步驟不同，磊晶層生長的溫度比矽的熔點溫度低。

早期的磊晶矽沉積主要滿足雙載子電晶體的高集極崩潰電壓的需要。磊晶層可以在低電阻基板上提供高電阻層，從而增強雙載子電晶體的性能。磊晶層還可以增強 DRAM 和 CMOS IC 的性能。使用磊晶矽有兩個優點：一是雙載子電晶體需要磊晶層在矽的深部形成重摻雜深埋藏層，這個製程過程無法透過離子佈植或擴散等技術完成；另一個優點是磊晶層能夠提供與基板晶圓不同的物理特性，例如將 P 型磊晶層生長在 N 型晶圓上可以使設計者有更多的自由度設計微電子元件和電路。磊晶層一般不含氧和碳，這在 CZ 法生長的矽晶圓中無法達到，這是因為石英坩堝內的少量氧原子及石墨內的碳原子在 CZ 晶體提拉過程中將擴散進入熔融的矽中，最後會滯留在矽晶體內。

雙載子電晶體通常需要磊晶層來形成埋藏層。對於低速 CMOS 和 DRAM 晶片，人們通常避免使用磊晶層。相對於其他製程過程，每片晶圓的每道製程只需 1 美元，磊晶生長每片晶圓大約需要 (20-100) 美元，所以磊晶製程是 IC 製造中最昂貴的製程過程之一。對於更高性能的 IC 晶片，必須使用磊晶層，因為 CZ 方法形成的矽晶圓內的氧雜質會降低載子的壽命並降低元件的速度。圖 4.19 說明了磊晶矽層在雙載子和 CMOS IC 晶片中的應用。

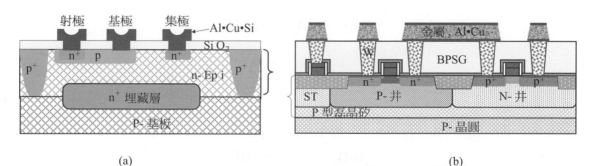

(a)　　　　　　　　　　(b)

圖 4.19　矽磊晶層在 (a) 雙載子元件；及 (b)CMOS IC 上的應用。

目前，矽磊晶層是由晶圓製造商而非 IC 製造商沉積在晶圓上。這就是本章介紹磊晶製程的原因。在矽晶片上生長矽磊晶層有兩種方法，一種是 CVD 磊晶製程，另一種是分子束磊晶製程 (MBE)。

⊗ 4.5.1 氣相磊晶

約 1000℃的高溫 CVD 矽磊晶層生長是半導體工業生長單晶矽常用的方法。常用的矽前驅物氣體是矽烷 (SiH₄)、二氯矽烷 (DCS，SiH₂Cl₂) 和三氯矽烷 (TCS，SiHCl₃)，磊晶矽生長過程的化學反應為：

$$1000℃ 加熱$$
$$SiH_4 \quad \rightarrow \quad Si \quad + \quad 2H_2$$
矽烷　　磊晶矽　　氫

$$1100℃ 加熱$$
$$SiH_2Cl_2 \quad \rightarrow \quad Si \quad + \quad 2HCl$$
二氯矽烷　　磊晶矽　　氯化氫

$$1100℃ 加熱$$
$$SiHCl_3 \rightarrow \quad H_2 \rightarrow \quad Si \quad + \quad 3HCl$$
三氯矽烷　　氫　　磊晶矽　　氯化氫

磊晶矽可以使用氣相摻雜，如砷化氫 (AsH₃)、三氫化磷 (PH₃) 和氫化硼 (B₂H₆) 與矽前驅物氣體在反應室生長薄膜時摻入，高溫情況下，這些摻雜的氫化物受熱分解釋放出砷、磷、硼進入磊晶矽薄膜中。這個製程過程可以進行磊晶層的臨場摻雜。臨場摻雜的化學反應式為：

$$約 1000℃ 加熱$$
$$AsH_3 \quad \rightarrow \quad As \quad + \quad 3/2H_2$$

$$約 1000℃ 加熱$$
$$PH3 \quad \rightarrow \quad P \quad + \quad 3/2H_2$$

$$約 1000℃ 加熱$$
$$B_2H_6 \quad \rightarrow \quad 2B \quad + \quad 3H_2$$

以上三種氫化物摻雜源氣體都有劇毒、易燃和易爆性。磊晶層生長時，基板內的摻雜物會因高溫的驅動擴散到磊晶層中。如果薄膜生長的速度比摻雜物擴散的速度慢，則整個磊晶層將被基板的摻雜物摻雜。這種稱為"自摻雜效應"是要儘量避免的，因為自摻雜將影響磊晶層中的摻雜物濃度。為了避免自摻雜效應，磊晶層的沉積速率一定要高於磊晶層中摻雜物的擴散速率，所以磊晶薄膜的摻雜物濃度就由沉積過程中的氣相摻雜物決定，高的摻雜溫度能滿足這種需求。

⊗ 4.5.2 磊晶層的生長過程

圖 4.20 是一個磊晶矽生長和摻雜製程的過程。首先將前驅物如 DCS 和 AsH_3 引入反應室使源材料分子擴散到晶圓表面，接著這些分子在表面上吸附、分解，最後產生反應。附著原子的固體副產品將在表面移動，並和其他的表面原子產生化學鍵形成和基板晶體相同的晶格結構，揮發性的副產品將從高溫表面脫附並擴散出去。

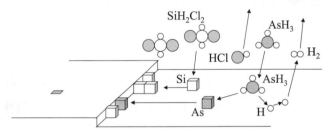

圖 4.20   矽磊晶層的生長及摻雜製程示意圖。

圖 4.21 顯示了矽源材料氣體在不同溫度時的磊晶生長速率。可以看出有兩個沉積區間，一個是生長速率對溫度很敏感的低溫區間，另一個為生長速率對溫度不敏感的高溫區。第一個區間稱為表面反應控制區，第二個區間稱為質量傳輸控制區。本書的第十章將對這些內容詳細討論。

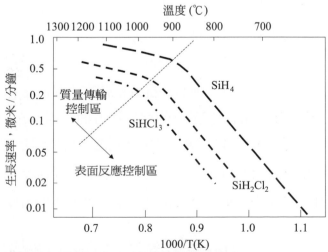

圖 4.21   磊晶矽薄膜的生長速率與溫度的關係。

來源：Redrawn from F.C. Everstyn, Phillips Research Reports, Vol.29, 1974.

我們可以看到，對於矽烷製程，當溫度低於 900°C 時，它處於表面反應控制區。當溫度高於 900°C 時，它轉移到質量傳輸控制區。

問題

假如溫度升高到 1300°C，矽烷製程的生長速率將如何變化？

解答

矽烷是一種非常活潑的氣體，當溫度高於 1200°C 時，它會在氣相中開始反應（氣相成核）。這將降低磊晶生長速率並產生大量微粒。顯然，這是一種要不惜一切代價避免的狀態。二氯矽烷和三氯矽烷的活性低於矽烷，它們需要更高的反應溫度，並可以在更高的溫度下沉積。

在較低溫度 (550°C～650°C) 和較低壓力的反應室內，以矽烷為基礎的反應可以在單晶矽晶圓表面沉積多晶矽。因為在低溫時，附著原子的表面移動率較低，多成核位置就會在表面形成，這樣可以形成晶體晶粒並生長出多晶態矽層。甚至在更低溫時（低於 550°C），以矽烷為基礎的反應可以沉積出非晶矽，因為由矽烷 (SiH_4)、SiH_3、SiH_2 以及 SiH 熱分解產生的自由基表面移動率很低。

⊗ 4.5.3 矽磊晶生長的硬體設備

有兩種磊晶系統：批量型磊晶系統和單一晶圓系統。批量型磊晶系統可以一次加工多片晶圓，擁有較高的產能。有三種不同的批量反應室廣泛使用在半導體工業中：桶狀式反應器、垂直式反應器和水平式反應器，如圖 4.22 所示。

三種反應器各有優缺點。桶狀式反應器具有很好的均勻性，但在工作溫度超過 1200°C 時需要大量的預防性措施維護，這使得它不適合於 >1200°C 的高溫。

水平式反應器比較簡單且成本較低，然而要確保晶圓對晶圓的均勻性卻有困難，因為要在整個晶圓承載架上控制製程的參數很困難。平板式垂直反應器有較好的均勻性，但卻有難以克服的機械複雜性。所有的批量系統在大晶圓上都會產生問題，特別在 300 mm 晶圓內的均勻性和晶圓對晶圓的均勻性方面。因此在 1990 年代引入的單晶圓磊晶反應器比較受歡迎。圖 4.23 顯示了單晶圓磊晶反應器示意圖。

單晶圓磊晶反應器與批量系統相比，通常有較高的磊晶層生長速率和較高的可靠性、重複性，能夠在大氣壓力和低壓下沉積高質量、低成本的薄膜。

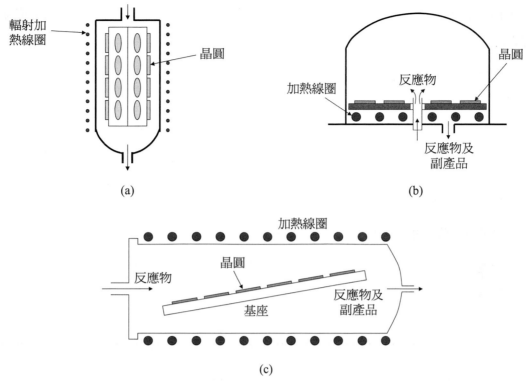

(a)　　　　　　　　　　　　　(b)

(c)

圖 4.22　三種批量生產的矽磊晶反應器：(a) 桶狀式；(b) 垂直式；(c) 水平式。

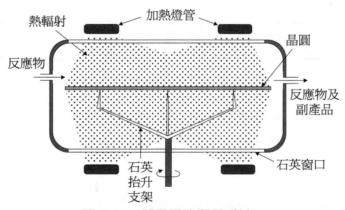

圖 4.23　單晶圓矽磊晶系統。

◉ 4.5.4　磊晶生長製程

　　三種批量反應器的磊晶製程都類似且需要好幾道製程步驟，首先晶圓被裝載到反應室的承載架上，然後關上反應室並用氫氣將反應室中的空氣排出。氫氣沖吹完後就將溫度升至 1150 ～ 1200℃。然後將氯化氫氣體輸入反應室中大約三分鐘清潔反應室表面並蝕刻晶圓表面去除原生氧化層、微粒和表面缺陷。這樣可以將可移動離子的數量減到最低，特別是鈉的污染。其次可以將反應室溫度調整到製程所需的溫度。溫度穩定後，矽的源材料氣體和摻雜物源材料氣體被輸入反應器，以每分鐘 0.2 微米到 0.4 微米的速率生長磊晶矽層，生長速率主要由製程過程中的壓力、氣體流量和溫度決定。磊晶薄膜生長完成後，就停止輸送反應氣體並將加熱器的電源關閉。氫氣會再次輸入反應室沖吹殘存的製程氣體。當溫度降低時，就用氮氣沖吹反應室直到溫度降到室溫為止，然後反應室可以準備打開進行卸載和再裝載。整個製程大約需要一個小時，同時一次大約可以處理 10～28 片晶圓，這個和晶圓的尺寸及反應室的類型有關。

單一晶圓系統與這個過程類似。不同之處在於單一晶圓系統的反應器並不需要降到室溫就可以裝載與卸載晶圓。由於熱容量很低且只有一片晶圓，所以單一晶圓磊晶系統用加熱燈管陣列加熱使晶圓溫度快速上升。當磊晶層沉積完成後，搬運機器人將晶圓從沉積反應室中移出，再送到冷卻反應室，最後放入晶圓塑膠盒內。

幾種可能的缺陷顯示在圖 4.24 中。基板的差排會引起磊晶層差排，並在晶圓表面暴露出一個條片狀或微粒狀污染物，而且在磊晶層中引起成核和堆積缺陷。磊晶生長過程中，薄膜內的堆積缺陷會從晶圓表面傳播到磊晶薄膜內，造成堆積缺陷處產生微粒污染。

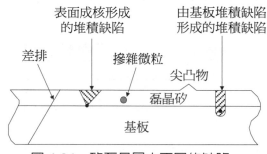

圖 4.24　矽磊晶層中不同的缺陷。

問題

氮氣是半導體各種製程設備中最常用於吹除空氣的氣體，為什麼磊晶製程利用氫氣而不是氮氣作為主要的吹除氣體？

解答

氮氣是一種非常穩定和豐富的物質，大氣中 78% 是氮氣。這使其成為用於清洗腔室和氣體管線的最具成本效益的氣體。但在溫度高於 1000℃ 時，氮不再惰性，可與矽反應生成氮化矽，影響磊晶矽沉積步驟。因此，磊晶生長室清洗採用氫氣，與晶圓表面的污染物形成氣態氫化物，有助於清潔晶圓。表 4.3 為氫的元素主要參數。

表 4.3　氫元素參數列表。

名稱	氫
符號	H
原子序	1
原子量	1.00794
發現者	Henry Cavendish
發現地	英國
發現時間	1766
名稱來源	從希臘字母 "hydro" 和 "genes" 代表 " 水 " 和 " 產生者 "
摩爾體積	11.42 cm^3
音速	1270 m/sec
折射係數	1.000132
熔點	-258.99℃
沸點	-252.72℃
熱傳導係數	0.1805 W m^{-1} K^{-1}
IC 製程方面的主要應用	Epitaxial deposition, wet oxidation, pre metal deposition reactive clean, and tungsten CVD
主要來源	H$_2$

資料來源：http：//www.webelements.com/webelements/elements/text/heat/H.html

⊗ 4.5.5 選擇性磊晶生長

選擇性磊晶生長 (SEG) 是另一個有可能的發展方向，它使用二氧化矽或氮化矽作為遮蔽層，因此磊晶層僅在矽暴露的區域生長，這有助於提高元件封裝的密度並降低寄生電容。圖 4.25 說明了選擇性磊晶的製程流程。

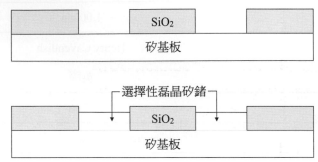

圖 4.25　矽選擇性磊晶製程流程示意圖。

圖 4.25 所示的選擇性磊晶製程已被廣泛用於在 PMOS 源極和汲極 (S/D) 沉積 SiGe，這可以在 PMOS 通道區產生單軸壓應變以增加電洞遷移率，改善 PMOS 驅動電流和速度；也可以在 NMOS S/D 區沉積 SiC 在 NMOS 通道區產生拉應變，這樣可以提高電子的遷移率改善 NMOS 驅動電流和速度。選擇性磊晶製程也可以用於混合晶向技術，這種技術可以將兩個不同晶向的矽生長在同一個晶圓上。這樣可以在不同的晶向上製作 NMOS 和 PMOS 以最大化各自的遷移率和特性。這部分內容將在本章的 4.6 節基板工程中詳細討論。

SiGe 可以用 SiH_4 和 GeH_4 磊晶生長在矽基片上。SiGe 具有更高的電洞遷移率；因此，它可用於製造速度更快的 PMOS IC 元件。Si-C 和 Si-Ge-C 磊晶製程也在研究中，可能適用於未來的 IC 元件。

4.6 基板工程

　　隨著矽 IC 技術的發展，人們採用了多種方法來提高 MOSFET 元件的性能。絕緣體上矽技術 (SOI)、應變矽和絕緣體上應變矽 (SSOI) 技術等，全球基板工程就是其中的一些例子。在 IC 製造中，更多的是應用混合取向技術 (HOT)、線性應變、選擇性磊晶矽鍺 (SiGe)、選擇性磊晶碳化矽 (SiC) 等局部化基板工程。

4.6.1 絕緣體上矽 (Silicon-on-Insulator, SOI)

　　SOI 可以使半導體元件設計者將元件和周圍的部分完全隔離，進而減少了相互之間的干擾和漏電，提高了元件的速度和性能。SOI 晶圓的形成有兩種方法：一種是使用重氧離子佈植和高溫退火；另一種是使用氫離子佈植和晶圓鍵結。

　　圖 4.26 所示為使用第一種方式形成的 SOI，這種方法是透過佈植氧隔離 (SIMOX)。首先，高能量和高流量的離子佈植機 (高達 10^{18} 離子 /cm^2) 將氧離子佈植到矽基板形成富含氧氣的矽層。高溫 (約 1400°C) 退火使矽和氧原子之間發生化學反應形成埋藏層二氧化矽層，而表面矽也恢復成單晶結構。頂層矽的厚度由氧的佈植能量決定，而埋氧層的厚度由佈植氧的原子數量決定。

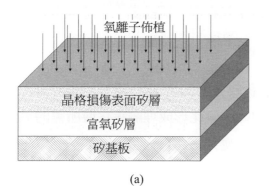
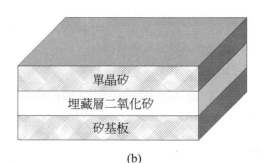

圖 4.26　SOI 晶圓形成示意圖：(a) 氧離子佈植；(b) 高溫退火。

　　另一種方法是鍵結 SOI 技術，這種方法使用氫佈植和晶圓鍵結。第一步是晶圓 A 清洗並根據埋氧層厚度的需要生長一定厚度的二氧化矽層；然後晶圓 A 被佈植氫形成一個富含氫的薄層 (如圖 4.27(a) 和 (b))，富氫層深度由埋氧層的頂部矽厚度決定。接著晶圓 A 反轉並和晶圓 B 鍵結 (如圖 4.27(c))。在加熱製程中，晶圓 A 表面的二氧化矽與晶圓 B 表面發生化學鍵結，然後晶圓 A 中的氫使得晶圓 A 分裂 (如圖 4.27(d) 和 (e) 所示)。經過 CMP 和晶圓清洗後，就形成了 SOI 晶圓，如圖 4.27(f) 所示。

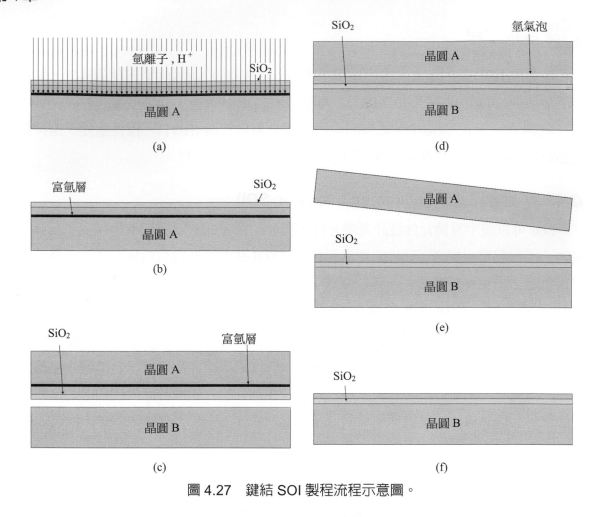

圖 4.27　鍵結 SOI 製程流程示意圖。

　　剝離下來的晶圓 A 進行拋光、清洗並重新成為晶圓 A 或晶圓 B。鍵結 SOI 的主要優勢在於成本。由於用於分裂矽晶片所需的氫用量比形成埋藏氧化層所需的氧氣用量低，所以鍵結 SOI 比 SIMOX SOI 產量高，且應用於 IC 製造上的大多數 SOI 晶圓都使用鍵結 SOI 技術形成。

⊗ 4.6.2　混合晶向技術 (HOT)

　　透過使用如圖 4.27 所示 <110> 方向的晶圓 A 和 <100> 方向的晶圓 B，可以形成混合晶向 SOI 晶圓材料，如圖 4.28(a) 所示。使用圖 4.25 所示的選擇性磊晶生長技術，可以在一個晶圓上實作 <110> 和 <100> 混合晶向材料，如圖 4.28(c)。圖 4.28(d) 顯示的 CMOS 元件中，PMOS 使用了 <110> 基板，而 NMOS 使用了 <100> 基板。

圖 4.28　混合晶向技術示意圖。

由於電洞遷移率在 <110> 晶向上比較高，使用混合晶向技術實作的 CMOS IC，可以獲得比單一 <100> 晶向快的速度和大的電流驅動。考慮成本因素，這種技術需要 SOI 晶圓並增加了微影製程。如果應變矽等其他技術可以用較低的成本實作相同的元件性能，HOT 技術成為主流 CMOS 技術將面臨很大挑戰。

⊗ 4.6.3　應變矽

透過向單晶矽施加應力，矽的晶格原子將會被拉長或壓縮而不同於其通常的原子間距離，這就是所謂的應變。應變矽的載子遷移率明顯提高。應變矽可以透過在矽表面上生長矽鍺 (SiGe) 材料實作。隨鍺濃度增加的梯度 SiGe 可以生長在矽表面而沒有大的晶格失配，當鬆弛的 SiGe 層沉積後，磊晶生長一層矽，這層矽的晶格結構與下方的 SiGe 層相同，這樣就形成了應變矽層 (如圖 4.29 所示)。

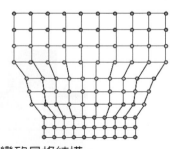

圖 4.29　(a) 應變矽；(b) 應變矽晶格結構。

🔅 4.6.4　絕緣體上應變矽 (SSOI)

使用圖 4.29(a) 中描述的應變矽晶圓作為圖 4.27 中所示的鍵結 SOI 過程的晶片 A，可以製作絕緣體上應變矽 (SSOI)。它可以兼具應變矽的高載體遷移率和 SOI 的高裝置封裝密度這兩個優點 (如圖 4.30 所示)。

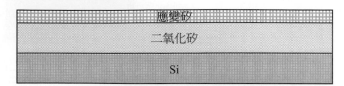

圖 4.30　絕緣體上應變矽示意圖。

應變矽和矽絕緣體上應變矽利用頂層的矽應變製造微電子和奈米電子元件。然而，科學家和工程師們發現，透過使用現有的製程技術，可以在矽晶片上形成局部應變。這是因為只有 MOSFET 的閘極氧化層下方的通道區需要應變，沒有必要使整個矽晶片表面應變。PMOS 和 NMOS 通道需要不同類型的應變，PMOS 需要壓應變提高電洞遷移率，而 NMOS 則需要拉伸應變提高電子遷移率，單一的應變矽晶圓不能同時滿足這兩個方面的需要。

🔅 4.6.5　IC 技術中的應變矽

當元件特徵尺寸縮小到奈米技術節點時，IC 製造中開始在 MOSFET 元件中使用應變矽。雙應力層在 PMOS 和 NMOS 元件上分別實作壓應變和拉應變比以提高 P 通道的電洞遷移率和 N 通道的電子遷移率。

由於應力層主要將應力直接施加在閘極電極上，而不是直接施加在通道上，因此它對通道應變的作用有限。隨著元件不斷縮小，人們發現通過使用選擇性磊晶矽鍺 (SiGe)，可以在 PMOS 通道上產生更高的壓應變。圖 4.31 顯示了採用混合應力技術的 CMOS 截面圖，其中 PMOS 通道壓應變通過 SEG SiGe 實現，NMOS 通道拉伸應變通過拉伸應力層實現。凹陷的 NMOS 源極和汲極允許來自應力層的更有效的通道應變。

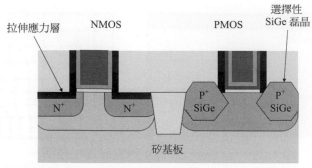

圖 4.31　具有選擇性磊晶 SiGe PMOS 和應力層 NMOS 的 CMOS 元件截面示意圖。

　　圖 4.32 顯示了具有高 k 金屬閘極的先進 22 奈米 CMOS 截面圖，其中在 PMOS 的源極 / 汲極選擇性磊晶 SiGe 形成對 P 通道的壓應變；而在 NMOS 的源極 / 汲極選擇性磊晶 SiC 形成對通道的拉伸應變。

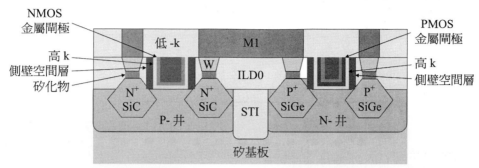

圖 4.32　具有選擇性磊晶 SiGe 的 PMOS 和選擇性磊晶 SiC 的 NMOS 形成的 CMOS 元件截面圖。

4.7 未來趨勢

　　在 IC 製造的早期，只有一個基於雙載子電晶體的 IC 晶片可以用小的 (1/4 英寸或約 10 毫米) 矽晶圓製造。隨著製造技術的進步，晶圓尺寸增加，允許每個晶圓上有多個晶片，從而降低了晶片成本。NMOS 取代 PMOS 和雙載子電晶體成爲 IC 晶片的主流裝置，P 型晶圓取代 N 型晶圓成爲 IC 製造的主流基板，之後 CMOS 又取代 NMOS。目前，IC 產業使用的大部分晶圓是 300mm P 型晶圓，晶向爲 <100>。分別如圖 4.33(a) 和圖 4.33(b) 所示，多年來一直是以有磊晶和無磊晶矽層的 P 型晶圓來製作多晶矽 / 二氧化矽閘極和 HKMG 的平面式 CMOS IC。自 45nm 節點以來，已引入重度 P 型 (硼) 摻雜的 SEG SiGe 以形成 PMOS 源極 – 汲極 (S/D)，並已使用重度 N 型 (磷) 摻雜的 SEG Si(SiP) 來形成 NMOS S/D 以支持更新的技術節點。22nm 技術節點後，FinFET CMOS 在高性能 IC 中取代平面式 CMOS。在 N5 技術節點，N 型摻雜的 SEG SiGe 已用於形成 PMOS 閘鰭，如圖 4.33(c) 所示。SiGe 閘鰭可以提高 PMOS 性能，因爲 SiGe 具有比 Si 更高的電洞遷移率。

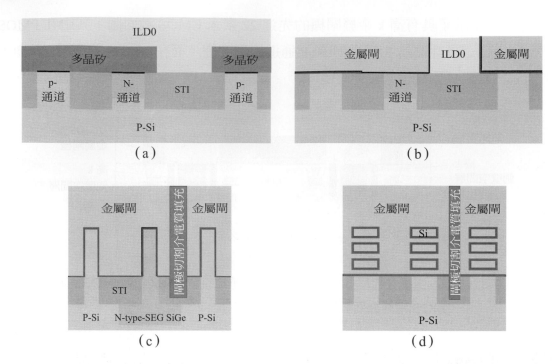

圖 4.33　CMOS IC 元件架構的演變、沿閘極和跨通道的橫截面 (a) 具有多晶矽 /SiO2
　　　　閘極的平面 CMOS；(b) 帶有 HKMG 的平面 CMOS；(c) 具有 SEG PMOS 鰭
　　　　和 HKMG 的 FinFET CMOS；(d) 帶有 HKMG 的 GAA-FET CMOS。

　　在不久的將來 FinFET 式微後，基於奈米片環閘場效應電晶體 (GAA-FET) 的
CMOS 如圖 4.33(d) 所示，已被開發成為下一代 IC 元件架構。這已包括在所有主要
IC 製造商的技術發展路線圖中。要製造如圖 4.33(d) 所示的 3 片 GAA-FET，產品晶
圓需要在表面上具有 SiGe/Si/SiGe/Si/SiGe/Si 堆疊的無缺陷磊晶生長，每個 Si 和 SiGe
大約 10nm，如圖 4.34 所示。選擇性去除磊晶 SiGe 層後，矽奈米片可以被釋放而且
奈米片 GAA-FET 可以通過在這些奈米片周圍沉積 HKMG 薄膜製成。

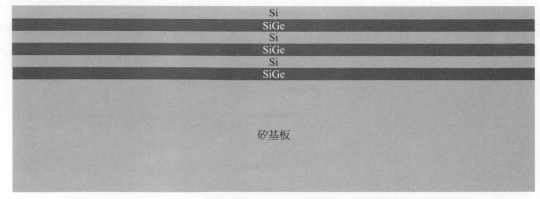

圖 4.34　具有三層 SiGe/Si 磊晶層堆疊的矽晶圓示意圖，這是製造 3 片奈米片 GAA-
　　　　FET 所需的。

　　奈米片 GAA-FET 可能會在 N3 和 N2 或 A20 技術節點中進行量產 (HVM)，也許會以不同的縮寫方式，例如多橋通道 FET(MBC-FET) 或 RibbonFET。在奈米片 GAA-FET 之後，新元件架構如叉型片 FET 和互補 GAA-FET(CFET) 已被提出，如圖 4.35(a) 和 4.35(b) 所示。我們可以看到，叉型片 FET 看起來像一對垂直放置的 3 條 FinFET。同時，我們也可以發現，實際上 CFET 是 P 型奈米片式 GAA-FET 堆疊在 N 型奈米片式 GAA-FET 的上方。這些技術有可能在 N1 或 A10 技術節點及以後的 HVM 中實現。要製造如圖 4.35(a) 所示的叉型片 CMOS IC，需要類似於圖 4.34 的具有三個 SiGe/Si 磊晶堆疊的晶圓，而圖 4.35(b) 中所示的 CFET 需要更多的 SiGe/Si 磊晶層堆疊。晶圓製造商可能需要生產並提供具有這些外延層的晶圓，以供 3 奈米以下的邏輯 IC 製造商使用。

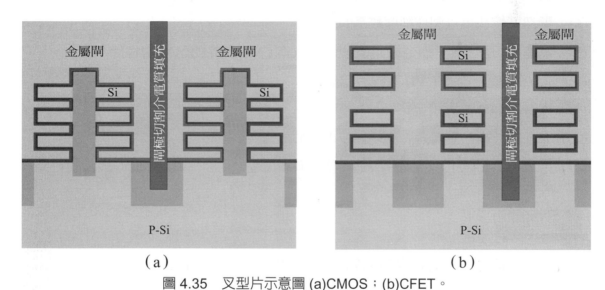

圖 4.35　叉型片示意圖 (a)CMOS；(b)CFET。

　　背面供電網路 (BPDN) 也被提出並開發作為進一步縮小的方法。它可能會與奈米片式 GAA-FET、叉型片 FET 或 CFET 元件來實現。為了實現 BPDN，需要在薄 SiGe/Si 堆的磊晶生長之前，進行更厚的 SiGe 和 Si 磊晶生長。

　　一個值得一提的有趣事實是，對於奈米片 GAA-FET、叉型片 FET 和 CFET，實際 FET 元件中沒有使用來自原始矽晶片 (基板) 上的任何單個矽原子。這些元件中的所有矽原子都來自磊晶生長的矽層，通過選擇性去除夾在磊晶 Si 層之間的磊晶 SiGe 層，這些矽原子會釋放出來，因此，矽基板的規格可能會放寬一點，因為矽基板僅用於機械支撐奈米片、叉型片或 CFET 元件。理論上，可以使用單晶矽以外的不同材料作為基板。然而，製程設備是為處理矽晶圓而設計的，磊晶生長步驟是針對矽晶圓所開發的，因此不可能選用矽基板以外的材料。

4.8 本章總結

(1) 矽是一種便宜的半導體材料，而且很容易氧化生長二氧化矽，二氧化矽是一種堅固且穩定的介電質材料。

(2) 最常使用的矽晶體晶向是 <100> 和 <111> 方向。

(3) 晶圓的製造過程是將沙子 (二氧化矽) 變成冶金級矽 MGS，冶金級矽轉變成三氯矽烷 TCS，三氯矽烷再轉變成電子級矽材料 EGS，最後將電子級矽材料轉變成單晶矽晶棒，然後再把晶棒變成晶圓。

(4) CZ 法和懸浮區熔法都可以用於製作晶圓，但 CZ 法比較常用。

(5) CZ 法比較便宜而且可以製作較大尺寸的晶圓。

(6) 懸浮區熔法可以製作純度較高的晶圓。

(7) 磊晶矽用於雙載子元件，而且也可以改善 CMOS 和 DRAM 的性能。

(8) IC 工業使用高溫 CVD 製程製造磊晶矽。

(9) 大多數 SOI 晶圓用鍵結 SOI 技術製造。

(10) 奈米級技術節點普遍將應變矽技術用於 IC 元件。

(11) 奈米片 GAA-FET IC 晶片製造需要具有多層磊晶生長 SiGe/Si 層的矽晶圓。

習題

1. 為什麼 IC 晶片製造需要用單晶矽材料？

2. 在一個立方體上畫出 <100> 和 <111> 平面。

3. 在 IC 工業中，矽晶圓比其他半導體晶圓普遍使用的原因是什麼？

4. 哪種化學藥品用於將 MGS 純化成 EGS？說明其安全性與危險性。

5. CZ 法提拉單晶的製程流程是什麼？為什麼 CZ 法提拉的晶圓比懸浮區熔法提拉的單晶有較高的氧濃度？

6. 說明磊晶製程的目的。

7. 什麼是自摻雜效應？如何避免？

8. 列出三種磊晶矽的源材料。

9. 列出常用的三種磊晶矽摻雜物，並說明摻雜氣體的安全性。

10. 單晶矽磊晶反應器優於批量磊晶系統的優點是什麼？

11. 鍵結 SOI 技術需要哪種離子佈植？ SIMOX SOI 晶圓需要哪種離子佈植？

12. 解釋爲什麼大多數 IC 製造商使用局部應變技術代替應變矽技術製造 MOSFET ？

13. 製造奈米片 GAA-FET 元件需要矽基板中矽的百分比是多少？

14. 假設一個人可以用石英晶片實現多層 SiGe/Si 堆疊層的無缺陷磊晶生長，他 / 她可以用石英晶圓製造叉型片 FET IC 嗎？

參考文獻

[1] S. M. Sze, *VLSI Technology*, second edition, McCraw-Hill Companies, Inc. New York, New York, 1988.

[2] C. Y. Chang and S.M. Sze, *ULSI Technologies*, McGraw-Hill Companies, New York, New York, 1996.

[3] Lita Shon-Roy, Allan Wiesnoski, and Robert Zorich*, Advanced Semiconductor Fabrication Handbook*, ISBN：1-877750-70-0, Integrated Circuit Engineering Corporation, 17350 N. Hartford Dr., Scottsdale, AZ 85255.

[4] F. C. Eversteyn, *Chemical-Reaction Engineering in the Semiconductor Industry*, Philips Research Reports, Vol. 29, P. 45, 1974.

[5] M.S. Bawa, E.F. Petro and H.M. Grimes*, Fracture Strength of Large Diameter Silicon Wafers*, Semiconductor International, P. 115, Nov. 1995.

[6] M. Yang, M. Ieong, L. Shi, K. Chan, V. Chan, A. Chou, E. Gusev, K. Jenkins, D. Boyd,Y. Ninomiya, D. Pendleton, Y. Surpris, D. Heenan, J. Ott, K. Guarini, C. D'Emic, M. Cobb, P. Mooney, B. To, N. Rovedo, J. Benedict, R. Mo and H. Ng, *High Performance CMOS Fabricated on Hybrid Substrate With Different Crystal Orientations*, IEDM Tech. Dig., p.xxx, 2003.

[7] Y. Ninomiya, D. Pendleton, Y. Surpris, D. Heenan, J. Ott, K. Guarini, C. D'Emic, M. Cobb, P. Mooney, B. To, N. Rovedo, J. Benedict, R. Mo and H. Ng, High Performance CMOS Fabricated on Hybrid Substrate With Different Crystal Orientations, IEDM Tech. Dig., 18.7.1-18.7.4, (2003).

[8] D. Prasad et al., "Buried Power Rails and Back-side Power Grids: Arm® CPU Power Delivery Network Design Beyond 5nm," 2019 IEEE International Electron Devices Meeting (IEDM), 2019, pp. 19.1.1-19.1.4, doi: 10.1109/ IEDM19573.2019.8993617.

[9] P. Weckx, J. Ryckaert, E.Dentoni Litta, D. Yakimets, P. Matagne, P. Schuddinck, D. Jang, B. Chehab, R. Baert, M.Gupta, Y. Oniki, L.-A. Ragnarsson, N. Horiguchi, A. Spessot and D. Verkest, "Novel forksheet device architecture as ultimate logic scaling device towards 2nm", 2019 IEEE International Electron Devices Meeting (IEDM), 2019, pp. 871 – 874.

[10] Julien Ryckaert, et al. "The Complementary FET (CFET) for CMOS scaling beyond N3." 2018 IEEE Symposium on VLSI Technology, pp. 141-142, (2018).

[11] Hong Xiao, "3D IC Devices, Technologies, and Manufacturing", SPIE Press, 2016.

Chapter 5

加熱製程

矽基板材料相較於其他半導體材料的優點之一是矽有能力承受高溫製程。矽晶片的製造過程涉及到 700 ～ 1200℃ 高溫製程，如擴散、氧化、沉積及退火處理。本章內容包括標準的爐管加熱和快速加熱製程 (RTP)。

學習目標

研讀完本章之後，你應該能夠

(1) 列出至少三種重要的加熱製程。

(2) 說明直立式和水平式爐管的基本系統，並列出直立式爐管的優點。

(3) 說明氧化製程流程。

(4) 說明氧化前清洗的重要性。

(5) 比較乾式氧化和濕式氧化製程及應用的區別。

(6) 說明擴散製程流程。

(7) 解釋為什麼用離子佈植製程取代擴散技術對矽進行摻雜。

(8) 說明至少三種高溫沉積製程。

(9) 解釋離子佈植後退火的重要性。

(10) 說明快速加熱製程的優點。

5.1 簡介

矽的天然氧化物二氧化矽是一種非常穩定且堅固的介電質材料，並且容易透過高溫過程形成，這是矽成為 IC 產業主要半導體材料的重要原因之一。IC 的製造過程通常由氧化製程開始，這個過程需要生長一層二氧化矽保護矽的表面，圖 5.1 的 IC 流程中，矽晶圓將經過多次爐管和快速加熱製程過程，圖 5.1 說明了 IC 製造過程。

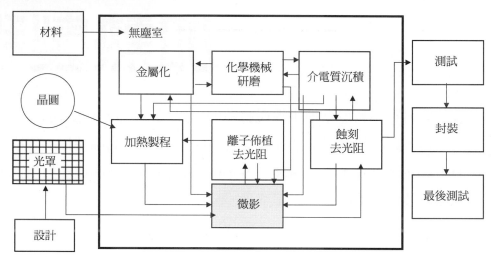

圖 5.1　IC 生產製程流程。

5.2 加熱製程的硬體設備

5.2.1 簡介

加熱過程在爐管中進行，爐管一般稱為擴散爐，這是因為爐管在早期的半導體工業中廣泛應用於擴散摻雜。爐管分為水平式和直立式兩種，由石英管和加熱元件在系統內的位置決定。爐管必須具有穩定性、均勻性、精確的溫度控制、低微粒污染、高生產率和可靠性以及低成本。

爐管一般包含五個基本組件：控制系統、製造爐管、氣體輸送系統、氣體排放系統和裝載系統。應用在低壓化學氣相沉積 (LPCVD) 製程中的爐管需要多加一個真空系統。圖 5.2 為水平式爐管示意圖。

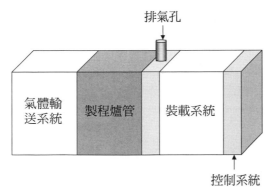

圖 5.2　水平式爐管示意圖。

　　直立式爐管相較於水平式爐管具有許多優勢，例如佔地面積較小、微粒污染較低、能處理大量沉重的晶圓、均勻度較好和維護成本較低。將爐管和晶圓載入系統設置在垂直方向也節省了空間。對於生產設備來說，擁有較小的佔地面積非常重要，因為先進的晶圓廠內高級無塵室空間非常昂貴。此外，由於晶圓被垂直堆疊，較大的微粒會落到頂部晶圓表面且無法飄至下面的晶圓。先進的半導體廠更常使用直立式爐管。

　　爐管大部分零件由熔合石英製成，如晶圓載舟、晶舟承載架和晶圓塔座。石英就是單晶二氧化矽，在高溫時非常穩定，缺點是易碎並帶有金屬雜質。由於石英不能阻擋鈉原子，因此少量的鈉離子可能會穿過爐管污染晶圓上的元件。當溫度高於1200°C時，表層剝離碎片將造成微粒污染。

　　碳化矽是另一種爐管常使用的材料，與石英相比，碳化矽有較強的熱穩定性及較好的移動離子隔絕能力，缺點是比較重而且昂貴。當元件尺寸進一步縮小時，爐管將用更多的碳化矽組件滿足製程的需要。

⊗ 5.2.2　控制系統

　　控制系統由一部電腦連接幾個微控制器組成。每個微控制器再連接一個系統控制介面卡控制製程程序，如晶圓裝載及晶圓卸載、每個製程過程處理的時間、製程溫度和升溫速率、製程氣體的流量和氣體排出等。同時也負責蒐集和分析製程資料，制定製程程序，追蹤批量號碼。圖 5.3 為爐管控制系統的功能圖。

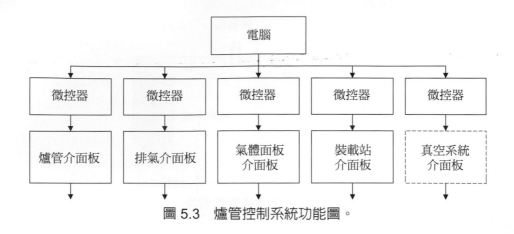

圖 5.3 爐管控制系統功能圖。

5.2.3 氣體輸送系統

　　氣體供應系統負責處理製程氣體並根據需要將其傳送到製程管中。氣體面板包括調壓器、控制閥門、質量流量控制器 (MFC) 和過濾器組成，它將分配製程氣體和吹除淨化氣體到所需的爐管中。製程氣體通常儲存在遠端氣體櫃中的高壓 (超過 100 psi) 鋼瓶中。製程氣體被節流閥調整送到氣體控制面板時的壓力只有幾十個 psi，因為壓力太高就無法直接用於製程中。調壓器和控制閥將監測製程氣體的壓力並對其進行控制。質量流量控制器通過調節內部的控制閥來精確控制氣體的流量，使測量流量等於設定值。氣體面板中的過濾器有助於阻止微粒隨氣體進入製程管中，來達到微粒污染最小化。圖 5.4 為氣體輸送系統示意圖。

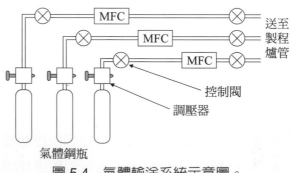

圖 5.4 氣體輸送系統示意圖。

5.2.4 裝載系統

　　裝載站是晶圓裝載、卸載和暫時儲存的區域，它將晶圓從晶圓盒移到石英承載架上的石英晶舟內，然後再透過微控制器操控的裝載機制輕輕將石英承載架推送到爐管中。經過加熱製程後，再慢慢將石英承載架從爐管中拉出。

水平式爐管的裝載系統使用數種石英承載架，帶有輪子的石英承載架已不再使用，因為這晶種舟承載架和石英管直接接觸會產生微粒。後來發展的緩停式晶舟承載架被推到爐管的合適位置時就緩慢停置在石英爐管上。由於晶舟承載架和石英管的管壁在承載架抬升和下放時直接接觸，所以緩停式晶舟承載架還是會因為摩擦而造成微粒污染。為了避免直接接觸，目前大多數系統都使用懸掛或懸臂式晶舟承載架，使晶舟承載架進出爐管時不會與石英表面有任何直接接觸，這樣將微粒污染減至最低。然而晶圓裝載會影響晶舟承載架的懸掛。

對於直立式爐管，機器手臂會先將晶圓從晶圓盒中移到塔架上，接著透過微控制器操控的舉起機制將塔架升起，直到整個晶圓塔架都進入反應室。這樣可以避免晶圓的支托架與石英反應室管壁接觸，而且也沒有晶圓托架的懸掛問題。

⊗ 5.2.5 排放系統

製程中的副產品和沒有用到的前驅物氣體，都透過排放系統從爐管或反應室中排放出去。廢氣從爐管中排放出去的同時，吹除淨化氣體也從排放管進入爐管防止廢氣回流。如果爐管內含有自燃或易燃氣體，如矽烷 (SiH_4) 和氫 (H_2)，就需要再加上一個稱為燃燒箱的反應腔。在燃燒箱裡，廢氣將在氧氣中燃燒變成無害且不具反應性的氧化物。過濾器會移除燃燒過程中產生的微粒，例如燃燒矽樹脂後產生的二氧化矽。接著再透過洗滌器用水或水溶液吸收大部分有毒和腐蝕性氣體，最後將廢氣排放到大氣中。

⊗ 5.2.6 爐管

爐管是晶圓經過高溫製程的區域。它由石英爐管體和多個加熱器組成。熱電偶接觸著反應腔管壁並監測反應室溫度。每個加熱器獨立由高電流電源供應。通過接口板和微控制器的熱電偶數據反饋控制每個加熱器的功率，當達到設定溫度時，功率變得穩定。在爐管中心的平坦區域，溫度在 1000℃ 時可以精確控制在 0.5℃ 內。圖 5.5 顯示了水平式爐管和直立式爐管的示意圖。

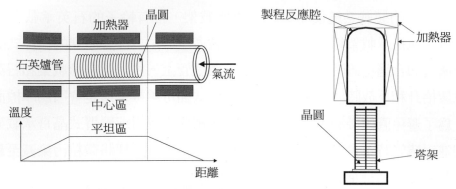

圖 5.5　水平爐管（左圖）與垂直爐管示意圖。

　　在水平式爐管中，晶圓通常放置在石英舟上，而晶舟則位於碳化矽製成的晶舟承載架上。載有晶圓晶舟承載架被緩慢推入石英爐管中，將晶圓放置於爐管的平坦區進行加熱製程。在製作結束後，晶圓必須被緩慢拉出，以避免由於突然的溫度變化產生的巨大熱應力而導致晶圓彎曲變形。

　　而在直立式爐管中，晶圓被放置在由石英或碳化矽製成的晶圓塔架中。晶圓被面朝上放置在塔架內，然後慢慢將塔架提升到石英管中進行加熱。之後，塔架慢慢降下，以避免晶圓彎曲變形。

5.3 氧化製程

　　氧化是最重要的加熱過程之一，是一種添加製程，將氧氣加入到矽晶圓後在晶圓表面形成二氧化矽。

　　矽很容易和氧發生反應，因此自然界中的矽大多以二氧化矽形態存在，如石英砂。矽很快和氧氣產生反應在矽表面形成二氧化矽，反應式可以表示為：

$$Si + O_2 \rightarrow SiO_2$$

　　二氧化矽是一種緻密物質且能覆蓋整個矽表面。如果要繼續矽的氧化過程，氧分子就必須擴散穿過氧化層才能和底下的矽原子產生化學反應。生長厚的二氧化矽層會使氧氣的擴散遇到阻礙而使氧化過程變得緩慢。當裸露的矽晶圓接觸到大氣時，幾乎立刻就和空氣中的氧或濕氣產生化學反應產生一層大約 10 ~ 20Å 的二氧化矽，這就是所謂的原生氧化層，室溫時這層很薄的二氧化矽可以阻止矽的繼續氧化。圖 5.6 說明了氧化過程。

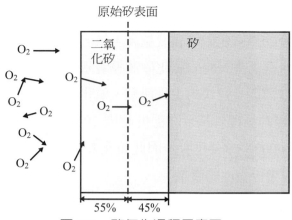

圖 5.6　矽氧化過程示意圖。

在氧化過程中，氧氣來自氣態，而矽則來自固體基板。因此，當二氧化矽生長時，它會消耗基板中的矽，薄膜會生長到矽基板中，如圖 5.6 所示。氧氣是一種氧化劑，在熱氧化、化學氣相沉積 (CVD) 和反應式濺射沉積等氧化物形成過程中被廣泛使用。它也常用於蝕刻和剝除光阻等製程。氧氣是地殼中最豐富的元素，也是地球大氣中僅次於氮氣的第二豐富元素。關於氧氣的一些參數列在表 5.1 中。

表 5.1　氧元素參數列表。

名稱	氧
符號	O
原子序	8
原子量	15.9994
發現者	Joseph Priestley, Carl Scheele
發現地	英國，瑞典
發現時間	1774
名稱來源	從希臘字母 "oxy genes" 代表 " 酸 " (尖酸的) 和 " 形成 " (酸化物)
摩爾體積	17.36 cm^3
音速	317.5 m/sec
折射係數	1.000271
熔點	54.8 K ＝ －218.35℃
沸點	90.2 K ＝ －182.95℃
熱傳導係數	0.02658 W m^{-1} K^{-1}
應用	熱氧化，CVD 氧化物，反應式濺射和去光阻
主要來源	O_2，N_2O，O_3

資料來源：http：//www.webelements.com/

　　高溫時的熱能使氧分子移動得更快，且使氧分子擴散穿過已經形成的氧化層與矽產生化學反應產生更厚的二氧化矽。溫度越高，氧分子移動的就越快，二氧化矽薄膜生長的速度也就越快。高溫生長的二氧化矽薄膜質量比低溫生長的薄膜高，所以為了獲得高品質的二氧化矽薄膜及較快的生長速率，氧化過程必須在石英爐中高溫環境下進行。氧化是一種很慢的過程；甚至在溫度超過 1000℃ 的爐管中都要花費數個小時才能生長出厚度約為 5000Å 的氧化層。因此氧化製程通常是批量過程，可同時處理 100 ～ 200 片的晶圓以獲得合理的產量。

⊗ 5.3.1 應用

　　矽的氧化是整個 IC 製程中的基本製程之一。二氧化矽有很多應用，其一就是作為擴散遮蔽層。在半導體產業中使用的大部分摻雜原子，如硼和磷，在二氧化矽的擴散速率比在單晶矽中要低得多。因此，利用遮罩氧化層上的蝕刻窗口，可以通過摻雜擴散製程在指定區域摻雜矽基板，如圖 5.7 所示。遮蔽氧化層的厚度約為 5000 Å。

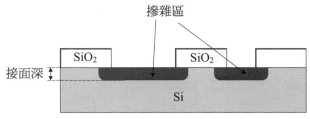

圖 5.7　擴散遮蔽氧化層。

　　遮罩氧化層也常用於離子佈植過程中。它可以防止矽晶片由於濺鍍的光阻引起的污染，同時也可以在離子進入單晶矽基板之前將其散射，以減小通道效應。遮罩氧化層的厚度約為 100 ～ 200Å。圖 5.8 說明了用於離子佈植應用的遮罩氧化層。

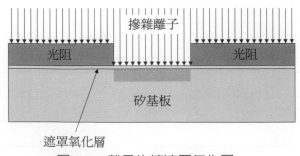

圖 5.8　離子佈植遮罩氧化層。

　　高溫生長的二氧化矽在矽的局部氧化 (LOCOS) 和淺溝槽絕緣 (Shallow Trench Isolation，STI) 形成時作為氮化矽的襯墊層。如果沒有二氧化矽墊層作為應力緩衝，

LPCVD 氮化矽層高達 10^{10} 達因 /cm² 的張力將導致矽晶圓產生裂縫甚至破裂。襯墊層的厚度大約為 150Å。

　　進行 STI 淺溝槽填充製程之前，二氧化矽可以用於作為阻擋層以防止矽晶片受到污染。淺溝槽填充是一種介電質化學氣相沉積過程，使用未摻雜矽玻璃 (USG) 的沉積填充淺溝槽來隔離相鄰電晶體的電性能。由於化學氣相沉積總是帶有少量雜質，所以必須有一層緻密的熱生長二氧化矽阻擋層阻擋可能的污染物。圖 5.9 顯示了 STI 製程中的襯墊氧化層和阻擋氧化層。

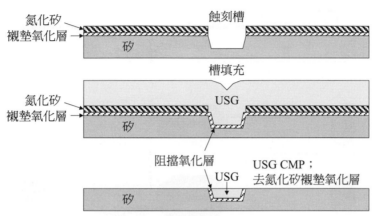

圖 5.9　STI 製程中的襯墊氧化層和阻擋氧化層。

　　熱生長的二氧化矽最重要的應用之一是形成絕緣體使 IC 晶片上相鄰電晶體間電氣絕緣。整面覆蓋式氧化和局部氧化是隔離相鄰元件並防止它們相互干擾所用的兩種技術。整面覆蓋式氧化層是最簡單的絕緣製程，早期的半導體生產普遍使用這種技術。熱生長一層 5000 ～ 10000Å 的二氧化矽，透過微影技術使其圖案化，再用氫氟酸蝕刻氧化層，接著將主動元件區打開後就可以開始電晶體的製造過程，如圖 5.10 所示。

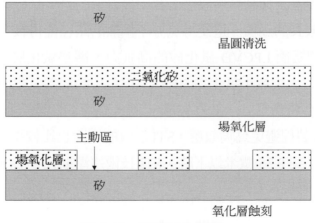

圖 5.10　整面氧化製程。

矽局部氧化 (LOCOS) 的絕緣效果比整面覆蓋式氧化效果好。LOCOS 製程使用一層很薄的二氧化矽層 200 ~ 500Å 作爲襯墊層以緩衝 LPCVD 氮化矽的強張力。經過氮化矽蝕刻、光阻剝除和晶圓清洗後，沒有被氮化矽覆蓋的區域再生長出一層 3000 ~ 5000Å 的厚氧化層。氮化矽的阻擋效果比二氧化矽好，由於氧分子無法穿過氮化矽層，所以氮化矽層下的矽並不會被氧化。而未被氮化矽覆蓋的區域，氧分子就會不斷擴散穿過二氧化矽層與底層的矽形成更厚的二氧化矽。LOCOS 的形成過程如圖 5.11 所示。

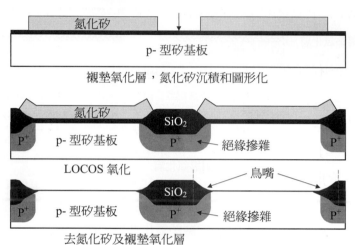

圖 5.11 LOCOS 製程。

由於氧在二氧化矽中的擴散是一種等向性過程，所以氧也會碰到側邊的矽。這使得 LOCOS 製程有兩個缺點：一個缺點是靠近蝕刻氧化視窗的氮化矽層底生長有氧化物，這就是所謂的鳥嘴 (Bird's Beak)(參見圖 5.11)，鳥嘴佔據了晶圓表面很多面積，是應盡量避免出現的情況。另一個缺點是由於二氧化矽的生長特點而造成二氧化矽對矽有一個表面高度差，這將引起表面平坦化問題 (如圖 5.6 所示)。

已經採用了許多方法抑制鳥嘴效應，其中最普遍的是多晶矽緩衝層 (PBL) 製程。較厚的襯墊層形成較長的鳥嘴，這使得氧分子擴散的路徑變得較寬。使用一層厚度大約爲 500Å 的多晶矽緩衝 LPCVD 氮化矽的高張力，襯墊氧化層的厚度能從 500Å 降低到 100Å，這樣可以大大減小氧化物的侵入。但是矽的局部氧化層兩側總有 0.1 ~ 0.2 微米的鳥嘴。當最小特徵尺寸小於 0.35 微米時，鳥嘴問題變得很嚴重，於是發展出了淺溝槽絕緣 (STI) 製程避免鳥嘴效應，STI 形成的表面也比較平坦。1990 年代中期，當元件特徵尺寸縮小到 0.35 微米以下時，STI 技術逐漸取代了 LOCOS 絕緣技術。

　　犧牲氧化層是生長在晶圓表面元件區域上的二氧化矽薄膜 (低於 1000 Å)。犧牲氧化層產生之後將立刻被氫氟酸溶劑剝除。一般情況下，閘極氧化製程之前都將先生長一層犧牲氧化層來移除矽表面的損傷和缺陷。該氧化層的產生和移除有利於產生零缺陷的矽表面並獲得高質量的閘極氧化層。

　　在高介電金屬閘 (High-K Metal Gate, HKMG) 時代之前，基於 MOSFET 的 IC 晶片中最薄且最重要的二氧化矽層是閘極氧化層。隨著元件特徵尺寸的縮小，閘極氧化層的厚度從 1960 年代的超過 1000 Å 減少到 2000 年代中期晶片中的約 15 Å，而 IC 晶片的工作電壓也從 12V 降低到 1.0V。閘極氧化層的質量對於元件的正常運作至關重要。

　　閘極氧化層中的任何缺陷、雜質或微粒污染都可能影響元件的性能，並顯著降低晶片的良率。圖 5.12 說明了犧牲氧化層和閘極氧化層的形成過程。在 IC 製程中，表 5.2 中總結應用熱生長的二氧化矽情況。對於奈米技術節點的 IC 晶片，閘極氧化層通常會進行氮化處理，以增加其介電常數，從而可以以較大的厚度且具有較高的耐壓能力，同時具有較大的閘極電容，以保持適當的 MOSFET 開關特性。此外，氮氣充足層可以阻止高摻雜 P 型多晶矽閘極中的硼向 N 型摻雜的 PMOS 通道擴散。

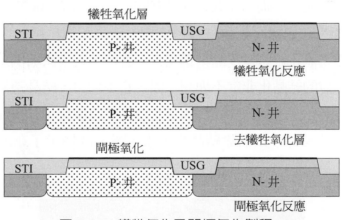

圖 5.12　犧牲氧化及閘極氧化製程。

表 5.2　氧化層應用列表。

氧化層名稱	厚度	應用	應用時間
原生氧化層	15 - 20 Å	不必要	-
遮罩氧化層	～ 200 Å	離子佈植	1970 年代中期至今
遮蔽氧化層	～ 5000 Å	擴散	1960 年代至 1970 年代中期
場區和局部氧化層	3000 - 5000 Å	隔離	1960 年代到 1990 年代
襯墊氧化層	100 - 200 Å	氮化矽應力緩衝層	1960 年代 到現在
犧牲氧化層	<1000 Å	消除缺陷	1970 年代 到現在
閘極氧化層	12 - 120 Å	閘極介電質層	1960 年代 到現在
阻擋氧化層	100 - 200 Å	淺槽隔離 STI	1980 年代到現在

5.3.2　氧化前的清洗製程

　　熱生成的二氧化矽是一種不穩定的非晶態物質。而且分子容易交叉結合形成晶體結構。這也是二氧化矽在自然界中以石英和石英砂形式存在的主要原因。由於非晶態二氧化矽在室溫下需要數百萬年的時間才能結晶，IC 晶片中的非晶態的二氧化矽在其使用壽命內非常穩定。然而，生長二氧化矽所需的高溫 (>1000℃)，可以明顯加速結晶化的過程。如果矽表面不乾淨且有污染物，缺陷和微粒可以作為結晶化的成核點，在氧化過程中二氧化矽將以多晶結構生長，就像冬天冷凍玻璃上形成的冰晶雪花一樣。由於二氧化矽的結晶化非常不理想，因為它不均勻，結晶邊界容易使雜質和濕氣透入。因此，在氧化前適當的晶圓清潔非常重要，將微粒、有機和無機污染物、天然氧化物和表面缺陷移除，以消除結晶化現象。圖 5.13 顯示了在未充分處理好的矽表面上，生長的二氧化矽的結晶結構。

圖 5.13　粗糙表面上的氧化層結構。(來源：IC 工程公司)

　　濕潤清潔是先進半導體製造廠中最常用的清潔方式。強氧化劑，例如 H_2SO_4：H_2O_2：H_2O 或 NH_4OH：H_2O_2：H_2O 溶液，可以去除微粒和有機污染物。當晶圓浸泡在這些溶液中時，微粒和有機污染物會被氧化，氧化副產物要麼是氣體 (如一氧化碳等)，要麼是溶解在溶液中 (如水)。在大多數 IC 製造廠中，NH_4OH：H_2O_2：H_2O 溶液以 1：1：5 至 1：2：7 的比例在 70 至 80°C 下廣泛使用。這個清潔過程被稱為 RCA 清潔的 SC-1(標準清潔 1)，最早由 Kern 和 Puotinen 於 1960 年在美國無線電公司 (RCA) 開發。在 SC-1 過程之後，晶圓在浸泡槽中，用去離子 (DI) 水沖洗，然後在旋轉乾燥機中乾燥。

　　經過 SC-1 及去離子水沖洗後，晶圓再放到溫度在 70-80°C，混合比為 1：1：6 到 1：2：8 之間的 HCl：H_2O_2：H_2O 溶液中，這就是 RCA 清洗的 SC-2 步驟，這個過程能將污染物轉變成可溶於低 PH 值溶液的副產品後去除。在 SC-2 步驟中，H_2O_2 將氧化無機污染物，HCl 將會與氧化物反應產生可溶解的氯化物，這些氯化物能使污染物從晶圓表面脫附出來，SC-2 之後是去離子水沖洗和旋乾過程。

　　矽表面的原生氧化層因為品質不能滿足 IC 生產的要求必須剝除，尤其對於要求很高的閘極氧化層。一般使用氫氟酸溶液溶解原生二氧化矽。這個過程通常在濕式工作臺中用 HF：H_2O 溶液進行，或在氫氟酸蒸氣蝕刻機中使用氫氟酸蒸氣和二氧化矽反應後將副產品蒸發。剝除原生氧化矽之後，一些氟原子和矽原子結合在矽表面上將形成矽氟鍵。

⊗ 5.3.3　氧化速率

　　當氧氣和矽開始反應時，將產生一層二氧化矽並將矽原子和氧分子隔開。氧化物剛開始生長且氧化層很薄 (小於 500Å) 時，多數氧分子在氧化層中只經過少次碰撞就可以穿過氧化層和下面的矽材料反應，形成二氧化矽薄膜，這種情況稱為線性生長區。這個區間內氧化層的厚度隨時間線性增長。當氧化層生長很厚時，氧分子穿過氧化層將和其他原子發生多次碰撞，並必須擴散穿過已經產生的氧化層才能和矽接觸反應產生二氧化矽，這種情況稱為擴散限制區，此時的氧化生長速率比線性生長區慢。圖 5.14 說明了這兩種區間的氧化情況。

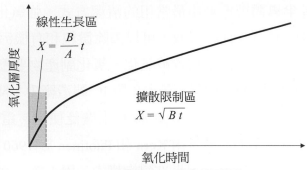

圖 5.14 兩種氧化速率說明圖。

　　圖 5.14 公式中的 A 和 B 是兩個與氧化生長速率有關的係數，這兩個係數受氧化溫度、氧氣來源 (O_2 或 H_2O)、矽晶體的晶向、摻雜類型和濃度、壓力等因素影響。

　　氧化速率對溫度很敏感，這是因爲氧在二氧化矽中的擴散速率和溫度成指數關係，即 $D \propto \exp(-E_a/kT)$，其中 D 是擴散係數，E_a 是活化能，$k = 2.38 \times 10^{-23}$ J/K 爲波茲曼常數，T 是溫度。溫度的增加顯著使 B、B/A 和氧化速率大幅增加。

　　氧化速率也與氧的來源有關。使用氧氣的乾氧氧化 (Dry Oxidation) 速率比使用 H_2O 的濕氧氧化過程 (Wet Oxidation) 低。這是由於氧分子的擴散速率低於 H_2O 在高溫下分解氫氧化物的擴散速度。圖 5.15 和圖 5.16 說明了乾氧氧化和濕氧氧化過程中的氧化速率。

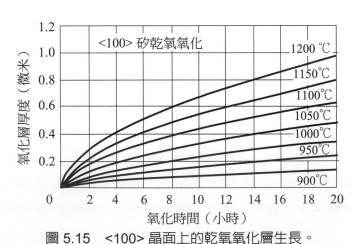

圖 5.15　<100> 晶面上的乾氧氧化層生長。

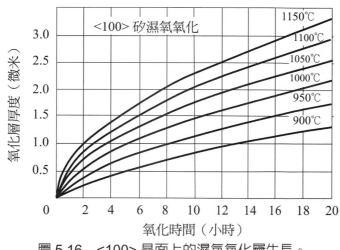

圖 5.16 <100> 晶面上的濕氧氧化層生長。

從圖 5.15 和圖 5.16 中可以看出濕氧氧化的速率比乾氧氧化快得多。如 <100> 矽在 1000℃ 時濕氧化層的厚度在 20 小時之後大約為 2.2 微米，而乾氧氧化層只有 0.34 微米。因此濕氧氧化製程比較適合於生長厚的氧化層，如遮蔽氧化層和場氧化層。

氧化速率也與單晶矽的晶向有關。一般而言，<111> 方向的矽氧化速率高於 <100> 方向，這是因為 <111> 晶向矽表面的原子密度高於 <100> 表面的密度，因此 <111> 的矽可以提供較多的原子和氧發生反應產生較厚的二氧化矽層。比較圖 5.17 的 <111> 晶向的矽濕氧氧化速率及圖 5.16<100> 矽的濕氧氧化速率，可以看出 <111> 晶向的氧化速率比 <100> 晶向高。

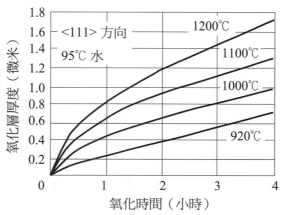

圖 5.17 <111> 晶面上的濕氧氧化層生長。

氧化速率與掺雜物類型及濃度有關。通常，高濃度掺雜的矽比低濃度掺雜的矽氧化速度更快。在氧化過程中，矽中的硼原子趨向於被吸引到二氧化矽內部，造成矽與二氧化矽界面處，矽側的硼濃度的匱乏。磷、砷和銻等 N 型掺雜劑則有相反的效應。當氧化物同矽生長時，這些掺雜劑會被推入矽的更深處。就像鏟雪機將雪堆積起來一樣，N 型掺雜物在矽與二氧化矽介面的濃度可能明顯高於其原始濃度。圖 5.18 說明了 N 型掺雜的堆積效應和 P 型掺雜的匱乏效應。

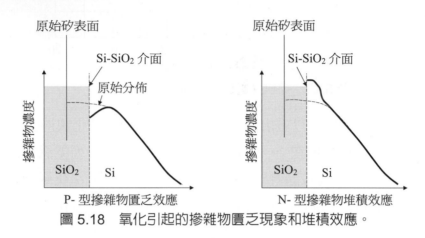

圖 5.18　氧化引起的掺雜物匱乏現象和堆積效應。

氧化速率也與添加的氣體有關，例如一般在閘極氧化製程中為了抑制移動離子添加 HC1。HC1 的存在使氧化速率提高大約 10% 左右。

5.3.4　乾氧氧化製程

乾氧氧化的生長速率比濕氧氧化低，但氧化薄膜的品質比濕氧氧化膜更好。因此，薄氧化層如遮罩氧化層、襯墊氧化層，尤其是閘極氧化層，通常使用乾氧化製程。圖 5.19 說明乾氧的氧化系統。

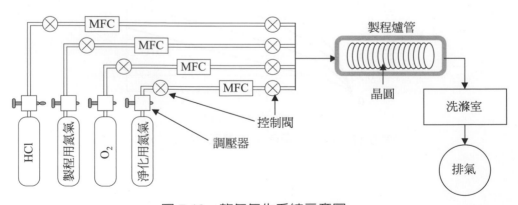

圖 5.19　乾氧氧化系統示意圖。

在氧化系統中通常有兩種氮氣 (N_2) 來源，一種應用於製程，具有較高純度，另一種用於反應室清潔，純度較低 (成本也較低)。由於氮氣是一種非常穩定的氣體，在氧化過程中通常用作鈍化氣體，在系統閒置、晶片裝載、溫度提升、溫度穩定和晶圓卸載等過程使用。對於乾氧氧化，使用高純度的氧氣 (O_2) 使矽氧化。氯化氫 (HCl) 也用於氧化步驟中，以減少氧化物中的可移動離子，並將介面電荷降到最低。

當溫度超過 1150°C 時，石英爐管會開始下彎，因此無法在該溫度下長時間進行氧化過程。乾氧化過程通常在約 1000°C 進行。在乾氧氧化過程中，HCl 通常被用作吸附劑，吸附可移動的金屬離子，尤其是鈉，形成不可移動的氯化合物。這一點非常重要，因為微量的鈉可能導致 MOSFET 電晶體故障，影響 IC 晶片的性能和可靠性。

當二氧化矽形成在單晶矽表面時，矽與二氧化矽介面會發生突然的變化。這是由於晶體結構不能完成匹配，而在界面上總是存在一些懸浮鍵，如圖 5.20 所示。這些懸浮鍵會引發所謂的介面態電荷，這是一種正電荷，可以對 IC 晶片的性能和可靠性產生很大的影響。這是因為在 IC 晶片應用中，氫或其他原子可以擴散到矽與二氧化矽界面並附著在懸浮鍵上。這會改變介面態電荷，進而改變金屬氧化物半導體場效電晶體的臨界電壓 (V_T) 和 IC 元件的性能。矽與二氧化矽介面總是存在一些懸浮鍵。然而，減少懸浮鍵的數量是實現高穩定和高可靠性的元件性能中非常重要的一步。

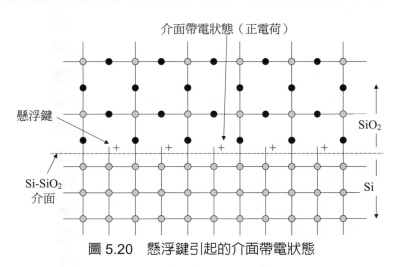

圖 5.20　懸浮鍵引起的介面帶電狀態

將 HCl 加入 - 氧化反應中，是將部分氯原子融入二氧化矽薄膜並和矽在矽－二氧化矽介面相互連結在一起，這將有助於減小懸浮鍵的數量並改善 IC 的可靠性。但是如果氯化氫濃度過高，多餘的氯離子將會影響元件的穩定性。

問題

氟元素也具有一個非成對的電子能附著於矽 - 氧化物介面上的懸浮鍵上，但為何人們卻不在氧化製程中使用氟化氫 (HF) 以讓氟元素融合到氧化物中來降低介面電荷呢？

解答

因為氟化氫會浸蝕二氧化矽層和石英爐管，所以在加熱氧化製程中不會使用氟化氫。然而在 BF_2 離子佈植後，若融入少量的氟元素到矽基板中則會有助於降低介面電荷。

閘極氧化層生長的一個典型乾式氧化製程順序如下：

- 閒置狀態通入吹除淨化氮氣
- 閒置狀態通入製程所需氮氣
- 製程氮氣氣流下將晶舟推入爐管
- 製程氮氣氣流下升高溫度
- 製程氮氣氣流下穩定溫度
- 關閉氮氣，通入氧化用氧氣和氯化氫
- 關閉氧氣開始通入氮氣，進行氧化物退火
- 製程氮氣氣流下開始降溫
- 製程氮氣氣流下將晶舟拉出
- 閒置狀態通入吹除淨化氮氣
- 對下一批晶舟重複上述過程
- 閒置狀態通入製程氮氣

系統閒置時，爐管通常保持在高溫狀態，如 850℃，這樣可以不需要花費太多時間就能將溫度升到製程所需的溫度。當系統閒置一段時間時，要用氮氣 (N_2) 吹除淨化氣體。晶圓載入前，高純度氮氣氣體就開始通入爐管內使爐管內部充滿高純度的氮氣。為了避免因為溫度劇變產生熱應力造成晶圓彎曲，需要幾分鐘時間將石英或碳化矽晶圓載舟緩慢推入爐管中。當晶圓載舟放置在爐管中的平帶區域時，溫度開始急速

升高，升溫速率大約爲每分鐘 10℃。由於高熱容量的限制，爐管系統的溫度不能升得太快。如果升溫速率過快，溫度可能超過或低於設定溫度而造成溫度波動。當爐管達到製程所需的溫度 (一般爲 1000℃) 後，如果存在溫度波動，就需要通入幾分鐘氮氣穩定溫度減弱波動，使爐管維持在設置溫度的穩定狀態。

當系統準備進行氧化反應時，打開氧氣和無水氯化氫氣流並關掉氮氣氣流，使氧氣和矽反應在矽晶圓表面形成一層二氧化矽薄膜。當氧化層的厚度達到要求時關掉氧氣和氯化氫並重新通入氮氣。此時晶圓在高溫中停留一段時間進行氧化層退火，這個過程能夠提高二氧化矽的質量，使二氧化矽更緻密，並可以減少介面電荷提高崩潰電壓。薄的閘極氧化層 (厚度約 50Å) 可以在大約 700℃ 低溫爐管生長，這樣就不會因爲氧化時間太短而難以控制氧化過程。氧化層薄膜形成之後，再放入一個超過 1000℃ 的氮氣環境中退火以提高氧化層的品質。氧化層退火之後就可以將爐管逐漸冷卻到閒置溫度，並在穩定的氮氣中緩慢將晶圓載舟從爐管中拉出。

⊗ 5.3.5　濕氧氧化製程

用 H_2O 取代 O_2 就是所謂的濕氧氧化反應，產生的氧化層稱爲蒸氣氧化層。其化學反應式可以表示如下：

$$2H_2O + Si \rightarrow SiO_2 + 2H_2$$

H_2O 在高溫下分解形成氧化氫 HO，HO 在二氧化矽中的擴散速度比氧快，所以濕氧氧化過程的氧化速率遠比乾氧氧化高。濕氧氧化用於生長較厚的氧化層如遮蔽氧化層、整面覆蓋氧化層和 LOCOS 氧化層。表 5.3 說明了在 1000℃ 生長 1000Å 氧化層薄膜時所需的時間差。

表 5.3　乾氧和濕氧氧化製程的比較。

製程	溫度	薄膜厚度	氧化時間
乾氧氧化	1000℃	1000Å	～ 2 小時
濕氧氧化	1000℃	1000Å	～ 12 分鐘

有好幾種系統用於將水蒸氣送入爐管的爐管內。煮沸式系統在超過 100℃ 的高溫下將水蒸發，並經過加熱的氣體管道將蒸氣送入爐管中。氣泡式系統先使氮氣氣泡經過超純水，再將水蒸氣帶入爐管中。圖 5.21 爲煮沸式系統和氣泡式系統的示意圖。

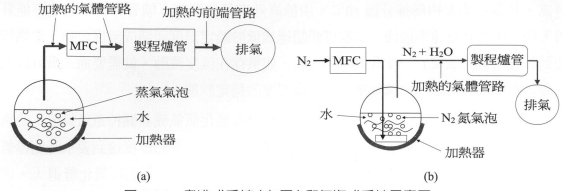

圖 5.21　煮沸式系統 (左圖) 和氣泡式系統示意圖。

　　沖洗式系統先將很小的超純水水滴滴在熱石英板上使水滴蒸發，接著用氧氣氣流將水蒸氣帶入爐管中。圖 5.22 說明了沖洗式系統的工作情況。

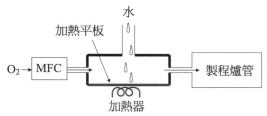

圖 5.22　沖洗式系統示意圖。

　　煮沸式系統、氣泡式系統和沖洗式系統的一個主要問題，是無法精確控制水 (H_2O) 的流量。最常用的濕式氧化系統是所謂的乾氧式氧化 (Dry oxidation, Dryox) 系統或氫氧燃燒濕氣氧化系統。該系統在爐管的入口處燃燒氫氣 (H_2)，經由氫氣與氧氣之間的化學反應，以高溫的方式生成水蒸氣 (H_2O)。

$$2H_2 + O_2 \rightarrow 2H_2O$$

　　這樣可以略去液體和氣體相處理的過程，又可以準確控制氣流的流量，但條件是必須使用易燃且易爆的氫氣。圖 5.23 為氫氧燃燒蒸氣系統的說明圖。

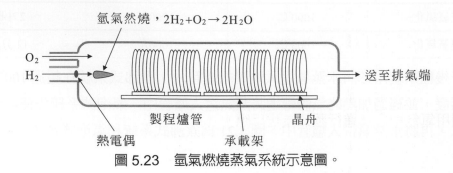

圖 5.23　氫氣燃燒蒸氣系統示意圖。

　　圖 5.24 顯示了使用氫氧燃燒蒸氣的濕氧氧化系統。在排放系統中還必須使用燃燒箱使任何排放氣體進入大氣前能將殘餘的氫氣燒掉。

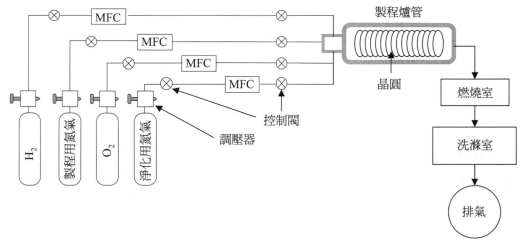

圖 5.24　燃燒蒸氣氧化系統示意圖。

　　氫氣的自燃溫度約為 400℃。在氧氣環境中，當溫度達到製程所需的溫度時，氫氣進入爐管內將自動與氧氣反應並在爐管內形成水蒸氣。在氫氧燃燒蒸汽氧化過程中，H_2 和 O_2 的流量比非常重要。正常的 H_2：O_2 流量比略低於 2：1，才能確保有足夠的氧氣，可以在氫氧燃燒反應時，充分氧化其中的氫氣。否則，氫氣可能在管內積聚，導致爆炸。典型的 H_2：O_2 比例是 1.8：1 到 1.9：1 之間。

　　氫氧燃燒濕氧氧化製程過程如下：

● 系統閒置狀態下通入吹除淨化氮氣。
● 系統閒置狀態下通入製程氮氣。
● 通入製程氮氣及大量氧氣。
● 通入製程氮氣和氧氣，將晶圓載舟推入爐管。
● 通入製程氮氣和氧氣，開始升高溫度。
● 通入製程氮氣和氧氣，穩定爐管溫度。
● 佈植大量氧氣並關掉氮氣。
● 穩定氧氣氣流。
● 打開氫氧氣流並點燃，穩定氫氣氣流。
● 利用氧氣和氫氣進行蒸氣氧化反應。
● 關閉氫氣，氧氣氣流繼續通入。
● 關閉氧氣，開始通入製程氮氣。

- 繼續通入製程氮氣，開始降溫。
- 通入製程氮氣：將晶圓載舟拉出。
- 系統閒置狀態下通入製程氮氣。
- 對下一批晶舟重複上述過程。
- 系統閒置狀態下通入吹除淨化氮氣。

推入晶圓、溫度升高和溫度穩度的各個過程中加入氧氣有助於在晶圓表面先生長一層高質量的乾氧氧化薄層 (僅數百 Å)，乾氧氧化薄層作爲質量較差的蒸氣氧化層的阻擋層有助於減少矽、二氧化矽介面的缺陷。蒸氣氧化反應之後就可以關閉氫氣，氧氣繼續通入爐管中清除殘餘氫氣，這個過程有助於減少氫氣融入蒸氣氧化物中。

⊗ 5.3.6 高壓氧化製程

壓力的增加將提高反應室內氧或水蒸氣的密度和在二氧化矽中的擴散速率，進而增加氧化速率。同樣的溫度下高壓氧化可以減少氧化的時間，如果同樣的時間，高壓氧化則可以降低氧化的溫度。一般情況下，每增加一個大氣壓就可以使氧化溫度降低 30℃。表 5.4 和表 5.5 顯示了在濕氧氧化過程中利用高壓氧化技術生長 10,000Å 厚的氧化層，時間和溫度減小的情況。

表 5.4　10,000 Å 厚濕氧氧化時間比較。

溫度	壓力	時間
1000℃	1 個大氣壓	5 小時
	5 個大氣壓	1 小時
	25 個大氣壓	12 分鐘

表 5.5　5 小時內生長 10,000 Å 厚濕氧氧化時間比較。

時間	壓力	溫度
5 小時	1 個大氣壓	1000℃
	10 個大氣壓	700℃

高壓氧化必須使用特殊的硬體條件，圖 5.25 是高壓氧化系統的說明圖。由於硬體條件的複雜性和安全因素，先進半導體生產中並不常使用高壓氧化技術。

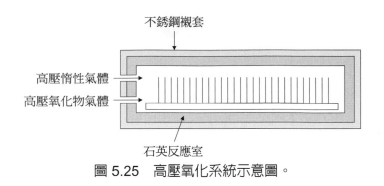

圖 5.25　高壓氧化系統示意圖。

✖ 5.3.7　氧化層量測

　　氧化製程的監控就是量測氧化層的厚度和均勻性。橢圓光譜儀一般用於測量介電質薄膜的折射率和厚度。當光束從薄膜表面反射時，它的極化狀態將會改變 (圖 5.26)。透過測量極化狀態的變化就可以獲得有關薄膜反射係數和厚度的資訊。由於測量的數值是厚度的週期函數，所以必須使用一個薄膜厚度的估計值。因為已知二氧化矽對波長為 633 nm 光線 (紅光 He-Ne 雷射) 的折射係數為 1.46，因此橢圓光譜儀也可以用來測量氧化層薄膜的厚度。

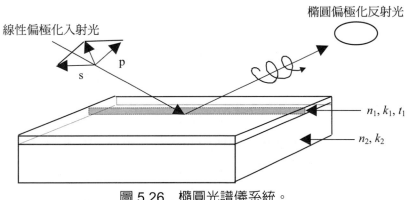

圖 5.26　橢圓光譜儀系統。

　　氧化層生長完成之後，晶圓的表面顏色會隨之改變。顏色與薄膜厚度、折射係數和入射光的角度有關。如圖 5.27 所示，因為光線 2 進入氧化薄膜經過了較長的距離，所以從氧化層表面的反射光 (光線 1) 和從矽 - 二氧化矽介面的反射光 (光線 2) 將有相同的頻率但有不同相位。由於折射係數是波長的函數，這兩種反射光相互干涉並在不同波長形成建設性和破壞性干涉，增強性的干涉頻率決定了晶圓的顏色。

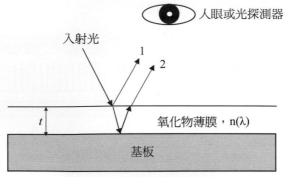

圖 5.27　反射光及相位差。

$$\Delta\Phi = 2tn(\lambda) / \cos\theta = 2N\pi$$

在上述公式中，t 代表薄膜厚度，$n(\lambda)$ 代表薄膜的折射係數，θ 代表入射角度，N 代表一個整數。當相位移大於 2π 時，色彩圖案會重複，圖 5.27 反射光和相位差。表 5.6 為二氧化矽厚度的顏色對照表。

顏色對照表是測量薄膜厚度時的方便工具 (見表 5.6)。儘管在先進的 IC 廠中不再用於厚度測量，但它仍然是一個快速估計氧化層厚度及檢測有無明顯非均勻性問題的有用工具。

如果將具有一層較厚氧化層的晶圓放入氫氟酸溶液中，氫氟酸將蝕刻二氧化矽。將晶圓逐漸拉出，由於不同的蝕刻時間，氧化物厚度會逐漸變化。晶圓的顏色也會相應改變。這樣就會產生所謂的彩虹晶圓。

要準確測量二氧化矽的厚度就必須使用光反射光譜儀，它能夠測量不同波長的光被反射後的強度，再透過光的波長和反射強度之間的關係將薄膜的厚度計算出來。

表 5.6　二氧化矽顏色對照表。

厚度 (Å)	顏色	厚度 (µm)	顏色
500	黃褐色	1.0	康乃馨粉紅色
700	褐色	1.02	紫紅色
1000	深紫色到紅紫色	1.05	紅紫色
1200	寶石藍色	1.06	紫色
1500	淺藍色到鐵藍色	1.07	藍紫色
1700	淺黃綠色	1.10	綠色
2000	淡金色或黃淡鐵色	1.11	黃綠色
2200	帶有淺黃橙色的金色	1.12	綠色
2500	橘色到瓜綠色	1.18	紫色
2700	紅紫色	1.19	紅紫色
3000	藍色到紫藍色	1.21	紫紅色
3100	藍色	1.24	康乃馨粉紅到橙紅色
3200	藍色到藍綠色	1.25	橘色
3400	淺綠色	1.28	微黃色
3500	綠色到黃綠色	1.32	天藍色到綠藍色
3600	黃綠色	1.40	橘色
3700	綠黃色	1.45	紫色
3900	黃色	1.46	藍紫色
4100	淺橘色	1.50	藍色
4200	康乃馨粉紅色	1.54	暗黃綠色
4400	紫紅色		
4600	紅紫色		
4700	紫色		
4800	藍紫色		
4900	藍色		
5000	藍綠色		
5200	綠色		
5400	黃綠色		
5600	綠黃色		
5700	黃色到微黃色		
5800	淺橘色或黃到粉紅色		
6000	康乃馨粉紅色		
6300	紫紅色		
6800	淺綠色 (介於紫紅與藍綠色之間)		
7200	藍綠色到綠色		
7700	微黃色		
8000	橘色		
8200	橙紅色		
8500	暗淺紅紫色		
8600	紫色		
8700	藍紫色		
8900	藍色		
9200	藍綠色		
9500	暗黃綠色		
9700	黃色到微黃色		
9900	橘色		

對於閘極氧化層，測量其崩潰電壓和固定電荷非常重要，透過在氧化層上沉積一層有圖案的導體層，就可形成金屬–氧化物–半導體電容。透過施加偏壓，電容對施加電壓的關係，或者稱爲 C-V 曲線，就提供了 Si-SiO$_2$ 界面的固定電荷信息。通過增加偏壓直到二氧化矽崩潰爲止，就可以測量出崩潰電壓。使用較高的測試溫度，如 250°C，可以加速由熱應力導制元件故障的時間，有助於預測元件的壽命。圖 5.28 爲 C-V 測量系統說明圖。

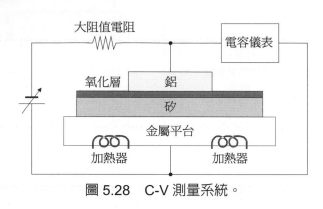

圖 5.28　C-V 測量系統。

⊗ 5.3.8　快速熱氧化與氮化

當特徵尺寸逐漸縮小時，STI 逐漸取代 LOCOS 成爲隔離相鄰電晶體的絕緣隔離技術，這樣就再也不需要生長一層厚的氧化層。氧化製程的主流是生長薄的氧化層，如襯墊氧化層、遮罩氧化層、阻擋氧化層和閘極氧化層。未來的爐管應用中將會更多使用乾氧氧化製程，濕氧氧化用於生產製程的控制和發展所需的測試晶圓。

隨著閘極氧化層厚度的持續縮小，快速加熱氧化過程 (Rapid Thermal Oxidation，RTO) 很可能取代爐管製程。快速加熱製程 (Rapid Thermal Process，RTP) 有較好的溫度控制和晶圓對晶圓均勻性。RTO 系統可加入一個 HF 蒸氣蝕刻器進行臨場原生氧化層剝除、閘極氧化過程和閘極氧化層的退火。氮化閘極氧化層可以增加閘極介電質薄膜的介電常數，並有助於降低有效氧化層厚度 (EOT)，同時保持閘極氧化層較厚的物理厚度以防止電崩潰。氮化過程可以使用一氧化氮 (NO) 作爲環境氣體進行熱退火，它還可以實作在氮氣環境中使用氮電漿退火。這種整合製程的好處之一是晶圓表面在氧化過程之前不必暴露在大氣中。

5.4 擴散

在 IC 產業的早期，擴散摻雜半導體被廣泛使用。因為矽摻雜最常用的設備是高溫石英爐，所以它一直被稱為「擴散爐」。同樣，在 IC 工廠中，爐管所在的區域被稱為擴散區，儘管實際上在先進的 IC 工廠中很少進行擴散摻雜製程。

擴散是一種基本物理現象，透過分子熱運動使物質由濃度高移向濃度低區。擴散可以發生在任何地方及任何時間。香水在空氣中的擴散是一個例子，糖、鹽和墨水在液體中的擴散，及浸在水中的木材或接觸油類的固體等都是擴散過程。

早期的 IC 生產普遍使用擴散摻雜製程。利用高溫在矽表面摻雜高濃度的摻雜物後，摻雜物就會擴散到矽基板中而改變半導體的導電率，圖 5.29 說明了矽擴散摻雜過程。接面深度定義為擴散的摻雜濃度等於基板濃度時的深度，圖 5.30 說明了接面深度的定義。

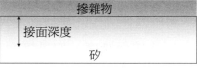

圖 5.29　擴散摻雜製程。

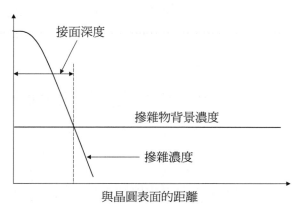

圖 5.30　擴散摻雜接面深度的定義。

由於固體的擴散速率和溫度呈指數關係 $D \alpha \exp(-E_a/kT)$，因此高溫環境可以顯著加速擴散速率。其中 E_a 是活化能，k 是波茲曼常數，T 是溫度。

對於硼和磷等元素，大多數和半導體製造有關的摻雜物在二氧化矽中的活化能高於在單晶矽中的活化能，所以在二氧化矽中的擴散速率遠低於在矽中的速率。因此二氧化矽能夠作為擴散遮蔽層，以便在矽表面特定區域摻雜，如圖 5.31 所示。

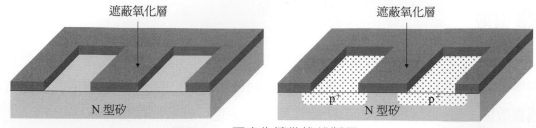

圖 5.31 圖案化擴散摻雜製程。

　　與離子佈植摻雜製程相比，擴散摻雜製程有幾個缺點，如擴散摻雜不能獨立控制摻雜物濃度和接面深度。由於擴散是一種等向過程，因此摻雜物總會擴散到遮蔽氧化層下面部分區域，如圖 5.31 所示。當特徵尺寸縮小時，擴散摻雜將造成相鄰接面處短路。所以當離子佈植製程在 1970 年代中期引入半導體製造過程中後，就快速取代了擴散摻雜過程成為矽摻雜的主要技術。

　　IC 產業中有一項與擴散製程有關的重要過程，這就是所謂的熱積存。自我對準源極 / 汲極佈植之後，除了閘極的大小之外還會形成重摻雜的源極和汲極，如圖 5.32 所示。源極 / 汲極佈植之後的任何高溫過程，都可能造成源極 / 汲極的摻雜物擴散而增加源極 / 汲極的接面深度，如果接面深度增加得太大就可能對元件的功能造成影響。源極 / 汲極佈植之後，晶圓在加熱製程中所花費的時間和溫度乘積稱為熱積存。

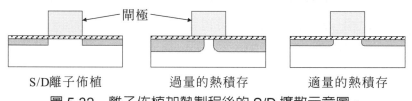

圖 5.32 離子佈植加熱製程後的 S/D 擴散示意圖。

　　熱積存取決於閘極的尺寸，也就是 IC 晶片的最小特徵尺寸。閘極長度較小的元件能使源極 / 汲極擴散的空間小，因此也只有較小的熱積存。由於最小特徵尺寸的縮小，晶圓只能在高溫 (超過 1000℃) 過程中停留很短的時間；所以需要緊湊的熱積存控制。圖 5.33 顯示了特徵尺寸不同的元件在不同溫度下的熱積存 (某溫度下所能停留的時間)。圖 5.33 假設摻雜物的表面濃度為 10^{20} 原子 /cm^3。特徵尺寸越小的元件，熱積存也就越小。如 0.25 微米的元件經過源極 / 汲極佈植之後只能在 1000℃的溫度下停留 24 秒，而 2 微米元件能停留 1000 秒。降低溫度能使熱積存明顯增加，例如 0.25 微米元件在源極 / 汲極延伸佈植 (SDE) 後，可以在 900°C 持續約 200 秒。相較之下，16 奈米元件在 SDE 後，在 900 度下不可超過 1 秒，這就是為何 16 奈米元件需要如尖峰退火、雷射退火和閃爍退火等毫秒級退火的原因。

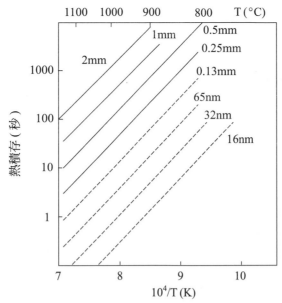

圖 5.33　不同特徵尺寸的元件在特定溫度下能利用的熱積存時間 [4]

(源自參考資料 [4]，作者 Fair)。

5.4.1　沉積和驅入

一般擴散摻雜製程的順序為先作預沉積，然後為驅入。1050℃時首先在晶圓表面沉積一層摻雜氧化層，如 B_2O_3 或 P_2O_5。接著再用熱氧化製程消耗掉殘餘的摻雜物氣體，並且在矽晶圓上生長一層二氧化矽層覆蓋摻雜物，避免摻雜物的向外擴散。預沉積及覆蓋層氧化反應中最常用的硼和磷前驅物為氫化硼 (B_2H_6) 和三氯氧化磷 ($POCl_3$，一般稱為 POCL)，它們的化學反應式可表示如下：

硼：　預沉積：　　　　　$B_2H_6 + 3O_2 \rightarrow B_2O_3 + 3H_2O$

　　　覆蓋層氧化反應：　$2B_2O_3 + 3Si \rightarrow 3SiO_2 + 4B$

　　　　　　　　　　　　$2H_2O + Si \rightarrow SiO_2 + 2H_2$

磷：　預沉積：　　　　　$4POCl_3 + 3O_2 \rightarrow 2P_2O_5 + 6Cl_2$

　　　覆蓋層氧化反應：　$2P_2O_5 + 5Si \rightarrow 5SiO_2 + 4P$

二硼烷 (B_2H_6) 是一種有毒氣體，聞起來帶有燒焦的巧克力甜味。如果吸入或被皮膚吸收會有致命危險。氫化硼可燃，自燃溫度為 56℃；當空氣中的氫化硼濃度高於 0.8% 時會產生爆炸。POCL 的蒸氣除了引起皮膚、眼睛及肺部不適外，甚至會造成頭暈、頭痛、失去胃口、噁心及損害肺部。其他常用的 N 型摻雜化學物為三氫化砷 (AsH_3) 和三氫化磷 (PH_3)，這兩者都有毒、易燃且易爆。它們在預沉積和氧化過程中的反應都和氫化硼 (B_2H_6) 類似。

圖 5.34 所示為硼的預沉積和覆蓋氧化過程所使用的爐管系統。為了避免交叉污染，每個爐管僅適用一種摻雜物。

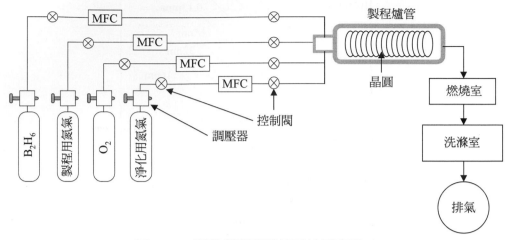

圖 5.34　硼摻雜製程爐管系統示意圖。

接著在氧氣環境下將爐管的溫度升高到 1200℃ 提供足夠的熱能使摻雜物快速擴散到矽基板。驅入時間由所需的接面深度決定，可以透過已有的理論推算出每種摻雜物所需的驅入時間。圖 5.35 顯示了擴散摻雜製程中的預沉積、覆蓋氧化過程和驅入步驟。

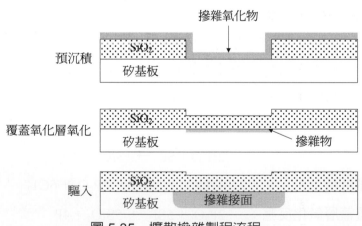

圖 5.35　擴散摻雜製程流程。

擴散製程無法單獨控制摻雜物的濃度和接面深度，這是因為兩者都與溫度密切相關。擴散是一種等向性過程，所以摻雜物原子將擴散到遮蔽氧化層的邊緣下方。但由於離子佈植對摻雜物的濃度和分佈能很好控制，所以先進 IC 生產中幾乎所有的半導體摻雜過程都使用離子佈植技術完成。擴散技術在先進 IC 製造中的主要應用是在井區佈植退火過程中將摻雜物驅入。

在超淺接面 (USJ) 形成的研究和開發 (R&D) 中，擴散技術又再次流行。首先，通過化學氣相沉積 (CVD) 技術，在晶圓表面沉積一層具有極高硼濃度的硼矽玻璃 (BSG)。接著在快速加熱製程 (RTP) 中，將硼從 BSG 中驅出，並擴散到矽中形成一個淺接面。圖 5.36 顯示通過沉積、擴散和剝除過程形成超淺接面。

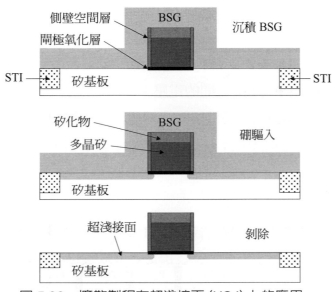

圖 5.36　擴散製程在超淺接面 (USJ) 上的應用。

⊗ 5.4.2　摻雜製程中的測量

監測摻雜過程時最常使用的測量工具是四點探針。由於矽的電阻率和摻雜物的濃度有關，所以測量矽表面薄片電阻就能夠提供摻雜物濃度的資訊。薄片電阻 R_S 是一個定義的參數。一個導線的電阻可以表示為：

$$R = \rho \frac{L}{A}$$

其中 R 代表電阻，ρ 為導體的電阻率，L 為傳導線的長度，而 A 為該導線橫截面的面積。如果導線是一個長方形的條狀導線，則上述的橫截面面積可以簡單改成寬度 (W) 和厚度 (t) 的乘積。而導線的電阻就可以表示為：

$$R = \rho \frac{L}{Wt}$$

對於方形薄片，由於長寬相等，可以相互消去。所以一個方形導線的電阻 (定義為薄片電阻) 可以表示為：

$$R_S = \rho / t$$

其中摻雜矽的電阻率 ρ 主要由摻雜物的濃度決定，而厚度 t 主要由摻雜物的接面深決定。由已知離子的能量、種類和基板材料就可以估算出接面深，所以測量薄片電阻能獲得有關摻雜物濃度的資訊。

圖 5.37 的四點探針法是最常用來測量薄片電阻的工具，只要在其中兩個探針間加上一定電流，同時測量另外兩探針間的電壓差，便可以計算出薄片電阻。一般情況下，探針間的距離為 $S_1 = S_2 = S_3 = 1$ mm，如果將電流 I 加在 P_1 和 P_4 之間，如圖 5.37 所示，則薄片電阻 $R_S = 4.53$ V/I，V 為 P_2 和 P_4 之間的電壓。如果電流加在 P_1 和 P_3 之間，則 $R_S = 5.75$ V/I，而 V 為 P_2 和 P_4 之間的電壓。這兩個等式是在薄膜面積無限大的假設下推導的，在晶圓上薄膜測量時這個假設不成立。先進的機台都進行四次測量，適用程式依序進行上述兩種測量組合，並改變每組的電流方向以減少邊緣效應便可獲得正確的測量結果。

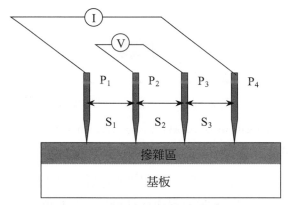

圖 5.37　四點探針測量法示意圖。

由於四點探針與晶圓表面直接接觸將在晶圓表面造成缺陷，因此這種方法僅用於製程改進、鑑定和控制的測試晶圓上。在測量過程中，重要的是要確保探針有足夠的力突破約 $10 \sim 20\text{Å}$ 的薄原生氧化層，這樣才能接觸到矽基板保持良好接觸。

5.5 退火過程

退火是一種加熱。這個過程是將晶圓加熱產生所需的物理或化學變化，並在晶圓表面增加或移除少量的物質。

5.5.1 離子佈植後退火

離子佈植過程中，高能摻雜物離子將對靠近晶圓表面的矽晶體結構造成破壞。為了滿足元件性能的要求，必須利用退火製程將晶格的損傷修復，使其恢復單晶結構並活化摻雜物。當摻雜物原子在單晶晶格位置時，才能有效提供電子或電洞作為傳導電流的主要載子。高溫製程中，原子利用熱能快速移動，並尋找停留在自由能最低的單晶晶格位置，這樣就修復了單晶的結構。圖 5.38(a) 說明了離子佈植後造成的晶體損傷，圖 5.38(b) 顯示了退火後晶體復原和摻雜物活化的情況。

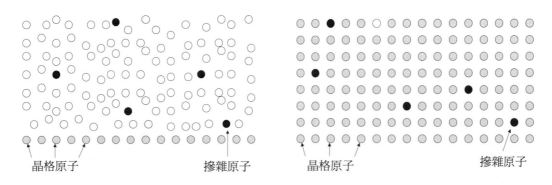

離子佈植後　　　　　　　　　　　　　　退火製程後
圖 5.38　(a) 晶體的缺陷；(b) 退火製程。

　　1990 年代之前，爐管廣泛用於進行佈植後退火處理。爐管退火是批量處理，通常在充滿氮氣和氧氣環境下，850-1000℃的高溫範圍內進行 30 分鐘。使用少量的氧氣有助於防止暴露的矽晶圓表面形成氮化矽。爐管閒置狀態時仍維持在 650-850℃的高溫，所以晶圓必須緩慢推進或拉出爐管以避免晶圓彎曲。由於緩慢進出的原因，晶舟承載架或塔架兩端的晶圓有不同的退火時間，這就可能造成晶圓和晶圓之間的特性不均勻。

　　爐管退火的另一個問題是熱積存效應和退火過程中的摻雜物擴散問題。爐管退火過程需要相當長時間，而且將引起過多摻雜物擴散，這是尺寸較小的電晶體所不能容許的。所以先進的 IC 生產多使用快速加熱退火 (RTA) 過程進行佈植後退火處理。RTA 系統能在大約 10 秒的極短時間內將晶圓溫度由室溫提高到 1100℃。RTP 製程能精確控制晶圓的溫度和晶圓內的溫度均勻性，當溫度大約為 1100℃時，能在約 10 秒內恢復單晶結構且只引起少量的摻雜物擴散。RTA 製程也有較好的晶圓對晶圓溫度均勻性控制。因此只在某些非關鍵性的佈植後退火過程中才繼續使用爐管 IC 製程，如井區佈植退火和驅入過程。

5.5.2　合金退火處理

　　合金退火處理是一種利用熱能使不同原子彼此結合成化學鍵而形成金屬合金的一種加熱製程，半導體製造過程中已經使用了很多合金製程，最常見的是自我對準矽化物 (salicide) 製程中的鈷矽化物 ($CoSi_2$)，如圖 5.39 所示。

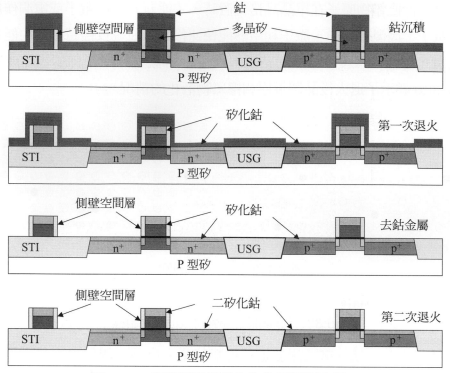

圖 5.39　自我對準鈷矽化物生長製程流程。

在第一次 450°C 的退火過程中形成 CoSi，在第二次 700°C 的退火過程中形成 CoSi₂。如果使用 RTP 製程，可以在 700°C 至 750°C 的溫度下，直接一步形成 $CoSi_2$ 的退火。$CoSi_2$ 在 0.25 微米到 90 奈米的製程技術中廣泛使用。故它現在仍被使用於一些記憶體晶片中。

在 65nm 節點之後，鎳矽化物 (NiSi) 已經被使用作為高速邏輯 IC 中。主要原因是 NiSi 可以在較低溫度 (約 450°C) 下形成，並具有與 $CoSi_2$ 和 $TiSi_2$ 相當的電阻。這是一個非常重要的優勢，因為它可以顯著降低熱積存，以滿足多種邏輯 IC 技術節點 (低於 10 奈米及更小) 的需求。

爐管和 RTP 系統都用於鈦金屬矽化物和鈷金屬矽化物的合金製程中，然而 RTP 有較好的熱積存控制和晶圓對晶圓均勻性。爐管已用於在 400°C 和充滿氮與氫氣的環境下形成鋁矽合金，這樣的低溫可以防止矽鋁交互擴散造成所謂的接面尖凸現象，如圖 5.40 所示。

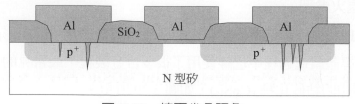

圖 5.40　接面尖凸現象。

5.5.3 再流動過程

當溫度超過矽玻璃的玻璃轉換溫度 (Glass-transition Temperature，T_g) 時，玻璃就會軟化並開始流動，這種特性被廣泛應用於玻璃產業中將玻璃塑造成各種形式的玻璃製品。這個方法也應用在晶圓製造中，使矽玻璃表面在稱為再流動的高溫中變得更加平滑。1100℃時，摻磷的矽玻璃 (PSG) 將會軟化並開始流動。軟化後的 PSG 沿著表面張力流動使介電質表面更加圓滑平坦，這樣可以改善微影製程的解析度並使後續的金屬化更加順利。圖 5.41 顯示了 PSG 沉積和再流動的情況。

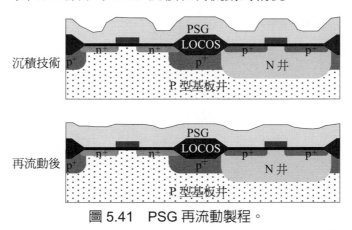

圖 5.41　PSG 再流動製程。

隨著最小特徵尺寸的縮小，熱積存變得更為嚴格。硼磷矽玻璃 (BPSG) 可將流動溫度降低至約 900℃，這大大增加了熱積存。一般而言，流動製程需要在充滿氮氣的爐管環境中進行約 30 分鐘 (從推進晶圓載舟及溫度上升到設定溫度並達到穩定為止)。

當最小特徵尺寸縮小到 0.25 微米以下時，再流動製程已無法滿足高微影解析度對表面平坦化的要求，太過緊湊的熱積存也限制了再流動的應用，所以化學機械研磨 (CMP) 技術取代了再流動技術應用在介電質的表面平坦化技術上。

5.6 高溫化學氣相沉積

化學氣相沉積是一種添加製程，將在晶圓表面沉積一層薄膜層。高溫化學氣相沉積 (CVD) 過程包括磊晶矽沉積、多晶矽沉積和低壓化學氣相 (LPCVD) 氮化物沉積。

5.6.1 磊晶矽沉積

磊晶矽是一種單晶矽層，透過高溫過程沉積於單晶矽晶圓的表面。雙載子電晶體、雙載子互補式金屬氧化物半導體電晶體 (BiCMOS)IC 晶片，及高速先進金屬氧化

物半導體電晶體 (CMOS)IC 晶片均需要使用磊晶矽層。

矽烷 (SiH₄)、二氯矽烷 (DCS，SiH₂Cl₂)、和三氯矽烷 (TCS，SiHCl₃) 是磊晶矽生長中最常使用的三種氣體。磊晶矽生長的化學反應如下：

$$加熱\,(1000℃)$$
$$SiH_4 \;\rightarrow\; Si \;+\; 2H_2$$
矽烷　　磊晶矽　　氫

$$加熱\,(1100℃)$$
$$SiH_2Cl_2 \;\rightarrow\; Si \;+\; 2HCl$$
二氯矽烷　　磊晶矽　　氮化氫

$$加熱\,(1100℃)$$
$$SiHCl_3 \;+\; H_2 \;\rightarrow\; Si \;+\; 3HCl$$
三氯矽烷　　氫　　磊晶矽　　氯化氫

透過將摻雜氣體如三氫化砷 (AsH₃)、三氫化磷 (PH₃) 和氫化硼 (B₂H₆) 與矽的來源氣體通入反應室，就能在薄膜生長過程同時對磊晶矽摻雜，這三種摻雜氣體都是有毒、可燃及易爆性氣體。整面磊晶矽的沉積通常在 IC 生產之外的晶圓製造廠中完成。磊晶製程在本書的第四章中有詳細討論。

⊗ 5.6.2 選擇性磊晶製程

透過圖案化二氧化矽或氮化矽遮蔽薄膜，可以在遮蔽薄膜被移除而矽暴露的位置生長磊晶層。這個過程稱爲選擇性磊晶生長 (SEG)。圖 5.42 顯示了利用 SEG SiC 形成 NMOS 拉伸應變通道，以及利用 SEG SiGe 形成 PMOS 壓縮應變通道。

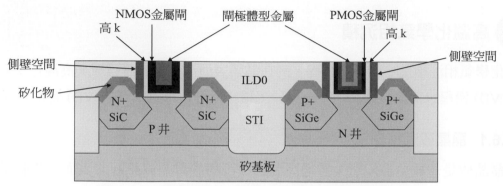

圖 5.42　先進 CMOS 製程中選擇性磊晶的應用。

⊗ 5.6.3　多晶矽沉積

自從 1970 年代中期離子佈植被引入 IC 生產中作為矽摻雜製程後，多晶矽就作為閘極材料使用，同時也廣泛用於 DRAM 晶片的電容電極。圖 5.43 顯示了多晶矽在先進 DRAM 晶片上的應用。

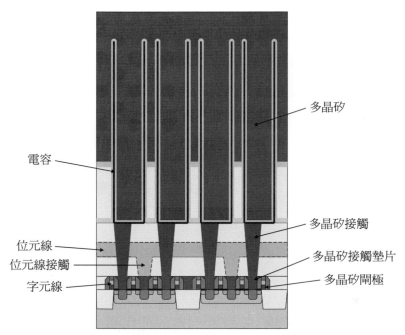

圖 5.43　多晶矽在 DRAM 晶片上的應用。

第一層多晶矽形成閘極電極和字元線。其頂部有鎢以降低電阻。第二層多晶矽形成的接觸栓塞，為源 / 汲極和位元線及儲存電容間的接觸墊。第三層多晶矽形成的接觸栓塞，介於儲存電容和接觸墊之間。第四層多晶矽形成 DRAM 儲存電容的接地電極，而氮化鈦形成另一種夾帶高介電常數的電極。通過使用高介電常數的電介質，可以在保持所需電容的情況下減小電容的大小。

多晶矽沉積是一種低壓化學氣相沉積 (LPCVD)，一般在眞空系統的爐管中進行，如圖 5.44 所示。

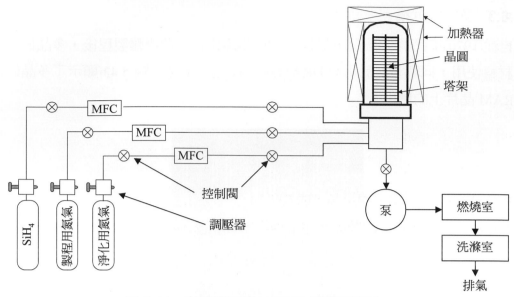

圖 5.44　多晶矽沉積 LPCVD 系統示意圖。

多晶矽沉積一般使用矽烷 (SiH₄) 化學反應。高溫條件下矽烷將分解並在加熱表面形成矽沉積。這個化學反應可以表示如下：

$$SiH_4 \rightarrow Si + 2H_2$$

多晶矽也可以使用二氯矽烷 (SiH₂Cl₂，DCS) 的化學反應形成沉積。高溫狀態下DCS 將和氫反應並在加熱表面形成矽沉積，DCS 過程需要的沉積溫度比矽烷過程高。DCS 的化學反應為：

$$SiH_2Cl_2 \rightarrow Si + 2HCl$$

透過在反應室內 (即爐管中) 將三氫化砷 (AH₃)、三氫化磷 (PH₃) 或氫化硼 (B₂H₆) 的摻雜氣體直接輸入矽烷或 DCS 的矽材料氣體中，就可以進行臨場低壓化學氣相沉積 (LPCVD) 的多晶矽摻雜過程。

一般情況下，多晶矽沉積是在 0.2 ～ 1.0 托的低壓條件及 600 ～ 650℃ 之間的沉積溫度下進行，使用純矽烷或以氮氣稀釋後純度為 20% ～ 30% 的矽烷。這兩種沉積過程的沉積速率都在每分鐘 100 ～ 200Å 之間，主要由沉積時的溫度決定。晶圓內的薄膜厚度不均勻性低於 4%。

多晶矽沉積過程如下：

- 系統閒置時注入吹除淨化氮氣。
- 系統閒置時注入製程氮氣。

- 注入製程氮氣並載入晶圓。
- 注入製程氮氣並降下反應爐管 (鐘形玻璃罩)。
- 關掉氮氣，抽眞空使反應室氣壓降低到基本氣壓 (小於 2 mT)。
- 注入氮氣並穩定晶圓溫度、檢查漏氣。
- 關掉氮氣，抽眞空使氣壓回升到基本氣壓 (小於 2 mT)。
- 注入氮氣並設置製程過程所需的氣壓 (約 250 mT)。
- 開啓 SiH_4 氣流並關掉氮氣；開始沉積。
- 關掉矽烷氣流並打開閘極活塞；抽眞空使氣壓回升到基本氣壓。
- 關閉閘極活塞，注入氮氣並將氣壓提高到一個大氣壓力。
- 注入氮氣降低晶圓溫度，然後升起鐘形玻璃罩。
- 注入製程氮氣並卸載晶圓。
- 系統閒置時注入吹除淨化氮氣。

　　LPCVD 多晶矽沉積過程主要受製程溫度、製程壓力、稀釋過程的矽烷分壓及摻雜物的濃度決定。雖然晶圓的間距和負載尺寸對沉積速率的影響較小，但對晶圓的均勻性相當重要。

　　多晶矽薄膜的電阻率主要取決於沉積時的溫度、摻雜物濃度及退火溫度，而退火溫度又會影響晶粒的大小。增加沉積溫度將造成電阻率降低，提高摻雜物濃度會降低電阻率，較高的退火溫度將形成較大尺寸晶粒，並使電阻率隨之下降。多晶矽的晶粒尺寸越大多晶矽的蝕刻製程就越困難，這是因爲大的晶粒尺寸將造成粗糙的多晶側壁，所以必須在低溫下進行多晶矽沉積以獲得較小的晶粒尺寸，經過多晶矽蝕刻和光阻剝除，再經過高溫退火形成較大的晶粒尺寸和較低的電阻率。某些情況下在 450℃ 左右沉積非晶態矽後再進行圖案化、蝕刻及退火，最後形成具有更大、更均勻晶粒尺寸的多晶矽。

　　單晶圓系統也能進行多晶矽沉積。這種沉積方法的好處之一在於能夠臨場進行多晶矽和鎢矽化物沉積。DRAM 晶片中通常使用由多晶矽 - 鎢矽化物形成的疊合型薄膜作爲閘極、局部內連線及單元內連線。臨場多晶矽 / 矽化物沉積過程可以節省鎢矽化物沉積之前，去除多晶矽層上的表面氧化層過程和表面清洗步驟，這些步驟都是傳統的爐管多晶矽沉積和 CVD 鎢矽化物製程所必需的。使用多晶矽 - 鎢矽化物整合系統可以使產量明顯增加。如圖 4.23 所示，單晶圓的多晶矽沉積反應室與單晶圓磊晶矽沉積反應室類似。圖 5.45 所示是一個整合了多晶矽和鎢矽化物的沉積系統，或稱爲多晶矽化物系統。

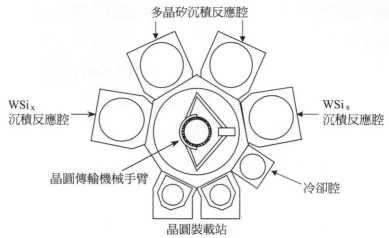

多晶矽沉積反應腔

WSi$_x$
沉積反應腔

WSi$_x$
沉積反應腔

晶圓傳輸機械手臂

冷卻腔

晶圓裝載站

圖 5.45　具有多重反應室的多晶矽化物系統示意圖。

在整合多晶矽化物系統中，晶圓從裝載系統中載入，然後在眞空中利用機械手臂將晶圓從轉換室送入多晶矽反應室。多晶矽沉積之後，再將晶圓由多晶矽反應室取出轉送到鎢矽化物 (WSi$_x$) 室進行沉積 (W-Si$_x$) (2<x<3)。當多晶矽化物沉積完成後，機器手臂將再次取出晶圓送到冷卻室。冷卻室內的氮氣將晶圓的熱量帶走，最後機器手臂將晶圓放在裝載系統中的塑膠晶圓盒內準備卸載。

對於先進的 DRAM 晶片，多晶矽、矽化鎢、氮化鎢和鎢 (多晶矽 /WSi$_x$/WN/W) 堆積是常用的閘極 / 資料線；氮化鎢、鎢 (WN/W) 堆積被用於位元線。最先進的 DRAM 晶片採用埋入字元線 (BWL) 技術，它採用 TiN/W 堆積於陣列電晶體的閘極和資料線；多晶矽 /WSi$_x$/ WN/W 於位元線和週邊電晶體的閘極電極。圖 5.45 所示的集結系統可用於沉積多晶矽 / WSi$_x$/WN/ W，有四個反應室一次進行沉積過程。

單晶圓的多晶矽沉積主要在 10 ～ 200 托的低壓下採用矽烷化學反應進行，沉積時的溫度從 550℃ 到 750℃，沉積速率可高達 2000Å/min。乾式清潔系統中通常使用 HCl 移除沉積在反應室內壁上的多晶矽薄膜，這將有助於減少微粒物的產生。

5.6.4 氮化矽沉積

　　氮化矽是一種緻密的材料，在 IC 晶片上廣泛用於擴散阻擋層。矽局部氧化形成過程中，用氮化矽作爲阻擋氧氣擴散的遮蔽層，如圖 5.11 所以。因爲氮化矽的研磨速率比未摻雜的矽玻璃低，因此淺槽絕緣形成中，氮化矽也作爲化學機械研磨 (CMP) 的停止層 (如圖 5.9 所示)。

　　LPCVD 氮化矽也可以用於形成側壁空間層、氧化物側壁空間層的蝕刻停止層或空間層。一般情況下，在金屬沉積前的介電質層 (PMD)、摻磷矽玻璃或硼磷玻璃沉積過程中，將首先沉積氮化矽層作爲摻雜物的擴散阻擋層，這樣可以防止硼或磷穿過超薄閘極氧化層進入矽基板造成元件損傷。氮化矽阻擋層也可以作爲自我對準製程的蝕刻停止層，如圖 5.46 所示。

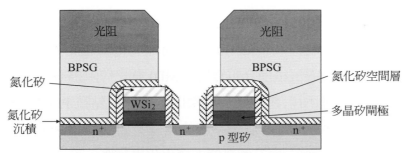

圖 5.46　氮化矽側壁空間層及自我對準蝕刻停止層。

　　這些前端 (FEoL) 氮化物可以藉由 LPCVD 製程沉積而得。對於擴散阻擋層氮化物，先進的 IC 晶片製造考慮熱積存問題，使用電漿增強化學氣相沉積 (PECVD)，因爲 PECVD 反應需要的溫度明顯低於 LPCVD。一些先進的 CMOSIC 晶片使用氮化應變，對 PMOS 和 NMOS 通道形成應變。對於雙軸應變技術，採用 PECVD 氮化物的壓應力形成 PMOS 通道壓縮應變；利用 LPVCD 的拉應力形成 NMOS 拉伸應變通道。

　　銅金屬化過程中，氮化矽薄層通常作爲金屬層間介電質層 (IMD) 的密封層和蝕刻停止層。而厚的氮化矽則用於作爲 IC 晶片的鈍化介電質層 (Passivation Dielectric，PD)。圖 5.47 顯示了氮化矽在銅晶片中作爲金屬沉積前的介電質層 (PMD)、金屬層間介電質層 (IMD) 和鈍化介電質層 (PD) 的應用情況。

　　第一次的鋁合金金屬層沉積完成後，晶圓就不能在超過 450℃ 的溫度下進行任何製程操作，所以大多數金屬層間介電質 (IMD) 和鈍化介電質 (PD) 的氮化矽沉積過程都在 400℃ 左右的溫度下透過電漿增強化學氣相沉積 (PECVD) 進行薄膜生長。PECVD 可以在相對低的溫度下獲得高的沉積速率，這是由於電漿產生的自由基將在很大程度上增加化學反應速率。PECVD 製程將在本書第十章討論。

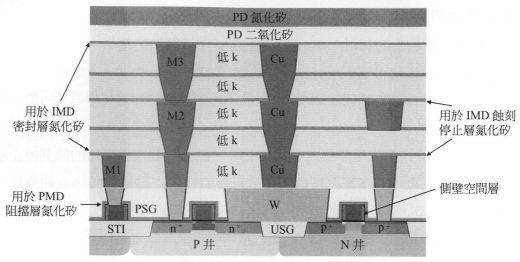

圖 5.47　氮化矽在 IC 晶片上的應用。

　　與 PECVD 生長的氮化矽相比，LPCVD 生長的氮化矽薄膜具有好的質量及較少的含氫量，因此 LPCVD 製程被廣泛用於沉積局部氧化的氮化矽、淺溝槽絕緣氮化矽、空間層氮化矽，及金屬沉積前介電質層 (PMD) 氮化矽阻擋層。此外，LPCVD 氮化矽製程不容易產生電漿所引起的元件損壞問題，這一點在 PECVD 製程中無法避免。LPCVD 製程通常會使用帶有真空系統的爐管，如圖 5.48 所示。利用二氯矽烷 (SiH$_2$Cl$_2$) 和氨氣 (NH$_3$) 在 700-800℃的溫度下發生化學反應，便可以形成氮化矽沉積，化學反應式可以表示為：

$$3SiH_2Cl_2 + 4NH_3 \rightarrow Si_3N_4 + 6HCl + 6H_2$$

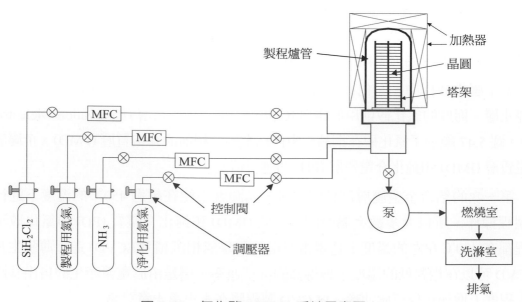

圖 5.48　氮化矽 LPCVD 系統示意圖。

利用矽烷 (SiH₄) 和氨氣 (NH₃) 在 900℃左右產生化學反應也可形成氮化矽沉積，化學反應式可寫成：

$$3SiH_4 + 4NH_3 \rightarrow Si_3N_4 + 12H_2$$

製程過程如下：

● 載入晶圓。

● 保持穩定的氮氣氣流和反應室溫度，升高晶圓塔架。

● 關閉氮氣，抽真空將反應室氣壓降低到基本氣壓。

● 重新注入氮氣以穩定晶圓溫度。

● 關閉氮氣並將氣壓降到基本氣壓。

● 注入氮氣和氨氣以提升並穩定氣壓。

● 關閉氮氣並打開二氯矽烷以進行氮化矽沉積。

● 關閉所有的氣流，將反應室氣壓降到基本氣壓。

● 重新注入氮氣到反應室，將壓力提高到一個大氣壓。

● 氮氣氣流下，降低晶圓塔架並卸載晶圓。

氮化矽 LPCVD 製程流程如圖 5.49 所示。

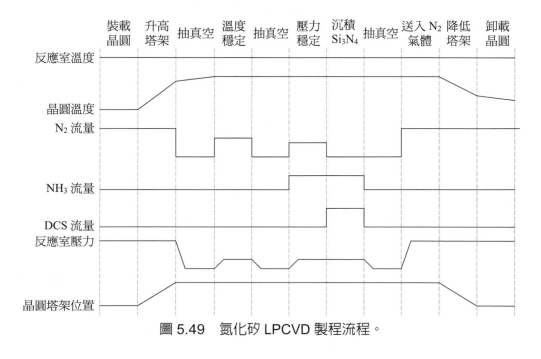

圖 5.49　氮化矽 LPCVD 製程流程。

以 DCS 為主的氮化矽 LPCVD 過程可能形成的副產品之一就是固體氯化氨 (NH$_4$C1)，它將造成微粒污染損傷真空泵。研究的結果表示最有可能取代的源材料就是二三丁基氨矽烷 (Bis(tertiary-butylamino) Silane，SiH$_2$[NH(C$_4$H$_9$)]$_2$ 或 BTBAS)，它是一種沸點為 164℃ 的液體。在 550-600℃ 之間，這種液體將會和氨氣反應形成均勻的氮化矽薄膜沉積，這種薄膜具有高的質量和好的階梯覆蓋，而且不會造成氯化銨污染。

 ## 快速加熱製程 (RTP) 系統

爐管是一種批量工具，可以同時處理數百片晶圓。由於其具有較大的熱容量，所以反應爐管或反應室的溫度必須慢慢升高和降低。而快速熱退火 (RTP) 系統用於單晶片處理，可以以每秒 75℃ 到 200℃ 的速率升溫。RTP 系統是離子佈植退火後、矽化物退火和超薄二氧化矽層生長等製程的首選系統。

RTP 系統一般都具有一個石英反應室和許多石英元件，加熱的元件是一個鎢鹵素燈，能利用紅外線 (IR) 輻射產生密集的熱量，晶圓的溫度可以由紅外線高溫計準確測量。圖 5.50 是 RTP 系統的一種類型。

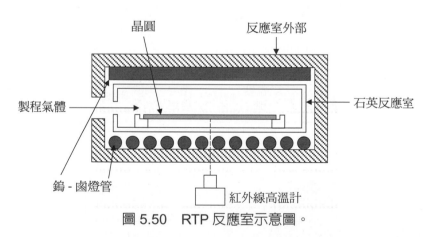

圖 5.50　RTP 反應室示意圖。

RTP 系統中上下兩邊的燈垂直放置，為了使紅外線輻射能夠均勻加熱晶圓。晶圓溫度由高溫計監測後，再透過鎢鹵素燈管的功率回授控制。圖 5.51 顯示了 RTP 系統中的燈管排列情況。

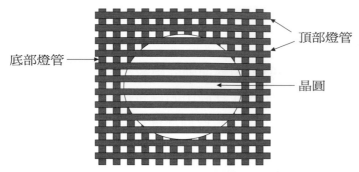

圖 5.51　RTP 反應室內的加熱燈管陣列。

　　另一種 RTP 系統是將加熱燈管設在蜂巢式結構的鍍金燈室中，如圖 5.52 所示。鍍金燈室能增強功率的傳遞效率，加熱過程中不斷轉動晶圓以增強加熱的均勻性。整個晶圓的溫度由數個高溫計監測，它們能將監測的資訊回授並控制各加熱區的鎢鹵素燈加熱功率，進而準確、均勻地對晶圓加熱。

圖 5.52　具有蜂巢式加熱源結構的 RTP 系統。

◉ 5.7.1 快速加熱退火 (RTA) 系統

　　離子佈植後的快速加熱退火 (RTA) 製程是快速加熱步驟 (RTP) 中最常使用的一種技術。當離子佈植完成後，靠近表面的矽晶體結構會受到高能離子的轟擊而嚴重損傷，需要高溫退火消除損傷來恢復單晶結構並啟動摻雜離子。高溫退火過程中，摻雜物原子在熱能的驅動下快速擴散。但在加熱退火過程中，實作低摻雜物原子的擴散非常重要，因為當元件尺寸縮小到深次微米時，摻雜物原子可以擴散的空間很小，所以精確控制熱積存非常重要。

非晶矽結構中，摻雜物原子的熱運動受限較小，但是在單晶格中的摻雜物原子卻嚴重受化學鍵能的限制，所以非晶矽中的摻雜物原子比單晶矽中的摻雜物原子擴散快。當溫度較低時，摻雜物原子的擴散速度比矽原子的退火快；然而在高溫 (超過 1000℃)，退火過程比較快些，這是因為退火的活化能 (約 5eV) 高於擴散的活化能 (3-4eV)。由於爐管需要花費較長的時間且退火溫度相對低些，所以無法降低摻雜物的擴散。對於較小的元件，摻雜物原子的擴散問題變得無法容忍，如圖 5.53 所示。但是一些不關鍵的離子佈植過程如井區佈植，仍可以使用爐管退火，大部分離子佈植退火過程必須使用 RTA 技術。

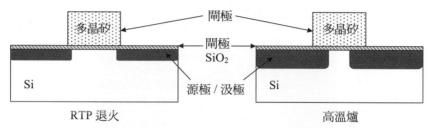

圖 5.53　RTP 和爐管退火製程的摻雜物擴散示意圖。

RTP 系統能夠快速使晶圓溫度上升或下降。一般情況下，RTP 系統只需要不到 10 秒的時間就能使晶圓達到所需的退火溫度，即 1000 ～ 1150℃之間。退火過程需要 10 秒左右時間，接著關掉加熱燈管並佈植氮冷卻氣體後，晶圓將被快速冷卻。溫度上升的越快，摻雜物原子的擴散就越少。當元件的特徵尺寸小於 0.1 微米時，升溫速率可能必須高達每秒 250℃，才能將低摻雜物擴散的同時獲得所需的退火要求。

離子佈植後的 RTA 過程如下：

- 晶圓進入。
- 溫度急升，溫度趨穩。
- 退火。
- 晶圓冷卻。
- 晶圓退出。

此時的溫度上升速率為 75 ～ 150℃ / 秒，而退火溫度大約為 1100℃。在充滿氮氣和固定氣流的環境下，整個製程過程只需不到兩分鐘的時間就能完成。圖 5.54 顯示了 RTP 系統在離子佈植後退火過程中的溫度變化。

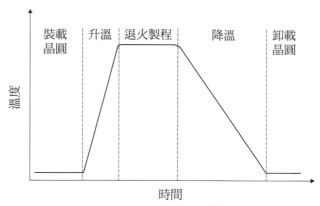

圖 5.54　RTA 製程中的溫度變化。

其他 RTP 退火過程包括合金退火，特別是矽化合物製程，如鈦金屬矽化合物、鈷矽化物及鎳矽化物。二矽化鈦 (TiSi$_2$) 和二矽化鈷 (CoSi$_2$) 的 RTA 通常在 700℃ 和充滿氮氣環境下進行，而鎳化矽 (NiSi) 的 RTA 通常在 400 ～ 450℃ 進行。大約需要一分鐘時間退火並形成矽化物。

RTP 技術也被用於熱氮化反應過程，此過程氨氣將與鈦金屬反應，並在表面形成氮化鈦作為鋁金屬化的阻擋層和附著層。該化學反應示為：

$$NH_3 + Ti \rightarrow TiN + 3 / 2 H_2$$

當鈦金屬沉積完成後，RTA 反應室的溫度在氮氣環境中迅速升高，達到穩定時將晶圓送入反應室，接著關閉氮氣並打開氨氣，當氮化反應過程結束後就立刻關閉氨氣並再次打開氮氣。接著機器手會將晶圓從反應室中取出並送入冷卻室，最後晶圓被放置在一個塑膠晶圓盒中，這個過程的溫度大約為 650℃。圖 5.55 說明了氮化鈦反應的過程。

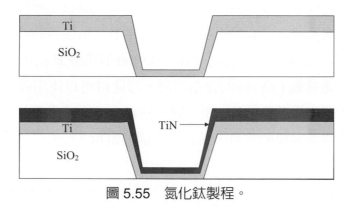

圖 5.55　氮化鈦製程。

⊗ 5.7.2 快速加熱氧化 (RTO)

　　隨著電晶體特徵尺寸的縮小，閘極氧化層的厚度也變得很薄。最薄的閘極氧化層只有 15Å，而且由於閘極漏電流越來越大，這個厚度已經不能再減小。當這樣薄的閘極氧化層使用多晶圓批量系統如氧化爐時，很難精確控制氧化層的厚度和晶圓對晶圓均勻性。使用單晶圓 RTP 系統生長高質量超薄氧化層有許多優點，由於 RTP 系統能精確控制整片晶圓的溫度均勻性，因此快速加熱氧化 (RTO) 系統能生長薄且均勻的氧化層。對於單晶圓系統，RTO 過程的晶圓對晶圓均勻性控制比爐管製程好，尤其對於超薄氧化層；另一個優點是 RTO 反應室的主機平台可以和氟化氫蒸氣蝕刻反應器整合在一起。當氟化氫蒸氣蝕刻移除了矽晶圓表面的原生氧化層後，就可以將晶圓經過高真空轉移室送入 RTO/RTA 反應室。由於晶圓不會暴露在大氣和濕氣中，因此矽表面就不再有氧化的可能性，接著就可以將晶圓送到 RTO 反應室進行 HCl 清洗、氧化和退火處理。

　　圖 5.56 為 RTO 製程的流程圖。將晶圓載入反應室後就可以打開加熱燈管作兩段式升溫：首先以較大的升溫速率將溫度升高到 800℃ 左右，接著再以較低的速率獲得所需的氧化溫度，如 1150℃。這種兩段式升溫的過程可以減少升高溫度所需的時間，因為第二段使用較低的速率升溫達到氧化製程所需的溫度可以減少穩定溫度所需的時間。當溫度穩定後，將氧氣佈植反應室使氧和矽反應後在矽晶圓表面產生二氧化矽。無水氯化氫也可以用在氧化過程中減少移動離子的污染和降低介面電荷。氧化層產生之後便將 O_2 和 HCl 氣流關閉並佈植氮氣。然後將晶圓溫度升高到 1100℃ 左右對氧化層進行退火，這個過程可以改善氧化薄膜的質量並進一步降低介面電荷。包含一氧化氮 (NO) 的熱氮化可以在此退火過程中形成。如果需要電漿氮化，晶圓需要被送到另一個反應室，然後經過退火製程。退火過程結束後就將加熱燈管關掉，晶圓開始冷卻，轉移室內的機器手會將熾熱的晶圓送到冷卻室，最後再將晶圓放入晶圓盒內。閘極介電質已經開始從常用的二氧化矽 (k = 3.9) 發展為矽氧氮化合物 (SiON)，然後發展使用具有高介電常數 (高 -k) 的介電質層，這使得可以使用較厚的閘極介電層以防止閘極漏電流和閘極介電質崩潰。原子層沉積 (ALD) 方法常用於形成高 -k 介電質，RTA 加熱製程用來提高薄膜的質量，並減少介面態電荷。

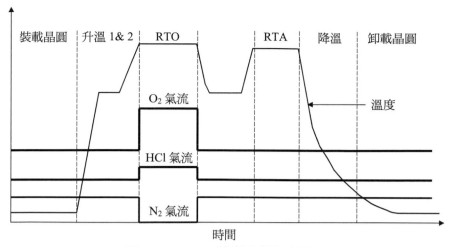

圖 5.56　RTO 製程流程示意圖。

　　RTO 製程已被廣泛用於閘極氧化過程中，因為它具有更好的製程控制，尤其是晶圓到晶圓的均勻性控制。除了濕式氧化外，大多數用於最先進的 IC 晶片的氧化過程都在 RTO 製程室中進行，這是因為它能夠更好地控制熱積存。

● 5.7.3　快速加熱 CVD

　　RTCVD(Rapid Thermal Chemical Vapor Deposition) 製程是在單晶圓、冷壁式的反應室中進行的加熱 CVD 製程，具有快速改變溫度和精確控制溫度的能力 (如圖 5.57 所示)。由於是單晶圓系統，所以必須有足夠高的沉積速率使薄膜沉積過程在一到二分鐘內完成，這樣才能達到每小時生產 30 ～ 60 片晶圓的生產能力。

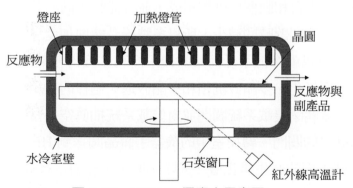

圖 5.57　RTCVD 反應室示意圖。

　　圖 5.58 顯示了快速加熱化學氣相沉積 (RTCVD) 過程和低壓化學氣相沉積 (LPCVD) 時的溫度變化。與爐管 LPCVD 過程比較，RTCVD 過程在熱積存和晶圓對晶圓均勻性上有好的控制能力。由於元件尺寸不斷縮小，前端製程所形成的沉積薄膜厚度也隨之減小，一般在 100 ～ 2000Å 之間。隨著沉積速率從每分鐘 100Å 到每分鐘 1000Å，單晶圓 RTCVD 製程在前端的薄膜沉積中很受歡迎。

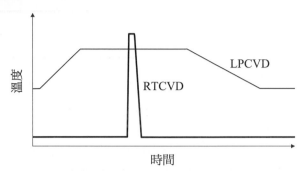

圖 5.58　RTCVD 及 LPCVD 溫度示意圖。

　　RTCVD 製程可用於沉積多晶矽、氮化矽和二氧化矽，例如用於淺溝槽絕緣製程中的 CVD 氧化物。在高溫下，可以使用四乙氧基矽烷 (TEOS) 或 $Si(OC_2H_5)_4$ 來沉積無摻雜矽玻璃 (USG)，形成高質量薄膜並且具有較高的間隙填充能力。

　　為了達到更好的製程控制和更高的產量，在線檢測技術變得更加重要。精確的溫度測量是 RTP 製程成功的關鍵 (即在 1000℃ 上下 2℃ 溫度範圍內)。在線厚度測量在氧化反應和 RTCVD 終端點檢測過程中是必要的。

　　多腔機台由主機平台和數個反應腔組成，並且能將不同的製程過程整合在一個系統中。因為製程之間的間歇時間減少，所以多腔機台能增加產量；由於晶圓的轉動在真空環境中進行，所以就降低了受污染的機率而利於獲得較高的良率。圖 5.59 顯示了一個包含完整閘極氧化、多晶矽沉積和多晶矽退火過程的集結系統。首先從裝載系統中載入晶圓，然後關閉裝載系統閥門並對裝載系統抽真空，當壓力降到與轉換室的壓力相同時打開細長的閥門。轉換室中的機器手將晶圓送到 HF 蒸氣蝕刻室後，開始清洗並移除矽晶圓表面的原生氧化層。去除了原生氧化層之後就將晶圓送到 RTO 反應室進行高質量超薄閘極氧化層的生長和退火製程。完成後將晶圓轉送到 RTCVD 反應室進行多晶矽沉積和退火。然後再將晶圓送到冷卻 / 儲藏室，最後透過轉移機器手將晶圓取出並送到卸載系統的晶圓盒內。

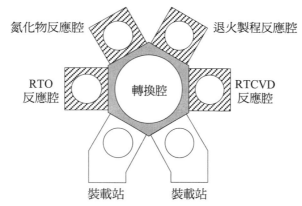

圖 5.59　閘極氧化層 / 多晶矽製程多腔機台示意圖。

5.8 加熱製程近年發展

近年來有愈多人關注快速加熱製程 (RTP)、在線監測和集結機台等發展與應用，但非關鍵性加熱製程還會使用爐管製程。

快速加熱製程包括快速加熱退火 (RTA)、快速加熱氧化 (RTO) 及快速加熱 CVD(RTCVD)。RTA 製程具有數種不同的類型，包括離子佈植後的退火 (超過 1000°C)、合金退火 (大約 700°C)、介電質退火 (700 ～ 1000°C) 以及金屬退火 (低於 500°C)。

隨著元件特徵尺寸的縮小，接面深度變得非常淺，小於 200 Å，這使得離子佈植後退火變得非常具有挑戰性。恢復離子佈植退火所造成的損傷需要高溫。然而熱積存要求將退火時間限制在毫秒級別。為了滿足超淺接面的要求，故發展了尖峰退火、雷射退火和沖洗技術。

尖峰退火是一種高峰值短的快速熱退火 (RTA) 過程，通常遠小於 1 秒。它利用高峰值溫度來最大限度的活化摻雜物，並快速升降溫度以最小化雜質擴散，並用劇烈的溫度下降以最小化摻雜物失去活性。圖 5.60 顯示尖峰退火過程的溫度變化。從溫度曲線可以清楚看出為什麼這個過程被稱為「尖峰退火」。圖 5.61(a) 是具有標準 1025°C 和 15 秒 RTA 的 0.13μm PMOS 的摻雜物剖面的模擬結果，而圖 5.61(b) 是同一元件使用 1113°C 尖峰退火的結果。我們可以看到尖峰退火明顯降低了雜質擴散。對於奈米技術節點中的元件來說，這變得更加重要，因為所需的接面深度變得更薄，在退火過程中應儘量減少雜質擴散。

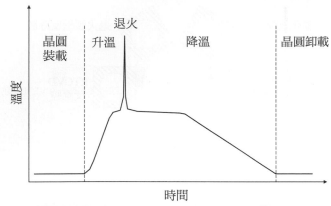

圖 5.60　瞬間尖峰退火製程的溫度變化。

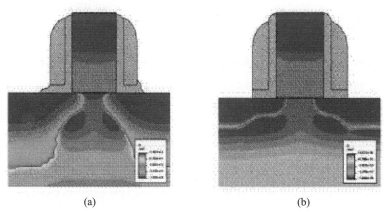

(a)　　　　　　　　　　　　　　(b)

圖 5.61　0.13-μm PMOS：(a)1025°C RTA 15 秒的模擬結果；(b)1113°C尖峰退火結果。
　　　來源：E. Josse, et al., Proc. of ESSDERC, 2002

雷射退火系統利用雷射光線的能量，迅速將晶圓表面加熱到接近熔點的溫度。由於矽具有高導熱性，晶圓表面可以迅速冷卻，在約 1/10 毫秒的時間內。雷射退火系統可以在離子佈植後活化摻雜物，同時以最小限度地雜質擴散。它已經被應用於開發 45 奈米以下的製程中。雷射退火系統可與尖峰退火系統結合使用，以達到最優化的製程效果。

其他開發出的離子佈植後退火技術，例如閃爍退火。閃爍退火是利用高功率閃光燈的光子能量，在超薄界面的應用中，實現了最小擴散的摻雜物激活。另一種方法是低溫微波退火，該技術利用微波加熱僅針對離子注入損壞區域，而整個晶圓保持在低溫環境中，從而實現了最小雜質擴散的摻雜物激活。

固相擴散已被建議和開發用於 FinFET 的閘鰭摻雜。首先，通過均勻塗抹的 CVD 或旋壓式塗層和固化，將含摻雜物的薄膜完全覆蓋在閘鰭表面上，如圖 5.62(a) 所示。然後，RTP 過程將雜質原子傳遞到閘鰭，而不會造成矽損傷，如圖 5.62(b) 所示。在去除含雜質的薄膜後，如圖 5.62(c) 所示，閘鰭已經被摻雜，晶圓可以進入下一個製程步驟。

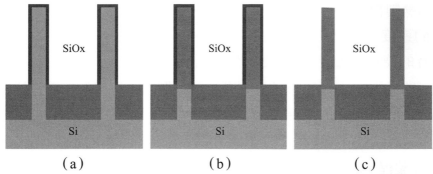

圖 5.62　使用固相擴散製程進行鰭片摻雜的示意圖：(a) 沉積含摻雜劑薄膜以完全覆蓋鰭片；(b)RTP 將摻雜劑原子驅入矽鰭片；(c) 並剝離含摻雜劑薄膜。

5.9 本章總結

(1) 加熱製程是一種高溫製程。在加熱製程中，可以在晶圓表面上添加一層材料 (氧化、沉積和摻雜)，或者改變晶圓材料的化學條件 (合金化)，或者改變其物理狀態 (退火、擴散和再流動)。

(2) 氧化、退火和沉積是三種重要的加熱製程。

(3) 在氧化製程中，氧氣或水蒸氣和矽反應形成二氧化矽。

(4) 氧化製程前的矽表面清洗十分重要，因爲如果矽表面受到污染，會在成核位置形成二氧化矽多晶層。

(5) 乾氧化會比濕氧化長出更好質量的氧化膜，但生長速率較慢。乾氧化的膜質量優於濕氧化的膜。較厚的氧化膜，例如場氧化層，通常是使用濕氧化過程來生長，而大多數薄氧化膜使用乾氧化過程生長。

(6) IC 工業中的摻雜技術通常使用擴散製程，並利用二氧化矽作爲擴散阻擋層，這是因爲大多數摻雜原子在二氧化矽中的擴散速率比在單晶矽中慢。

(7) 擴散製程一般包括三種製程流程：摻雜氧化層沉積、氧化反應和摻雜物擴散。

(8) 擴散製程不能單獨控制摻雜濃度和接面深，因爲擴散製程是一個等向性過程。所以摻雜原子將會往阻擋層下面擴散。從 1970 年代中期引入離子佈植技術後，擴散製程就逐漸被取代。

(9) 多晶矽和前端氮化矽沉積通常是一種 LPCVD 過程，一般使用帶有眞空系統的爐管。

(10) 離子佈植後，具有能量的離子將對晶體結構造成破壞，因此晶圓必須經過離子佈植後退火處理恢復單晶結構和活化摻雜物。

(11) 快速加熱製程以每秒 50°C ～ 250°C 的速度升溫，比爐管處理的每分鐘 5°C ～ 10°C 的速度，具有更好的溫度控制能力。快速加熱製程對於熱積存 (thermal budget) 的控制，比爐管製程更為優秀。

(12) 離子佈植後的 RTA 過程是最常使用的 RTP 製程，不但快速而且能夠減少摻雜在退火過程中的擴散，並具有極佳的熱積存控制能力。

(13) 其他的 RTP 應用包括介電質退火和矽化合金 RTA 處理，以及 RTO 和 RTCVD 製程。

(14) 未來的 IC 製造過程中的 RTP 反應室有三個重要的趨勢：具備多重可控加熱區域、在線製程監測能力及集結式的設備。

(15) 由於爐管的產量高而且成本低，所以 IC 生產中將繼續使用爐管進行非關鍵的加熱過程。

(16) 為了滿足元件不斷縮小幾何尺寸的需求，開發出其他佈植後退火技術，如尖峰退火、雷射退火和閃爍退火。

(17) 固相擴散製程已被提出並應用於 FinFET 製程中的閘鰭摻雜。

習題

1. 列出至少三種加熱製程。

2. 說明一種加熱製程過程。為什麼在矽局部氧化形成時，氧化薄膜會向矽基板內生長？

3. 場氧化一般使用哪種氧化製程？為什麼？

4. 氫氧燃燒濕式氧化製程與其他濕氧氧化系統比較有什麼優缺點？

5. 為什麼氫氧燃燒濕式氧化製程中的 H_2：O_2 佈植比例要略小於 2：1？

6. 請列出閘極氧化製程中所使用的全部氣體，並說明每種氣體的作用。

7. 當溫度增加時，氧化層的生長速率如何變化？壓力增加對氧化層生長速率會產生什麼效應？

8. 在 IC 晶片製造中，使用了襯墊氧化層、阻擋氧化層、閘極氧化層、遮罩氧化層和場氧化層。其中哪一種最薄？哪一種最厚？

9. 雖然擴散摻雜製程中可能不使用爐管，為什麼仍稱爐管為 "擴散爐"？

10. 直立式爐管與水平式爐管比較有什麼優點？

11. 請列出擴散摻雜製程的三個步驟。

12.為什麼二氧化矽能作為擴散遮蔽層？

13.接面深度指的是什麼？

14.說明鈦金屬矽化物製程流程。

15.為什麼晶體經過離子佈植製程後要高溫退火？使用 RTA 製程進行退火處理有什麼優點？

16.說明 PSG 再流動製程，USG 可以再流動嗎？為什麼？

17.請列出可用於 P 型摻雜多晶矽 LPCVD 製程中的氣體。

18.在 LPCVD 氮化物製程沉積過程中，為何所使用的氮源材料是氨氣而不是氮氣？

19.RTP 系統和爐管的升溫速率分別能到達多少？ 為什麼爐管的升溫速率達不到與 RTP 系統 一樣高的程度？

20.與 RTP 系統比較，爐管系統有什麼優點？

21.尖峰退火和快速熱退火製程的區別是什麼？

22.毫秒級退火技巧的發展驅動力為何？

參考文獻

[1] Lita Shon-Roy, Allan Wiesnoski, and Robert Zorich, *Advanced Semiconductor Fabrication Handbook*, ISBN：1-877750-70-0, Integrated Circuit Engineering Corporation, 17350 N. Hartford Dr., Scottsdale, AZ 85255.

[2] C. Y. Chang and S.M. Sze, *ULSI Technologies*, McGraw-Hill companies, New York, New York, 1996.

[3] David G. Baldwin, Michael E. Williams and Patrick L. Murphy, *Chemical Safety Handbook for the Semiconductor/Electronics Industry*, second edition, OME Press, Beverly, Massachusetts, 1996.

[4] Rahul Sharangpani, R.P.S. Thakur, Nitin Shah, and S.P. Tay, *Steam-based RTP for Advanced Processes*, Solid State Technology, Vol. 41, No. 10, p. 91, 1998.

[5] David G. Baldwin, Michael E. Williams and Patrick L. Murphy, *Chemical Safety Handbook for the Semiconductor/Electronics Industry*, second edition, OME Press, Beverly, Massachusetts, 1996.

[6] R.K. Laxman, A.K. Hochberg, D.A. Roberts, F.D.W. Kaminsky, VMIC 1998, p. 568.

[7] Alesander E. Braun, *Thermal Processing Options, Focus and Specialize*, Semiconductor International, Vol. 22, No. 5, p. 56, 1999.

[8] R. B. Fair, *Challenges in Manufacturing Submicron, Ultra-Large Scale Integrated Circuits*, Proceedings of the IEEE, Vol. 78, p. 1687, 1990.

[9] E. Josse, F.Arnaud, F., Wacquant, D., Lenoble, O., Menut, E. , Robilliart, *Spike anneal optimization for digital and analog high performance 0.13μm CMOS platform*, proceedings of the European Solid-State Device Research Conference, 2002.

[10] J. M. Kowalski, J. E. Kowalski, B. Lojek, *Microwave Annealing for low Temperature Activation of As in Si*, 15th IEEE Int. Conf. on Adv. Thermal Processing of Semiconductors – RTP2007, Catania, Italy, p. 51-56. 2007.

[11] Won-Ju Cho, "Fabrication of p-type FinFETs with a 20 nm Gate Length using Boron Solid Phase Diffusion Process", JOURNAL OF SEMICONDUCTOR TECHNOLOGY AND SCIENCE, VOL.6, NO.1, pp 16 - 21, (2006).

[12] W. Yan et al., "Sub-Fin solid source doping in the 14nm and sub-14 FinFET device," 2016 China Semiconductor Technology International Conference (CSTIC), pp. 1-3, (2016). doi: 10.1109/CSTIC.2016.7464040.

Chapter 6

微影製程

學習目標

研讀完本章之後，你應該能夠

(1) 列出組成光阻的四種成分。

(2) 說明正負光阻的區別。

(3) 描述微影製程流程。

(4) 說明四種對準和曝光系統。

(5) 說明 IC 製程中最常使用的對準和曝光系統。

(6) 說明晶圓在軌道步進機整合系統中的行進動作。

(7) 說明解析度與波長和數值孔徑的關係。

(8) 列出至少三種可能的下一代微影技術。

(9) 描述使用浸潤式微影製程的原因。

(10) 列舉至少三種多次曝光製程並描述 SADP。

(11) 列舉至少兩個極紫外 (EUV) 微影製程相對於 193nm 浸潤式微影製程的優點。

6.1 簡介

　　微影技術是圖案化製程中，將設計好的圖案，從光罩或倍縮光罩轉印到晶圓表面的光阻上所使用的技術。微影技術最先應用於印刷工業，並長期用於製造印刷電路板(PCB)。半導體產業在 1950 年代開始採用微影技術製造電晶體和積體電路。由於元件和電路設計都是利用蝕刻和離子佈植將定義在光阻上的圖案轉移到晶圓表面，晶圓表面上的光阻圖案由微影技術決定，因此微影是 IC 生產中最重要的製程技術。

　　微影製程是 IC 製程流程的核心，如圖 6.1 所示。從晶圓裸片到接合墊片或接合凸塊的形成，即使最簡單的 MOSFET 也需要進行五道微影製程或光罩，而一個先進的 IC 晶片可能需要高達 87 個光罩步驟 (TSMC N7 節點)。IC 製程非常耗時，即使一天 24 小時不間斷工作，從晶圓裸片到完成平均需要大約要十二週的時間。微影製程約佔整個晶圓製造成本的 30%。

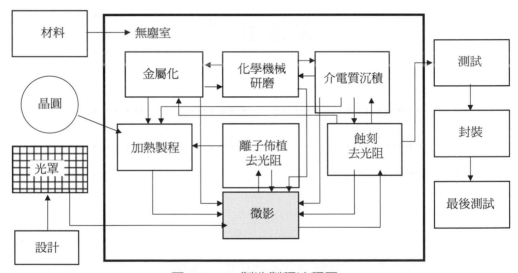

圖 6.1　IC 製造製程流程圖。

　　微影製程的基本要求包括高解析度、高精密度、精確對準和低缺陷密度。微影製程的解析度是通過晶圓上最小特徵尺寸的線距來衡量。將 ASML 的 EUV 掃描儀 NXE：3400B 和金屬氧化物光阻 (MOR) 進行單次曝光的 24nm 間距的線寬 - 線距圖形，如圖 6.2(a) 所示。將 NXE：3400B 和化學放大光阻 (CAR) 進行單次曝光的 24nm 線寬間距圖形，如圖 6.2(b) 所示。透過提高掃描儀的解析度和圖案化技術，圖案間距就能進一步縮小。光阻 (Photoresist, PR) 必須對曝光的光源非常敏感，因為光阻的感光度越高，曝光時間就越短，產量就越高。但如果感光度過高，可能會影響光阻的其他特性，如線緣粗糙度 (LER) 和線寬粗糙度 (LWR)，進而影響解析度和產品良率。因此必須在解析度和感光度之間謹慎取得平衡。先進的 IC 晶片需要多達 87 個微影製程步驟，每一個步驟都必須與前一個步驟精確對準，才能夠成功轉移圖案。由於對準時的最大誤差範圍只有關鍵尺寸 (Critical Diemension, CD) 的 10～20%，所以誤差的調整空間相當有限。因此先進的微影製程技術需要有自動對準系統。這是一個非常具有挑戰性的系統，因為每個製程細節均必須精確控制。例如，300mm 晶圓上的 1°C 溫差，可能會造成晶圓直徑產生 0.75μm 的尺寸差異，這是由於矽材料的熱膨脹 (或收縮) 率為 $2.5 \times 10^{-6}/°C$。微影製程必須控制缺陷密度，因為在這個製程中產生的缺陷，將會透過後續的蝕刻或離子佈植技術轉移到元件和電路上，進而影響 IC 產品的良率和可靠性。

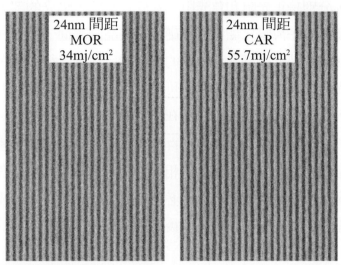

圖 6-2　比利時微電子研究中心 (imec) 在 ASML 的 NXE:3400B 掃描儀上展示了單次曝光 EUV 曝光顯影的 24nm 間距的解析度，分別使用：(a) 金屬氧化物光阻 (MOR)；(b) 化學增強抗蝕 (CAR)。
（來源：https://linkmagazine.nl/14_12_29/wp-content/uploads/imec-asml.jpg, accessed on 02/26/2022)

微影技術可以分為三個主要製程流程：光阻塗佈、對準和曝光，以及光阻顯影。

首先晶圓會被塗上一層所謂光阻 (PR) 的薄膜，這層薄膜將會覆蓋上基於 IC 設計生成的光罩或倍縮光罩，藉由紫外光 (UV)、深紫外光 (DUV) 或極紫外光 (EUV) 進行曝光。曝光的光阻化學成份因光化學反應發生變化。先進半導體製造廠中常用的正光阻，在曝光區會在顯影劑裏溶解，並留下未曝光的光阻在晶圓表面，這樣就能在晶圓上重現光罩/倍縮光罩設計的圖形。

6.2 光阻

光阻 (PR) 是一種感光材料，用於暫時覆蓋晶圓，並將倍縮光罩 (或光罩) 上設計的光學影像轉移到晶圓表面。對於在數位相機時代之前長大的人來說，光阻與塗在底片塑膠上的感光材料相似，能將相機鏡頭所聚焦的光學影像轉移到塑膠底片上。然而與底片上的感光層不同之處，在於光阻對可見光不太敏感，也不需要對顏色變化敏感。由於光阻主要對深紫外光 (DUV) 或極紫外光 (EUV) 敏感，並對可見光不敏感，因此微影製程不需要像照片底片沖洗那樣需要暗房的環境。由於光阻對黃光不敏感，因此大多數半導體製造廠使用黃光來照明微影區域，通常稱為微影區或黃光區。

光阻有兩種，分別是正光阻和負光阻。對於負光阻，曝光的部分會因為光化學反應而變成交連狀及高分子薄膜，顯影後變硬並留在晶圓表面，未曝光的部分會被顯影劑溶解。正光阻在曝光前就已經是交連狀的聚合物。在曝光後，受曝光的光阻會在一種稱為光溶化的光化學反應中，從水性不可溶材料變成水性可溶材料，並且在昇華劑的作用下被溶解，而未曝光的部分則保留在晶圓表面。

圖 6.3 說明了正負不同的光阻與它們的圖案轉移過程。正光阻的影像和光罩或倍縮光罩上的影像相同，負光阻的影像剛好相反，照相底片通常都是負片。負片經過顯影後所獲得的影像是照相時的相反影像，必須用負光學相紙再次曝光和顯影後才能印出正常的影像。正片價格較高，正片顯影後的影像就是拍照時所見的影像。正片通常用於幻燈片。

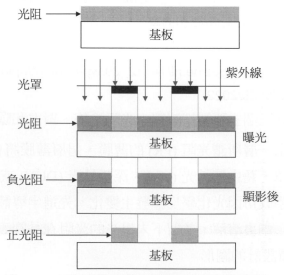

圖 6.3　正負不同光阻的圖案轉移製程過程。

　　大部分先進的半導體製造都使用正光阻，這是因爲正光阻能達到奈米特徵尺寸所要求的高解析度。光阻的基本成分包括四類：聚合物、感光劑、溶劑和添加劑。

　　聚合物 (Polymer) 是附著在晶圓表面上的有機固態材料，作爲圖案化轉移過程中的遮蔽層，聚合物能承受蝕刻和離子佈植過程。聚合物由有機化合物組成，複合物是具有複雜鏈狀和環狀結構的碳氫分子 (C_xH_y)。248nm 和 193nm 光阻最常用的是稱爲聚甲基丙烯酸甲酯 (PMMA) 的正光阻。I- 光 (365nm) 和 G- 光 (436nm) 微影最常使用的正光阻聚合物是酚甲醛或酚醛樹脂，而最普遍的負光阻聚合物是聚異戊二烯橡膠。

　　感光劑 (Sensitzer) 是一種感光性很強的有機化合物，能控制並調整光阻在曝光過程中的光化學反應。正光阻的感光劑是一種溶解抑制劑，會交連在樹脂中。曝光過程時的光將分解感光劑並破壞交連結構，並使曝光樹脂溶解在液態顯影劑中。負光阻的感光劑是一種含有 N_3 團的有機分子。感光劑曝露在紫外線中會釋放出 N_2 氣體形成有助於交連橡膠分子的自由基。這種交連結構的連鎖反應使曝光區域的光阻聚合，並使光阻具有較大的連結強度和較高的化學抵抗力。

　　溶劑 (Solvent) 是溶解聚合物和感光劑的一種液體，溶劑透過稀釋光阻並利用旋轉的方式形成薄膜層。旋轉塗佈過程之前，光阻中約 75％ 的成分是溶劑。正光阻通常使用醋酸鹽類的溶劑，負光阻通常使用二甲苯 (C_8H_{10})。

　　添加劑 (Additives) 可以控制並調整光阻在曝光時的光化學反應，達到最佳的微影解析度。對於正光阻和負光阻，染料 (Dye) 是一種常用的添加劑。

　　負光阻的顯影劑主要是二甲苯，它能溶解未曝光的光阻，有些顯影溶劑被曝光的交連光阻吸收，造成光阻"膨脹"，從而使圖案扭曲，並使解析度只能達到光阻厚度的 2～3 倍。1980 年代以前，最小特徵尺寸大於 3 微米，半導體產業普遍使用負光阻。由於負光阻的解析度較差，所以先進的半導體生產都已不再使用負光阻。正光阻不會吸收顯影溶劑所以能獲得較高的解析度，因此現在的半導體製程廣泛使用正光阻。圖 6.4 說明了正負光阻的解析度。

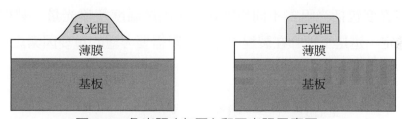

圖 6.4　負光阻（左圖）和正光阻示意圖。

問題

正光阻比負光阻能獲得更高的解析度，為什麼 1980 年代之前不使用正光阻？

解答

因為正光阻比負光阻更昂貴，故在最小特徵尺寸縮小到小於 3μm 之前，製造商一直使用負光阻，直到必須更換為止。光阻是半導體製造廠中使用量最大的重要材料之一。除非必要，工程師一般不願意更換光阻。

為了形成小尺寸的圖案，必須使用波長較短的光線曝光。微影技術使用深紫外光 (248 nm) 或氫氟化物 (193 nm) 的光阻，不同於使用水銀 G- 光 (436 nm) 和 I- 光 (365 nm) 所需的光阻。這是因為深紫外光源 (通常是準分子雷射) 的強度遠低於水銀燈的強度。化學放大光阻 (CAR) 是為了在 0.25 μm 或更小的特徵塗裝應用中，針對深紫外光 (DUV) 微影技術而開發的。催化效應被用於增加這種類型的光阻的感光度。當光阻受到 DUV 光照射時，光阻會產生光酸 (photo-acid)。在曝光後烘烤 (PEB) 製程中，晶圓受熱，熱能將驅動光酸擴散並進行催化反應，達到放大的效果，如圖 6.5 所示。

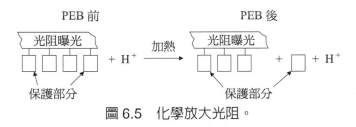

圖 6.5　化學放大光阻。

為了獲得完整的圖案化轉移，光阻的解析度要高、抗蝕刻能力要強、附著力要好。高解析度是獲得完整圖案化轉移的關鍵。但是如果光阻沒有好的抗蝕刻能力和附著力，很可能使後續的蝕刻或離子佈植無法符合製程的要求。通常情況下，光阻薄膜越薄，解析度就越高。但光阻薄膜越薄，抗蝕刻和離子佈植的能力也就越低。所以總是在這兩個對立的條件中選擇平衡。

光阻的容忍度包括光阻對不同旋轉速率、烘烤溫度及曝光量。製程的容忍度越大，也就越穩定。這是工程師在製程中選擇光阻需要考慮的重要因素之一。

6.3 微影製程

　　微影製程包括三個主要過程：光阻塗佈、曝光和顯影。為了獲得高解析度，微影技術也會用到烘烤和冷卻。對於舊式純手動技術，整個微影技術流程需要八個步驟：清洗晶圓、預烘烤、上底層和旋轉塗佈光阻、軟烘烤、對準和曝光、顯影、圖案檢查及硬烘烤。如果晶圓沒有通過要求，就必須先跳過硬烘烤把光阻去除，再重複之前的流程直到通過檢查。

　　對於先進的微影技術，上述的三個基本過程相同，但為了提高微影解析度，增加了一些其他過程。晶圓軌道對準整合系統廣泛用於提高製程的良率和產量。由於所有的塗佈光阻、烘烤／冷卻、曝光和顯影過程都是在晶圓軌道對準系統中進行，所以硬烘烤後才進行計量和檢驗 (M & I) 的步驟。圖 6.6 為微影製程的流程圖，圖 6.7 顯示了先進的微影技術在晶圓表面上的製程流程。

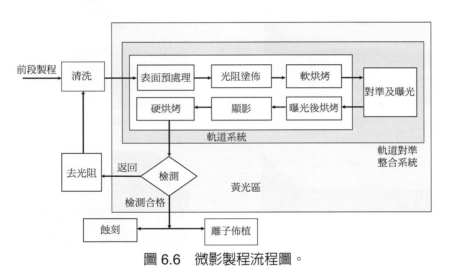

圖 6.6　微影製程流程圖。

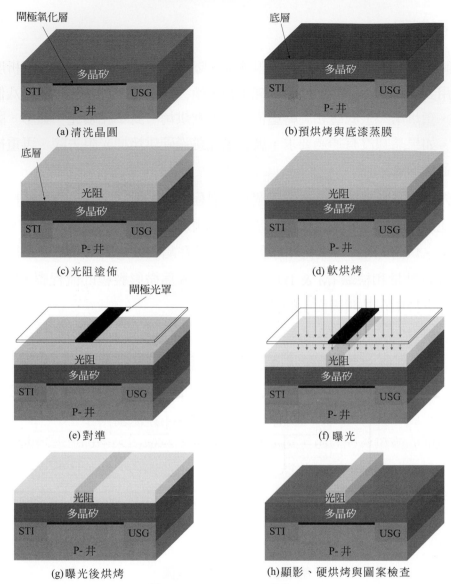

圖 6.7 微影製程示意圖。

⊗ 6.3.1 晶圓清洗

　　晶圓在微影之前已經透過了一些製程流程，如蝕刻、離子佈植和熱處理、氧化、CVD、PVD 和 CMP 等。晶圓上可能會有一些有機污染物 (來自光阻、蝕刻的副產品、細菌或操作人員的皮屑) 和無機污染物，如儲存容器上的微粒和殘餘物、不適當的晶圓處理，或環境中的材料 (如灰塵和移動離子)。進行微影之前必須先清洗晶圓除去這些污染物。即使晶圓上沒有污染物，這樣的清洗也可以幫助光阻在晶圓表面上有較好的附著力。

晶圓清洗最常使用的方法是化學清洗，使用溶劑和酸液來分別清除有機和無機污染殘留物。接著會進行去離子水 (DI water) 清洗和旋乾製程，如圖 6.8 所示。

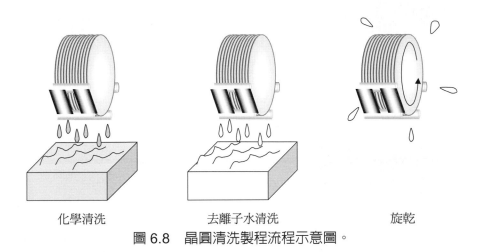

化學清洗　　　　去離子水清洗　　　　旋乾

圖 6.8　晶圓清洗製程流程示意圖。

在一些早期的晶圓廠中，曾使用過其他方法，包括乾空氣或氮氣吹乾、高壓蒸氣吹乾、氧電漿灰化及機械擦拭等。當特徵尺寸縮小時，污染微粒的尺寸也會縮小。這些方法可以有效地去除較大的微粒，但無法清除較小的微粒。它們甚至可能導入小但對產量有影響的污染微粒。

晶圓表面的微粒會在光阻上造成針孔，有機和無機污染物都可能造成光阻附著問題以及元件和電路的缺陷。因此為了確保良率，進行微影之前先將污染物減到最低或完全去除非常重要。

🞉 6.3.2　預處理

光阻預處理包括兩個階段，一般在預處理反應室的封閉腔內進行。

第一步是加熱過程，可以去除吸附在晶圓表面上的濕氣，稱為脫水烘烤或預烤。為了使光阻能在晶圓表面上附著，必須使用乾淨且已脫水的晶圓表面。較差的附著會導致光阻的圖案化失效，而且將在後續的蝕刻製程中造成底切。大部分情況下，晶圓將在 150 ～ 200℃ 的加熱平板上烘烤 1 ～ 2 分鐘。烘烤的溫度和時間對製程很關鍵。如果烘烤的溫度太低或時間太短，表面脫水不足就會引起光阻附著問題。如果烘烤的溫度過高將會引起底層分解而形成污染，且影響光阻的附著。

第二步稱為底層塗佈沉積過程。在這個製程過程中，底層在光阻塗佈之前就已經塗佈在晶圓的表面上，這層薄膜使晶圓表面的有機光阻和無機矽或矽化物晶圓表面的附著力增強。六甲基二矽烷 (Hexamethyldisilazane，HMDS，$(CH_3)_3SiNHSi(CH_3)_3$) 是積體電路微影技術中最常使用的底層。對於先進的微影技術，HMDS 將透過蒸發進入預處理反應室，然後在預烘烤過程中沉積於晶圓表面。底層塗佈後立即塗上光阻以防止水合作用。因此在晶圓軌道系統中，預處理反應室與光阻塗佈機放在同一條生產線上。塗佈光阻時，底層也可用現場旋轉塗佈的製程進行，但是旋轉塗佈在先進積體電路生產中沒有氣相底層塗佈普及。因為氣相底層塗佈能減少液態化學品所攜帶的微粒污染表面，所以氣相底層塗佈比自旋底層塗佈用的普遍。圖 6.9 說明了現場預烘烤與底層塗佈製程過程。

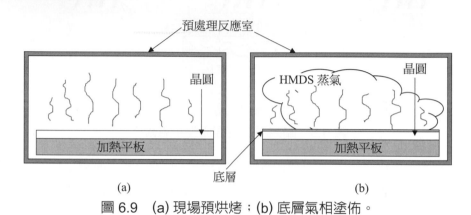

圖 6.9　(a) 現場預烘烤；(b) 底層氣相塗佈。

　　如果光阻在旋轉塗佈時晶圓仍然很熱，光阻內的溶劑將會很快蒸發並同時將晶圓冷卻。這將造成非常不理想的狀態，因為溶劑的減少和溫度的改變將影響光阻的黏滯性，也會影響光阻旋轉塗佈時的厚度及厚度均勻性。因此在預處理過程之後，晶圓在塗佈光阻之前就必須先冷卻到室溫。通常將晶圓放在同一座晶圓軌道系統上的冷卻平板上降溫，這個冷卻平板是一個水冷式的熱交換器。

6.3.3　光阻塗佈

　　光阻塗佈是一個沉積過程，沉積過程中薄的光阻層將被塗在晶圓表面。晶圓放置在具有真空吸盤的轉軸上，吸盤在高速旋轉時可以吸住晶圓。液態光阻滴在晶圓表面，晶圓旋轉時形成的離心力將液體散佈到整個晶圓表面。當光阻內的溶劑蒸發後，晶圓就被一層光阻薄膜覆蓋。光阻的厚度和黏滯性與晶圓的自旋轉速度有關，圖 6.10 說明了這一點。自旋轉速越高，光阻就越薄，且厚度的均勻性也就越好。光阻厚度與自旋轉速的平方根成反比。因為光阻有高的黏滯性和極大的表面張力，所以為了獲得均勻的光阻旋轉塗佈，需要高的自選轉速。當自旋速度固定時，黏滯性越高則光阻薄膜也就越厚。光阻的黏滯性可以用光阻溶液的固體含量控制。微影技術中的典型光阻厚度為 300 ～ 30,000Å 左右。

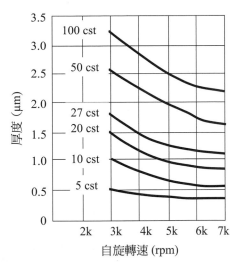

圖 6.10　光阻厚度和自旋轉速在不同黏滯係數時的關係。

(來源：Integrated Circuit Engineering Corporation.)

　　光阻可用靜態方法或動態方法輸送。對於靜態輸送，光阻被輸送到靜止晶圓並散佈到晶圓的部分表面。當光阻塗佈到某一直徑範圍時，晶圓就以自旋轉速高達 7000 rpm 速度快速旋轉，最後將光阻均勻散佈到整個晶圓表面。光阻的厚度與光阻的黏滯性、表面張力、乾燥性、自旋轉速、加速度以及自旋時間有關。光阻的厚度與厚度均勻性對加速度比較敏感。

　　對於動態輸送，當晶圓以 500 rpm 低速自旋轉時，光阻滴於晶圓的中心位置。當光阻輸送完後，晶圓就被加速到 7000 rpm 的旋轉速度將光阻均勻散佈到整個晶圓表面。動態方法使用的光阻較少，而靜態輸送法可以獲得較好的光阻塗佈均勻性。圖 6.11 顯示了一個動態輸送旋轉塗佈過程中自旋轉速的改變情況。

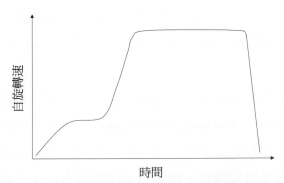

圖 6.11　旋轉塗佈製程中的自旋轉速度變化關係。

旋轉塗佈過程中，光阻內的溶劑將快速蒸發並改變光阻的黏滯性。因此在光阻施加於晶圓表面之後，就要儘可能快速地將自旋轉速提高，以減少因為溶劑蒸發造成光阻黏滯性的改變。光阻塗佈之前會首先在晶圓表面旋轉塗佈一層溶劑薄層用於改善光阻的附著力與均勻性。

光阻的旋轉塗佈製程，如圖 6.12 所示。光阻的「回吸」功能旨在防止在光阻分配後，不需要的光阻液滴沉積在晶圓上。如果不及時清除，乾燥的光阻液滴可能會在光阻輸送噴嘴的尖端形成，然後落在塗佈了光阻的晶圓上，並於後續的半導體製程中造成缺陷。

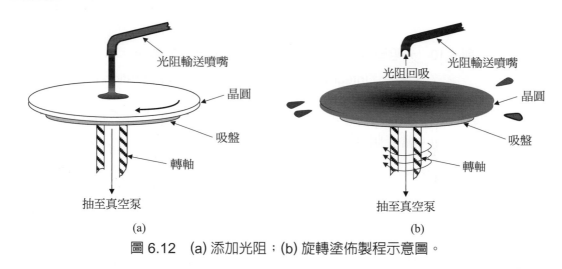

圖 6.12　(a) 添加光阻；(b) 旋轉塗佈製程示意圖。

光阻塗佈前也可以使用旋轉塗佈進行底層 (HMDS) 沉積。首先在低速自旋轉動時將液態 HMDS 施加到晶圓表面塗佈晶圓，然後把自旋轉速快速升高到 3000 ～ 6000rpm，用 20 ～ 30 秒時間乾燥 HMDS。底層旋轉塗佈的優點是同時緊跟著光阻塗佈，所以在光阻塗佈前可以有效避免晶圓表面的再次水合。然而現在一般都使用蒸氣的底層塗佈，因為這種方法的底層使用 HMDS 量較少 (HMDS 是非常昂貴的材料)、有較好的塗佈均勻性並較少微粒狀污染，而且光阻能被濕的 HMDS 溶解 (這與液體的使用有關)。

圖 6.13 是一個光阻旋轉塗佈設備示意圖。光阻從套有水管的管路送入輸配噴嘴，水襯套中的水來自一個維持光阻常溫的熱交換器，因為光阻黏滯性與溫度有關。自旋轉速與轉速升高都被精確控制；塗佈設備內的氣流溫度和氣流速率也被精確控制，這是因為這些因素會影響光阻乾燥性。使用氮氣冷卻或水冷卻是為了避免中心加熱造成晶圓溫度不均勻，如果沒有適當的冷卻，轉軸在高速自旋時就會變得很熱。過量的光阻與邊緣球狀物移除技術 (EBR) 所用的溶液將蒐集在設備的底部然後排出，而且揮

發的溶劑也從排氣端排除。光阻的厚度和均勻性也與排放氣體的溫度和氣體的流速有關，因爲它們可以影響光阻的乾燥特性。事實上，最佳的光阻厚度均勻性在沒有排放氣流時也可以達到。然而若沒有排放，則累積的溶劑蒸氣煙霧會危害健康與安全。增加排放速率將造成邊緣光阻變厚，因爲光阻在邊緣附近乾燥較快，這將增加光阻的黏滯性和厚度。

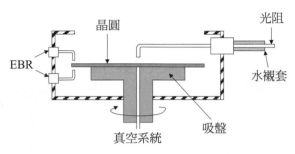

圖 6.13　光阻旋轉塗佈設備示意圖。

　　當光阻旋轉塗佈後，靠近邊緣的晶圓兩側將被光阻覆蓋，因此必須採用邊緣球狀物移除技術 (EBR) 避免光阻在邊緣堆積。因爲在後續的蝕刻或離子佈植過程中，機械晶圓處理器，如機器人手指或晶圓夾鉗，將會撕裂晶圓邊緣的光阻堆積物造成微粒狀物質污染。厚的邊緣小珠在晶圓邊緣區曝光過程中將引起聚焦問題。化學與光學方法都可以用於去除邊緣的小珠。

　　光阻塗佈之後，化學式邊緣球狀物移除法通常在旋轉塗佈設備上進行。在這個過程中，當晶圓轉動時，就會將溶劑注射到晶圓邊緣的兩側，它們將溶解邊緣區的光阻並將其沖走，如圖 6.14 所示。

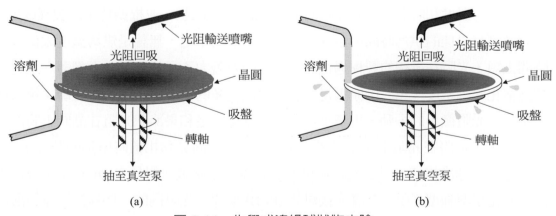

圖 6.14　化學式邊緣球狀物去除。

曝光之後，晶圓被顯影之前，通常在晶圓軌道系統上的光學 EBR 站上進行光學式邊緣球狀物移除。使用一個如發光二極體 (LED) 的光源，在晶圓轉動時將晶圓邊緣的頂部曝光。可以同時根據下一個製程機台的夾鉗動作移動晶圓中心。某些蝕刻製程過程中，曝光的光阻將在顯影過程中移除，以確保晶圓在夾鉗期間不會有微粒物污染邊緣附近。圖 6.15 說明了光學式 EBR。

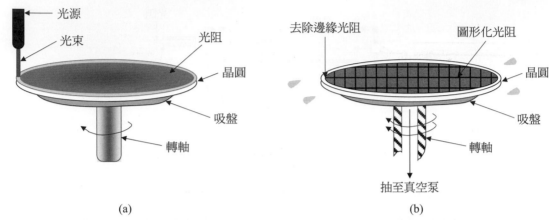

圖 6.15　光學法邊緣球狀物去除：(a) 邊緣曝光；(b) 顯影後示意圖。

其他的光阻塗佈方法，如移動的手臂輸配器和滾筒塗佈，仍在一些較不先進的積體電路生產過程中使用。

⊗ 6.3.4　軟烘烤

光阻塗佈後，晶圓再次被加熱驅除光阻內部的大量溶劑，並將光阻從液態轉變成固態。軟烘烤 (soft bake) 也可以增強光阻在晶圓表面的附著力。軟烘烤後，光阻厚度大約收縮 (10 ～ 20)%，而光阻也將含有大約 (5 ～ 20)% 的殘餘溶劑。

軟烘烤的溫度和時間取決於光阻的類型 (正或負光阻)，並根據特定的製程改變。光阻的蝕刻有最佳的烘烤時間與溫度。如果光阻烘烤不足，無論是烘烤溫度太低或烘烤時間太短，光阻在後續的製程過程中都可能因附著力不足從晶圓表面剝落。這也將影響圖案化的解析度，第一個原因是由於光阻內過多的溶劑造成曝光不靈敏；第二個原因是因為光阻微小的振動，烘烤不足引起的硬化不足和果凍狀光阻在晶圓上將產生微小的振動，這將在光阻上產生模糊不清的影像 (如同晃動相機時所拍的照片)。軟烘烤過程中的過度烘烤會引起光阻過早聚合且曝光不靈敏。對於在 DUV 微影技術中所使用的化學增強型光阻，在曝光後烘烤 (PEB) 期間，光阻內的一些殘餘溶劑對酸的擴散與增強是必要的。烘烤過度會造成化學反應的催化作用不足使影像顯影不足。

軟烘烤有幾種方法：對流恒溫（加熱）烤箱、紅外線烤箱、微波烤箱與加熱平板（如圖 6.16 所示）。對流恒溫（加熱）烤箱使用加熱氮氣的對流氣體將晶圓加熱到所需的溫度，溫度範圍為 90～120℃，時間大約需要 30 分鐘。紅外線烤箱烘烤晶圓的時間較短，但也可以將晶圓從底部加熱，因為紅外線可以穿過光阻層首先將晶圓加熱，然後再加熱光阻。微波烤箱是另外一種烘烤方法。

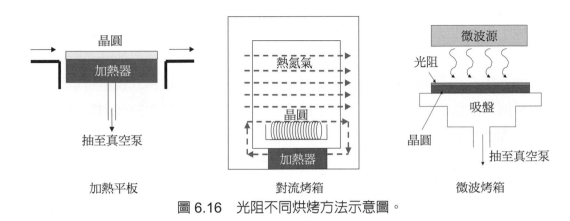

圖 6.16　光阻不同烘烤方法示意圖。

加熱平板也可以從底部向上將晶圓上的光阻加熱及乾燥，因為它透過平板與晶圓間的熱傳導先將晶圓加熱，因此可避免光阻因表面和對流恒溫（加熱）烤箱烘烤有關的加熱與乾燥形成硬外殼問題。而對流恒溫（加熱）烤箱是批量系統，加熱平板是一個單晶圓系統，它可以在晶圓內均勻加熱，而且更重要的是每片晶圓的結果都很穩定。加熱平板可以容易地整合在晶圓軌道系統中使塗佈、烘烤和顯影在同一條生產線上。雖然一些次級的積體電路製造中仍使用其他加熱方法，但加熱平板仍是所有烘烤技術中最常使用的方法。幾乎所有先進積體電路製造中的光學 - 晶圓軌道系統都有加熱平板。

軟烘烤之後，晶圓被放在冷卻平板上冷卻到室溫。在對準和曝光過程中，晶圓的溫度必須保持不變，因為熱膨脹會使 300 mm 的矽晶圓在 1℃ 的溫差下產生 0.75 微米的尺寸差距。

⊛ 6.3.5　對準與曝光

對準與曝光是微影技術中最關鍵的製程過程。這個製程技術決定是否能成功地將光罩或倍縮光罩上的積體電路設計圖案轉移到晶圓表面的光阻上。

曝光過程和照相機照相過程類似：光罩或倍縮光罩上的圖案化影像曝光過程在晶圓的光阻上進行，與影像曝光在相機內的底片或影像感測器上一樣。IC 的光學曝光系統解析度比照相機高很多，這就是為什麼積體電路的光學曝光工具（光罩對準機或步進機) 比最精密的照相機還貴很多的原因。除了要求解析度外,精確的對準也非常重要。先進的 IC 晶片可能有多達 87 個光罩步驟,而每道光罩或倍縮光罩需要精確對準前層的對準記號,否則將無法成功地將設計圖案轉移到晶圓表面上,其他的必要條件還包括高的可重複性、高的生產率及低成本。

接觸式與近接式投影機

　　早期的半導體工業中,接觸式與近接式投影機都被廣泛應用於對準與曝光製程,接觸式是最早也最簡單的投影機機台。接觸式投影製程中,光罩與晶圓上的光阻直接接觸,紫外線從光罩的透明區域穿過並將下面的光阻曝光。接觸式投影可以獲得非常好的解析度。然而由於光罩與晶圓有不同的曲率,晶圓上只有少數幾個點與光罩直接接觸,在晶圓表面上的大部分區域,光罩與光阻之間都有大約 1～2 微米的空氣間隙。儘管如此,接觸式投影機的最高解析度可以達到次微米範圍。

　　對於每一個接觸式投影機的對準及曝光,光罩與光阻之間的接觸和分離將在晶圓及光罩表面產生微粒。微粒會快速在光罩表面上積累,並透過微粒物質的污染和微粒影像的轉移在晶圓上形成缺陷。光罩的壽命因微粒污染嚴重縮短。為了解決這個問題,工程師採用了另外一種方法,即將光罩放置在距離光阻大約 10～20 微米的位置,這就是所謂的近接式曝光。因為沒有直接接觸,所以微粒污染物就相對減少,而且光罩的壽命比接觸式長很多。因為較大的間隙將造成較大的光學折射,所以造成最差的解析度。近接式曝光可以獲得的最高解析度大約是 2 微米。接觸式和近接式曝光在次微米晶片製造中都不再使用。圖 6.17(a) 和 6.17(b) 分別說明了接觸式和近接式曝光系統的曝光製程。

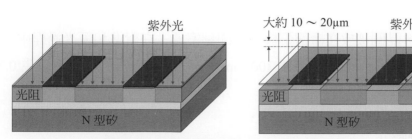

圖 6.17　(a) 接觸式曝光;(b) 近接式曝光。

投影式曝光機

　　為了進一步提高曝光的解析度並同時保持較低的微粒污染,發展了投影式曝光系統並已經廣泛應用於 VLSI 半導體晶圓廠生產 (如圖 6.18 所示)。

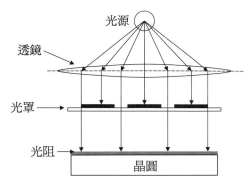

圖 6.18　投影式曝光系統示意圖。

投影式系統的工作原理與投影機非常相似。光罩如同透明的投影片，而影像以 1：1 的比例重新聚焦在晶圓表面上。相比之下，投影機將透明投影片上的影像以 10：1 的比例聚焦在螢幕上，或者數位投影機會將筆記型電腦螢幕上的影像以 10：1 的比例，然後投射到螢幕上。在投影曝光系統中，光罩和晶圓之間相距較遠，這樣就可以消除光罩與晶圓接觸產生的微粒汙染可能性。利用透鏡和鏡面的光學特性，在 IC 製造的次微米技術節點之前，還有用到投影曝光系統。

最常使用的投影式系統是掃描投影式曝光系統 (如圖 6.19 所示)，該系統利用狹縫阻擋光線減少光的散射，並且可以改進曝光的解析度。光線透過透鏡聚焦在光罩上，並將投影式的透鏡作為狹縫讓光線重新聚焦在晶圓表面上。光罩與晶圓同步移動使紫外線掃瞄整個光罩讓整個晶圓的光阻曝光。

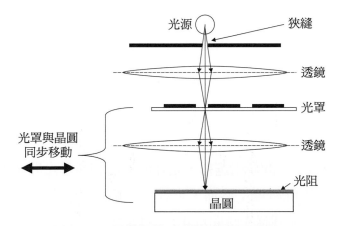

圖 6.19　掃描投影式曝光系統示意圖。

步進機 / 曝光機

當特徵尺寸持續縮小並接近次微米時，投影式系統已無法滿足解析度的要求。為了次微米晶片製造，發展了步進系統。

在投影式系統中，影像按照 1：1 的比例從光罩轉移到晶圓表面，而且每個晶圓圖形轉移製程只需要進行一次曝光。通過將倍縮光罩的影像以 4：1 比例的縮小並重新聚焦到晶圓表面，可以提高圖案轉移的解析度。然而這種曝光系統必須重新設計，因為製作一個尺寸是晶圓直徑的 4 倍，即 300mm 晶圓要 1200mm 的光罩和高精度光學系統，以一次完成曝光整個晶圓是不切實際的。而且要找到足夠強烈的紫外線光源進行這種曝光也非常困難。因此，設計的圖形由一塊約 150mm×150mm 的鉻玻璃組成，稱為倍縮光罩，僅用於曝光晶圓的一部分，稱為光罩場。在曝光完一個光罩場後，晶圓快速移動到下一個光罩場進行對位和曝光，直到整個晶圓被曝光完成。圖 6.20 為步進曝光系統的基本結構和曝光兩個光罩場的步驟。由於步進系統將光罩或倍縮光罩的影像進行縮小，因此倍縮光罩上的特徵尺寸大於晶圓表面的尺寸。例如：晶圓表面的特徵尺寸為 100nm，則在 4：1 縮小比例下倍縮光罩上的特徵尺寸為 400nm。相較於 1：1 比例的光罩，這更容易製作。

投影、接觸和近接式曝光機或對準器的光罩和步進式和掃描器的倍縮光罩間的主要差異是，光罩可以在一次曝光中處理整個晶圓，而倍縮光罩只能在一次曝光中對準晶圓的一小部分，需要多次移動重複操作才能覆蓋整個晶圓。這些光罩的最大尺寸為 150mm×150mm，因此這些 " 曝光機 " 或 " 對準器 " 只能曝光 150mm(6 吋) 或更小的晶圓。在晶圓廠中沒有 200mm(8 吋) 或 300mm(12 吋) 的 " 曝光機 "。在 300mm 晶圓廠中，所有微影對準和曝光系統都是 " 步進重複 " 的曝光機或步進機。許多晶圓廠也把倍縮光罩稱為遮罩或光罩。

問題

為什麼在業界半導體製程中的 4：1 縮小比例很受歡迎，而沒有人使用 10：1 縮小比例？

解答

在 4：1 和 10：1 之間做出選擇，是在解析度和產量之間做出的權衡。顯然，10：1 有更好的解析度；然而，它在一次曝光中只曝光了 4：1 系統面積的 16%。這意味著晶圓曝光時間為 4：1 的 6.25 倍。注意：面積的改變化是尺寸改變的二次方，即 $A \propto d^2$。

步進式曝光系統比其他光學曝光系統更加複雜。例如，步進式曝光系統需要在每個曝光製程中進行對準，而且每個晶圓需要進行 40 至 100 次的曝光 (取決於晶圓尺寸和產品規格) 才能覆蓋整個晶圓。相比之下，投影曝光機和接觸 / 近接式曝光機每個晶圓只需要對準一次。對於次微米的微影製程,對準的容錯空間非常小。爲了滿足一定的產能需求,每一個對準和曝光製程只能允許花費不到一秒的時間。因此,步進系統需要一個自動對準系統。圖 6.21 爲步進系統的示意圖。

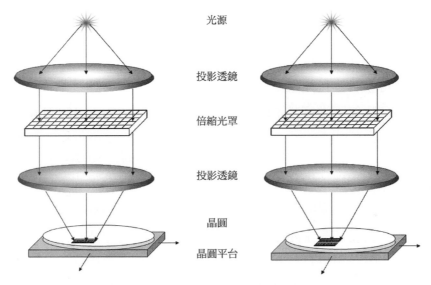

圖 6.20 步進重覆曝光系統示意圖。

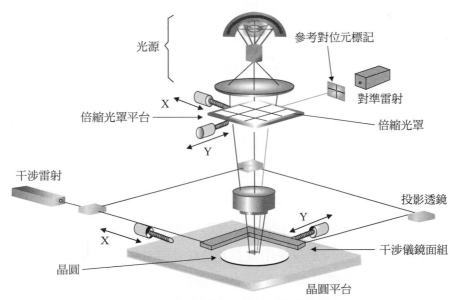

圖 6.21 步進式對準及曝光系統示意圖。

爲了進一步改進影像轉移的解析度,工程師將掃描投影式曝光機和步進機技術結合,發展出步進掃描系統,通常稱爲曝光機,並已廣泛用在 IC 製造中的奈米技術節點上。

因為光學、機械和電子系統的高精度、高解析度和高量產能力的要求，曝光機通常是半導體製造廠中最昂貴的製程設備。例如，一台先進的 300mm，高數值孔徑 193nm 浸潤式曝光機的售價高達 5000 萬美元，而高數值孔徑的 EUV 曝光機的售價則可能超過 2 億美元。

許多應用於次微米半導體製程的光阻，需要在軟烘烤完成後盡快曝光，否則光阻中的感光劑產生衰退而影響曝光的解析度。因此在大多數生產中，曝光機與開發機台系統的塗佈機進行整合。在光阻塗佈、軟烘烤和冷卻後，晶圓被載入曝光機並放置於晶圓台上。在移到物鏡下進行步進曝光站之前，要先完成對準和圖映數據量測。

曝光光源

微影曝光製程與相機拍攝底片的曝光過程類似。一張在陽光下拍攝的照片所需要的曝光時間比在燭光下拍攝的照片少，並且可以獲得更高的解析度。因此高強度的光源有利於獲得高解析度和高生產量。用來使光阻曝光的光源波長是微影技術中的關鍵因素。由於某些光阻只對特點波長範圍的光敏感，因此通常根據光阻的感光性和晶片特徵尺寸來選擇曝光的波長。波長越短，圖案的解析度就越好。隨著特徵尺寸的縮小，曝光的波長也需要減短以滿足解析度的要求。微影製程技術中廣泛使用的光源有兩種：水銀燈管和準分子雷射。良好的曝光光源必須穩定、可靠、高強度且壽命長。

如果特徵尺寸大於 2μm，接觸式 / 近接式曝光機和投影式曝光機會使用寬頻 (多重波長) 水銀燈管作為光源。當特徵尺寸縮小時，必須用單一波長的光源才能達到解析度所需的要求。在 1980 和 1990 年代，高壓水銀燈管曾是次微米微影製程的投影系統和步進機中，最常用的 UV 光源。水銀燈管的光譜波長如圖 6.22 所示。G- 光 (G-line) 和 I- 光 (I-line) 是最常用於 0.50μm 和 0.35μm IC 晶片的微影曝光製程中的光源。在先進 IC 廠的後端製程中仍使用該系統，來滿足其解析度的需求。

最小特徵尺寸為 0.25μm 和 0.18μm 的微影技術，必須使用更短波長的光源。在 0.25μm 的製程中，步進機的光源使用波長為 248nm 的氟化氪 (KrF) 準分子深紫外線 (DUV) 進行雷射，它能夠將小到 0.13μm 的特徵尺寸圖案化。而氟化氬 (ArF) 準分子雷射具有 193nm 的波長，從 0.18μm 一直到 7nm 技術節點，藉由浸沒式微影製程和多重圖案技術等方法，在積體電路中生成圖案。由於 193 nm 氟化氬 (ArF) 浸沒式曝光技術的發展，157 nm 的氟 (F_2) 準分子雷射的研發已經無疾而終。半導體微影製程所使用的光源整理，如表 6.1 所示。

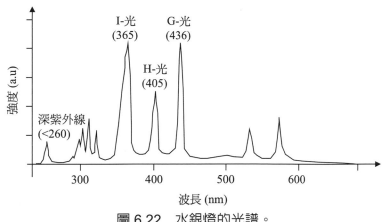

圖 6.22 水銀燈的光譜。

表 6.1 用於微影技術的各種光源。

	名稱	波長 (nm)	應用的技術節點 (nm)
水銀燈	G- 光	436	500
	H- 光	405	
	I- 光	365	350 ～ 250
準分子雷射	XeF	351	
	XeCl	308	
	KrF (DUV)	248	250 ～ 130
	ArF	193	180 ～ 10
氟離子雷射	F$_2$	157	沒有需求
雷射產生的電漿 (LPP)	極紫外線 (EUV)	13.5	始於 N7 技術節點

曝光控制

曝光取決於光的強度和曝光時間。全部的曝光光流量是強度與曝光時間的乘積，這與照相機的曝光類似。

光的強度主要由燈管或雷射的電功率控制。增大電功率，可以增加光的輸出強度，然而這樣可能會影響燈管或雷射的可靠性和壽命。

曝光機對晶圓的曝光將隨著光阻和倍縮光罩的不同有所差異，所以晶圓廠技工必須能夠精準地調整光的強度。當曝光機執行相同的製程流程時，經過一段時間後，光的強度可能會變化而使圖案化發生問題。經常校正光的強度對於維持一個穩定的光學微影技術非常必要。照明物的強度通常用光感測器以 mW/cm^2 為單位測量。總曝光量是光的強度與曝光時間的乘積 (測量單位為 mJ/cm^2)。

6.3.6 曝光後烘烤

當曝光的光線從光阻與基板的介面反射時，會與入射的曝光光線產生干涉，並透過不同深度的建設性干涉及破壞性干涉產生駐波效應。圖 6.23 顯示了駐波的波形。

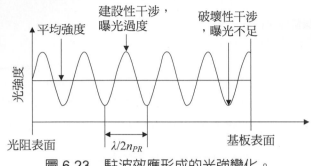

圖 6.23 駐波效應形成的光強變化。

駐波效應將在光阻層的曝光過度及曝光不足區域形成條紋狀結構，如圖 6.24 所示。兩個波峰之間的距離等於曝光光線的波長 (λ) 除以 2 並乘以光阻的折射率 (即 $2n_{PR}$)。

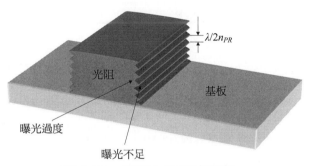

圖 6.24 光阻上的駐波效應。

當特徵尺寸較大時，駐波效應並不是主要問題。當最小特徵尺寸縮小時，可以使用幾種方法來降低反射引起的駐波效應。在光阻內添加染料可以減少反射強度。在晶圓表面沉積金屬薄膜和介電層作為抗反射鍍膜層 (ARC) 以減少和最小化晶圓表面的反射。另一種方法是使用旋轉塗佈機在光阻旋轉塗佈前先塗上有機的抗反射鍍膜層。由於它位於旋轉光阻堆疊的底部，常被稱為底部抗反射鍍膜層 (Bottom anti-reflection coating, BARC)。在曝光和顯影的製程中，透過曝光後烘烤 (PEB) 的加熱製程，來大幅降低駐波效應 (如圖 6.25)

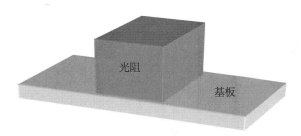

圖 6.25　PEB 最大程度降低駐波效應。

　　光阻有一種稱為玻璃型過渡的特性。當溫度高於玻璃轉化溫度 (T_g) 時，光阻分子變得容易移動，溫度高於 T_g 的烘烤會提供熱能使光阻分子產生熱運動。這種熱運動將過度曝光與曝光不足的分子重新排列達到平均及平滑駐波效應，同時可以提高光學微影技術的解析度。

　　用在 DUV 和 193nm 微影製程的化學放大光阻，PEB 提供了酸擴散與增強時所需的熱量。PEB 製程之後，由於酸的增強作用而產生顯著化學變化，所以曝光區域的影像將會呈現在光阻上。

　　曝光後烘烤 (PEB) 製程通常需要在溫度介於 110 ～ 130℃ 之間的加熱平板上烘烤約 1 分鐘。對於相同的光阻而言，PEB 通常需要一個比軟烘烤更高的溫度。不足的PEB 將無法完全消除駐波圖案，進而影響解析度。另一方面，過度烘烤會造成光阻的聚合作用且影響顯影製程，可能導致圖案轉移失敗。在 PEB 之後，晶圓會被放置於冷卻板上並冷卻到室溫後，再進入顯影製程。

6.3.7　顯影

　　在光阻塗佈的晶圓經過曝光、烘烤和光學 EBR 之後，它將被送到顯影液中進行光阻的顯影。顯影製程將會去除不需要的光阻，形成由光罩所定義的圖案。對於正光阻而言，曝光的部分會在顯影劑中溶解。

　　顯影製程包括三個過程：顯影、沖洗和旋乾，如圖 6.26 所示。沖洗過程會稀釋顯影劑並阻止過度的顯影，旋乾過程使晶圓預備進行下一道製程流程。

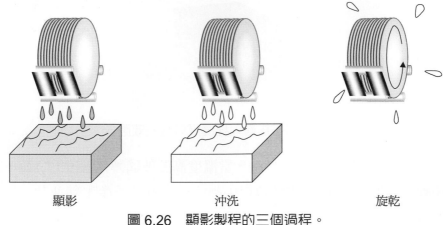

顯影　　　　　　　　沖洗　　　　　　　　旋乾

圖 6.26　顯影製程的三個過程。

正光阻通常使用弱鹼物質作為顯影劑。鹼性的水溶液如 NaOH 和 KOH 都可以使用。然而這樣會引入不需要的鈉、鉀可移動離子，這些離子會造成元件損傷。因此大部分半導體生產中使用非離子性的鹼性溶液進行正光阻的顯影。最常使用氫氧化四甲基氨 (TMAH((CH_3)$_4$NOH))。

負光阻最常使用的顯影劑是二甲苯，乙酸丁酯通常用作洗滌。乙醇和三氯乙烯以及微量的斯多德爾 (Stoddart) 溶劑的混合液也可用於沖洗負光阻。

顯影製程是一種在水槽內進行的批量浸泡製程，如圖 6.26 所示。目前大部分製程產線都使用顯影劑自旋機。使用自旋機的優點是能以現場方式進行顯影、沖洗和旋乾過程，並且可以和晶圓軌道系統的塗佈機及烘烤機整合成一體。自旋顯影系統與旋轉塗佈機類似。

圖 6.27 為自旋顯影系統的示意圖。顯影是一個化學蝕刻製程，其對溫度非常敏感。因此，在整個製程中光阻和晶圓的溫度需要保持穩定。顯影期間的高溫將促使化學反應速率提高，但可能導致光阻過度顯影並造成關鍵尺寸的損失。較低的溫度則降低化學反應速率，可能導致光阻顯影不足並造成關鍵尺寸的增加。這兩種情況都會影響微影製程的良率 (如圖 6.28)。

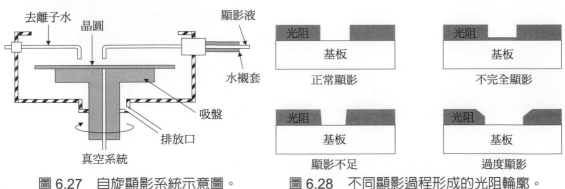

圖 6.27　自旋顯影系統示意圖。　　　　圖 6.28　不同顯影過程形成的光阻輪廓。

首先，將顯影劑噴灑在晶圓表面，形成一個小水坑，如圖 6.29(a) 所示。在顯影劑噴灑完成後，晶圓將旋轉來去除顯影劑，接者將去離子水噴灑在晶圓表面進行沖洗，如圖 6.29(b) 所示。最後關閉去離子水，並提高旋轉速度以乾燥晶圓，如圖 6.29(c) 所示。

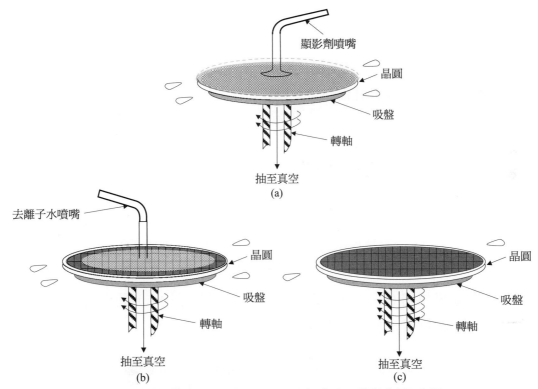

圖 6.29　顯影劑自旋噴灑、去離子水清洗及旋乾製程流程。

另一種方法稱為浸置顯影製程，這與噴灑顯影非常相似。它使用相同類型的自旋系統，但它並非將定量的顯影劑噴灑在旋轉的晶圓表面，而是噴灑在靜止的晶圓表面上。顯影劑會形成一個水坑並由於表面張力覆蓋整個晶圓。在完成所需的浸置時間和大部分的顯影製程後，晶圓會開始旋轉，並噴灑更多的顯影劑，以洗去溶解後的光阻，然後將晶圓沖洗並以高速旋轉使其乾燥。

在顯影製程中，曝光和未曝光的光阻都會溶解在顯影劑中。兩者之間的選擇性需要足夠高才能獲得良好的解析度。在顯影製程中，對於溫度的控制 (包括顯影劑溫度和晶圓溫度) 非常重要。不同的光阻使用不同的顯影劑，而且顯影溫度也不同。

◉ 6.3.8　硬烘烤製程

在顯影完成後，晶圓會進行硬烘烤製程。硬烘烤的目的是去除光阻內殘餘的溶劑，並透過進一步的聚合作用改進光阻蝕刻和離子佈植的抵抗力。雖然有多種方法可用於硬烘烤製程，而最常用的方法是加熱平板，它的通常溫度介於 100～130℃ 之間，烘烤時間約為 1～2 分鐘，這些因素由光阻的需求決定。對於相同的光阻，硬烘烤的溫度通常較軟烘烤高。在某些應用中，硬烘烤製程中會利用紫外線對光阻進行硬化。

硬烘烤的時間和溫度需要精準控制，因為烘烤不足可能會造成光阻的蝕刻速率過高，影響光阻在晶圓的附著力。烘烤過度則可能導致光阻再流動，進而影響解析度。當烘烤溫度過低，由於熱聚合不足，以及較少的光阻熱流動去填充針孔效應使光阻無法達到所需的強度。因此，烘烤的溫度要稍大於光阻的過渡溫度是非常重要的，這樣光阻才能稍微流動並填滿針孔使邊緣更加平滑，如圖 6.30 所示。高溫也可以幫助光阻脫水並提高附著力。

圖 6.30　利用光阻熱流動填充針孔。

假如光阻過度烘烤 (不論是溫度太高或烘烤時間太長)，光阻可能會流動太大而影響微影技術的解析度，如圖 6.31 所示。

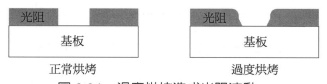

圖 6.31　過度烘烤造成光阻流動。

🌀 6.3.9　檢測與缺陷偵測

對於 IC 晶圓廠生產線，要盡可能以最高產能來處理大量晶圓。因此，最重要的是儘快找到製程漂移或晶圓缺陷，才能最快找出造成漂移或缺陷的問題製程設備。

當光阻圖案化後，晶圓經過量測和檢驗可確保控制光阻圖案化參數，如重疊度、關鍵尺寸和缺陷密度在製程容許的範圍內。如果其中一個參數超出製程容許的範圍，則光阻需要被剝離並重新進行微影製程，通常稱為重工。在蝕刻或離子佈植製程之前必需認真測量並檢查晶圓，因為這個階段的光阻圖案只是暫時的。在蝕刻或離子佈植後圖案就成為永久性，晶圓就無法再進行重工，只能報廢。

　　最先進的 CMOS IC 晶片需要高達 87 個光罩。在每個微影製程中都需要進行重疊檢測以確保每次光罩都精確的對準。圖 6.32 說明了多種對準失誤的情況，包括插出、插入、倍縮光罩旋轉、晶圓旋轉、X 方向偏移和 Y 方向偏移。如果對準誤差超過製程容許的範圍，則元件製造將會失敗。例如，如果與下面的金屬墊片接觸沒有對準，接觸電阻可能過高進而影響良率。

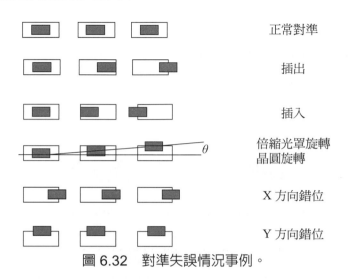

圖 6.32　對準失誤情況事例。

　　重疊檢測通常使用光學技術來測量設計的對準標記。圖 6.33(a) 所示為盒型結構是 IC 製造中使用的對準量測影像之一。黑粗線條表示現在的對準標記，黑點線條表示原先的對準標記。並且可以透過以下方式測量 X 和 Y 方向的重疊偏移：

$$\Delta X = (X_1 - X_2) / 2 \ \text{及} \ \Delta Y = (Y_1 - Y_2) / 2$$

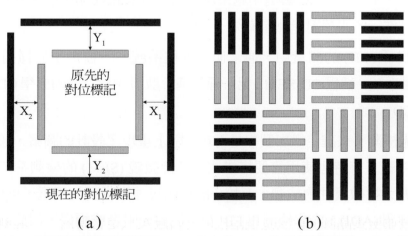

（a）　　　　　　　　　　　（b）

圖 6.33　盒型對準標記圖示圖。(a) 盒中盒，(b) 先進影像量測 (AIM) 標的物

當然，對準量測算法更加複雜，因為人們期望使用圖案中目標標記的所有像素進行量測，而不僅僅是對圖 6.33(a) 中顯示的八個點。隨著特徵尺寸的縮小，測量精準度要求使用盡可能更多的像素進行測量。在盒中盒標的物中，量測影像的大部份畫素都是空白的，對量測沒什麼用處。為了提高精準度，在 HVM 中設計和實施了不同型式的重疊標的物，例如圖 6.33(b) 中顯示的先進影像量測 (AIM) 標的物。

近年，格柵對格柵標記 (如圖 6.34 所示) 被發展出來，用於奈米技術節點 IC 製造的散射重疊檢測。此散射技術是使用偏極化光的頻譜的變化，測量圖案特性，詳細的內容將在本章後面介紹。

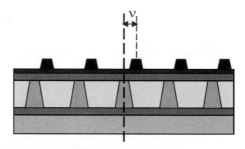

圖 6.34　散射重疊檢測中的格柵對格柵對準記號。
來源：Berta Dinu, et al, Proc. of SPIE Vol. 6922, 69222S, (2008).

隨著半導體製程技術節點的發展，圖案測試方面的重疊檢測也許不在滿足微影製程控制良率的需求，這是因為它並不總是能準確反應實際元件上的對準誤差。在蝕刻後檢驗 (AEI) 中，對實際元件進行對準測量，尤其是使用掃描電子顯微鏡 (SEM) 系統進行的測量，此方法在 IC 製造中越來越常用，以修正在顯影後檢測 (ADI) 期間，對刻痕線目標進行的光學對準測量結果。

在關鍵尺寸 (CD) 的測量中，通常使用兩種系統，一種是基於掃描電子顯微鏡 (SEM) 的測量系統，稱為 CD-SEM。另一種是基於散射測量技術的光學 CD 計算系統，通常稱為 OCD。

晶圓經過檢測，來確定微影製程是否在光阻上重現了設計的圖案，通常使用光學顯微鏡檢測系統，有時也使用需要掃描式電子顯微鏡 (SEM) 的檢測系統。光學顯微鏡可使用在較大特徵尺寸的檢測，而較小的特徵尺寸則需要使用電子束檢測 (EBI)。對於顯影後檢測 (ADI)，光學檢測和 EBI 都可能對光阻造成損傷，因此高靈敏度、高產量的檢測大多在蝕刻後進行，稱為 AEI。許多檢測是在蝕刻及清潔完成後進行，因此也被稱為 ACI。

　　1924 年，在一篇名為 "Recherches sur la Théorie des Quanta" 的博士論文 (量子理論研究) 中，法國物理學家德布洛依 (Louse de Broglie) 提出一個新的想法，即電子的波粒二象性：電子是一個微小的粒子，也是一種波，這與光非常相似，因為光既是電磁波，也是一種光粒子。這個觀點很快就得到了發現光的波粒二象性的愛因斯坦的贊同。1927 年，晶格的電子繞射實驗證實了粒子波的二象性。1929 年，德布洛依成為諾貝爾物理學獎的最年輕得主。這種物質粒子波稱為德布洛依物質波。德布洛依物質波的電子波長由電子的動量決定，而且與能量有關。電子的能量越高，波長就越短。所以高能量的電子束可以用來檢測非常小的圖案。當主電子束與物質碰撞時，它可以激發二次電子 (SE)。透過對主電子束掃描的位置 (稱為像素) 發出的 SE 數量進行映射，可以形成一個解析度從微米到奈米範圍的 (SEM) 圖案，其解析度取決於系統設計和成像束條件 (如電子能量和束流等)。圖案的邊角具有較高的 SE 產生率，見圖 6.35(a)，因此在 SEM 圖像中顯示為較亮的區域，如圖 6.35(b) 所示。通過檢測圖案的兩個發亮邊緣之間的距離，可以測量圖形的關鍵尺寸 (CD)。

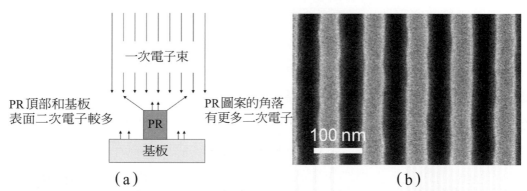

　　(a)　　　　　　　　　　　　　　　　　(b)

圖 6.35　(a) 電子束掃描和二次電子發射圖；(b) 線 - 空間圖案的 SEM 圖像。 資料來源：Kiyoshi Takamasu, et al., Proc. of SPIE Vol. 7638 76381K-2,(2010)

　　散射檢測儀使用反射或橢圓偏振光信號測量透明或不透明薄膜的圖案線 / 空間陣列圖案。入射光入射到測量的圖案並與反射、繞射和折射光相互作用 (如圖 6.36 所示)。包含相位和強度的圖案反射光利用測量計算模型測量出圖案的薄膜堆積、輪廓和關鍵尺寸。因為它從一組測量資料測量出平均 CD 值，所以散射檢測儀測量的 CD 具有很高的重複性。

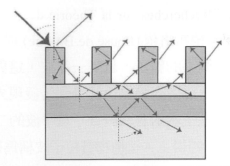

圖 6.36　反射、繞射和折射光相互作用示意圖。基於相互作用的散射測量可以提
供薄膜堆積、圖案化關鍵尺寸和輪廓的資訊。來源：Andrew H. Shih.

　　散射檢測儀的 CD 測量通常用於進行測試結構上的線條，這些線條是密集和隔離
的陣列，如圖 6.37(a) 和 (b) 所示。通常的 CD-SEM 測量是測試結構上所謂的 CD 線
條，如圖 6.37(c) 所示。測試結構的 CD 值通常與真正元件的 CD 值十分接近。當特
徵尺寸不斷縮小時，對於可製造性設計 (DFM) 方面有更多的要求，所以 CD-SEM 廣
泛用於計量設計基礎的測量，這是直接測量特殊元件的 CD 值。與 CD-SEM 比較，
散射檢測儀測量速度更快，可重複性高，而且對光阻的損傷少。另一方面，CD-SEM
能顯示測試結構的影像，可以讓工程師看到正在發生問題的區域。CD-SEM 可以很
容易測量二維 (2D) 結構的隔離元件，而散射檢測儀卻無法測量。因此，散射檢測儀
和 CD-SEM 仍會同時使用於未來先進晶片的製造。

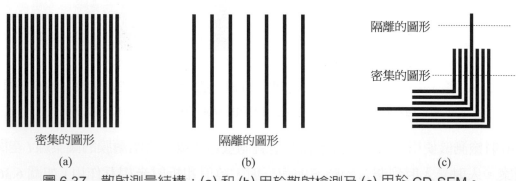

圖 6.37　散射測量結構；(a) 和 (b) 用於散射檢測及 (c) 用於 CD-SEM。

　　先進積體電路製造中，關鍵尺寸 (Critical Dimension, CD) 的損失或線寬的損失會
使大部分的光學微影製程必須重新進行。對於多晶矽 CMOS 閘極關鍵尺寸，通常允
許低於 10% 的 CD 誤差。圖 6.38 顯示了關鍵尺寸橫截面和俯視圖。雖然微影製程允
許當顯影後檢測 (ADI) 發現誤差時去光阻並重工，然而重工的晶圓越多，產量的良率
就越低，這將嚴重影響製程產線的利潤。

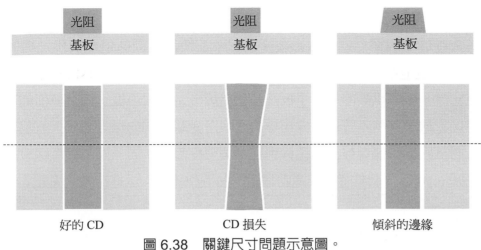

圖 6.38　關鍵尺寸問題示意圖。

　　明視野光學 (Bright Field Optical) 檢測系統常用於光阻顯影後的缺陷檢測。明視場檢測系統將高強度的短波入射光入射到晶圓表面,並蒐集影像感測器的反射光形成晶圓上的圖案影像。透過與同一位置不同晶粒上的影像比較,可以透過感測器顯示影像上每個圖元之間的差異檢測微小的缺陷。這就是所謂晶粒對晶粒 (D2D) 的檢查。對於如記憶體單元陣列的重複圖案晶片,可以透過比較重複單元的影像檢測出缺陷,這就是所謂的單元對單元 (C2C) 的檢查,或陣列圖案的檢測。其他檢測缺陷的方法是從設計資料庫比較檢查影像的設計功能,通常被稱為晶粒到資料庫 (D2DB) 的檢測。圖 6.39 顯示了一個明視場缺陷檢測系統。

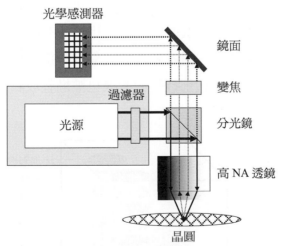

圖 6.39　明視場缺陷檢測系統示意圖。

來源:Hyung-Seop Kim, et al, Proc. of SPIE, 2010.

　　如果晶圓透過了檢測過程,它們將從黃光區 (光學微影區) 轉移進入下一道製程流程,即蝕刻或離子佈植過程。

⊛ 6.3.10 晶圓軌道 - 掃描儀整合系統

所有先進的半導體生產在微影技術過程中都使用晶圓軌道機與步進機的整合系統。一個晶圓軌道系統具有晶圓裝載/卸載平台、脫水烘烤與 HMDS 蒸氣底層塗佈預處理反應室、不同烘烤的加熱平板、晶圓烘烤後冷卻用平板、光阻塗佈的旋轉塗佈機、光阻顯影機。某些系統也配備光學式去除邊緣球狀物的曝光系統。電腦控制的中央機器人將晶圓從一個製程流程轉移到另一個製程流程。同一條製程產線會提高產量和良率。圖 6.40 為一個具有晶圓運動指示的晶圓軌道機 - 步進機整合系統示意圖。

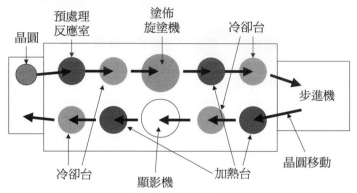

圖 6.40　晶圓軌道 - 步進機整合系統示意圖。

晶圓軌道 - 步進機系統可以透過減少晶圓的處理次數顯著提高產量，並且透過減少底層與旋轉塗佈的時間間隔增加良率，而軟烘烤與曝光過程對於光學微影技術的解析度與光阻的附著力也十分關鍵。

在現代先進的半導體產業中，軌道系統的設計已經不再像圖 6.40 中的二維圖案。客戶對設備佔地面積減小的需求，是推動堆疊式晶圓軌道系統的主因，其中加熱平板和冷卻平板被堆疊在一起，並且塗佈機和顯影機也被堆疊放置，進一步提高了廠房地效 (如圖 6.41 所示)。

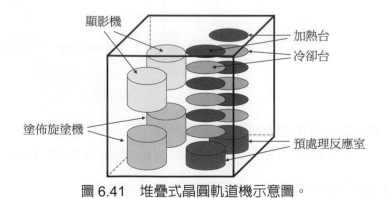

圖 6.41　堆疊式晶圓軌道機示意圖。

部分計量系統，例如重疊和散射檢測 CD 計量機台，也可以整合到晶圓軌道 - 步進機中，一般稱爲微影單元 (litho cell)，藉此進一步提高微影製程的產量。

6.4 微影技術的發展趨勢

光學微影系統在半導體工業生產開始時就用於圖案轉移。微影技術在不久的將來會有很大的改變。本節將討論未來微影技術的發展。

6.4.1 解析度與景深 (DOF)

當光波透過光罩上的間隙或孔洞時產生繞射，投射獲得的影像沒有光罩上的圖案清晰。使用透鏡將繞射的光聚焦可以減少光的繞射而提高解析度 (如圖 6.42 所示)。

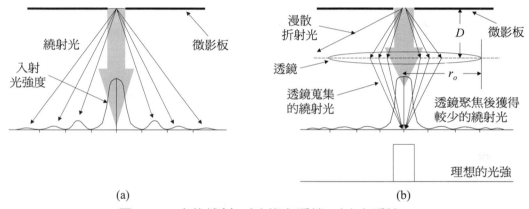

圖 6.42　光的繞射：(a) 沒有透鏡；(b) 有透鏡。

光學系統能達到的最小解析度由光的波長和系統的數值孔徑 (Numerical Aperture, NA) 決定。解析度可以表示爲：

$$R = \frac{k_1 \lambda}{NA} \tag{6.1}$$

在公式 (6.1) 子中，k_1 代表系統常數，λ 代表光的波長，$NA = 2r_o/D$ 代表數值孔徑，表示透鏡聚集折射光的能力。D 代表物體 (例如光罩或倍縮光罩) 與透鏡之間的距離，$2r_o$ 代表透鏡的直徑。從公式 (6.1) 中，我們發現使用較大直徑的透鏡可以獲得更高的解析度，就如同使用一個具有較大鏡頭的相機可以拍出更清晰的影像一樣。然而一個擁有較大透鏡的光學系統更加昂貴，就如同擁有較大鏡頭的相機 (稱爲單眼反射式) 比小鏡頭的攜帶式相機更昂貴一樣。而且製造較大直徑的高精密度透鏡存在技術上的限制。根據公式 (6.1)，我們可以估算 193nm 浸潤式微影製程解析度的極限。在理論極限下的 k_1 值爲 0.25，高 NA 浸潤系統的 NA 值爲 1.35，我們發現理論解析度極限約為 36nm。因此，實際能製造的解析度極限約為 38nm 至 39nm，也就是圖案的半間距。

從公式 (6.1) 可以看出，使用較短波長曝光可以提高解析度，這就是為什麼曝光光源的波長在微影技術中越來越短，如圖 6.43 所示。然而曝光波長有一個極限，當波長縮短到某一數值時，光將從紫外線範圍變到 X 光，如圖 6.44 所示。X 光無法以單一透鏡聚焦，所以就不需使用光學微影光罩，包括公式 (6.1)。

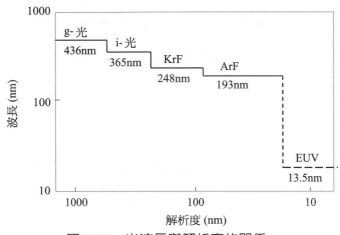

圖 6.43　光波長與解析度的關係。

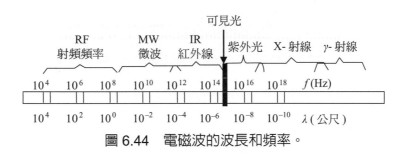

圖 6.44　電磁波的波長和頻率。

光學系統的另一個重要特性是景深 (Depth of Focus, DOF)，景深是一個範圍，光將在景深範圍內聚焦於透鏡焦距上，投射影像在景深範圍內可以獲得高的解析度。景深可以表示為：

$$\text{DOF} = \frac{k_2 \lambda}{2(NA)^2} \tag{6.2}$$

從公式 (6.2) 可以看出，較小數值孔徑 (NA) 的光學系統具有較大的景深。這就是為什麼傻瓜相機的鏡頭都非常小，使用這種相機拍照時不需要調整焦距，因為景深很大，所以幾乎所有的東西都在焦距內。然而這種相機不能拍出非常清晰的影像，因為小鏡頭的解析度不高。圖 6.45 說明了一個光學系統的景深。

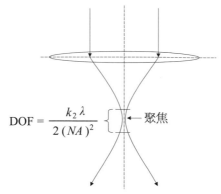

$$\text{DOF} = \frac{k_2 \lambda}{2 (NA)^2}$$

聚焦

圖 6.45　光學系統景深示意圖。

　　光罩對準機系統的景深越大，越容易使晶圓表面上的光阻對焦。但是景深和解析度不能同時兼顧：要提高解析度，就必須用較短的波長和較大的數值孔徑，然而這會減少景深。

　　由於先進的微影技術具有非常高的解析度，所以景深就變得非常小，這就必須使焦距中心放置在光阻的中間部分，以達到最佳微影效果，如圖 6.46 所示。IC 工廠中的微影工程師通常使用聚焦曝光矩陣 (FEM) 來曝光光阻晶圓，以監測製程窗口並檢查焦點問題。

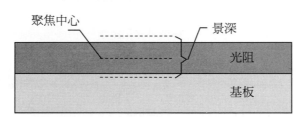

聚焦中心　　　　　景深

光阻

基板

圖 6.46　光線聚焦到光阻薄膜的中點可以使解析度最高。

　　因為光學微影過程中的景深是必備的條件，所以對一個特徵尺寸小於 0.25 微米的圖案化過程，晶圓的表面需要高度平坦化，這就是目前化學機械研磨 (CMP) 製程在半導體生產中大量使用的原因。對於四分之一微米或更小幾何圖案尺寸微影技術的解析度，只有 CMP 技術才可以達到所要求的表面平坦化效果。

⊗ 6.4.2　曝光波長：水銀 I- 光 (Hg I-line)、氟化氪 (KrF)、氟化氬 (ArF) 和極紫外光 (EUV)

　　因為較短的波長可以獲得較高的解析度，所以需要將穩定的、高強度的短波長光源應用於曝光系統中。高壓水銀燈管和準分子雷射器廣泛作為步進機和曝光機的光源。

　　水銀燈管有多種輻射光線，其中 365 nm 的 I- 光最常用於步進機曝光系統進行 0.35 微米特徵尺寸的積體電路製程過程。

　　248nm 的氟化氪 (KrF) 準分子雷射已開發爲 DUV 曝光機的光源，用於 0.25μm 技術節點的積體電路，而且也被使用在 0.18μm 和 0.13μm 積體電路的製造。氟化氪 (KrF) 曝光機仍然廣泛用於非關鍵層，例如在先進奈米技術積體電路製造中的佈植和高金屬層的後端線路 (BEoL)。

　　193nm 波長深紫外光的氟化氪 (KrF) 準分子雷射器，被廣泛應用於 130nm 至 65nm 的積體電路晶片製造。由於 193nm 浸潤式微影技術的發展，將氟化氬 (ArF) 系統的解析度提高到 45nm 技術節點。結合雙重圖案和多重圖案化技術，氟化氬 (ArF) 浸潤式微影系統，推動了積體電路製造向 10nm 節點以下的發展。

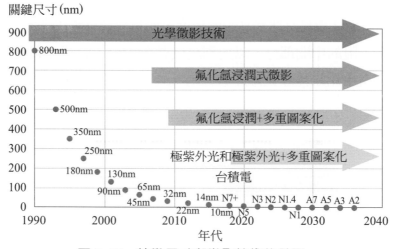

圖 6.47 　特徵尺寸與微影技術的發展。

　　極紫外光 (EUV) 微影技術經過長時間的開發，已具有 13.5nm 的波長並能夠作爲 " 下一代 " 微影技術之一。自 N7+ 節點以來，極紫外光已經在高產能製造 (HVM) 中被用於最關鍵層，這些層需要最高的解析度。同時，大部分較不關鍵和非關鍵層，仍然使用浸潤式 ArF、乾式 ArF、乾式 KrF，甚至水銀 (Hg) I- 光曝光機。極紫外光已經在 N5 節點上用於更多層，預計在 N3 和 N2 節點及更高節點上，將用於更多層，隨著技術節點的提升。圖 6.47 中的 N7 到 N1 和 A7 到 A2，是表示技術節點的名稱，不一定代表奈米或埃的數字。N7+ 具有與 10nm 技術節點類似的特徵尺寸，因此它們在圖 6.47 中是處於相同的位置。

6.4.3 解析度增強技術

　　為了提升微影技術的解析度，已開發出多種解析度增強技術並應用於積體電路晶片製造，使其在光學微影技術可達到 7nm。本節將簡要介紹一些重要的解析度增強技術，例如相位移光罩 (PSM)、光學鄰近校正 (OPC)、離軸光罩和光源光罩最佳化技術 (SMO)。

相位移微影光罩 (PSM)

　　由公式 (6.1) 所示，通過降低系統常數 k_1 來提高微影技術的解析度。降低常數 k_1 的方法之一就是使用所謂的相位移微影光罩 (PSM) 技術。

　　將一個隔離且很小的圖案轉移到光阻上並不困難，但是當許多小的圖案被緊密排列在一起時就很有挑戰性，因為光的折射和干涉將使這些圖案扭曲變形。為了解決這個問題，引進了相位移光罩技術。相位移光罩上的介電質層在光罩上開口部分 (明亮區，透明區) 以間隔的方式形成相位移圖案，如圖 6.48 所示。雖然這種 PSM 並不真正使用在 IC 製造中，但是仍然可以用於解釋 PSM 的工作原理。

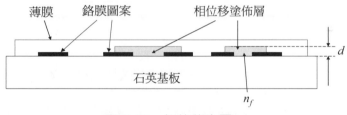

圖 6.48　相位移光罩。

　　通過精確控制介電質層的厚度和介電常數，使得 $d(n_f - 1) = \lambda/2$，其中 d 是介電質的厚度，n_f 是介電質常數，λ 是曝光光線的波長。透過未進行相位移塗佈開口部分的光線，會與透過有進行相位移塗佈開口部分的光線產生破壞性干涉，由於相反的相位移在高密度區域產生更清晰的影像，如圖 6.49 所示。

　　透過蝕刻石英基板，而不是添加相位移介電質，可以形成交替孔徑相位移光罩 (AAPSM)，如圖 6.50 所示。蝕刻的深度必須根據 $d = \lambda/[2(n-1)]$ 精確控制，d 是蝕刻的深度，λ 是曝光光線的波長，而 n 是石英基板的折射率。171.4 nm 深度蝕刻需要 193 nm 波長曝光，而且對於 193 nm 的光，石英折射率為 1.563。

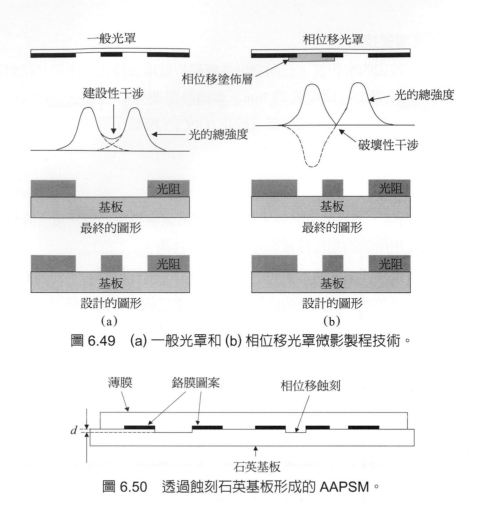

圖 6.49　(a) 一般光罩和 (b) 相位移光罩微影製程技術。

圖 6.50　透過蝕刻石英基板形成的 AAPSM。

另一種應用於 IC 奈米節點技術的 PSM 是衰減相位移光罩 (AttPSM)。這種技術透過圖案化部分石英基板上的透明薄膜形成 (如圖 6.51 所示)。

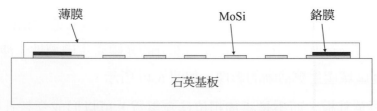

圖 6.51　衰減相位移光罩示意圖。

具有 6 ～ 20% 透光率的鉬矽化物 (MoSi) 通常可以用於相位移微影光罩。透過控制 MoSi 薄膜的厚度，使得最小量的光透過波長為 193 nm 的 ArF 準分子雷射器時發生 180° 相位移。由於光的破壞性干涉，覆蓋有矽化鉬的曝光強度比光阻曝光強度低；而沒有矽化鉬的曝光強度比光阻曝光強度高。這可以曝光比波長小的高解析度圖案 (如圖 6.52 所示)。

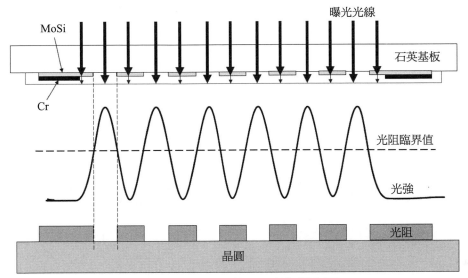

圖 6.52　AttSPM 光阻圖案化示意圖。

光學鄰近校正 (OPC)

　　過去當特徵尺寸大於曝光波長時，除了光的繞射造成的一些邊角效應外，轉移到晶圓上的圖案幾乎和微影板的圖案相同。當圖案特徵尺寸小於光波長時，光的繞射效應變得很嚴重，轉移到晶圓上的圖案不再和微影板的圖案相同。因此，為了將設計的圖案轉移到晶圓上，微型化功能被添加到微影板上補償光的繞射效應。這些附加功能被稱為光學鄰近校正 (OPC)。具有厚實線的 OPC 光罩圖案、薄實線為設計原意圖及灰色的晶圓上微影圖案，如圖 6.53(a) 所示。晶圓上沒有 OPC 光照的微影圖案，如圖 6.53(b) 所示。

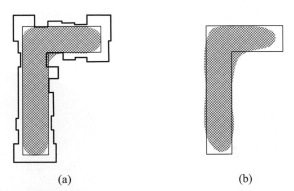

(a)　　　　　　　　　　　　(b)

圖 6.53　光學微影圖案：(a) 具有 OPC；(b) 沒有 OPC。

離軸 (Off Axis) 照明

透過使用光圈將入射光線以一定角度入射到光學系統的透鏡上,可以有效地蒐集光罩上閘極光域的一階繞射,有效地降低公式 6.1 中的 k_1 因數,並提高微影解析度。圖 6.54(a) 為軸式照明系統,圖 6.54(b) 為離軸照明系統,也稱為單極照明,因為入射光來自光圈的單孔。

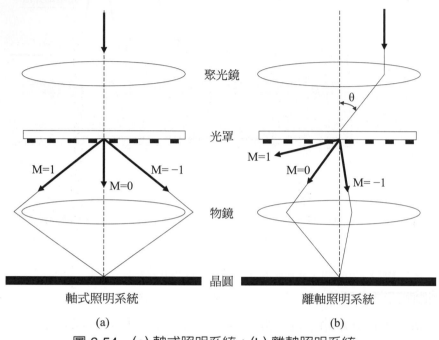

圖 6.54　(a) 軸式照明系統;(b) 離軸照明系統。

偶極照明系統採用具有對稱角的兩個不同照明裝置,從兩極蒐集 0 階和 1 階繞射光並成像,與單極照明系統相比,光強獲得平衡。圖 6.55(a) 和圖 6.55(b) 分別顯示了偶極照明示意圖和偶極照明孔裝置。同樣,設計者也可以使用四極光學微影照明光源。

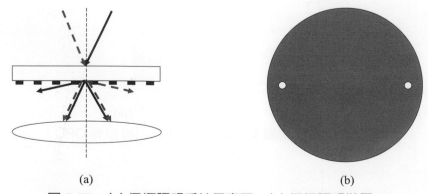

圖 6.55　(a) 偶極照明系統示意圖;(b) 偶極照明裝置。

　　透過最佳化光圈特徵和光罩圖形，即所謂的光源－光罩最佳化 (SMO)，科學家和工程師能夠進一步擴展光學微影技術的應用。圖 6.56 為 SMO 的一個實例。我們可以發現，光罩上的圖案 (圖 6.56(b)) 與光罩佈局設計 (圖 6.56(a)) 和晶圓上的圖形 (圖 6.56(d)) 完全不同。光源設計 (圖 6.56(c)) 比雙極或四極設計更加複雜。由於同時最佳化光源和光罩圖形需要大量的計算，這項技術也被稱為運算式微影。這種方法的優點之一是光罩仍然是二元式，比起相位移光罩更容易製作。

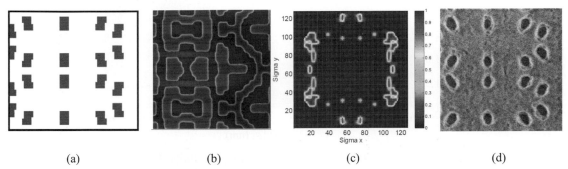

(a)　　　　　　　　　(b)　　　　　　　　　(c)　　　　　　　　　(d)

圖 6.56　接觸式微影之光源光罩最佳化：(a) 光罩佈局設計；(b) 光罩；(c) 光源設計；(d) 晶圓上的光阻圖案。來源：Kafai Lai, et al, Proc. of SPIE, Vol. 7274, p. 72740A-1, 2009.

◉ 6.4.4　浸潤式微影技術

　　透過在顯微鏡的物鏡和樣品之間的空隙中浸入水或油，設計者可以提高顯微鏡的影像解析度。這種技術可以應用於微影製程，透過在物鏡與晶圓表面之間的空隙中填充去離子水，可以顯著提高微影解析度。浸潤式微影技術的解析度可以表示為：

$$R = \frac{k_1 \lambda}{n_{\text{fluid}} NA} \tag{6.3}$$

　　在公式 (6.3) 和公式 (6.1) 之間唯一的區別是 n_{fluid}，這表示物鏡和晶圓之間的液體折射率。當填充物是空氣時，折射率近似於 1，公式 (6.3) 變為公式 (6.1)。從公式 (6.3) 可以看出，在 193nm 掃描器的物鏡和晶圓之間添加去離子水 (193nm 時的 n_{fluid} = 1.44)，在相同波長和數值孔徑的條件下，可提高一個技術節點的解析度。

$$DOF_{\text{immersion}} = \frac{1 - \sqrt{1 - (\lambda / p)^2}}{n_{\text{fluid}} - \sqrt{n_{\text{fluid}}^2 - (\lambda / p)^2}} \frac{k_2 \lambda}{2(NA)^2} \tag{6.4}$$

λ 是曝光光線的波長，p 是光罩圖案的間距。可以看出，當 $n_{fluid}=1$ 時，公式 (6.4) 成為公式 (6.2)。

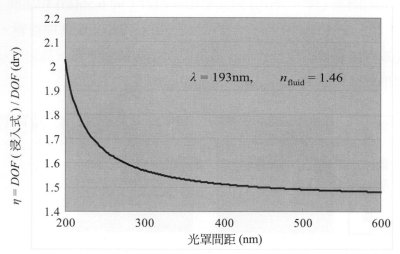

圖 6.57　　浸入誘導 DOF 改善與微影線 / 空間間距關係曲線。

浸入系統的 DOF 改善因數，$\eta=DOF_{immersion}/DOF$ 大於 n_{fluid}，這意味著當在物鏡和晶圓之間填充液體時，DOF 將增加。當應用去離子水時，對於 193 nm 浸潤式微影大間距圖案，DOF 係數至少增加到 1.46。對於小間距微影圖案，DOF 改善因數 h 提高更大 (如圖 6.57 所示)。由於使用填充流體增加了 DOF，可以增加 NA 並進一步提高解析度，同時保持 DOF 在合理的範圍。高 NA 193 nm 浸潤式微影技術廣泛應用於 22 ～ 45 nm 範圍技術節點的積體電路生產。從圖 6.58 中可以看出，浸潤式微影系統中，水僅僅填充在物鏡和晶圓表面之間。

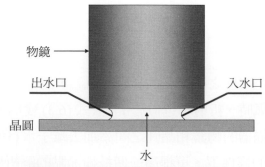

圖 6.58　　浸潤式微影系統示意圖。

⊗ 6.4.5　雙重和多重圖案化技術

透過對一個光罩層進行多重圖案化，可以提高圖案的解析度，因為這種方法有效地降低公式 (6.1) 中的 k_1 因數。如果使用相同的微影系統，有效的將 k_1 因數降低為

k_1/N，其中 N 是圖案化次數，對於常用的雙重圖案化技術來說，$k_{1,\mathrm{eff}} = k_1/2$。雙重圖案化技術 (DPT) 已應用於 IC 晶片製造中的 45nm 技術，並廣泛應用於 32nm 和 22nm。透過三重和四重圖案化技術，可以進一步降低有效的 k_1 值，並獲得更細微特徵的圖案。多重圖案化技術已經與 193nm 浸潤微影技術結合使用，藉此將技術節點推進到 7nm。

雙重圖案化可以有許多方法實現，如微影 - 固化 - 微影 - 蝕刻 (LFLE)，微影 - 蝕刻 - 微影 - 蝕刻 (LELE) 以及自對準雙重圖案化 (SADP)。

LFLE 對於積體電路晶片製造商非常有吸引力，因為它是成本最低的雙重圖案化技術。透過固化第一道微影顯影後的光阻，然後應用第二道光阻，進行第二個光罩的曝光，可以使用微影系統將間距密度加倍，即使該光學微影系統的解析度無法直接製作最終的間距密度。圖 6.59 為 LFLE 的製程過程。通過化學製程來進行第一道光阻的圖案固化，該製程降低了光阻對顯影劑的溶解度，從而在處理第二道光阻時圖案不會溶解。對於這種應用，人們已研究使光阻圖案固化的離子佈植技術。LFLE 的困難在於第一道光阻總會在第二道光阻顯影時受損。

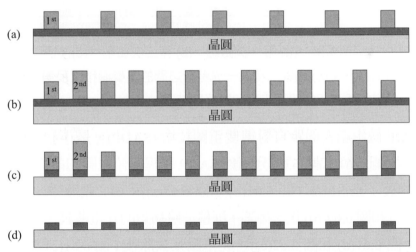

圖 6.59　LFLE 製程流程示意圖：(a) 第一道光阻圖案化及圖案固化；
(b) 第二道光阻圖案化；(c) 圖案化蝕刻；(d) 去光阻。

圖 6.60 為使用兩個硬遮蔽層 LELE 或 LE^2 流程示意圖。圖 6.60(a) 為第二硬遮蔽層進行第一次微影曝光的情況，圖 6.60(b) 為利用第二硬遮蔽層和第二次微影曝光，對第一硬遮蔽層進行第二次微影曝光製程的情況。在光阻去除後 (如圖 6.60(c) 所示)，最終的圖案進行蝕刻並去除硬遮蔽層，如圖 6.60(d) 所示。製程的挑戰之一，為第一硬遮蔽層對第二硬遮蔽層的蝕刻選擇性，這將在第 9 章中討論。如果在晶圓表面需要蝕刻多晶矽材料，可以使用矽氧化物和矽氮化物作為硬遮罩。我們可以看到第二次微

影的覆蓋控制變得非常關鍵，因爲誤差可能會導致間距位移，如圖 6.60(e) 所示。將間距位移與微影曝光製程的關鍵尺寸增益結合起來，可能會在相鄰圖案之間引發短路的風險。

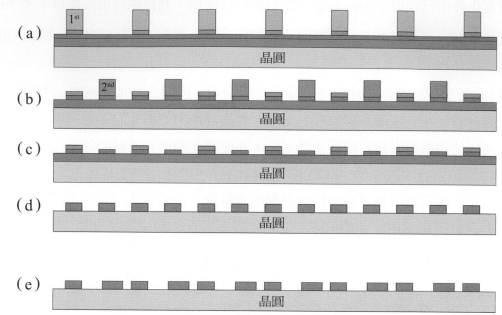

圖 6.60　LELE 流程示意圖：(a) 第一次微影；(b) 第二次微影；(c) 光阻去除和清潔；(d) 最終圖案；(e) 由第二和第一光刻層之間的重疊偏移以及第二微影關鍵尺寸 (CD) 增益所引起的間距位移和短路風險。

　　浸潤式 ArF 微影結合間距自對準雙重圖技術 (SADP)，是小於 20 奈米元件尺寸最常用的技術。圖 6.61 和圖 6.62 分別爲 SADP 製程的俯視圖和截面圖。第一次光罩 (圖 6.61(a)) 定義了光阻圖案 (圖 6.61(b) 和圖 6.62(a))；經心軸蝕刻、光阻去除和清潔處理 (圖 6.61(c) 和圖 6.62(b)) 後。接著，沉積一層均勻的介電薄膜，並進行垂直蝕刻，形成間隔層 (圖 6.61(d) 和圖 6.62(c))。光罩圖案去除後 (圖 6.61(e) 和圖 6.62(d))，進行圖案蝕刻並移除間隔層 (圖 6.61(f) 和圖 6.62(e))。在第二遮蔽層 (通常稱爲切割光罩) 之後 (圖 6.61(g))，進行圖案切割蝕刻形成最終圖案 (圖 6.61(h) 和圖 6.62(f))。我們可以發現圖案的關鍵尺寸，由間隔層薄膜厚度所控制，而這可以透過晶圓介電薄膜厚度測量技術來進行精準控制。

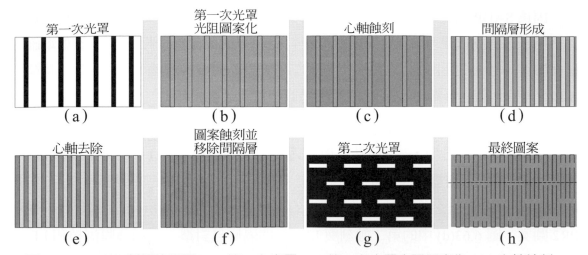

圖 6.61　SADP 製程俯視圖：(a) 第一次光罩；(b) 第一次光罩光阻圖案化；(c) 心軸蝕刻、光阻去除和清潔處理；(d) 間隔層形成；(e) 心軸去除；(f) 圖案蝕刻並移除間隔層；(g) 第二次光罩；(h) 切割蝕刻以形成最終圖案。

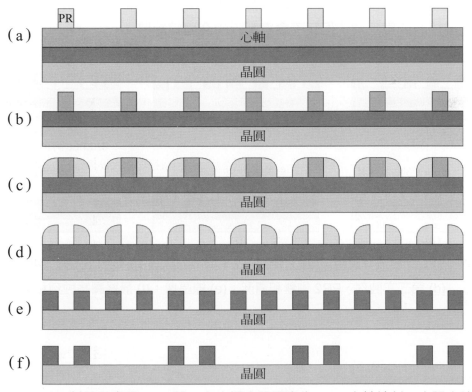

圖 6.62　SADP 製程示意圖：(a) 第一次光罩光阻圖案化；(b) 心軸蝕刻、光阻去除和清潔處理；(c) 間隔層形成；(d) 心軸去除；(e) 圖案蝕刻並移除間隔層；(f) 切割蝕刻以形成最終圖案。

　　因爲 SADP 比其他雙重圖案化需要更多的製程步驟，例如氧化物 CVD 和間隔蝕刻，所以在這三種雙重圖案化製程中的成本最高。然而它也有許多優點，例如準確的圖案關鍵尺寸和間距關鍵尺寸控制，對於二次光罩的覆蓋要求低，及低的線邊粗糙度 (LER) 等等，這些優點使其對有些 IC 製造商非常有吸引力。

　　一種被稱爲自對準 LELE(Self-Aligned LELE) 或 SALELE 的製程，已經被開發並應用於積體電路製造中，先進節點的 BEoL 製程中，該製程在 LE1 圖案上使用間隔層，以使 LE2 圖案能夠自對準於 LE1 圖案上。圖 6.63 爲 SALELE 的製程。在 LE1(圖 6.63(a)) 和去除光阻之後，形成 LE1 圖案的間隔層，如圖 6.63(b) 所示。圖 6.63(c) 爲 PR2 圖案，圖 6.63(d) 中的第二蝕刻與 LE1 的間隔層自對準。經過薄膜沉積和 LE 或 LELE 製程的線區塊形成 (圖 6.63(e))，最終圖案通過 ILD 蝕刻形成，然後移除硬光罩、LE1 間隔層和線區塊，如圖 6.63(f) 所示。與 LELE 相比，它可以幫助防止因間距變化和圖案尺寸增加，而引起的鄰近圖案短路問題，從而降低尺寸和對準的要求，提高製造的可行性。它在 M0、M1、M2 和 M3 層尤其有用，這幾層有助於在緊密間距下最大化金屬線的關鍵尺寸，但又不會與鄰近的金屬線短路。

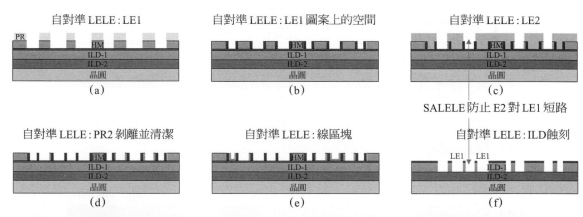

圖 6.63　SELELE 流程說明：(a)LE1；(b)LE1 圖案的間隔物形成；(c) 第二次光刻；
(d) 第二次蝕刻、PR2 剝離和清潔；(e) 線區塊；(f) 最終圖案蝕刻和清潔。

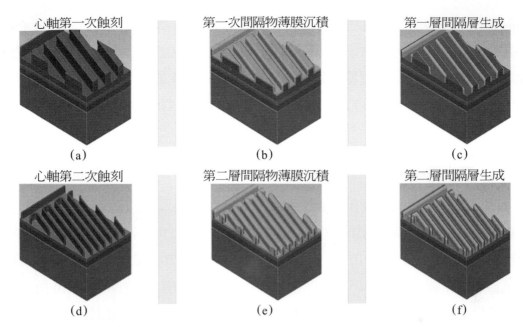

圖 6.64　SAQP 步驟流程 3D 圖：(a) 第一次心軸蝕刻；(b) 第一次間隔物薄膜沉積；
(c) 第一層間隔層形成；(d) 第二次心軸蝕刻；(e) 第二次間隔物薄膜沉積；
(f) 第二層間隔層形成。(經 Coventor(Lam Research 公司) 授權使用)

隨著圖案間距的持續縮小，雙重蝕刻製程無法滿足解析度的要求，因此多重蝕刻製程，如光刻 - 蝕刻 - 光刻 - 蝕刻 - 光刻 - 蝕刻 (LELELE) 和自對準四重圖案 (SAQP) 製程，已經被開發並應用於平面 NAND 快閃記憶體、DRAM 和邏輯 IC 的製程中。圖 6.64(a) 至 6.64(f) 為 SAQP 製程的步驟。我們可以看到圖 6.64(f) 中的圖案間距是圖 6.64(a) 的四分之一。

定向自組裝 (DSA) 已經研究多年，因為它可以透過自動將區段共聚物的方向引導到已通過微影製程形成的導向圖案之間，從而增加圖案密度。然而，在 DSA 能夠應用於大量製造 (HVM) 之前仍存在許多挑戰，例如在 DSA 製程中的缺陷密度降低等問題。

6.5 其他微影製程方法

6.5.1　簡介

壓印技術被廣泛應用在錢幣製造。當 193nm ArF 微影技術的解析度達到極限時，一些新的微影製程方法，正被研發作為下一代微影技術。這些技術包括 157nm F_2 雷射微影、奈米壓印微影 (NIL)、電子束微影 (EBDW)、離子束微影、X 射線微影和極紫外線 (EUV) 微影。當 193nm 浸潤式微影技術在等效 134nm 下表現出明顯的優勢時，

157nm 就逐漸被淘汰，因為它不需要開發新的 F_2 準分子雷射光源和新的基於 CaF_2 的光學系統。離子束微影和 X 光微影的發展，也早在很久以前就已停止，因為它們無法達成大規模生產。奈米壓印微影、極紫外線微影和多電子束微影，在下一代微影技術的選擇中進行了激烈的競爭，而在 2019 年，N7+ 節點的大規模生產中選擇了 EUV。

⊗ 6.5.2　奈米壓印微影

壓印技術廣泛應用於硬幣、音樂、影片、軟體光碟及數位影音光碟 (DVD) 等產品。在 1996 年，提出使用壓印微影製程來製作奈米級的 IC 結構，這種替代性的微影技術被稱為奈米壓印微影 (NIL)。圖 6.65 說明了 NIL 的微影製程。首先，在晶圓表面噴灑抗蝕劑 (如圖 6.65(a) 所示)，然後將模板壓在抗蝕劑上 (如圖 6.65(b) 所示)，透過加熱或紫外線將抗蝕劑硬化 (如圖 6.65(c) 所示)。在抗蝕劑硬化後，將石英模板或模具從晶圓表面上取下 (如圖 6.65(d) 所示)，然後藉由蝕刻製程，將 NIL 形成的抗蝕劑圖案轉移到晶圓表面的薄膜上 (如圖 6.65(e) 所示)。

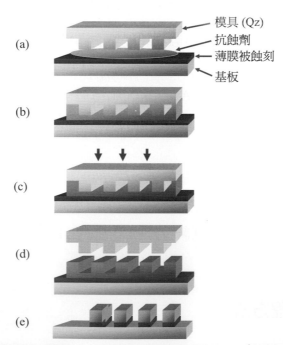

(a)　模具 (Qz)
　　　抗蝕劑
　　　薄膜被蝕刻
　　　基板

(b)

(c)

(d)

(e)

圖 6.65　NIL 圖案化製程示意圖：(a) 抗蝕劑塗佈；(b) 壓印；(c) 抗蝕劑硬化；(d) 移開模板；(e) 圖案蝕刻。

圖 6.66 為使用 NIL 製程形成的圖案線。請注意，線的關鍵尺寸只有 11nm，並且具有非常低的線邊緣粗糙度 (LER)。NIL 的優點是高解析度、低 LER、成本低並且取得容易。然而，為了將 NIL 應用於高階積體電路生產，需要解決一些問題，例如模

板的缺陷、圖案重疊、良率及管理成千上萬個模板的問題。因爲一個模板可能只能使用約 10,000 次壓印，相當 100 個晶圓。故爲了降低晶圓壓印的成本，就需要使用奈米壓印技術從主模板複製成千上萬個工作模板。

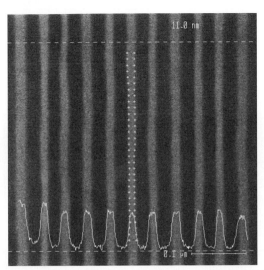

圖 6.66　SEM 影像顯示了利用奈米壓印技術形成的 11 nm 圖案線。(來源：M. Malloy and L. C. Litt, Proc. of SPIE, Vol. 7637, p. 763706-1, 2010)

雖然 NIL 在先進的 IC 晶片的大量生產中使用的可能性很低，但此技術仍可以應用於其他領域，以製造電氣、光學、光子、生物和微機電系統 (MEMS) 設備。

◉ 6.5.3　電子束微影 (EBDW)

電子是非常微小的微粒，同時也是一種波，其波長取決於電子的動量，也與電子的能量有關。電子的波長與電子能量的平方根成反比，因此電子能量越高，波長就越短。高能電子束 (10 ～ 100 keV) 的波長比紫外線還要更短，因此電子束微影技術比光學微影技術，在空間解析度和製程範圍方面更具有優勢。

電子束微影 (EBDW) 系統使用精密掃描電子束，直接將電腦資料庫中儲存的設計圖案寫入基板表面的光阻 (resist) 上，類似於雷射印表機將電腦中的文字或影像列印到紙張上。被高能量電子束擊中會改變光阻的溶解度。對於正光阻 (positive resist)，它可溶於顯影液中。對於單一電子束微影系統 (如圖 6.67(a) 所示)，由於串列寫入的特性，EBDW 的產量較低，通常在大規模的半導體晶圓生產中並不具有成本效益。只有在特徵尺寸較大 (3μm 或更大) 且晶圓尺寸較小 (100mm 或更小) 時，EBDW 才具有一些優勢，尤其是在產品上市時間，因爲它不需要冗長的光罩製作過程。EBDW 在很早以前就已經被大量生產於高價值、時間緊湊及高利潤的專業產品。但當特徵尺寸縮小且晶圓尺寸增加時，EBDW 的產率急劇下降，唯一有可能應用於 IC 製造的選擇是多重電子束EBDW，如圖 6.67(b) 所示。最近 EUV 微影技術在大量生產中的成功，使得多電子束微影技術在 IC 製造商中失去青睞，並且很少有機會應用於 IC 製造。

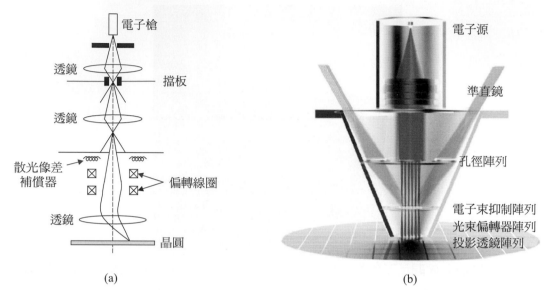

(a)   (b)

圖6.67　EBDW 系統示意圖：(a) 單電子束：(b) 多電子束 (來源：Mapper Lithography, B.V.)

儘管 EBDW 進入 IC 晶片製造的前景不太明朗，但它長期應用於光罩製造，包括 EUV 光罩。它是光罩製程中耗時且成本昂貴的製程之一，因此已開發了 EBDW 以提高光罩寫入的產量。EBDW 還被廣泛應用於大學和研究機構中，用於研究和開發微小特徵的圖案化。

6.6 極紫外光 (EUV) 微影技術

6.6.1　極紫外光 (EUV) 微影技術介紹

13.5nm 波長的極紫外光 (EUV) 微影技術，已經過長時間的開發，並應用於 7nm 節點邏輯 IC 的關鍵微影層的大量生產中。波長在 1nm 至 50nm 之間的電磁輻射，在 X 射線和紫外線之間的重疊區域，被稱爲極紫外光 (EUV)、眞空紫外光 (VUV) 和軟 X 射線。當時稱爲軟 X 射線微影技術，後來更名爲 EUV 微影，以避免與 1990 年代的 X 射線微影混淆。

極紫外線 (EUV) 微影技術的基本概念是透過大幅降低波長 (λ) 和適度降低數值孔徑 (NA)，以提高微影解析度，同時仍可以在景深 (DOF) 約 100nm 的 "舒適區" 進行量產。例如，當 $k_1 = 0.32$，$k_2 = 1.0$，$\lambda = 13.5$nm，$NA = 0.33$ 時，根據公式 (6.1) 和

公式 (6.2)，我們可以得出解析度 *R* 約為 13.1nm，並且景深 (DOF) 為 124nm。進一步增加 *NA* 可以提高極紫外顯微影機的解析度，但同時會犧牲景深的大小和極紫外線微影術的製程窗口。

由於短波長具有很強的吸收性，沒有任何材料可以製造 EUV 光學鏡片。EUV 系統需要使用鏡面反射光學，並且 EUV 光罩也是反射式的。由於空氣會吸收極紫外線 (EUV) 輻射，因此所有的 EUV 光線路徑，包括光源、光學元件、光罩台和晶圓台，都需要處於真空環境中。具有高強度 EUV 光源的全產能極紫外線微影機 (每小時 ≥ 120 片晶圓) 已經被開發出來，並已投入先進 IC 晶片的大規模生產中。

⊗ 6.6.2 　EUV 光阻

雖然在相同的需求下，都需要高解析度、高靈敏度和較低的線緣粗糙度 (LER)，但 EUV 光阻和 ArF 浸液式微影光阻是不同的。值得注意的差異在於波長：13.5nm 和 193nm。13.5nm 的光子比 193nm 的光子能量更高，分別為 92eV 和 6.4eV，因此當 EUV 光子與光阻交互作用時，它能夠產生二次電子，但 193nm 的光子不能。193nm 的光可以從晶圓表面反射回來，導致光阻中產生駐波效應，因此需要在光阻下方使用抗反射層 (ARC) 以實現高解析度。EUV 光阻不需要反射控制層 (ARC)，因為幾乎沒有 EUV 光從晶圓表面反射回來。

化學放大光阻 (CAR) 一般用於 248nm 和 193nm 微影技術。在量產上，由於 EUV 容易穿透傳統化學放大光阻而導致靈敏度不足。已經開發出使用能夠增強極紫外光 (EUV) 光子吸收的感光劑原子的 EUV CAR(卡瑞專用感光劑)，並且 EUV 微影技術已用於商業化的量產中。旋塗金屬氧化物光阻 (MOR) 很早就開發出相當低 EUV 劑量下能達成高解析度的要求。另一個方案是乾式 EUV 光阻。它是一種 CVD 金屬氧化物層，在 EUV 照射下可以改變化學組成，變得可溶於濕式顯影劑以進行濕式顯影開發，或者在乾式顯影劑中比未曝光的金屬氧化物的蝕刻速率更高。它們可能在不久的將來應用於量產上。

⊗ 6.6.3 　EUV 光源

在早期的研究和實驗中，同步加速器產生的輻射被使用於投影式 X 射線微影的光源，後來被重新命名為極紫外線 (EUV) 微影技術。同步加速器的生產率問題在很早階段就被發現。同步加速器體積龐大且昂貴，它必須服務多台 EUV 微影機，以彌補其佔地面積大和成本高的缺點。如果同步加速器出現故障，多台 EUV 微影機也會因此停擺，導致整個晶圓廠無法運作，因為缺乏冗餘設備。

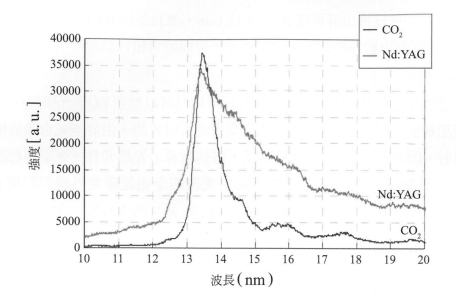

圖 6.68　LPP EUV 光譜圖。(來源：Fig. 5 of Endo, Akira, "CO2 Laser Produced Tin Plasma Light Source as the Solution for EUV Lithography", (2010). Accessed on April 30, 2022 at https://pdfs.semanticscholar.org/24d7/87144e463879cd6 17628a54b2f3b8a73109c.pdf?_ga=2.247050052.1363920540.1647887501- 961479677.1647734191)

　　而使用高功率雷射 (如二氧化碳雷射) 的雷射產生電漿 (LPP) 系統，則須利用雷射將錫 (Sn) 微滴蒸發和電離，生成錫電漿。CO_2 雷射產生的錫電漿輻射具有很寬的波長光譜，而最吸引微影工程師的是其在 13.5nm 處具有 EUV 發射峰值，並且半高全寬 (FWHM) 約為 1nm，如圖 6.68 中的藍色曲線所示。圖 6.68 中的紅色曲線是由 Nd:YAG(釹摻雜的釔鋁石榴石) 雷射產生的錫電漿 EUV 輻射。

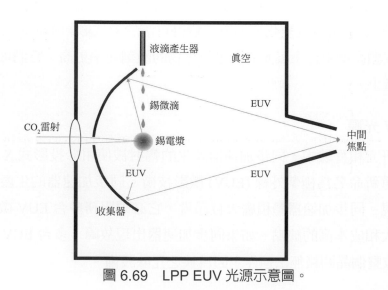

圖 6.69　LPP EUV 光源示意圖。

　　圖 6.69 為 LPP EUV 光源示意圖。其中，一個噴嘴的液滴產生器，可定期滴出錫液滴，而一個強大的雷射指向收集器的聚焦點，該聚焦點是一個有斜度的多層塗料的橢圓形 EUV 鏡片。這個多層結構由數對 (至少 40)7nm 厚的鉬 / 矽 (Mo/Si) 雙層組成。一旦錫液滴到達焦點，雷射開啓並將能量聚焦在液滴上，使其蒸發並電離，形成一個錫電漿，它會發出 EUV 光，可以透過中間的焦點收集並送入 EUV 掃描器中。雷射脈衝頻率由液滴的週期決定。在光源中有感應器監測液滴的運動並控制雷射脈衝。

　　由於空氣吸收極紫外輻射，EUV 光源位於眞空室中。只有少部分的雷射功率轉化爲極紫外線輻射，且收集器只能收集不到一半的極紫外線輻射，而且收集的反射率低於 70%。因此，大部分的雷射功率將以熱的形式散失在光源室內。爲了保持穩定的運作，收集器被加熱並保持在較高的溫度，例如 400°C，這也可以減少錫蒸氣在其表面的凝結。在收集器表面形成的 1nm 錫層可以使 EUV 反射減少 20%。若沒有妥善處理，錫蒸氣將凝結並覆蓋在收集器和室內其他元件的表面上。針對此情況，已經開發並使用了在原位用氫 (H) 電漿清潔的方法，通過化學反應 $Sn + 4H \rightarrow SnH_4$，將錫原子去除，形成氣態的鍺烷 ($SnH_4$) 化合物。

　　隨著 EUV 微影技術的成熟，越來越多的 EUV 層被加到先進 IC 製程流程中，伴隨著更多的 EUV 微影機。已經有不同的 EUV 光源被開發，如自由電子雷射。這些光源是否能成功取代 LPP 光源，取決於它們的功率是否比現有商業 EUV 光源更高，在中間焦點位置提供穩定的 EUV 光輸出，並以可盈利的成本達成。

✪ 6.6.4　EUV 光罩

　　爲了有效反射 EUV 光，需要使用厚度爲 7nm 的 Mo/Si 雙層多層膜塗層。圖 6.70 爲 EUV 光罩示意圖。其使用一個帶有背面金屬化的石英基板，這是用於靜電吸盤 (ESC) 的必需品。ESC 是半導體製造中首選的眞空吸附機制，因爲它避免機械吸附時常產生的微粒現象。在前面的部分，石英上方有 40 個或更多鉬和矽的雙層，形成 13.5nm 波長的 EUV 光的反射層，入射角爲 6° 且反射率約爲 70%。吸收層可以使用硼摻雜的鉭氮化物 (TaBN) 製成，緩衝層則可以使用氮化鉻 (CrN) 製成，並帶有矽封裝層或釕 (Ru)。緩衝層用於在保護多層薄膜於圖案化吸收層時不受損害。抗反射塗層 (ARC) 通常是一種介電薄膜，例如硼摻雜的鉭氮氧化物 (TaBON)，被沉積在 TaBN 吸收層的上方。ARC 可以最大程度地減少在 DUV 檢測波長下吸收層的反射，並提高缺陷檢測的靈敏度。

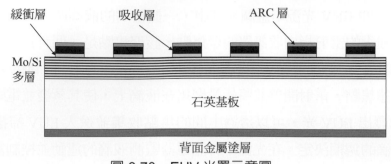

圖 6.70 EUV 光罩示意圖。

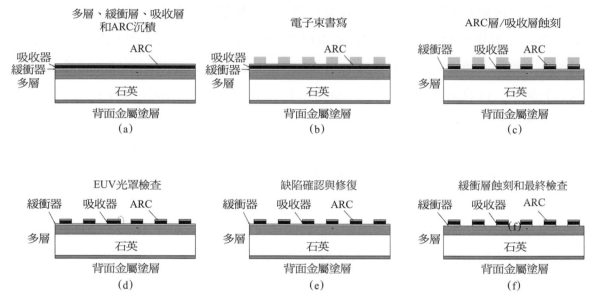

圖 6.71 EUV 光罩製造過程：(a)EUV 光罩基板形成；(b) 電子束光罩寫入；(c)ARC 和
吸收層蝕刻；(d) 光阻剝離、清潔和檢查；(e) 缺陷確認和修復；(f) 緩衝層蝕刻
和最終檢查

　　圖 6.71 為 EUV 光罩的製造過程。首先使用背面金屬化對石英基板進行清潔。
然後，沉積多層、緩衝層、吸收層和 ARC 以形成 EUV 光罩片，如圖 6.71(a) 所示。
EUV 光罩片將被徹底清潔和檢查，以確保其無缺陷。如果 EUV 光罩片上有可控的
少量缺陷，其位置將被記錄下來，以確保它們在最終的 EUV 光罩中被吸收層圖案覆
蓋，這樣這些缺陷就不會在 EUV 微影製程中被曝光出來，如圖 6.70 中多層結構中的
黑斑所示。圖 6.71(b) 顯示經過電子束光罩書寫後的 EUV 光罩基板，其中高解析度、
高能量的電子束掃描 IC 晶片設計所需移除吸收層區域。對於正光阻而言，在電子束
掃描的區域，其可溶性增加，並且在光阻顯影製程中將被溶解掉。蝕刻製程首先穿透
ARC 層，然後蝕刻掉吸收層，如圖 6.71(c) 所示。在移除光阻和清潔之後對圖案化的
光罩進行檢驗，如果檢驗製程中發現並定位到像是由於光阻底部所引起吸收層凸起的

缺陷，如圖 6.71(d) 中虛線橢圓所示，將進行電子束檢視以驗證檢驗員提供的缺陷位置，並使用電子束輔助蝕刻或沉積來修復缺陷，如圖 6.71(e)。透過一個非常溫和且高選擇性的蝕刻製程，可以移除緩衝層而不損傷下面的多層結構，然後進行最終的檢驗以完成 EUV 光罩的製造，如圖 6.71(f) 所示，該圖與圖 6.70 相同。

EUV 光罩的檢驗非常具有挑戰性，不同於 DUV 光罩檢驗可以使用透射模式和反射模式，EUV 光罩檢驗僅能使用反射模式。浸潤式 193nm 微影製程可以在晶片上形成約 78nm 的最小間距，而在光罩上的間距約為 312nm。EUV 微影製程用在晶圓上形成更小的特徵，例如約26nm的圖案間距，或EUV光罩上的104nm圖案間距，因此，EUV 光罩檢驗需要更高的解析度，但這超出光學光罩檢驗儀的靈敏度限制。理想情況下，應使用波長 13.5nm 的 EUV 微影進行 EUV 光罩的檢驗，稱為光化檢驗。理論上，EUV 光化檢驗可以捕捉由表面缺陷和相位缺陷引起的所有可曝光缺陷。相位缺陷是由嵌入或位於多層之下的缺陷所引起，如果這些缺陷沒有被吸收劑圖案所覆蓋，它可能會出現在晶圓上並影響產量，如圖 6.70 所示。目前光學光罩檢驗和電子束光罩檢驗都無法捕捉到微小但可能被轉印的相位缺陷。由於臨界 EUV 光罩檢驗系統尚未準備於量產中，因此光學光罩檢驗被用在快速檢測大型可曝光缺陷，而電子束光罩檢驗則正在開發，以彌補光學光罩檢驗無法捕捉到於表面上的微小圖案缺陷。

採用生產用 EUV 光罩曝光短迴路晶圓，並在對光罩檢驗波長最敏感的薄膜堆疊中蝕刻圖案的光罩曝光檢查方法，通過每日檢驗這些 AEI 晶圓，IC 製造商在大規模生產中可以監測 EUV 光罩的狀態，尤其是在 EUV 光罩膜片未完全準備就緒時，這點非常重要。

光罩上有一有機的薄透明層，稱為膜片 (pellicle)，它可以防止微粒落在光罩表面，避免在大量生產 IC 晶片的製程中導制缺陷轉印。落在膜片上的微粒會失焦，如果微粒尺寸不大，通常在晶圓表面上不會產生可印刷缺陷。如果沒有膜片，微粒可能會落在 EUV 光罩表面，特別是落在吸光體圖案之間或跨越吸光體圖案的多層膜上，印在晶圓上造成缺陷，且每次曝光都會出現。EUV 膜片的要求包括能夠阻擋 1x-nm 級微粒、高透射率、低反射率、均勻厚度，並具擁有足夠的機械強度，可以懸浮在完全覆蓋 104mm×132mm 倍縮光罩視野的區域上。對於一般光學光罩的膜片材料來說並不難找到，但對於 EUV 光罩來說就不容易，因為所有材料都會吸收 EUV 輻射，所以需要使用較薄且輕的材料來提高 EUV 的透射率。然而，當膜片過於薄時，可能會喪失懸浮在光罩視野上所需的機械強度。當曝光光線進入並從 EUV 光罩表面反射出來時，兩次吸收的 EUV 能量會使膜片升溫到數百 °C，並可能導致材料劣化，這也會降低 EUV 微影製程的產能，當穿透率為 90% 時，降低約 19%。在大量生產中，所需的 EUV 膜片穿透率約為 90%，目前已有可用的商業產品。對於具有較多餘且對缺陷密度具有較高容忍度的產品 (如 DRAM 晶片)，IC 製造商可能選擇不在 EUV 光罩上使用膜片。奈米碳管膜片的透射率可達到 97.7%，目前仍在研發中，未來可能可以商業化。

⊗ 6.6.5 EUV 掃描器

　　EUV 微影機是一個非常複雜且先進的工程系統，由 EUV 光源、EUV 光學系統和晶圓搬運系統組成。沿著 EUV 光學路徑上有一個 EUV 光罩台，光罩在 EUV 光的狹縫上掃描，反射自光罩表面的光並將設計好的圖案轉移到晶圓上。具有機器手臂和儲存卡匣的光罩管理系統可儲存多個光罩，在無任何微粒下從光罩台上卸載和載入光罩。EUV 微影儀還具有負載區 (load-lock) 用於晶圓的載入和卸載，以及測量站 (metrology station) 用於每個晶圓的射線對位進行預先測量和映射，以及晶圓台 (wafer stage) 用在 EUV 光學路徑結束時可以精準快速地進行步進和掃描晶圓。與 193nm ArF 微影機不同，EUV 微影光刻機需要在真空中運作，它還具有複雜的電子設備和軟體來控制真空、機械、光學、計量和溫度等。圖 6.72 為一個 EUV 微影系統，我們可以看到 EUV 系統使用基於鏡面的反射光學系統。

圖 6.72　ASML EUV 微影系統 NXE:3400B 示意圖。(來源：https://spie.org/news/photonics-focus/mayjune-2021/2020-was-a-bust-for-automotive-but-a-boom-for-semiconductors?SSO=1)

　　EUV 使用多個鏡面反射光學元件，這些鏡面是由堅固的固體基板和鏡面處理表面組成，上面塗有多對高 Z/ 低 Z 薄膜層，例如 7nm 厚的鉬 (Mo) 和矽 (Si) 雙層。爲了達到約 70% 的最佳反射率，至少需要 40 對 Mo/Si 多層膜，這稱爲多層膜鏡 (MLM)。一個具有 10 個多層膜鏡 (MLM) 和一個光罩的 EUV 系統，在 EUV 光源的中間焦點位置最多可以將 EUV 功率的 $(70\%)^{11}$ 約爲 2% 傳輸到晶片表面，而超過 98% 的 EUV 功率則會在光學路徑中的中間焦點位置以外損失。因此，低熱膨脹 MLM 基板材料和系統溫度控制對於 EUV 微影機的可靠性和生產率非常重要。已經開發出數代商業化的 EUV 微影機，每一代都以降低 k_1 值或提高 NA 值，有時兩者同步進行，以提高微影機的解析度。EUV 微影機技術路線圖顯示高 NA(0.55) 的微影機，具有 8nm 的解析度。結合多重製程技術，這將使 IC 製造商讓 IC 技術擴展到 1nm 節點甚至更高層次。

6.7 安全性

　　安全性是所有半導體生產中最重要的問題。對於微影技術，安全性主要與化學、機械及電學方面有關。

　　光學微影技術使用很多化學藥品，其中有一些具有易燃易爆炸性，而有一些則具有腐蝕和毒性。這些化學藥品通常用於濕式清洗，硫酸 (H_2SO_4) 有腐蝕性，直接接觸會引起皮膚灼傷，即使稀釋的溶液也會引起皮膚疹。過氧化氫 (H_2O_2) 是很強的氧化劑，直接接觸會引起皮膚和眼睛發炎及灼傷。二甲苯是負光阻使用的一種溶劑與顯影劑，易燃且燃點只有 27.3℃ (大約是室溫)，而且在空氣中的濃度爲 1 ～ 7% 時就具有爆炸性。重複接觸二甲苯會引起皮膚發炎。二甲苯蒸氣是甜的，與飛機黏著劑的氣味一樣；曝露在二甲苯中時會引起眼睛、鼻子和喉嚨發炎，吸入該氣體會引起頭疼、暈眩、失去食欲以及疲勞。HMDS 最常用來增加光阻在晶圓表面附著力的底層，易燃且燃點爲 6.7℃，當在空氣中的濃度爲 0.8 ～ 16% 時就有爆炸性，HMDS 會強烈的與水、酒精和礦物質酸反應釋放出氨水。TMAH 廣泛用於作爲正光阻的顯影劑，有毒也具有腐蝕性，吞下或與皮膚直接接觸就可能致命；與 TMAH 的灰塵或霧氣接觸會引起眼睛、皮膚、鼻子和喉嚨發炎，高濃度的 TMAH 吸入肺將導致死亡。

　　水銀燈管廣泛用於 I- 光 (365 nm) 紫外光源。水銀是液態，在室溫也會蒸發。水銀 (Hg) 蒸氣有劇毒，曝露在其中會引起咳嗽、疼痛、頭疼、睡眠困難、喪失食欲及肺和腎臟功能失調。氯 (Cl_2) 與氟 (F_2) 都用在準分子雷射器中作爲 DUV 和極紫外線 (EUV) 光源，兩種氣體都具有毒性，皆呈現淺綠色，具有一種強烈及刺激性的氣味，吸入高濃度的這種氣體將導致死亡。

　　紫外線可以供給束縛電子能量使其從化學鍵上斷裂，所以紫外線可以打斷原子與分子之間的化學鍵。由於有機分子具有長鏈性質，所以有機分子比較容易被較強的紫外線破壞，這就是紫外線在食物加工中用來殺菌的原因。直視微影機台的紫外線光源會造成眼睛細胞受損，因此必須使用紫外線保護鏡。

　　所有可動的元件都具有潛在機械方面的危險性，特別是機器人和狹縫氣閥。高壓的水銀燈管必須小心處理。更換燈管時需要帶上手套，因為任何留在燈管表面的指紋都會引起不均勻的玻璃加熱，這會使玻璃龜裂並引起爆炸。

　　水銀燈和雷射都使用高壓電力供電，這也是一種安全隱患。在操作這些設備之前，必須確保電源已關閉並且靜電充電器已接地。掛牌上鎖，對於避免工作人員被高壓電力所傷是極其重要的事。

6.8　本章總結

(1)　光學微影技術是一種圖案化製程，它使用紫外線將光罩或倍縮光罩上設計的圖案轉移到暫時塗佈在晶圓表面的光阻上。

(2)　正光阻被紫外線曝光後會變成可溶性的；負光阻會因為聚合物交連作用而成為不可溶性。正光阻因為有較高的解析度而較常使用。

(3)　光阻是由聚合物、感光劑、溶劑和添加劑組成。

(4)　基本的光學微影製程流程為：晶圓清洗、預烘烤和 HMDS 底層塗佈、光阻旋轉塗佈、軟烘烤、對準及曝光、曝光後烘烤、去除光學邊緣小珠、顯影、硬烘烤和圖案檢測。

(5)　晶圓清洗可以減少污染並改善光阻的附著力。

(6)　預烘烤可以去除晶圓表面的水氣，HMDS 底漆層薄膜可以幫助光阻黏附在晶圓表面。

(7)　對流恒溫烤箱、紅外線烤箱、微波烤箱和加熱平板可以用於烘烤製程。加熱平板在先進半導體工廠中最常使用。

(8)　旋轉塗佈是最常使用的光阻塗佈製程。

(9)　光阻厚度和均勻性與自旋轉速、自旋轉速增加方式、光阻溫度、晶圓溫度、空氣流速度和氣體溫度有關。

(10)　軟烘烤會將光阻內的大部分溶劑去除並使其變成固體。

(11)　軟烘烤製程中的過度烘烤會使光阻聚合，並影響曝光感光度。

(12) 軟烘烤製程中的烘烤不足會因過量的溶劑而造成模糊不清的影像，且在蝕刻或離子佈植製程中造成光阻剝離。

(13) 在對準和曝光系統方面，已經使用了接觸式曝光機、近接式曝光機、投影式曝光機和步進/掃描式曝光機。由於步進機的解析度最高，所以在先進的半導體製程中最常使用。

(14) 由於光阻分子受熱移動，所以曝光後烘烤可以緩解駐波效應。

(15) 顯影劑在顯影製程中會溶解曝光的正光阻。顯影製程對溫度非常敏感。

(16) 硬烘烤會將殘餘的溶劑從光阻中驅除，改善蝕刻和離子佈植的抵抗力，以及光阻的附著力。烘烤不足會使得光阻在蝕刻製程過程中損失；過度烘烤會引起光阻流動並影響解析度。

(17) 烘烤、塗佈和顯影製程通常與晶圓軌道系統整合在一起進行，該系統與步進機整合在一起。

(18) 較短的波長有較高的微影解析度，先進 IC 製造中通常使用的波長為 ArF 193 nm。

(19) 193nm 浸潤式微影和多種圖案化技術的結合將光學微影技術延伸到 7nm 技術節點。

(20) 極紫外線 (EUV) 微影技術已在 IC 晶片的某些關鍵圖案製程中應用，並將在未來技術節點的 IC 產品中應用於更多的微影層。

(21) 結合極紫外線 (EUV) 和多重圖案製程技術可以將 IC 的尺寸縮小至 1 奈米節點及更高以下。

習題

1. 什麼是微影技術？

2. 正負光阻有什麼區別？

3. 列出光阻的四種成分，並解釋說明各自的作用。

4. 列出微影製程流程。

5. 為什麼晶圓在光阻塗佈之前需要清洗？

6. 預烘烤和底漆塗佈的目的是什麼？

7. 列出底漆塗佈的兩種方法。哪種是先進 IC 製程中使用的？為什麼？

8. 哪些因素會影響光阻旋轉塗佈的厚度和均勻性？

9. 軟烘烤的目的是什麼？列出烘烤過度和不足的後果？

10. 列出四種曝光技術，並說明哪種解析度最高。

11. 控制曝光製程的因素是什麼？

12. 解釋曝光後烘烤的目的，PEB 中烘烤過度與不足會產生什麼問題？

13. 列出顯影製程的三個過程。

14. 解釋硬烘烤的目的。光阻硬烘烤過度和不足將產生什麼問題？

15. 微影製程後需要哪兩種製程？

16. 為什麼晶圓進入下一道製程之前需要參數測量和缺陷檢測？

17. 解釋為什麼微影技術偏好高強度、短波長的光源用於掃描儀的原因？

18. 為什麼小於四分之一微米 IC 製造過程需要 CMP 製程？

19. 解釋浸潤式微影技術怎麼提高微影解析度？

20. 雙圖案化製程工程師的觀點："光學微影技術已經到了極限，半導體不能再圖案化了。"，你同意他的觀點嗎？為什麼？

21. EUV 微影技術的波長是多少？

22. 為什麼 EUV 光學是基於反射鏡系統？

23. EUV 微影技術相比於 193nm 浸潤式微影技術的主要優勢是什麼？

24. 簡述 EUV 光罩的製造過程。

25. 哪種微影技術系統具有最長的波長？

    (a) EUV   (b) Hg I-line   (c) KrF   (d) ArF 浸潤式

參考文獻

[1]   S. M. Sze, *VLSI Technology*, second edition, McCraw-Hill Companies, Inc. New York, New York, 1988.

[2]   Berta Dinu, Stefan Fuch, Uwe Kramer, Michael Kubis, Anat Marchelli, Alessandra Navarra, Christian Sparka, and Amir Widmann, *Overlay control using scatterometry based metrology* (*SCOL*™) *in production environment,* Proc. of SPIE Vol. 6922, 69222S-1, 2008.

[3]   Ron Bowman, George Fry, James Griffin, Dick Potter and Richard Skinner, Practical VLSI Fabrication for the 90s, Integrated Circuit Engineering Corporation, 1990.

[4]   Peter van Zant, *Microchip Fabrication, a Practical Guide to Semiconductor Processes*, third edition, McCraw-Hill Companies, Inc. New York, New York, 1997.

[5]   M. D. Levenson, N. S. Viswanathan, and R. A. Simpson, *Improving Resolution in Photolithography with a Phase-Shifting Mask*, IEEE Trans. Electron Devices, vol. ED-29, 12, p. 1812-1846, 1982.

[6]   David G. Baldwin, Michael E. Williams and Patrick L. Murphy, *Chemical Safety Handbook for the Semiconductor/Electronics Industry*, second edition, OME Press, Beverly, Massachusetts, 1996.

[7]   James A. McClay and Angela S.L. McIntyre, 157nm Optical Lithography：The Accomplishments And The Challenges, Solid State Technology, Vol. 42, No. 6, p.57, 1999.

[8]   B.J. Lin, "*The k_3 Coefficient in Nonparaxial l/NA Scaling Equations for Resolution, Depth of Focus, and Immersion Lithography*, Journal of Microlithography, Microfabrication, and Microsystems, Vol. 1, No. 1, p. 7-12, April 2002.

[9]   Kafai Lai, Alan E. Rosenbluth, Saeed Bagheri, John Hoffnagle, Kehan Tian, David Melville, Jaione Tirapu-Azpiroz, Moutaz Fakhry, Young Kim, Scott Halle, Greg McIntyre, Alfred Wagner, Geoffrey Burr, Martin Burkhardt, Daniel Corliss , Emily Gallagher, Tom Faure, Michael Hibbs, Donis Flagello, Joerg Zimmermann, Bernhard Kneer, Frank Rohmund, Frank Hartung, Christoph Hennerkes, Manfred Maul, Robert Kazinczi, Andre Engelen, Rene Carpaij, Remco Groenendijk, Joost Hageman, *Experimental Result and Simulation Analysis for the use of Pixelated Illumination from Source Mask Optimization for 22nm Logic Lithography Process*, Proc. of SPIE, Vol. 7274, p. 72740A-1, 2009.

[10]   T.H.P. Chang, D.P. Kern, and L.P. Muray, *Arrayed miniature electron beam columns for high throughput sub-100 nm lithography*, J. Vac. Sci. Technol., Vol. B 10(6), p. 2743-2748, 1992.

[11] J. Alexander Liddlea, Yi Cui and Paul Alivisatos, Lithographically directed self-assembly of nanostructures, J. Vac. Sci. Technol. Vol. B 22(6), pp. 3409-3414, 2004.

[12] Mordechai Rothschild, Mark W. Horn, Craig L. Keast, Roderick R. Kunz, Vladimir

[13] Liberman, Susan C. Palmateer, Scott P. Doran, Anthony R. Forte, Russell B. Goodman,

[14] Jan H.C. Sedlacek, Raymond S. Uttaro, Dan Corliss, and Andrew Grenville, Photolithography at 193 nm, The Lincoln Laboratory Journal, Volume 10, Number 1, pp. 19-34, 1997.

[15] Kiyoshi Takamasu, et al., Sub-nanometer Calibration of CD-SEM Line Width by Using STEM, Proc. of SPIE Vol. 7638 76381K-2, (2010).

[16] Nelson M. Felix and David T. Attwood Jr. "EUV Lithography Perspective: from the beginning to HVM (Conference Presentation)", Proc. SPIE 11323, Extreme Ultraviolet (EUV) Lithography XI, 113232O (28 April 2020); https://doi.org/10.1117/12.2572271

[17] Murphy, J. B., White, D. L., MacDowell, A. A. & Wood, O. R., Synchrotron radiation sources and condensers for projection X-ray lithography. Appl. Opt. 32, 6920–6929 (1993).

[18] Akira Endo, CO2 Laser Produced Tin Plasma Light Source as the Solution for EUV Lithography, https://www.intechopen.com/chapters/8666. Accessed on March 18, 2022.

[19] Norbert R. Böwering, Alex I. Ershov, William F. Marx, Oleh V. Khodykin, Björn A. M. Hansson, Ernesto Vargas L., Juan A Chavez, Igor V. Fomenkov, David W. Myers, and David C. Brandt, "EUV source collector", Proc. SPIE 6151, Emerging Lithographic Technologies X, 61513R (24 March 2006); https://doi.org/10.1117/12.656462

[20] Daniel T. Elg, et al, In situ collector cleaning and extreme ultraviolet reflectivity restoration by hydrogen plasma for extreme ultraviolet sources, J. Vac. Sci. Technol. A 34(2), Mar/Apr 2016.

[21] E. R. Hosler, O. R. Wood, W. A. Barletta, P. J. S. Mangat, M. E. Preil, Considerations for a free-electron laser-based extreme-ultraviolet lithography program, Proc. SPIE 9422, p. 94220D, 2015. doi:10.1117/12.2085538

[22] Toshihisa Tomie, "Tin laser-produced plasma as the light source for extreme ultraviolet lithography high-volume manufacturing: history, ideal plasma, present status, and prospects," J. Micro/Nanolith. MEMS MOEMS 11(2) 021109 (21 May 2012) https://doi.org/10.1117/1.JMM.11.2.021109

[23] Claude Montcalm, Sasa Bajt, Paul B. Mirkarimi, Eberhard Adolf Spiller, Frank J. Weber, and James A. Folta "Multilayer reflective coatings for extreme-ultraviolet lithography", Proc. SPIE 3331, Emerging Lithographic Technologies II, (5 June 1998); https://doi.org/10.1117/12.309600

[24] Allain, Jean Paul & Nieto-Perez, M. & Hassanein, A. & Titov, V. & Plotkin, P. & Hendricks, Mpumelelo & Hinson, Edward & Chrobak, C. & Velden, M. & Rice, B. (2006). Effect of charged-particle bombardment on collector mirror reflectivity in EUV lithography devices. Proceedings of SPIE - The International Society for Optical Engineering. 10.1117/12.656652.

[25] Emily E. Gallagher, Ivan Pollentier, Marina Y Timmermans, Marina Mariano Juste, Cedric Huyghebaert, "CNT EUV pellicle: balancing options (Conference Presentation)," Proc. SPIE 11148, Photomask Technology 2019, 111480Z (17 October 2019); https://doi.org/10.1117/12.2539262

[26] Mark Lapedus, EUV Pellicles Finally Ready, MARCH 22ND, 2021 https://semiengineering.com/euv-pellicles-finally-ready/ , Accessed on March 23, 2022.

[27] Theodore Manouras and Panagiotis Argitis, "High Sensitivity Resists for EUV Lithography: A Review of Material Design Strategies and Performance Results", Nanomaterials 10, 1593, 2020; doi:10.3390/nano10081593

Chapter 7

電漿製程

學習目標

研讀完本章之後，你應該能夠

(1) 解釋電漿。

(2) 列出電漿的三種主要成分。

(3) 列出電漿中的三種重要碰撞及其重要性。

(4) 說明化學氣相沉積 CVD 和蝕刻製程中使用電漿的好處。

(5) 說明 PECVD 和電漿蝕刻製程的主要區別。

(6) 說明至少兩種高密度電漿系統。

(7) 說明平均自由路徑及其與壓力的關係。

(8) 解釋說明磁場在電漿中的效應。

(9) 說明離子轟擊及其和電漿之間的關係。

7.1 簡介

　　電漿製程廣泛應用於半導體製造中。例如，IC 製造中的所有圖案化蝕刻均為電漿蝕刻或乾式蝕刻，電漿增強式化學氣相沉積 (PECVD) 和高密度電漿化學氣相沉積 (HDP CVD) 廣泛用於介電質沉積。離子佈植使用電漿源製造晶圓摻雜所需的離子，並提供電子來中和晶圓表面上的正電荷。物理氣相沉積 (PVD) 利用離子轟擊金屬靶表面，使金屬濺鍍沉積於晶圓表面。遠距電漿系統廣泛應用於清潔工具的反應室、薄膜去除，及薄膜沉積中。本章涵蓋電漿的基本特性及其半導體製程上的應用，特別是蝕刻與化學氣相沉積。

7.2 電漿基本概念

　　半導體工業中，電漿被廣泛定義為具有等量正電荷和負電荷的離子氣體。簡單的表述為電漿就是具有帶電性與中性微粒相同的氣體，電漿就是這些微粒的集體行為。參考文獻 ([1] ～ [3]) 列出了電漿更詳細的資訊。

7.2.1 電漿的成分

　　電漿由中性原子或分子、負電子和正電子組成，電子濃度大約和離子濃度相等，即 $n_e = n_i$。

　　電子濃度和所有氣體濃度的比例稱為電離率。

$$電離率 = n_e/(n_e + n_n)$$

　　其中 n_e 為電子濃度，n_i 為離子濃度，n_n 為中性原子或分子濃度。電離率主要取決於電子能量，但是由於不同氣體所需的離子能量不同，所以也與氣體的種類有關。如太陽是一個充滿電漿的大球。在太陽的邊緣，由於溫度相對較低 (約 6,000℃)，電離率也就低，滿足 $n_e \ll n_n$。但在太陽中心，由於溫度相當高 (10,000,000℃)，因此幾乎所有氣體分子都被離子化。滿足 $n_n \ll n_e$ 的情況，電離率幾乎為百分之百。

　　半導體製造使用的電漿電離率通常很低，例如帶有兩平行板電極的電漿增強式化學氣相沉積反應室所產生的電離率大約為百萬分之一到千萬分之一，或小於 0.0001％。帶有兩個平行板電極的電漿蝕刻反應室，電離率稍高一些，為 0.01％ 左右。甚至對於感應式耦合電漿 (Inductively Coupled Plasma，ICP) 和電子迴旋共振 (Electron Cyclotron Resonance，ECR) 這兩種最普遍的高密度電漿源，電離率仍很低，大約為 1％ 到 5％。

　　電漿反應器的電離率主要由電子能量決定，而電子能量則由施加的功率控制。電離率也與壓力、電極間的距離、製造中使用的氣體種類有關。

⊗ 7.2.2 電漿的產生

　　產生電漿必須借助外界能量，半導體製造中有幾種產生電漿的方式。離子佈植機使用的離子源和電漿系統通常使用直流電位偏壓熱燈絲系統。多數物理氣相沉積系統都使用直流電力供應產生電漿。半導體製造中最普遍的電漿源是射頻 (Radio Frequency，RF) 電漿源。

　　多數電漿增強式化學氣相沉積和電漿蝕刻反應室中，在真空室中兩個平行板電極之間加上射頻電壓產生電漿，如圖 7.1 所示。這兩個平行電極就如同電容中的電極，所以也稱為電容耦合型電漿源。

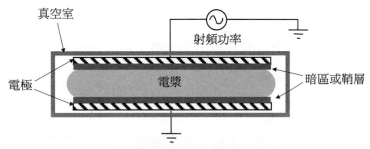

圖 7.1　電容耦合式電漿源示意圖。

　　當兩個電極透過射頻高電壓時，它們之間就產生一個交流電場。如果射頻功率足夠高，自由電子就受到交流電場的影響被加速，直到獲得足夠的能量和反應室中的原子或分子碰撞產生一個離子和另一個自由電子。由於離子化碰撞是一連串的反應，因此整個反應室就迅速充滿了等量的電子和離子，也就是充滿了電漿。

　　電漿中，有些電子和離子透過與電極和反應室的室壁發生碰撞，並利用電子和離子之間的再結合碰撞，最後持續損失或被消耗掉。當利用離子化碰撞產生電子的速率和電子損失速率相等時，這個電漿就處於穩定狀態。

　　其他電漿包括直流 (DC) 電漿源、感應式耦合電漿 (ICP)、電子迴旋共振 (ECR) 及微波 (MW) 遠距電漿源。

問題

如果電漿製程反應室沒有第一個電子，就無法開始產生電漿。那麼第一個電子是從哪裡產生的？

解答

可能由宇宙射線產生，也有可能是經過加熱 (產生熱電子) 或自然放射性衰變產生。

 ## 7.3 電漿中的碰撞

電漿中有兩種碰撞：彈性碰撞和非彈性碰撞。彈性碰撞經常發生，但由於彈性碰撞過程中，碰撞分子間沒有能量交換，因此並不重要。許多非彈性碰撞同時發生在電漿中：電子和中性分子、中性分子和離子、離子和離子、電子和離子等之間的碰撞。任何碰撞在電漿中都有可能發生，不同的碰撞有不同的發生機率，所以每種類型的重要性也不相同。對於使用在半導體製程中的電漿，有三種碰撞最重要：離子化碰撞，激發 - 鬆弛碰撞，以及分解碰撞。

🞋 7.3.1 離子化 (Ionization)

當電子與原子或分子碰撞時，會將部分能量傳遞給受原子核或分子核束縛的軌道上。如果軌道電子獲得的能量足以脫離核的束縛，就會變成自由電子 (如圖 7.2 所示)。這個過程稱為電子衝擊電離 (Impact Ionization)。離子化碰撞可表示為：

$$e^- + A \rightarrow A^+ + 2e^-$$

其中 e^- 代表電子，A 代表中性原子或分子，A^+ 代表正離子。離子化是非常重要的，因為它將產生並維持電漿。

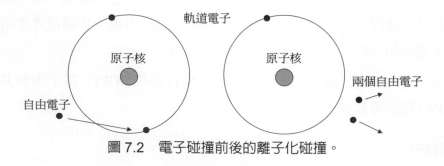

圖 7.2　電子碰撞前後的離子化碰撞。

⊗ 7.3.2 激發 - 鬆弛碰撞 (Excitation-Relaxation)

有時軌道電子無法從碰撞過程中獲得足夠能量逃脫原子核的束縛。然而，如果碰撞能夠傳遞足夠的能量使軌道電子跳躍到能量更高的軌道層時 (如圖 7.3 所示)，這個過程稱為激發，可以表達為：

$$e^- + A \rightarrow A^* + e^-$$

其中 A^* 是激發狀態下的 A，表示它有一個電子在能量較高的軌道層。

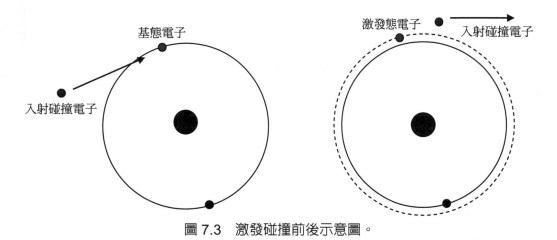

圖 7.3　激發碰撞前後示意圖。

激發狀態不穩定且短暫，處於激發態軌道的電子不能在能量較高的軌道層中停留太久，將落回到最低的能階或基態，這個過程稱為鬆弛。激發原子或分子將迅速鬆弛到原來的基態，並且以光子的形式把從電子碰撞過程中獲得的多餘能量釋放出來，這就是發光。

$$A^* \rightarrow A + h\nu\,(\text{光子})$$

其中 $h\nu$ 是光子能量，h 是普朗克常數，而 ν 為決定電漿發光顏色的發光頻率。不同原子或分子有不同的軌道結構和能階，因此發光頻率也就不同，這說明為什麼不同氣體在電漿中會呈現出各種不同的顏色。氧氣發出的光呈灰藍色，氮氣為粉紅色，氖氣是紅色，而氟氣為橘紅色。

圖 7.3 和圖 7.4 說明了激發 - 鬆弛過程。半導體製造中廣泛應用監測電漿的發光變化決定蝕刻和 CVD 反應室清潔過程的終點。我們將在本書的第九章和第十章將對這些內容詳細討論。

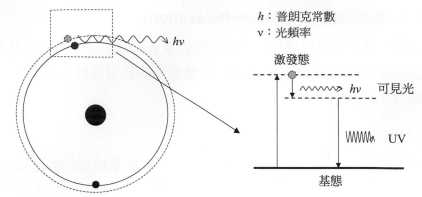

圖 7.4 鬆弛過程示意圖。

⊗ 7.3.3 分解碰撞 (Dissociation)

當電子和分子碰撞時，如果因碰撞傳遞到分子的能量比分子的化學鍵能量高時，就能打破化學鍵產生自由基 (Free Radicals)。分解碰撞可以表示如下：

$$e^- + AB \rightarrow A + B + e^-$$

其中 AB 是分子，而 A 和 B 是由分解碰撞產生的自由基，自由基至少帶有一個不成對電子，因此並不穩定。自由基在化學上非常活躍，能奪取其他原子或分子的電子形成穩定的分子。自由基能增強蝕刻和 CVD 反應室的化學反應。圖 7.5 說明了分解碰撞過程。

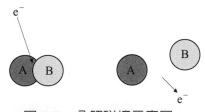

圖 7.5 分解碰撞示意圖。

例如，在氧化物蝕刻和 CVD 反應室清潔過程中，氟碳氣體 (如 CF_4) 在電漿中被用來產生自由的氟自由基 F：

$$e^- + CF_4 \rightarrow CF_3 + F + e^-$$

或在 PECVD 氧化物的過程中，使用矽源材料矽烷 (SiH_4) 和氧前驅氮氧化物 (NO_2，笑氣) 產生自由基：

$$e^- + SiH_4 \rightarrow SiH_2 + 2H + e^-$$
$$e^- + NO_2 \rightarrow N_2 + O + e^-$$

F、SiH_2 和 O 等自由基在化學上非常活潑，這也就是為什麼電漿能增強 CVD 和蝕刻的化學反應。

問題

為什麼在鋁和銅濺鍍製程中，分解碰撞不重要？

解答

鋁和銅濺鍍過程中只使用惰性氣體氬氣。與其他氣體不同的是惰性氣體是以原子形式而不是分子形式存在的。因此在氬氣電漿中並不會產生分解碰撞。

問題

PECVD 製程中有分解碰撞嗎？

解答

有。在氮化鈦沉積製程中，將用到氬氣和氮氣。在電漿中，氮氣將會被分解而產生自由基 N，自由基 N 繼續和鈦反應產生鈦靶表面的氮化鈦，氬離子會將氮化鈦分子從鈦靶表面濺鍍出來使其沉積在晶圓表面。TaN 的沉積過程類似於這個製程過程。

● 7.3.4　其他碰撞

電漿中的其他碰撞，如再結合、電荷交換、間隙角度散射，和中性分子對中性分子碰撞等，在 PECVD 和電漿蝕刻中都不重要。

有些碰撞結合了兩種或兩種以上的碰撞過程。表 7.1 顯示了一些可能發生在 PECVD 矽烷電漿中的碰撞形式。可以看出表中所有的碰撞都是分解碰撞 (有些是分解和激發的結合，有些則是分解和離子化的結合)。

表 7.1　電漿中可能的碰撞過程。

碰撞	副產品	所需的能量
$e^- + SiH_4 \rightarrow$	$SiH_2 + H_2 + e^-$	2.2 eV
	$SiH_3 + H + e^-$	4.0 eV
	$Si + 2 H_2 + e^-$	4.2 eV
	$SiH + H_2 + H + e^-$	5.7 eV
	$SiH_2^* + 2H + e^-$	8.9 eV
	$Si^* + 2H_2 + e^-$	9.5 eV
	$SiH_2^+ + H_2 + 2 e^-$	11.9 eV
	$SiH_3^+ + H + 2 e^-$	12.32 eV
	$Si^+ + 2H_2 + 2 e^-$	13.6 eV
	$SiH^+ + H_2 + H + 2 e^-$	15.3 eV

問題

表 7.1 中哪種碰撞最有可能發生？爲什麼？

解答

需要最小能量的碰撞是最有可能發生的碰撞。對於電子，獲得較低能量比較高能量容易得多。當電場強度、壓力和溫度都一樣時，一個電子只要加速小段距離就可以獲得足夠的能量 (2.2eV) 產生第一次碰撞。對於表 7.1 最後的反應 (15.3eV)，電子需要加速很長的距離而且不發生碰撞才能獲得所需的能量，這樣的機率很小。

7.4 電漿參數

主要的電漿參數包括平均自由路徑 (Mean Free Path，MFP)、熱速度、磁場和波茲曼分佈。

7.4.1 平均自由路徑

平均自由路徑 (MFP) 的定義是微粒和微粒碰撞前能夠移動的平均距離。MFP 或 λ 可表達成以下公式：

$$\lambda = \frac{1}{\sqrt{2}n\sigma} \tag{7.1}$$

其中 n 是微粒密度，σ 是碰撞截面。高微粒密度將造成較多的碰撞使 MFP 縮短。大微粒有大的機率和其他微粒發生碰撞，因此 MFP 也較短。從上述的公式中，可以看出 MFP 主要取決於反應室的壓力，因爲壓力決定微粒的密度。由於不同氣體分子有不同尺寸或截面，因此反應室中的氣體也會影響 MFP。

例題 7.1

如果一個分子的直徑爲 3Å，密度爲 $3.5 \times 10^{16} \text{cm}^{-3}$ (理想的氣體密度爲 1 托或 1mm Hg)，請計算這個分子的平均自由路徑。

解答

$\lambda = 1/(\ \sqrt{2}\ \times 3.5 \times 10^{16} \times \pi \times (3 \times 10^{-8}/2)^2) = 0.029 \text{ cm}$

由圖 7.6 我們可以輕易看出當氣體密度較高時 MFP 較短 (a)；而當氣體密度較低時，MFP 就較長 (b)。大微粒的截面積較大，掃過的空間也較大。與一般或較小的離子相比，大微粒有更多機率和其他微粒發生碰撞使其具有較短的 MFP。改變壓力會改變微粒密度，也因此會影響 MFP：

$$\lambda \propto \frac{1}{p}$$

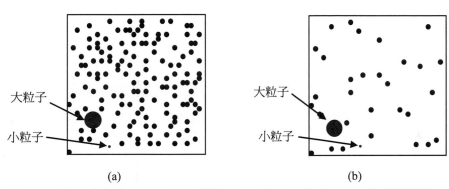

圖 7.6　(a) 具有較短 MFP 的高壓情況；(b) 具有較長 MFP 的低壓情況。

當壓力降低時，MFP 就會增加；而當壓力減小時，微粒密度就會降低，因此碰撞的頻率就降低。空氣中的氣體分子 MFP 大約為：

$$MFP(cm) \approx 50\,/\,p \ (mTorr)$$

由於電子的尺寸較小，因此 MFP 是尺寸的兩倍：

$$\lambda_e(cm) \approx 100\,/\,p \ (mTorr)$$

PECVD 通常在 1～10 Torr(托) 真空下進行；因此在 PECVD 反應室中，電子的 MFP 為 0.01～0.1 cm。蝕刻過程中的壓力較低，從 3 毫托到 300 毫托。所以在蝕刻反應室中，電子的 MFP 在 0.33～33 cm 之間變化。

平均自由路徑是電漿的重要參數，能透過反應室的壓力控制，而且平均自由路徑也影響製程結果，特別是在蝕刻過程中，平均自由路徑會有顯著影響。當電漿反應室的壓力改變時，MFP 也發生變化。同時離子的轟擊能量和離子的方向也受反應室壓力的影響，這樣會改變蝕刻中的蝕刻速率和蝕刻輪廓，以及 PECVD 中的薄膜應力。電漿的聚集態也會因電子的 MFP 改變而不同。當壓力較高時，電漿比較集中在電極附近；但是當壓力較低時，電漿則分佈在反應室的各處。壓力會影響電漿的均勻性並改變整個晶圓的蝕刻速率或沉積速率。

問題

為什麼需要真空反應室產生穩定的電漿？

解答

在一個標準大氣壓下 (760 Torr 或 760 mmHg)，電子的平均自由路徑很短。除非在強大電場條件下，否則要使電子獲得足夠的能量使氣體電離相當困難。然而當電場很強時，電漿通常將形成弧光放電，這並不是穩定的輝光放電，所以需要在真空室環境下產生穩定的電漿。

7.4.2 熱速度

電漿中的電子、離子和中性分子，因為受外界電能和熱運動作用而不斷移動。由於電子最輕最小，因此比離子和中性分子容易吸收外界能量。在電漿中，電子總是比離子和中性分子移動的快。

如果我們將電子的質量和最輕的氫離子比較，質量比為 1：1836。PECVD、蝕刻和 PVD 過程中最常用的離子是氧離子、氬離子、氯離子和氟離子，它們都比氫離子重。因此這些離子都比電子重得多，兩者至少相差 10,000 倍。然而透過電能提供給電漿的能量，電子和離子得到的相同，這是因為電能只與電荷和電場有關。

$$F = qE$$

其中 F 是帶電微粒所受的力，q 為電荷 (電子帶負電而離子為正電荷)，E 為外界提供的電場，如射頻、直流或微波產生的電場。帶電微粒的加速度可以表示為：

$$a = \frac{F}{m} = \frac{qE}{m}$$

其中 m 是帶電微粒的質量。由於電子的質量比離子質量的萬分之一還小，因此它們的加速度比離子快一萬倍以上，這就如同摩托車的加速度比卡車快一樣。如果摩托車上裝的是卡車的強力引擎，它的加速度會非常快，或如果卡車上裝的是摩托車引擎，那麼它的慢速度會造成嚴重的交通阻塞。

大多數的蝕刻和 CVD 電漿源都使用射頻功率。射頻功率能產生一個交流電場，並能快速改變方向。電子在射頻電場正週期中快速加速並開始碰撞，如電離、激發及分解，並在負週期中重複這些過程。由於離子太重無法立即對這個交流電場作出反應，所以大部分射頻能量都被反應快且重量輕的電子吸收。這個過程如同摩托車與大卡車同時開在公路上，每一個交叉路口都有停車旗標，摩托車不論起跑和停止都很快，而大卡車起跑慢，停下來也慢。因此可以看出在這種公路上，摩托車的平均速度比大卡車高很多。

低頻功率時，離子所獲得的能量比在高頻功率獲得的能量稍高。低頻使離子有較多的反應時間，所以能把離子加速到具有較高的能量，也因此能夠提供更多的能量在離子轟擊上。

無論是哪種情況，電漿中電子的溫度總是比離子或中性分子的高，熱速率可以表示爲：

$$v = (k_B T / m)^{1/2} \tag{7.2}$$

其中 $k_B = 1.38 \times 10^{-23}$ $J/\,°K$ 是波茲曼常數，T 爲溫度，m 是微粒質量。對於射頻功率在兩個平行電極內所產生的電漿或電容耦合型電漿，電子的溫度 T_e 大約爲 2eV。這裏的電子伏特 (1eV) 相當於 11,594°K 或 11,321℃。電子的熱速度可以計算爲：

$$v_e \approx 4.19 \times 10^7 T_e^{1/2} \approx 5.93 \times 10^7 \,\text{cm/sec} = 1.33 \times 10^7 \,\text{mph}\ （溫度 T 以 eV 爲單位）$$

電子在電漿中的移動速度比太空梭移動的速度還快。氬離子溫度 $T_{Ar} \approx 0.05eV$，氬離子 (Ar$^+$) 的加熱速度 $v_i = 3.46 \times 10^4 \,\text{cm/sec} = 774$ mph。離子的移動速度大約和飛機相同，但比電子要慢許多。

● 7.4.3　磁場中的帶電微粒

在磁場中，帶電微粒所受的磁場力相當於：

$$\mathbf{F} = q\mathbf{v} \times \mathbf{B} \tag{7.3}$$

其中 q 是微粒的電荷，$\mathbf{v}$ 是微粒的速度，$\mathbf{B}$ 是磁場線密度或磁場強度。由於磁場力總是和微粒速度相互垂直，所以帶電微粒將沿著磁場線呈螺旋狀，這種運動稱爲螺旋運動 (Gyro-motion)（如圖 7.7 所示）。

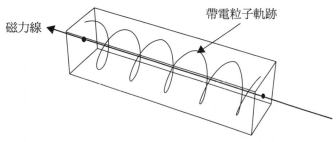

圖 7.7　帶電微粒在磁場中的螺旋運動。

　　帶電微粒在磁場中的螺旋運動是電漿的一個重要特徵，在半導體製程上有許多應用。許多電容耦合型電漿蝕刻反應室都帶有磁場線圈產生磁場形成電子的螺旋運動，這有助於在低壓下產生並維持高密度的電漿。電子迴旋共振 (Electron Cyclotron Resonance, ECR) 是最普遍的高密度電漿源之一，它使用了磁場和微波功率源。當微波頻率和電子的迴旋頻率相等時，微波就與電子產生共振且在相當低的壓力下產生高密度電漿。

　　離子佈植機是另一種使用磁場的製程工具。對於離子佈植機內的分析儀，磁場線圈直流產生的強磁場能夠彎曲高能離子軌道。由於電荷 / 質量 (q/m) 比不同，離子在磁場中的軌道也不同，因此它們將從磁場中的不同位置發射出來。這樣可以精確選擇所需要的離子，並捨棄所有不需要的離子。

　　帶電微粒環繞磁場線的頻率稱為螺旋轉動頻率，即 Ω，可表示為：

$$\Omega = \frac{qB}{m} \tag{7.4}$$

　　對於具有固定電荷和特定質量的帶電微粒，我們可以發現其螺旋轉動頻率主要取決於磁場強度 B。電子的螺旋轉動頻率是 Ω_e(MHz) = 2.8 B(高斯)。

　　迴旋的半徑稱為螺旋轉動半徑 (Gyroradius, ρ)，可表示如下：

$$\rho = v_\perp / \Omega$$

　　其中 $v_\perp$ 是與磁力線垂直的微粒速度。對於一個電子，螺旋轉動半徑 ρ_e(cm) = 2.38 $T_e^{1/2}/B$；其中 T_e 是以電子伏特 (eV) 為單位的電子溫度，B 的單位是高斯。離子螺旋轉動半徑可表示為：ρ_i(cm) = 102(AT_i)$^{1/2}$/ZB。其中 A 是離子的重量，Z 是離子所帶的電離電荷數，這兩個數值均為整數。離子的質量 $m_{ion} = Am_p$，其中 m_p 是質子的質量，相當於 1.67×10^{-27} 克，離子的電荷 $q = Ze$，其中電子的電量 $e = 1.6 \times 10^{-19}$ 庫倫。

> ### 例題 7.2
>
> 在氫濺鍍反應室中，如果電子的溫度為 $T_e \approx 2$ eV，氫離子的溫度為 $T_i \approx 0.05$ eV，磁場強度 B 為 100G，氫離子的 $A = 40$，$Z = 1$ 時，請求出電子和離子的螺旋半徑是多少？

解答

電子的螺旋半徑為：

$\rho_e = 2.38 \times 2^{1/2}/100 = 0.034 \text{ cm}$

氬離子的螺旋半徑為：

$\rho_i = 102 \times (40 \times 0.05)^{1/2}/100 = 1.44 \text{ cm}$

例題 7.3

如果離子佈植設備中的分析儀磁場 $B = 2000$ 高斯，氬離子能量為 $E_{Ar} = 200 \text{ keV}$，請求出螺旋半徑？

解答

$\rho_i = 102 \times (40 \times 200,000)^{1/2}/2000 = 144 \text{ cm}$

7.4.4 波茲曼分佈

熱平衡電漿中，電子和離子的能量服從波茲曼分佈，如圖 7.8 所示。電容耦合型電漿源的平均電子能量為 2～3 eV。電漿中離子能量主要取決於反應室的溫度，大約是攝氏 200～400℃ 或 0.04～0.06 eV。

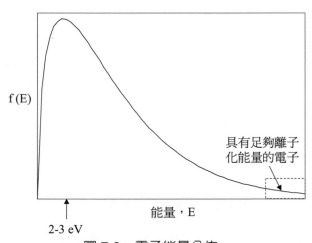

圖 7.8　電子能量分佈。

從圖 7.8 中，可以看出大多數電子的能量平均值在 2～3 eV 左右，很少有電子具有電離所需的大約 15eV 能量。這說明為什麼平行板電漿源的電離率很低。

問題

如果電漿源中的電子溫度為 1keV(大約為 11,600,000℃，相當於太陽核心溫度)，請問這個電漿的游電離率是多少？

解答

大約 100%。

7.5 離子轟擊

由於電子的移動速度比離子快得多，所以當電漿產生後，任何接近電漿的東西 (包括反應室牆壁和電極) 都會帶負電。帶負電的電極排斥帶負電的電子而吸引帶正電的離子，因此電極附近的離子比電子多。

由正電荷與負電荷的差值在電極附近形成的電場稱為鞘層電位 (參見圖 7.9)。由於該區的電子較少所以也較少發生激發 - 鬆弛碰撞，該區內的發光不如大量電漿那樣強烈。可以在電極附近觀察到一個黑暗區域。鞘層電位將離子加速向電極移動，並造成離子轟擊。將一片晶圓放在電極上方，就可利用鞘層電位形成的離子加速使晶圓表面受到轟擊。

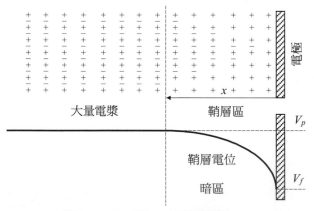

圖 7.9　電漿顯示的鞘層電位。

離子轟擊是電漿的一個重要特徵。任何接近電漿的材料都會受到離子轟擊，這將影響蝕刻的速率、選擇性和輪廓。並且影響 PECVD 和 HDP-CVD 製程中的沉積速率和薄膜應力。

離子轟擊有兩個參數：離子的能量和離子的流量。離子能量和外部的功率供給、反應室壓力、電極間的間距及製程過程所使用的氣體有關。離子流量和電漿的密度有關，也取決於外部的功率供給、反應室壓力、電極間的間距及反應室的氣體。

　　射頻電漿系統中，射頻頻率會影響離子的能量。例如在 13.56MHz 高頻下，電子將吸收多數能量而離子保持"冷凍靜止"。頻率較低如 350kHz 時，雖然大多數能量仍由電子吸收，但在變化緩慢的交流電場中，離子卻有機會從射頻功率中獲得能量。如果用以前所講的兩個車子比較，這種情況就如同增加每個停車旗標之間的距離 (從只有一個路口的距離改爲一公里的距離)。這樣雖然摩托車能夠快速加速或停止並在平均速度上佔優勢，但因爲這種"道路"可使卡車達到高速並將速度維持一段時間，因此卡車的平均速度也會大幅增加。

問題

爲什麼 13.56MHz 是射頻系統中最常使用的頻率？

解答

因爲各國政府必須遵守國際條約管制射頻的使用，避免不同應用之間的相互干擾。如果射頻干擾到空中的交通控制無線電信號，就有可能造成嚴重的後果。工業製造中分配給醫藥和科學研究的射頻是 13.56 MHz。這個頻率的射頻產生器已經應用於商業用途，比其他如 2 MHz、1.8 MHz 等頻率更具有經濟效益。

7.6 直流偏壓

　　在射頻系統中，射頻電極的電位如同電漿電位一樣變化很快。由於電子的移動速度遠遠快於離子，並且任何接近電漿的東西都會帶負電，所以電漿的電位永遠高於附近的其他東西。

　　如圖 7.10 中的電漿電位曲線 (實線)。當射頻電位 (虛線) 在正週期內時，電漿的電位高於射頻電極的電位。當射頻電位變成負時，電漿電位並未向負方向移動。電漿電位必須維持比接地電位高的狀態。當射頻電位再返回到正週期時，電漿電位也提高，因此電漿電位在整個迴圈週期內都比接地電位高 (參見圖 7.10)。這樣大量電漿與電極之間將保持一個直流電位差值，這種差值稱爲直流偏壓。離子**轟擊**的能量取決於直流偏壓。PECVD 反應室中平行板電極間的直流偏壓大約爲 10 ～ 20 V。直流偏壓主要取決於射頻能量，同時也與反應室壓力及製程過程中的氣體類型有關。

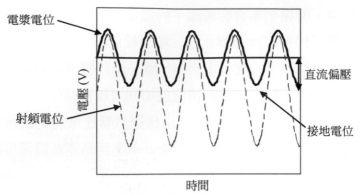

圖 7.10　直流偏壓與射頻功率的關係。

當射頻能量增加時，射頻電位的振幅也增加，電漿電位和直流偏壓也會增加（如圖 7.11）。

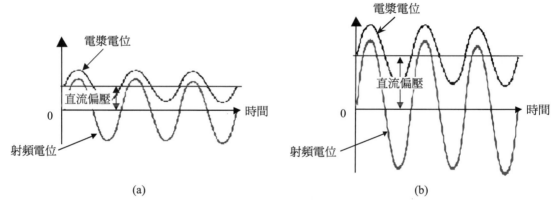

圖 7.11　直流偏壓情況：(a) 低射頻功率；(b) 高射頻功率。

電漿電位取決於射頻功率、壓力及電極間的間距。對於兩個電極面積相同的對稱系統（如圖 7.12 所示），電極的直流偏壓大約為 10 ～ 20 V。大多數 PECVD 系統都是這種結構。

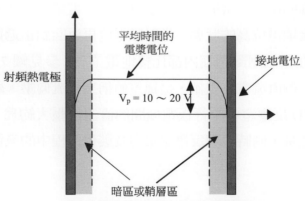

圖 7.12　具有對稱電極的射頻電漿電位。

　　由於射頻功率影響電漿的密度，因此電容耦合型（平行板）電漿源無法獨立控制離子的能量和離子的流量。

　　圖 7.13 顯示了在一個不對稱電極電漿源中的電壓情況，這兩個電極具有不同面積。電流的連續性將產生所謂自偏壓，即在較小的電極上形成的負偏壓。鞘層電壓取決於兩個電極面積的比例（如圖 7.14 所示）。理想狀態下（鞘層區無碰撞發生）電壓和電極區域的關係為：

$$\frac{V_1}{V_2} = (\frac{A_2}{A_1})^4 \tag{7.5}$$

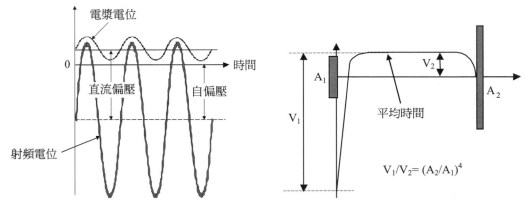

圖 7.13　非對稱電極射頻系統直流電位。　　　圖 7.14 非對稱電極系統電漿電位。

　　其中 V_1 是直流偏壓，也就是大量等離體與射頻電極之間的電位差。V_2 是電漿電位（電漿接地）。自偏壓等於 $V_1 - V_2$（從射頻端到接地的電壓）。越小的電極有越大的鞘層電壓，這樣也就能產生較高能量的離子轟擊。

　　大多數蝕刻反應室都使用不對稱電極，並將晶圓放在較小的射頻電極上使得在整個射頻週期內獲得較高能量的離子轟擊。蝕刻需要較多的離子轟擊，較小電極上的自偏壓能增加離子轟擊的能量。對於對稱平行電極的射頻系統，兩個電極遭受的離子轟擊能量基本相同。但對於需要大量離子轟擊的製程過程，如電漿蝕刻，不但會產生微粒污染，也會縮短反應室內零件的壽命。

問題

如果電極的面積為 1：3，問直流偏壓和自偏壓之間的差值是多少？

解答

直流偏壓為 V_1，，自偏壓為 $V_1 - V_2$。因此，差值為：

$[V_1 - (V_1 - V_2)] / V_1 = V_2 / V_1 = (A_1 / A_2)^4 = (1/3)^4 = 1/81 = 1.23\%$

在這種情況下，直流偏壓 V_1 明顯大於電漿電位 V_2，並且非常接近自偏壓。許多人將射頻端和接地間的電位差，稱爲 "直流偏壓"，也就是自偏壓。它們近到可以忽略電漿電位 V_2，並且也很難測量。直流偏壓決定離子轟擊的能量大小。

問題

是否可以在電漿中插入金屬探針測量電漿電位 V_2？

解答

可以。但是當探針靠近電漿時，會受到電子快速運動的影響而帶負電，並在表面和電漿間形成鞘層電位。因此測量結果由鞘層電位的理論模型決定，然而這個理論模型至今沒有被完善。

7.7 電漿製程優點

電漿對半導體技術的作用有以下幾點：離子轟擊對濺鍍沉積、蝕刻和 CVD 薄膜應力控制非常重要；透過電子電離分子產生的自由基，將大大提高 CVD 和蝕刻製程的化學反應速率；電漿中受激發 - 鬆弛機制而產生的輝光能夠顯示電漿蝕刻和電漿反應室清潔過程中的光學終點。

7.7.1 CVD 製程中的電漿

CVD 製程中使用電漿的主要優點有：

- 較低溫度下獲得高沉積速率。
- 利用離子轟擊控制沉積薄膜的應力。
- 利用氟爲主的電漿對沉積反應室進行乾式清洗。
- 高密度電漿源具有優良的間隙填充能力。

電漿中，透過過份解碰撞過程所產生的自由基能有效提高化學反應速率，這樣將顯著增加沉積速率，尤其對於第一次鋁金屬化之後必須在較低溫度下進行金屬連線的製程。

PECVD 中的電漿

PECVD 製程是第一次鋁金屬化之後的金屬層間介電質 (IMD) 沉積必須的製程過程，透過比較以矽烷爲主的矽氧化物 PECVD 和 LPCVD 過程，可以很明顯表現出 PECVD 在低溫（低於 450℃）的優點。

矽烷氧化物 PECVD 中，某些分解碰撞如下所示：

$$e^- + SiH_4 \rightarrow SiH_2 + 2H + e^-$$
$$e^- + N_2O \rightarrow N_2 + O + e^-$$

SiH_2 和 O 都是帶有不成對電子的自由基，因此非常容易起反應。加熱晶圓的表面上會迅速反應產生二氧化矽。

$$SiH_2 + 2O \rightarrow SiO_2 + 其他揮發性副產品$$

LPCVD 矽烷氧化物沉積使用了 SiH_4 和 O_2。當 SiH_4 靠近加熱的晶圓表面時，會因受熱而分解成 SiH_2。然後 SiH_2 再以化學吸附方式附著在晶圓表面，並且和氧產生反應而在晶圓表面上形成二氧化矽。

$$SiH_4 \rightarrow SiH_2 + H_2$$
$$SiH_2 + O_2 \rightarrow SiO_2 + 其他揮發性副產品$$

沉積 IMD 的 CVD 必須在低溫下 (低於 400℃) 進行，因為鋁導線無法承受高溫，因此如果沒有電漿製程，CVD 的化學反應速率就會變得很低，使得低溫下的沉積速率也變得很低。因此低溫 LPCVD 必須在批量系統下進行才能達到合理的產量。表 7.2 是比較 PECVD 和 LPCVD 在 400℃時進行 IMD 矽烷氧化物沉積的對照表。

表 7.2　PECVD 和 LPCVD 矽烷二氧化矽製程比較。

製程名稱	LPCVD (150 mm)	PECVD (150 mm)
化學反應	$SiH_4 + O_2 \rightarrow SiO_2 + \cdots$	$SiH_4 + N_2O \rightarrow SiO_2 + \cdots$
製程參數	p = 3 Torr，T = 400℃	p = 3 Torr，T = 400℃及 RF = 180 W
沉積速率	100～200Å/min	≥ 8000Å/min
製程設備	批量系統	單一晶圓系統
晶圓與晶圓均勻性	難控制	易控制

應力控制

薄膜應力是由於兩種不同材料的不匹配在兩種材料介面產生的一種力。PECVD 中的離子轟擊可用來控制 CVD 薄膜的應力。對於介電質薄膜 (特別是氧化矽薄膜)，壓縮應力是比較有益的。矽加熱時膨脹率比氧化矽要快。如果薄膜應力在室溫下是壓縮應力，則晶圓在下一個製程過程中的加熱會使基板膨脹得更快，用以解除氧化矽薄膜間的壓縮應力。如果氧化矽薄膜在室溫下具有張力，加熱時的張力就會變得更強。高強度的張力會引起薄膜斷裂，極端情況下甚至造成晶圓破裂。

離子轟擊透過碰撞分子使薄膜緻密，這樣會使薄膜應力變得更加收縮。增加射頻功率能提升離子轟擊的能量和流量，因而造成 PECVD 薄膜應力更加收縮。PECVD 的優點之一在於射頻系統的功率能獨立控制 PECVD 薄膜應力，而且不會對其他沉積特性造成影響，例如沉積速率和薄膜均勻性。本書第十章將作詳細討論。

反應室淨化

CVD 過程中，不僅在晶圓表面出現沉積，製程室的零件和反應室的牆壁上也都會有沉積。零件上所沉積的薄膜必須定期清除以維持穩定的製程條件，避免造成晶圓的微粒污染。大多數 CVD 反應室都使用以氟為主的化學反應氣體進行清潔。

矽氧化物 CVD 反應室中的電漿清潔中，通常會使用碳氟化合物氣體，如 CF_4、C_2F_6 和 C_3F_8。這些氣體在電漿中分解並釋放氟自由基。化學反應式表示如下：

$$e^- + CF_4 \rightarrow CF_3 + F + e^-$$
$$e^- + C_2F_6 \rightarrow C_2F_5 + F + e^-$$

氟原子是最容易發生反應的自由基之一，它會和電漿來的離子轟擊相互結合並且會迅速和矽氧化物形成氣態化合物 SiF_4，並很容易從反應室中抽出：

$$F + SiO_2 \rightarrow SiF_4 + O + 揮發性副產品$$

鎢的 CVD 反應室一般使用 SF_6 和 NF_3 作為氟元素的來源。氟自由基會和鎢產生反應形成具有揮發性的六氟化鎢 (WF_6)，透過真空泵能將 WF_6 從反應室內抽除。

電漿反應室的清潔步驟能夠透過監測氟元素在電漿中的發光特性而自動終止，以避免引起反應室過度淨化。本書第十章將對這些內容詳細討論。

間隙填充

當金屬線之間的間隙縮小到 0.25 微米而深寬比為 4：1 時，大部分 CVD 沉積技術無法做到無空洞的間隙填充。能夠填充這樣一個狹窄間隙卻又不會造成空洞的方法就是高密度電漿 CVD (HDP-CVD)(參見圖 7.15)。HDP-CVD 製程將在本書第十章中描述。

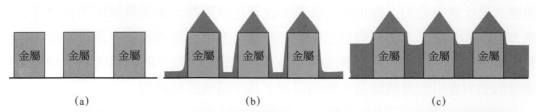

(a)   (b)   (c)

圖 7.15 高密度電漿 CVD 間隙填充製程示意圖：(a) 開始沉積；(b) 同時沉積和濺射；(c) 由下而上的間隙填充

⊗ 7.7.2 電漿蝕刻

與濕式蝕刻相比，電漿蝕刻的優點除了非等向性蝕刻輪廓、自動終點監測和化學品消耗量較低外，也具有合理的高蝕刻速率、好的選擇性及好的蝕刻均勻性。

蝕刻輪廓的控制

電漿蝕刻廣泛應用於半導體製造之前，大部分的晶圓廠都使用濕式化學蝕刻完成圖案化轉移。然而濕式蝕刻是一種等向性過程 (每一個方向都以同一速率蝕刻)。當特徵尺寸小於 3 微米時，就會因為等向蝕刻形成底切而限制濕式蝕刻的應用。

電漿過程中，離子會不斷轟擊晶圓表面。利用離子轟擊，無論是晶格損傷機制或側壁保護膜機制，電漿蝕刻都能形成非等向性的蝕刻輪廓。透過降低蝕刻過程的壓力，就能增加離子的平均自由路徑，進而減少離子碰撞以獲得更好的輪廓控制。

蝕刻速率和蝕刻選擇性

電漿中的離子轟擊有助於打斷表面原子間的化學鍵，這些原子將暴露於電漿所產生的自由基中。這種物理和化學結合處理大大提高了蝕刻的化學反應速率。蝕刻速率和選擇性由製程的需求決定。由於離子轟擊和自由基在蝕刻中都起重要作用，而且射頻功率可以控制離子轟擊和自由基，所以射頻功率就成為控制蝕刻速率的重要參數。增加射頻功率可以顯著提高蝕刻速率，本書第九章將對這些內容詳細討論，這個也影響蝕刻的選擇性。

蝕刻終點監測

如果沒有電漿，就必須用時間或操作員的目測決定蝕刻終點。電漿製程過程中，當蝕刻穿過表面的待蝕刻材料並開始蝕刻底層 (終端點) 材料時，電漿的化學成分因蝕刻副產品的改變而有所改變，這可以透過發光顏色的變化表現。透過光學感測器監測發光顏色的變化，蝕刻終點的位置能被自動處理。IC 生產的電漿過程中，這是一種很有用的工具。

化學藥品的使用

與濕式蝕刻比較，電漿蝕刻較少使用化學試劑，因此也降低了化學藥品的用量和處理成本。

⊗ 7.7.3 濺鍍沉積

與金屬薄膜蒸鍍沉積方法比較，電漿濺鍍沉積產生的薄膜具有較高質量、較少雜質和較好的導電性。電漿濺鍍沉積具有較好的均勻性、製程控制和製程相容性等優點。用濺鍍沉積的方式沉積金屬合金薄膜比蒸鍍方式容易許多。

 7.8 電漿增強化學氣相沉積及電漿蝕刻反應器

⊗ 7.8.1 製程的差異性

CVD 技術過程是添加材料到基板的表面，而蝕刻卻將材料從基板表面移除。因此蝕刻要在較低壓力下進行。低壓和高抽氣速率有助於增加離子轟擊並從蝕刻反應室移除蝕刻副產品。PECVD 通常在 1 ～ 10 托的高壓下操作 (蝕刻過程的壓力從 30 到 300 毫托)。

⊗ 7.8.2 CVD 反應室設計

PECVD 在晶圓表面上沉積薄膜，並使用離子轟擊協助控制薄膜的應力。對於 PECVD 反應室，射頻電極 (又稱面板、噴頭等) 的面積和放置晶圓的接地電極面積基本相同，因此有較小的自偏壓。離子轟擊的能量大約在 10 ～ 20 eV 之間，主要由射頻功率大小決定。圖 7.16 是 PECVD 反應室的示意圖。

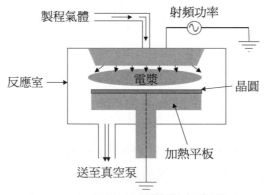

圖 7.16　PECVD 反應室示意圖。

⊗ 7.8.3 蝕刻反應室的設計

如果蝕刻系統具有相同的射頻電極和接地電極，則兩個電極將獲得基本相等的離子轟擊。蝕刻過程主要依靠離子轟擊移除晶圓表面的材料，離子轟擊除了能移除基板表面的材料外，更重要的是能打斷化學鍵，使被蝕刻材料的表面分子更容易和蝕刻劑自由基發生反應。晶圓上增加離子轟擊的最簡單方法就是增加射頻功率，這樣會增加離子轟擊的能量和流量。但是也會增加另一個電極的離子轟擊，並因為微粒污染而縮短電極的使用壽命。

　　透過將射頻電極面積 (夾盤或陰極) 設計成比接地電極面積 (反應室蓋子) 小，結合自偏壓的優點，就可以使晶圓端的電漿電位比反應室蓋子端的電位高很多 (如圖 7.17 所示)。所以晶圓端就成為高能離子轟擊最劇烈的地方，而反應室蓋子的離子轟擊較少。晶圓端的離子轟擊能量大約在 200 ～ 1000 eV 之間，反應室蓋子端大約是 10 ～ 20 eV，這主要由射頻功率決定。離子轟擊的能量也與反應室的壓力、電極間隔、氣體及所加的磁場有關。

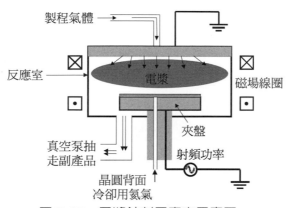

圖 7.17　電漿蝕刻反應室示意圖。

　　電漿蝕刻反應室所需的壓力比 PECVD 反應室低很多。低壓時電子的平均自由路徑很長。如果平均自由路徑與電極間隔或反應室的尺寸相同 (大約 10 cm)，則電子損失之前 (透過擊中電極或反應室的室壁而損失)，將不會與氣體分子發生碰撞。由於產生或維持電漿必須有離子化的碰撞，所以當壓力很低時就很難產生電漿。

　　磁場使電子以螺旋方式移動。這種螺旋路徑強迫電子必須移動較長的距離才會撞擊電極或器壁，進而增加了電子與分子間產生離子化碰撞的機會。磁場能在較低的壓力下 (小於 100 毫托) 產生並維持電漿。增加磁場能有效增加電漿的密度，尤其在低壓狀態下。由於磁場將增加靠近電極表面附近的電子密度，因此增強磁場也能降低直流偏壓。

　　劇烈的離子轟擊將產生大量的熱能，如果晶圓沒有適當冷卻，則晶圓的溫度就會很高。進行圖案化蝕刻前，晶圓被塗上一層薄的光阻作為圖案化光罩。如果晶圓的溫度超過150℃，光阻將產生網狀結構。所以進行圖案化蝕刻的反應室必須有冷卻系統，避免光阻受熱而產生網狀結構。由於化學蝕刻速率對晶圓的溫度很敏感，所以有些整面蝕刻的反應室 (如旋轉塗佈氧化矽回蝕反應室) 也需要晶圓冷卻系統調節晶圓的溫度並控制蝕刻速率。因為蝕刻必須在低壓下進行，然而低壓不利於熱能轉移，所以通常將加壓的氦氣引入晶圓的背面，將熱能從晶圓轉移到水冷卻的臺座 (也稱為夾盤、陰極等)。這時需要夾環或靜電夾盤(電子夾盤)防止背面高壓氦氣將晶圓從冷卻臺上吹走。氦有僅次於氫的高熱傳導率,因此在晶圓和晶圓冷卻台之間提供一條傳導熱能的路徑。

介電質薄膜經常使用氬氣濺鍍蝕刻 (sputting etch) 反應室進行某些處理,例如在間隙填充前首先在間隙邊緣形成傾斜的側壁和薄膜表面的平坦化。由於濺鍍蝕刻速率對晶圓的溫度不敏感,所以並不需要帶有夾環或電子夾盤的氦氣背面冷卻系統。

7.9 遠距電漿製程

有些製程過程只需要自由基增強化學反應,並且避免離子轟擊引發電漿誘發損傷。遠距電漿系統就是為了達到這個需求產生的。

圖 7.18 顯示了一個遠距電漿系統。電漿在遙控室中利用微波或射頻功率產生,電漿中產生的自由基再流入反應室用於蝕刻或沉積。

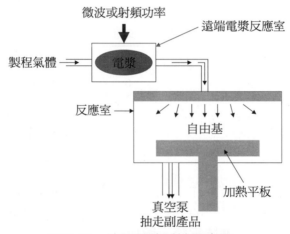

圖 7.18　遠距電漿系統示意圖。

● 7.9.1 去光阻

遠距電漿去光阻利用 O_2 和 H_2O 在蝕刻後立即將光阻除去。如圖 7.19 所示,遠距電漿去光阻系統能輕易整合到蝕刻系統中。晶圓將停留在相同的主平台內依序執行現場蝕刻 / 剝除過程。晶圓接觸到大氣之前必須先將光阻和殘餘的蝕刻劑剝除,否則這些殘留的蝕刻劑將和空氣中的濕氣反應而在晶圓表面產生腐蝕,因此現場去光阻能夠增加產量和提高產品的良率。

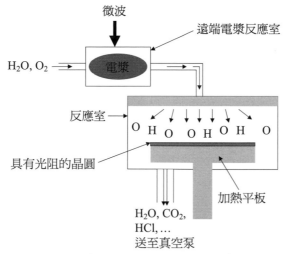

圖 7.19　遠距電漿去光阻系統示意圖。

7.9.2　遠距電漿蝕刻

　　有些蝕刻並不需要非等向性蝕刻，例如矽的局部氧化 (LOCOS) 和淺溝槽絕緣 (STI) 中氮化物的剝除、酒杯狀接觸窗孔和其他製程等，因此這些製程也不會用到離子轟擊。遠距電漿蝕刻系統屬於乾式化學蝕刻系統，在這些應用上和濕式蝕刻相互競爭。以前的 IC 生產曾傾向於用乾式蝕刻取代所有的濕式蝕刻，但卻從來沒有實作。事實上，由於先進的 IC 晶片生產製程中廣泛使用 CMP，所以實作這一點幾乎是完全不可能的。

7.9.3　遠距電漿清潔

　　由於反應室中的電漿總會產生自由基和離子轟擊，而離子轟擊將損壞室內的零件進而增加生產的成本，另一個問題是用來清除淨化 CVD 反應室的碳氟氣體，如 CF_4、C_2F_6 及 C_3F_8 會造成全球溫室效應和臭氧消耗，所以一般會限制這些氣體的使用。遠距電漿清潔就是為了解決這些問題。

　　遠距電漿源利用微波功率在反應室上方的小空腔中產生穩定而密度高的電漿。由電漿產生的自由基將流入反應室內，並和沉積在反應室壁上的薄膜反應以淨化反應室 (參見圖 7.20)。

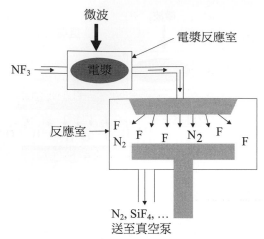

圖 7.20　遠距電漿清洗示意圖。

遠距電漿清潔最常使用的氣體為 NF_3。微波電漿中超過 99％ 的 NF_3 會分解。比較之下，射頻電漿中分解的四氟化碳低於 10％。使用 NF_3 微波遠距電漿清潔可以將半導體工業釋放的溫室氣體碳氟化物減少 50％ 以上，並能很顯著的延長設備的壽命。

🐾 7.9.4　遠距電漿 CVD(RPCVD)

許多的研究和發展都致力於將遠距電漿 CVD(RPCVD) 應用到沉積磊晶矽和磊晶鍺矽技術中，包括沉積二氧化矽、矽氮氧化物與氮化矽，閘極介電質材料。與 RTP 製程整合後，RPCVD 可能用於沉積深次微米元件中的高介電常數 (高 -k) 介電質，如 TiO_2 和 Ta_2O_5。由於熱積存的限制將排除使用 LPCVD 氮化物，而電漿引發的損傷會限制 PECVD 氮化物的應用，特別是對於大尺寸晶圓，所以 RPCVD 也可用於 0.13 微米元件的 PMD 氮化物阻擋層沉積。

7.10 高密度電漿 (HDP) 製程

對於蝕刻和 CVD 兩種製程，需要一種能在低壓下 (約幾毫托) 產生高密度電漿的電漿源。對於蝕刻過程，低壓能使離子的平均自由路徑增加，並減少離子的散射碰撞，從而增加對蝕刻輪廓的控制。高密度電漿也將提供更多的自由基增加蝕刻速率。對於 CVD 而言，高密度電漿能在現場、同步沉積 / 回蝕 / 沉積時達到很好的間隙填充能力。

傳統的電容耦合型電漿源無法生產出高密度電漿。事實上，當反應室的壓力只有幾毫托時，要在磁場中產生電漿相當困難。在幾個毫托的低壓狀態下，電子的平均自由路徑和電極的間距大約相同甚至更長，因此無法形成足夠的離子化碰撞。所以在極低的壓力下用不同的原理製造高密度電漿。

電容耦合型電漿源的另一個缺點是射頻功率直接影響離子流量和能量，因此無法獨立控制。當特徵尺寸不斷縮小時，要獲得更好的蝕刻和 CVD 製程控制，必須使電漿源能獨立控制離子流量和能量。

半導體產業中最常使用的兩種高密度電漿源是感應耦合型電漿源 (ICP)(又稱變壓器耦合電漿源 , TCP) 和電子迴旋共振 (ECR) 電漿源。這兩種都能在僅有數毫托的壓力下產生獨立控制離子流量及轟擊能量的高密度電漿。

● 7.10.1 感應耦合型電漿 (ICP)

感應耦合型電漿源的機制和變壓器類似，所以又稱變壓器耦合電漿源。圖 7.21(b) 中，感應線圈的作用和變壓器的原始線圈一樣。當射頻電流透過線圈時產生一個交流磁場，這個交流磁場經過感應耦合產生隨時間變化的電場，如圖 7.21(a) 所示。感應耦合型電場能加速電子並形成離子化碰撞。由於感應電場的方向是迴旋型的，所以電子將沿迴旋方向加速，這樣就使電子迴旋移動很長距離而不會撞到反應室牆壁或電極。這也說明了為什麼 ICP 系統能在低壓狀態下 (幾個毫托) 製造高密度電漿。

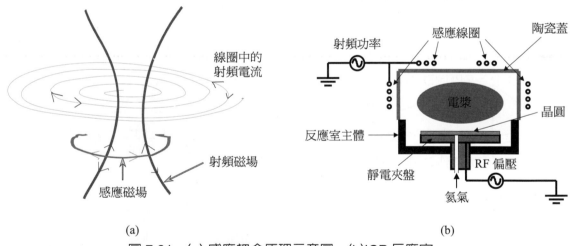

圖 7.21　(a) 感應耦合原理示意圖；(b)ICP 反應室。

ICP 的設計在半導體工業中相當普遍，這種系統包括高密度電漿 (HDP) 介電質 CVD 系統；矽、金屬和介電質 HDP 蝕刻系統；原生氧化物濺鍍清潔系統；以及離子化金屬電漿 PVD 系統。

在 ICP 反應室中加入射頻偏壓系統就可以產生自偏壓並控制離子的轟擊能量。由於在高密度電漿中的離子轟擊會產生大量的熱能，因此必須有一個背面氦氣冷卻系統和靜電夾盤控制晶圓的溫度。圖 7.21(b) 顯示了一個 ICP 反應室。ICP 系統中，由電漿密度決定的離子束流透過射頻功率源控制，而離子轟擊能量由偏壓射頻功率控制。

⊗ 7.10.2 電子迴旋共振 (ECR)

帶電微粒在磁場中將形成迴旋轉動。而轉動的頻率稱為螺旋轉動頻率或迴旋頻率，它由磁場的強度決定。由公式 (7.4) 可以得出，電子螺旋轉動頻率為：

$$\Omega_e(\text{MHz}) = 2.8\, B(\text{Gauss})$$

在磁場中，當所用的微波頻率等於電子的螺旋轉動頻率時，即 $\omega_{MW} = \Omega_e$，電子就發生迴旋共振。電子將透過微波致能量增加，進而電子和原子或分子產生碰撞，而離子化碰撞將產生更多的電子。這些電子也會和微波形成共振獲得能量，且透過離子化碰撞產生更多的電子。由於電子將沿磁場線進行螺旋轉動，如圖 7.22 左方 (a) 所示，因此即使平均自由路徑比反應室的距離長，也一定會先和氣體分子產生多次碰撞後才會與反應室牆壁或電極碰撞。這就是 ECR 系統能在低壓下產生高密度電漿的原因。

ECR 系統和 ICP 系統一樣都具有射頻偏壓系統控制離子的轟擊能量，並具有靜電夾盤背面氦氣冷卻系統控制晶圓的溫度，如圖 7.22(b) 所示。離子轟擊的流量主要由微波功率控制。ECR 系統的優點之一在於透過改變磁場線圈中的電流就能調整共振的位置。所以可以透過調整磁場線圈的電流來控制電漿的位置，提高製程的均勻性。

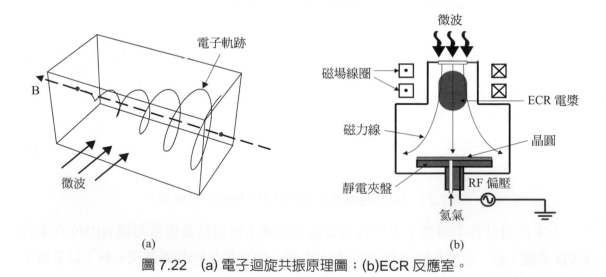

(a)   (b)

圖 7.22   (a) 電子迴旋共振原理圖；(b)ECR 反應室。

7.11 本章總結

(1) 電漿由離子、電子和中性分子組成。

(2) 電漿中三種主要的碰撞為離子化、激發 - 鬆弛和分解碰撞。

(3) 平均自由路徑是指微粒與其他微粒碰撞前所能移動的平均距離，平均自由路徑和壓力成反比。

(4) 分解碰撞中產生的自由基能夠增強 CVD、蝕刻和乾式清洗製程的化學反應。

(5) 電漿電位必須高於電極的電位，高電位的電漿才能產生離子轟擊。

(6) 電容耦合式電漿系統中，增加 RF 功率可以增加離子轟擊的能量和流量。

(7) 低頻功率將使得離子有更多的能量，說明有更劇烈的離子轟擊。

(8) 蝕刻製程比 PECVD 製程需要更多的離子轟擊，蝕刻反應室通常使用磁場增加低壓條件下的電漿密度。

(9) 電容耦合式電漿源不能產生高密度電漿。

(10) 蝕刻和 CVD 製程需要低壓條件下的高密度電漿。

(11) ICP 和 ECR 是最常使用的兩種高密度電漿源。

(12) ICP 和 ECR 電漿源都可以單獨控制離子轟擊的流量和能量。

習題

1. 列出電漿的三種成分。

2. 電漿中的哪種成分具有最快的游離速度？

3. 傳統 PECVD 反應室的電離率是 100％ 嗎？

4. 列出電漿中的三種重要碰撞並說明它們的重要性。

5. PECVD 製程透過什麼方法在較低溫度下達到高的沉積速率？

6. 什麼是平均自由路徑？與壓力的關係是什麼？

7. 當 RF 功率增加時，直流偏壓怎麼變化？

8. 說明電漿轟擊在蝕刻、PECVD 和濺鍍 PVD 製程中的重要性。

9. 電漿蝕刻反應室和 PECVD 製程反應室的主要區別是什麼？

10. 蝕刻反應室中通常將晶圓放在哪個電極上？為什麼？

11.爲什麼蝕刻反應室需要一個背面冷卻系統和靜電夾盤？

12.靜電夾盤較夾環的優點是什麼？

13.當電漿蝕刻系統的蝕刻速率出現問題時，爲什麼首先要檢查射頻功率系統？

14.爲什麼電容耦合式電漿源不能產生高密度電漿？

15.列出兩種最常用的高密度電漿系統。

參考文獻

[1]   Brian Chapman, *Glow Discharge Process*, John Wiley & Sons, Inc., New York, NY, 1980.

[2]   Francis F. Chen, *Introduction to Plasma Physics and Controlled Fusion, Volume 1*： *Plasma Physics*, Second Edition, Plenum Press, New York, NY, 1984.

[3]   Michael A. Lieberman and Allan J. Lichtenberg, *Principles of Plasma Discharges and Materials Processing*, John Wiley & Sons, Inc., New York, NY, 1994.

[4]   S. Dushman, *Scientific Foundations of Vacuum Technique*, J.M. Lafferty, ed., John Wiley and Sons, New York, NY, 1962.

Chapter 8

離子佈植製程

學習目標

研讀完本章之後,你應該能夠

(1) 列舉出至少三種最常用於 IC 晶片製造的摻雜物。

(2) 識別平面 CMOS 晶片橫截面至少三個摻雜區域。

(3) 說明離子佈植技術優於擴散技術的優點。

(4) 說明一台離子佈植設備的主要零件。

(5) 說明通道效應,並列舉出至少兩種降低通道效應的方法。

(6) 說明離子射程與離子種類和離子能量的關係。

(7) 說明為什麼離子佈植後需要退火製程。

(8) 說明與離子佈植技術有關的安全危害問題。

(9) 列出至少兩種 FinFET 製造中使用的離子佈植製程。

8.1 簡介

半導體材料最重要的特性之一是導電率可以透過摻雜物控制。積體電路製造過程中，半導體材料如矽、鍺或 III-VI 化合物 (如砷化鎵) 不是透過 N 型就是 P 型摻雜物進行摻雜。一般透過兩種方法進行半導體摻雜：擴散和離子佈植。1970 年代之前，一般應用擴散技術進行摻雜；目前的摻雜過程主要透過離子佈植實作。

離子佈植是一種添加製程，是利用高能量帶電離子束佈植的形式將摻雜物原子強行摻入半導體中。這是半導體工業中的主要摻雜方法，在積體電路製造中一般用於各種不同的摻雜過程。圖 8.1 顯示了積體電路製造過程中的離子佈植製程與其他製程的關係。

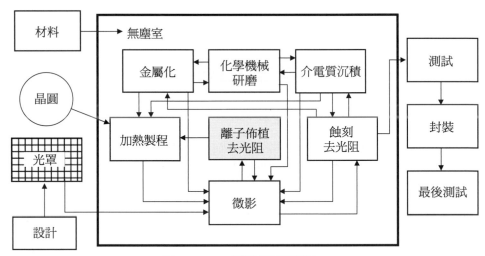

圖 8.1 IC 製造製程流程。

◉ 8.1.1 離子佈植技術發展史

純的單晶矽具有很高的電阻率，越純的晶體，電阻率就越高。晶體的導電率可以透過摻入摻雜物改變，例如硼 (B)、磷 (P)、砷 (As) 或銻 (Sb)。硼是一種 P 型摻雜物，只有三個電子在最外層的軌道 (價電子能階層) 上。當硼原子取代單晶矽晶格內的矽原子時，將會提供一個電洞。電洞可以攜帶電流，作用如同一個正電荷。磷、砷和銻原子有五個電子在價電子能階層上，所以它們能在單晶矽內提供一個電子傳導電流。因為電子帶有一個負電荷，P、As 或 Sb 稱為 N 型摻雜物，具有這些摻雜物的半導體稱為 N 型半導體。

1970 年代中期之前，摻雜是在高溫爐中透過擴散過程完成。放置高溫爐的區域稱為擴散區，高溫爐稱為擴散爐，無論高溫爐是否作為擴散或其他用途 (如氧化或熱退火)。目前先進的積體電路生產中只有少數的擴散摻雜過程，而高溫爐主要用在氧化和熱退火製程中。由於歷史原因，許多人仍然將 IC 晶圓廠中高溫爐和快速熱處理 (RTP) 系統所在的區域稱爲擴散爐，並且仍然將所有高溫爐稱爲擴散爐，即使它們用於氧化和 LPCVD。

擴散製程一般需要以下幾個過程。通常在預沉積過程中將氧化摻雜物薄層沉積在晶圓表面，然後用一次氧化步驟將氧化摻雜物溶入生長的二氧化矽中，並且在靠近矽與二氧化矽介面的矽基板表面形成高濃度的摻雜區。高溫離子摻雜過程是將摻雜物原子擴散進入矽基板達到設計要求的深度。所有這三道程序：預沉積、氧化和摻雜物高溫驅入都是高溫過程，通常在高溫爐中進行。當摻雜物擴散後，氧化層就用濕式蝕刻去除。圖 8.2(a) 說明氧化摻雜物沉積和擴散，圖 8.2(b) 爲氧化摻雜物和氧化矽剝離後的橫截面。

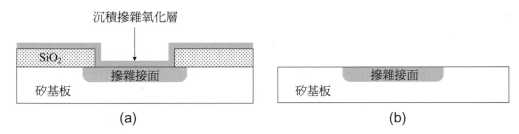

圖 8.2　擴散製程示意圖：(a) 氧化摻雜物沉積和摻雜劑擴散；(b) 氧化摻雜物剝離。。

加熱擴散的物理原理眾所皆知，製程工具相當簡單且不昂貴，然而擴散過程有一些主要的限制。例如，摻雜物濃度和接面深無法獨立控制，因爲這兩項都與擴散溫度有強烈關係。另一個主要的缺點是摻雜物的分佈輪廓是等向性的，由擴散過程的自然特性造成。這些問題推動了尋找替代摻雜方法的探索。

使用離子佈植摻雜半導體技術被第一個電晶體的三個發明者之一威廉·蕭克利 (William Shockley) 於 1954 年在貝爾實驗室首次提出。蕭克利同時也擁有離子佈植技術的專利 (美國專利 2787564)。受第一顆原子彈研究的驅使，高能離子束物理和技術在第二次世界大戰期間開始發展，加速器與同位素分離技術已經直接用於離子佈植機的設計。離子佈植技術在 1970 年代中期使用後已很大程度上革新了積體電路的製造過程。

1970 年代中期之前，半導體的摻雜一直使用擴散過程，這個製程過程需要二氧化矽遮蔽層。這時雙載子電晶體是積體電路市場的主流。當 MOS 開始發展時，MOS 是由速度較慢的 P 型電晶體製成，而並非速度較快的 N 型電晶體。P 型摻雜物硼比 N 型摻雜物磷或砷在單晶矽中的擴散快。擴散過程中，要形成重摻雜的 P 型源極 / 汲極比形成重摻雜的 N 型源極 / 汲極容易。因爲硼在二氧化矽中的擴散比在矽中的擴散慢，所以源極 / 汲極是透過以二氧化矽爲遮蔽層的硼擴散形成。

對於 PMOS，用二氧化矽做掩蔽層透過硼離子擴散形成源極／汲極，這是因爲硼在二氧化矽中的擴散速率遠小於在矽中的擴散速率。源極／汲極擴散之後，閘極區域被蝕刻並清洗乾淨後生長較薄的閘極氧化層，接著形成金屬閘極。如果閘極光罩沒有與源極／汲極對準，如圖 8.3 所示，則電晶體將無法正常工作。加大閘極可以確保閘極覆蓋住源極／汲極。當特徵尺寸縮小時，閘極對準的問題已經引起了很大的挑戰。

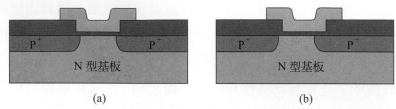

圖 8.3　閘極和源極／汲極對準製程：(a) 正常對準；(b) 對準失誤。

透過離子佈植技術，使用所謂的自對準源極／汲極過程已經解決了閘極對準的問題。這種情況下，閘極氧化層生長後就沉積多晶矽，然後圖案化和蝕刻。去光阻後，具有高電流的離子佈植用於形成源極和汲極。因爲多晶矽閘極和氧化層將阻擋住離子，所以源極和汲極就可以一直和多晶矽閘極對準，如圖 8.4 所示。

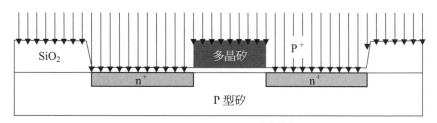

圖 8.4　源極／汲極自對準製程。

使用離子佈植技術形成重摻雜的 N 型接面並不困難，所以 N 型電晶體在離子佈植技術發明後就很快取代了速度較慢的 P 型電晶體。離子佈植之後，高能量的摻雜物離子轟擊將破壞基板的單晶結構。修復晶體的損傷及活化摻雜物需要高溫（高於 1000℃）熱退火製程，因爲熱處理的溫度很高且將導致鋁金屬熔化，所以需要另一種導體做爲閘極材料。多晶矽與多晶矽 - 矽化物（稱爲多晶金屬矽化物）已經是成熟的閘極材料。然而電晶體仍被稱爲 MOS，沒有人將其稱爲 POS(多晶矽氧化物半導體)。

🟡 8.1.2　離子佈植技術的優點

離子佈植過程提供了比擴散過程更好的摻雜製程控制。例如，摻雜物濃度和接面深度在擴散過程中無法獨立控制，因爲濃度和接面深度都與擴散的溫度和時間有關。離子佈植可以獨立控制摻雜濃度和接面深度，摻雜物濃度可以透過離子束電流和佈植的時間組合控制，接面深度透過離子的能量控制。離子佈植過程可以在很廣的摻雜物濃度範圍內 ($10^{11} \sim 10^{17}$ 原子 /cm^3) 進行。擴散是一個高溫過程，需要用二氧化矽作遮蔽層。擴散過程之前，必須先生長一層厚的氧化層作擴散遮蔽層，然後再透過圖案化及蝕刻定義出需要擴散的區域。離子佈植是一個常溫製程，厚的光阻層就可以阻擋高能量摻雜物離子。光阻的厚度可以由離子種類和離子能量來決定。因此，與擴散製程相比，離子佈植由於不需要氧化層生長和氧化層蝕刻而具有較低的成本。當然離子佈植機的晶圓夾具必須具有一個冷卻系統帶走由帶電離子產生的熱量，避免高溫下光阻產生網狀結構。

佈植機的質譜儀將準確選擇佈植過程所需的離子種類，並產生很純的離子束，所以離子佈植具有很低的污染。離子佈植過程一般在高真空狀態下進行，真空是一個乾淨環境，是非等向性的積體電路過程。摻雜物離子主要以垂直方向佈植到矽基板中，而且摻雜區域非常接近光阻遮蔽層所定義的區域。相對而言，擴散是一個等向性的製程過程，摻雜物可以通常橫向擴散達到二氧化矽的硬遮蔽層下方。對於小的特徵尺寸，使用擴散過程形成摻雜物介面很困難。圖 8.5 比較了擴散和離子佈植摻雜過程的差異，表 8.1 概述了摻雜過程中離子佈植優於擴散製程的方面。

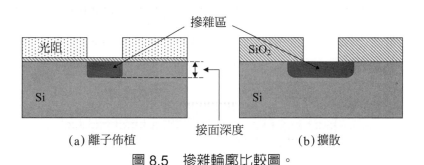

圖 8.5　摻雜輪廓比較圖。

表 8.1　離子佈植與擴散製程比較。

擴散	離子佈植
高溫，硬遮蔽層	低溫，光阻作為遮蔽層
等向性摻雜輪廓	非等向性摻雜輪廓
不能獨立控制摻雜濃度和接面深度	可以獨立控制摻雜濃度和接面深度
批量製程	批量及單晶圓製程

⊗ 8.1.3 離子佈植技術的應用

離子佈植主要應用於半導體材料摻雜。矽晶圓需要透過摻雜改變指定區域的導電率，例如互補式金屬－氧化物－半導體 (CMOS) 積體電路的井區和源極／汲極。對於雙載子積體電路，摻雜介面用於形成深埋藏層、射極、集極和基極。

其他離子佈植技術的應用是預先非晶態佈植和深埋藏層佈植。使用矽或鍺的預先非晶態佈植可以在基板的表面形成一層非晶態。後續的摻雜物離子佈植過程中非晶態層可以使接面深和分佈輪廓容易控制。鍺是一種比較重的原子，損傷效應比較小，所以在應用中比較常用。深埋藏層佈植可以將大量的氧離子佈植到矽基板中形成電子元件應用的絕緣體上矽 (SOI)。氧離子被佈植到矽晶圓後接著透過退火在薄的單晶矽層下形成二氧化矽深埋藏層。另一種方法是對具有薄層二氧化矽的第一晶片進行高劑量氫佈植，以在矽下形成富氫層。然後與第二個處理晶圓做黏合。使用這種基板所製造的積體電路晶片與傳統的電晶體相比，具有較低的漏電流、較高的抗干擾性、抗輻照性和系統的高可靠性，因為這種基板材料能完全隔離相鄰電晶體。

在先進的 CMOS 積體電路晶片中，N 型電晶體的多晶矽閘極是重摻雜的 N 型材料，P 型電晶體的多晶矽閘極是 P 型重摻雜。多晶矽結構上的金屬矽化合物將多晶矽閘極的 PN 接面短路形成局部連線。氮可以佈植 N 型摻雜多晶矽中形成阻擋層防止 P 型摻雜物硼擴散進入 N 型摻雜多晶矽中，因為硼的擴散將引起元件的性能失效。表 8.2 概括了離子佈植的應用，有關磷、砷、銻、硼與鍺元素的相關參數列於表 8.3 到表 8.7 中。

表 8.2　離子佈植技術的應用。

應用	摻雜		預非晶化	埋氧層	多晶矽阻擋層
離子	n- 型：P, As, Sb	p- 型：B	Si 或 Ge	O	N

表 8.3　磷元素相關論據。

名稱	磷 (Phosphorus)
原子符號	P
原子序	15
原子量	30.973762
發現者	Hennig Brand
發現地	德國
發現時間	1669
名稱來源	希臘字母 "phosphoros" 代表 " 帶光者 "（金星的古代名稱）
固態密度	1.823 g/cm^3
摩爾體積	17.02 cm^3
音速	不存在
電阻係數	10 μΩ·cm
折射率	1.001212
反射率	不存在
熔點	44.3℃
沸點	277℃
熱傳導係數	0.236 W m^{-1} K^{-1}
熱膨脹係數	不存在
應用	N- 型摻雜物擴散、離子佈植、磊晶生長和多晶矽沉積，CVD 矽玻璃 (PSG 和 BPSG)。
主要來源	P（紅色），PH_3, $POCl_3$

資料來源：https://www.webelements.com/phosphorus/, accessed on May 6, 2022.

表 8.4　砷元素相關論據。

名稱	砷 (Arsenic)
原子符號	As
原子序	33
原子量	74.9216
發現者	遠古時代已經發現
發現地	不詳
發現時間	不詳
名稱來源	源自希臘字母 "arsenikon" 代表 " 黃色的 "
固態密度	5.727 g/cm^3
摩爾體積	12.95 cm^3
音速	不存在
電阻係數	$30.03 \ \mu\Omega \cdot \text{cm}$
折射率	1.001552
反射率	N/A
熔點	614°C
沸點	817°C
熱傳導係數	$50.2 \text{ W m}^{-1} \text{ K}^{-1}$
線性熱膨脹係數	N/A
應用	N- 型摻雜物、擴散、離子佈植、磊晶生長和多晶矽沉積。
主要來源	As, AsH_3

資料來源：https://www.webelements.com/arsenic/, accessed on May 6, 2022

表 8.5　銻元素相關論據。

名稱	銻 (Antimony)
原子符號	Sb
原子序	51
原子量	121.760
發現者	遠古時代已經發現
發現地	不詳
發現時間	不詳
名稱來源	源自希臘字母 "anti＋monos" 代表 " 不孤單 " (符號 Sb 來自拉丁字 "stibium")
固態密度	6.697 g/cm^3
摩爾體積	18.19 cm^3
音速	3420 m/sec
電阻係數	$40 \ \mu\Omega \cdot \text{cm}$
折射率	1.001212
反射率	55 %
熔點	630.78°C
沸點	1587°C
熱傳導係數	$24 \text{ W m}^{-1} \text{ K}^{-1}$
線性熱膨脹係數	$11 \times 10^{-6} \text{K}^{-1}$
應用	離子佈植 N 型摻雜物
主要來源	Sb

資料來源：https://www.webelements.com/antimony/, accessed on May 6, 2022.

表 8.6 硼元素參數列表。

名稱	硼 (Boron)
原子符號	B
原子序	5
原子量	10.811
發現者	Sir Humphrey Davy, Joseph-Louis Gay-Lussac 和 Louis Jaques Thénard
發現地	英國，法國
發現日期	1808
名稱來源	源自阿拉伯字母 "buraq" 和波斯字 "burah"
固態密度	2.460 g/cm^3
摩爾體積	4.39 cm^3
音速	16200 m/sec
電阻係數	$> 10^{12} \mu\Omega \cdot \text{cm}$
折射率	N/A
反射率	N/A
熔點	2076℃
沸點	3927℃
熱傳導係數	$27 \text{ W m}^{-1} \text{ K}^{-1}$
線性熱膨脹係數	$6 \times 10^{-6} \text{ K}^{-1}$
應用	擴散、離子佈植、磊晶生長和多晶矽沉積 P 型摻雜，CVD 矽玻璃 (BPSG) 摻雜物。
主要來源	B, B_2H_6, BF_3

資料來源：https://www.webelements.com/boron/, accessed on May 6, 2022.

表 8.7 鍺元素參數列表。

名稱	鍺 (Germanium)
原子符號	Ge
原子序	32
原子量	72.61
發現者	Clemens Winkler
發現地	德國
發現日期	1886
名稱來源	源於拉丁字母 "Germania" 代表 "Germany"
固態密度	5.323 g/cm^3
摩爾體積	13.63 cm^3
音速	5400 m/sec
電阻係數	$\sim 50000 \ \mu\Omega \cdot \text{cm}$
折射率	N/A
反射率	N/A
熔點	938.25℃
沸點	2819.85℃
熱傳導係數	$60 \text{ W m}^{-1} \text{ K}^{-1}$
線性熱膨脹係數	$6 \times 10^{-6} \text{ K}^{-1}$
應用	Ge 和 GeSi 以及半導體基板，非晶矽佈植用 Ge 離子源。
主要來源	Ge, GeH_4

資料來源：https://www.webelements.com/germanium/, accessed on May 6, 2022.

8.2 離子佈植技術簡介

8.2.1 阻滯機制

當離子轟擊進入矽基板後,與晶格原子碰撞將逐漸失去能量,最後停留在矽基板內。有兩種阻滯機制,一種是佈植的離子與晶格原子的原子核發生碰撞,經過這種碰撞將引起明顯的散射並將能量轉移給晶格原子,這種過程稱為原子核阻滯,在這種"硬"碰撞過程中,晶格原子可以獲得足夠能量而從晶格束縛能中脫離出來,這將引起晶體結構的混亂和損傷。另一種阻滯過程為入射離子與晶格電子產生碰撞,在電子碰撞過程中,入射離子的路徑幾乎不變,能量轉換非常小,而且晶體結構的損傷也可以忽略。這種"軟"碰撞稱為電子阻滯。總阻滯力,即離子在基板內移動單位距離時的能量損失,可以表示為:

$$S_{total} = S_n + S_e$$

其中 S_n 為原子核阻滯力;S_e 為電子阻滯力。圖 8.6 說明了阻滯機制,圖 8.7 則顯示了阻滯力與離子速率的關係。

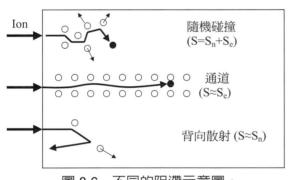

圖 8.6 不同的阻滯示意圖。

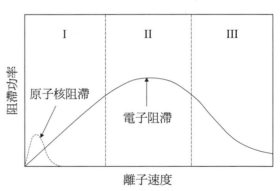

圖 8.7 不同的阻滯示意圖。(於 Cruz 之後)

離子佈植過程的離子能量範圍從極淺接面 (Ultra-shallow Junction, USJ) 的 0.1keV 低能量到井區佈植的 1MeV 高能量,這個能量範圍如圖 8.7 中的 I 區域。從圖的最左邊可以看出對於低能量與高原子序的離子佈植過程,主要的阻滯機制為原子核阻滯。對於高能量、低原子序的離子佈植,電子阻滯機制比較重要。

8.2.2 離子射程

帶能量的離子穿過標靶後逐漸透過與基板原子碰撞失去能量,並最後停留在基板中。圖 8.8 顯示了離子在基板內的軌跡和離子的投影射程。

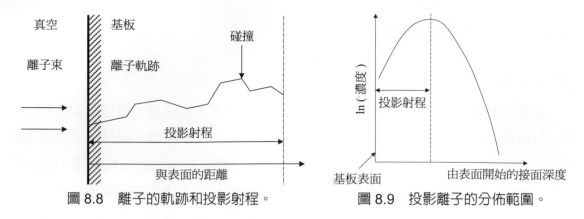

圖 8.8　離子的軌跡和投影射程。　　　　圖 8.9　投影離子的分佈範圍。

　　一般情況下，離子的能量越高，就越能深入基板。然而即使具有相同的佈植能量，所有離子也無法在基板內剛好停留在相同的深度，因為每個離子與不同的原子產生撞擊。投影離子射程通常都有一個分佈區域，如圖 8.9 所示。

　　具有較高能量的離子束可以穿透到基板較深的位置，所以有較長的投影離子射程。因為較小的離子有較小的碰撞截面，所以較小的離子可以進入基板和遮蔽層材料較深的位置。圖 8.10 說明了矽基板內的硼、磷、砷和銻離子在不同離子能量等級時的投影射程 (Projected Range)。

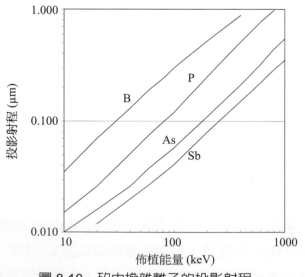

圖 8.10　矽中摻雜離子的投影射程。

　　投影離子射程是離子佈植技術的一個重要參數，因為它可以顯示某一種摻雜物接面深所需的離子能量，也能決定離子佈植過程中所需的佈植阻擋層厚度。圖 8.11 顯示了不同的阻擋層材料對 200 keV 摻雜離子所需的厚度。可以看出當離子能量為 200 keV 時，硼離子需要最厚的遮蔽層。這是因為硼具有最低的原子序、最小的原子尺寸和最大的投影離子射程，所以具有比任何其他摻雜離子更深的佈植停留位置。對於低原子序的原子，例如硼，高能量時的主要阻滯機制是電子阻滯，原子核阻滯是高原子序摻雜物原子的主要阻滯機制。同樣有最高原子序的摻雜離子銻，具有最高的阻滯力和最短的投影射程，因此需要最薄的遮蔽層材料。

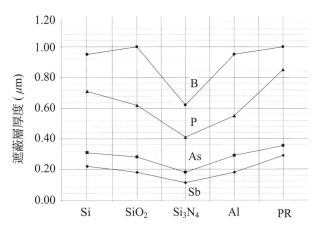

圖 8.11　200 keV 摻雜離子所需的阻擋層厚度。

⊗ 8.2.3　通道效應 (Channeling Effect)

　　離子在非晶態材料內的投影射程通常遵循高斯分佈，即所謂的常態分佈。單晶矽中的晶格原子整齊排列，而且在特定的角度具有很多通道。如果一個離子以正確的佈植角度進入通道，它只要具有很少的能量就可以行進很長的距離，如圖 8.12 所示。這個效應稱為通道效應。

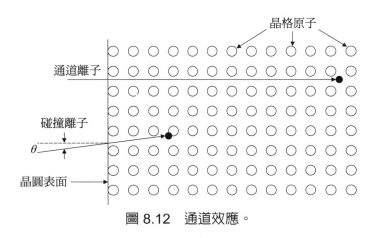

圖 8.12　通道效應。

　　通道效應將使離子穿透到單晶矽基板深處，並在常態摻雜物分佈曲線上出現"尾狀"。如圖 8.13 所示，這個部分並不是想要的摻雜物分佈輪廓，因為它將影響元件的性能。有幾種方法可以減小通道效應。

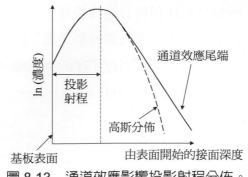

圖 8.13 通道效應影響投影射程分佈。

問題

通道效應可以使一個非常低能量的離子穿透到單晶矽的深處。為什麼不可以應用這個效應比不是很高的離子能量形成很深的摻雜接面？

解答

如果所有的離子束都能垂直佈植進去基板，通道效應也許能夠真正以非常低的能量應用於形成深接面。然而離子卻因為相同電荷的庫侖力而相互排斥，所以離子束無法完美平行停留在同一位置。表示很多的離子會以一個很小的傾斜角與晶圓顯示碰撞，並進入基板後立刻與晶格原子開始產生原子核碰撞。這將會導致一些離子沿著通道深入基板，而其他很多離子則被阻滯後形成高斯分佈。

　　將通道效應最小化的方法之一是在傾斜的晶圓上進行離子佈植過程，通常傾斜的角度為 7°。透過將晶圓傾斜，離子將傾斜地與晶圓碰撞而不進入通道，如圖 8.12 所示。入射的離子會立刻以原子核碰撞的方式有效減少通道效應。大部分離子佈植過程都使用這種技術減少通道效應，大部分離子佈植機的晶圓夾具都能調整晶圓的傾斜角度。

　　晶圓傾斜可能會因光阻而產生陰影效應，如圖 8.14 所示，這可以透過佈植時的晶圓轉動與佈植後退火過程的小量摻雜物擴散解決。

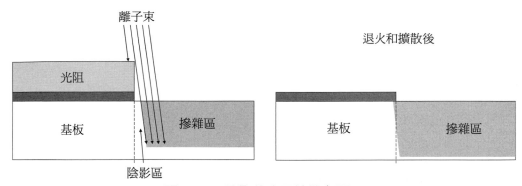

離子束

光阻

基板　　　　　　掺雜區

陰影區

退火和擴散後

基板　　　　　掺雜區

圖 8.14　陰影效應及擴散處理。

　　如果傾斜的角度太小，有時矽中的掺雜物濃度可能會因為通道效應形成雙峰分佈，如圖 8.15 所示。

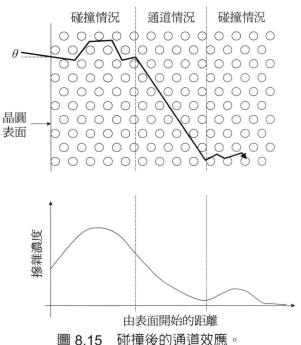

碰撞情況　　通道情況　　碰撞情況

θ

晶圓
表面

掺雜濃度

由表面開始的距離

圖 8.15　碰撞後的通道效應。

　　另一種廣泛用於減小通道效應的方法是穿過一層遮罩二氧化矽薄膜進行佈植。加熱生長的二氧化矽是一種非晶材料。佈植的離子進入單晶矽之前，將穿過遮罩層與其中的矽氧原子產生碰撞及散射，由於碰撞產生的散射使離子擠入矽晶體的角度分佈在比較廣的範圍，這樣就減少了通道的機會。遮罩氧化層也可以防止矽基板與光阻接觸引起污染。某些情況下，遮罩氧化層和晶圓傾斜的方法都用於減小離子佈植過程中的通道效應。

遮罩層的問題在於該層中的一些原子可能會從高能量的離子中獲得足夠的能量，並佈植到矽中，稱為回彈效應。對於二氧化矽遮罩層，回彈的氧原子可以佈植到矽基板，在靠近矽和二氧化矽介面附近的矽基板內形成高氧濃度區，這樣將引入深捕獲能階而降低了載子的遷移率。因此在某些佈植過程中，無法採用遮罩氧化層。某些情況下需要利用佈植後氧化作用和犧牲氧化層剝除高含氧的矽薄層。在氧化過程中，佈植所引起的晶體損傷可以退火消除，二氧化矽層會生長進入矽基板消耗高氧區。氧化物剝除可以移去表面的缺陷和高氧濃度層。然而對於淺接面 (USJ) 離子佈植製程，這項技術是不可行的，因為氧化作用會引起過多的摻雜物擴散並從基板上消耗掉矽淺接面。

高電流的矽或鍺離子佈植將嚴重破壞單晶體的晶格結構，並在晶圓表面附近產生非晶態層。矽或鍺的非晶態佈植過程可以完全消除通道效應，因為在非晶態基板中，摻雜物介面的分佈輪廓由離子佈植形成，一般遵循高斯分佈，這個是可以預測、重複和控制的。這種預先非晶態佈植的方式增加了額外的離子佈植步驟使生產成本增加。當特徵尺寸不斷縮小時，熱退火的熱積存也減少了。對於奈米節點技術，可能沒有足夠的熱積存透過退火恢復預非晶佈植引起的晶體損傷，殘留的缺陷可能導致接面的漏電。

⊗ 8.2.4 損傷與熱退火

離子佈植過程中，離子因為與晶格原子碰撞逐漸失去能量，同時會將能量轉移給碰撞原子。這些轉移的能量會使碰撞原子從晶格的束縛能中釋放出來，通常的束縛能為 25eV 左右。這些自由原子在基板內運行時會與其他的晶格原子產生碰撞，並透過轉移足夠的能量將碰撞原子從晶格碰離出來。這些過程將持續進行直到沒有任何一個自由原子有足夠的能量把其他的晶格原子釋放出來為止。高能量的離子可以使數千晶格原子的位置偏離。高能量的佈植離子所產生的損傷如圖 8.16 所示。

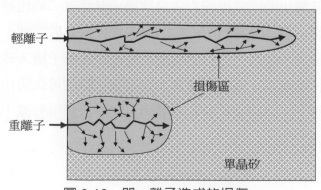

圖 8.16　單一離子造成的損傷。

由單一離子造成的損傷可以在室溫下透過基板內原子的熱運動很快自我退火而消除。然而在離子佈植過程中，離子總數非常大，以至於單晶基板中靠近表面部分造成大量的晶格損傷，進而使單晶矽變成非晶態，退火過程無法在短時間內修復晶體的損傷。損傷的效應與劑量、能量和離子的質量有關，會隨劑量與離子能量的增大而增加。如果佈植的劑量過高，靠近基板表面的離子射程內，基板的晶體結構會完全被破壞而變成非晶態。

問題

在一家晶圓廠中，絕緣體上矽 (SOI) 產品晶圓的首次試運行，晶圓使用經生產認證過的量產矽製程，但產率為 0%。請問原因為何？

解答

經過離子佈植後，量產矽晶圓在佈植損壞處的底部始終有未損壞的晶體矽，如圖 8.17 所示。如果離子佈植損傷的深度超過 SOI 晶片的矽層厚度，介面底部就不會出現未損壞的晶體矽，退火過程無法完全使矽再結晶並活化摻雜劑。

為了達到元件設計的要求，晶格損傷必須在熱退火過程中修復成單晶結構並活化摻雜物。只有當摻雜物原子在單晶體晶格位置時，才能有效提供電子或電洞作為電流的主要載體。高溫過程中，原子能從熱能中獲得能量並進行快速熱運動。當運動到單晶晶格中具有最低自由能的位置時，就將停留在此位置。因為在沒有被破壞的基板下是單晶矽，所以被破壞的非晶態層中的矽與摻雜物原子，將在靠近單晶矽介面位置透過落入晶格位置且被晶格能束縛後重建單晶結構。圖 8.17 說明了在熱退火過程中的晶體復原及摻雜物的活化情況。

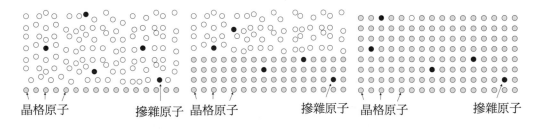

圖 8.17　離子佈植後退火形成的晶格變化。

高溫過程中，單晶體的熱退火、摻雜物原子的活化和摻雜物原子的擴散將同時發生。當積體電路的特徵尺寸縮小到深次微米時，將只有極小的空間使摻雜物原子擴散，因此必須在加熱退火過程中將摻雜物的擴散減到最小。摻雜物原子在非晶矽中具有不受限制的自由熱移動，比在單晶體晶格中的擴散快，這是因為單晶體晶格的束縛能將嚴重限制摻雜物原子的運動。當溫度較低時，擴散過程將快於退火過程，而當溫度較高時，例如高於 1000℃，退火過程比擴散過程快，這是因為退火的活化能 (約 5eV) 比擴散的活化能高 3 ～ 4 eV。

高溫爐廣泛用於進行佈植後的熱退火。高溫爐的退火處理是一個批量過程，通常在 850 ～ 1000℃下大約三十分鐘能處理 100 片晶圓。因為高溫爐的熱退火過程需要較長的時間，所以摻雜物原子的擴散十分嚴重，這對於小特徵尺寸的元件而言無法接受，只有在一些非關鍵性的大特徵尺寸佈植過程中，例如井區佈植過程，高溫爐才應用於佈植後的熱退火及摻雜物的驅入。對於較關鍵的摻雜步驟，例如源極 / 汲極佈植後的熱退火將造成過多的摻雜物擴散而對次微米微電子電晶體造成無法接受的性能損傷。

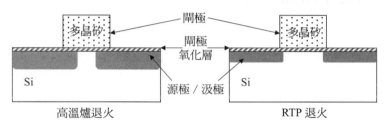

圖 8.18　高溫爐與 RTP 熱退火製程中的摻雜物擴散。

快速加熱過程 (RTP) 是將佈植造成的損傷透過退火消除的一種製程過程，同時也能使摻雜物的擴散減小到符合縮小積體電路元件的條件。RTP 是一個升溫速率可達 250℃ / 秒的單晶圓系統，並在 1100℃左右有很好的溫度均勻性控制能力。對於 RTP 系統，快速加熱退火 (RTA) 過程可以在 1150℃時操作，在這個溫度下，離子佈植引起的損傷可以在二十秒內被退火消除。RTA 系統在晶圓放入腔室後，能以大約每分鐘處理一片晶圓，這個過程包括晶圓升溫、退火、晶圓冷卻和晶圓被送出。

問題

為什麼高溫爐的溫度無法像 RTP 系統一樣快速上升並冷卻？

解答

高溫爐的熱容量非常大，故需要較高的電能才能快速加溫。實作很難在沒有大幅的溫度振盪的情況下快速提高溫度，因此容易使得溫度過高或過低。

因為升溫速率很慢，通常小於 10℃ / 分鐘，將需要較長的時間從閒置溫度 (Idle Temperature—介於 650℃ 到 850℃之間) 加速到爐管所需的熱退火溫度 (如 1000℃)。甚至升溫過程中，部分的損傷就已經被退火消除。晶圓必須用很慢的速度裝載進入高溫爐並從爐體卸載，以防止晶圓因瞬間溫度改變引起的熱應力使其變形扭曲。由於高溫爐在閒置期間仍維持高溫，所以晶圓裝載器兩側的晶圓會因為慢的推進和拉出而有不同的熱退火時間，這將造成晶圓對晶圓的不均勻性。

RTA 系統通常在十秒內就可以將晶圓的溫度從室溫升到 1100℃，並精確控制晶圓溫度和晶圓內的溫度均勻性。大約 1100℃時，單晶體的晶格可以在十秒內恢復，並呈現極小的摻雜物擴散。RTA 過程比高溫爐熱退火過程有較好的晶圓對晶圓均勻性。

隨著元件的特徵尺寸進一步縮小，即使 RTA 製程的溫度變化速度也不能滿足實作摻雜離子的活化，並同時保持擴散在可容忍的範圍。其他退火技術，如尖峰退火，雷射退火等已被開發並應用於 IC 製造中。

8.3 離子佈植技術硬體設備

離子佈植機通常是一個非常龐大的設備，可能是半導體生產中最大的設備。離子佈植機包含了幾個子系統：氣體系統、真空系統、電機系統、控制系統和最重要的離子束線系統，如圖 8.19 所示。

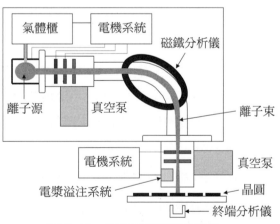

圖 8.19　離子佈植機示意圖。

8.3.1 氣體系統

離子佈植機使用很多危險的氣體和蒸氣產生摻雜物離子。易燃性和有毒性氣體如三氫化砷、三氫化磷和二硼烷，腐蝕性氣體如三氟化硼，由固態材料而形成的有害蒸氣，如硼和磷。為了降低這些危險氣體滲漏到生產中，特別設計了氣櫃並封在離子佈植機的內部來專門儲存這些接近離子源的化學藥品。對於某些有毒氣體，基於安全考量，需要使用低於大氣壓力的氣瓶。

⊗ 8.3.2 電機系統

高壓直流電源用於加速離子，大約為 200 kV 的 DC 電源供應系統被裝配在佈植機內。為了透過離子源產生離子，需要用熱燈絲或射頻電漿源。熱燈絲需要大電流和幾百伏的供電系統，然而一個射頻離子源需要大約 1 kW 的射頻供應。需要高電流透過質譜儀磁鐵產生強大的磁場彎曲離子軌道，並選擇正確的離子產生非常純淨的離子束。電力供應系統需要校正而且必須精確。電力供應的電壓與電流必須非常穩定並確保製程良率。

⊗ 8.3.3 真空系統

整個射線必須在高真空狀態減少帶電離子和中性氣體分子沿著離子的軌跡發生碰撞。碰撞將引起離子的散射和損失，並且將從離子與中性原子間的電荷交換過程中產生不需要的離子佈植，這會造成射線污染。離子束的壓力應該降低到使離子的平均自由路徑比離子源到晶圓表面的軌跡長度還要長。結合了冷凍泵、渦輪泵和乾式泵的裝置將使用在射線系統中以達到 10^{-7} 托的高真空。

因為離子佈植過程中將使用危險氣體，所以佈植機的真空排放系統必須與其他排放系統隔離開。當排放氣體釋放到空氣中之前，需要經過燃燒箱和洗滌器。在燃燒箱中，易燃性和爆炸性的氣體將會在高溫火焰中被氧氣中和。在洗滌器中，腐蝕性氣體和燃燒的灰塵將被沖洗掉。

⊗ 8.3.4 控制系統

為了達到設計的要求，離子佈植過程需要精確控制離子束的能量、電流和離子的種類。佈植機也需要控制機械部分，例如裝載與卸載晶圓的機器手臂，並控制晶圓的移動使整個晶圓獲得均勻佈植。節流閥根據壓力設置維持系統的壓力。

中央控制系統通常是一片中央處理 (CPU) 電路系統。不同的控制系統將蒐集佈植機內各系統的信號並送到 CPU 電路板系統中，CPU 電路板將處理資料並透過控制電路板將指令傳送到佈植機內的各系統中。

⊗ 8.3.5 射線系統

離子射線系統是離子佈植機最重要的部分。它包含了離子源、萃取電極、質譜儀、後段加速系統、電漿佈植系統及終端分析儀。圖 8.20 說明了離子佈植機的射線系統。

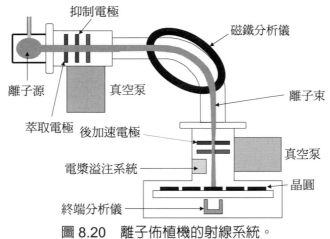

圖 8.20　離子佈植機的射線系統。

離子源

　　掺雜物離子包括：掺雜物蒸氣、氣態掺雜化學合成物原子、分子的游離放電產生物。熱燈絲離子源是最常用的一種離子源。在這種離子源中，燈絲電能供應大量電流流過加熱鎢燈絲並在熾熱的燈絲表面形成熱電子發射。熱電子被電壓很高的電弧電力供應系統加速後，將掺雜物氣體的分子和掺雜物的原子分解並離子化。圖 8.21 顯示了一個熱燈絲離子源。離子源內的磁場將強迫電子形成螺旋運動，這將使電子行走更長的距離，並增加電子與掺雜物分子碰撞的機率而產生更多的掺雜物離子。負偏壓抗陰極電極板會將電子從附近的區域排斥，減少了電子沿磁場線與側壁產生碰撞的損失問題。

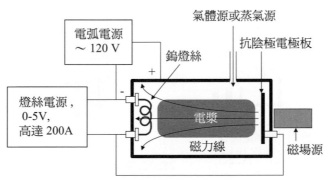

圖 8.21　熱燈絲離子源。

　　其他種類的離子源，例如射頻 (RF) 離子源和微波 (MW) 離子源，也應用於離子佈植的製造過程中。RF 離子源使用電感耦合型 RF 電離掺雜物離子。微波離子源使用電子迴旋共振產生電漿及離子化掺雜物離子。圖 8.22 顯示了 RF 離子源與微波離子源的示意圖。

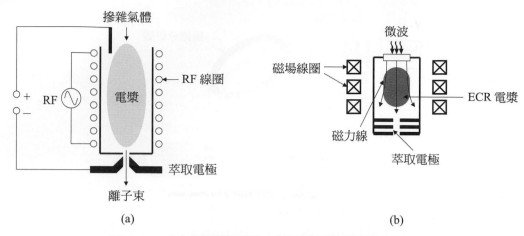

圖 8.22　(a) 射頻離子源；(b) 微波離子源示意圖。

萃取系統

　　使用負偏壓的萃取電極將離子從離子源內的電漿中抽出，並將其加速到大約 50 keV 左右的能量。離子必須有足夠的能量才能透過質譜儀磁場選擇出正確的離子。圖 8.23 顯示了萃取系統。當摻雜物離子加速並射向萃取電極時，一些離子會透過夾縫並繼續沿著射線行進；一些離子會碰撞到萃取電極的表面產生 X 光並激發出二次電子。一個電位比萃取電極低很多 (最多 10 kV) 的抑制電極將會用於防止二次電子被加速返回離子源造成損壞。所有的電極都帶有一個狹窄的狹縫，這個狹縫使離子萃取出來作為準直式離子流並形成所需的離子束。

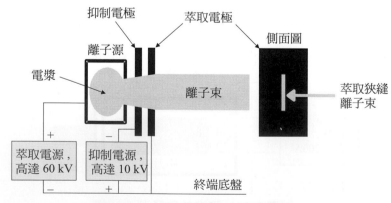

圖 8.23　離子束萃取系統示意圖。

　　萃取後的離子束能量由離子源與萃取電極之間的電位差決定。萃取電極電位與終端架的電位相同，而且有時稱為系統的接地電位。系統接地與實際接地 (佈植機覆蓋盤) 的電位差可高達負 50 kV，所以如果沒有透過電弧放電而直接接觸就可能造成致命的電擊。

質譜儀 (Mass Analyzer)

在一個磁場內帶電荷的微粒會因磁場作用而開始旋轉，磁場的方向通常與帶電微粒的行進方向垂直。對於固定的磁場強度和離子能量，螺旋轉動半徑只與帶電微粒的荷質比有關。這個方法已經用於同位素分離技術，從 ^{238}U 產生豐富的 ^{235}U 來製造核子彈。幾乎在每個離子佈植機內，質譜儀都用於精確選擇所需的離子並排除不要的離子。圖 8.24 說明了離子佈植機的質譜儀系統。

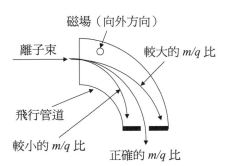

磁場（向外方向）

離子束　　　較大的 m/q 比

飛行管道

較小的 m/q 比　　　正確的 m/q 比

圖 8.24　離子佈植機質譜分析儀。

BF_3 通常用於硼的摻雜源。在電漿中，結合分解和離子化碰撞將產生許多離子。因為硼有兩種同位素 ^{10}B (19.9％) 和 ^{11}B(80.1％)，所以具有幾種離子化狀態，這樣更增加了離子種類的數目。表 8.8 列出了含硼的離子和原子以及分子的重量。

表 8.8　BF_3 電漿中可能的離子種類。

離子	原子量或分子量
^{10}B	10
^{11}B	11
^{10}BF	29
^{11}BF	30
F_2	38
$^{10}BF_2$	48
$^{11}BF_2$	49

對於 P 型井區佈植製程，$^{11}B^+$ 最常使用，因為在同樣的能量等級，$^{11}B^+$ 的重量較輕所以可穿入到矽基板較深的位置。對於淺接面離子佈植製程，$^{11}BF_2^+$ 離子最常使用，因為 $^{11}BF_2^+$ 離子的尺寸較大且重量較重。一台佈植機可以在最低能量的條件下穩定運作，$^{11}BF_2^+$ 離子在這些含硼的離子中具有最短的離子射程，可以形成最淺的 P 型介面，將少量的氟整合進入矽基板可以在矽與二氧化矽介面處與矽的懸浮鍵結合，這樣可以減少介面態電荷並改善元件的性能。

當離子進入質譜儀之前，它們的能量取決於離子源和萃取電極之間的電位差，一般情況這個值大約設置在 50 kV 左右。萃取的單電荷離子能量爲 50 keV。已知了離子的 m/q 值和離子的能量，透過電腦程式就能夠計算出離子軌道透過狹窄縫隙時所需的磁場強度。調整磁鐵線圈內的電流可以使質譜儀精確地選擇出需要的摻雜離子。

問題

$^{10}B^+$ 比 $^{11}B^+$ 輕，所以在相同的能量時，$^{10}B^+$ 比 $^{11}B^+$ 穿透的更深。爲什麼不選擇用 $^{10}B^+$ 實作深接面，例如 P 井離子佈植？

解答

因爲在電漿中五個硼原子中只有一個 ^{10}B，而其他都是 ^{11}B，$^{10}B^+$ 離子濃度只有 $^{11}B^+$ 離子的四分之一。如果選擇 $^{10}B^+$ 離子，則離子束的電流大約只有 $^{11}B^+$ 離子束電流的四分之一。爲了達到相同的摻雜濃度，將需要消耗比 $^{11}B^+$ 離子束多四倍的時間佈植 $^{10}B^+$ 離子束，這樣將影響生產的產量。

問題

在電漿中，磷蒸氣可以被離子化並形成不同的離子。P^+ 和 P_2^{++} 是其中的兩種，質譜儀可以將這兩種分開嗎？

解答

如果 P^+ 和 P_2^{++} 離子具有相同的能量，則質譜儀無法將它們分開，因爲它們具有相同的 m/q 比，所以也具有相同的離子軌道。當 P^+ 和 P_2^{++} 佈植基板時，P_2^{++} 無法如 P^+ 一樣深入基板，因爲它的離子較大較重，所以離子射程較短。這將造成所謂的能量污染，形成不必要的摻雜濃度分佈，並影響元件性能。經過萃取電位的前端加速過程後，大部分的 P_2^{++} 離子會具有 P^+ 離子兩倍的能量，因爲它們具有雙倍的電荷。對於相同的 m/q 比，能量較高的離子具有較大的旋轉半徑，因此將會碰撞到質譜儀飛行管的外壁。它們的軌道與較大 m/q 比的軌道相似，如圖 8.24 所示。

後段加速

當質譜儀選擇了所需的離子後，離子將進入後段加速區域，離子束電流與最後的離子能量被控制在該區內，離子束電流利用可調整的葉片控制，而離子能量則由後段加速電極的電位控制。離子束的聚焦和射線形狀被界定孔徑及電極控制。圖 8.25 顯示了後段加速的系統裝置。

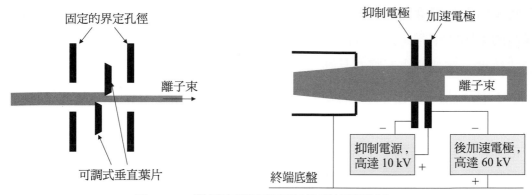

圖 8.25 離子束電流控制及後段加速裝置。

對於主要用於井區與深埋藏層佈植過程的高能離子佈植機，需要將數個高壓加速電極沿著射線方向串聯在一起，這樣可以將離子加速到幾百萬電子伏 (MeV) 的能量等級。應用在超淺型接面 (USJ) 佈植的離子佈植機，特別是用於 P 型硼的佈植，後段的加速電極以逆向方式連接，這樣離子束才會經過該電極時被減速而不是加速，產生能量低於 0.1keV 左右的純淨離子束。

某些佈植機後段加速之後，將用一個電極將離子束彎曲一個小角度，例如 10°。這樣可以幫助擺脫高能量的中性微粒。當離子的軌跡彎曲並向晶圓移動時，中性微粒保持直線運動，如圖 8.26 所示。一些佈植系統將離子束以 S 形軌跡彎曲兩次，以達到更高的能量純度。

圖 8.26 離子束軌跡彎曲示意圖。

電荷中性化系統

當離子佈植進入矽基板時，會將正電荷帶入晶圓表面。如果正電荷一直積累，就可能造成晶圓的帶電效應。帶正電荷的晶圓表面將傾向於排斥正離子，這樣將引起所謂的射線放大和不均勻的離子佈植，並且導致整個晶圓上的摻雜物分佈不均勻，如圖 8.27 所示。

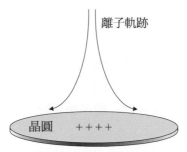

圖 8.27 晶圓電荷效應形成的非均勻離子佈植。

當表面電荷濃度過高時，電荷產生的電場可能高到足以使薄的閘極氧化層崩潰，這樣將嚴重影響積體電路晶片的良率。當積累的正電荷增加到某一程度時，會以電弧的形式放電，電弧的火花將在晶圓表面上造成缺陷。

為了處理晶圓帶電問題，需要使用大量帶負電荷的電子中和晶圓表面的正離子。有幾種方法可以使晶圓中性化：電漿溢注系統 (Plasma flooding system)、電子槍和電子淋浴器都可以提供電子中和正離子，將晶圓的帶電效應降到最低。圖 8.28 顯示了一個電漿溢注系統。

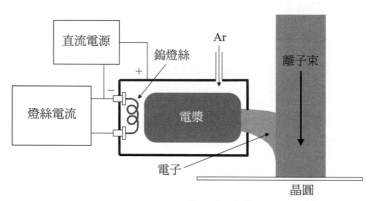

圖 8.28　電漿溢注系統。

電漿溢注系統中，熱電子從熱的鎢絲表面發射出來並透過直流電源加速。這些熱電子將在反應室中與中性原子碰撞產生大量帶有電子與離子的電漿。電漿中的電子會被吸入離子束中與離子一起流向晶圓表面，這樣形成的電漿將中和晶圓並將晶圓的帶電效應降到最低。

圖 8.29 說明了一個電子槍系統。熱電子由熱燈絲產生並以高能量加速到電子靶上。電子與靶碰撞後產生大量二次電子，這些二次電子由靶的表面透過撞擊離開表面後與離子束一起流向晶圓中和晶圓表面的正離子。

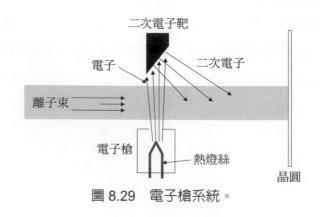

圖 8.29　電子槍系統。

晶圓處理器

　　晶圓處理器最重要的作用是在整個晶圓表面形成均勻的離子佈植。離子束的直徑大約爲 25 mm（約 1 英吋左右）。通常需要移動離子束或移動晶圓，而且有些佈植機中兩者都需要移動，透過移動使離子束均勻掃描整個晶圓，晶圓直徑可以是 300 mm 的大尺寸。

　　對於旋轉輪系統，輪子系統能高速自旋。當晶圓透過離子束時，離子會以離子束的弧形帶狀形式佈植到晶圓的部分區域。轉輪的中心會前後擺動，這樣可以使離子束均勻地掃描到旋轉輪的每個晶圓部分。圖 8.30 說明一個旋轉輪式晶圓的支撐系統。

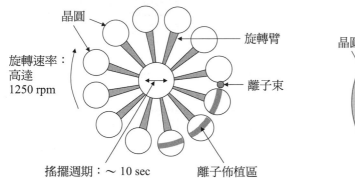
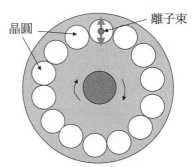

圖 8.30　旋轉輪式晶圓處理系統示意圖。　　圖 8.31　旋轉盤式晶圓處理系統示意圖。

　　旋轉圓盤與旋轉輪類似，不同之處在於旋轉圓盤不是擺動整個圓盤，而是用掃描離子束方式在整個晶圓表面獲得均勻的離子佈植。圖 8.31 說明了旋轉圓盤系統。

　　另一種離子佈植機晶圓處理系統如圖 8.32(a) 所示，它結合了離子束的掃描與晶圓的運動。當晶圓透過步進馬達在 y 方向上移動時，改變掃描電極間所施加的偏壓就可使離子束在 x 軸上來回掃描。整個晶圓可以利用這種方式均勻進行離子佈植。這種掃描技術可以用在單晶圓的佈植系統中。

　　有些單晶片佈植製程中，使用寬頻束或擴展束系統，而不是在 x 方向進行掃描光束，同時上下移動晶圓以達到均勻離子佈植，如在圖 8.32(b) 所示。其他一些系統使用寬頻束在 y 方向，並在 x 方向和晶圓一起擺動得到統一的離子佈植。在先進的奈米積體電路製造中，單晶片離子佈植系統已成爲主流，如 USJ 源極 / 汲極形成，其中包括源極 / 汲極延伸 (SDE) 離子佈植和源極 / 汲極 (SD) 離子佈植製程過程。

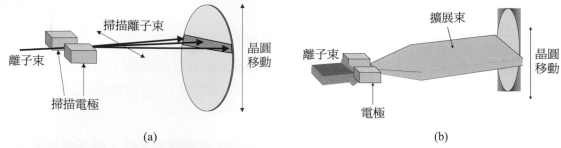

圖 8.32　單個晶圓離子佈植系統示意圖：(a) 掃描離子束；(b) 擴展束。

晶圓夾具必須帶有冷卻系統以帶走由高能離子轟擊產生的熱量，並控制晶圓的溫度；否則晶圓溫度可能太高而造成光阻的網狀組織化。通常晶圓的夾具是水冷式的，而溫度被控制在 100℃以下。

射線阻擋器 (Beam Stop)

在離子束線的尾端，通常需要一個射線阻擋器或終點站吸收離子束能量。同時射線阻擋器也可以充當離子束電流、離子束能量和離子束形狀測量的離子束檢測器。水冷式金屬平板用於帶走高能離子轟擊所產生的熱量，並阻擋標靶表面因帶電離子突然停止而產生的 X 光輻射。

圖 8.33 說明了一個射線阻擋器。離子束阻擋器的底部有一個離子檢測器列陣，可以用來測量離子的能量與能量光譜、離子束的電流和離子束形狀。離子束中有很多電子，這些電子主要來源於電荷中性化系統，例如電子佈植系統、電子槍或其他可產生大量電子的電子源。如果這些電子進入離子阻擋器並碰撞到法拉第檢測器時，就會減少電流的讀數值，影響離子束電流測量結果的準確性。因為電子的螺旋轉動半徑較小，所以利用永久磁鐵產生磁場防止電子進入離子束阻擋器中。磁場也可以防止石墨表面發射的二次電子進入後段加速電極中造成損壞。

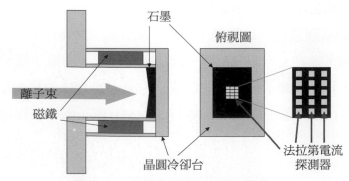

圖 8.33　離子射線阻擋器示意圖。

8.4 離子佈植製程

離子佈植製程有三個主要問題：摻雜類型，這是由離子的種類決定；電晶體的接面深，由離子的能量決定；以及離子的濃度，由離子電流與佈植的時間決定。

8.4.1 離子佈植在元件中的應用

積體電路晶片製造過程中，在矽晶圓表面上製造幾百萬個微小的、具有功能性的電晶體時將涉及到很多離子佈植過程。因為對摻雜物濃度與接面深有不同的要求，這些佈植的離子能量與離子束電流也十分不同。在先進半導體生產中，可採用不同種類的佈植機以滿足這些條件。

表 8.9 列出了應用於 32 nm CMOS 晶片中的低能量、高電流離子佈植技術。右列的符號和數位為摻雜同位素或分子 (離子能量單位為 keV，劑量為離子 /cm^2)。例如，PMOS SD 佈植的 B11/0.4/1E15 表示使用 11(^{11}B) 離子，能量為 0.4 keV，劑量為 1×10^{15} 離子 /cm^2。NMOS 的 SDE As2_150/2/5E14 表示使用原子量為 150 離子的氣體砷 (As$_2$)，或能量為 2 keV、劑量為 5×10^{14} 離子 /cm^2 的兩個 ^{75}As。

表 8.9　32 nm　CMOS 離子佈植製程。

離子佈植製程	製程條件
PMOS 源極 / 汲極擴充	B11/0.4/1E15
PMOS 源極 / 汲極	B11/2/3E15
NMOS 源極 / 汲極擴充	As2_150/2/5E14
NMOS 源極 / 汲極	P31/4/3.5E15

井區佈植的製程說明如圖 8.34 所示，是高能量離子佈植過程，因為它需要形成井區建立 MOS 電晶體。NMOS 電晶體形成於 P 型井區內，而 P 型電晶體形成於 N 型井區。

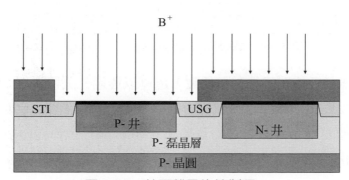

圖 8.34　井區離子佈植製程。

為了防止接面串通的離子佈植技術稱為中度井區佈植，用來抑制接面崩潰效應，因為接面崩潰將造成電晶體崩潰。大角度傾斜 (Large-angle Tilt，LAT，通常為 35-45°) 佈植或大傾角佈植用來抑制積體電路晶片的接面崩潰問題。

臨界佈植也稱為 V_T 調整佈植，是一個低能量、低劑量的佈植過程。臨界佈植決定了一定電壓下可以開啟或關閉 MOS 電晶體，這個電壓稱為臨界電壓 (V_T)。臨界值決定 MOSFET 在什麼電壓下可以打開或關閉。它可以表示為：

$$V_T = \Phi_{ms} - Q_i / C_{ox} - Q_d / C_{ox} + 2\Phi_f \tag{8.1}$$

Φ_{ms} 表示閘極材料和半導體基板之間的電位差。在多晶矽閘極情況下，它由多晶矽的摻雜濃度控制。Q_i 表示介面電荷，這個由預氧化清潔和閘極氧化過程所決定；$Q_d = -2(K_{si}eN_C\Phi_j)^{\frac{1}{2}}$ 表示空乏電荷量。透過離子佈植調節 V_T，可以控制多數載子濃度 N_C。$C_{ox} = k_{ox} / t_{ox}$ 是單位的閘極電容，由閘極介電質材料 k_{ox}，及閘極介電層厚度 t_{ox} 決定。Φ_f 是基板的費米電勢。臨界電壓是 MOSFET 最重要的參數之一，而且 V_T 離子佈植調變是離子佈植最關鍵的製程之一。

例如，一些舊的電子元件需要 12 伏的直流供電電壓，而大部分的電子電路需要 5V 或 3.3V，大部分先進積體電路晶片在 1.0V 就可以工作。低功率消耗 IC 晶片的工作電壓甚至低於 0.4V。這些操作電壓必須比臨界電壓高才能確保電晶體開啟或關閉，然而它們卻不能高於使閘極氧化層崩潰。圖 8.35 顯示了 CMOS 積體電路晶片的臨界佈植。V_T 調整佈植通常使用相同佈植機於相同的製程中，並以較低的能量通過井區佈植來進行，如圖 8.35 所示。

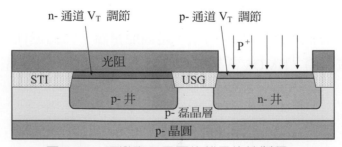

圖 8.35 調變臨界電壓的離子佈植製程。

多晶矽需要離子重摻雜降低電阻係數，這可以透過在沉積過程中使用臨場摻雜方式將矽源材料的反應氣體和摻雜物氣體一同引入 CVD 反應器中，或者利用高電流多晶矽摻雜離子佈植實作。對於先進的互補式 CMOS 晶片，佈植摻雜普遍使用，因為佈植摻雜可以分別摻雜 P 型電晶體的多晶態閘極和 N 型多晶態閘極。一般情況 P 型電晶體的多晶矽閘極是 P 型重摻雜，而 N 型電晶體的多晶矽閘極是 N 型重摻雜，這樣可以使元件有很好的性能控制。這些形成局部連線的多晶矽導線也將產生 PN 接面介面，而這個 PN 接面位於 CMOS 電路的相鄰 PMOSFET 閘極與 NMOSFET 閘極交彙處。PN 接面必須在後續的金屬矽化物過程中，透過在多晶矽導線上方形成金屬矽化物加以短路，否則將在相鄰閘極之間形成非常高的電阻。

　　一般情況下，多晶矽離子佈植需要兩個光罩，一個用於 NMOS 和另一個用於 PMOS。為了降低生產成本，多晶矽補償反摻雜技術已經發展並已在 IC 生產中應用。在沒有光罩條件下，它首先採用離子佈植將整個晶圓摻雜成重 N 型，然後圖案化晶圓曝光顯示出 PMOS 並摻雜成 P 型多晶矽層。P 型摻雜濃度非常高，是透過雜質補償將多晶矽從 N 型反轉成 P 型。由於電漿摻雜系統可以實作高摻雜濃度，所以已開發展用於實作這種製程。圖 8.36 顯示重 P 型 (硼摻雜) 多晶矽反轉製程。

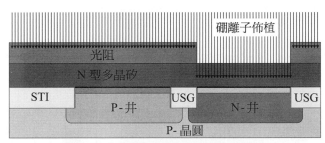

圖 8.36　多晶矽硼離子佈植製程。

　　當電晶體尺寸縮小時，多晶矽內摻雜物的擴散效應可能會影響元件的性能。抑制摻雜物擴散很重要，特別是防止 P 型金屬氧化物半導體多晶矽閘極中的硼原子擴散到 N 型多晶矽閘極中，否則可能會改變電晶體的特性。這樣就引進了擴散阻擋離子佈植，而且高劑量的氮佈植多晶矽後將捕捉硼原子並防止它們擴散形成很深的接面。

　　低摻雜汲極 (LDD) 是一個低能量、低電流的離子佈植過程。在靠近閘極的地方形成一個淺接面，以降低靠近汲極之處的垂直電場。次微米場效電晶體中，需要用 LDD 抑制熱電子效應，熱電子將導致元件性能損壞且影響晶片的可靠性。所謂的熱電子效應或熱載子效應，是電子從汲極到閘極以遂穿方式透過超薄閘極氧化層，這是因為電子受源極 / 汲極偏壓引起垂直電場加速。由於離子佈植濃度隨著元件特徵尺寸的減小而增加，對於亞 0.25 微米元件，佈植的劑量已經很高，所以已經不能稱其為 "輕摻雜"，這種佈植已經被稱為源極 / 汲極延伸離子佈植 (SDE)，這為高濃度的源極 / 汲極摻雜提供了一個擴散緩衝層。SDE 具有 IC 製造中最淺的接面深，需要低能離子佈植形成。圖 8.37 說明了 CMOS 積體電路晶片製造中的 SDE 製程形成過程。

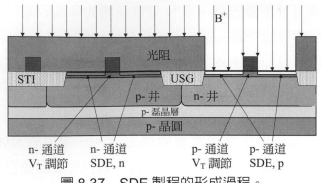

圖 8.37　SDE 製程的形成過程。

　　源極 / 汲極 (SD) 佈植是一個高電流、低能量的離子佈植過程，可能是積體電路晶片製造過程中最後一個離子佈植步驟。與 LDD 佈植最大的不同在於，SDE 佈植的劑量非常高，而且是在側壁空間層形成之後才開始進行。側壁空間層是將重摻雜的源極 / 汲極與多晶矽閘極正下方的通道分開抑制熱電子效應。圖 8.38 說明了源極 / 汲極的離子佈植過程。

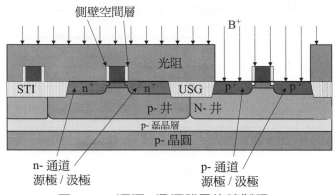

圖 8.38　源極 / 汲極離子佈植製程。

　　源極 / 汲極佈植使用高電流離子束重摻雜矽晶片。源極 / 汲極佈植後將在光阻覆蓋層內形成高濃度的摻雜物原子層。這將引起乾式光阻去除製程困難，因為光阻是一種包含氫與碳的聚合物，所以氧自由基可以氧化去光阻。然而大部分的摻雜氧化物，例如氧化磷與氧化硼都是固體。這些固體比較容易停留在晶圓表面造成殘餘物缺陷，通常稱為浮渣。濕式製程通常需要使用硫酸 (H_2SO_4) 和過氧化氫 (H_2O_2) 的混合物，(稱為 "除浮渣") 來去除這些殘留物。

　　對於 CMOS 製程，幾乎每種離子佈植過程都需要兩次，一次是形成 PMOS 場效電晶體，另一次是形成 NMOS 場效電晶體。一個高級平面的互補式 CMOS 電晶體積體電路晶片需要用約 20 道離子佈植製程製造所需的奈米電子元件。對於雙載子和雙載子互補式 CMOS 電晶體積體電路晶片，離子佈植廣泛用於深埋藏層摻雜、絕緣形成以及基極、射極和集極的形成。

在 DRAM 生產中，離子佈植技術被應用於減少多晶矽和矽基板之間的接觸電阻，這種製程是利用高流量的 P 型離子將接觸孔的矽或多晶矽重摻雜。圖 8.39 所示的離子佈植技術在 MOSFET 單元陣列之間和連接方面的應用。

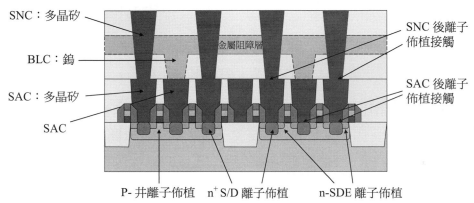

圖 8.39　離子佈植在 DRAM 單元陣列平面電晶體和連接方面的應用。

因爲離子佈植製程直接與微電子元件性能有關，所以需要具有元件物理背景才能對離子佈植過程有更深的瞭解。強烈推薦讀者學習 Streetman and Banerjee(參考文獻 [6]，入門級) 和施敏 (參考文獻 [7]，進階級) 的著作。

● 8.4.2　離子佈植技術的其他應用

當元件尺寸繼續縮小時，由自然背景的 α 微粒衰變引起的"軟誤差"問題將變得越來越嚴重，特別對於儲存類晶片。每一個 α 微粒將在矽基板中產生超過一百萬個電子－電洞對，所以儲存晶片電容的電容或電晶體必須足夠大，以避免儲存資料在 α 衰變發生時被突波電子覆寫，這些突波電子來自 α 衰變微粒產生的電子－電洞對。如圖 8.40 顯示了透過 α 微粒產生電子 - 電洞對的過程。

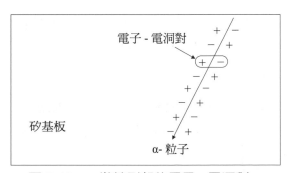

圖 8.40　α 微粒引起的電子 - 電洞對。

當元件的尺寸縮小時，電容將呈線性減少。解決這個問題的一個方法是採用絕緣體上矽 (SOI) 基板，如圖 8.41 所示為製作在絕緣體上矽基板上的互補式 CMOS 電路。

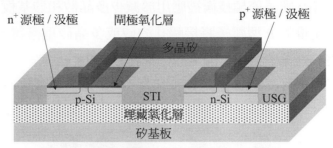

圖 8.41　SOI 基板上的 CMOS 示意圖。

從圖 8.41 可以看出，每一個電晶體都形成於自己的矽基板區域，完全與相鄰的電晶體及矽基板隔絕。因此完全消除了交叉干擾、閉鎖及軟誤差的可能性。基於 SOI 的積體電路晶片可以在一般積體電路晶片無法運作的極端條件下工作，例如高輻射環境。

為了製造 SOI 基板，方法之一就是使用高能量、高電流的離子佈植 (高達 10^{18} 離子 /cm²) 將氧離子佈植到矽基板形成富含氧的矽層。高溫的加熱退火過程可以引起矽與氧原子的化學反應形成二氧化矽深埋藏層，同時使表面附近的矽鬆弛並恢復成單晶結構。這個製程過程稱為注氧技術，簡稱 SIMOX(Separation by implantation of oxygen)，如圖 4.26 所示。

另一種製作 SOI 晶圓的技術涉及高電流離子佈植。這就是所謂的智慧型 Smart Cut™ (由 Soitec 公司命名) 技術，這種技術需要氫離子佈植到表面生長有氧化層的第一個晶圓內部產生富氫層，這個晶圓將和第二個晶圓在熱過程中鍵結。在鍵結製程中，富氫層將第一個晶圓裂開，在第二個晶圓表面形成氧化層和薄矽層，如圖 4.27 所示。由於 Smart Cut™ 技術製造的 SOI 晶圓 (尤其是厚埋氧層 SOI) 具有更低的成本，所以佔據了 SOI 晶圓的主要市場。

離子佈植也被用於光阻硬化，以提高其在 IC 晶圓蝕刻過程中的阻擋作用。離子佈植還用於在微影 / 凝固 / 微影 / 蝕刻 (LFLE) 雙圖案化製程技術中，作為凝固的方法之一 (如圖 6.59 所示)。

離子佈植也可以用於製造太陽能電池板。透過使用硬遮蔽層，可以在指定的區域佈植摻雜而不需要微影製程，這可以節省太陽能電池單元的製造成本，並有助於降低太陽能電池板的價格。

在微型發光二極體(micro-LED 或 μLED)的製造中，人們研究負氟離子(F–)佈植，用來在 III 族氮化物元件的像素之間形成無間隙隔離障礙，從而避免蝕刻引起的空隙像素屏障的破壞。若要實現該應用於 HVM 中，則需要約 200keV 離子能量的高能佈植機。

束流能量高達數百萬電子伏特 (MeV) 的超高能 (UHE) 離子佈植製程，已被開發應用在 CMOS 影像感測器 (CIS) 的深介面形成。圖 8.42 說明了具有深 P– 井介面的 CIS，需要幾 MeV 的超高能 (UHE) 離子注入才能形成。

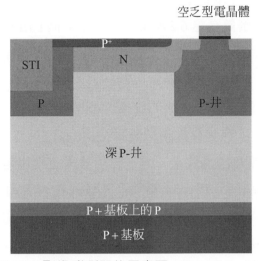

圖 8.42　帶有深井的 CMOS 影像感測器的示意圖。Based on M. Furumiya, et al., IEEE Trans. Electron Devices, Vol. 48, No. 10, pp. 2221-2227, (2001).

為了獲得 MeV 離子能量，採用了 RF 加速系統，這與常規離子佈植機中使用的 CD 加速不同。圖 8.43 為射頻帶電微粒加速系統。我們可以發現，當離子源處於正電壓且漂移管 (DT)1 處於負電壓時，離子將被提取並加速進入 DT-1。DT-1 長度的設計是當第一級加速離子漂出 DT-1 時，其電壓變為正值，而 DT-2 為負值，離子會再次加速並飛入 DT-2。DT-2 長度也被設計成，當兩次加速的離子飛出 DT-2 時，其電壓變為正，而 DT-3 電壓為負，離子被第三次加速並飛入 DT-3。在第 N 次 DT 後，離子可以被加速到 RF 振幅之 N 倍的電壓。

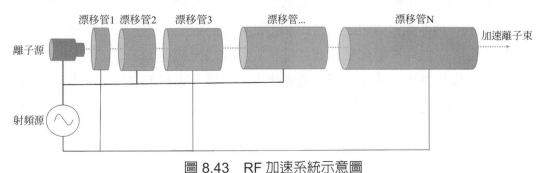

圖 8.43　RF 加速系統示意圖

⊗ 8.4.3 離子佈植的基本問題

離子佈植過程有許多挑戰，如帶電效應、污染物控制及製程的整合。

晶圓帶電

晶圓帶電 (Wafer charging) 將導致閘極氧化層崩潰。二氧化矽介電質的臨界電場強度大約為 10MV/cm。理論上當表面電荷為 2.2×10^{13} 離子 $/cm^2$ 且完全沒有電子洩漏時，氧化層內部的電場可能高到足以使 100Å 厚的閘極氧化層崩潰。由於量子效應，電子可以穿隧透過很薄的介電質層，所以只要閘極電壓低於崩潰電壓 (對於 100Å 為 10V)，100Å 的氧化層當劑量高達 6.2×10^{18} 離子 $/cm^2$ 時仍正常工作。

當電晶體的幾何尺寸逐漸縮小時，閘極氧化層的厚度變得越來越薄。對於關鍵尺寸為 65 nm 技術的元件，閘極氧化層可以薄到 (12 ～ 15)Å，這時需要更好的電荷中性化技術消除表面電荷對氧化層崩潰的影響。晶圓帶電可以透過幾種不同的技術監測：一種帶有電容、可抹除程式化唯讀記憶體 (EPROM) 以及電晶體結構的測試晶圓。這些結構可以製作在帶電測試晶圓上。離子佈植機內，現場電荷感應器應用在晶圓旁側監測晶圓表面的帶電狀態。圖 8.44 顯示了天線式電容帶電的測試結構。多晶矽襯墊區的面積和薄氧化層區的面積之比稱為天線比例，可以高達 100000：1。天線比越大，越容易使薄閘極氧化層崩潰。

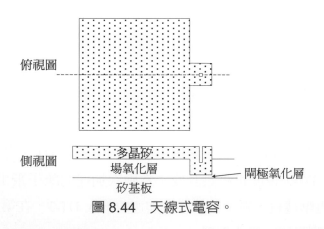

俯視圖

側視圖
多晶矽
場氧化層
閘極氧化層
矽基板

圖 8.44　天線式電容。

主要影響晶圓帶電的因素為離子束電流、離子束掃描寬度、圓盤或旋轉輪的半徑以及自轉速率。減少離子束電流可以顯著降低帶電效應，但是這樣將減少晶圓的產量。增加離子束掃描寬度、圓盤或旋轉輪的半徑及自轉速率，都可以有效減低每片晶圓的劑量，這樣也減少了帶電效應。透過使用大型離子束掃描寬度、大型圓盤或旋轉輪半徑、高速自轉速率，並且將電子同離子束佈植到晶圓表面的電子系統，先進的離子佈植機已經解決了奈米級積體電路晶片的帶電問題。

微粒污染物

微粒污染物一直是積體電路製造過程中的主要問題。晶圓表面上的大微粒將會阻擋離子束,特別在低能量離子佈植過程中,例如臨界電壓、SDE 及 S/D 佈植,將造成摻雜物介面不完整,對積體電路晶片良率造成影響。當元件尺寸縮小時,污染微粒的尺寸也將減小。圖 8.45 說明了污染微粒如何造成不完整的介面離子佈植,對於入射的微粒束,污染微粒將覆蓋基板的部分區域。

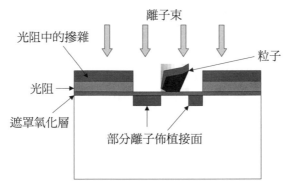

圖 8.45　微粒污染在離子佈植中的效應。

對於許多仍在使用旋轉輪的離子佈植設備,大顆粒微粒可能掉落在晶圓表面,這如同一個高速導彈與建築物的牆壁碰撞。先進積體電路晶片製造中,晶圓必須經過十五到二十道離子佈植過程,微粒導致良率損失的效應是累計性的。所以必須降低污染微粒在每一道離子佈植過程中的增加量。

利用雷射掃描整個晶圓表面,並使用光感測器蒐集、轉換以及放大由微粒引起的散射信號,就可以檢測到晶圓表面的微粒。通常在佈植前後,均會測量特定或更大的顆粒尺寸,其數量及位置。微粒總數的差稱為新增微粒。新增微粒的位置也將被記錄,所以它提供一個有效的資訊判斷微粒的來源。

微粒能經由磨損的移動零件機械地引入到半導體製造中,移動零件有氣閥和密封、夾箱與裝載機器手臂。微粒也會透過製程過程引入,例如砷、磷和銻的蒸氣將沿著射線再凝結,而且殘渣在真空泵抽真空過程中也會落到晶圓表面。高能離子濺鍍也是主要的微粒來源,從射線和阻擋器所濺鍍的鋁和碳也可能是新增微粒的來源。當晶圓破碎時,矽晶圓本身就可能引入微粒。光阻薄膜為易碎性物質,微影技術中,不適當的邊緣球形物去除法 (EBR) 會將光阻殘留在晶圓邊緣。晶圓的移除和處理過程,機器人手臂和晶圓夾具的夾鉗將破壞邊緣的光阻使其剝落產生污染微粒。

離子佈植機的改進和維護都有助於離子佈植過程中降低新增微粒。利用統計的方法可以識別大部分的污染源並改善製程控制。

元素污染

元素污染由摻雜物與其他元素的共同離子佈植造成。帶電荷的鉬離子 $^{94}Mo^{++}$ 與氟化硼離子 $^{11}BF_2^+$ 有相同的荷質比 (AMU/e = 49)，無法透過質譜儀將二者分開，所以 $^{94}Mo^{++}$ 可以隨著 $^{11}BF_2^+$ 的離子佈植到矽晶圓造成重金屬污染。所以離子源不能使用含鉬的標準不銹鋼。通常使用如石墨和鉭等材料。

如果有極小的氣孔裂縫，氮氣可以進入離子源反應室內，$^{28}N_2^+$ 離子與用在預先非晶態佈植的矽離子 $^{28}Si^+$ 有相同的荷質比。同樣離子源反應室牆壁的釋氣過程也可能釋放出一氧化碳。當一氧化碳離子化時，也有相同的荷質比：AMU/e = 28。

某些離子具有非常接近的荷質比，質譜儀的解析度不能將其分開。例如 $^{75}As^+$ 離子在鍺非晶態佈植中將污染 $^{74}Ge^+$ 或 $^{76}Ge^+$ 離子，$^{30}BF^+$ 離子也將污染 $^{31}P^+$ 離子的佈植過程。

其他的元素污染由射線管與晶圓夾具材料的濺鍍引起，例如鋁和碳將導致這些離子佈植進入晶圓中。鋁和碳在矽基板中會引起元件的性能惡化。

⊗ 8.4.4 離子佈植製程評估

摻雜物的種類、接面深與摻雜物濃度是離子佈植製程的最重要因素。摻雜物種類可以透過離子佈植機的質譜儀決定；摻雜物濃度由離子束電流與佈植時間的乘積決定。四點探針是離子佈植監測中最常使用的測量工具，可以測量矽表面的薄片電阻。離子佈植過程中，薄片電阻 (R_s) 由 $R_s = \rho/t$ 定義。電阻係數 ρ 主要由摻雜物濃度決定，厚度 t 主要由摻雜接面深決定，接面深由摻雜物離子的能量決定。薄片電阻的測量可以提供有關摻雜物濃度的資訊，因為接面深可以由已知的離子能量、離子種類和基板材料估計。

二次離子質譜儀 (Secondary Ion Mass Spectroscopy, SIMS)

透過使用一個主要的重離子束轟擊樣品表面並蒐集不同時間濺鍍的二次離子質譜，測量摻雜種類，摻雜濃度和摻雜濃度的深度剖面。SIMS 是一個標準的離子佈植測量方法，因為它可以測量並評估所有離子佈植過程中的關鍵因素。但是，它是破壞性的，濺鍍的光斑尺寸大，速度慢。SIMS 被廣泛應用於實驗室和早期離子製程發展時期。這種方法不能用於現場檢測系統。圖 8.46(a) 說明 SIMS 的工作過程，接面深可以透過濺鍍時間計算。圖 8.46(b) 顯示了 1keV ^{11}B 離子佈植在矽晶片上的 SIMS 測量結果。

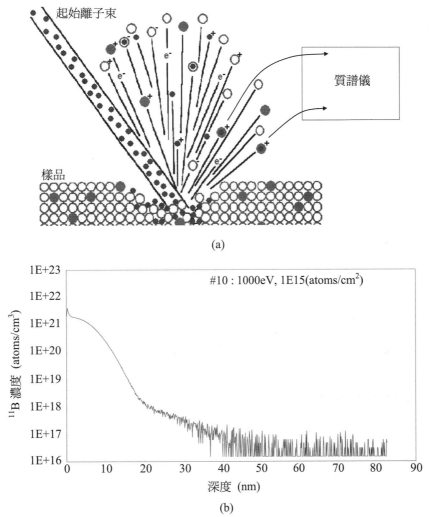

(a)

(b)

圖 8.46　(a)SIMS 示意圖；(b)^{11}B 離子佈植的 SIMS 測量結果。
(來源：Advance Ion Beam Technology, Inc.)

四點探針法

　　如圖 8.47 所示的四點探針 (4PP) 是最常用於測量薄片電阻的工具。透過在兩個探針之間施加定量的電流並測量另外兩個探針之間的電壓差，薄片電阻便能計算出來。四點探針測量通常在熱退火過程後進行，因為熱退火能修復損壞的晶體結構並活化摻雜物。由於四點探針直接與晶圓表面接觸，所以這種測量方法主要用在測試晶圓上進行製程過程的發展、驗證以及控制。在測量過程中，必須確保使用足夠的力使探針與矽表面接觸，這樣探針才能穿透約 (10-20)Å 的原生氧化層與矽基板真實接觸。圖 8.47 說明了一個離子佈植退火後晶圓利用四點探針法測量的例子。

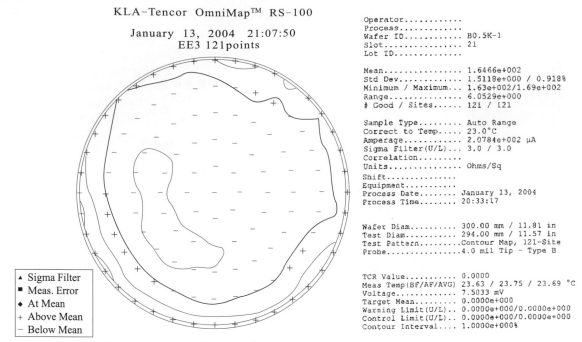

圖 8.47　四點探針法測量結果。(來源：Advance Ion Beam Technology, Inc.)

　　一般四點探針 (4PP) 的探針間 (P2P) 間距約爲 1mm。只適用於測試晶圓，而非產品晶圓。微機電系統 (MEMS) 技術已用於開發微型四點探針 (µ4PP)，探針間間距小至 10µm。通過應用原子力顯微鏡 (AFM) 開發的技術，µ4PP 可用於測量產品晶圓上測試焊墊的薄片電阻。由於 P2P 間距更小，它具有更高的空間分辨率來檢測局部薄片電阻的變化，例如出雷射退火的拼接問題所引起的變化，這是一般 4PP 無法捕獲的。

　　PP 和 µ4PP 均測量退火後的佈植晶圓，因此結果是離子佈植和退火的組合 然而，薄片電阻決定微電子元件的特性，晶圓廠工程師仍然依賴測量來選定離子佈植和退火製程。

熱波法 (Thermal Wave)

　　另一個常使用的製程監測過程是熱波探針系統。熱波系統中，氬雷射在晶圓表面上產生熱脈衝，而 He-Ne 探針雷射將在同一點測量由加熱雷射造成的直流反射係數 (I) 和反射係數的調變數 (ΔR)。二者的比例 $\Delta R/R$ 稱爲熱波 (Thermal Wave，TW) 信號，熱波信號與晶體的損傷有關，因爲晶體損傷是離子佈植劑量的函數。圖 8.48 說明了熱波系統。

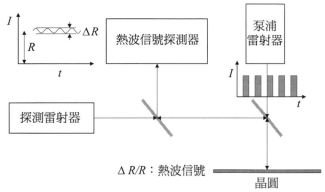

圖 8.48　熱波法系統示意圖。

　　熱波測量是在離子佈植造成的晶體損傷程度。這是優於四點探針技術的方面，因為四點探針在測量之前需要先進行退火，以活化摻雜劑。不同於四點探針需要與晶圓表面接觸才能進行可靠測量，熱波探針無需與晶圓表面進行物理接觸即可測量晶圓。熱波探針的另一個優點是非破壞性測量，所以可以應用在產品晶圓上，而四點探針只能用在測試晶圓上。熱波量測的缺點之一是在低劑量時靈敏度較低，例如當砷與磷佈植的劑量為 10^{12} 離子 /cm^2 時，10% 的劑量變化只能引起熱波信號 2% 的改變。另一個缺點為熱波信號對時間的漂移，這由室溫退火或周圍環境退火引起。所以熱波測量需要在離子佈植後儘快進行。由雷射光束在測量期間引起的晶圓加熱也會加速損傷鬆弛，這個鬆弛效應也會改變基板的反射係數。測量過程將干擾被測數值。因此熱波測量缺乏較高的測量準確性。許多因素將影響熱波測量，例如離子束電流、離子束能量、晶圓圖案及遮罩氧化層的厚度。熱波主要的優點是可以測量產品晶圓，其他的測量則無法做到。熱波測量提供製程工程師一個有用的工具，透過離子佈植後立刻測量產品晶圓進行製程控制，這樣可以避免其他製程監測所需的長時間。

光電 R_s 測量

　　光電 R_s 測量採用脈衝雷射照明半導體基板並產生電子—電洞對。電子—電洞對擴散到感測器的電極，這可以檢測到由載子擴散所引起電壓變化。擴散速率與薄膜電阻有關，測得的電壓比 V_1/V_2 與 R_s 幾乎呈線性關係。圖 8.49 說明了雷射脈衝和載子擴散過程，它可以利用光電系統測量第一和第二薄片電阻電壓比。

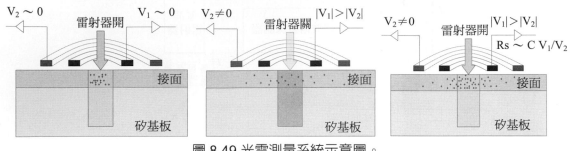

圖 8.49 光電測量系統示意圖。

8.5 安全性

所有的離子佈植都使用有害的固體及氣體，這些氣體是有毒、易燃、易爆的或具有腐蝕性。高電壓 (通常高達 250,000 V) 用於製程過程。

8.5.1 化學危險源

固體及氣體的摻雜物用於離子佈植製程中。銻、砷和磷都是常用的固體源材料，而三氫化砷、三氫化磷與三氟化硼是常用的氣體源材料。

銻 (Sb) 是一種易碎、銀白色的有毒金屬元素，用於 N 型摻雜物佈植過程。直接與固體銻接觸將導致皮膚和眼睛發炎。銻粉末有劇毒，直接接觸將導致皮膚、眼睛與肺部發炎，也會損害心臟、肝臟以及腎臟。

砷 (As) 是有毒物質，直接與固體砷接觸會導致皮膚與眼睛發炎，也會導致皮膚變色。砷粉末有劇毒，直接接觸將導致皮膚與肺部發炎，也會損害鼻子與肝臟，還有引起肺癌與皮膚癌的危險。

紅磷 (P) 是佈植製程中最常使用的固體 (N 型摻雜物) 材料之一，具有易燃性，可以透過摩擦起火。直接與紅磷接觸將導致皮膚、眼睛與肺部發炎。

三氫化砷 (AsH$_3$) 通常作為砷的來源氣體，是半導體工業中毒性最強的氣體之一。只需 0.5 ～ 4 ppm 的 AsH$_3$ 就可能感覺到如蒜頭一樣的味道；3 ppm 的劑量就能即刻性傷害生命及健康 (Immediate Danger To Life And Health，IDLH)。暴露在低濃度 AsH$_3$ 時，將引起鼻子與眼睛發炎，甚至只要暴露在 500 ppm 下幾分鐘就會致命。三氫化砷也具有易燃性，當空氣中的濃度達到 4 ～ 10% 時就變成爆炸性氣體。

三氫化磷 (PH$_3$) 通常是磷的來源氣體，具有易燃性，而且在空氣中的濃度高於 1.6% 時就會變成爆炸性氣體。三氫化磷是具有魚腥味的有毒氣體，只需 0.01 ～ 5.00 ppm 就可以被察覺到。IDLH 界限是 50 ppm。暴露在低濃度 PH$_3$ 時將引起眼睛、鼻子與肺部發炎。暴露在 10 ppm 會引起頭疼、呼吸困難，咳嗽、胸痛、缺乏食欲、胃痛、嘔吐和腹瀉。

三氟化硼 (BF_3) 通常作為硼的來源氣體，具有腐蝕性，與水接觸會形成氫氟酸。暴露在 BF_3 中將引起嚴重的皮膚、眼睛、鼻子、喉嚨與肺部發炎，也可引起肺腑水。

$B_{10}H_{14}$ 是形成超淺接面離子佈植的材料之一。它是一種在室溫下具有低蒸氣壓的固體。它有毒並可以透過皮膚吸收而影響中樞神經系統。 職業安全及健康管理局 (OSHA) 允許暴露 $B_{10}H_{14}$ 的極限值 (PEL) 為 0.05 ppm($0.3\ mg/m^3$)。

$B_{18}H_{22}$ 和硼烷 ($C_2B_{10}H_{12}$ 或 CBH) 是另外兩個透過子離子佈植形成硼超淺接面 USJ 的摻雜材料。他們都是室溫下具有非常低蒸氣壓的固體材料。

⊗ 8.5.2 電機危險源

與高電壓或電流接觸會引起電擊、燒傷、肌肉和神經損傷、心臟麻痺以及死亡。大約 1mA 的電流透過心臟就可能致命。統計資料顯示接觸到 250V 交流電壓的死亡率為 3%。當電壓超過 10 kV 時，機率急劇增加。

空氣中的火花崩潰電壓大約為 8kV/cm。對於帶有 250 kV 的加速電極佈植機，崩潰距離大約為 31 cm。然而比較尖銳的部分，崩潰距離可能更長。因此離子佈植機需要安全連鎖以防止加速電壓在佈植機的遮罩保護不完備時升高電壓。

因為高壓將產生大量的靜電電荷，如果沒有完全放電，接觸時將被電擊，所以在進入佈植機工作前需要用接地棒將所有的零件放電。

離子佈植機是一個完全隔絕的系統，通常大到足以讓人可以藏身在其內而不引起他人的注意。進入這個系統之前，重要的是要有一個夥伴一起工作並在系統上掛上告示板確保他人知道有人在機器內工作，這樣在有人工作時才不會啟動設備並升高電壓。當進入佈植機時，要隨身攜帶鑰匙，以防他人將門鎖住並啟動系統。

⊗ 8.5.3 輻射危險源

當高能離子束撞擊晶圓、狹縫、離子束阻擋器或其他任何沿離子束線的物品時，離子損失的能量將以 X 光輻射的形式發射出來。需要安全的連鎖以防止系統的牆板和門沒有關上，並且沒有完全遮罩保護好之前啟動。

離子與沿射線的中性原子發生碰撞時，產生的電子和從固體表面因二次電子發射產生的電子都被加速電極加速。使用抑制電極防止這些電子被加速到高能量而背向轟擊離子源和其他的射線部分，這樣可以防止引起 X 光輻射和零件損壞。

⊗ 8.5.4　機械危險源

　　旋轉輪與旋轉圓盤的轉速可以高達 1250 rpm。全速旋轉時，晶圓的速率可以高達 90 m/s(約 220 mph)。發生功能故障的情況下，這些系統將釋放出大量的能量並造成大規模損害。持續監視旋轉輪或圓盤的震動強度，確保它們在故障發生前就能停止。當旋轉馬達和掃描馬達運轉時，任何動作都可能導致切斷手指或手臂。

8.6　近年發展及應用

　　當元件的最小特徵尺寸持續縮小時，MOSFET 通道接面深和源極 / 汲極接面深將變得越來越淺。超淺接面 ($x_j \leq 0.05$ 微米，USJ) 的形成引起了離子佈植技術的一大挑戰，特別是 P 型超淺接面，因為 P 型接面需要從低到高的電流且要求能量很低(低到0.2 keV) 的純淨硼離子束才能形成。 USJ 的要求條件是低的薄片電阻和低的接觸電阻、淺度，以及與金屬矽化合物的相容性，並且要求 USG 與金屬化合物接觸時具有低的二極體洩漏電流和對閘極通道分佈輪廓的最小影響，還要求與多晶矽閘極的相容性。其他的條件要求低成本、好的晶圓內均勻性及晶圓對晶圓的均勻性、低的新增微粒數和可靠的電晶體與接觸窗。

⊗ 8.6.1　分子離子佈植

　　除了發展高電流單晶矽離子佈植設備和超低能量 (0.1 kev) 高純度離子源外，科學家和工程師們還在研究實作 USJ 的其他方法。分子離子佈植就是其中之一。在一般離子佈植中，三氟化硼常用於形成 P 型淺接面的佈植，不是 B，因為 BF^{2+} 離子大且重。$B_{10}H_{14}$、$B_{18}H_{22}$ 和硼烷 ($C_2B_{10}H_{12}$ CBH) 是研究中的大分子。使用大分子形成 USJ 有幾個好處。實作 0.1 keV 高純能量離子束非常具有挑戰性，因為工程師需要將離子束加速到約 5 keV 為磁質譜分析儀有效地隔離所需的離子種類，並透過 4.9 keV 減速離子束。加速和減速的電源電壓要求非常準確和穩定，以獲得統一的能量。由於大分子明顯更大且更重，他們需要比 BF^{2+} 或 B^+ 離子更高的能量形成統一的接面深。很容易使離子束實作 1 keV 甚至更高的統一能量，而要實作 0.1 keV 離子束的統一能量比較困難。包括許多硼原子的大分子，例如，CBH 有 10 個硼原子，可以在相同的離子束電流下達到比 BF^{2+} 或 B^+ 離子高 10 倍產量。大分子離子佈植也引起了更嚴重的晶格損傷，從而減少了穿隧效應和更好的接面控制。

8.6.2 電漿浸置型離子佈植

電漿浸置型離子佈植 (Plasma Immersion Ion Implantation, PIII) 或電漿摻雜 (Plasma Doing, PLAD) 系統已經被開發應用於低能量，高劑量，如 USJ 和深溝槽應用。通常用電漿源功率產生高密度電漿電離摻雜氣體，而偏壓電源加速離子到晶圓表面，如圖 8.50 所示。最常用的 PLAD 摻雜氣體為 B_2H_6，用於硼摻雜。電漿源功率可以是射頻 (RF) 或微波 (MW) 系統。它可以用非常高的劑量摻雜晶圓，即使在最高的離子束電流下，劑量可以很高。離子佈植需要長的佈植時間，這不能滿足產量的要求。PLAD 不能選擇離子種類並精確控制離子的流量或劑量。因此，PLAD 的主要應用是高劑量，非關鍵層離子佈植，已被廣泛應用於 DRAM 晶片的多晶矽補償摻雜，也可以用於 DRAM 元件陣列的接觸佈植。

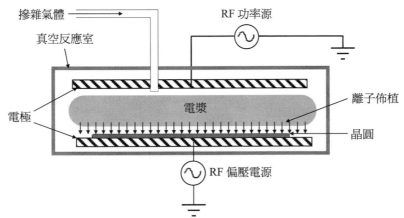

圖 8.50　電漿浸置型 (PIII) 或電漿摻雜 (PLAD) 系統示意圖。

在電漿浸置型系統中，摻雜離子將轟擊晶圓並被佈植到基板內。摻雜離子流通量主要受微波功率控制，離子的能量主要由偏壓的 RF 功率決定。透過磁鐵的電流將影響共振的位置，因此可以用於控制電漿的位置，這樣便可以控制摻雜的均勻性。

電漿浸置型佈植技術是一種低能量過程，離子能量一般小於 1keV。所以對於次 90nm 元件的應用，PIII 可以用於形成超淺接面。與標準離子佈植技術相比，電漿浸置系統的缺點是無法選擇特殊的離子種類，其他的缺點為離子流量受電漿位置和反應室壓力的影響，而且離子能量分佈範圍很廣，不是離子佈植機的尖峰狹窄型分佈。所以電漿浸置型佈植系統很難精確控制摻雜物的濃度和接面深。

電漿摻雜也已被開發應用於 FinFET 的鰭型摻雜。常規電漿摻雜有重離子轟擊，會造成鰭片的非保型摻雜，如圖 8.51(a) 所示。透過使用較少離子轟擊和更多反應自由基吸附的電漿製程，並實現鰭型摻雜，使得鰭片頂面和鰭片側面之間差異很小，如圖 8.51(b)。

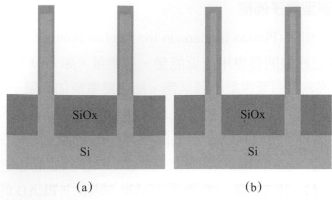

圖 8.51　電漿佈植鰭摻雜示意圖。(a) 常規電漿重離子摻雜轟擊；(b) 利用摻雜劑自由基吸附進行電漿摻雜。根據參考文獻 14

8.6.3　HKMG FinFET 的離子注入

　　高 k 和金屬閘極 (HKMG) 長期一直被研究於取代多晶矽和二氧化矽閘電極和閘極電介質。HKMG 自 45nm 技術節點開始被引入 HVM 並成為主流。HKMG FinFET 從 22nm 開始，之後所有先進的 CMOS IC 從平面 MOSFET 轉向 FinFET。對於 FinFET，源極－汲極介面的形成不再使用高電流、低能量離子佈植，而是透過選擇性外延生長 (SEG) 的方式來實現，通常對於 PMOS 使用重摻雜矽鍺 (SiGe)，對於 NMOS 則是重磷摻雜矽 (SiP)。

　　然而 FinFET 製程中仍存在許多離子佈植的步驟，其中一些具有獨特的要求。例如，室溫 (RT) 下的鰭型摻雜離子注入可能會導致薄 (<10nm) 矽鰭的完全非晶化，見圖 8.52(a)，並且由於退火後矽的結晶不完全進而影響元件良率。在 400°C 至 1000°C 的高溫下進行熱離子佈植，由於動態退火，可以在離子佈植期間將晶格保持在矽鰭片中，如圖 8.52(b) 所示。此外，熱氦 (He) 佈植有助於最大限度地減少由於 STI 薄膜退火應力而導致的鰭片彎曲，見圖 8.52(c) 和 8.52(d)。熱離子佈植不能使用光阻；因此，需要先沉積硬罩幕並刻蝕出 PR 圖形，然後在 PR 剝離和清洗後進行高溫佈植。此外，熱離子佈植機需要高溫晶圓夾盤，並帶有加熱和溫度控制系統。常規離子佈植機使用具有背面冷卻功能的靜電吸盤，以防止光阻因高能離子轟擊而過熱。

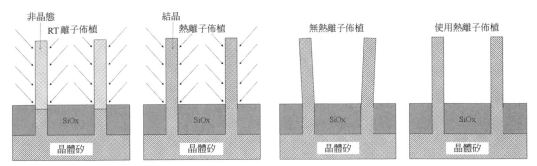

圖 8.52 鰭植入示意圖。(a)RT 離子注入後鰭片非晶化；(b) 熱離子植入保持鰭結晶；
(c) 無熱佈植，鰭片彎曲；(d) 使用熱佈植，鰭片沒有彎曲

許多 FinFET 和其他 3D 元件的離子佈植製程都是傾斜的。因此，在 3D 元件製造的佈植機需要更精確的傾斜角度控制，以管理 3D 圖案的陰影效應。

鰭摻雜離子佈植更適合在高溫下運作，而預非晶體佈植 (PAI) 適合於低溫。矽化物，例如在接觸孔或溝槽底部、源極 - 汲極頂部形成的鈦矽 ($TiSi_2$)，通常用於降低接觸電阻。低溫 (如 –100°C) 下的 PAI，稱為低溫 PAI，可以優化源－汲表面的非晶化，減少末端缺陷，從而形成較低電阻的矽化物。相比之下，由於動態退火，在 RT PAI 期間會形成一些晶格顆粒，當 Ti 與未完全非晶化的矽反應形成 $TiSi_2$ 時，這會導致矽化物的接觸電阻較高。

離子佈植還能用於微調 HKMG FinFET 金屬閘極的功函數，如圖 8.36 所示的多晶矽摻雜離子佈植一樣，這實際上是功函數調諧離子佈植。通過佈植 P+ 和 BF2+ 離子進入薄 TiN 層，可以調整具有相同 TiN 薄膜的 NMOS 和 PMOS 金屬閘極的功函數。

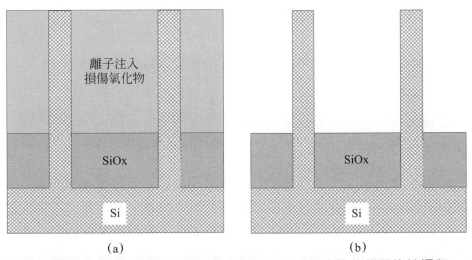

圖 8.53 透過離子佈植控制鰭片高度的示意圖。(a)STI 氧化物的離子佈植損傷；(b) 對受損氧化物具有高選擇性的氧化物蝕刻

離子佈植可用於修改材料特性，例如蝕刻速率，以進行蝕刻輪廓控制。對於 FinFET 來說，控制鰭高度非常關鍵，鰭高度由 STI 氧化物的凹陷決定。透過高劑量離子佈植 STI 氧化物，可以使受到注入損傷的氧化層比下方未注入的氧化層具有更高的蝕刻速率，見圖 8.53(a)。當然，蝕刻也應對矽具有高度選擇性。通過調節離子能量，可精確地控制佈植深度和鰭片高度，如圖 8.53(b) 所示。

8.7 本章總結

(1) 積體電路製造中常用的摻雜物為：硼作為 P 型摻雜物；磷、砷和銻用作 N 型摻雜物。

(2) CMOS 製程需要多道離子佈植製程，如井區佈植、臨界電壓調節、LDD 或 SDE 離子佈植、多晶矽摻雜佈植和源極 / 汲極佈植，用於形成 PMOS 和 NMOS。

(3) 除了以上列舉出的常用離子佈植外，DRAM 晶片製程有接觸形成離子佈植。

(4) 離子佈植製程能獨立地精確控制摻雜介面的深度和濃度。離子佈植製程是一個非等向性製程，可以用於次微米製程。

(5) 一台離子佈植設備包括：氣體輸送系統、電機系統、真空系統、控制系統和離子束線系統。

(6) 離子束線系統包括：離子源、萃取電極、質譜儀、後段加速裝置、電荷中性化系統、晶圓處理機和離子射線阻擋器。

(7) 非正常的深接面是由長距離離子射程造成的，這是因為離子剛好在單晶體的晶格通道內運轉，所以稱為通道效應。傾斜晶圓和遮罩氧化層是減小通道效應最常用的兩種方法。

(8) 對於相同種類的離子，離子能量越高，射程就越遠；而當離子能量相同時，離子越輕，射程就越遠。

(9) 離子佈植製程將造成晶格結構的損傷，佈植後退火製程用於恢復晶圓的單晶結構並活化摻雜物。

(10) 離子佈植製程使用了很多種危險性的固體和氣體，大部分都是有毒、易燃、易爆或具有腐蝕性。除此之外，其他危險源是高電壓、X 光輻射和移動的機械零組件。

(11) 離子佈植也常用於影像感測器的製造。需要具有幾百萬電子伏離子能量的 UHE 佈植機來形成深井介面。

(12) FinFET 製造程序中離子佈植的步驟較多，有傾斜、高溫、低溫等要求。

(13) 除了摻雜應用之外，離子佈植還應用於更改材料性能，例如光阻硬化和材料蝕刻速率的修改。

習題

1. 列出摻雜製程中離子佈植比擴散技術的優點。

2. 列出至少三道 CMOS 積體電路製造中的製程流程。

3. 哪一道離子佈植製程是 DRAM 生產中所特有的？使用這一道離子佈植的目的是什麼？

4. 離子佈植技術對積體電路製程的主要改變是什麼？

5. 兩種離子阻滯的原理是什麼？

6. 摻雜製程中最重要的是摻雜濃度和接面深，離子佈植製程中哪些因素控制這兩個參數？

7. 當兩種離子以相同的能量和入射角佈植到單晶矽中時，它們在矽中將停留在相同的深度嗎？為什麼？

8. 說明離子投影射程、離子能量和離子種類的關係。

9. 說明為什麼離子佈植後需要熱退火處理？

10. 說明快速加熱退火製程比高溫爐退火的優點。

11. 為什麼離子佈植需要尖峰退火和雷射退火？

12. 為什麼離子佈植過程中，離子佈植設備的離子束線需要工作在高真空狀態？

13. 積體電路製造中使用的最毒氣體是什麼？怎麼辨別？它是 P 型摻雜還是 N 型摻雜？

14. 為什麼一台離子佈植設備需要高電壓供電？

15. 在進入離子佈植設備前，為什麼工作人員必須用接地線接觸工具零組件？

16. 解釋為什麼在離子束管濕式清洗時需要戴雙層手套？

17. 為什麼離子佈植製程過程中晶圓需要傾斜？

18. 說明井區佈植和源極／汲極離子佈植的能量及電流條件，試著解釋之。

19. 如果質譜儀磁鐵的直流電流不正確，可能會出現什麼問題？

20.比較四點探針和熱波測量的優缺點。

21.離子佈植和電漿浸置型離子佈植的主要區別是什麼？

22.除了半導體工業外，其他什麼製程可以使用離子佈植技術？

23.描述熱離子注入的應用。

24.低溫離子注入的主要應用是什麼？

参考文獻

[1] David G. Baldwin, Michael E. Williams, and Patrick L. Murphy, *Chemical Safety Handbook for the Semiconductor/Electronics Industry*, 2d ed., OME Press, Beverly, MA, 1996.

[2] S. A. Cruz, "On the Energy Loss of Heavy Ions in Amorphous Materials", Radiation Effects, Vol. 88, 1986, p.159.

[3] M. I. Current, *Basics of Ion Implantation*, Ion Beam Press, Austin, TX, 1997.

[4] Terry Roming, Jim McManus, Karl Olander, and Ralph Kirk, "Advanced in Ion Implanter Productivity and Safety", Solid State Technology, Vol. 39, No. 12, 1996, p.69.

[5] W. Shockley, *Forming Semiconductor Devices by Ion Bombardment*, U.S. Patent 2787564.

[6] Ben G. Streetman and Sanjay Banerjee, *Solid State Electronic Devices*, Prentice Hall, Upper Saddle River, HJ, 1999.

[7] S. M. Sze, *Physics of Semiconductor Devices*, 2d ed., John Wiley & Sons, Inc., New York, 1981.

[8] S. M. Sze, *VLSI Technology*, 2d ed., McGraw-Hill Companies, Inc., New York, 1988.

[9] F. Ziegler, *Ion Implantation - Science and Technology*, Ion Implantation Technology Co., Yorktown, NY, 1996.

[10] Anpan Han, Henrik Hartmann Henrichsen, Aleksei Savenko, Dirch Hjorth Petersen, Ole Hansen, "Towards diamond micro four-point probes", Micro and Nano Engineering, Vol. 5, 100037, (2019). ISSN 2590-0072, https://doi.org/10.1016/j.mne.2019.05.002.

[11] Asim M. Noor Elahi and Jian Xu, "Electrical and optical modeling of gap-free IIInitride micro-LED arrays", AIP Advances, Vol. 10, pp. 105028-1 to 105028-7, (2020); https://doi.org/10.1063/5.0027809

[12] Leonard Rubin and Robert Simonton, "Applications of Ion Implantation in CMOS Process Technology", (2018). https://www.researchgate.net/profile/Leonard Rubin/publication/337167311_Applications_of_Ion_Implantation_in_CMOS_Proce ss_Technology/links/5dc96d50299bf1a47b2f9101/Applications-of-Ion- Implantation-in-CMOS-Process-Technology.pdf, accessed on May 9, 2022.

[13] M. Furumiya, et al., "High sensitivity and no-crosstalk pixel technology for embedded CMOS image sensor," IEEE Trans. Electron Devices, pp. 2221-2227, (2001)

[14] Y. Sasaki, K. Okashita, K. Nakamoto, T. Kitaoka, B. Mizuno and M. Ogura, "Conformal doping for FinFETs and precise controllable shallow doping for planar FET manufacturing by a novel B2H6/Helium Self-Regulatory Plasma Doping process," 2008 IEEE International Electron Devices Meeting, , pp. 1-4, (2008). doi: 10.1109/IEDM.2008.4796850.

[15] T. Y. Wen et al., "Fin Bending Mitigation and Local Layout Effect Alleviation in Advanced FinFET Technology through Material Engineering and Metrology Optimization," 2019 Symposium on VLSI Technology, 2019, pp. T110-T111, doi: 10.23919/VLSIT.2019.8776517.

[16] Anthony Renau, "Device performance and yield - A new focus for ion implantation", https://www.appliedmaterials.com/files/VSEA-Renau_Invited_IWJT2010_CBHcryo. pdf, accessed on May 10, 2022.

[17] Xu Q, Xu G, Zhou H, Zhu H, Liang Q, Liu J, et al., "Ion-Implanted TiN Metal Gate with Dual Band-Edge Work Function and Excellent Reliability for Advanced CMOS Device Applications", IEEE Transactions on Electron Devices, Vol. 62(12), pp. 4100-4205, (2015).

[18] R. Charavel and J.-P. Raskin, "Etch Rate Modification of SiO2 by Ion Damage", Electrochem. Solid-State Lett. 9 G245, (2006). 10.1149/1.2200307.

Chapter 9

蝕刻製程

學習目標

研讀完本章之後,你應該能夠

(1) 列舉出 IC 晶片製造過程中至少三種必須蝕刻的材料。

(2) 從 CMOS 晶片橫截面說明至少三種蝕刻製程。

(3) 說明濕式和乾式蝕刻和它們的區別。

(4) 說明電漿蝕刻製程流程。

(5) 指出最常使用的蝕刻劑,以及它們的安全使用問題。

9.1 蝕刻製程簡介

蝕刻是移除晶圓表面材料，達到 IC 設計要求的一種製程過程。蝕刻有兩種：一種為圖案化蝕刻，這種蝕刻能將指定區域的材料移除，如將光阻或硬遮蔽層上的圖案轉移到基板薄膜；另一種是整面蝕刻，即移除整個或部分表面薄膜達到所需的製程要求。本章將討論這兩種蝕刻技術，並強調圖案化的蝕刻過程。圖 9.1 顯示了一個 MOSFET 閘極圖案化蝕刻的製程流程。首先是如圖 9.1(a) 所示的微影製程，即將閘極光罩上的圖案顯示到晶圓表面多晶矽薄膜的光阻上；然後利用蝕刻製程將圖案轉移到光阻下面的多晶矽上 (如圖 9.1(b))；最後利用濕式、乾式或兩種技術的結合將光阻去除完成閘極圖案化，如圖 9.1(c) 所示。

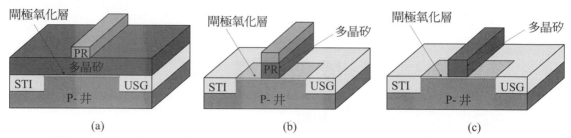

圖 9.1　多晶矽閘極蝕刻製程流程：(a) 微影；(b) 蝕刻多晶矽；(c) 去光阻。

微影技術和濕式蝕刻在印刷工業已經使用，也可用作印刷電路板。自 1960 年代以來，IC 產業一直在使用這些技術。透過微影製程將光罩的圖案轉移到晶圓表面的光阻後，再經過蝕刻或離子佈植透過光阻上的圖案就可將元件或電路轉移到晶圓上。圖 9.2 顯示了 IC 製造中的圖案化蝕刻製程。

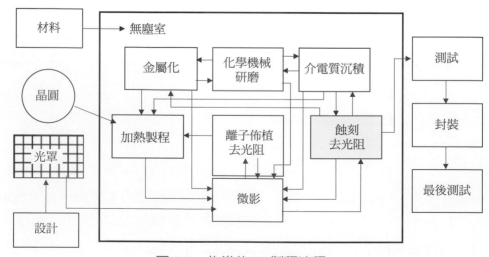

圖 9.2　先進的 IC 製程流程。

　　1980 年代前主要使用濕式蝕刻，利用化學溶液將未被光阻覆蓋的材料溶解達到移轉圖案的目的。1980 年代之後，當最小特徵尺寸縮小到 3 微米以下時，濕式蝕刻就逐漸被乾式 (電漿蝕刻) 取代。濕式蝕刻具有等向性的蝕刻輪廓，它會造成蝕刻的薄膜下方被侵蝕，造成關鍵尺寸 (CD) 損失，如圖 9.3 所示。

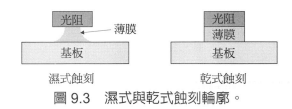

圖 9.3　濕式與乾式蝕刻輪廓。

　　先進半導體製造中，幾乎所有的圖案化蝕刻都利用電漿蝕刻技術，然而，薄膜剝除和薄膜品質控制仍使用濕式蝕刻。圖 9.4 所示為 CMOS IC 晶片的鋁金屬化製程，說明了一些蝕刻製程的位置。

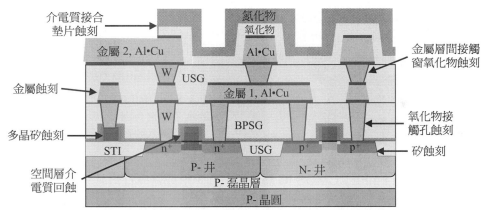

圖 9.4　具有多晶矽閘極和鋁金屬化 CMOS IC 晶片的蝕刻製程。

　　IC 晶片製程包含許多蝕刻過程，如圖案化和整面蝕刻；單晶矽蝕刻用於形成淺溝槽絕緣 (Shallow Trench Isolation，STI)；多晶矽蝕刻用於界定閘極和局部連線。氧化物蝕刻界定接觸窗和金屬層間接觸窗孔；金屬蝕刻形成金屬連線。同時也有整面蝕刻，氧化層 CMP 停止在氮化矽層後的氮化矽剝除製程 (沒有顯示在圖 9.4 製程中)；介電質的非等向性回蝕形成側壁空間層；鈦金屬矽化合物形成合金之後的鈦剝除 (沒有包括在圖 9.4 中)。

　　圖 9.5 顯示了一種先進的 CMOS IC 截面圖，其中包括選擇性磊晶生長 (SEG) PMOS 通道及 NMOS 和 PMOS 的源極 / 汲極、最後閘極的高 k 金屬閘極 (High-k and Metal Gate, HKMG)、和低 k 銅連線。這需要單晶矽電漿蝕刻形成 STI 和單晶矽濕式蝕刻形成選擇性磊晶源極 / 汲極。乾蝕刻被用於形成多晶矽虛閘，濕蝕刻被用於去除多晶矽虛閘為 HKMG 提供空間。使用銅 / 低 k 連線的先進 CMOS IC 用的是介電質溝槽蝕刻技術，而不是金屬蝕刻技術。

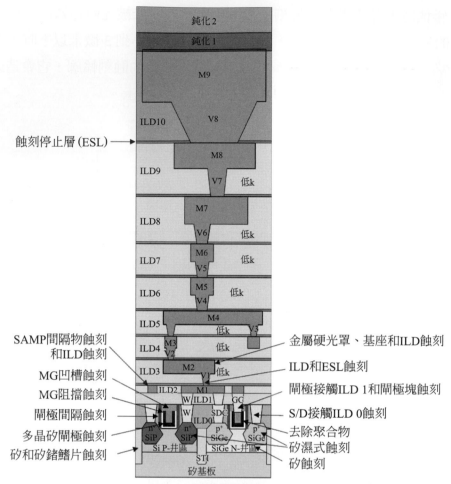

圖 9.5 一種典型的 FinFET CMOS IC 鰭型橫截面，形成選擇性外延生長 PMOS 通道
所需的一些蝕刻製程；SEG 源極 / 汲極；高 k 金屬閘極和銅 /ULK 連線。

　　本章包含蝕刻的基礎原理：濕式和乾式蝕刻、化學蝕刻、物理蝕刻和反應式離子
蝕刻 (Reactive Ion Etch，RIE) 以及矽、多晶矽、介電質和金屬蝕刻製程。最後討論蝕
刻製程的發展趨勢。

9.2 蝕刻製程基礎

⊗ 9.2.1 蝕刻速率

　　蝕刻速率是測量蝕刻物質被移除的速率。由於蝕刻速率直接影響蝕刻的產量，因
此蝕刻速率是一個重要參數。透過測量蝕刻前後的薄膜厚度，將差值除以蝕刻時間就
能算出蝕刻速率：

$$蝕刻速率 = (蝕刻前厚度 - 蝕刻後厚度) / 蝕刻時間$$

對於圖案化蝕刻，蝕刻速率可以透過掃描電子顯微鏡 (SEM) 直接測量出被移除的薄膜厚度。

9.2.2 蝕刻的均勻性

蝕刻過程重要的一點是要求整個晶圓必須有一個均勻的蝕刻速率，或好的晶圓內 (Within Wafer，WIW) 均勻性，以及高的重複性，好的晶圓對晶圓均勻性。通常均勻性由測量蝕刻前後晶圓特定點厚度，並計算這些點的蝕刻速率得出。若它們是 x_1、x_2、x_3、x_4、x_N，其中 N 表示資料點的總數，所測量的平均值為：

$$\bar{x} = \frac{x_1 + x_2 + x_3 + x_4 + \cdots + x_N}{N}$$

標準的測量偏差為：

$$\sigma = \sqrt{\frac{(x_1 - \bar{x})^2 + (x_2 - \bar{x})^2 + (x_3 - \bar{x})^2 + \cdots + (x_N - \bar{x})^2}{N-1}}$$

標準偏差不均勻性 (百分比) 為：

$$NU(\%) = (\frac{\sigma}{\bar{x}}) \times 100$$

9.2.3 蝕刻選擇性

圖案化蝕刻通常包含三種材料：光阻、被蝕刻的薄膜及基板。蝕刻過程中，這三種材料都會受蝕刻劑的化學反應或電漿蝕刻中離子轟擊的影響。不同材料之間的蝕刻速率差就是所謂的選擇性。

選擇性是指不同材料之間的蝕刻速率比率，特別是要被蝕刻的材料和不被移除的材料。

$$S = \frac{ER_1}{ER_2}$$

例如，當蝕刻閘極電極時，光阻作為蝕刻遮罩層而多晶矽是被蝕刻的材料。由於電漿蝕刻難免會蝕刻到光阻，所以必須有足夠高的多晶矽對光阻選擇性以避免蝕刻完成前損失過多的光阻 (PR)。多晶矽下方是超薄閘極氧化層 15 ～ 100Å。這個製程過程中，多晶矽對氧化物的選擇性必須非常高，才能避免多晶矽過蝕刻中穿透閘極氧化層，故需要去除閘極之間的所有多晶矽，以防止閘極之間的短路。

❋ 9.2.4 蝕刻輪廓

蝕刻的最重要特徵之一就是蝕刻輪廓，它將影響沉積製程。圖 9.6 顯示了不同的蝕刻輪廓。一般利用掃描式電子顯微鏡 (SEM) 查看蝕刻輪廓。

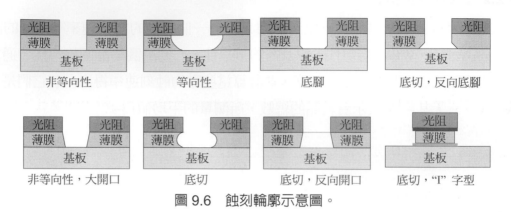

圖 9.6　蝕刻輪廓示意圖。

垂直輪廓是最理想的蝕刻圖案，因為它能將 PR 上的圖案轉移到下面的薄膜不造成任何 CD 損失。許多情況下，尤其是接觸窗和金屬層間接觸窗孔蝕刻，使用非等向性且略微傾斜的輪廓較好，這樣蝕刻視窗的張角較大，使後續的鎢沉積製程能夠容易填充而不留空隙。單純的化學蝕刻具有等向性輪廓，在光阻下產生底切效應並造成 CD 損失。底切輪廓是由於反應式離子蝕刻 (RIE) 過程中過多的蝕刻氣體分子，或過多的離子散射到側壁上造成的，RIE 結合了物理和化學蝕刻。輪廓底切效應很容易造成後續的沉積過程並在填補空隙或空洞時產生間隙。另外"I"字型輪廓的形成是因為夾心式薄膜的中間層使用了錯誤的蝕刻化學試劑形成的。

❋ 9.2.5 蝕刻偏差

蝕刻偏差是蝕刻圖案的 CD 與光阻圖案的 CD 之間的差。在圖 9.6 中，"非等向性"蝕刻輪廓具有與 PR 相同的 CD 或零蝕刻偏差。底切 "I" 字型離子束蝕刻輪廓具有 CD 損失或負蝕刻偏差。在這種情況下，可能存在正向的蝕刻偏差，光阻圖案的 CD 需要小於蝕刻圖案的 CD。

❋ 9.2.6 負載效應

電漿圖案化蝕刻過程中，蝕刻圖案將影響蝕刻速率和蝕刻輪廓，稱為負載效應。負載效應有兩種：宏觀負載效應和微觀負載效應。

宏觀負載效應

　　具有較大開口面積的晶圓蝕刻速率與較小開口面積的晶圓蝕刻速率不同，這晶種圓對晶圓的蝕刻速率差異就是宏觀負載效應，主要影響批量蝕刻，但對單片晶圓影響不大。

微觀負載效應

　　對於接觸窗和金屬層間接觸窗孔的蝕刻，較小窗孔的蝕刻速率比大窗孔慢。這就是微觀負載效應 (參見圖 9.7)。這是因為蝕刻電漿氣體難於穿過較小的窗孔，而且蝕刻的副產品也難以擴散出去。

　　減少製程壓力可以降低微觀負載效應。當壓力較低時，平均自由路徑較長，蝕刻氣體較易穿過微小的窗孔而接觸到要被蝕刻的薄膜。這樣比較容易從微小的窗孔中把蝕刻副產品移除。

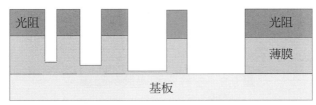

圖 9.7　微觀負載效應。

　　由於光阻會濺鍍沉積在側壁上，所以圖案隔離區域的蝕刻輪廓比密集區域寬，這是由於隔離圖案區域缺少由鄰近圖案散射離子造成的側壁離子轟擊。圖 9.8 說明了輪廓微觀負載效應。

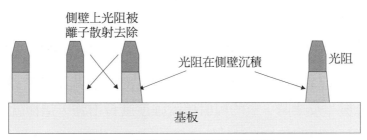

圖 9.8　微觀負載效應蝕刻輪廓。

⊗ 9.2.7 過蝕刻效應

當蝕刻薄膜時 (包括多晶矽、介電質以及金屬蝕刻)，晶圓內的蝕刻速率和薄膜厚度並不完全均勻。因此當大部分的薄膜被蝕刻移除後，會留下少部分薄膜必須移除。移除剩餘薄膜的過程稱為過蝕刻，過蝕刻前的過程稱為主蝕刻。

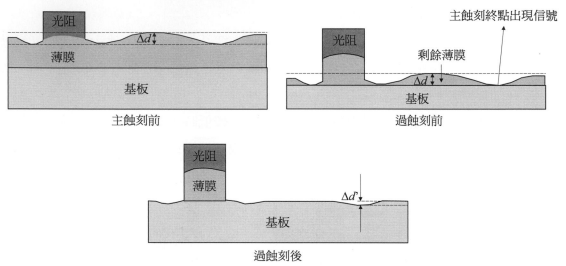

圖 9.9　主蝕刻和過蝕刻輪廓。

在過蝕刻中，被蝕刻薄膜和基板材料之間的選擇性要足夠高才能避免損失過多的基板材料。在主蝕刻中，如果主蝕刻與過蝕刻使用不同蝕刻條件，則能夠改善過蝕刻中被刻薄膜和基板材料之間的選擇性，電漿蝕刻中的光學終點偵測器可以自動停止主蝕刻引發過蝕刻，這是因為當主蝕刻中的蝕刻劑開始蝕刻基板薄膜時，電漿中的成分就會發生變化。如在多晶矽閘極蝕刻中 (如圖 9.1)，主蝕刻不需要考慮二氧化矽的選擇性。當某些區域的多晶矽被蝕刻時，氯電漿開始蝕刻二氧化矽，對二氧化矽的選擇性變得非常重要。只有一層超薄閘極 SiO_2 層 (對 <2nm 技術節點)，分隔閘極多晶矽和基板單晶矽，蝕刻多晶矽的蝕刻劑也會蝕刻單晶矽。在電漿蝕刻製程中，當蝕刻劑開始與閘極 SiO_2 發生反應時，氧的輻射信號強度就會增強，這樣就發出一個停止主蝕刻而切換到過蝕刻的信號。

圖 9.9 說明了主蝕刻和過蝕刻過程。Δd 是非均勻厚度造成的薄膜厚度變化。$\Delta d'$ 是基板厚度損失的最大值。如果在圖案區域的蝕刻速率均勻，則在過蝕刻中薄膜對基板所需的最小選擇性就為：$S > \Delta d / \Delta d'$。

例題 9.4

對於 FinFET IC 晶片，假設虛擬多晶矽薄膜厚度為 100nm，鰭片高度為 50nm，多晶矽蝕刻速率為 200nm/min，上述均有的完美均勻性。若只允許損失 0.5nm 的虛擬閘極氧化物 (tox ～ 2nm)，請問在過蝕刻步驟中，多晶矽對氧化物的選擇性最小值是多少？

解答

在主蝕刻步驟去除 48nm 多晶矽後，將會到達鰭頂部的虛擬閘極氧化物，並且需要切換到過蝕刻步驟。在去除剩餘的 52nm 多晶矽的過蝕刻步驟中，只能損失 0.5nm 的虛擬氧化物，因此最小多晶矽與氧化物的選擇性為 52nm/0.5nm ＝ 104:1。如果考慮鰭片高度、虛擬多晶矽厚度和多晶矽蝕刻速率的不均勻性，則該值將略微提升。

⊗ 9.2.8　蝕刻殘餘物 (Residue)

蝕刻完成後有時會在側壁或晶圓表面留下多餘的殘渣。這些多餘殘渣稱為殘餘物。殘餘物可能是由於晶圓表面複雜形貌引起的不完全過蝕刻。圖 9.10 顯示了由於薄膜過蝕刻不完全，在帶有階梯狀地形的膜層側壁上形成的殘留物稱為縱樑 (stringer)。對於多晶矽蝕刻過程來說，縱樑是致命缺陷，可能導致多晶矽線之間的短路。

完全的過蝕刻可以移除側壁上大部分殘餘物。足夠的離子**轟擊**可以清除表面殘餘物或適當的化學蝕刻，也可以剔除非揮發性的蝕刻副產品，例如在金屬蝕刻中產生的氯化銅 (圖 9.11)。有機殘餘物可以利用氧電漿清潔，這個過程也可用於去光阻。濕式化學清潔能夠去除無機殘餘物。

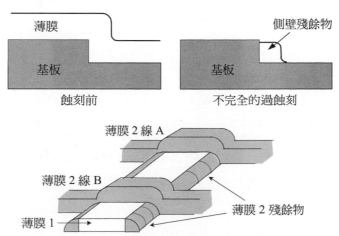

圖 9.10　顯示了由於不完全過蝕刻和階梯地形引起的殘餘物。

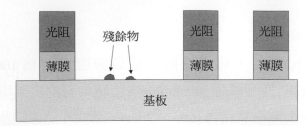

圖 9.11　非揮發性蝕刻副產品形成的表面殘餘物。

9.3 濕式蝕刻製程

⊛ 9.3.1　簡介

　　濕式蝕刻利用化學溶液溶解晶圓表面的材料，達到製作元件和電路的要求。濕式蝕刻化學反應的產生物是氣體、液體或可溶於蝕刻劑的固體。包括三個基本過程：蝕刻、沖洗和甩乾，如圖 9.12(a)、(b)、(c) 所示。

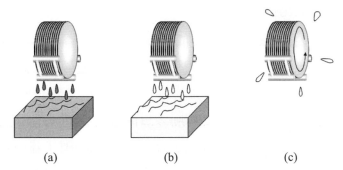

圖 9.12　濕式蝕刻製程流程：(a) 濕式蝕刻；(b) 沖洗；(c) 甩乾。

　　1980 年代以前，當特徵尺寸大於 3 微米時，濕式蝕刻廣泛用於半導體生產的圖案化過程。濕式蝕刻具有非常好的選擇性和高蝕刻速率，這根據蝕刻劑的溫度和厚度而定。例如，氫氟酸 (HF) 蝕刻二氧化矽的速度很快，但如果單獨使用卻很難蝕刻矽。因此在使用氫氟酸蝕刻矽晶圓上的二氧化矽層時，矽基板就能獲得很高的選擇性。相對於乾式蝕刻，濕式蝕刻的設備便宜很多，因為它不需要真空、射頻和氣體輸送等系統。然而當特徵尺寸縮小到 3 微米以下時，由於濕式蝕刻有等向性蝕刻輪廓，如圖 9.13 所示，因此繼續使用濕式蝕刻作為圖案化蝕刻就變得非常困難，利用濕式蝕刻處理特徵尺寸小於 3 微米的密集圖案是不可能的。由於電漿蝕刻具有非等向性蝕刻輪廓，1980 年代以後的圖案化蝕刻，電漿蝕刻就逐漸取代了濕式蝕刻。濕式蝕刻因高選擇性被用於剝除晶圓表面的整面薄膜。

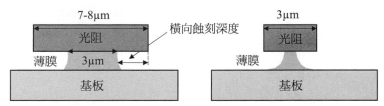

圖 9.13　濕式蝕刻輪廓示意圖。

　　半導體製程師一直努力消除半導體製造中的所有濕式製程，但當先進的 IC 製造普遍採用化學機械研磨 (CMP) 和電化學沉積法時，消除所有的濕式製程就變得很困難。濕式蝕刻具有高選擇性，IC 生產中仍普遍採用這種技術剝除薄膜。可以利用薄膜的濕式蝕刻速率檢定薄膜的品質。濕式蝕刻的另一個重要應用是剝除測試晶圓上的薄膜，這些測試晶圓作為製程設備的鑑定，也能重複使用。

◉ 9.3.2 矽氧化物濕式蝕刻

　　二氧化矽的濕式蝕刻通常使用 HF。因為 1：1 的 HF(H_2O 中 49% 的 HF) 在室溫下蝕刻氧化物速度過快，所以很難用 1：1 的 HF 控制氧化物的蝕刻。一般用水或緩衝溶劑如氟化銨 (NH_4F) 進一步稀釋 HF 降低氧化物的蝕刻速率，以便控制蝕刻速率和均勻性。氧化物濕式蝕刻中所使用的溶液通常是 6：1 稀釋的 HF 緩衝溶液或 10：1 和 100：1 比例稀釋後的 HF 水溶液。氧化物濕式蝕刻的化學反應為：

$$SiO_2 + 6HF \rightarrow H_2SiF_6 + 2H_2O$$

H_2SiF_6 可溶於水，所以 HF 溶液能蝕刻二氧化矽。這就是為什麼 HF 溶液不能放置在玻璃容器中，以及 HF 腐蝕實驗不能使用玻璃燒杯或試管的原因。

　　一些 IC 製造中仍使用 HF 氧化物濕式蝕刻和電漿氧化物蝕刻 "酒杯狀" 接觸窗孔，以易於 PVD 鋁的填充 (如圖 9.14 所示)。

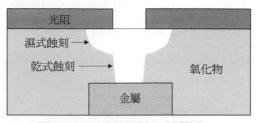

圖 9.14　　 "酒杯狀" 接觸窗。

　　最先進的半導體製造中，每天仍進行 6：1 的緩衝二氧化矽蝕刻 (BOE) 和 100：1 的 HF 蝕刻。如果監測 CVD 氧化層的品質，可以透過比較 CVD 二氧化矽的濕式蝕刻速率和熱氧化法產生的二氧化矽濕式蝕刻速率，這就是所謂的濕式蝕刻速率比 (Wet Etch Rate Ratio, WERR)。熱氧化之前，10：1 的 HF 可用於預先剝除矽晶圓表面上的原生氧化層。

　　HF 具有腐蝕性，和皮膚或眼睛接觸時無法及時發現，經過 24 小時後，當 HF 開始侵入骨頭時才會感覺到嚴重的刺痛。HF 和骨頭中的鈣反應產生氟化鈣，兩者最後會中和。因此治療 HF 傷害可以佈植含鈣的溶液來防止或減少骨質的損失。一般的安全常識：把生產廠房內所有無味的透明液體都當 HF 處理；絕對不要認為任何液體都是水。如果感覺直接接觸到了 HF 就應盡速徹底清洗、告知管理人員並尋求醫療協助。

⊗ 9.3.3 矽濕蝕刻

　　單晶矽蝕刻用來形成相鄰電晶體間的絕緣區，多晶矽蝕刻用於形成閘極和局部連線。

　　硝酸 (HNO_3) 和氫氟酸 (HF) 的混合液能為單晶和多晶矽進行等向性濕蝕刻。這是個複雜的化學反應過程為：首先硝酸使表面的矽氧化形成二氧化矽薄層，這樣可以阻止氧化過程。然後 HF 和二氧化矽反應將二氧化矽溶解並暴露出下面的矽。矽接著又被硝酸氧化，然後氧化物又再一次被 HF 蝕刻掉，這樣的過程不斷重複。 此化學反應可表示為：

$$Si + HNO_3 + 6HF \rightarrow H_2SiF_6 + HNO_2 + 2H_2O$$

　　氫氧化鉀 (KOH)、異丙醇 (C_3H_8O) 和水的混合物能選擇性地向不同方向蝕刻單晶矽。如果在 (80 ～ 82)℃ 時將 23.4wt% 的 KOH、13.3wt% 的 C_3H_8O 和 63.3wt% 的 H_2O 混合在一起，則沿 <100> 的蝕刻速率比沿 <111> 平面的高約 100 倍左右。圖 9.15 中的 V 形溝槽就是透過這種非等向性單晶矽過程進行濕式蝕刻得到的。

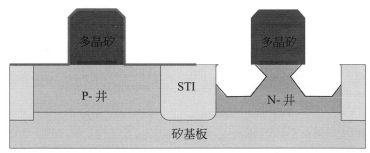

圖 9.15 各向異性氫氧化鉀矽蝕刻形成選擇性磊晶 SiGe PMOS 源極 / 汲極。

硝酸具有強的腐蝕性，當濃度高於 40％ 時產生氧化。若與皮膚和眼睛直接接觸，會導致嚴重的燒傷並在皮膚上留下亮黃色斑點。硝酸氣體具有強烈的氣味，只要少量就能造成喉嚨不適。如果吸入高濃度的硝酸氣體會造成哽咽、咳嗽和胸口疼痛。更嚴重的會導致呼吸困難、皮膚呈現藍色，甚全因為肺積水在 24 小時內死亡。

氫氧化鉀具有腐蝕性，可能會造成嚴重燒傷。透過攝入或吸入與皮膚接觸有害。如果與眼睛接觸，可能會導致嚴重眼損傷。

◉ 9.3.4 氮化矽濕蝕刻

氮化矽普遍應用於形成絕緣的製程中。圖 9.16 顯示了 1970 年代以雙載子電晶體為主的 IC 電晶體製造，那時已經採用了氮化矽蝕刻、氧化矽蝕刻、和單晶矽蝕刻的絕緣製程。

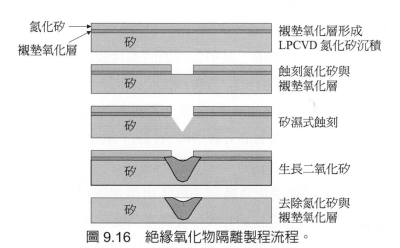

圖 9.16 絕緣氧化物隔離製程流程。

磷酸 (H_3PO_4) 常用來蝕刻氮化矽。使用 180℃ 和 91.5％ 的 H_3PO_4，氮化物的蝕刻速率大約為 100Å/ 分鐘。這種氮化矽蝕刻對熱生長的二氧化矽 (>10：1) 和矽 (>33：1) 的選擇性非常好。如果將 H_3PO_4 的濃度提高到 94.5％ 而溫度升高到 200℃ 時，氮化物蝕刻速率就會增加到 200Å/ 分鐘。此時對二氧化矽的選擇性會降低到 5：1 左右，對矽的選擇性減少到 20：1 左右。

問題

HF 可以用於蝕刻氮化矽。然而在形成絕緣製程中，如圖 9.16 所示，圖案化氮化矽蝕刻和氮化物去除均不使用 HF，爲什麼？

解答

HF 蝕刻氮化矽的速率比蝕刻二氧化矽的速率慢很多，所以使用 HF 蝕刻氮化物，將造成襯墊氧化層損失過多和嚴重的底切效應。如果使用 HF 去除氮化物，將會在移除氮化層之前很快地蝕刻掉襯墊氧化層和絕緣氧化層，所以不能使用 HF 圖案化蝕刻氮化矽。

氮化矽蝕刻的化學反應爲：

$$Si_3N_4 + 4H_3PO_4 \rightarrow Si_3(PO_4)_4 + 4HN_3$$

磷酸矽 ($Si_3(PO_4)_4$) 和氨氣 (NH_3) 這兩種副產品都可以溶於水。LOCOS 製程的場區氧化層產生後或 USG 研磨和 STI 退火處理後，這個技術至今仍在絕緣形成製程中被採用去除氮化矽。

磷酸是一種無味液體，具有強烈的腐蝕性，若直接接觸皮膚和眼睛將造成嚴重的灼傷。少量的磷酸氣體就能造成眼睛、鼻子和咽喉不適。高濃度時，將導致咳嗽和皮膚、眼睛、肺的灼傷。長期接觸會使牙齒腐蝕。

⊗ 9.3.5 金屬濕蝕刻

鋁蝕刻可以使用多種不同的酸，其中最普遍的混合液是以磷酸 (H_3PO_4，80%)、醋酸 (CH_3COOH，5%)、硝酸 (HNO_3，5%) 和水 (H_2O，10%) 所組成的混合物。45℃時，純鋁的蝕刻速率大約爲 3000Å/ 分鐘。鋁蝕刻的機制和矽蝕刻類似：HNO_3 使鋁氧化並形成鋁的氧化物，而 H_3PO_4 會溶解 Al_2O_3，氧化和氧化物溶解這兩種過程同時進行。

大多數 IC 生產中，鋁圖案化的蝕刻不再使用濕式過程，濕式過程只用來測試 PVD 鋁薄膜的品質。但有一些老工廠和大學實驗室仍使用這種製程。

先進半導體製造中最普遍使用的金屬濕式蝕刻用在剝離自我對準金屬矽化物形成中未反應的金屬。圖 9.17 顯示矽化鎳 (NiSi) 的形成過程。首先採用物理氣相沉積 (PVD) 將 Ni 沉積在晶圓表面，如圖 9.17(a) 所示。快速升溫製程處理 (RTP) 允許鎳與矽反應形成 NiSi，而 Ni 不會與 SiOx 和 SiN 反應，如圖 9.17(b) 所示。NiSi 形成後，未反應的 Ni 會被剝離，如圖 9.17(c) 所示。一般使用雙氧水 (H_2O_2) 和硫酸 (H_2SO_4) 形成 1：1 混合液選擇性蝕刻掉鎳金屬，這樣可以使二氧化矽和矽化鎳保持完整。這種蝕刻過程和其他金屬濕式蝕刻類似。當 H_2O_2 氧化金屬鎳形成 NiO_2 時，H_2SO_4 與 NiO_2 反應形成可溶於水的 $NiSO_4$。其他自我對準矽化物，例如矽化鈷 ($CoSi_2$) 和矽化鈦 ($TiSi_2$)，具有非常相似的形成製程步驟。H_2O_2 和 H_2SO_4 以 1：1 的合成的化學物質，還用於蝕刻掉生成矽化物過程中，未反應的 Co 和 Ti。

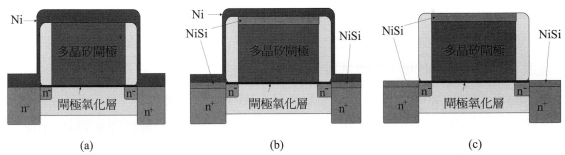

圖 9.17　自我對準矽化物 (self-aligned silicide, salicide) 製程流程：(a) 鎳沉積；
　　　　　(b) 鎳矽化物退火及 (c) 鎳濕式剝除。

在 IC 晶片製造過程中，產品晶圓上沒有銅濕式蝕刻。但是，IC 晶圓廠每天或每次輪班都會對所有的銅沉積系統進行品質鑑定，方法是在氧化膜上測試晶圓上方沉積的 TaN/Cu，並測量上方的顆粒數及薄膜電阻。經過鑑定後，這些測試晶圓會被送往濕式工作台，以去除 Cu、TaN 和 SiO_2 層以供重複使用。銅可以使用 H_2O_2 和 H_2SO_4 的混合物進行濕式蝕刻。H_2O_2 可氧化銅，H_2SO_4 可去除氧化銅。TaN 可以使用 HF/HNO_3/H_2O 的混合物進行濕式蝕刻。這種混合物還可以蝕刻 TaN 下面的 SiO_2；但在去除 SiO_2 後，它也會侵蝕矽片表面，導致晶圓表面出現凹洞。如果凹洞數量超過上限，可能會導致清潔後的測試晶圓無法重複使用。

醋酸 (CH_3COOH；濃度為 4 ～ 10% 的水溶液，也就是醋) 是一種腐蝕性和易燃液體，具有強烈的醋味。直接接觸醋酸會引起化學灼傷。高濃度的醋酸氣體會導致咳嗽、胸痛、反胃和嘔吐。過氧化氫 (H_2O_2) 是一種氧化劑，直接接觸造成皮膚和眼睛的刺激和灼傷。高濃度 H_2O_2 氣體會造成鼻子和咽喉嚴重不適。H_2O_2 很不穩定且在儲藏時會自行分解。硫酸 (H_2SO_4) 具有腐蝕性，直接接觸會造成皮膚灼傷，即使是稀釋後的硫酸也會引起皮膚疹。高濃度的硫酸氣體會造成皮膚、眼睛和肺的嚴重化學灼傷。

9.4 電漿 (乾式) 蝕刻製程

9.4.1 電漿蝕刻簡介

乾式蝕刻製程使用氣態化學蝕刻劑與材料產生反應來蝕刻材料並形成可以從基板上移除的揮發性副產品。電漿產生促進化學反應的自由基，這些自由基能顯著增加化學反應的速率並加強化學蝕刻。電漿同時也會造成晶圓表面的離子轟擊，離子轟擊不但能物理地從表面移除材料，而且能破壞表面原子的化學鍵，並顯著提高蝕刻的化學反應速率。這就是為什麼一般乾式蝕刻都是電漿蝕刻。

1980 年代後，當特徵尺寸小於 3 微米時，電漿蝕刻逐漸取代濕式蝕刻成為所有圖案化蝕刻的技術。濕式蝕刻的等向性蝕刻輪廓無法達到小的幾何圖案需求。由於離子轟擊會伴隨電漿的存在，所以電漿蝕刻是一個非等向性蝕刻過程。它的橫向蝕刻深度和 CD 損失遠比濕式蝕刻小。表 9.1 是濕式和乾式蝕刻的對照表。

表 9.1　濕式和乾式蝕刻對照表。

	濕式蝕刻	乾式蝕刻
橫向蝕刻長度	小於 3μm 製程條件不可接受	很小
蝕刻輪廓	等向性	可控，從非等向性到等向性
蝕刻速率	高	可接受，可控
選擇性	高	可接受，可控
設備費用	低	高
產量	高 (批量)	可接受，可控
化學藥品使用量	高	低

9.4.2 電漿蝕刻基本概念

電漿為一種帶有等量正電荷和負電荷的離子化氣體，是由離子、電子和中性的原子或分子組成。電漿中三個重要的碰撞為離子化碰撞、邀發 - 鬆弛碰撞和分解碰撞。這些碰撞分別產生並維持電漿，造成氣體輝光放電並產生增強化學反應的自由基。

平均自由路徑 (MFP) 是一個微粒與另外一個微粒碰撞前移動的平均距離。降低壓力將增加 MFP 和離子的轟擊能量，同時也能散射形成垂直的蝕刻輪廓。

電漿的電位通常比電極高，因為當電漿產生時，質量小且移動快的電子使得電極帶負電。較高的電漿電位會產生離子轟擊，這是因為帶正電的離子被鞘層電位加速到低電位電極上。電容雙耦型電漿中，增加射頻功率能增加離子轟擊的流量和能量，同時也能增加自由基的濃度。

由於蝕刻是一種移除過程，因此必須在較低壓力下進行。長平均自由路徑有助於離子轟擊和副產品的移除。某些蝕刻反應室也使用磁場線圈產生磁場增加低壓下 (小於 100 毫托) 的電漿密度。作為一種移除製程，電漿蝕刻比 PECVD 需要更多的離子轟擊。因此在一般的蝕刻中，晶圓都被放置在較小面積的電極上利用自偏壓獲得更強的離子轟擊。

低壓下維持高密度電漿是蝕刻和 CVD 製程過程的需要。然而一般使用的電容耦合型電漿源無法產生高密度電漿。感應式耦合型電漿 (ICP) 與電子迴旋共振 (ECR) 電漿源已被開發並應用在 IC 製造中。經過使用分開的偏壓射頻系統，ICP 和 ECR 系統能獨立控制流量和離子轟擊能量。

◉ 9.4.3 化學蝕刻、物理蝕刻及反應式離子蝕刻

蝕刻有三種：純化學蝕刻、純物理蝕刻，以及介於兩者之間的反應式離子蝕刻 (Rective Ion Etch, RIE)。

純化學蝕刻包括濕式蝕刻和遠距電漿光阻去除。純化學蝕刻中沒有物理轟擊，由化學反應移除物質。純化學蝕刻的速率根據製程需要可以很高也可以很低。純化學蝕刻一定會有等向性蝕刻輪廓，因此當特徵尺寸小於 3 微米時，就無法使用純化學蝕刻進行薄膜圖案化技術。由於純化學蝕刻具有很好的蝕刻選擇性，所以純化學蝕刻通常用在剝除製程上。例如去光阻、去氮化矽、墊基氧化層、遮罩氧化層和犧牲氧化層等。遠距電漿 (RP) 蝕刻是在遠端反應室中利用電漿產生自由基，再將自由基送入反應室和晶圓產生反應，因此屬於純化學蝕刻。

氬轟擊屬於純物理蝕刻，廣泛使用在介電質濺鍍回蝕刻削平開口部分，以利於後續的空隙填充。氬轟擊也用於金屬 PVD 前的清洗過程，用於移除氧化物以減少接觸電阻。氬是一種惰性氣體，製造中不會產生化學反應。材料受氬離子轟擊後從表面脫離，如用一隻錘子把材料從表面敲擊移除一樣。純物理蝕刻的速率一般很低，主要取決於離子轟擊的流量和能量。因為離子會轟擊並移除任何與基板接觸的材料，所以純物理蝕刻的選擇性很低。電漿蝕刻中，離子轟擊的方向通常和晶圓表面互相垂直。所以純物理蝕刻主要是朝垂直方向蝕刻，它是一種非等向性蝕刻過程。

反應式離子蝕刻 (RIE) 的名稱可能是有些誤導。這種類型的蝕刻技術的正確名稱應為離子輔助蝕刻，因為在此蝕刻技術中的離子並不需要具有反應性。例如在許多情

況下氬離子被用來增加離子轟擊。而作爲一種惰性原子，氬離子是完全沒有化學反應的。大多數蝕刻製程中的反應物是中性的自由基，其濃度一般比在半導體蝕刻製程電漿中的離子高得多。這是因爲離子化活化能明顯高於解離的活化能，而物種濃度與活化能成指數關係。然而，RIE 這個詞在半導體業界已被用了很長時間，可能沒有人會改變它。圖 9.18 所示爲早期離子輔助蝕刻的實驗及結果圖。

實驗開始時，通過打開閥門開關使 XeF_2 氣體流動。XeF_2 是一種不穩定的氣體。氙是一種惰性氣體，所以不會與其他原子形成化學鍵。乾式化學蝕刻中通常用於輸送氟自由基。當 XeF_2 接觸到已加熱的單晶矽時，就會分解並釋放出兩個氟自由基。因爲氟自由基只有一個不成對的電子，所以能從別的原子獲得一個電子，在化學上很容易起反應。氟會與樣品表面的矽反應形成易揮發性的四氟化矽 (SiF_4)。圖 9.18 中的測量結果顯示了這種純化學蝕刻的蝕刻速率很低。

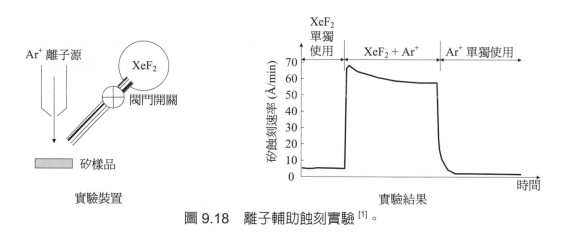

圖 9.18　離子輔助蝕刻實驗 [1]。

接著開啓氬離子槍。結合了物理的離子束轟擊和氟自由基的化學蝕刻，矽的蝕刻速率明顯增加。當關閉閥門停止輸送 XeF_2 氣流後，矽就單獨由氬離子濺鍍蝕刻。這是一種純物理蝕刻，蝕刻速率比使用 XeF_2 氣流的純化學蝕刻還要慢。

從圖 9.18 中可以看出結合使用 XeF_2 氣流和氬離子轟擊的蝕刻速率最高，明顯高於這兩種製程單獨使用時的蝕刻速率總和。原因在於氬離子轟擊會打斷表面矽原子的化學鍵形成懸浮鍵。表面上帶有懸浮鍵的矽原子比沒有斷裂的矽原子更易於和氟自由基形成四氟化矽。由於離子轟擊以垂直方向爲主，因此垂直方向的蝕刻速率比水平方向高。所以 RIE 具有非等向性蝕刻輪廓。

先進的半導體製造中，幾乎所有的圖案化蝕刻都是 RIE 過程。RIE 的蝕刻速率和蝕刻選擇性可以控制，蝕刻輪廓是非等向性且可控的，表 9.2 是這三種蝕刻製程的比較。

表 9.2　三種不同蝕刻製程的比較。

	化學蝕刻	反應式離子蝕刻 (RIE)	物理蝕刻
應用	濕式蝕刻，剝除，光阻蝕刻	電漿圖案化蝕刻	氬轟擊
蝕刻速率	從高到低	高，可控	低
選擇性	非常好	可以接受，可控	很差
蝕刻輪廓	等向性	非等向性，可控	非等向性
製程終點	計時或目測	光學測定	計時

✴ 9.4.4　蝕刻製程原理

電漿蝕刻中，首先將蝕刻氣體引進真空反應室。當壓力穩定後再利用射頻功率產生輝光放電電漿。部分蝕刻劑受高速電子撞擊後將分解產生自由基，接著自由基擴散到邊界層下的晶圓表面並被表面吸附。在離子轟擊作用下，自由基很快和表面的原子或分子發生反應形成氣態的副產品。從晶圓表面脫附而出的易揮發性副產品擴散穿過邊界層進入對流氣流中，並從反應室中排出。整個電漿蝕刻的製程流程如圖 9.19 所示。

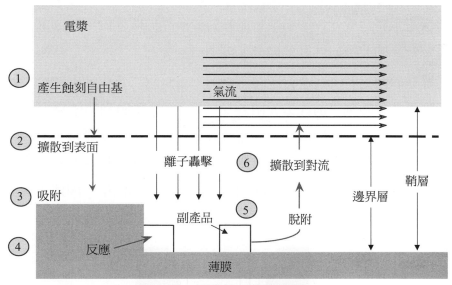

圖 9.19　電漿蝕刻製程流程。

電漿蝕刻由於具有電漿的離子**轟擊**，所以能達到非等向性的蝕刻輪廓，非等向性原理有兩種：損傷機制和阻絕機制，這兩者都和離子**轟擊**有關。

對於損傷機制，有力的離子**轟擊**將打斷晶圓表面上原子之間的化學鍵，帶有懸浮鍵的原子就會受到蝕刻自由基的作用。這些原子容易和蝕刻劑的自由基產生化學鍵而形成揮發性的副產品，並從表面移除掉。由於離子**轟擊**的方向垂直於晶圓表面，因此垂直方向的蝕刻速率遠高於水平方向。因此電漿蝕刻能形成非等向性的蝕刻輪廓。採用損傷原理蝕刻是一種接近於物理蝕刻的 RIE 製程。圖 9.20 顯示了非等向性蝕刻的損傷原理。

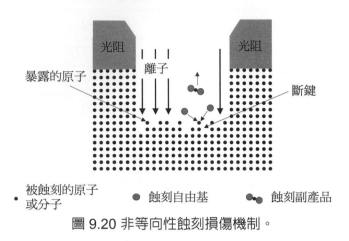

圖 9.20 非等向性蝕刻損傷機制。

介電質蝕刻包括二氧化矽、氮化矽和低 k 值介電質層蝕刻一般採用損壞機制，是傾向於物理蝕刻的 RIE 技術。使用損傷機制的蝕刻如果要增強非等向性輪廓就必須增加離子轟擊。低壓和高射頻功率採用重離子轟擊，能夠得到接近理想的垂直蝕刻輪廓。然而這樣電漿將造成元件的損壞，尤其對於多晶矽閘極蝕刻。因此一般常選擇另一種離子轟擊較少的非等向性蝕刻機制。

當發展單晶矽蝕刻時，在進行矽蝕刻之前，沒有將二氧化矽硬遮蔽層圖案化的光阻去除 (一般要求矽蝕刻之前先去光阻避免污染)，接著蝕刻的結果導致了另一種非等向性蝕刻機制，這就是阻擋機制。在電漿蝕刻製程中，離子轟擊會濺鍍一些光阻進入空洞中。當光阻沉積在側壁時就阻擋側壁方向的蝕刻，沉積在底層的光阻會逐漸被電漿的離子轟擊移除，所以使底部的晶圓表面暴露在蝕刻劑中，因此這種蝕刻過程以垂直方向為主 (如圖 9.21)。

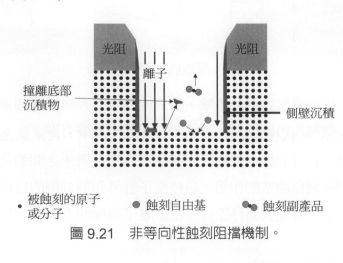

圖 9.21 非等向性蝕刻阻擋機制。

這種蝕刻很長時間被用來發展各種非等向性蝕刻技術，如非等向性蝕刻中所產生的化學沉積物將會保護側壁，並且阻擋水平方向的蝕刻。使用阻擋機制的蝕刻所需的離子轟擊比使用損傷機制少，這樣可以達到非等向蝕刻的目的。單晶矽蝕刻、多晶矽蝕刻和金屬蝕刻一般都採用這種機制，它們屬於接近化學蝕刻的 RIE 過程。對於側壁的沉積物則需要透過乾式／濕式清洗，或這二者並用的清洗方式來處理。

表 9.3 為這兩種非等向性蝕刻機制，以及在 IC 中的簡單應用。

表 9.3　非等向性蝕刻機制及在 IC 中的應用。

純化學蝕刻	反應式離子蝕刻 (RIE)		純物理蝕刻
	阻擋原理	損傷原理	
無離子轟擊	輕微離子轟擊	重離子轟擊	只有離子轟擊
去光阻	單晶矽蝕刻	氧化層蝕刻	—
去矽化物	多晶矽蝕刻	氮化物蝕刻	濺鍍蝕刻
去氮化物	金屬蝕刻	低 k 值介電質層蝕刻	—

⊗ 9.4.5　電漿蝕刻反應室

電漿最初用來蝕刻含碳物質，例如用氧電漿剝除光阻，這就是所謂的電漿剝除或電漿灰化。電漿中因高速電子分解碰撞產生的氧原子自由基會很快與含碳物質中的碳和氫反應，形成易揮發的 CO、CO_2 和 H_2O，並且將含碳物質有效地從表面移除。這個過程是在帶有蝕刻隧道的桶狀 (Barrel) 系統中進行，如圖 9.22 所示。

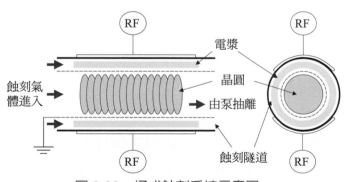

圖 9.22　桶式蝕刻系統示意圖。

這個應用到 1960 年代後期被擴大到矽的蝕刻製程中，含氟氣體如 CF_4 的化合物是蝕刻劑，而氣態的蝕刻副產品就是 SiF_4。

另一種乾式蝕刻系統是在遠端反應室中製造電漿的降流式 (Downstream) 或遠距電漿系統。蝕刻氣體流過電漿反應室後會在電漿中分解，接著自由基就流入蝕刻反應室中和晶圓上的材料產生化學反應和蝕刻作用。圖 9.23 顯示了降流式蝕刻系統示意圖。

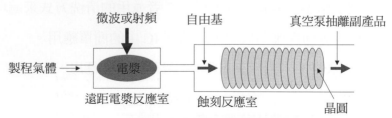

圖 9.23　降流式電漿蝕刻系統示意圖。

桶式蝕刻系統和降流式蝕刻系統都是等向性蝕刻。為了獲得一個有方向性的蝕刻，就發展出不同的系統，平行板電漿蝕刻系統是其中之一。這種方法必須在大約 (0.1 ~ 10) 托壓力下進行，並且將晶圓放在接地電極上，如圖 9.24 所示。由於 RF 熱電極和接地電極具有相同的面積，因此不會造成自偏壓問題。因為 RF 電漿的 DC 偏壓，兩個電極受到的離子轟擊基本相同。

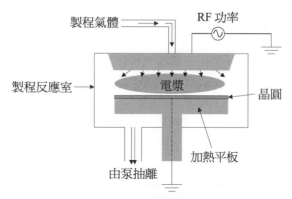

圖 9.24　平行板電漿蝕刻系統示意圖。

透過增加離子轟擊，可以提高蝕刻速率，並能改善蝕刻方向。為了增加離子轟擊，必須增強射頻功率並降低氣壓。對於電極面積相同的平行板電漿蝕刻系統，增加射頻功率將會提高晶圓表面和另一個電極 (反應室箱蓋) 的離子轟擊和蝕刻速率。反應室內的零件壽命將會被縮短並增加了微粒污染。

將晶圓放在蝕刻系統較小的射頻 "熱" 電極上，就能使晶圓利用自偏壓獲得高能量的離子轟擊，同時減少接地反應室箱蓋所受的離子轟擊。晶圓受到的離子轟擊是電漿 DC 偏壓和自偏壓的總和，而轟擊反應室箱蓋的能量來自於 DC 偏壓。當晶圓的電極面積比反應室箱蓋面積的一半還要小時，DC 偏壓將比自偏壓低許多。這種製程稱爲反應式離子蝕刻 (RIE)，從 1980 年代以來，已成爲最常用的蝕刻系統。圖 9.25 顯示了一個批量式 RIE 系統示意圖。由於 RIE 系統中的電漿，是透過兩個看起來像電容器的平行板電極之間的射頻功率耦合而產生的，因此稱爲電容耦合電漿。

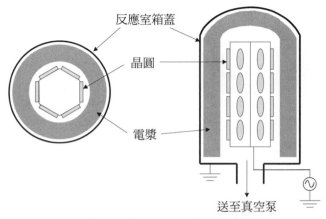

圖 9.25　批量式 RIE 系統示意圖。

隨著元件特徵尺寸的縮小，蝕刻均勻性的標準也越來越高，尤其是晶圓對晶圓 (WTW) 的均勻性。晶圓對晶圓控制能力較好的單晶圓製造工具逐漸成爲蝕刻的主流。圖 9.26 是單晶圓、磁場增強式 (Megnetically Enhanced RIE, MERIE) 系統示意圖。

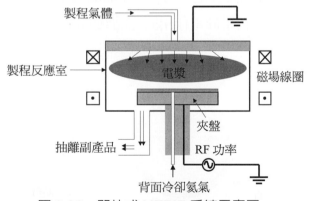

圖 9.26　單片式 MERIE 系統示意圖。

降低製造時的壓力可以增加平均自由路徑 (MFP)。這樣就能提高離子**轟擊**的能量，並且減少離子碰撞產生的散射，這兩種結果都利於非等向性蝕刻。但是低壓下因爲電子的 MFP 太長，使電子與氣體分子間的游離碰撞次數太少不足以產生並維持電漿。磁場可以強迫電子作螺旋運動，這可使電子運動較長的距離而增加游離碰撞的機率。低壓時，增加磁場就可以增加電漿的密度。然而這也會增加晶圓表面附近的電子密度，進而降低電漿鞘層電位或降低 DC 偏壓及離子**轟擊**的能量。沒有磁場時，鞘層區域的電子就存在於大量電漿中。這是因為當電漿開始產生時，晶圓就因快速移動的電子而帶負電。當磁場存在時，電子會因為旋轉運動不容易離開，這樣就提高了電子的密度並降低了 DC 偏壓 (如圖 9.27 所示)。

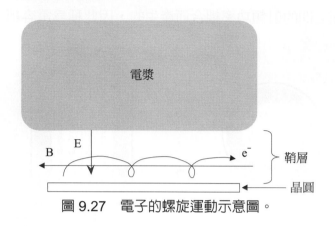

圖 9.27　電子的螺旋運動示意圖。

嚴重的離子轟擊將產生大量的熱量，所以如果沒有適當的冷卻系統，晶圓溫度就會提高。對於圖案化蝕刻，晶圓上塗有一層光阻薄膜作為圖案遮罩層，如果晶圓溫度超過 150℃，遮罩層就會被燒焦，而且化學蝕刻速率對晶圓溫度很敏感。所以圖案化蝕刻反應室中必須配備冷卻系統，避免光阻形成網狀結構，並且控制晶圓溫度和蝕刻速率。由於蝕刻必須在低壓下進行，但低壓環境不利於熱傳導，所以通常在晶圓背面使用加壓過的氦氣把熱量從晶圓移走。為了避免晶圓被來自背面的氣流吹走，必須使用能將晶圓固定的夾環，或利用靜電作用固定晶圓的靜電夾盤 (E-chuck)。圖 9.28 是夾環和靜電夾盤的示意圖。

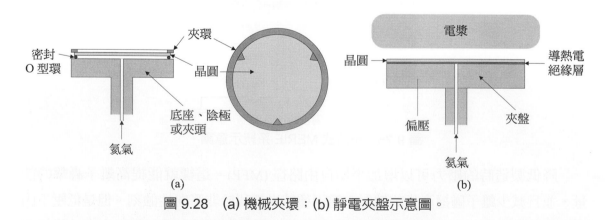

圖 9.28　(a) 機械夾環；(b) 靜電夾盤示意圖。

因為靜電夾盤在晶圓上提供更好的溫度均勻性和蝕刻均勻性，且有較少的微粒污染，所以 1990 年代變得更加普遍。由於晶圓邊緣沒有夾具的陰影效應，所以具有很好的蝕刻均勻性。而且因為晶圓被均勻冷卻，且不會因夾盤應力造成中心彎曲效應，所以晶圓具有很好的溫度均勻性。靜電夾盤並不像夾具有機械接觸，所以能夠減少蝕刻過程中微粒數量。熱傳導率良好的氦，能將熱量從晶圓轉移到冷卻平台。表 9.4 列出了氦元素的參數。

表 9.4　氦元素相關論據。

名稱	氦 (Helium)
原子符號	He
原子序	2
原子量	4.002602
發現者	Sir William Ramsay, N. A. Langley 和 P. T. Cleve
發現地	英國倫敦 和 瑞典烏普薩拉
發現時間	1895
名稱來源	源自希臘字 "helios" 代表 "sun"
摩爾體積	21.0 cm^3
音速	970 m/sec
折射率	1.000035
熔點	0.95 K 或 -272.05℃
沸點	4.22 K 或 -268.78℃
熱導率	0.1513 W m^{-1} K^{-1}
應用	CVD 和蝕刻製程中用於冷卻和載氣

資料來源：https://www.webelements.com/fluine/

問題

氫的熱導率比氦高，為什麼蝕刻製程中晶圓冷卻不使用氫？

解答

由於氫具有爆炸性和易燃性，而氦是惰性氣體，比較安全，並且是僅次於氫的高熱導率氣體，所以在電漿蝕刻製程中用於冷卻晶圓。

因為電漿蝕刻總會產生一些沉積物，所以必須使用電漿乾式清洗去除反應室內的沉積物。然而經過數千微米的薄膜蝕刻後，沉積薄膜將逐漸變厚並造成微粒剝落污染，因此必須定期預防維護，用手工的方式移除零件表面、反應室內以及腔壁上的沉積物。有些蝕刻反應室直接在室內設有遮蔽護套。預防維護期間，技術人員只要更換遮蔽護套，將髒護套送到專門清洗店處理後再使用。這種方法能顯著減少濕式清洗所引起的系統停機時間而增加生產量。

隨著特徵尺寸的繼續縮小，為了得到更好的蝕刻輪廓和精密的 CD 控制，圖案化蝕刻必須在低壓力下進行以減少離子間的散射碰撞。電容耦合型電漿源無法在數毫托的低壓下產生和維持電漿，這是因為電子的 MFP 太長所以無法產生足夠的離子化碰撞。半導體工業中通常使用感應耦合電漿 (ICP) 與電子迴旋共振 (ECR) 在低壓下產生高密度電漿進行深次微米圖案化的蝕刻。圖 9.29 是這兩種系統的示意圖。

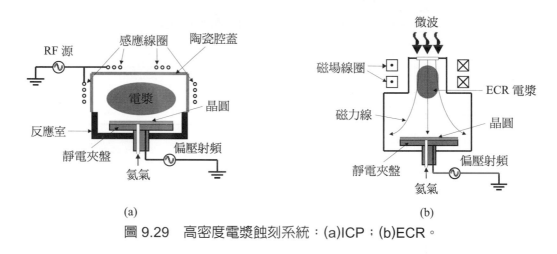

圖 9.29　高密度電漿蝕刻系統：(a)ICP；(b)ECR。

高密度電漿系統最重要的優點在於能夠透過電漿源 RF 功率和偏壓 RF 功率獨立控制離子轟擊流量和能量。在電容雙耦型電漿中，離子流量和能量都受 RF 功率的影響。

◉ 9.4.6　蝕刻終點

對於濕式蝕刻，大部分蝕刻的終點都取決於時間，而時間又決定於預先設定的蝕刻速率和所需的蝕刻厚度。由於缺少自動監測終點的方法，所以通常由操作員目測終點。濕式蝕刻速率很容易受蝕刻劑溫度與濃度影響，這種影響對不同工作站和不同批量均有差異。因此單獨用時間決定蝕刻終點很困難，一般採用操作員目測的方式。

電漿蝕刻的優點在於運用光學系統自動設定終點。蝕刻的最後階段，電漿的化學成分將產生變化，這就引起了電漿發光的顏色和強度改變。利用光譜儀監測光的特定波長並檢測信號的改變，光學系統就傳送一個電信號到電腦內，控制蝕刻系統自動終止蝕刻製程。表 9.5 列出了部分可供蝕刻終點監測化學產物的波長。

表 9.5　蝕刻製程使用的化學藥品及終點檢測的光波長。

薄膜	蝕刻劑	波長 (Å)	發射物
Al	Cl_2, BCl_3	2614	AlCl
		3962	Al
多晶矽	Cl_2	2882	Si
		6156	O
Si_3N_4	CF_4/O_2	3370	N_2
		3862	CN
		7037	F
		6740	N
SiO_2	CF_4 和 CHF_3	7037	F
		4835	CO
		6156	O
PSG, BPSG	CF_4 和 CHF_3	2535	P
W	SF_6	7037	F

　　例如，在鋁蝕刻的最後階段，由於大多數暴露的鋁已被蝕刻，因此 AlCl 的光譜強度會因缺乏 $AlCl_3$ 而減少。光譜強度的變化提供了檢測信號並終止蝕刻。

9.5 電漿蝕刻製程

9.5.1 介電質蝕刻

　　從 1960 年代早期 IC 工業發展後，以矽化物為主的介電質，如二氧化矽、氮化矽和矽的氮氧化物等，被廣泛應用在晶片製造中。介電質蝕刻主要用於形成接觸窗及連接不同導體層之間的接觸窗孔。通常情況下，形成第一層金屬 (M1) 與源極 / 汲極以及 MOSFET 閘極間的接觸窗蝕刻稱為接觸蝕刻。這種蝕刻製程必須蝕刻金屬沉積前的介電質，即 PMD 層，PMD 層通常是摻雜矽玻璃如 PSG 或 BPSG，或無摻雜矽酸鹽玻璃 (USG)，取決於技術節點。金屬層間接觸窗孔蝕刻和接觸蝕刻類似，將全部蝕刻介電質層間介電質 ILD，這主要是未摻雜的矽玻璃 (USG)、氟化矽酸鹽玻璃 (FSG)、有機矽酸鹽玻璃 (OSG) 和多孔 OSG 或超低 k(ULK) 薄膜，具體取決於技術節點。對於 HKMG FinFET，通常有兩個接觸蝕刻。一種是源極 - 汲極接觸，其末端為 SEG S/D、PMOS 的 SiGe 和 NMOS 的 SiP。另一種是閘極接觸，位於金屬閘極和 SD 接觸金屬塞上。

LOCOS 和 STI 兩個過程都必須蝕刻氮化物和襯墊氧化層形成硬式遮蔽層。對於 LOCOS 製程，氮化矽層作為氧化遮蔽層；而在 STI 中，氮化矽用來形成矽蝕刻遮蔽層和 USG 的 CMP 研磨停止層。另外銅、金以及白金蝕刻還用氮化矽作為蝕刻的硬式遮蔽層。焊接墊蝕刻透過蝕刻氮化物和氧化物的鈍化層形成金屬墊區，用來形成連線焊接或接觸凸狀物。

大多數介電質蝕刻都使用重離子轟擊的氟元素，利用破壞原理形成非等向性蝕刻輪廓。介電質蝕刻最常用的氣體是氟碳氣體，如 CF_4、CHF_3、C_2F_6 和 C_3F_8。部分氧化物蝕刻系統也使用 SF_6 作為氟元素氣體的來源。正常情況下，碳氟化合物相當穩定，不會與二氧化矽或矽氮化物發生反應。電漿中，碳氟化合物分解並產生增強反應的氟元素自由基。這些自由基和二氧化矽或氮化矽產生化學反應，並在表面形成具有揮發性的四氟化矽，最後透過真空泵從表面抽走。表 9.6 中列出了氟元素的基本參數。

表 9.6　氟元素相關論據。

名稱	氟 (Fluorine)
原子符號	F
原子序	9
原子量	18.9984032
發現者	Henri Moissan
發現地	法國
發現時間	1886
名稱來源	源自拉丁字母 "fluere" 代表 "to flow"
摩爾體積	11.20 cm^3
音速	不詳
折射率	1.000195
熔點	53.53 K 或 $-219.47℃$
沸點	85.03 K 或 $-187.97℃$
熱導率	$0.0277 \ W \ m^{-1} \ K^{-1}$
應用	在 SiO_2 和 SiN_4 蝕刻製程中，氟自由基作為主要蝕刻氣體。 WF_6 被廣泛用作 WCVD 的 W 前驅物。 FSG 在 90 奈米技術節點的邏輯 IC 中被廣泛使用。 F_2 準分子雷射和 CaF_2 曾在 157 奈米微影技術的研發中使用。

資料來源：https://www.webelements.com/fluine/

電漿蝕刻中的二氧化矽和氮化矽化學反應爲：

$$CF_4 \xrightarrow{\text{電漿}} CF_3 + F$$

$$F + SiO_2 \xrightarrow{\text{電漿}} SiF_4 + O$$

$$F + Si_3N_4 \xrightarrow{\text{電漿}} SiF_4 + N$$

　　介電質蝕刻中常用氬氣增加離子轟擊。透過破壞 Si-O 和 Si-N 化學鍵增加蝕刻速率並形成非等向性的蝕刻輪廓。加入氧氣並與碳反應釋放出更多氟自由基就可以提高蝕刻速率。但加入氧氣也會影響介電質蝕刻對矽和光阻的選擇性。添加氫氣可以改善介電質蝕刻對矽的選擇性。

　　ILDO 接觸蝕刻時，當接觸窗達到多晶金屬矽化物閘極和局部連線位置時，源極 / 汲極的接觸蝕刻大約只完成了一半。當氧化物蝕刻持續進行並接觸到源極 / 汲極時，就必須同時減少閘極 / 局部連線的過蝕刻。因此，接觸蝕刻需要非常高的氧化物對矽化物的選擇性來防止閘極接觸窗被過蝕刻。選擇性必須達到 $S \geq t/\Delta t$，如圖 9.30 所示。

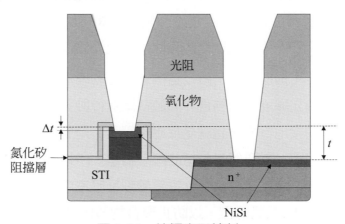

圖 9.30　接觸窗口蝕刻。

　　對於介電質蝕刻，F/C 比例在蝕刻選擇性上具有重要作用。當 F/C 小於 2 時會發生聚合反應，形成一層如鐵弗龍的聚合物沉積在反應室內。對於 CF_4 電漿，F/C 開始的比例爲 4：1。電漿中 CF_4 分解成 CF_3 和 F。蝕刻過程逐漸消耗 F 的同時，CF_3 會繼續分解成 CF_2。這個過程會降低反應室中的 F/C 比例。當許多 CF_2 分子互相連結成一個長鏈時就形成聚合物。可以透過直流偏壓控制離子轟擊的強弱將這些聚合物在形成薄膜前物理移除。圖 9.31 顯示了 F/C 比例、直流偏壓和聚合作用之間的關係。

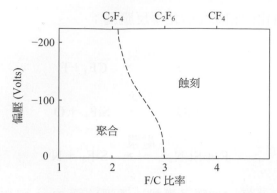

圖 9.31　F/C 比率、直流偏壓及聚合作用關係。

　　對於氧化物蝕刻，特別是接觸窗蝕刻，F/C 比接近聚合反應邊界的蝕刻範圍。當氟元素蝕刻氧化物時，氟元素將取代氧而和矽產生化學鍵，氧將脫離出來。這時氧和氟碳化物中的碳產生反應形成 CO 和 CO_2，並釋放部分氟自由基來保持 F/C 在蝕刻過程中的比例。當蝕刻達到矽或金屬矽化物表面時，氟元素被消耗，由於被蝕刻的薄膜中無氧分子，因此碳不會被額外的氧消耗。當蝕刻達到矽或金屬矽化物表面時，F/C 比就會減少，快速進入聚合作用區並沉積聚合物就可以降低矽或矽化物上的蝕刻作用，並提供高的氧化物對矽 / 矽化物蝕刻選擇性。當矽化物閘極 / 局部連線的接觸窗完成後，氧化物蝕刻繼續進行數千 Å 達到源極 / 汲極位置，如圖 9.30 所示。沉積在矽或矽化物表面的聚合物能透過氧電漿的移除過程或濕式清洗過程被移除。

　　由於介電質蝕刻使用損傷機制，所以這個過程是物理過程，並在晶圓表面形成強的離子轟擊。晶圓必須在靠近聚合物邊界的蝕刻區進行蝕刻才能達到對矽或矽化物的高選擇性。同時較大的接地電極，也就是反應室箱蓋，是處於聚合化的範圍內。與晶圓表面比較，反應室箱蓋只需要能量較低的離子轟擊。所以進行接觸蝕刻和金屬層間接觸窗孔蝕刻時，聚合作用總是發生在介電質蝕刻反應室中。沉積在電漿蝕刻反應室中的聚合物必須用 O_2/CF_4 電漿清潔，以防止聚合物薄膜破裂產生微粒污染物。為了維護蝕刻反應室的清潔，必須將擋片晶圓放置在夾盤上避免夾盤受離子轟擊而損害，清潔之後一般進行適應過程，在反應室內沉積一層薄聚合物，以防止殘餘物從反應室牆壁上鬆動脫落，這種過程不但可以保持反應室內的狀態，還可以防止 "首片晶圓" 效應。

　　字元線 (WL) 和接觸孔的密度與 SRAM 邏輯元件十分不同。DRAM 單元陣列，2D-NAND 快閃記憶體單元陣列如圖 9.32 所示。一般 2D-NAND 快閃記憶體 WL 的線寬 / 空隙約為 1:1，DRAM 的 WL 約為 1:2，SRAM 閘極 CD 和空隙約為 1:3。從圖 9.32 中可以看出，NAND 記憶體並不需要 WL 之間的接觸孔 (Contact Hole)。事實上，只需要一個接觸孔連接 64 位元字元線的位元線或源極線。然而，DRAM 和 SRAM 在每個 WL 之間要有接觸。

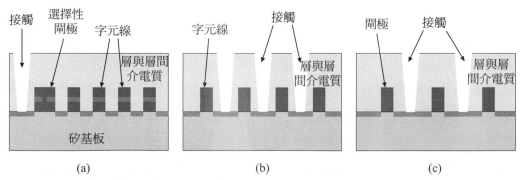

圖 9.32 不同記憶體的 WL 和接觸孔密度：(a)2D-NAND 記憶體；(b)DRAM；(c)SRAM。

對於 DRAM 應用，因為電晶體陣列的閘極或字元線之間的間距明顯比相同技術節點的邏輯元件小，所以字元線之間的接觸孔很小。為了避免在如此高密集字元線的位元線接觸之間發生短路，發展了自對準接觸 (SAC) 製程並用於大量製造 (HVM)。圖 9.33(a) 至 9.33(c) 說明了 SAC 蝕刻的製程，該製程可蝕刻氧化矽，SAC 製程，其高選擇性地將二氧化矽與氮化矽蝕刻。在多晶矽沉積和 CMP 後，形成多晶矽栓塞，並提供位元線接觸 (BLC) 和儲存節點接觸 (SNC) 的焊盤。因此，它也被稱為蝕刻後的焊盤接觸 (LPC)，如圖 9.33(d) 所示，和多晶矽 CMP 後的多晶矽焊盤 (LPP)，如圖 9.33(f) 所示。

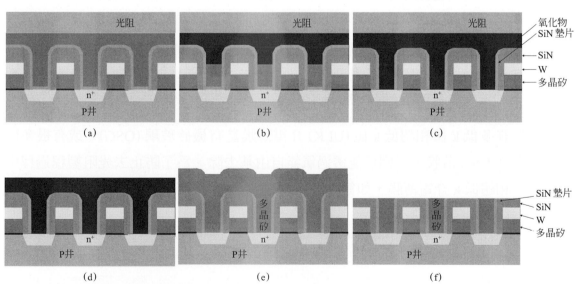

圖 9.33 DRAM 自對準接觸 SAC 製程：(a)PR 圖案化；(b) ～ (c)SAC 蝕刻；(d)PR 條；
(e) 多晶矽沉積；(f) 多晶矽 CMP。

對於 sub-20nm DRAM，字元線圖案的間隙之間沒有密集的接觸，因為所有的 WL 都埋在矽的表面下方。然而，儲存節點接觸 (SNC) 仍然使用非常相似圖 9.34 的 SAC 流程，主要區別是 SAC 位於位元線之間而不是字元線之間。

對於銅金屬化，IC 晶片有更多的介電質蝕刻製程過程。除了通孔蝕刻，還有溝槽蝕刻。使用兩種方法：先通孔和後通孔。圖 9.34 顯示了先通孔製造。首先透過通孔光罩定義通孔，然後蝕刻通孔並在蝕刻停止層 (ESL) 中間停止蝕刻，光阻被剝除用於填充通孔並在溝槽蝕刻過程中保護它們。然後透過微影定義出光阻圖案並蝕刻溝槽轉移圖案到低介電係數 (Low-k) 介電質層上。ESL 會在清潔過程中去除。ESL 也被稱為覆蓋層，因為它位於金屬層頂部。ESL 通常是透過氮化矽 (SiN)，氮氧化矽 (SiON)，或非晶碳化矽 (a-SiC)。

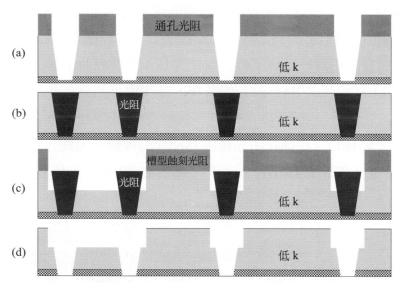

圖 9.34　先通孔雙鑲嵌製程過程：(a) 通孔蝕刻；(b) 光阻填充並回蝕；(c) 溝槽蝕刻；(d) 蝕刻停止層去除。

由於許多低 k 值和超低 k 值 (ULK) 介電薄膜是有機矽玻璃 (OSG)，或有很多碳和氫的多孔 OSG 薄膜，它們可能透過氧氣自由基去除。為了防止去光阻製程過程中破壞低 k 和超低 k 介電薄膜，如氮化鈦 (TiN) 金屬硬遮蔽層常用於 ILD 蝕刻。ILD 沉積後，沉積金屬硬遮蔽層。

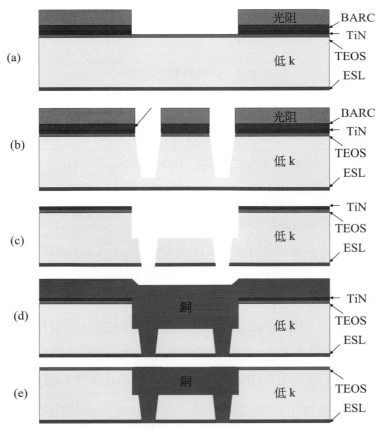

圖 9.35 具有金屬硬遮蔽的銅金屬化：(a) 用溝槽遮蔽蝕刻 BARC 和金屬硬遮蔽；
(b) 使用通孔遮蔽層並蝕刻通孔的一半；(c) 用金屬硬遮蔽蝕刻溝槽和通孔，並
突破 ESL；(d) 銅沉積；(e) 金屬 CMP 移除 Cu、TaN 和 TiN。

　　圖 9.35 說明了具有 TiN 金屬與 TEOS 氧化硬遮蔽層的銅金屬化製程。從圖中可以看出，BARC 代表底部防反射塗層，它通常是在光阻旋塗前覆蓋在晶圓表面的自旋材料。溝槽遮蔽層首先用於光阻圖案化，然後 BARC 和具有光阻的硬遮蔽層被蝕刻，如圖 9.35(a) 所示。TiN 和 TEOS 硬遮蔽層可以防止去光阻製程中氧自由基破壞低 k 值和超低 k 值介電薄膜。光阻被硬烘烤後，通孔遮蔽層被圖案化並且被蝕刻超過一半，如圖 9.35(b) 所示。使用金屬硬遮蔽層蝕刻低 k 值介電質，這個過程對 ESL 有高的選擇性，因此通孔停止在 ESL 處，如圖 9.35(c) 所示。銅沉積後氮化鈦硬遮蔽層停留在矽晶片表面，如圖 9.35(d) 所示，並透過銅連線金屬 CMP 製程永久地去除，如圖 9.35(e)。

　　低 k 或 ULK 介電質的主要蝕刻製程是透過 CF_4，CHF_3 或 C_4F_8 的化學反應過程，並且氬作為離子轟擊。其他碳氟化合物氣體，如 C_4F_6 和 c -C_5F_8，使用氧氣也可以用於低 k 和 ULK 介電質蝕刻。一氧化碳 (CO) 用於控制 F/C 比值。蝕刻氣體中減少 F /

C 值可以幫助改善低 k 介電質對光阻的蝕刻選擇性。表 9.7 總結了蝕刻製程所用的介電質。

表 9.7　介電質蝕刻製程。

蝕刻名稱	硬遮蔽層	接觸窗	通孔 (Al-Cu)	通孔 / 槽型 (Cu/ 低 -k)	接合墊片
材料	Si_3N_4 或 SiO_2	PSG 或 BPSG	USG 或 FSG	低 -k 或 ULK	氮化物和氧化物
蝕刻劑	CF_4，CHF_3，…	CF_4，CHF_3，…	CF_4，CHF3，…	CF_4，CHF_3，CO …	CF_4，CHF_3，…
底層	Si, Cu, Au,	多晶矽或金屬矽化物	TiN/Al-Cu	ESL/Cu	金屬
終點監測	CN, N 或 O	P, O, 和 F	O, Al 和 F	CN, O 和 F	O, Al 和 F

⊗ 9.5.2 單晶矽蝕刻

從 1990 年代開始，次微米 IC 晶片中淺溝槽絕緣 (STI) 需要用單晶矽蝕刻完成。STI 逐漸取代了矽局部氧化 (LOCOS) 中的場區氧化層隔離積體電路晶片中的相鄰元件。這是因為 STI 沒有 "鳥嘴" (Bird's Beak) 效應且表面較 LOCOS 平坦。

DRAM 晶片生產過程中必須使用單晶矽蝕刻形成深溝槽電容，增加矽基板的電容密度，如圖 9.36 所示。具有垂直電容結構的 DRAM 廣泛用於 SOC IC 晶片中，這是因為這種結構能與標準 CMOS 製程相容。

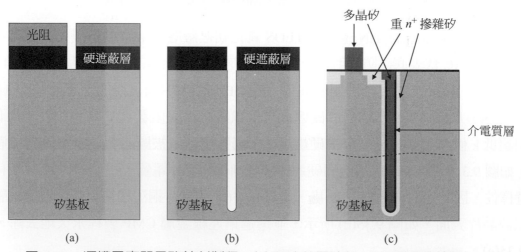

圖 9.36　深槽電容單晶矽蝕刻製程：(a) 硬遮蔽層蝕刻；(b) 單晶矽蝕刻；
(c) 形成深槽 DRAM 電容。

　　圖 9.37(a) 顯示一個具有平面陣列 NMOS 的堆疊電容，這通常用於大於 100 nm 技術節點的 DRAM 中。圖 9.37(b) 顯示，堆疊電容 DRAM 凹閘極陣列 NMOS，它被廣泛用於亞 100 nm 技術的 DRAM。在圖 9.37 中，STI 代表淺溝槽隔離，WL 代表字元線，SAC 代表自對準接觸，BLC 代表位元線接觸，SNC 代表儲存節點接觸，SN 代表儲存節點。BL 和 BLC 在單元陣列中用斷線表示，因為它們不在截面圖中。它們位於橫截面的後面，之間夾著 SNC。為了避免 SNC 多晶矽栓塞和鎢 BL 之間的短路，氮化矽通常被沉積在 SNC 側壁上，如圖 9.37(b) 所示。

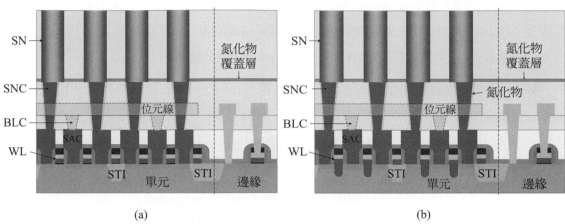

(a)   (b)

圖 9.37　(a) 具有平面陣列 NMOS 的堆疊電容 DRAM 截面圖；(b) 凹閘極陣列 NMOS。

　　透過使用一個反轉單元閘極遮蔽層蝕刻單晶矽，可以產生 DRAM 元件陣列中 NMOS 的凹閘極電極，這可能有助於減少由於閘極特徵尺寸縮小帶來的短通道效應。可以看出具有平面陣列電晶體的堆疊電容 DRAM 只需要一個單晶矽蝕刻形式 STI，而凹閘極閘陣列電晶體 DRAM 需要兩個單晶矽蝕刻，一個形成 STI，另一個形成凹閘極。

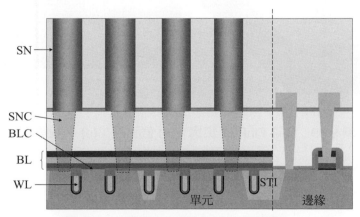

圖 9.38　埋藏字元線 DRAM 示意圖。

　　對於凹閘極陣列電晶體，閘極電極埋在晶圓表面以下。蝕刻矽需要光罩。在閘極氧化和多晶矽沉積及 CMP 之後，沉積金屬和氮化物，並且需要另一個遮蔽來蝕刻多晶矽 / 金屬 / 氮化物堆疊以形成 WL 圖案，隨後進行氮化物襯墊沉積和各向異性蝕刻以形成間隔物。在 ILD0 沉積和 CMP 後，應用 SAC 遮蔽並蝕刻自對準接觸，如圖 9.33 所示。然而，通過將單元 NMOS 和字元線製作在晶圓表面下方，埋藏字元線 DRAM 同時形成閘極和 WL，從而減少 RG DRAM 此處的光罩。埋藏字元線 (bWL)DRAM 不再像 RG DRAM 那樣具有密集的字線圖案拓撲，因此它減少了另一個光罩層，因為它不需要圖 9.33 中所描述的 SAC 層。當然這種技術面臨字元線溝槽蝕刻的挑戰，需要更好地控制矽和 STI 氧化物的蝕刻速率和蝕刻剖面。需要共形 TiN 沉積和無空隙 W 溝槽填充，以及 WL 溝槽中良好控制的 W/TiN 回蝕。

　　單晶矽蝕刻也需要形成如鰭狀場效電晶體 (FinFET) 的三維元件，FinFET 被認為自 22nm 製程開始，已取代平面 MOSFET。圖 9.39(a) 顯示了製作在矽絕緣體上矽 (SOI) 基板上具有共同閘極的三個 FinFET 元件。圖 9.39(b) 顯示了沿表面虛線的 FinFET 元件橫截面。從圖 9.39(b) 橫截面可以看出，這種結構如同製作在 SOI 基板上的平面 MOSFET。從圖 9.39(a) 也可以看出，矽鰭 (Si Fins) 外型可以透過單晶矽蝕刻實作。在 SOI 基板上實作矽鰭型比在體矽結構上容易，這是因為埋氧可以用作蝕刻終點，而且鰭的高度比較容易控制，這個高度就是埋氧層上矽的厚度。

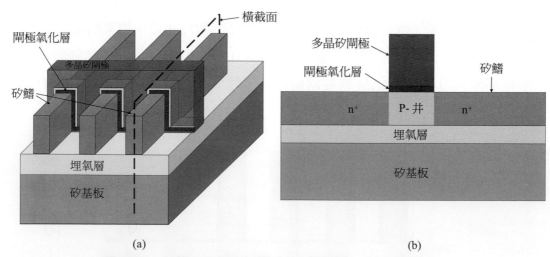

(a) (b)

圖 9.39　三維 FinFET 結構：(a) 截面圖；(b) 一個單元。

　　FinFET 三維元件也可以用體矽基板製作，這需要更好地控制單晶矽蝕刻製程，如 CD、深度和輪廓。矽鰭的高度透過 STI 氧化層控制，如圖 9.40 所示。CD 和矽鰭的高度可以透過散射測量並用截面 TEM 進行校準。

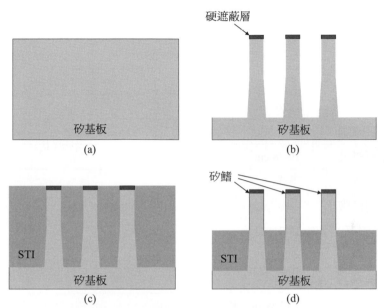

圖 9.40　矽基板形成矽鰭示意圖：(a) 矽基板；(b) 溝槽蝕刻；
(c)STI 氧化物填充和 CMP；(d)STI 氧化物去除。

　　單晶矽蝕刻一般採用二氧化矽或使用二氧化矽和氮化矽的硬式遮蔽層代替光阻避免污染，如圖 9.40(b) 所示。這個過程以 HBr 為主要蝕刻劑，O_2 作為側壁鈍化作用的媒介。HBr 在電漿中分解釋放溴元素自由基，這些自由基和矽反應形成具有揮發性的四溴化矽 (Tetrabromide, SiBr4)。氧會使氧化側壁的矽形成二氧化矽保護矽不受溴元素自由基的影響。在溝槽底部，離子轟擊使氧化物無法生長，因此蝕刻只在垂直方向進行。表 9.8 列出了溴元素的相關參數。

表 9.8　溴元素相關論據。

名稱	溴 (Bromine)
原子符號	Br
原子序	35
原子量	79.904
發現者	Antoine-J. Balard
發現地	法國
發現時間	1826
名稱來源	源自希臘字母 "bromos" 代表 "stench"
摩爾體積	19.78 cm^3
音速	不詳
電阻係數	$> 10^{18} \mu\Omega \cdot cm$
折射率	1.001132
熔點	$-7.2°C$
沸點	59°C
熱導率	0.12 W m^{-1} K^{-1}
應用	溴自由基用於單晶矽蝕刻的蝕刻劑
來源	HBr

資料來源：https://www.webelements.com/bromine/

單晶矽電漿蝕刻的主要化學反應為：

$$HBr \xrightarrow{\text{電漿}} H + Br$$

$$4Br + Si \xrightarrow{\text{電漿}} SiBr_4$$

　　氧氣一般用來改善氧化物硬式遮蔽層的選擇性，同時也可以作為與蝕刻副產品 SiBr 反應形成溝槽側壁上的 $SiBr_xO_y$ 沉積。由於溝槽底部的 $SiBr_xO_y$ 沉積會不斷地被離子轟擊移除，所以 $SiBr_xO_y$ 沉積物就可以保護側壁並將蝕刻限制在垂直方向。氟元素的來源氣體如 SiF_4 和 NF_3 也能改善溝槽側壁和底部蝕刻輪廓。氟也可以實作 bWL DRAM 所需的單晶矽和二氧化矽蝕刻率。

　　單晶矽蝕刻包括兩個製程過程：突破過程和主蝕刻過程。簡單的突破過程透過強的離子轟擊和氟元素化學作用移除矽表面的薄膜原生氧化層。主蝕刻則透過 HBr 和 O_2（一般 He 稀釋為 30%）進行蝕刻。當蝕刻完成後，必須用濕式清洗除去晶圓側壁上的沉積。單晶矽蝕刻和其他電漿蝕刻最大的差異在於沒有底層，因此無法利用光學信號方法決定終點，一般利用計時決定。

　　單晶矽蝕刻反應室的牆壁上會有矽、溴、氫和氟元素形成複雜的化合物沉積。為了控制微粒污染，這些沉積必須定期使用氟電漿清潔，與其他清潔過程一樣，清潔之後的適應製程過程是必需的。

⊗ 9.5.3　多晶矽蝕刻

　　多晶矽蝕刻是最重要的蝕刻過程，因為它決定了電晶體的閘極 (參見圖 9.32)。一般閘極的多晶矽蝕刻關鍵尺寸 (CD) 是所有蝕刻中最小的。一般所謂的多少微米節點技術，就是指關鍵尺寸 CD 是多少微米。

　　當特徵尺寸縮小到亞微米技術節點時，閘極的關鍵尺寸 CD 和技術節點不再一致。技術節點主要是由閘極圖案化間距決定。技術節點的定義對不同的元件也不同。2D-NAND 快閃記憶體技術節點是半間距：20 nm 的 NAND 閃記憶體有 40 nm 的 WL 間距，而通常 20 nm 的閘極 CD 有 20 nm 的 CD 間隙。CMOS 邏輯元件的技術節點通常被定義為 SRAM 閘極間距的四分之一，因為閘極之間有一個接觸。例如，在 2008 年國際電子元件會議 (IEDM) 上由 IBM 公司 B.S.Haran 等人發表的 22 nm SRAM 元件有 90 nm 閘極間距和 25 nm 的閘極 CD。圖 9.41 顯示了 NAND 快閃記憶體、DRAM 和 SRAM 陣列電晶體的截面圖。

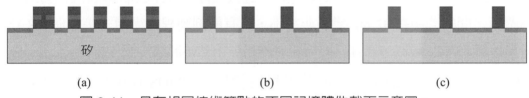

矽

(a)　　　　　　　　　　(b)　　　　　　　　　　(c)

圖 9.41　具有相同技術節點的不同記憶體件截面示意圖：
(a)2D-NAND 快閃記憶體；(b)DRAM；(c)SRAM。

　　圖 9.42 顯示了英特爾的 6 個電晶體 (6T) SRAM 尺寸縮小時間表，以及多晶矽閘極蝕刻技術後從 90 nm 到 10 nm 技術節點 6T SRAM 單元的 SEM 和 TEM 影像俯視視圖。可以看出，SRAM 的佈局從 65 nm 節點已發生了革命性的變化，這種佈局完全不同於 90 nm 節點。在 90nm 和 65nm 時，閘極之間的間隙約為閘極 CD 的 3 倍。然而，在 45nm 節點，閘極之間的間隙約為閘極 CD 的 2 倍，而在 32nm 及以上節點，間隙與閘極 CD 大致相同。

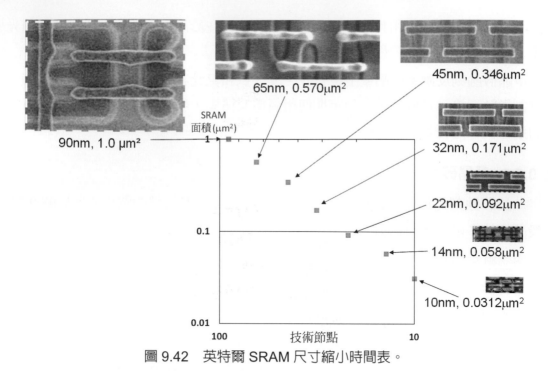

圖 9.42　英特爾 SRAM 尺寸縮小時間表。

資料來源：http：//download.intel.com/technology/silicon/Neikei_Presentation_2009_Tahir_Ghani.pdf

　　多晶矽閘極 MOSFET 需要多晶矽蝕刻形成閘極圖案。具有高 k 和金屬閘極 (HKMG) MOSFET 需要蝕刻多晶矽，無論是應用閘極優先或最後閘極方法。在後閘極 HKMG MOSFET 中，首先將蝕刻虛擬多晶矽閘極。只有在 S/D 形成、ILD0 沉積和 CMP 之後，它們才會與虛擬閘極氧化物一起被去除，為 HKMG 薄膜沉積騰出空間。因為閘極之間的間距在 32 nm 變得非常小，具有蝕刻製程的溝槽式接觸與 DRAM 的自對準接觸 (SAC) 類似，並且已經被開發應用於 HVM 形成接觸栓塞。

　　圖 9.43 顯示了一個多晶矽蝕刻製程用於形成 CMOS 閘極和局部連線 (Local Interconnection)。可以看出，它使用閘極氧化層和 STI 氧化物上的光阻作為蝕刻光罩和蝕刻停止層。

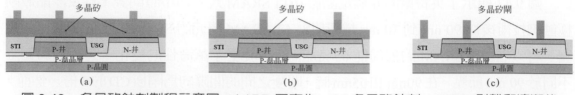

圖 9.43　多晶矽蝕刻製程示意圖：(a)PR 圖案化；(b) 多晶矽蝕刻；(c)PR 剝離和清潔後的多晶矽閘極和局部互連形成。

　　Cl_2 是多晶矽蝕刻的主要蝕刻劑。電漿中，Cl_2 分子分解產生容易反應的氯元素自由基，氯自由基能與矽形成氣態四氯化矽。表 9.9 列出了部分氯元素的相關參數。

表 9.9　氯元素相關論據。

名稱	氯 (Chlorine)
原子符號	Cl
原子序	17
原子量	35.4527
發現者	Carl William Scheele
發現地	瑞典
發現時間	1774
名稱來源	源自希臘字 "chloros" 代表 "pale green"
摩爾體積	17.39 cm^3
音速	206 m/sec
電阻係數	$> 10^{10}$ $\mu\Omega \cdot cm$
折射率	1.000773
熔點	$-101.4℃$ 或 171.6 K
沸點	$-33.89℃$ 或 239.11 K
熱導率	0.0089 W m^{-1} K^{-1}
應用	用於多晶矽與金屬蝕刻製程中的蝕刻劑和多晶矽生長反應室的清潔。
來源	Cl_2, HCl

資料來源：https://www.webelements.com/lorine/

　　Cl_2 很容易和光阻材料結合並在側壁上沉積一層聚合物薄膜，這樣有助於形成非等向性的蝕刻輪廓和較小的關鍵尺寸損失 (或增加)。HBr 也可作為第二種蝕刻劑及側壁鈍化作用的催化劑。O_2 能用來改善對氧化物的選擇性。

　　多晶矽閘極蝕刻最大的挑戰之一是對二氧化矽的高選擇性，因為多晶矽下方是一個超薄的閘極氧化層。對於 65 nm 元件，閘極氧化層的厚度大約只有 12Å，由於蝕刻速率和多晶矽薄膜厚度不均勻，所以部分的多晶矽可能已被蝕刻而其他的部分仍在進行蝕刻，如圖 9.44 所示。由於不能蝕刻掉薄的閘極氧化層薄膜，否則，蝕刻多晶矽的蝕刻劑也將蝕刻掉閘極氧化層下的單晶矽而形成缺陷。所以在多晶矽過蝕刻 (Over Etch) 中，對氧化物的選擇性一定要足夠高。

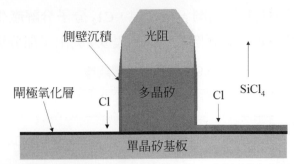

圖 9.44 說明多晶矽過蝕刻的選擇性要求，由蝕刻速率不均勻引起。

圖 9.44 顯示了多晶矽過蝕刻的要求。如果蝕刻製程在高的蝕刻率下進行時，晶圓的一部分已經被蝕刻到了閘極氧化層，如圖 9.44(a) 的左邊部分。然而在低蝕刻速率部分，仍有薄的多晶矽殘留需要蝕刻掉，如圖 9.44(a) 的右邊部分。假設高低蝕刻速率有 3% 的差異，對於均勻厚度為 50 nm 的多晶矽薄膜，殘留的多晶矽厚度大約為 2.87 nm。如果製程僅僅允許 0.5 Å 的閘極氧化層損失，過蝕刻的選擇性必須高於 57.4：1。

多晶矽蝕刻通常包括三個過程：突破過程、主蝕刻過程和過蝕刻過程。突破過程利用高離子轟擊移除約 (10-20)Å 原生氧化層薄膜，通常使用氟元素。主蝕刻過程移除指定區域內的多晶矽形成閘極和局部連線。過蝕刻中透過改變蝕刻條件來移除殘留多晶矽，以減少閘極氧化層的損失。主蝕刻以極高的速率進行多晶矽蝕刻。這時不考慮二氧化矽的選擇性，因為此時的蝕刻還沒有接觸到氧化物。一旦蝕刻劑開始蝕刻閘極氧化層時，氧氣就會從薄膜中被釋放並進入電漿中。當氧光譜光學分光鏡感應器監測到氧光譜強度增加時，就執行蝕刻終點，停止主蝕刻並啟動過蝕刻。過蝕刻中，系統透過佈植氧氣，降低射頻功率並減少 Cl_2 氣流，以改善多晶矽對氧化物的選擇性。一些晶圓廠在突破前會進行光阻修整步驟，以清除兩個光阻圖案之間縫隙底部的任何殘留光阻。它還可以減少閘極 CD 並提高元件速度。

對於先進技術節點的 IC 晶片，僅使用 193 nm 的 ArF 光學微影和光阻很難滿足蝕刻的需要。通常需要多晶矽上的介電質硬遮蔽層。這個介電質層有時也可作為防反光塗層 (ARC)。介電質硬遮蔽層上面，在光阻塗佈前覆蓋有自旋 ARC 層，或底部 ARC(BARC) 層。這通常被稱為三層材料。透過微影製程光阻圖案化後，BARC 利用氧電漿蝕刻，介電質硬遮蔽層透過氟化與氬離子轟擊蝕刻，這類似於突破過程。多晶矽主蝕刻可以使用氟化和光學系統檢測多晶矽厚度的變化。化學過蝕刻使用含是氧的 HBr，這對閘極氧化層有非常高的選擇性。

氟元素也可以蝕刻多晶矽。有些多晶矽蝕刻會使用 SF_6 和 O_2。由於氟元素蝕刻二氧化矽的速率比氯快，因此對多晶矽與二氧化矽的選擇性較低，所以在主蝕刻中大多使用氯元素。

DRAM 閘極製程中，在多晶矽上使用鎢金屬或鎢矽化物以減少局部連線的電阻。這種金屬矽化物和多晶矽的堆疊薄膜蝕刻需要增加一道製程蝕刻 W 或 WSi_2，一般先使用氟元素蝕刻鎢金屬矽化合物層，然後再使用氯元素蝕刻多晶矽。

◉ 9.5.4　金屬蝕刻

使用金屬蝕刻可以形成積體電路中連結晶體管和電路單元的金屬連線，對於成熟的 CMOS IC，甚至先進的 DRAM 和快閃記憶體晶片，金屬層通常包含三層：氮化鈦 (TiN) 層，即抗反射層鍍膜 (ARC)、鋁銅合金和氮化鈦／鈦 (TiN/Ti) 或鈦鎢 (TiW) 黏著層。TiN ARC 金屬層可以減少鋁表面的反射光以增進微影技術的解析度。鋁銅合金金屬層用來傳導電流並形成長距離金屬導體連線。而 Ti、TiN/Ti 或 TiW 金屬層能降低鋁銅和鎢栓塞之間的接觸電阻，也能防止鋁中的銅擴散到矽玻璃中，以避免銅接觸到矽基板而損害元件和電路。

氯是金屬蝕刻最常使用的化學品，在電漿中，Cl_2 分解並產生 Cl 自由基，這種自由基能與 TiN、Al 及 Ti 產生反應形成具揮發性的副產品 $TiCl_4$ 和 $AlCl_3$。

$$Cl_2 \xrightarrow{\text{電漿}} Cl + Cl$$

$$3Cl + Al \xrightarrow{\text{電漿}} AlCl_3$$

$$4Cl + TiN \xrightarrow{\text{電漿}} TiCl_4 + N$$

$$4Cl + Ti \xrightarrow{\text{電漿}} TiCl_4$$

鋁銅蝕刻通常使用 Cl_2 為主要蝕刻劑，而 BCl_3 一般用在側壁鈍化作用中。BCl_3 同時也可作為 Cl 的第二來源並提供較重的 BCl_3^+ 離子進行離子轟擊。某些情況下也使用 Ar 增加離子轟擊。也可利用 N 和 CF_4 改善側壁的鈍化作用。

問題

為什麼不使用氟蝕刻 TiN/Al-Cu/Ti 金屬堆積層？

解答

鋁氟反應產生 AlF_3，AlF_3 的揮發性很低。正常的蝕刻狀態，即在大約 100 毫托和低於 60℃ 條件下，AlF_3 為固體。因此氟元素不能用於蝕刻製程圖案化 TiN/Al-Cu/Ti 金屬堆積層。

金屬蝕刻具有良好的輪廓控制、殘餘物控制，防止金屬腐蝕很重要。金屬蝕刻時鋁中如果有少量銅就會引起殘餘物問題，因為 $CuCl_2$ 的揮發性極低且會停留在晶圓表面。可以透過物理的離子轟擊將 $CuCl_2$ 從表面移除掉，或透過化學性蝕刻在 $CuCl_2$ 的下方形成底切將 $CuCl_2$ 從表面移除。由於 $CuCl_2$ 微粒和晶圓表面都因為電漿帶負電，所以必須透過靜電力將 $CuCl_2$ 從表面移除。在鋁銅蝕刻後去除光阻非常重要，否則沉積在 PR 和側壁上的殘留氯元素會和大氣中的水分發生反應，形成 HCl 進而造成金屬腐蝕問題。

對於 HKMG 製程的閘極優先法，需要蝕刻介電質硬遮蔽層閘極堆積薄膜，多晶矽和 TiN 薄膜，如圖 9.45 所示。蝕刻製程與一般多晶矽閘極蝕刻製程類似，第一步為利用突破蝕刻過程圖案化介電質硬遮蔽層；然後為主要蝕刻製程，使用氟電漿去除多晶矽；金屬蝕刻過程使用 Cl 或 HBr 具有對覆蓋層具有較高的選擇性的 TiN 和高 k 值介電質層。對於多晶矽閘極蝕刻，可以加入氧氣以提高對二氧化矽的蝕刻選擇性。然而，對於金屬閘極蝕刻，在電漿中增加氧氣可能會導致 TiN 的氧化，形成二氧化鈦並導致閘極金屬損失。

TiN 的蝕刻也需要圖案化銅低 k 連線 ULK 介電質的硬遮蔽層，如圖 9.35(a) 所示。

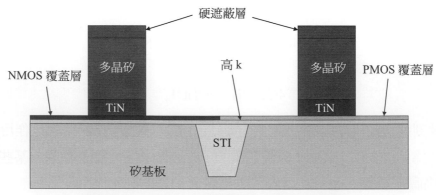

圖 9.45　HKMG 元件閘極蝕刻製程示意圖。

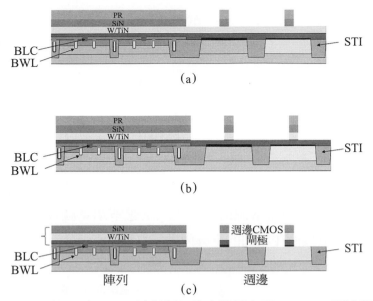

圖 9.46　DRAM 位元線和外圍閘極蝕刻製程的步驟示意圖：(a)SiN 硬遮蔽蝕刻；(b) 金屬 (W/TiN) 蝕刻；(c) 多晶矽蝕刻。

在 DRAM 製造過程中，單元陣列中的位元線 (BL) 和外圍電路的 CMOS 閘極，通常透過蝕刻具有氮化物蓋的多個導電薄膜層 (例如多晶矽 /W/SiN 堆疊) 來形成。蝕刻該疊層需要不同的化學物質。正如我們之前所描述的，碳氟化合物與氫氣通常用於蝕刻 SiN，如圖 9.46(a) 所示。碳氟化合物與氧也可用於蝕刻 W，形成氣態副產品 WF6，如圖 9.46(b) 所示。蝕刻掉 W 後，可以使用氯化學來蝕刻 TiN 和多晶矽。經過 PR 剝離和清洗後，在陣列區形成 BL，在外圍區形成 CMOS 閘極，如圖 9.46(c) 所示。

⊗9.5.5　去光阻

蝕刻結束之後，光阻必需被去除。去光阻使用濕式或乾式製程。乾式去除光阻通常使用氧氣。水蒸氣 (H_2O) 通常附加在電漿中以提供額外的氧化劑 (HO) 去除光阻和氫自由基，這樣就能除去側壁和光阻中的氯元素。對於金屬蝕刻，當晶圓暴露在潮濕空氣中之前，蝕刻之後的去光阻非常重要。這是因爲大氣中的水氣會和側壁沉積物中的氯反應產生鹽酸，進而蝕刻鋁造成金屬腐蝕。在去光阻過程中使用的基本化學反應爲：

$$O_2 \xrightarrow{\text{電漿}} O + O$$

$$H_2O \xrightarrow{\text{電漿}} 2H + O$$

$$H + Cl \xrightarrow{\text{電漿}} HCl$$

$$O + PR \xrightarrow{\text{電漿}} H_2O + CO + CO_2 + \cdots$$

圖 9.47 顯示了具有遠距電漿源的去除光阻反應室示意圖。這個反應室可以和蝕刻室放在同一工作線上以便在相同的主機內進行光阻去除。

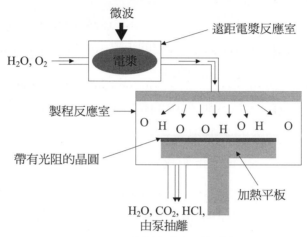

圖 9.47　遠距電漿去光阻系統示意圖。

◉ 9.5.6　乾式化學蝕刻

乾式化學蝕刻可以使用加熱後不穩定的化學氣體，如 XeF_2 和 O_3 或利用遠距電漿 (Remote Plasma, RP) 源在遠端電漿室中產生自由基，再將自由基佈植反應室中。由於這些不穩定氣體非常昂貴並難以儲存，所以 IC 生產較常使用遠距電漿製程。

透過遠距電漿源並利用離子轟擊產生的電漿可以在晶圓表面上形成化學性強的自由基，所以乾式化學蝕刻能應用在薄膜剝除蝕刻中。乾式化學蝕刻優於濕式化學蝕刻之處在於它能和另一座 RIE 反應室設在同一台機器的生產線上。這樣便能夠用現場方式處理晶圓並提高產量。所謂酒杯狀接觸窗就是其中一個例子，如圖 9.14 所示。電漿蝕刻室能和 RIE 反應室放置於同一個大型主機上。首先，晶圓在 RP 蝕刻室中進行等向性蝕刻，然後再轉移到 RIE 反應室中進行非等向性蝕刻。RP 蝕刻的其他應用包括在 LOCOS 過程中的氮化矽層剝除及多晶矽緩衝層 LOCOS(PBL) 過程中的氮化矽和多晶矽層剝除。

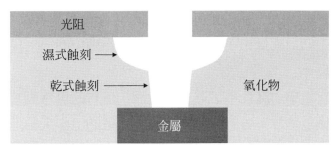

圖 9.48 酒杯狀接觸蝕刻的橫截面。

● 9.5.7 整面乾式蝕刻

整面電漿蝕刻是將整個晶圓的表面物質移除。晶圓表面上沒有光阻圖案。整面蝕刻的主要應用是回蝕和薄膜剝除。

氬氣濺鍍回蝕刻是一種純物理蝕刻。它利用強離子**轟擊**，以物理方式將表面的微小物質緩慢移除。氬氣濺鍍回蝕刻廣泛應用在介電質薄膜的間隙開口削肩過程中，它會增加 CVD 源材料分子的滲透性並改善間隙填充能力。氬氣濺鍍也被廣泛用於去除晶圓表面金屬沉積前的原生氧化層。

RIE 回蝕結合了物理蝕刻和化學蝕刻。能和介電質 CVD 工具配合形成側壁空間層。

因此，CVD 反應室可以在圖案上沉積電薄膜，如圖 9.49(a) 所示。RIE 蝕刻反應室可以回蝕介電質膜形成側壁空間層，如圖 9.49(b)、9.49(c) 所示。RIE 也可以用於蝕刻 CVD 鎢形成鎢栓塞。在這種情況下，能和鎢 CVD 工具一起使用形成鎢栓塞。RIE 也可用在光阻或旋轉塗佈氧化矽 (SOG) 的回蝕達到介電質平坦化。

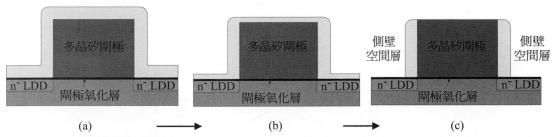

圖 9.49 形成側壁空間層的 RIE 回蝕：(a)CVD 沉積介電質薄膜；(b) 介電質薄膜回蝕；(c) 形成側壁空間層。

● 9.5.8 電漿蝕刻的安全性

電漿蝕刻涉及到一些安全問題。使用具有腐蝕性和毒性的化學品，如 Cl_2、BCl_3、SiF_4 和 HBr。高濃度狀態下 (>1000ppm) 吸入這些氣體都可能致命。一氧化碳

(CO) 是一種無色無味的氣體，易燃並可能導致火災。CO 有毒，如果吸入對人體有害，因爲它能結合血液中的血紅蛋白，減少傳遞到身體組織中的氧，這會導致血液損傷，呼吸困難，甚至死亡。

射頻功率會引起電擊，高功率下甚至會致命。所有的可移動零件，包括機械手臂和眞空閥均具有機械危險性，會對沒有保持適當距離的工作人員造成傷害。爲了避免當有人在"灰區"處理系統時，而其他人卻在無塵室中將系統啓動，封鎖系統並附上警告旗標是必須的。

9.6 蝕刻製程發展趨勢

濕式蝕刻的速率主要取決於溫度和蝕刻劑的濃度。提高溫度能夠加速化學反應，並提高蝕刻劑和蝕刻副產品的擴散速率，使蝕刻速率增加。增加蝕刻劑濃度也會提高蝕刻速率。選擇性主要由蝕刻中的蝕刻劑和蝕刻材料之間的化學作用決定。濕式蝕刻通常具有非常好的蝕刻選擇性。濕式蝕刻的輪廓都是等向性的，且無法控制。而蝕刻速率的均勻性取決於蝕刻溶劑的溫度和濃度的均勻性，攪拌溶劑和晶圓有助於改善蝕刻的均勻性。濕式蝕刻的終點一般由時間和操作員目測決定。

對於電漿蝕刻，特別是使用一般的平行板電極射頻電漿，蝕刻速率對射頻功率最爲敏感。增加射頻功率會增加離子轟擊的流量和能量。這樣會顯著改善物理蝕刻速率及損傷效應。增加射頻功率也會提高自由基的濃度，進而增進化學蝕刻效果。因此如果電漿蝕刻系統的蝕刻速率和設定規格不符，首先應檢查射頻系統。射頻系統包含射頻源、電纜、連接端及射頻匹配電路。增加射頻功率會使 RIE 成爲物理性蝕刻。由於物理性濺鍍的關係，通常會降低蝕刻的選擇性，特別是對光阻的選擇性。圖 9.50 說明了射頻功率與蝕刻速率以及選擇性之間的關係。

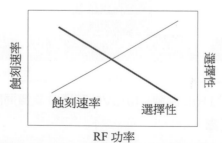

圖 9.50　RF 功率與蝕刻製程的關係。

壓力主要控制蝕刻均勻性和蝕刻輪廓。同時也能影響蝕刻速率和選擇性。改變壓力會改變電子和離子的平均自由路徑 (MFP)，進而影響電漿和蝕刻速率的均勻性。透過增加壓力縮短 MFP，這也表示增加了離子間的碰撞。離子能量降低，離子的碰撞散射就會增加，這樣可以提高 RIE 中的化學蝕刻成分。如果蝕刻主要以化學方式為主，增加壓力就會提高蝕刻速率；但如果蝕刻以物理方式為主，則增加壓力將會降低蝕刻速率。

增加磁場有助於提高電漿密度，進而增強離子轟擊流量及物理蝕刻成分，也會造成鞘層偏壓降低使得離子能量減少，增加自由基的濃度使蝕刻更具化學性。低壓狀態下當磁場微弱時，改善物理蝕刻比化學蝕刻更重要。當磁場強度增加時，蝕刻將變得更具物理性。而當磁場強度達到某個特定數值時，由於離子能量隨著直流偏壓減少，所以蝕刻將變得更具化學性。圖 9.51 顯示了當射頻功率 (RF)、壓力和磁場強度 (B) 增加時的蝕刻發展趨勢圖。

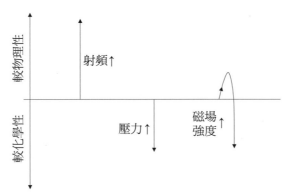

圖 9.51　射頻功率、壓力和磁場強度增加時的蝕刻發展趨勢示意圖。

如果蝕刻反應室產生漏氣，則光阻的蝕刻速率會因電漿中出現氧氣而相對提高。光阻的選擇性降低，微粒數會增加。微影技術中，如果光阻硬式烘烤不足，蝕刻過程中將導致過高的光阻蝕刻速率和過多的光阻損失。

因為每種蝕刻所需的反應室設計、化學品和操作環境不同，所以發展趨勢也可能各不相同。一般來說，工具供應商提供工具時也會附上包括製程參數條件和工具檢修指南等資訊。

9.7　蝕刻製程的檢驗和計量

蝕刻是圖案化製程的關鍵部分，可以顯著影響產品良率。蝕刻後檢測 (AEI) 是 IC 晶圓廠製程控制的一個非常重要的部分。產品晶圓通常在光阻剝離和清洗後進行檢測和計量，因此也稱為清洗後檢測或 ACI。產品晶圓經過蝕刻製程後，將從每個蝕刻腔體中抽取部分晶圓進行計量和檢測，來控制製程，並保持腔體健康，防止良率偏差，保持產品的高良率。

⊗ 9.7.1 參數計量

對於毯式蝕刻製程，蝕刻速率和均勻性通常透過蝕刻製程前後的膜厚度測量來控制。對於氧化矽、氮化矽、氮氧化矽等透明薄膜，通常採用光譜橢圓偏振儀來測量蝕刻前後的薄膜厚度和厚度均勻性。對於 Al-Cu、W、Cu、TaN 等不透明薄膜，可用脈衝雷射聲學儀來測量。此外，輪廓測量法和原子力顯微鏡 (AFM) 可用於測量蝕刻後的台階高度，以確定蝕刻速率和均勻性。

對圖案化晶圓進行自動外觀檢查 (AEI) 或 AEI，關鍵尺寸 (CD) 始終是晶圓廠中需要測量和控制的重要因素。蝕刻偏差是 AEI 和 ADI 的圖案 CD 差異 (顯影檢查後)。圖案 CD 可以使用 CD-SEM 進行測量，它可以生成測量部位的圖像，通常 <=1 μm × 1μm，可以是設計目標或真實元件圖案。CD 也可以通過光譜散射測量法來測量。除了 CD 之外，散射測量法還可以測量重複圖案中多個薄膜的圖案輪廓和薄膜厚度。正如我們在第 6 章中所述，CD-SEM 可以測量隨機圖案，而散射測量法只能測量重複圖案，通常 > 25 μm × 25 μm。

蝕刻輪廓可以使用原子力顯微鏡 (AFM) 進行監測，原子力顯微鏡通過原子力跟捗樣品表面形貌，防止探針尖端與樣品表面發生物理接觸。當圖案尺寸仍然足夠大，可允許探針刺入圖案之間的間隙時，AFM 可用於校準散射測量結果。使用截面透射電子顯微鏡 (TEM)、掃描透射電子顯微鏡 (STEM) 或 SEM，所進行的破壞性測量通常用於確認和校準非破壞性測量 (例如散射測量)，尤其是當特徵尺寸對於 AFM 而言太小時。圖 9.52 說明在 AEI 中測量圖案 CD 和高度的 AFM 系統。

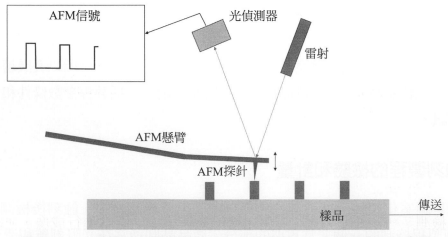

圖 9.52　一個原子力顯微鏡 (AFM) 系統測量線 - 空間圖案的示意圖

在次 20nm 節點，光學重疊計量對劃線中設計的重疊目標的測量結果，不再與實際元件中的重疊誤差相同。因此，對於某些 IC 產品，在 AEI 步驟中需要進行基於 SEM 的元件上重疊測量。

參數計量只能測量每個位點的較小面積，並且每個晶圓的位點數量有限。位點尺寸可以從 CD-SEM 的 <1μm × 1μm 到 4 點探針的 < 3mm × 1mm 不等。每個晶圓的位點數量也在很大範圍內變化，具體取決於計量工具的產量和晶圓尺寸。CD-SEM 使用不到 13 個點進行在線監測，而散射測量法可以測量約 100 個點。200mm 晶圓計量通常使用 49 點，而 300mm 晶圓則使用 121 點。

◉ 9.7.2　缺陷檢查

顆粒污染通常透過光學系統來監測，該光學系統捕獲來自測試晶圓表面上的顆粒的散射雷射，沒有任何圖案。除了顆粒之外，這種類型的全面晶圓檢測系統還可以捕獲凹坑和薄膜類型的污染物。

大多數晶圓廠在蝕刻／清潔後檢查一些晶圓。光學檢測和電子束檢測 (EBI) 系統都可以使用。圖 9.53(a) 顯示光學檢測系統，圖 9.53(b) 顯示 EBI 系統。

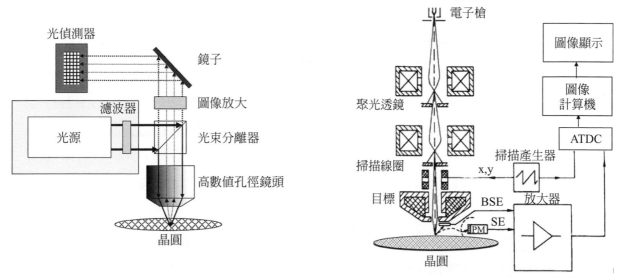

圖 9.53　(a) 光學檢測系統示意圖；(b)EBI 系統示意圖。來源：(a) 自文獻 17、(b) 修改文獻 18

光學檢測系統和 EBI 系統，基本上是顯微鏡對晶圓圖案進行成像，並將檢測圖像與參考圖像進行比對，以捕捉圖像中的異常作為缺陷。光學檢測速度快、產量高，而 EBI 具有更高的分辨率，因此對更微小的圖案缺陷具有更高的靈敏度。在缺陷密度非常高的研發階段，EBI 可以在 AEI 階段快速捕獲感興趣的缺陷 (DOI) 及其特徵，幫助識別其根本原因，縮短開發週期。AEI DOI 分別為線間橋接、線路斷開、突起和鼠咬，分別如圖 9.54(a) 至 9.54(d) 所示。其他 AEI 缺陷如底橋、底殘、頁腳、線傾斜 / 掉落等，也可以通過 EBI 捕獲。對於 HMV 所需的全晶圓檢測來說，EBI 可能太慢，因此光學檢測成為監控生產線缺陷問題的主力。

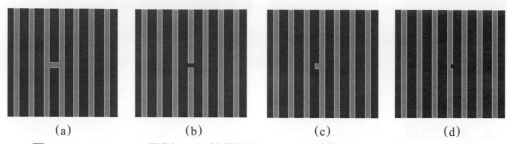

(a)　　　　　　(b)　　　　　　(c)　　　　　　(d)

圖 9.54　AEI DOI 示例：(a) 線間橋接；(b) 線路斷開；(c) 突起；(d) 鼠咬

檢查缺陷需要盡可能掃描非常大的區域。通常，需要掃描 100% 的晶圓表面，減去周圍不良區域。對於晶圓圖案，IC 製造商通常希望掃描完整的晶片以捕獲所有可能的 DOI。

9.8 最新進展

9.8.1　3D-NAND 中的蝕刻製程

當 NAND 閃存從 2D-NAND 遷移到 3D-NAND 架構時，對光刻解析度的要求大幅放寬，同時挑戰會轉移到蝕刻和薄膜沉積。3D-NAND 形成通常須具備以下製程步驟，例如：外圍 CMOS 形成；多次 ON 堆疊沉積；通道孔蝕刻和通道薄膜沉積；階梯蝕刻；隔離溝槽蝕刻、去除氮化物、TiN/W 沉積和 W/TiN 分離，形成垂直堆疊的 WL，其間有氧化物薄膜；字元線接觸蝕刻和 WL 接觸塞形成；位元線接觸和 BL 形成；與金屬相連。

圖 9.55 展示一個 3D-NAND，它標記四種獨特的蝕刻製程。為了形成通道孔，需要蝕刻多個 (可至 128 個) 氧化物 / 氮化物堆疊，每個堆疊約 25 ～ 30nm 氧化物和約 25 ～ 30nm 氮化物，總厚度約 7μm 且具有高深寬比 (HAR) 至　70：1。階梯蝕刻形成需要重複多圈 ON 堆疊蝕刻和 PR 修整。隔離溝槽的形成需要蝕刻多個 ON 堆疊，使用 HAR 溝槽選擇性蝕刻氮化物以輸送蝕刻劑並去除蝕刻副產物。而且，在 TiN/W 沉積到 SiN 膜所在的位置之後，對溝槽中的 W/TiN 進行選擇性蝕刻，這樣隔離溝槽的側壁上就沒有金屬導致不同層的 WL 短路。第四個是 WL 接觸，蝕刻不同深度的氧化物。在具有 256 層的 3D-NAND 中，將至少存在 256 種不同深度的 WLC。

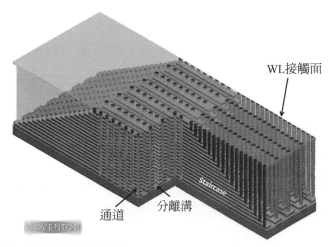

圖 9.55　3D-NAND 快閃記憶體俯瞰圖。(Provided by Coventor, Inc., a Lam Research Company)

⊗ **9.8.2　奈米片環繞式閘極場效電晶體 (GAA-FET)**

　　FinFET 可以通過減小鰭片間距和增加鰭片高度來進行微縮化。減小鰭片間距需要提高光刻解析度，這推動多重圖案化和 EUV 光刻技術的發展。在引腳間距減小的同時增加鰭片高度，使得鰭片形成的矽蝕刻變得非常具有挑戰性，因爲這使得每個技術節點的鰭片圖案的寬高比增加，如圖 9.56 所示。最終，由於鰭圖案的寬高比不斷增加，FinFET 的微縮化將遇到困難。

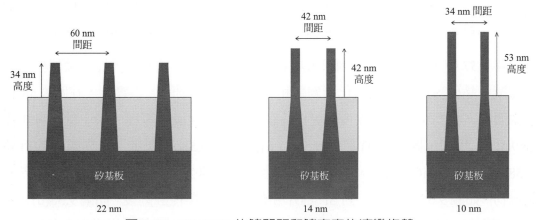

圖 9.56　FinFET 的鰭間距和鰭高度的演變趨勢

　　爲了進一步縮小邏輯 IC 元件的尺寸，人們提出並開發環繞式閘極 FET (GAA-FET)。奈米片 GAA-FET 是最有前途的候選材料之一，已列入大多數先進邏輯 IC 製造商的路線圖中。圖 9.57 顯示簡化的 HKMG 奈米片 GAA-FET 製造過程，及其沿著閘極的橫截面。首先晶圓經過清洗，及外延 SiGe/Si 堆疊且在晶圓表面生長，見圖 9.57(a)。加上 AA 光罩並蝕刻 Si/SiGe 堆疊，就像 FinFET 的鰭片蝕刻一樣，如圖 9.57(b) 所示。STI 氧化物經過沉積、退火、拋光和凹進，如圖 9.57(c) 所示。虛擬閘極氧化層和多晶矽閘極沉積後，對多晶矽進行拋光，沉積硬遮蔽，構圖並刻蝕，用於刻蝕形成虛擬多晶矽閘極。側壁間隔物形成後，閘極之間的鰭被蝕刻掉，使用硬遮蔽和間隔物來保護虛擬閘極。在通過選擇性外延生長形成源極 - 汲極之後，沉積並拋光 ILD0，從而暴露出虛擬多晶矽，如圖 9.57(d) 所示。在選擇去除多晶矽之後，選擇性地蝕刻掉虛擬氧化物。然後選擇去除 SiGe，如圖 9.57(e) 所示。在高 k 電介質、金屬閘極沉積之後，沉積並拋光大批金屬閘極，如圖 9.57(f) 所示。

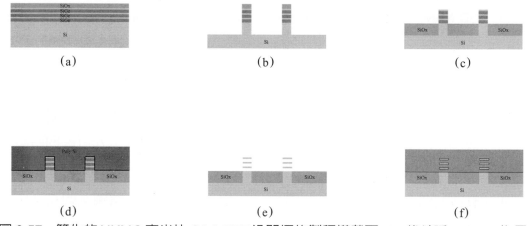

圖 9.57　簡化的 HKMG 奈米片 GAA-FET 沿閘極的製程橫截面：(a) 後外延 SiGe/Si 生長；(b)Fin 蝕刻後；(c)STI 凹陷後；(d) 暴露虛擬元件的 ILD0 CMP 後多晶矽閘極；(e) 去除多晶矽、虛擬閘極氧化物和釋放奈米片的 SiGe；(f)MG CMP 之後。

　　從圖 9.57 中，我們可以看到奈米片 GAA-FET 需要多種高選擇性刻蝕製程，例如去除虛擬多晶矽、虛擬閘極氧化層剝離和 SiGe 選擇性刻蝕。事實上，在圖 9.58 的鰭片橫截面中，我們可以看到很少有更具挑戰性的選擇性蝕刻製程。請注意，圖 9.58(e) 與圖 9.57(d) 相同，圖 9.58(f) 與圖 9.57(e) 相同。圖 9.58(a) 顯示了 S/D 翅片的拆除。圖 9.58(b) 示出了 SiGe 凹槽，其高度選擇性地蝕刻掉少量 SiGe 以騰出空間來形成內部隔離物，如圖 9.58(c) 所示。對 Si 或矽凹槽進行高選擇性蝕刻後，如圖 9.58(d) 所示，重度 p 型摻雜的 SiGe SEG 形成源極 - 汲極。ILD0 沉積和 CMP 暴露出虛擬多晶矽閘極，如圖 9.58(e) 所示，多晶矽、虛擬閘極氧化物和 SiGe 被選擇性蝕刻，釋放出矽奈米片，如圖 9.58(f) 所示。我們可以看到，如果沒有內部間隔層，用於去除溝道中的 SiGe 層的刻蝕製程也會去除源極 - 汲極中的 SiGe。

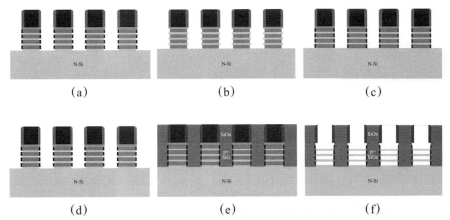

圖 9.58　HKMG 奈米片 GAA-FET 沿有主動區 (AA) 的部分製程橫截面或奈米片：(a)
S/D 鰭去除；(b)SiGe 凹槽後；(c) 內部隔離物形成後；(d)Si 凹槽後；(e)p+
SiGe SEG 之後；(f)SiGe 選擇性蝕刻之後。

如果我們將圖 9.57(f) 中的奈米片旋轉 90 度，我們可以看到它變成 3-fin
FinFET，而它的佔地面積比 3-FinFET 更小。這是奈米片 GAA-FET、帶狀 FET 或多
橋 FET(MB-FET) 如此有吸引力，並被所有先進 IC 製造商納入技術路線圖的主要原
因。

⊗ 9.8.3　原子層蝕刻 (ALE)

原子層蝕刻 (ALE) 是一種已經發展悠久的蝕刻製程。與原子層沉積製程類似，
ALE 也是循環進行的，並且蝕刻循環本身是有限制的，因此本質上具有良好的均勻
性和高選擇性，但刻蝕速率較低。隨著元件特徵尺寸的縮小，待蝕刻層變得足夠薄，
ALE 蝕刻速率變得可以接受。

ALE 有多種類型，例如等向性和方向性。它們通常都是以蝕刻劑吸附開始循環，
然後進行清除。不同之處在於第三階段，在等向性 ALD 中，吸附的蝕刻劑與表面發
生化學反應材料形成氣態副產物，而在異向性 ALD 中，吸附的蝕刻劑在離子轟擊的
幫助下與表面材料發生反應。我們可以看到，兩者都會導致蝕刻在用盡吸附的蝕刻劑
後自動停止。清除後，系統已準備好進行下一個循環。圖 9.59 說明這兩個 ALE 流程。
我們可以看到，在一個循環過後，等向性 ALE 從每個表面移除一個原子層，而方向
性 ALE 從有離子轟擊的水平表面移除一個原子層，而在垂直表面幾乎沒有材料被刻
蝕，因為那裡的離子轟擊非常少。

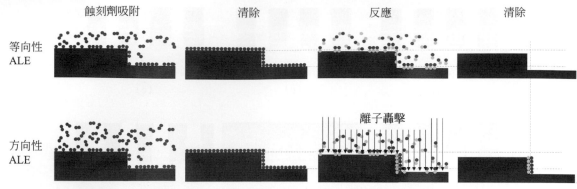

圖 9.59　等向性和方向性 ALE 過程的示意圖

　　其他 ALE 可以用非常高的選擇性清除某些材料。例如，可以流動氧化劑來氧化樣品表面的金屬，如圖 9.60(b) 所示。清除氧化劑後，如圖 9.60(c) 所示，酸酐可以流入反應器中與金屬氧化物反應，然後將其從金屬表面去除，如圖 9.60(d) 所示。清除後，這個循環移除了一層金屬原子，如圖 9.60(e) 所示。經過多個循環後，金屬就可通過選擇性蝕刻而凹陷，如圖 9.60(a) 和 9.60(f) 所示。

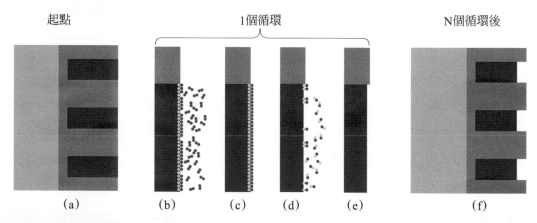

圖 9.60　垂直金屬層 ALE 製程示意圖：(a) 初始點；(b) 第 1 反應物吸附並鈍化金屬表面；(c) 清洗第一反應物；(d) 第二反應物去除鈍化層；(e) 清除第二反應物；(f) 經過 N 個循環後的最終元件結構。

⦿ 9.8.4　釕 (Ru) 蝕刻和 Ru/ 氣隙整合

　　銅總是需要阻擋層，通常是氮化鉭 (TaN)。當金屬線 CD 變小時，阻擋層在橫截面積中所佔的百分比急劇增加，金屬線的電阻也急劇增加。可以使用不需要阻隔層的金屬 (如釕 (Ru)) 來取代銅作為前幾層的金屬。Ru 可以使用氧氣作為蝕刻劑進行乾式蝕刻，這變得非常有吸引力，因為整合 Ru 線路圖案與氣隙更容易達到比 Cu/ULK 互連更低的 RC 延遲。Ru 乾式刻蝕可表示為：$Ru + 4O \rightarrow RuO_4$

　　RuO_4 在大氣壓下的沸點爲 40.0°C，因此它能夠輕易被蒸發並從電漿蝕刻室中抽出。因爲氧氣會去除光阻，所以 Ru 蝕刻製程需要諸如氧化矽之類的硬遮蔽 (HM)。

　　半鑲嵌 Ru/Ar 間隙製程如圖 9.61 所示。圖 9.61(a) 顯示了 Ru 沉積和 CMP 填充通孔，並使 Ru 表面平坦化，然後進行 HM 薄膜沉積和 PR 圖案化。圖 9.61(b) 說明了 HM 蝕刻和 Ru 蝕刻。HM 可以用帶有 Ar 轟擊的 F- 化學蝕刻，Ru 可以用 O- 化學蝕刻，在蝕刻 Ru 的同時也可以去除 PR。圖 9.61(c) 顯示非共形介電薄膜 CVD 和 CMP。非共形沉積在釕側壁上塗上一層薄薄的電介質，同時密封頂部以形成氣隙。

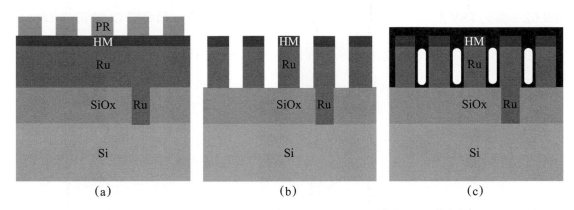

圖 9.61　Ru/ 氣隙形成的圖示：(a)Ru 沉積 /CMP、HM 沉積和 PR 圖案化；(b)HM 和
　　　　Ru 蝕刻；(c) 非共形電介質 CVD 和 CMP。

⊗ 9.8.5　矽通孔 (TSV)

　　矽通孔 (TSV) 已用於 CMOS 圖像感測器和高頻寬儲存器 (HBM) 等 IC 產品的 3D 封裝。與次微米和奈米特徵尺寸圖案蝕刻相比，TSV 蝕刻製程有明顯較大的 CD(從 5μm ～ 2μm) 及更高的寬高比 (從 20：1 ～ 10：1)。TSV 可以在晶圓製程的最初階段形成，稱爲先通孔 (via-first)；也可在金屬互連的最後階段形成，稱爲後通孔。圖 9.62 顯示更常用的中通孔 TSV 製程。在中後端線 (MEoL) 接觸塞子形成後，蝕刻 TSV 孔，見圖 9.62(a)。在電介質沉積後、TaN 阻隔層和 Cu 種子層沉積之後，鍍上大量的 Cu、再經過退火和拋光以形成 TSV，如圖 9.62(b) 所示。

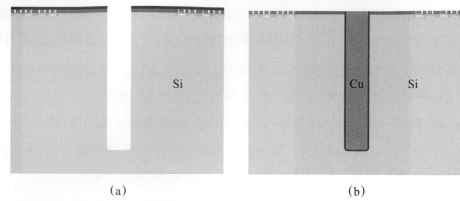

圖 9.62 通孔 TSV 形成：(a)TSV 蝕刻；(b) 介電層和金屬填充，及金屬 CMP 形成 TSV。

　　由於 TSV 又大又深且寬高比高，因此需要比 STI 矽刻蝕更高的刻蝕速率。可以使用 Bosch 蝕刻，它使用多個蝕刻 / 沉積循環來快速且非等向性地蝕刻矽，並具有良好側壁。它使用 SF6 蝕刻矽並使用 C4F8 沉積氟碳聚合物以保護側壁。由於 Bosch 蝕刻需要頻繁清潔腔室，這會影響蝕刻工具的生產率，因此開發了低溫深反應離子蝕刻 (DRIE) 製程。DREI 也使用 SF6 來蝕刻矽，但是，它使用電漿來解離 O_2，產生 O 自由基，氧化暴露的矽，從而用 SiO_2 鈍化 TSV 的側壁。不需要頻繁清潔腔室，從而顯著地提高了蝕刻系統的利用率。

9.9 本章總結

(1) IC 晶片封裝時，需要蝕刻的四種材料是單晶矽、多晶矽、介電質 (二氧化矽與氮化矽) 和金屬 (TiN、Al-Cu、Ti、W 和 WSi_2)。

(2) 四種主要的蝕刻製程矽蝕刻、多晶矽蝕刻、介電質蝕刻和金屬蝕刻。

(3) 濕式蝕刻利用化學溶液溶解需要蝕刻的材料。

(4) 乾式蝕刻利用化學氣體，經過物理蝕刻、化學蝕刻或兩者蝕刻技術的組合方式蝕刻掉基板表面的材料。

(5) 濕式蝕刻具有高的選擇性、高的蝕刻速率和低成本。受等向性蝕刻輪廓的限制，濕式蝕刻不能用於特徵尺寸小於 3 微米圖案化蝕刻製程。

(6) 濕式蝕刻普遍用於先進的半導體製程中去除薄膜並監測介電質薄膜的質量。

(7) 電漿蝕刻製程中，蝕刻劑佈植反應室並在電漿中分解。自由基將擴散到介面層並被表面吸收。在電漿轟擊下，將和表面的原子或分子產生反應，產生的揮發性產生物從表面釋放出來，擴散穿過邊界層後，經由反應室對流作用被抽出。

(8)　有兩種非等向性蝕刻機制：損傷機制和阻絕機制。介電質蝕刻使用損傷機制；矽、多晶矽和金屬蝕刻使用阻絕蝕刻機制。

(9)　介電質蝕刻使用氟元素化學品，經常使用 CF_4、CHF_3 和 Ar。CF_4 是主要的蝕刻劑，而 CHF_3 是聚合物源材料，可以同於改善 PR 和矽的蝕刻選擇性。Ar 用於增強離子轟擊。O_2 能增加蝕刻速率，而 H_2 可以用於改善對 PR 和矽蝕刻選擇性。

(10)　對於低 k 和 ULK 介電質蝕刻，CO 可以改善蝕刻製程的控制。

(11)　矽蝕刻使用 HBr 作爲蝕刻劑，O_2 和氟用於側壁蝕刻。

(12)　多晶矽可以利用 Cl_2 或 SF_6 蝕刻，O_2 被用於改善氧化物的選擇性，而 HBr 有利於側壁沉積。

(13)　金屬蝕刻使用 Cl_2、BCl_3 和 N_2 提高側壁層的鈍化作用。

(14)　銅金屬化不需要金屬蝕刻製程，而是需要介電質溝槽蝕刻。

(15)　ULK 介電質蝕刻後的光阻去除技術越來越複雜，一般使用硬遮蔽層 TiN。

(16)　與 RIE 相比，定向 ALE 具有更高的選擇性和更好的蝕刻均勻性。然而，它的蝕刻速度要慢得多，因此只有當待蝕刻的薄膜很薄時才能在 HVM 中實施。

(17)　通道孔蝕刻、階梯蝕刻、隔離溝槽蝕刻和字元線接觸蝕刻是四種 3D-NAND 獨特的蝕刻製程。它們都是介電質蝕刻。除了階梯蝕刻外，其他三種蝕刻都是高寬高比 (HAR) 特徵。

(18)　需要對 SiGe 層進行選擇性蝕刻以形成奈米片 GAA-FET。

(19)　當金屬間距達到低於 20 nm 時，整合 Ru 蝕刻和氣隙是替代 Cu/ULK，用於前幾個金屬層，具有吸引力的選擇。

(20)　TSV 蝕刻通常使用多個蝕刻 / 鈍化循環，來加工矽片上的深孔。SF6 是 TSV 蝕刻製程中常用的蝕刻劑。

習題

1. 說明圖案化蝕刻製程流程。

2. 什麼是蝕刻選擇性？

3. 濕式蝕刻和反應式離子蝕刻製程之間的區別是什麼？

4. 最常用於濕式蝕刻二氧化矽的化學藥品是什麼？這種化學藥品的使用有什麼安全問題？

5. 爲什麼薄膜去除製程較常使用濕式蝕刻？

6. 解釋兩種非等向性蝕刻原理。

7. 說明哪種蝕刻具有最小的關鍵尺寸。

8. 爲什麼多晶矽閘極蝕刻製程中多晶矽對二氧化矽的選擇性要高？

9. 多晶矽蝕刻中爲什麼使用氯而不使用氟作爲主要的蝕刻劑？

10. F/C 比如何影響氧化物蝕刻製程？

11. 對於 Al-Cu 金屬蝕刻，爲什麼不使用氟作爲主要的蝕刻劑？

12. 說明低壓、高密度電漿源在圖案化蝕刻製程中的優點。

13. 什麼金屬化材料已經用於低 k 和 ULK 介電質材料的硬遮蔽層，其線金屬化製程的後端？

14. 低 k 和 ULK 介電質蝕刻後，需要金屬蝕刻製程去除硬遮蔽層嗎？

15. 在蝕刻室中，通常使用電子吸盤將晶圓夾持在平台上，而在 CVD 室中，通常使用真空吸盤。嘗試解釋其中的差異。

16. 與 RIE 製程相比，定向 ALE 製程有哪些優缺點？

17. 列出 3D-NAND 製造中至少三種有較高寬高比的蝕刻製程。

18. 列出 ALE 循環的四個步驟。爲什麼圈內需要兩次淨化？

19. 等向性 ALE 和定向性 ALE 有什麼區別？

20. 如果在 SAQP 製程中使用 ALE 形成 10nm 厚的間隔物，他應該使用等向性 ALE 還是定向性 ALE？

21. 解釋爲什麼 Ru 蝕刻需要硬遮蔽。

22. TSV 主刻蝕的主要刻蝕劑是什麼？

[1] J. W. Coburn and H.F. Winters, Journal of Applied Physics, Vol. 50, p. 3189, 1979.

[2] J.W. Coburn, H.F. Winters, *"Ion- and Electron-assisted Gas-surface Chemistry* : *An Important Effect in Plasma Etching,"* Journal of Applied Physics, Vol. 50, p. 3189, 1979.

[3] J. W. Coburn, *Plasma Etching and Reactive Ion Etching*, AVS Monograph Series, M-4, American Institute of Physics, Inc., New York, NY, 1982.

[4] Dennis M. Manos and Daniel L. Flamm, *Plasma Etching, An Introduction*, Academic Press, San Diego, California, 1989.

[5] Ron Bowman, George Fry, James Griffin, Dick Potter and Richard Skinner, *Practical VLSI Fabrication for the 90s*, Integrated Circuit Engineering Corporation, 1990.

[6] Sorab K. Ghandhi, *VLSI Fabrication Principles*, Second edition, Wiley-Interscience Publication, John Wiley & Sons, Inc., New York, NY, 1994.

[7] David G. Baldwin, Michael E. Williams and Patrick L. Murphy, *Chemical Safety Handbook for the Semiconductor/Electronics Industry*, second edition, OME Press, Beverly, Massachusetts, 1996.

[8] Ian Morey, Ashish Asthana, *Etch Challenges of Low-k Dielectric*, Solid State Technology, Vol. 42, No. 6, p. 71, 1999.

[9] B. S. Haran, A. Kumara, L. Adam, J. Changa, V. Basker, S. Kanakasabapathy, D. Horak, S. Fan, J. Chen, J. Faltermeier, S. Seo, M. Burkhardt, S. Burns, S. Halle, S. Holmes, R. Johnson, E. McLellan, T. M. Levin, Y. Zhu, J. Kuss, A. Ebert, J. Cummings, D. Canaperi, S. Paparao, J. Arnold, T. Sparks, C. S. Koay, T. Kanarsky, S. Schmitz, K. Petrillo, R. H. Kim, J. Demarest, L. F. Edge, H. Jagannathan, M. Smalley, N. Berliner, K. Cheng, D. LaTulipe, C. Koburger, S. Mehta, M. Raymond, M. Colburn, T. Spooner, V. Paruchuri, W. Haenscha, D. McHerron, and B. Doris, *22nm Technology Compatible Fully Functional 0.1 μm^2 6T-SRAM Cell*, IEDM Technical Digest, p. 625, 2008.

[10]　T. Schloesser, F. Jakubowski, J. v. Kluge, A. Graham, S. Slesazeck, M. Popp, P. Baars, K. Muemmler, P. Moll, K. Wilson, A. Buerke, D. Koehler, J. Radecker, E. Erben, U. Zimmermann, T. Vorrath, B. Fischer, G. Aichmayr, R. Agaiby, W. Pamler, T. Schuster, W. Bergner, W. Mueller, *A 6F2 Buried Wordline DRAM Cell for 40nm and Beyond,* IEDM Technical Digest, p. 809-812, 2008.

[11]　Y. Fukuzumi, R. Katsumata, M. Kito, M. Kido, M. Sato, H. Tanaka, Y. Nagata, Y. Matsuoka, Y. Iwata, H. Aochi and A. Nitayama, *Optimal Integration and Characteristics of Vertical Array Devices for Ultra-High Density, Bit-Cost Scalable Flash Memory*, IEDM Technical Digest, p. 449-452, 2007.

[12]　Hong Xiao, "3D IC Devices, Technologies, and Manufacturing", SPIE Press, 2016.

[13]　Xinhui Niu, N. Jakatdar, Junwei Bao and C. J. Spanos, "Specular spectroscopic scatterometry," in IEEE Transactions on Semiconductor Manufacturing, vol. 14, no. 2, pp. 97-111, May 2001, doi: 10.1109/66.920722.

[14]　M. G. Rosenfield et al., "Overlay measurements using the scanning electron microscope: accuracy and precision," Proc. SPIE 1673,

[15]　Osamu Inoue, Kazuhisa Hasumi, "Review of scanning electron microscope-based overlay measurement beyond 3-nm node device," J. Micro/Nanolith. MEMS MOEMS 18(2), 021206 (2019),

[16]　M. van Reijzen, M. Boerema, A. Kalinin, H. Sadeghian, C. Bozdog, "Recent advancements in atomic force microscopy" Proceedings Volume 11611, Metrology, Inspection, and Process Control for Semiconductor Manufacturing XXXV; 116112E (2021), https://doi.org/10.1117/12.2595426

[17]　Hyung-Seop Kim, Yong Min Cho, Byoung-Ho Lee, Roland Yeh, Eric Ma, Fei Wang, Yan Zhao, Kenichi Kanai, Hong Xiao, Jack Jau, "After development inspection (ADI) studies of photo resist defectivity of an advanced memory device", Proceedings Volume 7520, Lithography Asia 2009; 75200J (2009), https://doi.org/10.1117/12.837103

[18]　L. Reimer, Image Formation in Low-Voltage Scanning Electron Microscopy, SPIE Press, 1993

[19] Keren J. Kanarika), Thorsten Lill, Eric A. Hudson, Saravanapriyan Sriraman, Samantha Tan, Jeffrey Marks, Vahid Vahedi, and Richard A. Gottscho, "Overview of atomic layer etching in the semiconductor industry featured", Journal of Vacuum Science & Technology, A 33, 020802 (2015). https://doi.org/10.1116/1.4913379

[20] Susan L. Burkett1, Matthew B. Jordan, Rebecca P. Schmitt, Lyle A. Menk, and Andrew E. Hollowell, "Tutorial on forming through-silicon vias", Journal of Vacuum Science & Technology, A 38, 031202 (2020). https://doi.org/10.1116/6.0000026

[21] Tillocher, Thomas, Jack Nos, Gaëlle Antoun, Philippe Lefaucheux, Mohamed Boufnichel, and Rémi Dussart, "Comparison between Bosch and STiGer Processes for Deep Silicon Etching", Micromachines, Vol. 12, no. 10, pp. 1143, (2021). https://doi.org/10.3390/mi12101143

[22] Michael Huff, "Recent Advances in Reactive Ion Etching and Applications of High-Aspect-Ratio Microfabrication", Micromachines, Vol. 12, pp. 991, (2021). https://doi.org/10.3390/mi12080991

[23] Sara Paolillo, Danny Wan, Frédéric Lazzarino, Nouredine Rassoul, Daniele Piumi, and Zsolt T kei, "Direct metal etch of ruthenium for advanced interconnect", Journal of Vacuum Science & Technology B, Vol. 36, 03E103 (2018); https://doi.org/10.1116/1.5022283

[24] P. Bai, C. Auth, S. Balakrishnan, M. Bost, R. Brain, V. Chikarmane, R. Heussner, M. Hussein, J. Hwang, D. Ingerly, R. James, J. Jeong, C. Kenyon, E. Lee, S. H. Lee, N. Lindert, M. Liu, Z. Ma, T. Marieb, ... M. Bohr, "A 65nm logic technology featuring 35nm gate lengths, enhanced channel strain, 8 Cu interconnect layers, low-k ILD and 0.57 μm2 SRAM cell", Technical Digest - International Electron Devices Meeting, IEDM, 657-660, (2004).

Chapter 10

化學氣相沉積與介電質薄膜

半導體工業生產中，電氣絕緣材料稱為介電質。介電質薄膜製程是一種添加製程，也就是在晶圓表面沉積一層介電質薄膜。雖然大多數介電質薄膜透過化學氣相沉積 (Chemical Vapor Deposition, CVD) 製程產生，但旋轉塗佈介電質層 (Spin on Dielectric, SOD) 也廣泛應用於積體電路晶片製造。介電質薄膜製程主要考慮無空洞的間隙填充能力、有均質沉積的高生產速率，和最後的表面平坦化。

學習目標

研讀完本章之後，你應該能夠

(1) 列舉出兩種用於積體電路晶片的介電質薄膜材料。

(2) 從一個 CMOS 晶片截面圖說明至少四種介電質薄膜。

(3) 說明 CVD 製程流程。

(4) 列舉出兩種沉積區間，並說明與溫度的關係。

(5) 列舉出兩種介電質 CVD 製程中最常使用的矽源材料。

10.1 簡介

　　有兩種介電質薄膜廣泛用於半導體製程製造中：熱生長薄膜和沉積薄膜。熱生長介電質薄膜在第五章討論。本章將討論沉積介電質薄膜。熱生長薄膜與沉積薄膜最基本的區別在於生長的薄膜與消耗的矽基板，沉積薄膜不消耗矽基板。圖 10.1 顯示了熱生長二氧化矽與沉積二氧化矽的差異。熱生長二氧化矽的氧來自氣相氧，矽來自基板。當薄膜生長進入基板時，這個過程會消耗基板的矽。對於 CVD 氧化物，矽與氧都來自氣相狀態，所以並沒有消耗矽基板。

圖 10.1　熱生長薄膜與沉積薄膜。

　　沉積氧化物薄膜的品質並不如熱生長的品質好。因此，閘極氧化層通常使用熱生長二氧化矽或氮氧化矽。積體電路晶片製造中有許多種介電質薄膜沉積技術，包括介電質隔離、離子佈植阻擋層、摻雜源、側壁空間層、抗反射鍍膜層 (Anti-reflection Coating，ARC)、硬遮蔽層、覆蓋層、蝕刻停止層 (Etch Stop Layer, ESL) 以及電路鈍化層。

　　介電質薄膜主要應用於多層金屬連線中的介電質隔離。其中包括 CVD 介電質以及旋轉塗佈與 CVD 介電質的組合。也應用作為相鄰電晶體介電質隔離的淺溝槽絕緣 (STI) 方面。介電質薄膜會在多晶矽或多晶金屬矽化物 (多晶矽金屬矽化物堆積) 閘極的側壁上形成側壁空間層，這是形成低摻雜汲極 (Lightly Doped Drain, LDD) 或源極 / 汲極擴散層 (Source Drain Extension, SDE) 與擴散緩衝層必需的。鈍化電介層 (Passivation Dielectric, PD) 用來封裝積體電路晶片，防止電路受濕氣與移動離子造成化學損傷。用於作為雙鑲嵌銅金屬蝕刻停止層；也可作為低 k 或 ULK 介電質阻擋層的覆蓋層；還可作為保護層保護 IC 晶片在封裝和測試程序中免受機械損壞。CVD 或旋轉塗佈介電質抗反射層鍍膜 (ARC) 用來降低晶圓表面的反射以滿足微影技術的解析度。

　　圖 10.2 說明了介電質薄膜應用在 CMOS IC 中的 Al-Cu 連線。其中 USG 代表未摻雜矽玻璃，而 BPSG 代表硼磷矽玻璃。不同的公司用不同縮寫代表在連線應用中使用的介電質層。很多公司用 ILD 代表金屬層間介電質層。大部分將介於多晶矽與第一個金屬層間的介電質稱為金屬沉積前介電質層 (Premetal Dielectric，PMD)，又被

稱為 ILD0；兩層金屬層之間的介電質則稱為金屬層間介電質 (Inter-metal Dielectric，IMD)，依製程順序又被稱為 ILD-X(X 從 1 到總金屬層數量減 1)。

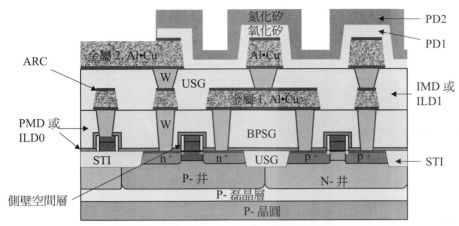

圖 10.2　介電質薄膜在 Al-Cu 連線 CMOS 電路中的應用。

第一光罩中使用 PMD 和 IMD 縮寫是因為當時半導體製程中的大多數 IC 晶片的連線為 Al-Cu 合金連線。對於 Al-Cu 連線的 IC 晶片，PMD 和 IMD 的沉積條件完全不同。IMD 層通常使用 USG，由於 Al-Cu 合金溫度的限制，所以沉積溫度 ≤ 400℃；而 PMD 層通常用摻雜氧化物，如 PSG 或 BPSG。熱積存限制 PMD 沉積的溫度，熱積存是指摻雜物在元件設計定義區域內的擴散容限值。然而，元件的結構在此期間已經發生改變。人們開始製造具有金屬閘極的 IC 晶片，不再將閘極和第一金屬層的介電質稱為 "沉積前介電質層 PMD"。對於 DRAM，金屬 (TiN 和 W) 用於陣列電晶體的閘極電極，因而 "沉積前介電質層 PMD" 不再是一個正確的介電質層命名。因此，我們使用縮寫 ILD 來描述已沉積的介電質層。

圖 10.3 顯示了一個具有九層 Cu/ 低 k 連線的 CMOS 晶片截面圖。有些更先進的積體電路晶片擁有超過 13 個金屬層，其至少需要 14 個 ILD 層。對於 x ≥ 1 的每個 ILDx 層，通常由三層組成：蝕刻停止層 (ESL)、超低 k(ULK) 層和覆蓋層。對於先進積體電路製程，許多介電質層 CVD 的設備是專門做 ILD 沉積。對一個使用 STI 的 N 層金屬連線 IC 晶片，最小的介電質層數為：

$$\text{介電質層} = \underset{\text{ST}}{1} + \underset{\text{間隔}}{1} + \underset{\text{ILD0}}{1} + \underset{\text{ILD(1 至 N)}}{3N} + \underset{\text{PD}}{1} = 3N + 4 \qquad (10.1)$$

對於自對準雙重成像 (SADP) 製程，通常需要沉積至少三層介電質層，包括硬光罩層、模板層和間隙層。自我對準四重成像 (SAQP) 製程，需要更多層。這些圖案形成層將會被移除，最終產品不會看到。低於 10nm CMOS 邏輯 IC 晶片需要進行多次

SAQP 和 SADP 製程，大約需要約 100 層介電質沉積。這個數量讓人嘆為觀止，但與 3D-NAND 相比則相形見絀。一個 256 層的 3D-NAND 需要為記憶單元沉積 512 層介電質。同時，還需要沉積多層選擇閘極、通道、隔離、外圍 CMOS 和互連，合計達到約 600 層介電質層。

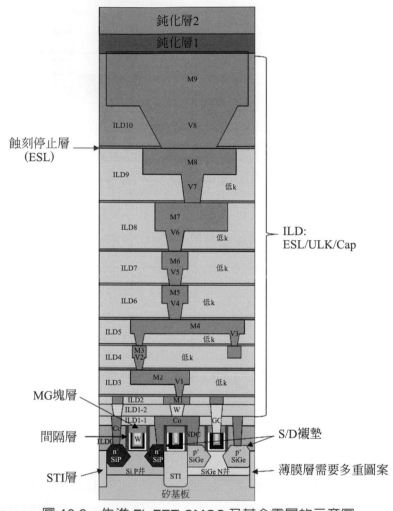

圖 10.3　先進 FinFET CMOS 及其介電層的示意圖

10.2 化學氣相沉積

　　化學氣相沉積 (Chemical Vapor Deposition, CVD) 是一個利用氣態化學源材料在晶圓表面產生化學反應，並在表面沉積一種固態物作為薄膜層。其他氣態副產物則從晶圓表面離開。

　　CVD 過程廣泛應用在半導體工業中進行各種薄膜沉積，如磊晶矽沉積、多晶矽沉積、介電質薄膜沉積和金屬薄膜沉積。

磊晶矽與多晶矽沉積是高溫 CVD 過程，在本書第五章中討論；金屬薄膜 CVD 過程將在第十一章討論。本章將詳細介電質 CVD 製程。表 10.1 列出了一些使用在 IC 製造中重要的 CVD 薄膜。

表 10.1　用於 IC 製程中的 CVD 薄膜與源材料。

	薄膜	源材料
半導體	Si(多晶)	SiH$_4$(矽烷)
		SiCl$_2$H$_2$(DCS)
	Si(磊晶矽)	SiCl$_3$H(TCS)
		SiCl$_4$(Siltet)
介電質	氧化物 (Oxide)	SiH$_4$，O$_2$
		SiH$_4$，N$_2$O
		Si(OC$_2$H$_5$)$_4$ (TEOS)，O$_2$
		TEOS
		TEOS，O$_3$(臭氧)
	氮氧化物 (Oxynitride)	SiH$_4$，N$_2$O，N$_2$，NH$_3$
		SiH$_4$，N$_2$，NH$_3$
	Si$_3$N$_4$	SiH$_4$，N$_2$，NH$_3$
		C$_8$H$_{22}$N$_2$Si(BTBAS)
	Low-k	3MS(三甲基矽烷)
		4MS(四甲基矽烷)…，和 O$_2$
	ULK	DEMS(diethoxymethylsilane) 和 C$_6$H$_{10}$O(氧化環已烯)
導體	W(鎢)	WF$_6$(六氟化鎢)，SiH$_4$，H$_2$
	WSi$_2$	WF$_6$(六氟化鎢)，SiH$_4$，H$_2$
	TiN	Ti [N(CH$_3$)$_2$]$_4$ (TDMAT)
	Ti	TiCl$_4$
	Cu	(hfac)Cu(tmvs)

🞬 10.2.1　CVD 技術說明

CVD 是一個包含以下幾個製程過程的技術：

● 氣體或氣相源材料進入反應器

● 源材料擴散穿過邊界層並接觸基板表面

- 源材料吸附在基板表面
- 吸附的源材料在基板表面上移動
- 源材料在基板表面上開始化學反應
- 固體產物在基板表面上形成晶核
- 晶核生長成島狀物
- 島狀物結合成連續的薄膜
- 其他氣體副產品從基板表面上放出
- 氣體副產品擴散過邊界層
- 氣體副產品流出反應器

　　圖 10.4 說明了這個製程過程，顯示了源材料氣體進入，擴散穿過邊界層，氣體副產品擴散穿過邊界層，以及氣體副產品流出反應器。製程的其他部分詳述於圖 10.5。

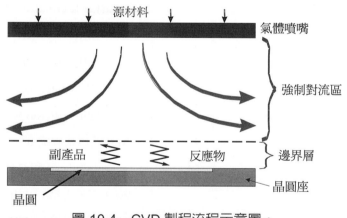

圖 10.4　CVD 製程流程示意圖。

　　從圖 10.5 可以瞭解源材料擴散到邊界層並接觸到基板表面，在基板表面上吸附並移動。源材料在基板表面移動的能力稱為表面遷移率，表面遷移率對薄膜階梯覆蓋與間隙填充非常重要，這個將在本章介紹。當源材料在晶圓表面上產生化學反應時，會形成固態材料並釋放出氣態副產品。少數先進的固態材料分子將在表面形成晶核，而進一步的化學反應則會使晶核形成島狀物。島狀物成長、結合，最後在晶圓表面形成一層連續的薄膜。

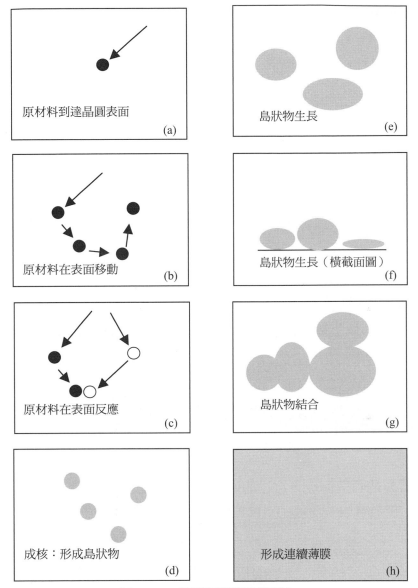

原材料到達晶圓表面 (a)

原材料在表面移動 (b)

原材料在表面反應 (c)

成核：形成島狀物 (d)

島狀物生長 (e)

島狀物生長（橫截面圖）(f)

島狀物結合 (g)

形成連續薄膜 (h)

圖 10.5　薄膜沉積製程過程。

　　圖 10.5 也說明了物理氣相沉積(PVD)過程。CVD 與 PVD 主要的差異是成核過程，CVD 在基板表面上有化學反應，而 PVD 過程卻沒有。

◉ 10.2.2　CVD 反應器的類型

　　半導體工業中常用的三種 CVD 反應器類型是 APCVD、LPCVD 和 PECVD。

APCVD

　　APCVD 代表常壓化學氣相沉積 (Atmospheric Pressure CVD)。常壓在海平面攝氏 0℃時為 760 托。圖 10.6 說明了 APCVD 系統，它包括三個區域：兩個氮氣緩衝區以及緩衝區之間的製程區。兩個緩衝區的氮氣幕可將製程過程的氣體隔離並且避免洩漏到空氣中。加熱器元件加熱晶圓載體 (盤)，進而加熱晶圓。傳送帶會不斷將晶圓運送到製程區域。源材料化學氣體將在加熱的矽晶圓表面反應，並沉積一層薄膜。晶圓可能需要以不同的晶圓方向進行多次沉積，以提高薄膜的均勻性。沉積後的晶圓將被傳送帶移走，薄膜被送到清洗製程間去除薄膜覆蓋層。傳送帶也需要不斷清潔以保持無顆粒的製程條件。APCVD 製程由溫度、製程氣體流量以及傳送帶速度等因素控制。

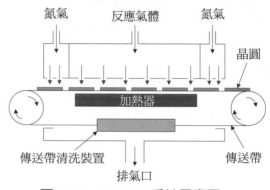

圖 10.6　APCVD 系統示意圖。

APCVD 過程已用於沉積二氧化矽與氮化矽。APCVD 臭氧 - 四乙氧基矽烷 (O_3-TEOS) 的氧化物製程廣泛被使用在半導體工業中，尤其在 STI 與 ILD0 方面。

問題

半導體製造商在海邊有自己的研發實驗室，而製造生產線處在一個高海拔平台上。研發實驗室發展的 APCVD 製程無法直接應用於生產線，為什麼？

解答

大氣壓與海拔有關。在高海拔平台上，大氣壓比在海平面低很多。早期的 APCVD 設備沒有壓力控制系統，所以研發實驗室與生產線的環境有很大差別。在研發實驗室運作很好的製程不一定能在製造工廠運行良好。

LPCVD

LPCVD 代表低壓化學氣相沉積 (Low Pressure CVD)，是在 0.1 ～ 1 托的壓力下操作。LPCVD 反應器與氧化爐類似，有三個加熱區且晶圓放在中央或平坦區操作。LPCVD 系統需要真空環境控制反應器內的壓力。LPCVD 反應器通常在表面反應控制區操作，本章後續內容將作介紹。沉積過程主要由晶圓的溫度控制，與氣體的流量無關。因此，晶圓可以在非常小的間距下垂直裝載。與 APCVD 製程比較，LPCVD 的大量晶圓裝載可改進生產率並減小晶圓的成本。圖 10.7 為 LPCVD 系統示意圖。

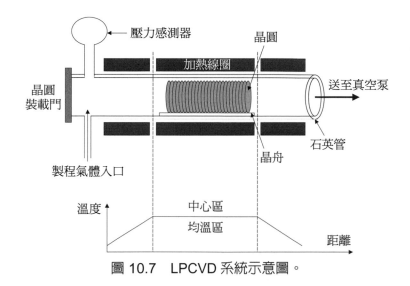

圖 10.7　LPCVD 系統示意圖。

　　LPCVD 製程已用在前端製程 (FEoL) 中，製作多晶矽和非晶矽。它們被用於在 LOCOS 製程中沉積 SiN 層作為氧化遮罩，以及在 STI 製程中作為 CMP 硬層的 SiN 層。低壓化學氣相沉積 (LPCVD) 也被用於沉積側牆間隔的 SiN 薄膜和 SiN 擴散阻擋層，以阻擋摻雜氧化物內的摻雜物原子擴散穿過薄的閘極氧化層進入工作區。

　　LPCVD 反應器通常在高於 650℃的高溫下操作。所以在第一次金屬層沉積後，LPCVD 不能用於沉積金屬層間介電質層 (IMD)。

PECVD

　　PECVD 代表電漿增強型化學氣相沉積 (Plasma enhanced CVD)，操作壓力在 1 ～ 10 托之間。由於電漿產生的自由基會增加化學反應速度，所以 PECVD 可以利用相對低的溫度達到高的沉積速率，這對 ILD 層沉積非常重要。圖 10.8 顯示了一個 PECVD 反應器。

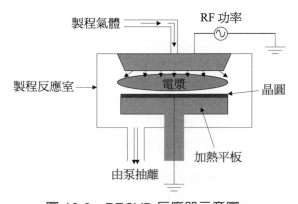

圖 10.8　PECVD 反應器示意圖。

PECVD 的另一個優點是沉積薄膜應力可以由射頻 (RF) 功率控制，對沉積速率不會造成大的影響。PECVD 製程廣泛用於氧化物、氮化物、低 k、ESL 和其他介電質薄膜沉積。

⊗ 10.2.3　CVD 基本原理

階梯覆蓋 (Step Coverage)

階梯覆蓋是當沉積薄膜在基板表面產生階梯斜率時所做的一種測量，是 CVD 製程最重要的參數。圖 10.9 顯示了深寬比 (Aspect Ratio)、側壁階梯覆蓋、底部階梯覆蓋、均致性以及懸突的定義。

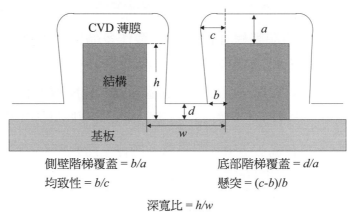

側壁階梯覆蓋 = b/a　　　　底部階梯覆蓋 = d/a
均致性 = b/c　　　　　　　懸突 = $(c-b)/b$

深寬比 = h/w

圖 10.9　階梯覆蓋與均致性。

階梯覆蓋取決於到達角度 (Arriving Angle) 與源材料的表面遷移率。到達角度如圖 10.10 所示。可以看出角 A 有最大的到達角度 270°，而角 C 的角度最小。因此，當源材料原子與分子擴散穿過邊界層時，角 A 將會有較多的源材料到達。假如源材料吸附在晶圓表面後就立即產生反應而沒有遷移，則角 A 將比角 C 有較多的沉積而且會形成懸突，如圖 10.10 所示。

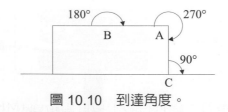

圖 10.10　到達角度。

可以透過控制蝕刻製程調整到達角度，例如，大多情況下蝕刻孔為階梯型而不是垂直型，如圖 10.11 所示。階梯型蝕刻是為了形成大的到達角度以便 W CVD 製程填充接觸孔。

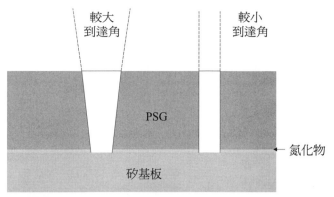

圖 10.11 階梯型與垂直型接觸孔的到達角度。

對於無孔隙間隙填充來說，懸突是非常不利的。假如形成懸突的沉積薄膜由到達角度效應與低遷移率造成，隨著薄膜厚度的增加，懸突會由於較大的到達角而生長更快。凸出物將會很快地封合間隙並對晶矽圖案化之間形成空洞 (這就是所謂的 "鎖眼" (如圖 10.12 所示)。

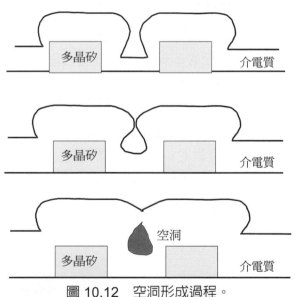

圖 10.12　空洞形成過程。

這些空洞將被氣體密封住，氣體在積體電路晶片內部的擴散透過後續製程影響良率，或在晶片操作期間引起電子系統可靠性問題。對於大多數 CVD 製程技術，空洞是不允許出現的，需要用無空洞的間隙填充確保 IC 晶片的高良率和高可靠性。

透過減少製程過程的壓力，源材料的平均自由路徑 (MFP) 將增加。當 MFP 比間隙深度 h 還要長時 (如圖 10.9 所示)，間隙內的碰撞將會非常少。因此源材料幾乎不能從間隙內部回到角 A 位置。這將有效減小到達角度並改善階梯覆蓋。這是 LPCVD 過程另一個相對於 APCVD 過程的優勢，尤其是對以矽烷爲源材料的氧化矽 CVD 製程，因爲矽烷有非常低的表面遷移率。

從圖 10.13 可以看出表面遷移率會明顯影響階梯覆蓋。當源材料吸附在表面後，如果有足夠的能量去破壞源材料分子與其表面的吸附鍵，則源材料分子就可以離開表面並沿著表面跳躍移動。假如它們沿著表面快速移動，則源材料的遷移就可以克服到達角度效應。因此，有高表面遷移率的源材料可以形成較好的階梯覆蓋和良好的均致性。

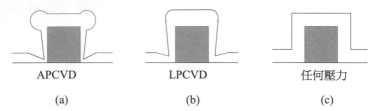

APCVD   LPCVD   任何壓力

(a)   (b)   (c)

圖 10.13　階梯覆蓋與壓力及表面遷移率的關係：(a) 高壓低遷移率；(b) 低壓低遷移率；(c) 低壓高遷移率。

表面遷移率主要由源材料的化學性質決定，這個將在本章後面討論。與晶圓溫度有關，因為熱能可以提供源材料破壞吸附鍵所需的能量，使源材料在晶圓表面遷移。增加晶圓的溫度可以改進沉積薄膜的階梯覆蓋。對於 PECVD 製程，離子在晶圓表面的轟擊可以提供能量使材料從基板表面釋放，並增加表面遷移率。因此在 PECVD 反應器中增加 RF 功率可以改進沉積薄膜的階梯覆蓋，這與增加溫度的效果類似。

間隙填充

填滿 STI 和 ILD0 之間的間隙對 CVD 製程非常重要。例如，在 CMOS 的 DRAM ILD0 沉積過程中，對閘極電極要求零空洞。這是因為 ILD0 的空洞能引起接觸栓之間的短路，從而影響良率的致命缺陷，如圖 10.14 所示。

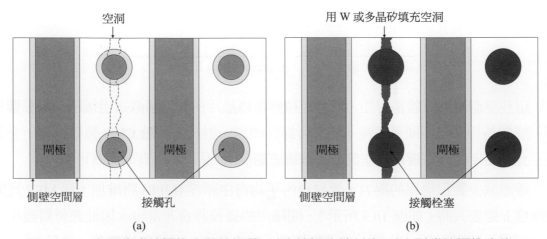

圖 10.14　空洞造成接觸栓之間的短路：(a) 接觸孔蝕刻後；(b) 形成接觸栓之後。

對於鎢 CVD 或銅沉積製程，接觸孔或接觸栓之間的空洞是不允許的，因為這將引起很高的接觸電阻，而且由於空洞的遷移也可能引起晶片可靠性問題。空洞中捕捉的製程氣體和副產品，例如 WF_6、H_2、F 以及 HF，都會擴散出來引起金屬腐蝕或元件損壞。

對於 ILD 沉積製程，金屬表面上的空洞是無法接受的。可能會為後續的製程過程引起很大麻煩，特別是 CMP 過程。然而，如果在金屬連線之間沒有接觸栓，空洞存在間隙內部，或金屬頂部的表面下時，是可以忍受的。空洞能有效減少金屬連線之間的介電常數，這樣會減少寄生電容。

問題

為什麼空洞可以降低金屬連線之間的介電常數？

解答

空洞的介電常數 (或 k 值) 非常接近 1，這個比 4.0 到 4.2 的 CVD 氧化矽，或低 k 值介電質薄膜 (ULK) 介電常數低很多，所以有空洞間隙填充的有效介電常數比無空洞間隙填充有效介電常數低，具有最低的 k 值。

當沉積薄膜有懸突時，如果薄膜繼續生長就會造成空洞。處理這個問題有不同的方法，一是使用氬離子濺鍍蝕刻將晶片的懸突削除並將間隙開口變大，以增加到達角度，所以後續的沉積製程可以做到無空洞的間隙填充。這個方法稱為沉積 / 蝕刻 / 沉積 (Dep/Etch/Dep, Deposition/Etch-back/Deposition 的縮寫)，圖 10.15 說明了這種過程。

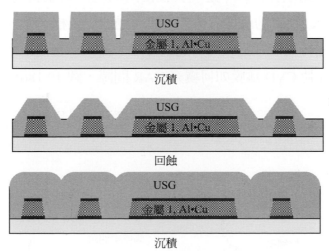

圖 10.15 沉積 / 蝕刻 / 沉積填充空洞製程流程。

假如 CVD 源材料有很高的表面遷移率，則 CVD 薄膜將有很好的階梯覆蓋與均致性，如圖 10.13(c) 所示。薄膜也可以生長並能無空洞地填充間隙，如圖 10.16 所示。臭氧 - 四乙氧基矽烷氧化物 CVD 與鎢 CVD 製程均屬於這種情況。

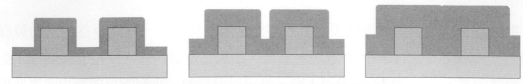

圖 10.16　均致的沉積薄膜與間隙填充。

高密度電漿 (HDP) CVD 製程中，沉積與濺鍍蝕刻同時進行。由低壓 (數毫托) 以及高電漿密度產生的重離子轟擊，能不斷削除懸突沉積保持間隙傾斜打開，這樣可以允許較大的到達角度和由底部生長的沉積方式。圖 10.17 顯示了高密度電漿 CVD 製程的間隙填充。

圖 10.17　使用高密度電漿化學氣相沉積進行間隙填充

隨著技術節點的縮小，前端製程 (FEoL) 中，例如鰭間的間隙和虛擬閘極間的間隙，其深寬比正在增加。為了填充 FinFET STI 的高深寬比 (HAR) 間隙，已經開發了可流動 CVD 或流動填充製程。這些製程使用氣化的前驅物在晶圓表面沉積液態薄膜，將薄膜流動入 HAR 的沉積溝槽中，並通過退火製程 (例如熱退火或紫外線退火) 使薄膜變得致密，有時在退火之前還進行離子注入來預處理薄膜。圖 10.18(a) 到 10.18(d) 說明了可流動 CVD 薄膜如何填充 HAR 間隙，圖 10.18(d) 顯示了薄膜在退火和致密化後的狀態。

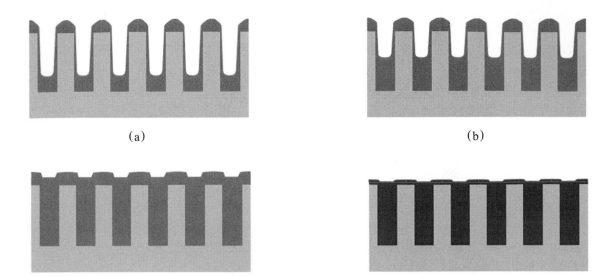

（a）　　　　　　　　　　　　　　　　　（b）

（c）　　　　　　　　　　　　　　　　　（d）

圖 10.18　可流動 CVD 製程序列的示意圖：(a) 開始沉積；(b) 可流動薄膜填滿間隙前；
　　　　　(c) 可流動薄膜填滿間隙後；(d) 薄膜退火和致密化。

表面吸附

當源材料擴散穿過邊界層到達基板表面時，將被表面吸附。吸附有兩種：化學吸附和物理吸附，如圖 10.19 所示。

化學吸附

化學吸附 (Chemisorption) 是 Chemical Adsorption 的縮寫。在這個情況下，基板表面的原子會與吸附的源材料分子內的原子形成化學鍵。化學吸附的原子或分子被吸附到表面，鍵能超過 2eV(圖 10.18)。由於化學鍵很強，所以化學吸附有非常低的表面遷移率。

對於大多數介電質 CVD 過程，特別是 ILD 和 PD 製程，沉積溫度不能超過攝氏 450 度，這是因為存在互連金屬導線。即使對於銅連線，ILD 沉積溫度也不能高於 400°C。而在 400°C（約 0.06 eV）時，熱量本身並不能提供足夠的能量使化學吸附的源材料從化學鍵中釋放而離開基板表面。在 PECVD 製程中，離子轟擊可以提供足夠的能量 10 ～ 20 eV 破壞化學鍵，將源材料由基板表面釋放，並形成表面遷移。

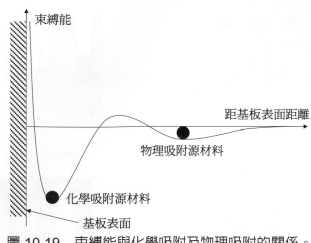

圖 10.19　束縛能與化學吸附及物理吸附的關係。

物理吸附

　　物理吸附 (Physisorption) 為 Physical Adsorption 的縮寫。物理吸附的分子被束縛在基板表面，但強度比化學吸附弱。物理吸附中每個分子所涉及的能量低於 0.5 eV。物理吸附中的自然力從遠端範德瓦爾力到電偶極力，其中所謂的氫鍵是一種特殊情況。

　　400℃的加熱和離子轟擊都能提供足夠的能量，造成大量被物理吸附的源材料從表面釋放而離開基板表面。物理吸附的源材料比化學吸附的分子具有較高的表面遷移率。

介電質 CVD 源材料與吸附作用

　　介電質 CVD 中生長矽最常用的氣體是矽烷 (SiH_4) 與 TEOS(四乙氧基矽烷，$Si(OC_2H_5)_4$)。對於低 k 值介電質層，3MS(三甲基矽烷或 $(CH3)_3SiH$)) 是最常使用的源材料；對於超低 k 值介電質材料，DEMS(C_5H1_4Si) 和 CHO(氧化環乙烯或 $C_6H_{10}O$) 可作為源材料。

　　介電質薄膜沉積中，矽烷 (SiH_4) 是最常用於作為矽 CVD 的來源氣體。矽烷 PECVD 的主要應用是鈍化沉積。它也被用於進行 ILD0 SiN 阻擋氮化矽層與介電質抗反射層鍍膜的沉積，也用於高密度電漿 CVD 氧化物製程。矽烷廣泛用於 LPCVD 多晶矽與磊晶矽沉積技術，使用 WCVD 製程進行 W 成核步驟，以及鍺化鎢 (WSi_2) 沉積。

　　矽烷是易燃、易爆的有毒氣體。假如打開了沒有徹底吹除淨化的矽烷氣體管路，氧和水氣將會與氣體管路內的殘餘矽烷產生反應，這將引起火災或爆炸，並形成微細的二氧化矽微粒使氣體管路佈滿灰塵，更換佈滿灰塵的矽烷生產線可能會增加製程停機時間和生產成本。

　　因為矽烷分子是一個完全對稱的四面體 (圖 10.20)，所以不會對基板表面形成化學吸附或物理吸附。然而，矽烷的化學活性很高，因此可以透過加熱或電漿分解。高溫分解或電漿分解形成的分子碎片 SiH_3、SiH_2 或 SiH，都是化學活性很高的自由基，並很容易與基板表面的原子產生化學吸附並形成化學鍵。以矽烷為主的源材料具有低的表面遷移率，所以以矽烷為主的介電質 CVD 薄膜通常在階梯角落產生懸突，而且通常具有很差的階梯覆蓋，尤其在 APCVD 製程中。

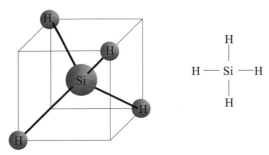

圖 10.20　矽烷分子結構。

　　四乙氧基矽烷 (TEOS) 是一個大的有機分子，四面體的每個角都有一個乙基群 (OC_2H_5) 鍵接在矽原子上，圖 10.21(a) 說明了 TEOS 分子結構。不同於矽烷分子，由於乙基群大尺寸，TEOS 分子不完整對稱。TEOS 可以與表面原子形成氫鍵並物理吸附於基板表面。因此 TEOS 材料有高的表面遷移率，而且 TEOS CVD 薄膜通常具有好的階梯覆蓋與均致性。TEOS 廣泛用於氧化物沉積，應用包括 STI、側壁空間層和 ILD。有些工廠甚至使用電漿增強 - 四乙氧基矽烷 (PE-TEOS) 薄膜作為鈍化氧化層。對於使用 Al-Cu 連線的 IC 生產線，大部分的介電質 CVD 都是以 TEOS 為基礎的氧化物技術。對於銅低 k 連線技術，PE-TEOS 薄膜通常用於低 k 或多孔低 k 值介電質層的覆蓋層。由於 PE-TEOS 薄膜廣泛用於 IC 生產中，所以經常被簡稱為 TEOS。

　　TEOS 在室溫時是液體，在海平面的沸點為 168℃。若以水做參考，水 (H_2O) 在海平面的沸點是 100℃。TEOS 的蒸氣壓如圖 10.21(b) 所示。

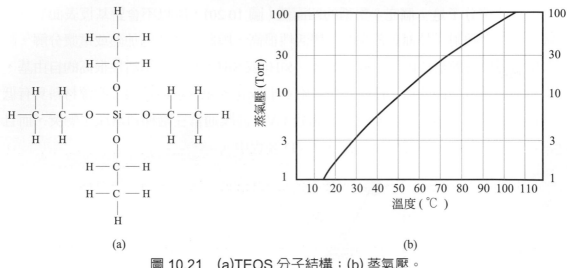

(a)   (b)

圖 10.21　(a)TEOS 分子結構；(b) 蒸氣壓。

當 CVD 製程中使用 TEOS 或任何液態化學品時，必須用特殊的輸送系統將其氣化並將蒸氣輸送進反應器中，圖 10.22 顯示了三種系統：(a) 熱沸式，(b) 氣泡式，以及 (c) 注入式系統。

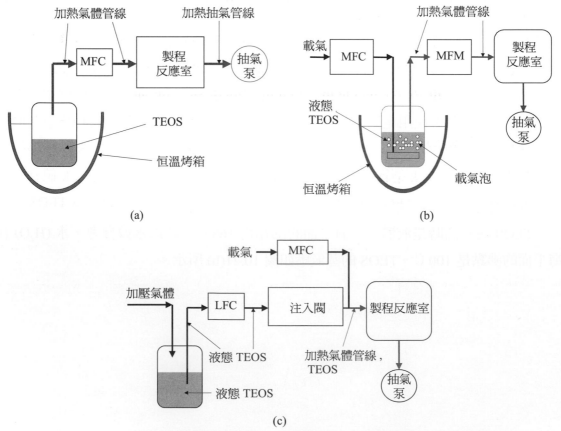

圖 10.22　TEOS 的三種輸送系統：(a) 熱沸式；(b) 氣泡式；(c) 注入式。

這三種蒸氣輸送系統都應用在 IC 製程的液態化學蒸氣輸送上。對於 TEOS，由於注入式系統可以精確且獨立控制 TEOS 流量，所以越來越受關注。

問題

為什麼人們不使用 TEOS 作為氮化矽沉積的矽來源氣體以獲得好的階梯覆蓋？

解答

TEOS 分子中，矽原子已經和四個氧原子鍵結合，要將所有的氧原子去除而使得矽只與氮鍵結合幾乎不可能。所以，TEOS 主要用於氧化物沉積，氮化物沉積一般使用矽烷作為矽來源氣體。

3MS 是低 k 介電薄膜沉積的通常矽源材料。DEMS 和 CHO(氧化環己烯或 $C_6H_{10}O$) 用於為 ILD 沉積多孔 ULK 介電質層。圖 10.23(a) 顯示一個 3MS 分子結構；圖 10.23(b) 為 DEMS 分子結構；圖 10.23(c) 給出了 CHO 分子結構示意圖。

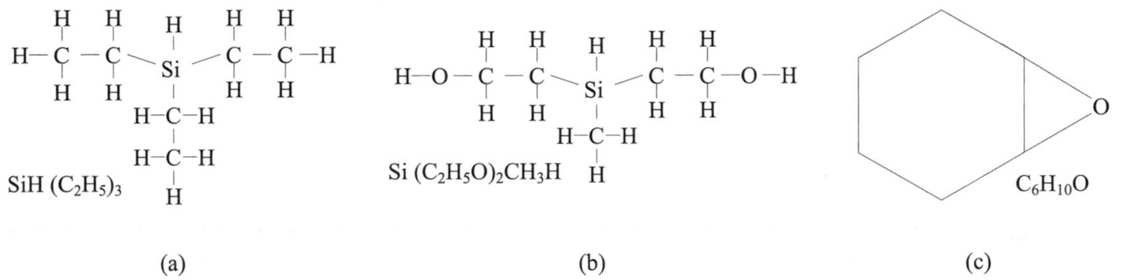

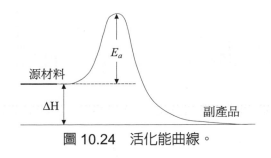

圖 10.23　分子結構：(a)3MS；(b)DEMS；(c)CHO。

✪ 10.2.4　CVD 動力學

化學反應速率 (Chemical Reaction Rate, C.R.)

化學反應速率的公式為：

$$C.R. = A\exp(-E_a / kT) \tag{10.2}$$

其中 A 是常數，E_a 是活化能，如圖 10.24 所示，k 是波茲曼常數，T 是基板溫度。活化能 E_a 越低，化學反應就越容易。

圖 10.24　活化能曲線。

對於化學反應，活化能高於室溫熱能，外部的能量源為熱能、RF 功率或紫外線輻射，這些都是源材料用來克服活化能達到化學反應所需的能量。因為化學反應速率與溫度成指數關係，所以對溫度改變非常敏感。改變溫度可以很大程度改變化學反應速率。對於 CVD 製程，沉積速率 (D.R.) 與化學反應速率 (C.R.)、邊界層內的源材料擴散速率 (D) 以及基板表面的吸附率 (A.R.) 都有關。

從圖 10.25 可以看出，當溫度改變時沉積速率分三個區間。較低溫度時，化學反應速率低，而且沉積速率對溫度非常敏感，稱為表面反應控制區。較高溫度時，沉積對溫度不太敏感，為質量傳輸控制區。當溫度進一步增加時，由於氣相成核沉積率快速下降，屬於非常不理想的沉積區，因為化學原料將在空中反應，並產生大量的微粒進而污染晶圓與反應器。氣相成核或均質成核區用於形成奈米顆粒，但必須避免在所有積體電路薄膜沉積 CVD 製程中發生。對於以矽烷為基礎的 PECVD 過程，如果壓力太高 (高於 10 托)，它的反應機制就可能會進入氣相成核區並產生微粒污染問題。

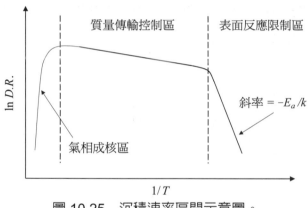

圖 10.25　沉積速率區間示意圖。

表面反應控制區

在表面反應控制區，化學反應速率無法與源材料的擴散以及吸附速率配合；源材料將積累在基板表面等待反應。這種情形下，沉積速率主要由基板表面的化學反應速率決定。

$$D.R. = C.R. \ [B] \ [C] \ [\ ] \ \cdots$$

其中 C.R. 是化學反應速率，[B]、[C] ⋯ 等是吸附源材料的濃度。

在表面反應控制區，沉積速率對溫度非常敏感，因為它主要取決於化學反應速率。

質量傳輸控制區

當表面化學反應速率很高時，化學源材料吸附於基板表面就立即產生反應。這種情況下，沉積速率不再取決於表面反應速率，而取決於化學源材料可以擴散穿過邊界層以及吸附在表面上的快慢程度。

$$沉積速率 = D \, dn/dx \, [B] \, [C] \, [\ ] \cdots$$

其中 D 為源材料在邊界層的擴散速率，dn/dx 是源材料濃度在邊界層的梯度，而 $[B]$、$[C]\cdots$ 等是基板表面的源材料濃度，由源材料的吸附速率決定。在質量傳輸控制區，沉積速率對溫度不敏感，而且沉積主要由氣體的流量控制。

CVD 反應器沉積區

在表面反應控制區，源材料在基板表面上等待反應，而沉積速率取決於化學反應速率，對溫度很敏感。在質量傳輸控制區，表面的化學反應速率較高，使得表面等待化學源材料可以擴散穿過邊層並吸附在表面上。沉積不是依靠化學反應速率而取決於源材料的擴散速率以及化學吸附速率。

大部分單晶圓反應都設計在質量傳輸控制區，因為控制氣體的流量比控制晶圓溫度容易。電漿製程通常用於產生化學自由基，這樣可以快速增加化學反應速率，並使製程過程在低溫時就達到質量傳輸控制區。也可以使用不穩定的化學反應物如臭氧，以在較低溫時達到高速化學反應速率，並使製程過程對溫度不太敏感。

10.3 介電質薄膜的應用於 CMOS IC

半導體工業通常使用的介電質薄膜是以矽基化合物，如氧化矽、氮化矽及氮氧矽化合物。

氧化矽與氮化矽都是良好的介電質絕緣材料，有非常高的介電強度 (崩潰電壓)。CVD 氧化物與氮化物的介電常數高於表 10.2 中的化學計量值。氧化矽比氮化矽的介電常數低，因此在連線應用中，使用氧化矽會產生較小的寄生電容及較短的 RC 時間延滯，這就是為什麼沒有人在深層絕緣層中使用氮化矽的主要原因。薄的氮化矽已經被用作 ILD 的蝕刻停止層 (SEL)。因為氮化物比氧化物更能阻擋水氣與可移動離子的擴散，所以通常作為最後鈍化層。氮氧矽化物具有氧化矽與氮化矽兩者之間的特性，是需要製作紫外線透明鈍化層 (例如 EPROM) 的常用材料。對於奈米節點技術，低 k 介電質，如 PECVD 成長有機矽玻璃 (OSG) 或 SiCOH 通常被用作 ILD 的材料。為了

進一步降低 *RC* 延遲，ULK 介電質，主要是多孔 SiCOH 被開發並應用於 ILD，具有最低介電常數的氣隙 (Air-gap) 也已被應用於一些 IC 產品中。

表 10.2　氧化矽與氮化矽特性。

氧化矽 (SiO₂)	氮化矽 (Si₃N₄)
高介電強度，$> 1 \times 10^7$ V/cm	高介電強度，$> 1 \times 10^7$ V/cm
較低的介電強度，$\kappa = 3.9$	較高的介電強度，$\kappa = 7.0$
對水和可移動離子阻擋能力不強 (Na⁺)	對水和可移動離子阻擋能力強 (Na⁺)
對紫外線透明	一般 PECVD 氮化矽對紫外線不透明
能摻雜 P 和 B	--

⊗ 10.3.1　淺溝槽絕緣 (STI)

當積體電路的元件尺寸縮小到次微米時，淺溝槽絕緣 (STI) 技術逐漸取代 LOCOS 成為相鄰電晶體的絕緣技術。未摻雜的矽玻璃 (USG) 使用於 STI 溝槽的填充。PE-TEOS、O3-TEOS、高密度電漿 CVD(HDP-CVD) 氧化物以及自旋介電質層被使用，使用取決於溝槽尺寸。圖 10.26 說明 STI(淺溝槽絕緣) 形成的過程。首先對晶圓進行清潔，並生長填充氧化層，接著進行 LPCVD SiN 沉積，圖 10.26(a) 所示。經過 AA 遮罩和圖案形成後，會蝕刻 SiN 硬遮罩和填充氧化層，再進行光阻去除和清洗，然後進行矽溝槽蝕刻，如圖 10.26(b) 所示。經過晶圓清潔和氧化處理，CVD 氧化層填滿矽溝槽且無空洞，如圖 10.26(c) 所示。高溫退火使 STI 氧化物緻密，並在 SiN 硬遮罩上停止氧化層的化學機械研磨 (CMP)，如圖 10.26(d) 所示。在去除 SiN 和填充氧化層後，STI 製程即完成，見圖 10.26(e) 所示。

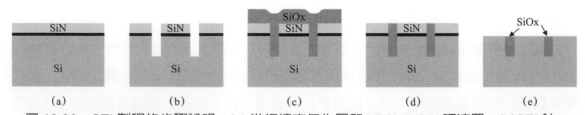

圖 10.26　STI 製程的步驟說明：(a) 進行填充氧化層和 LPCVD SiN 硬遮罩；(b)STI 蝕刻 SiN、填充氧化層和矽晶圓清潔；(c)STI 氧化和填充氧化層；(d) 氧化層退火和化學機械研磨；(e) 去除 SiN 和填充氧化層。

STI 應用中，介電質 CVD 薄膜必須是無空洞的間隙填充和微收縮的緻密薄膜。較高沉積溫度通常可以達到較好的階梯覆蓋與高的薄膜品質。

◉ 10.3.2　側壁空間層 (Sidewall Spacer)

當閘極尺寸小於 2 微米時，大部分以 MOSFET 電晶體為主的 IC 晶片應用於側壁空間層。側壁空間層主要用於形成低摻雜汲極 (LDD) 或源極 / 汲極擴展 (SDE) 以抑制熱載子效應。也可以為源極 / 汲極中的摻雜物原子提供擴散緩衝區。在自對準金屬矽化物製程中，側壁層可以避免源極 / 汲極與閘極之間的短路。在 PMOS 源極 / 汲極的 SiGe 和 NMOS 源極 / 汲極的 SiC 選擇性磊晶 (SEG) 製程中，也需要側壁空間層。如果側壁空間層有空隙，SEG 薄膜將生長在多晶矽閘極上。圖 10.27 顯示了側壁空間層的製程流程。

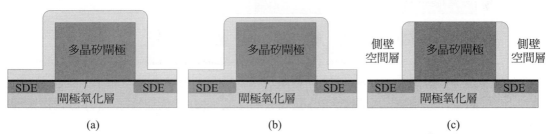

圖 10.27　側壁空間層的製程形成過程：(a) 介電質薄膜沉積；(b) 蝕刻介電質層；(c) 形成側壁空間層。

側壁可以利用 CVD 氮化物和熱生長氧化物作為蝕刻終點。它也可以使用 CVD 氮化物基板作為蝕刻終點回蝕 TEOS-CVD 氧化膜。在一些元件中，需要三層側壁空間層。有些 IC 製造廠使用氣體間隔層，這在兩個介電層之間形成氣體間隙，以降低介電常數。

側壁空間層也常用於自對準多重成像製程，例如 SALELE、SADP 和 SAQP，這些製程在第六章已描述過。良好的側壁層介電質薄膜取決於良好的均致性薄膜沉積，以及回蝕期間對多晶矽的高選擇性。側壁介電質沉積溫度受熱積存限制，主要由元件的設計決定。

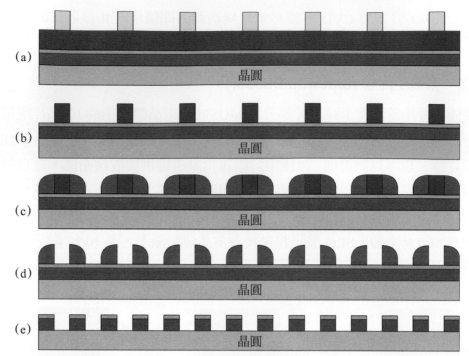

圖 10.28 SADP 製程的示意圖：(a) 硬遮罩和模板層的沉積及光阻圖案化；(b) 模板層
蝕刻、光阻去除和清潔；(c) 空間層的形成；(d) 模板層移除；(e) 最終圖案蝕
刻和空間層的去除。

在 IC 產品中，可能會在閘極層看到一個側壁空間層。然而，在 SAQP 和 SADP
中可能會存在許多側壁空間層，但這些在最終產品中不會顯示出來。圖 10.28(a)～(e)
說明一個 SADP 過程，該過程通過在模板層圖案的側壁上添加間隔層，使光阻層的
圖案密度加倍。

◉ 10.3.3　金屬沉積前的介電層 (PMD 或稱 ILD0)

當電晶體在晶圓表面形成後，ILD0 是第一個在晶圓表面沉積的介電質層。對
ILD0 的要求是低介電常數、能阻擋可移動離子、無空洞間隙填充，以及表面平坦化。
ILD0 製程以及加熱回流的溫度都由元件的熱積存決定，互連金屬化後 ILDx (x>0) 通
常高於 400℃。

ILD0 曾用於 PSG 或 BPSG。使用磷摻雜氧化矽有兩個重要原因：可捕捉移動的
鈉離子及減少矽玻璃的加熱回流溫度。隨著特徵尺寸的縮小，再結晶的熱預算不足，
並且不再需要摻雜的矽玻璃，因而開始使用 USG。

　　鈉位於元素週期表中的 IA 欄，最外殼層只有一個電子，因此鈉很容易失去電子變成離子。鈉離子非常小而且可移動，如果鈉離子在 MOSFET 電晶體的閘極氧化層中積累時，可以改變 MOSFET 的臨界電壓而使得元件開啓和關閉無法控制。微量的鈉將嚴重損害 MOSFET 並導致電路失效。所以控制可移動離子的污染非常重要。由於鈉離子無所不在而且很難完全消除，所以在 MOSFET 閘極正上方形成鈉阻擋層很必要。PSG 與 BPSG 一般被使用是因爲它們可以捕捉鈉離子，並防止鈉離子擴散進入閘極毀壞元件。

問題

氮化矽比氧化矽能更好地作爲鈉阻擋層，然而爲什麼不使用氮化矽作爲 ILD0 層？

解答

因爲氮化矽比氧化矽有更高的介電常數，使用氮化矽作爲連線間的介電質會形成大的 RC 時間延遲進而影響電路的速度。

　　當未摻雜的矽玻璃 (USG) 加熱到 1500℃ 以上時，就將軟化並開始熱流動。矽的熔點爲 1414℃，所以 USG 開始加熱回流之前晶圓就會熔化。從玻璃工業的經驗中可以知道磷摻雜的矽玻璃 PSG 可以在相當低溫度下流動。剛沉積的矽玻璃表面佈滿很多凸起和凹陷而粗糙，這樣會在微影技術中（由於景深）造成解析度問題，並爲下一步金屬沉積帶來嚴重的階梯覆蓋。高溫時玻璃會變軟及黏稠。受表面張力的影響，最後玻璃具有較平滑的表面。

　　如果磷濃度太高（高於 7wt%），PSG 表面就會成爲高吸水性的表面。P_2O_5 會與濕氣 (H_2O) 反應在 PSG 表面形成磷酸 (H_3PO_4)，磷酸會蝕刻鋁並導致鋁的腐蝕。微影技術中，因爲光阻無法黏附在高吸水性的表面，所以會在接觸窗孔的光阻遮蔽層形成中引起光阻附著問題。

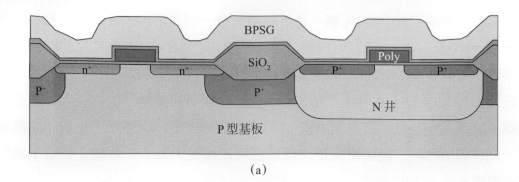

(a)

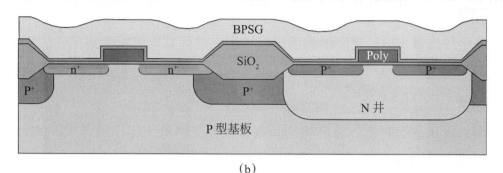

(b)

圖 10.29 ILDO 過程示意圖：(a) 沉積後；(b) 重熔後。

　　當元件尺寸縮小時，熱積存的限制需要降低再流動溫度。硼與磷用來摻雜矽玻璃可進一步降低再流動溫度，這樣能減少其中的磷摻雜。BPSG 可以在 850℃流動，BPSG 廣泛使用在特徵尺寸從 0.25 微米到 2 微米的 IC 晶片中。如果 BPSG 中的硼濃度太高，B_2O_3 可能會與濕氣 (H_2O) 產生反應並在 BPSG 表面形成硼酸 (H_3BO_3) 晶體，這會導致微粒污染等元件缺陷。摻雜物濃度的上限約為 5wt% 的硼和 5wt% 的磷，通常被稱為 5×5 BPSG。圖 10.29(a) 和 10.29(b) 分別說明了採用 BPSG 沉積、填充間隙和熔融平坦化的 ILD0 過程。

　　當特徵尺寸繼續縮小時，加熱再流動無法滿足深奈米微影技術的平坦化要求，而且也可能不會再有更多的熱積存空間供加熱再流動使用。化學機械研磨 (CMP) 製程開始以 ILD0 平坦化取代再流動過程。因為再流動不再需要，薄膜中就不需要硼，因此 PSG 或 USD 應用於 ILD0。HKMG FinFET 的 ILD0 過程如圖 10.30 所示。圖 10.30(a) 顯示了沉積過程中的 ILD0，圖 10.30(b) 為 ILD0 的 CMP 暴露虛擬多晶矽閘極。表 10.3 說明了 ILD0 沉積與平坦化製程的發展。

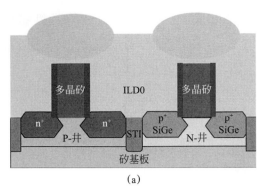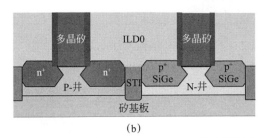

圖 10.30　HKMG FinFET 的 ILD0 過程示意圖：(a)ILD0 沉積；(b)ILD0 CMP 以暴露虛擬多晶矽閘極

表 10.3　ILD0 製程的發展。

尺寸	PMD	平坦化	再流動溫度
> 2μm	PSG	再流動	1100℃
2 - 0.35μm	BPSG	再流動	850 - 900℃
0.25μm	BPSG	再流動＋CMP	750℃
小於180 nm	PSG或USG	CMP	-

⊗ 10.3.4　金屬層間介電層 (ILD1 及其之上各層)

　　對於具有多金屬層的 IC 晶片，一半或一半以上的介電質薄膜都是 ILD 製程。ILD 通常使用 USG、低 k 或 ULK 介電質層，這與半導體製程技術節點有關。不同的製程可以用來作為間隙填充與平坦化，這取決於間隙的尺寸與製造商。採用鋁－銅互連的 ILD 要求低介電常數、無空洞的間隙填充以及表面平坦。由於金屬連線的存在，ILD 沉積的溫度通常大約為 400℃。

　　當金屬線的間距大於 0.6 微米時，沉積 / 濺鍍回蝕刻 / 沉積被廣泛用於間隙填充。大部分情況下，以 PE-TEOS 為基礎的氧化物沉積與氬濺鍍蝕刻都被使用在這個製程中。

　　旋轉塗佈玻璃(SOG)包括 PECVD 的底層沉積、液態氧化矽旋轉塗佈、SOG 固化、SOG 回蝕以及 PECVD 覆蓋層沉積。因為固化溫度受金屬連線熔點溫度限制而不能超過 450℃，所以 SOG 薄膜的品質不好，需要透過蝕刻儘可能從晶圓表面去除，只將 SOG 留在間隙中作為間隙填充與平坦化。類似於 SOG 的旋轉塗佈介電質層 (SOD) 製程也被廣泛開發，以與 CVD 介電質薄膜競爭，並應用於低 k 介電常數 ILD。由於可靠性問題，SOD 失去了競爭力。

以臭氧 - 四乙氧基矽烷爲基礎的製程可以沉積間隙填充能力很好的均致性氧化物薄膜。可用在填充大於 0.35 微米與深寬比大於 2：1 的間隙。因爲臭氧 - 四乙氧基矽烷的氧化物薄膜質量很差而且存在拉伸應力，所以需要 PECVD 阻擋層和 PECVD 覆蓋層，這與 SOG 過程類似。這個不需要回蝕，而且這三層薄膜可以在同一個製程中用相同的反應室沉積。

當元件尺寸繼續縮小時，金屬的間隙變得非常小，而且深寬比增加。小於 0.25 微米、高深寬比大於 3：1 的 狹窄無空洞填充變成介電質薄膜沉積的一大挑戰。透過在相同的反應室同時進行沉積 / 蝕刻 / 沉積，高密度電漿 CVD (HDP CVD) 可以填充寬 0.20 微米及深寬比爲 4：1 的間隙而不產生空洞。

因爲 HDP CVD 同時進行薄膜沉積和濺鍍蝕刻，所以淨沉積速率不高。因此主要用在間隙填充，而一個較高沉積率的 PECVD 薄膜用於覆蓋作用。CMP 製程用來平坦化 PECVD 覆蓋層以滿足微影技術的平坦化要求，表 10.4(a) 爲彙整用於鋁－銅互連的介電層。

表 10.4(a)　與鋁－銅互連的介電層

介電層	矽前驅物	沉積	填充間隙	平整化	說明
氧化層	矽烷	PECVD	回蝕	回蝕	沉積與回蝕
氧化層	矽烷	PECVD	SOG	SOG 回蝕和 PECVD 覆蓋層	內襯層 /SOG/ 回蝕 / 覆蓋層
氧化層	TEOS	PECVD	回蝕	PE-TEOS 及回蝕	沉積 / 蝕刻 / 沉積
氧化層	TEOS	單層 CVD	單層 CVD	PE-TEOS 蓋層	內襯層 /O3-TEEO/ 覆蓋層
氧化層	矽烷	HDP-CVD	HDP-CVD	PE-TEOS 蓋層及 CMP	HDP-CVD 填孔 / PECVD 蓋層 /CMP

在 250nm 製程中引入銅互連後，金屬圖案之間不再需要填充間隙。所有介電層都在平坦的表面上沉積，因此也不存在平坦化的問題。對介電層的需求變得更簡單，要求高沉積速率並具有良好的均勻性，以及穩定的低介電常數特性，包括介電常數、熱導率、介電強度和機械強度。表 10.4(b) 爲彙整用於與銅互連的介電層。

表 10.4(b)　與銅互連的介電層

介電層	矽前驅物	沉積	ESL	上蓋層	說明
USG	TEOS	PECVD	SiN		250nm to 180nm
FSG	TEOS	PECVD	SiN	USG	180nm to 130nm
OSG	3MS	PECVD	SiCN	USG	<=90nm
ULK	3MS + Porigen	PECVD	AION	OSG	< =45 nm

⊛ 10.3.5　鈍化介電質層 (Passivation Dielectric, PD)

　　PECVD 氮化矽必須使用低溫生長 (約 400℃) 且具有高介電強度及高機械強度的良好阻擋層。PECVD 氮化矽能夠滿足全部的要求並使用在鈍化層中。由於 PD 是晶片的最後一層，所以氮化矽的高介電常數並不會影響元件的工作速度。

　　由於應力的不匹配使得氮化矽無法附著在鋁線上，因此在氮化物之前首先沉積一層氧化物以緩衝應力並促進氮化矽的附著力。原位 PECVD 矽烷氧化物和氮化物製程通常作為 PD 沉積。

🔵10.4 介電質薄膜特性

　　本章節將討論的薄膜特性包括：折射率、厚度、應力以及對這些特性的測量技術。

⊛ 10.4.1　折射率 (Refractive Index)

　　折射率的定義為：

$$折射率 \ n = \frac{真空下的光速}{薄膜中的光速} \tag{10.3}$$

　　對於 SiO_2，$n = 1.46$；而對於 Si_3N_4，$n = 2.01$。折射率與測量所用的光波長有關。本章所提到的折射率是在波長為 633nm 測量的，它是 He-Ne 雷射器發射的紅光波長。He-Ne 雷射器常作為紅色雷射投影筆。稜鏡會將白光分為彩色光，這是因為稜鏡材料的折射率是光波長的函數。當光進入稜鏡並從稜鏡發射出時，不同波長的光有不同的折射角形成彩色光譜。

　　折射率與折射角的說明如圖 10.31 所示，可以表示成折射公式：

$$n_1 \sin \theta_1 = n_2 \sin \theta_2$$

其中 n_1 是第一個介電質材料的折射率，通常為空氣且折射率接近 1。入射角為 θ_1，n_2 是第二個介電質材料的折射率，θ_2 是折射角度。透過發射雷射到薄膜材料並測量折射角，上式可以用於測量薄膜的折射率。然而當薄膜太薄時，不能用這個公式測量介電質薄膜的折射率。

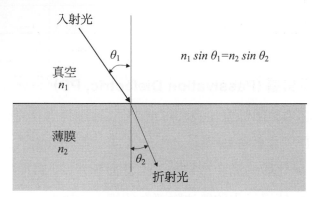

圖 10.31 折射率與折射角。

對於矽化合物介電質薄膜，折射率測量可以提供一些有關薄膜化學組成以及薄膜物理特性的資訊。對於含矽或含氮較高的氧化物，折射率會比 SiO_2 的折射率 1.46 還高，但是當含氧較高時將會比 1.46 這個值低。對於氮化物，含矽較高的薄膜將有高於 2.01 的折射率，而含氧或含氮較高的薄膜折射率比較低，如圖 10.32 所示。

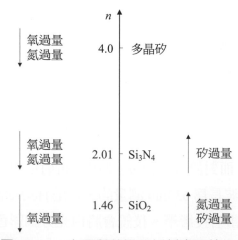

圖 10.32 介電質薄膜的折射率及特性。

　　測量介電質薄膜厚度時，一般同時考慮折射率與薄膜厚度。因此，在測量厚度之前有必要先知道折射率。

　　半導體製造廠中，常用橢圓光譜儀測量折射率和薄膜厚度。

橢圓光譜儀 (Ellipsometry)

　　橢圓光譜儀是測量透明薄膜最常用的方法。在 IC 製造中使用的大多數介電薄膜都是透明的，晶圓廠通常使用橢圓光譜儀來測量其厚度和厚度均勻性。當光束從薄膜表面反射後，偏極化狀態將會改變，如圖 10.33 所示。透過監測這個改變，可以獲得有關介電質薄膜折射率與厚度的資訊。光束的分量 p 和 s 反射時產生的偏極化改變數已確定。"橢圓光譜儀的公式"為：

$$\rho = \frac{r_p}{r_s} = \tan\psi\, e^{I\Delta}$$

　　其中 ρ 是複合振幅反射比率，而 r_p 與 r_s 是菲涅爾 (Fresnel) 反射係數。厚度與折射率可以從參數 Ψ 和 Δ 計算出。必須先知道薄膜厚度近似值，因為橢圓光譜儀測量的是厚度週期性函數。如果已知它的折射率，橢圓光譜儀也可以測量介電質薄膜厚度。

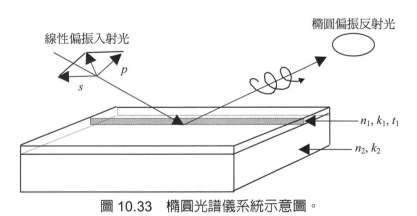

圖 10.33　橢圓光譜儀系統示意圖。

10.4.2 薄膜厚度

厚度測量是介電質薄膜製程中最重要的量測技術之一,薄膜沉積率、濕式蝕刻速率及薄膜收縮都要透過薄膜厚度測量。

色彩對照表 (Color Chart)

介電質薄膜沉積後,晶圓表面上將有不同的顏色,這種顏色根據薄膜厚度、折射率及光線的角度而改變。

從介電質薄膜表面的反射光(光束1)以及從介電質薄膜與基板表面的反射光(光束2)有相同的頻率和不同的相位,如圖 10.34 所示。兩個反射光之間有干涉現象,並在不同波長時造成建設性的干涉和破壞性的干涉,因為折射率是波長的函數。表 10.5 是不同二氧化矽層厚度的顏色對照表。

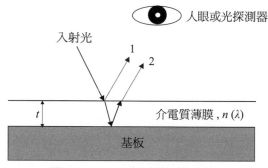

圖 10.34　反射光與相位差。

表 10.5　二氧化矽的顏色對照表。

厚度 (Å)	顏色	厚度 (µm)	顏色
500	黃褐色	1.0	康乃馨粉紅色
700	褐色	1.02	紫紅色
1000	深紫色到紅紫色	1.05	紅紫色
1200	藍寶石色	1.06	紫色
1500	淺藍色到鐵藍色	1.07	藍紫色
1700	淺黃綠色	1.10	綠色
2000	淡金色或黃淺鐵色	1.11	黃綠色
2200	金色帶有淺黃橙色	1.12	綠色
2500	橘色到瓜綠色	1.18	紫色
2700	紅紫色	1.19	紅紫色
3000	藍色到淺藍色	1.21	紫紅色
3100	藍色	1.24	康乃馨粉紅到橙紅色
3200	藍色到藍綠色	1.25	橘色
3400	淺綠色	1.28	微黃色
3500	綠色到黃綠色	1.32	天藍色到綠藍色
3600	黃綠色	1.40	橘色
3700	綠黃色	1.45	紫色
3900	黃色	1.46	藍紫色
4100	淺橘色	1.50	藍色
4200	康乃馨粉紅色	1.54	暗黃綠色
4400	紫紅色		
4600	紅紫色		
4700	紫色		
4800	藍紫色		
4900	藍色		
5000	藍綠色		
5200	綠色		
5400	黃綠色		
5600	綠黃色		
5700	黃色到微黃色		
5800	淺橘色或黃橘色到粉紅色		
6000	康乃馨粉紅色		
6300	紫紅色		
6800	淺綠色 (介於紫紅與藍綠色之間)		
7200	藍綠色到綠色		
7700	微黃色		
8000	橘色		
8200	橙紅色		
8500	暗、淺紅紫色		
8600	紫色		
8700	藍紫色		
8900	藍色		
9200	藍綠色		
9500	暗黃綠色		
9700	黃色到微黃色		
9900	橘色		

晶圓上看到的顏色取決於建設性的干涉頻率，與兩個反射光的相位差有關。薄膜越厚，相位移就越大。

$$\Delta\phi = \frac{2t\,n(\lambda)}{\cos\theta} \tag{10.4}$$

其中 t 是薄膜厚度，$n(\lambda)$ 是薄膜折射率，θ 是入射角。當相位移 $\Delta\phi$ 大於 2π 時，圖案的色彩就會自動重複。

使用顏色對照表是測量薄膜厚度的一個簡單方法。雖然先進的 IC 製造已經不用它來測量厚度，但仍然是一種檢測沉積薄膜非均勻性問題的有效工具。

問題

如果在一個 CVD 介電質層的晶圓上看到一個漂亮的色環，說明什麼？

解答

色彩的改變表示介電質薄膜厚度的改變，所以可以推知有色環的薄膜必定有厚度均勻性問題，這最有可能的是由於非均勻性的薄膜沉積製程引起的。

反射光分光計 (Spectroreflectometry)

反射光分光計可以測量不同波的反射光強度，而且薄膜的厚度可以從反射光的強度與光波長之間的關係計算出，如圖 10.35 所示。光探測器探測光譜的強度與波長時比人的眼睛更敏感，因此反射光分光計可以得到較高的解析度而獲得精確的厚度測量。

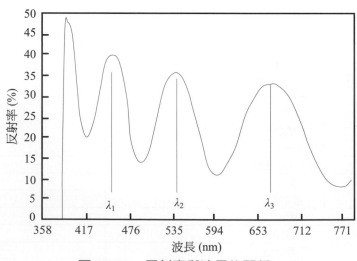

圖 10.35　反射率與波長的關係。

厚度可以透過以下的公式計算出來：

$$\frac{1}{\lambda_m} - \frac{1}{\lambda_{m+1}} = \frac{1}{2nt} \qquad\qquad (10.5)$$

其中 λ_m 與 λ_{m+1} 分別是第 m 個與第 m+1 個建設性干涉的波長；n 是薄膜的折射率，而 t 是薄膜厚度，從公式 (10.5) 可以看出使用錯誤的折射率將導致不正確的厚度測量結果。

圖 10.36 顯示了反射光分光計系統。通常用紫外線測量，因為對於介電質薄膜，折射率在紫外線範圍內對波長不敏感。

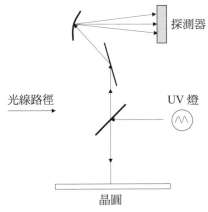

圖 10.36　反射光分光計示意圖。

沉積速率 (Deposition Rate)

沉積速率的定義為：

$$D.R. = \frac{\text{沉積薄膜的厚度}}{\text{沉積時間}}$$

沉積速率可以以 Å/min 或 nm/min 為單位，沉積速率是任何沉積製程中最重要的參數之一，將影響製程的生產率和擁有成本 (CoO)。沉積速率越高，產能就越大，而擁有成本就越低。舉例：假設有一家晶圓廠擁有 20 個化學氣相沉積 (CVD) 系統，而反應室清潔和其他開銷佔了總加工時間的 50%。如果能找到一種方法，在保持其他因素不變的情況下將沉積速率提高一倍，則晶圓廠就能減少 5 個 CVD 系統。

濕式蝕刻速率 (Wet Etch Rate, WER)

濕式蝕刻速率和濕式蝕刻速率比 (Wet Etch Rate Ratio, WERR) 是決定介電質薄膜品質控制的主要參數。蝕刻速率比越低,薄膜的品質就越好。

氫氟酸 (HF) 可以蝕刻氧化矽與氮化矽。因為 1：1 的 HF(實際是 49％ 的 HF 在 H_2O 中) 蝕刻氧化物時太快,所以 HF 被稀釋成 6：1,並且使用氟化銨 (NH_4F) 緩衝降低蝕刻速率。這個過程稱為 6：1 緩衝的氧化物蝕刻,或 6：1 BOE,通常用於判定介電質薄膜的品質。另一種氧化物濕式蝕刻使用 100：1 的 HF 溶液。

濕式蝕刻速率 (WER) 的定義為:

$$濕式蝕刻速率 = \frac{濕式蝕刻前厚度 - 濕式蝕刻後厚度}{濕式蝕刻時間}$$

22℃時,6：1 BOE 對熱生長二氧化矽的濕式蝕刻速率大約為 1000Å/ 分鐘。CVD 氧化物由於緻密性較差,所以有較高的濕式蝕刻速率。濕式蝕刻速率對 HF 溶液的濃度與溫度非常敏感。為了消除不同溫度與濃度引起的測量誤差,熱生長二氧化矽薄膜的蝕刻速率作為 CVD 薄膜蝕刻速率的參考,這個技術稱為校對熱氧化矽的濕式蝕刻率比例 (WERR)。校對熱氧化矽的濕式蝕刻速率比例為:

$$濕式蝕刻速率比 = \frac{CVD 薄膜厚度變化量}{熱生長二氧化矽薄膜厚度變化量} \tag{10.6}$$

濕式蝕刻速率比 (WERR) 較濕式蝕刻速率 (WER) 更常用,因為比例會消除厚度和溫度有關的誤差。

均勻性 (Uniformity)

沉積均勻性 (更精確的應稱為非均勻性) 是薄膜沉積重要的參數之一,因為它影響良率。如果 CVD 沉積存在均勻性問題,沉積薄膜的厚度變化超出了允許控制的範圍,將在較厚的地方引起欠蝕刻而較薄的地方形成過蝕刻。均勻性可以利用多點厚度測量計算出來。清楚均勻性的定義很重要,因為不同的定義有不同的結果,甚至同樣一組測量資料也一樣。

如果測量結果是 x_1、x_2、x_3、x_4、$\cdots$、x_N,其中 N 為資料的總點數。IC 製造中,$N = 9$、25、49 或 121。對於 200mm 的晶圓,$N = 49$;然而對於 300mm 的晶圓通常用 N = 121。測量的平均值為:

$$\bar{x} = \frac{x_1 + x_2 + x_3 + \cdots + x_N}{N}$$

測量的標準差為：

$$\sigma = \sqrt{\frac{(x_1 - \overline{x})^2 + (x_2 - \overline{x})^2 + (x_3 - \overline{x})^2 + \cdots + (x_N - \overline{x})^2}{N - 1}}$$

非均勻性的標準差 (百分比) 定義為：

$$NU(\%) = (\frac{\sigma}{\overline{x}}) \times 100\% \tag{10.8}$$

例題 10.1

計算五點厚度 (單位為 Å) 測量的 NU 和 $NU_{\text{Max-Min}}$。

解答

平均厚度為：$\overline{x} = 3996$Å

標準差為：$\sigma = 18.8$Å；

標準差非均勻性為：$NU = 18.8/3966 = 0.47\%$

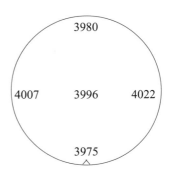

10.4.3 薄膜應力 (Stress)

本章節包括應力的定義、薄膜應力產生的原因和性質。應力是因不同材料例如晶圓基板與薄膜 (介電質、金屬等) 間的不匹配造成。有兩種不同的應力：本質應力及異質應力。本質應力是薄膜成核與生長時產生的；異質應力是由於薄膜與基板間的熱膨脹係數不同造成的。應力有張力 (伸張型應力，通常為正型) 和收縮力 (收縮式應力，通常為負型) 兩種；如圖 10.37 所示。介電質薄膜上的高應力，無論是收縮力或張力都會引起薄膜破裂、金線尖凸，或形成空洞。某些情況下，極高的張力會使晶圓斷裂。

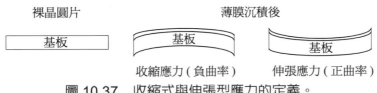

圖 10.37　收縮式與伸張型應力的定義。

對於 PECVD 介電質薄膜，本質薄膜應力可以透過 RF 功率控制。薄膜應力通常保持在收縮式 10^9 達因 / 平方釐米 (dyne/cm^2)。電漿的離子轟擊可以使薄膜內的分子更加緻密，增加了薄膜的密度和收縮應力。對於介電質 CVD 製程，控制介電質薄膜應力很重要，因為它影響介電質與金屬的缺陷密度，而且也會影響介電質 CMP 製程。

　　圖 10.38 顯示了由於氧化矽與矽基板之間不同的熱膨脹係數，而在氧化矽薄膜上所引起的熱應力。材料的熱膨脹可表示為：

$$\Delta L = \alpha \Delta T L \qquad (10.10)$$

　　其中 ΔL 是尺寸的變化量，ΔT 是溫度的改變，α 是熱膨脹係數。表 10.6 列出了一些 IC 晶片製造中常用材料的熱膨脹係數。這些都是在 300K 或 22.85℃室溫下測得。

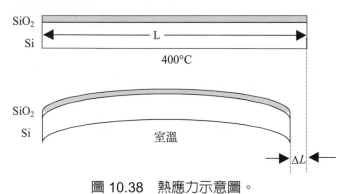

圖 10.38　熱應力示意圖。

表 10.6　熱膨脹係數 (10^{-6} ℃$^{-1}$)。

α (SiO$_2$) = 0.5×10^{-6} ℃$^{-1}$	α (W) = 4.5×10^{-6} ℃$^{-1}$
α (Si) = 2.5×10^{-6} ℃$^{-1}$	α (Al) = 23.2×10^{-6} ℃$^{-1}$
α (Si$_3$N$_4$) = 2.8×10^{-6} ℃$^{-1}$	α (Cu) = 17×10^{-6} ℃$^{-1}$

　　如果氧化矽薄膜在 400℃ 沉積後，氧化矽薄膜與矽之間不存在應力。當晶圓冷卻到室溫時，矽會比氧化矽收縮得多，所以矽基板將會壓縮薄膜。因為矽有較高的熱膨脹係數，所以晶圓變得凹出，如圖 10.38 所示。因為矽會比氧化矽收縮得多，所以氧化矽薄膜具有收縮式應力。

問題

為什麼氧化矽薄膜最好應該具有壓應力，而金屬薄膜中最好具有張應力？

解答

　　如果氧化物薄膜在室溫中具有張應力，在下面的製程中，加熱的晶圓會使矽基板膨脹的多並導致薄膜應力變成具有張力。這樣可能使氧化物薄膜斷裂。如果氧化物薄膜的應力開始轉變成壓應力，當晶圓溫度增加時，薄膜應力將變成較小的壓應力。所以工程師偏向喜歡氧化物薄膜具有壓應力。相反，金屬薄膜如鎢與鋁在室溫時，希望其具有張力，因為它們比矽和氧化矽具有較大的熱膨脹係數，所以當溫度升高時就可以使得薄膜張力變小。

應力可以利用測量晶圓曲率在薄膜沉積前後的改變數計算出。常使用的薄膜應力為 1 MPa = 10^6 Pa (1 MPa = 10^7 dynes/cm^2)

$$\sigma = \frac{E}{1-v}\frac{h^2}{6t}(\frac{1}{R_2}-\frac{1}{R_1})\tag{10.11}$$

其中 σ 是薄膜應力 (Pa)，E 是基板的楊氏模數 (Young's Modulus) (Pa)，v 是基板的布阿松比 (Poisson's Ratio)，h 是基板厚度 (微米)，t 為薄膜厚度 (微米)。R_1 是沉積前的晶圓曲率半徑 (微米)，R_2 是沉積後的晶圓曲率半徑 (微米)。圖 10.39 顯示了應力測量系統。

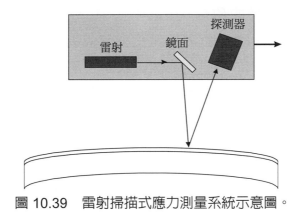

圖 10.39　雷射掃描式應力測量系統示意圖。

問題

當使用回收的擋片晶圓測試薄膜沉積製程時，哪些因素需要特別注意？

解答

回收的晶圓一般需要研磨製程，它們的厚度將會減小到比標準厚度薄 (200 mm 的晶圓厚度為 725 微米；300 mm 晶圓為 775 微米)。沉積速率、非均勻性及濕式蝕刻速率比測量，將不會因為回收的晶圓受影響。應力測量對晶圓的厚度 h 很敏感。所以必須確定晶圓厚度以獲得較正確的應力讀數。

10.5 介電質 CVD 製程

有兩種製程被廣泛用於介電質薄膜沉積，分別是加熱 CVD 及 PECVD。加熱過程中，只有熱能可提供化學源材料能量克服啟動能完成化學反應。APCVD 及 LPCVD 都是加熱 CVD 過程。PECVD 製程中，熱能與 RF 兩者同時提供所需的能量完成化學反應。

最常使用的矽源材料是矽烷、TEOS 和 3MS。矽烷通常用於沉積氮化矽與氧化物，而 TEOS 只能用於氧化物沉積。3MS 用於沉積低 k 值介電質層 SiCOH 和多孔 SiCOH，3MS 也能用於沉積低 k 值 SiCN 阻擋層。

⊗ 10.5.1　矽烷加熱 CVD 製程

介電質 CVD 過程中，矽烷是最常使用的矽原氣體。APCVD 與 LPCVD 製程一直被使用於二氧化矽沉積。

$$SiH_4 + 2O_2 \xrightarrow[\text{加熱}]{} SiO_2 + 2H_2O$$

APCVD 通常使用稀釋的矽烷 (在氮中佔 3%)，而 LPCVD 使用純矽烷。與 APCVD 矽烷氧化物比較，LPCVD 矽烷氧化物有較高的生產率，這是因為源材料有較大的平均自由路徑，形成大量的晶圓裝載能力及較好的階梯覆蓋。APCVD 與 LPCVD 矽烷氧化物製程已經被 TEOS 氧化物取代，因為 TEOS 的間隙填充能力較好。

LPCVD 矽烷氮化矽在 LOCOS 製程中作為氧化遮罩層。STI 製程中通常作為氧化物 CMP 的研磨阻擋層。在熱積存允許條件下，通常使用 LPCVD 氮化矽作為 PMD 的阻擋層，阻擋 PSG 或 BPSG 內的摻雜物擴散進入啟動區。

$$3SiH_4 + 4NH_3 \xrightarrow[\text{加熱}]{} Si_3N_4 + 12H_2$$

LPCVD 氮化物製程的詳細內容已於第 5 章介紹。

⊗ 10.5.2　PECVD 矽烷製程

對於 PECVD，氧化矽主要用於鈍化層，作為 PECVD 氮化矽層的應力緩衝。大多數人在此過程中使用一氧化二氮 (N_2O，笑氣) 作為氧氣前體。當矽烷與 N_2O 進入真空反應室 (小於 10 托) 後，用 RF 功率激發電漿引起氣體反應，並將氧化矽沉積在加熱的晶圓表面。晶圓表面的熱量與 RF 電漿內的高能電子都能提供所需的能量產生化學反應。PECVD 氧化物在沉積的薄膜中通常含有少量的氫，並不是純的二氧化矽 (SiO_2)。

$$SiH_4 + N_2O \xrightarrow[\text{加熱}]{\text{電漿}} + SiO_xH_y + H_2O + N_2 + NH_3 + \cdots$$

利用電漿，電子會透過碰撞分解矽烷和 N_2O。

$$e^- + SiH_4 \rightarrow e^- + SiH_2 + H_2$$

$$e^- + N_2O \rightarrow e^- + O + N_2$$

O 與 SiH_2 都有兩個不成對的電子自由基，所以化學活性非常強，很容易被化學吸附在晶圓表面引起化學反應。電漿產生的自由基可以在非常低的溫度將沉積過程帶入質量傳輸控制區。這種沉積速率很高且主要取決於氣體的流量。通常情況 N_2O 會過量，所以沉積速率主要由矽烷的流量控制。增加矽烷流速可以提高沉積速率，生成矽含量更高的氧化膜，並減少薄膜應力的壓縮效應。PECVD 矽烷氧化物過程只有兩種源材料氣體，矽烷作為矽的來源，N_2O 作為氧的來源，所以這個沉積過程很容易理解。

問題

可以使用過量矽烷並用氧化亞氮流量控制沉積速率嗎？

解答

理論上可以，但實際上沒有人這樣做。因為過量矽烷很危險，並且可能會引起火災和爆炸。

PECVD 矽烷氧化物製程包括三個主要過程：穩定期 (約 5 秒)、沉積期 (取決於薄膜厚度) 和反應室內氣體被抽離。在穩定期，壓力與氣體流量都是穩定的，沉積期間不會改變。沉積過程中，RF 功率將啟動激發電漿並開始沉積。沉積完成後 RF 功率和氣體都被關閉並停止沉積。最後反應室內的氣體被抽離準備下一個製程過程。有時還包括啟動 RF 功率的電漿淨化過程，這個過程將 N_2O 通入反應室，並在氣體抽離前把所有殘餘的矽烷消耗掉。

氮化矽對濕氣與可移動離子是很好的阻擋層，被廣泛用於最後的鈍化層。PECVD 氮化矽被用在這個製程中，因為 PD 沉積需要在相當低的沉積溫度下 (～400℃) 透過相當高的沉積率進行。在 PECVD 氮化矽製程中，矽烷作為矽的來源，氨氣作為氮的主要來源，而氮氣作為載氣與第二個氮來源。

$$SiH_4 + N_2 + NH_3 \quad \overset{電漿}{\underset{加熱}{\rightarrow}} \quad SiN_xH_y + H_2 + N_2 + NH_3 + \cdots\cdots\cdots$$

PD 氮化矽需要有好的階梯覆蓋、高沉積率及好的均勻性與應力控制能力，矽前驅物 SiH_4 和氮前驅物 NH_3 都含有氫原子，其中的一些將被納入 PECVD SiN 薄膜中。

透過使用矽烷與氮氣，而不是氨氣，可以沉積含氫濃度很低且高紫外線穿透率的氮化矽。然而因爲缺少氮的自由基，沉積速率將變低。氮分子非常穩定，(N_2) 比 (NH_3) 更難分解。

對於 EPROM 需要紫外線可穿透的鈍化層，氮氧矽化合物 (SiO_xN_y) 通常作爲 EPROM 鈍化介電質。透過使用矽烷、氮、氨氣以及氧化亞氮，可以沉積氮氧矽化合物：

$$\overset{\text{電漿}}{\underset{\text{加熱}}{SiH_4 + N_2 + NH_3 + N_2O \longrightarrow SiO_xN_y + H_2O + N_2 + \cdots}}$$

氮氧矽化合物的特性介於氧化物與氮化矽之間，折射率大約爲 1.7-1.8，具有紫外線可穿透性，而且是相當好的濕氣與可移動離子阻擋層。

介電質抗反射層鍍膜

爲了在微影製程中獲得高的解析度，需要一層抗反射膜 (ARC) 減少來自光面鋁與多晶矽表面的高反射。對於多晶矽表面，抗反射膜 (ARC) 通常被用於滿足微影製程的要求。

圖 10.40 顯示了一個抗反射膜 (ARC) 示意圖，當光阻 (ARC 介面) 上的反射光 (光線 1) 與 ARC(金屬面) 上的反射光 (光線 2) 相位差波長的一半時，即：

$$\Delta\phi = 2nt = \lambda / 2$$

這二個反射光線將產生破壞性干涉，並大大減少光阻內的反射光強度。其中 n 是 ARC 薄膜的折射率，t 是 ARC 薄膜的厚度，而 λ 是微影技術的光線波長。控制吸收係數可以保持兩個反射光線強度完全相同，這兩個反射光線將完全破壞性干涉，因此在光阻內不會有任何反射光。這樣可以明顯改善微影技術的解析度。

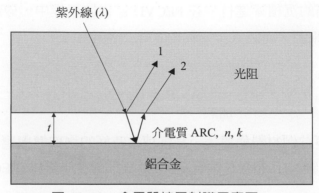

圖 10.40　介電質抗反射膜示意圖。

爲了滿足這個應用，含矽量高的氮氧化矽薄膜 ($n \sim 2.2$) 已經發展起來。

$$SiH_4 + N_2O + He \xrightarrow[\text{加熱}]{\text{電漿}} SiO_xN_y + H_2O + N_2 + NH_3 + He + \cdots$$

SiH_4 的流量可以控制沉積速率，SiH_4/N_2O 的比例可以決定折射率 n，壓力與 RF 功率可以控制吸收率 k，而氦氣流量可以控制薄膜的均勻性。通常薄膜的厚度大約爲 300Å。對於不同的波長，例如 I- 光線 (365 nm) 與深紫外線 (DUV)(248 nm) 和 ARF(193 nm)，介電質 ARC 薄膜的要求也不同。所以在這些應用中使用不同製程。

有機底部抗反射塗層 (BARC) 也已經被開發用於相同的應用。與 CVD 沉積的抗反射層不同，BARC 可以在光阻塗佈機中旋轉塗佈，並且如果開發後檢查 (ADI) 發現問題，可以輕鬆剝離以進行重工。

◉ 10.5.3　PECVD TEOS 製程

1980 年代，多層金屬連線要求低溫 TEOS 氧化矽應用於 ILD 製造中。PECVD TEOS 氧化物製程使用電漿分解氧分子並產生氧自由基，這樣可以顯著提高 TEOS 的氧化速率，並在低溫下 (約 400℃) 獲得高的氧化物沉積速率。大部分 TEOS 源材料都在氧化物表面物理吸附並具有高的表面遷移率，所以 PE-TEOS 氧化物薄膜有非常好的階梯覆蓋與均致性。

$$Si(OC_2H_5)_4 + O_2 \xrightarrow[\text{加熱}]{\text{電漿}} SiO_2 + 其他揮發性副產物$$

PE-TEOS USG 曾在 1990 年代 ILD 應用中最常使用。在配套工具中，PE-TEOS 反應室可以和氬濺鍍蝕刻反應室完成原位 PE-TEOS 沉積 / 蝕刻 / 沉積製程，獲得間隙填充與平坦化。PE-TEOS USG 也在 ILD 應用中廣泛被用於旋轉塗佈氧化矽與 O_3-TEOS USG 製程的阻擋層與覆蓋層。在許多晶圓廠中，PECVD TEOS 氧化物也被稱爲「TEOS」，通常用作 ILD 層中低 k 介電層的覆蓋層。

PE-TEOS 製程也可以用來沉積摻氟矽玻璃 (FSG)，在有機矽玻璃 (OSG) 低 k 介電常數材料準備好進行大規模製造 (HVM) 之前，曾被短暫用於 ILD 層。透過使用 TEOS 和氧以及含氟的源材料氣體，如 SiF_4 或 FTES($FSi(OC_2H_5)_3$，三乙氧基氟矽烷)，可以在 PECVD 反應室的加熱晶圓表面上沉積 FSG。FSG 有較低的介電常數，k = (3.5-3.8)，因爲氟會減少 SiO_xF_y 的極化並降低介電常數。透過使用 FSG，可以減少金屬連線之間的寄生電容，因為電容與介電常數成正比。所以使用 FSG 可以減少 *RC* 時間延遲、信號干擾和電能消耗。具有低介電常數的 ILD 對高速、高頻 IC 晶片非常需要。FSG CVD 製程的化學反應可表示為：

$$\underset{\text{(FTES)}}{FSi(OC_2H_5)_3} + \underset{\text{(TEOS)}}{Si(OC_2H_5)_4} + O_2 \xrightarrow[\text{加熱}]{\text{電漿}} \underset{\text{(FSG)}}{SiO_xF_y} + 其他揮發性副產物$$

對 FSG 薄膜的要求為穩定性好、元件相容性高、成本效益以及製程相容性好。

圖 10.41 比較了二氧化矽、FSG 和四氟化矽的特性。可以看出當氟與矽玻璃結合時，介電常數減少。氟與薄膜結合越多則介電常數就變得越低。然而薄膜變得越不穩定，而且氟很容易從薄膜中逸出。

圖 10.41　FSG 製程發展趨勢。

10.5.4　O₃-TEOS 製程

臭氧是一種非常不穩定的分子，所以任何的加熱過程都會使其分解並釋放出化學性強的自由氧原子。

$$O_3 \rightarrow O_2 + O$$

當溫度為 25°C 時，臭氧的半衰期大約為 86 小時，也就是 86 小時之後，有一半的臭氧分子將會分解而損失掉。因為臭氧的化學反應速率隨溫度指數增加 (參見公式 9.2)，所以溫度越高，分解速率也就越快，半衰期也就越短。400°C 時，臭氧的半衰期小於一毫秒 (10^{-3} 秒)。所以即使在反應室內沒有電漿，臭氧也可以在室溫作為氧自由基的載體，並且在高溫晶圓表面產生游離的氧自由基增強化學反應。使用臭氧與 TEOS 產生反應可以氧化 TEOS 並沉積氧化矽。O₃-TEOS 氧化層有極好的均致性及間隙填充能力，可以填充非常狹小的間隙，而且普遍應用於次微米積體電路晶片的電介質薄膜沉積上。O_3-TEOS 氧化物可以採用常壓 CVD(APCVD) 和亞常壓 CVD (Sub-atmospheric Pressure CVD) (SA-CVD) 沉積。

臭氧產生器 (Ozonator)

臭氧產生器的主要目的是產生穩定、可重複的高濃度臭氧。因為臭氧的生命週期有限，所以必須在原地生產並立即使用。臭氧產生器產生臭氧的方式如同自然界中一場閃電雷雨天氣產生臭氧的方式一樣。高壓放電情況下，氧分子被高能電子分解並釋放出自由氧原子。

$$O_2 \quad \xrightarrow{\text{電漿}} \quad O + O$$

經過一個三微粒碰撞過程，氧原子會與氧分子產生反應形成臭氧：

$$O + O_2 + M \quad \longrightarrow \quad O_3 + M \,(M\,可以是\,O_2 \cdot N_2 \cdot Ar \cdot He \cdot \cdots 等\,)$$

這個反應過程需要第三者的碰撞滿足能量與動量守恆。

圖 10.42 顯示了產生臭氧的過程。將大約百分之一的氮氣混入氧氣後，再流入臭氧產生器中，可以改善並穩定臭氧的產量。將幾個臭氧反應室串聯並重複上述製程就可將臭氧濃度提高。因為臭氧不穩定且容易分解，降低臭氧室的溫度就可以減少分解作用並提高臭氧的產量。

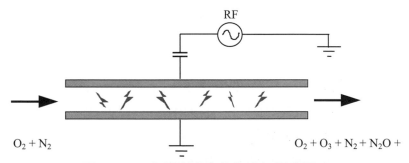

圖 10.42　在反應室產生的臭氧示意圖。

利用幾個臭氧反應室一起工作，臭氧的濃度可以達到 14wt%，這取決於氧的流量、RF 的功率以及氮的濃度。一般情況下，在相同的 RF 功率和氮的濃度下，較高的氣體流量會降低臭氧的濃度。在相同的氣體流量和氮濃度下，較高的 RF 功率會導致較高的臭氧產量。

臭氧的濃度可以由吸收紫外線特性的方法監控。從比爾 - 蘭伯特定律 (Beer-Lambert's Law)：

$$I = I_0 \exp(-ACL)$$

其中 I 是透過臭氧層後的紫外線強度，I_0 為透過臭氧層前的紫外線強度，A 是臭氧吸收紫外線的係數，L 是吸收室長度，而 C 是臭氧濃度。圖 10.43 顯示了一個臭氧的監控系統。

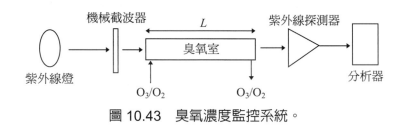

圖 10.43　臭氧濃度監控系統。

臭氧產生器的主要目的是在高流量下產生穩定、可重複和高濃度的臭氧。

O₃-TEOS USG 製程

O₃-TEOS USG 薄膜主要應用於 STI 溝槽填充，以及為具有鋁銅連線的 IC 晶片形成 ILD 介電質層。將臭氧在大約 400℃ 與 TEOS 反應，可以用相當高的沉積速率沉積氧化矽，並具有出色的膜層均勻性和填充能力。

$$TEOS + O_3 \xrightarrow[加熱]{} SiO_2 + 揮發性化合物$$

在 O₃-TEOS 沉積製程中，較高的 O₃：TEOS 比例表示有較多的自由氧與 TEOS 產生反應並氧化 TEOS。所以較高的 O₃：TEOS 就會有較好的沉積氧化層品質。為了增加 O₃：TEOS，可以增加臭氧濃度及流量，但這受臭氧產生器能力的限制；另一個方法是減少 TEOS 的流量，然而這將導致較低的沉積速率。

因為 O₃-TEOS 氧化層是多孔而且吸收水氣，所以需要一個緻密的 PECVD 覆蓋薄膜以隔離空氣。因為有不適當的張力，所以也需要一個有壓縮力的 PECVD 薄膜緩衝張力，以避免在金屬表面形成小凸狀物。在 ILD 應用中，O₃-TEOS USG 薄膜通常夾在兩個 PECVD USG 薄膜之間，三層膜都在同一製程反應室中，以一個製程配方一次性沉積。

10.6 旋轉塗佈矽玻璃 (Spin-on Glass, SOG)

　　旋轉塗佈矽玻璃與光阻的塗佈和烘烤製程非常相似。IC 製造商已經長時間使用 SOG 技術為具有鋁銅連線的 IC 晶片進行 ILD 間隙填充及平坦化。

　　半導體工業有兩種常用的旋轉塗佈矽玻璃：矽酸鹽及矽氧烷。兩種都有 Si-O 化學鍵，如圖 10.44 所示。SOG 中的溶劑是乙醇和酮等。

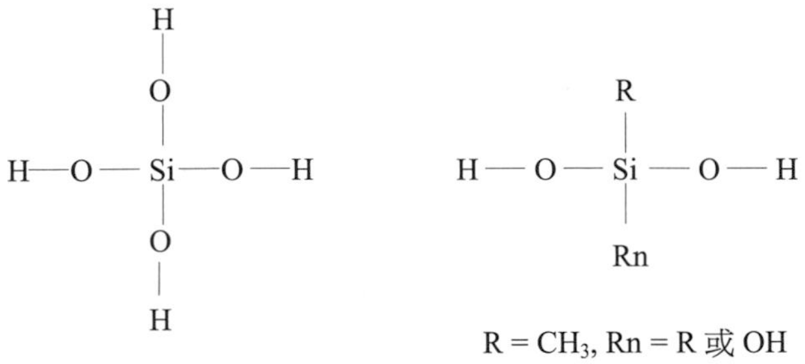

$$R = CH_3,\ Rn = R\ 或\ OH$$

圖 10.44　兩種常用 SOG(不含溶劑)：矽酸鹽 (左圖，$Si(OH)_4$)；
矽氧烷 ($RnSi((OH)_{4\text{-}n}$，$n = 1, 2)$)。

　　SOG 需要幾種製程工具和幾道不同的製程，如 PECVD/SOG 旋轉塗佈 /SOG 固化 /SOG 回蝕 /PECVD。SOG 通常夾在兩個 PECVD 層之間，如圖 10.45 所示。

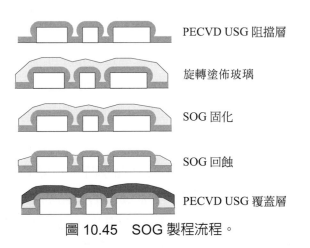

　　PECVD USG 阻擋層
　　旋轉塗佈玻璃
　　SOG 固化
　　SOG 回蝕
　　PECVD USG 覆蓋層

圖 10.45　SOG 製程流程。

　　PECVD 薄膜會首先沉積作為基板層或阻擋基板層，然後液態 SOG 會在旋轉塗佈機內被均勻塗佈在晶圓表面形成數千埃的薄膜。薄膜的厚度由旋轉速率以及液態 SOG 的黏度決定，如同光阻旋轉塗佈一樣。為了達到所需的均勻性，還需要旋轉塗佈兩次。液體表面張力迫使 SOG 流入狹窄的隙縫，達到無空洞間隙填充。熱平板預烤之後，有些溶劑將從 SOG 內出來，而 Si-O 鍵就開始交叉鍵結。然後晶圓被放入 ～ 400℃ 的爐管內固化烘烤，以排除 SOG 內的大部分溶劑並使 SOG 變成固態矽玻璃，

SOG 固化之後，薄膜的厚度會縮減大約 5 ～ 15%。因為玻璃的品質不是很好，所以大部分情況下需要用回蝕過程將 SOG 從表面移除，只留下間隙內的 SOG。最後再沉積一層 PECVD 覆蓋層來覆蓋 SOG 以防止 SOG 的氣體外洩與吸附水氣。

SOG 的缺點是複雜的製程相容問題，這種缺點容易導致微粒污染、薄膜破裂或剝落，以及加熱殘餘物溶劑逸出等問題，後面三個問題可以透過小心地控制製程過程解決。

10.7 高密度電漿 CVD (HDP-CVD)

沉積、回蝕、沉積 (沉積 / 蝕刻 / 沉積) 製程可以填充微小的間隙，但是這種製程需要兩個反應室：CVD 反應室和蝕刻反應室。晶圓需要在兩個反應室之間來回轉移。當間隙由於特徵尺寸縮小變的狹窄時，可以使用沉積 / 蝕刻進行無空洞的間隙填充。當縫隙變得更小而且深寬比更大時，需要更多的沉積 / 蝕刻過程才能進行間隙填充，因為產量太低，所以對大量生產很不實際。所以需要可以同時沉積與濺鍍蝕刻的設備滿足次微米間隙填充。

問題

當特徵尺寸縮小時，金屬線寬度和金屬線之間的間隙會變得較小。然而，金屬線的高度卻不能相對縮小，這將引起較大的間隙深寬比。為什麼不能縮小金屬厚度來保持相同的深寬比，以便介電質間隙填充更容易？

解答

金屬線電阻為 $R = \rho l / wh$。當特徵尺寸縮小時，金屬線的長度 l 與寬度 w 會相對縮小。如果金屬線高度也減小，金屬線的電阻將會相對增加，或者變得無法接受。因此金屬連線必須保持相同的高度，透過減小特徵尺寸，可以在一個晶圓上放置更多的晶片。然而也會對介電質沉積製程造成更大的挑戰。

　　為了獲得較高的濺鍍蝕刻速率，反應室需要在低壓下操作 (小於 30 毫托，越低越好)，使離子獲得較長的平均自由路徑。低壓時，由於低的電漿密度會使 PECVD 的沉積速率變慢，無法在帶有兩個平行板電極的標準電容耦合型電漿反應室內與濺鍍蝕刻速率匹配。所以沉積速率必須大於蝕刻速率才能達到淨沉積。所以不同的高密度電漿源需要用在現場沉積 / 蝕刻 / 沉積反應器中。有兩種高密度電漿源已經應用在 HVM，圖 10.46(a) 為電感耦合等離子體 (ICP) 反應室，圖 10.46(b) 為電子迴旋共振 (ECR) 反應室。

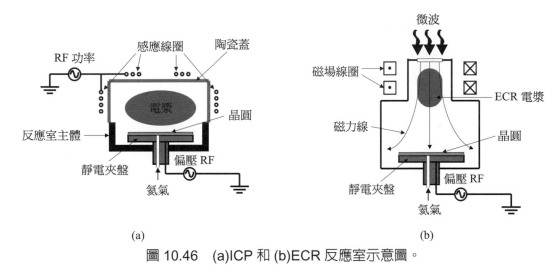

圖 10.46　(a)ICP 和 (b)ECR 反應室示意圖。

　　因為高密度電漿 CVD 是一種原位沉積 / 蝕刻 / 沉積過程，所以淨沉積速率通常不會很高。高密度電漿 CVD 通常只用來間隙填充；覆蓋層透過有較高沉積速率的 PECVD 過程完成，因為它有高的沉積速率。

　　些許從間隙角落被濺鍍分離出來的氧化物碎片會重新沉積在間隙的底部，所以 HDP-CVD 過程中，底部的薄膜沉積速率會高於側壁，這實現了自下而上的無縫間隙填充，如圖 10.47 所示。

　　HDP CVD 氧化製程通常用矽烷作為矽的源材料，用氧氣作為氧的源材料。氬加入製程過程增加濺鍍蝕刻效應。

- USG　　　　　　　　$SiH_4 + O_2 + Ar$　　　　→　　$USG + H_2O + Ar + \cdots$

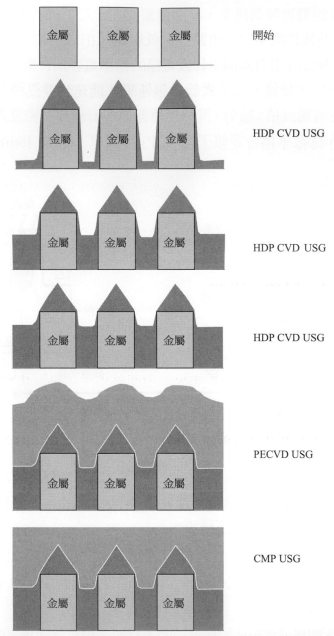

圖 10.47 IMD 高密度電漿 CVD 間隙填充和平坦化製程流程。

問題

在 HDP CVD 氧化物製程中，為什麼用矽烷而不用 TEOS 作為矽來源氣體？

解答

對於 HDP CVD 製程，階梯覆蓋不再是間隙填充的重要因素，因為重離子轟擊通常保持間隙開口為傾斜，以進行由下而上的沉積，相對液態 TEOS 氣化輸送系統，矽烷可以節省成本並且不需要液體 TEOS 的蒸氣運送系統。

在 HDP-CVD 製程中，沉積速率由矽烷的流量控制，折射角透過 SiH_4/O_2 流量比測得。薄膜應力主要由偏壓 RF 功率、電漿源 RF 和氦背向壓力控制，氦氣的背向壓力控制晶圓的溫度。壓力與電漿源 RF 功率也會影響薄膜的均勻性。

10.8 介電質 CVD 反應室清潔

CVD 過程中，介電質薄膜不僅沉積在晶圓表面，同時也沉積在反應室內的任何地方，特別是晶圓夾盤、氣體噴嘴以及反應室的內壁。所以經常性地清潔反應室以避免薄膜在這些表面上堆積或破裂引起微粒污染非常重要。對於介電質 CVD 工具，可能超過一半的時間反應室會用於清潔工作上而不是沉積。

對於 PECVD，RF 電漿清潔是最常使用的方式，而且遠距電漿清潔也越來越受關注。

10.8.1 RF 電漿清潔

介電質 PECVD 優於 LPCVD 及 APCVD 是因為可以使用電漿產生的氟自由基對反應室進行乾洗。電漿清潔是一種結合物理與化學的電漿蝕刻過程，可以將介電質薄膜從設備以及反應室內壁移除。二氧化矽及氮化矽都使用氟碳化合物如 CF_4、C_2F_6 以及 C_3F_8 作為氟的源材料氣體，因為這些化合物穩定且容易處理。某些情況下，NF_3 用來產生更多的氟自由基。電漿中，氟碳化合物會分解並釋放出可移除氧化矽以及氮化矽所需的氟自由基。

$$CF_4 \xrightarrow{\text{電漿}} CF_3 + F$$

$$F + SiO_2 \xrightarrow[\text{加熱}]{\text{電漿}} SiF_4 + O$$

$$F + Si_3N_4 \xrightarrow[\text{加熱}]{\text{電漿}} SiF_4 + N$$

電漿清潔過程中，氧的來源氣體如 N_2O 和 O_2 與碳（來自氟碳化合物）反應形成 CO 以及 CO_2，並釋放出更多的氟自由基增加 F/C 比例。

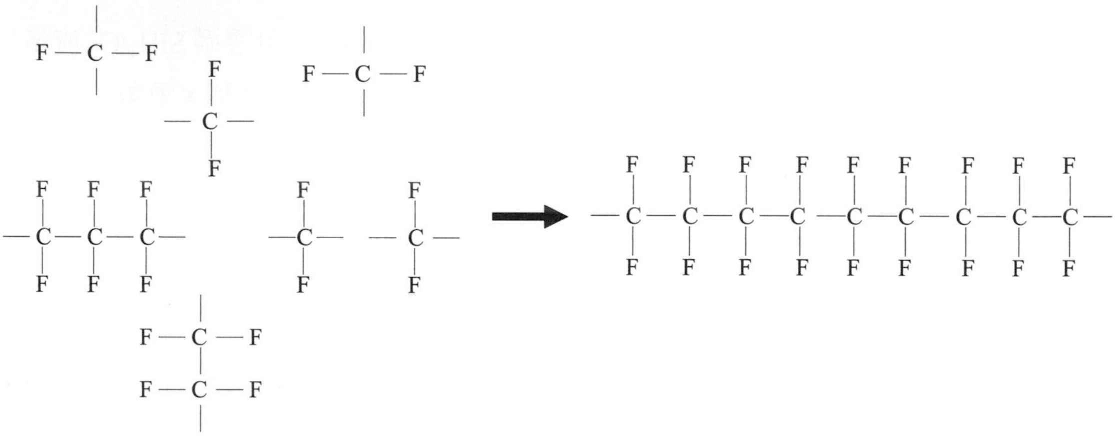

圖 10.48 氟化碳的聚合作用過程示意圖。

重要的一點是 F/C 比例要高於 2，否則聚合作用可能發生，並產生一層類似鐵氟龍的聚合物塗佈在反應室中。在電漿中，CF_4 會分解成 CF_3 和 F，CF_3 將繼續分解成 CF_2 和 F。當許多 CF_2 自由基連成一個長鏈時就形成聚合作用，如圖 10.48 所示。這種情形下，白色的、類似鐵氟龍的聚合物將沉積在反應室內部，這可能會造成工具停機時間增加，明顯地影響產量。

反應室清潔製程通常包括六個過程：穩定壓力、電漿清潔、真空泵抽氣降壓、沉積壓力設定、沉積和真空泵抽氣降壓。在沉積過程中，一層薄的氧化層將無意間沉積在晶圓夾盤及反應室內部的每個地方。這個重要的過程可以保持每一個晶圓有相同的沉積狀獲得好的晶圓對晶圓 (WTW) 均勻性，並提高生產的可重複性。也可以透過覆蓋的方式減少殘留的化學污染，並可以密封住殘留鬆散的薄膜碎片來減少微粒污染。

在電漿中，電子、原子和分子間的激發－鬆弛碰撞會引起輝光效應。因為不同的氣體有不同的原子結構，電漿中發光的顏色可以提供反應室內部與化學成分有關的資訊監控清潔過程。

　　當清潔製程開始時，電漿會產生自由的氟原子，所以氟開始增加。清潔過程中，氟原子會蝕刻氧化矽或氮化矽，所以電漿中的自由氟原子濃度很低，而且氟發出的光強度 (光波長為 704 nm) 也很低。當清潔過程完成時，氧化矽將逐漸被移除，電漿中的自由氟原子濃度將增加，氟發出的光強度也增加。當氧化物完全從製程工具及反應室內壁移除時，氟自由基的濃度將變成一個常數，這顯示清潔已經完成，如圖 10.49 所示。

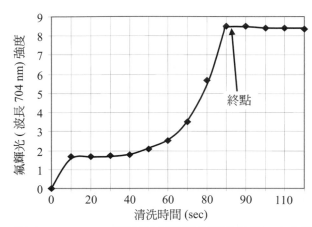

圖 10.49　1.8 微米 PE-TEOS 薄膜清潔過程與終點檢測。(來源：絕緣聚乙烯和
　　　　　SA - CVD 製程，應用材料公司培訓手冊)

⊗ 10.8.2　遠距電漿清潔

　　由於 RF 電漿清潔過程使用極高的 RF 功率在反應室內產生電漿，所以與電漿有關的離子轟擊將造成工具損壞並增加 IC 製造的成本。RF 電漿清潔中，大部分氟碳化合物氣體不會分解並直接排放到空氣中。

　　氟碳化合物氣體也對地球大氣層中的臭氧層產生破壞。臭氧層可以阻擋來自太陽的紫外線輻射。臭氧層被破壞的地區有高強度紫外線輻射，這將導致皮膚癌。氟碳化合物氣體在空氣中的生命週期較長 (半衰期大於 10,000 年)，它們會導致長期的環境破壞，因此在半導體工業中，要求減少氟碳化合物的使用量和釋放量。遠距電漿提供了另一種選擇。

　　微波 (MW) 的頻率比 RF 頻率高，使用微波可以在高氣壓時產生穩定的電漿，通常 NF_3 作為氟來源氣體。高密度微波電漿中，超過 99％ 的 NF_3 將被分解並釋放出自由的氟原子，然後自由氟原子將流進 CVD 反應室與零件及反應室內壁的薄膜產生反應而形成氣態的 SiF_4 和其他副產品，這些副產品最後被真空泵抽出反應室。因為反應室內已經沒有電漿，所以反應室的主體及零件上不會有離子**轟擊**產生，這樣可以延長壽命。圖 10.50 為使用微波遠距電漿源清潔反應室示意圖。

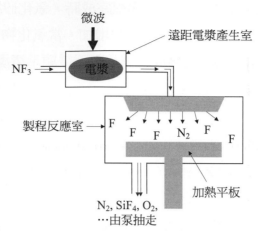

圖 10.50　遠距電漿 CVD 反應室清潔示意圖。

　　微波遠距電漿清潔的優點是有較長的反應室零組件使用壽命、較低的成本和顯著降低了氟化物氣體的釋放量。缺點是與 RF 電漿清潔相比，技術還不成熟，需要較高的設備成本，這些包括微波系統和石英電漿反應室，並包括使用有危險性且昂貴的 NF_3 氣體。另外的缺點是現存的 RF 電漿清潔光學終點系統無法用於遠距電漿清潔，因為在反應室中沒有電漿形成發射光。所以判定微波遠距電漿清潔的終點，需要另一種測量技術，如傅立葉轉換紅外線光譜儀 (Fourier Transform Infrared Spectroscopy，FTIR) 系統。FTIR 系統透過測量化學鍵的濃度監測化學成分的改變以及測定清潔終點。

10.9　新千禧年的介電質材料

　　在二十一世紀，IC 製造技術經歷了一些重大發展，如銅金屬化、高介電質金屬閘極 (HKMG)、FinFET、3D NAND、多重圖案製程和極紫外 (EUV) 曝光顯影技術等。這些發展帶來了對絕緣薄膜的新需求。活性區 (AA) 或鰭區域的隔離溝變得更窄，具有更高的深寬比，填充時更難避免出現空洞。高密度電漿 CVD 二氧化矽、O_3-TEOS 氧化矽和旋轉塗佈氧化矽能用於 STI 溝槽填充；隨著側壁間距層的厚度減小，原子層沉積 (ALD) 製程已經被使用來進行這種均勻的薄膜沉積。

　　隨著元件尺寸縮小，閘極氧化層的厚度也會減小。如果沒有改變材料，它最終會被擊穿。因此從 45 奈米技術節點開始，需要高 k 值介電質材料形成閘極介電質。氧化鉿 (HfOx) 是最常用於形成高 k 值介電質的材料。原子層沉積 (ALD) 已經被發展用於形成高 k 薄膜。

　　當閘極介電質層採用高介電常數 (high-k) 時，絕緣層 (ILD) 的介電常數則會走向另一個方向。為了降低相鄰金屬線的寄生電容，ILD 的介電常數 (k 值) 需要降低。請注意，$C = kA/d = k \cdot hl/d$，其中 C 是電容，k 是介電常數，h 是電極的高度，l 是電極的長度，d 是電極間的介電質層厚度。圖 10.51 為線 - 空間的金屬互連。已開發 PECVD 多孔低 k 值介電質沉積技術，低 k 值介電質和銅金屬化的結合減少 RC 延遲，以滿足提高 IC 速度的需求。R 代表金屬線的電阻，$R = \rho l/(wh)$，r 是金屬的電阻率，l 是其長度，w 是其寬度，h 是其高度。因此，$RC = khl/d * \rho l/(wh) = k \rho l2/(wd)$。縮小尺寸無法減少 RC 延遲，而具有較低電阻率的金屬和具有較低 k 值的介電層則可以實現這一目標。

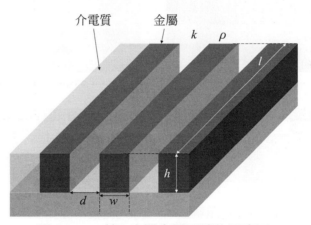

圖 10.51　線 - 空間金屬互連的示意圖

　　雙鑲嵌銅製程與 Al-Cu 合金製程最重要的區別在於雙鑲嵌製程無需蝕刻金屬，如圖 10.52 所示。由於銅乾蝕刻非常困難，所以銅金屬化使用雙鑲嵌製程與金屬 CMP。所有先進的 CMOS、DRAM 和 3D-NAND 晶片都使用銅互連技術。

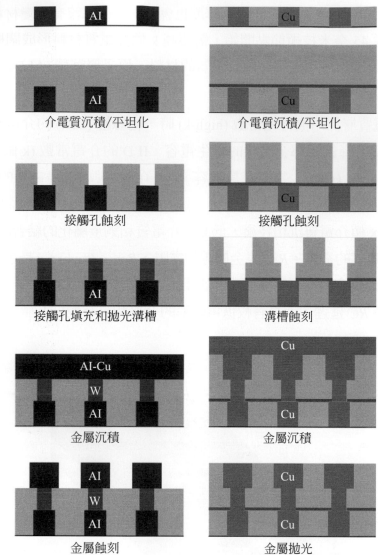

圖 10.52　(左)鋁-銅互連製程示意圖；(右)先孔後多孔雙多孔銅互連製程示意圖。

🞋 10.9.1　低介電常數與超低介電常數 (ULK) 介電材料

　　在 PECVD 製程中，三甲基矽烷 (3MS 或 $SiH(CH_3)_3$) 和其他矽有機化合物沉積低 k(2.9 ~ 2.7) 值 SiCOH 薄膜用於 ILD。為了進一步減小 RC 時間延遲，提高電路的時脈頻率，基於多孔 SiCOH (k = 2.5 ~ 2.2) 的超低 k 值介電質層被發展。利用 DEMS(Di- 甲基乙氧基矽烷) 和 CHO(氧化環己烯或 $C_6H_{10}O$)，可以沉積具有 CxHy 的 OSG 有機複合膜。利用超紫外線 (UV) 和可見光後處理排除有機氣體，可以為 ILD 應用形成多孔 ULK 電質薄膜，如圖 10.53 所示。孔徑只有幾個奈米大小。

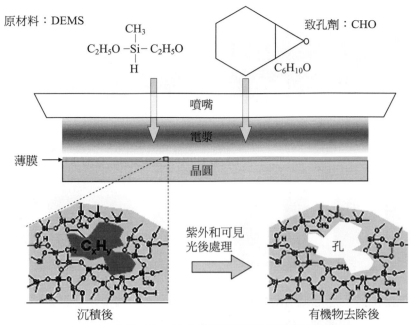

圖 10.53　多孔低 k 值介電質薄膜的沉積和後處理。

比氮化矽 (k > 7) 具有更低介電常數的阻擋層材料已被開發，並應用於銅 / 低介電常數互連，以取代介電常數約為 7 的氮化矽。k 約為 4.8 的矽氮化碳 (SiCN) 以及被發展作為此應用。k 為 2 ~ 3.6 的非晶 SiC(a-SiC：H) 也越來越受到關注。已開發出約 2nm 厚的鋁氮氧化物 (AlON) 與更薄的矽氧碳 (SiOC) 堆疊，並應用在大規模製造 (HVM) 中。這可以減少全部 ILD 層的介電常數，提高 IC 晶片的速度。

⊗ 10.9.2　空氣間隙

最低的介電常數是 1.0，它只能在真空中實作。氣體的介電常數通常稍微高於 1。在 1 個大氣壓力條件下，空氣介電常數為 1.00059，這是最低的 k 值，可以實作在一個 IC 晶片 ILD 間的連線金屬。有兩種方法可以形成空氣間隙，一種是利用 PECVD 薄膜形成空洞，另一個是在金屬導線之間使用犧牲材料，或使用犧牲層。

圖 10.54 說明直接形成氣隙的過程。首先，沉積金屬 (釕，Ru) 薄膜，如圖 10.54(a) 所示。氧化矽硬遮罩被沉積並應用金屬薄膜遮罩以進行光阻的圖案化，如圖 10.54(b) 所示。接著利用不同的蝕刻化學物質對硬遮罩和金屬進行蝕刻，再進行光阻去除和清潔，如圖 10.54(c) 所示。沉積一層緊密、非均勻氧化薄膜 (深灰色)，形成金屬圖案之下的氣隙，並從所有方向封閉氣隙。經過致密氧化物的化學機械研磨 (CMP)，以硬遮罩作為 CMP 停止層，然後沉積低介電常數 (ULK) 薄膜，晶圓準備進行下一層金屬的形成，如圖 10.54(d) 所示。

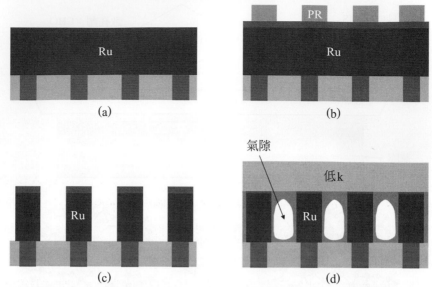

圖 10.54　氣隙形成的示意圖：(a) 金屬沉積；(b) 硬遮罩沉積和光阻圖案化；(c) 金屬蝕刻、
　　　　光阻去除和清潔；(d) 非均勻氧化物化學氣相沉積、化學機械研磨和 ULK 化
　　　　學氣相沉積。

第二種氣隙採用犧牲法。圖 10.55 顯示了其中一種方法。開始爲 ESL/ 低 -k/ESL/
TEOS 的 ILD 的堆疊。銅 CMP 後，TEOS 用 BOE 移除，如圖 10.55(a) 所示。隨後透
過有機物覆蓋沉積一層保護層，並固化和回蝕，如圖 10.55(b) 所示。然後沉積多孔覆
蓋層並用紫外線或可見光輻射排出銅線之間的有機氣體，如圖 10.55(c) 所示。

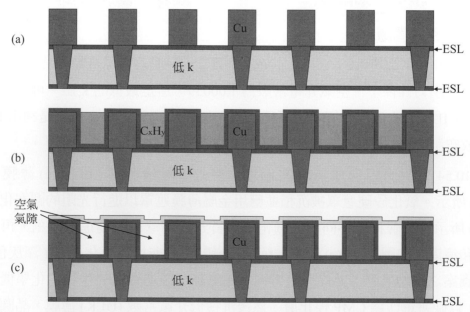

圖 10.55　利用犧牲材料形成空氣間隙：(a) 氧化物沉積後；(b) 有機物回蝕後；(c) 覆蓋
　　　　層沉積和有機物揮發後。

⊗ 10.9.3 原子層沉積 (ALD)

原子層沉積(ALD)是一個沉積過程，可以透過多次沉積迴圈沉積非常薄的薄膜。ALD 可以用來沉積常用的矽氧化物和矽氮薄膜，還可以用來沉積化合物半導體，如 GaAs、InP、GaP、AlN、GaN、InN 等。也可以用於沉積如 Al_2O_3、TiO_2、ZrO_2、HfO_2、Ta_2O_5、La_2O_3 等高 k 值介電質。包括應用於 MOSFET 金屬閘極的金屬氮化物，如 TiN、TaN、Ta_3N_5、NbN、和 MoN，也可以用可 ALD 製程沉積。

ALD 製程通常在一個密封的反應室進行。第一道程序是氣體進入反應室並被吸附在基板表面上，如圖 10.56(a) 所示。然後清洗反應室，並將第一道程序送入的氣體開始抽移，只留下那些吸附在基板表面上的少量氣體分子，如圖 10.56(b) 所示。第二道程序是反應的氣體被送入反應室和第一道程序的氣體發生反應在其片表面形成化合物分子層，如圖 10.56(c) 所示。在第一道程序的氣體分子被吸附在晶圓表面消耗完後，化學反應自動終止，第二道程序送入的氣體被清洗掉並開始重複下一次沉積反應，如圖 10.56(d) 所示。ALD 循環如圖 10.56 所示。透過多層沉積反應過程後，直到達到所需的複合膜厚度。

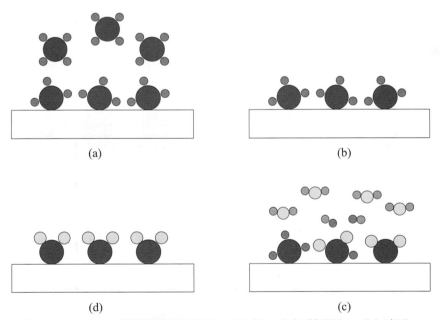

(a) (b)

(d) (c)

圖 10.56　ALD 製程迴圈示意圖：(a) 第一次氣體導入；(b) 清洗；(c) 第二次氣體導入並反應；(d) 清洗。

ALD 製程的優點是能夠形成大面積均勻的薄膜,這層薄膜具有 3D 薄膜原貌,且厚度能被精確控制。ALD 製程可以在低溫下沉積。 ALD 製程的缺點是低的產量和低的氣體利用率。

由於沉積速率低 (一般為 10 nm/min)。與沉積速率為 800 nm/min 的 PECVD 氧化物比較,ALD 製程主要應用於薄膜厚度小於 10 nm 沉積過程。特別是在 HAR 溝槽或孔洞中需要具有良好步階覆蓋性和均勻性的薄膜。ALD 技術被廣泛應用於沉積 DRAM 儲存電容的高介電層、MOSFET 和 FinFET 的高介電閘極和金屬閘極,以及 3D-NAND 中的 HAR 通道孔和替換式控制閘。此外,由於 ALD 具有出色的薄膜厚度均勻性和一致性,ALD 還被用於沉積自對準多重成像製程所需的薄膜間隔層。

選擇性原子層沉積 (SALD) 製程已被開發。根據材料選擇性,至少有四種變化:介電質層在金屬上、介電質層在介電質層上、金屬在介電質層上和金屬在金屬上。選擇性沉積的一個應用是 3D-NAND 字元線接觸墊厚度的調整,這只需要在氮化矽表面沉積氮化矽,如圖 10.57 所示。我們可以看到,在圖 10.57(a) 所示的階梯形成後,沉積了一層均勻的 SiOx 薄膜,見圖 10.57(b)。一個垂直回蝕過程形成了氧化物側壁間隔層,可以防止氮化矽沉積在側壁上,如圖 10.57(c) 所示。圖 10.57(d) 顯示了選擇性 ALD 沉積在 SiN 表面上的氮化矽。它允許在後續的製程中形成更厚的鎢字元線著陸墊,以為字元線接觸蝕刻提供更寬的製程視窗,以防止鎢的穿孔現象。

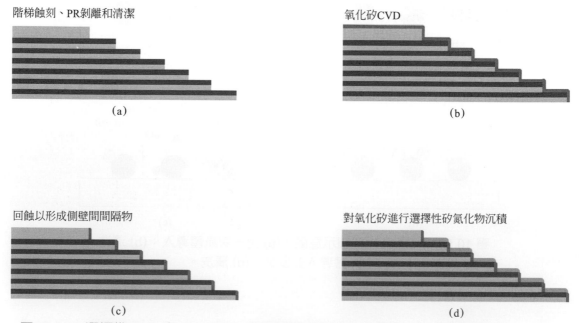

圖 10.57　選擇性 ALD 在 3D-NAND 階梯厚度調整中的示意圖:(a) 階梯形成後;(b) 契合性氧化物 CVD;(c) 氧化物側壁間距層形成;(d)SiN 的選擇性 ALD。

　　其他類型的選擇性沉積也正在發展中，例如地形選擇性沉積，它可以在晶圓表面的特定區域沉積材料。其中一個例子在金屬凹溝後，如圖 10.58(a) 所示，選擇性地只在溝中沉積封堵用的介電層，如圖 10.58(b) 所示。

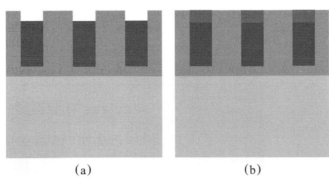

(a)　　　　　　　　(b)

圖 10.58　地形選擇性沉積的示意圖：(a) 金屬凹槽；(b) 選擇性地只在溝中沉積封堵用的介電層來填平凹槽。

◉ 10.9.4　高 k 值介電質材料

　　DRAM 記憶體的基本元件由一個電晶體和一個電容組成。在 DRAM 製程的儲存單元電容中，已經使用高介電常數的材料，如 Al_2O_3(k = 11.5) 和 ZrO_2(k 約 25)。ALD 製程已常用於在 HAR 儲存單元孔中沉積這些高介電常數薄膜，並配合 TiN 電極，以形成金屬 / 介電質 / 金屬電容器，如圖 10.59 所示。對於 19nm 以下節點 DRAM，也有許多用於自對準多重成像製程的 ALD 介電層，這些在橫截面中不會顯示出來。且我們可以看到，DRAM 的 STI 和 ILD 層與 CMOS 相似。主要的差異在於儲存單元模組，其 ILD 層非常厚 (>1 μm)，如圖 10.60 中標記為 ILD2，還需要在 HAR 儲存單元孔的側牆上沉積薄且均勻性的高介電常數介電層。

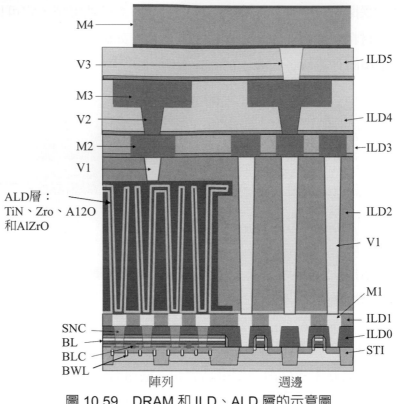

圖 10.59　DRAM 和 ILD、ALD 層的示意圖

　　65 微米元件的 CMOS 閘極氧化物厚度約 15Å，由於太薄所以不會隨著特徵尺寸縮小而繼續減小，這是由於量子穿隧效應顯著增加了閘極漏電流。透過使用高介電常數閘極介電層，介電質層的厚度可以增加，而在不增加閘極漏電流的情況下，有效氧化層厚度 (EOT) 可進一步減少。ALD 製程已被用於沉積 HfO_2。圖 10.60 顯示了沿著閘極切割的閘後製程 HKMG FinFET 的橫截面。高介電閘絕緣層和金屬閘層是透過 ALD 製程沉積。

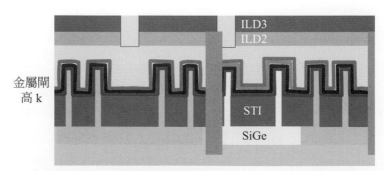

圖 10.60　沿著閘極切割的 HKMG FinFET 的橫截面

HfO_2 是 MOSFET 高 k 閘極介電質的候選之一。在這種情況下，$HfCl_4$ 作為第一次導入氣體，H_2O 作為第二次導入的氣體，而 HCl 是在表面沉積 HfO_2 的化學反應的副產物。該化學反應可以表示為：

$$HfCl_4 + 2H_2O \rightarrow HfO_2 + 4HCl$$

MOSFET 的高 k 閘極介電質 HfO_2 沉積，可以使用四氯化鉿 ($HfCl_4$) 或 TEMAHf($Hf(N(C_2H_5)(CH_3))_4$ 或四－乙基甲基－氨基鉿) 作為第一道程序導入氣體，以及 O_3 或 H_2O 作為氧氣的導入氣體。DRAM 儲存節點電容的高 k 介電質 Al_2O_3 可以使用三甲基鋁 ($Al(CH)_3$ 或三甲基鋁) 作為鋁的導入氣體，以及 H_2O 或 O_3 作為氧的導入氣體進行沉積。

為了在源極和汲極之間傳導電流，需要透過少數載子反轉在閘極下面形成導電通道。當閘極外加電壓時，金屬 - 氧化層介面帶電並引起少數載子反轉。因此，MOS 閘極的電容要夠大以保持足夠的電荷。當特徵尺寸減小時，電容的電極面積迅速減少。為了保持夠大的電容值，兩個極板之間的距離，即閘極氧化層的厚度必須減小。對於 0.18 微米的 IC 晶片，閘極氧化層約 35Å。而對於 0.13 微米和 90 nm 技術節點，這個厚度減小到了 25Å 和 15Å。主要的問題是由於量子穿隧效應，當閘極氧化層厚度進一步降低時，閘極洩漏電流將顯著增加，IC 晶片的可靠性會受到影響。氮基矽氧化物的 k 約為 5，已經在 90 nm、65 nm、45 nm 甚至 32 nm/28 nm 元件中使用。從 45 nm 技術節點開始，高 k 值介電質，如二氧化鉿 (HfO_2，k ∼ 25) 已被開發並應用在 HKMG CMOS 製造中。隨著使用氧化鉿作為閘極介電層，閘極介電質的厚度可以顯著增加，閘極洩漏電流可以指數減少。閘極電容可以透過等效氧化層厚度 (EOT) 以表示為：

$$EOT = \frac{k_{SiO_2}}{k_X} t_{ox}$$

$k_{SiO_2} = 3.9$ 是二氧化矽的介電常數。這是作為積體電路產業的標準 k 值用於確定高 k 或低 k 值介電質材料。HfO_2 和其他高 k 值介電質列於表 10.10 所示。閘極電容由有效氧化層厚度 EOT 決定，而閘極漏電流由閘極介電層厚度，t_{ox} 決定。高 k 閘極介電質可以使設計者使用較厚的閘極介電層以降低閘極漏電流，同時保持閘極電容足夠大以滿足元件特性的需要。這樣可以滿足設計者繼續沿著傳統的尺寸縮小原則減少有效氧化層厚度 EOT。

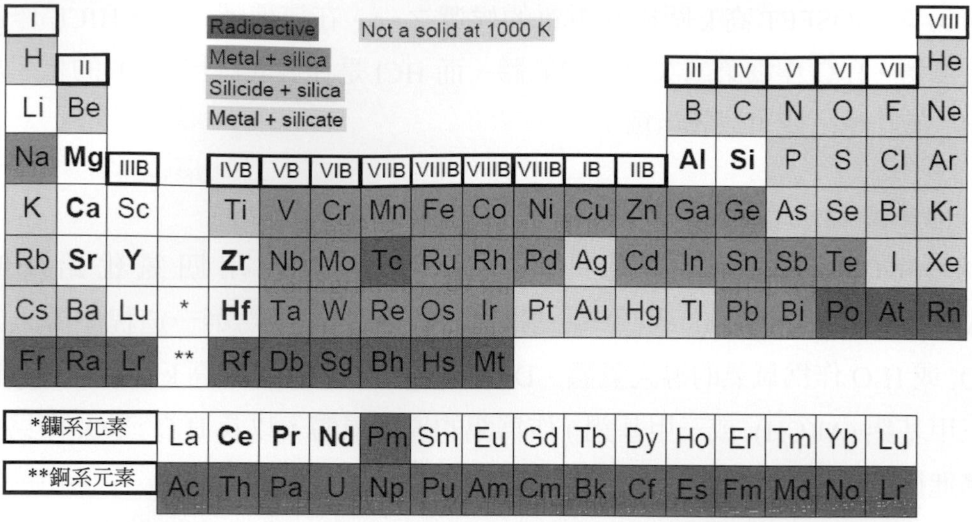

圖 10.61 元素周期表。粗體元素表示是可用於矽 MOSFET 閘極介電質的氧化物，其數目可能為 9。陰影元素由於其放射性或其氧化物在矽基板上的不穩定而不適合使用。

(資料來源：H. Jörg Osten, et al., High-K Dielectrics: The Example of Pr2O3 https://www.researchgate.net/profile/Andreas-Fissel/publication/260487631_High-K_Dielectrics_The_Example_of_Pr2O3/links/54ad31610cf24aca1c6d9175/High-K-Dielectrics-The-Example-of-Pr2O3.pdf, accessed on 06/14/2022.)

表 10.10 介電質材料及其 k 值。

介電質材料	k
SiO_2	3.9
Si_3N_4	7.8
Y_2O_3	15
La_2O_3	30
Pr_2O_3	31
Dy_2O_3	14
Ta_2O_5	26
TiO_2	80
HfO_2	25
ZrO_2	25
Gd_2O_3	12～13
CeO_2	26
Sc_2O_3	>10
BST	>200

資料來源：H. Jörg Osten, et al., High-K Dielectrics: The Example of Pr2O3 https://www.researchgate.net/profile/Andreas-Fissel/publication/260487631_High-K_Dielectrics_The_Example_of_Pr2O3/links/54ad31610cf24aca1c6d9175/High-K-Dielectrics-The-Example-of-Pr2O3.pdf, accessed on

06/14/2022.

許多其他高 k 值介電質，如二氧化鈦 (TiO_2，k ～ 80)，五氧化二鉭 (Ta_2O_5，k ～ 26) 和二氧化鋯 (ZrO_2，k ～ 25) 也被廣泛研究，也許在未來的積體電路晶片製造中得以應用。圖 10.61 顯示了一些元素，這可以用於矽 MOSFET 的閘極介電質氧化物。表 10.10 列出了一些介電質及其 k 值。

⊗ 10.9.5　3D-NAND 快閃記憶體中的介電層

自 2013 年起，3D-NAND 快閃記憶體晶片已經投入量產，成為主流的非揮發性記憶體晶片。它的製造技術與 2D-NAND 快閃記憶體晶片大不相同。透過使用垂直的環繞式閘極場效電晶體 (GAA-FET)，它可以將數個記憶單元堆疊在一起。這樣做可以減緩微影解析度的要求，並挑戰從高解析度的微影轉移到 HAR 圖案刻蝕和進行均勻薄膜沉積到 HAR 圖案。

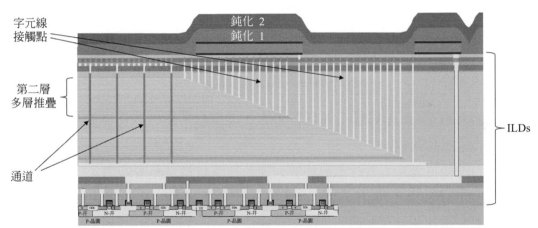

圖 10.62　帶有 CMOS 陣列、2 層堆疊和 6 層金屬互連的 3D-NAND 示意圖

我們可以看到，製造 3D-NAND 需要進行許多介電層的化學氣相沉積步驟，例如 STI、間隔層，以及 CMOS 的少量間隔層。它具有多個用於儲存單元的 ON 堆疊，每個堆疊包含一對氧化物／氮化物層，總厚度約為 50nm。一個 256 層的 3D-NAND 需要為儲存單元單獨堆疊層次上分別鍍覆 256 層氧化物和 256 層氮化物。還有一些用於上、下選擇閘的 ON 堆疊，以及一些用於將選擇閘極與儲存單元電氣隔離的虛擬層。這些 ON 堆疊會分層進行沉積的，如 2 或 3 層。對於一個 2 層 256 堆疊的 3D-NAND，一層需要在一個多步驟的製程中沉積 128 層氧化物和 128 層氮化物層，以及數層選擇閘和虛擬層的 ON 層，這些步驟都在一個介電層的 CVD 系統中進行。在後續步驟中，多層堆疊中的氮化物層將被 TiN/W 取代以形成控制閘極和字元線，並且不會出現在最終元件中。多層結構的沉積需要具有高沉積速率、高均勻性、良

好的應力控制和無污染。在儲存單元中，存在著 IC 產業中最高的深寬比的 HAR 結構，例如深寬比大於 100：1 的通道孔。HAR 結構中需要沉積具有良好控制均勻性及厚度和化學成分一致性的介電層，例如閘極間的介電質、電荷捕捉氮化物層及閘極氧化層。這些薄膜的厚度通常小於 10nm，並使用 ALD 製程沉積。CVD 製程用於沉積通道孔的氧化填充物和隔離溝槽的襯墊。需要在製程中加入更多的介電層來形成多層金屬互連，包括至少一個用於位元線形成的自對準多重成像技術。製造 256 層的 3D-NAND 晶片，大約需要堆疊約 600 層介電層。圖 10.62 顯示了 CMOS 底層陣列，採用雙層堆疊的 3D-NAND，其中在單元陣列之前有 3 層金屬層，而在單元陣列之後有 3 層金屬互連層。

10.10 本章總結

(1) 介電質薄膜的應用有 STI、高 k 閘極介電質、側壁空間層、ILD 和鈍化層，其中 ILD 是主要應用。

(2) 氧化矽和氮化矽是兩種最常用於 ILD 的介電質材料。

(3) 低 k 和多孔 ULK 介電質最常用於先進的銅連線。

(4) 基本的 CVD 製程流程是：源材料引入、源材料擴散與吸附、化學反應、氣體副產品脫附和擴散。

(5) 薄膜的階梯覆蓋和均致性都取決於到達角和源材料表面遷移率。

(6) ILD0 使用 PSG 和 BPSG，沉積與再流動溫度取決於熱積存。

(7) 根據半導體製程技術節點，ILD 主要使用 USG、FSG、SiCOH 和多孔 SiCOH。沉積溫度受現在金屬連線技術的限制。

(8) 鈍化介電質層主要由二氧化矽 / 氮化矽堆積層薄膜形成。

(9) 矽烷和 TEOS 是兩種主要用於介電質 CVD 的材料。

(10) 3MS 廣泛用於低 k OSG 沉積製程。

(11) 對於二氧化矽沉積製程，O_2、N_2O 和 O_3 是最常使用的氧源材料氣體。

(12) 對於氮化物沉積，NH_3 和 N_2 是最常使用的氮源材料氣體。

(13) 氟化學反應用於介電質 CVD 乾式清洗。CF_4、C_2F_6、C_3F_8 和 NF_3 是最常使用的氟源材料氣體。

(14) 橢圓光譜儀和反射光譜儀可以用於測量薄膜厚度，測量厚度時必須有正確的折射率。

(15) 介電質薄膜傾向於壓縮式應力 (～ 100 MPa)。

(16) 大多數介電質 CVD 製程是在質量傳輸控制區進行，沉積速率主要受矽來源氣體的流量控制。

(17) RF 功率可以在 PECVD 介電質薄膜中用於控制薄膜的應力和濕式蝕刻的速率比。RF 功率越高，薄膜應力就越收縮，而且濕式蝕刻速率比也越低。

(18) HDP CVD 使用矽烷與氧沉積氧化物，並且使用氬進行原位濺鍍達到高深寬比間隙填充。

(19) ICP 和 ECR 是半導體工業中最常用的兩種高密度電漿源。

(20) 對於先進的 HKMG CMOS，HfO_2 廣泛被用作高 k 閘極介電質。

(21) 通常使用 ALD 製程沉積 HKMG MOSFET 的高 k 值介電質和金屬閘極電極。

(22) ALD 製程具有優良的薄膜均勻性和階梯覆蓋能力，可以很好地控制薄膜的組分和厚度。然而，沉積速率很低，所以只限於超薄薄膜沉積應用。

(23) 選擇性沉積 (尤其是選擇性 ALD) 已經被開發出來，並應用於 IC 製造的過程中。

(24) 3D-NAND 是所有 IC 晶片中介電質沉積數量最多的。

(25) 3D-NAND 需要將介電質層沉積到最大深寬比 (大於 100：1) 的 HAR 結構中。

習題

1. 說明 CVD 製程流程，CVD 與 PVD 製程的區別是什麼？

2. 列舉出至少三種 IC 晶片製造過程中的介電質薄膜。

3. 熱生長氧化物和 CVD 氧化物的基本差異別是什麼？

4. 對於 APCVD、LPCVD、PECVD 和 HDP-CVD 製程，哪種使用的壓力最高？哪種使用的壓力最低？

5. 說明不同溫度的三種沉積區。

6. 列出兩種介電質 CVD 製程中最常使用的矽來源氣體。

7. 列出三種最常使用的氧來源氣體。

8. 列出三種常用於氮化矽 PECVD 的導入氣體。

9. 什麼化學藥品常用於介電質 CVD 反應室的電漿清洗中？

10. 對於 PECVD 製程，當 RF 功率增加時，介電質薄膜的應力怎麼變化？

11. 說明兩種 PSG 用於 ILD0 中的原因？使用 BPSG 的原因是什麼？

12. 列出至少兩種 PE-TEOS USG 薄膜的應用。

13. 為什麼氧化矽和氮化矽可以用於鈍化介電質？

14. HDP-CVD 和 PECVD 製程的區別是什麼？

15. 列舉出兩種最常用的高密度電漿源。

16. 在 PECVD 矽烷氧化物沉積製程中，如果矽烷的流量增加，沉積速率、折射率和薄膜應力會怎麼變化？

17. 溫度增加對 PECVD 矽烷 USG 和 PE-TEOS USG 製程有不同的沉積速率，為什麼？

18. 多孔低 k 介電質沉積中致孔劑的作用是什麼？

19. 與 CVD 製程相比，ALD 的主要優缺點是什麼？

20. 什麼材料用於 HfO_2 的沉積來源氣體？

21. 經常討論的低 k 和高 k 介電質，標準的 k 值代表什麼？

22. 低 k 介電質主要用於金屬連線的 ILD，而高 k 介電質主要的應用是什麼？

23. 列出 DRAM 中至少兩個 ALD 介電層？

24. 列出 3D-NAND 中至少兩個 ALD 介電層？

25. 以下哪種類型的 IC 元件具有最多數量的介電質 CVD 層？

　　(a) HKMG FinFET CMOS　　(b) GAA-FET CMOS　　(c) 3D-NAND　　(d) DRAM

参考文献

[1] D. Wang, S. M. Chandrashekar, S. P. Beaudoin and T. S. Cale, *Nonuniformity in CMP Processes Due to Stress*, Second International Conference on Chemical-Mechanical Polish Planarization for ULSI Multilevel Interconnection, 1997, Santa Clara, CA.

[2] D.L.W. Yen and G.K. Rao, *SOG without etchback*, Proceeding of VMIC Conference, p. 85, 1988.

[3] John E. J. Schmitz, *Chemical Vapor Deposition of Tungsten and Tungsten Silicides For VLSI/ULSI Applications*, Noyes Publications, Park Ridge, NJ, 1992.

[4]   S. Sivaram, *Chemical Vapor Deposition Thermal and Plasma Deposition of Electronic Materials*, Van Nstrand Reinhold, International Thomson Publishing Inc., New York, NY, 1995.

[5]   S. M. Sze, *VLSI Technology*, second edition, McCraw-Hill Companies, Inc. New York, New York, 1988.

[6]   A.C. Adams and C. D. Capio, *Planarization of Phosphorus-Doped Silicon Dioxide*, J. Electronchem. Soc., Vol. 128, p. 423, 1981.

[7]   Training manual of Applied Materials, *Dielectric PE- and SA-CVD Processes*, 1997.

[8]   Ed Korczynski, *Low-k Dielectric costs for Dual-damascene Integration*, Solid State Technology, Vol. 42, No. 5, p. 43, 1999.

[9]   Christopher Bencher, Chris Ngai, Bernie Roman, Sean Lian, and Tam Vuong, Dielectric Antireflective Coatings for DUV lithography, Solid State Technology, Vol. 40, No. 3, p. 109, 1997.

[10]   L. Favennec, V. Jousseaume, V. Rouessac, J. Durand and G. Passemard, *Ultra low κ PECVD porogen approach：matrix precursors comparison and porogen removal treatment study*, Mater. Res. Soc. Symp. Proc. Vol. 863, B3.2.1.

[11]   C.-C. Chiang, M.-C. Chen, C.-C. Ko, Z.-C. Wu, S.-M. Jang, and M.-S. Liang：Japanese Journal of Applied Physics, Vol. 42, p. 4273, 2003.

[12]   H.D.B. Gottlob, T. Echtermeyer, M. Schmidt, T. Mollenhauer, J.K. Efavi, T. Wahlbrink, M.C. Lemme, M. Czernohorsky, E. Bugiel, A. Fissel, H.J. Osten, and H. Kurz, *0.86 nm CET Gate Stacks with Epitaxial Gd_2O_3 High-K Dielectrics and FUSI NiSi Metal Electrodes,* IEEE Electron Device Letters, Vol. 27, No. 10, p. 814-816, October 2006.

[13]   H. J. Osten, J.P. Liu, P. Gaworzewski, E. Bugiel, P. Zaumseil, "High-k Gate Dielectrics with Ultra-low Leakage Current Based on Praseodymium Oxide", IEDM Technical Digest, p. 653 - 656, 2000.

[14]   H.J. Osten, J. Dabrowski, H.-J. Müssig, A. Fissel, V. Zavodinsky, High-K dielectrics: the example of Pr2O3, In Challenges in Process Simulation, (ed.J. Dabrowski and E.R. Weber, Springer Verlag 2004), pp. 259-293.

[15] Hong Xiao, 3D IC Devices, Technologies and Manufacturing, SPIE Press, 2016.

[16] Adriaan J. M. Mackus, Marc J. M. Merkx, and Wilhelmus M. M. Kessels, "From the Bottom-Up: Toward Area-Selective Atomic Layer Deposition with High Selectivity", Chem. Mater. , Vol, 31, pp. 2-12, 2019.

Chapter **11**

金屬化製程

IC 晶片製造過程中使用了不同的導體材料。高導電率的金屬廣泛用於形成微電子電路連線。金屬化是一種添加製程過程,是將金屬層沉積在晶圓表面。

學習目標

研讀完本章之後,你應該能夠

(1) 說明金屬化的元件應用。

(2) 列出至少五種 IC 晶片連線最常使用的金屬材料。

(3) 說明銅連線 (interconnection) 相較於鋁 - 銅連線的優點。

(4) 列出三種金屬沉積的方法。

(5) 說明濺鍍沉積製程。

(6) 解釋說明高真空在金屬沉積製程中的作用。

(7) 列出至少四種用於高 k、金屬閘極 FinFET 的金屬。

11.1 簡介

銅和鋁等金屬都是良導體，廣泛用於形成導線傳輸電能和電信號。IC 晶片上微型的金屬線能連接數十億個半導體基板上的電晶體形成功能電路。

金屬化的要求包括低的電能耗損以滿足高速 IC、圖案化製程中具有高解析度的平滑表面、高抗電致 (electromigration) 遷移能力以獲得晶片的高可靠性，以及低的薄膜應力使金屬良好地附著於矽基板。其他要求包括在後續的製程過程中有穩定的機械性和電特性、優越的抗腐蝕能力，並且容易沉積、蝕刻或 CMP。

減少連線電阻非常重要，因為 IC 元件的速度與 *RC* 延遲時間有關，與形成金屬導線的電阻率成比例的。電阻率越低，*RC* 時間就越短，IC 晶片的速度就越快。

雖然銅比鋁電阻率低，但附著、擴散問題及乾式蝕刻困難等技術性瓶頸，長期阻礙了銅在 IC 晶片製造上的應用。鋁金屬連線已經主導金屬化技術很長時間。在 1960 年代和 1970 年代，純鋁或鋁矽合金曾作為金屬連線材料。在 1980 年代，當元件尺寸縮小時，一層金屬連線已經不足於連接所有的電晶體，多重金屬連線被廣泛採用。而當元件密度增加時，也不再有足夠空間提供給大開口的接觸窗和金屬層間接觸窗孔。大開口式接觸窗孔的金屬化對多重金屬連線並不是一種好的方法，因為它通常會留下粗糙的表面形貌。在粗糙表面上要獲得精確的圖案並均勻沉積另一層薄膜很困難。為了增加封裝密度，需要幾乎垂直的接觸窗和金屬層間接觸窗孔。對於 PVD 鋁合金，這些窗孔太窄無法進行無空洞填充。鎢 (W) 金屬已經廣泛使用在填充接觸窗和金屬層間接觸窗孔，並作為連接金屬導線與元件層，以及連接不同金屬層之間的栓塞。鎢金屬沉積之前，需要使用鈦 (Ti) 和氮化鈦 (TiN) 阻擋層 / 附著層防止鎢的擴散和薄膜脫落。圖 11.1 說明了 CMOS IC 晶片與鋁 - 銅金屬連線及鎢栓塞的橫截面。

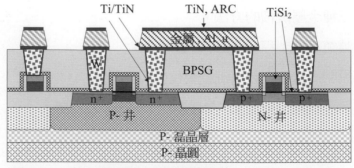

圖 11.1 鋁 - 銅連線 IC 晶片截面圖以及鎢 (W) 栓塞。

問題

吾人能否根據最小特徵尺寸的縮小情況而相對減小金屬線的所有尺寸，以至於只用一層金屬就可以連接所有的電晶體？

解答

因為金屬線電阻為 $R = \rho l/wh$，當根據元件尺寸的縮小而將金屬線的所有尺寸縮小 1.4 倍時 (長度 l，寬度 w，高度 h)，線電阻 R 就會增加 1.4 倍。這將因此影響元件的性能並導致電路速度降低，性能的降低是由於電能損耗增大及熱產生。如果只縮小金屬線的寬度和長度而保持高度不變，則線電阻將保持不變。然而這將引起金屬疊層的深寬比增加並使得蝕刻困難，而且同時形成窄小的間隙，使得介電質沉積製程難以進行無空洞填充。

在 1990 年代後期，化學機械研磨 (CMP) 製程的發展，為銅在 IC 連線的應用與金屬鑲嵌或雙重金屬鑲嵌製程提供了一種技術。鉭 (Ta) 金屬或氮化鉭 (TaN) 可以作為阻擋層；氮化矽 (SiN) 或氮碳化矽 (SiCN) 用於蝕刻終止層 (Etch Stop Layer，ESL)，防止銅擴散透過低 k 介電質層後進入矽基板污染電晶體。上蓋層還可以幫助提高電遷移耐受性，近年來，在超低介電常數 (ULK) OSG 薄膜孔洞中加入 ULK 介電質，並應用於量產中。同時還使用更低介電常數的 ESL，如氮摻雜的碳化矽 (SiCN，k 值約為 5) 或氮摻雜的氧化鋁 (AlON)，以進一步降低 ILD 層的介電常數。圖 11.2 顯示了一個具有自對準源極 - 汲極接觸和銅 / 超低介電常數 (Cu/ULK) 互連的 HKMG FinFET 的截面圖。

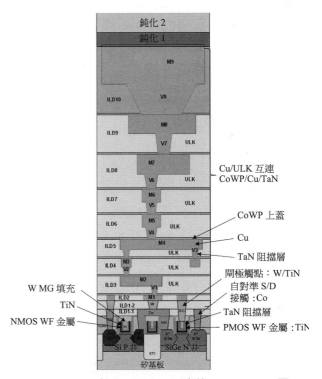

圖 11.2　具有 Cu/ULK 互連的 HKMG IC 晶片截面圖。

　　圖 11.3 說明了 IC 製程的金屬化沉積。本章將介紹 IC 晶片製造中所採用的金屬以及他們的應用和沉積過程。

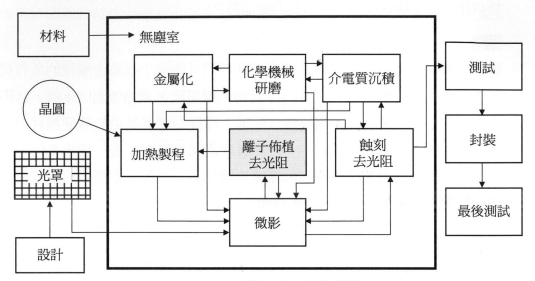

圖 11.3　IC 製造中的金屬化製程。

11.2　導電薄膜

　　多晶矽、金屬矽化物、鋁合金、鈦金屬、鎢金屬以及氮化鈦都是最常使用在 IC 晶片中的 MOSFET 閘極、局部連線及長距離連線導體材料。銅在 1990 年代以後就一直在 IC 生產中作為連線使用。

11.2.1　多晶矽

　　在高介電金屬閘極 (HKMG) 變成主流之前，多晶矽曾經是形成 MOSFET 閘極電極和局部連線最常用的材料。自 1970 年中期使用離子佈植製程以後，多晶矽就取代了鋁成為閘極材料。因為多晶矽具有高溫穩定性，這對自對準源極 / 汲極佈植與佈植後的高溫退火很關鍵。鋁閘極無法承受佈植退火的高溫 (超過 1000℃) 要求。

　　多晶矽通常使用 LPCVD 製程沉積。SiH_4 或 SiH_2Cl_2 可以做為矽的源材料。沉積溫度範圍為 550 ～ 750℃，而且可以在臨場沉積期間或後續的離子佈植過程中進行大量摻雜硼、磷或砷。多晶矽的沉積製程已經在本書的第五章作了詳細介紹。

11.2.2　矽化物

　　即使是重摻雜的多晶矽也有大約數百 $\mu\Omega \cdot cm$ 的電阻率。當元件尺寸縮小時，多晶矽局部連線的電阻也會增加，這將引起大的電能損耗和較長的 RC 時間延遲。為了減少電阻並提高元件的速度，廣泛採用電阻率比多晶矽低很多的多晶矽化物。矽化鈦 (TiSi$_2$) 和矽化鎢 (WSi$_2$) 是兩種已經用於 IC 製造中的常用矽化物。

　　矽化鈦通常在自對準金屬矽化物製程中形成。首先用化學溶液清洗晶圓表面去除污染物和微粒。然後在真空反應室中用氬濺鍍從矽表面移除原生氧化層。鈦金屬層透過濺鍍製程沉積在晶圓表面，源極、汲極和多晶矽閘極頂部的矽都與鈦接觸。透過鈦和矽在高溫時產生化學反應，加熱退火製程 (最好是快速加熱製程 (RTP)) 將矽化鈦形成於多晶矽的頂部和源極 / 汲極表面。因為鈦並不與二氧化矽和氮化矽反應，所以矽化物只能在矽與鈦直接接觸的地方形成。濕式蝕刻過程中使用過氧化氫 (H$_2$O$_2$) 和硫酸 (H$_2$SO$_4$) 混合物剝除未反應的鈦，透過將晶圓再次退火增加矽化鈦的晶粒尺寸，進而增強導電特性並降低接觸電阻。

　　主要用於 DRAM 的矽化鎢製程卻相當不同。首先用 WF$_6$ 作為鎢源材料並用 SiH$_4$ 作矽源材料，矽化鎢的薄膜透過加熱 CVD 過程沉積在多晶矽表面。然後再進行氮化矽 (SiN) 蓋層沉積，接著是 SiN/WSi/PolySi 多晶金屬矽化物堆疊結構在多重步驟過程中被蝕刻，其中用氟化學藥品蝕刻氮化物及矽化鎢，用氯化學藥品蝕刻多晶矽。在源極 / 汲極摻雜後，進行快速熱退火處理，以活化源極 / 汲極摻雜劑，這可以增加矽化鎢的晶粒尺寸並提高導電率。

　　當元件的尺寸縮小時，閘極的特徵尺寸變得比矽化鈦晶粒尺寸還小，大約為 0.2 微米。這時矽化鈦過程必須被矽化鈷的金屬矽化物製程取代。對於 180 nm 到 90 nm 製程技術節點的 CMOS，矽化鈷 (CoSi$_2$) 已被應用在閘極和局部互連上的材料。圖 11.4 說明了自對準形成矽化鈷的製程步驟。矽化鈦製程過程與圖 11.4 相似，只是將鈷用鈦替代。

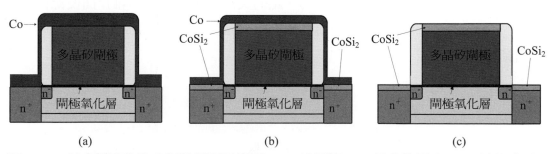

圖 11.4　鈷金屬矽化物自對準製程示意圖：(a) 鈷沉積；(b) 矽化物退火；(c) 鈷濕式剝除和第二次退火。

當元件尺寸繼續縮小時，矽化鈷 (CoSi$_2$) 750℃的退火溫度和 30 秒的退火時間用掉許多珍貴的熱積存。鎳 (Ni) 矽化物製程已經被發展並應用於 65 nm 技術節點 CMOS 元件。鎳矽化物 (NiSi) 的製程與圖 11.4 所示類似。NiSi 製程的主要優點是顯著降低了退火溫度 (通常小於 500℃)。

由於 NiSi 具有熱不穩定性，所以會進一步與矽發生反應形成 NiSi$_2$，這可能導致鎳矽化物與矽基板生長在一起，稱為 NiSi 管線或 NiSi 侵蝕矽基板，這種情況將導致接面漏電並使良率下降。研究者付出了許多努力解決這種致命缺陷，常用的方法之一是在 Ni 靶材中加入 Pt 並濺鍍 NiPt 合金到晶圓表面形成 NiPt 矽化物。

由於 HKMG 技術的出現，對自對準矽化物的需求已經減少。金屬閘極電極的電阻率已經比矽化物閘極還低。在 FinFET HKMG 之後，即使在接觸點處理中也不再需要矽化物 (salicide) 過程。IC 製造商可能只需要在接觸孔或溝槽底部濺鍍一層薄的 Ti 膜，然後沉積 TiN 薄膜進行覆蓋，再以 W 或 Co 填充，這取決於技術節點。一個退火過程可以形成一層薄的鈦矽化層，有助於降低接觸電阻。

⊗ 11.2.3　鋁

在二十一世紀前十年銅互連成為主流技術之前，鋁金屬在 IC 製造中用於連線連接晶圓表面數百萬的電晶體。鋁金屬的導電率在金屬中排列第四 (電阻係數為 2.65 μΩ·cm)，僅次於銀 (1.6 μΩ·cm)、銅 (1.7 μΩ·cm) 和金 (2.2 μΩ·cm)。鋁是這四種金屬中唯一可以容易進行乾式蝕刻形成很細金屬連線的材料。在 1970 年代中期離子佈植技術引進之前，鋁也被作為閘極電極和互連材料。

矽可以溶解在鋁中。在源極 / 汲極區，鋁金屬線可以直接與矽接觸，矽會溶入鋁中，而鋁會擴散進入矽內形成鋁尖凸物。鋁的尖凸物可以穿透摻雜介面使源極 / 汲極與基板形成短路，這將導致元件的漏電並引起可靠性問題。這個效應稱為接面尖凸現象，如圖 11.5 所示。

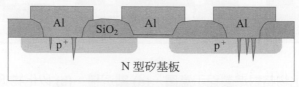

圖 11.5　接面尖凸現象示意圖。

矽在鋁中的飽和溶解度大約為 1%。所以添加大約 1% 的矽到鋁中可以使矽在鋁中達到飽和而有效防止矽進一步溶解在鋁中以避免形成尖凸現象。400℃時的加熱退火會在矽鋁介面形成合金，這樣也可以抑制鋁矽交互擴散形成尖凸現象。

鋁金屬是一種多晶態材料，包含了很多小單晶態晶粒。當電流透過鋁線時，電流會持續不斷轟擊晶粒。一些較小的晶粒就開始移動，如在一條溪流底部的小石頭一樣，它們會在洪水季節被沖刷下來。這個效應稱為電致遷移，圖 11.6 說明了電致遷移過程。

電致遷移將在鋁線上引起嚴重問題。當一些晶粒由於電子轟擊開始移動時，將在某些地方損壞金屬線，被損壞的金屬線將承擔很高的電流密度，因此加劇了電子的轟擊從而引起更大的鋁晶粒遷移。這時的高電流密度和高電阻將產生高熱量而造成金屬線損壞。電致遷移將影響 IC 晶片的可靠性，因為如果晶片使用在電子系統中，電致遷移將打斷鋁線而在微型電路中導致迴路開路。對於使用鋁線路的老房子，電致遷移將危害房子的安全，因為在鋁線的裂口將產生高溫而引起火災，這一般發生在接觸點上。

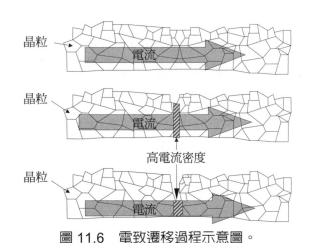

圖 11.6　電致遷移過程示意圖。

當少量百分比的銅與鋁形成合金時，鋁的電致遷移抵抗力 (Electro-migration Resistance，EMR) 將顯著增強，因為銅起了鋁晶粒之間的黏著劑作用，並防止晶粒因電子轟擊而遷移。Al·Si·Cu 合金就是利用了這個原理，而且這個合金仍然被一些工廠使用，因為 IC 製造商通常不願意更換任何一個具有產量保證的製程技術。

在 1990 年代末前，最常使用的互連金屬是 A1·Cu 合金。因爲鋁不再直接與矽接觸，所以將矽放入鋁合金中是不必要的。銅的濃度變化在 0.5 ～ 4% 之間，這取決於製程的要求和製造商的選擇。銅的濃度越高，電致遷移的抵抗力就越強。然而高的銅濃度會使金屬蝕刻過程變得困難。從本書的第九章我們知道，A1·Cu 合金蝕刻的主要蝕刻劑是氯。金屬蝕刻過程中銅的蝕刻副產品，即氯化銅揮發性很低且容易停留在晶圓表面形成殘餘污染物，一般稱爲浮渣。電漿蝕刻中離子的重轟擊可以輔助移除非揮發性的氯化銅，或利用少量的等向性化學蝕刻將氯化銅從鋁中去除並防止浮渣的形成。蝕刻殘餘物將造成晶圓的缺陷並影響 IC 晶片的良率，一般需要濕式去浮渣製程移除這些殘餘物。

CVD 和 PVD 製程都可以用於沉積鋁。因爲 PVD 鋁的品質較高且電阻率低，所以 PVD 製程是 IC 工業中常用的方法。加熱蒸鍍法、電子束蒸鍍法和電漿濺鍍法都可以用在 Al PVD 製程上。磁控濺鍍沉積在 IC 生產中作爲鋁合金沉積 PVD 過程。電子束蒸鍍法和加熱蒸鍍器已經不用在先進 IC 生產中。電子束蒸鍍法和加熱蒸鍍器主要在大學或學院的實驗室用於教學和研究。一些較不先進的工廠在製造 IC 晶片時仍然使用這些舊技術，因爲許多晶片不需要以最先進之技術來製造。

鋁 CVD 是一個加熱 CVD 製程，且通常以鋁有機化合物作爲源材料，例如乙烷氫化鋁 (DMAH，A1(CH$_3$)$_2$H)。與 PVD 鋁比較，CVD 鋁有較好的階梯覆蓋和間隙填充能力，因此對接觸窗 / 金屬層間接觸窗孔，CVD 鋁也可以取代鎢 CVD 製程。CVD 鋁薄膜的品質較差且電阻率比 PVD 薄膜高。CVD 製程中沉積鋁並不困難，困難的是鋁 - 銅合金的沉積，這樣就限制了鋁 CVD 的應用。鋁中如果沒有銅，電致遷移很嚴重而且將引起元件一系列可靠性問題。有關鋁元素的一些參數列於表 11.1 中。

表 11.1　鋁元素相關參數。

名稱	鋁
原子符號	Al
原子序	13
原子量	26.981538
發現者	Hans Christian Oersted
發現地	丹麥
發現時間	1825
名稱來源	來源於拉丁字 "alumen" 代表 "明礬"
固體密度	$2.70g/cm^3$
摩爾體積	$10.00\ cm^3$
音速	5100m/sec
硬度	2.75
電阻係數	$2.65\mu\Omega \cdot cm$
反射率	71%
熔點	$660^{\circ}C$
沸點	$2519^{\circ}C$
熱導係數	$235Wm^{-1}K^{-1}$
線性熱膨脹係數	$23.1\times10^{-6}K^{-1}$
蝕刻物（濕式）	H_3PO_4，HNO_4，CH_3COOH
蝕刻物（乾式）	Cl_2，BCl_3
CVD 源材料	$Al(CH_3)_2H$
IC 工業中的主要應用	金屬連線中形成 Al-Cu 合金，作為最後閘極 HKMG MOSFET 的巨量閘極材料

主要來源：https://www.webelements.com/aluminium/, accessed on April 24, 2022.

● 11.2.4　鈦

鈦有以下幾種應用：形成金屬矽化物、鈦的氮化作用、潤濕層、焊接層、金屬閘極和金屬硬遮蔽層。

矽化鈦是最普遍使用的金屬矽化物之一，有低的電阻率而且可以在多晶矽閘極以及源極／汲極自對準金屬矽化物過程中形成矽化鈦。金屬矽化物製程過程中，通常利用濺鍍沉積將鈦沉積在晶圓表面，然後加熱退火形成矽化鈦 $(TiSi_2)$。鈦也可以經過 CVD 製程沉積，使用 $TiCl_4$ 和 H_2 產生反應並在 650℃ 以臨場方式沉積形成矽化鈦，Ti 可以直接與 Si 接觸。

鈦也廣泛作爲鎢和鋁合金的焊接層以降低接觸孔電阻，這是因爲鈦可以清除氧原子，以防止氧原子與鎢、鋁鍵結形成高電阻率 WO_4 和 Al_2O_3。鈦也可以與氮化鈦一起作爲鎢栓塞和局部連線阻之擴散擋層，防止鎢擴散進入矽基板。圖 11.7 顯示了鈦和氮化鈦在具有 AlCu 連線的 IC 晶片中作爲連線應用。

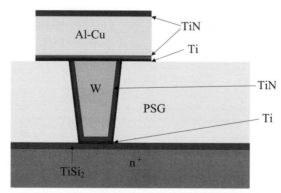

圖 11.7　鋁 - 銅連線 IC 晶片鈦應用示意圖。

一般利用磁控電漿濺鍍製程沉積鈦。也可以利用以 $TiCl_4$ 爲源材料的 CVD 製程與氫在高溫反應進行沉積過程。有關鈦元素的參數列於表 11.2 中。

表 11.2 鈦元素相關參數。

名稱	鈦
原子符號	Ti
原子序	22
原子量	47.867
發現者	William Gregor
發現地	英國
發現時間	1791
名稱來源	以希臘神話中地球女神兒子命名 "Titans"
固體密度	$4.507g/cm^3$
摩爾體積	$10.64\ cm^3$
音速	4140m/sec
硬度	6.0
電阻係數	$40\mu\Omega \cdot cm$
熔點	$1668^{\circ}C$
沸點	$3287^{\circ}C$
熱導係數	$22W\,m^{-1}\,K^{-1}$
線性熱膨脹係數	$8.6\times10^{-6}\,K^{-1}$
蝕刻物 (濕式)	H_2O_2，H_2SO_4
蝕刻物 (乾式)	Cl_2，NF_3
CVD 源材料	$TiCl_4$
IC 工業中的主要應用	Al-Cu 金屬化濕式蝕刻接觸層，W 阻擋層，與氮反應形成 TiN。

資料來源：http：//www.webelements.com/

⊗ 11.2.5 氮化鈦 (TiN)

IC 製程中氮化鈦廣泛用於阻擋層、附著層以及抗反射層膜 (ARC)。鎢也需要厚度為 (30 ～ 200Å) 的 TiN 薄膜作為阻擋層和附著層防止鎢擴散進入氧化層和矽中，並使鎢附著在氧化矽表面。因為氮化鈦抗反射層鍍膜 (TiN ARC) 比鋁 - 銅合金的反射係數低很多，所以通常利用 TiN ARC 改進金屬圖案化製程中的微影技術解析度。鋁合金頂部的 TiN 層也可以防止小丘凸狀物的產生並幫助抑制電致遷移。

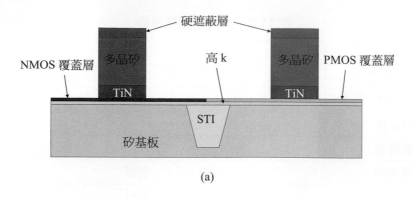

(a)

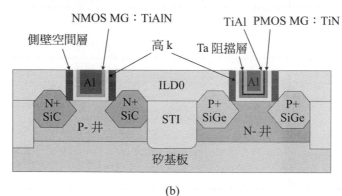

(b)

圖 11.8　HKMG CMOS 不同金屬層的應用：(a) 閘極優先；(b) 最後閘極。

對於先進的 HKMG MOSFET，TiN 用於作爲金屬閘極電極。閘極優先 (Gate first) HKMG CMOS 使用 TiN 作爲 NMOS 和 PMOS 的閘極電極，如圖 11.8(a) 所示。最後閘極 (Gate last)HKMG CMOS 使用 TiN，及 TiN 與 TiAl 反應形成的 TiAlN 作爲 NMOS 閘極電極，如圖 11.8 (b) 所示。一些 IC 製造商會使用 TiN 作爲埋入式字元線 DRAM 電晶體陣列的閘極電極。

對於銅 / 低 k 和銅 / ULK 連線，特別是對於多孔 ULK 介電質，TiN 用於低 k 介電質雙鑲嵌蝕刻製程，作爲金屬硬遮蔽層以保護 OSG 薄膜在光阻灰化製程中免於附著在氧自由基上。否則，氧自由基將與甲基或乙基反應，增加低 k 薄膜的介電常數。

TiN 也可以作爲 DRAM 儲存節點 (SN) 電容的電極，這種電極需要很好的薄膜形貌，而且爲了形成高深寬比 SN 孔，需要很好的側壁和底部階梯覆蓋。

氮化鈦可以利用 PVD、CVD 和 ALD 製程沉積。PVD TiN 通常以鈦爲靶材在濺鍍反應室沉積，PVD TiN 能夠透過臨場方式沉積鈦和 TiN。氮化鈦沉積前，需要一層約 (50 ～ 100Å) 的鈦薄膜吸附氧氣降低接觸電阻，臨場 Ti/TiN 沉積可以改進製程的生產率。

PVD 製程中，反應式濺鍍是最常沉積 TiN 的方法，這種技術利用氬氣 (Ar) 與氮氣 (N_2) 作爲製程氣體。在電漿中，這兩種氣體的一部分被離子化，而且有一些氮分子被分解產生化學反應氮自由基。鈦被氬離子轟擊離開靶材表面。當通過氬、氮電漿時，鈦原子與氮反應形成氮化鈦並沉積在晶圓表面。有一些鈦原子甚至會透過電漿沉積在晶圓表面。這些鈦原子與氮自由基產生反應並在晶圓的表面形成氮化鈦。氮自由基也可以與鈦靶材反應在靶材表面形成氮化鈦層。Ar^+ 會將 TiN 分子轟擊離開靶材並將它們沉積在晶圓表面。

CVD 製程被發展應用於沉積 IC 製造中的 TiN 薄膜。利用 $TiCl_4$ 和 NH_3 爲源材料在約 700℃的高溫製程，或源材料爲 TDMAT(即 $Ti(N(CH_3)_2)_4$) 的低溫金屬有機 CVD 製程 (約 350℃的 MOCVD)。高溫下沉積的 TiN 薄膜具有很好的品質、低的電阻率和良好的階梯覆蓋。然而因爲製程過程的溫度將高到足以熔化鋁線，所以無法用在金屬層間接觸窗孔上。

與 PVD TiN 比較，MOCVD TiN 有更好的薄膜形貌和階梯覆蓋特性，並應用於先進 CMOS 邏輯 IC 的接觸阻擋層 / 附著層沉積。在沉積過程中，MOCVD TiN 有很多有機成分在薄膜中。爲了使薄膜緻密，通常需要電漿處理。N_2-H_2 電漿轟擊 TiN 薄膜，可以使薄膜完全氮化，並能移除殘留的甲基殘留物。MOCVD TiN 需要多次沉積和電漿處理過程。

對於 HKMG 的應用，特別是最後閘極製程，是用原子層沉積 (ALD) 製程沉積 TiN，這是由於這種製程具有良好的階梯覆蓋。ALD 製程也被用於 DRAM 記憶體的 SN TiN 沉積。

⊗ 11.2.6 鎢

鎢是最常用的金屬，用於填充接觸孔並形成所謂的"栓塞"，以連接金屬層和矽表面。也用於爲鋁 - 銅連線填充不同金屬層間的通孔，這種技術用於儲存晶片和 CMOS 邏輯晶片 (0.25 微米或更早的技術節點)。隨著 IC 元件尺寸縮小到次微米級別時，金屬層間的窗孔變得更小、更窄。因爲 PVD 鋁不可能用於填充這些狹窄的接觸窗而不產生空洞，所以就發展了鎢 CVD(WCVD) 製程。CVD 鎢薄膜具有非常好的階梯覆蓋和間隙填充能力，所以成爲填充大深寬比接觸窗或金屬層間接觸窗孔的選擇，如圖 11.9 所示。CVD 鎢的電阻係數 (8.0 ～ 12 $\mu\Omega\cdot cm$) 比 PVD 鋁 - 銅合金的電阻係數 (2.9 ～ 3.3 $\mu\Omega\cdot cm$) 高，所以 CVD 鎢只能作爲連接不同層間的栓塞和局部連線。

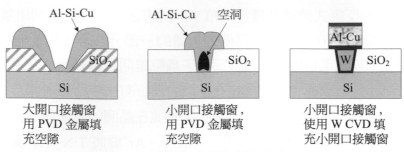

大開口接觸窗
用 PVD 金屬填
充空隙

小開口接觸窗，
用 PVD 金屬填
充空隙

小開口接觸窗，
使用 W CVD 填
充小開口接觸窗

圖 11.9　接觸窗金屬化製程示意圖。

問題

爲什麼有空洞的接觸窗不允許形成？

解答

因爲有空洞接觸窗的金屬橫截面較小，引起接觸窗電阻升高、電流密度增加，這將導致過多熱量的產生而加快 IC 元件的性能退化。

鎢廣泛應用於 DRAM 晶片形成位元線和位元線接觸 (BLC) 栓塞。鎢或鎢矽化物可以和多晶矽形成 DRAM 的字元線。多晶矽栓塞早已用於 DRAM 前端線 (FEoL) 接觸，如自對準接觸 (SAC) 和儲存節點接觸 (SNC)。當特徵尺寸不斷縮小時，鎢也被用於形成 DRAM FEoL 接觸栓塞。鎢栓塞廣泛用於形成 DRAM 中的金屬層和週邊區域元件的接觸栓塞，以及金屬層之間的通孔栓塞，大多數情況下只有兩層或三層。對於埋入式字元線 DRAM，鎢結合 TiN 用於形成字元線和陣列電晶體的閘極電極，與多晶矽結合形成位元線和週邊 MOSFET 的閘極電極。

鎢也可以用於形成 NAND 快閃記憶體的位元線和源極線，也可以和多晶矽形成字元線。

鎢通常以 WF_6 爲源材料用 CVD 製程沉積，WF_6 可以在 400℃時與 SiH_4 發生反應沉積鎢，這個反應通常用於沉積成核層。WF_6 和 H_2 在大約 400℃ 反應用於大量鎢的沉積，因爲這個反應能填充狹窄的接觸窗 / 金屬層間接觸窗孔。因爲鎢不能很好附著在二氧化矽表面，所以通常需要一層氮化鈦輔助黏附幫助鎢附著在氧化層表面。鎢會引起重金屬污染，而 TiN 和 Ti 疊層可以防止鎢擴散進入二氧化矽層。TiN 可以避免鎢接觸矽，並防止鎢與矽反應形成矽化鎢，然而形成矽化鎢會引起接面的損失。有關鎢元素的參數列於表 11.3 中。

表 11.3　鎢元素相關參數。

名稱	鎢
原子符號	W
原子序	74
原子量	183.84
發現者	Fausto and Juan Jose de Elhuyar
發現地	西班牙
發現時間	1783
名稱來源	由瑞典字母 "tung sten" 代表 "重石頭"。W 來源於 "wolfram"，wolframite 的簡寫。
固態密度	$19.25g/cm^3$
摩爾體積	$9.47\ cm^3$
音速	5174m/sec
硬度	7.5
反射率	62%
電阻係數	$5\mu\Omega\cdot cm$
熔點	3422℃
沸點	5555℃
熱導係數	$170W\ m^{-1}\ K^{-1}$
線性熱膨脹係數	$4.5\times10^{-6}K^{-1}$
蝕刻物 (濕式)	KH_2PO_4，KOH，和 $K_3Fe(CN)_6$，沸騰的 H_2O
蝕刻物 (乾式)	SF_6，NF_3，CF_4 等等
CVD 源材料	WF_6
主要應用	CMOS 邏輯元件的栓塞，DRAM 和快閃記憶體晶片字元線、位元線，和接觸孔接觸。

資料來源：https://www.webelements.com/tungsten/, last accessed on April 24,2022.

⊗ 11.2.7　銅

　　銅的電阻係數 $(1.7\mu\Omega\cdot cm)$ 比鋁 - 銅合金的電阻係數 $(2.9\sim3.3)\mu\Omega\cdot cm$ 低，銅也有較高的電致遷移抵抗力和高的可靠性。IC 晶片利用銅作為金屬連線可以減少電能的損耗並提高 IC 速度。然而銅和二氧化矽的附著能力很差。銅在矽和二氧化矽中的散速率很高，且會引起嚴重的金屬污染使元件失效。當特徵尺寸小於 3 微米時，所有的圖案化蝕刻都是乾式蝕刻 (RIE)。銅 - 鹵素化合物揮發性很低，所以銅很難進行乾式蝕刻。在 0.18 微米技術節點前，由於各向異性銅蝕刻有效方法的缺乏，使得銅沒有鋁常用。關於銅元素的參數列表於 11.4 中。

表 11.4　銅元素相關參數。

名稱	銅
原子符號	Cu
原子序	29
原子量	63.546
發現者	
發現地	有文字記載前，銅已被人類使用
發現時間	
名稱來源	來源於拉丁字母 "cuprum" 代表一個島 "Cyprus"
固態密度	$8.92g/cm^3$
摩爾體積	$7.11\ cm^3$
音速	3570m/sec
硬度	3.0
反射率	90%
電阻係數	$1.7\mu\Omega\cdot cm$
熔點	$1084.77^{\circ}C$
沸點	$5555^{\circ}C$
熱導係數	$400W\ m^{-1}\ K^{-1}$
線性熱膨脹係數	$16.5\times10^{-6}\ K^{-1}$
蝕刻物 (濕式)	HNO_4，HCl，H_2SO_4
蝕刻物 (乾式)	Cl_2，需要低壓高溫環境
CVD 源材料	(hfac)Cu(tmvs)
IC 工業中的主要應用	主要用於金屬連線

資料來源：https://www.webelements.com/copper/, last accessed on April 24, 2022.

　　包括高深寬比介電質接觸窗 / 金屬層間接觸孔、溝槽蝕刻、阻擋層沉積、銅沉積，以及銅化學機械研磨 (CMP) 等這些關鍵技術，都促使雙重金屬鑲嵌金屬化技術日趨成熟。由於雙重金屬鑲嵌製程不需要金屬蝕刻，所以這個技術促使了銅在 1990 年代後期 IC 生產中得以應用。

　　銅沉積通常分兩個過程，第一個過程為沉積覆蓋溝槽和通孔側壁及底部的阻擋層和晶種層，接著利用 CVD 或電化學電鍍沉積法 (Electrochemical Plating Deposition，EPD) 巨量沉積。巨量銅沉積後進行退火製程增加晶粒尺寸並在銅 CMP 之前改善導電率。

⊗ 11.2.8 鉭

　　鉭作爲銅沉積前的阻擋層，可以防止銅擴散穿過氧化矽進入矽基板損壞元件。鉭與如鈦、氮化鈦阻擋層材料相比，是一種更好的阻擋層材料，一般利用濺鍍製程沉積。TaN 可以通過反應性物理氣相沉積 (PVD) 製程來沉積。有關鉭元素的參數列於表 11.5。

表 11.5　鉭元素相關參數。

名稱	鉭
原子符號	Ta
原子序	73
原子量	180.9479
發現者	Anders Ekeberg
發現地	瑞典
發現時間	1802
名稱來源	由希臘字母 "Tantalos" 代表 "尼奧比的父親"，因爲它在元素週期表中接近鈮。
固態密度	$16.654g/cm^3$
摩爾體積	$7.11\ cm^3$
音速	3400m/sec
硬度	3.0
反射率	90%
電阻係數	$12.45\mu\Omega \cdot cm$
熔點	2996℃
沸點	5425℃
熱導係數	$57.5W\ m^{-1}\ K^{-1}$
線性熱膨脹係數	$6.3\times10^{-6}\ K^{-1}$
蝕刻物 (濕式)	2:2:5 HNO_3，HF 和 H_2O 混合溶液
蝕刻物 (乾式)	Cl_2
主要應用	用於銅阻擋層；也可以用於 PMOS 閘極阻擋層阻擋 TiAl 和 TiN 反應。TaN 也用於銅阻擋層；TaBN 用於 EUV 光罩的吸收層。

資料來源：https://www.webelements.com/tantalum/, last access on April 24, 2022.

⊗ 11.2.9 氮化鉭

　　氮化鉭具有與鉭相似的性質，也被廣泛用作銅金屬化的阻擋層。TaN 可以通過金屬有機化學氣相沉積 (MOCVD) 製程沉積，這個製程提供了銅阻擋層所需良好的階梯覆蓋。隨著金屬線尺寸的縮小，阻擋層的厚度也會減少，因此 ALD TaN 越來越受到關注。此外，對於 HKMG CMOS，ALD TaN 可以用作阻擋層，以保護 PMOS 的功函數金屬在其沉積和退火過程中不受 NMOS 功函數金屬的損壞。

⊗ 11.2.10 鈷

鈷主要用於為 180 nm 到 90 nm 的 CMOS 邏輯元件形成矽化鈷 (CoSi₂)，矽化鈷仍然用於一些 DRAM 晶片中。在 CoSi₂ 形成過程中，Co 通常使用 PVD 製程沉積。隨著技術節點縮小到 10nm 以下，接觸槽的尺寸變得更小，TiN 薄膜可能會佔據太多截面面積，如圖 11.10(a) 所示。W/TiN 局部連線的電阻主要由 W 的截面面積決定，當接觸槽的尺寸變小時，W 的截面面積對 TiN 薄膜厚度變得敏感。圖 11.10(b) 顯示，對於具有 18nm 尺寸填充 W 和 3nm 厚的 TiN 薄膜的接觸槽，其電阻率與充滿 Co 但沒有 TiN 薄膜的接觸槽大致相同。除非能開發一種 W 製程可以擁有小於 3nm 厚的 TiN 薄膜，否則沒有襯底薄膜的 Co 具有較低的電阻。金屬對金屬 (M2M) 選擇性沉積或選擇性電鍍製程，可用於在填充接觸槽或孔洞時不留空隙地沉積 Co。理想情況下，M2M 選擇性沉積製程，可以從底部向上僅在槽或孔中沉積 Co，並將它們完全填滿而不覆蓋晶圓表面，因此無需金屬 CMP 製程。

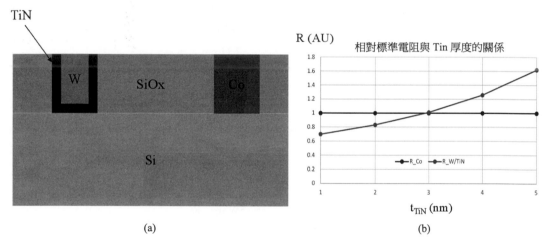

圖 11.10　(a) 使用 W/TiN 填充的接觸槽及無膜 Co；(b) 相對金屬電阻和 TiN 薄膜厚度的計算示意圖。

在 Cu-CMP 之後，使用 CoWP 等鈷合金覆蓋銅表面，以提高銅線的抗電遷移能力。通常使用化學電鍍製程進行此過程，它只在銅表面上塗覆鈷合金。Co 是一種磁性材料，可用於磁性隧道結 (MTJ) 的磁阻隨機存取記憶體 (MRAM)。表 11.6 列出一些 Co 的特性。

表 11.6　鈷元素相關參數。

名稱	鈷
原子符號	Co
原子序	27
原子量	180.9479
發現者	Georg Brandt
發現地	瑞典
發現時間	1735
名稱來源	來自於德文"kobald"代表"goblin"(邪惡)
固態密度	8.900g/cm^3
摩爾體積	6.67 cm^3
音速	4720m/sec
硬度	6.5
反射率	67%
電阻係數	13$\mu\Omega \cdot$cm
熔點	1768K 或 1495℃
沸點	3200K 或 2927℃
熱導率	100W m^{-1} K^{-1}
線性熱膨脹係數	13.0×10^{-6} K^{-1}
蝕刻物 (濕式)	H_2O_2 和 H_2SO_4
主要應用	形成矽化鈷為矽化物應用

資料來源：https://www.webelements.com/cobalt/, accessed on April 24, 2022.

⊛ 11.2.11　鎳

　　鎳主要用於為 65 nm 和更高技術節點的 CMOS 邏輯元件形成鎳矽化物 (鎳矽)，因為 NiSi 的比其他矽化物的形成溫度低，這適合於更小的特徵尺寸和較低的熱積存元件。鎳一般透過濺鍍製程沉積。

　　鎳是一種磁性材料。鎳 - 鐵 (NiFe) 合金可用於形成磁阻隨機存取記憶體 (MRAM) 中的磁性儲存單元。

表 11.7　鎳元素相關參數。

名稱	鎳
原子符號	Ni
原子序	28
原子量	58.693
發現者	Axel Fredrik Cronstedt
發現地	瑞典
發現時間	1751
名稱來源	來源於德文 "kupfernickel" 意思是魔鬼的銅或聖尼古拉斯（舊尼克）銅
固態密度	8.908g/cm^3
摩爾體積	6.59 cm^3
音速	4970m/sec
硬度	4.0
反射率	72%
電阻係數	$7.2 \mu\Omega \cdot \text{cm}$
熔點	1728K 或 1455℃
沸點	3186K 或 2913℃
熱導係數	$91 \text{W m}^{-1} \text{K}^{-1}$
線性熱膨脹係數	$13.4 \times 10^{-6} \text{K}^{-1}$
蝕刻物（濕式）	H_2O_2 和 H_2SO_4 的混合物
蝕刻物（乾式）	Cl_2
IC 工業中的主要應用	和矽反應形成 NiSi 減小源極 / 汲極接觸電阻，閘極局部連線。

Main sources：https://www.webelements.com/nickel/, accessed on April 24, 2022.

11.3 金屬薄膜特性

　　金屬薄膜厚度的測量與介電質薄膜的測量不同。直接精確測量不透明薄膜 (如金屬薄膜) 的厚度相當困難，聲學測量法引進之前，金屬薄膜厚度的測量通常需要用破壞性測量方法在測試晶圓上進行。近年來，一些非破壞性測量，如雷射 - 聲學測量和 X 射線反射測量被發展應用於金屬薄膜測量和製程控制。

導電薄膜一般是多晶態結構。金屬導電率和反射係數與晶粒尺寸有關，通常較大的晶粒有高的導電和低的反射係數，而這些都和沉積的條件有關。例如，較高的溫度使基板表面上原子有較高的遷移率，在沉積薄膜中形成較大的晶粒。反射係數與薄片電阻的測量可以監控 IC 工業中金屬沉積過程。

⊗ 11.3.1　金屬薄膜厚度與沉積速率

如鋁、鈦、氮化鈦及銅金屬薄膜都是不透明薄膜。使用光學技術，如介電質薄膜測量中最常使用的反射係數光譜儀無法測量金屬薄膜厚度。要精確測量實際金屬薄膜的厚度，通常需要使用破壞性測量法。利用掃描式電子顯微鏡 (SEM) 掃描橫截面，或在移除一部分沉積薄膜之後，利用輪廓儀表測量金屬薄膜的階梯高度。

對於 SEM 測量，需要金屬薄膜沉積後切割測試晶圓，並將切割後的樣品放在平台上。具有一定能量的電子束用於掃描整個樣品，轟擊作用會在樣品中引發二次電子發射。因為不同的材料有不同的二次電子發射產生率，因此透過測量二次電子發射強度，SEM 可以精確地從產生的影像中測量獲得金屬薄膜的厚度。SEM 也可以檢測栓塞的空洞或鎢栓塞是否與基板良好接觸。然而 SEM 昂貴、具有破壞性且過程耗時，同時也難以測量整個晶圓的薄膜均勻性。

問題

為什麼 SEM 相片一般是黑白的？

解答

SEM 相片是根據二次電子發射時強度拍攝的，這種強度提供強的和弱的信號，並轉換成相片上的明亮點和暗點。一些有美麗色彩的 SEM 相片，是在相片拍攝之後經過影像分析和人工著色形成的。

輪廓儀表的測量可以為大於 1000 Å 的薄膜提供相關的厚度與均勻性資訊，但是測量之前需要先進行圖案化蝕刻。首先需要一層金屬薄膜預先沉積在晶圓表面，然後用微影技術在特定區域將光阻圖案化。濕式蝕刻後，晶圓上大部分的金屬薄膜被移除，然後去光阻，這樣將在晶圓的特定部分留下金屬階梯。最後晶圓被放到探針式輪廓儀表中，透過探針檢測並記錄細微的表面輪廓 (如圖 11.11 所示)。

沉積速率由測量的薄膜厚度及沉積時間決定。CVD 製程中，沉積速率受氣體流量和製程溫度影響。磁控濺鍍沉積製程中，沉積速率主要受偏壓功率控制。對於蒸鍍製程，沉積速率主要取決於熱燈絲的電流。

超薄 (30 ~ 100Å) 的氮化鈦薄膜幾乎是透明的。因此反射係數光譜儀可以用於測量這種薄膜的厚度。

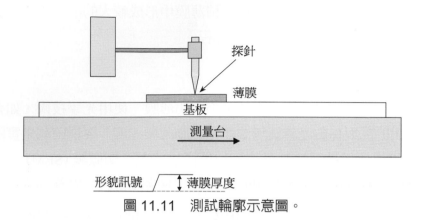

形貌訊號 薄膜厚度
圖 11.11　測試輪廓示意圖。

如果金屬薄膜的電阻率對於整個晶圓表面為常數，四點探針法就可以透過非直接監測金屬薄膜的厚度。

聲學法是半導體工業引進的一種新技術，它可以測量不透明薄膜的厚度而不需要直接與薄膜接觸。因為聲學法是一種非破壞性方法，所以能夠測量產品晶圓的金屬薄膜厚度和均勻性，這對控制金屬沉積製程有很大幫助。

圖 11.12 說明了聲學測量法的基本原理。透過雷射光束照射在薄膜表面上，光感測器測量反射強度。非常短的雷射脈衝 (約 0.1ps，或 10^{-13} 秒) 將從雷射器中發射出並聚焦在同一點，大約 10×10 平方微米的面積，雷射脈衝在短時間內將薄膜表面加熱到 5 ~ 10℃。該點上的材料遇熱膨脹引起聲波，在薄膜內以材料的音速傳導。當聲波傳遞到不同材料的介面時，一部分聲波將從介面反射回來，而其他聲波將繼續傳入底部的材料中。反射波 (或回聲) 到達薄膜表面時將引起反射係數改變。聲波在薄膜內來回產生回音直到消散為止。兩個反射係數高峰之間的時間變量 (Δt)，即表示聲波在薄膜內來回移動的時間。當材料音速 (V_s) 已知時，薄膜的厚度就可以透過下列公式計算獲得：

$$d = V_s \, \Delta t / 2$$

反射波 (或回聲) 的衰減率與薄膜密度有關，透過這個原理也可以測量多層結構中每一種薄膜厚度。

圖 11.12(a) 顯示了厚 TEOS 氧化層中的 TiN 薄膜測量技術，此時的氧化層被視為基板。從圖 11.12(b) 可以計算兩個反射係數高峰之間的時間差為 $\Delta t \approx 25.8$ ps。TiN 薄膜中的音速為 $V_s = 9500$ m/s = 95 Å/ps；因此 TiN 薄膜的厚度 $d = 1225$Å。

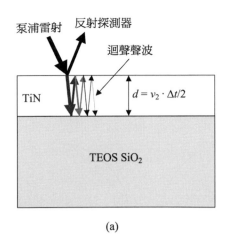

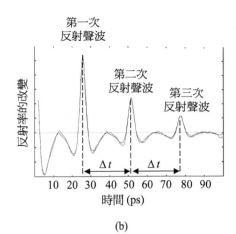

圖 11.12　金屬薄膜厚度聲波測量法示意圖。(圖 11.12(b) 的曲線來源於 Rudolph 技術公司)

當 X 射線的入射角非常小時，能在樣品表面上反射。X 射線的反射率由入射角、表面粗糙度、薄膜厚度和薄膜密度決定。由於薄膜表面的反射光和薄膜與基板介面的反射光之間的干涉，X 射線的反射率隨入射角改變而振盪。透過改變入射角，並測量反射 X 射線的強度，就可以獲得 X 射線強度隨入射角變化的頻譜圖。透過與理論模型擬合，X 射線反射測量儀 (XRR) 就可以用於測量薄膜的厚度和薄膜密度，這樣可以提供薄膜成分的資訊。圖 11.13(a) 顯示了 XRR 測量的原理，圖 11.13(b) 提供了矽基板上 TaN/Ta 薄膜的 XRR 測量結果。其中 $q_z = 4\pi \sin\theta/\lambda$。

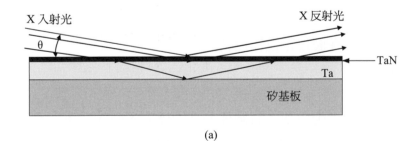

(a)

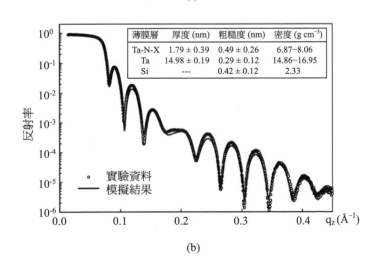

薄膜層	厚度 (nm)	粗糙度 (nm)	密度 (g cm^{-3})
Ta-N-X	1.79 ± 0.39	0.49 ± 0.26	6.87–8.06
Ta	14.98 ± 0.19	0.29 ± 0.12	14.86–16.95
Si	---	0.42 ± 0.12	2.33

圖 11.13　(a)XRR 測量原理示意圖；(b) 測量結果實例。
(圖 11.13(b) 資料來源：R.J. Matyi, et al., Thin Solid Films, Vol. 516, pp. 7962, 2008.)

◉ 11.3.2 薄膜厚度的均匀性

厚度的均匀性 (事實上指非均匀性)、薄片電阻和反射係數在製程開發和製程維持過程中被例行性地測量。它可以透過測量晶圓上多個位置的薄片電阻和反射係數計算出均匀性，如圖 11.14 所示。

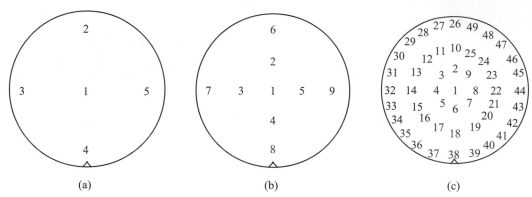

圖 11.14　薄膜均匀性測量的取點分佈：(a)5 點；(b)9 點；(c)49 點。

量測點數越多，準確性就越高。然而測量點越多，所需的測量時間也就越長，這將造成生產率較低，生產成本較高。對於一 IC 製造工廠，時間就是金錢。

49 點測量的標準差 3σ 非均匀性，是半導體工業中對 200 mm 晶圓製程評鑑的一般定義。300 mm 晶圓需要 121 點測量方法。精確定義非均匀性很重要，因為對於一組相同的測量資料，不同的定義將引起不同的非均匀性結果。對於生產晶圓，消耗較少時間的 5 點和 9 點測量最常使用在製程監視和控制上。

◉ 11.3.3 應力

應力由薄膜與基板之間的材料不匹配引起。有兩種類型的應力，收縮式應力 (簡稱壓力) 和伸張式應力 (簡稱張力)。如果應力太高，無論是收縮式或伸張式都會引起嚴重問題。特別是對於一般的金屬薄膜，高收縮應力將引起小丘狀凸出物，使不同金屬層間短路；高伸張式應力會引起薄膜 (或連線) 破裂，甚至脫落。圖 11.15 說明了由薄膜高應力引起的薄膜缺陷。

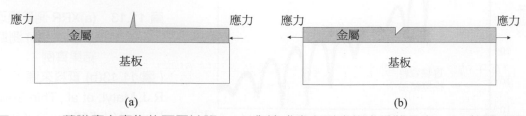

圖 11.15　薄膜應力產生的不同缺陷：(a) 收縮式應力形成的小丘狀凸出；(b) 伸張式應力形成的破裂。

應力的類型有本質應力和熱應力兩種。本質應力由薄膜密度引起；薄膜密度主要取決於電漿濺鍍沉積中的離子轟擊。當晶圓表面的原子被電漿的高能量離子轟擊時，形成薄膜的原子將密集排列在一起。這種薄膜將會膨脹，薄膜應力是收縮式應力。較高的沉積溫度會增加原子遷移率，並增加薄膜密度而產生較少的伸張式應力。本質應力也與沉積溫度及壓力有關。熱應力是由晶圓溫度的改變以及薄膜和基板不同的熱膨脹係數引起。鋁的熱膨脹係數 $\alpha_{Al} = 23.6 \times 10^{-6} K^{-1}$ 與矽的熱膨脹係數 $\alpha_{Si} = 2.6 \times 10^{-6} K^{-1}$ 相比較高。高溫下例如 250℃，沉積鋁薄膜時，晶圓冷卻到室溫後，因為鋁的熱膨脹係數較高，所以鋁薄膜比矽收縮更多。這種情況下，晶圓將拉伸鋁薄膜並形成伸張式應力。事實上室溫時微小的張力對鋁薄膜比較適合，因為在後續的金屬退火 (約 450℃) 和介電質沉積 (約 400℃) 過程中，當晶圓加熱時，張力將減少。

> **問題**
>
> 為什麼氧化矽薄膜在室溫時有利於形成收縮式應力？
>
> **解答**
>
> 因為氧化矽的熱膨脹係數 $(SiO_2 = 0.5 \times 10^{-6}\ K^{-1})$ 比矽基板低，如果在室溫時具有拉伸式張應力，則當晶圓在後續的製程被加熱時，張力將變的更大，最後導致氧化層薄膜破裂並在鋁線上形成小丘狀凸出物。

應力可以透過測量晶圓在薄膜沉積前後的曲率變化來確定，這個已經在本書第十章中作了詳細討論。金屬薄膜應力的一般測量過程為：晶圓曲率測量，已知厚度的薄膜沉積，晶圓曲率第二次測量。

⊗ 11.3.4　反射係數

反射係數是金屬薄膜的一個重要特性。對於穩定的金屬化製程，沉積薄膜的反射係數應該保持在接近常數範圍之內。反射係數在製程期間中的改變能顯示製程狀況的一種趨勢。反射係數是薄膜晶粒尺寸與表面平滑度的函數，而且需要控制。一般而言，晶粒尺寸較大則反射係數較低。越平滑的金屬表面有越高的反射係數。反射係數的測量是一種簡單、快速且非破壞性過程，而且經常在半導體生產中的金屬化區域進行。

反射係數對微影製程非常重要，因為它會引起駐波效應，這由入射光與反射光之間的相互干涉造成。週期性的過度曝光與曝光不足將在光阻側壁上造成起伏的波紋，這將影響微影技術的解析度。抗反射層鍍膜 (ARC) 在金屬圖案化製程中非常必要，特別是鋁的圖案化製程，因為鋁有非常高的反射係數 (相對於矽的 180～220%)。

反射係數可以透過測量聚焦在薄膜表面上的反射光強度獲得。反射係數的測量結果通常採用以矽為基準的相對值。

◉ 11.3.5 薄片電阻

薄片電阻 (Sheet Resistance) 是導電性材料最重要的特性之一，尤其是導電薄膜。薄片電阻被用來監測導電薄膜沉積與沉積反應室的表現。對於已知導電率的導電薄膜，薄片電阻的測量一般用來確定薄膜厚度，因為薄片電阻的測量比 SEM 和輪廓厚度測量更快。電阻率是材料最基本的特性。對於導電薄膜，電阻可以透過薄膜的薄片電阻與薄膜厚度乘積獲得。

薄片電阻 (R_s) 是定義的參數。四點探針是最常使用的量測工具之一，它可以測量電壓與電流計算出薄片電阻。透過測量薄片電阻，可以計算出已知薄膜厚度的薄膜電阻率 (ρ)，或計算出已知電阻率的薄膜厚度。

對於圖 11.16 (a) 所示的導線電阻，可由下式計算出：

$$R = \rho \frac{L}{A}$$

其中 R 是電阻，ρ 是導體的電阻率，L 是導線長度，而 A 是橫截面面積。假如導線是長方形，如圖 11.16 (b) 所示，則橫截面的面積只需簡單改變為寬度與厚度 ($w \times t$) 的乘積。線電阻就可以表示成：

$$R = \rho \frac{L}{wt}$$

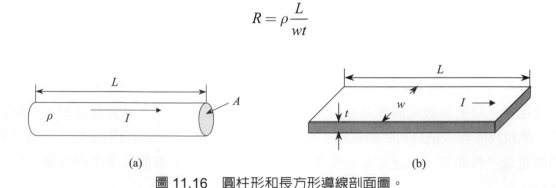

(a)　　　　　　　　　　　　　(b)

圖 11.16　圓柱形和長方形導線剖面圖。

對於方形薄片，長度等於寬度 ($L = w$)，因此相互抵消。所以方形導電薄片的電阻定義為薄片電阻，可以表示成：

$$R_s = \rho / t$$

薄片電阻的單位為每平方歐姆 ($\Omega/\Box$), 平方的記號 ($\Box$) 表示方形電阻，與方形的尺寸沒有關係。如果金屬薄膜的厚度完全均勻，則每邊長度為一微米的方形薄片的薄片電阻，將會與每邊長度為一英吋的方形薄片一樣 (如圖 11.17 所示)。

圖 11.17　對於兩個不同大小的正方形薄膜，薄片電阻相同。

問題

如果兩條導線具有相同的金屬薄膜，相同的長寬比，如圖 11.18 所示，它們的線電阻是否一樣？

解答

一樣的。因為這兩條導線都包含相同數量的串聯式方形薄片，每個方形薄片都有相同的薄片電阻，所以它們的線電阻是一樣的。

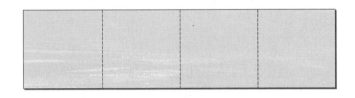

圖 11.18　兩根導線的線電阻。

電阻率與薄膜材料的晶粒尺寸及結構有關。對於特定的金屬薄膜，大的晶粒尺寸有較低的電阻率。

四點探針 (如圖 11.19 所示) 是最常使用測量薄片電阻的方法。透過將電流施加在兩個探針之間，電壓透過另外兩個探針測量，薄片電阻等於電壓對電流的比再乘以常數項，常數項取決於使用的探針。一般情況下，兩個探針之間的距離為 $S_1 = S_2 = S_3 = 1\,mm$。如果電流 I 施加在 P_1 與 P_4 之間，則 $R_s = 4.53V/I$，V 是 P_2 與 P_3 之間的電壓。如果電流加在 P_1 與 P_3 之間，則 $R_s = 5.75V/I$，V 是 P_2 與 P_4 之間的電壓。這兩個公式是在假設薄膜區域無限大的條件下推導出來的，因此對晶圓上的薄膜測量不準確。

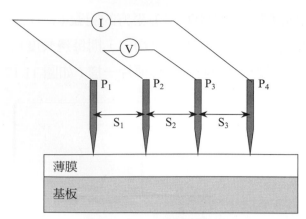

圖 11.19　四點探針。

先進的四點探針通常在一系列製程中自動執行四次測量程序，透過所有的測量組態及在每一組態中施加逆向電流測量 R_s，就能減少邊緣效應並獲得最佳化的結果。因為四點探針直接與薄膜接觸，所以它們不能用於產品晶圓的測試，只能用於測試晶圓，並作為發展製程、鑑定與製程控制。

薄片電阻測量可以提供重要的薄膜電阻資訊，這些資訊受薄膜厚度、晶粒尺寸、合金濃度以及氧氣雜質的影響。因為製程發展中通常會建立薄片電阻與晶片良率之間的關係，因此在 IC 製造過程中，將詳細監測薄片電阻。

對於鋁 - 銅合金和銅金屬薄膜，電阻率眾所周知，而且在特定的沉積狀況下相當穩定。因此，薄片電阻的測量可以提供快速且方便的方法監控薄膜厚度與均勻性。然而這個方法對氮化鈦並不適用，因為氮化鈦的電阻率對幾種製程參數很敏感 (如氮 /氬的流量比和製程溫度)。所以即使測量薄片電阻也無法正確計算出 TiN 薄膜的厚度。

11.4 金屬化學氣相沉積

11.4.1 簡介

金屬化學氣相沉積 (CVD) 在 IC 製程中被廣泛用於沉積金屬。CVD 金屬薄膜有非常好的階梯覆蓋和間隙填充能力，而且可以填充微小的接觸窗孔以使金屬層連接在一起。CVD 金屬薄膜有較差的品質且電阻率比 PVD 金屬薄膜高，因此主要用於栓塞與局部連線，不用於長距離連線。

最常使用的金屬化學氣相沉積 (CVD) 製程用於沉積鎢、矽化鎢以及氮化鈦。本節將對這些金屬的 CVD 製程詳細介紹。大部分金屬沉積都是加熱過程；外在的熱量將提供化學反應所需的自由能。某些情況下，遠距電漿源產生自由基增加了化學反應

速率。圖 11.20 所示爲金屬化學氣相沉積 (CVD) 系統的示意圖。系統內的射頻單元主
要用於反應室的電漿清潔過程。

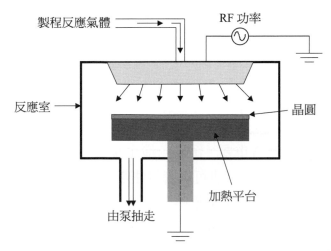

圖 11.20　金屬 CVD 沉積系統示意圖。

一般的金屬化學氣相沉積 (CVD) 過程如下：

- 晶圓送入反應室。
- 關閉活動閥門。
- 設置第二製程氣體的壓力與溫度。
- 製程氣體注入，並開始沉積。
- 主要製程氣體停止注入，第二製程氣體繼續。
- 製程氣體終止。
- 用氮氣吹除淨化反應室。
- 活動閥打開，機械手臂將晶圓取出。

　　金屬沉積過程中，金屬薄膜不僅沉積在晶圓表面，也沉積在反應室內。所以需要
週期性的清潔製程防止反應室內部的薄膜破裂與剝落造成微粒污染。通常電漿輔助化
學氣體用於例行性的乾式清洗。對於金屬化學氣相沉積 (CVD) 反應室，反應室的電
漿清潔將採用以氟、氯爲基礎的化學品，並利用乾式蝕刻移除沉積在反應室內部的
薄膜。

　　電漿清除過程如下：

- 反應室開始抽氣。
- 淨化 (蝕刻劑) 氣體的壓力與溫度設置。
- 射頻 (RF) 開啓，開始電漿清潔過程。

- 射頻關閉，開始淨化反應室。
- 第二製程氣體的壓力和溫度設置。
- 主要製程氣體佈植。開始沉積陳化層。
- 主要製程氣體終止。第二製程氣體繼續。
- 終止殘餘的製程氣體。
- 用氮氣淨化反應室。
- 反應室準備下一次的沉積。

陳化 (seasoning) 步驟非常重要。沉積一層金屬薄膜在反應室的內部可以有效隔離鬆散的殘餘物並防止微粒產生。也可以密封住殘餘的蝕刻劑氣體，防止干擾沉積過程，並且幫助消除所謂的第一晶圓效應。

◉ 11.4.2　鎢

自 1980 年代以來，鎢金屬一直廣泛應用在半導體工業的金屬化過程中。隨著特徵尺寸的縮小，將不再有空間使接觸窗 / 金屬層間接觸窗孔形成傾斜開口；狹窄和接近垂直的接觸窗 / 金屬層間接觸窗孔必須在金屬化過程中採用。因為 PVD 金屬的階梯覆蓋很差，所以無法填滿垂直的窗孔而不留空洞。鎢 CVD(WCVD) 技術已被開發出來，WCVD 薄膜有幾乎完美的階梯覆蓋和均勻性，可以透過 CVD 填充微小的窗孔而不產生空洞。半導體生產中，鎢一直廣泛作為連接導體層之間的栓塞。圖 11.21 說明了垂直式和傾斜式接觸窗孔，清晰顯示了使用垂直接觸窗孔可以增加 IC 連線的封裝密度。

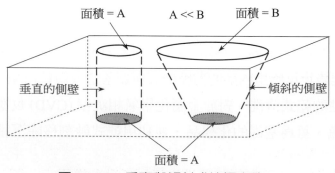

圖 11.21　垂直與傾斜式接觸窗孔。

因為鎢的電阻率比金屬矽化物及多晶矽都低，所以可以作為局部連線使用。局部連線鎢 CVD 不同於栓塞 CVD，因為局部連線 CVD 中主要的要求是較低的電阻率，而栓塞 CVD 要求強的間隙填充能力。

六氟化鎢 WF_6 在鎢 CVD 中通常作為鎢的源材料。SiH_4 和 H_2 用來與 WF_6 產生反應降低氟含量並沉積鎢。WF_6 具有腐蝕性，與水反應形成 HF。HF 直接與皮膚接觸時不會有感覺，但當接觸到骨頭並與鈣起反應時就會引起嚴重疼痛及傷害，這是 HF 特殊的危害性。所以在鎢 CVD 反應室進行濕式清潔時，需要穿戴雙層乳膠手套保護雙手。SiH_4 容易自燃、易爆、且有毒性。H_2 分子很小，所以很容易洩漏，並且也是易燃和易爆。

對於金屬和矽之間的接觸窗，透過矽基板的還原反應製程可以沉積鎢：

$$2WF_6 + 3Si \rightarrow 2W + 3SiF_4$$

矽基板可以作為成核層形成所謂的選擇性鎢，這個情況下，鎢只沉積在成核層上，即沉積在矽的表面，而不像 H_2/WF_6 化學試劑會在二氧化矽表面上沉積鎢。選擇性鎢的優點之一是與矽有很好接觸，因而可以降低接觸窗電阻。鎢可以選擇性沉積在接觸窗孔中，所以並不需要對晶圓表面的鎢層進行回蝕或回研磨。然而隨後的製程中，鎢會與矽產生反應形成矽化鎢，這會進一步消耗矽基板引起接面損失。選擇性鎢 CVD 的另一個問題是很難獲得完美的選擇性，因為總有不可預測的成核點出現在氧化矽表面。所以選擇性鎢製程並不常用在 IC 製造中。

大部分的人都使用鈦 / 氮化鈦作為阻擋層 / 附著層的整面全區鎢 CVD 製程，這樣可以降低接觸窗電阻並防止鎢與矽產生反應，而且能幫助鎢附著在矽玻璃上。整面全區鎢 CVD 通常包括兩個過程：成核過程與主要沉積過程。首先用 SiH_4/WF_6 沉積一層薄鎢晶種層在附著層上：

$$2WF_6 + 3SiH_4 \rightarrow 2W + 3SiF_4 + 6H_2$$

成核步驟將嚴重影響後續的薄膜均勻性。成核步驟後，使用 H_2/WF_6 化學試劑沉積大量鎢以填充接觸窗 / 金屬層間接觸窗孔。

$$WF_6 + 3H_2 \rightarrow W + 6HF$$

鎢 CVD 過程中，氬氣通常用來吹除淨化晶圓背面，以防止鎢沉積在晶圓邊緣和背面形成微粒污染物。N_2 用來改善薄膜的反射係數和導電率。圖 11.22 顯示了 CVD 鎢晶種層與巨量層。

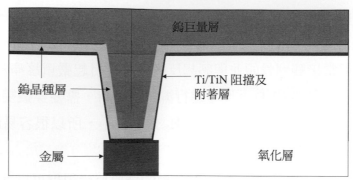

圖 11.22　CVD 沉積鎢晶種層和體材料。

問題

電漿可以產生自由基並提高 CVD 製程的沉積速率。然而大部分的鎢 CVD 製程都是加熱製程過程，而不是 PECVD，為什麼？

解答

在電漿中，WF_6 將分離並產生氟自由基。透過離子轟擊作用，氟自由基一直存在於電漿中，氟自由基會在鎢 CVD 期間蝕刻矽玻璃並產生很多缺陷。

　　每一次沉積後，CVD 反應室需要用氟化學試劑清潔。通常在電漿製程中利用 NF_3 或 SF_6 提供氟自由基，而氬離子用於進行轟擊。離子轟擊可以破壞鎢原子的化學鍵並顯著改善蝕刻效果。

$$6F + W \rightarrow WF_6$$

　　清潔過程完成後，鎢的薄層將透過陳化步驟過程沉積在反應室內減少粒子污染並消除第一晶圓效應。

　　巨量鎢 CVD 製程可以填充接觸窗 / 金屬層間接觸窗孔，並且在晶圓表面塗佈一層鎢。晶圓表面上的大量鎢必須被移除，只留下接觸窗 / 金屬層間接觸窗孔中的鎢。留下來的鎢作為栓塞連接各層之間的導線。工業界中廣泛利用氟化學試劑於鎢回蝕製程，一直到 1990 年代後期鎢 CMP 才被 IC 生產應用。

　　圖 11.23 顯示在埋入式字元線 (bWL) DRAM 中導電層的應用。在圖 11.23 中，WL 代表字元線，SAC 代表自對準接觸，BLC 代表位元線接觸，BL 代表位元線，SNC 代表儲存節點接觸，SN 代表儲存節點。我們可以看到 WL 由 TiN 和 W 形成。並且還能發現 BL 由多晶矽和鎢，以及氮化矽蓋層形成。一般情況下，在多晶矽和鎢之間沉積一層氮化鈦 (TiN)。BLC 通常由多晶矽或選擇性磊晶矽生長所形成。SNC 和外圍區域的接觸通常由 W 與 Ti/TiN 阻擋層 / 黏合層形成。儲存節點著陸墊 (SNLP) 由 W/

TiN 形成。透過 TiN/ 高 k/TiN 疊層形成 SN 電容。高 k 可以是 ZrO$_2$/Al$_2$O$_3$/ZrO$_2$(ZAZ)薄膜。金屬接觸由鎢填充，並使用 Ti/TiN 作爲阻擋層 / 黏合層。

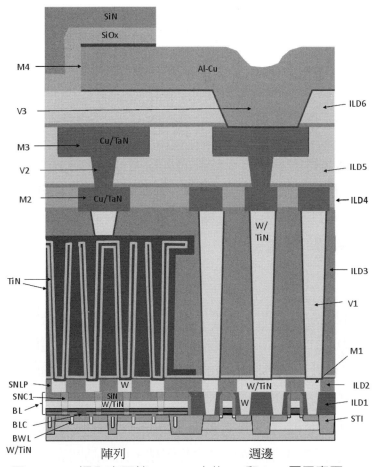

圖 11.23　埋入字元線 DRAM 中的 W 和 TiN 層示意圖。

在鎢沉積之後，需要去除晶圓表面多餘的鎢，可以通過鎢回蝕或 WCMP(鎢化學機械研磨) 來實現。鎢回蝕製程的優點在於可以和鎢 CVD 放在同一個單一主機上利用臨場方式操作。然而 WCMP 有較好的製程控制，並且可以顯著改善晶片良率。當 CMP 技術成熟並廣泛接受後，鎢 CMP 快速取代回蝕製程。

⊛ 11.4.3　矽化鎢

矽化鎢沉積通常應用於技術成熟之閘極和 DRAM 晶片的字元線連接。SiH$_4$ 與 SiH$_2$Cl$_2$(DCS) 都是矽的源氣體材料，而 WF$_6$ 是鎢的源材料。SiH$_4$/WF$_6$ 化學試劑需要較低的製程溫度 (通常爲 400℃)，然而 DCS/WF$_6$ 化學試劑需要 550-575℃較高的溫度。

SiH₄/WF₆ 化學反應：

$$WF_6 + 2SiH_4 \rightarrow WSi_2 + 6HF + H_2$$

這個製程與鎢 CVD 製程的成核過程類似，主要不同在於 SiH_4/WF_6 的流動速率比；當這個比例低於 3 時，化學取代反應將沉積出大量含矽的鎢，而非矽化鎢。為了確保矽化鎢 (WSi_x，其中 x 界於 2.2 與 2.6 之間) 的沉積，SiH_4/WF_6 的流量比必須大於 10。

DCS/WF₆ 的化學反應可以表示為：

$$2WF_6 + 7SiH_2Cl_2 \rightarrow 2WSi_2 + 3SiF_4 + 14HCl$$

以 DCS/WF₆ 為基礎的製程需要較高的沉積溫度。與 SiH₄/WF₆ 製程相比，DCS/WF₆ 具有較高的矽化鎢沉積速率和較佳的薄膜階梯覆蓋。在薄膜中也有低的氟濃度和較少的薄膜脫落，以及因張力較低導致的破裂問題。DCS/WF₆ 金屬矽化物製程正逐漸取代以矽烷為基礎的製程。

◉ 11.4.4 鈦

鈦在 IC 晶片製造中有兩個主要應用。氮化鈦阻擋層 / 附著層沉積之前，必須降低接觸窗電阻，因為 TiN 與 Si 的直接接觸將引起較高的接觸電阻，所以鈦被用於與矽發生反應產生矽化鈦。對於阻擋層的應用，一般選擇 PVD 鈦而不是 CVD 鈦，因為 PVD 薄膜有較好的品質和較低的電阻率。

對於矽化鈦製程，CVD 具有一些優點。與 PVD 鈦比較，CVD 鈦有較好的階梯覆蓋，這一點很關鍵，因為鈦在閘極蝕刻之後沉積，此時晶圓表面未經平坦化處理。在高溫 (約 600℃) CVD 鈦可於鈦沉積時同時與矽反應形成 TiSi₂。這個製程可以表示為：

$$TiCl_4 + 2H_2 \rightarrow Ti + 4HCl$$

$$Ti + 2Si \rightarrow TiSi_2$$

◉ 11.4.5 氮化鈦

氮化鈦 (TiN) 廣泛作為鎢栓塞的阻擋層 / 附著層。CVD TiN 薄膜的品質沒有 PVD TiN 薄膜好，因為它比 PVD TiN 具有更高的電阻係數。然而 CVD TiN 薄膜卻具有比 PVD TiN 薄膜 (70% 比 15%) 還要優越的側壁階梯覆蓋。PVD Ti 和 TiN 薄層沉積後，約 (75 ～ 200Å) 的 CVD TiN 薄層加在接觸窗 / 金屬層間接觸窗孔作為鎢栓塞阻擋層和附著層。圖 11.24 顯示了 IC 製造中的 PVD 和 CVD 氮化鈦層。

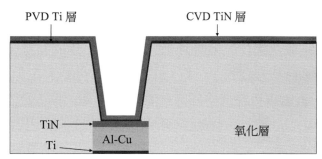

圖 11.24　PVD 和 CVD 氮化鈦沉積層示意圖。

TiN 可以利用如 TiCl$_4$ 及 NH$_3$ 的無機化學試劑在 400 ～ 700°C 溫度下沉積：

$$6TiCl_4 + 8NH_3 \rightarrow 6TiN + 24HCl + N_2$$

沉積的溫度越高，TiN 薄膜品質就越好，而且薄膜中的氯濃度也越低。對於 400°C 的低溫製程，氯在薄膜中的濃度高達 5%，高溫過程也至少有 0.5% 的氯在薄膜中。氯將引起鋁的腐蝕進而影響 IC 晶片的可靠性。其中一種可能的副產品是氯化銨，氯化銨 (NH$_4$Cl) 是一種固體，將引起微粒污染。

金屬有機 CVD(MOCVD) 通常用於 TiN 沉積。金屬有機化合物如四二甲胺基鈦 (Tetrakis Dimethylamino Titanium)(Ti[N(CH$_3$)$_2$]$_4$，TDMAT) 與四二乙胺基鈦 (Tetrakis Diethylamino Titanium)(Ti[N(C$_2$H$_5$)$_2$]$_4$，TDEAT)，可以作為氮化鈦的源材料，低溫時 (低於 450°C) 將分解，並且以很好的階梯覆蓋沉積 TiN。TDMAT 是常用的源材料，沉積溫度大約為 350°C，而沉積壓力大約為 300 毫托。反應式可以表示為：

$$Ti[N (CH_3)_2]_4 \rightarrow TiN + 有機物$$

沉積過程中，約 100Å 的 CVD TiN 薄膜並不如高溫沉積薄膜緻密，而且具有較高的電阻率。薄膜也有較高的碳、氫濃度。結合 N 和 H 自由基化學反應的 N$_2$-H$_2$ 電漿後續處理和離子轟擊，可以幫助移除薄膜中的 C 和 H，並且降低 C 和 H 的濃度，讓薄膜更緻密並降低薄膜的電阻率。大約 450°C N$_2$ 環境下的 RTP 退火也可以增加薄膜的密度並降低電阻率。

PVD TiN 也被廣泛用作 Cu/ULK 互連而成的硬遮罩。它可以使用光阻圖案進行 Cl 化學蝕刻，對光阻和下方的低介電常數介電質具有高選擇性。它還可以在光阻去除期間保護 ULK，並在 Cu-CMP 過程中作為 CMP 停止層。

隨著元件特徵尺寸的縮小，需要更薄的 TiN 薄膜，因此原子層沉積 (ALD) 的 TiN 製程在量產時更具吸引力。

⊗ 11.4.6　鋁

　　鋁 CVD 製程已經取代鎢栓塞並且降低連線電阻。鋁的有機化合物如二甲烷氫化鋁 (A1(CH₃)₂H，DMAH) 以及三異丁烯鋁 (A1(C₄H₇)₃，TIBA) 可以在相當低的溫度沉積鋁薄膜。鋁的有機化合物可以在真空反應室加熱過程中分解並沉積鋁。DMAH 化學劑具有發展潛力。大約在 350℃時，DMAH 會分解並沉積鋁膜，化學反應可以表示為：

$$Al(CH_3)_2H \rightarrow A1 + 揮發性有機物$$

　　DMAH 是自燃（與空氣接觸會燃燒）、易爆，且通常具有高黏稠性，因此比較難處理。CVD 鋁薄膜有很好的窗孔填充能力，而且與 CVD 鎢薄膜比較，CVD 鋁薄膜電阻率較低。然而鎢薄膜需要利用回蝕或 CMP 製程移除晶圓表面的大量鎢沉積，CVD 鋁薄膜並不需要從晶圓表面移除。由於增加少量的銅到 CVD Al 中比較困難，所以 CVD Al 頂層需要一層 PVD Al-Cu 層。對於 Al 金屬連線製程，理論上 CVD Al/PVD Al-Cu 製程可以節省一道工序進而提高產量並減小製程成本。由於銅金屬化技術快速發展，而且在先進的 CMOS 邏輯 IC 中取代了鋁 - 銅連線。所以 Al CVD 沒有機會廣泛用於 IC 製程中的金屬連線。

　　對於如圖 11.25 所示的群集工具，最後閘極 HKMG 的整面 ALD/CVD 金屬化製程可以利用多反應室臨場形成。整合的製程程序為：晶圓裝載、預清洗、HfO₂ ALD、TiN ALD、Ta ALD、冷卻和晶圓卸載，在圖 11.25(a) 所示的群集系統中進行。通過圖案蝕刻製程，有選擇性地去除 TaN 保護層和 TiN PMOS 功函數金屬，使其與 NMOS 分離。經過光阻去除和晶圓清潔後，可以使用圖 11.25(b) 所示的群集工具進行 TiAlN ALD、TiN ALD 和 Al CVD，以完成 HKMG 薄膜堆疊。在閘後 HKMG 製程的平面 CMOS 中，通常在沉積功函數金屬後使用 CVD Al 來填充閘極接觸槽，如圖 11.8(b) 所示。

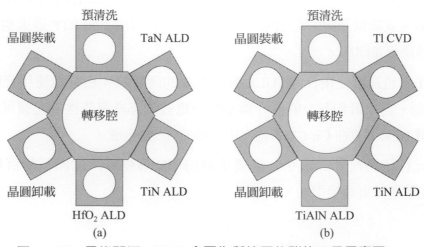

圖 11.25　最後閘極 HKMG 金屬化所使用的群集工具示意圖。

11.5 物理氣相沉積

⊗ 11.5.1 簡介

PVD 指物理氣相沉積。透過加熱或濺鍍過程將固態材料氣態化,然後使蒸氣在基板表面凝結形成固態薄膜。PVD 在半導體金屬化製程中扮演了非常重要的角色。

CVD 製程使用氣體或氣態源材料,然而 PVD 過程使用固態源材料。CVD 根據基板表面的化學反應,PVD 則不然。CVD 薄膜通常有較好的階梯覆蓋,而 PVD 薄膜普遍具有較好的品質、較低的雜質濃度和較低的電阻率。圖 11.26 比較了 CVD 和 PVD 製程。

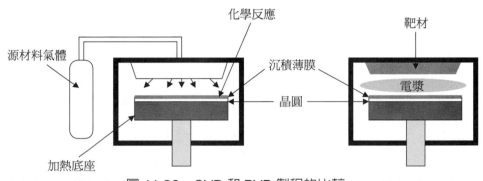

圖 11.26　CVD 和 PVD 製程的比較。

對於 IC 製程的金屬化過程,PVD 應用於沉積鎳薄膜並形成金屬矽化物 NiSi、Ta 阻擋層、TiN 附著層、Ta 和 TaN 阻擋層、銅晶種層、鋁 - 銅合金以及氮化鈦抗反射層鍍膜 (ARC)。CVD 通常用於沉積氮化鈦層作為阻擋 / 附著層和鎢栓塞。

金屬 PVD 製程使用兩種方法:蒸鍍和濺鍍。半導體製造中的 PVD 主要採用濺鍍技術,因為濺鍍可以沉積高純度和低電阻率的金屬薄膜,並且具有很好的均勻性和可靠性。

⊗ 11.5.2 蒸鍍製程

早期的 IC 製程中,金屬化過程中只採用鋁,而加熱蒸鍍法曾經廣泛用於沉積鋁。加熱蒸鍍沉積鋁薄膜具有高濃度可移動離子,這將影響電晶體和電路。電子束蒸鍍器的開發是為了沉積高純度鋁和鋁合金。

加熱蒸鍍過程

鋁的熔點 (660℃) 與沸點 (2519℃) 相當低，所以在低壓下很容易將鋁氣態化。早期 IC 製程中，熱蒸鍍機廣泛用於沉積鋁薄膜並形成閘極和連線。圖 11.27 顯示了熱蒸鍍系統，這個系統需要大約 10^{-6} 托的高真空，以降低殘餘水氣與氧含量。水氣、氧氣會與鋁產生反應形成高電阻率的氧化鋁，這將明顯增加薄膜的薄片電阻。

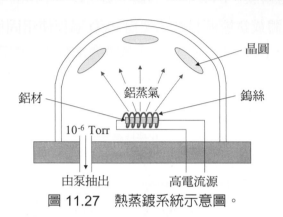

圖 11.27　熱蒸鍍系統示意圖。

流過鎢燈絲的電流可以透過電阻加熱方式 ($P = I^2R$) 將鋁加熱。鋁在真空反應室中熔化並最後氣化。當鋁蒸氣接觸到晶圓表面時，將凝結在晶圓表面形成一個鋁薄膜層。

在燈絲蒸鍍系統中，燈絲與晶圓之間有機械遮板。沉積開始時，燈絲被加熱到金屬熔點以上熔化所有的蒸鍍金屬材料，此時遮板是關閉的。當溫度穩定並透過熱能將易揮發的雜質從鋁材表面驅除後，電流將快速升溫並氣化金屬。當遮板打開時，金屬蒸氣就會蒸鍍到晶圓表面，在表面上凝結而沉積金屬薄膜。

對於加熱蒸鍍沉積過程，鋁的沉積速率主要與加熱電能有關，而電能受電流控制。強的電流會有較高的沉積速率。熱蒸鍍機的安全問題是電擊問題。如果直接接觸蒸鍍機的高電流 (10 A)，將引起致命電擊。實際上只要 1 mA 的電流流過心臟就可能致命。

加熱蒸鍍機沉積的鋁薄膜含有微量的鈉，微量的鈉足以改變 MOS 電晶體的臨界電壓，並影響 IC 元件的可靠性。這種鋁薄膜的沉積速率很低且階梯覆蓋性差。精確控制合金薄膜的比例如 Al·Si、Al·Cu 及 Al·Cu·Si 很困難，所以熱蒸鍍機在 VLSI 與 ULSI 晶片過程的金屬化中已不再使用。不過仍被使用在晶圓背部的金塗佈製程中以利晶粒之貼附。一些大學裏的學術研究和教學實驗仍採用加熱蒸鍍系統，因為它是一種簡單的工具，容易操作而且維護費用相當低。

電子束蒸鍍

　　燈絲加熱將造成薄膜內鈉污染，並有較差的階梯覆蓋，為了取代燈絲加熱，發展了電子束加熱技術用於氣化金屬。能量大約為 10keV 的電子束電流高達幾安培，在真空反應室中，當電子束入射到水冷式坩堝金屬上時，將金屬加熱到氣化溫度。蒸鍍沉積過程中，靶材金屬的週邊並不會熔化而保持固體狀，這樣可以減少來自石墨或碳化矽坩堝內的微量雜質而造成薄膜污染。圖 11.28 說明了典型的電子束蒸鍍系統。

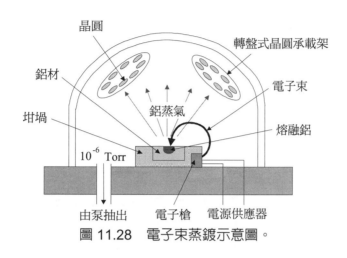

圖 11.28　電子束蒸鍍示意圖。

　　為了改進沉積的均勻性和階梯覆蓋，轉盤式晶圓裝載系統被採用。透過使用多重電子槍和坩堝，系統可以同時蒸鍍不同金屬並沉積金屬合金，如 A1・Si、A1・Cu 和 A1・Si・Cu 等。紅外線燈管可以提高晶圓溫度，這樣可以增加所吸附的原子數、提高附著原子的表面遷移率、改善薄膜的階梯覆蓋、形成較大的晶粒並降低電阻率。

　　雖然電子束蒸鍍製程相較於加熱蒸鍍有較好的結果，但卻無法達到濺鍍沉積金屬化製程的要求；在非常早期的半導體製造廠或大學實驗室中，可能還會看到電子束蒸發器應用於直徑較小的晶圓製程。

⊗ 11.5.3　濺鍍

　　IC 金屬化製程中，濺鍍沉積是最常使用的 PVD 過程。先進半導體生產中，濺鍍沉積幾乎是 PVD 的同義詞。濺鍍涉及的離子轟擊，是物理性地從固態金屬表面撞擊出原子或分子，並在基板表面重新沉積形成一層薄金屬薄膜。氬氣是濺鍍製程中常用的氣體，因為這種惰性氣體質量大，來源豐富 (佔空氣成分的 1%)，所以成本較低。

　　在低壓下將電壓施加到兩個電極之間時，自由電子將被電場加速，並持續不斷從電場獲得能量。經過電子與中性氬原子碰撞後，氬原子的軌道電子會從電子核的束縛中脫離出來變成自由電子，這個稱為離子化碰撞，這種碰撞會產生一個自由電子和一

個帶正電的氬離子(因為中性的氬原子在碰撞過程中失去了一個負電荷電子)。自由
電子會重複離子化碰撞過程,以產生更多的自由電子和離子,其他的電子和離子會不
斷透過與電極和反應室壁的碰撞和電子離子再結合過程而損失掉,當產生速率等於損
耗速率時,達到穩定狀態並產生穩定的電漿。

當負電子被加速到陽極的正偏壓電極時,正電荷的氬離子同時被加速到負偏壓
的陰極板,陰極板通常稱為靶材。靶材的金屬與 IC 生產過程中沉積在晶圓表面的金
屬相同。當這些帶能量的氬離子撞擊靶材表面時,靶材的原子會透過撞擊離子的動
量轉移而物理性地從表面彈出,並以金屬蒸氣的形式引入真空反應室。圖 11.29 說
明了濺鍍過程。

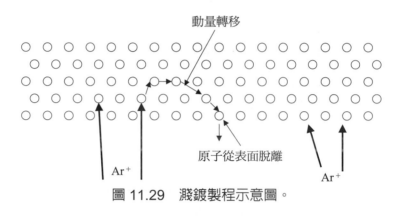

圖 11.29　濺鍍製程示意圖。

當原子或分子離開靶材表面後,會以金屬蒸氣方式在真空反應室內流動。最後有
些金屬蒸氣會到達晶圓表面並吸附在表面上形成附著原子。附著原子在晶圓表面遷移
直到遇到成核點或可以黏附的位置。其他的附著原子會再凝聚於成核點附近形成單晶
結構晶粒。當晶粒與其他晶粒相遇時,就會在晶圓表面形成連續性的多晶態金屬薄
膜。晶粒之間的邊緣稱為晶粒邊界,它將散射電子流引起高電阻率。晶粒尺寸主要取
決於表面遷移率,而表面遷移率和很多因素有關,如晶圓溫度、基板表面狀態、基線
壓力(污染程度),以及最後的退火溫度。一般情況下,高溫將引起高的表面遷移率
與較大的晶粒,晶粒尺寸對薄膜的反射係數和薄片電阻有很大影響。大晶粒尺寸的金
屬薄膜具有較少的晶粒邊界,不易散射電子流,所以電阻率較低。

問題

高的晶圓溫度可以增加晶粒的尺寸並提高導電率、電致遷移抵抗力以及薄膜的階梯覆蓋。但是為什麼半導體製程生產線上的 PVD 製程不使用高的晶圓溫度？

解答

具有較大晶粒尺寸的金屬薄膜很難蝕刻出平滑的側壁。所以一般情況是在較低的溫度沉積出較小晶粒尺寸的金屬薄膜，然後在金屬蝕刻和去光阻製程後，利用較高溫度進行金屬退火。退火製程將形成較大的晶粒尺寸並降低電阻率。對於鋁 - 銅連線製程，第一層鋁 - 銅合金薄膜沉積之後，製程溫度通常限制在400℃左右。

最簡單的濺鍍系統是直流二極體 (DC Diode) 濺鍍系統，如圖 11.30 所示。這個系統中，晶圓被放在接地電極上，而靶材是負偏壓電極，即陰極。低壓環境下，將數百伏的高直流電壓施加在系統上，氬原子被電場離子化後加速並轟擊靶材，這樣便可以將靶材材料從表面轟擊出來。

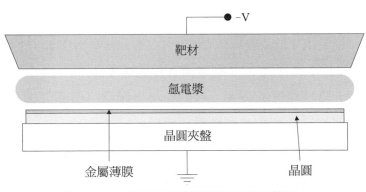

圖 11.30　直流二極體濺鍍系統示意圖。

其他濺鍍系統的基本類型包括直流三極式 (DC Triode)、射頻二極體式 (RF Diode)、直流磁控式 (DC Magnetron)、射頻三極式 (RF Triode) 和射頻磁控式 (RF Magnetron)。直流磁控式濺鍍是 PVD 金屬化製程中最常使用的方法，因為這種方法可以獲得較高的沉積速率、良好的薄膜均勻性、優異的階梯覆蓋、高品質薄膜和簡單的製程控制。高的沉積速率適合單晶圓式濺鍍沉積製程，與帶有軌道式晶圓載具的批量系統比較，單晶圓系統具有很多優點，如較好的晶圓對晶圓均勻性、較高的系統可靠性及較低的粒子污染等。

在磁場中，磁場使帶電粒子螺旋式運動。因為電子重量小，所以有非常小的螺旋轉動半徑 (迴旋半徑)，被束縛在磁力線附近。電子在磁場附近迴旋，所以將行進更長的距離，這使電子有更多機會進行離子化碰撞。所以，尤其在低壓時磁場可以幫助增加電漿密度。對於直流磁控式濺鍍系統，金屬靶材的頂部放置旋轉磁鐵，這個磁場將產生高密度電漿，因爲磁鐵附近的磁場較強，所以在磁鐵附近形成更多的離子轟擊。透過調整磁鐵位置，沉積薄膜的均勻性可以達到最佳，多次濺鍍製程後，靶材上會產生腐蝕環溝，如圖 11.31 所示。

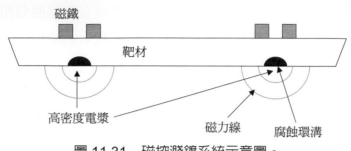

圖 11.31　磁控濺鍍系統示意圖。

　　濺鍍製程的另一個優點是透過使用適當金屬比例的合金靶材，可以容易沉積金屬合金薄膜。在反應式濺鍍製程過程中，可以使用氧或氮與氬的混合氣體沉積金屬氧化物或氮化物，如氮化鈦和氮化鉭。

　　通常在 PVD 反應室內安裝護罩或襯墊，保護反應室內壁和其他零件免受金屬薄膜沉積影響，如圖 11.32 所示，當晶圓放置在浮動夾盤上時，護罩或襯墊可以作爲直流放電系統的陽極。當沉積完成後，一般的維護工作會將佈滿沉積金屬的護罩替換成乾淨護罩。髒的護罩被送去清潔並準備重新使用。

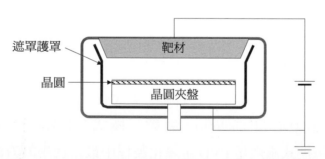

圖 11.32　具有遮罩護罩的濺鍍製程系統示意圖。

　　附加射頻功率供應裝置時，濺鍍系統可以透過濺鍍非導電性靶材沉積介電質薄膜。射頻可以施加到絕緣靶材的背面並電容性地與電漿耦合。因爲在射頻電漿中，電子比離子更容易移動，因此絕緣靶材的表面會積累淨負電荷，直流電壓會增加到幾千伏。負電荷將排斥電子而吸引正離子，這樣就使電漿中帶正電荷的氬離子轟擊介電質靶材表面，並將介電質分子濺鍍離開靶材重新凝聚在晶圓表面上。

氬氣是一種惰性、較重的低成本氣體，大量存在於大氣中 (大約 1 %)，是空氣中含量第三的氣體，僅低於 78 % 的氮和 20 % 的氧。包括濺鍍沉積和濺鍍蝕刻在內的濺鍍製程中，氬氣是最常使用的氣體。氬氣也用於介電質反應離子蝕刻和非晶離子佈植。關於氬元素的參數列於表 11.8 中。

表 11.8　氬元素相關參數。

名稱	氬
原子符號	Ar
原子序	18
原子量	39.948
發現者	Sir William Ramsay，Lord Rayleigh
發現地	蘇格蘭
發現時間	1894
名稱來源	源於希臘字母 "argos" 代表 "鈍的"
摩爾體積	22.56 cm^3
音速	319m/sec
折射率	1.000281
電阻係數	N/A
熔點	$-189.2°C$
沸點	$-185.7°C$
熱導係數	$0.01772W\,m^{-1}\,K^{-1}$
主要應用	PVD、濺鍍蝕刻、介電質蝕刻、及離子佈植。

資料來源：　https://www.webelements.com/argon/, accessed on April 24, 2022.

⊗ 11.5.4　基礎的金屬化製程

在先進晶圓生產的製程整合過程中，金屬化過程通常在帶有多重反應室的群集工具中進行。圖 11.33 顯示了先進金屬化製程中常用的配套系統。

圖 11.33　金屬化整合製程使用的配套反應室。

金屬 PVD 反應室需要達到高的真空狀態將污染降到最低，尤其是進行鋁沉積時，必須達到超高真空 (UHV，低於 10^{-9} 托) 以減少污染並改善導電率。結合使用乾式泵、渦輪泵和冷凝泵設備，可以達到 PVD 系統所要求的真空水準。

因為當金屬靶材暴露於空氣中時，會生長一層薄的原生氧化層，在對新靶材做生產晶圓製程之前或打開反應室做維護之後，通常需要經過老化程序使靶材處於良好狀態。透過氬離子濺鍍靶材可以移除靶材的原生氧化層與靶材製造過程所產生的缺陷。老化程序期間需要使用數個擋片晶圓保護晶圓夾盤。

鋁 - 銅金屬化 PVD 連線製程包括：除氣、預沉積濺鍍清洗、阻擋層沉積、鋁合金層沉積和抗反射層鍍膜沉積。對於銅金屬化製程，PVD 用於沉積 Ta 阻擋層和銅晶種層。對於接觸窗及金屬層間接觸窗孔製程過程，通常採用 PVD 和 CVD 的組合。這個製程從除氣和預沉積濺鍍清洗步驟開始，然後進行 PVD Ti/TiN 阻擋層 / 附著層，以及 CVD 沉積 TiN，最後進行鎢 CVD 製程填充窗孔。

除氣製程

開始 PVD 製程之前，必須將晶圓加熱到足夠高的溫度驅除吸附在晶圓表面的氣體與濕氣是很重要的。否則沉積過程所吸附的氣體與濕氣會逐漸逸出，並引起嚴重污染，進而導致沉積的金屬薄膜具有高電阻率。

預清洗製程

金屬沉積前需要用預清洗移除金屬表面上的原生氧化層以降低接觸窗電阻。因為氧化鋁和氧化鎢的金屬氧化物有非常高的電阻率。如果沒有移除原生氧化層，接觸窗電阻會很高，這將影響 IC 晶片的性能和可靠性。

　　氬濺鍍製程經常被使用於預清洗製程。在氬電漿中，氬離子受射頻功率加速後轟擊晶圓表面並將超薄的原生氧化層從金屬表面轟離。這個過程會使金屬暴露在高真空下，同時使晶圓進行金屬沉積。預清洗過程也可以將接觸窗 / 金屬層間接觸窗孔底部和側壁的聚合體殘餘物移除。矽玻璃蝕刻中使用氟碳化合物的蝕刻氣體，氟化碳聚合體殘餘物是常見的副產品。預清洗過程中的離子轟擊通常從接觸窗 / 金屬層間接觸窗孔上層的角落剝除一部分氧化物，以便在金屬沉積前將洞口傾斜擴大，改善階梯覆蓋和栓塞填充，圖 11.34 說明了使用氬濺鍍清洗製程，用來去除金屬表面的原生氧化層。

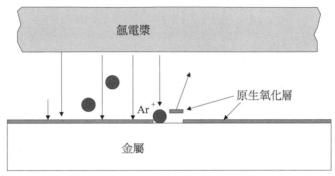

圖 11.34　氬濺鍍清洗製程示意圖。

　　電容耦合型電漿源與感應式耦合電漿源 (ICP) 都被預清洗過程採用。ICP 電漿源的優點是在較低壓力下進行時，有較高的電漿密度並能獨立控制離子能量及離子束流。

鈦 PVD 製程

　　鎢 CVD 及鋁合金 PVD 製程前，一般需要沉積一層鈦薄膜降低接觸電阻，因為鈦能夠捕捉氧，並且防止氧與鎢或鋁產生化學鍵結而產生高阻氧化鎢或氧化鋁。對於鈦沉積過程，需要較低電阻率的大尺寸晶粒。因此晶圓在沉積期間通常會加熱到大約 350℃ 增強鈦附著原子的表面遷移率，這樣能改善階梯覆蓋。

　　對於連線金屬應用，標準磁控反應室所進行的鈦 PVD 可以達到製程要求。然而對於次微米接觸窗 / 金屬層間接觸窗孔應用，整個晶圓上的鈦薄膜需要良好的底層階梯覆蓋降低接觸電阻。因為從晶圓中心到邊緣會引起不平坦的階梯覆蓋，所以標準的磁控系統不再能滿足這種要求。因此準直裝置和金屬離子化技術已經在接觸窗 / 金屬層間接觸窗孔的 Ti/TiN 濺鍍製程中開發出來。

　　準直式系統使金屬原子或分子以垂直方向移動，這樣可以填充到深且狹窄的接觸窗 / 金屬層間接觸窗孔底部。因為準直裝置將阻擋過多的金屬原子和分子接觸晶圓表面，沉積速率減緩，但卻能改善整片晶圓的底層階梯覆蓋。為了彌補沉積速率的減緩，在電極上使用較高的直流電加強濺鍍效果。製程過程中，中心位置的準直裝置窗孔通常比邊緣窗孔獲得多的沉積，而且也比邊緣附近的窗孔阻塞得快。所以製程開始時，磁控系統就被設計成中心較厚的沉積輪廓。準直式濺鍍系統如圖 11.35 所示。

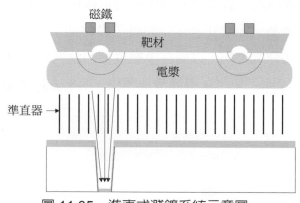

圖 11.35　準直式濺鍍系統示意圖。

透過感應式耦合機制，耦合線圈中的射頻電流可以離子化金屬原子。帶正電的金屬離子會以幾乎垂直的方向與帶負電荷的晶圓表面產生碰撞，進而改善底層的階梯覆蓋並降低接觸電阻。銅金屬化製程中，也可以利用離子化金屬電漿系統沉積鉭或氮化鉭阻擋層，而且可以使銅晶種層進入高深寬比的溝槽和金屬層間接觸窗孔內。離子化金屬電漿系統如圖 11.36 所示。

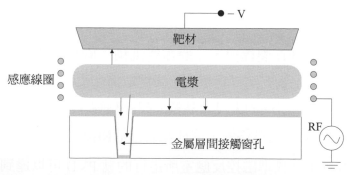

圖 11.36　離子化金屬電漿示意圖。

離子化金屬電漿系統的感應式耦合線圈位於真空反應室的內部，而且因為線圈也將受離子轟擊濺鍍，所以必須採用與金屬靶材相同的材料製成。

氮化鈦 PVD 製程

氮化鈦 PVD 通常採用反應式濺鍍製程。當氮氣與氬氣佈植反應室時，氮分子會受電漿內電子撞擊而分解。已經分解的氮自由基有三個不成對電子，因而具有強的化學活性。氮自由基可以與濺鍍出的 Ti 原子反應產生 TiN 並沉積在晶圓表面。氮自由基與鈦靶材也可以產生反應在靶材表面產生 TiN 薄層。氬離子轟擊靶材表面濺鍍出氮化鈦後能重新將其沉積在晶圓表面。

氮化鈦有多種應用，這些都需要不同的沉積製程。用來作為鎢阻擋層及黏合層的 TiN 需要有低的電阻率和良好的階梯覆蓋，特別是良好的底層階梯覆蓋，這時所用的濺鍍工具為準直系統或離子化金屬電漿系統。對於 Al·Cu 層下的 TiN 層，主要要求低的電阻率，磁控系統可滿足這個要求。對於抗反射層鍍膜 (ARC) 應用，低反射係數是關鍵，所以 TiN 層通常沉積在磁控反應室中。氮化鈦的三種應用如圖 11.37 所示。

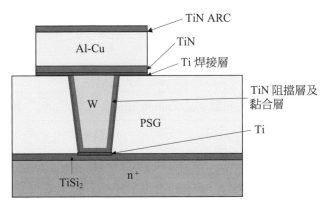

圖 11.37　TiN 的三種應用。

TiN 也可以形成 HKMG 製程的金屬閘極電極。對於閘極優先 HKMG，使用 PVD TiN。但是對於最後閘極 HKMG，使用 PVD TiN 並不是很好，因為 PVD 氮化物並不能很好地沉積薄膜於窄閘極溝槽。CVD TiN 或 ALD TiN 可以用於最後閘極 HKMG。

氮化鈦可以利用鈦在相同的 PVD 反應室中臨場沉積。首先用氬氣從靶材濺鍍出鈦並沉積在晶圓表面。然後氬與氮氣佈植反應室進行反應式濺鍍沉積氮化鈦。對於整合的 Ti 和 TiN 臨場沉積過程，當產品晶圓沉積後，靶材需要進行清洗。使用氬氣將氮化鈦層從靶材表面濺鍍移除，準備進行下一個鈦沉積過程。清洗中需要用鈦膜擋片晶圓保護晶圓夾盤，使其不被薄膜沉積覆蓋。矽的擋片晶圓不如鈦膜擋片晶圓，因為鈦和氮化鈦都能很好地黏附在鈦膜晶圓上，因此可以減少由於薄膜破裂和從擋片晶圓表面剝落產生粒子污染。

對於 TiN 沉積的 PVD 反應室，需要週期性的鈦沉積塗佈，防止 TiN 層從反應室腔壁剝落產生粒子污染。

在半導體工廠，氮氣是最常使用的氣體，它可以形成氮化物，如氮化矽和氮化鈦。氮是地球上含量最豐富的氣體 (78%)。因為氮分子非常穩定，所以通常被用於吹除淨化氣體，並可以成爲低溫（低於 700℃）製程過程的惰性氣體。氮也可以用在製造工具的充氣系統中。關於氮元素的參數列於表 11.9 中。

表 11.9　氮元素相關參數。

名稱	氮
原子符號	N
原子序	7
原子量	14.007
發現者	Daniel Rutherford
發現地	蘇格蘭
發現時間	1772
名稱來源	由希臘字母 "nitron genes" 代表 "nitre" 和 "forming"
摩爾體積	13.54 cm^3
音速	333.6m/sec
折射率	1.000298
電阻係數	無資料
熔點	-209.95℃
沸點	-195.64℃
熱導係數	0.02583W m^{-1} K^{-1}
IC 工業中的主要應用	幾乎所有的製程都用氮作爲淨化氣體，作爲 CVD 源材料氣體和載氣，PVD 反應氣體。

資料來源：https://www.webelements.com/nitrogen/, accessed on April 24, 2022.

鋁 - 銅 PVD 製程

鋁銅合金沉積需要超高眞空以獲得低的薄膜電阻。當反應室的眞空泵開始運作時，空氣會從眞空反應室中抽出。反應室內的氣體殘餘物如 N_2 和 O_2 主要來自於大氣。當反應室的壓力減小到毫托範圍時，大部分氣體殘餘物將不再來自空氣，而是來自反應室壁的吸附氣體。濕氣是這些氣體殘餘物的一種，也最難消除。如果濕氣在鋁濺鍍沉積過程中存在，鋁原子將會與 H_2O 殘餘物反應產生絕緣性很好的氧化鋁 (Al_2O_3)。微量的氧與鋁合金薄膜結合將顯著增加薄膜電阻。所以爲了獲得高品質、低電阻率的鋁沉積薄膜，反應室需要達到非常高的眞空狀態將反應室內部的濕氣降到最低。通常，階段性的眞空將使用群集工具之泵組合，包括乾式泵、渦輪泵、冷凝泵，使鋁

PVD 反應室達到 UHV。在冷凍捕捉器中，利用冷凝氣體殘餘物，冷凝泵可以使 PVD 反應室達到 10^{-10} 托壓力。

鋁製程過程有兩種，標準製程與熱鋁製程。標準製程是將鋁合金沉積覆蓋在鎢栓塞上，通常是在鈦和氮化鈦的潤濕層之後進行。這個製程要求沉積薄膜的均勻性和靶材在生命週期內一致。雖然高溫沉積可以增加鋁的晶粒尺寸，改善電致遷移抵抗力 (EMR)，降低薄膜電阻率，但標準鋁製程通常在大約 200℃ 操作，並沉積晶粒尺寸較小的金屬薄膜，這樣比較容易獲得良好的連線圖案化蝕刻。尺寸較大的晶粒具有較高 EMR 與較低的電阻率，可以在去光阻後的金屬退火過程中完成。

有些 IC 工廠嘗試用鋁栓塞取代鎢栓塞填充接觸窗和金屬層間接觸窗孔。熱鋁製程就是爲這個應用發展的，熱鋁可以填充接觸窗和金屬層間接觸窗孔，這樣可以減少傳導層之間的電阻，因爲 PVD 鋁 $(2.9 \sim 3.3\,\mu\Omega\cdot cm)$ 比 CVD 鎢 $(8 \sim 11\,\mu\Omega\cdot cm)$ 有較好的導電性。熱鋁通常包含幾個製程步驟，首先，沉積鈦或鈦與氮化鈦以降低接觸窗電阻，對於矽接觸窗，這種沉積是爲了防止接面尖凸現象。低溫時（低於 200℃）沉積一層薄的鋁薄膜作爲鋁沉積晶種層。然後，較厚的鋁層會在 (450 ～ 500℃) 高溫度下沉積。熱鋁能夠擴散進入接觸窗 / 金屬層間接觸窗孔，這是由於鋁附著原子的表面遷移率很高。熱鋁可以形成無空洞的窗孔填充，由於熱流動的原因，也可以同時保持鋁表面的高度平坦化，鋁栓塞也可以用來形成導體層之間的連線。

高壓鋁再回流製程用來填充微小的接觸窗 / 金屬層間接觸窗孔。另一項鋁金屬化研究是鋁 CVD 和鋁 PVD 製程的結合。

11.6　銅金屬化製程

銅比鋁合金的電阻係數低。因爲銅原子比鋁原子重，所以電致遷移抵抗力較強。IC 晶片中，銅一直是金屬連線材料中最具吸引力的金屬材料。使用銅取代鋁合金可以顯著降低連線電阻，因爲銅的電阻率爲 $(1.8 \sim 1.9\,\mu\Omega\cdot cm)$，而鋁·銅合金則爲 $(2.9 \sim 3.3\,\mu\Omega\cdot cm)$。銅有較高的電致遷移抵抗力，所以銅連線允許較高的電流密度，這兩個特性可以提高 IC 晶片的速度。然而，銅在矽玻璃和矽中的擴散速率很高，元件可能會因爲矽基板的銅污染而降低可靠性，這個阻礙了銅在 1960 年代到 1970 年代的應用。在 1980 年代之後，電漿蝕刻取代了濕式蝕刻成爲圖案化的蝕刻製程，由於沒有易揮發性的無機銅化合物產生，所以造成銅在 IC 金屬連線應用上更加困難。

在 1990 年代，CMP 技術的發展爲銅連線的應用開闢了一條道路，因爲在使用雙重金屬鑲嵌製程時並不需要金屬蝕刻過程。雙重金屬鑲嵌銅連線技術有幾方面的挑戰。首先，高深寬比的金屬層間接觸窗孔需要沉積一層銅阻擋層防止銅擴散。這個阻擋層需要良好的側壁和底層階梯覆蓋、優良的介電質附著和低的接觸電阻。另一個挑戰是高品質的銅薄膜沉積、低電阻係數及無空洞高深寬比溝槽和金屬層間接觸窗孔填充。最後的挑戰是無缺陷的銅研磨和後 CMP 清洗技術。銅連線製程的程式如圖 11.38 所示。

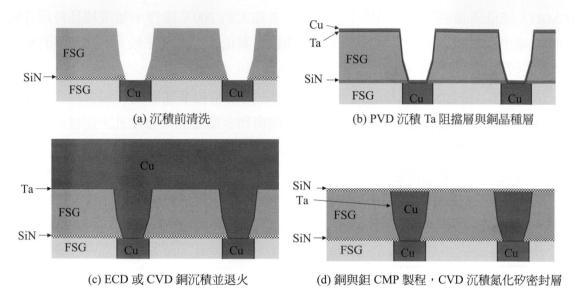

(a) 沉積前清洗　　　　　　(b) PVD 沉積 Ta 阻擋層與銅晶種層

(c) ECD 或 CVD 銅沉積並退火　　(d) 銅與鉭 CMP 製程，CVD 沉積氮化矽密封層

圖 11.38　雙鑲嵌銅連線製程示意圖。

💿 11.6.1　預清洗

所有的金屬化都需要預清洗過程移除很薄的原生氧化層和可能的聚合物，這些聚合物是在介電質蝕刻過程中沉積在金屬層接觸窗孔底部金屬上的殘餘物。這是一個很重要製程過程，因為不完全的清洗將形成高接觸窗電阻，高電阻由金屬層之間的原生氧化層或金屬層間接觸窗孔中的空洞引起。

如同其他的金屬化製程過程，氬濺鍍蝕刻通常用於預沉積的清洗過程中，透過物理性的離子轟擊移除原生氧化層和其他金屬表面上的殘餘物。射頻 (通常是感應式耦合型) 用來產生氬電漿，稱為來源射頻；另一種為電容耦合型，稱為偏壓射頻。射頻源主要控制離子束，而偏壓射頻則控制離子的轟擊能量。濺鍍清洗後，金屬層間接觸窗孔底層的金屬表面將暴露出來。然後晶圓被轉移到 PVD 反應室的超高真空環境下避免金屬表面再被氧化。因為阻擋層和晶種層沉積都需要低的晶圓溫度，所以靜電夾盤系統是濺鍍蝕刻反應室必需的，因為在濺鍍蝕刻期間，它可以有效冷卻晶圓。在 PVD 製程所要求的超高真空環境中，進行有效熱量轉換很困難。

在銅金屬化製程之前，氬濺鍍預清洗用於去除阻擋層和晶種層沉積前的氧化銅。隨著特徵尺寸的縮小，低 k 和多孔低 k 介電質用於和銅形成連線。製程工程師開始擔心氬濺鍍預清洗的污染問題。因爲可能有部分的銅會從金屬層接觸窗孔的底部濺鍍到側壁上引起銅污染。這個可能會引起銅連線的短路。銅在矽玻璃中的擴散速率非常高，因此也將擴散到矽基板中引起 IC 晶片可靠性問題，重金屬污染會使元件產生故障，所以就發展了反應式預清洗技術。利用氫與氦的電漿，能夠在低壓時產生氫自由基，氫自由基可以擴散進入金屬層間接觸窗孔與氧化銅反應，並取代銅原子與氧形成化學鍵。這個過程會形成水氣，不過會被加熱的晶圓表面去除，並且可以有效在金屬層接觸窗孔的底層將銅表面的原生氧化層移除。銅的預清洗過程中，氫還原化學反應可以表示爲：

$$4H + CuO_2 \rightarrow Cu + 2H_2O$$

反應式預清洗雖然具有一些優點，但它也會將易燃易爆的氫引入系統。在這個過程中晶圓會被加熱，所以晶圓在預清洗製程後需要額外的時間冷卻，這樣將影響產量。銅金屬化製程中，工程師可能會繼續使用具有量產保證的濺鍍蝕刻作爲預清洗過程，直到它不再適用。

⊗ 11.6.2　阻擋層

爲了防止銅擴散進入矽基板損壞電子元件，有幾種阻擋層材料，如 Ti、TiN、Ta、TaN、W、WN 等，這些材料被研究在銅金屬化製程中作爲擴散阻擋層的效果。鉭和氮化鉭都被用在銅金屬化製程中。目前大部分的生產工廠都使用大約幾百埃厚的鉭、氮化鉭層或兩者的組合作爲銅阻擋層。

鉭阻擋層的要求是低接觸電阻、好的底層與側壁階梯覆蓋，以及具有高品質的溝槽／金屬層間接觸窗孔側壁薄膜。離子化金屬電漿反應室可以獲得良好的底層階梯覆蓋並降低接觸電阻。雖然高溫沉積可以改善沉積薄膜的階梯覆蓋、品質和導電率，然而低溫才是阻擋層需要的沉積條件，因爲低溫能夠沉積表面較爲平滑的薄膜。溫度較低時，附著原子有較低的表面遷移率，這會導致較小的多晶晶粒及平滑的薄膜表面，對銅晶種層的沉積很重要。爲了有效消除晶圓表面在沉積期間因離子轟擊產生的熱量，阻擋層沉積反應室需要使用靜電夾盤系統。在銅晶種及巨量層沉積之後，金屬薄膜的導電率可以經過加熱退火製程改善。

⊗ 11.6.3　銅晶種層

電化學電鍍法 (ECP) 或 CVD 沉積巨量銅之前，需要銅的濺鍍沉積製程沉積一層厚度為 (500 ～ 2000Å) 的薄晶種層，提供成核點以形成巨量銅的晶粒和薄膜。如果沒有這個傳導表面，銅原子移動到表面時將不會很好地黏附在晶圓上。如果這個晶種層不存在，那麼不是沉積的均勻性很差就是根本不會有沉積產生。

離子化金屬電漿系統常應用於沉積晶種層，因為它有較好的底層階梯覆蓋。為了獲得平滑的薄膜表面，沉積過程在低溫下進行，這對電化學電鍍法 (ECP) 的巨量銅沉積很重要。ECP 巨量銅沉積過程中，如果溝槽和金屬層間接觸窗孔側壁的晶種層表面很粗糙，將引起空洞。如同沉積阻擋層一樣，在生長銅晶種的 PVD 反應室中也需要靜電夾盤系統。

因為銅的游離能較低，銅蒸氣很容易被離子化。氬電漿轟擊開始後，氬氣流就可以關掉形成幾乎只有銅蒸氣的電漿。低壓時，銅離子的平均自由路徑比金屬層間接觸窗孔的深度 (只有幾千埃) 長很多。因此銅離子可以被送入金屬層間接觸窗孔和溝槽內獲得良好的底層覆蓋和平滑薄膜表面。當特徵尺寸繼續縮小時，金屬層間接觸窗孔將變得很小而使 PVD 銅不能達到晶種層的要求，這是由於階梯覆蓋變得較差，CVD 或 ALD 銅製程可能被應用。這部分內容將在本章後面部分討論。

⊗ 11.6.4　銅電化學電鍍法 (ECP)

電化學電鍍沉積法是一種仍然在金屬電鍍製程中使用的老技術，被用在很多領域，包括五金、玻璃、汽車及電子業。也廣泛用於將銅電鍍在纖維塑膠板的兩側製造電路板。1990 年代之前，電化學電鍍在 IC 連線製程中發展作為銅沉積，而且已成為 2000 年早期選用的製程。電化學電鍍的優點之一是低溫過程，所以電鍍銅與低介電常數材料可以相容在未來的連線製程中。電化學電鍍法的其他名稱有電化學沉積 (ECD) 和電鍍沉積 (EPD)。

銅電鍍過程為：將晶圓放在塑膠製的晶圓夾具上。陰極透過導電環夾住晶圓後將其浸入含有硫酸 (H_2SO_4)、硫酸銅 ($Cu(SO_4)$) 和其他添加物的電鍍溶液中。電流將從銅製的陽極流到陰極。$Cu(SO_4)$ 分解成銅離子 (Cu^{2+})，及硫酸鹽離子 (SO_4^{2-})。溶液中的銅離子隨所加電場流向晶圓表面形成電流。當銅離子到達晶圓表面時，將吸附在晶圓表面成核，並在晶圓表面的銅晶種層 (或稱為打底層) 上沉積銅薄膜。同時在陽極表面的銅原子將被離子化而離開電極板表面，並分解於電化學電鍍溶液中。圖 11.39 說明了銅的 ECP 製程。

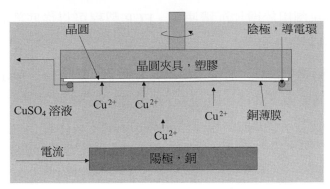

圖 11.39 銅 ECP 製程示意圖。

ECP 製程中，硫酸銅溶液將注入高深寬比的溝槽和金屬層間接觸窗孔中，這是由於液體與固體介面的表面張力。溶液中的硫酸會溶解銅晶種層表面的原生氧化層暴露出底層的銅，這與 PVD 前的濺鍍蝕刻類似。施加的電流將驅使銅離子往側壁和金屬層間接觸窗孔底層移動。透過銅晶種層，ECP 將在側壁和金屬層間接觸窗孔底層沉積一均勻薄膜。在溝槽和金屬層間接觸窗孔內部，硫酸鹽溶液中消耗的銅離子會不斷透過銅離子擴散重新補充。因此均勻生長的銅薄膜最後會填充溝槽和金屬層間接觸窗孔而不產生任何空洞 (如圖 11.40)。

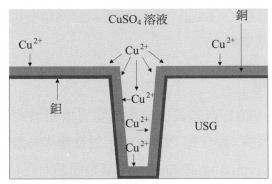

圖 11.40 電化學電鍍法金屬層間接觸窗孔填充。

一般情況下，增加兩個電極之間的驅動電流可以增加銅的沉積速率。然而，溝槽和金屬層間接觸窗孔內部的高沉積速率，將很快消耗掉使所有銅離子。當溝槽和金屬層間接觸窗孔外部的銅離子因為濃度梯度而擴散進入溝槽和金屬層間接觸窗孔內部時，很可能會因為洞的入口端有較大的張角而使銅離子在此大量沉積形成懸凸物，這將造成金屬層間接觸窗孔的填充而形成空洞。為了獲得好的間隙填充，大的順向脈衝電流及少的逆向脈衝電流交替使用。逆向電流脈衝期間，銅會從晶圓表面移除以減少洞口的懸凸物。因此，交替脈衝電流的 ECP 效果類似於第十章所描述的沉積 / 蝕刻 / 沉積製程。某些添加物，如抑制劑可以減少溝槽和金屬層間接觸窗孔角落上的沉積，其他添加物，如加速劑用於增加沉積速率。ECP 製程可以從底部到頂部沉積銅薄膜進一步改善通孔 - 溝槽填充能力。

有人曾試圖在銅填充通孔 - 溝槽後使用電化學蝕刻製程，它可以反轉電極，使銅鍍晶圓作爲陽極，銅板作爲陰極。晶圓表面的大部分銅膜都可以被蝕刻掉，理想情況下可以透過電化學蝕刻去除銅膜，這與 ECP 製程相反。儘管這個製程可以去除銅的堆積層，但它無法去除銅下方的阻隔金屬，因此無法取代銅化學機械研磨 (Cu-CMP) 製程。

銅 ECP 製程之後，用去離子 (D.I.) 水清洗晶圓移除表面上的化學溶液避免金屬腐蝕。接著晶圓被旋乾，機械手臂將其從稱爲電鍍機 ECP 工具中取出。晶圓被送到 CMP 之前，鍍好的銅需要在加熱爐管中退火，以形成緻密薄膜並降低電阻。經過大約 250℃ 30 分鐘加熱過程後，銅的晶粒尺寸、薄膜密度及導電率會增加。對於銅雙重金屬鑲嵌製程在深次微米 IC 金屬化中的應用，ECP 能提供可接受的金屬薄膜，有很好的溝槽與金屬層間接觸窗孔填充能力。

ECP 製程面臨的挑戰包括：確定和控制硫酸銅溶液中的銅離子濃度；添加物效應；當元件尺寸持續縮小時，溝槽與金屬層間接觸窗孔填充的可重複性。對於微小的溝槽與金屬層間接觸窗孔，液體的表面張力很容易使氣泡停留在金屬層間接觸窗孔內部，導致無法順利沉積並造成空洞。

◉ 11.6.5　銅 CVD 製程

銅化學氣相沉積 (CVD) 已經被研究使用來填充槽和通孔。可以用作此製程的化學物有雙 - 六氟乙酸 - 丙酮 - 銅，即 $Cu(hfac)_2$，以及雙 - 六氟乙酸 - 丙酮 - 銅 - 乙烯 - 三甲基矽烷，即 $Cu(hfac)(vtms)$。$Cu(hfac)_2$ 在室溫是固體而在 (35～130℃) 就會昇華。化學結構如圖 11.41 所示。

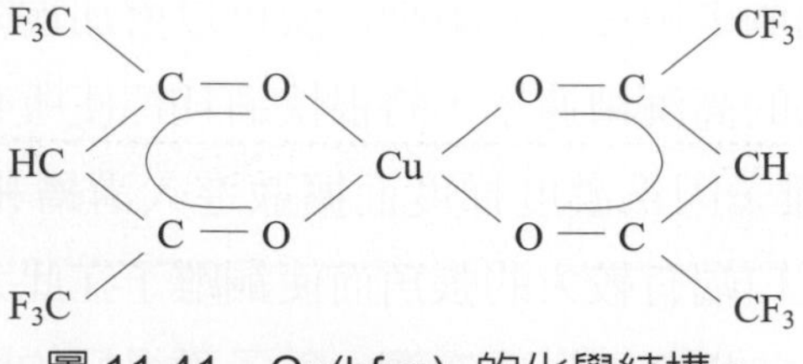

圖 11.41　$Cu(hfac)_2$ 的化學結構。

$Cu(hfac)_2$ 可以透過氫的還原反應沉積銅：

$$Cu(hfac)_2 + H_2 \rightarrow Cu + 2H(hfac)$$

在這個反應中，沉積銅需要 (350 ～ 450℃) 的溫度範圍獲得低電阻率。這個溫度對於 IC 連線應用之低介電常數材料的製程整合而言稍高一點。

Cu(hfac)(vtms) 在室溫時是液態，可以在低溫時 (低於 200℃) 沉積銅，並且獲得高品質、低電阻率及良好的空洞及金屬層接觸窗孔填充能力。其化學反應可以表示為：

$$2Cu(hfac)(vtms) \rightarrow Cu + Cu(hfac)_2 + 2(vtms)$$

這個反應是可逆的，因此 vtms 可以用來乾洗沉積反應室。透過移除反應室壁和部分反應室內部沉積的銅，可以防止由於薄膜破裂與剝落而引起的微粒污染。因為這個製程的副產品穩定性高，可以輕易剝除並再回收以供將來使用。Cu(hfac) (vtms) 是最有前景的銅 CVD 製程。然而也必須面對具有產量保證的銅 ECP 製程競爭。

銅 CVD 一個最有可能的應用是在狹窄的溝槽和金屬層間接觸窗孔沉積一均勻銅電鍍晶種層。當特徵尺寸更小時，要透過 PVD 製程達到這樣的結果很困難。然而 PVD 工程師將努力克服困難發展銅晶種 PVD 製程，這可以滿足下一代銅 /ULK 連線需要。與此同時，ECP 的工程師和科學家們正在開發無種子銅電鍍製程。銅 CVD 或銅 ALD 製程有可能不會成為 IC 製程的主流。

11.7 最新進展

近年來 3D-NAND、FinFET 等 3D 元件發展迅速。這些元件對金屬化製程提出了更多挑戰，以滿足各種要求。

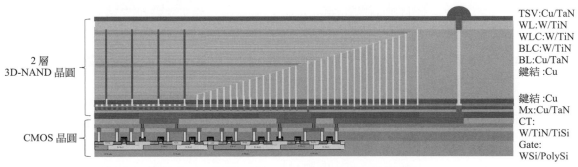

圖 11.42　3D-NAND 及其金屬化層的示意圖。

　　圖 11.42 顯示了在不同的晶圓上製造具有外圍 CMOS 的 3D-NAND，與 2 層 3D-NAND 晶圓進行銅鍵結。我們可以看到許多金屬化製程，在 CMOS 晶圓上，需要在多晶矽上方沉積 WSi 形成閘極。為了進行接觸，需要在接觸孔底部形成 TiSi，並且需要在其中無空隙地沉積 W/TiN 薄膜。在銅鍵結層 CMP 之前，還需要 Cu/TaN 來製作多層金屬互連。最具挑戰性的金屬層是在 3D-NAND 晶圓上形成字元線期間。在選擇性去除 ONO 堆疊中的氮化矽之後，使用 TiN 薄膜的 ALD、W 脫離層的 ALD 和 HAR 隔離槽中的大量 W CVD，以確保將金屬在狹窄的水平間隙中無空隙地填充。這種間隙填充非常具有挑戰性：高度小於 30nm，寬度大於 1000nm，其中一些間隙位於高約 10μm，寬約 0.2μm 的隔離槽底部。同樣具有挑戰性的是 WLC 填充與 W/TiN。最深的 WLC 孔可能超過 10μm 深，CD 約為 0.15μm，使得它們的深寬比超過 70：1。

　　HKMG FinFET 也有自身的挑戰。去除多晶矽虛擬閘極後，高介電質和功函數金屬需要在狹窄的閘極溝槽中沉積，通常使用 ALD 製程。與使用 CVD Al 作為金屬閘極填充物的 HKMG 平面 MOSFET 不同，FinFET 使用 CVD 鎢，因為在 FinFET 中，閘極溝槽的深寬比明顯更高，使得 W CVD 可以更好地填充。

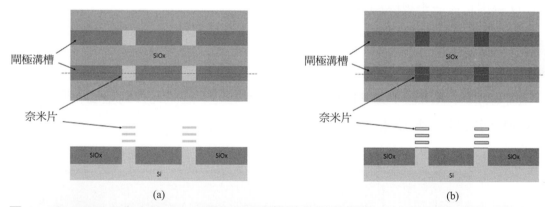

圖 11.43　HKMG 奈米片 GAA-FET 的兩個關鍵步驟示意圖：(a) 在 SiGe 去除後釋放出奈米片；(b) 在高介電質和功函數金屬沉積後

　　隨著接觸槽尺寸的縮小，帶有 TiN 薄膜的 W 開始被無膜的 Co 取代作為接觸塞栓金屬。隨著技術節點持續縮小，奈米片 GAA-FET 很有可能成為取代 FinFET 的下一代元件結構，就像 FinFET 取代平面 MOSFET 一樣。將高介電質和金屬薄膜沉積到閘極溝槽中以完全覆蓋多個奈米片是非常具有挑戰性的，如圖 11.43 所示。圖 11.43(a) 顯示虛擬多晶矽閘極的去除和奈米片的釋放，圖 11.43(b) 顯示高介電質和功函數金屬的沉積。上圖是俯視圖，下圖是俯視圖中紅色虛線指示的閘極溝槽的剖面圖。

　　隨著特徵尺寸的縮小，金屬線的尺寸也在縮小。銅總是需要阻擋層，通常使用高阻抗的氮化鉭 (TaN)。就像在第 11.2.10 節和圖 11.10 中描述的問題一樣，當金屬線的尺寸變得更小時，阻擋層在橫截面面積中所佔的比例急遽增加，金屬線的電阻也隨之增加。可以使用無阻擋層的金屬 (例如釕 (Ru) 和鉬 (Mo)) 來替代銅成為前幾個金屬層。釕可以使用氧化矽硬遮罩以及使用氧氣作為蝕刻劑進行乾式蝕刻，這變得非常吸引人。在半沉浸式製程中整合釕相對容易，需要將無空隙地的釕沉積到通孔中，並在表面形成低電阻率的巨量釕薄膜。接著可以將其蝕刻到金屬線中，以及在金屬圖案之間形成氣隙，以實現比 Cu / ULK 互連更低的 RC 延遲，如圖 11.44 所示。圖 11.44(a) 顯示通孔蝕刻和清潔，圖 11.44(b) 說明釕沉積、CMP 和硬遮罩沉積後使用金屬遮罩 (M_x) 進行光阻圖案化。釕沉積需要無空隙地填充接觸 / 通孔，並在晶圓表面形成低電阻率的巨量膜。圖 11.44(c) 顯示硬遮罩和釕蝕刻後，非共形介電質 CVD 形成氣隙，同時介電質 CMP 處理平坦化表面。

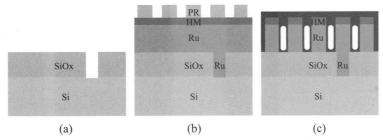

圖 11.44　釕 (Ru)/ 氣隙半沉浸式製程的示意圖：(a) 通孔蝕刻和清潔；(b)M1 圖案；
(c) 硬遮罩、釕 (Ru) 蝕刻、清潔、非共形介電質沉積和 CMP。

　　另一個挑戰是降低接觸或通孔塞栓的電阻。傳統上，需要多層來形成接觸塞栓，包括 TiN 阻擋層、W 成核層和 W 基材層，如圖 11.45(a) 所示。此外，對於前幾個金屬層，至少需要三層金屬層：TaN 阻擋層、Cu 種子層和銅材用於通孔和填充溝槽。當接觸或通孔的關鍵尺寸減小時，高電阻阻擋層的百分比急劇增加，接觸電阻也隨之增加。其中一個解決方案是使用低電阻的 PVD 鎢來取代 TiN 阻擋層和 W 成核層，並使用基材 WCVD 來填充接觸孔或溝槽，從而提高接觸塞栓的導電率，如圖 11.45(b) 所示。在部分 CVD 鎢回蝕後，在 WCVD 層上方沉積 PVD 鎢，然後應用金屬遮罩，蝕刻出鎢圖案，最後用非共形介電質 CVD 薄膜和氣隙填充鎢線之間的空隙，以實現前幾個互連的較低 RC 延遲。這項技術已經開發出來，如果能夠超越圖 11.44 所示的釕半沉浸式技術，它有可能在未來量產。

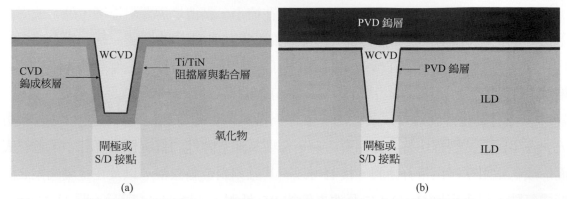

圖 11.45　鎢接觸填充示意圖：(a) 帶有 CVD TiN 阻隔層、CVD 鎢成核層和 WCVD 填充的鎢填充；(b) 帶有 PVD 鎢阻隔層和 WCVD 填充的鎢填充。

11.8 安全性

　　金屬濺鍍 PVD 不需要使用危險化學藥品。製程氣體為氬氣與氮氣，這兩者都是相當安全的氣體。然而，金屬化學氣相沉積 (CVD) 卻使用各種具有危害性的化學藥品。

　　WF_6、SiH_4 和 H_2 廣泛用於鎢和矽化鎢沉積。WF_6 具有腐蝕性；SiH_4 氣體是自燃、易爆、且有毒；氫氣易燃且易爆。TDMAT 常被用於沉積氮化鈦，TDMAT 是一種帶有劇毒的液體，吞食可能會致命。$TiCl_4$ 對皮膚、眼睛和黏膜具有高度刺激性。急性接觸可能導致皮膚灼傷和黏膜明顯充血。它還可能導致角膜損傷。氨是具有腐蝕性，具有強烈刺鼻氣味。直接接觸液態氨會導致皮膚和眼睛的嚴重化學性灼傷。接觸和吸入低濃度 (約 25 ppm) 的氨氣就可能會引起皮膚、眼睛、鼻子、喉嚨和肺部的刺激。在高濃度 (約 5000 ppm) 下，它可能導致嚴重的眼睛刺激、胸痛和肺積水。DMAH 自燃且易爆，是沉積鋁所使用的源材料。

　　硫酸銅和硫酸用於電鍍化學銅。硫酸銅會引起嚴重的眼睛刺激。硫酸具有腐蝕性，直接接觸會對皮膚、眼睛、牙齒和肺部造成破壞。嚴重接觸可能導致死亡。

　　其他安全問題包括電學方面，如直流或射頻功率源電擊；機械方面如移動零件和熱表面所導致的傷害等。所以必須諮詢製程設備供應商，獲得使用不同製程和工具安全方面的相關資料和細節。

11.9 本章總結

(1) 金屬化製程主要應用於形成金屬連線。

(2) 對於 IC 晶片成熟的鋁 - 銅連線技術，最常使用的金屬是 Al、W、Ti 和 TiN。

(3) 對於銅連線的先進 IC 晶片，最常使用的金屬是 Cu、Ta、和 / 或 TaN。

(4) 金屬可以透過 CVD、PVD、ALD 和 EPD 製程沉積。

(5) 高的沉積溫度可以增加金屬晶粒的尺寸，這樣就可以降低薄膜的電阻率。

(6) 金屬矽化物可以用於減小局部連線電阻和接觸窗電阻。

(7) CVD 鎢可以填充高深寬比的接觸窗 / 金屬層間的接觸窗孔，而且經常用於作為連線製程的金屬栓塞。

(8) 鈦常用於降低接觸電阻。

(9) 氮化鈦通常用於作為鎢擴散的阻擋層和附著層。也可以作為抗反射層鍍膜改善金屬圖案化製程的解析度。TiN 用於 ULK 介電質蝕刻製程的硬遮蔽層，也可以作為 HKMG MOSFET 的金屬閘極。

(10) 在濺鍍製程中，氬離子會轟擊金屬靶材，並從表面撞擊出金屬原子或分子形成蒸氣。這些原子或分子會移動到基板表面被吸附，然後沉積為薄膜。

(11) 金屬 PVD 製程通常採用直流磁控濺鍍系統。

(12) 金屬 PVD 製程需要高真空狀態減小薄膜的污染物和電阻。對於鋁 PVD，為了減小 PVD 反應室內的濕氣濃度，UHV 所需的基本壓力為 10^{-9} 托。

(13) 氮化鈦可以在反應式濺鍍製程中透過氮與氬的混合電漿沉積。

(14) 由於 CVD 氮化鈦具有良好的側壁階梯覆蓋，所以通常被用於次微米 IC 連線製程。

(15) 對於接觸窗 / 金屬層間接觸孔的應用，鈦和 TiN PVD 通常使用準直式系統或離子化金屬電漿系統，以改善底層階梯覆蓋降低接觸電阻。

(16) 由於銅對二氧化矽的附著性很差，在矽與二氧化矽中有高的擴散速率，銅污染物形成的深能階可以造成元件性能惡化，而且因為缺乏單純的揮發性化合物而難以乾式蝕刻，所以阻礙了銅在 1990 年代之前應用於 IC 晶片的金屬化製程。

(17) 銅阻擋層與銅沉積製程的改進，而且更重要的是銅 CMP 製程的發展，已經為銅金屬化製程的應用創造了條件，銅金屬化也是 IC 金屬連線未來發展的方向。

(18) 隨著高介電常數金屬閘極 (HKMG) 成為主流技術，FinFET 已取代平面 MOSFET 在先進 CMOS IC 晶片中的應用。不同的金屬薄膜已被開發用作 NMOS 和 PMOS 的功函數金屬。

(19) 對於 HKMG 奈米片 GAA-FET，在多個奈米片周圍均勻沉積金屬閘極薄膜是非常具有挑戰性的。

(20) 3D-NAND 替代字元線製程是最具挑戰性的金屬薄膜沉積製程之一。

(21) 鎳 (Ni) 和鈷 (Co) 等磁性金屬已被用於 MRAM 來形成 MTJ。

(22) 隨著特徵尺寸的縮小和金屬線的關鍵尺寸縮小，不需要阻擋層的金屬 (如釕、鉬和鈷) 開始取代 W/TiN 和 Cu/TaN 用於前幾層的互連。

習題

1. IC 晶片製造過程中，列出至少四種經常使用的金屬為何？

2. 為什麼鋁通常與銅形成合金？為什麼有時鋁與矽形成合金？

3. 為什麼電子束蒸鍍機比熱燈絲蒸鍍機具有優勢？

4. 為什麼使用鎢作為金屬栓塞連接各層導線？

5. 列出氮化鈦的四種應用。

6. 通常使用哪種測量工具測量薄片電阻？

7. 描述濺鍍沉積製程流程。

8. 解釋為什麼直流濺鍍系統無法沉積介電質材料。

9. 哪種製程中 Ti 和 TiN PVD 需要準直式濺鍍系統？

10. 為什麼鋁合金濺鍍反應室需要超高真空？

11. 如果輸送氬氣管道有小裂縫，對沉積薄膜會有什麼影響？

12. 如果直流磁控濺鍍系統增加直流電壓，沉積速率怎麼變化？

13. 如果直流磁控濺鍍系統提高沉積溫度，金屬薄膜的薄片電阻會怎麼變化？

14. 列出 1990 年代前，哪些因素影響銅應用於 IC 製程。

15. 比較銅金屬化製程和標準的鋁合金 - 鎢金屬化製程，兩者之間有什麼區別？

16. 列出銅沉積的三種方法。

17. 對於 HKMG 製程，哪種方法使用 CVD Al，閘極優先或最後閘極製程？

18. 爲什麼 FinFET 使用鎢作爲金屬閘極填充材料，而平面 MOSFET 使用鋁？

19. 爲什麼人們在閘後製程的 HKMG MOSFET 中使用 TaN？

20. DRAM 的 SN 電容電極通常使用什麼金屬？

21. 3D-NAND 中的字元線形成使用了什麼金屬？

22. 解釋當金屬線的關鍵尺寸變得非常小時，不需要阻擋層的金屬會比 Cu/TaN 更具吸引力的原因。

23. 列出至少兩種您可能在 MRAM 的 MTJ 中找到的金屬薄膜。

參考文獻

[1] X.W. Lin, and Dipu Pramanik, *Future interconnection technologies and copper metallization*, Solid State Technology, Vol. 41, No. 10, p. 63, 1998.

[2] A.V. Gelatos; C.J. Mogab, R. Marsh; E.T.T. Kodas, Jain, A, and M.J. Hampden-Smith, *Selective chemical vapor deposition of copper using (hfac) copper(I) vinyltrimethylsilane in the absence and presence of water*, Thin Solid Films, Vol. 262, Issue：1-2, June 15, p. 52-59, 1995.

[3] C. Y. Chang and S.M. Sze, *ULSI Technologies*, McGraw-Hill companies, New York, New York, 1996.

[4] Lita Shon-Roy, Allan Wiesnoski, and Robert Zorich*, Advanced Semiconductor Fabrication Handbook*, ISBN：1-877750-70-0, Integrated Circuit Engineering Corporation, 17350 N. Hartford Dr., Scottsdale, AZ 85255.

[5] Jorge A. Kittl, Wei-Tsun Shiau, Donald Miles, Katherine E. Violette, Jerry C. Hu, and Qi-Zhong Hong, *Salicides and alternative technologies for future ICs：Part 1*, Solid State Technology Vol. 42, No. 6, p. 81, 1999.

[6] Jorge A. Kittl, Wei-Tsun Shiau, Donald Miles, Katherine E. Violette, Jerry C. Hu, and Qi-Zhong Hong, *Salicides and alternative technologies for future ICs：Part 2*, Solid State Technology Vol. 42, No. 8, p. 55, 1999.

[7] John Baliga, *Depositing Diffusion Barriers*, Semiconductor International, Vol. 20, No. 3, p. 76, 1997.

[8] Changsup Ryu, Haebum Lee, Kee-Won Kwon, Alvin L.S. Loke, and S. Simon Wong, *Barriers For Copper Interconnections*, Solid State Technology, Vol.42, No. 4, p. 53, 1999.

[9] Alexander E. Braun, *Copper Electroplating Enter Mainstream Processing*, Semiconductor International, Vol. 22, No. 4, p.58, 1999.

[10] David G. Baldwin, Michael E. Williams and Patrick L. Murphy, *Chemical Safety Handbook for the Semiconductor/Electronics Industry*, second edition, OME Press, Beverly, Massachusetts, 1996.

[11] R.J. Matyi, et al., Thin Solid Films, Vol. 516, p. 7962, 2008.

[12] K. Mistry et al., "A 45nm Logic Technology with High-k + Metal Gate Transistors, Strained Silicon, 9 Cu Interconnect Layers, 193nm Dry Patterning, and 100% Pb-free Packaging," Proc IEDM, 2007, p. 247-250.

[13] Dick James, "Intel pushes lithography limits, co-optimizes design/layout/process at 45nm" Solid State Technology, March 2007, p.30-33.

[14] Hong Xiao, "3D IC Devices, Technologies, and Manufacturing", SPIE Press, 2016.

[15] O. Straten, X. Zhang, Keiichi Motoyama, C. Penny, J. Maniscalco, and S. Knupp, "ALD and PVD Tantalum Nitride Barrier Resistivity and Their Significance in via Resistance Trends", ECS Transactions. Vol. 64, pp. 117-122, (2014). 10.1149/06409.0117ecst.

Chapter **12**

化學機械研磨製程

化學機械研磨 (Chemical Mechanical Polishing, CMP) 是一種移除製程技術，這種技術結合化學反應和機械研磨於晶圓的表面上，剝離部分沉積薄膜，使表面更平滑和平坦。CMP 技術也被用於移除表面上大量的介電質薄膜，並在矽基板上形成淺溝槽絕緣 (STI)，還可以從晶圓表面移除大量金屬薄膜，而在介電質薄膜中形成金屬連線栓塞或金屬線。本章也將討論 CMP 製程流程。

學習目標

研讀完本章之後，你應該能夠

(1) 列出 CMP 製程的應用。

(2) 說明介電質平坦化的必要性。

(3) 說明 CMP 系統的基本結構。

(4) 說明氧化物 CMP 研磨漿與金屬 CMP 研磨漿的區別。

(5) 說明氧化物 CMP 製程流程。

(6) 說明金屬研磨製程。

(7) 說明 CMP 製程後清洗的重要性。

(8) 說明 CMP 在銅金屬化中的應用。

(9) 列出應用於最後閘極高 k 介電質金屬閘極 MOSFET 製程中需要的兩種 CMP 製程。

12.1 簡介

當晶圓從單晶矽棒切割下來後，需要很多製程步驟獲得平坦、光滑和無缺陷的晶圓表面以滿足積體電路的需要。除了晶圓邊緣磨圓、粗磨以及蝕刻外，在晶圓生產的最後一步，還需要使用化學機械研磨 (CMP) 製程，這樣可以使晶圓平坦，並且可以從表面完全消除因晶圓切割形成的表面缺陷。然而，對已經形成有數百萬個微電子元件的晶圓，建議採用 CMP 製程在晶圓上進行金屬層間介電質 (ILD) 平坦化的最初反應是相當震憾的。

傳統情況下，嚴格禁止在半導體製程產線上直接與晶圓表面接觸。原因很簡單，任何的直接接觸都會產生缺陷與粒子，這樣不但降低積體電路晶片的良率，同時也會使積體電路生產的效益降低。CMP 製程過程中，晶圓表面不僅背面朝下托住，而且也被強壓力壓在旋轉的研磨墊上，同時整個過程是在鹼性或酸性的研磨漿中完成。這些研磨漿包含了大量的二氧化矽或氧化鋁顆粒。最初令懷疑的人感到驚訝的是 CMP 技術能夠根據設計把晶圓表面平坦化，同時也能減少缺陷的密度，並提高積體電路晶片良率。

隨著 CMP 技術的成熟，大部分積體電路公司已經採用化學機械研磨技術，現在 CMP 已經是半導體生產中例行性之標準製程。本節將闡述 CMP 的發展歷史、優點以及這種技術的應用。

12.1.1 CMP 技術的發展

從 1980 年代開始，已經需要使用兩個以上的金屬層連接積體電路晶片上數量急增的電晶體，而最大的挑戰之一就是金屬層間介電質的平坦化。在粗糙的表面用微影製程使微小圖案達到高的解析度很困難，這是因為光學系統受景深條件限制。粗糙的介電質表面也會引起金屬化問題，因為這時的金屬 PVD 製程有較差的側壁階梯覆蓋。側壁上的金屬線越薄，電流密度也就越高，這就更容易造成電致遷移問題。

圖 12.1 顯示了 IC 製造流程示意圖，可以看出 CMP 製程是一個非常重要的部分。一般情況下晶圓會從薄膜製程，無論是介電質薄膜沉積或金屬薄膜沉積來到 CMP 製程。大多數情況下，晶圓從 CMP 反應室傳輸到微影製程室或薄膜製程室。根據經驗，介電質 CMP 製程通常跟隨著微影製程，或者是金屬薄膜沉積製程，而金屬 CMP 製程之後僅進行介電薄膜沉積。

有幾種介電質平坦化的方法已被採用，如加熱流動技術、濺鍍回蝕刻技術、光阻回蝕刻技術以及旋轉塗佈氧化矽 (SOG) 回蝕刻。介電質 CMP 製程是在 1980 年代中期由 IBM 公司發展並作為介電質平坦化的一種技術。事實上，在半導體工業中有許多人更喜歡使用 CMP 這個縮寫代表化學機械平坦化技術。

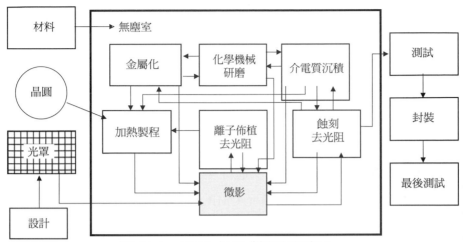

圖 12.1　CMP 在 IC 製程中的應用。

　　鎢材料一直用於形成金屬栓塞連接不同導電層。CVD 鎢可以填充非常小的接觸窗和金屬層間連接孔，而且也能覆蓋整個晶圓表面。為了從表面移除大量鎢薄膜形成鎢栓塞，氟電漿回蝕製程已經被開發出來，並且廣泛應用在積體電路製造上。鎢化學機械研磨 (WCMP) 製程也被發展用於進行大量鎢移除，而且 WCMP 正快速取代鎢栓塞形成製程中的鎢回蝕刻技術，因為這種技術可以提高良率，且由於成本的節省使工廠管理者有足夠的理由作出這樣的轉變。

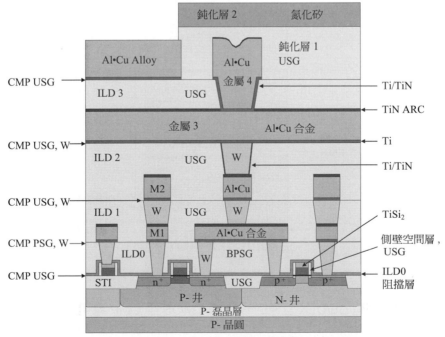

圖 12.2　CMP 在 CMOS 積體電路晶片上的應用。

　　圖 12.2 顯示了由 CMOS 晶片橫截面說明的 CMP 應用。從圖 12.2 可以看出，需要多次用到 CMP 製程製造具有鋁 - 銅連線的 CMOS 晶片。包含 STI 介電質 CMP 和 ILD0 CMP 兩個 CMP 過程。每一個金屬層都需要兩個 CMP 製程，一個是介電質 CMP，一個是 WCMP。對於如圖 12.2 所示的四層金屬積體電路晶片至少需要八道 CMP 製程過程，包括五個介電質 CMP 和三個鎢 CMP 製程。

　　圖 12.3 顯示先進 FinFET CMOS 晶片的橫截面，具有閘後 (gate-last) 製程高 k 介電質、金屬閘極 (MG)、選擇性磊晶成長源極 / 汲極、自對準源汲接觸 (SDC) 和 9 層銅 /ULK 連線。我們可以發現金屬 CMP 製程的需要比介電質 CMP 製程多。對於這個具有 9 層金屬層的晶片，它需要至少進行 4 次介電化學機械研磨 (CMP) 處理，包括 STI CMP、ILD0 CMP、MG 切割填充 CMP，以及 MG 凹陷填充 CMP。至少需要進行 12 次金屬研磨，包括 3 次非 Cu CMP：MG CMP、源極汲極接觸 CMP 和閘極接觸 CMP；以及 9 次 Cu/TaN/TiN CMP，每層連線一次。

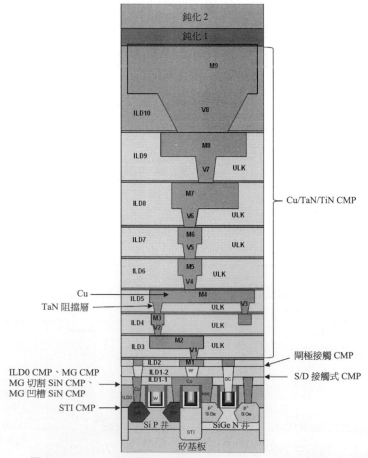

圖 12.3　帶有 Cu/ULK 互連的 HKMG CMOS 中 CMP 應用的示意圖。

🔵 12.1.2　平坦化定義

　　平坦化是一個製程，可以移除表面形貌並使表面光滑和平坦。平坦化的程度表示晶圓表面的平坦度與平滑度，特別是將介電質薄膜沉積到圖案化晶圓表面之後，平坦化的定義說明於圖 12.4 中。

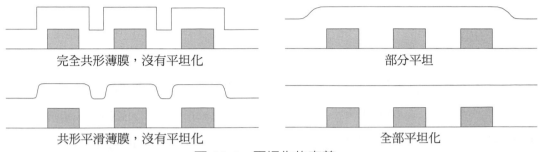

完全共形薄膜，沒有平坦化　　　　　　　部分平坦

共形平滑薄膜，沒有平坦化　　　　　　　全部平坦化

圖 12.4　平坦化的定義。

　　平坦化的程度如表 12.1 與圖 12.5 所示。平滑度與局部的平坦化可以透過加熱流動及回蝕製程而達到。對於特徵尺寸小於 0.35 微米的情況，需要整面平坦化，這只能透過化學機械研磨才能達到。

表 12.1　平坦化的程度。

平坦化	R(μm)	θ
表面平滑	0.1 到 2.0	> 30°
區域性平坦	2.0 到 100	30° 到 0.5°
全區性平坦	>100	< 0.5°

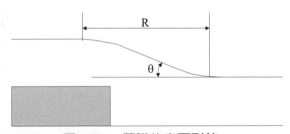

圖 12.5　薄膜的表面形貌。

🔵 12.1.3　其他平坦化技術

　　加熱流動已經用於 ILD0 平坦化。當晶圓被加熱到高溫 800 ～ 1000℃時，PSG 或 BPSG 等摻雜的矽玻璃，將變軟並按照表面張力流動，如圖 12.6(a) 和 12.6(b) 所示。

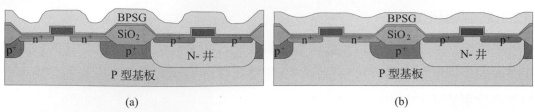

(a)　　　　　　　　　　　　　　　　(b)

圖 12.6　CMOS IC 晶片製程中的再流動：(a)BPSG 沉積後；(b) 再流動後。

加熱再流動平坦化有幾方面限制。平坦化主要由再流動溫度和摻雜濃度決定，較高的溫度有較好的平坦化結果。然而也會因爲過度的摻雜擴散導致電晶體性能下降。降低再流動溫度需要摻雜濃度高。但如果磷濃度太高 (高於 7wt%) 就可能導致金屬腐蝕，因爲五氧化二磷 (P_2O_5) 與水氣 (H_2O) 反應形成磷酸。如果 BPSG 中硼濃度太高，也可能當三氧化二硼 (B_2O_3) 與水氣因硼酸反應形成晶體化並導致表面缺陷。

因爲再流動溫度比鋁的熔化溫度高很多，所以形成第一次鋁合金層後不能使用再流動技術平坦化介電質。金屬層間介電質 (ILD) 需要另一種平坦化技術處理。

氬濺鍍回蝕 (離子研磨) 已經發展起來並應用於 ILD 平坦化。濺鍍蝕刻製程中，高能氬離子將轟擊晶圓表面，並將間隙的邊角擊碎使間隙開口變得平緩，這可以使後續的 CVD 製程易於填充間隙形成合理的平坦化表面。使用 CF_4/O_2 化學品的反應式離子回蝕製程可以進一步平坦化介電質表面，圖 12.7 說明了回蝕和平坦化過程。詳細的沉積 / 蝕刻 / 沉積 / 蝕刻平坦化方法在本書第十章中討論。

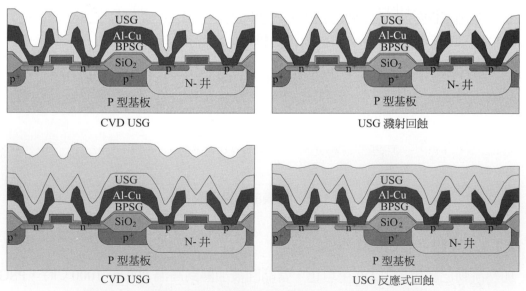

圖 12.7　沉積 / 蝕刻 / 沉積 / 蝕刻間隙填充和平坦化技術。

光阻回蝕是另一種平坦化介電質表面的方法。沉積介電質層後，光阻層就被旋轉塗佈在晶圓表面。因爲表面張力，液態光阻將填充間隙並產生非常平坦的表面。烘烤完成後，光阻層變成塗佈在晶圓表面上具有平坦表面的固態薄膜。使用含有 CF_4/O_2 化學性質的電漿蝕刻技術，可以透過氟自由基非等向性蝕刻去除二氧化矽，而光阻層則被氧自由基非等向性蝕刻。透過調整 CF_4 與 O_2 的流量比例，可以對二氧化矽和光阻層達到接近 1：1 的蝕刻選擇性。因此回蝕之後，二氧化矽的表面變得平坦，圖 12.8 說明了光阻回蝕製程。

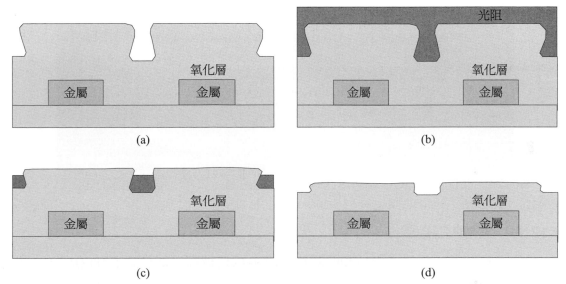

圖 12.8　光阻回蝕平坦化製程過程：(a) 沉積氧化薄膜；(b) 塗佈光阻；(c) 蝕刻光阻和氧化層；(d) 回蝕製程後示意圖。

　　當氟自由基開始蝕刻二氧化矽時，被氟取代的氧會從蝕刻的氧化物薄膜中釋放出來。這些額外的氧自由基也輔助蝕刻光阻層獲得較高的光阻蝕刻速率。這就是為什麼光阻回蝕無法達到設計所要求的高平坦化原因。然而光阻回蝕後，介電質薄膜的表面將變得更平坦。某些情況下，透過重複光阻回蝕刻技術一次或多次，可以獲得要求的平坦化效果。

　　SOG 回蝕製程用旋轉塗佈氧化矽 (SOG) 取代光阻層，可以幫助 ILD 間隙填充與平坦化。與光阻回蝕相比，SOG 回蝕製程的優點是：某些 SOG 可以停留在晶圓表面填充金屬堆疊間狹窄間隙。PECVD USG 襯底層與覆蓋層使用在 SOG 製程中，而且具有 USG/SOG/USG 三明治結構的 ILD 可以填充間隙達到非常平坦的表面。某些情況下，二次 SOG 塗佈、硬化和回蝕過程可以滿足間隙填充和平坦化的需求。圖 12.9 所示為具有 SOG 間隙填充與平坦化的積體電路晶片的 SEM 相片。

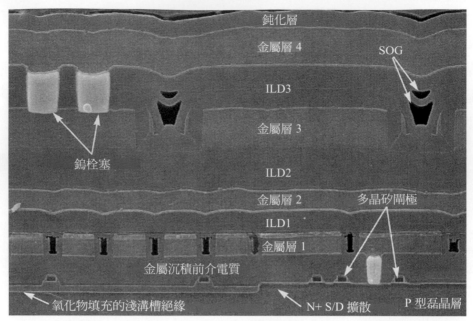

圖 12.9　ILD 層的 SOG 間隙填充和平坦化示意圖。來源：積體電路工程公司。

⊗ 12.1.4　CMP 的必要性

　　當元件尺寸縮小時，微影技術的解析度要求越來越高。從公式 (6.1) ($R = K_1 \lambda / NA$) 得知，為了提高解析度，就需要增大光學系統的數值孔徑 (NA) 或減小曝光波長 (λ)。從公式 (6.2) ($DOF = K_2 \lambda / 2 \ (NA)^2$ 得知，兩種方法都會降低光學系統的景深 (DOF)。透過公式 (6.1) 和 (6.2) 可知，當解析度為 0.25 微米時，它的景深大約為 2083Å，而當解析度為 0.18 微米時則為 1500Å。假設 $K_1 = K_2$，$\lambda = 248$ 奈米 (DUV)，且 $NA = 0.6$。因此當特徵尺寸小於四分之一微米時，表面的粗糙度必須控制在 2000Å 以下才能滿足所需的微影技術解析度。當特徵尺寸大於 0.35 微米時，其他的平坦化方法可以滿足微影技術的景深需求。當特徵尺寸小於 0.25 微米，所需的平坦化只能透過使用 CMP 製程達到。

⊗ 12.1.5　CMP 的優點

　　CMP 可以將晶圓表面平坦化，可以允許高解析度的微影技術。被平坦化的表面也可以消除側壁變薄引起的金屬導線高電阻和電致遷移問題，這種側壁變薄與金屬 PVD 製程極差的階梯覆蓋有關，如圖 12.10 所示。

圖 12.10　(a) 由非平坦化表面形成的側壁金屬導線薄化現象；(b)ILD1 CMP 不存在變薄的問題。

被平坦化的表面也可以減小過度曝光和顯影的需求，這都是為了消除由於介電質階梯形成的厚光阻區問題。CMP 可以改善金屬層接觸窗和金屬線圖案化製程的解析度，如圖 12.11 所示。

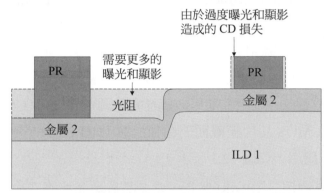

圖 12.11　由非平坦化表面形成的過度曝光和過度顯影。

被平坦化的表面允許更均勻的薄膜沉積，這樣將減少過蝕刻所需的時間。並可以減少蝕刻技術中與長時間過蝕刻有關的底切形成或基板損失，如圖 12.12 所示。

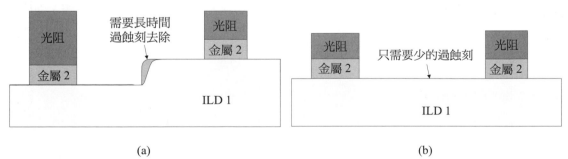

圖 12.12　過蝕刻的需求和表面平坦化：(a) 沒有 CMP 製程；(b) 有 CMP 製程。

CMP 平坦化可以減少薄膜沉積、微影技術以及蝕刻過程所發生的技術問題，CMP 平坦化能將缺陷減到最少並提高良率。CMP 的應用也擴大了積體電路晶片的設計參數。

CMP 製程可以有效降低缺陷密度。CMP 技術本質上可以移除晶圓表面的表面粗糙物、縱線及外來粒子。然而 CMP 本身也會引起缺陷，如刮痕、殘留物、脫層、碟形化和腐蝕等。大的污染粒子可能會造成刮層，較高的向下壓力可能會形成脫層。只有與適當的後 CMP 清洗技術一同使用，才能使表面基本上沒有缺陷和雜質污染。

⊗ 12.1.6　CMP 的應用

CMP 已經普遍使用在先進積體電路晶片生產製造中，用於移除 STI 形成過程中的大量 USG 薄膜。本書第十三章將詳細介紹 STI 製程。它也被用來使鋁 - 銅互連中的絕緣層 (ILD) 變得平坦。介電質 CMP 會從晶圓表面去除不平整的形貌，所以可以在接觸點和金屬圖案化步驟中有較高的微影技術解析度，並使金屬沉積更容易。從 1990 年代中期，WCMP 製程就快速取代了 RIE 回蝕製程，並廣泛使用在從晶圓表面移除巨量鎢和 TiN/Ti 黏著層 / 阻擋層形成鎢栓塞。圖 12.2 顯示 CMP 製程應用在具有 Al-Cu/USG 互連的 CMOS 晶片橫截面。在先進 HKMG FinFET 中，具有 Cu/ULK 互連可找到更多 CMP 應用，如圖 12.3 所示。

多晶矽已被廣泛應用於 DRAM 製程。當多晶矽填充接觸孔後，透過多晶矽 CMP 移除表面的多晶矽並僅將其保留接觸孔中作爲陣列的導電栓塞。對於凹閘極 (RG) DRAM，多晶矽層 1 填充了電晶體陣列凹型溝槽後，在字元線金屬化沉積和圖案化前，需要多晶矽 CMP 製程平坦化多晶矽表面。圖 12.13 說明在 RG DRAM 中的 CMP 應用，其中包括至少 3 次多晶矽 CMP。它還包含幾個介電質 CMP 步驟，如 STI CMP、多個 ILD CMP 及一些 WCMP 製程。

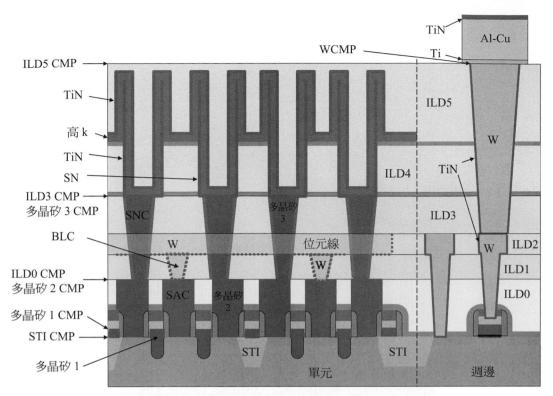

圖 12.13　CMP 製程在具有凹閘極 DRAM 中的應用。

　　圖 12.14 說明了更先進的埋入式字元線 (bWL) DRAM 中的化學機械研磨 (CMP) 應用，其中包括 STI CMP、ILD CMP、WCMP 和 Cu-CMP 過程。bWL DRAM 製程將在第 15 章中詳細描述。

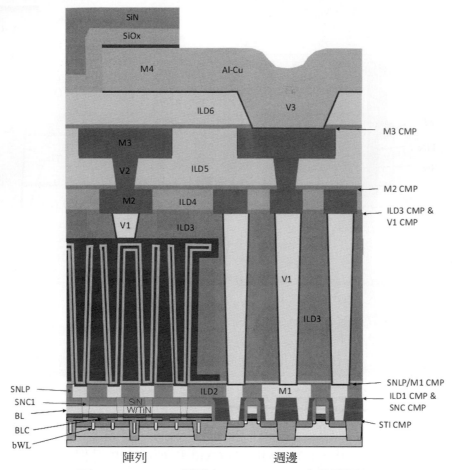

圖 12.14　CMP 製程在 bWL DRAM 中的應用。

　　CMP 製程最重要的應用是銅連線。因爲銅金屬非常難以進行乾式蝕刻，雙重金屬鑲嵌就成了銅金屬化製程和 IC 製造中使用的技術。金屬鑲嵌這個名詞來自於敘利亞首都大馬士革，他們發明了這種技術並用金銘刻裝飾劍的表面，他們用鑽石在鋼劍表面切割出溝槽，再將金研磨填入溝槽中，然後刷洗掉表面上的金並將金留在溝槽內。經過這個製程後，金銘刻將會裝飾在表面上。這項技術一直在珠寶工業將金銘刻於寶石表面並稱爲 "鑲嵌" 技術。實際上鎢栓塞的形成是一個鑲嵌過程。

　　銅的應用中採用雙鑲嵌製程。這個製程採用兩種介電質蝕刻技術，一種是金屬層間接觸窗蝕刻，而另一種是溝槽蝕刻。介電質蝕刻之後，金屬層 (ALD TaN/PVD Cu/ECP Cu) 就沉積於金屬層間的接觸窗孔以及溝槽中。金屬 CMP 過程從晶圓表面移除銅與鉭阻擋層，並將銅線與栓塞嵌入介電質層中。圖 12.15 說明了雙鑲嵌銅金屬化過程。

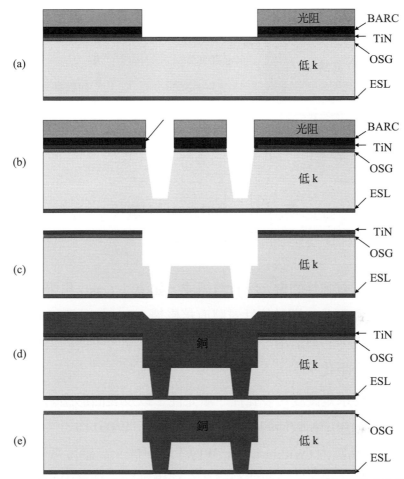

圖 12.15 具有金屬硬遮蔽層的銅金屬化：(a) 蝕刻 BARC 及槽型金屬硬遮蔽層；(b) 利
用接觸孔遮蔽層蝕刻接觸孔；(c) 用金屬和 ESL 蝕刻槽和接觸孔；(d) 金屬沉積；
(e) 金屬 CMP。

12.2 CMP 硬體設備

12.2.1 簡介

　　CMP 系統包括研磨墊、可以握住晶圓並使其表面向下接觸研磨墊的自旋晶圓載
具，以及一個研磨漿輸配器裝置。圖 12.16 說明了帶有研磨墊且固定在旋轉研磨臺上
或平台上的常用 CMP 系統。

　　將以水爲基礎且具有研磨粒子和化學添加物的研磨漿用在化學機械研磨製程中。研
磨漿被輸送到研磨墊表面，晶圓的正面向下緊壓並接觸研磨墊。平台與晶圓載體以相同
的方向旋轉。機械研磨與化學蝕刻的組合作用將材料從晶圓表面移除。表面較凸出的區
域將承受較多的機械摩擦，而且該區域會比凹陷區更快被移除，這樣就能使晶圓表面平
坦化。

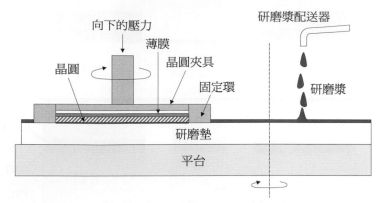

圖 12.16　CMP 系統示意圖。

◉ 12.2.2　研磨墊

　　研磨墊由多孔、有彈性的聚合物材料組成，如澆注 (cast) 和切成薄片的聚氨酯或氨基鉀酸酯塗佈聚酯製品。襯墊的性質將直接影響 CMP 的品質。研磨墊材料的條件為在製程的溫度過程中必須耐用、可再生，以及可壓縮。主要的製程需求是以高的形貌選擇性獲得表面平坦化。

　　研磨墊主要的要求是硬度、多孔性、填充性，以及表面形態結構。越硬的研磨墊就能允許較高的移除速率和較佳的晶粒內 (Within-die, WID) 均勻性，然而越軟的襯墊卻能允許有較好的晶圓內 (Within-wafer, WIW) 均勻性。高硬度襯墊較易導致晶圓刮傷。襯墊的硬度可以透過改變化學成分或多孔結構控制。襯墊內的多孔細胞吸收研磨漿並將研磨漿轉送到晶圓表面，尤其在襯墊與晶圓接觸點上，這就如同沐浴海綿的細孔可以幫助傳送液體狀的肥皂到皮膚表面上一樣。填充材料可以加到聚合物中改進機械性質，並調整襯墊性質來符合特殊製程需求。研磨墊的表面粗糙度會決定均勻狀態的範圍。較平滑的研磨墊表面會有較短的均勻態範圍，這表示有較差的形貌選擇性和較少的平坦化研磨效應。較粗糙的襯墊表面會有較長的均勻態範圍和較好的平坦化研磨結果。圖 12.17 說明了粗糙與平滑研磨墊的圖案移除效應。

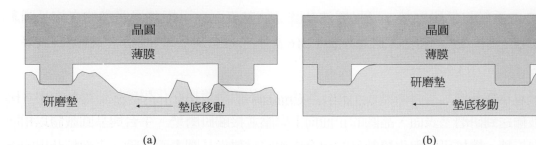

圖 12.17　示意圖：(a) 粗糙墊底；(b) 平滑墊底。

　　CMP 加工過程中，襯墊本身會因研磨變得平滑，因此需要調整重新建立粗糙的襯墊表面。對於每一個研磨墊，大部分的 CMP 工具都有一個臨場的墊片調整器。調整器重新處理研磨墊的表面、移除使用過的研磨漿並提供新的研磨漿到表面。圖 12.18 顯示了墊片調整器在研磨墊上的位置與運動。

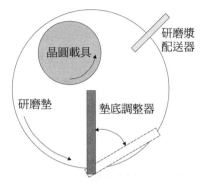

圖 12.18　研磨墊及研磨調整器。

　　所謂的無研磨漿的研磨墊通常由四層材料組成，包括：微化研磨料、剛性層、彈力層和自動附著支撐層。因為研磨粒子來自襯墊表面，所以在 CMP 製程過程中，只需要將超純水或鹼性溶液加到襯墊表面。無研磨漿襯墊的優點是可以顯著簡化研磨漿的儲存、配送和混合製程，只須簡單的調整就可以用在現存的 CMP 系統中。某些 CMP 系統設計成具有無研磨漿的研磨墊，襯墊在 CMP 製程中捲成一個卷筒形，所以並不需要表面調整系統。

⊗ 12.2.3　研磨頭

　　研磨頭也叫晶圓載具。它包括研磨頭主體、固定環、裝載薄膜，和向下推進系統，如圖 12.19 所示。載具膜或載具薄膜由帶有管狀結構的聚氨酯或類似橡膠的材料製成。載具薄膜主要的目的是支撐晶圓並將其安置在載具內，否則金屬研磨頭的向下壓力會造成晶圓損傷。有彈性的載具膜會對晶圓背面作調適，所以壓力會均勻施加在晶圓上。它可以抵消晶圓的變形，例如由於薄膜或熱應力引起的彎曲或變形，並且從而改善 CMP 製程的均勻性。載具薄膜的重要參數是多孔性及壓縮性。均衡壓縮的薄膜對完成均勻 CMP 製程很重要。薄膜必須保持乾淨，因為研磨漿粒子可以駐留在薄膜內引起晶圓損傷。

　　塑性固定環的作用是防止晶圓滑出晶圓裝載具。固定環可以足夠維持幾千次晶圓研磨。晶圓透過真空吸盤夾在載具上；加壓的載具反應室會把向下的壓力傳送到晶圓並將晶圓推送到研磨墊上。充氣系統可以調整固定環的位置以便獨立控制靠近晶圓邊緣的研磨速率，並能幫助減少陰影效應。圖 12.20 顯示了研磨頭的示意圖。

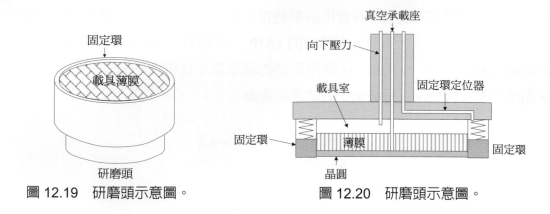

圖 12.19　研磨頭示意圖。　　　　　　圖 12.20　研磨頭示意圖。

⊗ 12.2.4　墊片調整器

　　墊片調整器通常使用鑽石塗佈的旋轉盤掃過研磨墊表面，以增加粗糙度並移除使用過的研磨漿。在製造過程中，研磨拋光墊將維持適當的表面粗糙度以達到良好的平坦化研磨效果。大部分 CMP 工具都有臨場墊片調整器。有些 CMP 調整器是一個不銹鋼圓盤，在其表面塗有鍍鎳的鑽石碎粒。所謂的鑽石 CMP 調整器現在已經變得越來越常見，它由塗佈了一層 CVD 矽的不銹鋼圓盤製成，CVD 鑽石薄膜覆蓋住的鑽石碎粒均勻分佈在矽的表面。圖 12.21 顯示了上述鑽石調整器的表面。

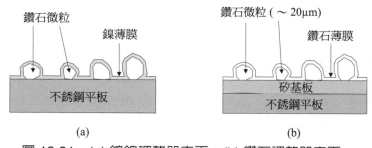

圖 12.21　(a) 鍍鎳調整器表面；(b) 鑽石調整器表面。

　　當襯墊研磨晶圓時，墊片調整器會同時將研磨墊表面變成粗糙表面。這樣能確保襯墊粗糙度在研磨過程中不會改變，並且保持始終如一的晶圓對晶圓製程均勻性。

12.3　CMP 研磨漿

　　研磨漿在 CMP 技術中扮演非常重要的角色。研磨漿中的粒子會機械性磨擦晶圓表面並移除表面的材料。研磨漿溶液中的化學物質會與表面材料或粒子發生反應並將材料溶解或形成化合物，這些化合物會被研磨粒子移除。CMP 研磨漿添加物可以幫助獲得所需的研磨結果。事實上，CMP 研磨漿就如同牙膏一樣：刷牙時粒子就從牙齒表面磨去不要的塗佈層，添加物的化學反應會殺死細菌、移除牙垢，並且在牙齒上形成保護層。

　　使用在 CMP 製程中的研磨漿，一般由帶有研磨作用的粒子和化學添加物組成的水性化學藥品。不同的研磨製程需要不同的研磨漿，研磨漿會影響 CMP 製程的移除速率、選擇性、平坦性以及均勻性。因此研磨漿通常針對某種特殊應用並作精確處理和配置。CMP 製程中，有兩種主要的研磨漿：一種是氧化物移除用研磨漿，另一種是金屬移除用研磨漿。通常氧化物研磨漿通常是一種具有懸浮二氧化矽的鹼性溶液，而金屬研磨漿是一種帶有懸浮氧化鋁顆粒的酸性溶液。研磨漿內的添加物可以控制 pH 值，它會影響 CMP 製程中的化學反應並幫助達到最佳的製造結果。

　　通常，研磨漿的成分儲存在不同的瓶子中，帶有粒子的超純水放在一個瓶內，控制 pH 值的添加物放在另一個瓶中，而金屬氧化用氧化劑放在第三個瓶中。通常，它們會流過攪拌器，不同的成分在該處會根據製程需求按比例混合在一起。研磨漿的配送系統如圖 12.22 所示。LFC 表示液流控制器。

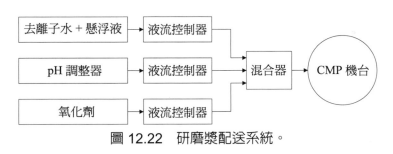

圖 12.22　研磨漿配送系統。

🔵 12.3.1　氧化物研磨漿

　　積體電路製造製程中最常使用的介電質是二氧化矽。STI 製程需要氧化物 CMP，ILD0 需要在接觸窗微影製程前利用 CMP 平坦化表面。氧化物化學機械研磨技術的研磨漿是從光學工業的經驗中發展出來的，這種研磨漿透過精細拋光矽酸鹽玻璃製造光學設備用透鏡和反射鏡。氧化物研磨漿通常由細微燻烤的二氧化矽 (SiO₂) 粒子的膠狀懸浮液和鹼性添加物組成。通常 KOH 用來調整 pH 值，有時也使用 NH₄OH，鹼性溶液 KOH(通常低於 1%) 常用於將研磨漿的 pH 值控制在 10 ～ 12 之間。

　　pH 值代表水溶液的酸鹼度，它的範圍為 0 ～ 14。pH 值為 7 代表中性；水溶液的 pH 值低於 7 是酸性 (越低的 pH 值，酸度越強)。鹼性水溶液 pH 值高於 7(越高的 pH 值，鹼性越高)，如圖 12.23 所示。

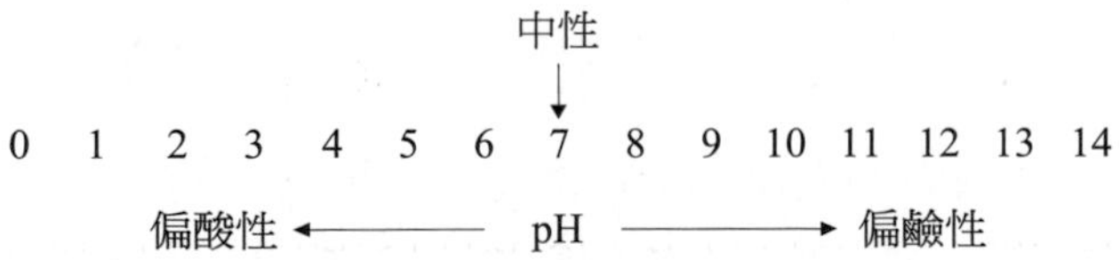

中性

0　1　2　3　4　5　6　7　8　9　10　11　12　13　14

偏酸性 ←————— pH —————→ 偏鹼性

圖 12.23　酸鹼度與 pH 值。

懸浮在溶液中的細微燻烤二氧化矽顆粒是化學機械研磨中的研磨料。氧化物研磨漿通常含有大約 10% 的固體。適當的溫度控制可以使這些研磨漿有長達一年的保質期。

燻烤的二氧化矽顆粒透過四氯化矽在氫氧火焰的氣相水解反應過程中形成。化學反應可以表示為：

$$2H_2 + O_2 \rightarrow 2H_2O$$

$$SiCl_4 + 2H_2O \rightarrow SiO_2 + 4HCl \uparrow$$

完整的反應公式可以表示為：

$$SiCl_4 + 2H_2 + O_2 \rightarrow SiO_2 + 4HCl \uparrow$$

這個反應大約在 1800℃ 時形成二氧化矽粒子。粒子的大小從 5 nm 到 20 nm，這與製程參數有關。粒子將碰撞並聚合形成分叉鏈結構。圖 12.24 說明了燻烤二氧化矽的形成過程。

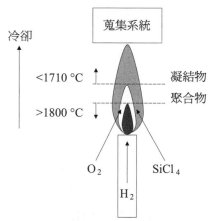

圖 12.24　燻烤二氧化矽的形成過程。

研磨漿的 pH 值將嚴重影響二氧化矽顆粒的散佈。這些粒子會獲得表面電荷，而電荷的極性和帶電量則取決於溶液的 pH 值。當 pH 值達到 7.5 時，液態媒介物中的二氧化矽研磨漿黏滯度會高到足以防止二氧化矽顆粒擴散。當 pH 值高於 7.5 時，二氧化矽顆粒就會獲得足夠的電荷而產生靜電排斥作用，排斥作用將有效分散研磨漿中的二氧化矽顆粒。當 pH 值高於 10.7 時，粒子就會分解並形成矽酸鹽。

另一種用於氧化物 CMP 製程中的二氧化矽研磨料是矽溶膠，也被稱為沉澱二氧化矽，俗稱白炭黑。矽溶膠可以由鹼矽酸鹽溶液獲得。在近似中性條件下，矽溶膠成核形成直徑約 (1 ～ 5 nm) 的膠體二氧化矽粒子。如果 pH 值保持為弱鹼性，膠體二氧化矽粒子將不會融合在一起，他們逐漸成長 100 nm 到 300 nm 的更大尺寸。一些較大的顆粒可以繼續生長，大顆粒數 (LPC) 是決定漿料的一個重要因素。大顆粒 (>1 微米) 需要被過濾，因為他們會在 CMP 製程中產生刮傷缺陷。圖 12.25 顯示了燻烤二氧化矽和膠體二氧化矽微粒的區別。

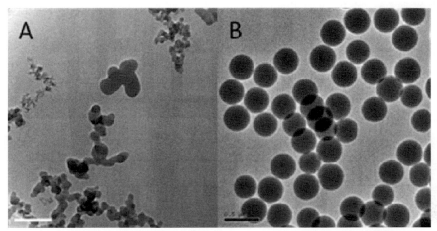

圖 12.25　二氧化矽研磨料顆粒 SEM 示意圖：(a) 燻烤二氧化矽；(b) 膠體二氧化矽。
(Fujimi 公司提供)

　　對於 STI 氧化物 CMP 製程，需要對氮化物有高選擇性，這樣可以使研磨停止於氮化矽拋光停止層，這種停止層在 STI 蝕刻製程中稱為硬遮蔽層。具有氧化鈰 (CeO_2) 研磨料的漿料在 IC 工業中已經研製成功。這種泥漿在弱鹼性水介電質中含有約 5% 的氧化鈰。透過使用樹脂型氧化鈰研磨磨料，這種漿料可以達到高的形貌選擇性，並可以在大的場氧化層區避免碟形化效應，如圖 12.26 所示。與矽研磨顆粒漿料相比，具有氧化鈰的研磨漿料可以達到對氮化物更好的選擇性。也可以減小 STI 氧化物 CMP 製程中的碟形化效應。

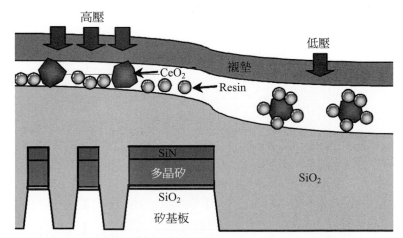

圖 12.26　具有 CeO_2 研磨料和樹脂添加劑的 STI CMP 示意圖。
(來源：Y. Matsui, et al., ECS Transactions, Vol. 11, p. 277, 2007)

⊗ 12.3.2　金屬研磨用研磨漿

　　金屬 CMP 製程與金屬濕式蝕刻製程類似。首先研磨漿內的氧化劑會與金屬產生反應並在金屬表面形成氧化物,然後氧化物被移除,又將金屬表面暴露而氧化,然後氧化物再次被移除。金屬研磨漿通常是 pH 值可調的氧化鋁 (A1$_2$O$_3$) 懸浮物。研磨漿的 pH 值可以控制兩個對金屬移除製程有幫助的機制:金屬腐蝕性的濕式蝕刻和金屬氧化的鈍化作用。

　　金屬化學機械研磨製程中,研磨漿內的氧化劑會使金屬表面氧化。在不同的條件下,不同的金屬氧化物被移除,而且每一種金屬氧化物都有不同的溶解度,這將造成兩種競爭移除機制。假如氧化過程主要產生氧化物離子,而該離子在研磨漿溶液中是可溶的,濕式蝕刻將控制整個金屬移除過程。這並不適合平坦化應用,因為濕式蝕刻是一種沒有形貌選擇性的等向性技術。如果金屬氧化物是不可溶解的,則氧化物將覆蓋在金屬表面並阻止進一步的氧化製程。研磨漿中的細微氧化鋁顆粒就會機械性地磨損鈍化的氧化層,並暴露金屬表面,允許金屬氧化作用並使氧化物磨損過程反覆進行。這個化學機械移除製程有很高的表面形貌選擇性,這樣比較適合表面平坦化。添加物通常用在化學機械研磨的研磨漿中控制 pH 值並達到蝕刻、鈍化作用,和氧化物移除之間平衡,並達到最佳的金屬 CMP 結果。

⊗ 12.3.3　鎢研磨漿

　　鎢可以在鎢 CMP 製程過程中利用 pH 值低於 4 的酸性溶液化學反應形成的 WO$_3$ 來鈍化表面。對於較高的 pH 值,可溶解的 W$_{12}$O$_{41}^{10-}$、WO$_4^{2-}$ 以及 W$_{12}$O$_{39}^{66-}$ 離子就會在溶液內形成,鎢以高的濕式蝕刻速率被蝕刻。圖 12.27 說明了鎢的電位 -pH 關係圖,稱為鎢的波貝克斯 (Pourbaix) 圖。它顯示了不同 pH 值和電位時的鈍化作用區和濕式蝕刻區。可以看出,當 pH 值小於 2 時,鎢在鈍化作用區域。

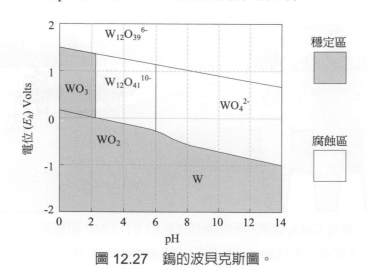

圖 12.27　鎢的波貝克斯圖。

　　然而當氧化劑存在時，如鐵氰化鉀 ($K_3Fe(CN)_6$)、硝酸鐵 ($Fe(NO_3)_3$) 或過氧化氫 (H_2O_2)，鎢被鈍化的 pH 值範圍可以擴展到 6.5。透過調整研磨漿的 pH 值，可以同時獲得低的濕式蝕刻速率及鎢薄膜的化學機械移除。

　　鎢的研磨漿通常是很酸的，pH 值的範圍為 4～2。與氧化物研磨漿相比，鎢研磨漿的固體含量較低而且保質期較短。在這個 pH 值下，氧化鋁顆粒在研磨漿內並不是膠狀懸浮物，所以鎢研磨漿配送去 CMP 製程時需要機械攪拌。

⊗ 12.3.4　鋁與銅研磨漿

　　鋁研磨漿通常是以水為基礎的酸性溶液，它以 H_2O_2 或胺 (Amines) 和 H_2O_2 的混合物作為氧化劑，並用氧化鋁作研磨料。它們的保質期都很有限，因為 H_2O_2 分子不穩定且易於分解變成 H_2O，同時釋放出氧自由基。從 45 nm 技術節點，鋁 CMP 已經用於代替閘極或 HKMG 之最後閘極製程而形成先進 MOSFET 金屬閘極電極。

　　圖 12.28 說明了銅的電位 -pH 值關係圖。可以看出當 5<pH<13 時，銅在鈍化作用區。為了獲得一致的研磨效果，需要膠狀穩定的研磨漿。當 pH 值小於 7 時，膠狀穩定的氧化鋁懸浮物剛好可以形成，所以銅研磨漿只有很小的製程窗口可以達到電化學鈍化作用，使水性氧化鋁粒子變成膠狀穩定懸浮物。

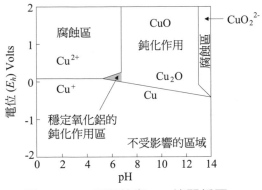

圖 12.28　銅電位與 pH 值關係圖。

　　銅研磨漿通常是以氧化鋁為研磨料的酸性溶液。不同的氧化劑都可以使用，如過氧化氫 (H_2O_2)、帶有硝酸 (HNO_4) 的乙醇 (HOC_2H_5)、帶有鐵化鉀或鐵氰化合物的氫氧化銨 (NH_4OH)，或含有苯並三氮唑 (benzotriazole) 的硝酸。

　　問題

　　氧化物研磨漿使用二氧化矽作為研磨料，而金屬研磨漿使用氧化鋁。請問我們可以換個方式來做嗎？

解答

二氧化矽顆粒可以與矽玻璃表面的原子形成化學鍵，並透過二氧化矽顆粒將玻璃表面的原子或分子撕裂以輔助化學的氧化矽去除過程，同時在高 pH 值溶液中將離子溶解；氧化鋁無法與氧化物薄膜形成化學鍵，而且在高 pH 值水溶液中不可溶解。因此氧化鋁只能使得氧化物的去除過程形成機械磨損，這將導致研磨速率變低。二氧化矽與氧化鋁都可以用於金屬研磨漿中作爲研磨料，然而使用二氧化矽將導致高的氧化物去除速率，這會使得金屬對氧化物研磨的選擇性變差。

透過加入 $Al(OH)_4^-$ 鋁離子進入研磨漿料，可顯著改善膠體的穩定性。鋁改性膠體二氧化矽磨料的銅 CMP 製程可以實現高的移除速率、良好的平坦化和蝶形效應。

12.4 CMP 基本理論

⊗ 12.4.1 移除速率

機械移除速率 R 是普萊斯頓 (Preston) 研究有關玻璃研磨技術時發現的。普萊斯頓公式可以表示成：

$$R = K_p \cdot p \cdot \Delta v$$

其中 p 是研磨壓力，由向下的力除以接觸面積獲得；K_P 是普萊斯頓係數，它與特殊的製程條件有關而且由經驗決定。Δv 是晶圓與研磨墊之間的相對速度。普萊斯頓方程式對大塊薄膜的研磨製程有很好效果。因爲在粗糙表面的突出部分要比其他表面有高的研磨壓力，從普萊斯頓公式可以看出，突出部分的移除速率比其他表面的高，這可以幫助移除表面粗糙形貌並將表面平坦化。圖 12.29 顯示，晶圓的突出部分有較高的研磨壓力。

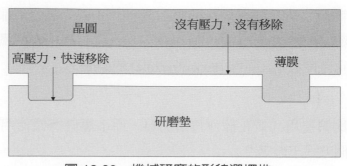

圖 12.29　機械研磨的形貌選擇性。

因為 CMP 製程不可能是純機械式，普萊斯頓方程式通常無法將製程描述得非常精確。移除過程中，化學的交互作用起著非常重要的作用，尤其對於金屬 CMP 技術。

研磨速率可以透過測量 CMP 過程前後的薄膜厚度變化除以 CMP 的時間確定。對於介電質 CMP 過程，移除速率可以利用光學反射干涉儀作臨場監測，這部分內容在本書第十章中討論。光學反射干涉儀系統建立在 CMP 系統內用於監測研磨製程終點。

通常 CMP 技術的移除速率大約為幾千 Å/ 分鐘左右，主要由向下的壓力、研磨墊的硬度及所使用的研磨漿量決定。不同的薄膜有不同的研磨速率。例如，矽玻璃有不同的研磨速率，如 SOG 薄膜、PECVD 氧化物薄膜以及 O_3-TEOS 氧化物都有不同的研磨速率。摻雜氧化物薄膜的研磨速率不同於未摻雜氧化物薄膜的研磨速率。

如果移除速率在一般的製程中逐漸下降，最有可能的問題就是襯墊表面的退化。如果襯墊已適當調整，就表示襯墊需要更換了。

12.4.2 均勻性

對於 200 mm 晶圓，需要 49 點，3σ 標準差測量技術定義 CMP 製程薄膜的均勻性和CMP 製程前後均勻性的改變。對於300 mm 晶圓而言，或許需要121點測量技術。對於生產晶圓，只有 CMP 製程後的均勻性才會被監測到。

晶圓內 (WIW) 和晶圓對晶圓 (WTW) 均勻性都受研磨墊狀況、向下的壓力分佈、晶圓對研磨墊的相對速度、固定環的位置以及晶圓形狀的影響。透過採用較硬的襯墊和較低的壓力 (低於 2 psi)，可以獲得小於 3% 的非均勻性 (或大於 97% 的均勻性)。

12.4.3 選擇性

移除的選擇性是不同材料移除速率的比值。對於需要移除的薄膜和不被移除的材料，較大的移除速率比是 CMP 製程所要求的。在 CMP 製程中，移除選擇性是一個非常重要的因素，它將明顯影響 CMP 形成缺陷，如腐蝕或碟形化，而且對終點監測也很重要。研磨漿化學品是影響 CMP 製程移除選擇性的主要因素。對於 STI 技術中的氧化物 CMP 製程，氧化物對氮化矽的高選擇性確保研磨製程停止在氮化矽表面。氧化物對氮化矽的選擇性在 3 ～ 100 之間，這因研磨漿的類型、襯墊的硬度、向下的壓力以及襯墊的旋轉速度不同而變。對於鋁 - 銅連線的 ILD 平坦化製程，因為只有氧化物被研磨掉，所以選擇性問題並不重要。對於鎢的 CMP 製程過程，選擇性對氧化物和氮化鈦非常重要。通常，鎢對 TEOS 氧化物的選擇性都很高，在 50 ～ 200 範圍之間。

對於特定金屬 CMP 研磨漿，化學氧化劑的活性對移除速率和選擇性控制非常關鍵，這使得氧化劑的選擇成為金屬研磨漿製程中最關鍵的因素。選擇性也與圖案密度有關，例如鎢 CMP 技術中，對於沒有圖案的整片薄膜研磨，鎢對氧化物的移除速率比可以高達 150：1。實際上，這個比率可以小很多，要根據每一種材料的圖案密度而定。圖案密度越高，移除的選擇性就越低，選擇性的損失將導致鎢與氧化物薄膜的腐蝕效果，如圖 12.30 所示。

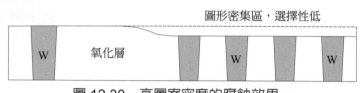

圖 12.30　高圖案密度的腐蝕效果。

積體電路的設計佈局將直接影響腐蝕問題。當晶片表面的開口面積小於 30％ 時，可以解決腐蝕問題。很多情況下，沒有作用的虛擬圖案用來避免圖案密度的碟形化以及 CMP 腐蝕作用。

12.4.4 缺陷

CMP 技術可以從晶圓表面移除許多缺陷，這可以幫助改善產品的良率，然而也將會引入一些 CMP 相關製程方面的缺陷，如刮痕、殘餘的研磨漿、粒子、腐蝕及碟形化。

尺寸較大的外來粒子以及堅硬的研磨墊將導致晶圓表面上形成刮痕。氧化物 CMP 製程將造成刮痕，鎢會填入這些氧化物表面刮痕內，並在鎢 CMP 之後，只能透過顯微鏡才能觀察到鎢金屬絲，這會導致短路或交互影響而降低積體電路的良率。

不適當的向下壓力、磨壞的研磨材料、不適當的襯墊調整、粒子的表面吸附以及研磨漿變乾，都會導致研磨漿的殘渣滯留在晶圓表面。這將造成污染缺陷並降低積體電路的良率。CMP 後清洗對移除研磨漿殘渣以及改善製程良率很重要。

腐蝕問題主要由圖案密度所造成的選擇性惡化引起，如圖 12.30 所示。它會在金屬連線的後續層中導致不完全的連線，因為它會增加金屬層間接觸窗孔的深度，進而導致不完整的金屬層接觸窗孔蝕刻，並在下一個雙重金屬層鑲嵌連線之間形成斷路，如圖 12.31 所示。

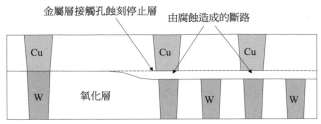

圖 12.31　腐蝕造成的斷路問題。

　　碟形化效應通常發生在較大的開口區，如大型金屬襯墊或溝槽內的 STI 氧化物。因為有較多的材料從區域的中心部分移除，而橫截面看起來如同一個碟子，如圖 12.32 所示，所以就稱為碟形化效應。

圖 12.32　碟形化效應示意圖。

　　碟形化與腐蝕效應都與移除的選擇性有關。例如，鎢 CMP 製程中，假如鎢對氧化物的選擇性太高，當主體層被移除後，過度研磨過程中碟形化和凹陷現象就有可能發生在鎢栓塞和襯墊層上。假如選擇性不高，氧化物和鎢都會在過度研磨時被研磨掉，這將導致腐蝕效應。在 STI 形成過程中，氧化物對氮化矽的高選擇性將在氧化物 CMP 過度研磨期間造成碟形化效應，如圖 12.33 所示。

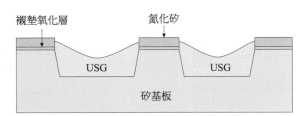

圖 12.33　STI USG 碟形化和凹陷效應。

　　碟形化和腐蝕可以透過原子力顯微鏡 (AFM) 測量。原子力顯微鏡的頂端有一個微小的矽或氮化矽懸臂探針。探針尖端的半徑為奈米量級，這種探針可以掃描探測樣品的表面而不直接接觸樣品，這是因為探針原子和樣品表面原子之間具有斥力。這種相互作用沿著樣品表面缺陷的懸臂。透過記錄由樣品表面變化引起的反射變化，AFM 可以測量奈米級的表面粗糙度。可以在探針頂端生長矽奈米管晶鬚或奈米碳管晶鬚幫助改善奈米級測量的解析度。圖 12.34(a) 顯示懸臂和普通探針尖端，圖 12.34(b) 則顯示 AFM 系統的奈米管晶鬚探針，圖 12.35 顯示了 AFM 測量過程。

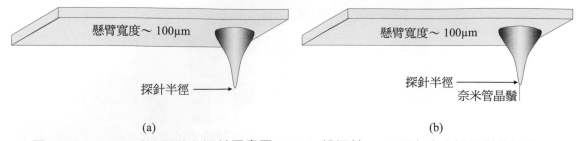

圖 12.34 AFM 系統懸臂和探針示意圖：(a) 一般探針；(b) 具有奈米管晶鬚的探針。

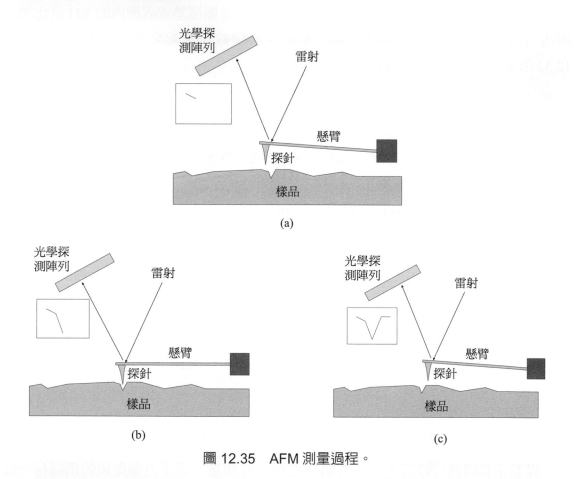

圖 12.35 AFM 測量過程。

　　透過掃描密集掃描線的較小區域，可以形成原子力顯微鏡影像，這可以顯示微觀影像的三維輪廓。原子力顯微鏡也可以用於測量圖案的關鍵尺寸、光阻的高度和輪廓，以及蝕刻圖案的輪廓。因為 AFM 測量非常緩慢，所以主要用於研究和開發 (R & D)，以及故障排除。AFM 也可以作為關鍵工具校正測量系統的關鍵尺寸，如散射系統。

　　粒子與缺陷可以透過光散射法測量。因為粒子與缺陷是不規則的表面形貌，將散射入射光線，然而平滑的表面只反射入射光，透過監測散射光，可以監測晶圓表面上的粒子和缺陷，圖 12.36 顯示了光散射粒子測量裝置示意圖。

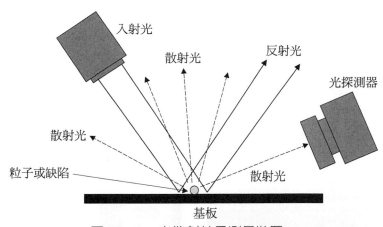

圖 12.36　光散射粒子測量裝置。

因爲散射光的強度很弱，通常採用橢圓面鏡收集光線。橢圓鏡面可以收集從焦點散射出的所有光，並將光線反射到另一個焦點上。通常粒子監測系統以如下的方式設計：雷射光束從橢圓鏡面的一個焦點上垂直掃描晶圓表面，而光探測器放置在另一個焦點上。這個設計可以讓使用者透過移動晶圓收集大部分的散射光而監測粒子和缺陷，並能繪製它們在晶圓表面上的位置。圖 12.37 顯示了粒子監測系統。

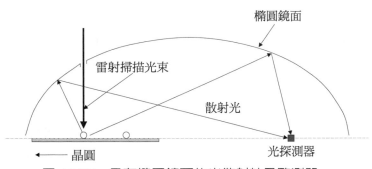

圖 12.37　具有橢圓鏡面的光散射粒子監測器。

掃描式電子顯微鏡 (Scanning Electron Microscope, SEM) 被廣泛使用在缺陷監測上。SEM 使用高能量的電子束掃描晶圓表面，並收集二次電子發射的信號以檢測晶圓表面的微觀特徵。他廣泛用於檢視光學檢查找出的物理缺陷，並透過使用高解析度影像查看缺陷，來幫助確認缺陷類型。

由於電子束可以使表面帶電而影響二次電子發射，接地金屬接觸栓塞的 SEM 信號與沒有接地的信號有較大差別。這就是所謂的電壓對比，只有電子束檢測 (EBI)，才有電壓對比信號，電壓對比可以用於捕獲電氣缺陷，如接觸栓塞和通孔栓塞的開路 (如圖 12.31 所示) 和接面穿透引起的接面漏電 (如圖 11.15 所示)。90 奈米技術節點之後，WCMP 製程後廣泛應用 EBI，因爲它可以捕獲光學檢測無法補捉的電氣缺陷，或電壓對比缺陷。圖 12.38(a) 顯示了透過 EBI 捕獲的 NMOS 漏電作為明亮顯示的電壓對比缺陷，圖 12.38(b) 為這種缺陷的截面 TEM 影像，顯示明亮的鎢栓塞與漏電的 N＋/P 接面接觸，漏電原因是由於鎳矽化物沿錯位線擴散，並使 NMOS 源極 / 汲極與基板短路。

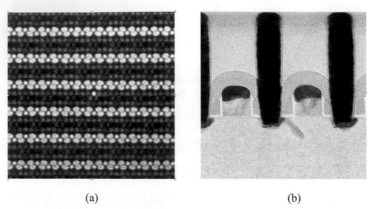

(a) (b)

圖 12.38　(a)WCMP 製程後利用 EBI 捕獲的 NMOS 漏電作為明亮顯示的電壓對比；
　　　　　(b) 缺陷的截面 TEM 影像。
　　　　　(來源：Hong Xiao, et al., Proc. of SPIE Vol. 7272, p. 72721E-1, 2009.)

　　CMP 技術最重要的優點之一是可以降低由於粗糙表面形貌引起的缺陷密度。CMP 製程減少缺陷的好處遠超過由 CMP 製程導致的缺陷。

12.5 CMP 製程

　　化學機械研磨製程有兩種。一種是平坦化製程，它可以移除部分薄膜 (約 1 微米) 並平坦化薄膜表面。另一種是研磨移除過程，在這個過程中，表面上大量的薄膜會被研磨製程移除，只留下填充溝槽或窗孔的部分。

　　對於鋁 - 銅連線製程，最常見的化學機械研磨製程是氧化物 CMP 和鎢 CMP。大部分的氧化物化學機械研磨製程都是平坦化製程，如 ILD CMP 製程。只有 STI 氧化物 CMP 是一種移除製程，從晶圓的表面移除氧化物，並且只把氧化物留在溝槽內作為相鄰電子元件之間的隔離。鎢化學機械研磨製程是一種移除製程，可以從晶圓的表面移除大量的鎢，並在接觸孔內留下少量的鎢形成栓塞作為不同金屬層間的連線。

　　問題

　　銅 CMP 是屬於平坦化 (planarization) 還是巨量移除 (bulk removal) ？

　　解答

　　銅 CMP 是一種巨量移除製程，銅 CMP 製程會從晶圓表面去除大量的銅和阻擋金屬，並只將金屬部分留在溝槽和金屬接觸孔內形成金屬連線。

12.5.1 氧化物 CMP 製程

在光學工業中，氧化矽 CMP 製程長期用於細磨及研磨玻璃表面製造透鏡和鏡面。早期的氧化物 CMP 製程由 IBM 公司在 1980 年代中期結合玻璃研磨和晶圓裸片研磨技術發展起來。

氧化矽 CMP 製程製造過程中，研磨漿內的二氧化矽粒子與氧化物薄膜表面之間的化學反應過程如下。首先，當氧化物薄膜與以水為基礎的研磨漿料接觸後，氧化物薄膜的表面和二氧化矽粒子的表面都會同時形成氫氧根 (Hydroxyls)(如圖 12.39(a) 所示)。然後氧化物表面的氫氧根和研磨漿內的二氧化矽顆粒形成氫鍵 (如圖 12.39(b) 所示)。由機械研磨產生的熱量在兩者表面之間形成分子鍵 (如圖 12.39(c) 所示)。與晶圓表面鍵結的粒子在機械移除過程中就會把原子或分子從晶圓表面扯離 (參見圖 12.39(d))，這對移除過程有顯著幫助。圖 12.39 說明了氧化物研磨的工作原理。

在非水溶液內無法觀察到氧化物的研磨效應，這說明表面氫氧根的作用在矽玻璃研磨製程中很重要。在沒有二氧化矽磨料的情況下，沒有發現氧化物研磨，這說明研磨液中的粒子是主要的機制。當二氧化矽溶解進入溶液變成矽酸鹽陰離子時，二氧化矽研磨漿就具有較低的氧化物研磨能力 (除非在高於 10 的 pH 值情況下)。因此在研磨漿中，較高濃度的氫氧根離子會明顯增加矽玻璃的移除速率。

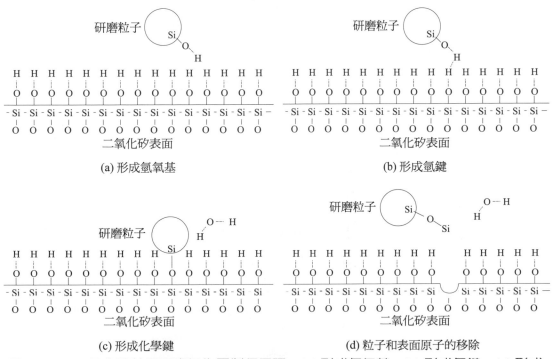

圖 12.39　二氧化矽粒子研磨氧化層製程原理：(a) 形成氫氧基；(b) 形成氫鍵；(c) 形成化學鍵；(d) 粒子和表面原子的移除。

12.5.2 鎢 CMP 製程 (WCMP)

鎢廣泛用於形成栓塞連接不同金屬層。由於 CVD 鎢薄膜有很好的間隙填充能力，透過將大量的鎢移除並只保留接觸孔中的鎢，這樣就形成了鎢栓塞。對於仍然使用鋁 - 銅連線的 IC 製程，半導體生產中最常見的金屬化學機械研磨是鎢化學機械研磨。包含鎢 CMP 製程技術，有非常先進的奈米技術的 DRAM 與快閃記憶體，以及從 0.25 微米到 0.8 微米技術節點的 CMOS 邏輯元件。鎢 CMP 製程被積體電路製造廣泛採用之前，以氟為基礎的 RIE 回蝕刻技術通常在鎢 CVD 製程後用於移除晶圓表面上的巨量鎢。

鎢回蝕刻技術的優點是能夠與鎢 CVD 技術在同一個群集工具中以臨場形式進行。然而，鎢回蝕製程通常導致 Ti/TiN 阻擋層 / 附著層因受強的氟化學蝕刻變得凹陷，並影響晶片的良率，如圖 12.40 所示。非臨場鎢 CMP 製程能明顯改善良率，所以快速取代了鎢回蝕刻技術。

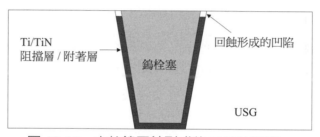

圖 12.40　由於鎢回蝕形成的 Ti/TiN 凹陷。

金屬化學機械研磨製程中通常有兩個完整的移除過程。一個是濕式蝕刻，在這個過程中，氧化劑與金屬產生反應，形成可溶解在研磨漿溶液中的金屬氧化物，這是純機械蝕刻。另一種移除技術結合了化學和機械過程。在這種技術中，氧化劑將在金屬表面形成一層堅固的金屬氧化物，用來保護金屬表面並阻止進一步的氧化反應。研磨漿內粒子的機械磨損將移除被鈍化的金屬氧化物，並將金屬表面暴露出來重複氧化過程和氧化物移除過程。圖 12.41 說明了金屬 CMP 技術中的兩種移除過程。

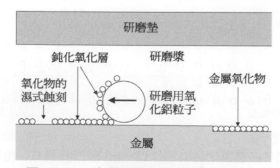

圖 12.41　金屬研磨製程原理示意圖。

通常，細緻的氧化鋁粉末用在鎢 CMP 研磨漿中，而鐵氰化鉀 $K_3Fe(CN)_6$ 作為蝕刻劑與氧化劑使用。濕式蝕刻的化學式可以表示為：

$$W + 6Fe(CN)_6^{-3} + 4H_2O \rightarrow WO_4^{-2} + 6Fe(CN)_6^{-4} + 8H^+$$

鐵氰化物作為吸附電子使用，可以將 W 氧化成 WO_4^{-2} 離子並使其溶解在研磨漿溶液中。另一個鈍化氧化反應可以表示為：

$$W + 6Fe(CN)_6^{-3} + 3H_2O \rightarrow WO_3 + 6Fe(CN)_6^{-3} + 6H^+$$

這個反應會形成鈍化的氧化物 WO_3。

鎢 CMP 技術中，這兩個競爭過程可以透過鎢與研磨漿介面局部 pH 值控制。這種狀態可以透過添加物完成，如磷酸氫化鉀 (KH_2PO_4) 可以將 pH 值調整為 5 到 6。為了改善研磨的平坦化，弱的有機鹼，如二氨乙烯，可以進一步調整 pH 值使其接近中性值 7，這樣可以增加鈍化作用並減少濕式蝕刻。

因為鐵氰化鉀有劇毒，並且處理用過的研磨漿也會導致嚴重的環保問題，所以硝酸鐵 $Fe(NO_3)_3$ 比較適合作氧化劑。通常，鎢 CMP 將使用一種兩階段研磨過程。第一個階段是用 pH 值小於 4 的研磨漿移除大量的鎢，第二個階段是用 pH 值大於 9 的研磨漿移除氮化鈦 / 鈦堆疊的阻擋層 / 附著層。

⊗ 12.5.3　銅 CMP 製程

使用電漿回蝕製程圖案化銅金屬非常困難，因為不會形成易揮發的無機銅化合物。雙鑲嵌製程並不需要金屬蝕刻，所以雙鑲嵌製程是銅金屬化的最好選擇。銅 CMP 是銅應用在雙鑲嵌連線中最具挑戰的製程之一。

過氧化氫 H_2O_2，或硝酸 HNO_3，都可以用於作為銅研磨漿中的氧化劑，氧化鋁粒子作為移除物。因為氧化銅 (CuO_2) 是多孔性的，而且無法形成鈍化層進一步阻止表面上的銅氧化作用，需要添加物加強鈍化效應。氨 (NH_3) 是一種使用在銅 CMP 研磨漿中的添加物。其他添加物如氫氧化銨、NH_4OH、乙醇或苯並三氮唑，都可以作為混合劑減少濕式蝕刻效應。

雙鑲嵌銅金屬化製程中，大量的銅和鉭阻擋層都需要 CMP 製程移除。因為銅研磨漿無法有效移除鉭，所以過度的鉭移除研磨將導致銅的凹陷及碟形化效應，如圖 12.42 所示。

為了解決這個問題，一般採用具有兩種研磨漿的研磨方法。第一種研磨漿主要移除大量的銅層，第二種研磨漿移除鉭阻擋層。使用第二種研磨漿之前，必須將所有的銅和第一種研磨漿從表面上完全去除，因為第二種研磨漿有很低的銅移除速率，這一點很重要。與單一種研磨漿的研磨方法比較，兩種研磨漿過度研磨的銅損失範圍明顯減少，將銅研磨與阻擋層研磨分開的兩種研磨 CMP 可以降低銅碟形化及氧化物腐蝕效應。使用多重研磨平台能夠大大簡化多重研磨漿的 CMP 製程。

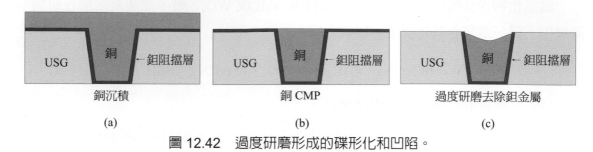

圖 12.42　過度研磨形成的碟形化和凹陷。

◉ 12.5.4　CMP 終端監測

　　CMP 製程可以透過監視馬達的電流或光學測量獲得終端資訊。當 CMP 接近終點時，研磨墊將開始接觸並研磨底層，而且摩擦力會改變。為了保持固定的襯墊旋轉速率，研磨頭旋轉馬達的電流將會改變。透過監視馬達電流的改變，可以找到 CMP 的終端資訊，圖 12.43 顯示了銅 CMP 製程過程中的電流改變。

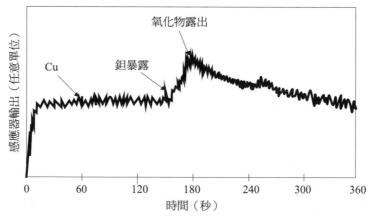

圖 12.43　銅 CMP 製程過程中馬達的電流變化。(資料來源：Aplex 公司)

　　CMP 製程過程中，研磨銅時旋轉馬達電流接近常數。信號的干擾來自於馬達的旋轉頻率。當銅被移除而鉭阻擋層暴露出來時，研磨的摩擦力就會增加。因此為了保持固定的旋轉速率，旋轉馬達的電流就會增加。當鉭阻擋層被移除時，襯墊就開始研磨氧化物。當鉭逐漸從表面被移除時，電流就開始下降，監測電流的改變決定銅 CMP 終端點的這種能力可以進行臨場監測兩種研磨漿研磨過程。在兩種研磨漿製程中，當終端監視器檢測到馬達的電流開始增加時，銅 CMP 便馬上停止，然後晶圓將轉移到另一個襯墊上並使用不同的研磨漿移除鉭。

另一種使用在 CMP 中的終端技術是光學終端。對於介電質 CMP，薄膜厚度或薄膜厚度的改變都可以用光譜反射測量儀在臨場情況下監測到。終端不是取決於厚度的改變就是取決於薄膜厚度本身。介電質表面以及介電質與基板介面的反射光會相互干涉。干涉的情況可以是建設性或破壞性干涉，由薄膜的折射率、薄膜厚度以及光線的入射角決定。建設性干涉比破壞性干涉產生更明亮的反射光。當研磨介電質薄膜時，薄膜厚度的改變將導致建設性干涉與破壞性干涉之間產生週期性變化，這會造成偵測到的反射光產生高強度和低強度的重複。如果使用單波長光源如雷射，介電質薄膜厚度的改變就可以由反射光的改變監測。透過使用具有寬光譜的光源，如 UV 燈管或多波長雷射，可以直接監測到介電質薄膜的類型與厚度。圖 12.44 說明了介電質薄膜 CMP 終端監測的光感測器。

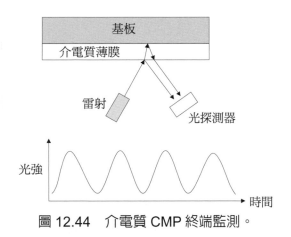

圖 12.44 介電質 CMP 終端監測。

對於金屬 CMP 製程，反射係數的改變可以作為製程的終端監測。通常金屬表面有較高的反射係數，當金屬薄膜移除時，反射係數就明顯降低，這樣就提供了終端資訊。圖 12.45 顯示了金屬 CMP 終端監測製程。

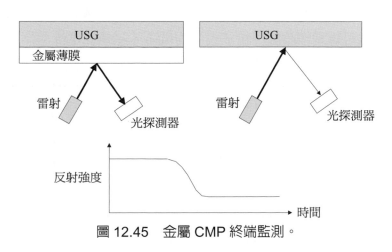

圖 12.45 金屬 CMP 終端監測。

⚙ 12.5.5　CMP 後清洗製程

　　CMP 後晶圓清洗是 CMP 製程中不可缺少的一道製程。CMP 製程之後，晶圓必須立刻被徹底清洗，否則晶圓表面上將產生很多缺陷，這與研磨過程和研磨漿有關。CMP 後晶圓清洗必須移除殘餘的研磨漿粒子及其他 CMP 期間因研磨漿、襯墊和調整工具形成的化學污染。CMP 後清洗包括使用超純水的刷子清洗和機械式刷洗移除 CMP 研磨漿粒子。一般的刷子清洗過程涉及超純水並透過沖洗噴嘴使用。透過增加超純水的水量、刷洗壓力或超音波可以達到較高的清洗效率。刷子是由多孔性聚合物製成，能使化學藥品透過並將其傳送到晶圓表面。CMP 後清洗過程中也使用雙邊刷洗器，如圖 12.46 所示。

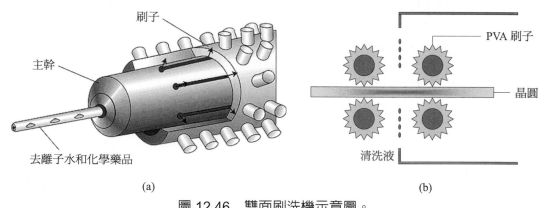

(a)　　　　　　　　　　　　　　　(b)

圖 12.46　雙面刷洗機示意圖。

　　當研磨漿在晶圓表面乾固時，有些研磨漿粒子會與晶圓表面的原子發生化學鍵結。化學添加物，如氯化銨 (NH_4OH)、氫氟酸 (HF) 或介面活性劑，都可以減弱或破壞粒子表面的化學鍵而去除這些已鍵結的粒子。添加物可以幫助粒子從表面擴散並防止新的粒子在晶圓附近形成。避免晶圓表面的殘餘研磨漿乾固非常重要，因為研磨漿粒子會形成很強的化學鍵。帶有化學添加物的超純水可以減少粒子與晶圓之間的附著力。溶液化學品也可以調整晶圓與粒子表面的電荷，這種靜電排斥作用能防止粒子重新沉積在表面。酸性溶液可以氧化及溶解有機或金屬粒子。圖 12.47 說明了酸性與鹼性化學物質粒子去除過程。

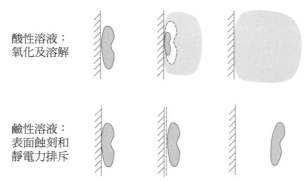

酸性溶液：
氧化及溶解

鹼性溶液：
表面蝕刻和
靜電力排斥

圖 12.47　酸性或鹼性化學溶液的粒子去除原理示意圖。

　　氧化物 CMP 製程後，來自研磨漿的二氧化矽顆粒不是附著在氧化物的表面就是被嵌入其中。當晶圓被轉移到清洗製程室時，保持晶圓潮濕非常重要。鹼性化學品 NH_4OH 將用在氧化物 CMP 後清洗過程中。鹼性溶液會使二氧化矽顆粒和氧化物表面帶負電，因此靜電會將粒子從表面排斥掉。對於透過很強的分子鍵結合在晶圓表面的粒子，HF 可以破壞化學鍵或溶解二氧化矽顆粒以及部分的氧化物表面移除粒子。頻率在幾百 Hz 到 MHz 範圍的超音波普遍用在化學溶液中形成微小氣泡，以內爆方式釋放震波幫助移動粒子。

　　鎢研磨漿比氧化物研磨漿難以去除。具有 NH_4OH 添加物的超純水使用在鎢 CMP 後清洗技術中。使用硝酸鐵 $(Fe(NO_3)_3)$ 的氧化劑會在溶液中形成高濃度的 Fe^{3+} 離子。使用含有 NH_4OH 的超純水清洗時，Fe^{3+} 離子會與 OH^- 作用形成 $Fe(OH)_3$ 粒子，這些粒子會成長達 1 微米。$Fe(OH)_3$ 粒子會導致極高的表面缺陷密度並污染刷子，稱為刷洗負載。由 $Fe(OH)_3$ 粒子引起的缺陷可以透過使用 100：1 的 HF 清洗來減小。

　　清洗完成後，接著是超純水洗滌過程。洗滌水必須從晶圓表面被完全移除而不留任何殘渣。晶圓乾燥必須是一個不使用水蒸氣的物理移除過程，因為溶解在超純水內的化學物質在蒸鍍過程中可能會成為污染物。

　　在單晶圓及批量晶圓自旋乾燥器中，自旋乾燥是最常採用的技術。自旋形成的離心力會使水流向晶圓邊緣並離開晶圓，清潔的乾燥空氣或氮氣都可以從中心驅除殘留的水分，因為中心處的離心力較低。

　　另一種乾燥方法是蒸氣乾燥，通常使用異丙基醇 (Isopropyl Alcohol, IPA, C_3H_8O) 超純溶劑的高蒸氣壓排除晶圓表面的水膜。

　　某些 CMP 工具與濕式清洗工具整合在一起。這種整合系統允許所謂的 "乾進、乾出" CMP 技術，並使用 CMP 後清洗和乾燥技術改善製程的良率。

⊗ 12.5.6 CMP 製程問題

CMP 主要關注的是研磨速率、平坦化能力、晶粒內均勻性、晶圓內均勻性、晶圓對晶圓均勻性、移除選擇性、缺陷以及污染物控制。

研磨速率主要取決於向下的壓力、襯墊的硬度、襯墊的狀況以及所用的研磨漿。不同的薄膜有不同的研磨速率。平坦化的能力主要取決於研磨墊的硬度以及表面狀況。均勻性受研磨墊狀況、向下壓力、晶圓與研磨墊的相對速度以及晶圓曲率影響，而這個曲率與薄膜的應力有關。向下壓力的分佈是控制 CMP 均勻性最重要的要素。移除選擇性主要由研磨漿的化學性質和圖案密度控制，這些圖案密度由電路設計佈局決定。不同種類的缺陷與製程參數有關。例如，銅 CMP 製程過程中，與 PMOS 連接的銅接觸被腐蝕，而與 NMOS 連接的銅接觸形成樹枝狀突起。這是因為在酸性溶液中，銅離子趨向於從 PMOS 接觸金屬表面移向 NMOS 接觸金屬表面，特別是如果在光線照射下使得在晶圓表面的 PN 接面形成 0.6V～0.7V 的光伏電壓差時，這種情況更容易發生。圖 12.48 顯示了光電化學效應形成的樹枝狀突起和腐蝕缺陷。

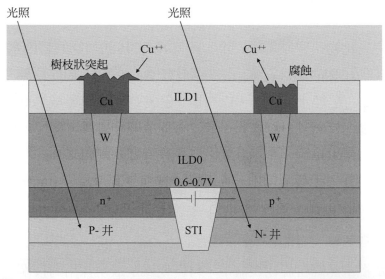

圖 12.48　n^+/P- 井的金屬樹枝狀突起和 p^+/ N- 井金屬的腐蝕。

解決這種缺陷的方法之一是銅 CMP 和 CMP 後清洗製程在黑暗或封閉的系統中進行，黑暗和封閉的系統避免了光照引起的 PN 接面光伏電壓。據稱曾有一名技術人員將 CMP 設備內燒壞的低瓦數燈泡更換為高瓦數燈泡，導致銅 CMP 晶圓出現樹枝狀腐蝕問題，並造成工程師須花費大量時間排除故障。

污染物控制是 CMP 中最重要的技術問題之一。因為研磨漿含有大量的粒子和鹼性離子，所以在積體電路生產中，CMP 區比其他製程區域具有較高的可移動離子與粒子污染率。因此，一些工廠將 CMP 區與其他的製程區隔離避免交叉污染。當產品晶圓被移進和移出時，晶圓盒需要更換。如果沒有更換衣服，有些工廠會嚴禁操作員在 CMP 區與其他區域之間移動。一個經驗規範是屬於 CMP 製程間的東西要留在 CMP 製程室中；而不屬於 CMP 製程間的東西都不應帶入。

銅 CMP 工具只能用在銅研磨過程中避免矽晶圓受銅污染。銅污染將導致 MOSFET 功能不穩定並損壞積體電路晶片。

如果研磨漿濺出，必須在乾固之前就立刻徹底清潔乾淨。乾固的研磨漿會留下大量的微小粒子，容易隨氣流傳播，這是一種粒子污染源。所以必須有好的後勤管理，避免研磨漿濺出和殘餘物積累。當互換研磨墊和載具薄膜時，嚴格的步驟和訓練過程是非常重要的，而且在量產研磨晶圓之前，新的襯墊一般需要經過三到五次測試晶圓研磨過程才能使用。

在無塵室中，CMP 製程佔用大約 40% 的總用水量，超過其他任何製程。它也產生了最大量的廢水，其中含有許多有害物質，如氧化劑、酸、強鹼、磨料等。因此 IC 製造商需要謹慎管理這些廢水。

12.6 CMP 製程近年發展

3D-NAND 已成為非揮發性記憶體晶片的主流技術。通過在 Z 方向堆疊記憶單元，它將微縮化尺寸的挑戰從微影技術解析度轉變為高深寬比 (HAR) 結構的蝕刻，通過厚層覆蓋及在 HAR 結構內進行薄膜沉積。先進 3D-NAND 快閃記憶體晶片的製造過程中也包含許多 CMP 製程步驟。圖 12.49 展示了一個帶有陣列下方 CMOS 和 2 層堆疊的 3D-NAND 晶片。我們可以看到它有許多介電質 CMP 製程，例如 STI CMP、ILD CMP 和 Tier-1 臨時填充介電質 CMP。介電質填充材料可以是氧化鋁 (AlO)，用於在 Tier-2 ONO 堆疊沉積之前填充 Tier-1 通道孔，並作為 Tier-2 通道孔蝕刻停止層。3D-NAND 至少進行一次多晶矽 CMP，用在多晶矽通道形成之後形成多晶矽塞栓。它還包含許多金屬 CMP 步驟，例如 CMOS 互連的 WCMP、WLC 的 WCMP、BLC 的 WCMP、BL 的銅 CMP 等。

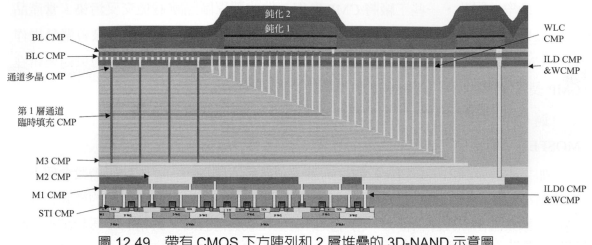

圖 12.49 帶有 CMOS 下方陣列和 2 層堆疊的 3D-NAND 示意圖

在 CMOS IC 中最重要的發展是在 MOSFET 中實現高 k 和金屬閘極，這徹底改變了 MOSFET 的閘極介電質。FinFET 在 MOSFET 的 Z 方向上，進行尺寸微縮化，但其發展已經趨近極限了。奈米片環繞閘極場效電晶體 (GAA-FET) 是在所有主要 IC 製造商的規劃藍圖中，並將在不久的將來實現量產。閘後製程高介電質金屬閘極 (HKMG) 奈米片 GAA-FET 製程與閘後製程 FinFET 製程類似，都需要幾個化學機械研磨 (CMP) 製程。其中之一是 ILD0 CMP，它暴露多晶矽虛擬閘極，如圖 12.50(a) 所示。它被允許透過高選擇性蝕刻過程中去除虛擬閘極。之後，虛擬閘極氧化物和 SiGe 層也被高選擇性蝕刻處理去除，釋放出矽奈米片，如圖 12.50(b) 所示。經過清潔後，高 k 介電質和多層金屬閘極被沉積以完全覆蓋奈米片，並且大量金屬填充填充閘槽以形成 HKMG GAA-FET。金屬 CMP 製程則在晶圓表面去除大量金屬層，這完成了替換金屬閘極的製程，如圖 12.50(c) 所示。為了形成自對準接觸 (SAC)，需要進行 MG、介電質 CVD 和 CMP，以形成位於 MG 頂部的蝕刻阻擋層，如圖 12.50(d) 所示。在圖 12.50 中並未顯示的可能還有一個 CMP 製程步驟。首先將先進 HKMG 元件使用切割後技術，形成長線間距圖案的 MG，然後將其切割成設計的閘極圖案。完成最終的閘極形成需要進行切割遮罩光罩製作、蝕刻和清潔、介電質薄膜沉積及介電質 CMP 等一系列製程。

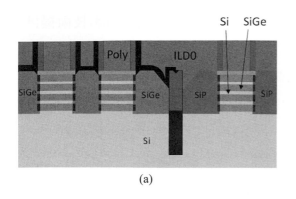

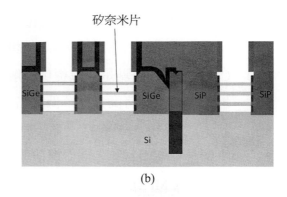

圖 12.50　閘後製程高介電質金屬閘極奈米片 GAA-FET 形成過程中的 CMP 步驟圖：
(a)ILD0 CMP；(b) 虛擬多晶矽、閘極氧化物和 SiGe 層去除；(c)HKMG
CMP(c)；(d)HKMG 凹陷處填充 CMP。

　　銅金屬化和低 k 介電質的結合已經對 CMP 製程提出了新的挑戰。由於低 k 介電質材料比二氧化矽有低的機械強度，所以低 k 介電質材料很容易在銅連線過程中裂開或脫層。小的向下壓力 CMP 技術已經越來越受關注，它可以避免低 k 介電質材料在銅與阻擋金屬層 CMP 製程中斷裂。

　　為了避免銅 CMP 製程過程中大的向下壓力引起銅脫層，而發展了小的向下壓力 CMP 製程。電化學機械拋光 (ECMP) 被應用於從晶圓表面移除銅，晶圓表面被正偏壓並作為陽極。有些半導體公司引進無下壓力電化學拋光技術以滿足銅 /ULK 連線對銅 CMP 技術的要求。

12.7 本章總結

(1)　CMP 製程主要的應用包括介電質平坦化以及在 STI、鎢栓塞和雙鑲嵌銅連線中的大量薄膜移除。

(2)　為了金屬層接觸孔和金屬線圖案化製程中獲得高解析度，並且要求易於進行金屬沉積，多層金屬需要平坦化介電質表面。

(3) 對於 0.25 微米及更小的圖案化，需要 CMP 製程來為高解析度的微影技術提供平坦化表面，因為這種微影製程的景深比較小。

(4) CMP 製程的優點是可以提供高解析度的微影圖案，這是因為 CMP 可以形成平坦化表面、具有高良率、低缺陷密度以及為積體電路設計提供很多選擇。

(5) 基本的 CMP 系統包括一個旋轉晶圓載具、一個放置在旋轉平台上的研磨墊、一個墊片調整器和一個研磨漿輸送系統。

(6) 氧化物 CMP 研磨漿是以膠狀二氧化矽懸浮物為研磨料的鹼性溶液，pH 值在 10 ～ 12 之間；金屬 CMP 研磨漿是以氧化鋁為研磨料的酸性溶液，pH 值在 4 ～ 7 之間。

(7) CMP 製程的重要參數包括研磨速率、平坦化能力、選擇性、均勻性、缺陷和污染物控制。

(8) 與研磨速率主要相關的方面包括向下壓力、襯墊硬度、襯墊表面形貌、襯墊與晶圓間的速度和研磨漿類型。

(9) CMP 均勻性主要由向下壓力分佈、襯墊硬度和襯墊表面形貌決定。

(10) CMP 移除選擇性主要由研磨漿的化學性決定。

(11) 氧化物 CMP 製程中，矽化物粒子與表面原子形成化學鍵將材料從表面去除。高 pH 值的研磨漿將溶解二氧化矽並從晶圓表面移除。

(12) 金屬 CMP 製程中有兩種金屬移除機制：濕式蝕刻和鈍化作用。濕式蝕刻過程中，氧化劑形成金屬氧化物離子，這些離子在研磨漿中可溶，而在鈍化作用中，氧化劑氧化金屬形成一個鈍化的氧化層，這可以阻止金屬氧化。氧化物會被研磨漿中的研磨粒子移除。

(13) CMP 後清洗製程是減小缺陷並改善良率的重要製程步驟。具有 NH_4OH 的超純水常用於 CMP 後清洗中。對於氧化物 CMP 製程，HF 用於移除與表面分子形成化學鍵但卻不能被 NH_4OH 溶液移除的二氧化矽粒子。對於金屬製程，氧化劑和硝酸都可以用於氧化並溶解無法被 NH_4OH 溶液移除的金屬粒子。

(14) CMP 製程中涉及的缺陷包括刮痕、殘留物、脫層、金屬腐蝕、介電質膜的裂縫等。這些缺陷可以透過光學方法檢測到。

(15) 後 WCMP 和後銅 CMP 電子束檢測可以有效檢測到如接觸栓塞開口和漏電類電氣性能缺陷。

(16) 閘後 (gate-last)HKMG 平面 MOSFET、FinFET 和奈米片 GAA-FET 製造皆需要 CMP 製程技術。

習題

1. CMP 製程在半導體工業中最早期的應用是什麼？

2. 對於鋁 - 銅連線，CMP 製程在 IC 晶片製造中主要的兩個應用是什麼？

3. CMP 製程廣泛應用於 IC 工業之前，使用哪些平坦化方法？

4. 為什麼特徵尺寸小於 0.25 微米的 IC 晶片必須使用 CMP 技術？

5. 與其他平坦化方法比較，CMP 製程有哪些優點？

6. 為什麼 CMP 製程中，研磨墊需要重新調整？

7. 什麼研磨粒子常用於氧化物研磨漿？

8. 什麼粒子常用於金屬 CMP 研磨漿？

9. 為什麼氧化物研磨漿需要高的 pH 值？

10. 說明金屬 CMP 製程中的兩種競爭移除機制。

11. 什麼是腐蝕和碟形化效應？

12. 什麼測量工具可以用於測量腐蝕和碟形化？

13. 如何測量晶圓表面上的粒子和缺陷？

14. WCMP 製程後，什麼監測系統用於檢測如接觸孔和漏電等電氣性能缺陷？可以用光學方法檢測這些缺陷嗎？為什麼？

15. 說明 CMP 製程後清洗的重要性。

16. 說明濕式化學清洗過程中兩種粒子移除機制。

17. 如果研磨漿在製程中濺鍍出來並變乾，會導致什麼問題？

18. 為什麼銅 CMP 製程工具只能用於銅拋光製程？

19. 當矽化物粒子與氧化物表面形成分子鍵時，將無法透過 NH_4OH 移除。哪種化學藥品可以用於移除這些矽化物顆粒？說明移除製程。

20. 先進的閘後 (gate-last) 高介電質金屬閘極 (HKMG)CMOS FinFET 製造中，需要哪兩種 CMP 製程？

[1] Alexander E. Braun, Slurries and Pads Face 2001 Challenges, *Semiconductor International*, November, 1998.

[2] C. Y. Chang and S. M. Sze, *ULSI Technologies*, McGraw-Hill Companies, New York, 1996.

[3] Michael A, Fury, CMP Processing with Low-k Dielectric, *Solid State Technology*, Vol. 42, No. 7, 1999, p. 87.

[4] Carlyn Sainio and David J. Duquette, Electrochemical Characterization of Copper in Ammonia-Containing Slurries for Chemical Mechanical Planarization of Interconnects, Proceedings of the Second International Symposium on Chemical Mechanical Planarization in Integrated Circuit Device Manufacturing, The Electrochemical Society, Inc., Proceedings Vol. 98-7, 1998, p. 126.

[5] Susan Reabke Selinidis, David K. Watts, Jaime Saravia, Jason Gomez, Chelsea Dang, Rabiul Islam, Jeff Klain, and Janos Farkas, Development of a Copper CMP Process for Multilevel, Dual Inlaid Metallization in Semiconductor Devices, Proceedings of the Second International Symposium on Chemical Mechanical Planarization in Integrated Circuit Device Manufacturing, The Electrochemical Society, Inc., Proceedings Vol. 98-7, 1998, p. 9.

[6] Joseph M. Steigerwald, Shyam P. Murarka, and Ronald J. Gutmann, *Chemical Mechanical Planarization of Microelectronic Materials*, John Wiley & Sons, Inc., New York, 1997.

[7] Trends and future developments for diamond CMP pad conditioners, Industrial Diamond Review, Vol. 1/04, pp. 16 – 21, 2004, www.diamondatwork.com/uploaded_files/Silicon%20chip.pdf (Accessed on 10/02/2011)

[8] W. Scott Rader, Tim Holt, Kazusei Tamai, *Characterization of Large Particles in Fumed Silica Based CMP Slurry*, Mater. Res. Soc. Symp. Proc. Vol. 1249, 2010.

[9] T. Ashizawa, *Novel Cerium Oxide Slurry with High Planarization Performance for STI*, Proceeding of CMP Symposium, CAMP, 1999.

[10] Raymond R. Jin, Sen-Hou Ko, Benjamin A. Bonner, Shijian Li, Thomas H. Osterheld, Kathleen A. Perry, *Advanced Front-end CMP and Integration Solutions*, Proceedings of CMP-MIC, p.119, 2000.

[11] Y. Matsui, Y. Tateyama, K. Iwade, T. Mishioka and H. Yano, *High-performance CMP slurry with CeO$_2$/resin abrasive for STI formation*, ECS Transactions, Vol. 11, p. 277, 2007.

[12] Paul Feeney, *CMP for metal-gate integration in advanced CMOS transistors*, Solid State Technology, p. 14, November, 2010.

[13] Irina Belov, Joo-Yun Kim, Paula Watkins, Martin Perry and Keith Pierce Polishing Slurries with Aluminate-modified Colloidal Silica Abrasive, Mater. Res. Soc. Symp. Proc. Vol. 867, W6.9.1, 2005.

[14] K. Mistry et al., "A 45nm Logic Technology with High-k + Metal Gate Transistors, Strained Silicon, 9 Cu Interconnect Layers, 193nm Dry Patterning, and 100％ Pb-free Packaging, IEDM Tech. Dig., p.247, 2007.

[15] Hong Xiao, Long (Eric) Ma, Yan Zhao, and Jack Jau, *Study of Devices Leakage of 45nm node with Different SRAM Layouts Using an Advanced ebeam Inspection Systems*, Proc. of SPIE, Vol. 7272, p. 72721E-1, 2009.

[16] R.K. Singh, D.W. Stockbower, C.R. Wargo, V. Khosla, M. Vinogradov and N.V. Gitis, *Post-CMP Cleaning Applications：Challenges and Opportunities*, Proceedings of 13th International CMP-MIC, p. 355, 2008.

[17] Hong Xiao, "3D IC Devices, Technologies, and Manufacturing, SPIE Press, 2016.

Chapter **13**

半導體製程整合

本書前面幾章討論了半導體單元製程技術，積體電路晶片製造涉及很多製程步驟。為了製造一個具有一定功能的晶片，每一道製程都必須和其他製程整合在一起。本章將討論 CMOS IC 晶片製造的製程整合技術。

學習目標

研讀完本章之後，你應該能夠

(1) 列出形成隔離的三種製程技術。

(2) 說明三種形成井區的製程技術。

(3) 解釋說明臨界電壓調整佈植的目的。

(4) 說明側壁空間層製程及其應用。

(5) 說明高 k 介電質閘極與 SiON 介電質閘極比較的優點。

(6) 說明高 k 金屬閘極形成製程中的"閘極優先"和"最後閘極"製程。

(7) 說明至少三種用於閘極和局部連線的矽化物。

(8) 說明用於傳統鋁連線製程中的三種金屬。

(9) 列出銅金屬化製程的基本流程。

(10) 辨別 IC 晶片最終鈍化中常使用的兩種介電層材料。

(11) 描述平面 HKMG 和 FinFET HKMG 之間的主要區別。

13.1 簡介

　　一個先進的 CMOS 積體電路晶片製造需要 80 多個微影光罩和超過上千製程過程。每一個製程步驟都是相關的。對於 CMOS 製程過程，可以分為前端 (FEoL)，中端 (MEoL) 和後端 (BEoL)。FEoL 包括主動區 (AA) 形成，井區佈植，閘極圖案化和形成電晶體源極 / 汲極電極。MEoL 包括自對準金屬矽化物，接觸孔圖案化和蝕刻，用於形成元件和金屬導線之間接觸的鎢沉積和 CMP。BEoL 形成連線和鈍化。對於傳統的鋁連線，主要包括金屬疊層 (Ti/TiN/Al-Cu/TiN) PVD 和蝕刻，介電質平坦化，以及通孔圖案化和蝕刻。對於早期的銅連線，BEoL 主要包括通孔圖案化和蝕刻、溝槽圖案化和蝕刻、阻隔層 (Ta 或 TaN) 和銅晶種 PVD、銅電鍍和退火，以及金屬 (Cu/Ta) CMP。

　　對於 2D-NAND 快閃記憶體晶片製造流程，FEoL 包括形成主動區 (AA)、字元線 (WL)、接觸位元線 (CB1)、源線、接觸位元線 (CB2) 以及位元線 (BL)。BEoL 包括通孔和金屬層。

　　對於 DRAM 製程，過去有兩種相互競爭的技術並存，一種是疊層電容技術，另一種是深溝槽電容技術。疊層電容 DRAM 佔據 DRAM 市場主要份額，深溝槽電容 DRAM 廣泛用於嵌入式 DRAM 系統晶片，這是因為它與 CMOS 製程相容。更先進的 DRAM 製程也得到了發展，其中之一是大規模生產中的埋藏字元線 (bWL) 技術。

13.2 晶圓準備

　　<100> 方向單晶矽晶圓常用於 CMOS 積體電路晶片製造。Bipolar 和 BiCMOS 晶片一般使用 <111> 晶向的晶圓。用於 IC 晶片中的晶圓通常是 N 型摻雜或 P 型摻雜，典型的基板摻雜濃度為 1×10^{15} 原子 /cm^3。1970 年代之前，PMOS 積體電路晶片使用 N 型晶圓製造。但是，自從離子佈植製程在 1970 年代中期使用後，NMOS 積體電路晶片就使用 P 型晶圓製造。雖然 N 型和 P 型晶圓都可以用於 CMOS 積體電路製造。但大部分積體電路生產線都使用 P 型晶圓，這主要是歷史性的緣故。由於低功率損耗，高雜訊免疫力和高熱穩定性數位邏輯電路的需求，以 NMOS 元件為基礎的 CMOS 製程在 1970 年代後期發展起來。用於製造 NMOS 積體電路的 P 型晶圓，就是早期 CMOS 積體電路的基板。

　　最簡單的 NMOS 積體電路製程包括五道微影製程過程：形成主動區、閘極、接觸孔、金屬以及銲墊 (bonding pad)。早期的 CMOS 積體電路製程則需要八道微影過程：N 型井區 (對於 P 型基板)、主動區、閘極、N 型源極 / 汲極、P 型源極 / 汲極、接觸

孔、金屬和銲墊。圖 13.1(a) 顯示了 NMOS 晶片截面圖示意圖，圖 13.1(b) 顯示了早期 CMOS 晶片截面圖示意圖。

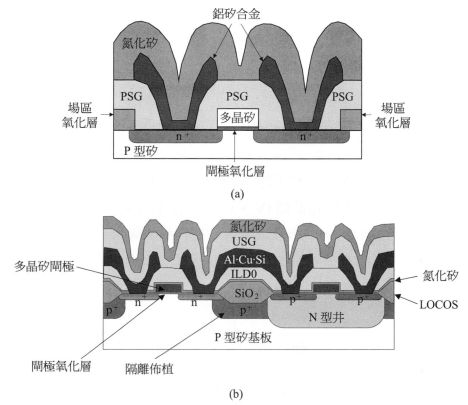

(a)

(b)

圖 13.1 (a)NMOS 晶片截面圖和 (b) 早期 CMOS 晶片示意圖。

雙極性電晶體和 BiCMOS 晶片需要具有矽磊晶層晶圓形成一個重摻雜深埋層。有些功率元件需要高電阻率晶圓，而這晶種圓基板只能藉由浮動帶區法 (FZ) 生成。當 CMOS 積體電路晶片時脈脈衝不高時，IC 晶片就不需要磊晶層。然而對於高速 CMOS 晶片必須在磊晶矽層上獲得。使用查克洛斯基 (Czochralski, CZ) 法製造的矽晶圓一般都會含有一些氧，而這樣氧會減小載子壽命並降低元件速度。透過磊晶矽可以獲得無氧污染的基板而得到高的元件速度。

磊晶矽生長之前的 RCA 清洗製程常用於去除矽晶圓表面上的污染。無水 HCl 乾式清洗可以幫助去除可移動離子和原生氧化層。矽磊晶層的生長是以矽烷 (SiH_4)、二氯矽烷 (DCS, SiH_2Cl_2) 或三氯矽烷 (TCS, $SiHCl_3$) 為主要氣體的高溫 (1000℃)CVD 製程。磊晶矽生長過程中，氫氣通常用於第二製程氣體或輸送氣體和淨化氣體。三氫化砷 (AsH_3) 或三氫化磷 (PH_3) 是常用的 N 型摻雜氣體，而氫化硼 (B_2H_6) 作為 P 型摻雜氣體。

先進的 CMOS 積體電路晶片通常使用具有 P 型磊晶層的 P 型 <100> 單晶矽晶圓。

13.3 隔離技術

整面覆蓋氧化層、矽局部氧化 (LOCOS) 和淺槽隔離 (STI) 是使用在積體電路製造中的三種絕緣技術。P 型摻雜接面也可以用於形成相鄰電晶體的電氣隔離。

⊗ 13.3.1 整面覆蓋氧化層

整面覆蓋氧化層用於早期的積體電路工業，是一種簡單而直接的製程技術。整面覆蓋氧化層可以在平坦的矽表面上生長適當厚度的氧化層形成，然後在氧化層上進行圖案化和蝕刻形成元件的窗口。場氧化層生長的厚度由場區臨界電壓決定，表示為 V_{FT}，需要足夠高的電壓 ($V_{FT} >> V$) 防止鄰近電晶體直接相互影響。雖然外加電壓可以開啟或關閉晶片上的 MOS 電晶體 ($V > V_T$)，但卻不能開啟寄生的 MOS 電晶體造成晶片失效。圖 13.2 顯示了一個整面覆蓋氧化層作為隔離的 PMOS 電晶體晶片示意圖。整面覆蓋氧化層的厚度大約為 10000 ～ 20000Å。

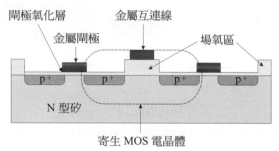

圖 13.2　整面覆蓋氧化隔離 PMOS 晶片示意圖。

⊗ 13.3.2 矽的局部氧化 (LOCOS)

整面覆蓋氧化層在 1970 年代左右大量使用。雖然這種製程很簡單，但有一些缺點。第一是元件區窗口的氧化層階梯具有一個尖銳的邊緣，這種邊緣在後續的金屬沉積製程中很難覆蓋掉。另一個缺點是通道隔離摻雜必須在氧化製程前完成，這就必須要求場氧化層對準隔離摻雜區，這種需求在特徵尺寸縮小時很難達到。

LOCOS 技術從 1970 年代起就一直應用於 IC 晶片生產中，其中的一個優點是二氧化矽是在通道阻絕佈植 (stop implantation) 後才生長。場區氧化層能夠自對準隔離摻雜區。透過使用通道阻絕佈植，場區氧化層的厚度減小時，能夠保持相同的場區臨界電壓，V_{FT} 與整面覆蓋氧化層比較，元件區與局部場氧化層之間的階梯高度比較低，而且側壁是傾斜的。這使得側壁覆蓋在後續的金屬化沉積或多晶矽沉積過程中容易實現。LOCOS 氧化層的厚度範圍為 5000 ～ 10000Å。圖 13.3 說明了 LOCOS 隔離製程技術。

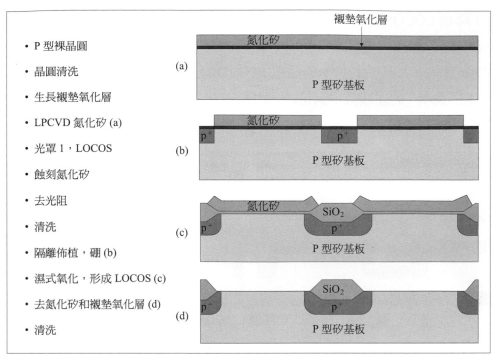

圖 13.3　局部氧化 (LOCOS) 隔離技術。

圖中標示：
- P 型裸晶圓
- 晶圓清洗
- 生長襯墊氧化層
- LPCVD 氮化矽 (a)
- 光罩 1，LOCOS
- 蝕刻氮化矽
- 去光阻
- 清洗
- 隔離佈植，硼 (b)
- 濕式氧化，形成 LOCOS (c)
- 去氮化矽和襯墊氧化層 (d)
- 清洗

LPCVD 氮化矽用於遮蔽氧化層，這種製程只允許厚的二氧化矽，稱為 LOCOS，在指定的區域生長。電晶體被建立作在主動區，這個區域被氮化矽覆蓋不能生長氧化物，LOCOS 技術需要利用襯墊氧化層緩衝 LPCVD 氮化矽的強大張應力。含有氟的電漿蝕刻常用於進行氮化矽圖案化蝕刻，熱磷酸通常用於去除氮化矽層。

LOCOS 製程主要的缺點之一就是所謂的 "鳥嘴" (Bird's Beak) 效應。因為二氧化矽是等向性生長，這使得在氮化矽層下形成側面侵蝕，如圖 13.3 所示。加熱氧化期間，"鳥嘴" 由二氧化矽內部的等向性擴散形成。LOCOS 侵蝕的尺寸大約與兩側的氧化層厚度相當；對於厚度為 5000Å 的氧化層，兩側的 "鳥嘴" 大約為 0.5 微米。"鳥嘴" 佔據了許多矽的表面區域，使電晶體封裝密度增加變得非常困難，如圖 13.4 所示。

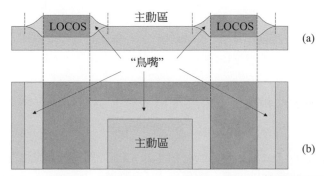

圖 13.4　LOCOS "鳥嘴" (a) 示意圖；和 (b) 截面俯視圖。

　　爲了降低 LOCOS 的"鳥嘴"效應，已經進行了多項改進工作。多晶矽緩衝層 LOCOS(PBL) 製程技術是最常使用的方法。PBL 可以減小鳥嘴的尺寸，這是因爲橫向擴散的氧會被多晶矽消耗掉。透過在 LPCVD 氮化矽製程前先沉積一層多晶矽緩衝層，可以把"鳥嘴"的區域減小到 0.1～0.2 微米左右。圖 13.5 顯示了這種製程的流程。

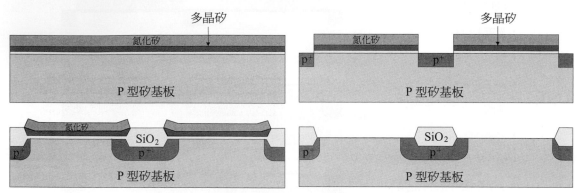

圖 13.5　　多晶矽緩衝層 LOCOS 製程示意圖。

⊗ **13.3.3　淺溝槽隔離 (STI)**

　　LOCOS 和改進的 PBL 當特徵尺寸縮小到 0.5 微米前都可以使用。這如同一道厚的牆佔據太多的土地分隔相鄰的房子，LOCOS 的"鳥嘴"佔據了矽表面較多珍貴的空間，這些空間本來可以製作電晶體和其他設備。在 IC 晶片中，所有電晶體和其他元件都被隔離氧化層所包圍，就像城堡被護城河所環繞和保護一樣。

　　LOCOS 在積體電路工業中持續使用到 1990 年代中期，當特徵尺寸小於 0.35 微米時，LOCOS 技術的"鳥嘴"效應就成爲不能容忍的問題。因爲景深的要求，微小的幾何尺寸需要一個高度平坦化的表面確保微影像技術的解析度。LOCOS 在元件區和氧化物表面之間有一個 2500Å 或更高的階梯，這對於 0.25 微米的圖案作精密圖案化太大。因此，STI 製程與氧化物 CMP 就被研究發展應用於積體電路製造。平面 CMOS STI 製程流程如圖 13.6 所示。

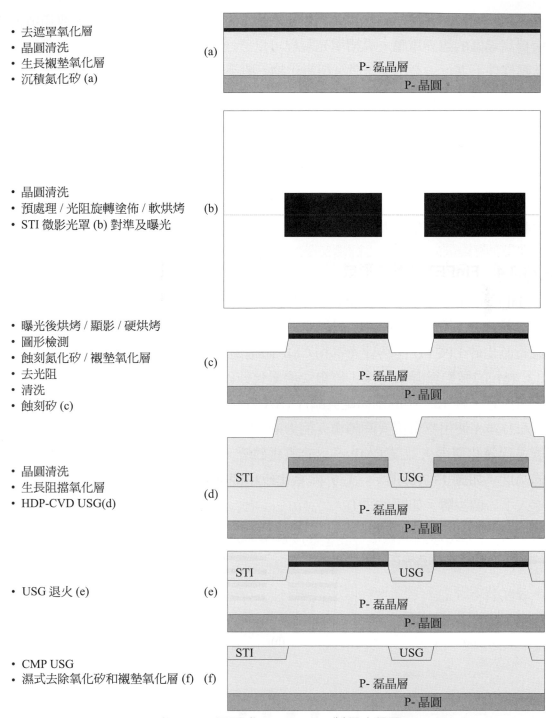

- 去遮罩氧化層
- 晶圓清洗
- 生長襯墊氧化層
- 沉積氮化矽 (a)

(a)

P- 磊晶層

P- 晶圓

- 晶圓清洗
- 預處理 / 光阻旋轉塗佈 / 軟烘烤
- STI 微影光罩 (b) 對準及曝光

(b)

- 曝光後烘烤 / 顯影 / 硬烘烤
- 圖形檢測
- 蝕刻氮化矽 / 襯墊氧化層
- 去光阻
- 清洗
- 蝕刻矽 (c)

(c)

P- 磊晶層

P- 晶圓

- 晶圓清洗
- 生長阻擋氧化層
- HDP-CVD USG(d)

(d)

STI   USG

P- 磊晶層

P- 晶圓

- USG 退火 (e)

(e)

STI   USG

P- 磊晶層

P- 晶圓

- CMP USG
- 濕式去除氧化矽和襯墊氧化層 (f)

(f)

STI   USG

P- 磊晶層

P- 晶圓

圖 13.6 平面式 CMOS STI 製程流程圖

因為積體電路元件的外加電源電壓已經降到了 1.8V 或更低，不再需要通道阻絕佈植提高場區的臨界電壓。溝槽填充製程可以透過加熱的 O₃-TEOS CVD 在常壓和低於常壓條件下進行。高密度電漿沉積氧化物一般不需要加熱退火過程，因為沉積過程中被重離子轟擊過的氧化物會變得很緻密。然而用 O₃-TEOS 沉積的氧化物必須在高於 1000℃的氧環境下退火使得薄膜緻密。

STI 製程包括許多流程：氧化、氮化矽沉積、氮化矽 / 氧化物蝕刻、矽蝕刻、氧化物 CVD、氧化物 CMP、氧化物退火和去除氮化矽。當特徵尺寸繼續縮小時，STI 製程主要的挑戰是單晶矽蝕刻、氧化物 CVD 和氧化物 CMP。STI 氧化矽也可以透過在主動區之應變矽產生應力提高元件的速度。

⊗ 13.3.4　FinFET 的鰭片形成

FinFET 已取代平面式 MOSFET，並主導先進的 CMOS 積體電路產品。鰭片形成製程與第 13.3.3 節所描述的 STI 製程非常相似。首先，須清洗晶圓，接著進行襯墊氧化並將氮化矽 LPCVD 作為硬光罩和 CMP 阻擋層，如圖 13.7(a)。在完成鰭光罩 (如圖 13.7(b)) 的微影與圖案化後，矽會使用氮化矽硬光罩圖案來蝕刻，如圖 13.7(c) 所示。請注意，圖 13.7 中的剖面是與鰭片 (AA 方向) 垂直，而圖 13.6 中的剖面則是沿著 AA 方向。使用具有優異間隙填充能力的 CVD 氧化層，來填充高深寬比的空隙，接著進行氧化層退火並讓 CMP 停止於氮化矽層，如圖 13.7(d) 所示。鰭的溝槽決定鰭的高度，如圖 13.7(e) 所示。在去除氮化矽和襯墊氧化層後形成鰭片，使得晶圓準備進入下一個步驟，如圖 13.7(f)。

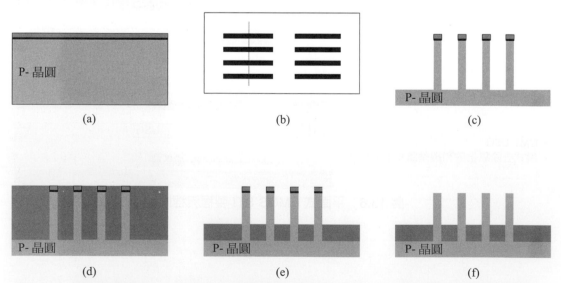

圖 13.7　鰭形成製程：(a) 襯墊氧化與氮化矽 LPCVD 之後；(b) 鰭光罩；(c) 矽材料蝕刻；(d)STI 氧化層 CVD、退火和 CMP；(e)STI 氧化層溝槽；(f) 去除氮化矽和襯墊氧化層。

我們會發現，鰭片形成製程與 STI 形成類似，主要差異在於鰭片寬度較窄，並且由於深寬比明顯提高，鰭片間的溝槽 (AA) 看起來不再是很淺。同時，鰭形成還需要額外的 STI 氧化層溝槽步驟，這對 FinFET 元件的性能非常關鍵，因為通道寬度主要由鰭的高度決定。

⊗ 13.3.5 自對準 STI

對於 Flash 記憶體元件，最常使用的隔離技術是所謂的自對準 STI。圖 13.8 顯示了具有自對準 STI 的 NAND Flash 記憶體佈局示意圖。製程從晶圓清潔開始，接著生長閘極氧化層，然後是浮動閘極多晶矽和氮化物硬遮蔽層沉積，如圖 13.9(a) 所示。主動區圖案化後，接著蝕刻氮化物、多晶矽、閘極氧化層和矽基板，如圖 13.9(b) 所示。晶圓清潔後，利用化學氣相沉積氧化物填充孔隙，如圖 13.9(c) 所示，CMP 製程去除晶圓表面的氧化物，並終止於氮化物層，如圖 13.9(d) 所示。氮化物層去除後就完成了自對準 STI 製程過程，13.9(e) 所示。

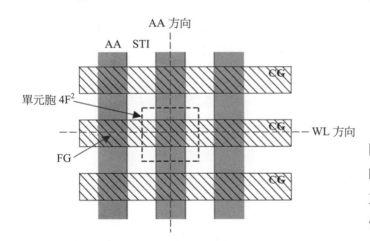

圖 13.8　具有自對準 STI NAND Flash 佈局片示意圖：AA 代表主動區，FG 代表浮動閘極，CG 代表控制閘極，WL 代表字元線。

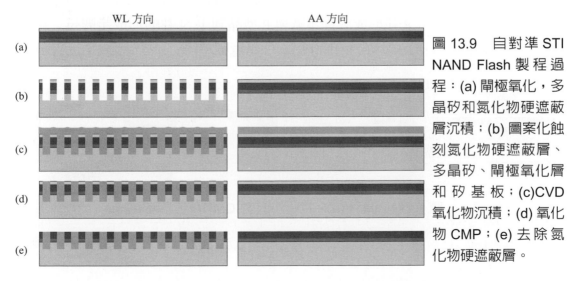

圖 13.9　自對準 STI NAND Flash 製程過程：(a) 閘極氧化，多晶矽和氮化物硬遮蔽層沉積；(b) 圖案化蝕刻氮化物硬遮蔽層、多晶矽、閘極氧化層和矽基板；(c)CVD 氧化物沉積；(d) 氧化物 CMP；(e) 去除氮化物硬遮蔽層。

13.4 井區形成

對於 CMOS，PMOS 電晶體需要 N 型井區，NMOS 電晶體需要 P 型井區。在 CMOS 技術出現之前，人們使用 P 型晶圓來製造 NMOS IC 晶片。因此，CMOS 自然是始於 P 型晶圓，透過 N 型離子的注入來形成 N 型井區來製作 PMOS。這種製程被稱為單井 CMOS。後來開始使用自對準雙井技術，藉此能夠使用單一光罩同時形成 N 型井區和 P 型井區。

13.4.1 單井

早期的 CMOS 積體電路只需要一個單井，不是 N 井就是 P 井，取決於晶圓的導電類型。井區形成一般使用高能量、低電流的離子佈植和加熱退火 / 驅入製程步驟實作。圖 13.10 顯示了 N 單井製程步驟。

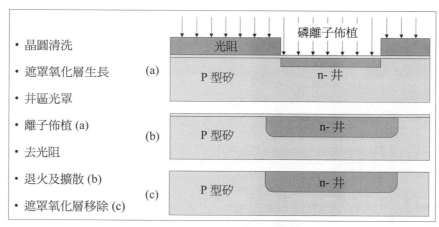

圖 13.10　N 井製程示意圖。

一道光罩步驟是指一微影製程，主要包括光阻塗佈、對準與曝光、光阻顯影和圖案化檢測。N 型晶圓上 P 井形成製程步驟與 P 型晶圓上 N 井的形成步驟幾乎相同。圖 13.11 顯示了一個具有 N 井和 P 井的 CMOS 示意圖。

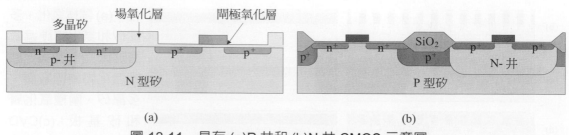

圖 13.11　具有 (a)P 井和 (b)N 井 CMOS 示意圖。

⊗ 13.4.2 自對準雙井

　　雙井製程可以使積體電路設計者有更多的選擇設計 CMOS 積體電路。自對準雙井可以節省一道微影製程，這是透過使用 LPCVD 氮化矽達到。氮化矽是一種非常緻密的薄膜，可以利用阻擋氧的擴散而防止 P 井產生氧化反應，而且也可以避免 N 型離子在離子佈植過程中穿透進入 P 井，N 井上的厚氧化層可以阻擋形成 P 井的硼離子佈植。LPCVD 需要襯墊氧化層緩衝強的張力，否則太大的應力將會使晶圓破損。氮化矽可以透過熱磷酸對氧化層的高選擇性而去除。自對準雙井製程流程顯示在圖 13.12 中。

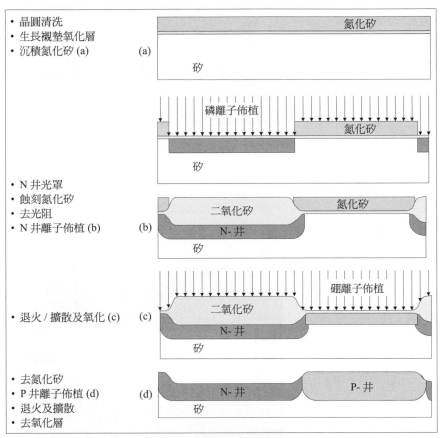

圖 13.12　自對準雙井製程示意圖。

　　自對準雙井的優點是可以節省一道微影光罩步驟，這樣可以降低生產成本並增加積體電路晶片的良率。但是自對準雙井的缺點是單晶矽表面不平坦。當二氧化矽在 N 井區域生長時，氧化層將生長進入矽基板。所以對於自對準雙井製程，N 井通常比 P 井低。

　　雙井結構有較好的基板控制，並可以使 CMOS 積體電路設計者有更多的設計自由度。在一個雙井形成製程中，N 井一般要在 P 井之前佈植形成，這是因為磷在單晶矽中的擴散速率比硼低。如果先離子佈植形成 P 井，則在 N 井退火及摻雜物驅入製程中，硼的擴散就可能失去控制。

⊗ 13.4.3 雙井

 自對準雙井製程形成的 P 井和 N 井並不在同一個水準面，這可能會因爲景深問題影響微影製程的解析度。雙光罩雙井在先進 CMOS 積體電路晶片製造中很普遍，製程流程顯示在圖 13.13 中。雙井離子佈植製程都是使用高能量、低電流佈植設備。高溫爐一般用於井區離子佈植退火和驅入。

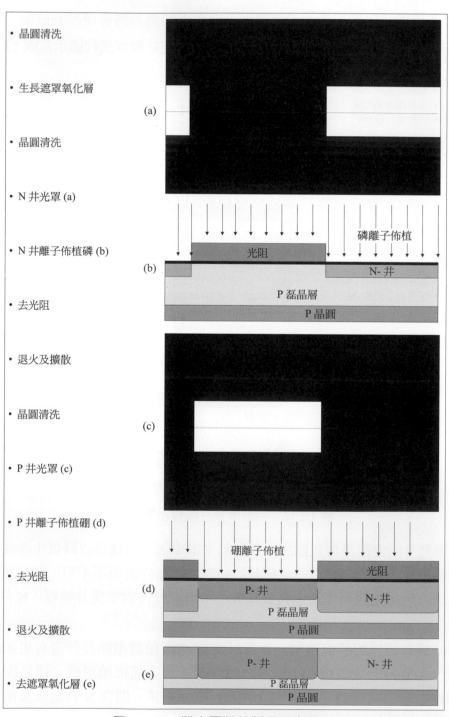

- 晶圓清洗

- 生長遮罩氧化層

- 晶圓清洗

- N 井光罩 (a)

- N 井離子佈植磷 (b)

- 去光阻

- 退火及擴散

- 晶圓清洗

- P 井光罩 (c)

- P 井離子佈植硼 (d)

- 去光阻

- 退火及擴散

- 去遮罩氧化層 (e)

圖 13.13 雙光罩雙井製程示意圖。

 **電晶體製造**

⊗ 13.5.1　金屬閘極製程

在 1970 年代中期之前，MOS 電晶體形成時，源極 / 汲極以及閘極不是自對準。首先用一個加熱生長的二氧化矽層作為擴散阻擋層，然後再利用擴散製程形成源極 / 汲極，接著蝕刻出閘極區並生長薄的閘極氧化層。第三道微影定義出接觸孔，第四道微影形成閘極連線，最後的微影定義出銲墊區域。銲墊區蝕刻和去光阻後，晶圓就準備測試和封裝。第三章中的表 3.1 列出了用非自對準製程設計出的 PMOS 電晶體製造流程，圖 3.30 和圖 3.31 說明了製程步驟。閘極一般要設計得比源極和汲極之間的距離寬些，確保源極 / 汲極能夠被閘極完全覆蓋。但是這將使得縮小元件特徵尺寸變得非常困難。目前只有教育機構的實驗室使用這種製程製造 MOS 電晶體。

⊗ 13.5.2　自對準閘極製程

隨著離子佈植技術的研究和發展，MOS 電晶體製造製程已經普遍使用了自對準閘極製程過程。多晶矽已經取代鋁成為閘極材料，因為鋁合金無法承受離子佈植後退火所需的高溫。這種製程開始是用一個主動區光罩在場氧化層上開出蝕刻窗口定義電晶體區域。晶圓清洗、閘極氧化層生長和多晶矽沉積後，閘極光罩定義出閘極和連線。離子佈植和加熱退火後，電晶體就製造完成了。圖 13.14 說明了一個 NMOS 電晶體自對準源 / 汲極製程示意圖。

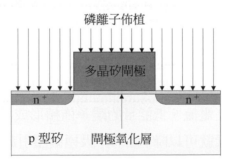

圖 13.14　NMOS 自對準源 / 汲極製程示意圖。

自對準閘極製程是積體電路製造中的一個基本電晶體製造過程。幾乎所有先進的 CMOS 積體電路晶片電晶體都是在這種製程基礎上發展起來的。

⊗ **13.5.3 低摻雜汲極 (LDD)**

當閘極寬度小於 2 微米時，源極和汲極之間偏壓導致的電場垂直分量將高到足以加速電子使其擊穿薄的氧化層，這就是熱電子效應。熱電子效應引起的漏電流將影響電晶體性能，而且會因為閘極氧化層的電子捕捉效應造成積體電路晶片可靠性問題。圖 13.15 顯示了 MOS 電晶體熱電子效應。

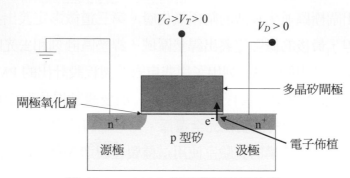

圖 13.15 MOS 電晶體熱電子效應。

最廣泛用於抑制熱電子效應的方法就是低摻雜汲極 (LDD)，或源極 / 汲極擴展 (SDE) 技術，如圖 13.16 所示。

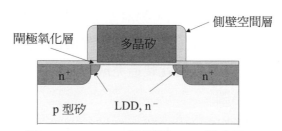

圖 13.16 MOS 電晶體 LDD 示意圖。

LDD 接面可以透過使用低能量、低電流的離子佈植製程實現。這是一個摻雜濃度很低的淺接面，而且剛好延伸到閘極下面。沉積和回蝕介電質之後，側壁空間層會在多晶矽閘極兩側形成。高電流、低能量的離子佈植形成重摻雜源極 / 汲極，利用側壁空間層與閘極分開。這樣就可以降低源極 / 汲極偏壓引起的電場垂直分量，並減小可擊穿的電子數量而抑制了熱電子效應。使用 LDD 的電晶體可以透過圖 13.17 所示的製程步驟製造。

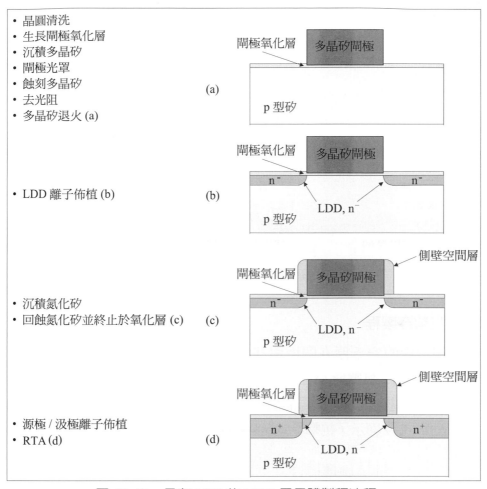

- 晶圓清洗
- 生長閘極氧化層
- 沉積多晶矽
- 閘極光罩
- 蝕刻多晶矽
- 去光阻
- 多晶矽退火 (a)

(a)

閘極氧化層　多晶矽閘極

p 型矽

- LDD 離子佈植 (b)

(b)

閘極氧化層　多晶矽閘極

n^-　　　n^-

LDD, n^-

p 型矽

- 沉積氮化矽
- 回蝕氮化矽並終止於氧化層 (c)

(c)

側壁空間層

閘極氧化層　多晶矽閘極

n^-　　　n^-

LDD, n^-

p 型矽

- 源極 / 汲極離子佈植
- RTA (d)

(d)

側壁空間層

閘極氧化層　多晶矽閘極

n^+　　　n^+

LDD, n^-

p 型矽

圖 13.17　具有 LDD 的 MOS 電晶體製程流程。

　　當特徵尺寸小於 0.18 微米時，這種離子佈植的劑量就不再屬於輕佈植，因此它被稱為源極擴散 (SDE) 佈植。

◉ 13.5.4　臨界電壓調整製程

　　臨界電壓調整製程可以控制 MOS 電晶體的臨界電壓大小。這種離子佈植製程可以確保電子系統的電源電壓能夠開啓或關閉積體電路晶片上的 MOS 電晶體。臨界電壓調整佈植是一種低能量、低電流的佈植過程，一般在閘極氧化層生長之前進行。圖 13.18 顯示了臨界電壓調整佈植製程流程。

　　對於 CMOS 積體電路晶片，需要兩個臨界電壓調整佈植過程，一個是對 P 型電晶體而另一個對 N 型電晶體。隨著 IC 晶片特徵尺寸的縮小，井區佈植的深度能透過高能離子佈植實作，而不需要佈植後驅入擴散製程。這樣臨界電壓調整製程可以結合井區佈植同時實作。

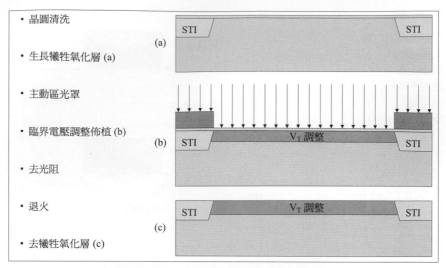

圖 13.18　臨界電壓調整製程流程。

⊗ 13.5.5　抗擊穿製程

　　當源極和汲極的空乏區在閘極與基板偏壓下相互短路連接時，發生擊穿效應 (Punch-through effect)。抗擊穿 (Anti punch-though) 的離子佈植製程是一種中等能量、低電流的佈植過程，這樣可以保護電晶體抵抗這種效應。抗擊穿離子佈植一般和井區佈植一起進行。圖 13.19 顯示了抗擊穿效應製程。

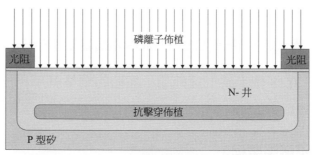

圖 13.19　抗擊穿離子佈植製程。

　　另一種常用於抗擊穿效應的製程是大傾角佈植，它是透過 45° 入射角進行的一種低能量、低電流的佈植製程。這種製程中形成的大傾角接面可以幫助抑制擊穿效應。圖 13.20 顯示了大傾角佈植製程。

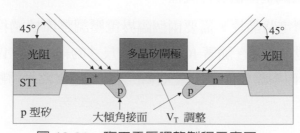

圖 13.20　臨界電壓調整製程示意圖。

13.6 高 k 金屬閘極 MOSFET

當元件尺寸持續縮小時，對於 MOS 電晶體，閘極氧化層的厚度將變得很薄而無法在 1V 電壓下可靠工作。當元件的尺寸接近 45 nm 或更小時，必須用高 k 介電質層取代標準的二氧化矽或氮化矽作為閘極介電質材料。透過使用高 k 介電質層，可以增加閘極介電質的厚度防止閘極電流擊穿和介電質崩潰。同時當閘極縮小時，可以幫助維持足夠大的閘極電容。閘極電容必須足夠大來維持足夠多的電荷形成閘極介電質下的載子反轉，這樣才能形成由少數載子形成的通道開啟 MOS 電晶體。

為了提高元件的速度，金屬有可能再一次用於 MOS 電晶體中的閘極電極，因為如鋁這樣的金屬比多晶矽和金屬矽化物的電阻低很多。而且當外加電壓開啟MOS時，多晶矽閘極將在多晶矽與氧化層之間形成反轉層，這個反轉層與介電質層類似，這樣就相當於增加了閘極介電質層的厚度而降低了 MOS 的開關速度。用金屬閘極替代多晶矽解決了多晶矽的反轉層問題。

有許多高 k 金屬閘極 (HKMG) 合成技術，如閘極優先 (Gate first)、最後閘極 (Gate last) 和這兩者的結合 (NMOS 閘極優先和 PMOS 最後閘極結合)。

13.6.1 閘極優先 HKMG

圖 13.21 顯示了 SOI 基板上 NMOS 的閘極優先製程。包括薄層二氧化矽的生長 (4Å)，高 k 介電質沉積，覆蓋介電質層沉積，如圖 13.21(a) 所示。NMOS 的覆蓋層不同於 PMOS 的覆蓋層，它們都能控制功函數並實現所需的臨界電壓。然後，沉積一層薄金屬層，通常為氮化鈦 (TiN)，接著沉積多晶矽和硬遮蔽層，如圖 13.21(b) 所示。經過圖案化和蝕刻硬遮蔽層後，去除光阻並用硬遮蔽層蝕刻形成圖案化閘極，圖 13.21(c) 所示。其餘的製程流程與一般 SiON 多晶矽閘極製程類似，如 SDE 佈植，形成側壁空間層，SD 佈植，如圖 13.21(d) 所示；RTP，矽化物形成，如圖 13.21(e) 所示；ILD0 CVD 和 CMP，接觸蝕刻和清潔，如圖 13.21(f) 所示，附著層和鎢沉積，WCMP 形成接觸栓塞，如圖 13.21(g) 所示。對於 32 奈米技術，高 k 介電質是二氧化鉿 (HfO_2) 基材料，金屬閘極通常使用氮化鈦 (TiN)。

閘極優先 HKMG 製程與一般的 SiON 多晶矽製程非常相似。因此，許多製程工具可以共同使用。而且與最後閘極 HKMG 製程過程比較，製程步驟減少，所以總成本可以降低，這對於半導體製程產線非常重要。對於閘極優先 HKMG 製程，高 k 和金屬材料必須能夠持續高溫退火過程，所以選擇非常有限。

在邏輯 IC 元件中，閘極優先 HKMG 技術僅被一些晶片製造商用於一代 (32nm) 技術節點，然後被迫轉向最後閘極 HKMG 技術。然而，對成本敏感的記憶體製造商最近開始採用閘極優先 HKMG 技術，將外圍平面 CMOS 閘極堆疊從多晶矽 /SiON 遷移到 HKMG。

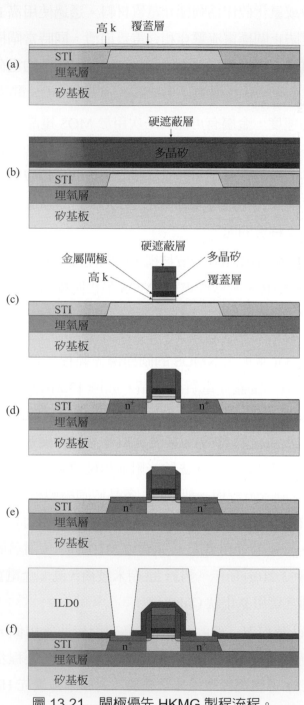

圖 13.21　閘極優先 HKMG 製程流程。

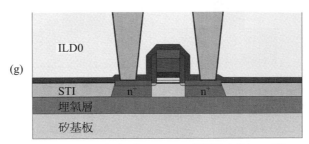

(g)

圖 13.21　閘極優先 HKMG 製程流程。(續)

🌐 13.6.2　最後閘極 HKMG

高 k 金屬閘極的最後閘極製程是第一個用於 45 奈米技術節點 IC 生產的 HKMG 製程。雖然比閘極優先有更多的製程步驟，但是也有許多優點，例如在虛擬多晶矽閘極移除後，矽通道的應變增加，從而提高載子遷移率和元件性能。最後閘極的另一個重大優勢是對高 k 和金屬閘極材料的選擇範圍更廣泛，這是因為 HKMG 是在源極 / 汲極退火後形成。對於閘極優先 HKMG 製程，HKMG 材料必須能夠承受高溫退火製程。圖 13.22 顯示了最後閘極 HKMG 製程步驟。

最後閘極 HKMG 製程的主要挑戰包括：虛擬閘極的去除、高介電質閘極介電層的沉積，以及金屬閘極的形成。最後閘極 HKMG 是一個替代製程，完全去除多晶矽虛擬閘極，而虛擬閘極對於成功形成 HMKG 至關重要。為了防止高介電質層間的電荷積聚，在高介電質沉積之前，需要在矽表面生長一層薄 (幾 Å) 的氧化矽或氮氧化矽。高介電質閘極介電層可使用以 HfO2 為基礎的原子層沉積 (ALD) 方法來製造。對高介電質薄膜沉積的要求包括在晶圓上具有良好的步階覆蓋率及均勻沉積。

可以看出，前一半的製程過程類似於一般的 CMOS 製程，包括閘極氧化，多晶矽沉積和閘極圖案化 (圖 13.22(a))，側壁層形成，選擇性磊晶形成 NMOS 的源極 / 汲極 (圖 13.22(b)) 和 PMOS 的源極 / 汲極 (圖 13.22(c))。先進的 CMOS 元件使用選擇性磊晶生長形成源極 / 汲極，以獲得更強的通道應變和更好的接面輪廓控制。金屬矽化物的形成和層間介電質 (ILD) 沉積 (圖 13.22(d)) 完成了閘極優先 HKMG 製程一半的製程過程。透過介電質 CMP 開多晶矽孔 (圖 13.22(e))，並利用濕式蝕刻選擇性地去除多晶矽虛閘極和閘極氧化層 (圖 13.22(f))。高 k 閘極介電質原子層沉積 (ALD) 和金屬 ALD 形成 HKMG(圖 13.22(g))，最後透過巨量金屬 (Al 帶 TiN 襯墊) 沉積和 CMP 完成最後閘極 HKMG 製程 (圖 13.22(h))。

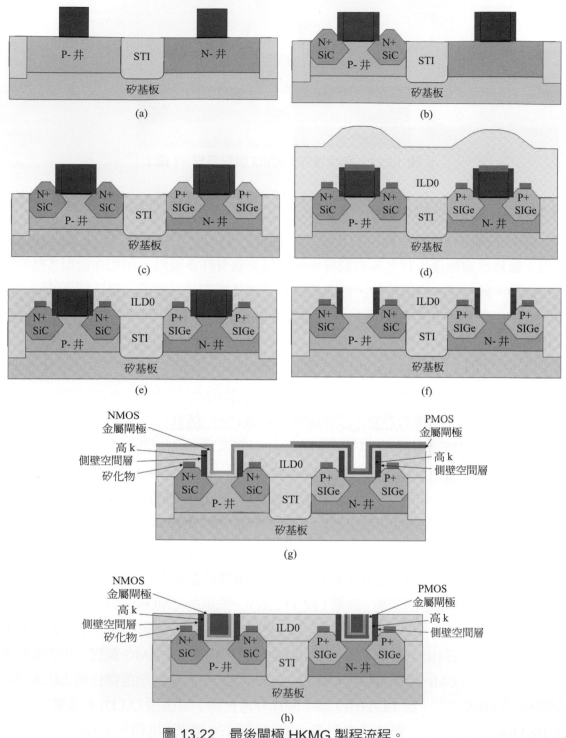

圖 13.22　最後閘極 HKMG 製程流程。

需要不同的金屬調整 NMOS 和 PMOS 的功函數和臨界電壓。對於 PMOS 沉積 TiN，並沉積 TaN 保護層。利用光阻作為遮罩保護 PMOS 並去除 NMOS 上的 TaN 薄膜，然後沉積 TiAl 合金層，這層合金將在熱退火後與 TiN 反應產生 TiAlN。由於 TaN 阻擋層作用，在 PMOS 中不會發生 TiN 和 TiAl 的化學反應。對於 NMOS，TiAlN 的功函數能夠滿足，而對於 PMOS，TiN 是比較合適的。

⊗ 13.6.3　HKMG FinFET

FinFET 已迅速取代先進 CMOS IC 中的平面 MOSFET。所有已知的 FinFET IC 都使用 Gate-Last HKMG 技術。圖 13.23(a) 和圖 13.23(b) 分別表示了最後閘極 HKMG 平面 CMOS 和 FinFET CMOS 的並排比較。圖 13.23(a) 是沿著閘極方向，跨越 AA 和 STI 的平面 CMOS 的剖面圖。相比之下，圖 13.22 顯示了沿著 AA 穿過閘極的平面 CMOS。

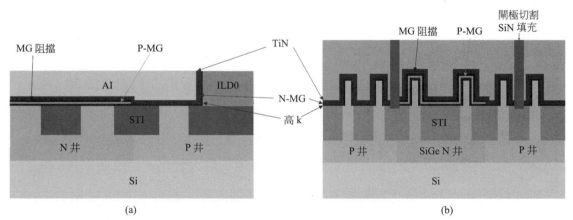

圖 13.23　沿著閘極方向的 HKMG CMOS 剖面：(a) 平面 CMOS；(b)FinFET CMOS

我們可以看到，FinFET CMOS 的 HKMG 堆疊與平面 CMOS 的相似之處。FinFET CMOS 也需要移除虛擬多晶矽閘極和虛擬閘極氧化層；使用 ALD 高介電質閘極；以 ALD TiN 作為 PMOS 功函數金屬；並使用 ALD TaN 作為阻擋金屬。在選擇性蝕刻移除 TaN 障礙層和 PMOS WF TiN 於 NMOS 鰭部之後，利用 ALD 製程沉積 NMOS 功函數金屬，接著進行 TiN 和 W 的沉積以填充閘極溝槽。FinFET HKMG 由於閘極溝槽內部鰭片的地形結構而比平面 MOSFET 更具挑戰性。在 FinFET 中，為了應對這個挑戰，使用 W 代替 Al 來填充閘極溝槽，並切割最後閘極金屬。對於平面 CMOS，在多晶矽蝕刻之前切割閘極，因此閘極的尖端之間由 ILD0(絕緣層 0) 分隔。對於先進節點的 FinFET，HKMG 形成後進行閘極切割，並且閘極的尖端之間透過閘極切割溝槽的介電質填充物來分隔，像是 SiN。

13.7 連線技術

當電晶體在晶圓表面形成後，晶圓製程就完成了大約一半。前端製程基本完成，後段製程才開始。對於先進的電晶體晶片，夾有介電質材料的多層金屬必須用於連接數以百萬的電晶體。金屬矽化物常用於改善局部連線的電阻率並降低接觸電阻。對於時脈頻率不高於 GHz 的元件，如 DRAM，鎢鋁合金是金屬化製程中最廣泛使用的合金材料，而且未摻雜矽玻璃 (USG) 是最常用的介電質。在這個世紀交替之時，對於時脈頻率高於 1 GHz 的 CMOS 邏輯元件，連線技術正從傳統的鎢和鋁 - 銅合金連線技術過渡到銅連線技術。

13.7.1 局部連線

局部連線是指相鄰電晶體之間的連線。它一般透過多晶矽或多晶矽矽化物疊層形成。矽化鎢和鎢 / 鎢氮化物廣泛應用於 DRAM 局部連線。對於快閃記憶體元件，廣泛使用鈷矽化物。對於 CMOS 邏輯元件，用於局部連線的矽化物通常為矽化鈦 (>180 nm)，鈷矽化物 (250 nm ～ 90 nm) 和鎳矽化物 (65 nm 及更小)。

用於 DRAM 晶片的鎢矽化物一般透過 CVD 沉積，WF_6 作為鎢源氣體，SiH_4 作為矽源氣體。鈦矽化物的形成是在矽表面濺鍍沉積鈦然後熱退火誘導鈦和矽發生化學反應。鈷矽化物常用於快閃記憶體元件，並已經用於從 250 nm 到 90 nm 技術節點的 CMOS 元件。從 65 nm 技術節點，矽化物材料發生了重大變化，廣泛使用鎳矽化物。

圖 13.24 顯示了鎢矽化物閘極和局部連線製造流程。鎢矽化物主要用於 DRAM 晶片。

鈦矽化物廣泛用於一些一般的快閃記憶體元件和和一般 CMOS 積體電路晶片連線製程。透過自對準矽化物製程過程形成。相比於鎢矽化物，鈦矽化物具有較低的電阻率。

低電阻的 C-54 相鈦矽化物的晶粒尺寸約為 0.2 微米。當閘極的寬度小於這晶粒尺寸時，鈦矽化物就不能應用。因此，開始在局部連線中使用鈷矽化物。鈷矽化物具有低的電阻率，而且也可以透過自對準矽化物製程形成。$TiSi_2$ 和 $CoSi_2$ 的形成需要約 750℃ 的退火，這個溫度對於特徵尺寸為 65 nm 或更小的元件太高了，因此，開始發展鎳矽化物製程並應用於 CMOS 積體電路製造中。NiSi 的退火溫度約為 450℃，大大低於 $CoSi_2$ 所需的 750℃。圖 13.25 列出並說明了鎳矽化物形成流程。

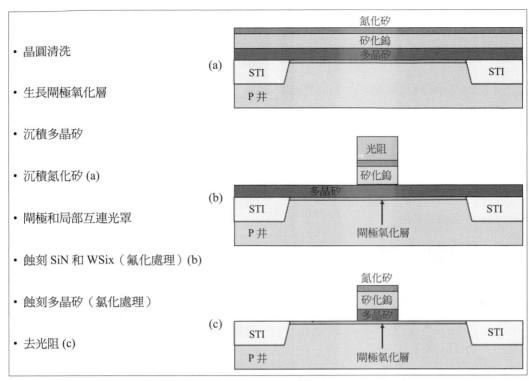

圖 13.24　鎢矽化物閘極和局部連線製程示意圖。

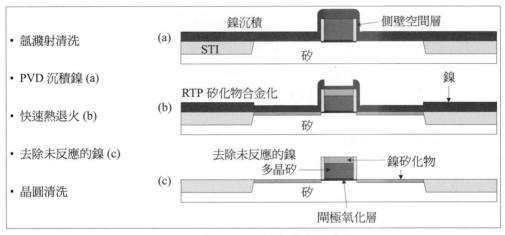

圖 13.25　鎳矽化物形成流程示意圖。

　　已經用於形成局部連線的鎢，可以顯著減少導通電阻並提高元件的速度。鎢局部連線使用鑲嵌製程，這個與鎢栓塞過程類似。第一次溝槽蝕刻在矽酸鹽玻璃層上，然後沉積鈦、氮化鈦、擴散阻擋層和鎢黏附層。利用鎢 CVD 填充溝槽，CMP 製程從矽表面去除巨量的鎢，只將鎢留在溝槽內部形成局部連線。圖 13.26 顯示了鎢局部連線製程。

- CMP PSG
- 晶圓清洗
- 局部連線光罩 (a)
- 蝕刻 PSG
- 去光阻
- 晶圓清洗 (b)
- 氫濺鍍清洗
- 濺鍍 Ti
- 濺鍍 TiN
- CVD TiN
- TiN 處理
- CVD 鎢 (c)
- CMP 鎢
- CMP 鈦和氮化鈦 (d)
- 晶圓清洗

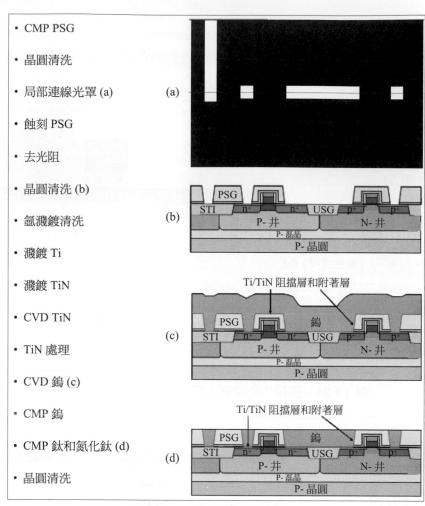

圖 13.26　鎢局部連線製程。

⊗ 13.7.2　早期的連線技術

　　早期的整面連線製程包括：氧化物 CVD、氧化物蝕刻、金屬 PVD 和金屬蝕刻。透過氧化物蝕刻形成接觸窗或通孔；金屬蝕刻形成連線。圖 13.27 顯示了早期的連線製程步驟。

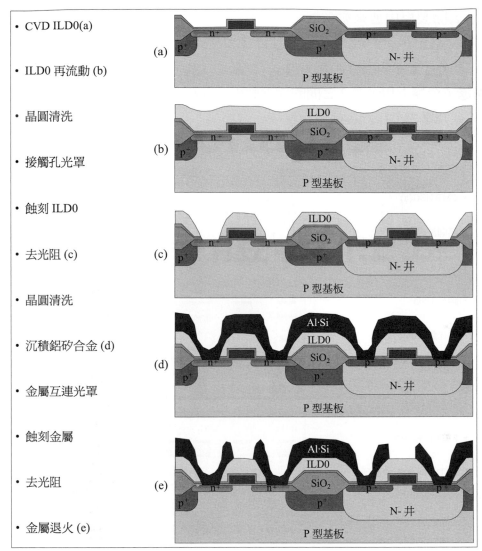

- CVD ILD0(a)

- ILD0 再流動 (b)

- 晶圓清洗

- 接觸孔光罩

- 蝕刻 ILD0

- 去光阻 (c)

- 晶圓清洗

- 沉積鋁矽合金 (d)

- 金屬互連光罩

- 蝕刻金屬

- 去光阻

- 金屬退火 (e)

圖 13.27   早期的鋁連線製程步驟示意圖。

⊗ 13.7.3   鋁合金多層連線

　　當電晶體數量增加時，一層金屬連線無法連接晶片上所有的電晶體。開始使用多層金屬連線。早期的連線過程中總是留有一個粗糙的表面，這將對微影和金屬沉積造成問題。當元件特徵尺寸減小時，已經沒有空間可以容納寬而傾斜 (錐形) 的接觸窗口，來讓鋁用物理氣相沉積的方式覆蓋接觸窗的底部。鎢化學氣相沉積過程用於填充狹窄的接觸窗和通孔。基本的連線製程步驟包括：介電質 CVD、介電質平坦化、介電質蝕刻、鎢化學氣相沉積、去除大量鎢、金屬疊層 PVD，以及金屬蝕刻。常用的介電質是矽酸鹽玻璃，既如用於 PMD 的 PSG 或 BPSG，應用於 IMD 或 ILD-X 的 ILD0 和未摻雜 USG。介電質平坦化透過熱流動 (只適用於 PMD)、回蝕和 CMP 實作。巨量鎢的去除透過回蝕和 CMP 達到。在 1990 年代後，CMP 廣泛用於介電質平坦化和巨量鎢去除製程中愈來愈受歡迎。透過介電質蝕刻形成接觸和通孔。常用的金屬疊層是以鈦當作焊接層，鋁 - 銅合金當作主要傳導層，而氮化鈦則當作抗反射層鍍膜 (ARC)。透過金屬蝕刻形成連線。圖 13.28 顯示了應用於多層 IC 晶片的連線製程。圖 13.28 描述了金屬 1 和金屬 2 之間的連線製程，以及金屬 3 和金屬 4 的連線製程步驟，特徵尺寸或圖案的 CD 隨金屬層數增加而增加。

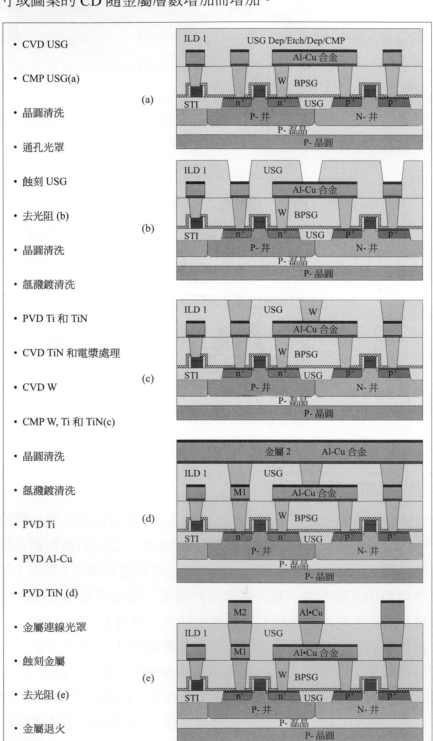

圖 13.28 鋁銅合金連線製程示意圖。

⊗ 13.7.4　銅連線

　　銅比鋁合金具有低的電阻率和高的電致遷移抵抗力。由於沒有單純的銅氣態化合物，所以銅很難乾式蝕刻，這使得銅在 IC 連線中的應用被延後，因為傳統的連線製程都需要金屬蝕刻過程。

　　在 1990 年代，CMP 技術迅速發展並很快成熟。CMP 技術廣泛用於去除大量的鎢形成鎢栓塞。銅連線製程與鎢栓塞的形成過程非常相似。不是透過通孔，而是在介電質表面蝕刻溝槽。然後銅沉積在溝槽中，隨後透過銅 CMP 製程去除晶圓表面巨量的銅，只將銅線埋在介電質層內。透過使用這種鑲嵌製程，並不需要金屬蝕刻過程。雙鑲嵌過程中，結合了通孔蝕刻和金屬沉積前的溝槽蝕刻，雙鑲嵌製程是銅金屬化最常用的方法。與單鑲嵌製程比較，雙鑲嵌製程可以減少金屬沉積和 CMP 製程過程。

　　鋁銅連線和銅連線製程的根本區別在於，鋁銅連線製程需要一次介電質蝕刻和一次金屬蝕刻，而雙鑲嵌銅製程需要兩次介電質蝕刻，不需要金屬蝕刻。鋁銅連線製程所面臨的主要挑戰是無空洞 CVD 沉積介電質，介電質平坦化，通孔蝕刻和金屬蝕刻。雙鑲嵌銅製程的主要挑戰是介電質蝕刻，金屬沉積和金屬 CMP。圖 13.29 顯示了 CMOS IC 金屬 1 的單鑲嵌銅連線製程步驟；圖 13.30 顯示了通孔優先雙鑲嵌銅低 k 連線製程流程。

　　薄的氮化物覆蓋層 (100 Å ～ 500 Å，取決於技術節點) 可以利用矽烷 (SiH_4)、氨氣 (NH_3) 和氮 (N_2) 進行 PECVD 製程沉積。這個覆蓋層非常重要，可以防止銅擴散經過氧化層到達矽基板導致電晶體性能不穩定。覆蓋的氮化層還可以防止氧化沉積過程中的銅氧化。與氧化鋁不同，氧化銅比較鬆散，它可以一直使得銅與氧發生反應。PECVD 富有氮化物或氮氧化物的矽 (SiON) 可以作為阻擋層，也可以作為抗反射覆蓋層。ILD0 可以是未摻雜的矽酸鹽玻璃 (USG)、氟化矽酸鹽玻璃 (FSG)、或低 k 介電質如 SiCOH、及 ULK 如多孔 SiCOH(取決於技術節點)。氮化物也可以作為金屬溝槽蝕刻的蝕刻停止氮化層，透過提供氮化物發光顯示蝕刻終點。

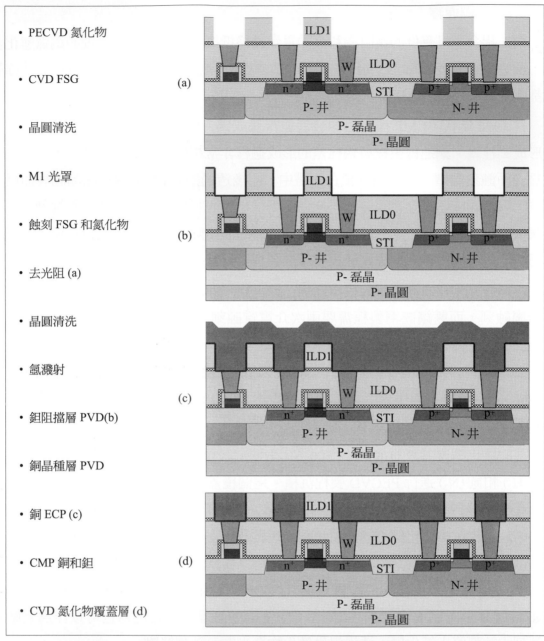

- PECVD 氮化物

- CVD FSG

- 晶圓清洗

- M1 光罩

- 蝕刻 FSG 和氮化物

- 去光阻 (a)

- 晶圓清洗

- 氬濺射

- 鉭阻擋層 PVD(b)

- 銅晶種層 PVD

- 銅 ECP (c)

- CMP 銅和鉭

- CVD 氮化物覆蓋層 (d)

圖 13.29　CMOS 金屬 1 銅連線製程步驟。

⊗ 13.7.5　銅和低 k

　　銅和低 k 介電質的結合可以進一步提高 IC 晶片的速度。許多矽基的低 k 介電質材料已經被研究。這些材料可以透過氟化學蝕刻，與矽酸鹽玻璃蝕刻類似。IC 製程中最常使用的低 k 介電質材料是 SiCOH，或摻碳氧化物和多孔 SiCOH。由於材料中的空隙，所以多孔 SiCOH 有更低的 k 值。圖 13.30 列出並顯示了銅通孔優先和低 k 連線製程步驟示意圖。

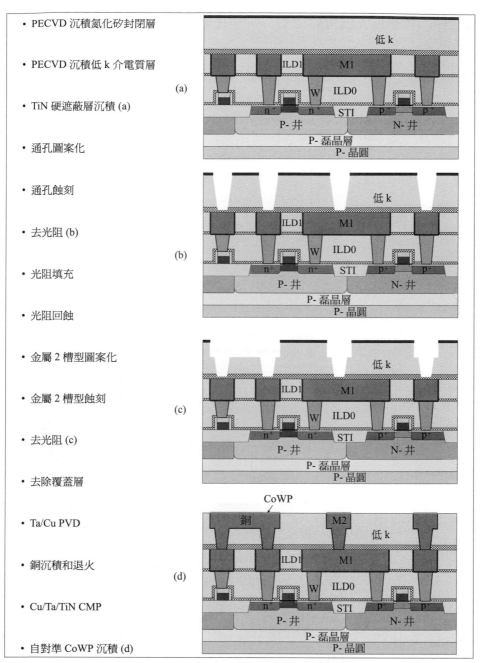

- PECVD 沉積氮化矽封閉層

- PECVD 沉積低 k 介電質層

- TiN 硬遮蔽層沉積 (a)

- 通孔圖案化

- 通孔蝕刻

- 去光阻 (b)

- 光阻填充

- 光阻回蝕

- 金屬 2 槽型圖案化

- 金屬 2 槽型蝕刻

- 去光阻 (c)

- 去除覆蓋層

- Ta/Cu PVD

- 銅沉積和退火

- Cu/Ta/TiN CMP

- 自對準 CoWP 沉積 (d)

圖 13.30　銅通孔優先連線製程步驟示意圖。

　　對於通孔優先雙鑲嵌製程，每個通孔需要停止在覆蓋層，將使用高選擇性蝕刻製程在溝槽形成後蝕穿 (breakthrough etch)。通孔停止在薄覆蓋層上非常重要。由於蝕穿對覆蓋層而不是對低 k 薄膜有高選擇性，所以蝕刻將造成開路，然而過度的蝕刻將導致銅腐蝕，並使接觸電阻增加。

　　因為用來去光阻的氧電漿可以在低 k 薄膜中氧化碳，並增加介電質的 k 值，TiN 硬遮蔽層用於覆蓋表面保護低 k 薄膜。CoWP 覆蓋層可以幫助防止銅擴散並降低電致遷移提高元件的可靠性。這可以透過只沉積在銅表面的無電鍍 (electroless) 製程沉積實現。

　　圖 13.31 顯示了溝槽優先銅和具 SEG SiGe PMOS 的 ULK 連線製程，以及最後閘極 HKMG 和溝槽金屬矽化物。因為是金屬閘極，所以不需要在閘極頂端形成金屬矽化物。此矽化物只在槽型接觸的底端形成。

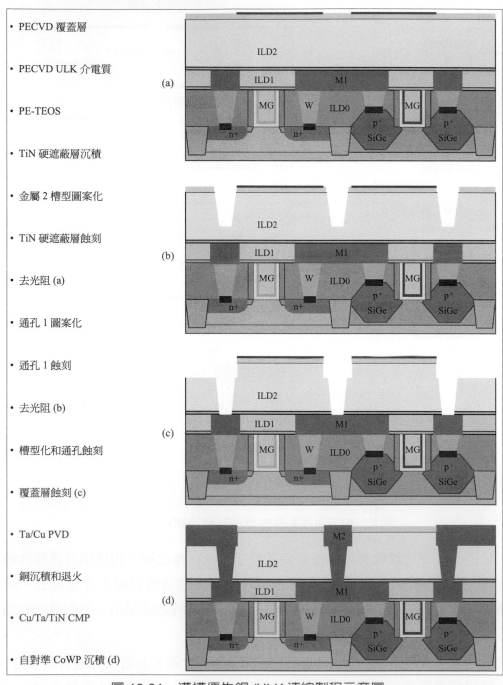

- PECVD 覆蓋層
- PECVD ULK 介電質
- PE-TEOS
- TiN 硬遮蔽層沉積
- 金屬 2 槽型圖案化
- TiN 硬遮蔽層蝕刻
- 去光阻 (a)
- 通孔 1 圖案化
- 通孔 1 蝕刻
- 去光阻 (b)
- 槽型化和通孔蝕刻
- 覆蓋層蝕刻 (c)
- Ta/Cu PVD
- 銅沉積和退火
- Cu/Ta/TiN CMP
- 自對準 CoWP 沉積 (d)

圖 13.31　溝槽優先銅 /ULK 連線製程示意圖。

13.8 鈍化

　　金屬層形成後，需要沉積鈍化層保護積體電路晶片避免直接與濕氣和其他污染物接觸，如鈉離子。在積體電路工業中，氮化矽是最後使用的鈍化材料。一般在氮化矽沉積之前將沉積一層氧化層作爲應力緩衝層。以矽烷爲基礎的 PECVD 反應室可以透過臨場的方式沉積氧化物和氮化矽。氮化矽沉積後，微影技術可以定義出連接墊區或連接凸塊開口。以氟爲基礎的氮化矽／氧化物蝕刻和光阻去除製程後就完成了整個矽晶圓的製程。圖 13.32 顯示了連接墊區封裝鈍化製程步驟示意圖。

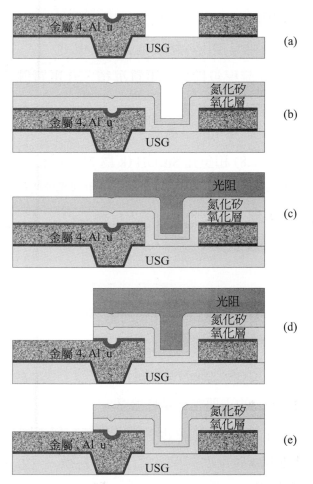

圖 13.32　鈍化製程步驟示意圖：(a) 金屬退火；(b)PECVD 氧化和氮化；(c) 連接墊區光罩曝光和顯影；(d) 氧化、氮化和 TiN 蝕刻；(e) 去光阻。

13.9 本章總結

(1) 整面覆蓋氧化層、LOCOS 和 STI 是應用於 IC 晶片中的三種隔離技術。

(2) 鰭片形成過程與 STI 形成過程非常相似，主要區別是鰭片明顯寬度更窄。

(3) CMOS IC 晶片中的三種井區形成製程是單井、自對準雙井和雙微影雙井。

(4) 側壁空間層是透過介電質薄膜沉積和回蝕形成，用於形成源極 / 汲極擴展、選擇性磊晶生長和自對準矽化物。

(5) 臨界電壓調整佈植可以控制 MOS 電晶體的臨界電壓。

(6) 鋁、多晶矽和 TiN 用於 MOS 元件的閘極和局部連線。

(7) W、T、TiN 和 Al-Cu 通常被用於鋁合金連線製程。

(8) 銅金屬化的基本製程流程包括：介電質沉積、介電質蝕刻、金屬沉積和金屬 CMP。

(9) Ta 和 TaN 通常用於銅金屬化的阻擋層。

(10) SiCOH (k 約為 2.5 ~ 2.8) 和多孔 SiCOH (k 為 2) 常用於低 k 介電質。

(11) CVD SiON、CVD SiCN 和自對準 CoWP 用於作為覆蓋層阻止銅擴散。

(12) 氮化矽是積體電路製程中最常使用的鈍化材料。

習題

1. 對於 CMOS IC 晶片，具有磊晶層晶圓的主要優點是什麼？

2. 比較自對準雙井製程和雙微影雙井製程，並說明它們之間的區別。

3. 解釋說明 STI 與 LOCOS 比較的優點是什麼？

4. 鱗片形成和 STI 形成的主要差異是什麼？

5. LDD(或 SDE) 離子佈植與源極 / 汲極離子佈植有何不同？

6. 解釋說明自對準金屬矽化物製程，為什麼當特徵尺寸小到 65 nm 時，用鎳矽化物取代鈷矽化物？

7. 為什麼鎢用於金屬連線製程？

8. 鈦和氮化鈦的應用是什麼？

9. 列出銅和鋁銅連線的製程步驟，並解釋它們之間的區別。

10. 說明高 k 介電質的應用。

11. 說明低 k 介電質的應用。

[1] Lita Shon-Roy, Allan Wiesnoski, and Robert Zorich, *Advanced Semiconductor Fabrication Handbook*, ISBN：1-877750-70-0, Integrated Circuit Engineering Corporation, 17350 N. Hartford Dr., Scottsdale, AZ 85255.

[2] Stanley Wolf, *Silicon Processing for the VLSI Era, Vol. 2, Process Integration*, Lattice Press, Sunset Beach, California, 1990.

[3] Fukasawa, M. Lane, et al, *EBoL process integration with Cu/SiCOH ($k = 2.8$) low-k interconnects at 65 nm groundrules,* Proceedings of the IEEE 2005 International Interconnect Technology Conference, 2005.

[4] Alfred Grill, *Plasma enhanced chemical vapor deposited SiCOH dielectrics：from low-k to extreme low-k interconnect materials*, Journal of Applied Physics, Vol. 93, p. 1785, 2003.

[5] C. Auth et al., "45nm High-k + metal gate strain-enhanced transistors," 2008 Symposium on VLSI Technology, 2008, pp. 128-129, doi:10.1109/VLSIT.2008.4588589.

[6] C. . -H. Jan et al., "A 22nm SoC platform technology featuring 3-D tri-gate and high-k/metal gate, optimized for ultra low power, high performance and high density SoC applications," 2012 International Electron Devices Meeting, 2012, pp. 3.1.1-3.1.4, doi: 10.1109/IEDM.2012.6478969.

[7] M. Sung et al., "Gate-first high-k/metal gate DRAM technology for low power and high performance products," 2015 IEEE International Electron Devices Meeting (IEDM), 2015, pp. 26.6.1-26.6.4, doi: 10.1109/IEDM.2015.7409775.

[8] Hong Xiao, "3D IC Devices, Technologies, and Manufacturing", SPIE Press, 2006.

Chapter 14

IC 製程技術

學習目標

研讀完本章之後，你應該能夠

(1) 請列出從 1980 年代到 2010 年代半導體主要製程技術的變化。

(2) 解釋說明 DRAM 和平面 NAND 快閃記憶體的區別。

14.1 簡介

基於 CMOS 的晶片是電子工業中最常見的 IC 晶片。個人電腦，網際網路和數位革命，強烈驅動了 CMOS 積體電路晶片的需求。本章將主要討論四種完整的 CMOS 製程流程。首先是 1980 年代初的 CMOS 製程，它只有一層鋁合金連線。接著討論 1990 年代四層鋁合金連線 CMOS 技術。然後討論 21 世紀第一個十年發展起來的具有銅和低 k 連線的先進 CMOS 製程流程，最後討論具有高 k 金屬閘極、應力工程和銅 / 低 k 連線的最先進 CMOS 技術。

記憶體晶片是 IC 產品最重要的部分之一。他們也是 IC 技術發展的重要驅動力。DRAM 記憶體和 NAND 快閃記憶體晶片陣列的製造製程與 CMOS 製程完全不同。因此，本章兩個部分專門討論 DRAM 和 NAND 快閃記憶體晶片的製程過程。DRAM 和 NAND 快閃記憶體晶片的週邊元件部分和普通 CMOS 製程非常相似。

14.2 1980 年代 CMOS 製程流程

在 1970 年代中期，IC 製程技術引入離子佈植取代了半導體摻雜擴散。自對準形成源極 / 汲極電極已經成為 MOS 電晶體製造製程的一個標準過程。因為離子佈植後的高溫退火要求，所以用多晶矽閘極取代了金屬閘極。由於電子的遷移率比電洞高，在相同的尺寸和摻雜濃度下，NMOS 的速度遠遠比 PMOS 高。引入離子佈植技術後，NMOS 很快就代替了 PMOS，離子佈植技術與擴散不同，可以很容易形成 N 型摻雜。

在 1980 年代，在數位邏輯電路製造的電子產品，如手錶、計算器、個人電腦和大型電腦等的驅動下，CMOS 積體電路製程技術迅速發展。液晶顯示器 (LCD) 技術的應用也加快了從 NMOS 積體電路過渡到低功率消耗 CMOS 積體電路。最小特徵尺寸已經從 3 微米縮小到 0.8 微米，而晶圓尺寸已經從 100 mm(4 英吋) 增加到 150 mm(6 英吋)。

在 1980 年代初期，使用 LOCOS 技術隔離 CMOS 積體電路中相鄰的電晶體。PSG 用於作為 PMD，再流動溫度約 1100℃。使用加熱或電子束蒸鍍機沉積鋁矽合金薄層用於錐形接觸孔形成金屬連線。水平式高溫爐被應用於氧化、低壓化學氣相沉積、離子佈植後退火和驅入，以及 PSG 再流動。電漿蝕刻機用於進行圖案化，如閘極蝕刻，而較大的圖案仍然採用濕式蝕刻。投影對準和曝光系統用於微影製程。為了滿足微影解析度的要求，使用正光阻取代了負光阻。大多數的製程工具是批量處理系統。圖 14.1 到圖 14.3 顯示了 1980 年代初的 CMOS 製程流程，最小特徵尺寸約 3 微米。

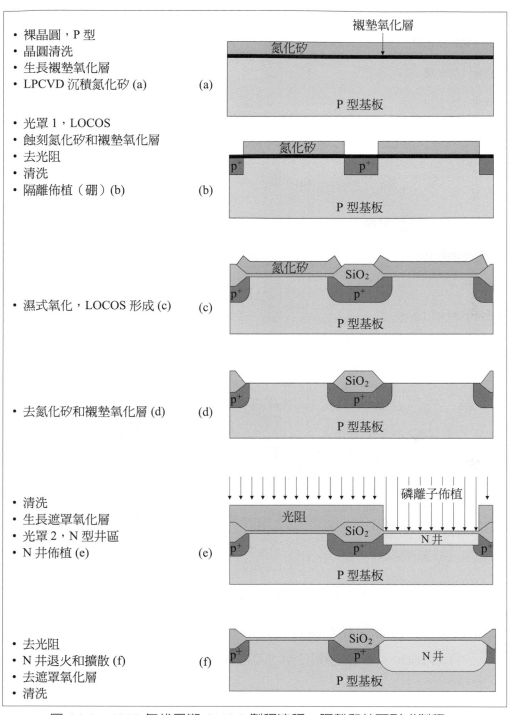

- 裸晶圓，P 型
- 晶圓清洗
- 生長襯墊氧化層
- LPCVD 沉積氮化矽 (a)　　　　(a)

- 光罩 1，LOCOS
- 蝕刻氮化矽和襯墊氧化層
- 去光阻
- 清洗
- 隔離佈植（硼）(b)　　　　(b)

- 濕式氧化，LOCOS 形成 (c)　　(c)

- 去氮化矽和襯墊氧化層 (d)　　(d)

- 清洗
- 生長遮罩氧化層
- 光罩 2，N 型井區
- N 井佈植 (e)　　　　(e)

- 去光阻
- N 井退火和擴散 (f)　　　　(f)
- 去遮罩氧化層
- 清洗

圖 14.1　1980 年代早期 CMOS 製程流程—隔離和井區形成製程。

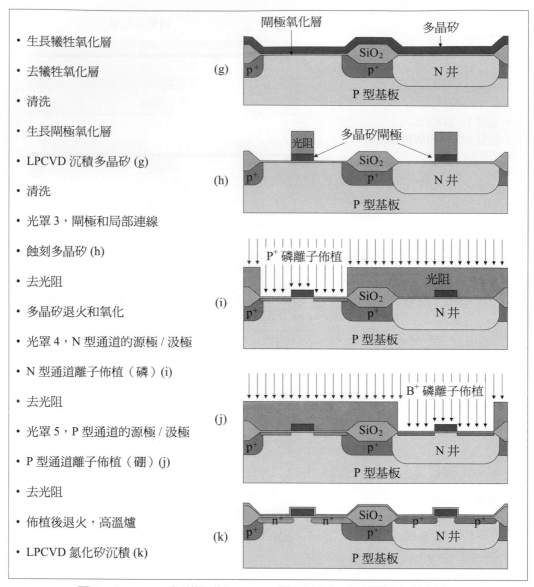

- 生長犧牲氧化層
- 去犧牲氧化層
- 清洗
- 生長閘極氧化層
- LPCVD 沉積多晶矽 (g)
- 清洗
- 光罩 3，閘極和局部連線
- 蝕刻多晶矽 (h)
- 去光阻
- 多晶矽退火和氧化
- 光罩 4，N 型通道的源極 / 汲極
- N 型通道離子佈植（磷）(i)
- 去光阻
- 光罩 5，P 型通道的源極 / 汲極
- P 型通道離子佈植（硼）(j)
- 去光阻
- 佈植後退火，高溫爐
- LPCVD 氮化矽沉積 (k)

圖 14.2　1980 年代早期 CMOS 製程流程—電晶體形成製程。

　　圖 14.4 顯示了 1980 年代 CMOS 元件的橫截面，結構中使用了 LOCOS 隔離，PSG 再流動作為 ILD0，錐形接觸和 Al-Si 合金作為連線。

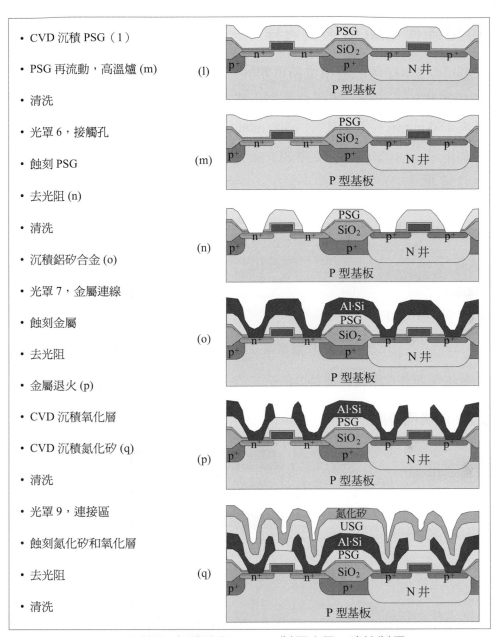

- CVD 沉積 PSG（1）

- PSG 再流動，高溫爐 (m)　　(l)

- 清洗

- 光罩 6，接觸孔

- 蝕刻 PSG　　(m)

- 去光阻 (n)

- 清洗

- 沉積鋁矽合金 (o)　　(n)

- 光罩 7，金屬連線

- 蝕刻金屬

- 去光阻　　(o)

- 金屬退火 (p)

- CVD 沉積氧化層

- CVD 沉積氮化矽 (q)　　(p)

- 清洗

- 光罩 9，連接區

- 蝕刻氮化矽和氧化層

- 去光阻　　(q)

- 清洗

圖 14.3　1980 年代早期 CMOS 製程流程—連線製程。

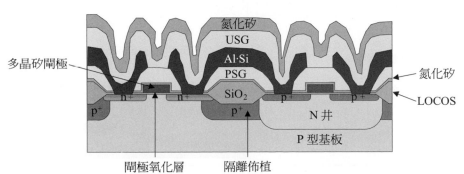

圖 14.4　1980 年代早期技術形成的 CMOS 晶片橫截面示意圖。

14.3 1990 年代 CMOS 製程流程

在 1990 年代，在數位邏輯電路，如個人電腦、通訊裝置和網際網路推動下，CMOS 積體電路加工技術發展迅速。最小特徵尺寸從 0.8 微米縮小到 0.18 微米，而晶圓尺寸從 150 mm(6 英吋) 增加到 300 mm(12 英吋)。

本節列出了 1990 年代中期完整的 CMOS 技術製程流程。CMOS 晶片的最小特徵尺寸約為 0.25 微米。

14.3.1 晶圓製備

- 裸晶圓，P 型
- 晶圓清洗　　　　　　　(a)
- 沉積 P 型磊晶矽 (a)

圖 14.5　P 型晶圓上磊晶層生長示意圖。

磊晶層生長通常在銷售與運送提供給 IC 晶片製造商之前，由晶圓製造商製作完成。

14.3.2 淺溝槽隔離

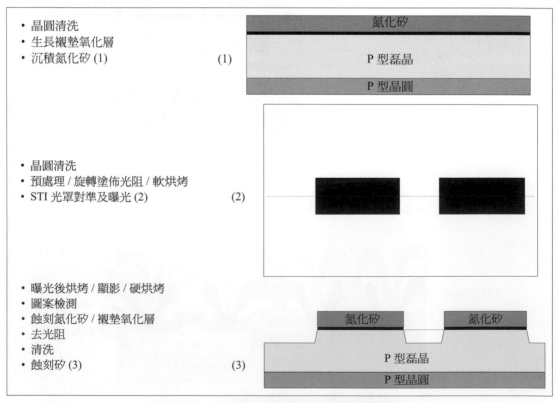

- 晶圓清洗
- 生長襯墊氧化層
- 沉積氮化矽 (1)　　　　(1)

- 晶圓清洗
- 預處理 / 旋轉塗佈光阻 / 軟烘烤
- STI 光罩對準及曝光 (2)　　(2)

- 曝光後烘烤 / 顯影 / 硬烘烤
- 圖案檢測
- 蝕刻氮化矽 / 襯墊氧化層
- 去光阻
- 清洗
- 蝕刻矽 (3)　　　　　　(3)

圖 14.6　多層鋁合金連線 CMOS 製程。

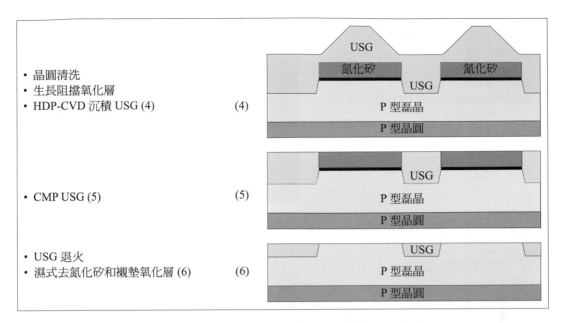

- 晶圓清洗
- 生長阻擋氧化層
- HDP-CVD 沉積 USG (4)　　　　(4)

- CMP USG (5)　　　　(5)

- USG 退火
- 濕式去氮化矽和襯墊氧化層 (6)　(6)

圖 14.6　多層鋁合金連線 CMOS 製程。(續)

14.3.3　井區形成

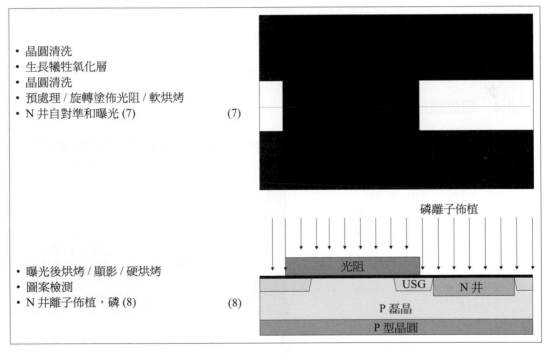

- 晶圓清洗
- 生長犧牲氧化層
- 晶圓清洗
- 預處理 / 旋轉塗佈光阻 / 軟烘烤
- N 井自對準和曝光 (7)　　　(7)

- 曝光後烘烤 / 顯影 / 硬烘烤
- 圖案檢測
- N 井離子佈植，磷 (8)　　　(8)

圖 14.6　多層鋁合金連線 CMOS 製程。(續)

- 去光阻
- 晶圓清洗
- 退火和擴散
- 晶圓清洗
- 預處理 / 旋轉塗佈光阻 / 軟烘烤
- P 井自對準和曝光 (9)　　(9)

- 曝光後烘烤 / 顯影 / 硬烘烤
- 圖案檢測
- P 井離子佈植，硼 (10)　　(10)

- 去光阻
- 退火和擴散 (11)　　(11)

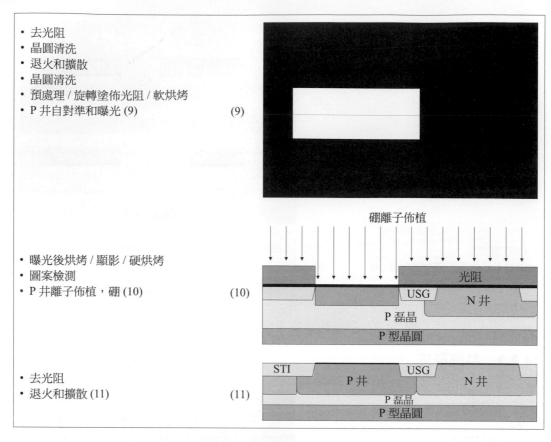

圖 14.6　多層鋁合金連線 CMOS 製程。(續)

⊗ 14.3.4　電晶體形成

- 晶圓清洗
- 生長犧牲氧化層
- 晶圓清洗
- 預處理 / 旋轉塗佈光阻 / 軟烘烤
- N 通道臨界電壓光罩對準和曝光 (12)　(12)

- 曝光後烘烤 / 顯影 / 硬烘烤
- 圖案檢測
- N 通道 V_T 調整離子佈植 (13)　　(13)

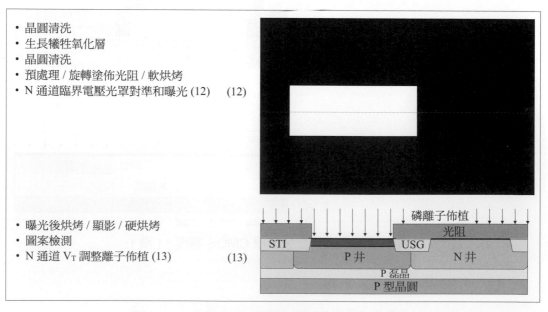

圖 14.6　多層鋁合金連線 CMOS 製程。(續)

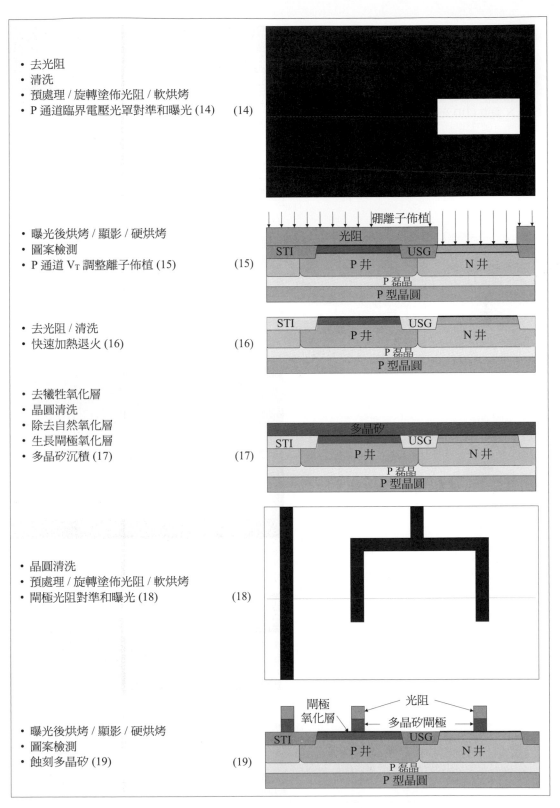

- 去光阻
- 清洗
- 預處理 / 旋轉塗佈光阻 / 軟烘烤
- P 通道臨界電壓光罩對準和曝光 (14)　　　(14)

- 曝光後烘烤 / 顯影 / 硬烘烤
- 圖案檢測
- P 通道 V_T 調整離子佈植 (15)　　　(15)

- 去光阻 / 清洗
- 快速加熱退火 (16)　　　(16)

- 去犧牲氧化層
- 晶圓清洗
- 除去自然氧化層
- 生長閘極氧化層
- 多晶矽沉積 (17)　　　(17)

- 晶圓清洗
- 預處理 / 旋轉塗佈光阻 / 軟烘烤
- 閘極光阻對準和曝光 (18)　　　(18)

- 曝光後烘烤 / 顯影 / 硬烘烤
- 圖案檢測
- 蝕刻多晶矽 (19)　　　(19)

圖 14.6　多層鋁合金連線 CMOS 製程。(續)

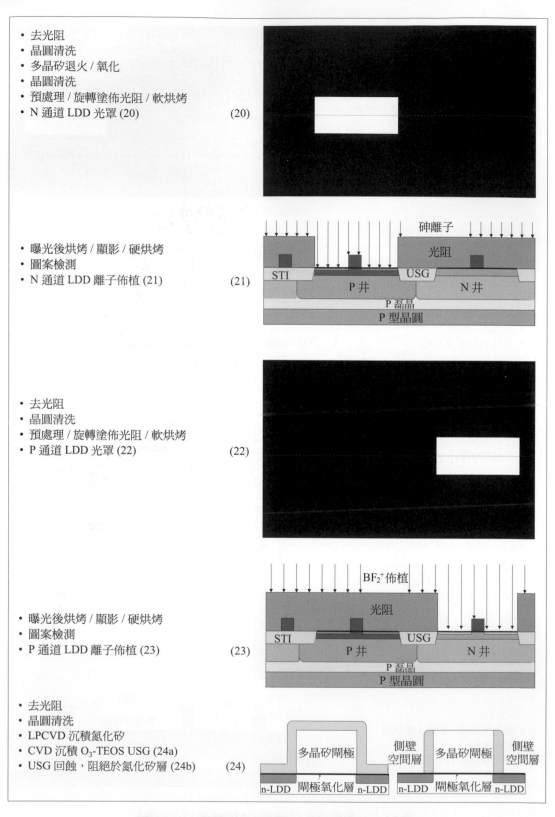

- 去光阻
- 晶圓清洗
- 多晶矽退火 / 氧化
- 晶圓清洗
- 預處理 / 旋轉塗佈光阻 / 軟烘烤
- N 通道 LDD 光罩 (20)　(20)

- 曝光後烘烤 / 顯影 / 硬烘烤
- 圖案檢測
- N 通道 LDD 離子佈植 (21)　(21)

- 去光阻
- 晶圓清洗
- 預處理 / 旋轉塗佈光阻 / 軟烘烤
- P 通道 LDD 光罩 (22)　(22)

- 曝光後烘烤 / 顯影 / 硬烘烤
- 圖案檢測
- P 通道 LDD 離子佈植 (23)　(23)

- 去光阻
- 晶圓清洗
- LPCVD 沉積氮化矽
- CVD 沉積 O_3-TEOS USG (24a)
- USG 回蝕，阻絕於氮化矽層 (24b)　(24)

圖 14.6　多層鋁合金連線 CMOS 製程。(續)

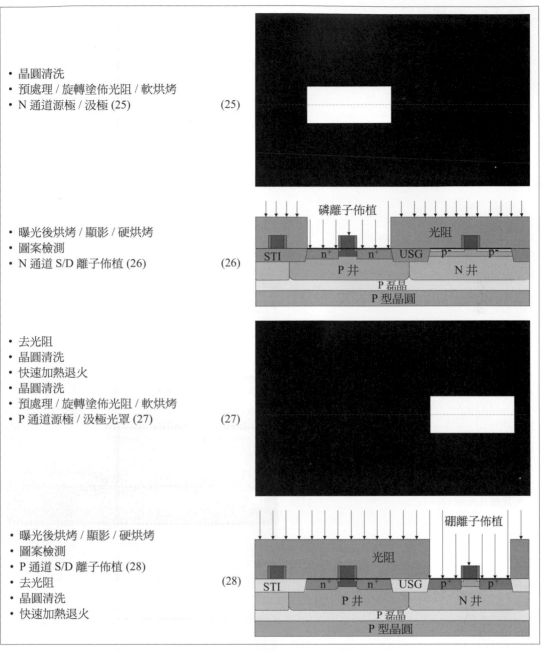

- 晶圓清洗
- 預處理 / 旋轉塗佈光阻 / 軟烘烤
- N 通道源極 / 汲極 (25)　　　　　(25)

- 曝光後烘烤 / 顯影 / 硬烘烤
- 圖案檢測
- N 通道 S/D 離子佈植 (26)　　　　(26)

- 去光阻
- 晶圓清洗
- 快速加熱退火
- 晶圓清洗
- 預處理 / 旋轉塗佈光阻 / 軟烘烤
- P 通道源極 / 汲極光罩 (27)　　　(27)

- 曝光後烘烤 / 顯影 / 硬烘烤
- 圖案檢測
- P 通道 S/D 離子佈植 (28)
- 去光阻　　　　　　　　　　　　(28)
- 晶圓清洗
- 快速加熱退火

圖 14.6　多層鋁合金連線 CMOS 製程。(續)

⊗ 14.3.5 全局連線

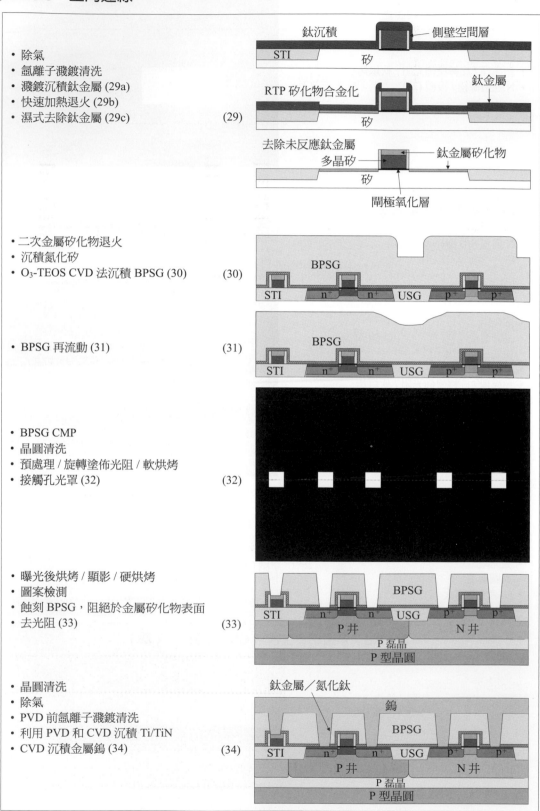

- 除氣
- 氬離子濺鍍清洗
- 濺鍍沉積鈦金屬 (29a)
- 快速加熱退火 (29b)
- 濕式去除鈦金屬 (29c)　　　　　(29)

鈦沉積　　　側壁空間層
STI　　　矽

RTP 矽化物合金化　　　鈦金屬
矽

去除未反應鈦金屬
多晶矽　　鈦金屬矽化物
矽
閘極氧化層

- 二次金屬矽化物退火
- 沉積氮化矽
- O₃-TEOS CVD 法沉積 BPSG (30)　　(30)

BPSG
STI　n⁺　n⁺　USG　p⁺　p⁺

- BPSG 再流動 (31)　　　　　　　(31)

BPSG
STI　n⁺　n⁺　USG　p⁺　p⁺

- BPSG CMP
- 晶圓清洗
- 預處理 / 旋轉塗佈光阻 / 軟烘烤
- 接觸孔光罩 (32)　　　　　　　(32)

- 曝光後烘烤 / 顯影 / 硬烘烤
- 圖案檢測
- 蝕刻 BPSG，阻絕於金屬矽化物表面
- 去光阻 (33)　　　　　　　　　(33)

BPSG
STI　n⁺　n⁺　USG　p⁺　p⁺
P 井　　　　N 井
P 磊晶
P 型晶圓

- 晶圓清洗
- 除氣
- PVD 前氬離子濺鍍清洗
- 利用 PVD 和 CVD 沉積 Ti/TiN
- CVD 沉積金屬鎢 (34)　　　　　(34)

鈦金屬／氮化鈦
鎢
BPSG
STI　n⁺　n⁺　USG　p⁺　p⁺
P 井　　　　N 井
P 磊晶
P 型晶圓

圖 14.6　多層鋁合金連線 CMOS 製程。(續)

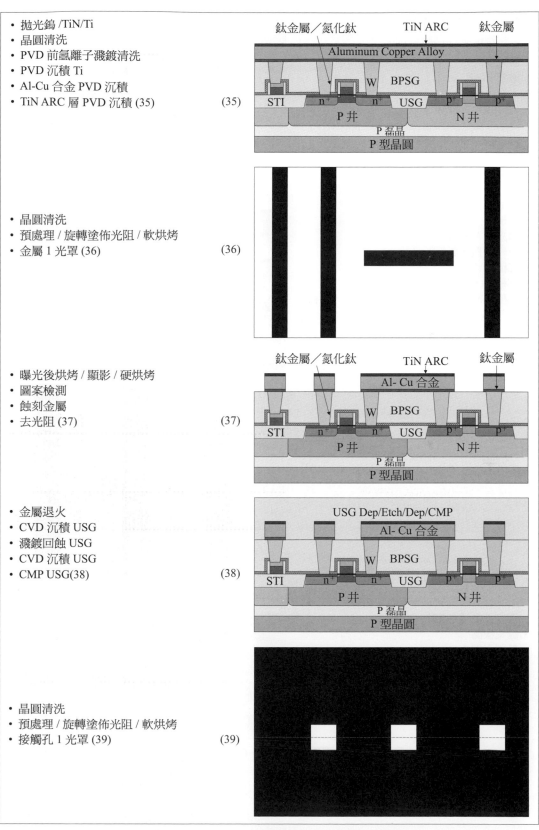

- 拋光鎢 /TiN/Ti
- 晶圓清洗
- PVD 前氬離子濺鍍清洗
- PVD 沉積 Ti
- Al-Cu 合金 PVD 沉積
- TiN ARC 層 PVD 沉積 (35)　　　　(35)

- 晶圓清洗
- 預處理 / 旋轉塗佈光阻 / 軟烘烤
- 金屬 1 光罩 (36)　　　　(36)

- 曝光後烘烤 / 顯影 / 硬烘烤
- 圖案檢測
- 蝕刻金屬
- 去光阻 (37)　　　　(37)

- 金屬退火
- CVD 沉積 USG
- 濺鍍回蝕 USG
- CVD 沉積 USG
- CMP USG(38)　　　　(38)

- 晶圓清洗
- 預處理 / 旋轉塗佈光阻 / 軟烘烤
- 接觸孔 1 光罩 (39)　　　　(39)

圖 14.6　多層鋁合金連線 CMOS 製程。(續)

- 曝光後烘烤 / 顯影 / 硬烘烤
- 圖案檢測
- 蝕刻 USG
- 去光阻 (40)

(40)

- 除氣
- Ar+ 離子濺鍍清洗
- 沉積 Ti/TiN
- 沉積鎢
- 拋光鎢 / TiN/Ti
- Ar+ 離子濺鍍清洗
- 沉積 Ti
- 沉積 Al · Cu
- 沉積 TiN (41)

(41)

- 清洗
- 預處理 / 旋轉塗佈光阻 / 軟烘烤
- 金屬 2 光罩 (42)

(42)

- 曝光後烘烤 / 顯影 / 硬烘烤
- 圖案檢測
- 蝕刻金屬 2
- 去光阻 / 清洗 (43)

(43)

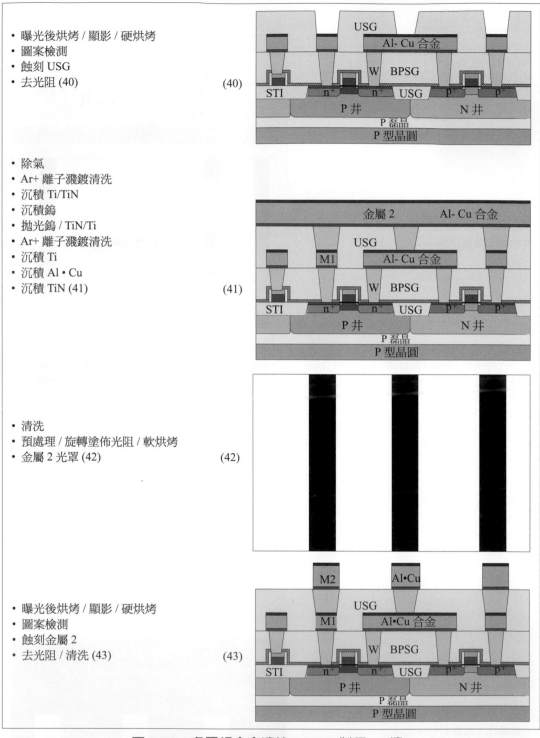

圖 14.6　多層鋁合金連線 CMOS 製程。(續)

- 金屬退火
- 沉積 USG，PE-TEOS
- USG 濺鍍回蝕，Ar⁺
- CVD 沉積 USG，PE-TEOS
- CMP USG (44)　　　　　　　　　　(44)

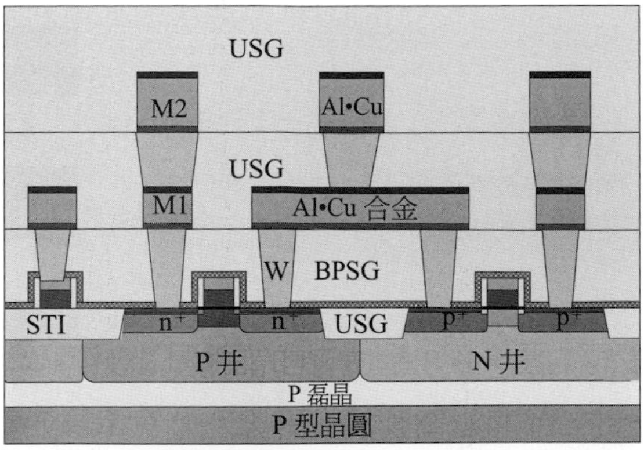

- 預處理 / 旋轉塗佈光阻 / 軟烘烤
- 通孔 2 光罩 (45)　　　　　　　　　(45)

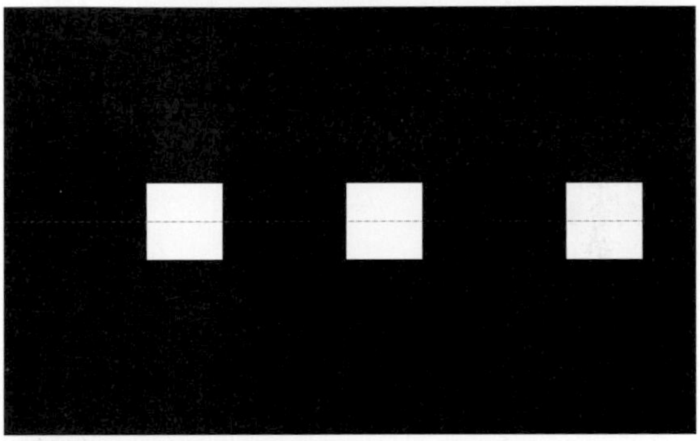

- 曝光後烘烤 / 顯影 / 硬烘烤
- 圖案檢測
- 蝕刻 USG
- 去光阻 (46)　　　　　　　　　　　(46)

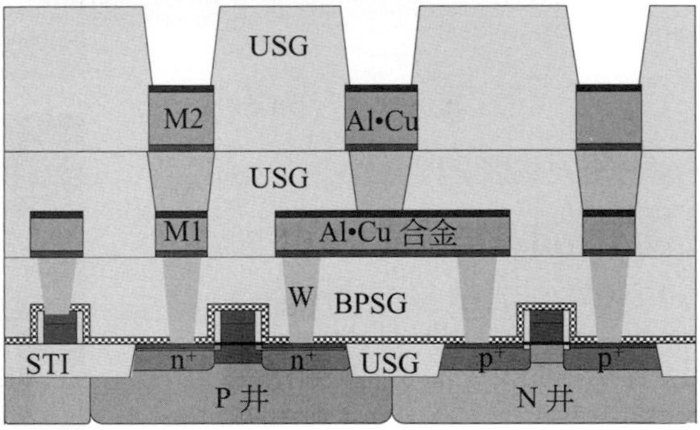

- 清洗
- 除氣
- Ar⁺ 濺鍍清洗
- 沉積 Ti/TiN
- 沉積鎢
- 拋光 W/TiN/Ti
- 晶圓清洗
- 除氣
- Ar⁺ 濺鍍清洗
- 沉積 Ti
- 沉積 Al-Cu
- 沉積氮化鈦 (47)　　　　　　　　　(47)

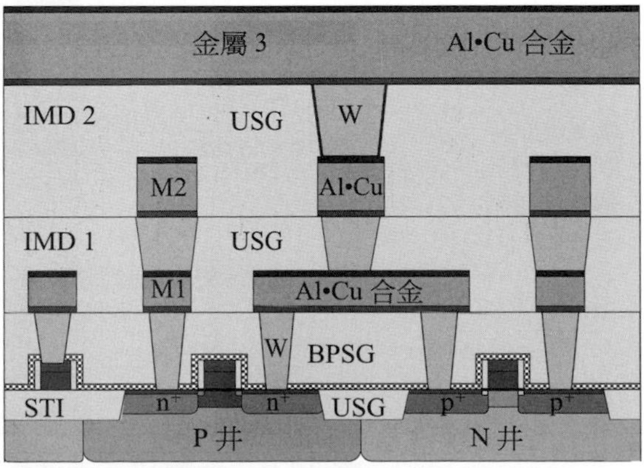

圖 14.6　多層鋁合金連線 CMOS 製程。(續)

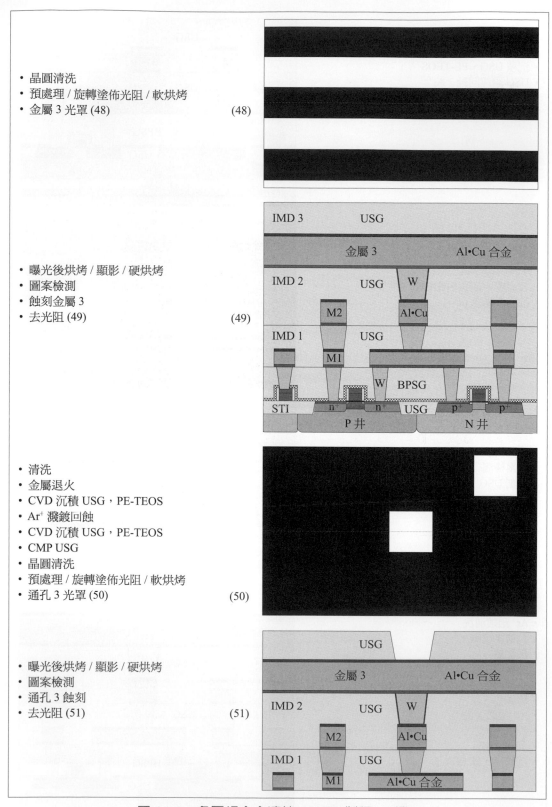

- 晶圓清洗
- 預處理 / 旋轉塗佈光阻 / 軟烘烤
- 金屬 3 光罩 (48)   (48)

- 曝光後烘烤 / 顯影 / 硬烘烤
- 圖案檢測
- 蝕刻金屬 3
- 去光阻 (49)   (49)

- 清洗
- 金屬退火
- CVD 沉積 USG，PE-TEOS
- Ar⁺ 濺鍍回蝕
- CVD 沉積 USG，PE-TEOS
- CMP USG
- 晶圓清洗
- 預處理 / 旋轉塗佈光阻 / 軟烘烤
- 通孔 3 光罩 (50)   (50)

- 曝光後烘烤 / 顯影 / 硬烘烤
- 圖案檢測
- 通孔 3 蝕刻
- 去光阻 (51)   (51)

圖 14.6　多層鋁合金連線 CMOS 製程。(續)

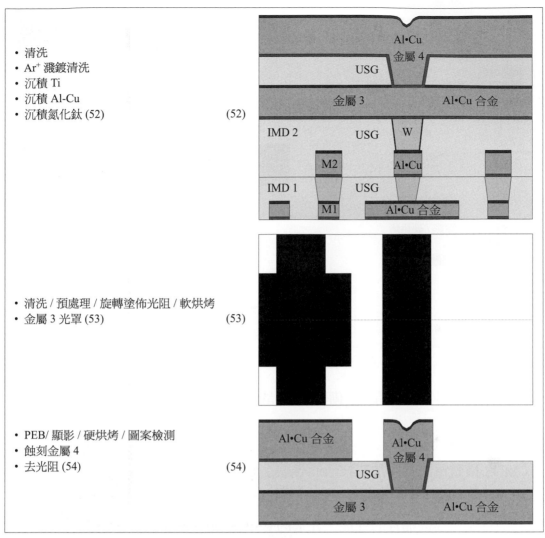

- 清洗
- Ar⁺ 濺鍍清洗
- 沉積 Ti
- 沉積 Al-Cu
- 沉積氮化鈦 (52)　(52)

- 清洗 / 預處理 / 旋轉塗佈光阻 / 軟烘烤
- 金屬 3 光罩 (53)　(53)

- PEB/ 顯影 / 硬烘烤 / 圖案檢測
- 蝕刻金屬 4
- 去光阻 (54)　(54)

圖 14.6　多層鋁合金連線 CMOS 製程。(續)

14.3.6　鈍化和連接墊區

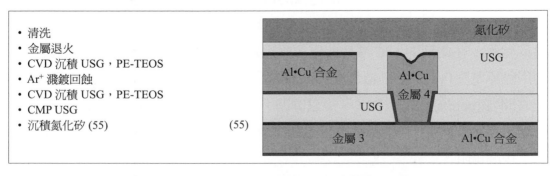

- 清洗
- 金屬退火
- CVD 沉積 USG，PE-TEOS
- Ar⁺ 濺鍍回蝕
- CVD 沉積 USG，PE-TEOS
- CMP USG
- 沉積氮化矽 (55)　(55)

圖 14.6　多層鋁合金連線 CMOS 製程。(續)

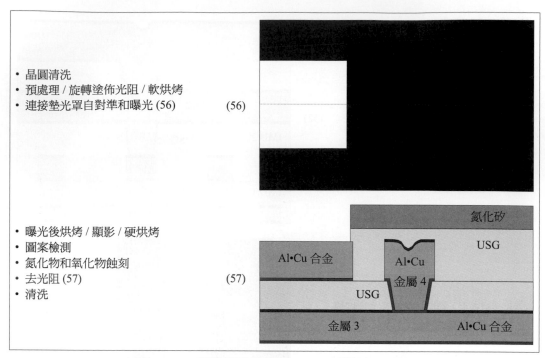

圖 14.6　多層鋁合金連線 CMOS 製程。(續)

晶圓製程已經完成。晶圓準備測試、晶粒切割、選別、包裝和最終測試。

⊗ 14.3.7　評論

　　CMOS 積體電路晶片加工技術的幾個主要發展發生在 1990 年代。從 CZ 法單晶矽晶棒上切割下來的矽晶圓都含有微量的氧和碳，這些元素來自於坩堝材料。為了消除這些雜質並提高晶片的性能，先進的 CMOS 積體電路晶片使用了矽磊晶，如圖 14.5 所示。淺溝槽隔離 (圖 14.6 所示) 取代了 LOCOS 隔離防止相鄰電晶體之間的干擾。側壁空間層用於形成抑制次微米元件熱電子效應的輕摻雜漏 (LDD) 技術，並形成自對準矽化物以減少閘極和局部連線的電阻。由於矽化物具有比多晶矽低的電阻率，所以可以提高元件的速度並降低功率消耗。1990 年代最常用的矽化物是矽化鎢和鈦矽化物。在此期間，IC 晶片的電源電壓逐漸從 12 V 降低到 3.3 V，因此，就需要使用臨界電壓 (V_T) 調整佈植過程，以確保正常關閉 (normal-off) 的 NMOS 可以打開，和正常開啟 (normal-on) 的 PMOS 可以關閉。以上的製程流程顯示了一個自對準矽化物製程過程，鈦矽化物在多晶矽閘極頂端和源極 / 汲極同時形成。源極 / 汲極矽化物降低了接觸電阻。

　　在 1990 年代以前，大多數 IC 製造商製造自己的加工工具並開發自己的 IC 製程。半導體設備公司在 1990 年代迅速發展，他們不僅提供製造工具，而且還給 IC 製造廠提供整合的製程流程。能夠在同一主機下運轉不同製程的群集工具在 IC 產業中非常受歡迎。因為單晶圓處理系統有更好的晶圓對晶圓均勻性控制，所以被廣泛使用。而批次處理系統具有較高的產量，所以現在仍然用在許多非關鍵性製程中。

　　1990 年代，微影技術的曝光波長從紫外光 (UV) 降低到 248 奈米的深紫外光 (DUV) 範圍。因為負光阻無法將小於 3 微米的線條圖案化，所以微影中使用了正光阻。步進機取代了其他的對準和曝光系統。而整合的晶圓軌道機─步進機系統可以在一個製程流程中執行光阻塗佈、烘烤、對準曝光以及顯影。所有的圖案蝕刻都是電漿蝕刻製程，而濕式蝕刻仍然廣泛應用於整面薄膜去除，以及 CVD 薄膜的品質控制製程中。垂直式高溫爐因為佔據更小的面積和更好的污染控制成為主導。快速熱處理 (RTP) 系統因為有更好的熱積存控制，而應用於離子佈植後退火和金屬矽化物的形成製程中。濺鍍取代了蒸鍍成為金屬沉積製程的一種選擇，直流磁控濺鍍系統是現在最常見的金屬物理氣相沉積 (PVD) 系統。

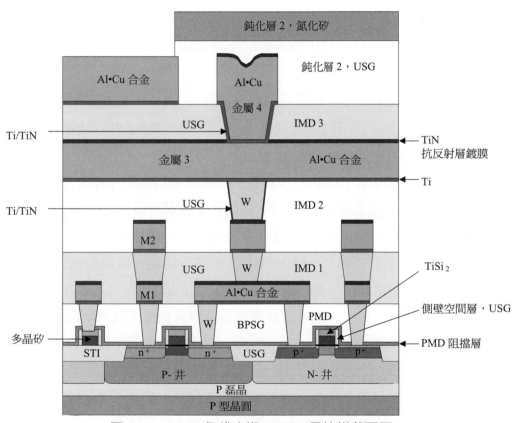

圖 14.7　1990 年代中期 CMOS 晶片橫截面圖。

　　由於電晶體的數量顯著增加，單層金屬已不再足以連接矽表面上的微電子元件，因此使用了多層金屬連線。常用 CVD 鎢沉積填充狹窄的接觸窗和金屬層間接觸孔，並以栓塞的形式連接不同的導電層。鈦和氮化鈦被廣泛用於阻擋層和鎢的附著層。

鈦也同時用於鋁 - 銅合金的焊接層以減少接觸電阻，而且氮化鈦也成為抗反射塗層 (ARC) 的一種選擇。

　　BPSG 普遍用於金屬沉積前介電質 (PMD)。透過添加硼的矽酸鹽玻璃，玻璃化再流動溫度可以從 PSG 的約 1100℃ 降低到 800℃。這有助於減小熱積存，因為當特徵尺寸縮小時，熱積存也必須減小。PE-TEOS 和 O_3-TEOS 製程廣泛用於 STI 介電質 CVD、側壁空間層和連線。鎢栓塞製程中，CMP 製程通常用於從晶圓表面移除巨量的 CVD 鎢金屬層。CMP 也廣泛用於矽玻璃表面的平坦化，以達到更好的微影解析度使後續的金屬沉積過程更容易。圖 14.7 顯示了 1990 年代中期製程技術製造的 CMOS IC 晶片橫截面示意圖。

14.4 2000 年代 CMOS 製程流程

　　有兩個因素影響 CMOS 積體電路的速度，閘極延遲和連線延遲。閘極延遲是指 MOSFET 開關的時間；連線延遲由晶片設計、製程技術，以及連線的導體和介電質材料決定。

　　閘極延遲由兩個因素決定：積累足夠的電荷開啟 MOS 電晶體的時間，以及載子 (NMOS 的電子和 PMOS 的電洞) 通過閘極下方之源極 / 汲極之間的通道所需的時間。金屬─氧化物─半導體 (MOS)MOSFET 也形成了一個電容，其中閘極作為一個電極，半導體基板作為另一個電極，閘極氧化層位於中間作為絕緣層。MOS 電容應足夠大，以至於當閘極電壓超過臨界電壓 (V_T) 時，在閘極下源極 / 汲極之間獲得足夠的載子形成通道，這就是 MOSFET 的開啟。降低閘極電容可以減少形成通道的時間並提高開關速度。但是，如果電容過低，MOSFET 將變得不穩定，因為如背景輻射等小的雜訊就可以打開或關閉電晶體，並導致第 8 章所描述的軟誤差。MOSFET 源極 / 汲極電極之間的距離稱為通道長度，載子需要透過通道傳導電流。減少閘極寬度可以降低載子透過通道的時間並提高元件的速度。然而，這樣也降低了閘極電容並可能導致元件的可靠性問題，因為 MOS 電容已經儘可能設計成最低的水準。為了進一步提高 IC 晶片的速度，具有高阻抗的基板得以繼續縮小特徵尺寸。絕緣體上矽 (SOI) 是一種候選，這種材料將矽表面的主動區和矽基板隔開，因此，幾乎完全消除了輻射誘發的通道軟誤差。

　　同時使用 SOI 和 STI 技術可以完全介電質隔離鄰近的微電子元件，防止它們之間的相互干擾，從而可以使晶片設計者增加 IC 晶片上電晶體的數量提高堆積密度。

SOI 基板上製成的積體電路晶片可以用於高輻射環境，如太空梭、火箭和科學研究。另一種方法是使用應變矽通道技術於傳統的矽晶圓。

連線導線的電阻和它們之間的寄生電容決定了連線延遲，或 RC 延遲。為了減少 RC 延遲，使用低電阻率的金屬和低介電常數 (低 k) 的介電質形成連線材料。銅的電阻率比鋁 - 銅合金低，因此使用銅代替鋁 - 銅合金可降低功率消耗並提高晶片速度。傳統的鋁 - 銅合金連線需要一次介電質蝕刻和一次金屬蝕刻，然而銅連線通常採用所謂的雙鑲嵌製程過程，需要兩次介電質蝕刻，但不需要金屬蝕刻。這種製程使用金屬 CMP 代替金屬蝕刻形成連線。這是銅連線和鋁 - 銅合金連線之間的主要區別。銅連線的主要挑戰是介電質蝕刻、金屬沉積和金屬 CMP。

一些低 k 介電質材料的開發使用兩種方法：CVD 和自旋塗佈介電質 (SOD)。基於 CVD 低 k 介電質 SiCOH 的優點是技術成熟，既有的製程設備和經驗。SOD 一個重要的優點是對如多孔二氧化矽低介電常數 (k < 2) 材料具有延伸性。SOD 在晶片封裝過程中的可靠性問題最終決定了 CVD SiCOH 成為先進積體電路晶片大規模生產中的低 k 介電質材料。

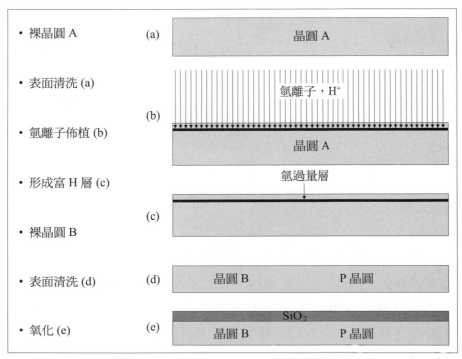

圖 14.8　鍵結 SOI 1：晶圓製備。

所謂的鍵結 SOI 是使用兩片晶圓，一個晶圓透過高電流氫離子佈植在矽表面以下形成富氫層；另一個晶圓在矽表面生長二氧化矽層，如圖 14.8 所示。然後，兩片晶圓面對面在高溫下擠壓並鍵結在一起，鍵結區域透過二氧化矽隔開。高溫條件下，晶圓 A 中的氫原子與矽原子反應形成氣態副產品 ($4H + Si \rightarrow SiH_4$)，從而在晶圓 A 中形成空洞，形成的空洞使得富氫層具有非常高的濕式蝕刻率，因此，晶圓 A 可以很容易地在晶圓濕式蝕刻過程中和鍵結的晶圓分開。然後應用 CMP 過程消除缺陷並改善矽表面的粗糙度，使其非常平整和光滑，如圖 14.9 所示。埋藏層二氧化矽層上面的矽層厚度由氫佈植能量和 CMP 時間控制。它的範圍從幾百奈米到 10 奈米左右，由元件的要求決定。

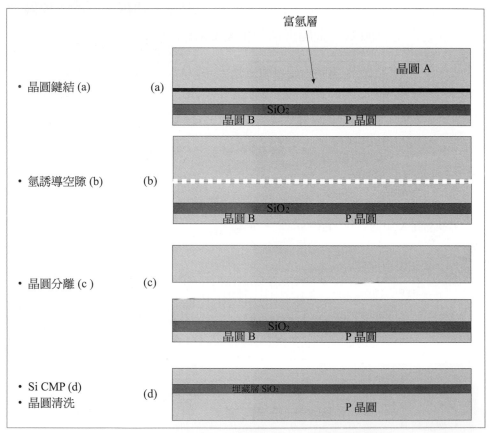

圖 14.9　鍵結 SOI 2：晶圓鍵結、分離和 CMP。

　　形成 SOI 晶圓的另一種方法是使用流量非常高電流的氧離子佈植矽表面以下形成富氧層。透過高溫 (> 1200℃) 退火形成薄單晶矽層下方的埋藏氧化層。使用磊晶技術在晶圓表面生長磊晶矽，可以防止影響元件速度因氧原子而降低。

淺溝隔離

　　由於主動區被溝槽包圍，溝槽蝕刻到達了埋藏層二氧化矽 (如圖 14.10(d))。這樣元件就被溝槽 CVD 填充，而且被二氧化矽 CMP 後的二氧化矽介電質完全隔離。這種完全隔離徹底消除了鄰近電晶體之間的干擾，並且可以達到很高的堆積密度，這樣就解決了隨著元件尺寸進一步縮小而形成的輻射誘發軟誤差問題。

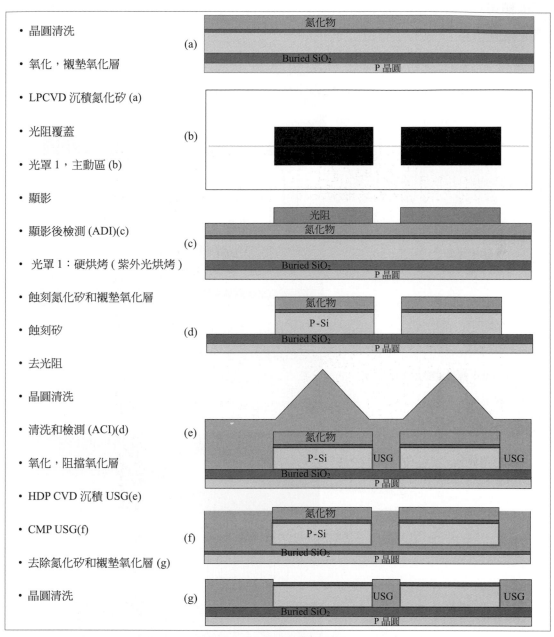

- 晶圓清洗

- 氧化，襯墊氧化層

- LPCVD 沉積氮化矽 (a)

- 光阻覆蓋

- 光罩 1，主動區 (b)

- 顯影

- 顯影後檢測 (ADI)(c)

- 光罩 1：硬烘烤 (紫外光烘烤)

- 蝕刻氮化矽和襯墊氧化層

- 蝕刻矽

- 去光阻

- 晶圓清洗

- 清洗和檢測 (ACI)(d)

- 氧化，阻擋氧化層

- HDP CVD 沉積 USG(e)

- CMP USG(f)

- 去除氮化矽和襯墊氧化層 (g)

- 晶圓清洗

圖 14.10　STI 形成製程。

井區形成

由於特徵尺寸縮小，N 井和 P 井的接面深度必須減少。因此，現有的高能量離子佈植可以直接佈植摻雜物而不再需要井區形成中的驅入製程。通常需要不同能量水準的多次佈植過程形成井區。

　　缺少了井區形成的驅入製程（在這個製程中，高溫下離子熱擴散進入基板），工程師可以使用相同的微影光罩進行井區和 V_T 調整離子佈植，如圖 14.11 所示。由於離子佈植可以利用磁質譜儀精確地選擇所需的離子種類，所有佈植製程都可以利用高能量、低電流的佈植機在一道工序下完成。

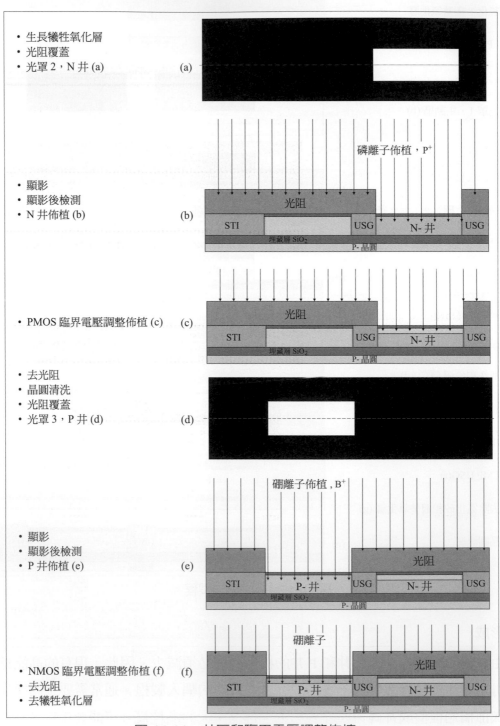

圖 14.11　井區和臨界電壓調整佈植。

CMOS 形成：閘極圖案化

為了更好地控制 MOSFET 的臨界電壓，NMOS 多晶矽閘極需要重摻雜成 N 型，而 PMOS 多晶矽閘極需要重摻雜成 P 型。透過全區 N 型佈植和選擇性 P 型離子佈植後，可以只利用一個微影光罩實作 N 型和 P 型摻雜多晶矽。這種技術可以降低生產成本並提高元件的良率。

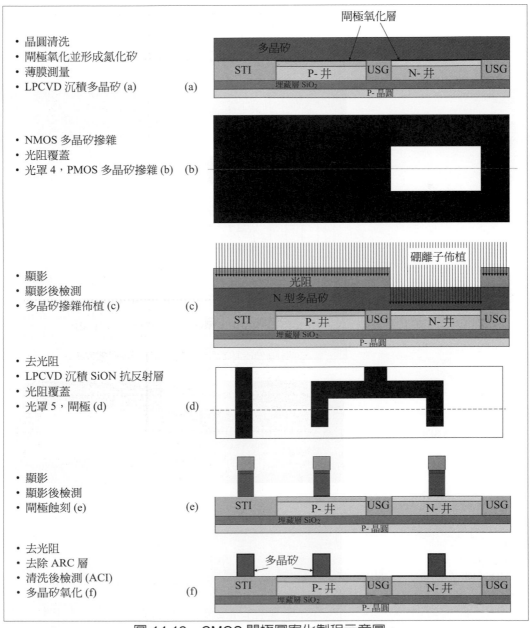

圖 14.12　CMOS 閘極圖案化製程示意圖。

多晶矽由許多單晶矽單元組成，這種單元稱為晶粒。晶粒尺寸越大越好，因為大的晶粒形成小的晶粒晶界降低了電阻率。然而，大的晶粒尺寸可能會導致多晶矽蝕刻後側壁空間層高的表面粗糙度。對於小的閘極，蝕刻非晶矽 (α-Si) 然後退火形成多晶矽。重摻雜多晶矽可以形成非晶矽，而非晶矽比多晶矽有更好的蝕刻輪廓控制。非晶矽退火後形成的多晶矽晶粒尺寸也較 LPCVD 沉積形成的多晶矽一致性好。閘極蝕刻後，電漿佈植引起的閘極氧化層損壞可以透過退火製程中多晶矽氧化來修復。

MOSFET 形成：源極 / 汲極擴充淺接面

使用重離子可以形成源極 / 汲極擴充 (SDE) 淺接面，如圖 14.13 所示，通常 PMOS SDE 使用 BF_2^+，而 NMOS SDE 晶體使用 S_b^+。

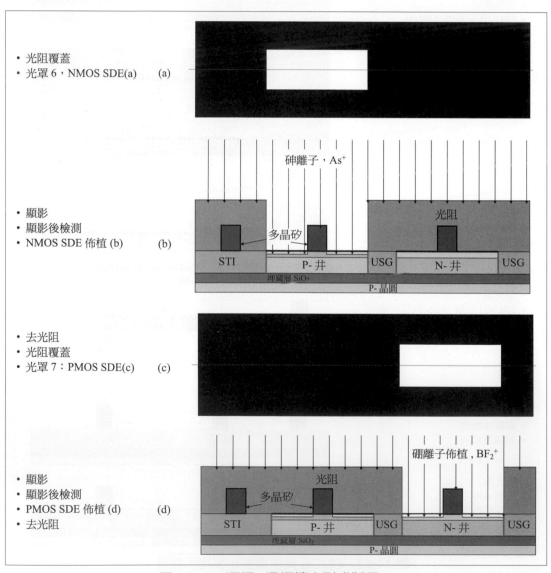

圖 14.13　源極 / 汲極擴充形成製程。

MOSFET 形成：空間側壁層

　　對於空間側壁層的形成，經常使用氮化物和氧化物。如圖 14.14 所示，CVD 沉積的氧化物作為蝕刻停止層，LPCVD 氮化物形成側壁空間層的主要部分。

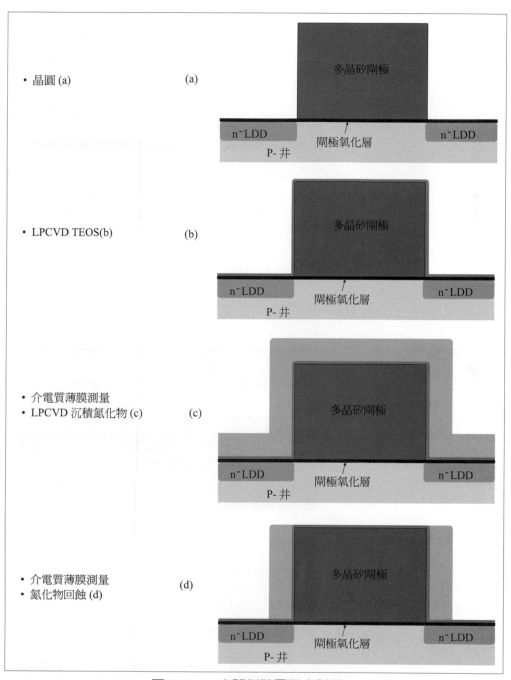

圖 14.14　空間側壁層形成製程。

CMOSFET 形成：源極和汲極

圖 14.15 顯示了 CMOS 形成的大傾角接面和源極 / 汲極接面。大傾角佈植是一個大傾角度離子佈植製程，通常需要兩次或四次佈植過程，這取決於 MOSFET 處於一個方向或兩個方向。大傾角佈植技術用於防止元件的擊穿。

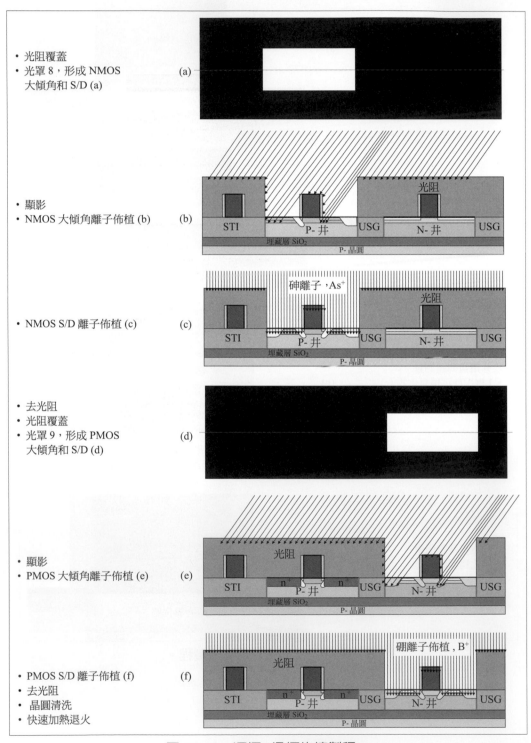

- 光阻覆蓋
- 光罩 8，形成 NMOS
  大傾角和 S/D (a)   (a)

- 顯影
- NMOS 大傾角離子佈植 (b)   (b)

- NMOS S/D 離子佈植 (c)   (c)

- 去光阻
- 光阻覆蓋
- 光罩 9，形成 PMOS
  大傾角和 S/D (d)   (d)

- 顯影
- PMOS 大傾角離子佈植 (e)   (e)

- PMOS S/D 離子佈植 (f)   (f)
- 去光阻
- 晶圓清洗
- 快速加熱退火

圖 14.15　源極 / 汲極佈植製程。

自對準矽化物 (Salicide)

　　爲了獲得低的電阻，鈦矽化物的晶粒尺寸必須大於 0.2 微米。當閘極的寬度小於 0.2 微米時，鈦矽化物的應用將受到挑戰。0.18 微米技術節點後，鈷矽化物開始取代鈦矽化物應用於閘極。由於鈷與空氣或濕氣接觸時，鈷很容易被氧化形成氧化鈷，所以使用氮化鈦覆蓋鈷防止其與濕氣接觸。利用整合群集工具，鈷和氮化鈦用不同的 PVD 反應室沉積。

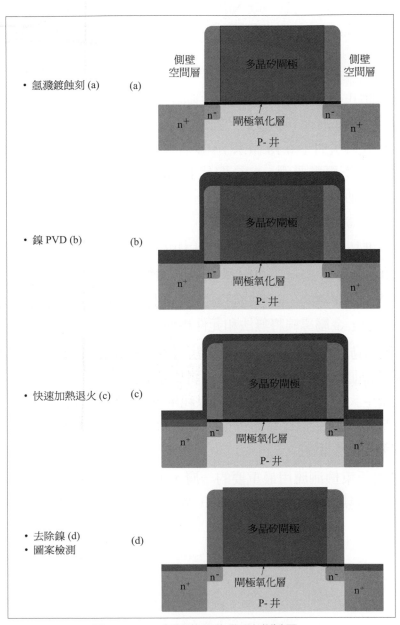

圖 14.16　自對準矽化物形成製程。

當元件尺寸進一步縮小到深奈米技術節點時，$CoSi_2$ 的退火溫度 (～ 750℃) 對於微小的 MOSFET 而言其熱積存已經太高。鎳矽化合物 (NiSi) 可在溫度低於 500℃ 下形成，所以被廣泛用於 65 奈米及更小的技術節點。

鎳沉積前，需要氬濺鍍蝕刻去除矽表面原生氧化層，否則，由於接觸電阻過高而導致 IC 晶片發生故障。

由於 NiSi 熱穩定性不高，鎳 (Ni) 容易與矽反應並穿通接面而引起元件漏電。在 PVD 靶材中，鉑 (Pt) 合金化並形成 NiPtSi 以獲得更好的矽化物穩定性。可以使用電子束檢查 (Electron Beam Inspection, EBI) 系統監測鎳擴散對良率的影響。

接觸模組

以氮化物層防止磷從 PSG 中擴散到主動區是必要的。由於熱積存的限制，利用 PECVD 氮化矽在較低溫度 (<580℃) 下沉積取代 LPCVD 氮化物沉積 (沉積溫度為 750℃)。對於小尺寸元件 (<0.18 微米)，多有多餘的熱積存來作 PMD 加熱再流動，因此矽酸鹽玻璃中不再需要硼，PSG 取代 BPSG 材料形成 PMD。PSG 利用 CMP 平坦化而不是熱再流動。鎢僅用於局部連線，以及源極 / 汲極、金屬與矽化物之間的栓塞。鈦和氮化鈦作為阻擋層和鎢附著層。

對於一些先進技術節點的 CMOS 製程，USG 用於 ILD0，氮化物層用於應力襯底應變通道，從而提高載子的遷移率和 MOSFET 的性能。

接觸模組是非常關鍵的，因為它將晶圓表面上的元件和各層的金屬線連線。如果接觸孔蝕刻不完全，金屬導線將無法和元件相連，這將導致良率下降。

PVD 鈦廣泛用於減少接觸電阻。氮化鈦 (TiN) 作為鎢附著層。如果沒有 TiN，鎢薄膜將不會與矽晶圓表面很好的附著，這將導致裂紋並使鎢薄膜從晶圓表面脫落，最後在晶圓上產生大量顆粒污染。TiN 可以利用 PVD 和 CVD 沉積。當元件特徵尺寸不斷縮小時，接觸孔的深寬比將變得很大，PVD 製程將不再提供足夠的階梯覆蓋，CVD TiN 製程變得更受歡迎。

WCMP 是電子束檢測應用最重要的一層，可以使工程師獲得元件的漏電和接觸不良問題。EBI 的應用可以幫助提升良率，減少技術開發的週期，並縮短提高良率所需的時間。

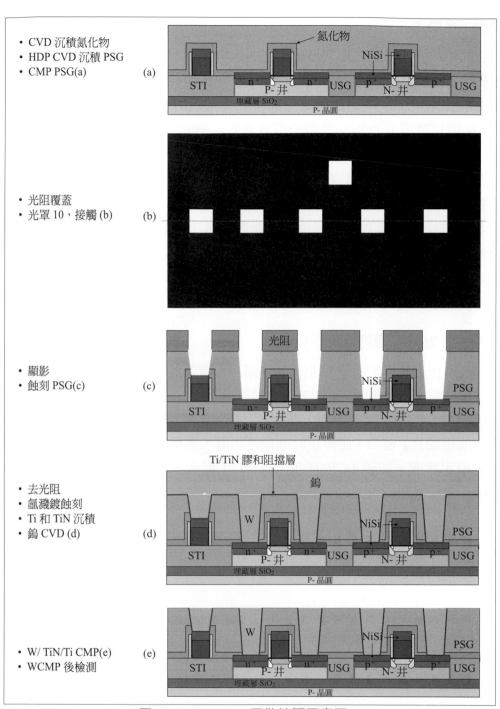

圖 14.17　CMOS 元件接觸示意圖。

銅金屬化，金屬 1

圖 14.18 顯示了金屬 1 單鑲嵌製程銅連線技術。矽氮化碳 (SiCN) 是一種緻密材料，用於代替氮化矽作爲阻隔層防止銅擴散，在銅連線製程中也可以作爲蝕刻停止層 (ESL)。與矽氮化物 (k = 7 ～ 8) 相比，SiCN 具有較低的介電質常數 (k = 4 ～ 5)，因此，使用 SiCN 可以降低 ILD 層的整體介電質常數。最常用的低 k 介電質材料是 PECVD SiCOH，它被廣泛用於連線製程。鉭阻擋層和銅晶種層使用 PVD 製程沉積，通常使用分離金屬的電漿製程提高底部的覆蓋。由於低 k 介電質的機械強度比矽酸鹽玻璃小，具有低 k 介電質的銅 CMP 過程向下研磨力要低於使用 USG 或 FSG 材料。金屬 1 CMP 後，測試結構中首先進行電特性測量。微小的探針接觸測試結構的探針接觸區，並利用電壓或電流測試元件的電性能。爲了避免銅氧化降低良率，銅 CMP 和覆蓋層沉積之間有一個時間限制，所以利用光學檢測和電子束檢測系統進行缺陷的檢測通常在覆蓋層沉積後進行。

通孔 1 和金屬 2(先挖槽再填通孔)

雙鑲嵌製程通常用於銅金屬化，需要兩次介電質蝕刻過程。至少有三種不同的方法形成雙鑲嵌銅金屬化製程結構的金屬層間接觸窗口。一種方法是首先蝕刻溝槽，然後蝕刻金屬層間接觸窗口，如圖 14.19 所示。另一種方法是埋硬遮蔽層，首先透過蝕刻金屬層間接觸孔 (窗口) 並停止於蝕刻停止層，然後用溝槽遮蔽層同時形成金屬層間接觸窗口和溝槽，如圖 14.20 所示。圖 14.21 顯示了溝槽優先形成方法。金屬層間接觸窗口優先和溝槽優先這兩種技術都被用於 IC 製造中的銅金屬化製程。

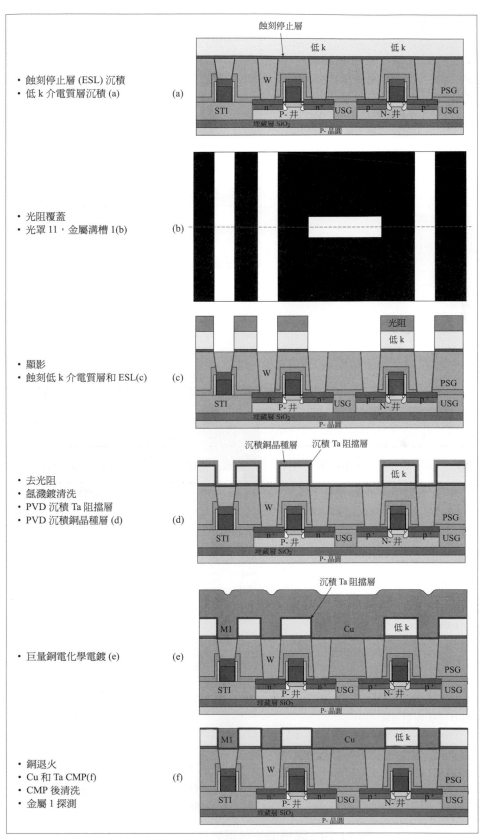

圖 14.18　金屬 1 製程示意圖。

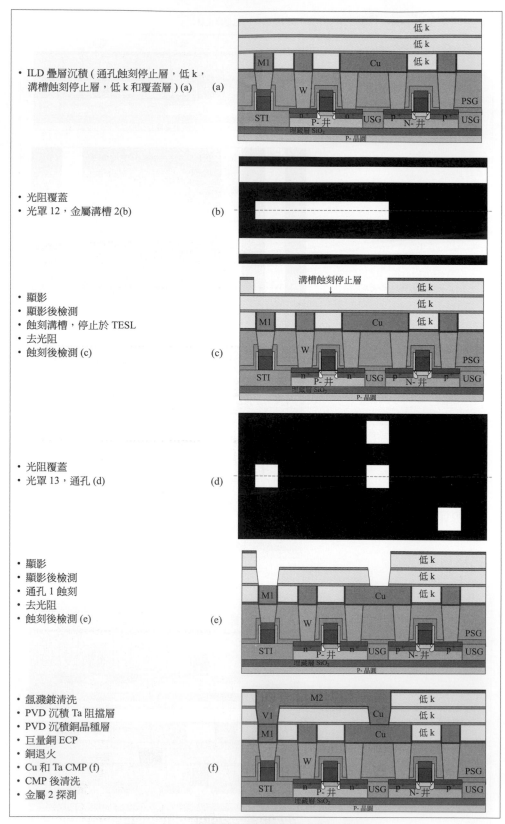

- ILD 疊層沉積（通孔蝕刻停止層，低 k，溝槽蝕刻停止層，低 k 和覆蓋層）(a)　(a)

- 光阻覆蓋
- 光罩 12，金屬溝槽 2(b)　(b)

- 顯影
- 顯影後檢測
- 蝕刻溝槽，停止於 TESL
- 去光阻
- 蝕刻後檢測 (c)　(c)

- 光阻覆蓋
- 光罩 13，通孔 (d)　(d)

- 顯影
- 顯影後檢測
- 通孔 1 蝕刻
- 去光阻
- 蝕刻後檢測 (e)　(e)

- 氬濺鍍清洗
- PVD 沉積 Ta 阻擋層
- PVD 沉積銅晶種層
- 巨量銅 ECP
- 銅退火
- Cu 和 Ta CMP (f)　(f)
- CMP 後清洗
- 金屬 2 探測

圖 14.19　溝槽優先雙鑲嵌銅金屬化製程。

通孔 2 和金屬 3(埋藏硬遮罩)

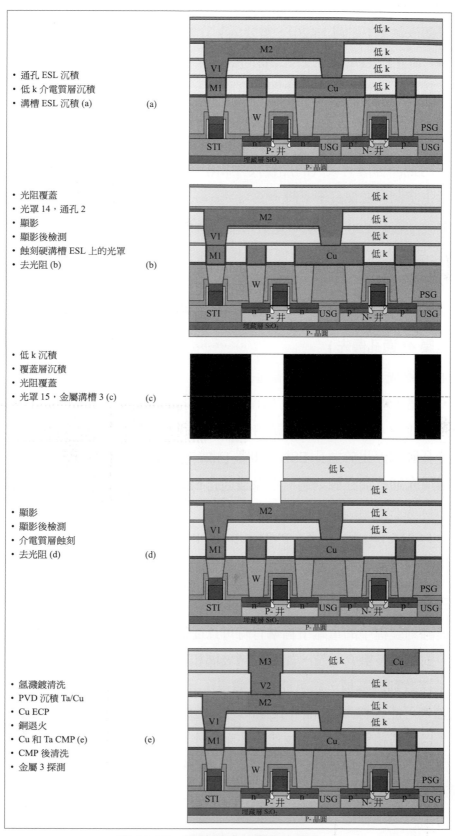

- 通孔 ESL 沉積
- 低 k 介電質層沉積
- 溝槽 ESL 沉積 (a)　　　　　(a)

- 光阻覆蓋
- 光罩 14，通孔 2
- 顯影
- 顯影後檢測
- 蝕刻硬溝槽 ESL 上的光罩
- 去光阻 (b)　　　　　(b)

- 低 k 沉積
- 覆蓋層沉積
- 光阻覆蓋
- 光罩 15，金屬溝槽 3 (c)　　(c)

- 顯影
- 顯影後檢測
- 介電質層蝕刻
- 去光阻 (d)　　　　　(d)

- 氬濺鍍清洗
- PVD 沉積 Ta/Cu
- Cu ECP
- 銅退火
- Cu 和 Ta CMP (e)　　　(e)
- CMP 後清洗
- 金屬 3 探測

圖 14.20　埋藏硬遮蔽層銅金屬化。

低 k 介電質蝕刻製程中，蝕刻停止層透過電漿中蝕刻副產品發射的光信號定義金屬層間接觸窗口和溝槽的深度。使用 F/O 可以蝕刻 PE-TEOS USG 和 SiCN。對於埋硬遮蔽層雙鑲嵌蝕刻 (如圖 14.20)，需要低 k 介電質對 SiCN 之高選擇性。

鉭 (Ta)，氮化鉭 (TAN)，以及二者的結合，可以用於銅阻擋層防止銅透過介電層擴散到矽基板中，這種擴散可能會毀壞電晶體。利用銅晶種層進行電化學電鍍 (ECP) 產生巨量銅，然後晶圓在 ECP 製程中電鍍巨量銅，去填充狹窄的溝槽和通孔。銅晶種層沉積後馬上進行電鍍巨量銅非常重要，因為即使在室溫條件下，銅可以迅速自退火。退火後的銅晶種層有較大的晶粒尺寸和粗糙表面，從而在 ECP 過程中導致溝槽和通孔內產生空洞，並使良率下降。

電鍍銅後，在約 250℃的爐中退火增加晶粒尺寸並降低電阻率。當 Cu 和 Ta 透過 CMP 製程從晶圓表面去除後，僅僅在溝槽和通孔中留下金屬形成連線。通常利用晶圓表面的反射率判斷金屬 CMP 製程的終點，因為大多數金屬都有非常高的反射率，當金屬被磨完到達介電質表面後，反射率會大大降低，這顯示蝕刻到了終點。

通孔 3 和金屬 4(通孔優先)

對於通孔優先製程，首先沉積通孔蝕刻停止層 (ESL) 的層間介電質 (ILD)，低 k 介電質，溝槽 ESL，低 k 介電質和覆蓋層，如圖 14.21(a) 所示。通孔 ESL 和溝槽 ESL 可以是氮化矽 (SiN) 或矽氮化碳 (SiCN)。透過通孔微影光罩 (如圖 14.21(b)) 定義出圖案，通孔蝕刻停止於通孔 ESL，如圖 14.21(c) 所示。溝槽圖案化前，晶圓表面覆蓋一層光阻填充通孔並在蝕刻過程中保護通孔 ESL，如圖 14.21(d) 所示。溝槽蝕刻後，透過光阻去除製程移除通孔中的虛設光阻。利用濕式清洗製程去除通孔底部的通孔 ESL，如圖 14.21(e) 所示。Ta/Cu PVD 和銅 ECP 製程後，利用金屬 CMP 製程從晶圓表面去除銅和鉭，並完成雙鑲嵌銅金屬化製程。

通孔 4 和金屬 5(通孔優先)

氬濺鍍蝕刻製程中的重離子轟擊有時可以從通孔底部濺鍍出少量的銅並沉積在通孔側壁上。對於大多數介電質，如矽酸鹽玻璃和多孔二氧化矽，銅原子擴散非常快。如果銅原子擴散到矽基板，將可能導致微電子元件性能不穩定。因此，金屬 PVD 前的氬濺鍍蝕刻可能會導致 IC 晶片長期的可靠性問題。氫電漿清潔製程使用電漿產生氫自由基，自由基和氧化銅發生反應產生銅和水蒸氣，這樣可以在沒有離子轟擊誘發銅濺鍍之情況下，有效地去除通孔底部之銅表面的原生氧化層。如圖 14.22 所示為通孔優先銅連線製程。

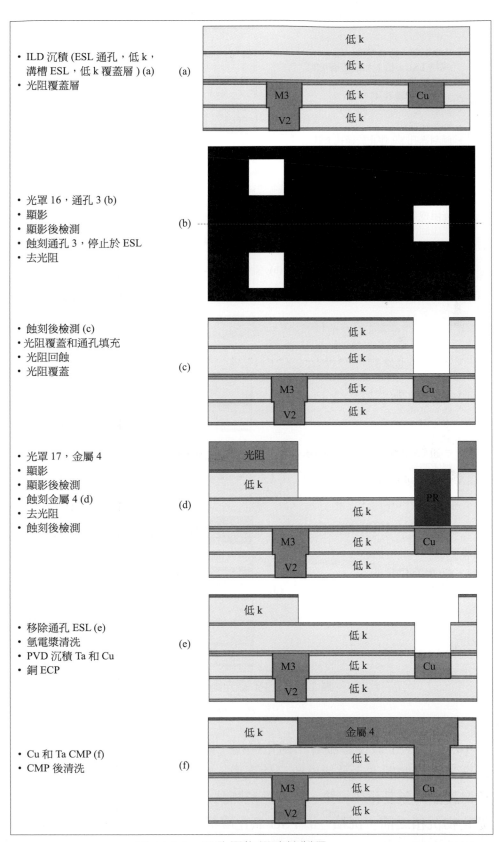

圖 14.21　通孔優先銅連線製程。

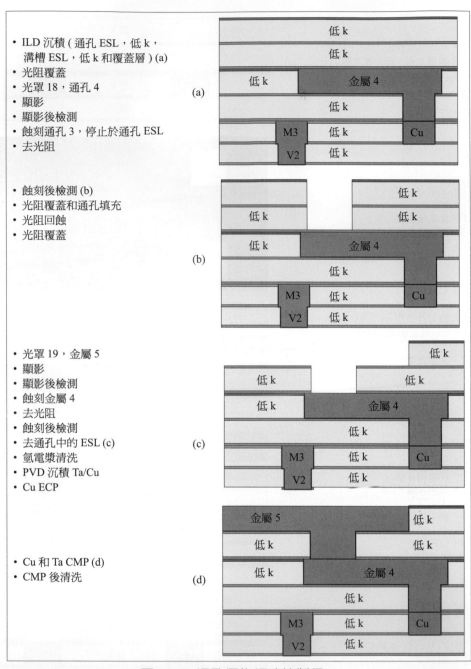

- ILD 沉積（通孔 ESL，低 k，溝槽 ESL，低 k 和覆蓋層）(a)
- 光阻覆蓋
- 光罩 18，通孔 4
- 顯影
- 顯影後檢測
- 蝕刻通孔 3，停止於通孔 ESL
- 去光阻

(a)

- 蝕刻後檢測 (b)
- 光阻覆蓋和通孔填充
- 光阻回蝕
- 光阻覆蓋

(b)

- 光罩 19，金屬 5
- 顯影
- 顯影後檢測
- 蝕刻金屬 4
- 去光阻
- 蝕刻後檢測
- 去通孔中的 ESL (c)
- 氫電漿清洗
- PVD 沉積 Ta/Cu
- Cu ECP

(c)

- Cu 和 Ta CMP (d)
- CMP 後清洗

(d)

圖 14.22 通孔優先銅連線製程。

鈍化

　　圖 14.23 顯示了最後金屬層和鈍化過程。氮化矽是一種非常緻密的材料，可以防止水和鈉等雜質擴散進入晶片導致元件損壞。塑膠封裝晶片通常使用氮化矽作為鈍化介電質保護晶片免受化學污染，以及晶粒測試、分離和封裝過程中的機械損傷。厚的鈍化氮化物沉積之前，沉積一層 PSG 氧化層提供應力緩衝。對於採用陶瓷封裝的晶片，效果比塑膠封裝更好但價格昂貴，CVD 二氧化矽或氮氧化矽層是常用的鈍化介電質。鈍化層沉積後，覆蓋一層聚醯胺，隨後塗佈光阻，然後烘烤並顯影。聚醯胺在

光阻顯影過程中被蝕刻。聚醯胺塗層可以保護晶圓在傳送過程中受機械刮傷，而且還可以保護微電子元件受背景輻射，如 α 輻射。光阻去除後，晶圓加工製程基本完成。

　　圖 14.23(c) 顯示了覆晶晶片封裝的凸塊形成製程。凸塊形成製程是晶圓加工製程的最後階段，通常在不同於晶片製造的製程間操作，這是因為凸塊的尺寸非常大，約 50 到 100 微米，所以並不需要等級很好的潔淨室。鉻、銅和金作為襯墊用於實作低接觸電阻，鉻用於防止銅、金和鉛擴散到矽基板造成重金屬污染，金用於幫助在晶圓表面形成鉛錫合金。金屬沉積過程中，金屬接觸光罩通常放置在晶圓表面，這樣使得金屬只沉積在凸塊開口處。使用遮蔽式的金屬沉積可以省略微影和蝕刻製程，這樣可以降低生產成本。鉛錫合金再流動後，在晶圓表面形成凸塊。然後晶圓準備晶粒測試、分離、篩選和封裝。

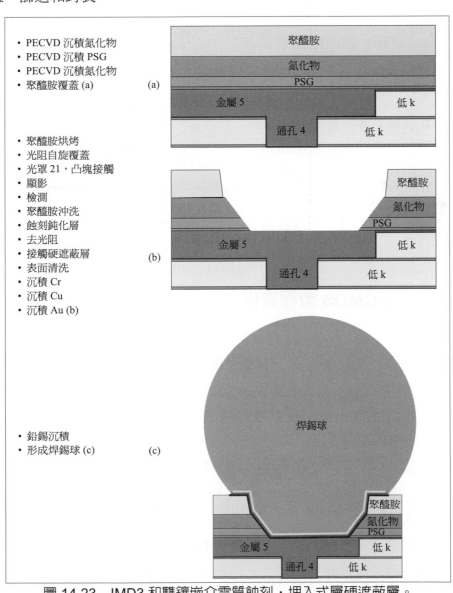

圖 14.23　IMD3 和雙鑲嵌介電質蝕刻，埋入式層硬遮蔽層。

銅連線是比較新的一種技術。經過深入的研究和開發後，具有銅連線的 IC 晶片產品第一次在 1999 年出現。銅連線已經應用於最小特徵尺寸小於 0.18 微米的 IC 晶片，也可以用於尺寸小於 0.13 微米技術節點的晶片，並已用於邏輯 IC 晶片製造，亦開始被應用於記憶體晶片的製造中。由於雙鑲嵌製程透過減少製程步驟而簡化了銅連線製程，所以銅連線的成本低於傳統的鎢 / 鋁 - 銅合金連線。銅連線已經成為先進 IC 晶片製造的主流連線技術。

使用 SOI 基板和銅 / 低 k 連線技術，設計者可以製造具有較高抗雜訊和低功率消耗的快速、強大功能和可靠性高的 IC 晶片。圖 14.24 顯示了一個具有 SOI 基板、銅和低 k 介電質連線的 CMOS 積體電路橫截面示意圖。

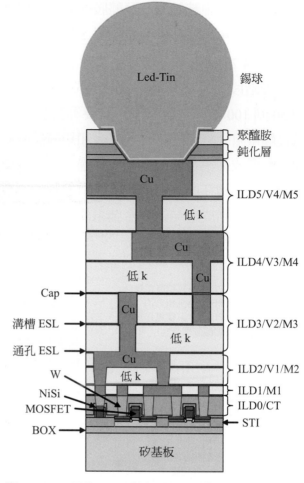

圖 14.24　具有 SOI 基板和銅 / 低 k 連線 CMOS IC 晶片示意圖。

14.5 2010 年代 CMOS 製程流程

當元件的尺寸不斷縮小到 45 奈米及更小，如 40 nm、32 nm/28 nm 和 22 nm/20 nm 後，閘極氧化層的厚度已經達到極限，即由於嚴重的漏電問題而不能再減小。高 k 閘極介電質已經被開發並取代了常用的二氧化矽 (SiO_2) 和氮化氧化物 (SiON)。為了進一步提高元件的性能，金屬閘極取代了常用的多晶矽閘極。應變工程廣泛用於增強電子和電洞的遷移率提高元件的速度。矽鍺 (SiGe) 和碳化矽 (SiC) 選擇性磊晶生長用於 CMOS 製造獲得理想的通道應變。自對準 CoWP 無電鍍技術被發展用於銅 CMP 後覆蓋銅表面以防止銅擴散降低電致遷移，這樣可以提高銅連線的可靠性。金屬 (TiN) 硬遮蔽層用於低 k 介電質蝕刻。

193 nm 浸潤式微影技術和雙重圖案化製程用於圖案化線間距，微影光源最佳化 (SMO) 技術用於圖案化接觸窗和通孔。設計者必須與微影技術人員和製程團隊緊密合作進行最佳化設計達到高的良率，這稱為可製造性設計 (DFM)。

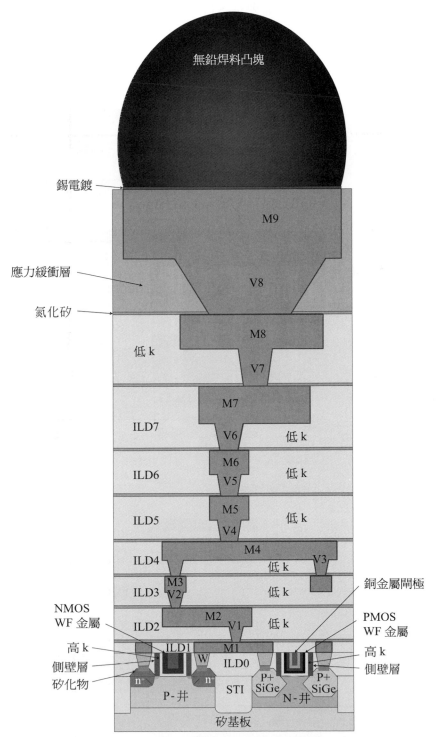

圖 14.25 顯示了一個 32 nm/28 nm CMOS 橫截面圖，這種結構具有最後閘極 HKMG、SEG SiGe、應力記憶技術 (SMT)、銅與超低 k 連線，以及無鉛焊料凸塊。

圖 14.25　具有高 k 金屬閘極、SMT、SEG SiGe 源極 / 汲極、銅和超低 k 連線，以及無鉛焊料凸塊 CMOS 截面示意圖。

　　圖 14.26 顯示了 STI 的製程，這與圖 14.10 所示的 STI 製程看起來幾乎相同，然而，由於元件尺寸的縮小，很多細節是不同的。例如，如圖 14.10 所示的元件需要無應力 STI 填充，而圖 14.26 所示的元件需要從 STI 氧化層獲得額外應力幫助進一步提高通道的應變。

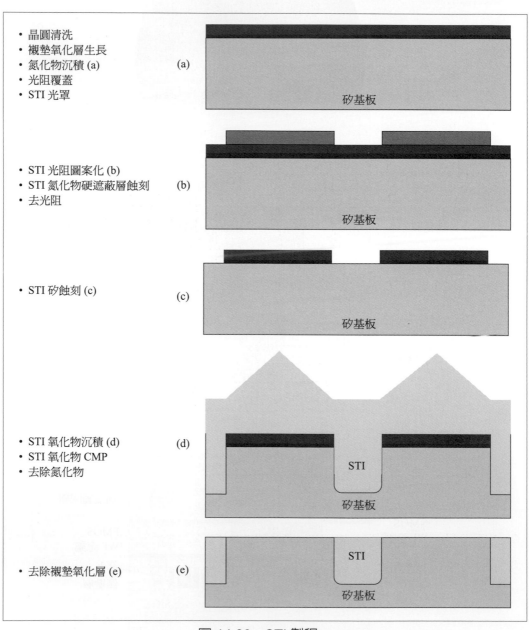

- 晶圓清洗
- 襯墊氧化層生長
- 氮化物沉積 (a)
- 光阻覆蓋
- STI 光罩

(a)

- STI 光阻圖案化 (b)
- STI 氮化物硬遮蔽層蝕刻
- 去光阻

(b)

- STI 矽蝕刻 (c)

(c)

- STI 氧化物沉積 (d)
- STI 氧化物 CMP
- 去除氮化物

(d)

- 去除襯墊氧化層 (e)

(e)

圖 14.26　STI 製程。

　　圖 14.27 顯示了井區佈植和 V_T 調整佈植形成雙井 CMOS。由於元件尺寸的縮小，井區之接面的深度比圖 14.11 所示的井區佈植來的淺。

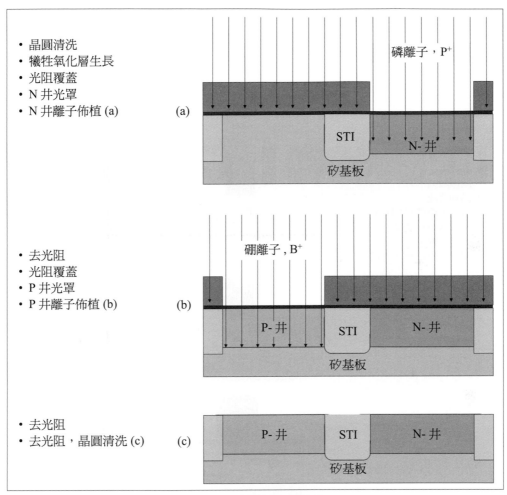

* 晶圓清洗
* 犧牲氧化層生長
* 光阻覆蓋
* N 井光罩
* N 井離子佈植 (a)

(a)

磷離子，P⁺

STI

N- 井

矽基板

* 去光阻
* 光阻覆蓋
* P 井光罩
* P 井離子佈植 (b)

(b)

硼離子，B⁺

P- 井

STI

N- 井

矽基板

* 去光阻
* 去光阻，晶圓清洗 (c)

(c)

P- 井

STI

N- 井

矽基板

圖 14.27　雙井形成製程。

　　圖 14.28 顯示了閘極、NMOS 源極 / 汲極延伸 (SDE) 和側壁空間層的形成製程。由於 PMOS 的源極 / 汲極利用選擇性磊晶生長 SiGe 形成，這種製程透過 SEG 過程中重摻雜 P 型形成，所以 PMOS 並不需要 SDE 或 SD 佈植。不同於之前的製程，這種多晶矽閘極只是一種虛閘極，將用高 k 和金屬閘極在後續的製程中取代。這種製程不需要多晶矽佈植，閘極的功函數由 PMOS 和 NMOS 不同的金屬閘極材料控制。

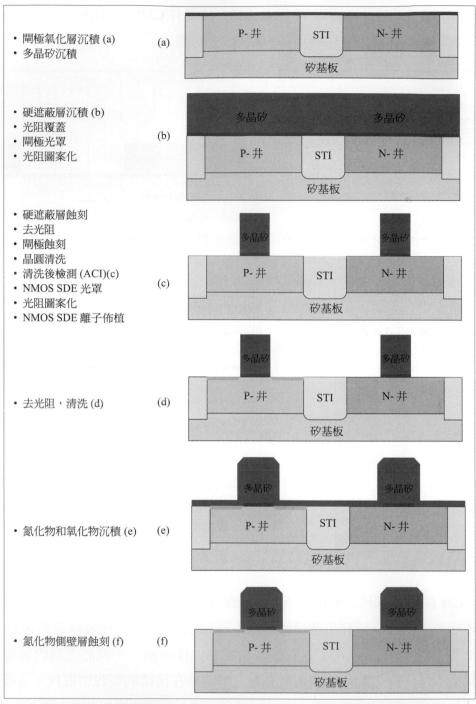

- 閘極氧化層沉積 (a)
- 多晶矽沉積

(a)

- 硬遮蔽層沉積 (b)
- 光阻覆蓋
- 閘極光罩
- 光阻圖案化

(b)

- 硬遮蔽層蝕刻
- 去光阻
- 閘極蝕刻
- 晶圓清洗
- 清洗後檢測 (ACI)(c)
- NMOS SDE 光罩
- 光阻圖案化
- NMOS SDE 離子佈植

(c)

- 去光阻，清洗 (d)

(d)

- 氮化物和氧化物沉積 (e)

(e)

- 氮化物側壁層蝕刻 (f)

(f)

圖 14.28　虛閘極圖案化、NMOS SDE 和側壁空間層形成製程。

　　這些先進製程的主要差異由圖 14.29 開始，圖 14.29(a) 中的沉積塊狀層是必須的，這是為了 SEG 可以生長在設計的區域。圖 14.29(c) 顯示了 KOH 矽蝕刻，這種蝕刻對 <111> 晶向的矽具有高的選擇性。透過使用 KOH 蝕刻，設計者可以精確地控制矽蝕刻輪廓並達到最佳化的元件性能，這是由於最佳化的通道應變所致。如圖 14.29(d) 所示，PMOS 的源極 / 汲極摻雜透過 SEG 製程中臨場摻雜而獲得。NMOS 源極 / 汲極摻雜仍然是傳統的低能量、高電流離子佈植和熱退火製程，如圖 14.29(e) 和 (f) 所示。進行非晶矽深離子佈植和尖峰式 NMOS 源極 / 汲極退火，設計者可以增強 NMOS 通道的拉伸應變，進而增加電致遷移率並提高 NMOS 速度。由於拉伸應變在 SD 形成後會一直保持，所以這種技術稱為應力記憶技術 (SMT)。由於微小尺寸元件有限的熱積存，退火必須使用尖峰式退火、雷射退火，或兩者的結合。

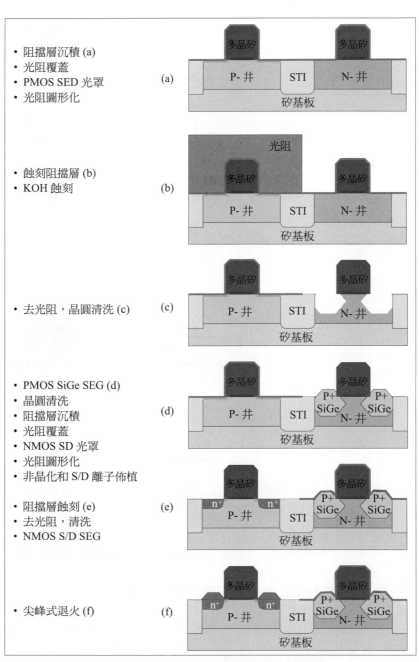

- 阻擋層沉積 (a)
- 光阻覆蓋
- PMOS SED 光罩　(a)
- 光阻圖形化

- 蝕刻阻擋層 (b)
- KOH 蝕刻　(b)

- 去光阻，晶圓清洗 (c)　(c)

- PMOS SiGe SEG (d)
- 晶圓清洗
- 阻擋層沉積　(d)
- 光阻覆蓋
- NMOS SD 光罩
- 光阻圖形化
- 非晶化和 S/D 離子佈植

- 阻擋層蝕刻 (e)　(e)
- 去光阻，清洗
- NMOS S/D SEG

- 尖峰式退火 (f)　(f)

圖 14.29　形成源極 / 汲極的 SEG 製程。

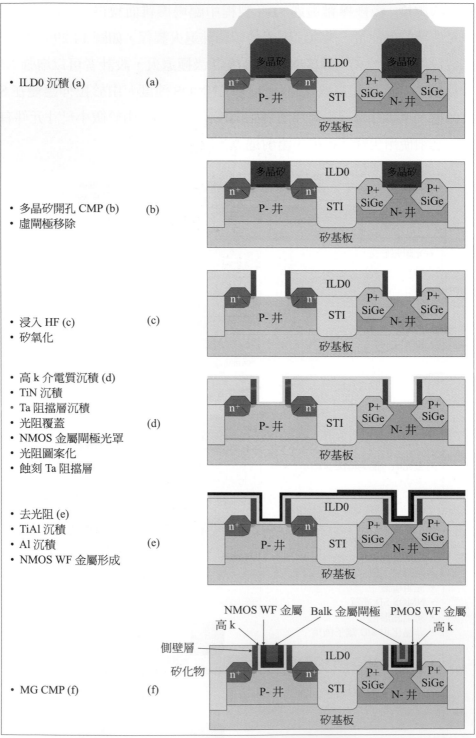

圖 14.30　顯示了最後閘極 HKMG 製程。

　　圖 14.30 顯示採用最後閘極整合的高 k 金屬閘極 (HKMG) 製程。圖 14.30(a) 顯示了 ILD0 沉積製程，其中至少有氮化物襯墊 / ESL 和氧化層兩層材料。

　　圖 14.30(b) 顯示了 CMP 多晶矽開孔製程，這種製程是 ILD0 過拋光並暴露出多晶矽閘極。圖 14.30(c) 顯示了過渡閘極去除過程，這種製程採用高選擇性蝕刻去除多晶矽，然而對 ILD0 和側壁空間層有非常小的影響。使用 HF 去除通道上的氧化層後，形成一層薄氧化矽，如圖 14.30(d)，接著沉積鉿基高 k 介電質。HfO_2 通常使用原子層沉積 (ALD) 製程實作。ALD 製程也可以沉積氮化鈦 (TiN) 和鉭 (Ta) 層。TiN 常用於 PMOS 金屬，而 NMOS 需要不同的功函數金屬，而且將在後續的製程中形成。Ta 作為 PMOS 中的阻擋層保護 TiN。利用圖案化從 NMOS 中去除 Ta 後，如圖 14.30(e) 所示，沉積鈦鋁合金 (TiAl)，並利用巨量鋁 (Al) 填充間隙。退火製程過程中，TiAl 與 TiN 發生反應產生 TiAlN，並作為 NMOS 的功函數金屬。顯示於圖 14.30(g) 的金屬 CMP 製程完成了最後閘極 HKMG 製程。

　　當去除過渡多晶矽閘極後，PMOS 和 NMOS 通道應力顯著增加，這使得載子遷移率增加，速度提高。這與去除彈簧的硬停止層類似可以增加拉伸應變或壓縮應變。這是最後閘極 HKMG 比閘極優先方法優越的地方之一。

　　圖 14.31 顯示了 MEoL 製程。與之前的接觸窗製程有許多不同，首先是溝槽金屬矽化物。溝槽金屬矽化物在溝槽接觸窗蝕刻後形成，而一般的自對準金屬矽化物在源極/汲極形成後，ILD0 沉積前形成。溝槽金屬矽化物僅僅在接觸溝槽的底部，如圖 14.31(c) 所示。因為閘極由金屬組成，所以閘極並不需要金屬矽化物。摻雜少量鉑的鎳矽化物，NiPtSi，比 NiSi 還穩定。另一種用於填充接觸溝槽的鎢被磨到金屬閘極的同一平面，如圖 14.31(e) 所示。由於接觸溝槽只與凸起的源極/汲極接觸，所以接觸溝槽深度很淺，這樣使得過蝕刻控制簡單。從光罩佈局的角度考慮，代替了圓形和橢圓形接觸孔的溝槽式接觸，簡化了光阻圖案化製程。但是這個會在接觸蝕刻中，過蝕刻到 STI 氧化層而導致鎢尖刺問題。由於鎢栓塞的長度顯著縮短，栓塞的電阻大大降低。

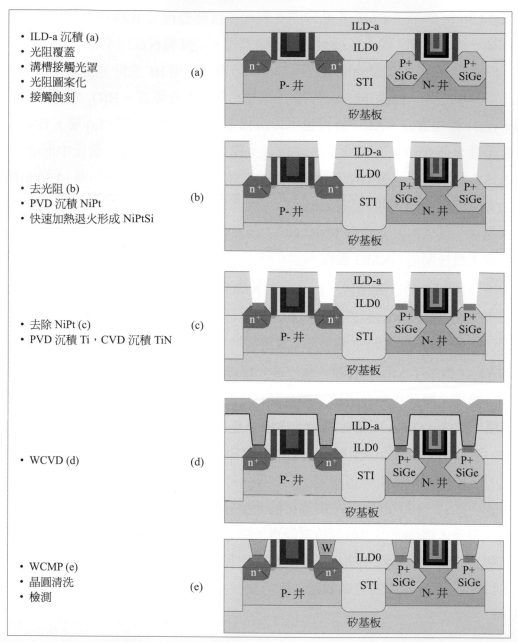

- ILD-a 沉積 (a)
- 光阻覆蓋
- 溝槽接觸光罩 (a)
- 光阻圖案化
- 接觸蝕刻

- 去光阻 (b)
- PVD 沉積 NiPt (b)
- 快速加熱退火形成 NiPtSi

- 去除 NiPt (c) (c)
- PVD 沉積 Ti，CVD 沉積 TiN

- WCVD (d) (d)

- WCMP (e)
- 晶圓清洗 (e)
- 檢測

圖 14.31　MEoL(接觸模組) 製程示意圖：(a)ILD0 沉積；(b) 溝槽接觸蝕刻；(c) 溝槽矽化物填充；(d)WCVD 和 (e)WCMP。

　　圖 14.32 顯示了金屬 1(M1) 的形成製程。使用覆蓋在 TEOS 上的硬遮蔽層 TiN 保護了多孔低 k 介電質不受光阻去除製程的損傷。多孔低 k 介電質的 k 值 (約 2.2 ～ 2.5) 通常比氧佈植碳或碳矽酸鹽玻璃的 k 值 (CSG，k 約為 2.7 ～ 2.9) 低。多孔低 k 介電質可以透過 PECVD 摻碳二氧化矽介電質形成，其中含有小於 2 nm 的毛孔和高達 40% 的孔隙度。這些是在 CVD 時透過在氣流中加入致孔劑實現的。CVD 的源材料可以是三甲基矽烷或四甲基矽烷而致孔劑可以是降冰片烯或 α- 松油烯。

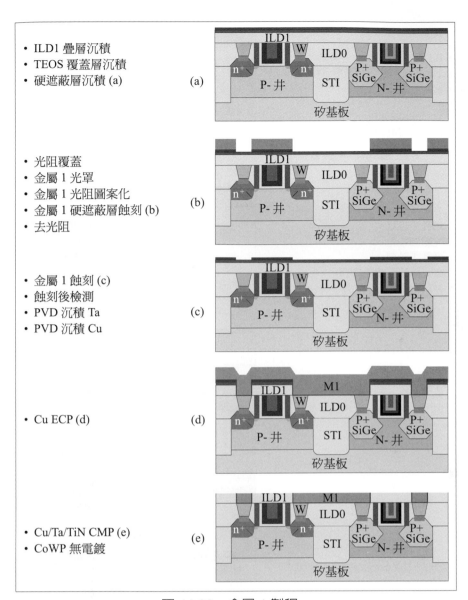

圖 14.32　金屬 1 製程。

　　鉭阻擋層和銅晶種層透過具有金屬分離電漿 PVD 製程獲得。巨量的銅沉積利用電化學電鍍 (ECP) 製程。銅退火後,利用金屬 CMP 去除不需要的巨量銅層、鉭阻擋層和 TiN 硬遮蔽層。CMP 研磨停止於 TEOS 覆蓋層,這樣可以保護多孔低 k 介電質不受 CMP 漿料污染。

　　圖 14.33 顯示了具有溝槽優先整合的雙鑲嵌銅 / 低 k 連線製程。通常金屬硬遮蔽層 TiN、TEOS PECVD 氧化物或 TEOS 覆蓋層保護多孔低 k 介電質不受光阻剝除 CMP 製程的損害。可以利用自對準 CoWP 無電鍍防止銅的擴散並提高電致遷移抵抗能力,從而提高 IC 晶片的可靠性。

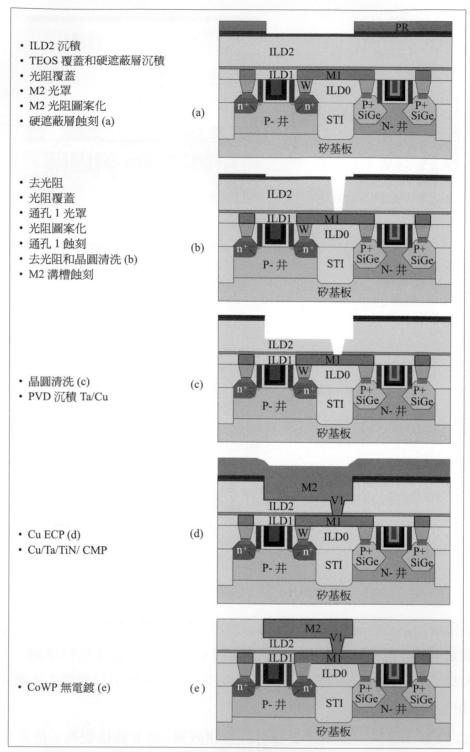

圖 14.33　通孔 1，金屬 2 具有溝槽優先的銅 / 低 k 連線製程。

　　圖 14.34 顯示了從 M3 金屬層 (如圖 14.34(a)) 到 M9 金屬層 (如圖 14.34(c)) 的銅 / 低 k 連線製程。這個基本上是圖 14.33 所示的通孔優先製程的重複。

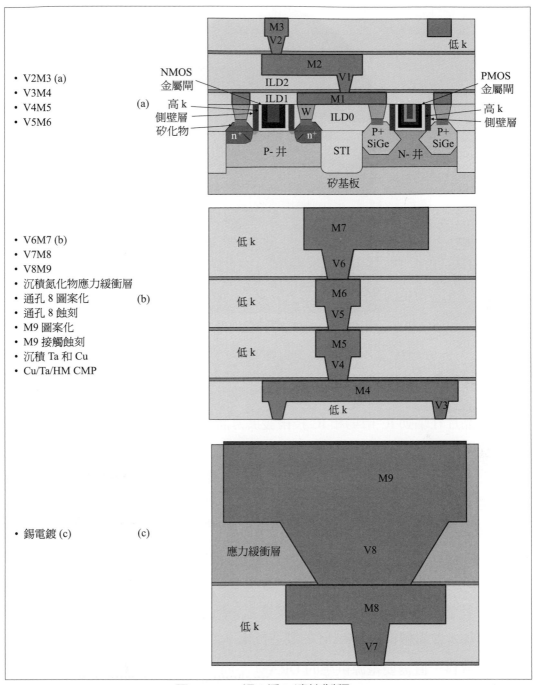

- V2M3 (a)
- V3M4
- V4M5
- V5M6

(a)

NMOS
金屬閘

PMOS
金屬閘

高 k
側壁層
矽化物

高 k
側壁層

- V6M7 (b)
- V7M8
- V8M9
- 沉積氮化物應力緩衝層
- 通孔 8 圖案化
- 通孔 8 蝕刻
- M9 圖案化
- M9 接觸蝕刻
- 沉積 Ta 和 Cu
- Cu/Ta/HM CMP

(b)

- 錫電鍍 (c)

(c)

圖 14.34　銅 / 低 k 連線製程。

　　鉛 (Pb) 廣泛用於形成焊球。眾所周知鉛是一種污染物，可以影響心臟、骨骼、腸、腎和神經系統的正常運行，特別是對於兒童有很大的傷害。大量使用 IC 晶片的過時電子儀器形成每年萬噸電子垃圾，這些具有鉛的電子垃圾填埋給環境污染帶來潛在風險，因此，像日本，歐洲和中國等許多國家已經立法，嚴格限制或消除鉛在半導體和所有電子行業中的使用。圖 14.35 顯示了一個無鉛焊料凸塊。

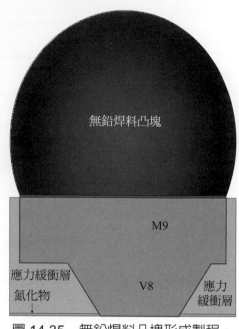

圖 14.35　無鉛焊料凸塊形成製程。

14.6 記憶體晶片製造製程

記憶體晶片在驅動 IC 市場和 IC 技術發展方面發揮了重要作用。市場上兩個主要的記憶體產品分別是 DRAM 和 NAND 快閃記憶體。對於一台電腦，無論是桌上型個人電腦還是筆記型電腦或平板電腦，產生的資料被寫入非揮發性記憶體件，如磁性硬碟記憶體 (HDD) 或固態硬碟記憶體 (SSD) 之前，總是首先儲存在 DRAM 中。桌上型電腦或筆記型電腦的記憶體容量短短幾年倍數成長。1993 年的個人電腦桌上型機 486，僅有 8 百萬位元組 (MB) 的 DRAM，這是從成本為 100 美元的 4MB 升級而成。而在 2009 年，只需花費 30 美元左右就可以購買 4 千百萬位元組 (GB) 的 DRAM。隨著對圖案化特性的需求，特別是 3D 圖案需求不斷增加，一台電腦的 DRAM 量需求將進一步增加，並繼續推動 DRAM 的製造技術。

與保存資料一直需要電源供應的 DRAM 不同，NAND 快閃記憶體是一種非揮發性記憶體，可以在無電源供應下保存資料許多年。NAND 快閃記憶體被廣泛應用於行動數位電子產品，如 MP3 播放器、數位相機、手機、高階筆記型電腦資料儲存。隨著行動電子設備應用更多的圖案處理和視訊，對 NAND 快閃記憶體的需求將進一步增加。NAND 快閃記憶體也形成混合硬碟形式，將固態硬碟記憶體 (SSD) 的資料快速儲存和磁性硬碟記憶體 (HDD) 的低成本結合起來。

⊗ 14.6.1　DRAM 製程

　　DRAM 扮演著驅動 IC 市場和 IC 技術發展的重要作用。DRAM 單元由一個 NMOS 和一個儲存電容組成，如圖 14.36 所示。

　　有兩種 DRAM 形成製程：一種是堆疊 DRAM，是將儲存電容堆疊在電晶體(NMOS)上；另一種是深溝槽 DRAM，這種結構是在 NMOS 旁邊的矽表面上形成深溝槽式儲存電容。

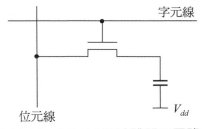

圖 14.36　DRAM 記憶體單元電路。

　　圖 14.37(a) 顯示了堆疊式 DRAM。SAC 代表自對準接觸，BLC 表示位元線接觸，WL 代表字元線，BL 代表位元線，SNC 表示儲存節點接觸，SN 表示儲存節點，就是儲存電容。圖 14.37(b) 說明了一個深溝槽 DRAM。由於溝槽電容的長寬比超過 50，所以圖示只是一部分。從圖中可以看到，深溝槽 DRAM 的矽表面金屬連線面積比較小，使得這種結構更容易和普通的 CMOS 後端製程相容，並成為系統晶片 (SoC) 應用嵌入式 DRAM 的選擇。然而，由於這種結構需要在有限的矽表面形成儲存電容，溝槽式 DRAM 的堆積密度與堆疊 DRAM 不同，因為這種結構並不需要很大的矽表面構建儲存電容。通用目的 DRAM 晶片對價格非常敏感。由於堆疊式 DRAM 比深溝槽 DRAM 成本低，所以它主導著 DRAM 市場。本章只討論堆疊式 DRAM 製程。

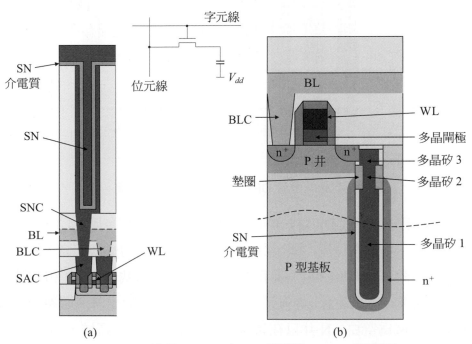

圖 14.37　(a) 堆疊 DRAM 和 (b) 深溝槽 DRAM 示意圖。

14.6.2 堆疊式 DRAM 製程

大多數電腦和其他數位電子產品使用的 DRAM 晶片是堆疊式 DRAM。圖 14.38 顯示了堆疊式 DRAM 晶片橫截面。圖 14.38 左側顯示了具有 4 個儲存單元陣列的截面。30 奈米製程技術的 2GB DRAM 晶片具有 20 億個這樣的單元。週邊邏輯元件用於控制寫入、讀出和 DRAM 晶片的輸入 / 輸出操作。週邊元件面積通常比陣列單元面積大，而且製作製程與之前描述的 CMOS 製程技術非常類似。我們將主要說明單元陣列的製程流程。

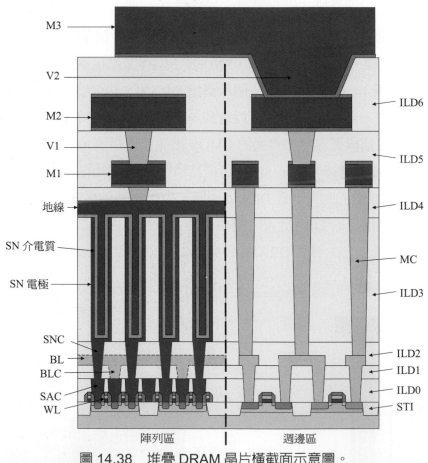

圖 14.38　堆疊 DRAM 晶片橫截面示意圖。

圖 14.39 顯示了堆疊式 DRAM 單元 STI 和井區形成製程。圖 14.39(a) 為 AA 層光罩佈局，虛線表示橫截面位置。圖 14.39(b) 為 AA 蝕刻後的橫截面圖；圖 14.39(c) 為形成 STI 後的橫截面；圖 14.39(d) 顯示了 P 井形成後的橫截面。STI 和 P 井形成製程同時在週邊區域進行。請注意，P 井形成透過一個 P 井微影光罩。週邊區域有更精細的圖案，單元區域為空白。N 井只在週邊區域，而不在單元區域，這是因為 DRAM 單元只有 NMOS。

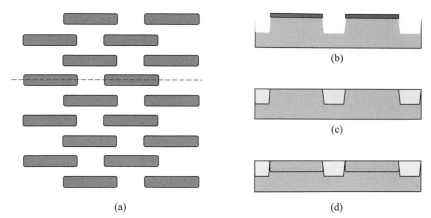

(a)　(b)　(c)　(d)

圖 14.39　(a) 堆疊 DRAM AA 層光罩佈局；(b)AA 層蝕刻後沿虛線橫截面圖；(c) 形成 STI 後的示意圖；(d) 形成 P 井後的示意圖。

　　圖 14.40 顯示了堆疊式 DRAM STI 和井區形成過程。圖 14.40(a) 所示爲與 AA 層重疊的 WL 層佈局圖，虛線表示橫截面的位置。圖 14.40(b) 顯示了 DRAM 單元 NMOS 閘極的橫截面，這個就是字元線 (WL)。圖 14.40(c) 所示爲輕摻雜汲極 (LDD) 形成製程；圖 14.40(d) 爲側壁空間層形成製程；圖 14.40(e) 爲源極 / 汲極形成製程。兩個光罩佈局沒有顯示在圖 14.40 中，分別爲週邊區域的 PMOS LDD 和 PMOS SD(如圖 14.41 的右側所示)。鈷矽化物用於週邊區域以減少接觸電阻。

字元線

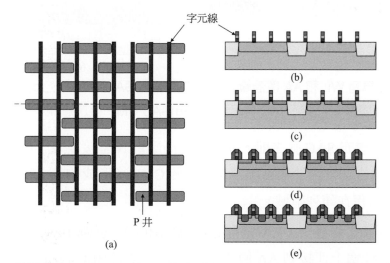

P 井

(a)　(b)　(c)　(d)　(e)

圖 14.40　(a) 堆疊式 DRAM WL 和 AA 光罩佈局；(b)WL 蝕刻後截面圖示意圖；(c) 形成 LDD 後示意圖；(d) 形成側壁空間層後示意圖；(e) 形成源極 / 汲極後示意圖。

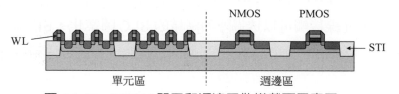

NMOS　PMOS

WL　STI

單元區　週邊區

圖 14.41　DRAM 單元和週邊元件橫截面示意圖。

　　圖 14.42(a) 顯示了第一層接觸，即所謂的堆疊式 DRAM 自對準接觸 (SAC)。有些人也稱這種圖案為蝕刻後焊盤接觸 (LPC)，或多晶矽 CMP 後的多晶矽焊盤 (LPP)。因為未開口的接觸孔和短路到 WL 皆致命缺陷，透過 ILD0 蝕刻接觸孔非常具有挑戰性，通常在密集的字元線之間使用矽酸鹽玻璃 (BPSG) 達到 NMOS 的源極 / 汲極。因此，需要發展自對準接觸製程。透過在字元線的頂部保留氮化物硬遮蔽層並在兩邊形成側壁氮化物，WLs 被氮化物包圍。當 SAC 蝕刻製程在 BPSG 和氮化物之間具有足夠高的蝕刻選擇性時，蝕刻過程成為自對準過程，這樣可以使得接觸孔透過密集的 WLs 達到矽表面而無電氣上的短路。

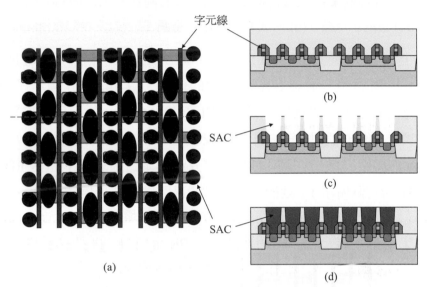

圖 14.42　(a) 具有 WL 和 AA 覆蓋層的堆疊式 DRAM SAC 示意圖；(b)ILD0 CMP 後橫截面圖；(c) 蝕刻 SAC 後示意圖；(d)SAC CMP 後示意圖。

　　多晶矽沉積填充 SAC 孔之前，通常使用高劑量 N 型接觸離子佈植用於減少接觸電阻。電子束檢查通常用於捕獲蝕刻和多晶矽 CMP 後形成的無孔接觸及栓塞 WL 接觸缺陷。SAC 製程在陣列區域。

　　圖 14.43 顯示了堆疊式 DRAM 位元線接觸 (BLC)。從圖 14.43(a) 中可以看出位元線接觸在 SAC 栓塞上連接到 AA 層的中間部分。每個 BLC 連接兩個 DRAM 單元。圖 14.43(b) 顯示了 ILD1 沉積和 CMP 後的截面圖，圖 14.43(c) 為 BLC 蝕刻後的橫截面。對於堆疊式 DRAM，ILD1 通常是 BPSG。

　　週邊區域的位元線接觸可以透過陣列區域的 BLC 圖案化，由於陣列和週邊區域的 BLC 在特徵尺寸和深度方面差別很大，製程工程師一般將這兩種接觸製程分開。

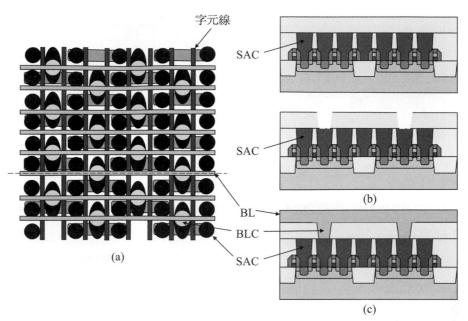

圖 14.43　(a) 具有 SAC、WL 和 AA 覆蓋層的 BLC 光罩佈局；(b)ILD1 沉積後橫截面圖；
　　　　　(c) 蝕刻 BCL 後示意圖。

　　圖 14.44(a) 顯示了堆疊式 DRAM 的位元線 (BL) 模組。可以看出，位元線透過和位於 SAC 栓塞上的 BLC 與 AA 層中間部分連接。鎢 (W) 是最常用於形成 BL 的金屬。Ti/TiN 阻擋層 / 黏合層沉積後，鎢使用 CVD 製程沉積填充 BLC 孔並在晶圓表面形成薄膜。BL 微影光罩定義出陣列和週邊區域的 BL 金屬線，並透過金屬蝕刻過程形成 BL 圖案。圖 14.45 顯示了 BL 和 BCL 形成後陣列和週邊區域的橫截面。為了防止 BL 短路接觸，通常在 BL 側壁上形成空間層。

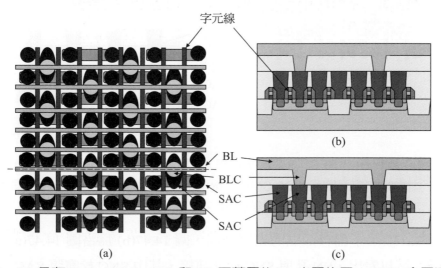

圖 14.44　(a) 具有 BLC、SAC、WL 和 AA 覆蓋層的 BL 光罩佈局；(b)BL 金屬沉積後
　　　　　橫截面；(c) 蝕刻 BL 後示意圖。

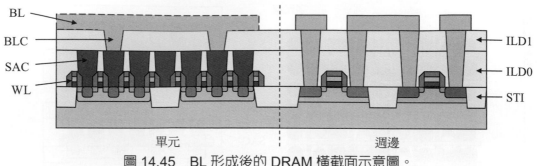

圖 14.45　BL 形成後的 DRAM 橫截面示意圖。

　　圖 14.46(a) 顯示了堆疊式 DRAM 儲存節點接觸 (SNC) 模組。可以看出，SNC 孔透過 SAC 栓塞與 AA 陣列的側面連接。SNC 導電的栓塞可以透過多晶矽或鎢形成，這與技術節點有關。通常導電層沉積前，沉積一層氮化矽並回蝕在 SNC 孔的側壁上形成襯墊，這樣可以防止位元線到導電栓塞的短路。

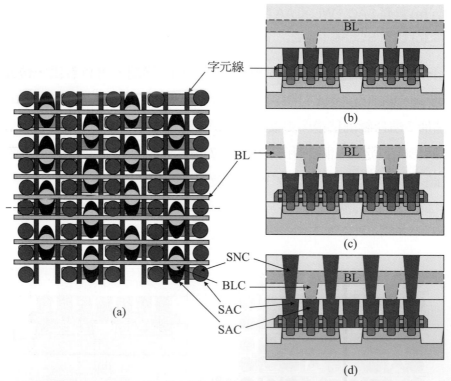

圖 14.46　(a) 具有 BL、BLC、SAC、WL 和 AA 覆蓋層的 SNC 光罩佈局；(b) 沿圖 (a)
　　　　　中虛線的截面圖和 ILD2 CMP 之後；(c)SNC 蝕刻後；(d)SNC 多晶矽 CMP
　　　　　之後。虛線 BL 代表它在橫截面後，如圖 (a) 所示。

　　圖 14.47(a) 顯示了儲存節點的光罩佈局，圖 14.47(b) 為沿圖 14.47(a) 虛線的 SN 孔橫截面圖。可以看出，SN 孔與 SNC 栓塞連接，其中 SNC 栓塞將 SAC 與 AA 陣列的兩個側面相接的部位連接起來。

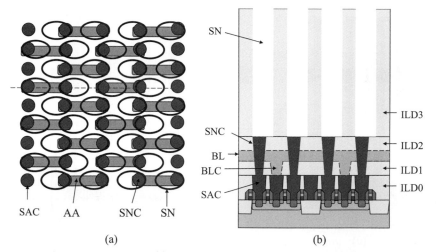

圖 14.47　(a) 具有 SNC 和 AA 覆蓋層的 SN 光罩佈局；(b)SN 蝕刻後沿虛線的截面圖。

　　為了形成記憶體電容，需要兩個導電層形成兩個電極，絕緣層夾在兩者之間。圖 14.48 顯示了 SN 電容形成過程。SN 孔蝕刻和清洗後，沉積如多晶矽或氮化鈦 (TiN) 的導體層，如圖 14.48(a) 所示。由於 SN 孔的深寬比非常大，導電層需要有很好的側壁和底部階梯覆蓋性。通常在 SN 電極層沉積後用光阻填充 SN 孔以保護孔中的導電薄膜，利用回蝕製程去除表面導電膜，如圖 14.48(b) 所示。可以看出 SN 電極與 SNC 栓塞連接，而 SNC 栓塞透過 SAC 栓塞與 AA 層的兩個側面連接。當光阻從 SN 孔去除後，介電層被沉積在表面並進入 SN 孔，如圖 14.48(c) 所示。為了形成這種電容的介電質，需要側壁和底部的階梯覆蓋具有統一均勻性。圖 14.48(d) 為導體沉積形成 SN 電容的接地電極。這個導電層將在下一次微影過程中從週邊區域去除，這樣就完成了 DRAM 元件的一部分製程，並開始 BEoL 連線之後端製程。

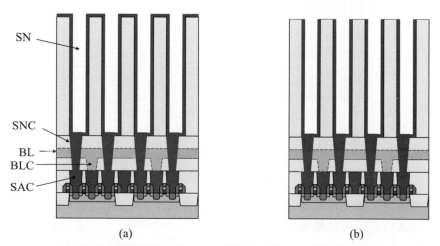

圖 14.48　(a)SN 電容形成製程示意圖，SN 電極沉積，(b) 從表面移除 SN 電極薄膜，
　　　　　(c)SN 介電質沉積，(d) 地線沉積。

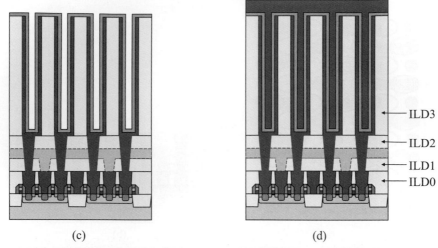

(c)   (d)

圖 14.48　(a)SN 電容形成製程示意圖，SN 電極沉積，(b) 從表面移除 SN 電極薄膜，
(c)SN 介電質沉積，(d) 地線沉積。(續)

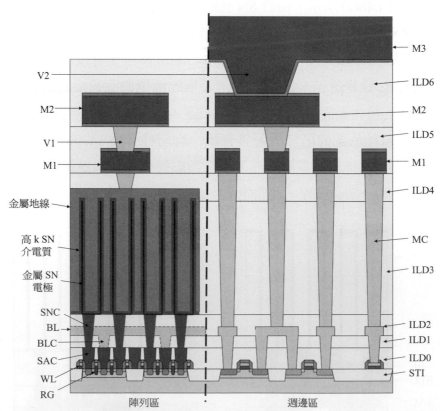

圖 14.49　具有 RG 陣列電晶體的疊層 DRAM 截面圖，TiN SN 電極、凹形 ILD3、高 k
電容介電質和金屬接地電極。

　　隨著技術節點的縮小，SN 孔的尺寸變得更小。為了保持 30 pF 的 SN 電容以保存足夠的電荷儲存資料，當電容結構和介電質材料不變的情況下，必須增加 SN 孔的深寬比。為了減小 SN 孔的深寬比，已經開發了許多技術。使用高 k 介電質可以減少 SN 孔的高度和深寬比。之前使用二氧化矽、氮化矽和氧化矽疊層。如氧化鋁 (Al_2O_3)、二氧化鉿 (HfO_2) 和二氧化鋯 (ZrO_2) 等高 k 材料已經被研究且用於 SN 電容。其他減小 SN 孔高度的方法是減少 SN 電極形成後的 ILD3，這樣可以在 SN 電極的兩邊形成接地電極。之前多晶矽作為電極材料被廣泛使用。而先進的 DRAM 晶片開始使用 TiN 作為 SN 電極使用。圖 14.49 顯示了新型堆疊式 DRAM 結構，其中電晶體陣列具有凹閘極 (RG) 結構，使用 TiN 作為 SN 電極、凹型 ILD3、高 k 介電質層、三層金屬連線接地電極。凹閘極 (RG) 結構用於降低 NMOS 電晶體陣列的短通道效應 (SCE)，因為當特徵尺寸縮小時這種效應變得嚴重。

　　在第 15 章將討論更先進的埋入式字元線 (bWL) 製程，該製程自 3X-nm(39nm 到 30nm)DRAM 開始廣泛應用量產中。

⊛ 14.6.3　NAND 快閃記憶體製程

　　快閃記憶體晶片是非揮發性儲存晶片，廣泛用於電子產品，特別是像數位相機、MP3 播放器、手機、全球定位系統 (GPS)、高階筆記型電腦和平板電腦等移動電子產品的儲存應用。與磁性硬碟記憶體 (HDD) 比較，快閃記憶體的資料存取時間短，消耗的功率較少，而且因為沒有任何移動零件，所以可靠性更高。

　　幾乎大部分市場上的快閃記憶晶片都是以第 3 章所討論的浮動閘極為主之電荷捕捉元件。圖 14.50 顯示了浮動閘極元件基本結構，這種結構與 NMOS 類似。根據不同的電路結構，有兩種類型的快閃記憶體元件，NAND 和 NOR，如圖 14.51 所示。

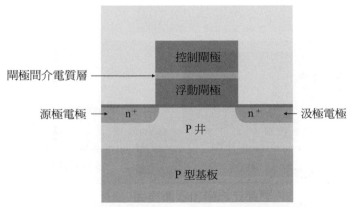

圖 14.50　浮動閘極非揮發性記憶體基本結構。

　　圖 14.51(a) 和圖 14.51(b) 分別顯示了 NOR 快閃記憶體電路和橫截面示意圖。圖 14.51(c) 和圖 14.51(d) 為 64 位元串 NAND 快閃記憶體電路和相對應的截面圖。可以看出，一個 NOR 快閃記憶體等效於 1 位元串 NAND 快閃記憶體，這種結構不需要選擇閘極。NOR 快閃記憶體可實現任何記憶體單元之隨機存取而 NAND 快閃記憶體則否。雖然 NOR 快閃記憶體比 NAND 快閃記憶體的讀取時間短，然而它具有更長的寫入時間和抹除時間。由於低的封裝密度，NOR 快閃記憶體比 NAND 快閃記憶體價格高。大多數快閃記憶體元件是 NAND 晶片，我們這裡只討論 NAND 快閃記憶體的製程。

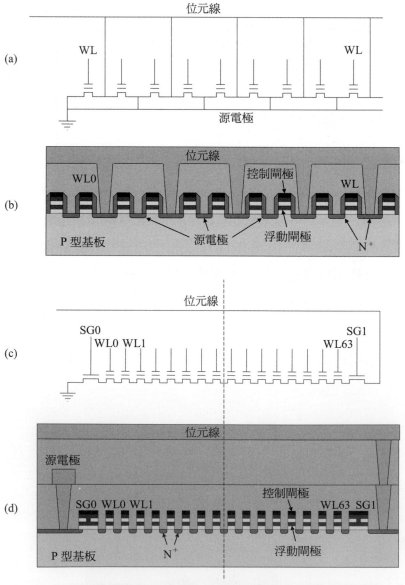

圖 14.51　(a)NOR 快閃記憶體電路示意圖，(b)NOR 快閃記憶體橫截面圖，(c)NAND 快閃記憶體電路，(d)NAND 快閃記憶體橫截面圖。

　　圖 14.52 顯示了自對準淺溝槽隔離 (SA-STI) 製程模組。P 井離子佈植後，成長閘極氧化層並利用硬遮蔽層沉積浮動閘極，使用 AA 光罩佈局圖案化硬遮蔽層，然後蝕刻浮動閘極、閘極氧化層和矽基板形成 AA 圖案。氮化矽或氮氧化矽是最常使用的硬遮蔽層材料，多晶矽是最常使用的浮動閘極材料。矽溝槽蝕刻後，使用高密度電漿 CVD 沉積氧化層以填充溝槽，利用 CMP 製程去除氧化物並停止於硬遮蔽層。最後透過剝離製程去除硬遮蔽層後完成 SA-STI 製程。

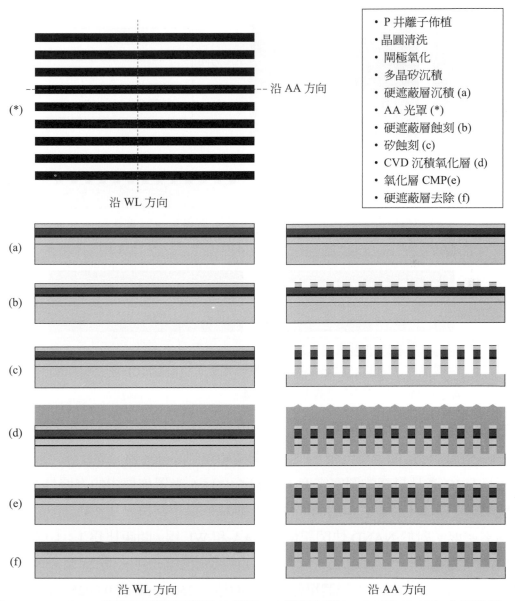

圖 14.52　NAND 快閃記憶體示意圖 (* 代表 AA 微影光罩)。(a) 到 (f) 的左右兩邊是 SA-STI 製程步驟，分別沿 AA 和 WL 方向。

　　圖 14.53 顯示了內部閘極接觸的製程步驟。這是浮動閘極 NVM 元件特有的製程，因為選擇閘極 MOSFET 及週邊區域的控制電路沒有浮動閘極元件，需要內部閘極將浮動閘極層和控制閘極層連接。一般情況下浮動閘極利用多晶矽製成，內部閘極介電質是氧化物－氮化物－氧化物 (ONO) 疊層結構，控制閘極的第一層也是多晶矽，第二層通常是金屬，如矽化鎢或鎢等。圖 14.53(a) 所示的 STI 氧化物凹陷可以使得控制閘極和浮動閘極耦合增加，當特徵尺寸不斷縮小時，這種情況是必須的。

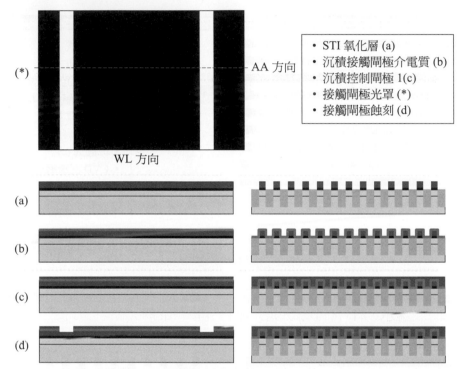

- STI 氧化層 (a)
- 沉積接觸閘極介電質 (b)
- 沉積控制閘極 1(c)
- 接觸閘極光罩 (*)
- 接觸閘極蝕刻 (d)

圖 14.53　閘極接觸示意圖 (* 代表閘極接觸微影光罩)。(a) 到 (d) 的左右兩邊分別是沿 AA 和 WL 方向閘極接觸製程示意圖。

　　圖 14.54 顯示了 WL 製程模組。在陣列區域和所有週邊區域 MOSFET 的選擇閘極，經由內部閘極接觸金屬沉積，將浮動閘極和控制閘極短路。WL 層的密集線 / 圖案間距具有 IC 產品最高的圖案密度。圖 14.54(*)AA 光罩佈局中的方塊是 NAND 快閃記憶體單元區域，可以表示為 $4F^2$，F 表示結構的最小特徵尺寸。$4F^2$ 是可以達到的最高圖案密度。對於 NAND 快閃記憶體，AA 和 WL 線 / 間距比為 1：1，因此 F 是 AA 和 WL 的關鍵尺寸。對於 25 奈米 NAND 快閃記憶體元件 F 為 25 奈米，其中 AA 和 WL 的 CD 為 25 奈米，記憶體單元之單位面積為 2500 nm^2 或 0.0025 μm^2。自對準雙重圖案技術適用於圖案化 WL 層，當 F 值變得太小以致無法以單一曝光來處理時，也可以應用於 AA 和 BL 層。

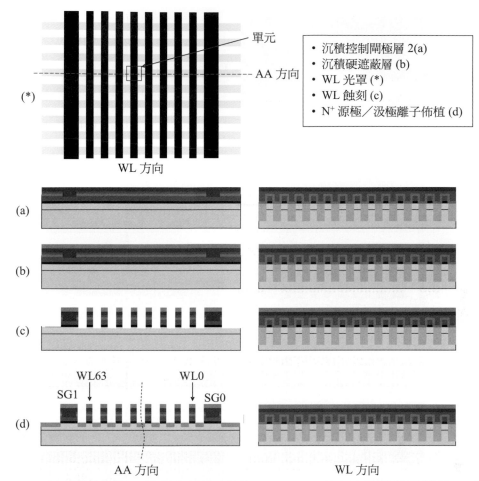

圖 14.54　字元線示意圖 (* 代表字元線光罩)。(a) ～ (d) 的左右兩邊分別是沿 AA 和 WL 方向字元線製程橫截面圖。

　　圖 14.55 顯示了第一位元線接觸窗的製程 (CB1)。在陣列區域，WL 方向的接觸孔非常密集，但在 AA 方向非常稀疏，這是因為對於兩個選擇閘極之間的 32 位元或 64 位元字串之間沒有接觸，如圖 14.55(*) 所示。雖然位元線接觸 (CB) 和源極線接觸 (CS) 從圖 14.55 中可以看出相似，但是要求有很大不同。對於 CB 接觸孔，兩個孔之間的短路和封閉具有致命缺陷，而對於 CS 則只有封閉具有缺陷。所有的 CS 與源極線連接並且接到共同地端，因此 CS 之間的短路並沒有致命缺陷。

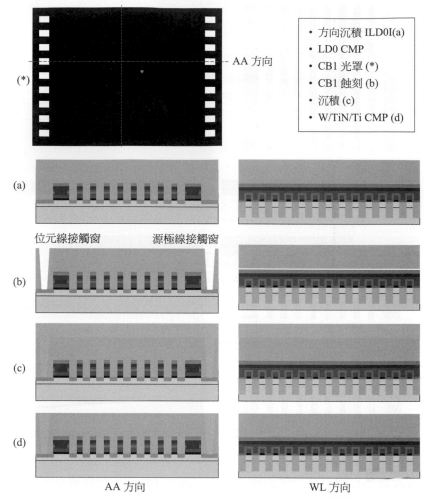

圖 14.55　第一位元線接觸窗 (CB1) 製程示意圖 (* 代表 CB1 光罩)。(a) 到 (d) 的左右兩邊分別是沿 AA 和 WL 方向 CB1 製程示意圖。

　　因為 CB 和 CS 孔要求不同，設計者為 CB 和 CS 設計了不同的孔圖案，如圖 14.56 所示。圖 14.56 的弧形虛線表示 CB 和 CS 孔之間的實際距離遠大於如圖所示的尺寸。

　　對於 90 奈米技術節點，CB 孔的 CD 為 90 nm，CB 孔之間的間距也為 90 奈米。193 nm 的光學微影技術可以圖案化 90 奈米的孔，如圖 14.56 所示。193 nm 高 NA 浸潤式微影技術可以解決 5X 奈米孔圖案化而無需行分裂。當特徵尺寸進一步縮小時，可以將 CB 孔分裂成兩行使得 CB 孔有更寬的空間並使得浸潤式光學微影技術圖案化 CB 孔。圖 14.56(a) 顯示了廣泛用於 3X 奈米到 2X 奈米節點 CB 孔的兩行分開結構。對於低的 2X 奈米 (如 20 奈米) 和高的 1X 奈米 (18 nm) 技術節點，利用浸潤式光學微影技術的兩行分割已經不能滿足，使用了 CB 孔的三行分裂，如圖 14.56(b) 所示。理論上可以將 CB 孔進一步分裂成四行甚至更多，使光學微影圖案化小於 1X 奈米的接觸孔。然而，這將浪費更多的矽表面。13.5 nm 更短波長的 EUV 微影技術可以解決無行分裂 CB 孔之圖案化，這將有助於進一步顯著提高元件密度。

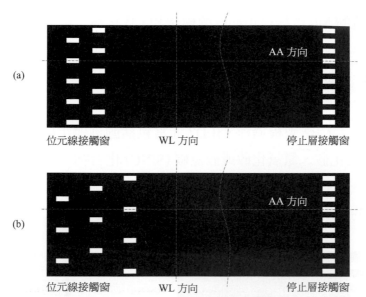

圖 14.56　具有不同 CB 和 CS 孔的先進 NAND 快閃記憶體 CB1 光罩佈局示意圖。
　　　　　(a) 兩行分開的 CB；(b) 三行分開的 CB。

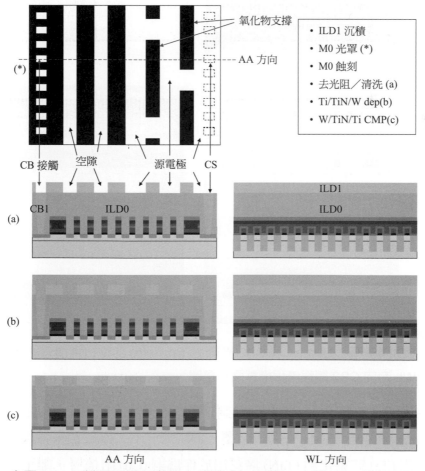

圖 14.57　金屬 0(M0) 製程模組示意圖 (* 代表 M0 光罩)。(a) ～ (c) 的左右兩邊分別是
　　　　　沿 AA 和 WL 方向 M0 製程模組橫截面示意圖。

圖 14.57 描述的 M0 製程模組形成源極線和 CB 接觸，第二位元線 (CB2) 接觸位於 CB 接觸之上。這個製程類似於 CMOS 的接觸和局部連線。由於源極線非常寬，設計氧化物以避免金屬 CMP 凹陷效果。為了維持一定的圖案密度並避免金屬 CMP 的侵蝕作用，在 M0 層中設計虛圖案。

圖 14.58 顯示了 CB2 製程過程。ILD2 通常包括蝕刻停止層 (ESL) 和巨量介電質層。ESL 一般為氮化矽、氮氧化矽或矽氮碳 (SiNC) 化合物，介電質主體層為摻碳和未摻碳二氧化矽。ILD2 沉積後，CB2 佈局光罩用於圖案化晶圓，介電質蝕刻形成位於 CB 接觸之上的 CB2 孔，而 CB 接觸與 CB1 栓塞連接。

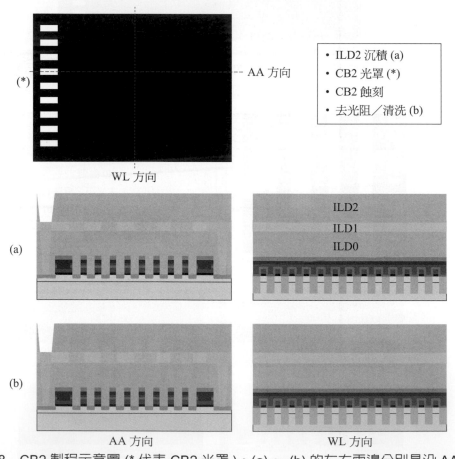

圖 14.58　CB2 製程示意圖 (* 代表 CB2 光罩)。(a) ～ (b) 的左右兩邊分別是沿 AA 和
　　　　　WL 方向 CB2 製程流程橫截面示意圖。

圖 14.59 顯示了金屬 1(M1) 製程。在陣列中，M1 是位於週邊區域的位元線 (BL)，屬於局部連線。鎢 (W) 是 M1 常用的金屬。通常情況下，摻碳和未摻碳二氧化矽用於形成 ILD2。鉭 (Ta) 或氮化鉭 (TaN) 廣泛用於作為銅 (Cu) 阻擋層，離子化金屬電漿製程通常用於沉積阻擋層和銅晶種層。電化學電鍍 (ECP) 用於沉積巨量銅。

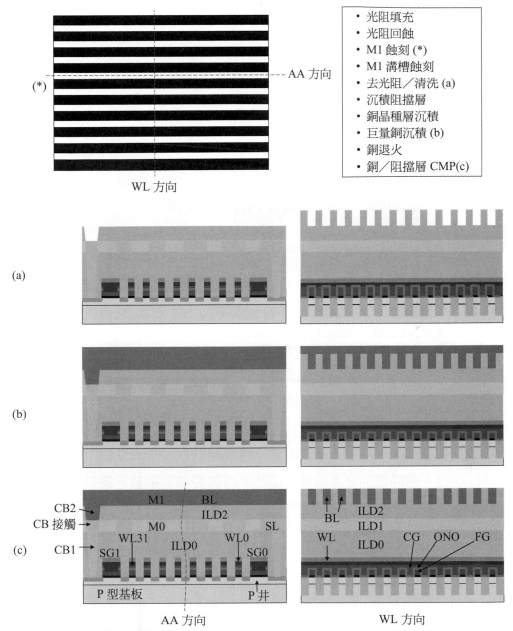

圖 14.59　金屬 1(M1) 製程示意圖 (* 代表 M1 光罩)。(a) ～ (c) 的左右兩邊分別是沿 AA 和 WL 方向 M0 製程步驟橫截面示意圖。

　　圖 14.60 顯示了一個具有 64 位元字串 NAND 快閃記憶體陣列和週邊區域的橫截面。從圖中可以看出週邊區域的 NMOS 和 PMOS 有內部閘極接觸，這些元件比陣列中的元件有較大的特徵尺寸。陣列區域的 CB1 與週邊區域接觸。M0 形成 CB 接觸襯墊、源極線陣列和週邊區域的局部連線。陣列區域的 CB2 即為週邊區域中的 V1，M1 形成陣列中的位元線和週邊區域中的第一層金屬連線。

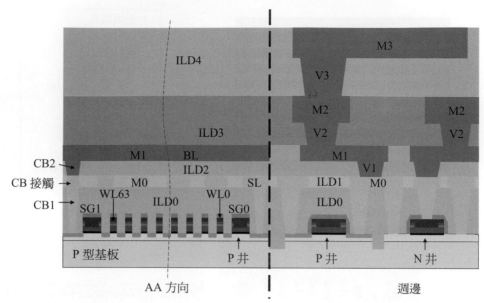

圖 14.60　包含陣列區域和週邊區域的 64 位元串 NAND 快閃記憶體橫截面示意圖。

在 15nm 節點之後，所有主要的 NAND 快閃記憶體製造商都轉向 3D-NAND 技術，這與本節描述的平面 NAND 快閃記憶體，或稱 2D-NAND 快閃記憶體製程有很大的不同。2D-NAND 快閃記憶體的技術節點是以陣列閘極或字元線的半間距來衡量。在沒有極紫外光 (EUV) 技術的情況下，15nm 節點需要採用 193nm 浸潤式微影的自對準多重曝光技術 (SAQP) 將字元線圖案化。透過轉向 3D-NAND 快閃記憶體技術，在 Z 方向進行縮放，通過增加更多堆疊，因此不再需要橫向縮放，也就不需要更先進的微影和多重曝光技術。3D-NAND 快閃記憶體技術將在第 15 章進行討論。

🔵14.7 本章總結

1980 年代，CMOS IC 晶片已經主導整個半導體產業，最小特徵尺寸從 3 微米縮小到次微米。

在 1980 年代，CMOS 技術的推動力來自於數位電子產品的需求，例如電子錶、計算機和個人電腦。

鎢 CVD 和介電質 PECVD 製程被引入多層金屬化的應用。使用空間側壁層來形成輕摻雜汲極 (LDD) 以抑制熱載子效應。電漿蝕刻在所有圖案蝕刻製程中逐漸取代濕式蝕刻。隨著投影系統的廣泛使用，步進機在對準和曝光方面變得更加流行。

在 1990 年代，最小特徵尺寸從 0.8 微米縮小到 0.18 微米。

在 1990 年代，主要的推動力來自電子產品的需求，例如電視、錄像帶播放機、

CD、個人電腦、網際網路和手機。

微影技術的波長降至 248nm。矽化物廣泛用於閘極和局部互連。CMP 技術迅速成熟，廣泛應用於鎢拋光和多層金屬互連製程的介電層平坦化。高密度電漿源，包括 ECR 和 ICP 系統，被用於許多製程，如蝕刻、CVD、濺射清潔和濺射沉積。基於 O3-TEOS 的介電質 CVD 製程常用於 STI、ILD0 和 IMD 的沉積。在銅金屬化製程中開始應用電化學鍍銅製程，也為這項舊技術打開新的領域。

二十一世紀的第一個十年，IC 技術節點已經進一步縮小到 NAND 快閃記憶體的 25 奈米和 CMOS 邏輯晶片的 28 奈米。

2000 年代主要的推動力來自對行動電子產品的需求，例如筆記型電腦、平板電腦和智慧型手機。

矽化鎳被廣泛用於自對準矽化物製程。浸潤式 193nm 微影技術已用於對遠小於光刻波長的微小特徵進行圖案化。矽鍺的選擇性磊晶生長 (SEG) 已被廣泛應用作 PMOS 的源極 / 汲極，使 PMOS 通道產生壓縮應變。同時，SEG SiC 則被用於 NMOS 的源極 / 汲極，為 NMOS 通道提供拉伸應變。高 k 和金屬閘極已在高端微處理器和其他邏輯 IC 晶片中使用，而銅與多孔低介電質的互連則在量產中使用。

DRAM 和 NAND 快閃記憶體是 IC 產品中最重要的兩種記憶體元件。在推動半導體製造技術的發展中扮演了重要的角色。隨著 3D 圖案、串流影音和其他應用領域的發展，將會對記憶體容量有更高的要求，我們將看到更多記憶體晶片製造技術的發展。

習題

1. 1980 年代 CMOS IC 晶片使用哪種絕緣材料？ 1990 年代末期又使用哪種絕緣材料？

2. 1980 年代早期和 1990 年代中期，CMOS IC 晶片使用哪種金屬材料？ 2010 年代最有可能使用哪種金屬材料？

3. CMOS 晶片的最後鈍化製程使用哪種材料？

4. 列出銅金屬化製程中使用的各種氮化矽層，並說明它們的作用。

5. 氮化矽可以極佳地作為銅擴散的阻擋層，但是銅金屬化製程中無人使用氮化矽作為主要介電質層，為什麼？

6. 鈦矽化合物和鈷矽化合物的主要區別是什麼？

7. 為什麼 65 nm 技術節點後，使用鎳矽化合物代替鈷矽化合物？

8. USG 和 FSG 之間的主要區別是什麼？

9. 比較 14.2 和 14.3 節所討論的金屬沉積前介電質 (PMD) 或 ILD0 製程步驟，並說明它們之間的差異。

10. 討論並說明氫電漿金屬前清洗製程的優缺點。

11. 與鋁合金連線製程相比，雙重金屬鑲嵌製程有什麼優點？

12. 高 k 介電質的優點是什麼？

13. 為什麼最後閘極 HKMG 製程形成的 PMOS 比閘極優先 HKMG 製程形成的 PMOS 速度快？

14. 為什麼 IC 製造商需要製造無鉛焊料凸塊？

15. 列出兩種 DRAM 電容結構，哪種在 DRAM 製造中比較常用？

16. 列出疊層 DRAM 陣列中至少使用的三種接觸層，哪種有最高的接觸孔密度？哪種有最低的接觸孔密度？

17. 繪製一張基本的快閃記憶體元件結構圖，它與 NMOS 之間主要的不同是什麼？

18. NOR 快閃記憶體和 NAND 快閃記憶體之間主要的區別是什麼？

參考文獻

[1] C. Y. Chang and S.M. Sze, *ULSI Technologies*, McGraw-Hill companies, New York, New York, 1996.

[2] Lita Shon-Roy, Allan Wiesnoski, and Robert Zorich, *Advanced Semiconductor Fabrication Handbook*, ISBN：1-877750-70-0, Integrated Circuit Engineering Corporation, 17350 N. Hartford Dr., Scottsdale, AZ 85255.

[3] Kwan-Yong Lim, Hyunjung Lee, Choongryul Ryu, Kang-Ill Seo, Uihui Kwon, Seokhoon Kim, Jongwan Choi, Kyungseok Oh, Hee-Kyung Jeon, Chulgi Song, Tae-Ouk Kwon, Jinyeong Cho, Seunghun Lee, Yangsoo Sohn, Hong Sik Yoon, Junghyun Park, Kwanheum Lee, Wookje Kim, Eunha Lee*, Sang-Pil Sim, Chung Geun Koh, Sang Bom Kang, Siyoung Choi, and Chilhee Chung, *Novel Stress-Memorization-*

Technology (SMT) for High Electron Mobility Enhancement of Gate-last High-k/ Metal Gate Devices, IEDM Technical Digest, p. 229-232, 2010.

[4] K. Mistry, C. Allen, C. Auth, B. Beattie, D. Bergstrom, M. Bost, M. Brazier, M. Buehler, A. Cappellani, R. Chau, C.-H. Choi, G. Ding, K. Fischer, T. Ghani, R. Grover, W. Han, D. Hanken, M. Hattendorf, J. He, J. Hicks, R. Huessner, D. Ingerly, P. Jain, R. James, L. Jong, S. Joshi, C. Kenyon, K. Kuhn, K. Lee, H. Liu, J. Maiz#, B. McIntyre, P. Moon, J. Neirynck, S. Pae, C. Parker, D. Parsons, C. Prasad, L. Pipes, M. Prince, P. Ranade, T. Reynolds, J. Sandford, L. Shifren, J. Sebastian, J. Seiple, D. Simon, S. Sivakumar, P. Smith, C. Thomas, T. T roeger, P. Vandervoorn, S. Williams, K. Zawadzki, *A 45nm Logic Technology with High-k + Metal Gate Transistors, Strained Silicon, 9 Cu Interconnect Layers, 193nm Dry Patterning, and 100% Pb-free Packaging*, IEDM Technical Digest, p. 247-250, 2007.

[5] S. Natarajan, M. Armstrong, M. Bost, R. Brain, M. Brazier, C-H Chang, V. Chikarmane, M. Childs, H. Deshpande, K. Dev, G. Ding, T. Ghani, O. Golonzka, W. Han, J. He, R. Heussner, R. James, I. Jin, C. Kenyon, S. Klopcic, S-H. Lee, M. Liu, S. Lodha, B. McFadden, A. Murthy, L. Neiberg, J. Neirynck, P. Packan, S. Pae, C. Parker, C. Pelto, L. Pipes, J. Sebastian, J. Seiple, B. Sell, S. Sivakumar, B. Song, K. Tone, T. Troeger, C. Weber, M. Yang, A. Yeoh, K. Zhang, *32nm Logic Technology Featuring 2nd-Generation High-k + Metal-Gate Transistors, Enhanced Channel Strain and 0.171mm^2 SRAM Cell Size in a 291Mb Array*, IEDM Technical Digest, p. 941-943, 2008.

[6] Kinam Kim, *Technology for sub-50nm DRAM and NAND flash manufacturing*, IEDM Technical Digest, p.323-326, 2005.

[7] Hong Xiao, *Method for Forming Memory Cell Transistor*, US Patent Application 12553067 - Filed on Sep 2, 2009.

[8] Kirk Prall, Krishna Parat, 25nm 64Gb MLC NAND Technology and Scaling Challenges, IEDM Technical Digest, p. 102-105, 2010.

Chapter 15

3D IC 元件的製造過程

學習目標

研讀完本章之後,你應該能夠

(1) 列舉 DRAM 單元中的兩個元件並繪製電路。

(2) 列舉三種 DRAM 製造中使用的單元電晶體。

(3) 列舉至少兩個埋入式字元線 (BWL)DRAM 的優點。

(4) 解釋在 DRAM 儲存節點電容中使用高介電常數閘極介電層的優勢。

(5) 解釋快閃記憶體如何實現非揮發性資料儲存。

(6) 描述 3D-NAND 快閃記憶體的四種獨特製程。

(7) 說出 3D-NAND 快閃記憶體獨有的三種高深寬比 (HAR) 製程。

(8) 解釋 3D-NAND 快閃記憶體的微縮化趨勢。

(9) 列出 3D-NAND 中最具挑戰性的蝕刻製程。

(10) 列舉兩個 FinFET 相對平面 MOSFET 的優點。

(11) 描述 FinFET 鰭高度和鰭間距的微縮化趨勢。

(12) 列舉至少兩種堆疊晶粒的方法。

(13) 解釋矽通孔 (TSV) 晶粒堆疊較引線接合晶粒堆疊具有的優勢。

15.1 引言

隨著 IC 技術將特徵尺寸推進至奈米 (nm) 技術節點，積體電路 (IC) 晶片的縮放變得越來越具有挑戰性。為了擴展縮放，工程師和科學家不僅努力縮小 x 和 y 方向的特徵尺寸，而且還付出了很多努力將 IC 元件推向第三維度。從鰭式場效應電晶體 (FinFET) 的首次發佈到 2012 年大量生產 (HVM) 22nm FinFET IC 晶片，共花費了 14 年。2014 年，首款基於 3D-NAND 的固態硬碟 (SSD) 上市，距離首次發佈僅經過 7 年。

藉由將 IC 元件從二維 (2D) 平面結構更改為 3D 結構，就可以實現面積明顯縮小但保有相同的電氣性能，如圖 15.1 所示。圖 15.1(a) 是平面電容器，圖 15.1(b) 是具有相同電容的圓柱形電容器。眾所周知，電容 $C = kA/d$。這裡 k 是兩個電極之間介電質的介電常數，A 是電極面積，d 是兩個電極之間介電質的厚度。我們可以看到，圓柱形電容器的面積比平面電容器小得多。透過增加圓柱高度，可以進一步減少其面積，同時保持電容不變。這是 DRAM 晶片長期使用圓柱形電容器的主要原因。

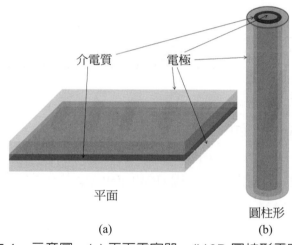

介電質　電極

平面

圓柱形

(a)　(b)

圖 15.1　示意圖：(a) 平面電容器；(b)3D 圓柱形電容器。

圖 15.2 說明三種類型的金屬氧化物半導體 (MOS) 場效應電晶體 (FET 或 MOSFET)。圖 15.2(a) 是 2D 平面 MOSFET，圖 15.2(b) 是 FinFET，它是一個 3D 元件，圖 15.2(c) 是平面環閘 (GAA)MOSFET 或 GAA-FET 的圖示，圖 15.2(d) 是垂直 GAA-FET。由於圖 15.2c 中的 GAA-FET 通道形狀像是堆疊的薄片，因此也稱為奈米片元件。儘管這四個元件具有相似的閘極關鍵尺寸 (CD)，和相似的面積，但它們的通道寬度是不同的。平面 MOSFET 具有最窄的通道寬度，因此具有最低的驅動電流。FinFET 通道寬度為鰭片高度的 2 倍加上鰭片頂部的關鍵尺寸。GAA-FET 通道寬度是一個或多個通道的總周長。

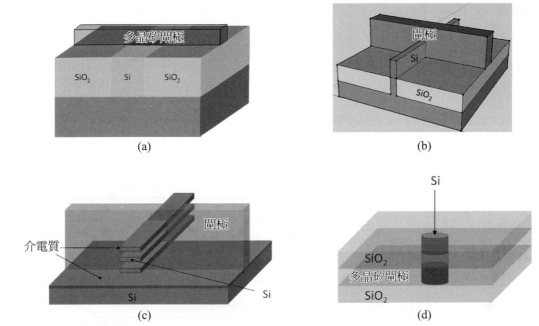

圖 15.2　示意圖：(a) 平面 MOSFET；(b) 鰭式場效應電晶體；(c)GAA-FET(c)；(d) 垂直 GAA-FET。

　　本章將介紹 3D 元件的優勢及其在 DRAM、3D-NAND 快閃記憶體和互補 MOS (CMOS) IC 中的應用。在 15.2 節中，將討論 DRAM 儲存電晶體和儲存節點 (SN) 電容器的開發，以及埋入式字元線 (BWL)DRAM 的詳細製造流程。在 15.3 節中，將詳細描述 3D-NAND 快閃記憶體的製程。15.4 節將介紹 3D FinFET CMOS IC 元件。15.5 節將討論 CMOS 邏輯和記憶體 IC 的縮放趨勢，並簡要總結。同時，將討論可能在 "後 CMOS" 時代使用的元件。我們還將簡要討論其他 3D 技術，例如基於矽通孔 (TSV) 的 3D 封裝技術。

15.2 埋入式字元線 DRAM

　　DRAM 晶片廣泛應用於所有計算設備，如智慧型手機、平板電腦、筆記型電腦、桌上型電腦、數據伺服器等。DRAM 的縮放可以增加儲存和讀寫速度同時降低功耗，是 IC 技術發展的主要推動力之一。DRAM 是第一個利用 3D 結構形成儲存節點 (SN) 電容的 IC 產品，在 2012 年的 22nm FinFET CMOS 和 2014 年的 3D-NAND 快閃記憶體之前，早已投入量產。

⊗ 15.2.1 DRAM 簡介

一個 DRAM 單元包含一個電晶體和一個電容器 (1T1C)，如圖 15.3(a) 所示。DRAM 是由羅伯特·H·登納德 (Robert H. Dennard) 於 1967 年發明的。圖 15.3(b) 顯示 DRAM 的佈局圖，圖 15.3(c) 為它在登納德的專利中的剖面圖 [6]。我們可以看到，對於這個 DRAM，其存取 NMOS 和 SN 電容器，都是以二氧化矽作為閘極介電質和電容器介電質的平面元件。

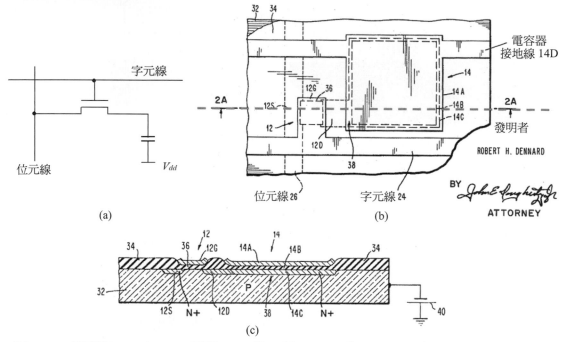

圖 15.3　示意圖：(a)DRAM 電路；(b) 第一個 DRAM 佈局圖；(c) 剖面圖。(b) 和 (c) 的來源：https://docs.google.com/viewer?url=patentimages.storage.googleapis.com/pdfs/US3387286.pdf

在保持電容值 (C) 和介電常數 (k) 不變的情況下，DRAM SN 電容器的特徵尺寸縮放變得更具有挑戰性，這使得 DRAM 成為首個使用 3D 結構來幫助減少面積的 IC 元件。大多數 DRAM 使用高深寬比 (HAR) 的圓柱形 SN 電容器，如圖 15.4(b) 所示。只有一些特定的 IC 晶片使用深溝槽 SN 電容器，如圖 15.4(a) 所示。

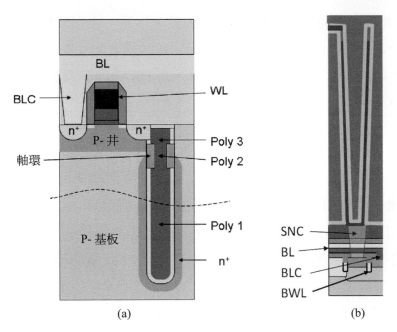

圖 15.4 (a) 深溝電容器 DRAM；(b) 圓柱電容器 DRAM。

問題

在圓柱形電容器中，當 DRAM 特徵尺寸縮小為 $\frac{1}{\sqrt{2}}$ 時，在 C、k 和 d 保持不變的情況下，SN 柱體的深寬比會如何改變？

解答

在此縮放中，為了保持 C 不變，我們需要增加圓柱體的高度以縮小其 CD，

$$A_1 = \pi \times CD_1 \times h_1 = \pi \times CD_2 \times h_2 = A_2$$

因 $CD_2 = \dfrac{CD_1}{\sqrt{2}}$，所以我們得知 $h_2 = \sqrt{2} \times h_1$

$$AR_2 = h_2/CD_2 = \frac{\sqrt{2} \times h_1}{(CD_1/\sqrt{2})} = \frac{2 \times h_1}{CD_1} = 2 \times AR_1$$

我們可以看到，如果 C、k 和 d 不變，在將 SN 圓柱體 CD 縮小 $\frac{1}{\sqrt{2}}$ 倍後，SN 圓柱體的深寬比將翻倍！

縮小 SN 電容器的面積是 DRAM 縮放的最大挑戰。工程師和科學家正在努力尋找具有較高介電常數 (k 值) 的新介電材料，同時透過改善元件來減少存取 NMOS 的閉路漏電流，藉此降低所需的電容 C。此外，當 DRAM 縮放到下一個節點時，縮放因子遠小於 $\frac{1}{\sqrt{2}}$，這使得 SN 圓柱的深寬比能夠在可控的範圍內增加。

圖 15.5(a) 顯示出平面 MOSFET，L 為通道長度。當 DRAM 技術向 80nm 節點縮放時，較短的通道長度可能會發生短通道效應，從而增加 MOSFET 源 - 汲極漏電流並縮短數據保留時間。為了克服這些問題，引入凹槽閘 (RG) 結構用於 DRAM 存取電晶體，如圖 15.5(b)。它們都使用多晶矽作為閘極電極。透過比較圖 15.5(a) 和 15.5(b)，我們可以看到，在相同的閘極關鍵尺寸下，RG 電晶體的通道長度比平面電晶體更長。後來發展出來的埋入式字元線 (BWL) 技術，使用 TiN 作為存取電晶體的閘極電極，使用 W 作為字元線 (WL)，兩者都埋在原始矽晶圓表面下，如圖 15.5(c) 所示。

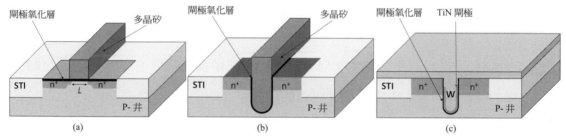

圖 15.5　DRAM 陣列單元 NMOS 的演變：(a) 平面；(b)RG；(c)BWL。

平面電晶體、RG 電晶體和 BWL 電晶體的通道長度 L 和通道寬度 W 分別如圖 15.6(a)、圖 15.6(b) 和圖 15.6(c) 所示。我們可以看到，L 是沿著矽表面在重度 n 型摻雜源和汲極之間的距離，圖中標記為 "n^+"。在相同的特徵尺寸下，RG 電晶體與平面電晶體具有相同的閘極關鍵尺寸 (CD) 和相同的通道寬度 (W)，這是 AA 的 CD；然而，它有一個更長的通道長度 L。此外，在相同的幾何形狀下，BWL 電晶體具有與 RG 電晶體相同的 L，但通道寬度 W 更大，因為在 BWL 溝槽形成過程中由於更深的氧化物蝕刻，在側面暴露更多的矽表面。在實際的 BWL 元件中，P-Si 通道的邊緣具有光滑的邊緣，在溝槽中看起來像一個馬鞍。增加通道長度可減少閉路漏電流並縮短保留時間。增加通道寬度會增加驅動電流，鞍形 (或鰭片) FET 結構允許在不增加元件特徵尺寸的情況下增加通道寬度。

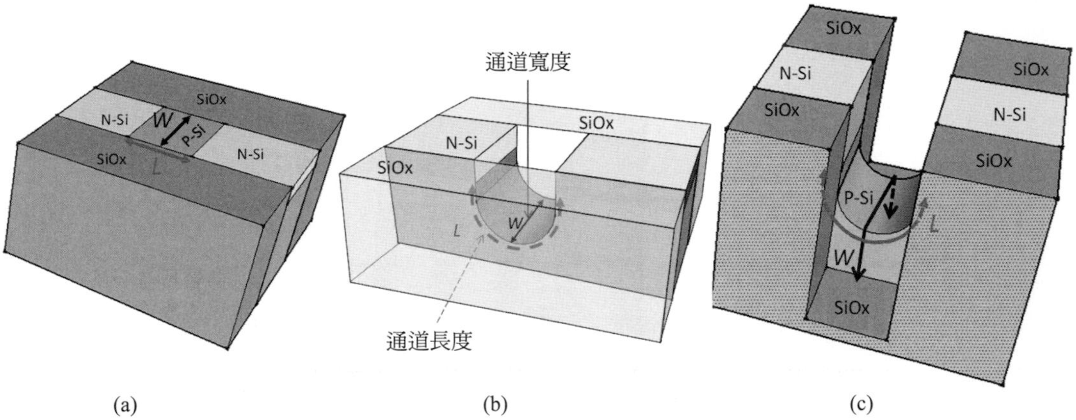

圖 15.6　DRAM 單元電晶體的通道寬度和通道長度的 3D 圖示：(a) 平面；(b)RG；
　　　　(c)BWL。

圖 15.7　儲存單元結構的 3D 圖示。修改自：http://blog-imgs-36-origin.fc2.com/i/s/a/
　　　　isanghan/DRAM.jpg, access on March 28, 2022.

　　圖 15.7 顯示一個平面單元 NMOS 和堆疊圓柱電容器的 DRAM 的 3D 示意圖。其
中 WL 代表字元線，SAC 代表自對準接觸，BLC 代表位元線接觸，BL 代表位元線，
SNC 代表儲存節點接觸，SN 代表儲存節點。它代表大約 110nm 或更早技術節點的
DRAM，這在第 14 章中有詳細描述。它使用了三層鋁金屬互連。

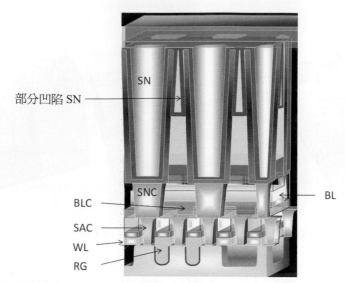

圖 15.8　凹槽閘極電晶體 DRAM 的 3D 圖。變更自： http://blog-imgs-36-origin.fc2.
com/i/s/a/isanghan/DRAM.jpg

　　圖 15.8 顯示一個 3D 示意圖具有 RG 電晶體和部分凹陷的圓柱電容器的 DRAM。
它代表 BWL 技術成為主流之前 90nm 和 3x-nm 技術節點之間的 DRAM 技術。這裡
的 3x-nm 表示從 39nm 到 30nm 的技術節點。除了電晶體和電容器，這時期的另一
個主要發展是在 5x-nm DRAM 中引入銅金屬化。相比之下，邏輯 CMOS IC 晶片從
180nm 技術節點開始在互連中使用銅金屬化。DRAM 使用兩層銅金屬和一層鋁金屬。
頂部的鋁合金層允許使用 Al-Cu 接合墊來進行標準的金線接合，以降低成本。

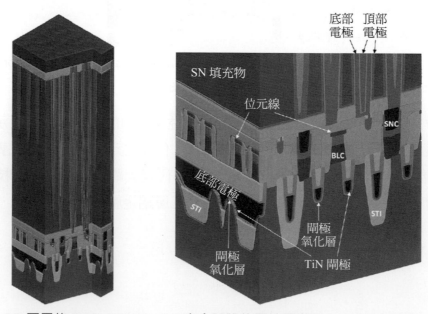

圖 15.9　3D 圖示的 BWL DRAM：(a) 完全凹陷的圓柱電容器；(b)STI、BWL、BLC、
BL 和 SNC 的結構特寫。經科林集團研發公司 Coventor 許可使用。

　　圖 15.9 是 BWL DRAM 的 3D 示意圖，內含完全凹陷的圓柱電容器。圖 15.10(b) 是 STI、BWL、BLC、BL 和 SNC 的 FEoL 結構的特寫。圖 15.7 和圖 15.8 基於 8F^2 佈局，如圖 15.10(a) 所示，而圖 15.9 基於圖 15.10(b) 所示的 6F^2 佈局。這裡 F 是以 nm 為單位的技術節點，通常是 AA 圖案的一半間距。自 3x-nm 技術節點以來，所有主要的 DRAM 製造商都採用 6F^2 設計，因此，在理想情況下，15nm DRAM 的晶胞面積為 $6 \times 15^2 = 1350$ nm^2。但實際上，DRAM 製造商通常會放寬 WL 和 BL 間距以降低製造成本，這使得晶胞面積比理想值大一點。從 19nm 到 10nm 的 AA 半間距，他們不會用奈米節點數字來表示，而是使用 1x、1y、1z、1α、1β、1γ 和 1δ 代替。

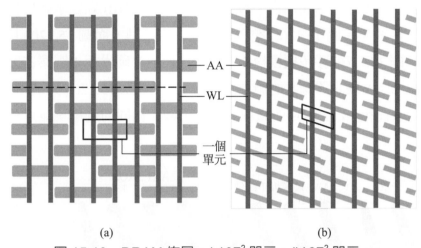

(a)　　　　　　　　　　　(b)

圖 15.10　DRAM 佈局：(a)8F^2 單元；(b)6F^2 單元。

　　在本節中，我們將討論 18nm 至 10nm 節點之間的通用 BWL DRAM 製造過程。儘管所有主要的 DRAM 製造商都使用 BWL 技術，但每家公司都有不同的設計佈局和製程。

🛑 15.2.2　主動區域形成

　　就像 CMOS IC 晶片製造一樣，BWL DRAM 製造也始於晶圓清潔。接著，在加熱製程爐中生長一層氧化矽層，並使用低壓化學氣相沉積 (LPCVD) 過程沉積矽氮化物。矽氮化物層被用作淺溝槽結構的硬光罩層，同時也用作淺溝槽氧化物的化學機械研磨 (CMP) 停止層。

　　圖 15.11(a) 顯示經過蝕刻後的主動區域 (AA) 圖案，而圖 15.11(b) 則是 AA 沿著 AA 的截面。使用 EUV 微影技術，可以透過單次曝光和蝕刻形成這個圖案。如果沒有 EUV 微影，大多數 DRAM 製造商使用 193nm 浸潤式微影技術並結合自對準四次重複製造 (SAQP) 進行 AA 圖案形成。

(a)

(b)

圖 15.11　示意圖：(a)AA 圖案；(b) 沿 AA 的剖面圖。

　　圖 15.12(a) 顯示 AA SAQP 硬模板光罩的樣子。圖 15.12(b) 是 AA 硬模板 1 蝕刻的俯視圖。圖 15.12(c) 顯示間隔物 1 的形成，而圖 15.12(d) 則顯示硬模板 1 的去除，使 AA 圖案間距減半。圖 15.12(e) 顯示硬模板 2 的蝕刻，而圖 15.12(f) 則是間隔物 2 的形成示意。圖 15.12(g) 顯示硬模板 2 的去除，使 AA 硬模板 1 圖案密度增加四倍。圖 15.12(h) 顯示 AA 硬光罩圖案的俯視圖。圖 15.12(i) 至 15.12(l) 分別以圖 15.12(a)、15.12(c)、15.12(f) 和 15.12(h) 中的虛線為基準，顯示相同的過程，並以橫向剖面視圖呈現。

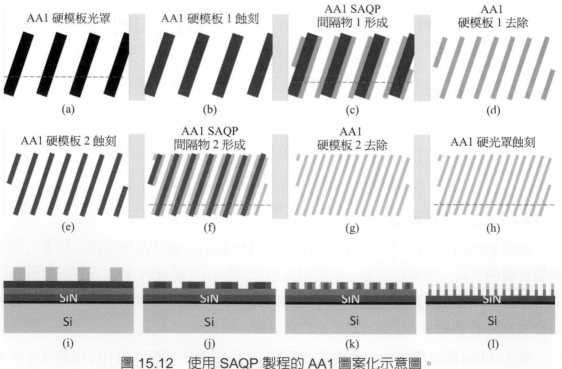

圖 15.12　使用 SAQP 製程的 AA1 圖案化示意圖。

　　圖 15.13(a) 至 15.13(h) 是 AA2 切割光罩的俯視圖，使用 SADP 製程將 AA1 線 -
空間圖案 (圖 15.12(h)) 切割成所需的 AA 圖案，見圖 15.11(a) 和圖 15.13(h)。圖
15.13(i) 至 15.13(o) 分別以圖 15.13(b) 至 15.13(h) 中的虛線為基準，顯示相同的過程，
並以橫向剖面視圖呈現。圖 15.13(p) 是 AA 的剖面，沿著圖 15.13(h) 中的紅色虛線，
其與圖 15.11(b) 相同。

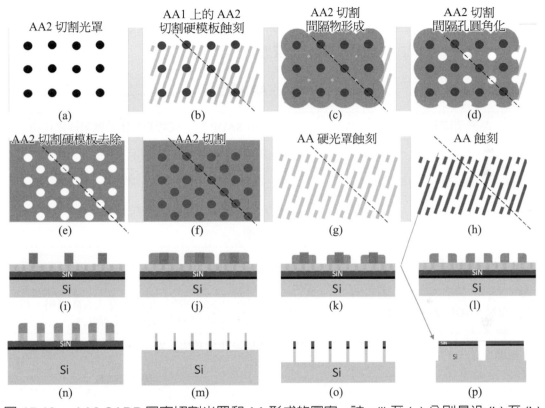

圖 15.13　　AA2 SADP 圖案切割光罩和 AA 形成的圖案。註：(i) 至 (o) 分別是沿 (b) 至 (h)
中黑色虛線的剖面圖，(p) 是沿 (h) 中紅色虛線的剖面圖。

　　圖 15.13(g) 中的圖案化矽氮化物硬光罩用於蝕刻矽晶圓，見圖 15.13(o) 和
15.13(p)。在清潔、量測、檢查、複審和預氧化清潔後，如圖 15.14(a) 所示，在氧化
熔爐中在矽表面生長一層二氧化矽墊 (pad SiO_2) 層，並使用 CVD 氧化物層填充 HAR
溝槽。在這一步中，無氣孔的溝槽填充是非常關鍵的，因為在 AA 之間有任何氣孔都
會引起 BWL 溝槽蝕刻剖面問題，並影響存取電晶體的性能。停止在矽氮化物硬光罩
上的 STI 氧化物 CMP 後，使用熱磷酸濕蝕刻來去除矽氮化物硬光罩，常用稀釋的氫
氟酸 (HF) 來去除氧化墊層，如圖 15.14(b) 所示。AA 形成過程的摘要請見表 15.1。

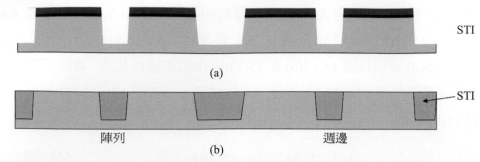

圖 15.14　STI 形成過程示意圖：(a) 帶有 AA 硬光罩的 STI 蝕刻；(b) 氧化、氧化物 CVD、CMP、硬光罩及氧化墊層去除。

表 15.1　AA 模組

晶圓清潔和焊盤氧化	使用 SADP 來形成切割圖案並蝕刻矽氮化物
SiN 硬光罩的沉積	將硬光罩蝕刻成所需的 AA 圖案，見圖 15.13
多層硬摸板和蝕刻停止層的沉積	AA3 光罩用於單元邊緣切割和週邊 AA 圖案形成
AA1 光罩，見圖 15.12(a)	SiN 硬光罩和 pad 氧化物的蝕刻。 蝕刻矽溝槽
使用 SAQP 製程來形成 AA1 線 - 空間圖案，見圖 15.12	晶圓清潔，見圖 15.14(a)
平坦化膜和 SADP 硬摸板膜的沉積	氧化，使用 CVD 蝕刻將氧化硅填充入 STI 溝槽，再進行 STI 氧化的 CMP，在矽氮化物上停止。
AA2 光罩，見圖 15.13(a)	濕式脫除矽氮化物和 pad 氧化物，並進行晶圓清潔，見圖 15.14(b)

15.2.3　井層

　　晶圓清潔完成後，會生長一層薄的犧牲氧化物層。再加上 P- 井光罩，並使用高能量的離子佈植來形成存取 NMOS 的 P- 井區，在週邊區域同時形成 P- 井和 N- 井區。井植入微影製程不是關鍵的光罩層，通常具有較大的 CD，不需要最先進的微影製程設備，例如浸潤式 193nm 掃描儀或 EUV 掃描儀。在光阻灰化和清潔後，晶圓會經過退火。這些製程步驟在表 15.2 中列出，這個階段的剖面視圖如圖 15.15 所示。

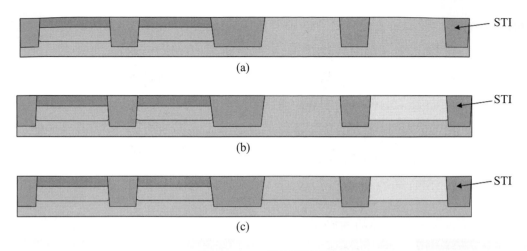

圖 15.15　井層剖面圖

　　圖 15.15(a) 顯示在陣列區域進行離子佈植後的剖面示意圖，該佈植形成 BWL DRAM 的陣列存取電晶體的井接面和源極 - 汲極接面。井接面是透過高能量的 p 型離子佈植形成的。陣列存取 NMOS 的源極 - 汲極接合是透過高電流、低能量的 n 型離子佈植形成的。圖 15.15(b) 顯示在週邊區域進行 N- 井區離子佈植後的剖面視圖，圖 15.15(c) 則顯示在週邊區域進行 P- 井區離子佈植後的剖面視圖。陣列區域的所有存取電晶體都是 NMOS，因此陣列區域只有 P- 井區。

表 15.2　井層

犧牲氧化物生長	光阻移除和清理，見圖 15.15(b)
晶元 P- 井區光罩	週邊 P- 井區光罩
P- 井區植入	P- 井區植入
N+ 源極 / 汲極植入	NMOS VT 調整植入
光阻移除和清潔，見圖 15.15a	光阻移除和清潔
週邊區 N- 井區光罩	犧牲氧化物去除和清潔
N- 井區植入	RTA，見圖 15.15(c)
PMOS VT 調整植入	

⊗ 15.2.4　埋入式字元線 (BWL)

　　下個製程中，將使用 BWL 技術來形成存取電晶體。圖 15.16(a) 顯示 BWL 硬模板光罩。圖 15.16(b) 和圖 15.17(a) 分別是 BWL 硬模板蝕刻的剖面視圖和俯視圖。圖 15.16(c) 和圖 15.17(b) 分別是 BEL 的 SAQP 空間層形成的俯視圖和剖面視圖。圖

15.16(d) 顯示在陣列邊緣附近切割空間層的情況。圖 15.16(e) 和 15.16(f) 及圖 15.17(c) 說明氧化層的化學氣相沉積 (CVD) 和化學機械研磨 (CMP) 步驟，而圖 15.16(g) 和圖 15.17(d) 則說明移除空間層，以將 BWL 溝槽間距減半。圖 15.17(e) 顯示 BWL 硬光罩的剖面視圖，而圖 15.16(h) 是 BWL 溝槽與 AA 圖案的俯視圖，圖 15.17(f) 則是圖 15.16(h) 虛線的剖面視圖。我們可以看到，每個 AA 有兩個字線溝槽透過，形成兩個存取電晶體。中間部分是共用的源 - 汲極，連接到位元線 (BL)，而 AA 的兩端部分將連接到儲存節點 (SN) 電容。

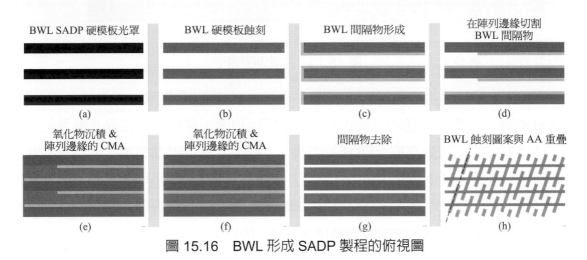

圖 15.16　BWL 形成 SADP 製程的俯視圖

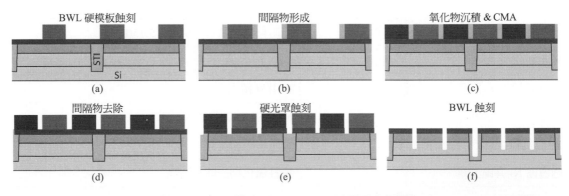

圖 15.17　BWL 形成 SADP 製程的剖面圖

表 15.3　BWL 模組

晶圓清潔	晶圓清潔，見圖 5.18
硬光罩沉積	存取電晶體閘極氧化
BWL 硬模板光罩	TiN 閘電極沉積
硬模板 1 蝕刻，光阻清潔，間隔物沉積，蝕刻和清潔。見圖 15.17(b)	W-CVD，見圖 15.19
BWL 切割光罩	W-CMP 和 W 和 TiN 凹槽
切割陣列邊緣的間隔物，光阻清洗，氧化物沉積和化學機械研磨。參見圖 15.17(c)	晶圓清洗
移除間隔物，見圖 15.17(d)	介電質沉積
BWL 硬光罩蝕刻，見圖 15.17(e)	介電質化學機械研磨
BWL 溝槽蝕刻，見圖 15.17(f)	IDL0 沉積，見圖 15.20

　　BWL 製程需要使用 SADP 來蝕刻單晶矽和矽氧化物上的溝槽。這個製程需要對矽和 STI 氧化物的蝕刻速率和均勻性進行良好的控制，蝕刻輪廓也需要在良好的控制下進行。存取電晶體的形成過程包括：BWL 溝槽蝕刻 (如圖 5.18)、清潔、閘極氧化、鈦氮化物閘極沉積、W-CVD、W-CMP 和 W 陷蝕 (如圖 5.19)，絕緣層 CVD 和絕緣層化學機械研磨，如圖 15.20。

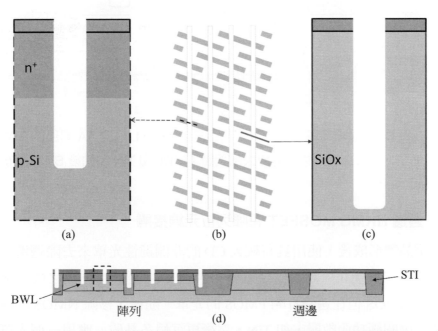

圖 15.18　(a)AA 中 BWL 蝕刻的放大剖面圖；(b)BWL 圖案與 AA 圖案重疊；(c)STI 氧化物中放大的 BWL 蝕刻輪廓；(d)BWL 溝槽蝕刻後 BWL DRAM 的剖面示意圖。

圖 15.18(a) 和 15.18(d) 中 BWL DRAM 製程中的 AA 矽剖面圖沿著圖 15.18(b) 的虛線所示，該虛線是圖 15.16(f) 旋轉 90° 得到的。圖 15.18(c) 中 STI 氧化物的剖面圖沿著圖 15.18(b) 實線所示。我們可以看到氧化物的蝕刻速率高於矽，這允許形成馬鞍形的存取 NMOS。表 15.3 列出在陣列區域形成存取 NMOS 和隱藏 WL 的 BWL 模組的製程步驟。

在蝕刻後清洗完成後，TiN 和 W 將沉積到 BWL 溝槽中，接著透過回蝕過程將 W 和 TiN 從晶圓表面去除，使得 TiN 和 W 留在溝槽內部。圖 15.19(d) 顯示 ILD0 沉積後的 BWL DRAM 剖面圖。圖 15.19(a) 是 BWL DRAM 中存取 NMOS 的放大剖面，位於圖 15.19(d) 的虛線框內，同時也是圖 15.19(b) 中 AA 線條的剖面圖。我們可以看到，TiN 形成存取 NMOS 的閘極電極，溝槽中的 W 形成埋在晶圓表面下方的 WL。圖 15.19(c) 是圖 15.19(b) 中沿 STI 實線的剖面圖。

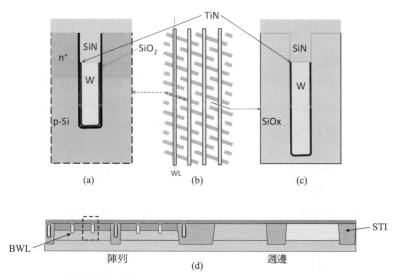

圖 15.19　(a)ILD0 之後單元電晶體的放大剖面圖；(b)BWL 位於 AA 頂部的 BWL DRAM 佈局；(c)STI 氧化物中的放大剖面圖；(d)W 和 TiN 回蝕後 BWL DRAM 的剖面示意圖。

⊗ 15.2.5　週邊 HKMG MOSFET 和陣列位元線接觸

在存取電晶體形成後，使用具有較大 CD 的非關鍵性光罩來去除週邊區域的氧化物。在晶圓清洗、熱氧化、高 k 值介電層和 NMOS 上蓋層的沉積之後，應用保護陣列區域和週邊 NMOS 但在週邊打開 PMOS 的光罩。隨後，移除 NMOS 的高介電上蓋層，並沉積金屬閘極功函數層，如 TiN，然後再沉積多晶矽。應用一個光罩，使用蝕刻過程去除陣列區域中的多晶矽、TiN 和高 k 值介電層。光阻去除和清洗將晶圓準備好進行位元線接觸的形成，如圖 15.20 所示。

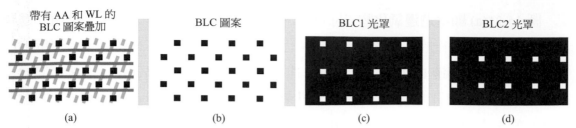

帶有 AA 和 WL 的 BLC 圖案疊加	BLC 圖案	BLC1 光罩	BLC2 光罩
(a)	(b)	(c)	(d)

圖 15.20　示意圖：(a)BLC 圖案與 AA 和 WL 的重疊；(b)BLC 圖案；(c)BLC1 光罩；(d)BLC2 光罩。

圖 15.20(a) 顯示位元線接觸 (BLC) 與 AA 和 WL 的重疊。我們可以看到 BLC 位於 AA 的中間區域，位於兩個 WL 之間。對於低於 19nm DRAM，可以使用圖 15.20(b) 所示的 BLC 圖案來形成兩個光罩，如圖 15.20(c) 和 15.20(d) 所示，在 LELE 雙重製程中，如圖 15.21 所示。

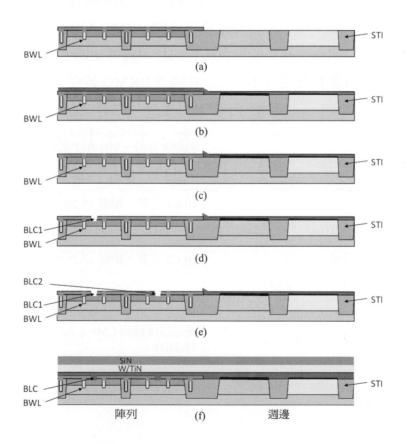

圖 15.21　週邊 HKMG 薄膜和 BLC 製程：(a) 週邊氧化物去除；(b) 氧化物生長，高 k 值介電層和 NMOS 上蓋層沉積，從 PMOS 移除 NMOS 上蓋層，TiN 和多晶矽沉積；(c) 在陣列區域中去除多晶矽、TiN 和上蓋層；(d)BLC1 微影，蝕刻和光阻去除 / 清潔；(e)BLC2 微影，蝕刻和光阻去除 / 清潔；(f)BLC 多晶矽填充和 CMP、TiN、W 和 SiN 硬光罩沉積。

　　圖 15.21(a) 顯示週邊氧化物去除後的剖面圖。圖 15.21(b) 顯示週邊高 k 值介電層金屬閘極堆疊形成後的剖面圖。它包括氧化、高 k 值介電層和 NMOS 上蓋膜的沉積，一個光罩用於從週邊 PMOS 移除 NMOS 上蓋層，以及 TiN 和多晶矽金屬閘極層的沉積。SiO_2 為高 k 值介電層 HfO_2 閘極氧化物提供緩衝，上蓋層 (如 La_2O_3) 用於微調 NMOS 的工作函數，使得 NMOS 和 PMOS 都可以使用相同的金屬 (TiN) 作爲閘極電極。相比之下，傳統的 Poly/SiON CMOS 使用重度 N 型摻雜的多晶矽作爲 NMOS 的閘極，並使用重度 P 型摻雜的多晶矽作爲 PMOS 的閘極，以微調兩者的閘極工作函數。圖 15.21(c) 顯示陣列區域中多晶矽、TiN 和上蓋層的去除。圖 15.21(d) 顯示 BWL DRAM 在 BLC1 蝕刻、光阻去除和清潔後的剖面圖。圖 15.21(e) 顯示 BLC2 蝕刻的剖面圖。在多晶矽沉積和 CMP 後，TiN、W 和 SiN 被沉積。對於傳統的週邊 CMOS，通常使用 SiON 作爲閘極氧化物，並且多晶矽 (Poly) 通常用作閘極電極。使用 SiO_2/HfO_2 作爲閘極氧化物並使用 TiN 作爲閘極電極的 HKMG MOSFET 可以幫助改善週邊 CMOS 性能，減少閘極對基板的漏電流和功耗。與傳統的 Poly/SiON 製程更加兼容的閘極優先 HKMG 製程更受青睞。BLC 和週邊 HKMG 製程步驟列於表 15.4 中。

表 15.4　BLC 模組

晶圓清潔	蝕刻多晶矽、TiN 和上蓋層
週邊光罩	光阻去除 / 清潔，見圖 15.21(c)
蝕刻氧化物	BLC1 光罩，如圖 15.20(c) 所示
光阻去除 / 清潔，見圖 15.21(a)	蝕刻氧化物，光阻去除 / 清潔，見圖 15.21(d)
高 k 值介電層和上蓋層沉積	BLC2 光罩，如圖 15.20(d) 所示
週邊 PMOS 光罩，移除 NMOS 上蓋層，光阻去除 / 清潔	蝕刻氧化物，光阻去除 / 清潔，見圖 15.21(e)
TiN 和多晶矽沉積，見圖 15.21(b)	多晶矽沉積和 CMP。TiN、W 和 SiN 沉積，見圖 15.21(f)
陣列區域光罩	

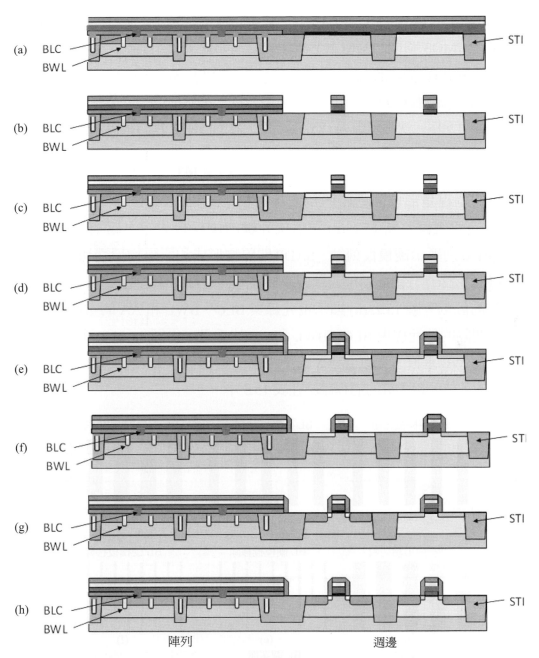

圖 15.22　週邊閘極優先的 HKMG CMOS 的形成：(a) 共用的薄膜層沉積；(b) 週邊
　　　　　CMOS 閘極刻蝕；(c)N 型 SDE 離子佈植；(d)P 型 SDE 離子佈植；(e) 間隔
　　　　　膜沉積；(f) 間隔物蝕刻；(g)N 型 SD 離子佈植；(h)P 型 SD 離子佈植和快速
　　　　　熱退火。

　　在 BLC 形成和共用的位元線及週邊閘薄膜層沉積完成後 (如圖 15.22(a))，週邊
區的 HKMG MOSFET 就被製造出來，以形成像位址解碼器、感測放大器和多工器
等電路，如圖 15.22(b) 至 15.22(h) 所示。這些圖中有多個光罩，一個用於週邊閘蝕
刻，見圖 15.22(b)，兩個用於源 / 汲側向擴散區 (SDE) 離子佈植，分別為 NMOS 和

PMOS，如圖 15.22(c) 和 15.22(d) 所示。共形介電層沉積，見圖 15.22(e)，和垂直介電質回蝕在 CMOS 閘極的側壁上形成間隔物，如圖 15.22(f) 所示。之後，還有兩個用於源 / 汲區 (SD) 離子佈植的光罩，分別用於 NMOS 和 PMOS，如圖 15.22(g) 和 15.22(h) 所示。週邊區還有更多的離子佈植光罩，用於形成不同的輸入 / 輸出和高功率性能所需的元件。快速熱退火 (RTA) 修復了離子佈植引起的損傷並使摻雜物活躍。

⊗ 15.2.6　BL、SNC1、SNLP、週邊接觸和週邊 M1

下一個過程是形成陣列區的位元線 (BL)。圖 15.23 是位元線形成的 SADP 位元線製程的俯視圖。圖 15.23(a) 顯示位元線的硬模板光罩，圖 15.23(b)、15.23(c) 和 15.23(d) 分別顯示硬模板刻蝕、SADP 間隔物形成和間隔物頂端切割的過程。圖 15.23(e) 和 15.23(f) 分別顯示位元線硬模板在陣列邊緣和中心的去除。圖 15.23(g) 顯示位元線的蝕刻，圖 15.23(h) 顯示位元線與 BLC、BWL 和 AA 的重疊。圖 15.23(i) 顯示帶有間隔的位元線與 BLC、BWL 和 AA 的重疊。從圖 15.23(i) 中，我們可以看到位元線與 WL 垂直，並且在 AA 的中央部分與兩個 WL 之間的 BLC 對齊。週邊 CMOS 和陣列位元線形成的過程總結在表 15.5 中。

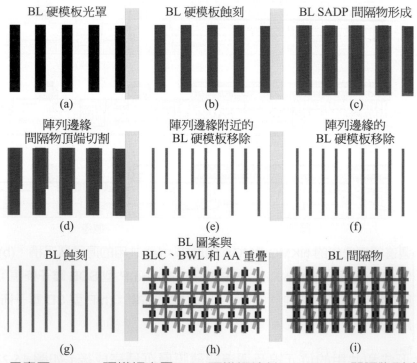

圖 15.23　示意圖：(a)BL 硬模板光罩；(b) 硬模板蝕刻；(c)SADP 間隔物形成；(d) 間隔物頂端切割；(e) 陣列邊緣附近的硬模板去除；(f) 陣列中心的硬模板移除；(g)BL 蝕刻；(h)BL 與 BLC、WL 和 AA 重疊；(i)BL 與間隔物與 BLC、WL 和 AA 重疊。

表 15.5　BL 和外設電晶體模組

晶圓清洗，見圖 15.22(a)	週邊 NMOS SD 光罩
週邊閘極光罩、蝕刻、光阻去除 / 清潔及 AEI，見圖 15.22(b)	週邊 NMOS SD 佈植
週邊 NMOS SDE 光罩	光阻去除 / 清潔，見圖 15.22(g)
週邊 NMOS SDE 佈植	週邊 PMOS SD 光罩
光阻去除 / 清洗，見 15.22(c)	週邊 PMOS SD 佈植
週邊 PMOS SDE 光罩	光阻去除 / 清潔，見圖 15.22(h)
週邊 PMOS SDE 佈植	位元線硬模板光罩，見圖 15.23(a)
光阻去除 / 清潔，見圖 15.22(d)	位元線硬模板蝕刻，見圖 15.23(b)
間隔物介電質薄膜沉積，如圖 15.22(e) 所示	位元線 SADP 沉積、蝕刻和切割，分別見圖 15.23(c)、15.23(d)、15.23(e) 和 15.23(f)
間隔物薄膜回蝕，見圖 15.22(f)	位元線刻蝕，如圖 15.25(a) 所示

　　在位元線蝕刻、清洗和 AEI(如圖 15.24(a) 所示) 之後，在位元線的側壁上形成 SiN 氣隙，見圖 15.24(b)。側壁間隔物和位元線堆疊上的 SiN 有助於防止儲存節點接觸 (SNC) 栓塞與位元線和 BLC 之間短路。它已被廣泛用於在自對準接觸 (SAC) 製程中形成 SNC。為了減少位元線和 SNC 栓塞之間的寄生電容，尋求具有更低 k 值的介電質，並開發和實現氣隙層。在氧化 CVD(圖 15.24(c)) 和 CMP(圖 15.24(d)) 之後，沉積了硬光罩和硬模板，如圖 15.24(e) 所示。

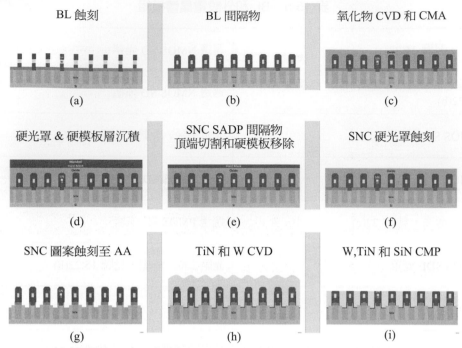

圖 15.24　SNC1 製程：(a)BL 刻蝕後；(b)BL 間隔物形成；(c) 氧化物 CVD 和 CMP；
(d) 硬光罩和硬模板層沉積；(e) 硬模板圖案蝕刻，SADP 間隔物形成，硬模板
去除和尖端塊；(f) 硬光罩蝕刻；(g) 自對準 SNC 刻蝕；(h)TiN 和 W CVD(h)；
(i)WCMP。

　　圖 15.24 中的剖面圖是從圖 15.25 中所示的虛線切割而來。氧化物間隙填充無空
隙是至關重要的，否則當金屬填充在 SNC 之間的空隙時，將導致插針之間短路。在
SNC1 光罩下，將硬模板蝕刻如圖 15.25(a) 所示，硬模板蝕刻如圖 15.25(b) 所示。在
硬模板側壁上形成 SADP 側壁間隔物，如圖 15.25(c) 所示。圖 15.25(d) 是硬模板去除
和頂端封閉後的 SNC SAC 圖案。圖 15.25(e) 和圖 15.24(f) 顯示 SNC 硬光罩圖案。然
後，具有氧化物對氮化物高選擇性的自對準蝕刻過程蝕刻掉 SiN 包裹的位元線之間
的氧化物，以及硬光罩線圖案之間的氧化物。這形成長方形的 SNC 孔，其達到 BLC
兩側的 AA，如圖 15.25(f) 中的俯視圖和圖 15.24(g) 中的剖面圖，該剖面圖是從圖
15.25(f) 中的紅色虛線處切割而來。圖 15.24(h) 顯示 TiN 和 W 的 CVD，圖 12.24(i) 顯
示 WCMP，其中去除 W、TiN 硬光罩和部分 BL 上蓋。

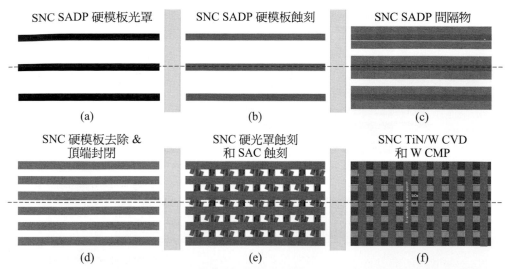

圖 15.25　(a)SNC 硬模板光罩；(b)SNC 硬模板刻蝕；(c)SNC SADP 側壁間隔物形成；(d)SNC 硬模板去除；(e)SNC 硬光罩圖案與 BL 側壁間隔物、BLC 和 AA 重疊；(f)SNC TiN/W CVD 和 CMP。

表 15.6　SNC1、SNLP 和週邊接觸 /M1 製程步驟摘要

ILD1 氧化物 CVD 和 CMP，見圖 15.24(c)	週邊接觸光罩
硬光罩和硬模板 CVD，見圖 15.24(d)	週邊接觸蝕刻，光阻去除 / 清洗，見圖 15.26(b)
SNC1 光罩，如圖 15.25(a) 所示	TiN/W 沉積，見圖 15.24(h)
SNC1 硬模板蝕刻，光阻去除 / 清潔，見圖 15.25(b)	W/TiN CMP，見圖 15.24(i) 和圖 15.28(c)
SNC1 SADP 間隔物形成，見圖 15.25(c)	ILD2 沉積見圖 15.26(d)
硬模板移除，間隔物頂端阻擋，圖 15.25(d) 和圖 15.24(e)	SNLP 和週邊 M1 EUV 微影和 ILD2 刻蝕，見圖 15.26(e)
硬光罩蝕刻，見圖 15.24(f)	光阻去除 / 清潔，Tin/W/ 沉積
SNC1 SAC 刻蝕，見圖 15.25(f) 和圖 15.24(g)	W/TiN CMP 和清洗，見圖 15.26(f)

　　從圖 15.25(f) 中，我們可以看到 SNC1 WCMP 形成具有矩形陣列圖案的矩形導電栓塞。為了增加密集度，首選採用蜂窩狀的 SN 圖案，這需要另一個光罩，或是在沒有 EUV 的情況下形成儲存節點焊盤 (SNLP)。EUV 微影技術可以在一次微影 - 蝕刻步驟中形成 SNLP 和週邊金屬 1 (M1)。相比之下，193nm 浸潤式微影需要超過兩個光罩及許多沉積、蝕刻、CMP 和清潔過程。因此，EUV 能夠提高產量並降低成本。表 15.6 列出 SNC1、週邊接觸和 SNLP / 週邊 M1 製程步驟。

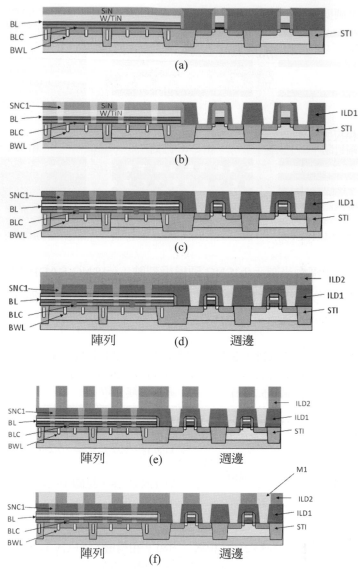

圖 15.26　SNC1、SNLP、週邊接觸和 M1 製程步驟的示意圖：(a)ILD1 氧化物 CMP 後；(b) 在週邊接觸蝕刻和光阻清潔；(c) 在 SNC1 W/TiN/Ti CMP 之後；(d) 在 ILD2 沉積 (d) 之後；(e) 在 SNLP 和週邊 M1 EUV 微影和蝕刻之後；(f) 在光阻去除 / 清洗，TiN/W 沉積和 CMP 之後。

　　在完成 SNC1 和週邊接觸的 WCMP 後，ILD2 沉積在晶圓上，如圖 15.26(d) 所示。在 EUV 微影和光阻顯影後，SNLP 和週邊 M1 的圖案已經被蝕刻，如圖 15.26(e) 所示。在光阻去除 / 清洗、TiN/W 沉積和 W/TiN CMP 後，形成單元陣列 SNLP 和週邊 M1 的圖案，如圖 15.26(f) 所示。從圖 15.27(a) 中可以看到，SNC1 插針圖案是矩形陣列。透過圖 15.27(b) 所示的 SNLP EUV 光罩，它形成蜂窩狀的焊盤陣列，可以讓蜂窩狀的 SN 電容器陣列降落在上面並與 SNC1 連接，如圖 15.27(c) 所示。

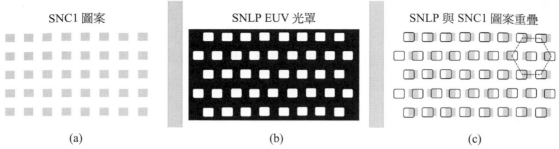

SNC1 圖案　　　　SNLP EUV 光罩　　　　SNLP 與 SNC1 圖案重疊

(a)　　　　　　　　(b)　　　　　　　　(c)

圖 15.27　(a)SNC1 金屬栓塞圖案；(b)SNLP 光罩；(c) 蜂窩狀 SNLP 陣列圖案與矩形 SNC1 陣列圖案重疊。

15.2.7　儲存節點電容器

在形成 SNLP 和週邊 M1 後，接著進行介電質 CVD 和 CMP，其中包括沉積一層刻蝕停止層，通常是氮化矽及一層厚介電層，大約 1.5¼m 氧化矽和上蓋層 (氮化矽) 形成 SN 介電層堆疊，如圖 15.29(a)。有時候，在厚氧化物層的中間還會使用另一層矽氮化物來容納 TiN 圓柱。使用 SN 光罩如圖 15.28(a) 所示。在 SN 孔蝕刻和清潔 (圖 15.29(b)) 後，沉積一層薄 TiN 層 (<10nm)，如圖 15.29(c) 所示。該 TiN 將形成 SN 電容器電極，透過 SNLP 和 SNC 連接到存取電晶體。諸如光阻之類的填充物填充 SN 孔，並從晶圓表面去除，以蝕刻掉晶圓表面的 TiN，然後清洗晶圓，如圖 15.29(c)。應用如圖 15.28(b) 所示的光罩，從週邊區域和陣列區域的許多部分去除 SiN 蓋層。圖 15.28(c) 顯示陣列區域中 SiN 上蓋開口光罩與 SN 和 SNLP 圖案的重疊。

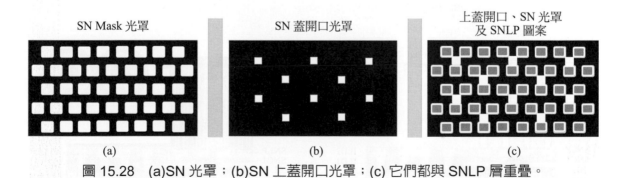

SN Mask 光罩　　　　SN 蓋開口光罩　　　　上蓋開口、SN 光罩及 SNLP 圖案

(a)　　　　　　　　(b)　　　　　　　　(c)

圖 15.28　(a)SN 光罩；(b)SN 上蓋開口光罩；(c) 它們都與 SNLP 層重疊。

在上蓋層開放蝕刻和光阻清潔後，使用氫氟酸 (HF) 去除整片晶圓中的厚矽氧化物，這些矽氧化物被去除後，在陣列區域和週邊區域形成 TiN 圓柱，如圖 15.29(e) 所示。氮化物蓋層在去除厚氧化物後固定住高的 TiN 圓柱體，並防止它們塌陷。如果沒有覆蓋氮化物層，這些高的 TiN 圓柱體可能會塌陷並相互短路，特別是在 HF 氧化物蝕刻和蝕刻後清潔的濕式製程的表面張力下。晶圓清潔後，使用原子層沉積 (ALD) 法，在 TiN 圓柱的內部和外部壁上均沉積薄的高 k 值介電質層，例如氧化鋯 (ZrO) 和

氧化鋁 (AlO) 堆疊，總厚度小於 10nm。另沉積一層薄 (<10nm)TiN 層，即接地電極，完全覆蓋圓柱體的內部和外部，形成 SN 電容器。在接地電極 (通常為 TiN) 沉積後，通常會再沉積一層具有良好填充性能的導電層，例如矽鍺 (SiGe)，以填充剩餘的 SN 孔和圓柱體之間的間隙，如圖 15.29(f) 所示。至此 SN 模組就完成了。表 15.7 列出凹陷式堆疊圓柱電容器的製程步驟。

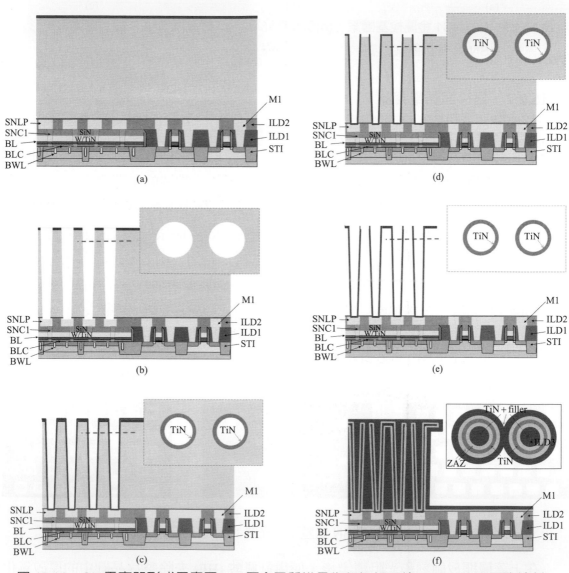

圖 15.29　SN 電容器形成示意圖：(a) 厚介電質堆疊化學氣相沉積 (CVD)；(b)SN 孔蝕刻，插入為 SN 孔的俯視圖，位於虛線切割線處；(c)TiN 沉積；(d)TiN 化學機械研磨 (CMP)；(e) 蓋層開放蝕刻，去除氧化矽；(f) 高介電質原子層沉積 (ALD) 和 TiN 及 SiGe 沉積。

表 15.7　SN 模組

每個停止層 (ESL) 沉積	SiN 上蓋層開放光罩，見圖 15.28(b)
厚氧化物沉積	上蓋層開放蝕刻
SiN 上蓋沉積，見圖 15.29(a)	光阻去除 / 清潔，見圖 15.29(d)
SN 光罩，如圖 15.28(a) 所示	厚氧化物去除，見圖 15.29(e)
SN 孔蝕刻	晶圓清洗
光阻去除 / 清潔，見圖 15.29(b)	SN 高介電質原子層沉積
TiN 沉積，見圖 15.29(c)	TiN 和導電料沉積。見圖 15.31(f)
TiN 蝕刻和清洗	

15.2.8　DRAM 的後端生產線 (BEoL)

　　TiN/SiGe 沉積是 SN 電容器地極的前端 (FEoL)BWL DRAM 的製程步驟。後端製程主要在週邊區域進行，首先使用一個光罩層來保護陣列區域並刻蝕掉週邊區域的金屬層，如圖 15.30(a) 所示。在光阻去除和清洗後，會沉積一層厚的 ILD3(矽氧化物)，並透過氧化物 CMP 使 ILD3 平坦化，如圖 15.30(b) 所示。V1(Via 1) 光罩層用於刻蝕透過厚氧化物層的通孔，以便落在 M1 上。儘管這些通孔非常深，但其 CD 通常比 SN 孔 CD 大得多，其間距也比 SN 孔大得多。在 V1 刻蝕和光阻去除和清洗後，如圖 15.30(c) 所示，Ti/TiN/W 被沉積到 V1 孔中，而 CMP 過程則將 W/TiN/Ti 從晶圓表面去除，並保留在 ILD3 內的導電塞，如圖 15.30(d) 所示。

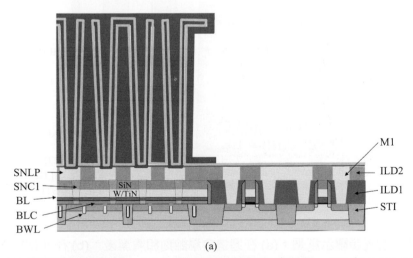

(a)

圖 15.30　V1 製程步驟示意圖：(a) 在週邊金屬蝕刻和清潔後；(b) 在 ILD3 CMP 之後；
　　　　　(c) 在 V1 蝕刻和光阻去除 / 清潔之後；(d) 在 V1 的 WCMP 之後。

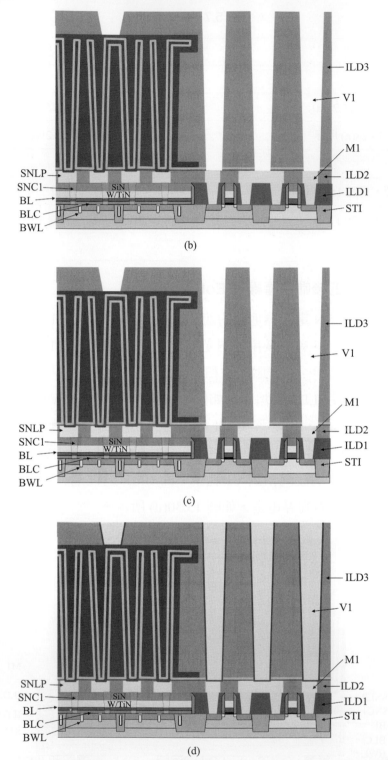

圖 15.30 V1 製程步驟示意圖：(a) 在週邊金屬蝕刻和清潔後；(b) 在 ILD3 CMP 之後；
(c) 在 V1 蝕刻和光阻去除 / 清潔之後；(d) 在 V1 的 WCMP 之後。(續)

　　V1 完成後，接著進行單一銅電鍍 (Cu) 製程的 M2 製程。M2 製程步驟包括刻蝕停止層和 ILD4 氧化矽的沉積，如圖 15.31(a) 所示；M2 光罩層、M2 刻蝕，如圖 15.31(b) 所示；阻擋層和銅種子層的沉積、銅電鍍、銅退火和銅化學機械研磨 (CuCMP)，如圖 15.31(c) 所示。對於銅金屬化，多以鉭氮化物 (TaN) 作爲常用的阻擋層，而種子層則爲銅。阻擋層和種子層通常使用物理蒸鍍 (PVD) 製程來進行沉積。銅晶片通常使用電化學沉積製程，將晶圓作爲陰極，純銅板作爲陽極。銅硫酸鹽 (CuSO4) 中的正向銅離子在硫酸中沉積在帶有負電壓的晶圓表面。在電鍍溶液中加入加速劑、抑制劑和平整劑等添加劑，加速銅在孔洞或溝槽底部的鍍成，抑制角落的沉積，以實現無孔銅填充，並使銅表面平坦。表 15.8 列出 V1-M2 製程的步驟。

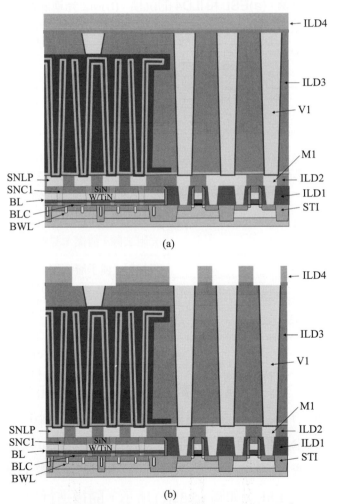

圖 15.31　M2 製程示意圖：(a)ESL 和 ILD4 的沉積；(b)M2 光罩層和 ILD4、ESL 的刻蝕；
　　　　　(c) 及 M2 銅化學機械研磨 (CuCMP)。

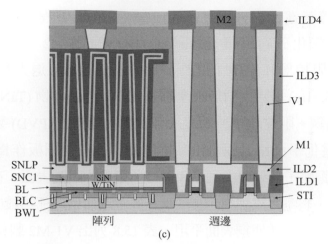

圖 15.31　M2 製程示意圖：(a)ESL 和 ILD4 的沉積；(b)M2 光罩層和 ILD4、ESL 的刻蝕；(c) 及 M2 銅化學機械研磨 (CuCMP)。(續)

表 15.8　V1 和 M2 製程步驟

陣列區域光罩	W/TiN/Ti CMP，見圖 15.30(d)
蝕刻 SiGe/TiN/ZAZ	ESL 沉積
光阻去除 / 清潔，見圖 15.30(a)	ILD4 沉積，見圖 15.31(a)
ILD3 沉積	M2 光罩
ILD3 CMP，見圖 15.30(b)	M2 蝕刻
V1 光罩	光阻去除 / 清潔，見圖 15.31(b)
V1 蝕刻，見圖 15.30(c)	阻擋層 / 種子層沉積
光阻去除 / 清潔	銅鍍膜
Ti/TiN 沉積	銅退火
W 沉積	銅 CMP，見圖 15.31(c)

　　在 M2 銅 CMP 後，使用雙蝕銅金屬化製程來形成 V2 和 M3。首先，進行金屬保護層 (ESL)、ILD5、介電層覆蓋和金屬 HM 的沉積，如圖 15.32(a) 所示。然後使用 M3 光罩來刻蝕鈦 TiN 硬光罩層。光阻去除 (清潔) 後，如圖 15.32(b) 所示，使用 V2 光罩刻蝕介電層形成 V2 孔並停止於 ESL。光阻去除 (清潔) 後，進行介電層刻蝕形成 M3 槽，使 V2 穿過 ESL，如圖 15.32(c) 所示。隨後進行另一次清潔處理，然後沉積金屬阻擋層和種子層，再進行銅的均勻鍍膜，退火和拋光。在銅 CMP 過程中，還會去除 Ta 或 TaN 阻擋層和 TiN 金屬硬光罩層。晶圓清潔後，透過沉積覆蓋層完成 V2-M3 模組，如圖 15.32(d) 所示，製程步驟列於表 15.9 中。

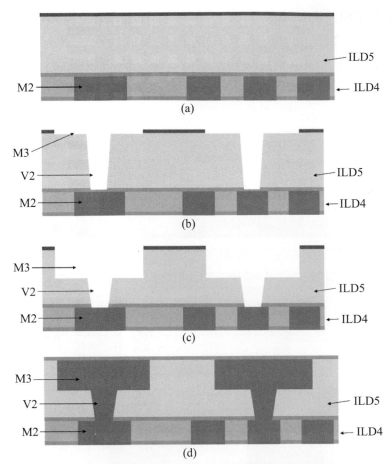

圖 15.32　V2-M3 製程的示意圖：(a)ESL、ILD4 和金屬 HM 的沉積；(b)M3 光罩 HM 蝕刻；
(c)V2 刻蝕和 M3 槽刻蝕；(d)Cu 和 TaN CMP。

表 15.9　V2 和 M3 製程步驟

ESL、ILD5 和介電層薄膜沉積	ILD 5 蝕刻
金屬 HM 沉積，見圖 15.32(a)	去除 ESL，見圖 15.32(c)
M3 光罩	清洗
HM 刻蝕，見圖 15.32(b)	阻隔層 / 銅種子層沉積
光阻去除 / 清潔	銅鍍膜
V2 光罩	銅退火
介電層薄膜和 ILD5 蝕刻	Cu 和 TaN CMP，見圖 15.32(d)
光阻去除 / 清潔	

V3 製程始於 ESL 和 ILD6 的沉積，如圖 15.33(a) 所示，接著使用 V3 光罩來刻蝕通孔，去除光阻，並對晶圓進行清潔，如圖 15.33(b) 所示。然後進行 Ti/TiN/W 的堆疊沉積，CMP 過程將晶圓表面的所有金屬層去除，形成連接 M4 至 M3 的 W 栓塞，見圖 15.33(c)。

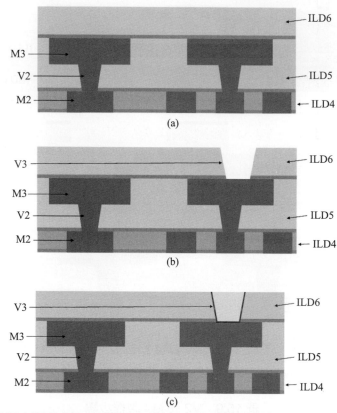

圖 15.33 V3 製程步驟的剖面示意圖。(a)ESL 和 ILD6 的沉積；(b)V3 的刻蝕及光阻去除 (清潔)；(c)V3 的 WCMP。

表 15.10 V3 和 M4 鍍膜製程步驟

ESL，ILD6 沉積，見圖 15.33(a)	M4 光罩
V3 光罩	蝕刻 TiN/Al-Cu/Ti 堆疊
ILD6 和 ESL 刻蝕	PR 光阻去除 / 清潔，見圖 15.34(b)
光阻去除 / 清潔，見圖 15.33(b)	鍍膜氧化層和氮化物沉積，見圖 15.34(c)
5Ti/TiN/W 沉積	銲墊光罩
W/TiN/Ti CMP，見圖 15.33(c)	蝕刻氮化物和氧化層
晶圓清潔	PR 光阻去除 / 清潔，見圖 15.34(d)
5Ti/TiN/W 沉積，見圖 15.34(a)	

　　這種 BWL DRAM 製造過程的最後互連層是金屬 4(M4) 層。它以金屬堆疊 PVD 開始，其沉積物為 Ti/Al-Cu/TiN，如圖 15.37(a) 所示。其中，Ti 用於降低金屬堆疊與 W 接點之間的接觸電阻。Al-Cu 是一種含有約 0.5%銅的鋁合金，以增加電子遷移的抵抗力，並提高晶片的可靠性。頂部的 TiN 則用作抗反射塗層，以減少 M4 製程中的駐波效應。M4 光罩用於形成 M4 金屬堆疊的圖案和蝕刻，該層形成最後的互連和焊墊。在光阻去除和清潔後，如圖 15.37(b) 所示，通常是矽氧化物和矽氮化物，作為封裝層，被沉積在 M4 上，如圖 15.37(c) 所示，最後一個光罩，即焊墊光罩，用於圖案和蝕刻封裝層，以暴露出用於測試探針和線路焊接的焊盤。在光阻去除和清潔後，如圖 15.37(d) 所示，晶圓已準備好進行晶圓接受測試 (WAT)。如果透過 WAT，晶圓可以運送到封裝廠進行封裝。V3-M4 和封裝過程的步驟列在表 15.10 中。

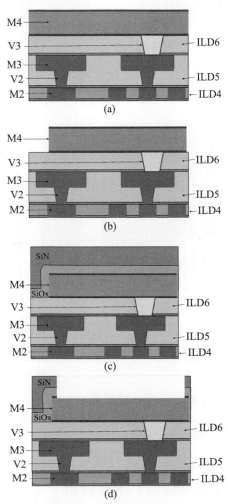

圖 15.34　V3-M4 與封裝過程的剖面圖：(a) 經過 M4 Ti/l-Cu/TiN PVD 後；(b) 再經過 M4 蝕刻、光阻去除和清潔；(c) 接著進行封裝氧化物和氮化物 CVD；(d) 最後進行焊盤蝕刻、光阻去除和清潔。

　　圖 15.35 是顯示具有陣列區域和邊緣區域的 BWL DRAM 的剖面圖。該晶圓有 4 個金屬層，其中 M1 是 W，M2 和 M3 是 Cu，M4 則是鋁銅合金。晶圓已完成晶圓加工，準備進行電性測試。晶圓接受測試 (WAT) 將提供晶圓製程的良率數據，而良率對於晶圓廠的成功至關重要，特別是對於 DRAM 廠，因爲 DRAM 的成本非常敏感。

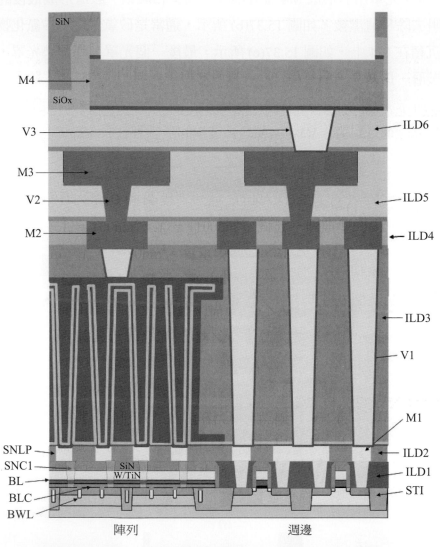

圖 15.35　具有 4 個金屬互連層的 BWL DRAM 的剖面圖。

⊗ 15.2.9　先進 DRAM 的總結與討論

　　DRAM 製造過程因晶圓廠和製程節點的不同而有所變異。並非每個晶圓廠都在週邊電路中使用高介電常數金屬閘 CMOS 技術。在 1x 節點之後，EUV 已被引入 DRAM 製造。爲了減少 BL 間距中的 RC 延遲，已引入氣隙 (spacer)。氣隙可透過先形成氮化物／氧化物／氮化物三層間隔層，然後去除氧化物，並用非均勻沉積的矽氮膜密封頂部而形成。有些晶圓廠使用多晶矽填充，然後在填充氮化矽孔 (SNC1孔) 之前，挖空多晶矽塞，再形成 $CoSi_2$。接著填充 Ti/TiN/W。圖 15.36 顯示具有 PolySi、$CoSi_2$、Ti/TiN/W 和氣隙的 SNC1 栓塞的剖面圖。

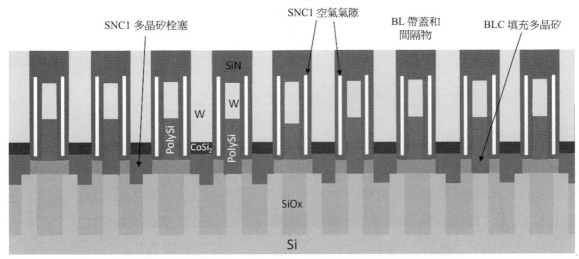

圖 15.36　具有 PolySi、$CoSi_2$、Ti/TiN/W 栓塞和氣隙的 SNC1 的示意圖。

DRAM 的尺寸縮小已經趨緩。除非有戲劇性的技術和材料變革，否則它將進一步減緩。為了應對這個挑戰，不同的架構和材料，例如包含兩個銦鎵鋅氧化物 (IGZO) 薄膜電晶體的晶包，或稱為 2T0C 架構，已被研究和開發，這在未來可能被應用於高密度記憶體元件中。

15.3 3D-NAND 快閃記憶體

15.3.1　快閃記憶體簡介

快閃記憶體晶片是一種非揮發性記憶體 (NVM) 晶片，它可以在沒有電源供應的情況下保持記憶。相比之下，DRAM 是一種揮發性記憶體，需要電源供應來保持記憶。快閃記憶體，尤其是 NAND 快閃記憶體晶片，常用於通用串列匯流排 (USB) 隨身碟、安全數位 (SD) 卡和固態硬碟 (SSD)。這些非揮發性記憶體設備在電子產品中廣泛應用，尤其是行動電子產品，如數位相機、智慧型手機、平板電腦、筆記型電腦等，用於數據儲存應用。與硬碟 (HDD) 相比，SSD 具有更短的數據存取時間、更低的功耗和更好的可靠性，因為它沒有任何移動零件。

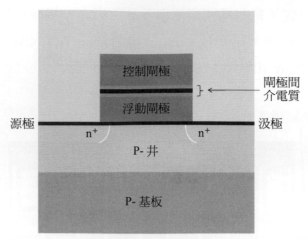

圖 15.37 浮動閘非揮發性記憶體單元的基本結構

　　基本的快閃記憶體單元結構與 NMOS 非常相似，它具有 P- 井和 n⁺ 源 / 汲極；主要的區別在於閘極結構，它包含一個浮動閘極 (FG)、一個控制閘極 (CG) 和它們之間的閘極間介電質 (IGD)，如圖 15.37 所示。快閃記憶體是一種電荷捕捉元件，透過將電子從汲極隧道穿過閘極氧化物並將其捕捉在浮動閘極 (FG) 中來保持記憶。記憶體可以透過將浮動閘極中儲存的電子透過穿隧效應回傳到矽基板來消除。因為每次電子透過閘極氧化物隧道時，都會導致介電質退化，因此快閃記憶體的寫入和消除操作次數有限，約為 10^5 次。

　　圖 15.38 顯示電荷捕捉快閃記憶體元件的變體。它不使用多晶矽浮動閘極，而是使用矽氮化物 (SiN) 層來進行電荷捕捉和保持數據儲存。大多數平面 NAND 快閃記憶體採用浮動閘極 NAND 快閃元件。然而，大多數 3D-NAND 快閃記憶體元件使用具有 SiN 電荷捕捉層的記憶單元。

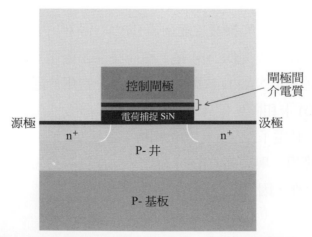

圖 15.38 帶有 SiN 電荷捕捉層的快閃記憶體單元。

　　快閃記憶體有兩種類型，分別爲 NOR 和 NAND，取決於快閃單元如何連接到位元線 (bit-line) 和源極線 (地線)，如圖 15.39。圖 15.39(a) 和 15.39(b) 分別是 NOR 快閃記憶體電路及其剖面圖。圖 15.39(c) 和 15.39(d) 分別是一個 64 位元串聯 NAND 快閃記憶體電路及其對應的剖面圖。

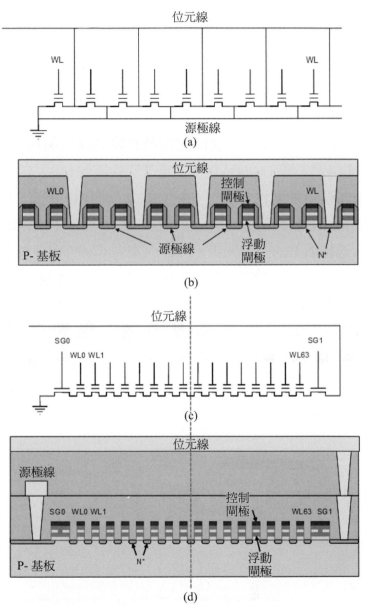

圖 15.39　(a)NOR 快閃記憶體電路圖；(b)NOR 快閃記憶體剖面圖；(c)NAND 快閃記憶體電路途；(d) 平面 NAND 快閃記憶體剖面圖。

　　在 NOR 快閃記憶體中，每個記憶單元都有共用的位元線 (bit-line) 接觸點和共用的源極線 (地線) 接觸點。對於 NAND 快閃記憶體，每個記憶單元串聯共用一個位元線接觸點和一個源極線接觸點。NOR 快閃記憶體相當於一個只有 1 個記憶單元串聯的 NAND 快閃記憶體，因此不需要選擇閘。NOR 快閃記憶體可以實現任意記憶單元的隨機存取，而 NAND 快閃記憶體則無法做到。儘管 NOR 快閃記憶體的讀取時間比 NAND 快閃記憶體短，但其寫入和消除時間卻較長。此外，由於密集的位元線接觸點，NOR 快閃記憶體的封裝密度較低，造成其成本顯著高於 NAND 快閃記憶體。這也是為什麼大多數固態儲存設備都是基於 NAND 快閃記憶體的主要原因，而 NOR 快閃記憶體只佔有小部分市場。

　　圖 15.40(a) 展示平面式 NAND 快閃記憶體的陣列區域佈局，其中包括字元線 (WL) 和活性區域 (AA)。圖 15.40(b) 則展示沿著活性區域 (AA) 方向的剖面圖，包括陣列區域和週邊區域。在圖 15.40 中，CB 代表位元線 (BL) 接觸，SG 代表選擇閘，SL 代表源極線。NAND 快閃記憶體單元在所有平面 IC 元件中具有最高的圖案密度。其技術節點是字元線圖案的一半間距，其單位陣列區域可實現最小值為 $4F^2$，如圖 15.40(a)。這裡的 F 代表技術節點。例如，16nm 平面 NAND 快閃記憶體的字元線間距為 32nm，遠小於高 NA 193nm 浸潤式微影製程的最小可實現間距。在沒有極紫外 (EUV) 微影的情況下，16nm 平面 NAND 快閃記憶體需要使用 193nm 浸潤式微影技術進行自對準四重圖案 (SAQP)。

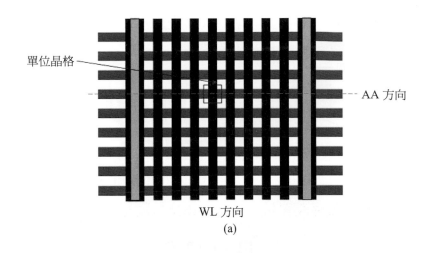

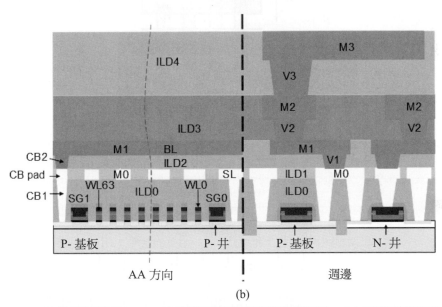

圖 15.40 (a)64 位元平面 NAND 快閃記憶體的陣列區域佈局；(b) 其與陣列區域和週邊
區域的剖面圖。

　　很明顯，將平面 NAND 快閃記憶體元件超過 10nm 節點進行尺寸縮小，至少需
要對 AA、WL 和 BL 等至關重要的三個關鍵層進行 193nm 浸潤式微影製程的自對準
四重圖案。這將使 NAND 快閃記憶體的製造成本過於昂貴。為了降低 NAND 快閃記
憶體晶片尺寸縮小的成本，提出了一種基於垂直環閘金氧半場效電晶體 (GAA-FET)
概念的不同元件結構。透過將 NAND 串聯設計為垂直方向，它可以大大減少面積，
提高封裝密度。圖 15.41(a) 顯示 3D-NAND 的俯視圖，圖 15.41(b) 則是 3D-NAND 佈
局的俯視圖。在圖 15.41(a) 中，我們可以看到字元線 (控制閘極) 層的階梯狀接觸點；
下選擇閘、4 個快閃記憶體單元和上選擇閘的串列；以及位元線位於通道串列上方。

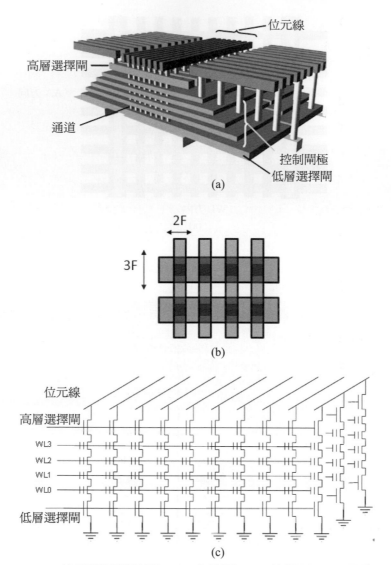

圖 15.41　3D-NAND 快閃記憶體陣列：(a) 鳥瞰圖；(b) 俯視圖；(c) 電路示意圖。
來源：http://www.monolithic3d.com/blog/3d-nand-opens-the-door-for-monolithic-3d。

　　圖 15.41(a) 顯示了 3D-NAND 元件的鳥瞰圖。其電路如圖 15.41(c) 所示。可以看出，它基本上將 4 個快閃記憶體單元的串列以垂直方向排列，並使用垂直 GAA-FET 形成選擇閘和快閃記憶體單元。其佈局單元區域為 $6F^2$，如圖 15.41(b) 所示。透過 4 個堆疊，等同於 $1.5F^2$。在第一代 HVM 3D-NAND 產品中，使用 32 個堆疊，可以實現 $0.1875F^2$ 的佈局。透過快速計算，我們可以找出 32 堆疊 3D-NAND 在多大程度上有助於放寬微影要求：

$$6F_{3D}^{2} / 32 = 4F_P^{2} \quad \text{or} \quad F_{3D} = (8 / \sqrt{3}\,)F_P$$

　　這裡 F_{3D} 表示 3D-NAND 的技術節點，F_P 則是等效平面式 NAND 快閃記憶體技術節點。我們可以看到，對於 32 堆疊的 3D-NAND，約 74nm 的技術節點可以實現與 16nm 平面 NAND 快閃記憶體相同的記憶體密度。這裡我們假設 16nm 平面快閃記憶體採用 $4F^2$ 佈局。而 16nm (WL 間距 32nm) 需要 SAQP，而 74nm (間距 148nm) 的 3D-NAND 圖案可以使用單次微影製程完成。因此，3D-NAND 的微影解析度要求得到大大放寬，主要的挑戰在於蝕刻 (清潔) 過程以形成 HAR 通道孔、隔離槽和 WL 接觸點。其他挑戰還包括在這些 HAR 結構中均勻無應力的多堆疊層沉積，將多種薄膜等形式均勻地沉積到這些 HAR 結構中。同時，在製程中，由於這些 HAR 結構的微影通常使用厚硬光罩，使得厚多層結構中的重疊控制變得非常具有挑戰性。NAND 快閃記憶體晶片的尺寸縮小主要是在 z 方向堆疊更多的層數。目前，已經有約 200 堆疊的 3D-NAND 正在進行大規模生產，而 3D-NAND 的技術路線圖是超過 500 堆疊。每個堆疊包含兩層，一個 WL 層和一個氧化層用於隔離每個 WL 層。我們可以預見，3D-NAND 元件結構的深寬比將進一步增加，而蝕刻、清潔、沉積、測量和檢測等製程將變得更加具有挑戰性。

問題

一個 74nm、$6F^2$、512 層 3D-NAND 快閃記憶體晶片的等效 $4F^2$ 平面 NAND 快閃記憶體技術節點是多少？

解答

$$6F_{3D}{}^2 / 512 = 4F_P{}^2 \quad \text{or} \quad F_P = \sqrt{(3/1024)}\ F_{3D} \sim 0.054\ F_{3D} \sim 4.0\ \text{nm}$$

　　除了能夠實現比平面 NAND 快閃記憶體更高的位元密度外，3D-NAND 還比平面 NAND 快閃記憶體每位元消耗更少的功率，因為它具有較低的位元漏電，而平面 NAND 快閃記憶體則較高。

　　3D-NAND 也解決了 2D-NAND 的儲存電容問題。對於真正的平面 2D-NAND，控制閘極和浮動閘極之間的區域 $A_1 = CD_{CG} \times CD_{FG}$。其中 CD_{CG} 是控制閘極的關鍵尺寸 (也是字元線的關鍵尺寸)，而 CD_{FG} 是浮動閘極的關鍵尺寸。如果它們都是 F-nm 技術節點的 F，那麼 $A_1 = F^2$。為了保持控制閘極和浮動閘極之間的電容，以保持儲存電荷，$C = k(F^2 / d_{CF})$，而在縮小 F 的同時，必須減少閘極介電質的厚度 d_{CF} 或增加其介電常數 k，但這在很長時間以前就已經達到了極限。實際上，所謂的 2D-NAND 長期以來一直使用控制閘極環繞浮動閘極的方式，以增加控制閘極和浮動閘極之間的區域，以保持電容，同時縮小閘極間距。這也有助於減少鄰近浮動閘極之間的寄生電容。控制閘極和浮動閘極之間的區域變爲：

$$A_2 = CD_{CG} \times (2h_{FG} + CD_{FG})$$

這裡 h_{FG} 表示浮動閘極的高度，可以在縮小浮動閘極和控制閘極的尺寸同時增加。縮小尺寸會降低 CD_{FG}，爲了保持 A_2 不變，必須增加 h_{FG}，這會極大地增加浮動閘極的深寬比，使得這種方法很快達到極限。

在 3D-NAND 中，控制閘極與電荷捕捉層之間的電容爲 $C = k(A_3/d_{CT})$，其中 A_3 是電荷捕捉層的面積：

$$A_3 \sim \pi \times CD_{CH} \times t_{WL}$$

這裡 CD_{CH} 是通道孔的關鍵尺寸，t_{WL} 是字元線的厚度。我們可以進行一個快速計算，來看看 3D-NAND 的優勢。假設 2D-NAND 的 $CD_{CG} = CD_{FG} = F = 10\text{nm}$，$h_{FG} = 50\text{nm}$，那麼 $A_1 = 100\text{nm}^2$，$A_2 = 1100\text{nm}^2$。對於一個典型的 3D-NAND，$CD_{CH} = 100\text{nm}$，$t_{WL} = 25\text{nm}$，$A_3 = 7950\text{nm}^2$。更重要的是，3D-NAND 的尺寸縮小主要增加了堆疊的層數，只對 CD_{CH} 和 h_{WL} 進行了較小的變化。

本章中，我們使用早期的 32 堆疊來描述 3D-NAND 的基本製造過程。我們還將在結論和討論部分討論最近的發展。3D-NAND 快閃記憶體的製造過程與第 14 章中描述的 2D-NAND 快閃記憶體大不相同。與 DRAM 一樣，3D-NAND 也具有週邊的 CMOS 元件。獨特的 3D-NAND 製程模組包括：多層階梯形成；通道形成，其中包括通道孔蝕刻、下層選擇閘形成和通道層沉積；隔離形成，同時也形成字元線 / 控制閘極；以及字元線接觸形成。由於接觸孔落在階梯和週邊電路上，深度變化範圍非常大，這對絕緣蝕刻製程的控制構成了巨大挑戰。之後，M1 形成局部互連和其他金屬線，M2 形成位元線，M3 完成互連；在沉積封裝絕緣層之後，最後一個光罩打開接合墊片以進行線接合，製程就完成了。

❀ 15.3.2. 3D-NAND 的週邊模組

對於平面式 NAND 快閃記憶體，週邊元件與陣列區域中的快閃記憶體單元同時進行處理。主要的差異在於週邊元件具有較大的特徵尺寸，它們需要使用光罩來移除部分閘間介電質，使得控制閘極可以與浮動閘極短路，就像陣列區域中的選擇閘一樣，如圖 15.40(b) 所示。

　　對於 3D-NAND 快閃記憶體，週邊元件是平面 CMOS 元件。週邊元件的特徵尺寸足夠大，因此可以使用單一的 193 奈米浸潤式微影製程進行圖案化。製程流程與第 14 章中描述的 CMOS 的前端 (FEoL) 製程非常相似。

　　製程始於 STI 的形成，其中包括晶圓清潔、焊盤氧化和氮化物沉積；活性區 (AA) 光罩微影；氮化物硬光罩蝕刻，光阻去除和清潔；矽蝕刻和清潔；氧化、氧化物 CVD、氧化物 CMP 和清潔；氮化物和焊盤氧化物去除，晶圓清潔。圖 15.42(a) 顯示了起始矽的剖面圖，圖 15.42(b) 顯示 STI 形成後的週邊 CMOS 元件。SiOx 是使用 CVD 製程沉積的矽氧化物。

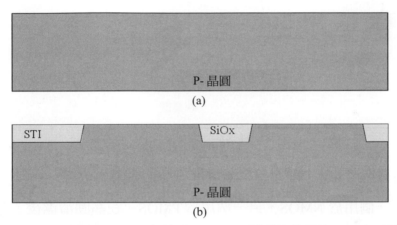

圖 15.42　剖面圖圖示：(a) 起始矽；(b)STI 形成後的週邊 CMOS 元件。

　　接著進行 NMOS 和 PMOS 的井與通道離子佈植。圖 15.43 顯示在井和通道離子佈植後的週邊 CMOS 元件的剖面圖。在這些步驟中使用了兩個光罩，一個用於 NMOS，一個用於 PMOS。

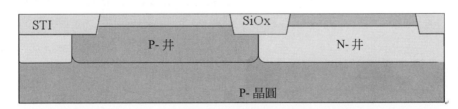

圖 15.43　井和通道佈植後週邊 CMOS 的剖面圖。

　　在晶圓清潔、閘極氧化、多晶矽、金屬矽化物和硬光罩沉積後，使用閘極光罩來形成硬光罩的圖案，然後使用硬光罩圖案來蝕刻多晶矽 / 金屬矽化物閘極堆疊。圖 15.44 顯示在多晶矽 / 金屬矽化物閘極堆疊蝕刻後的週邊 CMOS 元件剖面圖。

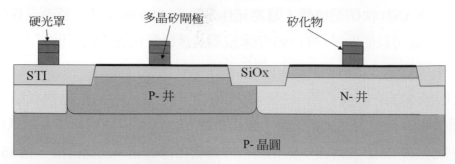

圖 15.44　多晶矽閘極蝕刻後週邊 CMOS 的剖面圖。

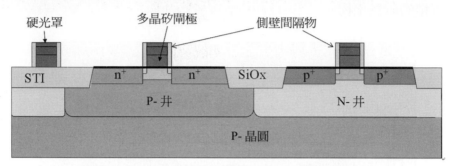

圖 15.45　S/D 形成後週邊 CMOS 的剖面圖。

在晶圓檢查和清潔後，進行氧化處理，使用兩個離子佈植光罩來形成輕度摻雜的汲極 (LDD)，一個用於 NMOS，另一個用於 PMOS。在晶圓清潔後，沉積一層均勻的介電層，並只在垂直方向上蝕刻，形成側壁間隔物。再使用兩個光罩來進行強度摻雜的源極 / 汲極。在晶圓清潔和快速熱退火 (RTA) 後，形成週邊元件的電晶體。圖 15.48 顯示在 S/D 佈植和 RTA 後的週邊 CMOS 元件剖面圖。從圖 15.44 到圖 15.45，總共使用四個光罩和至少 4 次離子佈植。

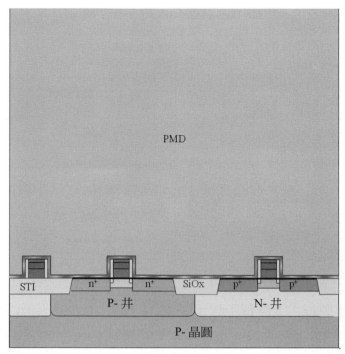

圖 15.46　前端製程完成後的週邊 CMOS 元件的剖面圖。

　　週邊前端製程的最後一步是氮化矽襯裡沉積，並沉積非常厚的約 3μm 氧化矽，見圖 15.46。圖 15.46 中的 PMD 代表金屬前介電質。外圍 CMOS 的前端製程步驟列於表 15.11，並在表 15.12 中繼續列出。

表 15.11　外圍 CMOS 製程步驟 1

晶圓清潔，見圖 15.42(a)	P- 井光罩
焊盤氧化、氮化物沉積	P- 井和 n- 通道離子佈植
AA 光罩	光阻去除 / 清潔，見圖 15.43
氮化物蝕刻，光阻去除 (清潔)	去除犧牲氧化物，晶圓清潔
矽蝕刻	閘極氧化
晶圓清潔	多晶矽和金屬矽化物沉積
氧化	多晶矽摻雜光罩
氧化物沉積	多晶矽摻雜離子佈植
氧化物 CMP	光阻去除和清潔
去除氮化物和墊氧化物，晶圓清潔。見圖 15.42(b)	硬光罩沉積
去除犧牲氧化物	閘極光罩
N- 井光罩	蝕刻硬光罩，光阻去除和清潔
N- 井和 p- 通道離子佈植	蝕刻金屬矽化物 / 多晶矽
光阻去除和清潔	晶圓清潔，參見圖 15.44

表 15.12　週邊 CMOS 製程步驟 2

N-LDD 光罩	N-S/D 離子佈植
N-LDD 離子佈植	光阻去除和清潔
光阻去除和清潔	P-S/D 光罩
P-LDD 光罩	P-S/D 離子佈植
P-LDD 離子佈植	光阻去除和清潔
光阻去除和清潔	快速熱退火 (RTA)，參見圖 15.45
間隔介電質薄膜 CVD	矽氮化物襯裝層沉積
介電質回刻	預金屬介電層沉積，參見圖 15.46
N-S/D 光罩	

　　在實際的週邊製程中，製程步驟比表 15.11 和表 15.12 中列出的更多。例如，輸入 / 輸出電晶體與感測器放大器電晶體不同。它們的工作電壓不同，因此，其閘極氧化物厚度不同，通常首先生長較厚的閘極氧化物，然後需要額外的光罩來去除較厚的閘極氧化物並重新生長較薄的閘極氧化物。此外，由於不同的接面深度和摻雜濃度，需要更多的佈植光罩步驟。

⊗ 15.3.3.　多層沉積和階梯形成

　　在週邊區域完成前端製程後，開始進行在陣列區域建造 3D-NAND 記憶元件的製程。首先應用一個定義陣列區域的光罩，接著進行蝕刻過程，去除厚氧化物和矽氮化物襯裝層。

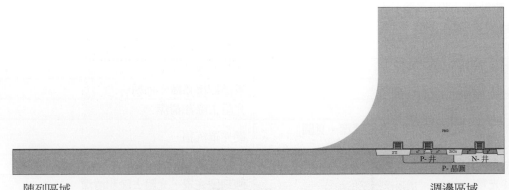

圖 15.47　陣列區域和週邊區域之間的過渡區域的剖面圖。

　　圖 15.47 顯示在圖案形成、蝕刻、光阻去除和晶圓清潔後，陣列區域和週邊區域之間的過渡區域的剖面圖。我們可以看到其右側的特徵是根據圖 15.46 進行縮放的。

　　現在晶圓已經準備好要沉積多層膜。這裡有數種類型的多層膜，其中一種是氧化物／氮化物／氧化物／氮化物，或簡稱 ONON。這裡的氧化物指的是矽氧化物，氮化物是矽氮化物。另一種是氧化物／多晶矽／氧化物／多晶矽，簡稱為OPOP。這裡的"O"指的是多結晶體矽，也就是多晶矽。

　　在本節中，我們討論 ONON 堆疊製程，這是 3D-NAND HVM 的主流製程。在 CVD 系統中，會沉積多對 ON 層。對於 32 層堆疊的 3D-NAND，至少需要 34 對 ON 堆疊，因為底部和頂部都需要有一個選擇閘。此外，還需要多個虛擬層來隔離選擇閘和記憶單元，以避免交叉干擾 (cross-talking)。逆向工程報告顯示，一個 32 層堆疊的 3D-NAND 快閃記憶體產品有 39 對 ON 堆疊。圖 15.48(a) 顯示前兩對 ONON 沉積的情況，圖 15.48(b) 顯示 34 對 ONON 沉積後的陣列區域和週邊區域。這種多層沉積面臨著許多挑戰：它需要有均勻的厚度，並且需要有低缺陷密度。它還需要很好地控制薄膜應力，因為如此多層的每一層薄膜的微小應力都可能迅速累積，並導致晶圓形狀變化。測量多層的每一層的厚度也非常具有挑戰性。

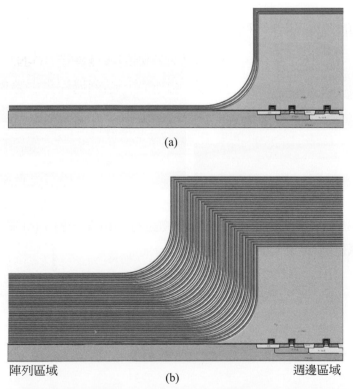

(a)

陣列區域　　　　　　　　　　　　(b)　　　　　　　週邊區域

圖 15.48　多層沉積的示意圖：(a)2 對 ONON 堆疊；(b)34 對 ONON 堆疊。

　　階梯形成是 3D-NAND 快閃記憶體的獨特製程。在多層沉積後，將一層非常厚的光阻層 (約 6μm) 塗佈在晶圓上，然後塗上階梯光罩，進行精確控制的氧化蝕刻，並停在第一層氮化物上，如圖 15.49(a) 所示。在大約 600nm 的光阻修除後，對第一對氮化物和氧化物進行蝕刻，如圖 15.49(b) 所示。然後再次修除光阻，並對第二和第三對氮化物 / 氧化物進行蝕刻，分別如圖 15.49(c) 和 15.49(d) 所示。這裡的 Oxide_N 和 Nitride_N 分別代表第 N 層 ON 堆疊中的氧化物和氮化物。在圖 15.49 中，階梯高度約等於階梯寬度，但在真實的 3D-NAND 中，ON 堆疊高度小於 60nm，而階梯寬度約為 600nm。

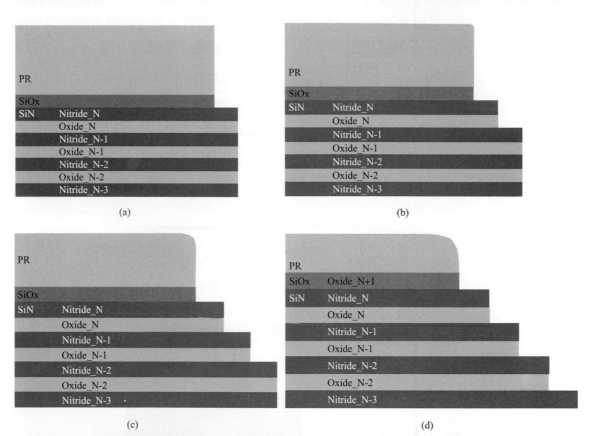

圖 15.49　階梯形成的示意圖：(a) 頂部氧化物蝕刻；(b) 第一對；(c) 第二對；(c) 第三對氧化物 / 氮化物蝕刻。

　　光阻可以修除的次數受其初始厚度 (幾微米) 和階梯的寬度 (幾百奈米) 限制。在光阻被多次修除後，需要剝離它，以便能夠塗佈另一層厚光阻，應用第二個階梯光罩並重複階梯蝕刻製程。對於 34 對氧化物 / 氮化物堆疊，需要 4 到 5 個階梯光罩，直到最終階梯達到矽表面，如圖 15.50(a) 所示。這裡的 Oxide_x 和 Nitride_x 代表第 x 對氧化物 / 氮化物。Oxide_2 比其他氧化物層更厚，因為它是用來隔離下部選擇閘 (或稱為源選擇閘) 和 NAND 快閃記憶體單元的隔離氧化物。圖 15.50(b) 顯示多層頂部的階梯，我們可以看到最終的階梯蝕刻暴露氮化物層。

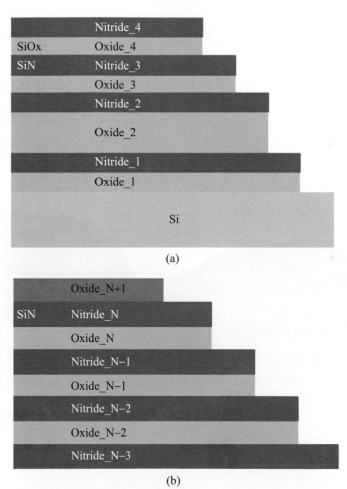

圖 15.50　階梯形成的示意圖：(a) 多層底部的階梯，注意它在矽表面結束；(b) 多層的頂部。

　　階梯位於陣列區和週邊區之間的過渡區域，如圖 15.51 所示。在這個階段，陣列區看起來像一個扁平的小阿茲特克金字塔。

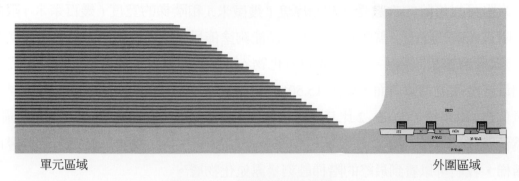

單元區域   外圍區域

圖 15.51　階梯剖面示意圖。

　　沉積一層厚厚的氧化物，如圖 15.52(a) 所示。在氧化物 CMP 後，晶圓表面變得平坦，如圖 15.52(b) 所示。這個模組的製程步驟列在表格 5.13 中。本節中描述的單向階梯曾用於前幾代 3D-NAND。當 3D-NAND 的縮放增加堆疊數量時，階梯的總寬度將大幅增加，佔用過多的面積。在 64 層 3D-NAND 之後，已經開發出 2D 階梯製程，取代上述的 1D 階梯。我們將在後面的節中描述 2D 階梯的製程。現在晶圓已經準備好進入下一個製程模組。

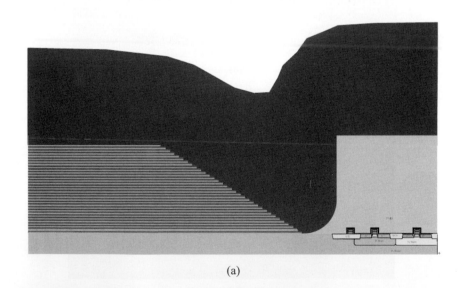

(a)

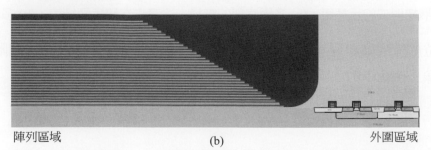

陣列區域   (b)   外圍區域

圖 15.52　示意圖：(a) 梯形後的氧化物 CVD；(b) 氧化物 CMP。

表 15.13　多層沉積和階梯形成製程步驟

陣列開啓光罩層	蝕刻 Nitride_N-1/Oxide_N-1，停在 Nitride_N-2 上，見圖 15.49(c)
蝕刻氧化物和阻擋氮化物	光阻修除，蝕刻 Nitride_N-2/Oxide_N-2，停在 Nitride_N-2 上，見圖 15.49(d)
光阻清除和清潔，見圖 15.47	重複光阻修除和 N/O 對蝕刻
CVD Oxide_1；CVD Nitride_1，形成較低的選擇閘氮化物	光阻去除和清潔
CVD Oxide_2，CVD Nitride_2，形成儲存單元氮化物，見圖 15.48(a)	第二次階梯光罩層和 N/O 對蝕刻
CVD Oxide_3/Nitride_3 對 ,...	重複修除和 O/N 對蝕刻
重複進行以上步驟，直到沉積 Oxide_N/Nitride_N，參見圖 15.48(b)	第三次階梯光罩層和 N/O 對蝕刻
CVD Oxide_N+1，上蓋氧化物	重複修除和 O/N 對蝕刻
第一次階梯光罩	蝕刻 Oxide_1，停在矽上，見圖 15.50(a)
蝕刻上蓋氧化物，停在 Nitride_N 上，見圖 15.49(a)	光阻去除，晶片清潔，見圖 15.51(c)
進行光阻修除	CVD 氧化物，見圖 15.52(a)
蝕刻 Nitride_N/Oxide_N，停在 Nitride_N-1 上，見圖 15.49(b)	CMP 氧化物，見圖 15.52(b)

15.3.4　3D-NAND 的通道模組

通道製程模組是 3D-NAND 製程中另一個獨特的製程，也是其中最具挑戰性的製程之一。在晶圓清潔、硬光罩層沉積和光阻塗佈後，會應用通道孔光罩，並先在硬光罩上 (通常是非晶質碳) 蝕刻通道孔。接著將硬光罩圖案用於蝕刻 ONON 疊層。通道孔非常深，具有高深寬比 (HAR)。隨著 3D-NAND 的縮小比例，通道孔的層數和深寬比會增加。圖 15.53(a) 展示通道孔光罩，圖 15.53(b) 顯示圖 15.53(a) 下半部分實線處的剖面圖，爲蝕刻後、光阻去除和清潔後的狀態。圖 15.54(c) 是圖 15.53(b) 中橢圓框的放大圖，圖 15.54(f) 是圖 15.53(b) 中矩形框的放大圖。請注意，圖 15.54(a) 中的孔尺寸和孔間距比例與實際元件不成比例。

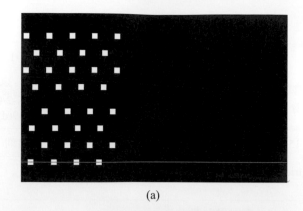

(a)

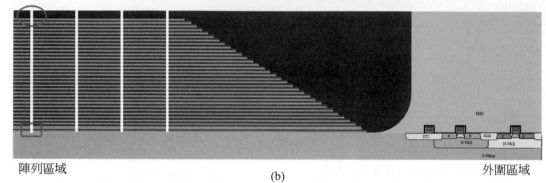

陣列區域   (b)   外圍區域

圖 15.53　示意圖：(a) 通道光罩；(b) 沿著實線的剖面圖。

　　因為環閘金氧半場效電晶體 (gate-all-around MOSFET) 和快閃記憶體單元的通道寬度是由通道孔的周長所決定，所以在通道孔、晶片和晶圓中進行關鍵尺寸控制，以及晶圓間的一致性，對於保持穩定的元件性能和良率至關重要。通道孔需要一直蝕刻到基板，否則串列的通道無法連接到源極 (接地)，這將導致良率降低。

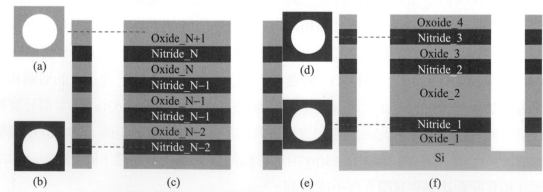

圖 15.54　(a) 矽蓋氧化層通道孔的俯視圖；(b)Nitride_N-2 通道孔的俯視圖；(c) 沿通道的剖面圖；(d)Nitride_3 通道孔的俯視圖；(e)Nitride_1 通道孔的俯視圖；(f) 在通道孔底部沿通道的剖面圖。

　　圖 15.54 是通道孔在不同位置的剖面圖和切片俯視圖。圖 15.54(a) 是通道孔在矽蓋氧化層中的俯視圖，在圖 15.54(c) 中以虛線標示在其旁邊。我們可以看到，在這個製程階段，這個通道孔被氧化物所包圍。圖 15.54(b) 是 Nitride_N-2 中通道孔的俯視圖，在圖 15.54(c) 中以虛線標示在其旁邊。我們可以看到，在這個製程階段，這個通道孔被氮化物所包圍。圖 15.54(c) 是多層結構頂部剖面圖的近距離示意圖，在圖 15.53(c) 中的通道孔頂部用圓圈標示。圖 15.54(d) 是 Nitride_3 中通道孔的俯視圖，其被氮化物所包圍。圖 15.54(e) 是 Nitride_1 中通道孔的俯視圖。這部分最終將成爲較低的選擇閘極，其後續製程與其他氮化物層中的其他元件相當不同。圖 15.54(f) 是多層結構底部附近的剖面圖的近距離示意圖，在圖 15.53(b) 中以矩形框標示。

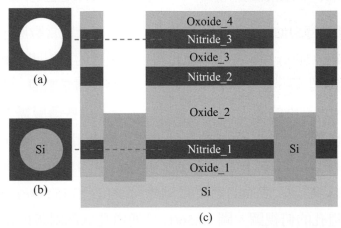

圖 15.55　通道底部 SEG Si 的示意圖：(a)Nitride_3 的俯視圖；(b)Nitride_1 的俯視圖；(c) 沿通道的剖面圖。

　　圖 15.55 顯示通道孔底部選擇性磊晶生長 (SEG) 矽的示意圖。圖 15.55(a) 和圖 15.55(b) 分別是 Nitride_3 和 Nitride_1 在通道製程步驟的俯視圖。我們可以看到，在通道孔底部，只有在暴露的單晶矽上進行磊晶生長。在 Oxide_2 內有選擇 SEG 矽是非常重要的，而且故意使其沉積比其他氧化物層更厚。如果 SEG 矽太薄且仍在 Nitride_1 中，較低的選擇閘極將無法正常運作。如果 SEG 矽太厚，或者 SEG 矽生長進入 Nitride_2，將會在選擇閘極和記憶體單元之間造成短路。無論哪種情況都會導致良率損失。因此，在圖 15.54(f) 和圖 15.55(c) 之間的 SEG 前清潔製程非常關鍵，因爲通道孔底部的任何殘留物都可能導致 SEG Si 的問題，影響產品的良率。SEG 矽製程僅影響通道孔的底部，不會影響頂層，因此我們沒有顯示頂層的剖面圖。

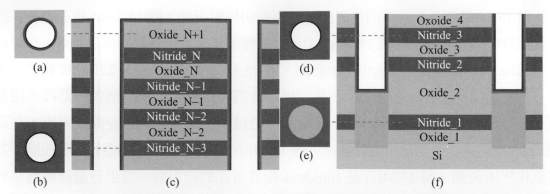

圖 15.56　通道介電質沉積後的示意圖：(a) 矽蓋氧化層通道孔的俯視圖；(b)Nitride_N-2
通道孔的俯視圖；(c) 沿通道頂部的剖面圖；(d)Nitride_3 通道孔的俯視圖；
(e)Nitride_1 通道孔的俯視圖；(f) 在通道孔底部沿通道的剖面圖。

　　在通道孔底部進行SEG矽後，會沉積薄而均勻的高介電常數層、電荷捕捉層(SiN)
和閘極氧化層。圖 15.56(a) 顯示在矽蓋氧化層中通道孔的俯視圖。我們在通道孔中繪
製三層，包括閘極氧化層、矽氮化物電荷捕捉層和高介電常數層。在實際產品中，根
據元件性能和產品可靠性的要求，可能會有更多層。這些薄層需要在高深寬比通道
孔的側壁上均勻地覆蓋，因此 ALD 製程最適合這種應用。圖 15.56(a) 和 15.56(b) 分
別是在矽蓋氧化層和 Nitride N-1 中通道孔的俯視圖。圖 15.56(c) 是通道孔在沉積通道
介電層後靠近多層結構頂部表面的剖面圖。圖 15.56(d) 和 15.56(e) 分別是在 Nitride_3
和 Nitride_1 中通道孔的俯視圖。圖 15.56(f) 是通道孔底部附近的剖面圖。我們可以
看到，在這個階段，介電層阻擋了通道，因此需要一個蝕刻製程來去除底部的這些介
電層，以確保通道和基板之間的電氣連接。

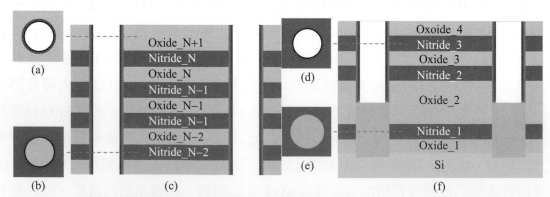

圖 15.57　通道介電層回蝕後的示意圖：(a) 矽蓋氧化層通道孔的俯視圖；(b)Nitride_N-2
通道孔的俯視圖；(c) 沿通道頂部的剖面圖；(d)Nitride_3 通道孔的俯視圖；
(e)Nitride_1 通道孔的俯視圖；(f) 在通道孔底部沿通道的剖面圖。

　　在通道介電層均勻沉積後，進行垂直回蝕製程，將通道孔底部和晶圓表面的通道介電層去除。這個製程與形成側壁間隔物的介電層回蝕製程非常相似，後者在通道孔底部和晶圓表面去除介電層，同時保留介電層在通道孔的側壁上。圖 15.57 顯示了通道介電層回蝕後在不同位置的剖面圖和俯視圖。晶圓清潔後，沉積一層薄的多晶矽，這層多晶矽是環閘快閃記憶體單元的通道，以及連接位元線的上選擇閘極的通道。在氧化物 CVD 填滿通道孔後，會對其進行蝕刻，形成通道。然後會在凹陷的通道中沉積多晶矽，並透過多晶矽化學機械研磨形成將記憶通道連接到位元線的多晶矽封塞。圖 15.57(a) 顯示了 Oxide_N+1 中多晶矽封塞的俯視圖，圖 15.57(b) 是在 Nitride_N-3 中的通道的俯視圖。沿著靠近晶圓表面的通道的剖面圖如圖 15.57(c)。上選擇閘極將在 Nitride_N 中形成，如圖 15.57(c) 所示。在 Nitride_N-1 和 Nitride_N-2 中形成的元件通常是虛擬元件，用於防止上選擇閘極和記憶單元之間的串擾。在通道的底部附近，多晶矽層連接到 SEG 矽，該 SEG 矽是連接到源極線 (接地) 的較低選擇閘極的通道，如圖 15.57(f) 所示。圖 15.57(d) 和 15.57(e) 分別是圖 15.57(f) 中 Nitride_3 和 Nitride_1 的虛線位置的俯視圖。

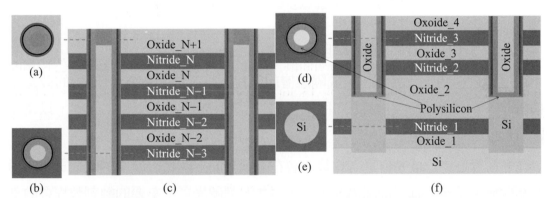

圖 15.58　(a) 多晶矽栓塞的俯視圖；(b)Nitride_N-2 通道孔的俯視圖；(c) 沿通道頂部的剖面圖；(d)Nitride_3 通道孔的俯視圖；(e)Nitride_1 通道孔的俯視圖；(f) 在通道孔底部沿通道的剖面圖。

　　圖 15.58 顯示了陣列區域多層疊層中填充的通道剖面圖，也稱為柱狀結構。我們可以看到，圖 15.58(c) 是圖 15.59 左上方方框的詳細圖。通道模組的製程列於表 15.14 中。

表 15.14　3D-NAND 通道形成製程步驟

通道孔光罩，見圖 15.53(a)	ALD 閘極氧化層，見圖 15.56(c) 和 15.56(f)。
蝕刻硬光罩和多層結構；去除硬光罩，晶圓清潔。參見圖 15.53(b) 和圖 15.54(c)	通道介電層回蝕；晶圓清潔，見圖 15.57(c) 和 15.57(f)
SEG 矽，參見圖 15.55(c)	沉積多晶矽通道層
ALD 高介電常數閘間介電層	沉積填充氧化層；氧化物凹陷
ALD 電荷捕捉氮化物層	多晶矽沉積，CMP 和清潔，見圖 15.58(c) 和 15.59

陣列區域　　　　　　　　　　　　　　　　　　　　　　　　　　　　週邊區域

圖 15.59　陣列區域多層通道孔的填充示意圖。

⊗ 15.3.5　3D-NAND 的隔離模組

在這個模組中，我們描述形成隔離層的製程，以及將 ONON 疊層中的矽氮化物替換為 TiN/W 的製程。這些製程用於在陣列區域形成控制閘極和字元線，以及在階梯區域形成字元線焊盤層。

在多層疊層中形成垂直通道柱後，會在晶圓表面上沉積一層厚的硬光罩層，通常是非晶碳層。然後，進行隔離溝光罩的應用並蝕刻硬光罩。主要的蝕刻製程會蝕刻透過 ONON 多層，直到達到矽基板，形成深且高深寬比的溝槽。在蝕刻製程完成後，硬光罩被去除，並且晶圓進行清潔。

圖 15.60　隔離光罩示意圖

圖 15.61(a) 顯示隔離光罩與通道光罩的重疊。圖 15.61(b) 是圖 15.61(a) 中實線處的剖面圖。圖 15.61(c) 是圖 15.65(a) 中虛線處的剖面圖。我們將專注於描述三個位置的製程步驟：圖 15.61(b) 中方框所示的階梯頂部部分；圖 15.61(c) 中圓圈所示的頂部部分以及方框所示的底部部分。

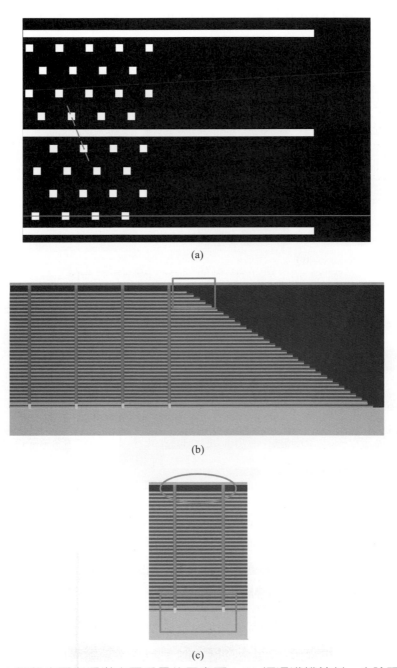

圖 15.61　(a) 隔離光罩與通道光罩重疊的示意圖；(b) 經過溝槽蝕刻、去除硬光罩和晶圓清潔後的實線處剖面圖；(c) 虛線處的剖面圖。

　　圖 15.62(a) 是通道接觸封塞在矽蓋氧化層的俯視圖。圖 15.62(b) 是通道單元的俯視圖，圖 15.62(c) 是靠近多層疊層頂部的剖面圖，該位置在圖 15.61(c) 中以圓圈標示。圖 15.62(d) 是 Nitride_3 中通道的俯視圖，圖 15.62(e) 是 Nitride_1 中下選擇閘極通道，即 SEG Si 的俯視圖，圖 15.62(f) 是靠近多層疊層底部的剖面圖，該位置在圖 15.61(c) 中以矩形框標示。圖 15.62(g) 是靠近階梯頂部的剖面圖，該位置在圖 15.61(b) 中以矩形框標示。圖 15.62(h) 描述了整個疊層結構。

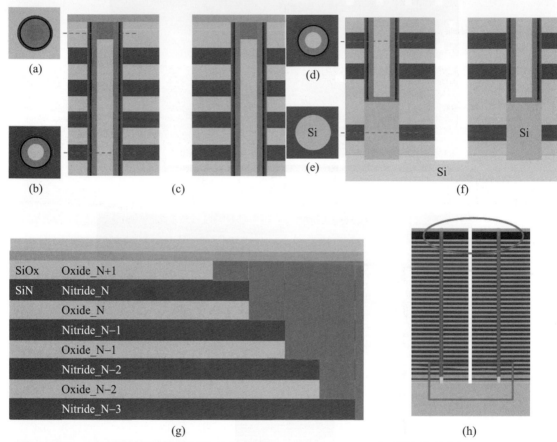

圖 15.62　(a) 矽蓋氧化層通道孔的俯視圖；(b)Nitride_N-3 通道孔的俯視圖；(c) 圖 15.61(a) 中沿虛線處的剖面圖；(d)Nitride_3 通道孔的俯視圖；(e)Nitride_1 通道孔的俯視圖；(f) 在通道孔底部沿通道的剖面圖；(g) 圖 15.61(b) 中方框的放大視圖；(h) 整個疊層結構的剖面圖。

　　在晶圓清潔完成後，使用高度選擇性的蝕刻製程，以損失最少矽氧化物和矽的方式，從多層疊層中去除所有的矽氮化物層。蝕刻劑透過隔離溝進入每個矽氮化物層，並且蝕刻製程的副產物可以透過隔離溝從這些層中清除。在去除矽氮化物並進行清潔後，陣列區域中只剩下矽氧化物層，這些層被通道柱所支撐。在這個階段，陣列區域看起來像一座未完工的摩天大樓，有一系列的柱子支撐著空著的樓層。

接下來，進行熱氧化製程，形成位於通道底部曾經是 Nitride_1 的間隙中的 SEG Si 柱周圍的閘極氧化層。在其他間隙中，通道多晶矽受到閘極氧化層、電荷捕捉氮化物和高介電常數閘間介電層的保護，而不會氧化。圖 15.63(a) 顯示通道接觸封塞的俯視圖，圖 15.63(b) 顯示在去除 Nitride_N-3 後形成的間隙中的通道的俯視圖。圖 15.63(c) 是靠近多層疊層頂部的剖面圖，有通道柱和隔離溝。圖 15.63(d) 是在去除 Nitride_3 後形成的間隙中的通道的俯視圖。在圖 15.63(e) 的俯視中，我們可以看到閘極氧化層在曾經是 Nitride_1 的間隙中的 SEG Si 柱周圍成長。圖 15.63(f) 是靠近多層疊層底部的剖面圖。

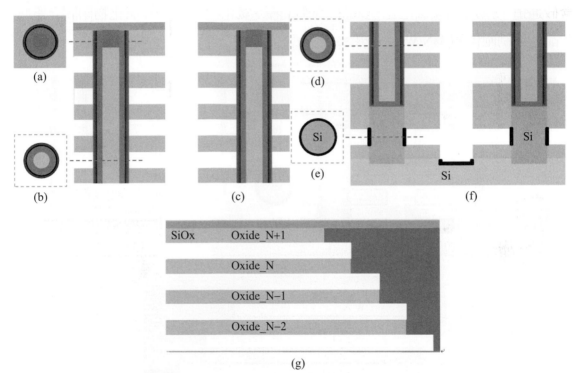

圖 15.63　(a) 矽蓋氧化層通道孔的俯視圖；(b)Nitride_N-2 通道孔的俯視圖；(c) 通道頂部的剖面圖；(d)Nitride_3 通道孔的俯視圖；(e)Nitride_1 通道孔的俯視圖；(f) 在通道孔底部沿通道的剖面圖；(g) 階梯頂部的剖面圖。

在下層選擇閘極氧化後，在間隙中沉積薄且覆蓋均勻的 ALD (TiN) 薄膜，完整覆蓋通道柱、氧化層和隔離溝的側壁。這個 TiN 層將用作選擇閘極和 NAND 快閃記憶體單元的控制閘極的閘極電極。它還是 W 的阻擋層 / 黏著層，W 將被沉積以填充間隙作為字元線導體。這些 W 也將用作階梯區的字元線焊盤層，允許字元線接觸 (WLC) 封塞放置在其上。圖 15.64(a) 和圖 15.64(b) 分別展示通道在矽蓋氧化層和 Nitride_N-3 中的俯視圖；圖 15.64(c) 顯示靠近多層疊層頂部的剖面圖。圖 15.64(d) 和圖 15.64(e)

顯示通道在 Nitride_3 和 Nitride_1 中的俯視圖；圖 15.64(f) 是靠近多層疊層底部的剖面圖。圖 15.64(g) 是靠近階梯頂部的剖面圖。

事實上，如果我們將圖 15.64(f) 的左側順時針旋轉 90°，它會與圖 15.40(b) 中顯示的 NAND 快閃記憶體串的左側相同，其中包含 SG0(源極選擇閘極)、WL01 和 WL02。對於圖 15.64 中顯示的 3D-NAND，快閃記憶體單元和選擇閘極都是閘極環繞式。3D-NAND 快閃記憶體單元層包括多晶矽通道、SiON 閘極氧化層、SiN 電荷捕捉層、SiOx/AlOx 閘間介電層、TiN 控制閘極和 W 字元線。它不具有浮動閘極，而是使用電荷捕捉層。而圖 15.42(b) 中顯示的 2D-NAND 快閃記憶體則是平面元件，包含矽通道、SiON 閘極氧化層、多晶矽浮動閘極、氧化物 / 氮化物 / 氧化物閘間介電層、多晶矽控制閘極和 TiN/W 字元線。

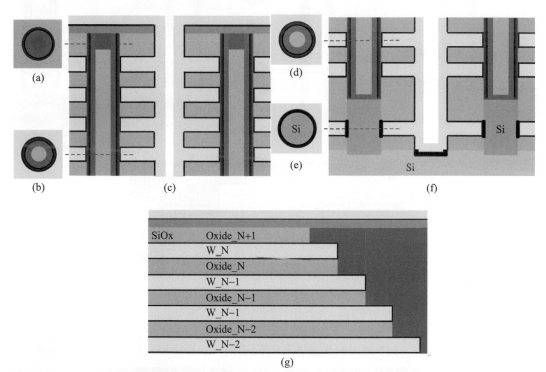

圖 15.64　(a) 矽蓋氧化層通道孔的俯視圖；(b)Nitride_N-2 通道孔的俯視圖；(c) 通道頂部旁的剖面圖；(d)Nitride_3 通道孔的俯視圖；(e)Nitride_1 通道孔的俯視圖；(f) 在通道孔底部沿通道的剖面圖；(g) 階梯頂部的剖面圖。

在鍍鎢 (W) 的過程中，精確控制 W 薄膜的均勻性和厚度非常重要。如果不均勻，它會在氧化層間的間隙中形成空隙。如果太厚，它可能會阻礙下一步的金屬蝕刻製程，並在隔離溝的側壁留下 W 殘留物，造成層之間的垂直短路。

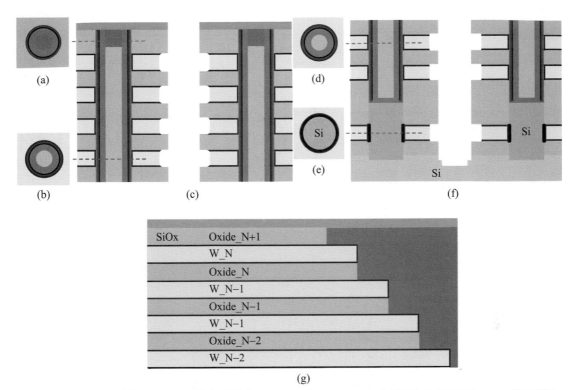

圖 15.65　(a) 矽蓋氧化層通道孔的俯視圖；(b)Nitride_N-3 通道孔的俯視圖；(c) 通道頂
　　　　　部的剖面圖；(d)Nitride_3 通道孔的俯視圖；(e)Nitride_1 通道孔的俯視圖；(f)
　　　　　在通道孔底部沿通道的剖面圖；(g) 靠近階梯頂部的剖面圖。

　　在接下來的步驟中，將使用對 W 和 TiN 高選擇性的化學物質，以最小的矽氧化
物損失，從隔離溝的側壁上移除 W 和 TiN，如圖 15.65 所示。在此階段，元件已形成。
通道接觸封塞由多晶矽形成，被矽蓋氧化層包圍，如圖 15.65(a) 所示。快閃記憶體單
元具有多晶矽通道，矽氧化物作爲閘極氧化層，矽氮化物作爲電荷捕捉層，高介電常
數材料作爲閘間介電層，而 TiN 作爲控制閘極，周圍環繞著 W，W 也是字元線的導體，
如圖 15.65(b)、15.65(c) 和 15.65(d) 所示。下層選擇閘極具有 SEG Si 通道，熱生長的
SiO_2 作爲閘極氧化層，以及 TiN 金屬閘極，如圖 15.65(e) 和 15.65(f) 所示。上層選擇
閘極與快閃記憶體單元相同，但在不同電壓下運作，利用沉積的氧化物、氮化物和高
介電常數材料作爲閘極氧化層，並以 TiN 作爲閘極電極。這是使用 SiN 電荷捕捉層
而不是多晶矽浮動閘極的優點之一。完全從隔離溝的側壁上移除 W 和 TiN 非常重要，
否則不同的字元線層將彼此短路。

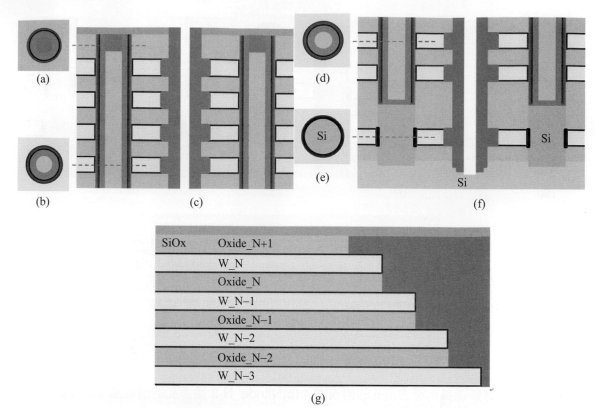

圖 15.66 (a) 矽蓋氧化層通道孔的俯視圖；(b)Nitride_N-3 通道孔的俯視圖；(c) 通道頂
部的剖面圖；(d)Nitride_3 通道孔的俯視圖；(e)Nitride_1 通道孔的俯視圖；(f)
在通道孔底部沿通道的剖面圖；(g) 靠近階梯頂部的剖面圖。

在晶圓清潔後，將氧化物層沉積到隔離溝槽中以密封金屬閘極。接著進行垂直蝕
刻製程，以去除隔離溝槽底部及晶圓表面的氧化層，如圖 15.66 所示。這將使 W 層
在隔離溝中與矽基板接觸，並在鄰近的記憶體陣列之間提供更好的電氣隔離效果。

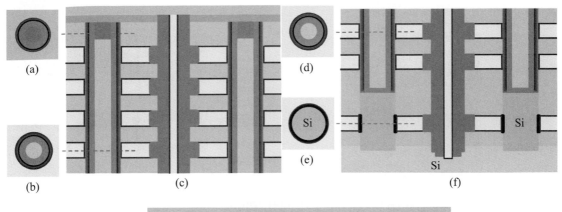

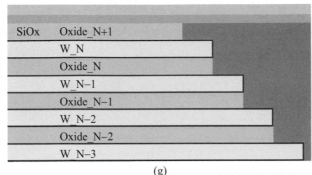

圖 15.67　(a) 矽蓋氧化層通道孔的俯視圖；(b)Nitride_N-3 通道孔的俯視圖；(c) 通道頂
　　　　　部的剖面圖；(d)Nitride_3 通道孔的俯視圖；(e)Nitride_1 通道孔的俯視圖；(f)
　　　　　在通道孔底部沿通道的剖面圖；(g) 靠近階梯頂部的剖面圖。

　　晶圓清潔完成後，在隔離溝中沉積 TiN 薄膜，覆蓋晶圓表面。接著，進行化學
氣相沉積 (CVD) 鎢 (W) 薄膜填充隔離溝，並透過鎢化學機械研磨 (WCMP) 製程將晶
圓表面的 W 和 TiN 去除，形成 W 隔離片和共用源極線。之後，在晶圓表面沉積一層
氧化物薄膜，如圖 15.67 所示。隔離模組製程步驟總結於表 15.15 中。下一個製程模
組是字元線接觸製程。

表 15.15　3D-NAND 隔離模組

晶圓清潔	TiN 和 W 沉積，如圖 15.64
隔離光罩，如圖 15.60	溝槽 W 和 TiN 去除，如圖 15.65
蝕刻硬光罩	晶圓清潔
在 ONON 的多層中蝕刻溝槽，終止在矽層上	氧化物沉積
去除硬光罩，如圖 15.61(c) 和圖 15.62	氧化物回蝕，如圖 15.66
去除氮化層	TiN 和 W 沉積
晶圓清潔	W CMP
SEG 的氧化，如圖 15.63	氧化物蓋層沉積，如圖 15.67

✖ 15.3.6 字元線接觸模組

在這一節中，我們將討論 3D-NAND 的字元線接觸 (WLC) 製程，其中接觸孔被蝕刻並落在 W 階梯和矽基板上。其獨特的原因在於每個字元線觸點都會有不同的深度。

在硬膜沉積和光阻塗佈之後，會應用字元線接觸光罩，如圖 15.68(a)。然後蝕刻硬光罩，再使用其來蝕刻氧化物中的接觸孔，使用高選擇性對鎢的蝕刻化學，因此當接觸孔達到較淺層的鎢焊盤時，蝕刻過程就停止，而在較深的孔中繼續蝕刻，如圖 15.68(b) 所示。我們已在第 9 章討論了不同孔深的接觸蝕刻中使用的蝕刻化學。

由於不同層的接觸孔深度不同，要在一個蝕刻製程中蝕刻所有接觸孔將非常困難，需要使用多個光罩。根據製程開發的情況，一個蝕刻製程可以蝕刻約 10 種不同深度的接觸孔，對於 32 層 3D-NAND 元件，需要使用 4 個光罩和 4 個蝕刻製程來蝕刻階梯和週邊的所有接觸孔。圖 15.68(c) 顯示經過階梯接觸蝕刻、去除硬光罩及清潔後的剖面圖。

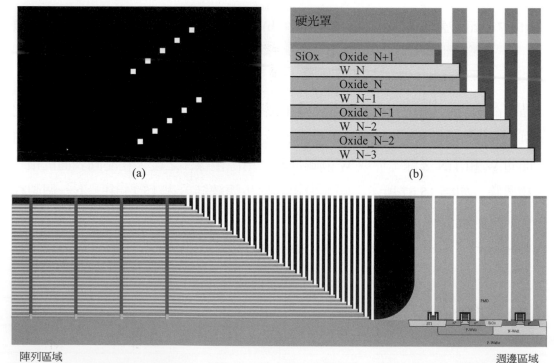

圖 15.68　(a) 字元線接觸光罩示意圖；(b) 階梯頂層的放大圖；(c) 陣列字元線接觸和週邊接觸的剖面圖。

　　當所有接觸孔蝕刻完成後，清洗晶圓，以去除接觸孔底部的聚合物殘留物。接著，進行濺鍍蝕刻，去除自然氧化層，並沉積阻隔層 TiN，如圖 15.69(a) 所示，隨後再進行鎢 (W) 沉積，如圖 15.69(b) 所示。WCMP 製程會將表面的 W 和 TiN 去除，形成字元線接觸封塞，如圖 15.69(c) 所示。這樣完成字元線接觸 (WLC) 模組。

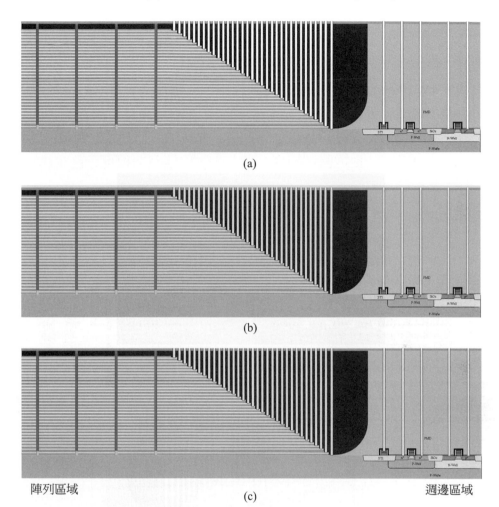

(a)

(b)

陣列區域　　　　　　　　　　　　　　　　　　　(c)　　　　　　　　　　　　　週邊區域

圖 15.69　接觸製程的步驟圖：(a)TiN 沉積後；(b)W 沉積後；(c)WCMP 後。

表 15.16　3D-NAND 字元線接觸模組

晶圓清潔	重複進行字元線接觸微影、蝕刻和清潔
第一個字元線接觸光罩，如圖 15.68(a)	去除硬光罩，晶圓清潔，如圖 15.68(c)
蝕刻硬光罩	TiN 薄膜沉積，如圖 15.69(a)
蝕刻較淺的字元線接觸。去除光阻和清潔，如圖 15.68(b)	W 沉積，如圖 15.69(b)
第二個字元線接觸光罩和蝕刻字元線接觸	W 與 TiN 的 CMP，如圖 15.69(c)
去除光阻和清潔	晶圓清潔。

圖 15.69(a)、15.69(b) 和 15.69(c) 分別描繪 TiN 沉積、W 沉積和 WCMP 的陣列區域、階梯區域和週邊區域的剖面圖。字元線接觸模組的步驟概述請參考表 15.16。

● 15.3.7　3D-NAND 的後端製程 (Back-end of Line, BEoL)

現在 3D-NAND 的前端製程已經完成，接續進行製程後端 (Back-end of Line, BEoL)。下一個模組是金屬 1 (Metal 1, M1)，這是一個鑲嵌製程，用於形成局部互連。它包括兩層，即第 1 層通孔 (Via 1, V1) 和金屬 1 (M1)。首先，沉積一層氧化層以覆蓋接觸的鎢塞 (W plugs)。在第一層通孔製程中，先應用 V1 光罩，這是一個結合通道光罩和接觸光罩的光罩，如圖 15.70 所示。通孔孔洞被蝕刻以落在通道的多晶矽塞 (channel polysilicon plugs) 和字元線接觸的鎢塞，見圖 15.71。

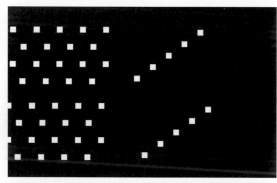

圖 15.70　V1 光罩的示意圖

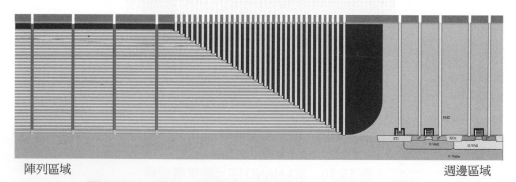

陣列區域　　　　　　　　　　　　　　　　　　　　　週邊區域

圖 15.71　單元、階梯和週邊區域中 V1 蝕刻的示意圖。

在加上 M1 光罩後，進行氧化物蝕刻過程以形成局部互連的沉澱槽。在去除光阻和清潔後，沉積 TiN 層和 W 來填充 M1 沉澱槽和 V1 孔洞。WCMP 蝕刻去除晶圓表面的 W 和 TiN，形成連接通道塞和接觸塞的 W 連線和連接塞，如圖 15.72 所示。

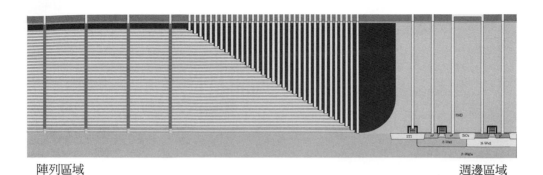

陣列區域   週邊區域

圖 15.72　單元、階梯和週邊區域中 V1 蝕刻的圖示。

　　金屬 2(M2) 形成陣列區域的位元線，階梯區域的源極線和字元線，以及週邊區域的互連。對於 32 層堆疊的 3D-NAND，位於兩個隔離溝之間的每個字元線 (WL) 都有 4 行通道孔，與字元線垂直的位元線需要分割成比通道孔疊密度高 4 倍的間距，以確保單個字串中的單個記憶元件具有一個位元信號和一個字元信號的註冊。在晶圓清潔和 ILD 沉積後，進行 V2 和 M2 製程。圖 15.73 描繪 V2 光罩。

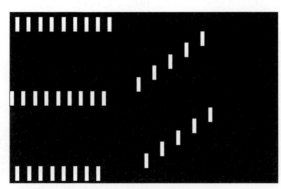

圖 15.73　V2 光罩示意圖

　　在 V2 蝕刻、去除光阻並清潔後，如圖 15.74(a) 所示，會沉積 TiN 膜層，然後進行 W 沉積，如圖 15.74(b) 所示，最後進行 WCMP 以去除表面的 W 和 TiN，形成 V2 的 W 封塞，如圖 15.74(c) 所示。

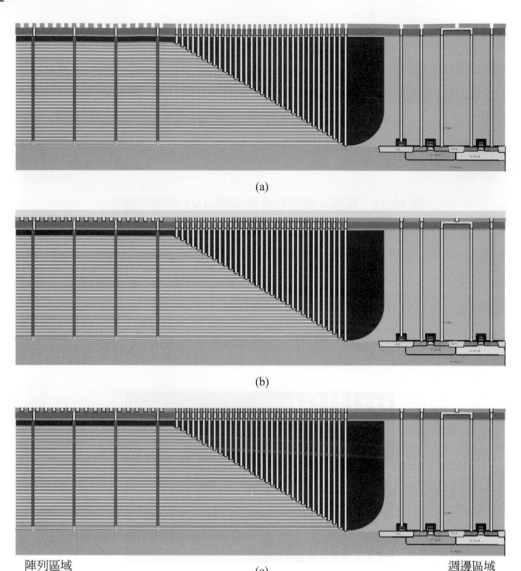

圖 15.74　陣列、階梯和週邊區域中的 V2 步驟圖：(a) 蝕刻；(b)TiN 和 W 沉積；(c)WCMP。

在 WCMP 之後，ILD 和 SADP 層 (例如硬光罩層、緩衝層和硬模板層) 被沉積，並且應用 M2 硬模板層光罩。M2 層在 3D-NAND 元件中具有最高的圖案密度，需要使用 193nm 浸潤式微影技術進行 SADP。在硬模板層蝕刻、光阻去除和清潔後，沉積了一層符合性的間隔膜，然後透過垂直蝕刻形成間隔物。去除硬模板層會使圖案密度增加一倍。然後蝕刻緩衝層，去除間隔物，並沉積一層阻塞層。進行 M2 的第二個光罩，用於陣列開放 (頂部阻塞層)、字元線和源極線 (SL) 線。字元線和週邊 M2 圖案較大，可以用單一光罩來進行圖案。蝕刻阻擋層後，進行硬光罩蝕刻和 M2 溝槽蝕刻，如圖 15.75(a) 所示。在沉積 TaN 膜和 Cu 種子層後，沉積巨量銅 Cu 層並進行退

火處理。Cu CMP 去除了在晶片表面上的 Cu、TaN 和硬光罩，完成形成陣列區域的
位元線、階梯區域的字元線和週邊線的 M2 製成，如圖 15.75(b) 所示。

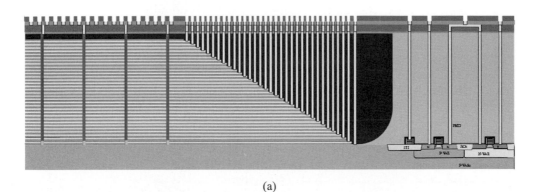

(a)

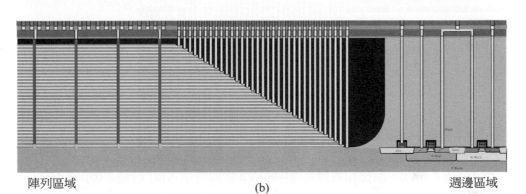

陣列區域　　　　　　　　　　　　　(b)　　　　　　　　　　　　週邊區域

圖 15.75　單元、階梯和週邊區域中的 M2 步驟圖：(a) 蝕刻後；(b)CuCMP 後。

對於 32 層堆疊的 3D-NAND，金屬 3(M3) 是最後一層金屬，它形成互連和焊盤。
它通常由一堆金屬組成：底部是 Ti 阻擋層，中間是鋁銅合金塊層，頂部是 TiN 抗反
射塗層 (ARC)。V3 是連接 M3 和 M2 的鎢封塞。

該過程始於 ILD 的沉積，接著進行 V3 光罩。透過蝕刻過程形成通孔，蝕刻過
程會在 M2 表面停止。經過光阻去除和清洗，如圖 15.76(a) 所示，接著沉積 TiN 阻擋
層，然後進行 WCVD 填充通孔並覆蓋整個晶圓表面。WCMP 過程從表面去除 W 和
TiN，形成 V3 的 W 封塞，如圖 15.76(b) 所示。

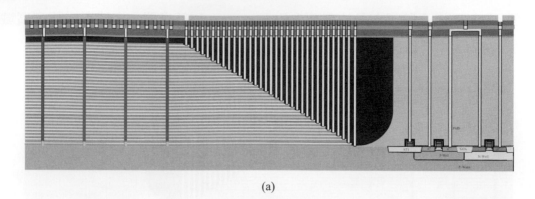

(a)

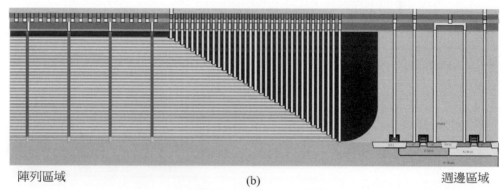

陣列區域   (b)   週邊區域

圖 15.76　單元、階梯和週邊區域中的 V3 步驟圖示：(a) 蝕刻；(b)WCMP。

　　晶圓清潔後，TiN/Al-Cu/TiN 金屬堆疊沉積在晶圓上，通常採用 PVD 製程，如圖 15.77(a) 所示。在應用 M3 光罩後，進行金屬蝕刻過程，通常會在原地去除光阻，以避免金屬受潮反應造成腐蝕。圖 15.77(b) 顯示經過 M3 蝕刻，去除光阻和清潔後形成 M3 導線的剖面圖。

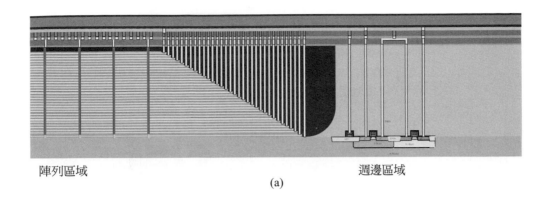

陣列區域   週邊區域

(a)

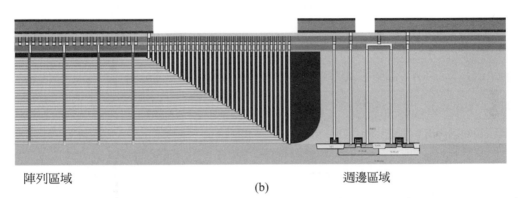

陣列區域   週邊區域

(b)

圖 15.77   單元、階梯區域和週邊區域中 M3 過程的步驟圖：(a) 金屬堆疊 PVD；(b) 金屬蝕刻、去除光阻和清潔。

    在 IC 製造廠中，3D-NAND 快閃記憶體晶片的最後一個製程是封裝層和焊墊的形成。首先使用 CVD 過程沉積封裝介電層，通常是矽氧化物然後是矽氮化物層。接著應用焊墊光罩，介電層蝕刻過程去除金屬接合墊頂部的氮化物和氧化物，這完成 3D-NAND 快閃記憶體晶片的晶圓製程。圖 15.78 為已完成的 3D-NAND 快閃記憶體的剖面圖，其中包含單元串列通道在陣列區域、WL/SL 接點插入階梯，以及外圍 CMOS 邏輯元件具有 W 栓塞和 W 區域互連。儘管所有三個通孔層都是由 TiN/W 形成，但三個金屬層是不同的：金屬 1 是 W/TiN，M2 是 Cu/TaN，而 M3 是 TiN/Al-Cu/TiN。由於焊盤不位於單元和週邊區域附近，因此在圖中並未顯示。現在晶圓已經準備好進行測試和封裝。表 15.17 列出了 3D-NAND 封裝層的製程步驟。

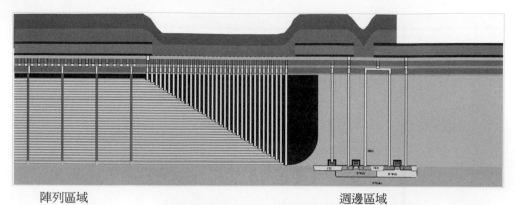

圖 15.78　完成的 3D-NAND 快閃記憶體的剖面示意圖。

陣列區域　　　　　　　　　　　週邊區域

表 15.17　3D-NAND BEoL 模組

氧化物 CVD。V1 光罩，如圖 15.70	塊層蝕刻和硬光罩蝕刻
V1 蝕刻，光阻去除 / 清潔，如圖 15.71	蝕刻氧化物，晶圓清潔，如圖 15.75(a)
光阻填充和回蝕，M1 光罩，M1 氧化物槽蝕刻，光阻去除和清潔	TaN 沉積，銅種子沉積，銅電鍍，銅退火和銅 CMP，如圖 15.75(b)
TiN 沉積，WCVD 和 WCMP。如圖 15.72	氧化物 CVD
氧化物 CVD。V2 光罩，如圖 15.73	V3 光罩，蝕刻氧化物，光阻去除和清潔，如圖 15.76(a)
蝕刻氧化物，光阻去除和清潔，如圖 15.74(a)	TiN 沉積，WCVD 和 WCMP，如圖 15.76(b)
TiN 沉積，WCVD，如圖 15.74(b)	PVD TiN，PVD Al-Cu，PVD TiN，如圖 15.77(a)
WCMP，如圖 15.74(c)	M3 光罩。蝕刻 TiN/W/TiN 金屬堆疊，光阻去除和清潔，如圖 15.77(b)
氧化物和 SAQP 層沉積。M2 SADP	氧化物 CVD，氮化物 CVD
M2 光罩 2：陣列槽阻塞，WL 線和週邊互連	焊盤光罩。蝕刻氮化物 / 氧化物，光阻去除和清潔，如圖 15.78

⊗ 15.3.8　3D-NAND 的總結與討論

　　我們已經詳細描述 3D-NAND 的製程。圖 15.79 顯示 3D-NAND 在形成通道、隔離和接觸塞之後的 3D 插圖。

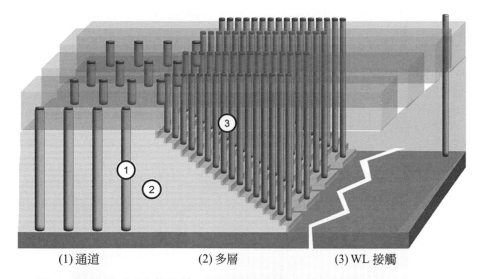

(1) 通道　　　　　　　　(2) 多層　　　　　　　　(3) WL 接觸

圖 15.79　是 3D-NAND 在形成通道、隔離和接觸塞之後的俯視圖。

資料來源：http://www.extremetech.com/wp-content/uploads/2012/06/3d-nand-flash.jpg，存取日期：2022 年 3 月 30 日。

　　前面章節描述的 3D-NAND 元件與圖 15.79 所示非常相似，這可以幫助我們圖象化看到的階梯、通道、隔離溝槽、取代多層堆疊中矽氮化物層的 TiN/W 層，以及與階梯上的 W 層連接的 W 栓塞。當然，也有一些差異，例如通道字串的數量；圖 15.79 顯示 16 個通道串，而我們描述的是 32 個。圖 15.79 僅顯示 1 行通道字串，而在我們的佈局中，每個 WL 條帶有 4 行，如圖 15.53(a) 所示。在後來的先進 3D-NAND 中，每個 WL 條帶的通道字串數量增加到 9 行，以提高記憶體密度。在圖 15.79 中，隔離溝槽僅填充氧化物，而我們描述的隔離溝槽不僅填充氧化物，還在氧化物層之間設有接地鎢片，以更好地隔離相鄰的字線並提供與源極線的連接。

　　自從 32 層的 3D-NAND 快閃記憶體進入市場以來，許多技術已經被開發並應用於製造中。總層數逼近 200，這得益於字串堆疊技術。通常使用多層堆疊的方法。例如，可以透過製造兩個層級，每個層級都包含 88 個堆疊，來形成 176 個總層疊。在第 1 層通道孔蝕刻完成後，填充材料被沉積並磨平，僅封裝第 1 層通道孔的頂部幾個堆疊，如圖 15.80(a) 所示。在第 2 層多層堆疊沉積後，將蝕刻第 2 層通道孔，需要精確落在第 1 層填充塞的頂部。在選擇性蝕刻過程中完全去除填充塞，形成比單次蝕刻形成的通道孔深兩倍的孔，如圖 15.80(b) 所示。

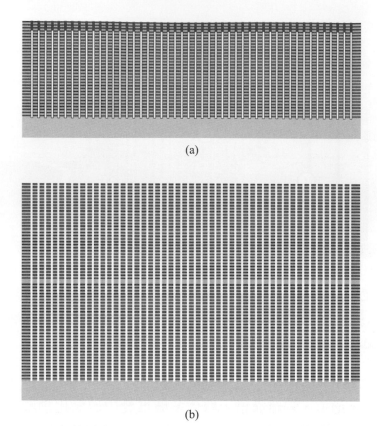

(a)

(b)

圖 15.80　3D-NAND 通道形成的多層堆疊。(a) 在第 1 層通道密封塞形成之後；(b) 在第 2 層通道孔蝕刻和第 1 層栓塞去除之後。

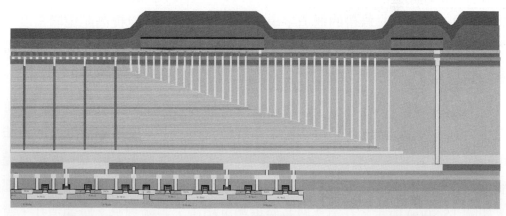

圖 15.81　一個具有 CUA 和 2 層堆疊的 3D-NAND 的示意圖。

　　有些晶片製造商使用稱爲週邊單元 (COP) 或陣列下 CMOS(CUA) 的技術，在 CMOS 電路的頂部製造多層堆疊的 3D-NAND 陣列，這也可以在不縮小特徵尺寸的情況下增加記憶體元件的密度。圖 15.81 顯示一個具有 CUA 和 2 層堆疊的 3D-NAND 的示意圖。

　　另一種方法是在一片晶圓上製造週邊 CMOS 電路，並在另一片晶圓上製造 3D-NAND 陣列，然後使用混合晶圓接合 (HWB) 技術將兩片晶圓面對面接合。理論上，這種方法有一些優勢，例如可以改善 CMOS 電晶體而不用擔心多層堆疊的加熱製程過程；使用銅而不是鎢進行更快的 CMOS 互連；以及 CMOS 與記憶體單元之間的距離較短。這種方法的妥協點是顯而易見的，它需要兩片晶圓，並且混合晶圓接合帶來了挑戰和成本問題，還需要矽通孔 (TSV)。圖 15.82 為具有 2 層堆疊、接合的 CMOS 和 TSV 的 3D-NAND 的示意圖。

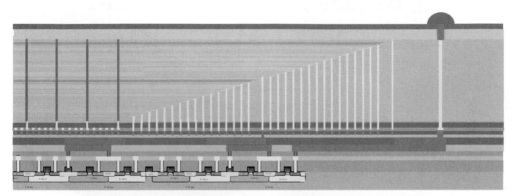

圖 15.82　具有 2 層串堆疊和接合 CMOS 的 3D-NAND 圖示。

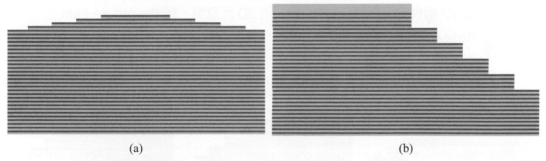

(a)　　　　　　　　　　　　　　　(b)

圖 15.83　2D 階梯形成圖：(a)4 個單 N/O 對階梯蝕刻在一個方向；(b) 多個四 N/O 對階梯蝕刻在另一個方向。

　　到目前為止，本節中所描述的階梯型字元線焊盤是單向的，也就是 1D 階梯。當堆疊數量增加時，形成這些階梯所需的面積和時間會越來越多。例如，如果每個光罩可以蝕刻 8 對氮氧 (N/O) 堆疊，256 層需要 32 個光罩，共 256 次 N/O 堆疊的蝕刻，而且如果每個階梯的寬度為 500nm，那麼階梯的總寬度可能達到 128 微米。為了解決這個問題並顯著減少階梯的製程時間和面積，已經開發 2D 階梯製程，並成為 3D-NAND 產品的主流。首先，它會在一個方向上對單個氮氧 (N/O) 對進行多次蝕刻，例如在圖 15.83(a) 中所示，進行 4 次蝕刻。然後，在另一個方向上蝕刻多個氮氧 (N/O) 對，例如在圖 15.83(b) 中所示的 4 個對。將修除光阻，然後再次蝕刻多個 N/O

對,直到光阻太薄,需要去除以應用另一層厚光阻和另一個階梯光罩。對於 256 層 3D-NAND,將需要 64 個 4 對階梯;如果每個光罩的光阻可以修除 8 次,將需要 8 個光罩。我們可以看到,與 1D 階梯所需的 32 個光罩相比,256 層的 2D 階梯只需 9 個光罩就可以形成。2D 階梯的俯視圖如圖 15.84(a) 所示,3D 示意圖如圖 15.84(b) 所示。

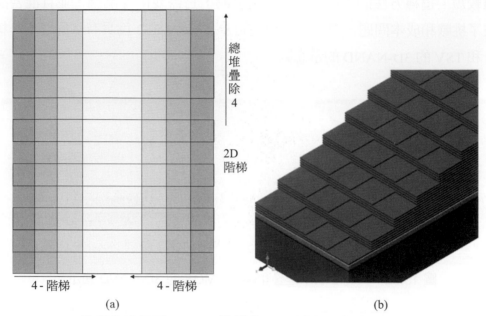

圖 15.84　(a)2D 階梯的俯視圖;(b)2D 階梯的 3D 示意圖。經 Coventor,Lam Research 公司許可使用。

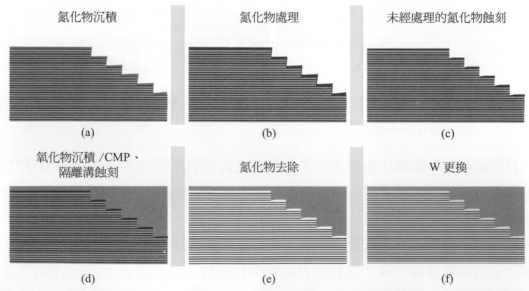

圖 15.85　具有較厚 W 的 WL 焊盤:(a) 沉積氮化物;(b) 氮化物處理;(c) 未經處理的氮化物去除;(d) 隔離溝刻蝕;(e) 氮化物去除;(f)WCVD。

　　當我們刻蝕 WL 接觸孔 (WLC 孔) 時，接觸孔有不同的深度，這意味著一些接觸孔已經達到了 W 焊盤層，而其他 WLC 孔則仍在進行中。因此，在 WL 接觸孔最終落在上面的 W 焊盤層上，增加 W 焊盤層的厚度可以防止 WLC 孔穿過並導致不同 WL 層之間短路。其中一種解決方案是使用沉積速率較高的氮化物，具有較差的側壁覆蓋，如圖 15.85(a) 所示，然後在垂直方向上使用等離子體離子轟擊來密實上部的氮化矽薄膜並提高其蝕刻抵抗性，如圖 15.85(b) 所示。高選擇性的化學蝕刻過程移除了側壁上的氮化物，由於幾乎沒有離子轟擊，所以側壁上的氮化物厚度更薄且蝕刻速度更快，同時蝕刻從未處理過的氮化物和 ONON 階梯的側壁氮化物 / 氧化物，如圖 15.85(c) 所示。在形成通道柱並刻蝕隔離溝 (圖 15.85(d) 所示) 後，氮化物被移除，如圖 15.85(e) 所示，並在氮化物去除後的空腔中沉積 W，階梯表面的較厚氮化物允許在階梯 WL 墊上形成更厚的 W 層，如圖 15.85(f) 所示。

　　雖然大多數 3D-NAND 製造商使用具有電荷捕捉層的快閃儲存單元，但有少數製造商仍繼續使用浮閘式記憶單元。爲了形成 FG 3D-NAND，多層結構是氧化物 / 多晶矽 / 氧化物 / 多晶矽或 OPOP 堆疊。刻蝕通道孔之後，OPOP 堆疊中的多晶矽層部分凹陷，隨後使用 ALD 過程均勻沉積閘極介電層 (IGD) 或多晶矽間介電層 (IPD) 層。然後將多晶矽用於浮動閘極，填充通道孔中留下的區域。通道孔的多晶矽薄膜在化學蝕刻過程中被去除，形成環形多晶矽漂浮閘極。在晶圓清洗之後，沉積閘極氧化物和通道多晶矽層，然後進行垂直蝕刻過程以去除通道孔底部的多晶矽和閘極氧化物。使用 CVD 氧化物填充通道孔。頂部選擇閘極 (位元線選擇閘極) 可以在經過氧化物 CMP 和多晶矽、氧化物、多晶矽、IGD 濕式蝕刻之後形成。在沉積蓋氧化物層之後，刻蝕隔離通道圖案，自對準矽化物可以在 OPOP 堆疊的多晶矽側壁中的溝槽中形成，以減少字元線的電阻。在去除未反應的金屬之後，填充溝槽，完成 FG 3D-NAND 的前端製程。圖 15.86(a) 是由 OPOP 堆疊製成的多晶矽浮動閘極 3D-NAND 單元的俯視圖，圖 15.86(b) 則是其剖面圖。

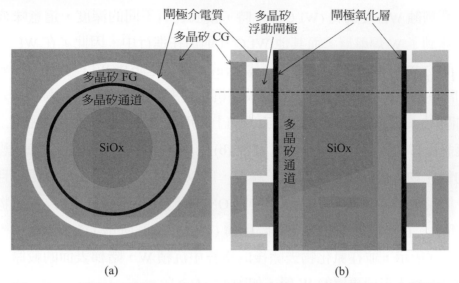

圖 15.86　採用多晶矽 FG 的 3D-NAND 單元：(a) 俯視圖；(b) 剖面圖。

　　相比之下，圖 15.87(a) 顯示由 ONON 堆疊製成的具有氮化物電荷捕捉層的 3D-NAND 單元的俯視圖，圖 15.87(b) 則說明其剖面圖。

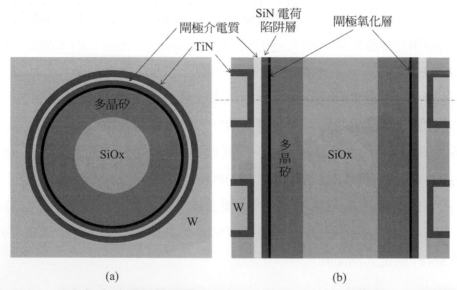

圖 15.87　具有氮化矽電荷捕捉層的 3D-NAND 單元：(a) 俯視圖；(b) 剖面圖。

　　透過增加堆疊數量，3D-NAND 快閃記憶體可以在不改善微影刻蝕解析度的情況下進行下一代的縮放。這將尺寸縮放的挑戰從次解析度圖案的微影刻蝕轉移到蝕刻 HAR 結構和在這些 HAR 結構中沉積共軛薄膜。當先前的層目標被埋藏在厚層之下，有時甚至在厚的不透明硬光罩層之下，微影刻蝕的重疊控制是非常具有挑戰性的。3D-NAND 快閃記憶體已成為主流的非揮發性記憶體產品，廣泛應用於固態硬碟 (SSD)、快閃記憶卡和 USB 隨身碟中。

15.4 高介電質、金屬閘極 FinFET CMOS 製造

⊗ 15.4.1 簡介

所謂的「美好的過往」，每一代 IC 技術節點的縮放，總是帶來更高的元件密度和更好的元件性能。然而，當 CMOS IC 從 90nm 發展到 65nm 技術節點時，縮放並未改善元件性能，只增加元件密度。主要原因是由於穿隧效應引起的漏電流使得閘極氧化層的厚度無法再進行縮放。

其中一個最重要的 MOSFET 元件性能參數是驅動電流 (I_D)，它與 $\mu\,(k/t_{ox})(W/L)$ 成正比，或者寫成：

$$I_D \propto \mu(k/t_{ox})(W/L)$$

這裡的 μ 代表通道材料的載子遷移率。對於 NMOS 來說，它是電子遷移率，而對於 PMOS 來說，則是電洞遷移率。k 代表閘極介電層的介電常數，而 t_{ox} 則是閘極氧化層的厚度。對於傳統的閘極介電層，如 SiO_2，$k_{SiO2} = 3.9$。W 是通道寬度，而 L 是通道長度，正如圖 15.88 中所示。

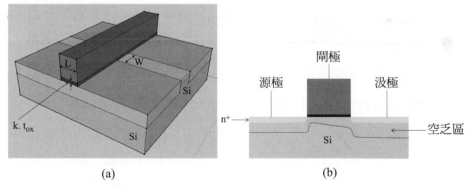

圖 15.88 平面 MOSFET 沿通道的：(a)3D 圖；(b)2D 剖面圖。

如果僅僅將平面 MOSFET 的特徵尺寸縮小，W 和 L 將以相同速率減小，I_D 將不會改善，除非 t_{ox} 也縮小。為了降低漏電流和功耗，有時也會將供電電壓和閾值電壓與閘極氧化層厚度一起縮放。然而，當 t_{ox} 變得非常薄且接近漏電和崩潰極限時，科學家和工程師必須尋找其他方法來改善 I_D。其中一種方法是使用應力層，和選擇性磊晶成長 (SEG) 矽鍺 (SiGe) 來產生通道應變，從而改善載子遷移率 μ 和驅動電流。另一種方法是將閘極矽氧化物摻雜氮形成氮化矽 (SiON)，它可以稍微增加 k 值，介於 SiO_2 的 3.9 和 Si_3N_4 的 7.5 之間，具體取決於氮的濃度。透過使用高介電質，如 Hf

$Si_xO_yN_z$，來取代 SiON，閘極介電層的 k 值會顯著增加。可以形成具有較薄的等效氧化層厚度 (EOT) 的閘極介電層，它等於 $(3.9/k)\ t_{ox}$，可進一步提高驅動電流。當 IC 製造業界的人們，在談論高介電質或低介電質時，他們是在與 SiO_2 進行比較的 k 值，即 3.9。

早期的 MOSFET 使用通常是鋁的金屬閘極。在 1970 年代中期引入離子佈植和自對準形成源 - 汲極後，金屬閘極被多晶矽取代。由於多晶矽是一種半導體，在外部電場作用時，在多晶矽和閘極氧化層的交界處總是會形成空乏層，這可能會影響通道的形成，尤其是當閘極氧化層變得非常薄時。重新引入金屬閘極可以解決多晶矽耗竭的問題。由於金屬是導體，它不會有載子耗竭的問題。

高 k 閘極氧化層和金屬閘極，首次在 45nm 技術節點中引入，這會降低 EOT 並改善元件性能。眞可謂一個重大的突破，因爲僅僅改變閘極氧化層，就已是巨大的挑戰，這是由於矽和高介電質之間的介面不匹配。金屬閘極形成了另一系列挑戰，NMOS 和 PMOS 需要不同的功函數金屬來控制它們的閾值電壓，並且需要控制功函數金屬與高介電質之間的介面。有兩種方法可以形成高介電質金屬閘極 (HKMG) MOSFET，一種稱爲閘極優先 (gate-first)，另一種稱爲最後閘極 (gate-last)。閘極優先的方法首先堆積高介電質閘極氧化層、金屬閘極和多晶矽層，然後進行閘極圖案製作和蝕刻形成 HKMG 元件。這種方法只被少數 IC 製造商在 32nm 及 28nm 技術節點中使用。從 22nm 及 20nm 技術節點開始，幾乎所有的 IC 製造商都採用最後閘極的方法。

下一個的主要技術發展是從平面 MOSFET 遷移到 FinFET。圖 15.89(a) 爲一個平面 MOSFET，圖 15.89(b) 爲一個 FinFET。我們可以看到，FinFET 可以在較小的矽表面積上實現相同的通道寬度。透過增加鰭片高度，可以進一步增加通道寬度，因此，它可以在不縮小元件特徵尺寸的情況下，進一步提高元件性能。當然，鰭片高度縮放也有限制。如果鰭片太高，深寬比太高，蝕刻和清洗鰭片可能會非常困難，容易導致鰭片坍塌，並且在填充鰭片之間的 STI 時，可能很難沉積無空隙的介電材料。

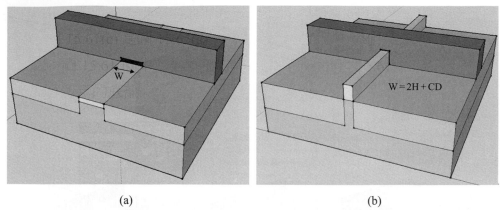

(a)　　　　　　　　　　　　　(b)

圖 15.89　平面示意圖：(a) MOSFET；(b) FinFET

🅧 15.4.2　基礎 FinFET 製程

　　為了製造如圖 15.89(b) 所示的 FinFET，對矽鰭片需要蝕刻，類似於 STI 製程，但主動區 (AA) 要窄得多，如圖 15.90(a)。經過晶圓清洗和氧化後，沉積並平坦化氧化層，如圖 15.90(b)。接著將氧化層凹陷，使矽鰭片暴露出來，如圖 15.90(c) 所示。晶圓清洗和閘極氧化後，沉積多晶矽，並進行化學機械研磨 (CMP)，如圖 15.90(d)。多晶矽蝕刻形成閘極電極，如圖 15.90(e) 所示，自對準源 - 汲極摻雜和 RTA(快速退火) 完成了基底矽 FinFET 的形成，如圖 15.90(f) 所示，與圖 15.89 的俯視角度略有不同。表 15.19 列出基底晶圓 FinFET 製程步驟。

表 15.19　n 通道 FinFET 在 P 型基材晶圓上的製程步驟

晶圓清洗。氧化底層、氮化物沉積	氧化物凹槽，去除氮化物 / 氧化底層，見圖 15.90(c)
製作主動區 (AA) 光罩	閘極氧化，多晶矽沉積
蝕刻氮化物 / 氧化物	多晶矽化學機械研磨，見圖 15.90(d)
去除光阻並進行晶圓清潔	製作閘極光罩
蝕刻矽材料	多晶矽蝕刻
去除氮化物 / 氧化底層並進行晶圓清潔，見圖 15.90(a)	去除光阻並進行晶圓清潔，見圖 15.90(e)
沉積氧化物	自對準 N 型源 / 汲極摻雜
進行氧化物化學機械研磨，見圖 15.90(b)	快速退火 (RTA)，見圖 15.90(f)

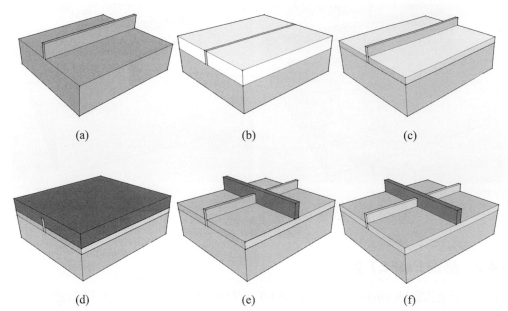

圖 15.90 基底矽 FinFET 形成過程的 3D 視圖：(a) 鰭片蝕刻；(b)STI 氧化物沉積和化
學機械研磨；(c)STI 氧化物凹槽；(d) 閘極氧化、多晶矽沉積和化學機械研磨；
(e) 多晶矽蝕刻；(f) 源 / 汲極摻雜。

我們可以看到，FinFET 製程與平面 MOSFET 製程相似，但也面臨幾個主要挑戰。其中之一是鰭片的形成，包括鰭片圖案製作、鰭片蝕刻和 STI 氧化物凹陷。在平面 MOSFET 中，閘極的圖案間距最小。而在 FinFET 中，鰭片的圖案間距要比閘極小。例如，先進 3nm 節點的鰭片間距為 26nm，閘極間距為 45nm。使用 193nm 浸潤式微影技術，晶圓廠需要使用多個切割光罩進行 SAQP 以形成鰭片圖案，以及至少一個切割光罩進行 SADP 以形成閘極圖案。在硬光罩鰭片圖案製作後，矽鰭片蝕刻過程也非常具有挑戰性，因為鰭之間的間隙又深又窄，深寬比很高。在 STI 氧化物沉積和化學機械研磨後，氧化物凹陷也非常具有挑戰性，因為 STI 氧化物凹陷需要在適當深度停止蝕刻，而且不能使用蝕刻停止層。原因是鰭片高度由氧化物凹陷的深度決定，進而影響 FinFET 通道寬度，$W = 2H + CD_{fin}$。另一個重要的挑戰是多晶矽蝕刻，這決定了通道長度。對於平面 MOSFET，多晶矽層沉積在相對平坦的表面上，蝕刻過程可以使用閘極氧化層作為終點標誌。而對於 FinFET，多晶矽具有由鰭片高度決定的重要步驟。當蝕刻達到鰭片頂部時，鰭片下方的多晶矽仍然需要以幾乎直立的形狀完全去除，如圖 15.90(e) 所示。如果鰭片頂部的閘極氧化層在多晶矽蝕刻過程中出現裂痕，將會導致源 / 汲極損失或鰭的損失。如果蝕刻不完全，將會在鰭片的底部角落留下多晶矽殘餘物，導致相鄰閘極之間出現短路，這些都是對產品良率的致命缺陷。

　　對於 28nm 以及以上技術節點的 CMOS 邏輯元件，需要使用高介電質金屬閘極 (HKMG) 以滿足性能要求。為了製造閘極後製的高介電質金屬閘極 FinFET，需增加一些製程步驟。首先沉積 ILD1 氧化物，然後進行化學機械研磨 (CMP)，以平坦化氧化物表面，如圖 15.91(a)。接續進行氧化物 CMP，直到它達到多晶矽閘極，如圖 15.91(b) 所示。完全去除多晶矽閘極頂部的所有氧化物非常重要，否則殘留的氧化物可能影響多晶矽的去除。接著進行虛擬多晶矽的去除，如圖 15.91(c) 所示。這也是一個關鍵的步驟，需要移除溝槽內所有的多晶矽。溝槽內的多晶矽殘留物可能導致元件故障。同時，在從溝槽內去除多晶矽時，應力變化可能會使溝槽壁附近的閘極氧化層產生裂痕，這可能導致 ILD 下方的鰭的損失。在去除虛擬閘極氧化物和清洗晶圓後，使用 ALD 過程生長或沉積一層薄的二氧化矽。使用 ALD 過程沉積基於鉿的高介電質，接著進行功函數金屬的沉積。對於 PMOS，常用的功函數金屬是 ALD TiN。對於 NMOS，通常使用 TiAlN。在沉積薄的高介電質金屬閘極層後，通常使用 ALD TiN 層和化學氣相沉積 (CVD) 鎢層作為金屬填充層，以填充狹窄的溝槽，如圖 15.91(d)。金屬閘極化學機械研磨 (CMP) 從晶圓表面去除金屬層和高介電質，只留下溝槽內的金屬閘極和高介電質，如圖 15.91(e) 所示。

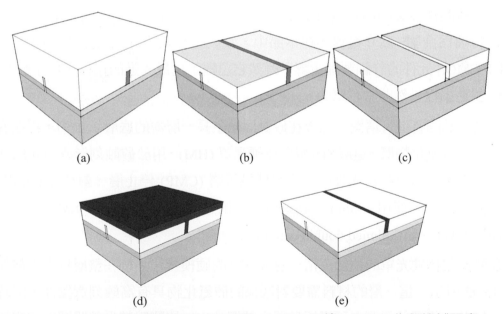

圖 15.91　HKMG FinFET 製程過程的 3D 圖：(a)ILD 沉積；(b)ILD 化學機械研磨；
(c) 多晶矽去除；(d) 高 k、金屬閘極、鎢層沉積；(e) 金屬化學機械研磨。

表 15.20　使用閘極後製方法進行 HKMG 形成的製程步驟

ILD 沉積	NMOS 功函數金屬的沉積
ILD 化學機械研磨，見圖 15.91(a)	TiN 沉積
ILD 化學機械研磨，停止在多晶矽上，見圖 15.91(b)	W 沉積
虛擬多晶矽閘極去除	鎢化學機械研磨 (WCMP)，見圖 15.91(d)
晶圓清潔，見圖 15.91(c)	繼續進行鎢化學機械研磨，並進行鈦氮化物的化學機械研磨 (TiN CMP)
高介電質沉積	晶圓清潔，見圖 15.91(e)

對於平面 HKMG MOSFET，在沉積高介電質和功函數金屬後，使用鋁作為填充物來填充閘極溝槽。對於 FinFET，由於閘極溝槽的深寬比顯著高於平面 MOSFET，因此需要更好的填孔能力。因此，鎢通常被用作填充狹窄且深的閘極溝槽。閘極後製的 HKMG 製程步驟列於表 15.20 中。

⊗ 15.4.3　FinFET CMOS 製程

在上一節中，我們簡要地解釋如何在 SOI 晶圓和基材矽晶圓上製造 FinFET 元件。我們還描述閘極後製的高介電質金屬閘極 (HKMG) 製程，該製程將多晶矽 / SiON 虛擬閘極替換為金屬 / 高介電質。在本節中，我們將討論第一代大規模生產的 HKMG FinFET CMOS 元件的詳細製程步驟。雖然它已經不是最先進的技術，但了解 FinFET CMOS 製造過程仍然非常有幫助。

首先，晶圓會進行清潔，然後在矽表面熱生長一層薄的底層氧化物，再在底層氧化物上沉積矽氮化物層。這層 SiN 層用作硬光罩 (HM)，用於矽蝕刻形成 FinFET 的鰭，同時也用作 STI 氧化物拋光期間的化學機械研磨 (CMP) 停止層。對於 22nm 和 14nm 節點，鰭間距對於使用 193nm 浸潤式微影技術進行單次圖案製作來說太小了，因此需要使用 SADP (self-aligned double patterning)。

在矽氮化物硬光罩的頂部沉積一層 SADP 的硬模板，然後在整層堆上塗佈光阻，如圖 15.92 所示。這一層的材料需要對底部的矽氮化物具有高蝕刻選擇性，同時也需要對其側壁上將沉積的側向硬模板具有高選擇性，以使間距減半並將圖案密度加倍。虛擬 / 側向硬模板的可能組合是 a-Si/SiOx，即非晶矽和氧化矽。

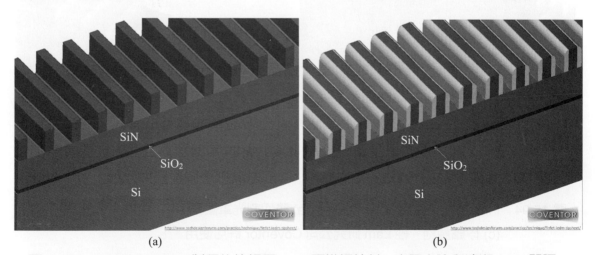

圖 15.92 FinFET CMOS 製程的俯視圖。晶圓清潔、焊盤氧化、SiN 沉積、SADP 虛擬層沉積和光阻塗佈。經 Lam 研究公司 Coventor 許可使用。

使用線 - 空間鰭虛擬圖案光罩進行光阻圖案製作後，對虛擬圖案或硬模板進行蝕刻，直到達到 SiN 表面，如圖 15.93(a) 所示。光阻去除後進行清潔，然後沉積一層均勻介電層。在垂直方向回蝕介電層，形成硬模板側壁的間隔物，如圖 15.93(b) 所示。移除硬模板後，留下的間隔圖案形成線間隔圖案，其密度是原始虛擬圖案密度的兩倍，如圖 15.93(c) 所示。如果使用非晶矽 (α-Si) 作爲硬模板，氫氧化鉀 (KOH) 可用於去除它，對矽氧化物間隔物和矽氮化物硬光罩影響很小。具有 42nm 鰭片間距的 14nm FinFET 可以通過此處描述的 193nm 浸潤式 SADP 製程形成。

圖 15.93 FinFET CMOS 製程的俯視圖：(a) 硬模板蝕刻、光阻去除和清潔；(b) 間隔膜部和間隔物蝕刻；(c) 硬模板移除。經 Lam 研究公司 Coventor 許可使用。

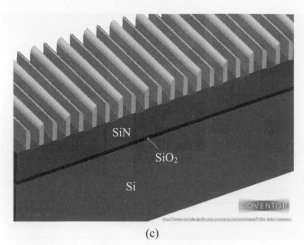

(c)

圖 15.93 FinFET CMOS 製程的俯視圖：(a) 硬模板蝕刻、光阻去除和清潔；(b) 間隔膜部和間隔物蝕刻；(c) 硬模板移除。經 Lam 研究公司 Coventor 許可使用。(續)

　　在晶圓清潔後，將光阻塗佈在晶圓表面，並使用切割光罩來製作光阻圖案，如圖 15.94(a)。然後進行各向異性蝕刻過程，在未設計鰭片的區域去除間隔物圖案，同時保留間隔物圖案在將形成鰭的區域。光阻去除和清潔後，留下的間隔物圖案可以用於蝕刻 SiN 硬光罩，如圖 15.94(b) 所示。在突破氧化層後，主要蝕刻過程使用 SiN 硬光罩圖案蝕刻矽鰭，如圖 15.94(c) 所示。

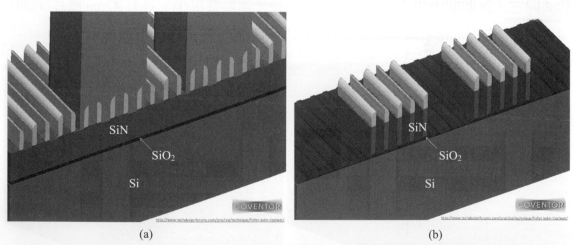

(a)　　　　　　　　　　　　　　　　　　(b)

圖 15.94 FinFET CMOS 製程的俯視圖：(a) 鰭切割光罩圖案製作；(b)SiN 硬光罩蝕刻；(c) 矽鰭蝕刻。經 Lam 研究公司 Coventor 許可使用。

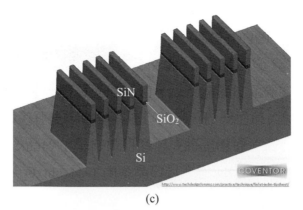

(c)

圖 15.94　FinFET CMOS 製程的俯視圖：(a) 鰭切割光罩圖案製作；(b)SiN 硬光罩蝕刻；
　　　　(c) 矽鰭蝕刻。經 Lam 研究公司 Coventor 許可使用。(續)

　　在晶圓清潔後，進行一層介電層 (ILD) 的沉積，如圖 15.95(a)。使用 SiN 作為終
點的 ILD 化學機械研磨 (CMP)，如圖 15.95(b) 所示。在 ILD 蝕刻後，去除 SiN 和底
氧化層。接著，生長一層犧牲氧化層，然後進行井佈植光罩的應用，透過離子植入在
通道和基板之間形成隔離井，之後去除犧牲氧化物並清潔晶圓，如圖 15.95(c) 所示。
這完成了鰭片的形成。如前所討論的，控制鰭片的高度非常重要，因為它直接影響
FinFET 元件的閘極寬度。

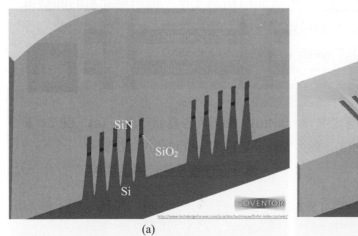
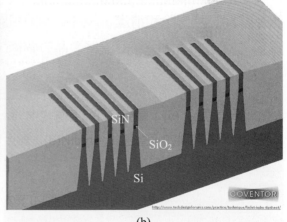

(a)　　　　　　　　　　　　　　　　　　　　(b)

圖 15.95　FinFET CMOS 製程的俯視圖：(a) 包括 ILD0 的沉積；(b)ILD0 CMP；(c) 去
　　　　除矽化氮、底氧化層和犧牲氧化物的生長和犧牲氧化物的去除。經 Lam 研究
　　　　公司 Coventor 許可使用。

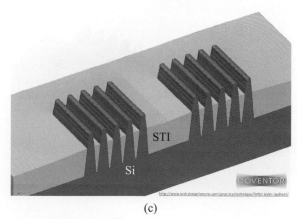

(c)

圖 15.95　FinFET CMOS 製程的俯視圖：(a) 包括 ILD0 的沉積；(b)ILD0 CMP；(c) 去
　　　　除矽化氮、底氧化層和犧牲氧化物的生長和犧牲氧化物的去除。經 Lam 研究
　　　　公司 Coventor 許可使用。(續)

　　在鰭片的形成後，對晶圓進行清潔，然後沉積虛擬閘極氧化物層，接著進行多
晶矽的沉積和化學機械研磨。然後，沉積一層硬光罩層，如圖 15.96(a) 所示，接著
使用閘極光罩在光阻上形成線 - 空間圖案。根據製程技術的要求，如果閘極間距大於
76nm，可以使用 193nm 浸潤式微影製程，單次曝光顯影來形成線 - 空間圖案。如果
閘極間距小於 76nm，則需要使用間距倍增技術，例如 SADP。在硬光罩蝕刻後，進
行光阻去除和清潔，如圖 15.96(b) 所示，然後使用切割光罩，蝕刻硬光罩的線圖案。
然後進行光阻去除和清潔，設計好的閘極圖案形成在硬光罩上。然後使用這個硬光罩
圖案來蝕刻多晶矽，形成虛擬多晶矽閘極，如圖 15.96(c) 所示。

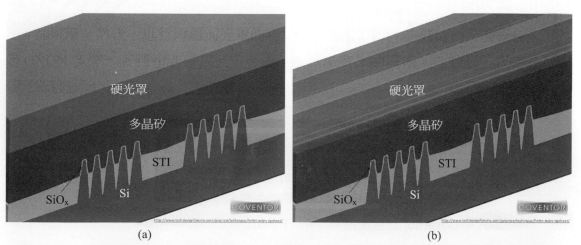

(a)　　　　　　　　　　　　　　　　　(b)

圖 15.96　虛擬閘極形成的製程過程：(a) 氧化物 / 多晶矽沉積，多晶矽化學機械研磨和
　　　　硬光罩沉積；(b) 硬光罩蝕刻，光阻去除和清潔；(c) 多晶矽切割蝕刻，光阻
　　　　去除和清潔和多晶矽蝕刻。經 Lam 研究公司 Coventor 許可使用。

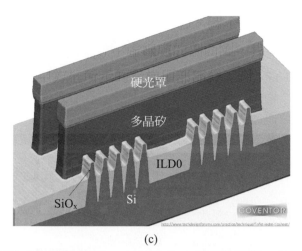

(c)

圖 15.96　虛擬閘極形成的製程過程：(a) 氧化物／多晶矽沉積，多晶矽化學機械研磨和
　　　　　硬光罩沉積；(b) 硬光罩蝕刻，光阻去除和清潔；(c) 多晶矽切割蝕刻，光阻
　　　　　去除和清潔和多晶矽蝕刻。經 Lam 研究公司 Coventor 許可使用。(續)

　　現在，形成了鰭片和虛擬多晶矽閘極圖案，其中有一層虛擬閘極氧化物夾在它們
之間。下一個製程是形成源極和汲極，其中涉及保護層的沉積，自對準摻雜，例如離
子植入和選擇性磊晶生長 (SEG)。

　　晶圓清潔後，沉積一層薄的介電質襯層，接著進行介電質層的沉積，如圖
15.97(a) 所示。然後加上 PMOS 光罩，使 NMOS 區域被光阻覆蓋，以便形成 PMOS
的源極和汲極。在 PMOS 層蝕刻和鰭間隔去除後，去除光阻並清潔晶圓，接著矽被
蝕刻，如圖 15.97(b) 所示。然後在 SEG 製程中成長高度 P 型摻雜的矽鍺 (SiGe)，如
圖 15.97(c) 所示。這完成了 PMOS 的源極和汲極的形成。

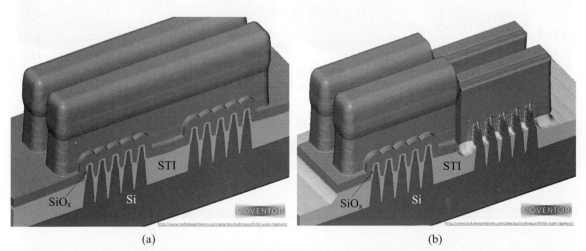

(a)　　　　　　　　　　　　　　　　　　　(b)

圖 15.97　PMOS 源極和汲極形成的製程過程：(a) 介電質層的沉積；(b)PMOS 源極和
　　　　　汲極層蝕刻、鰭間隔去除、光阻去除和晶圓清潔，並進行矽蝕刻；(c)SEG 生
　　　　　長高度 P 型摻雜的矽鍺。

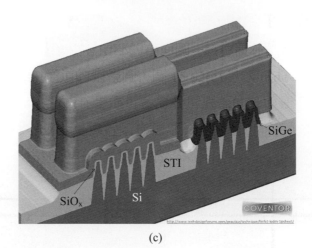

(c)

圖 15.97　PMOS 源極和汲極形成的製程過程：(a) 介電質層的沉積；(b)PMOS 源極和
汲極層蝕刻、鰭間隔去除、光阻去除和晶圓清潔，並進行矽蝕刻；(c)SEG 生
長高度 P 型摻雜的矽鍺。(續)

　　接著，應用 NMOS 源極 - 汲極光罩，蝕刻 NMOS 層並移除 NMOS 鰭上的間隔層，
如圖 15.98(a) 所示。NMOS 源極 - 汲極被重摻雜，並且去除光阻並進行清潔。經過微
秒退火 (MSA) 活化摻雜，完成 NMOS 源極和汲極的形成，如圖 15.98(b) 所示。

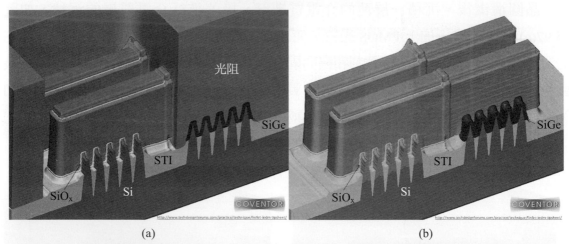

(a)　　　　　　　　　　　　　　　　　　　(b)

圖 15.98　NMOS S/D 形成過程：(a)NMOS 圖案化、襯墊蝕刻和鰭間隔物去除；(b)
NMOS 源極 - 汲極摻雜、光阻去除並進行清潔和退火處理。經 Lam 研究公司
Coventor 許可使用。

　　現在，晶圓已準備好進行閘極 HKMG 製程的步驟。首先，沉積 ILD1，如圖 15.109(a) 所示。接著進行介電層的化學機械研磨，將部分 ILD1 去除，以顯露出虛擬多晶矽閘極，如圖 15.99(b) 所示。在去除虛擬閘極後，進行氧化物蝕刻和清潔，如圖 15.99(c) 所示，接著沉積以鉿為基礎的高介電常數閘極介電層，再經由 ALD 製程沉積 PMOS 的功函數金屬 TiN，如圖 15.99(d)，和阻隔金屬 TaN，如圖 15.99(e) 所示。

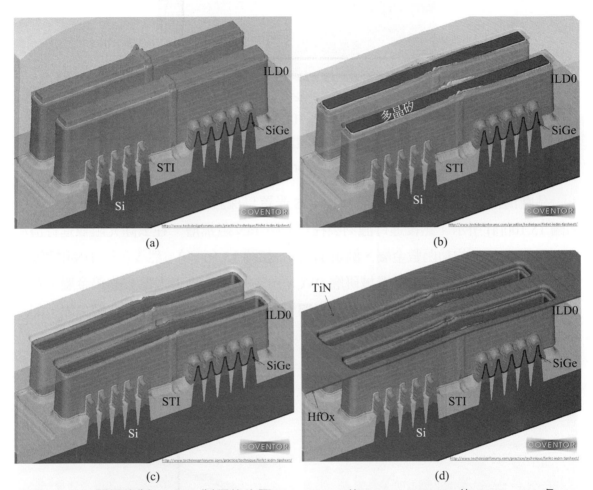

圖 15.99　閘極後製 HKMG 製程的步驟 1：(a)ILD1 的 CVD；(b)ILD1 的 CMP；(c) 虛擬多晶矽閘極的去除；(d) 高介電常數閘極介電層的 ALD；(e)TiN 和 TaN 的 ALD。經 Lam 研究公司 Coventor 許可使用。

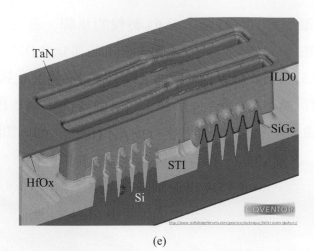

(e)

圖 15.99　閘極後製 HKMG 製程的步驟 1：(a)ILD1 的 CVD；(b)ILD1 的 CMP；(c) 虛
　　　　擬多晶矽閘極的去除；(d) 高介電常數閘極介電層的 ALD；(e)TiN 和 TaN 的
　　　　ALD。經 Lam 研究公司 Coventor 許可使用。(續)

　　晶圓清潔並塗佈光阻後，應用 NMOS 光罩以保護 PMOS 並顯露 NMOS 區域，
如圖 15.100(a) 所示。然後進行蝕刻製程以去除 TaN 阻擋層。在去除光阻並進行清潔
後，沉積 NMOS 的功函數金屬，例如 TiAlN，如圖 15.100(b)。然後沉積 TiN 附著層，
接著進行填充閘極槽的化學機械研磨 (WCMP)。WCMP 除去大部分的鎢金屬。在過
度拋光步驟中，晶圓表面的所有其他金屬層和高介電常數閘極層都會被去除，如圖
15.100(c) 所示。

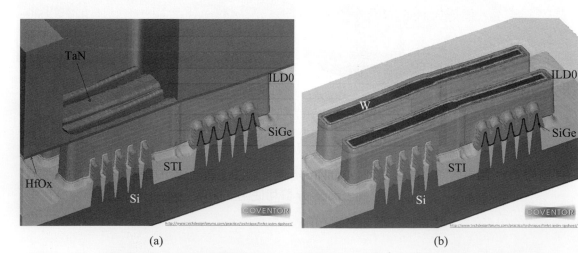

(a)　　　　　　　　　　　　　　　　　　　(b)

圖 15.100　閘極後製 HKMG 製程的步驟 2：(a)NMOS 光罩；(b)TaN 蝕刻，TiAlN ALD；
　　　　　(c)TiN 和 W 沉積及 WCMP。經 Lam 研究公司 Coventor 許可使用。

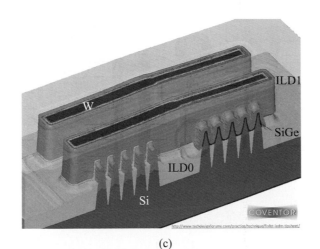

(c)

圖 15.100 閘極後製 HKMG 製程的步驟 2：(a)NMOS 光罩；(b)TaN 蝕刻，TiAlN ALD；
(c)TiN 和 W 沉積及 WCMP。經 Lam 研究公司 Coventor 許可使用。(續)

這樣完成 HKMG FinFET CMOS 元件的 FEoL 製程。接下來是中端生產線 (MEoL)
製程。MEoL 製程在 HKMG FinFET 中可能有兩個層次。一個層次是源極 / 汲極接觸
(SDC)，另一個層次是閘極接觸 (GC)。經過兩輪的 ILD/HM 沉積、接觸蝕刻、TiN 和
鎢沉積，以及 W/TiN 化學機械研磨，MEoL 製程將完成，接觸栓塞和局部連接將形
成，然後可以開始後端線 (BEoL) 製程。圖 15.101(a) 是一個具有源 / 汲極接觸和閘極
接觸 22nm FinFET CMOS 元件的穿透式電子顯微鏡 (TEM) 剖面圖。圖 15.101(b) 是圖
15.100(c) 使用虛線，其表示圖 15.101(a) 剖面圖的方向。我們可以看到，SDC 接觸不
再是圓形孔洞，而是拉長的溝槽。稍後我們將描述接觸模組的製程。

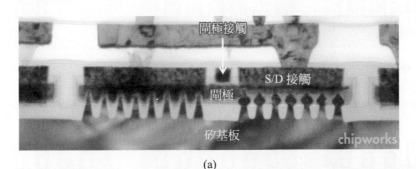

(a)

圖 15.101 (a) 沿著閘極的 FinFET CMOS 穿透式電子顯微鏡 (TEM) 剖面圖，包含閘極
接觸 (GC) 和源極 / 汲極接觸 (SDC)；(b) 圖 15.100(c) 的 TEM 樣本位置指
示圖。圖 15.101(a) 的來源是參考文獻 16。

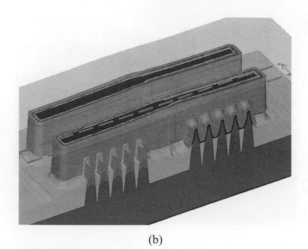

(b)

圖 15.101　(a) 沿著閘極的 FinFET CMOS 穿透式電子顯微鏡 (TEM) 剖面圖，包含閘極
接觸 (GC) 和源極 / 汲極接觸 (SDC)；(b) 圖 15.100(c) 的 TEM 樣本位置指
示圖。圖 15.101(a) 的來源是參考文獻 16。(續)

從圖 15.101(a) 中，我們可以看到 FinFET 的源 / 汲極接觸塞是鎢填充溝槽。中
端生產線 (MEoL) 模組是透過接觸溝槽圖案化、接觸溝槽蝕刻、TiN 覆蓋層沉積、
WCVD 和 WCMP 完成的。如果沒有極紫外光 (EUV) 技術，接觸式圖案化需要進行
多次光罩製程。透過將 HKMG 蝕刻並填充 SiN，再結合 SiN 側壁襯墊，可以使用自
對準接觸 (SAC) 進行源 / 汲極 (S/D) 接觸，如圖 15.102 所示。

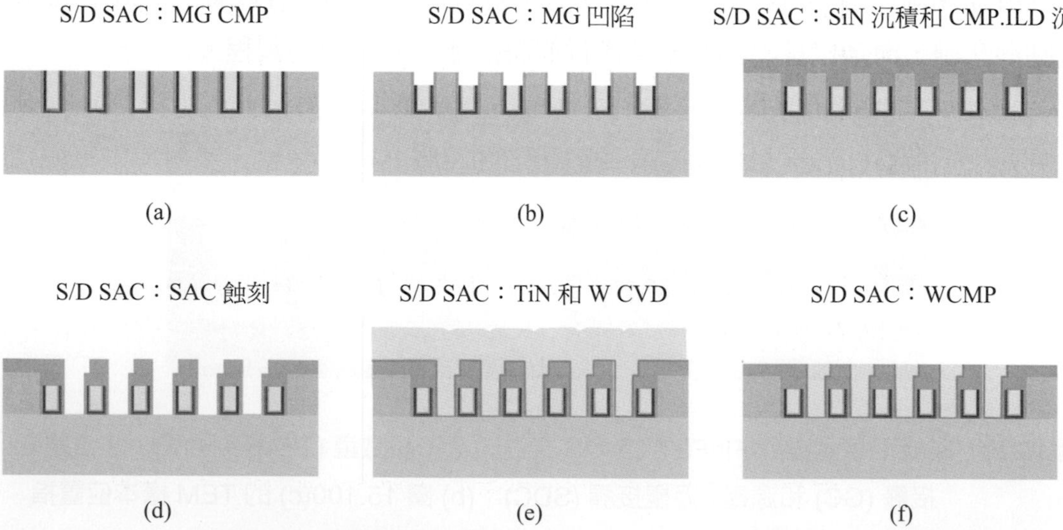

S/D SAC：MG CMP　　　　S/D SAC：MG 凹陷　　　　S/D SAC：SiN 沉積和 CMP.ILD 沉積

(a)　　　　　　　　　　　(b)　　　　　　　　　　　(c)

S/D SAC：SAC 蝕刻　　　　S/D SAC：TiN 和 W CVD　　　　S/D SAC：WCMP

(d)　　　　　　　　　　　(e)　　　　　　　　　　　(f)

圖 15.102　S/D SAC 流程示意圖：(a)MG CMP；(b)HKMG 蝕刻；(c)SiN 沉積 /CMP、
ILD 沉積；(d)SAC 蝕刻；(e)TiN 和 W CVD；(f)WCMP。

在 HKMG 形成後，如圖 15.102(a) 所示，HKMG 會被凹陷，如圖 15.102(b) 所示。接著進行 SiN 沉積、SiN 化學機械研磨 (CMP) 和 ILD 沉積，如圖 15.102(c) 所示。使用 S/D 接觸光罩進行圖案形成，並進行 SAC 蝕刻，如圖 15.102(d) 所示。由於 SAC 蝕刻過程在氧化物與氮化物及氧化物與矽之間具有高選擇性，它只蝕刻氧化物而不蝕刻 SiN 和 Si。在圖 15.102(e) 中進行 TiN 和 W 的化學氣相沉積 (CVD)，從表面去除 W 和 TiN，然後進行 W 化學機械研磨 (WCMP)，以形成 S/D 接觸塞，如圖 15.102(f) 所示。可以發現，即使接觸光罩與 S/D 不完全對齊，SAC 過程仍允許 W 塞與 S/D 良好接觸，同時避免與閘極短路。

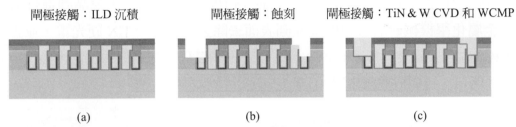

閘極接觸：ILD 沉積	閘極接觸：蝕刻	閘極接觸：TiN & W CVD 和 WCMP
(a)	(b)	(c)

圖 15.103　HKMG FinFET 閘極接觸製程示意圖：(a)ILD 化學氣相沉積；(b) 閘極接觸蝕刻與清洗；(c)TiN/W 化學氣相沉積和化學機械研磨。

在 S/D 接觸區是沿著閘極的溝槽，而閘極接觸區通常是與閘極垂直的溝槽。它們在 S/D 接觸塞形成後形成，因為有些接觸區落在 S/D 接觸栓塞的頂部，所以它們可能有兩種深度。圖 15.103(a) 顯示在圖 15.102(f) 中所示的 S/D 接觸塞形成後的 ILD 沉積。圖 15.103(b) 顯示閘極接觸區的蝕刻和清潔；圖 15.103(c) 說明在 TiN/W 化學氣相沉積和化學機械研磨之後形成的接觸塞。請注意，最右側的接觸連接到閘極和 S/D 接觸塞，而最左側的接觸僅連接到一個閘極。這完成 MEoL 製程，晶圓片已經準備進行 BEoL 製程。

FinFET CMOS 的 BEoL 製程從晶圓清洗和蝕刻停止層 (ESL) 沉積開始。接著進行超低介電常數介電層、氧化膜蓋層、TiN 金屬硬光罩層、介電硬光罩層和模板層的沉積。根據使用的多重圖案製程，可能還會沉積其他圖案層，例如 LELE、LELELE、SALELE、SADP、SAQP 或 EUV 層。因此，不同的製造商、不同的技術節點及同一晶片的不同層次，圖案層和圖案製程方法都會有所不同。這邊我們描述一個 SALELE 圖案製程的金屬化製程。BEoL 製程始於晶圓清洗和蝕刻停止層 (ESL) 的沉積，接著進行超低介電常數介電層、薄氧化膜蓋層、TiN 金屬硬光罩層、介電硬光罩層和硬模板的沉積，如圖 15.104(a) 所示。在光阻塗佈和第一層 M1 光罩後，對硬模板蝕刻。在光阻去除和清潔後，沉積一層共形介電層，然後進行回蝕處理，在圖案的硬模板側壁上形成間隔物。在填充物沉積和平坦化後，進行第二層 M1 光罩的應用，並將填充物蝕刻，使得第二層 M1 圖案能夠與第一層 M1 圖案自對準。在光阻去除和清潔後，移除硬模板，並使用填充物和側壁形成的圖案蝕刻介電硬光罩層。如果需要，進行第三層 M1 光罩的應用，並在光阻製程中封鎖金屬線應該結束的位置，然後蝕刻 TiN 硬光罩，如圖 15.104(b) 所示。在光阻去除和清潔後，將 M1 溝槽圖案轉移至 TiN 硬光罩。接著進行 V1 光罩的應用，並在 V1 與 M1 對準的位置蝕刻 V1，如圖 15.104(c) 所示。當通孔達到 ESL 時，停止蝕刻並去除光阻。使用 TiN 硬光罩蝕刻溝槽，並在通孔底部打破 ESL，見圖 15.104(d)。在沉積 TaN 阻擋層和銅種子層後，使用 ECP(電化學沉積) 沉積基材銅，如圖 15.104(e) 所示。然後對晶圓進行清洗和退火。金屬化學機械研磨 (CMP) 從晶圓表面去除銅、TaN 和 TiN 硬光罩，並且自對準無電極佈植在 Cu 表面覆蓋 CoWP 層，以防止銅氧化並提高銅的抗電遷移性，如圖 15.104(f) 所示。這完成雙重鑲嵌 M1 製程模組。

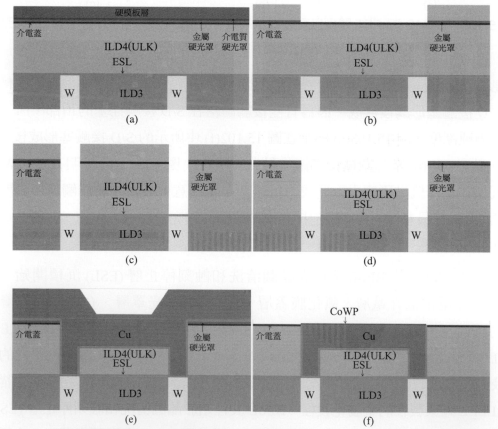

圖 15.104　銅金屬化製程的示意圖：(a)ILD 和圖案層沉積；(b)TiN 硬光罩上蝕刻 M1 圖案；(c) 通孔蝕刻；(d) 溝槽蝕刻和 ESL 突破；(e) 銅電鍍；(f) 金屬化學機械研磨和 CoWP 化學鍍。

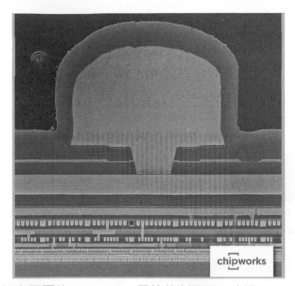

圖 15.105　具有 13 個金屬層的 Intel 14nm 晶片的剖面圖。來源：http://chipworksrealchips. blogspot.com/2014/10/intels-14nm-finally-arrives.html, Accessed on April 1, 2022.

　　M2 和 M3 基本上重複 M1 的製程步驟，具有與 M1 相似的圖案間距。Mx(x>3) 具有較大的間距，通常數字 x 越大，圖案分辨率要求就越低。圖 15.105 顯示具有 13 層金屬的 HKMG FinFET 晶片的剖面圖。我們可以看到，較上層的金屬層具有較大的特徵尺寸，因此它們不需要多重圖案製程。對於最後幾層金屬，特徵尺寸變得如此大，以至於不需要使用 193nm 浸潤式微影技術。可使用 248nm(KrF 準分子雷射) 甚至 365nm(汞燈的 I 線) 曝光顯影技術對這些層進行圖案化。

🗙 15.4.4　先進 FinFET SRAM

　　自從將 22nm 技術節點引入 FinFET 後，它迅速取代平面 MOSFET，並成為邏輯 IC 晶片後續技術節點中 FEoL 的主流技術。因為可透過增加 FinFET 的鰭片高度 (H_{fin}) 來提高性能，進而增加閘極寬度，$W = 2H_{fin} + CD_{fin}$，所以後續世代的 FinFET 具有更高密度和更高的鰭片高度。圖 15.106 顯示 Intel 技術節點中的鰭片走勢。由於浸潤式 193nm 掃描儀可以製作的最小間距和最高解析度是 76nm，我們可以看到在 22nm 和 14nm 節點，鰭片的圖案製作需要使用 SADP 搭配鰭片切割，而 10nm 節點需要使用 SAQP 或 EUV 技術。

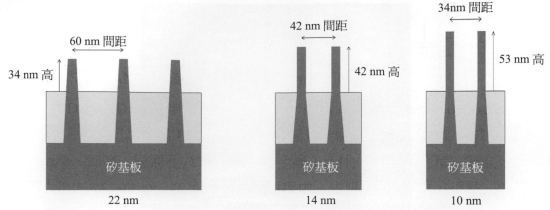

圖 15.106　FinFET 的鰭片間距和鰭片高度的演變趨勢。資料來源：Intel。

上一節描述使用約 22nm 節點技術的邏輯 HKMG FinFET 製程，需要使用 193nm 浸潤式曝光顯影雙重圖案製程，來製作鰭片和前幾層金屬。隨著元件尺寸的縮小，需要使用 SAQP 浸潤式微影、EUV 微影，甚至 SADP EUV 微影來製作鰭片和前幾層金屬。隨著 EUV 微影技術逐漸成熟，它已經被應用在 IC 晶片的大規模量產製程中。隨著技術節點的進展，越來越多的層次使用 EUV 微影來替代 193nm 浸潤式微影，從而減少製作這些層次的光罩數量和製程步驟。由於良率 $Y \sim 1/(1+DA)N$，其中 D 代表缺陷密度，A 代表晶片面積，N 代表光罩數量，使用 EUVL 可以提高晶片的良率，並降低製程成本。本節介紹具有 SiGe PMOS 通道和 EUVL 技術的 FinFET SRAM 的 FEoL 和 MEoL 製程流程，大致代表 5nm 到 3nm 節點的 FinFET IC 晶片製造技術。

靜態隨機存取記憶體 (SRAM) 由於其速度快而被廣泛應用於 CMOS 邏輯 IC 中作為快取記憶體。SRAM 通常由兩個鎖定反相器和兩個通過 NMOS 組成，其中一個連接到位元線，另一個連接到反相的位元線。圖 15.107(a) 顯示了具有兩個反相器和兩個傳輸閘的 SRAM 電路。圖 15.107(b) 為一個 NMOS 和一個 PMOS 反相器的細節。這裡的 bit 表示位元訊號，而 bit' 表示反向的位元訊號。我們可以看到，一個 SRAM 單元需要 6 個電晶體 (6T)，其中包含 4 個 NMOS 和 2 個 PMOS，這遠比一個 DRAM 單元的 1 個 NMOS 和 1 個電容 (1T1C)，以及一個 NAND 閃存單元的 1 個電晶體 (1T) 複雜。雖然 SRAM 比 DRAM 大得多，但它比 DRAM 快得多。它通常被用作中央處理器 (CPU) 和圖形處理器 (GPU) 的快速緩存記憶體，用於儲存指令。

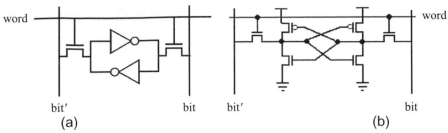

圖 15.107　SRAM 單元的電路：(a) 使用反相器的配置；(b) 使用電晶體的配置。

SRAM 通常在邏輯 CMOS 晶片中具有最高的圖案密度，且常被用作新技術節點製程開發的測試單元。圖 15.108(a) 顯示一個 6 個電晶體 SRAM 的晶胞。在該細胞中，同時被 NMOS 和 PMOS 共用的閘極被稱為反相器閘極，因為該組合的 NMOS 和 PMOS 形成一個反相器。透過鏡像複製這個晶胞，我們可以得到 SRAM 陣列，如圖 15.108(b) 所示。在鏡像複製後被兩個 NMOS 共用的閘極稱為傳輸閘極。

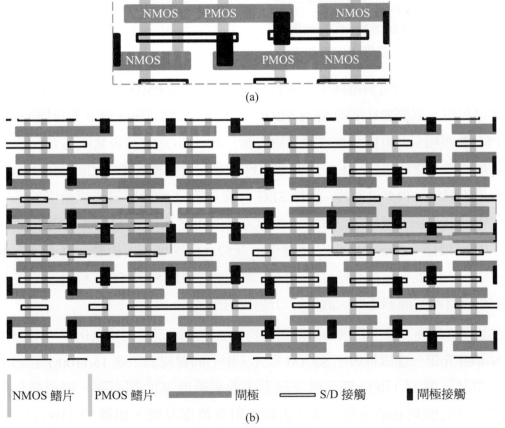

圖 15.108　SRAM 的佈局示意圖：(a) 單元晶胞；(b)SRAM 陣列

　　圖 15.108(b) 為 SRAM 陣列的俯視圖，其中 NMOS 鰭片、PMOS 鰭片、閘極、與源極 - 汲極接觸點和與閘極接觸點，以不同的顏色和輪廓標示。這些圖案將在後面的章節中分割為不同的光罩層。圖 15.109(a) 是源極 - 汲極接觸的剖面圖，SEG 源極 - 汲極沿著圖 15.108 左側單元格中心的紫色虛線。圖 15.109(b) 是閘極接觸點和高介電金屬閘極的剖面圖，沿著圖 15.108 右側單元的灰色實線。

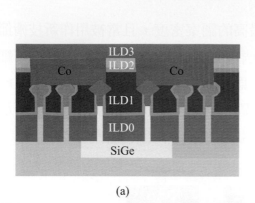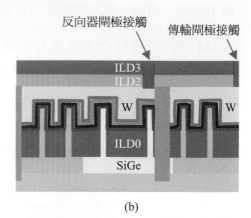

(a)　　　　　　　　　　　　　　　　　　(b)

圖 15.109　(a)SRAM 源極 - 汲極接觸沿圖 15.108 中虛線的剖面圖；(b) 右側單位單元中沿實線的閘極接觸和閘極。

　　由於 SiGe 材料的電洞遷移率比 Si 材料高，因此它是 PMOS 的首選通道材料。在 N-井形成過程中，需要無缺陷的 SiGe SEG。自 90nm 節點以來，重 P 型摻雜的 SiGe 被用作 PMOS 源極 - 汲極和 PMOS 通道應力源。SEG SiGe 也被研究作為 PMOS 通道材料，以取代 Si 材料。對於 SEG SiGe PMOS 源極 - 汲極和 SEG SiGe PMOS 通道的要求是非常不同的。PMOS 源極 - 汲極 SEG SiGe 中存在堆疊層錯誤或錯位，但只要這些缺陷保持在源極 - 汲極內部那都是可以容忍的；然而，若 PMOS 通道中存在 SEG SiGe 的任何缺陷，將會降低載子遷移率，減緩元件速度，並影響元件良率。SiGe P 通道面臨的其他挑戰包括在鰭片蝕刻時，需要同時蝕刻 Si 和 SiGe 材料，並需要同時控制這兩種材料的蝕刻速率、蝕刻均勻性和蝕刻形狀。

　　在晶圓清潔後，會生長薄薄的熱氧化物，並在晶圓表面沉積氮化矽。圖 15.110(a) 顯示 N-well 光罩，虛線框表示 SRAM 單元，中心的實線表示圖 15.110(b) 至 15.110(e) 的剖面位置。圖 15.110(b) 顯示曝光顯影後的光阻圖案的剖面圖。經過氮化物 / 氧化物硬光罩的蝕刻和矽主蝕刻後，去除光阻並清潔晶圓，如圖 15.110(c) 所示。在矽暴露的地方選擇性地生長摻雜 N 型電子的 SiGe 磊晶，見圖 15.110(d)，然後使用 SiGe CMP 除去晶圓表面多餘的 SiGe，去除氮化物和氧化物，並進行晶圓清潔，如圖 15.110(e) 所示。

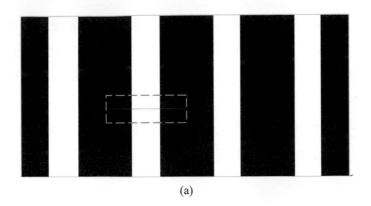

(a)

(b)　　　　　　　(c)　　　　　　　(d)　　　　　　　(e)

圖 15.110　N- 井形成的過程：(a)N- 井光罩；(b) 曝光顯影後的光阻圖案；(c)N- 井的電子佈植；(d)SEG SiGe 的生長；(e)SiGe CMP、氮化物、氧化物蝕刻及清潔。

在晶圓清潔後，犧牲熱氧化物會生長並應用圖 15.111(a) 所示的 P- 井光罩。經過曝光顯影後、P 型離子佈植，光阻去除、清潔和退火後，去除犧牲性的氧化層，並清潔晶圓，這樣 P- 井的形成就完成了，如圖 15.111(b) 所示。我們可以看到，N- 井將用於形成 PMOS，而 P- 井將用於形成 NMOS，而在 SRAM 陣列中，P- 井和 N- 井光罩是互補的。

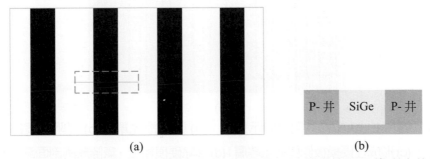

(a)　　　　　　　　　　　　　　(b)

圖 15.111　(a)P- 井光罩；(b) 在完成 N- 井和 P- 井後，沿著實線單元格中心的剖面圖。

　　接下來，會沉積氧化物和氮化物。在 3nm 技術節點，即便使用 EUV 曝光顯影，仍需要進行 SADP 製程來形成精細的鰭片圖案。因此，在氮化物硬光罩層之上需要沉積一層 SADP 硬模板。圖 15.112(a) 顯示鰭片硬模板的光罩，並在硬模板上蝕刻線 - 空間圖案。圖 15.112(b) 為沿著圖 15.112(a) 中，單元格中心的實線光阻圖案的剖面圖。在硬模板的蝕刻、去除光阻並清潔後，側壁氣隙層形成，如圖 15.112(c) 所示。去除硬模板膜，使得氣隙材料的線 - 空間圖案留在晶圓表面，如圖 15.112(d) 中的剖面圖，和圖 15.112(e) 中的俯視圖。

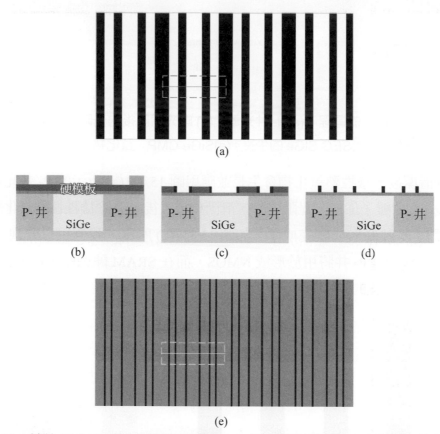

圖 15.112　鰭片 EUV SADP 製程的示意圖：(a) 硬模板光罩；(b) 光阻圖案的剖面圖；(c) 形成在硬模板側壁的氣隙層；(d) 移除硬模板後，氣隙層的剖面圖；(e) 俯視圖。

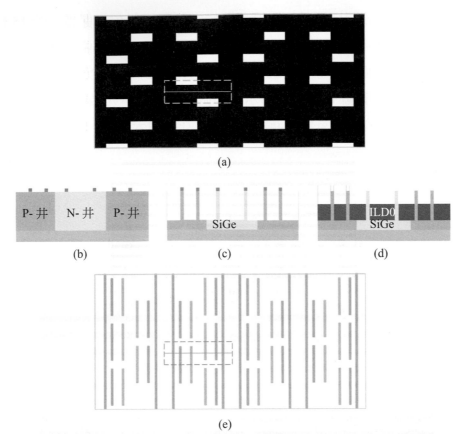

圖 15.113 　(a) 鰭片切割光罩；(b) 鰭片切割後的氮化物硬光罩的剖面圖；(c) 鰭片蝕刻後的剖面圖；(d) 氧化物沉積、CMP 和凹陷後的剖面圖；(e)SRAM 中氧化物凹陷後的 NMOS 鰭片 (綠色) 和 PMOS 鰭片 (棕色) 的俯視示意圖。

　　在應用切割光罩後，如圖 15.113(a) 所示，最終的鰭片圖案可以蝕刻在矽氮化物硬光罩上，請參考圖 15.113(b) 的剖面圖。該剖面圖是沿著圖 15.113(a) 中，SRAM 晶胞的中心實線繪製。接著，可以根據硬光罩的圖案蝕刻矽鰭片，如圖 15.113(c) 所示。晶圓清潔後，沉積 ILD0。ILD0 CMP 停在矽氮化物表面，晶圓清潔後，ILD0 凹陷。然後去除矽氮化物和墊氧化物，接著晶圓清潔，完成鰭片形成製程模組。該製程階段的剖面圖和俯視圖，分別在圖 15.113(d) 和圖 15.113(e) 中顯示。當然，在如圖 15.113(c) 所示最終鰭片蝕刻之前，還有另一個光罩來切割多餘的鰭片和硬模板線結束處的間隔迴路。

　　去除矽氮化物和墊氧化物及晶圓清潔後，進行虛擬閘極氧化物和虛擬閘極多晶矽層的沉積。多晶矽 CMP 及晶圓清潔後，在多晶矽上方沉積硬光罩層。圖 15.114(a) 顯示的 EUV 光罩作用於光阻圖案化，隨後進行 CD 和覆蓋度測量。然後，蝕刻硬光罩，並進行具有高選擇性的多晶矽對氧化物的主蝕刻，形成環繞矽鰭片的虛擬多晶矽閘極。這些虛擬多晶矽閘極只受到一層薄薄的虛擬閘極氧化物保護。圖 15.114(b) 顯示在多晶矽蝕刻、光阻去除及清潔後，虛擬閘極與 SRAM 陣列中的 NMOS 和 PMOS 鰭片重疊的俯視圖。圖 15.114(c) 是位於多晶矽閘極之間的單元格中心實線的剖面圖。圖 15.114(d) 是沿著圖 15.114(b) 所示多晶矽閘極頂部單元格虛線上的剖面圖。圖 15.114c 和 15.114d 中的虛擬氧化物非常薄，因此在圖中未顯示。

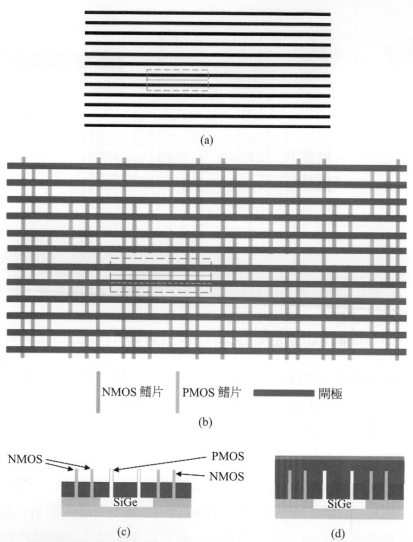

NMOS 鰭片　　PMOS 鰭片　　████ 閘極

(b)

圖 15.114　虛擬閘極形成示意圖：(a) 虛擬閘極光罩；(b) 多晶矽蝕刻後虛擬閘極與
SRAM 陣列中 NMOS 和 PMOS 鰭片的重疊；(c) 沿 SRAM 單元格中心實線
的剖面圖；(d) 在虛擬閘極頂部 ((b) 中的虛線位置) 的剖面圖。

經過光阻去除、清潔和檢查後，將一層共形介電層沉積在晶圓上，如圖 15.115(b) 所示，該圖是沿著圖 15.115(a) 中 SRAM 單元格中心實線的剖面圖。ALD 製程可用於沉積在這種共形層裡，它需要覆蓋表面上許多拓撲結構，例如鰭片和虛擬閘極。加上如圖 15.115(a) 所示的 NOMS SEG 光罩，及 NMOS SEG 的光阻圖案如圖 15.115(c) 所示。然後透過垂直蝕刻製程，去除 NMOS 鰭片頂部的第一層，使矽鰭片凹陷，去除光阻，清潔晶圓，如圖 15.115(d) 所示。接著，透過選擇性磊晶生長 (SEG) 磷摻雜的矽 (SiP) 形成 NMOS 源極和汲極，如圖 15.115(e) 所示。SiP 中可能含有 1% 至 2% 的碳，結合矽通道的凹陷，以產生 NMOS 通道的拉伸應變，這可以增加通道中電子的遷移率。

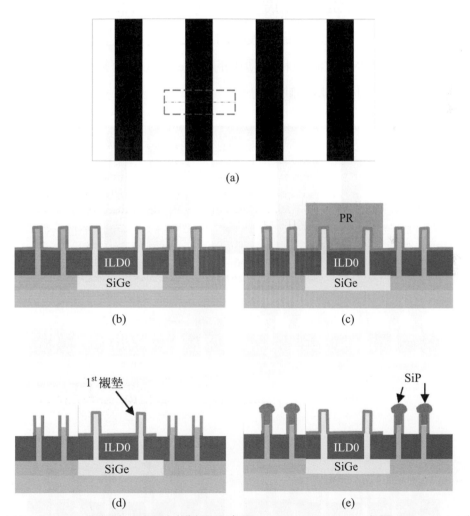

圖 15.115　NMOS 源極和汲極形成製程示意圖：(a)NMOS SEG 光罩。(b) ～ (e) 為沿圖 (a) 中晶胞中心實線的剖面圖：(b) 第一層襯墊層沉積；(c)NMOS SEG 曝光顯影後；(d)NMOS ESG 襯墊層蝕刻；(e)NMOS SEG SiP 之後。

　　經過 SiP SEG 之後，在對 SiP、SiGe 和矽氧化物具有高選擇性的蝕刻製程中除去第一層襯墊層。原子層蝕刻 (ALE) 可用於此製程。在晶圓清潔後，透過 ALD 製程在晶圓表面沉積第二層介電層，如圖 15.116(b) 所示。這層將用於在 PMOS 源極和汲極形成期間，去保護 NMOS 源極和汲極。圖 15.116(a) 顯示 PMOS SEG 光罩，圖 15.116(c) 顯示 PMOS SEG 的光阻圖案。之後，透過垂直蝕刻製程，將第二層除去，並對 PMOS 鰭片進行蝕刻，之後去除光阻，進行晶圓清潔，如圖 15.116(d) 所示。選擇性磊晶生長 (SEG) 的重硼摻雜 SiGe，形成 PMOS 源極和汲極，如圖 15.116(e)。在 PMOS 通道中，SEG SiGe 結合矽凹槽，形成 PMOS 通道的壓縮應變，進一步增加通道電洞遷移率。請注意，PMOS 源極 - 汲極中的 SEG SiGe 與 PMOS 鰭片或通道中的 SEG SiGe 是不同的。PMOS 源極和汲極的 SiGe 受到重 P 型 (硼) 摻雜，而 PMOS 鰭片的 SiGe 則沒有。PMOS 源極和汲極中的 SiGe 可能會有錯位和堆疊層錯誤，而 PMOS 通道中的 SiGe 則必須是無缺陷的。

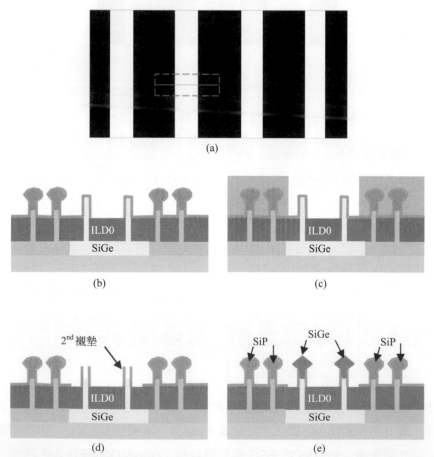

圖 15.116　PMOS 源極和汲極的形成過程：(a)PMOS SEG 光罩。(b) ～ (e) 為沿圖 (a) 中 SRAM 單元格中心實線形成 PMOS S/D 剖面圖：(b) 第一層襯墊層沉積完成後；(c) 進行 PMOS SEG ADI；(d) 進行第二層襯墊層的垂直蝕刻和矽凹槽，去除光阻和清洗晶圓；(e)SiGe 的 SEG 之後。

　　晶圓清潔和退火後，FinFET SRAM 已經形成。需要更多的製程步驟來形成最終的高介電金屬閘極元件。首先，沉積 ILD1，如圖 15.117(a) 所示，然後 CMP 製程使 ILD1 平坦化並露出虛擬閘極，如圖 15.117(b) 所示。請注意，HKMG 製程步驟的剖面圖是沿著圖 15.114(a) SRAM 單元格中虛線所示，在閘極上方。使用高度選擇性的蝕刻製程去除虛擬多晶矽閘極後，虛擬閘極氧化物也被去除，晶圓已經清潔乾淨，如圖 15.117(c) 所示。在晶圓清潔和非常薄的矽氧化後，使用 ALD 沉積鉿氧化物為基礎的高介電層，接著使用 ALD 製程沉積 PMOS 功函數金屬，可能是 TiN 和 TaN 金屬隔離層，如圖 15.117(d) 所示。

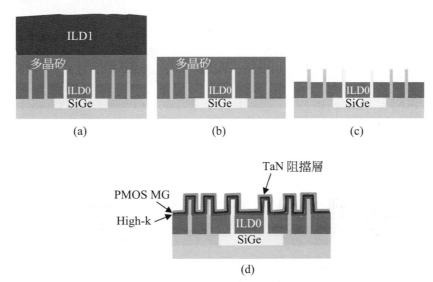

圖 15.117　高介電金屬閘極製程示意圖：(a)ILD1 沉積；(b)ILD1 CMP；(c) 虛擬多晶矽
　　　　　閘極去除；(d) 高介電介電層、PMOS 金屬閘極和 TaN 阻隔層原子層沉積。

　　為了製造 NMOS 金屬閘極 (MG)，需要使用如圖 15.118(a) 所示的光罩。圖 15.118(b) 將 NMOS MG 光罩與 SRAM 陣列重疊，因此我們可以看到它覆蓋 PMOS 部分並暴露 NMOS 部分，使得金屬阻隔層 (如 TaN) 可以被蝕刻，形成 NMOS 功函數金屬，同時 PMOS 仍然受到金屬阻隔層的保護。虛線框表示 SRAM 單元格，其中的虛線表示在閘極上方的剖面，該剖面將在圖 15.118 和圖 15.119 中加以說明。

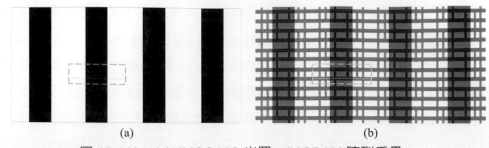

(a)   (b)

圖 15.118　(a)NMOS MG 光罩；(b)SRAM 陣列重疊。

　　在光阻圖案形成後，如圖 15.119(a) 所示，NMOS 區域的 TaN 阻隔層被蝕刻，以暴露出 TiN 層。在 PR 去除和清洗後，如圖 15.119(b) 所示，沉積 TiAl，如圖 15.119(c) 所示。透過退火，它與 TiN 反應，在 NMOS 區域形成 NMOS 功函數金屬 TiAlN，同時 PMOS 功函數金屬 TiN 受到 TaN 阻隔層的保護。使用 TiN 層的 ALD 與 WCVD 填充閘極通道，如圖 15.119(d) 所示。金屬閘極 CMP 從晶圓表面去除 W、TiN、TiAl、TaN、TiN 和 HfOx，完成後置閘極 HKMG 製程，如圖 15.119(e) 所示。金屬閘極凹陷，如圖 15.119(f) 所示。

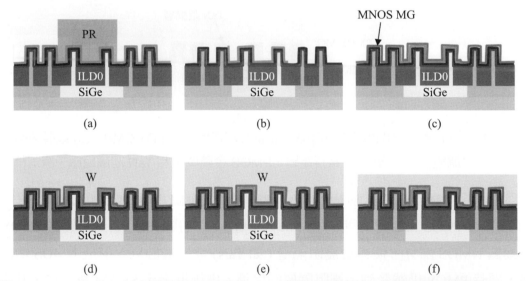

圖 15.119　(a)NMOS 金屬閘極光阻圖案；(b) 金屬內層蝕刻，光阻去除 / 清洗；
　　　　　　(c)NMOS 金屬閘極的 ALD 沉積；(d)TiN 和 W 沉積；(e) 金屬閘極 CMP；
　　　　　　(f) 金屬閘極凹陷。

　　在 WCMP 之後，W 和 TiN 凹陷，並沉積一層阻擋蝕刻的介電層 ILD2，並進行平整。這個阻擋層位於金屬閘極的上方，在源極 - 汲極接觸蝕刻過程中，可以阻擋蝕刻，防止接觸與閘極短路。圖 15.130(a) 顯示金屬閘極切割光罩，用於將長金屬閘極切割成所需的元件閘極圖案。虛線框是 SRAM 的單元格，細虛線是沿著圖 15.120(b)

至 15.120(e) 中閘極的截面線。圖 15.120(b) 顯示 ILD2 沉積後的 HKMG FinFET 截面圖。
圖 15.120(c) 是由圖 15.120(a) 所示的光罩，進行曝光顯影製程形成的光阻圖案的閘極
切割截面。在光阻脫除、清洗和檢查後，介電層 (如氮化矽)CVD 填充閘極切割槽。
介電層 CMP 過程完成閘極切割，防止不同元件之間的交叉干擾，例如 SRAM 的傳輸
閘極和反相閘極，如圖 15.120(d) 和 15.120(e) 所示。

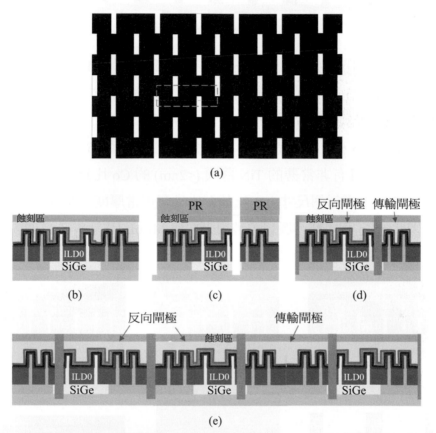

圖 15.120　閘極切割過程的示意圖：(a) 閘極切割光罩；(b)ILDx 沉積；(c) 用 (a) 所定
　　　　　義的光阻進行閘極切割蝕刻；(d) 單元格內介電層填充和 CMP；(e) 多個
　　　　　SRAM 單元格格中的情況。

　　現在 FEoL 製程已經完成，接下來是 MEoL 製程，將建立與源 / 汲極相連的接觸
塞，連接接觸塞與閘極，以及局部互連。首先，在晶圓清洗後，沉積 ILD2 和硬光罩
層，如圖 15.122(a)。如圖 15.121 所示的源 - 汲極接觸 (SDC) 光罩。圖 15.121 中的虛
線框表示 SRAM 單元格，中間的細實線表示圖 15.122 中所示的 SDC 剖面位置。採
用 EUV 技術，SDC 可以用一個光罩進行圖案形成。我們可以看到這些接觸不是孔洞，
而是溝槽。對於 SDC 層，接觸溝槽是自對準的並與閘極平行。透過 SAC 製程，可以
放寬 SDC 的 CD 和覆蓋要求。

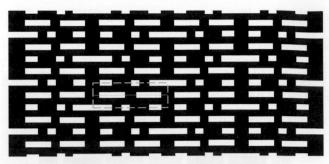

圖 15.121 SDC 光罩圖示意圖

曝光顯影圖案光阻，如圖 15.122(b) 所示，將硬光罩和 ILD2 與 PR 圖案一起蝕刻，如圖 15.122(c)。在蝕刻 ILD2 後，進行光阻去除和清洗，如圖 15.122(d) 所示，接著在晶片上沉積一層薄的 TiN 薄膜和大量 Co 薄膜，如圖 15.122(e)。Co-CMP 製程可移除晶圓表面的 Co 和 TiN，完成源 - 汲接觸模組，如圖 15.122(f) 所示。對於小於 20nm 的接觸寬度，具有非常薄的 TiN 薄膜 (<2nm) 的 Co 比具有普通 TiN 黏結層的 W 具有更低的電阻。在這個尺寸上，它甚至比具有正常厚度的 TaN 鍍膜的銅 (Cu) 的電阻更低。因此，Co 和 TiN 薄膜已經被用來取代 MEoL 中的 W/TiN 薄膜。

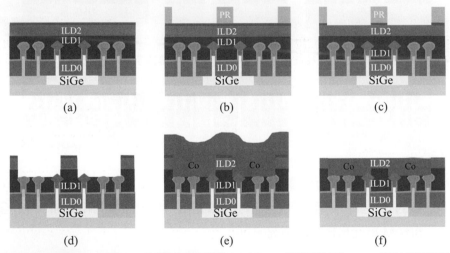

圖 15.122 SDC 模組。(a)ILD2 和硬光罩沉積；(b)SDC 光阻圖案化；(c) 硬光罩蝕刻；
(d) 光阻去除、清洗和 ILD 蝕刻；(e) 晶圓清洗、沉積 TiN 和 Co；(f)Co/TiN CMP。

現在晶圓已經準備好進行閘極接觸 (GC) 製程。從 ILD2 表面開始，如圖 15.124(a) 所示。在 ILD3 沉積後，如圖 15.124(b)，應用如圖 15.123 所示的 GC 光罩。圖 15.123 中的虛線框表示 SRAM 的單元格，框內的細實線是圖 15.124 中所示的閘極接觸的剖面位置。請注意，圖 15.123 和圖 15.124 的剖面位置是不同的。圖 15.123 顯示在兩個閘極結構之間，沿著閘極切割的源極和汲極接觸，而圖 15.124 則顯示沿著閘極切割的閘極接觸，但在 SRAM 的反相閘極和傳輸閘極上方。

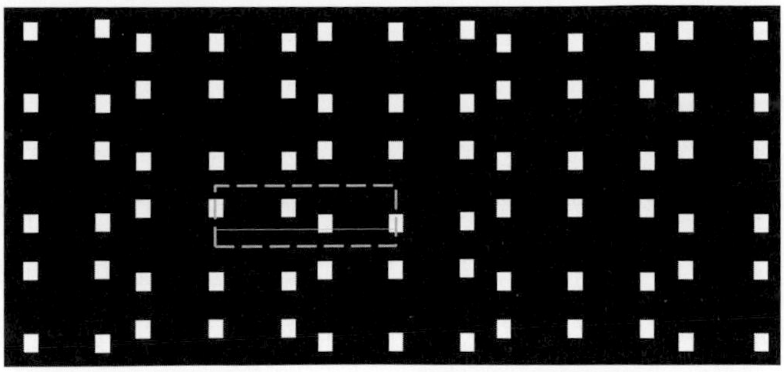

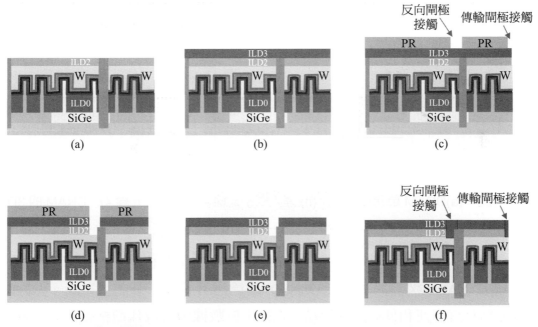

圖 15.123　閘極接觸光罩示意圖

圖 15.124(a) 顯示 ILD2 沉積的剖面，圖 15.124(b) 顯示閘極接觸圖案形成前的 ILD3 沉積。在 GC 光阻圖案形成後，如圖 15.124(c) 所示，ILD3 和 ILD2 被蝕刻，與 SDC 和閘極自對準，如圖 15.124(d) 所示。圖 15.124(e) 顯示去除光阻和清洗。之後，沉積 TiN 和 Co，並且 Co 和 TiN CMP 從晶圓表面去除大量 Co 和薄 TiN 黏結層，接著進行晶圓清潔，完成 MEoL 製程，如圖 15.124(f) 所示。

圖 15.124　閘極接觸模組：(a)SDC 後；(b)ILD3 沉積；(c)GC PR 圖案形成；(d)ILD 蝕刻；
　　　　　　(e) 去除光阻和清潔；(f)TiN/Co CVD 和 Co/TiN CMP。

因我們在之前的描述中多次提到 BEoL 的製程，所以在本節中將跳過詳細的說明。

15.5 本章總結

3D 元件是 IC 電路產業最近最令人振奮的發展之一。DRAM 一直是 IC 技術的重要驅動力,並在 IC 產業中扮演著重要角色。早在 3D 元件變得家喻戶曉前,1T1C DRAM 的電容就已經走向 3D 技術。在堆疊和深溝電容技術之間的長期競爭後,各大 DRAM 製造商都採用堆疊儲存單元,加上埋藏式工作線 (bWL) 陣列電晶體,並使用 $6F^2$ 佈局。這裡 F 是電晶體的最小特徵尺寸。透過將環繞閘極電晶體製作為垂直方向並使用埋藏字元線 - 埋藏位元線 (BWBB) 技術,如圖 15.125 所示,可以進一步將 DRAM 單元格的面積減少到 $4F^2$。DRAM 製造商是否會採用這種架構,將取決於技術發展是否能夠使其有能力與現有的 bWL 技術競爭。

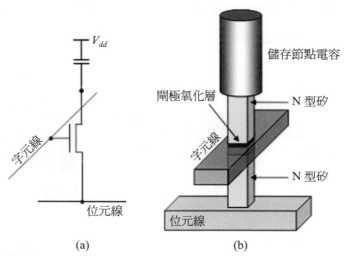

圖 15.125　(a)DRAM 單元格電路;(b) 埋入式字元線 - 埋入式位元線 $4F^2$ DRAM 的 3D 示意圖。

NAND 快閃記憶體因應手機、數位相機、平板電腦等移動元件的儲存需求快速成長。基於 NAND 閃存的固態硬碟 (SSD) 廣泛應用於高階筆記型電腦。固態硬碟 (SSD) 因為具有高速和低功耗的特點,也被用於數據中心取代價格較便宜的硬碟驅動器 (HDD)。並且它也被用於與傳統磁性硬碟組成的混合式硬碟,兼具 SSD 高速和 HDD 低成本的優點。3D-NAND 技術迅速發展,各大製造商都採用 ONON 堆疊和層疊技術,建立更高的堆疊層數,路線圖顯示將超過 500 層。很可能在不久的將來,SSD 每 GB 的儲存成本可能低於 HDD,同時保持低功耗、更高的讀寫速度和更好的可靠性優勢。

　　對於邏輯元件而言，自從 Intel 在 22nm 節點引入 HKMG FinFET 技術後，它已成爲主流。FinFET 的尺寸縮小趨勢是增加鰭片高度，並減少鰭片和閘極間距。間距縮小需要先進的製程技術，自對準多重圖案製程的發展及 EUV 曝光顯影技術有助於 FinFET 的尺寸縮放。當鰭片高度增加，而鰭片間距減小時，鰭片之間的溝槽的深寬比，會隨著尺寸的縮小而急劇增加，很快地鰭片蝕刻製程就會遇到瓶頸。在 FinFET 中，閘極包圍通道的三個側面，而在環繞式閘極場效電晶體 (GAA-FET) 中，閘極包圍通道的所有側面。這種類型的元件，正在許多研究機構和主要 IC 製造商的研發中心進行全力開發。它有許多不同的名稱，如 Si 奈米線、奈米片 GAA-FET、帶狀 FET、多橋 FET(MBFET) 等。這是主要 IC 製造商的路線圖，很有可能在不久的將來，我們將使用基於 GAA-FET 的 IC 晶片來驅動移動元件。

　　3D 封裝是另一種增加晶片上電晶體數量的方法。圖 15.126 顯示一個使用引線接合封裝的晶片，其中包含 16 個晶片。

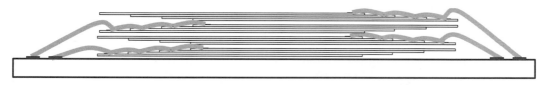

圖 15.126　具有 16 晶片引線接合的 3D 封裝晶片的示意圖。

　　透過矽通孔 (TSV) 的 3D 封裝也在發展中。透過將 TSV 嵌入矽基板中，IC 製造商可以從背面薄化矽晶片，以便在完成晶片前面製程後，露出 TSV。透過接合形成凸塊，TSV 晶片可以與另一個有凸塊設計，與大小和間距相匹配的接合墊的晶片接合。圖 15.127 描繪使用 TSV 凸塊接合的 4 片晶圓的 3D 封裝。

　　3D 技術在元件架構、IC 製造過程技術和晶片封裝方面的發展，大大有助於延長摩爾定律的壽命，實際上摩爾定律並不是真正的 " 定律 "，而是一種觀察和預測。

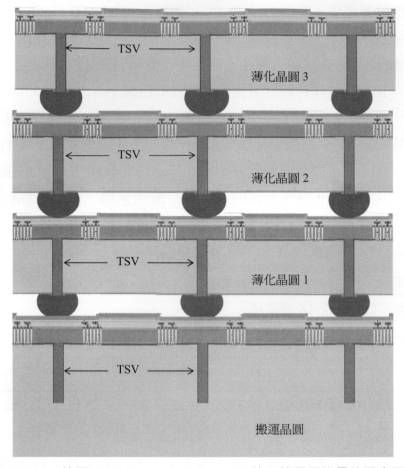

圖 15.127 使用 TSV(Through-silicon via) 的四片晶圓堆疊的示意圖。

習題

1. 列出至少三種 DRAM 儲存單元的電晶體類型。

2. 與 2D 平面電容相比，3D 電容有哪些優勢？

3. 縮小 SN 圓柱體有什麼好處？

4. 請描述在 DRAM 製程中，使用高介電材料的需求。

5. 解釋為什麼 SN 電容器是 DRAM 縮放中最具挑戰性的部分。

6. 描述將 DRAM 儲存單元從 $8F^2$ 縮放到 $6F^2$ 再到 $4F^2$ 的好處。

7. 一個快閃記憶體單元包含多少個元件？

8. NAND Flash 和 NOR Flash 之間有哪些不同？

9. 15nm 平面 NAND Flash 的最小單位儲存單元大小是多少？

10. 在 ONON 堆疊中，哪種材料將留在最終的 3D-NAND Flash 晶片中？

11. 下列哪個製程不會蝕刻高深寬比結構？

   (a) 階梯式蝕刻

   (b) 通道孔蝕刻

   (c) 隔離溝蝕刻

   (d) 階梯式接觸孔蝕刻

12. 形成一個 256 個儲存單元的 3D-NAND，需要多少對 ONON 堆疊？

13. 我們可以使用一個光罩來形成 32 個階梯結構嗎？

14. 一個 512 堆疊、74nm 半距離的 3D-NAND 元件在等效的 $4F^2$ 平面 NAND Flash 技術節點為何？

15. 列出至少兩個 3D-NAND Flash 記憶體晶片製造的挑戰。

16. 與 2D-NAND Flash 記憶體相比，3D-NAND 的主要優勢是什麼？

17. 與平面 MOSFET 相比，FinFET 多晶矽閘極蝕刻有哪些挑戰？

18. 一個 SRAM 儲存單元中有多少個 NMOS 和 PMOS？

19. 按照速度、成本以及揮發性／非揮發性，將三種記憶體類型，DRAM、快閃記憶體和靜態隨機存取記憶體 (SRAM)，進行排序。

20. 當 FinFET 從 22nm 縮小至 3nm 技術節點時，主要有哪些變化？

21. 對於平面型 MOSFET，閘極圖案具有最小的間距和最高的圖案密度。對於 FinFET 是否仍然成立？

22. 為什麼 FinFET 的鰭片寬度需要非常小，約 <10nm？

23. 為什麼行動裝置晶片設計師更喜歡 FinFET，而不是平面 MOSFET？

參考文獻

[1]　D. Hisamoto, W.-C. Lee, J. Kedzierski, E. Anderson, H. Takeuchi, K. Asano, T.-J. King, J. Bokor, and C. Hu, "A folded-channel MOSFET for deep-sub-tenth micron era," IEDM Tech. Digest. pp. 1032-1034, 1998.

[2]　E. Karl et al, ISSCC Tech Dig., p.230-232, 2012

[3]　"Samsung Starts Mass Producing Industry's First 32-Layer 3D V-NAND Flash Memory, its 2nd Generation V-NAND Offering", https://semiconductor.samsung. com/newsroom/news/samsung-starts-mass-producing-industrys-first-32-layer-3d-v-nand-flash-memory-its-2nd-generation/#:~:text=V%2DNAND%20flash%20 memory%20using,layers%2C%20which%20is%20its%20second, May 29, 2014. Accessed on April 1, 2022.

[4]　"Toshiba Develops New NAND Flash Technology" http://www.toshiba.co.jp/ about/press/2007_06/pr1201.htm, June 12, 2007. Accessed on April 1, 2022.

[5]　Yoshiaki Fukuzumi, Ryota Katsumata, Masaru Kito, Masaru Kido, Mitsuru Sato, Hiroyasu Tanaka, Yuzo Nagata, Yasuyuki Matsuoka, Yoshihisa Iwata, Hideaki Aochi and Akihiro Nitayama, "Optimal Integration and Characteristics of Vertical Array Devices for Ultra-High Density, Bit-Cost Scalable Flash Memory", IEDM Tech. Digest. pp.449-452, 2007.

[6]　Robert H Dennard, US Patent 3387286, 1968.

[7]　J.Y. Kim et al., Symp. on VLSI Tech., p.11 (2003)

[8]　I-G Kim, S-H Park, J-S Yoon, D-J Kim, J-Y Noh, J-H Lee, Y-S Kim, M-W Hwang, K-H Yang, Joosung Park and Kyungseok Oh, "Overcoming DRAM Scaling Limitations by Employing Straight Recessed Channel Array Transistors with <100> Uni-Axial and {100} Uni-Plane Channels", IEDM Tech. Digest. pp. 319-322, 2005.

[9]　T. Schloesser, F. Jakubowski, J. v. Kluge, A. Graham, S. Slesazeck, M. Popp, P. Baars, K. Muemmler, P. Moll, K. Wilson, A. Buerke, D. Koehler, J. Radecker, E. Erben, U. Zimmermann, T. Vorrath, B.Fischer, G. Aichmayr, R. Agaiby, W. Pamler, T. Schuster, W. Bergner, W. Mueller, IEDM Tech. Digest. pp. 809-812, 2008.

[10]　Hong Xiao, "Method for forming memory cell transistor", US patent 8778763 B2, 2014.

[11]　Hong Xiao, "Introduction of Semiconductor Manufacturing Technology", 2nd Edition, SPIE Press, 2012.

[12]　Sang Woon Lee, Jeong Hwan Han, Sora Han, Woongkyu Lee, Jae Hyuck Jang, Minha Seo, Seong Keun Kim, C. Dussarrat, J. Gatineau, Yo-Sep Min, and Cheol

Seong Hwang, "Atomic Layer Deposition of SrTiO3 Thin Films with Highly Enhanced Growth Rate for Ultrahigh Density Capacitors", Chem. Mater., Vol.23 (8), pp 2227–2236, 2011.

[13] Rachel Courtland, "Chipmakers Push Memory into the Third Dimension, Samsung, Micron, and SK Hynix bet that transistor redesigns and chip stacking will make memory smaller and faster", http://spectrum.ieee.org/semiconductors/design/chipmakers-push-memory-into-the-third-dimension, 31 Dec 2013. Accessed on April 1, 2022.

[14] David Fried, "FinFET tipsheet for IEDM", http://www.techdesignforums.com/practice/technique/finfet-iedm-tipsheet/, December 4, 2012. Accessed on April 1, 2022.

[15] Dick James, "Intel's 22-nm Trigate Transistors Exposed", https://sst.semiconductor-digest.com/chipworks_real_chips_blog/2012/04/24/intels-22-nm-trigate-transistors-exposed/, 2012. Accessed on April 1, 2022.

[16] Dick James, "Intel's 14nm Finally Arrives!", http://chipworksrealchips.blogspot.com/2014/10/intels-14nm-finally-arrives.html, 2014. Accessed on April 1, 2022.

[17] T. Ghani, M. Armstrong, C. Auth, M. Bost, P. Charvat, G. Glass, T. Hoffmann, K. Johnson, C. Kenyon, J. Klaus, B. McIntyre, K. Mistry, A. Murthy, J. Sandford, M. Silberstein, S. Sivakumar, P. Smith, K. Zawadzki, S. Thompson and M. Bohr, "A 90nm High Volume Manufacturing Logic Technology Featuring Novel 45nm Gate Length Strained Silicon CMOS Transistors", IEDM Tech Digest., pp. 197-200, 2003.

[18] P. Bai, C. Auth, S. Balakrishnan, M. Bost, R. Brain, V. Chikarmane, R. Heussner, M. Hussein, J. Hwang, D. Ingerly, R. James, J. Jeong, C. Kenyon, E. Lee, S-H. Lee, N. Lindert, M. Liu, Z. Ma, T. Marieb, A. Murthy, R. Nagisetty, S. Natarajan, J. Neirynck, A. Ott, C. Parker, J. Sebastian, R. Shaheed, S. Sivakumar, J. Steigerwald, S. Tyagi, C. Weber, B. Woolery, A. Yeoh, K. Zhang, and M. Bohr, "A 65nm Logic Technology Featuring 35nm Gate Lengths, Enhanced Channel Strain, 8 Cu Interconnect Layers, Low-k ILD and 0.57 μm2 SRAM Cell", IEDM Tech Digest., pp. 197-200, 2004.

[19] K. Mistry, C. Allen, C. Auth, B. Beattie, D. Bergstrom, M. Bost, M. Brazier, M. Buehler, A. Cappellani, R. Chau, C.-H. Choi, G. Ding, K. Fischer, T. Ghani, R. Grover, W. Han, D. Hanken, M. Hattendorf, J. He, J. Hicks#, R. Huessner, D. Ingerly, P. Jain, R. James, L. Jong, S. Joshi, C. Kenyon, K. Kuhn, K. Lee, H. Liu, J. Maiz#, B. McIntyre, P. Moon, J. Neirynck, S. Pae, C. Parker, D. Parsons, C. Prasad#, L. Pipes, M. Prince, P. Ranade, T. Reynolds, J. Sandford, L. Shifren, J. Sebastian, J. Seiple, D. Simon, S. Sivakumar, P. Smith, C. Thomas, T. T roeger, P. Vandervoorn, S. Williams, and K. Zawadzki, "A 45nm Logic Technology with High-k+Metal Gate Transistors, Strained Silicon, 9 Cu Interconnect Layers, 193nm Dry Patterning, and 100% Pb-free Packaging", IEDM Tech. Digest., pp. 247-250, 2007.

[20] S. Natarajan, M. Armstrong, M. Bost, R. Brain, M. Brazier, C-H Chang, V. Chikarmane, M. Childs, H. Deshpande, K. Dev, G. Ding, T. Ghani, O. Golonzka, W. Han, J. He, R. Heussner, R. James, I. Jin, C. Kenyon, S. Klopcic, S-H. Lee, M. Liu, S. Lodha, B. McFadden, A. Murthy, L. Neiberg, J. Neirynck, P. Packan, S. Pae, C. Parker, C. Pelto, L. Pipes, J. Sebastian, J. Seiple, B. Sell, S. Sivakumar, B. Song, K. Tone, T. Troeger, C. Weber, M. Yang, A. Yeoh, and K. Zhang, "A 32nm Logic Technology Featuring 2nd-Generation High-k + Metal-Gate Transistors, Enhanced Channel Strain and 0.171 mm2 SRAM Cell Size in a 291Mb Array", IEDM Tech. Digest., pp. 941-943, 2008.

[21] C. Auth, C. Allen, A. Blattner, D. Bergstrom, M. Brazier, M. Bost, M. Buehler, V. Chikarmane, T. Ghani, T. Glassman, R. Grover, W. Han, D. Hanken, M. Hattendorf, P. Hentges, R. Heussner, J. Hicks, D. Ingerly, P. Jain, S. Jaloviar, R. James, D. Jones, J. Jopling, S. Joshi, C. Kenyon, H. Liu, R. McFadden, B. Mcintyre, J. Neirynck, C. Parker, L. Pipes, I. Post, S. Pradhan, M. Prince, S. Ramey, T. Reynolds, J. Roesler, J. Sandford, J. Seiple, P. Smith, C. Thomas, D. Towner, T. Troeger, C. Weber, P. Yashar, K. Zawadzki, and K. Mistry, "A 22nm high performance and low-power CMOS technology featuring fully-depleted tri-gate transistors, self-aligned contacts and high density MIM capacitors", VLSI Symp. Tech., pp 131-132, 2012

[22] C.-H. Jan, U. Bhattacharya, R. Brain, S.- J. Choi, G. Curello, G. Gupta, W. Hafez, M. Jang, M. Kang, K. Komeyli, T. Leo, N. Nidhi, L. Pan, J. Park, K. Phoa, A. Rahman, C. Staus, H. Tashiro, C. Tsai, P. Vandervoorn, L. Yang, J.-Y. Yeh, and P.

Bai, "A 22nm SoC Platform Technology Featuring 3-D Tri-Gate and High-k/Metal Gate, Optimized for Ultra Low Power, High Performance and High Density SoC Applications", IEDM Tech. Digest., pp. 44-47, 2012.

[23] Mark Borh, "14nm Process Technology: Opening New Horizons" http://www. intel.com/content/dam/www/public/us/en/documents/pdf/foundry/mark-bohr-2014-idf-presentation.pdf, 2014. Accessed on April 1, 2022.

[24] Yuko Hamaoka, Kenji Hinode, Ken'ichi Takeda and Daisuke Kodama, "Increase in Electrical Resistivity of Copper and Aluminum Fine Lines" Materials Transactions, Vol. 43, No. 7 pp. 1621 to 1623, 2002.

[25] M. H van der Veen, K. Vandersmissen, D. Dictus, S. Demuynck, R. Liu, X. Bin, P. Nalla, A. Lesniewska, L. Hall, K. Croes, L. Zhao, J. Bömmels, A. Kolics, Zs. Tökei, "Cobalt Bottom-Up Contact and Via Prefill enabling Advanced Logic and DRAM Technologies", Proceeding of IEEE International Interconnect Technology Conference/Materials for Advanced Metallization Conference, 3.2, 2015.

[26] Kirk Prall and Krishna Parat, "25nm 64Gb MLC NAND Technology and Scaling Challenges", IEDM Tech. Digest., pp. 102 – 105, 2010.

[27] K. J. Kuhn, M. Y. Liu and H. Kennel, "Technology options for 22nm and beyond," 2010 International Workshop on Junction Technology Extended Abstracts, 2010, pp. 1-6, doi: 10.1109/IWJT.2010.5475000.

[28] T. Ernst, L. Duraffourg, C. Dupré, E. Bernard, P. Andreucci, S. Bécu, E. Ollier, A. Hubert, C. Halté, J. Buckley, O. Thomas, G. Delapierre, S. Deleonibus, B. de Salvo, P. Robert, and O. Faynot, "Novel Si-based nanowire devices: Will they serve ultimate MOSFETs scaling or ultimate hybrid integration?", IEDM Tech. Digest., pp. 745 - 748, 2008.

[29] Dick James, "3D ICs in the real world", 25th Advanced Semiconductor Manufacturing Conference (ASMC), pp. 113-119, 2014.

[30] X. Yang and K. Mohanram, "Robust 6T Si tunneling transistor SRAM design", Proc. Design, Automation & Test in Europe Conference & Exhibition (DATE), pp. 1-6, 2011.

[31] Mariam Sadaka and Lea Di Cioccio, "Building blocks for wafer-level 3D integration", Solid State Technology, Vol. 52, issue 10, pp. 20, 2009.

[32] S. H. Jang et al., "A Fully Integrated Low Voltage DRAM with Thermally Stable Gate-first High-k Metal Gate Process," 2019 IEEE International Electron Devices Meeting (IEDM), 2019, pp. 28.4.1-28.4.3

[33] Leonardo Gomez, C. Ni Chléirigh, P. Hashemi, and J. L. Hoyt, "Enhanced Hole Mobility in High Ge Content Asymmetrically Strained-SiGe p-MOSFETs", IEEE ELECTRON DEVICE LETTERS, VOL. 31, NO. 8, AUGUST 2010, pp 782-784.

[34] S. Krishnan et al., "A manufacturable dual channel (Si and SiGe) high-k metal gate CMOS technology with multiple oxides for high performance and low power applications," 2011 International Electron Devices Meeting, 2011, pp. 28.1.1-28.1.4, doi: 10.1109/IEDM.2011.6131628.

[35] Hong Xiao, 3D IC Devices, Technologies, and Manufacturing, SPIE Press, 2016.

Chapter 16
總結與未來趨勢

自 1948 年 AT&T 貝爾實驗室發明第一個電晶體以來，半導體產業發展迅速。MOSFET IC 的體積縮小，可以總結爲改善其驅動電流的連續效應：

$$I_D \propto \mu(k/t_{ox})(W/L)$$

I_D 是驅動電流，μ 是載子遷移率，k 是閘極的介電常數，t_{ox} 是閘極電介層的厚度。W 是通道寬度，L 是通道長度。對於傳統平面 MOSFET 的尺寸縮小，W 和 L 將以相同的比例縮放，因此，在不改變通道材料 (Si) 和閘極電介層 (SiO$_2$) 的情況下改善 I_D，唯一的辦法就是減少閘極電介層的厚度 (t_{ox})。爲了避免 t_{ox} 減少引起的穿隧效應，故降低了電源電壓，以及 MOSFET 的臨界電壓 (V_T)。從 90nm 到 65nm，t_{ox} 不能進一步降低，引入應變矽技術，以提高通道載子移動率 μ，同時閘極氧化層的氮化略微增加 k 值，有助於保持縮放比率。引入高介電金屬閘極 (HKMG) 是 IC 產業的重要里程碑之一，它首次改變了閘極介電質。在 22nm 中加入的鰭式場效電晶體 (FinFET) 技術，將尺寸縮放延伸到 z 軸。由於 FinFET 的通道寬度 $W = 2H + CD_{Fin}$，因此可以透過增加鰭片高度 H 來改善驅動電流，而無需縮小鰭片寬度 CD。這使得透過增加鰭高度和多重圖案製程、極紫外光 (EUV) 以及它們的組合所實現的間距縮小，可以達成多個世代的尺寸縮小。預計在 FinFET 技術趨於極限後，奈米片環繞式閘極場效電晶體 (nano-sheet GAA-FET) 將成爲下一個主要的元件架構。這種技術在放寬圖案間距的同時，提高了導通狀態的驅動電流，並降低了關閉狀態的漏電流，後者對於改善行動裝置的待機時間非常重要。圖 16.1 總結了元件縮小的趨勢發展。

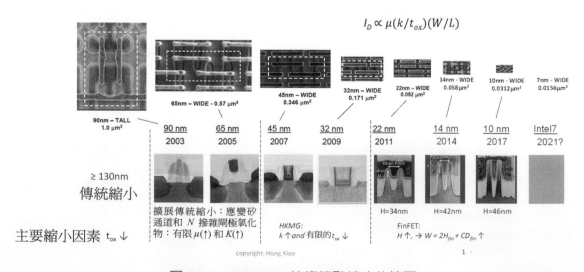

圖 16.1　MOSFET 技術節點縮小的摘要

半導體產業最初使用鍺基板，第一個電晶體和第一個 IC 元件都是使用鍺製成。隨著單晶矽技術的改善，矽因為資源豐富、價格低廉、穩定且強韌的氧化物，以及較大的能隙 (1.12V 對比鍺的 0.67V)，這有助於，其具有較高的熱穩定性和較低的漏電流，很快地在 IC 產業中佔據主導地位。最近，SiGe 已被用作 PMOS 通道材料，以增加通道的移動率。對於使用高電洞移動率材料，如用於 PMOS 通道的 Ge (Ge 的 1900 cm^2 V^{-1}s^{-1} 與 Si 的 430 cm^2 V^{-1}s^{-1})，以及使用高電子移動率 III-V 族材料，如用於 NMOS 通道的 InGaAs (10000 cm^2 V^{-1}s^{-1} 與 Si 的 1630 cm^2 V^{-1}s^{-1}) 已經進行了許多的研究。理論上，改變通道材料可以提高 CMOS IC 的性能。然而，這些高移動率材料能否應用於大規模生產中，取決於晶片能否在有盈利的成本下滿足性能／功率的要求。

半導體產業的開始是用分離式點接觸電晶體，接著是分離式雙極性電晶體。在 1958 年德州儀器 (TI) 發明第一個 IC 元件，以及 1961 年快捷半導體 (Fairchild) 推出的第一款矽 IC 產品之後，雙極性電晶體和 PMOS 成為 IC 晶片的首選元件。在 1970 年代，離子植入迅速取代半導體摻雜的高溫擴散摻雜，而多晶矽取代鋁，作為 MOSFET 自對準源極和汲極形成中的閘極材料。NMOS 取代 MOSFET IC 晶片基底的 PMOS。當 LCD 顯示器在 1980 年代取代 LED 顯示器時，CMOS 因它固有的低功耗和簡單、對稱的設計，而取代 NMOS 並在 IC 元件中佔據主導地位。在 21 世紀的前十年，埋入式閘極字元線連結的 DRAM 開始使用類似 FinFET 的 3D 元件，作為其單元存取電晶體。隨後，移動式電子產品對於高性能低功耗的需求，推動 FinFET 元件的發展，作為 IC 晶片的基本構建模塊。垂直式 GAA-FET 已經被用作 3D-NAND IC 晶片的記憶單元裝置，而奈米片 GAA-FET 是在不久的將來最有可能取代 FinFET 用於先進 IC 產品的候選者。

圖 16.2(a) 為奈米片元件的 3D 結構。我們可以看到 GAA-FET 通道寬度 $W=2N(CD_{sheet} + t_{sheet})$，這裡 N 是奈米片的數量，CD_{sheet} 是奈米片的寬度，t_{sheet} 是奈米片的厚度。一個有趣的事實：對於奈米片元件，不需要來自原始矽晶圓的單個矽原子來製造 GAA-FET，所有奈米片均由磊晶成長的矽製成。晶圓僅用於機械承載元件和互連層。

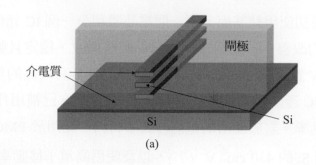

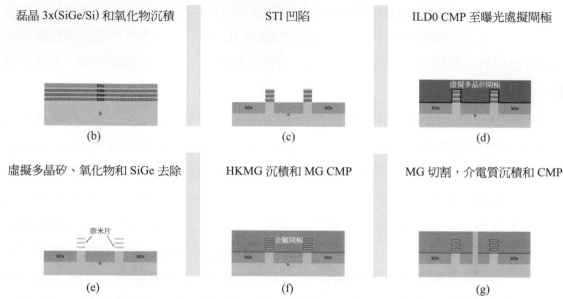

圖 16.2　3D 示圖意：(a) 奈米片 GAA-FET；(b) ～ (g) 製造奈米片 GAA-FET 的過程。

　　GAA-FET 的製造過程始於矽晶圓上進行多次 SiGe/Si 磊晶成長，如圖 16.2(b)。接下來的製程步驟與 FinFET 非常相似，例如 STI 蝕刻、STI 氧化物沉積、退火、CMP 和凹陷處理，如圖 16.2(c) 所示；形成虛擬多晶矽閘極，使用 SEG SiGe 和 SiP 形成源極 / 汲極，再進行 ILD0 CMP 以暴露虛擬多晶矽閘極，如圖 16.2(d) 所示。去除虛擬多晶矽和閘極氧化物後，透過高選擇性蝕刻的過程去除 SiGe，釋放出 Si 奈米片，如圖 16.2(e) 所示。在清潔過程後，進行 HKMG ALD 和堆積 MG CVD，接著進行 MG CMP，如圖 16.2(f) 所示。進行閘極切割光罩的應用，進行閘極切割蝕刻，接著進行介電質 CVD 和介電 CMP 來完成 HKMG 奈米片 GAA-FET 的形成，如圖 16.2(g) 所示。為了進一步提高元件密度，提出了互補場效應電晶體 (CFET) 的概念，它將 NMOS 堆疊在 PMOS 之上，或者反之。圖 16.3 說明 CFET 的 3D 結構，它是由 3 個奈米片的 NMOS 疊加在 3 個奈米片的 PMOS 上方，共用一個閘極。CFET 的製造過程與奈米片 GAA-FET 相似，但由於需要垂直整合 NMOS 和 PMOS，因此更加複雜。

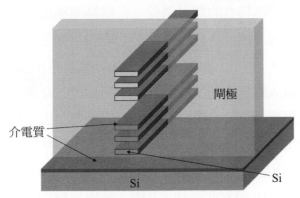

圖 16.3　奈米片 CFET 的 3D 圖示。

　　最近，二維 (2D) 半導體材料，如 WS_2 和 MoS_2 等，引起了很多關注。圖 16.4 顯示一個具有單層 2D MoS_2 通道的平面 MOSFET。由於通道非常窄，因此可以進一步縮放通道長度，而不會產生短通道效應。要製造 2D-MOSFET，必須在 300mm 晶圓上生長無缺陷的 2D 通道，或者將其從另一個晶圓轉移到元件晶圓上。這樣的製程面臨著許多挑戰。例如，要在 300mm 晶圓上的 2D 材料中，發現 2 或 3 個原子 (約 1nm) 的缺陷並不容易，例如要在所需的產量下找到它，對於樣片可能需要數小時，對於控片可能需要數分鐘，這都是極具挑戰性的。此外，製作源極和汲極接觸蝕刻時，當蝕刻穿過閘極介電質時，需要具有非常高的選擇性，以便在接觸點能夠準確落在 2D 材料的單層上。

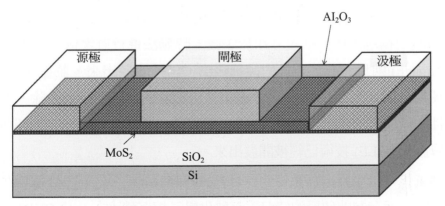

圖 16.4　使用 2-D 半導體材料的平面 MOSFET 圖示。

半導體摻雜是控制元件特性的關鍵過程。它從高溫擴散摻雜開始，高溫擴散摻雜具有各向同性的接面輪廓，無法獨立控制摻質濃度和接面深度。離子植入能夠獨立控制摻質濃度和接面深度，因此迅速取代擴散，成為半導體摻雜和形成 IC 元件不同接面的首選製程。由於植入過程中的高能離子會損壞晶體的晶格結構，因此需要進行植入後退火過程來修復這些損傷。隨著尺寸的縮小，源極 / 汲極接面變得超淺，並且沒有足夠的熱預算用於正常的熱退火，為了滿足元件縮放的要求，已經開發快速熱退火 (RTA)、尖峰退火、雷射退火和閃光退火等方法。自 90nm 節點以來，SiGe 的選擇性磊晶成長已發展成為形成 PMOS 源極 / 汲極，並增加壓縮 PMOS 通道應力。目前，所有小於 20nm 的邏輯 IC，都使用 SEG SiGe 作為 PMOS 源極 / 汲極，SEG SiP 作為 NMOS 源極 / 汲極。雖然離子植入製程不再用於形成先進 FinFET IC 的源極 / 汲極接面，但它們仍被廣泛用於形成 N- 井、P- 井和其他接面。離子佈植的新應用已被開發出來，用來修改材料特性以改善製程控制，例如，用於絕緣體上矽 (SOI) 晶圓製造的控制蝕刻剖面和薄膜轉移。

矽基材料在 IC 產業中佔主導地位的主要原因之一，是其穩定且堅固的氧化物 – 二氧化矽 (SiO_2)，在熱處理過程中相對容易形成，並且在 90nm 節點前一直被用作 MOSFET 的閘極介電層。氮化矽氧化物延展了矽的熱氧化過程，使其得以延續在超過 1 或 2 代的技術中使用。在 45nm 節點中，基於 HfO_2 的高介電常數 (high-k) 閘極介電層終於取代 SiO_2，同時使用如 TiN 和 TiAlN 等不同的金屬，來代替多晶矽形成 PMOS 和 NMOS 的閘極。高介電金屬閘極 MOSFET 是 IC 技術發展的重要里程碑之一。

在 IC 產業中，蝕刻 (etch) 製程起初使用濕式蝕刻 (wet etch)，濕式蝕刻是從印刷電路板產業發展而來，用於將臨時光阻圖案轉移至晶圓表面的不同層。濕式蝕刻具有等向性的蝕刻輪廓，因此在尺寸小於 3 微米時無法進行圖案蝕刻。反應離子蝕刻 (reactive ion etch) 則具有非等向性的蝕刻輪廓，已被開發出來，並在先進 IC 圖案蝕刻過程中使用。濕式製程在 IC 製造中，仍然用於晶圓清洗和平膜去除，因為它們具有高選擇性和低成本的優點。為了對具有高選擇性且厚度僅為幾奈米的超薄膜進行蝕刻，原子層蝕刻 (ALE) 技術已經被開發出來。

矽的熱氧化可以生長出高品質的二氧化矽薄膜 (SiO_2)。然而，這需要在高溫且無法應用於晶圓表面存在非矽層的情況下。熱化學氣相沉積 (Thermal CVD) 法已被研發出來，用於沉積介電質薄膜，如二氧化矽和氮化矽等，用於電氣絕緣和封裝晶片，以防止污染物擴散到元件中。然而，熱化學氣相沉積的沉積速率在 400°C 下，用於金屬層沉積和圖案化後的層間介電層 (ILD) 非常緩慢。為了提高沉積速率並改善產能，電漿增強化學氣相沉積 (PECVD) 的介電材料製程已被開發出來，可以在低溫下實現高速沉積並控制薄膜應力。為了達到良好的階梯覆蓋性和填孔能力，熱化學氣相沉積（CVD）和有機前導物的電漿增強化學氣相沉積（PECVD）技術已被開發及使用。同時，還開發了高密度電漿化學氣相沉積 (HDPCVD)，可以在同時濺射和沉積的情況下，實現無缺陷的高深寬比 (HAR) 填孔。流動式化學氣相沉積法 (Flowable CVD, FCVD) 也已經被研發出來，用於無孔隙的高深寬比填孔。它首先在晶圓表面上透過氣態前體反應，沉積可流動的液態薄膜，該薄膜可以流入並填充高深寬比的溝槽或孔洞，然後透過退火和氧化過程固化。因 DRAM 和 3D-NAND 的高深寬比結構的均勻超薄膜沉積需求，推動原子層沉積 (ALD) 製程的發展。選擇性介質原子層沉積 (ALD) 法正在發展中，並且可能在 IC 製造中得到更多應用。同樣，適應性介質 ALD 法也被用於自對準多重曝光法中的間隔層沉積。

　　鋁是第一種用於 IC 晶片中將元件連接成電路的金屬，並且在 IC 時代初期使用蒸鍍製程來沉積鋁薄膜。為了改善薄膜品質並實現金屬合金沉積，濺鍍法已經被開發並應用於 IC 製造中。在多層金屬化中，填充接觸孔和通孔而不產生空洞至關重要，並且用化學機械平坦化 (CMP) 過程，沉積的鎢材料 (WCMP) 已經被開發並廣泛使用。為了改善對 HAR 孔洞和溝槽的底部覆蓋率，還開發定向濺鍍和電漿金屬濺鍍等方法，並將其用於晶片製造。金屬有機化學氣相沉積法 (MOCVD) 已經應用於沉積 TiN 和 TaN 襯底層，以滿足金屬襯底的覆蓋性要求。印刷電路板產業長期使用的電鍍法 (ECP) 被引入 IC 製造中，以銅金屬化代替鋁銅合金進行金屬化，以進行銅沉積。金屬原子層沉積法廣泛用於形成 MOSFET 的金屬閘極，DRAM 電容器的電極和 3D-NAND 的控制閘極。

　　諸如矽化鎢之類的金屬矽化物，已被用來提高多晶矽閘極的導電性，通常多晶矽閘極在記憶體裝置中也扮演著字元線 (Word-line) 的角色。在 CMOS 中，自對準矽化物 (Self-aligned silicide) 被廣泛應用，起初使用的是鈦矽化物 $(TiSi_2)$，接著是鈷矽化物 $(CoSi_2)$，最後是鎳矽化物 (NiSi)。在高介電金屬閘極 (HKMG) 的 FinFET 中，不再需要自對準矽化物。然而，在源極/汲極接觸的底部，仍然形成非常薄的鈦矽化物層，以降低接觸電阻。矽化物仍然用於一些 DRAM 和 3D-NAND 元件中。此外，還提出了矽化鎳製程將 3D-NAND 的多晶矽通道轉變為單晶矽通道，以提高元件性能。

　　在先進 CMOS 邏輯 IC 晶片中，因為銅具有較低的電阻率和較高的電遷移阻抗，銅 (Cu) 已經取代了鋁銅 (Al-Cu) 和鎢 (W)，成為金屬互連的材料。隨著金屬線特徵尺寸的縮小，金屬線橫截面中高電阻率鍍層的百分比迅速增加。對於 20nm 以下通道中的金屬，具有 TiN 鍍層的鎢 (W) 和具有 TaN 鍍層的銅 (Cu) 的電阻率，可能高於沒有鍍層或具有薄鍍層的鈷 (Co) 或銠 (Ru)。自 10nm 節點開始，鈷 (Co) 開始取代鎢 (W) 在接觸層中的應用。鈷 (Co) 或銠 (Ru) 有可能被用於寬度小於 20nm 的前幾層金屬，通常從接觸層 (取代 W/TiN) 到 M0、M1、M2 和 M3 層 (取代 Cu/TaN)。整合銠 (Ru) 圖案蝕刻和空氣隔離 (k ～ 1) 介電層沉積的金屬化技術正在發展中，並有望應用於 2nm 以下節點。此外，還開發選擇性沉積法，僅在具有金屬底部的孔洞或通道中沉積鈷或銠。這些技術可能在不久的將來應用於金屬化過程中。

在 IC 產業的早期，晶片上只有一層鋁金屬，同時兼具電極和金屬互連的功能，因此不需要進行平坦化處理。引入多晶矽閘極後，在製作接觸孔和金屬互連之前，通常使用熱回流技術，進行前金屬介電層的平坦化。當金屬層數量隨著 IC 尺寸的縮小而增加時，更多的平坦化方法被開發出來，例如介電質回蝕和旋轉玻璃塗佈。CMP(化學機械研磨) 過程被引入到圖案晶圓製造流程中，首先用於平坦化介電層以滿足多層金屬化的要求。曾用於裸晶圓製造的 CMP 法被引入到圖案晶圓製造流程中，首先對介電質進行平坦化處理，以滿足多層金屬化的要求。隨後，開發鎢的 CMP 法，取代鎢金屬蝕刻法用於接觸和通孔填塞形成。銅的 CMP 發展實現銅金屬化，將 IC 產業帶入銅時代。

圖 16.5 顯示 IC 晶片製造中 IC 技術節點、新技術和新材料的時程表。透過多重圖案化和光源光罩協同最佳化 (SMO) 等創新，人們將微影技術擴展到 10nm 節點以下。透過 EUV 微影技術，以及將 EUV 與多重圖案化相結合，橫向縮放可以在 3nm 節點之後繼續幾個世代。

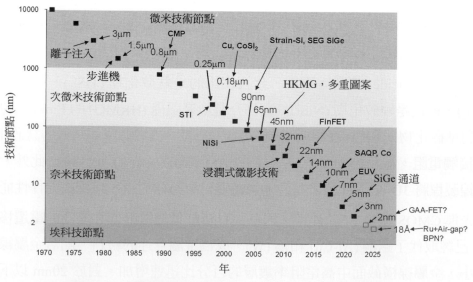

圖 16.5 積體電路技術節點、新技術及新材料引進。

　　自 IC 生產開始以來，微影技術一直被用於將設計的圖案轉移到晶圓表面。最初使用的是接觸式曝光機，然後是使用近接式曝光機，以避免由於晶圓和光罩的直接接觸而導致的污染和缺陷。接下來是掃描投影式曝光機，它提高解析度，並使得特徵尺寸能縮小到數微米的程度。這些「曝光機」在晶圓廠中也稱為「對準器」，可一次性曝光長達 150mm(約 6 英寸) 的整個晶圓，光罩與晶圓特徵尺寸比為 1:1。後來發展出步進機和掃描機，它們以將光罩圖案按照大約 4:1 的比例縮小，以曝光晶圓表面的小區域，透過步進和重複操作覆蓋整個晶圓。為了提高解析度，微影技術的波長已經不斷縮短，從 Hg I 射線的 365nm，縮短到深紫外線 KrF 準分子鐳射器的 248nm，以及 ArF 準分子鐳射器的 193nm，這些改進有助於 IC 技術節點從個位數的微米尺寸縮小到約 65nm 節點。將 ArF 浸潤式微影技術和多重圖案化相結合，進一步推動 IC 技術節點進入個位數的奈米節點。自 2019 年以來，波長為 13.5nm 的 EUV 微影技術，已經開發並應用於 7nm 節點 IC 製造。它被先進 IC 晶片製造商廣泛使用。結合高數值孔徑 (0.55) EUV 微影技術光刻與多種圖案化，將使 IC 技術節點在 2030 年代縮小至 1nm(或 10Å)。

　　除了使用 EUV 微影技術和多重圖案化、3D 元件堆疊、新型元件架構和混合晶圓鍵合等技術進行尺寸縮小外，還有一種可以幫助縮小技術節點的技術是設計 - 技術協同優化 (DTCO)。例如，透過應用自對準接觸製程，設計師可以將閘極觸點放在有源閘極的頂部，以消除僅用於閘極接觸的非主動閘極的需要，從而在不縮小特徵尺寸的情況下減少單元面積，如圖 16.6(a) 和 16.6(b) 所示。圖 16.6(c) 顯示圖 16.6(a) 中虛線所示部分的橫截面。它說明透過具有高選擇性 ILD1 蝕刻到側壁偏離層和金屬閘沉積層的蝕刻過程，實現的自對準源 / 汲接觸蝕刻剖面。圖 16.6(d) 是圖 16.6(b) 中虛線所示部分的橫截面。它說明透過蝕刻過程，利用金屬閘沉積層對側壁偏離層、ILD1 和源 / 汲接觸蝕刻填充物具有高選擇性，實現有源閘極上的自對準閘極接觸。儘管圖 16.6(c) 和 16.6(d) 中的接觸存在重疊偏移，但自對準接觸 (SAC) 製程有效地防止與鄰近導電特徵的電氣短路。

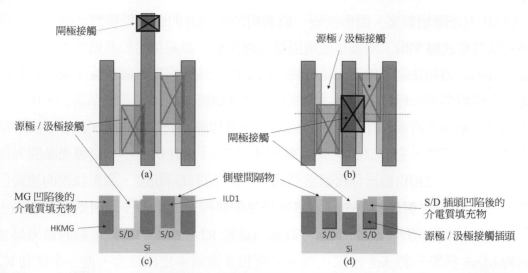

圖 16.6　示意圖：(a) 非活動閘極上的閘極接觸；(b) 活動閘極上的接觸；(c) 自對位源 /
　　　　汲接觸的橫截面；(d) 自對位閘極接觸技術來啟動活動閘極上的接觸。

　　透過應用埋入式電源軌道技術，設計師可以減少金屬線路的數量，從而在不改
變特徵尺寸的情況下，實現更小的單元面積。圖 16.7(a) 為一個具有普通 M1 電源軌
的雙鰭 FinFET，其單元寬度在 M1 層為 6 個金屬線 (6T)，單元大小為 $6P_{M1} \times P_{Gate}$。
這裡 P_{M1} 是 M1 間距，P_{Gate} 是接觸閘極間距。圖 16.7(b) 為 3 奈米片 GAA-FET，其性
能等於或優於圖 16.7(a) 所示的雙鰭的 FinFET。採用埋入式電源軌道時，單元寬度為
5T，因此單元尺寸為 $5P_{M1} \times P_{Gate}$。我們可以看到，埋入式電源軌道有助於減小單元尺
寸，而無需改變接觸閘極間距和 M1 間距。

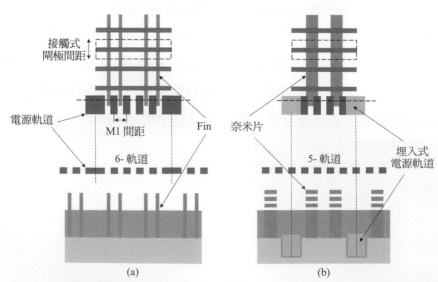

圖 16.7　沿水平虛線的橫截面的自上而下示意圖：(a) 雙鰭式場效電晶體的邏輯單元；(b)
　　　　埋入式電源軌道的奈米片狀 GAA-FET。自上而下俯視圖中的虛線框顯示晶胞
　　　　大小。參考文獻 12。

傳統的互連路徑將電源和信號一起路由到設備的頂部,如圖 16.8(a) 所示。有人提出透過在晶圓的背面薄化和去除矽,可以在晶片的背面構建電源軌道和電源傳遞網絡 (PDN),如圖 16.8(b) 所示。在這種情況下,正面金屬層是信號佈線。電源軌將是構建在背面的第一層,使用穿過設備層的電源過孔連接到正面的 M1,如圖 16.8(b) 中的紅色箭頭所示。在晶圓變薄之前,需要將具有信號路由金屬層的設備晶圓,貼在載體晶圓上,以防止設備晶圓減薄後破裂和斷裂。憑借背面 PDN,晶片設計人員可以進一步改善 IC 設計,減小單元尺寸,而無需縮小特徵尺寸。這將需要 IC 製造製程研發人員和 IC 設計師密切合作,在成本效益的時間範圍內改善邏輯單元大小以實現高產率。圖 16.8(b) 所示的帶有背面 PDN 的奈米片 GAA-FET 晶片,甚至不需要來自原始矽晶圓的一粒矽原子。

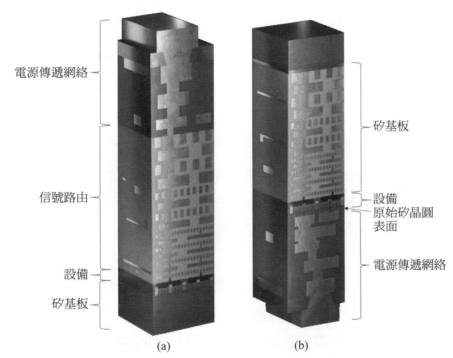

圖 16.8 示意圖:(a) 傳統互連的邏輯 IC;(b) 具有背面 PDN 推薦的邏輯 IC。
圖片來源:英特爾公司

微影製程將在 EUV 波長處結束,橫向縮放將在可預見的未來結束。很多縮放研究都是在 z 方向上進行的。NAND 快閃記憶體引領 IC 產業進入 3D 領域,現在所有先進的高密度 NAND 快閃記憶體晶片都是基於 3D-NAND 的,並且其堆疊層將持續增加。

DRAM 是 IC 技術的重要推動者，在 IC 產業中發揮著重要作用。透過使用垂直 GAA-FET 作為存取電晶體並埋入字元線和位址線，圖 16.9(a) 所示的 1T1C DRAM 單位晶胞可以進一步縮小到 4F^2，如圖 16.9(b) 所示。

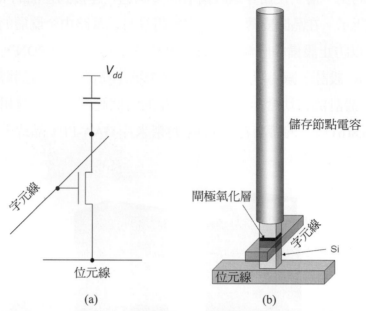

圖 16.9　(a)DRAM 單位晶胞；(b)4F^2 DRAM 的 3D 圖。

隨著 DRAM 單元陣列尺寸的增加，週邊電路也會增加。將單元陣列堆疊在週邊 CMOS 電路之上是一種方法。另一種方法是在另一個晶圓中製造 HKMG CMOS 週邊電路，並將兩個晶圓混合鍵合在一起。這兩種方法都可以進一步提高 DRAM 晶片的記憶體密度。

傳統的 DRAM 單位晶胞由電晶體和電容器組成，稱為 1T1C 單元。最近 DRAM 縮小的主要影響之一是減少單元存取電晶體的漏電流，從而降低電容器所需的電容，以適應特徵尺寸的縮小。由於電容器很難縮小，因此人們長期以來一直在尋找無電容的 DRAM 架構。

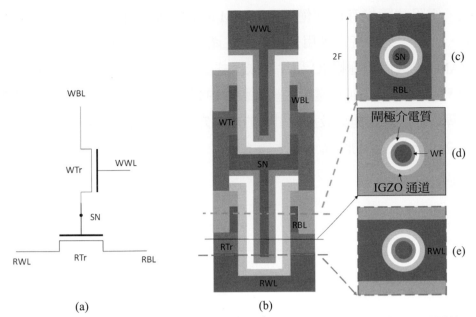

圖 16.10　(a)2T0C DRAM 單位晶胞的電路；(b) 具有兩個堆疊 IGZO 薄膜電晶體的 +2T0C
　　　　單元的橫截面；(c)、(d) 和 (e) 分別是 RBL、RTr 通道和 RWL 層中 RTr 的由
　　　　上而下的橫截面。參考文獻 14。

　　已經開發出一種具有兩個電晶體，且沒有電容器的 DRAM 單元架構，稱為
2T0C，如圖 16.10(a) 所示。圖 16.10(b) 說明一個具有兩個垂直堆疊的鋼鎵鋅氧 (IGZO)
薄膜電晶體 (TFT) 的 DRAM 單元。這裡 WTr 代表寫入電晶體，RTr 代表讀取電晶體，
WWL 代表寫入字元線，WBL 代表寫入位址線，RBL 代表讀取位線，RWL 代表讀取
字元線，SN 代表儲存節點。圖 16.10(c)、16.10(d) 和 16.10(e) 分別是 RTr 在 RBL、
RTr 通道和 RWL 層的俯視切面圖。在圖 16.10 中所示的 IGZO-TFT 設計為垂直通道
全包圍 (CAA) 結構，通道環繞著閘極介電層和閘極，如圖 16.10(d) 所示。相比之
下，3D-NAND 的垂直 GAA-FET 的閘電極則是圍繞閘極介電質和多晶矽通道。由於
IGZO-TFT 具有非常低的漏電流，其 2T0C 單元具有較長的保留時間 (>400 秒)，因此
成爲 10nm 以下 DRAM 縮小最具吸引力的候選者之一。由於 IGZO-TFT 2T0C DRAM
單元可以構建在週邊 CMOS 之上，並且兩個 IGZO-TFT 可以堆疊在另一個蝕刻之
上，如圖 16.10(b) 所示，因此可以實現 $4F^2$ 單位晶胞。理論上，透過堆疊兩個以上的
IGZO-TFT，可以實現小於 $4F^2$ 的單位晶胞。

　　最常用的記憶體晶片，如 SRAM、DRAM 和 NAND 快閃記憶體，都是基於電
荷的記憶體。SRAM 和 DRAM 是揮發性記憶體，而 NAND 和 NOR 快閃記憶體則
是非揮發性記憶體。已開發出不同類型的基於電阻的非揮發性記憶體。相變記憶

體 (PCM)、電阻式隨機存取記憶體 (ReRAM 或 RRAM)，和磁阻式隨機存取記憶體 (MRAM)，已經在某些特定應用領域進行生產。自旋轉移矩磁阻式隨機存取記憶體 (STT-MRAM) 也被用作邏輯 IC 晶片的嵌入式記憶體。由於 STT-MRAM 具有高速、非揮發性，且可以在 CMOS 電路的後段製程中製作，因此它是 AI 晶片的 3D 整合記憶體內計算或近記憶體運算最具吸引力的候選方案之一。圖 16.11 說明不同記憶體的速度與每位元成本之間的關係。

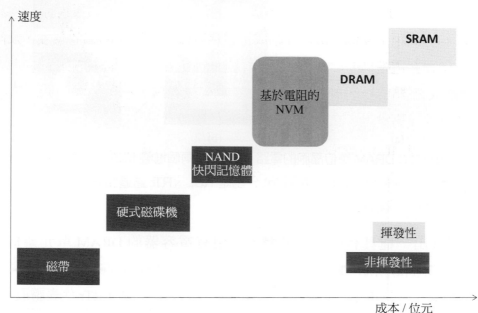

圖 16.11 不同儲存設備的速度與成本。

3D 裝置已被開發並應用於 CMOS 邏輯 IC、DRAM 和 NAND 快閃記憶體晶片的生產中。3D 封裝已經用於 CMOS 影像感測器晶片製造。它將應用於其他 IC 生產。

過去 60 多年，摩爾定律已經接近尾聲，或者如一些人所聲稱的那樣，早已在 28nm 節點處悄然結束。在 28nm 節點之後，尺寸縮小將不再能降低每個電晶體的成本。這也是新發佈的名牌智慧手機，通常比前一年推出的型號更貴的原因之一。這與那些懷念美好往日的人形成鮮明對比，因為那時品牌 PC 的新型號，總是比前一年的型號更便宜且性能更好。

儘管半導體產業已經發展 70 多年，但它仍然不是一個非常成熟的產業。幾乎在每一個新的技術節點，都會推出新的技術、元件結構和材料。價值數百萬美元的全新製造工具，可能會在不到十年的時間內過時。昂貴的先進 IC 晶圓廠成本，使得許多 IC 製造商無法追求最先進的製程技術。例如，一座使用 EUV 微影技術的 7nm 晶圓廠，可能要花費約 100 億美元。據估計，一座 3nm 製程技術的晶圓廠，可能要花費約 200 億美元。

　　任何 FET 元件 (如 FinFET 和 GAA-FET) 都具有以下幾個特點：閘極、閘極介電質、通道、源極 - 汲極、接觸窗和用於隔離閘極和接觸窗的介電質。只需要很少的原子，就能形成一個特點，比如通道。單晶矽中兩個矽原子之間的距離為 0.543nm，因此，幾乎不可能製造出具有 1nm 矽通道的 FET，儘管在可預見的未來，可能會出現具有 "1nm 技術" 或 "10Å 技術" 的晶片。表 16.1 顯示 IMEC 提出的技術節點及其特徵尺寸。接觸閘極間距由 4 個特徵尺寸組成，包括閘極和接觸窗的臨界寬度，及閘極和接觸窗間的兩種介電結構厚度。該技術節點過去被定義為接觸閘極間距的四分之一，這在接近 22nm 節點前是正確的。從表 16.1 中可以看出，技術節點的奈米數明顯小於元件特徵尺寸。事實上，它們只是技術節點的數位代號。

表 16.1　邏輯 IC 技術節點及其特徵尺寸 (來源：IMEC)

技術節點	10nm	7nm	5nm	3nm	2nm
接觸閘極間距 (nm)	64	56	48	42	36
金屬間距 (nm)	48	36	28	21	18
# 金屬軌道	7.5	6	5	4	3
單元面積 (nm^2)	23040	12096	6720	3528	1944
面積收縮率		0.525	0.555556	0.525	0.55102

　　在物理學限制 IC 元件的大小之前，經濟學也很有可能阻止它。在所謂的 "美好的舊時光" 中，縮小特徵尺寸可以使設備更快、更便宜且耗能更低，這促使 IC 製造商大力投資研發以縮小元件的幾何形狀。現今，微縮深奈米元件的研發成本飆漲，迫使許多 IC 製造商放棄先進技術，而高昂的晶圓廠建設成本使得只有少數財務穩健的公司能夠引領潮流。作為參考，一座 7nm 晶圓廠的成本約為 100 億美元，而 3nm 晶圓廠的成本可能接近 200 億美元。

　　由於平面縮放正在迅速接近物理和經濟極限，因此 3D 整合變得更具吸引力。在一個封裝中使用銲線鍵合堆疊 16 個晶片的 NAND 快閃記憶體晶片，已經投入大規模生產 (HVM)。矽通孔 (TSV) 技術的開發，並應用於 CMOS 影像感測器的量產中，最近也應用於高頻寬記憶體 (HBM) 的量產。目前具有 12 層堆疊、24GB 的第二代 HBM，正在生產，而具有 16 層堆疊、64GB 的第三代 HBM 則正在規劃中。

在 1950 年代，半導體產業的主要推動力是國防工業，而大多數的消費性電子產品都是基於真空管技術。直到 1950 年代後期，雙極性電晶體的收音機，尤其是掌上型收音機開始在市場上出現。在 1960 年代，當軍事和航太工業大力青睞 IC 晶片時，收音機、電視 (TV)、計算機等消費電子產品，也成為 IC 產業的強大推動力。在 1970 年代，數位革命將 MOSFET IC 推向主流，如電子錶、計算機、彩色電視機、卡式錄音機等，消費電子產品成為 IC 產業的主要驅動力。在 1980 年代，CMOS IC 開始主導 IC 產品。個人電腦 (PC) 和消費電子產品，如彩色電視機、光碟播放器、卡式錄影機 (VCR) 等，成為 IC 產業的主要驅動力。在 1990 年代，互聯網和電信及 PC 和其他消費電子產品 (如平板電視、數位多功能光碟 (DVD) 等)，推動 IC 技術的進一步發展，主要是具有多層金屬層的 CMOS IC。在 2000 年代的前十年，網路、筆記型電腦和智慧型手機、數位相機、高解析度數位電視、DVD、藍光 DVD、MP3 播放器等消費電子產品，成為 IC 發展的主要驅動力。在 2010 年代，智慧手機、雲計算和其他消費電子產品推動半導體元件進入 3D 時代，例如 FinFET 和 3D-NAND。

在 2020 年代，除了智慧手機之外，人工智慧 (AI)、自動駕駛汽車、區塊鏈技術、元宇宙開發、量子計算等，可能成為推動低功耗、高性能的計算、記憶體和儲存晶片的額外驅動力。全球疫情使得在家辦公 (WFH)，成為許多傳統辦公室工作的新常態，推動了高速網絡、筆記型電腦和平板電腦、高解析度、大尺寸顯示器及製造它們所需的 IC 晶片的需求。

半導體產業開發的技術也被引入其他產業，如微機電系統 (MEMS)、微型發光二極體 (LED) 顯示器和太陽能電池板。它有助於降低這些產品的成本，並使全球消費者更負擔得起。

很難準確預測對 IC 晶片的需求，這在一定程度上導致 IC 產業的週期性繁榮和蕭條。此外，地緣政治緊張局勢導致許多國家擴大自己的 IC 產能，以減少對外部供應商的晶片依賴。這可能會導致 IC 供過於求和產業的低迷。然而，在可預見的未來，長期的大局是明確的：對 IC 晶片的需求將繼續增長，全球對於半導體產業中熟練、具有知識、創新和勤奮的技術人員、工程師和科學家的需求也將同樣增加。

參考文獻

[1] Y. Fukuzumi, R. Katsumata, M. Kito, M. Kido, M. Sato, H. Tanaka, Y. Nagata, Y. Matsuoka, Y. Iwata, H. Aochi and A. Nitayama, *Optimal Integration and Characteristics of Vertical Array Devices for Ultra-High Density, Bit-Cost Scalable Flash Memory*, IEDM Technical Digest, pp. 449-452, 2007.

[2] S. Lai, *Current status of the phase change memory and its future*, IEDM Technical Digest, pp. 255 - 258, 2003.

[3] Stefan Lai, Non-Volatile Memory Technologies: The Quest for Ever Lower Cost, IEDM Technical Digest, pp. 11 - 16, 2008

[4] Chao Zhao and Jinjuan Xiang, *Atomic Layer Deposition (ALD) of Metal Gates for CMOS*, Appl. Sci., 9, pp. 2388-, 2019

[5] A. Paranjpe et al., "CVD TaN barrier for copper metallization and DRAM bottom electrode," Proceedings of the IEEE 1999 International Interconnect Technology Conference (Cat. No.99EX247), pp. 119-121, 1999.

[6]   Z. Guo, D. Kim, S. Nalam, J. Wiedemer, X. Wang and E. Karl, "A 23.6Mb/mm^2 SRAM in 10nm FinFET technology with pulsed PMOS TVC and stepped-WL for low-voltage applications," 2018 IEEE International Solid-State Circuits Conference (ISSCC), pp. 196-198, 2018.

[7] W. Liao et al., " PMOS Hole Mobility Enhancement Through SiGe Conductive Channel and Highly Compressive ILD-SiN$_x$ Stressing Layer," in IEEE Electron Device Letters, vol. 29, no. 1, pp. 86-88, Jan. 2008

[8] R. B. Fair, "History of some early developments in ion-implantation technology leading to silicon transistor manufacturing," in Proceedings of the IEEE, vol. 86, no. 1, pp. 111-137, Jan. 1998.

[9] R. Granzner, Z. Geng, W. Kinberger and F. Schwierz, "MOSFET scaling: Impact of two-dimensional channel materials," 2016 13th IEEE International Conference on Solid-State and Integrated Circuit Technology (ICSICT), pp. 466-469, 2016.

[10] C. Auth et al., "A 10nm high performance and low-power CMOS technology featuring 3rd generation FinFET transistors, Self-Aligned Quad Patterning, contact over active gate and cobalt local interconnects," 2017 IEEE International Electron Devices Meeting (IEDM), 2017, pp. 29.1.1-29.1.4, doi: 10.1109/IEDM.2017.8268472.

[11] A. Gupta et al., "Buried Power Rail Integration with FinFETs for Ultimate CMOS Scaling," in IEEE Transactions on Electron Devices, vol. 67, no. 12, pp. 5349-5354, Dec. 2020, doi: 10.1109/TED.2020.3033510.

[12] D. Prasad et al., "Buried Power Rails and Back-side Power Grids: Arm® CPU Power Delivery Network Design Beyond 5nm," 2019 IEEE International Electron Devices Meeting (IEDM), 2019, pp. 19.1.1-19.1.4, doi: 10.1109/IEDM19573.2019.8993617.

[13] S. Park, "Technology Scaling Challenge and Future Prospects of DRAM and NAND Flash Memory," 2015 IEEE International Memory Workshop (IMW), 2015, pp. 1-4, doi: 10.1109/IMW.2015.7150307.

[14] Xinlv Duan, Kailiang Huang, Junxiao Feng, Jiebin Niu, Haibo Qin, Shihui Yin, Guangfan Jiao, Daniele Leonelli, Xiaoxuan Zhao, Weiliang Jing, Zhengbo Wang, Qian Chen, Xichen Chuai, Congyan Lu, Wenwu Wang, Guanhua Yang, Di Geng, Ling Li and Ming Liu, "Novel Vertical Channel-All-Around (CAA) IGZO FETs for 2T0C DRAM with High Density beyond 4F2 by Monolithic Stacking", IEDM Technical Digest, pp. 221- 225, 2021

國家圖書館出版品預行編目資料

半導體製程技術導論 / 蕭宏編著. -- 四版. -- 新
　　北市：全華圖書股份有限公司, 2024.01
　　　面；　公分
　　ISBN 978-626-328-846-1(平裝)

　　1.CST: 半導體

448.65　　　　　　　　　　　　　113001030

半導體製程技術導論

Introduction to Semiconductor Manufacturing Technology

原著 / 蕭宏(Hong Xiao)

發行人 / 陳本源

執行編輯 / 張峻銘

出版者 / 全華圖書股份有限公司

郵政帳號 / 0100836-1 號

圖書編號 / 0618703

四版一刷 / 2024 年 03 月

定價 / 新台幣 950 元

ISBN / 978-626-328-846-1(平裝)

全華圖書 / www.chwa.com.tw

全華網路書店 Open Tech / www.opentech.com.tw

若您對書籍內容、排版印刷有任何問題，歡迎來信指導 book@chwa.com.tw

臺北總公司(北區營業處)
地址：23671 新北市土城區忠義路 21 號
電話：(02) 2262-5666
傳真：(02) 6637-3695、6637-3696

南區營業處
地址：80769 高雄市三民區應安街 12 號
電話：(07) 381-1377
傳真：(07) 862-5562

中區營業處
地址：40256 臺中市南區樹義一巷 26 號
電話：(04) 2261-8485
傳真：(04) 3600-9806(高中職)
　　　(04) 3601-8600(大專)